DSP FIRST 2/E

by James H. McClellan
Ronald W. Schafer
Mark A. Yoder

먼저 배우는 DSP 제2판

인　쇄 : 2017년 2월 20일 초판 1쇄
발　행 : 2017년 2월 28일 초판 1쇄

지은이 : McClellan, Schafer, Yoder
발행인 : 김우식, 김성환, 김인택, 김준수, 서덕영, 이동욱
발행처 : 홍릉과학출판사

서울시 강북구 인수봉로 50길 10
• 전화 : 02-999-2274~5　　• 팩스 : 02-905-6729
• http://www.hongpub.co.kr
• e-mail: hongpub@hongpub.co.kr

ISBN : 979-1-5600-513-1(93000)

정가 32,000원

파본이나 잘못된 책은 교환하여 드립니다.

머리말

이 책의 제목은 단순히 *먼저 배우는 DSP(DSP First)*로 *먼저 배우는 DSP: A Multimedia Approach*(1998)의 두 번째 판이다. 첫 번째 판에는 전통적인 교재의 범주를 넘어서는 많은 자료를 제공하기 위하여 CD-ROM이 함께 들어 있었다. 2003년에는 *Hello 신호처리(Signal Processing First)*라는 제목의 두 번째 책이 출간되었는데, 이 책에서는 *먼저 배우는 DSP(DSP First)*의 앞부분의 8개 장이 업데이트 되었고, 연속시간 신호처리에 관한 4개의 새로운 장이 추가됨으로써 보다 넓은 토픽들이 다루어졌다. 새로운 내용은 2003년 교재에 첨부된 CD-ROM에 포함되었고, 모든 부가적인 자료들은 보다 쉽게 접근하기 위해서 웹사이트로 옮겨졌다.

이 3권의 책과 동반 웹사이트는 디지털 신호처리(DSP)가 전기/전자공학 및 컴퓨터공학을 배우기 위한 이상적인 출발점이라는 전제 하에서 20년 이상 작업한 결과물이다. 1993년 여름, 우리 둘(McClellan, Schafer)은 조지아 공대(Georgia Tech) 컴퓨터 공학(CmpE) 과정의 학생들에게 필수 기초과정으로 사용될 한 학기(쿼터)용 강좌를 개발하기 시작했다. 우리는 디지털 신호처리 과목이 컴퓨터 공학도를 위한 첫 번째 강좌가 될 수 있도록 모든 것을 포함시켜야 한다고 주장했다: 학생들에게 공학적 문제를 생각하고 해결하는 데 필요한 언어로 수학을 사용할 수 있도록 하고, 다음으로 배울 강좌에 대한 유용한 기초를 제공하고, 시스템을 구현하는 방법으로 사용되는 디지털 계산과의 관계를 설명하며, 초보 공학자가 수학과 계산을 통해서 문제를 해결하는 어려운 작업을 할 수 있게끔 동기를 부여하는 흥미로운 응용분야를 다룰 수 있는 도구를 제공하는 것이었다. 지난 22년 동안 우리의 이러한 생각을 바꿀 수 있는 어떤 일도 발생하지 않았다. 실제로, 조지아 공대에서 6,000명 이상의 학생들을 강의한 경험에 비추어보면, 핵심만을 간추린 디지털 신호처리가 전기/전자공학 전공 학생들과 컴퓨터공학 전공 학생들 모두에게 이상적인 기초 과목이 된다는 확신을 더욱 갖게 되었다.[1] 사실, 우리는 이 교재 수준의 DSP 강좌는 모든 공학도와 컴퓨터 공학 학생들에게 필수과목으로 가르쳐야 된다고 강하게 확신한다.

우리는 처음부터 실제 신호를 직접 다뤄보는 것이 매우 중요하다고 믿었다. 그래서, 상당한 노력을 들여서 MATLAB을 이용한 랩실습과 프로젝트를 추가적으로 개발했다. 랩실습 숙제를 통하여 학생들은 음성이나 영상 신호를 갖고, 구현된 신호처리 동작의 영향을 경험할 수 있다. 예를 들어, 학생들은 정현파로부터 음악을 합성할 수 있고, 그 동일한 정현파가 인터넷에 접속하기 위해 일상적으로 사용되는 무선 시스템의 기반이 된다는 것도 알 수 있다. 동반 웹사이트에서 제공되는 이러한 경험들은 DSP의 기반이 되는 수학적인 개념을 확장시키고 더 확고하게 할 것이다,

25개의 상세한 랩실습 숙제와 더불어, 동반 웹사이트에는 출간된 교재에 덧붙여 수업에서 사용된 데모와 애니메이션, 그리고 수백 개의 답이 있는 숙제 문제 같은 자료들이 있다. 이러한 웹사이트를 만들게 된 것은 Mark Yoder 덕분이다. 그는 1995년에 Rose-Hulman 대학에서 조지아 공대로 안식년을 와 있는 동안 이 모든 자료를 다른 강사들과 (그리고 학생들이) 쉽게 접할 수 있도록 모아야겠다고 생각했다. 양방향의 MATLAB 데모는 콘볼루션과 주파수 응답 같은 특수한 주제들을 위하여 만들어졌고, 이들의 대부분은 몇몇 랩실습의 기초로 사용되고 있다. 강의하는 사람들로서 이 자료들은 개념을 설명하는 방식에 전환을 불러 일으켰는데, 이는 "방정식 너머"의 개념을 시각화하는 길을 넓게 확장했기 때문이다. 지난 수년간, 우리 웹 사이트에는 자료가 계속 쌓여 갔다. 미래에는 DSP의 개념을 전달하기 위한 새로운 아이디어를 탐구할 것이고, 프린트된 페이지를 넘어서 책의 내레이션과 동반 웹사이트의 시각화까지를 진정으로 통합한 e-Text 버전으로 나아가길 희망한다.

이 교재(와 앞선 책들)의 두드러진 특징은 신호 처리를 기초적인 전기/컴퓨터 공학(ECE) 강좌의 수준에 알맞게 구성한 것이다. 즉, 일반적인 미국 대학의 2학년 수준에 적절하다. 이 책에서 다루는 주제들은 이산시간 신호처리를 강조하면 그리 놀라운 것은 아니지만, 이 강좌가 2학년 수준에 적합하기 위하여 신호처리 개념과 기본적인 개념을 결합해야 한다고 느낀다. 이렇게 생각하는 이유는 많은 전기/전자공학 교과과정에서 신호 및 시스템과 DSP는 일반적으로 선형 회로와 선형 시스템에 대한 전통적인 배경 지식을 가정한 3, 4학년 과목이었기 때문이다. 다른 한편으로, 우리의 접근방식은 컴퓨터 과학이나 다른 공학 분야를 전공하는 학생들이 더욱 쉽게 신호 처리를 접할 수 있다. 이런 점은 다양한 과학과 기술 분야에서 비전문가가 DSP 기술을 사용할 필요가 있기 때문에 더욱 중요해진다.

새 에디션의 내용. 이 새로운 에디션의 구성은 *먼저 배우는 DSP(DSP First)*의 초판 구성과 유사하다. 이 책의 내용을 살펴보면 매우 단순히(2장) 연속시간 정현파 신호와 이의 복소 지수함수 표현에 대한 자세한 설명으로 시작한다. 이 내용은 전통적으로 선형 회로 과목에서 다루는 것들이지만, 이 책의 나머지 부분에서 바로 접근할 수 있도록, 특히 다른 배경 지식을 가진 학생들을 위하여 이

1) 우리가 이런 생각을 갖게 된 것은, 프린스톤 대학의 Ken Steiglitz 교수의 두 권의 책이 주요한 영향을 끼쳤다: *An Introduction to Discrete Systems*, John Wiley & Sons, 1972, 그리고 *A Digital Signal Processing Primer: With Applications to Computer Music*, Addison-Wesley Publishing Company, 1996. Steiglitz 교수의 1972년 책은 시대를 많이 앞선 것이었다. 왜냐하면, 당시에는 DSP 응용분야가 거의 없었고, 심지어 당시에 이용 가능한 배치처리(*batch processing*) 컴퓨터로 간단한 시뮬레이션을 하기 위해서는 막대한 프로그래밍 노력이 요구되었다. 하지만, 우리가 교재를 개발하기 시작한 1993년에는, MATLAB과 같은 사용하기 쉬운 소프트웨어 환경이 폭넓게 이용되어, 막강한 PC에서 DSP 연산을 구현할 수 있었다.

부분에 포함시켰다. 이미 선형 회로를 배운 학생들은 이 장을 뛰어 넘거나, 아니면 빠르게 지나갈 수 있다. 그런 다음, 정현파 신호의 합을 다루고, 푸리에 급수의 간단한 소개로 마무리하면서 스펙트럼 개념(제3장)을 소개한다. 초판의 제3장에서도 동일한 기본적인 개념을 다루었지만, 이 장에는 일부 새로운 내용이 포함되었다.[2)]

다음에는 샘플링된 정현파 신호를 다룸으로써 이산시간 신호(제4장)로 주제를 옮긴다. 샘플링에서의 중요한 이슈를 명확하게 하기 위하여 연속시간 푸리에 변환을 다룰 필요가 없다는 것을 알게 된다. 단지 필요한 것은 단순한 삼각함수 등식 $\cos(\theta + 2\pi) = \cos(\theta)$이다. 사실상, 제2장에서 제4장까지는 (푸리에 급수는 제외하고), 사인과 코사인의 간단한 수학만을 필요로 한다. 기본적인 선형 시스템 개념들은 이동 평균 시스템과 그 외의 간단한 FIR 필터를 가지고 소개된다(제5장). 필터의 특성을 결정하는 임펄스 응답을 다루기 위해 임펄스 신호를 도입한다. 콘볼루션을 처음으로 접한 관계로 단순히 숫자들의 연산으로 다룬다. 주파수 응답의 주요 개념을 FIR 필터에 관하여 유도되고 해석된다(제6장). 정현파가 최대의 관심을 갖는 신호이며, 선형 시불변 시스템에 의해서 필터링됨으로써 정현파에 생기는 크기와 위상의 변화를 강조한다.

이 시점에서 초판에서는 볼 수 없는 이산시간 푸리에 변환 (DTFT)을 소개한다(제7장). DTFT의 개념은 이산시간 시스템의 주파수 응답에서 자연스럽게 생겨난다. 역 DTFT의 개념으로 가역 변환에 대한 설명을 완성하고, 이상적인 필터들에 대하여 설명할 수 있게 된다. 그 다음에는 자연스럽게 DTFT에서 이산 푸리에 변환 (DFT)으로 옮겨간다. DFT는 단순히 DTFT를 샘플링한 것이고, 이미 사용 가능한 빠른 알고리즘을 가지고 계산할 수 있다(제8장). 제7장과 제8장은 전혀 새로운 내용이다. 이 내용이 추가된 이유는 푸리에 변환의 막강한 개념을 학생들에게 가르치고 싶어 하는 선생님들의 잦은 요구와 더불어 2학년 학생들이 이러한 개념을 충분히 이해하고 사용할 수 있다는 판단에 따른 것이다. 이 두 장은 MATLAB과 같은 소프트웨어 환경에서 쉽게 접할 수 있는 막강한 스펙트럼 해석 도구를 성공적으로 채택할 수 있는 지식을 제공하는 것을 목표로, 실질적인 스펙트럼 해석의 많은 개념들을 한 목표로 집중한다.

마지막으로, 마지막 2개의 장은 초판의 흐름으로 돌아온다. z-변환(제9장)과 IIR 시스템(제10장)을 소개한다. 이 단계에서 충실히 교재를 읽고, 숙제문제를 풀고, 실습과제를 해본 학생들은, 샘플링 이론, 이산시간 필터링, 그리고 스펙트럼 해석을 포함하는 응용을 이해하는 능력을 갖추는 것으로 보상을 받을 것이다. 여기에 더하여, 선형 아날로그 회로, 연속시간 신호 및 시스템, 그리고 제어 시스템을 공부할 준비가 잘 되어 있게 된다. 이 교재가 이러한 교과목을 공부하는 데 필요한 기초를 제공한다.

이 에디션에서의 새로운 내용 요약

- 이산시간 푸리에 변환(DTFT)에 관한 새로운 내용이 개발되었고, 제7장에서 다룬다. 주파수 응답 개념에서 출발하여 푸리에 변환의 일반적인 개념에 관한 공부를 쉽게 시작하게 한다.
- 제7장에는 DTFT의 매우 유용한 응용으로서 이상적인 필터와 디지털 필터 설계에 관한 새로운 내용이 다루어진다. FIR 필터 설계를 위한 윈도우 방법이 자세하게 설명되어 있다.

2) 더욱이, 주기 신호의 푸리에 해석을 조금 더 깊이 다루고자 하는 강사들을 위하여, 부록 C의 푸리에 급수는 근본적으로 푸리에 해석을 다루는 또 다른 장이 된다.

- 이산 푸리에 변환(DFT)에 관한 새로운 내용이 전개되었고, 제8장에서 다룬다. DFT가 DTFT를 샘플링한 것이라는 관점에서 시작하여, DFT와 이산 푸리에 급수(DFS)의 관계를 또한 발전시킨다.
- 스펙트럼 해석과 스펙트로그램에 관한 새로운 내용이 제8장의 마지막 절에서 개발되었다. 주파수 해상도(resolution)에서의 윈도우의 역할은 물론이고, FFT 알고리즘에서 일상적으로 수행되는 신호의 시간-주파수 해석을 이해하기 위해 필요한 확고한 기초를 제공한다.
- 제7장과 제8장은 초판의 제9장과 *Hello 신호처리(Signal Processing First)*의 제13장으로부터 유도되었다. 새로운 장들에서는 이런 내용을 기초 수준에 맞도록 많은 부분을 새로 작성하였다. 이렇게 해서 학생들은 실질적인 스펙트럼 해석의 아이디어를 배울 수 있고, MATLAB에서 제공하는 도구를 가지고 실제 신호를 처리하는 랩실습을 경험함으로써 보다 공고히 할 수 있다는 장점이 있다.
- 제3장에서 스펙트럼과 관련된 내용을 확장함으로써 스펙트럼의 성질을 틀에 맞게 설명하였다(예, 시간-지연, 주파수 이동). 이런 부분은 DTFT와 DFT를 다루는 데 밑바탕이 된다.
- 제3장의 일부분이었던 푸리에 급수와 관련된 내용을 확장하였다. 하지만, 많은 부분을 부록 C에서 다룬다. 제3장에서는 하나의 주기 신호인 전파 정류 사인파의 스펙트럼을 보이기 위하여 푸리에 급수로 충분히 설명하였다. 부록 C에서는 이 주제를 강조하고자 하는 강사들을 위하여 심도있게 다루었다. 다른 주기 신호들(사각파, 삼각파, 그리고 반파 정류 사인)에 관한 상세한 내용은 파시발 정리(Parseval's Theorem) 유도와 수렴에 관한 경험법칙적(Heuristic) 토론과 함께 주어진다. 푸리에 급수의 성질이 또한 개발되었다.
- 각 장의 마지막 부분의 연습문제를 많이 바꾸었다. 이 책에는 전체적으로 241개 문제가 있으며, 이 중 83개는 새로운 것이고, 86개는 초판에서 세부 내용을 다르게 바꾼 것이고, 72개는 초판과 동일하다.
- 동반 웹사이트에는 실습, MATLAB 가시화, 그리고 풀이가 있는 숙제 문제들에 관한 내용이 새롭게 들어있다. 동반 웹사이트의 주소는 http://www.pearsonhighered.com/engineering-resources/이다.

조지아 공대에서는, 2학년 수준 과정에서 3학점 강좌로 제2-10장에 걸친 대부분의 내용을 다룬다. 한 주에 한 시간 강의 2번, 한 시간 반 질의응답 시간, 그리고 한 시간 반의 실습 시간을 가진다. 앞서 언급한 바와 같이 우리는 랩실습을 매우 강조한다. 왜냐하면 랩실습이 학생들에게 신호 처리의 수학을 공부하는 데 동기를 부여하고 학생들이 공학 해석과 설계에 필요한 소프트웨어를 사용하게 하기 때문이다. Rose-Hulman 대학에서는, *먼저 배우는 DSP(DSP First)*를 1학년 10주 과정에서 사용하여 제1-6, 제9, 제10장을 다룬다. 이를 위해 한 주에 한 시간 강의 3번과 세 시간의 실습을 한다. 학생들은 강좌 내내 MATLAB을 사용한다. Schafer 교수가 스탠퍼드 대학(Stanford University)에서 현 교재의 전체 내용을 4학점 10주 강좌로 강의했다. 이 강좌가 연속시간 신호 및 시스템과 선형 회로와 같은 한 쿼터 강좌들을 수강한 다음에 택하는 강좌라서, 제2장과 제3장을 뛰어넘어 나머지 장에서 다루는 이산시간 신호 및 시스템으로 빠르게 이동해서 집중하는 것이 가능했다. 1학점은 규칙적으로 정해진 랩실습 시간이 없는 상태에서, 개인적으로 주마다 부과되는 실습 과제를 하는 것으로 할애되었다.

우리들의 강의 경험에 바탕을 둔 이러한 예들은 교재와 그에 따른 자료들을 강사들의 선호도와 강좌 시간에 따라서 여러 가지 다른 방법으로 사용될 수 있다는 것을 보인다. 앞에서의 토의에서 알 수 있듯이 2번째 에디션의 *먼저 배우는 DSP(DSP First)*는 전통적인 신호 및 시스템 책이 아니다. 한 가지 차이는 정현파와 복소수 페이저 표현을 많이 강조하고 있다는 것이다. 전통적인 전기/전자공학 교과 과정에서, 이 기본적인 개념들은 신호 및 시스템을 배우기 전에 선형 회로에서 다룬다. 실제로, 이 책과 초판의 제목은 이와 같은 전통으로부터 벗어났다는 것을 강조하기 위해 선택되었다. 중요한 점은 *먼저 배우는 DSP(DSP First)*를 가르치는 것이 선형 회로를 가르치는 새로운 방법을 제공한다는 점이다. 왜냐하면 회로이론 과목에서 중요하다는 것을 먼저 접하기 때문이다.

두 번째로 기존의 신호 및 시스템 교재와 *먼저 배우는 DSP(DSP First)*가 다른 점은 **주파수 영역**에 대한 내용을 강조한다는 점이다. 이는 전기/전자공학 교과 과정에 포함되는 라플라스 변환, 상태 공간, 피드백 제어와 같은 주제는 선형 회로나 고학년 수준의 제어 시스템 과목에서 다루어져야 한다는 것을 의미한다. 이 책이 특정한 관점에서 만들어진 것이긴 하지만, 반드시 교재와 연관된 웹사이트를 한 가지 방법으로 사용해야 하는 것은 아니다. 실제로, 우리의 경험에서 보여주듯이 적절히 주제를 선택하면, 우리 교재는 한 쿼터 또는 한 학기용 신호 및 시스템 교재로, 주로 통신과 신호 처리 응용을 주파수 영역 관점에서 강조하면서 사용될 수 있다. 대부분의 전기/전자공학 교과 과정에서, 제어에 관련된 내용은 다른 강좌에서 다루어져야 한다.

컴퓨터과학이나 컴퓨터공학과 같은 다른 학문 분야에서는, *먼저 배우는 DSP(DSP First)*에서는 신호 해석을 위한 계산과 가장 연관된 내용을 강조하면 된다. 이러한 경향은 데이터의 취득, 주파수 영역 해석이 현대 공학의 해석과 설계에 있어 매우 중요한 역할을 하는 다른 공학 분야에서도 마찬가지로 나타난다.

이 교재와 동반 웹사이트는 세 명의 저자, 수많은 동료와 학생들이 어마어마한 양의 노력을 기울여 만든 결과물이다. 다행히도, 재능이 매우 많은 다수의 학생들에게 동기를 부여할 수 있어서, 이 프로젝트에 필요한 MATLAB 데모들을 개발할 수 있었다. 수가 너무 많아서 일일이 이름을 언급하는 것이 불가능할 정도이다. 우리는 우리 프로젝트에 했던 기여에 대하여 단지 이 모든 사람들에게 감사할 따름이다. 여러 개의 데모를 만들었던 Greg Krudysz가 GUI로 새로운 데모를 개발하면서 가시화하고 기존의 데모를 업데이트하는 작업에서 중심적인 역할을 맡았다. 1993년부터 시작한 이래로, 많은 교수들이 조지아 공대 2학년 강좌 ECE-2025(현재는 ECE-2026)에 강사와 질의응답 선생님으로 참여했다. 다시 한 번, 모든 질의응답 선생님의 이름을 일일이 언급하는 것이 비현실적이지만, 그들의 코멘트와 피드백은 지난 12년 동안 이 강좌가 진화할 수 있도록 생명력을 불어넣어 주었다. 예를 들면, Pamela Bhatti는 인공 와우(Cochlear Implant) 청각 시스템의 필터 뱅크를 모의 실험하는 실습을 개발했다. 최근에 강좌를 강의하고 관리하는 것을 Russ Mersereau, Fred Juang, Chin Lee, Elliot Moore, Mark Clements, Chris Rozell, G. K. Chang, David Taylor, David Anderson, John Barry, Doug Williams, Aaron Lanterman 등이 분담해왔다. 그들의 많은 제안 중 특히 DFT와 DTFT에 관한 새로운 내용이 두 번째 판에 긍정적인 영향을 미친 것을 감사드린다. 우리는 또 Rose-Hulman 대학에서 ECE-380을 가르쳤던 Wanyne Padgett와 Bruce Black에게 많은 아이디어를 제공한 점에 감사드리고, 새로운 1학년 DSP First 강좌 ECE-180을 위한 새로운 실습 전체를 만든 Ed Doering의 수고에 감사한다. 이 실습은 전통적인 오디오 처리에서 출발하여 비디오 물체 추적으로 마무리한다. 신입생을 위한 새로운 첫 번째로서.

우리는 또한 Tom Robbins(Pearson Prentice-Hall에 근무했었던)의 기여에 감사드린다. 그는

DSP를 ECE 교육의 전면에 배치하고자 하는 우리의 노력을 오래전부터 지지했다. 그는 시작부터 *먼저 배우는 DSP(DSP First)*의 개념을 높이 샀고, 2003년도 책은 물론이고 초창기 프로젝트 기간 동안 우리를 격려했다. 보다 최근에는, Andrew Gilfillan과 Julie Bai가 편집장을 맡아서, 이 두 번째 판의 출간을 도와주었다.

마지막으로, 우리는 우리 아내들(Carolyn McClellan, Dorothy Schafer, 그리고 Sarah Yoder)의 이해와 지지에 감사한 마음을 전한다. Carolyn이 기르는 고양이 Kilby의 사진이 1장에 등장한다. 그들은 이 다년간의 프로젝트가 그들과 함께 했을 에너지와 시간을 빼앗는 동안에도 우리들을 끈기 있게 지원해 주었다.

JHMc
RWS
MAY

차 례

제 7 장 이산시간 푸리에 변환 217

부록 A 복소수 433

부록 C 푸리에 급수 469

부록 D 랩실습 프로젝트 512

찾아보기 513

제 1 장

서론

이 책은 신호와 시스템에 관한 책이다. 멀티미디어 게임용 컴퓨터, 오디오 및 비디오 오락시스템, 그리고 스마트폰 시대에 살고 있는, 이 책의 독자 여러분은 **신호(Signal)**와 **시스템(System)**이라는 용어의 의미에 대해서 어느 정도 생각을 갖고 있으리라 확신한다. 그리고 여러분은 아마도 일상적인 대화에서도 그 용어들을 자주 사용할 것이다.

여러분은 신호와 시스템이라는 용어를 다소 광범위한 의미로 정의해서 사용하거나 이해하고 있을 것이다. 예를 들어, 여러분은 정보를 전달하는 "무엇"인가를 신호로 생각할 수 있다. 보통, 그 무엇인가는 물리적 과정에 의해 조작되고, 저장되고, 또는 전송될 수 있는 물리적 양을 변화시킨 형태이다. 몇 가지만 예를 들자면 음성 신호, 오디오 신호, 비디오 또는 영상 신호, 생체의학 신호, 레이더 신호, 그리고 지진 신호 등을 들 수 있다. 중요한 점은, 신호들은 많은 등가형태 또는 **표현방식(representation)**으로 나타낼 수 있다는 것이다. 예를 들어, 음성 신호는 음향 신호로써 만들어진다. 하지만 음성 신호는 마이크로폰에 의해서는 전기 신호로, 그리고 디지털 오디오 녹음에서처럼 숫자 열로 변환될 수 있다.

시스템이란 용어는 다소 모호하고 해석하기에 주관적일지 모른다. 예를 들어 우리는 흔히 "사회 보장 시스템(Social Security System)" 또는 "항공 수송 시스템(Airline Transportation System)" 같은 절차를 관리하거나 이행하는 거대한 조직을 언급하는 데 시스템이란 용어를 사용한다. 하지만, 우리는 신호에 아주 밀접한 관련되어 있는, 보다 좁은 의미의 정의에 관심을 가진다. 좀 더 자세하게 이야기하면, 우리 목적에는, 시스템이란, 신호를 조작하고, 변경하고, 기록하고, 전송할 수 있는 어떤 것을 말한다. 예를 들어 DVD 녹음은 영화나 혹은 음악 신호를 일련의 수들로 저장하거나 나타낸다. DVD 플레이어는 디스크에 저장된 숫자들(즉, 신호를 숫자로 표현한 것)을 영상 그리고/혹은 음향 신호로 변환하는 시스템이다. 일반적으로, 시스템들은 신호들에 **작용하여(Operate)** 새로운 신호들이나 또는 새로운 신호 표현으로 만든다.

이 책의 목적은 신호와 시스템에 대한 명확한 서술이 가능하도록 틀을 개발하는 것이다. 특히, 우리는 수학이 신호와 시스템을 나타내고 이해하는 데 적절한 언어라는 것을 보여주고자 한다. 수학적 수식으로 표현된 신호와 시스템은 신호와 시스템이 어떻게 서로 상호작용을 하는지를 이해하고, 미리 지정된 목적에 부합된 시스템을 어떻게 설계하며 구현할지를 이해할 수 있게 한다는 것을 역시 보여주고자 한다.

1-1 신호의 수학적 표현

신호는 정보를 표현하거나 부호화하기 위해 변화량을 패턴으로 나타낸 것이다. 많은 신호들은 자연적으로 시간에 따른 변화량의 패턴으로 여겨진다. 하나의 친숙한 예가 음성 신호로, 이 신호는 초기에는 기도 안에서의 공기압력 변화의 패턴으로 발생한다. 이 패턴은 물론, 시간에 따라 변화하게 되고, 종종 소위 **시간 파형(Time Waveform)**이라 부르는 것을 만든다. 그림 1-1은 녹음된 음성 파형을 보여준다. 이 그림에서, 수직축은 (공기압에 비례하는) 마이크 전압을 나타내며, 수평축은 시간을 나타낸다. 그림에는 음성 파형이 시간 축에서 서로 인접한 네 개의 시간 영역에 해당하는 네 개의 세그먼트로 나뉘어져 있다는 점을 주목한다. 두 번째 그래프는 첫 번째 그림과 이어지며, 세 번째, 네 번째로 계속 이어진다. 또한, 각각의 그래프는 50 ms 시간 간격에 해당한다.

그림 1-1의 음성 신호는 1차원 **연속시간 신호(Continuous-time Signal)**의 한 예이다. 이러한 신호들은 수학적으로 하나의 독립변수의 함수로써 나타낼 수 있으며, 이 변수는 보통 시간이라고 부르며 t로 표시한다. 그림 1-1과 같은 특별한 경우에, 그림 1-1의 그래프를 친숙한 수학적 함수들로 나타내는 단순한 식을 쓸 수 없음에도 불구하고, 함수 $s(t)$를 그래프와 연관 지을 수 있다. 실제로, 그래프 그 자체는 각 순간순간 (각 t의 값)에 숫자 $s(t)$를 할당하는 함수의 정의로서 받아드릴 수 있다.

대다수의 많은 신호는 연속시간 신호로 발생한다. 하지만, 이 책을 보면서 점점 분명해지는 여

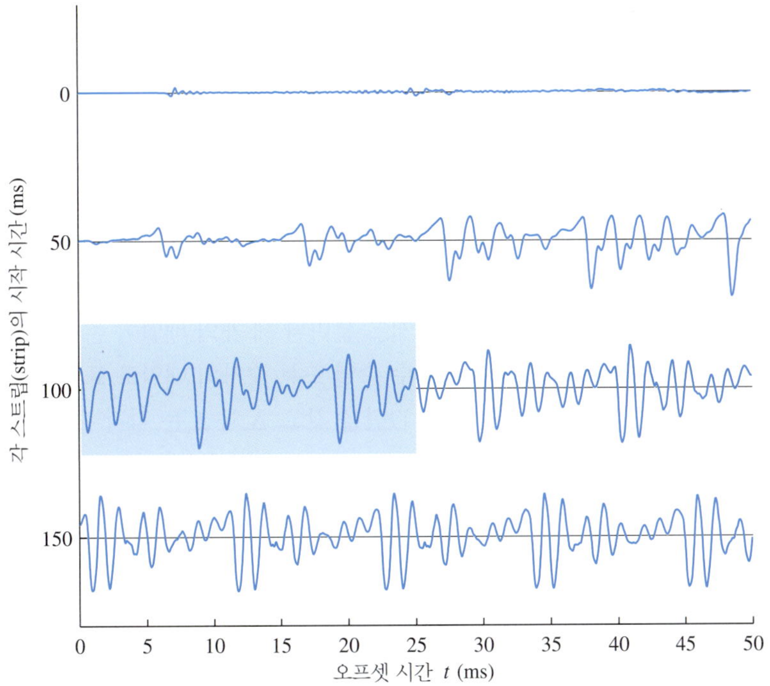

그림 1-1 매 열이 그 위의 열과 이어지는 음성 신호의 스트립(strip) 그래프. 이 신호는 단일(시간) 변수의 함수로 표현될 수 있다. 음영 지역은 그림 1-2에서 보다 자세히 보여진다.

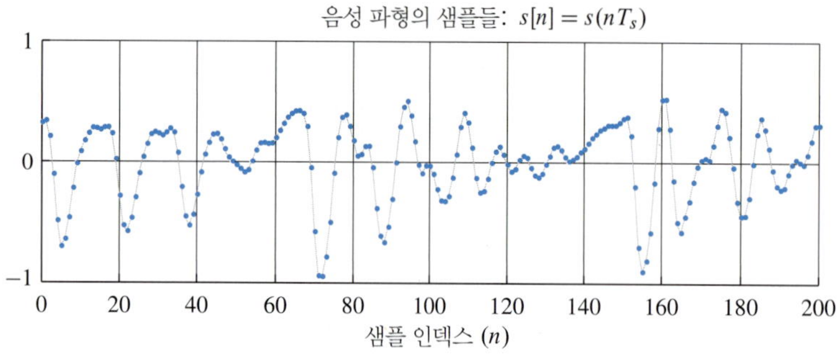

그림 1-2 이산 변수 n의 함수인 1차원 수열로 나타내진 이산시간 신호. 신호 샘플들은 그림 1-1의 음영 지역에서 가져왔다. 연속시간 음성 신호 $s(t)$는 회색으로 나타냈다.

러 가지 이유로, 신호의 이산시간 표현을 얻는 것이 때때로 바람직하다. 이산시간 표현은 연속시간 신호를 시간상에서 독립되고 같은 간격을 갖는 점들에서 **샘플링(Sampling)**을 함으로써 얻을 수 있다. 그 결과로 정수 값들만을 갖는 인덱스 변수의 함수로 나타내질 수 있는 수열이 생긴다. 이 수열은 수학적으로 $s[n]=s(nT_s)$로 나타낼 수 있으며, 여기서 n은 정수 (즉, $\{..., -2, -1, 0, 1, 2, ...\}$)이며, T_s는 **샘플링 주기(Sampling Period)**이다. 여기서의 규칙은 $s(t)$와 같이 소괄호 ( )를 사용해서 연속변수 함수의 독립변수를 괄호 안에 쓰고, 대괄호 [ ]를 사용해서 신호 $s[n]$과 같은 이산변수 함수의 독립변수를 괄호 안에 쓴다는 것을 주목한다. 샘플링은 물론 그래프용지나 혹은 컴퓨터 화면 위에 함수의 값의 그래프를 그릴 때 정확히 우리가 하는 것과 일치한다. 우리는 연속변수의 가능한 모든 값에 대해서 함수 값을 구할 수는 없지만, 단지 이산 점들의 집합에 대해서만 값을 구할 수 있다. 직관적으로, 점들의 시간간격이 더 가까울수록, 그 수열은 본래의 연속변수 함수의 모양을 보다 잘 유지한다는 것을 안다. 그림 1-2는 T_s=1/8 msec 샘플링 주기로 그림 1-1의 음성 파형을 샘플링하여 얻은 이산시간 신호의 세그먼트를 예로 보여준다. 이 경우에, 점들은 신호 $s[n]$의 샘플 값들을 나타낸다.

많은 신호들이 시간이 지남에 따라 변화하는 패턴들이라고 여겨질 수 있는 반면, 다른 많은 신호들은 시간에 따라서 변화하는 형태가 아니다. 예를 들어, 렌즈를 통해 빛의 초점을 맞춰서 만든 영상은 공간적인 패턴이며, 그래서 수학적으로 2개의 공간 변수들의 함수로 적절히 표현된다. 이러한 신호는 일반적으로 두 개의 독립된 변수들의 함수로 간주된다[즉, 그림은 $p(x, y)$로 표시될 수도 있다]. 사진은 그림 1-3에서 보인 그레이스케일(Gray-Scale) 영상과 같이, 또 다른 예이다. 이 경우, $p(x_0, y_0)$ 값은 영상 내의 위치 (x_0, y_0)에서의 명암 값을 나타낸다.

그림 1-3과 같은 영상들은 일반적으로 2차원 연속변수 신호라고 여겨진다. 왜냐하면, 우리는 보통 공간을 연속체라고 생각하기 때문이다. 하지만, 샘플링은 연속변수 2차원 신호로부터 이산변수 2차원 신호를 얻는 데 사용될 수 있다. 디지털 카메라에서는, 이러한 샘플링이 수백만 개의 점, 즉 메가 픽셀들로 구성된 센서 배열(Array) 상에 모아진 빛의 값을 저장함으로써 이루어진다. 컬러 카메라에서는, RGB (Red, Green, Blue)에 대하여 서로 분리된 세 개의 배열이 존재한다. 그림 1-3과 같은 2차원 그레이스케일 영상은 2차원 이산변수 수열 또는 숫자의 배열로 표현되며, $p[m, n]=p(m\Delta_x, n\Delta_y)$로 나타내진다. 여기서 m과 n은 정수 값만을 갖고, Δ_x와 Δ_y는 각각 수평, 수직 샘플링 주기들이다.

2차원 함수는 시간에 따라 변하지 않는 정지 영상을 수학적으로 적절히 표현한다. 다른 한편으로, 비디오는 시간에 따라서 변하는 영상이기 때문에, 시간을 나타내기 위한 제3의 독립변수를 필요로 하며, 그래서, 비디오 신호는 $v(x, y, t)$로 나타낸다. 아날로그 TV에서, 시간은 이산적이며(30 프레임/초), 각각의 수평선 (x)는 연속이지만, 수평선(주사선)의 수가 유한개이므로 y는 이산 값을 갖는다. 오늘날 디지털 비디오에서는, 신호가 이산 영상들의 나열이기 때문에 비디오 신호

그림 1-3 2개의 공간 변수들의 함수로 표현될 수 있는 신호의 예

$v(x, y, t)$ 의 세 변수 모두가 이산 값을 갖는다.

이 절에서의 목적은 신호들은 수학적인 함수들로 표현될 수 있다는 개념을 소개하는 데 있다. 많은 친숙한 함수들이 신호와 시스템을 공부함에 있어 아주 유용하다는 것을 곧 알게 되지만, 그러한 사실을 보여주려고 시도조차 하지 않았다. 우리의 유일한 관심은 함수들과 신호들 사이의 관계를 정립하는 데 있으며, 이 시점에서 함수들은 단순히 신호에 대한 추상적인 기호로 취급된다. 그러므로, 예를 들어, 지금은 "음성 신호 $s(t)$" 혹은 "샘플링된 영상 $p[m, n]$"이라고만 말할 수 있다. 이것이 지금은 별로 중요해 보이진 않지만, 다음 절에서는 신호와 시스템을 체계적인 방법으로 표현하는 데 수학을 사용하고자 하는 우리의 목표가 실제로 얼마나 중요한가를 알 수 있을 것이다.

1-2 시스템의 수학적 표현

이미 설명한 바와 같이, 시스템은 신호들을 새로운 신호들이나 또는 다른 신호 표현들로 변환시키는 어떤 것이다. 이 정의는 다소 모호한 정의이지만, 출발점으로는 유용하다. 좀 더 구체적으로 말하면, 1차원 연속시간 시스템은 입력 신호 $x(t)$를 받아서, 이에 대응하는 출력 신호 $y(t)$를 발생시킨다. 이것은 수학적으로 다음

$$y(t) = \mathcal{T}\{x(t)\} \tag{1.1}$$

과 같이 나타낼 수 있으며, 이 식은 입력 신호(파형, 영상 등)는 시스템(연산자 $\mathcal{T}$로 표시된 것)에 의해 동작해서 출력 $y(t)$를 발생시킨다는 것을 의미한다. 이 설명이 처음에는 매우 추상적으로 들리지만, 간단한 예를 들어 신기한 것이 아니라는 것을 보여줄 것이다. 출력 신호가 입력 신호의 제곱인 시스템을 생각해 본다. 이 시스템은 수학적으로 간단하게

$$y(t) = [x(t)]^2 \tag{1.2}$$

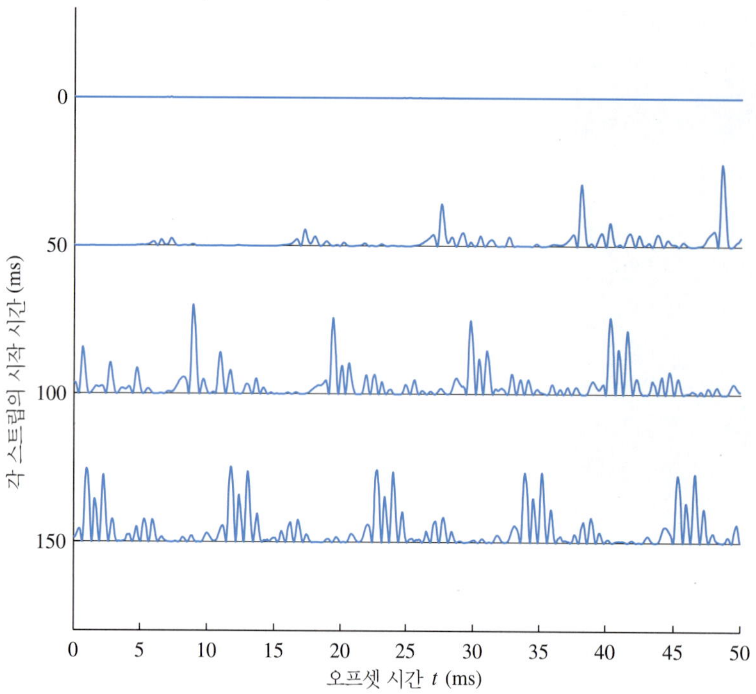

그림 1-4 그림 1-1의 입력 음성 신호에 대한 제곱 시스템의 출력. 제곱 시스템을 정의하는 식은 $y(t)=[x(t)]^2$이다.

와 같이 표현되며, 이 식은 매 순간 출력 값은 같은 시간에 입력되는 신호의 제곱과 같다는 것을 말한다. 이런 시스템은 논리적으로 "제곱 시스템"이라 불린다. 그림 1-4는 그림 1-1의 입력을 제곱한 출력 신호를 보여준다. 제곱 연산의 특성으로부터 예상할 수 있듯이, 출력 신호는 항상 음이 아니며 작은 신호 값들에 비해 큰 신호 값들이 상대적으로 강조된다.

식 (1.2)에 의해 정의된 제곱 시스템은 **연속시간 시스템 (Continuous-time System)** (즉, 입력과 출력이 연속시간 신호들인 시스템)의 하나의 간단한 예이다. 제곱 시스템과 같이 동작하는 물리적 시스템을 만들 수 있을까? 그 답은 예이다; 식 (1.2)의 시스템은 전자회로들을 적절히 연결해서 근사하게 만들 수 있다. 다른 한편으로, 만약 시스템의 입력과 출력이 모두 이산신호들(수열)이고 다음

$$y[n] = (x[n])^2 \tag{1.3}$$

와 같은 관계를 가지면, 이 시스템은 **이산시간 시스템 (Discrete-time System)**이다. 이산시간 제곱 시스템의 구현은 디지털 컴퓨터가 주어진다면 매우 간단해진다; 단순히 각 이산시간 신호 값을 자기 자신의 값과 곱하면 된다.

시스템에 대해 생각하고 기록할 때, 시스템에 대한 시각적인 표현이 유용할 때가 종종 있다. 이러한 목적에서, 공학자들은 **블록 다이어그램 (Block Diagrams)**을 사용하며, 이는 시스템 구현을 위해 수행되는 연산들을 표현하고, 복잡한 시스템을 구현하는 데 있어서 존재할지 모르는 많은 신호들 사이의 상호연관성을 보여준다. 그림 1-5에는 블록 다이어그램의 일반적인 형태의 예를 보였다. 이 다이어그램이 보여주는 것은 단순히 신호 $y(t)$는 신호 $x(t)$로부터 연산 $T\{\ \}$를 하여 얻어진다는 것을 보여준다.

또 하나의 시스템의 특정한 예는 앞에서 제시한 연속시간 신호와 이산시간 신호 간의 샘플링

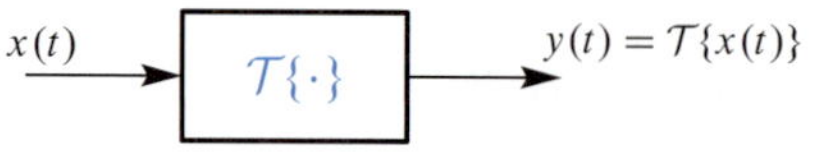

그림 1-5 연속시간 시스템의 블록 다이어그램 표현

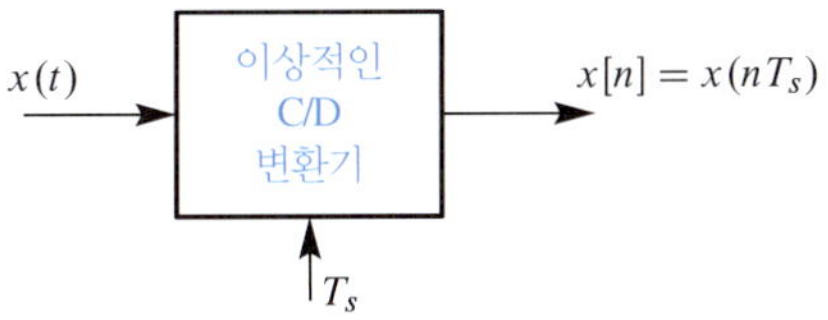

그림 1-6 샘플러의 블록 다이어그램 표현

관계에서 언급할 때 보였다. 샘플러(sampler)는 입력이 연속시간 신호 $x(t)$이며 출력이 이에 대응하는 샘플의 수열이며, 식

$$x[n] = x(nT_s) \tag{1.4}$$

로 정의되며, 이 식은 단순히 샘플러가 매 T_s초(s)[1] 마다 한 번씩 연속시간 입력 신호의 "순간적으로 스냅사진을 찍는 것"이라고 말한다. 따라서 샘플링의 동작은 시스템에 대한 우리의 정의에 적합하고, 이를 그림 1-6의 블록 다이어그램으로 나타낼 수 있다. 우리는 흔히 샘플러 시스템을 "이상적인 연속-이산 변환기" 또는 이상적인 C/D 변환기라고 한다. 이 경우에는, 제곱기의 경우와 마찬가지로, 시스템에 붙여진 이름 자체가 시스템이 무엇을 하는지를 진짜로 잘 나타낸다.

1-3 빌딩 블록으로서 시스템

블록 다이어그램은 복잡한 시스템들을 보다 단순한 시스템들로 표현하기 때문에 유용하고 보다 이해하기 쉽다. 예를 들어, 그림 1-7은 MP3 압축을 이용하여 음악을 녹음하고 재생하는 과정을 블록 다이어그램으로 나타냈으며, 이 블록 다이어그램은 전체 작동을 네 개의 서브시스템(Subsystem)으로 분리하였고, 각각의 서브시스템은 더 작은 서브시스템들로 분해할 수 있다. 첫 번째 동작은 A/D (아날로그-디지털) 변환으로 음악 파형을 디지털 형태로 바꾼다. A/D 시스템은 식 (1.4)에서 정의된 이상적인 C/D 변환기를 물리적으로 가깝도록 만든 것이다. A/D 변환기는 입력 신호의 샘플들을 유한 정밀도를 가진 숫자(제한된 비트수로 양자화된)로 만드는 반면, 이상적인 C/D 변환기는 무한 정밀도를 가진 샘플들을 만든다. 정밀한 오디오 시스템에 사용되는 높은 정밀도의 A/D 변환기들에 대해서는, A/D 변환기와 이상적인 C/D 변환기 사이의 차이는 미미하다. 하지만, 그 차이는 매우 중요하다 — 유한 정밀도로 양자화된 샘플값들만이 유한한 크기의 디지털 메모리에 저장될 수 있다.

그림 1-7은 A/D 변환기의 출력이 MP3 방법을 사용하여 숫자들 $x[n]$을 훨씬 더 적은 비트열로 압축하는 시스템의 입력이라는 것을 보여준다. 이것은 복잡한 과정이지만, 우리의 목적에는 이 과정을 하나의 동작으로 보여주는 것으로 충분하다. 출력은 효과적으로 서버에 데이터로 저장되거나 또는 사용자에게 전송될 수 있는 압축된 디지털 형태의 표현이다. 일단 다른 사용자가 압축된 데이터 파일을 갖게 된다면, 오디오 신호를 듣기 위해서 MP3 압축 과정을 거꾸로 수행하여야 한

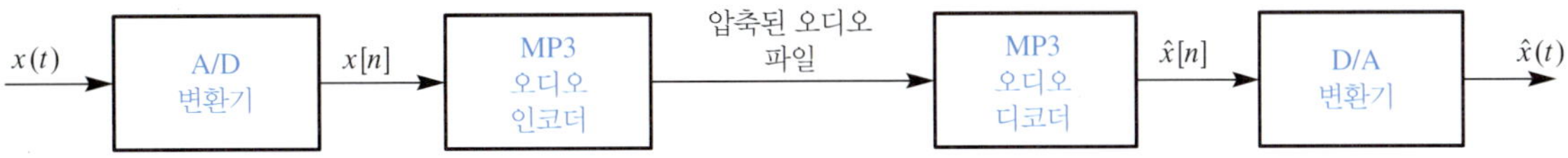

그림 1-7 MP3 오디오 압축과 재생 시스템을 간략화한 블록다이어그램

1) 시간의 단위를 초(seconds)로 나타낼 때 줄여서 s를 쓴다.

다. MP3는 "손실" 압축 기법이므로, MP3 디코더에 의하여 합성된 신호는 단지 원신호의 근사치가 된다. 하지만, 이렇게 MP3로 근사화된 신호와 원신호의 차이를 들어서는 구별하기 힘들다. 왜냐하면, MP3 인코딩 방법이 특정한 부호화 에러를 들을 수 없다는 인간 청력의 한계를 이용하기 때문이다. 일단 음악 파형이 디지털 형태 $\hat{x}[n]$으로 재구성된 후에, 마지막 블록에서는 D/A (디지털-아날로그)라고 불리는 시스템을 이용하여 이산시간 형태에서 연속시간(음향) 형태로 변환한다. 이 시스템은 유한 정밀도를 가진 2진수 수열을 받아들여서, 샘플들 사이를 연속시간 함수로 채운다. 이러한 결과로 생성된 연속시간 전기신호는 소리로 변환하기 위하여 앰프, 스피커, 헤드폰과 같은 다른 시스템으로 전달된다. 제4장에서는 이상적인 D/C 변환기를 다룰 것이다. 이 변환기는 D/A 변환기라고 하는 물리적인 장치의 이상적인 형태이다.

MP3 오디오와 같은 시스템들은 우리 주위에 많이 있다. 예를 들어, 디지털 카메라는 저장하기 전에 디지털 영상 파일 크기를 줄이기 위해 JPEG 인코딩을 사용하고, 사진을 보여주기 위해 JPEG 디코딩을 사용한다. 대부분의 경우에 있어서, 우리는 그런 시스템이 어떻게 동작하는지 생각할 필요가 없다. 그러나 이 예제는 복잡한 시스템을 계층적인 형태로 살펴보는 것이 얼마나 가치가 있는지를 보여준다. 이런 방법으로 우리는 먼저 각 부분들을 이해하고, 각 부분들 간의 관계, 그리고 최종적으로 전체 시스템을 이해하게 된다. 이러한 방식으로 MP3 오디오 시스템을 조사해 보면, 우리는 두 가지를 이야기 할 수 있다. 무엇보다 먼저, 신호를 연속시간으로부터 이산시간으로 변환하고, 이것을 다시 연속시간으로 되돌리는 변환은 시스템의 다른 부분과 분리하여 고려할 수 있다는 것이다. 이러한 블록들을 시스템에 연결하는 것은 상대적으로 이해하기 쉽다. 왜냐하면, 이 장치들이 실질적으로 오디오 신호를 받아들이고 내보내는 인터페이스 역할을 하기 때문이다. 두 번째로, 다른 부분의 상세한 내용은 감추고 그 분야의 전문가에게 맡길 수 있는데, 예를 들면, MP3 인코더와 디코더 서브시스템들의 상세한 분석은 그 분야의 전문가가 처리할 수 있다. 사실, 이러한 시스템들은 많은 신호처리 연산들을 필요로 하며, 우리가 교재에서 배우게 되는 여러 개의 대표적인 DSP (Digital Signal Processing) 블록들을 연결해서 이러한 연산들을 구체화할 수 있다.

1-4 다음 단계

MP3 오디오 코딩 시스템은 상대적으로 복잡한 이산시간 시스템의 좋은 예이다. 그림 1-7의 블록들 안에는 많은 이산시간 서브시스템들과 이산시간 신호들이 숨겨져 있다. 우리가 MP3 코더들 혹은 다른 복잡한 시스템의 모든 상세한 내용을 설명한다고 약속하지는 못하지만, 이산시간 신호들과 시스템들 및 연속시간 신호들과 시스템들을 이해하기 위한 기초가 확립되기를 희망하며, 그래서 이러한 지식이 좀 더 복잡한 시스템의 구성요소들을 이해하는 데 적용될 수 있으면 한다. 제2장에서는 기본적인 수학 수준에서 출발하여, 잘 알려진 삼각함수 사인과 코사인 함수가 신호와 시스템 이론에서 어떻게 근본적인 역할을 하는지 보여줄 것이다. 다음으로, 복소수가 어떻게 삼각함수의 연산을 간단하게 하는지 보여줄 것이다. 그 다음 장들에서는 신호의 주파수 스펙트럼의 개념과 선형 시불변 시스템으로 필터링 개념을 소개하고자 한다. 이 책의 끝부분까지, 연습문제를 풀고, 데모를 해보고, 동반 웹사이트(아이콘으로 표시됨)의 랩 실습을 성실하게 한다면, 독자는 대부분의 현대 신호처리 기술에 필요한 많은 중요한 개념들을 확고하게 이해함으로써 보상을 받을 것이다.

참고
동반 웹사이트에는 랩실습, 데모, 답이 있는 연습문제가 많이 있다.

제 2 장

정현파 신호

우리의 논의는 *코사인(cosine) 신호* 또는, 동등하게, *사인(sine) 신호*라고 불리는 일반적인 부류의 신호를 소개함으로써 시작하며, 이 신호들은 특별히 음향 신호나 또는 전기 신호를 말할 때, 보통 코사인 또는 사인파라고 말해진다. 통틀어서, 이런 신호들을 **정현파 신호(Sinusoidal Signals)** 또는 좀 더 간결하게 **정현파(Sinusoids)**라고 부른다. 정현파 신호들은 신호와 시스템의 이론에서 가장 기본적인 구성요소이며, 이들의 성질들에 익숙해지는 것은 매우 중요하다. 정현파의 가장 일반적인 식은

$$x(t) = A\cos(\omega_0 t + \varphi) \tag{2.1}$$

이며, 여기서 cos(·)는 삼각함수를 공부할 때 익숙했던 코사인 함수이다. 연속시간 신호를 정의할 때, 전형적으로 독립변수 t인 함수를 사용하는데, 이는 시간을 나타내는 연속 실수 변수이다. 식 (2.1)에서 $x(t)$는 코사인 함수의 각도 (또는 입력변수)가, 이번에는, 변수 t의 함수인 수식임을 알 수 있다. 정상적으로 시간은 단조증가 한다고 생각하므로, 코사인 함수의 각도는 같은 논리로 시간에 비례하여 증가한다. 특별한 코사인 신호에서는 파라미터 A, ω_0, φ들은 고정된 숫자들이다. 특히, A는 코사인 신호의 **진폭(Amplitude)**, ω_0는 **라디안 주파수(Radian Frequency)**, 그리고 φ는 **위상(Phase)**이라고 불린다.

그림 2-1은 아래의 연속시간 정현파

$$x(t) = 10\cos(2\pi(440)t - 0.4\pi)$$

의 그래프를 보여주며, 식 (2.1)에서 $A=10$, $\omega_0=2\pi(440)$, 그리고 $\varphi=-0.4\pi$이다. $x(t)$는 A와 $-A$ 사이에서 진동하고, (대략) 매 1/440=0.00227 초마다 같은 진동 패턴으로 반복한다. 이 시간 간격은 정현파 함수의 **주기(Period)**라고 불린다. 이 장의 뒷부분에서 정현파 파형의 대부분의 특성들은 직접적으로 이 3개의 파라미터 A, ω_0, φ에 의해 좌우된다는 것을 보여줄 것이다.

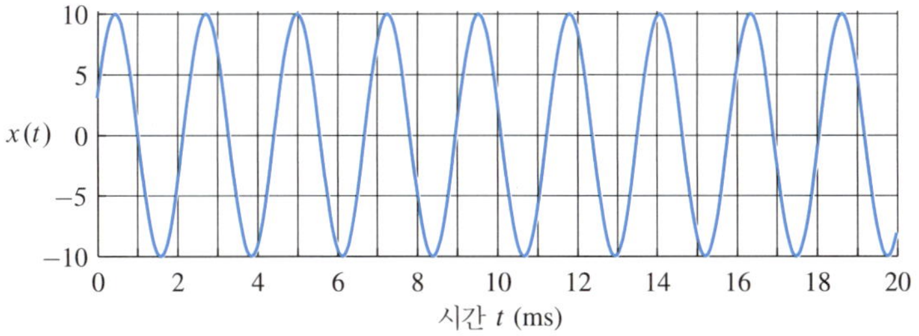

그림 2-1 식 $x(t)=10\cos(2\pi(440)t-0.4\pi)$로부터 생성된 정현파 신호

2-1 소리굽쇠 실험

코사인파가 중요한 이유 중의 하나가 많은 물리적인 시스템들이 시간에 따른 사인 또는 코사인 함수로 모델링될 (즉, 수학적으로 나타낼) 수 있기 때문이다. 가장 좋은 예들 중에는 인간이 들을 수 있는 신호들이 있다. 악기에 의하여 만들어지는 음이나 음조는 서로 다른 피치들 (Pitches)로 인식된다. 음들을 정현파로 그리고 피치를 주파수로 동일시하는 것은 지나친 간략화이지만, 정현파의 수학은 복잡한 소리 신호와 인간이 이들을 인식한다는 것을 이해하기 위한 중요한 첫 번째의 단계이다.

데모
소리굽쇠

정현파를 공부하기 위한 동기를 제공하기 위하여, 정현파 신호를 생성하는 매우 간단하고 잘 알려진 시스템을 고려함으로써 시작한다. 이 시스템은 **소리굽쇠(Tuning Fork)**로, 한 예를 그림 2-2에 보였다. 날카롭게 때리면, 소리굽쇠의 갈래는 진동하면서 “순수한” 음을 발생한다. 이 음은 단일 주파수를 가지며, 이 주파수는 보통 소리굽쇠 위에 찍혀있다. “A-440” 소리굽쇠는 가장 흔하며, 이 440헤르츠 (Hz)는 음계에서 중간 도(C)의 위에 있는 라(A)음의 주파수이며, 피아노나 다른 악기들의 음을 조율할 때 사용되는 표준음이다. 만일 소리굽쇠를 구할 수 있다면, 다음과 같은 실험을 해볼 수 있으며, 이것은 동반 웹사이트에서 동영상으로 볼 수 있다.

> 소리굽쇠로 무릎을 때리고 귀에 가져가 본다. 소리굽쇠에 지정된 주파수에서 뚜렷한 “흠”하는 소리가 들린다. 소리굽쇠를 잘 때리면 이 소리가 상당한 시간 동안 계속된다. 그러나 이 실험은 잘못하기가 쉽다. 만일 소리굽쇠를 탁자와 같은 단단한 표면에 때리면, 높은 음의 “팅”하는 금속성의 소리를 듣게 된다. 이것은 우리가 찾는 고유의 소리가 아니다. 만일 이 소리굽쇠를 귀에 가까이 하여 들어보면 두 가지의 음을 들을 수 있다: 고주파의 “팅” 소리는 곧 사라지고, 그 다음에는 저주파의 “흠”하는 소리를 듣게 된다.

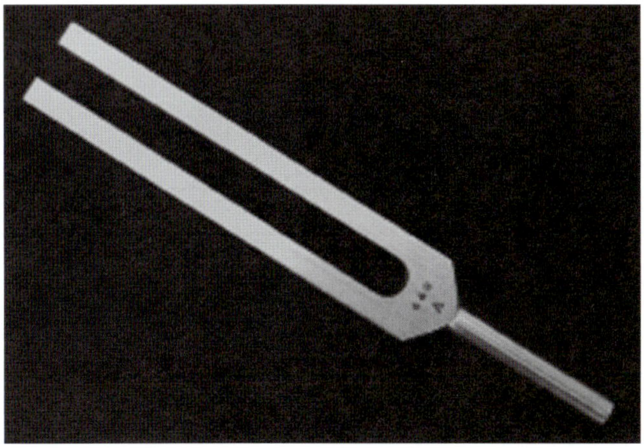

그림 2-2 440 Hz 소리굽쇠의 사진

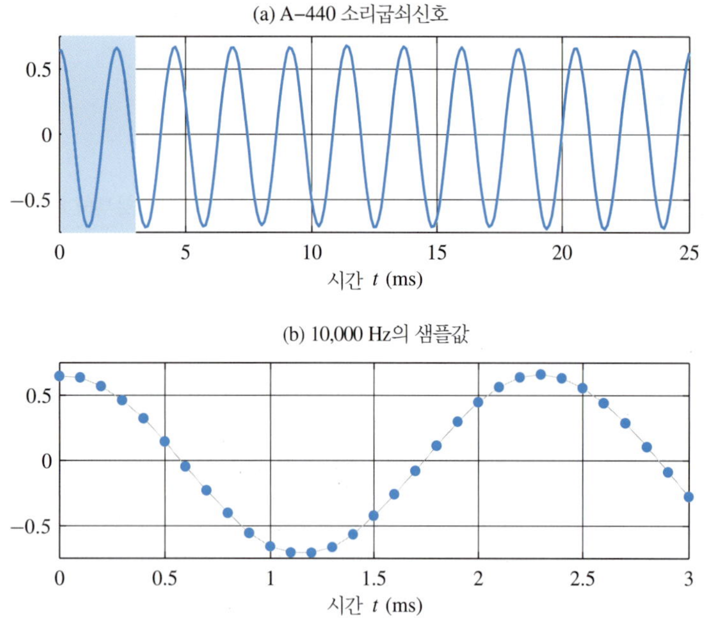

그림 2-3 (a) 10,000샘플/초의 속도로 샘플링된 A-440 소리굽쇠 신호. (b) 위의 그래프의 첫 3 ms 동안(음영 영역)을 확대한 모습으로, 각 샘플값들을 보여준다(가는 실선으로 연결되었다).

마이크와 A/D 변환기를 갖춘 컴퓨터를 사용하여, 소리굽쇠에서 나오는 신호를 디지털 형태로 녹음할 수 있다. 마이크는 음을 전기 신호로 바꾸고, 이 신호는 컴퓨터가 저장할 수 있는 숫자의 열로 바뀐다. 이 숫자들은 MATLAB에서 파형으로 그릴 수 있다. A-440 소리굽쇠의 경우, 소리굽쇠를 처음 두드린 이후에 나오는 짧은 시간 동안의 신호를 그림 2-3(a)에 보였다. 여기서 A/D 변환기는 마이크에서 나오는 신호를 초당 10,000회 샘플링했다. 이 신호의 초반 3 ms 동안의 신호는 그림 2-3(b)에 좀 더 세밀하게 그린 것이다. 그림 2-3(a)에서 “연속적으로 보이는” 그래프는 샘플값들을 직선으로 연결하여 그린 것이다. 소리굽쇠에서 나오는 이 신호는 그림 2-1의 코사인 신호와 매우 유사하다. 신호는 진폭이 대칭적인 범위 내에서 진동하며 또한 대략 2.27 ms (0.00227초)의 주기로 반복된다. 2-3.1절에서 보게 되겠지만, 이 주기는 주파수 ω_0의 역수에 비례한다(즉, $2\pi/(2\pi(440)) \approx 0.00227$).

이 실험은 평범한 물리적인 시스템들이, 식 (2.1)에서 정의된 수학적인 함수의 그래프에서와 같이, 코사인 신호와 매우 흡사한 신호들을 발생한다는 것을 보인다. 나중에, 2.7절에서는, 코사인 함수들은 (물리학의 법칙을 통하여) 소리굽쇠 다리의 움직임을 나타내는 미분방정식의 해로서 발생한다는 것을 보임으로써, 소리굽쇠에 대한 정현파 모델에 더 많은 신뢰성을 더하게 될 것이다. 소리굽쇠의 물리적인 내용을 보기 전에, 정현파와 정현파 신호들에 대하여 더욱 익숙해져야 한다.

2-2 사인과 코사인 함수의 복습

정현파 신호들은 친숙한 삼각함수의 사인과 코사인 함수들로 정의된다. 이런 기본적인 삼각함수들의 성질들에 대하여 간략하게 복습을 하면 정현파 신호의 특성을 이해할 수 있다.

사인과 코사인 함수들은 그림 2-4와 같은 삼각형 다이어그램을 이용하여 종종 소개되고 정의된다. 사인과 코사인 같은 삼각함수는 입력 변수로 각도를 사용한다. 우리는 보통 각도는 도(Degree)라고 생각하지만, 사인과 코사인 함수가 관련되면, 각도는 반드시 차원이 없어야 한다. 그

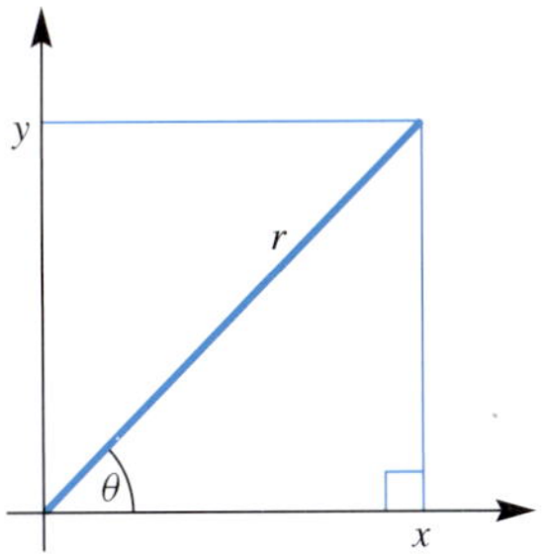

$$\sin\theta = \frac{y}{r} \implies y = r\sin\theta$$

$$\cos\theta = \frac{x}{r} \implies x = r\cos\theta$$

그림 2-4 직각삼각형에서 각도 θ의 사인과 코사인의 정의

러므로 각도는 라디안 (Radian)으로 지정된다. 만일 각도 θ가 1상한에 있다면 ($0 \le \theta < \pi/2$ 라디안), θ의 사인은 각도 θ의 반대편의 삼각형의 변의 길이를 직각삼각형의 빗변의 길이로 나눈 것이다. 유사하게, θ의 코사인은 빗변의 길이에 대한 인접한 변 x의 길이의 비이다.

θ가 0에서 $\pi/2$로 증가함에 따라, $\cos\theta$는 1에서 0으로 감소하고, $\sin\theta$는 0에서 1로 증가한다는 것을 참고한다. θ가 $\pi/2$보다 커지면, x와 y의 부호를 고려해야 하며, x 값은 2, 3사분면에서 음수가 되고, y값은 3, 4사분면에서 음수가 된다. 이것은 그림 2-5와 같이, $\sin\theta$와 $\cos\theta$를 θ의 함수로 그려보면 쉽게 알 수 있다. 이 그래프[1]의 몇 가지 특징들은 언급할 필요가 있다. 먼저 두 함수는 정확히 동일한 모양을 가졌다. 실제로, 사인 함수는 코사인 함수를 $\pi/2$만큼 우측으로 이동한 것이다 (즉, $\sin\theta = \cos(\theta - \pi/2)$). 두 함수는 모두 $+1$과 -1 사이에서 진동하며, 주기 2π로 같은 형태가 주기적으로 반복된다. 또한, 사인 함수는 입력 변수에 대하여 기함수이고, 코사인 함수는 우함수이다. 이런 성질들과 다른 성질들은 표 2-1에 정리되어 있다.

표 2-2는 사인 함수와 코사인 함수가 매우 밀접히 관련되어 있다는 것을 보인다. 이 사실은 종종 사인과 코사인 함수를 모두 포함하는 수식을 간략히 만들 수 있는 기회를 제공하기도 한다. 미적분학에서는, 사인과 코사인 함수들은 서로 간의 미분이라는 재미있는 성질들을 갖는다:

$$\frac{d\sin\theta}{d\theta} = \cos\theta \quad \text{및} \quad \frac{d\cos\theta}{d\theta} = -\sin\theta$$

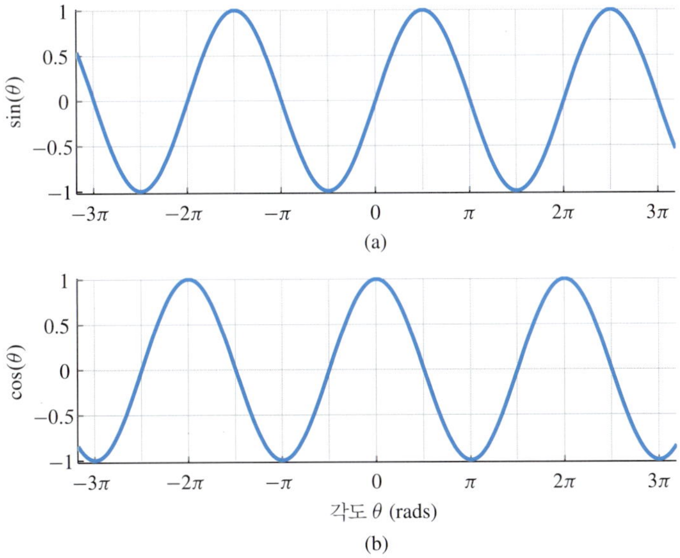

그림 2-5 각도 θ에 대하여 그린 (a) 사인 함수와 (b) 코사인 함수. 두 함수 모두 2π의 주기를 갖는다.

1) 이 그래프의 형태를 기억하고 정확하게 그릴 수 있는 것이 좋다.

표 2-1 사인과 코사인 함수의 기본 특성

성질	식
등가성질	$\sin\theta = \cos(\theta - \pi/2)$ 또는 $\cos\theta = \sin(\theta + \pi/2)$
주기성	$\cos(\theta + 2\pi k) = \cos\theta$, k는 정수
코사인의 우함수 성질	$\cos(-\theta) = \cos\theta$
사인의 기함수 성질	$\sin(-\theta) = -\sin\theta$
사인의 0점들	$\sin(\pi k) = 0$, k는 정수
코사인이 1이 되는 점	$\cos(2\pi k) = 1$, k는 정수
코사인이 −1이 되는 점	$\cos[2\pi(k + \frac{1}{2})] = -1$, k는 정수

표 2-2 기본적인 삼각함수 등식

번호	식
1	$\sin^2\theta + \cos^2\theta = 1$
2	$\cos 2\theta = \cos^2\theta - \sin^2\theta$
3	$\sin 2\theta = 2\sin\theta\cos\theta$
4	$\sin(\alpha \pm \beta) = \sin\alpha\cos\beta \pm \cos\alpha\sin\beta$
5	$\cos(\alpha \pm \beta) = \cos\alpha\cos\beta \mp \sin\alpha\sin\beta$

삼각함수에서, 정현파 신호들의 조합을 간략한 식으로 만드는 데 사용할 수 있는 등식들이 많이 있다. 표 2-2에는 유용한 **삼각함수 등식(Trigonometric Identity)**들을 간략히 정리하였다. 삼각함수를 배울 때, 이 등식들이 서로 무관하지 않다는 것을 배웠을 것이다; 예를 들어 등식 #3은 등식 #4에서 $\alpha=\beta=\theta$인 경우이다. 또한, 이 등식들을 결합하여 다른 등식들을 유도할 수 있다. 예를 들어, 양의 부호를 갖는 등식 #5와 음의 부호를 갖는 등식 #5를 더하면 다음의 등식으로 유도된다

$$\cos\alpha\cos\beta = \tfrac{1}{2}\cos(\alpha + \beta) + \tfrac{1}{2}\cos(\alpha - \beta)$$

참고
동반 웹사이트에는 연습문제 해답이 준비되어 있다.

삼각함수 등식들의 좀 더 많은 등식들의 표는 온라인이나, 수학 표를 다루는 어떤 책에서도 찾을 수 있다. 하지만, 일단 정현파 신호에 대하여 복소수 페이저(Phasor) 표기를 소개하면, 이런 등식들은 전혀 필요 없거나 거의 필요하지 않게 될 것이다.

연습문제 2.1 등식 #5를 이용하여, $\cos 8\theta$를 $\cos 9\theta$, $\cos 7\theta$, $\cos\theta$에 대하여 유도하여라.

2-3 정현파 신호

정현파 시간 신호의 가장 일반적인 수학식은 코사인 함수의 입력 변수(즉, 각도)를 시간 t의 함수로 만들어 구하는 것이다. 다음 수식은 두 개의 동등한 형태:

$$x(t) = A\cos(\omega_0 t + \varphi) = A\cos(2\pi f_0 t + \varphi) \tag{2.2}$$

를 보여주며, 이 두 형태는 $\omega_0 = 2\pi f_0$로 정의함으로써 연관관계가 있다. 두 가지 형 모두, 세 개의 독립적인 파라미터를 갖는다. 이들 파라미터들의 명칭과 해석은 다음과 같다:

(a) A는 **진폭(Amplitude)**이라고 부른다. 진폭은 코사인 함수가 얼마나 큰지를 정하는 스케일 인자이다. 함수 $\cos\theta$가 $+1$과 -1 사이에서 진동하므로, 식 (2.2)의 신호 $x(t)$는 $+A$와 $-A$ 사이에서 진동한다.

(b) φ는 **위상(Phase)**이라고 불린다. 코사인의 입력 변수는 단위가 반드시 라디안이어야 하므로, 위상의 단위는 반드시 라디안이어야 한다. 위상을 정의할 때, 우리는 일반적으로 코사인 함수를 사용하는 것을 선호한다. 만일 예를 들어 $x(t) = A\sin(\omega_0 t + \varphi')$과 같이 사인을 포함하는 식을 우연히 갖고 있다면, 표 2-1에 나타난 등가성질을 이용하여 $x(t)$를 코사인으로 다시 쓸 수 있다. 결과는

$$x(t) = A\sin(\omega_0 t + \varphi') = A\cos(\omega_0 t + \varphi' - \pi/2)$$

이며, 식 (2.2)에서의 위상을 $\varphi = \varphi' - \pi/2$가 되도록 정의한다. 간결성과 혼동을 피하기 위해, 보통 사인 함수를 이용하는 것은 피한다.

(c) ω_0는 **라디안 주파수(Radian Frequency)**이다. 코사인 함수의 입력 변수는 반드시, 차원이 없는, 라디안이어야 하기 때문에, 물리량 $\omega_0 t$도 같이 차원이 없어야 한다. 따라서 만일 t의 단위가 초라면, ω_0의 단위는 반드시 rad/s이어야 한다. 같은 이유로, $f_0 = \omega_0/2\pi$는 **주파수(Frequency)**라고 불리며, f_0의 단위는 반드시 s^{-1} 또는 헤르츠(Hertz)이어야 한다.

예제 2-1 정현파 그래프

그림 2-6은 신호

$$x(t) = 20\cos(2\pi(40)t - 0.4\pi) \tag{2.3}$$

에 대한 그래프이다. 앞의 정의에 의하면, 신호 파라미터들은 $A = 20$, $\omega_0 = 2\pi(40)$ rad/s, $f_0 = 40$ Hz, $\varphi = -0.4\pi$ rad이다. 이 신호의 크기는 진폭 파라미터 A에 의해 정해진다: 신호의 최대값과 최솟값은 각각 $+20$과 -20이 된다. 그림 2-6에서, 최대값은

$$t = \ldots, -0.02, 0.005, 0.03, \ldots$$

에서 발생하고, 최솟값은

$$\ldots, -0.0325, -0.0075, 0.0175, \ldots$$

에서 발생한다. 그림 2-6에서 연속된 최대값 사이의 시간 간격은 0.025초이며, 이것은 $1/f_0$와 같다. 이 신호가 왜 이런 성질들을 갖는지를 이해하려면, 더 많은 분석을 필요로 한다.

데모
Sinusoids

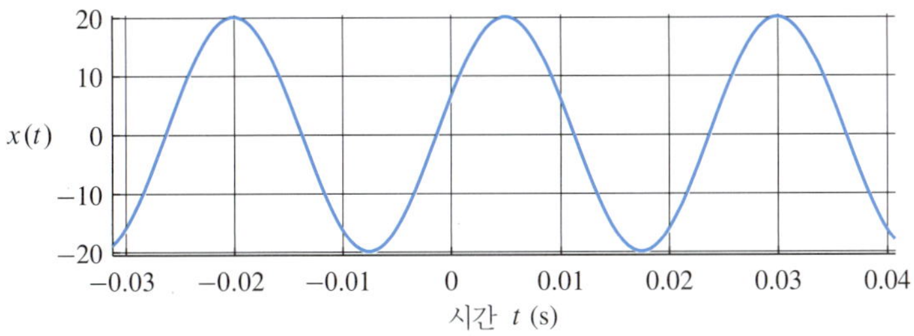

그림 2-6 파라미터들 $A = 20$, $\omega_0 = 2\pi(40)$, $f_0 = 40$ Hz, $\varphi = -0.4\pi$ rad을 갖는 정현파 신호

2-3.1 주파수와 주기의 관계

그림 2-6에 그린 정현파는 주기 신호이다. 정현파의 **주기(Period)**는 T_0로 표시하며, 정현파에서 한 사이클의 시간 길이이다. 일반적으로, 정현파의 주파수는 그 주기를 결정하며, 그 관계식은 주기성질의 정의 $x(t+T_0)=x(t)$를 다음과 같이 적용하여 찾을 수 있다:

$$A\cos(\omega_0(t+T_0)+\varphi) = A\cos(\omega_0 t+\varphi)$$
$$\cos(\omega_0 t + \underbrace{\omega_0 T_0}_{=2\pi?} + \varphi) = \cos(\omega_0 t+\varphi)$$

코사인 함수의 주기는 2π이므로, $\omega_0 T_0$의 가장 작은 양수값은 2π이고, 이 값은 T_0와 Hz 단위의 주파수 f_0 사이에 다음과 같은 단순한 관계가 성립한다.

$$T_0 = \frac{2\pi}{\omega_0} = \frac{2\pi}{2\pi f_0} = \frac{1}{f_0} \tag{2.4}$$

T_0가 신호의 한 주기 간격이므로, $f_0 = 1/T_0$는 초당 주기의 개수 (사이클)가 된다. 따라서 초당 사이클의 수는 f_0의 적절한 단위이며, 헤르츠 (약자로 Hz)라는 단위가 전 세계적으로 널리 사용되기 시작한 1960년대 전까지 이 단위는 일반적으로 사용되었다.[2] 라디안 주파수 ω_0에 대해서는 단위가 rad/sec이다. 정현파의 그래프를 그릴 때, f_0에 대하여 Hertz 단위 또는 초당 사이클의 단위가 종종 더 편리하며, 그 이유는 인수 2π가 포함되지 않기 때문이다.

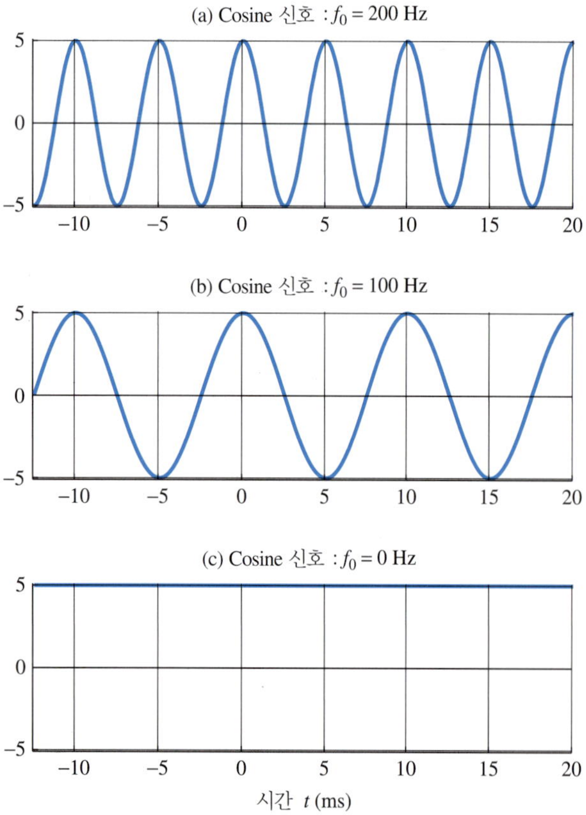

그림 2-7 f_0의 여러 값에 따른 $x(t) = 5\cos(2\pi f_0 t)$ 코사인 신호들. (a) $f_0 = 200$ Hz, (b) $f_0 = 100$ Hz, (c) $f_0 = 0$

2) Hertz(Hz)라는 단위는 전자기파의 존재를 처음으로 증명한 하인리히 헤르츠를 기념하여 Electrotechnical Commission에 의하여 1933년에 제안되었다.

높은 값의 주파수일수록 단위 시간당 사이클이 더 많아지기 때문에, 주파수 파라미터의 영향을 이해하는 것은 상대적으로 쉽다. 그림 2-7은 신호 $x(t) = 5\cos(2\pi f_0 t)$에서 f_0의 세 개의 선택에 대한 이 영향을 보인다. 그림 2-7(a)는 그림 2-7(b)에 비해 높은 주파수를 갖는다. 예상했듯이, 파형은 둘이 서로 비슷하지만 높은 주파수 신호는 시간에 따라 더욱 급격하게 변화한다(즉, 사이클의 길이(주기)가 더 짧다). 이미 식 (2.4)에서 본 것과 같이 코사인 신호의 주기는 주파수의 역수이다. 주파수가 두 배로 커지면 (100 Hz에서 200 Hz로), 주기는 반으로 준다는 것을 주목한다. 이 그림은 주파수가 더 높아질수록, 신호 파형은 시간에 따라 더 급격하게 변한다는 일반적인 원칙에 대한 설명이다. 이 책을 통해, 시간과 주파수 사이의 역의 관계를 보여주는 예제를 더 많이 보게 될 것이다.

마지막으로, $f_0 = 0$은 완벽하게 허용 가능한 주파수 값이며, 이 값이 사용되면, 모든 시간에 대하여 $5\cos(2\pi(0)t) = 5$이므로, 결과적인 신호는 상수라는 것을 주목한다 (그림 2-7(c)). 이와 같이, 상수 신호는, 보통 DC[3]라고 부르며, 사실상 주파수가 0인 정현파이다.

2-3.2 위상과 시간 이동

위상 파라미터 φ는 (주파수와 함께) 코사인파에서 최대치와 최소치의 시간적인 위치와, 또한 이들 사이의 0을 끊는 점들을 결정한다. 구체적으로, $\varphi = 0$인 정현파 (2.2)는 $t = 0$에서 양의 피크를 갖는다. $\varphi \neq 0$이면, 위상은 코사인 신호의 최대값이 $t = 0$으로부터 얼마나 많이 이동했는가를 결정한다.

정현파에 대하여 이 점을 자세히 설명하기 전에, 신호의 **시간 이동(Time-shifting)**의 일반적인 개념에 익숙해지는 것이 유용하다. 신호 $s(t)$가 알고 있는 수식이나 그래프로 정의되었다고 가정한다. 간단한 예가 다음의 삼각형 모양의 함수이다:

$$s(t) = \begin{cases} 2t & 0 \le t \le \frac{1}{2} \\ -\frac{2}{3}(t-2) & \frac{1}{2} \le t \le 2 \\ 0 & \text{그 외} \end{cases} \tag{2.5}$$

이 간단한 함수는, 그림 2-8(a)에 보였으며, $0 \le t < \frac{1}{2}$에서 기울기가 2이고, $\frac{1}{2} < t \le 2$에서 기울기가 $-\frac{2}{3}$이다. 이제 함수 $x_1(t) = s(t-2)$를 고려해 본다. 함수 $s(t)$의 정의에 의하면, $x_1(t)$는

$$0 \le (t-2) \le 2 \quad\Longrightarrow\quad 2 \le t \le 4$$

에서 0이 아닌 값을 갖는다. 이 시간 구간 안에서, 시간 이동된 신호의 식은 다음과 같다:

$$x_1(t) = \begin{cases} 2(t-2) & 2 \le t \le 2\frac{1}{2} \\ -\frac{2}{3}(t-4) & 2\frac{1}{2} \le t \le 4 \\ 0 & \text{그외} \end{cases} \tag{2.6}$$

다른 말로 하면, $x_1(t)$는 원점을 (그리고 피크를) 갖는 $s(t)$ 함수를 단지 오른쪽으로 2 sec 만큼 이동시킨 것이다; (그림 2-8(b) 참조). 유사하게, $x_2(t) = s(t+1)$은 $s(t)$를 왼쪽으로 1 sec 만큼 이동시킨 것이다 (그림 2-8(c)); 이 신호의 0이 아닌 부분은 구간 $-1 \le t \le 1$ 위치해 있다.

연습문제 2.2	시간 이동된 신호 $x_2(t) = s(t+1)$에 대한 식을 유도하라.

3) 전기전자 분야의 엔지니어들은 직류 전류 (direct current)를 나타내는 약어 DC를 사용하며, DC는 일정한 전류이다.

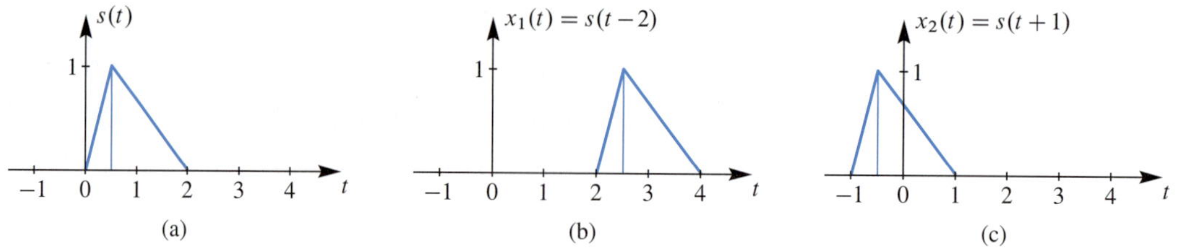

그림 2-8 시간 이동에 대한 설명. (a) 삼각신호 $s(t)$, (b) 우측으로 2 sec 만큼 이동, $x_1(t) = s(t-2)$, (c) 좌측으로 1 sec 만큼 이동, $x_2(t) = s(t+1)$

앞으로 시간 이동된 신호들을 고려하는 많은 경우들이 발생하게 될 것이다. 어떤 신호가 $x_1(t) = s(t - t_1)$의 형태로 나타낼 수 있다면, $x_1(t)$는 $s(t)$를 시간적으로 이동한 것이라고 말한다. 만일 t_1이 양수라면, 오른쪽으로 이동한 것으로, 이를 $s(t)$가 시간적으로 **지연되었다(Delayed)**고 말한다. 만일 t_1이 음수라면, 왼쪽으로 이동한 것이고, 이를 신호 $s(t)$가 시간적으로 **선행되었다(Advanced)**고 한다. 요약하면, 시간 이동이란 본질적으로 신호의 시간 원점을 다시 정의하는 것이다. 일반적으로, $s(t - t_1)$의 형태를 가진 모든 함수는 그것의 시간 원점이 $t = t_1$의 위치로 이동한 것이다.

정현파에서, 시간 이동은 $t = 0$에서 양의 피크를 갖는 위상 0인 코사인에 대하여 정의된다. 정현파 신호는 많은 수의 양(+)의 피크를 가지므로, 시간 이동을 정의하기 위해서는 하나를 골라야 하며, 그래서 정현파에서 $t = 0$과 가장 가까운 양수인 피크를 선택한다. 그림 2-6의 그래프에는, 양의 피크가 발생하는 시간이 $t_1 = 0.005$초이다. 이 경우 피크는 양의 시간에 나타나므로 ($t = 0$의 오른쪽), 이 시간 이동은 위상 0인 코사인 신호가 지연된 것이라고 말한다. 이제, 시간 지연을 위상과 연관 지을 수 있다. $x_0(t) = A\cos(\omega_0 t)$를 위상이 0인 코사인 신호라고 한다. 다음의 비교를 하여, $x_0(t)$의 지연은 위상 φ로 변환될 수 있다.

$$x_0(t - t_1) = A\cos(\omega_0(t - t_1)) = A\cos(\omega_0 t + \varphi)$$

$$\Rightarrow \cos(\omega_0 t - \omega_0 t_1) = \cos(\omega_0 t + \varphi)$$

두 번째 식이 모든 t에 대하여 반드시 성립해야 하기 때문에, $\varphi = -\omega_0 t_1$이라고 결론 내릴 수 있다. 시간 이동 t_1이 양수일 때 (지연), 위상은 음수가 된다는 점을 주의한다. 또한, 위상을 주기($T_0 = 1/f_0$)에 대해서 나타낼 수 있으며, 여기서 좀 더 직관적인 식을 얻을 수 있다.

$$\varphi = -\omega_0 t_1 = -2\pi\left(\frac{t_1}{T_0}\right) \tag{2.7a}$$

데모
Sine Drill

이 식은 위상은 주기에 대한 시간 이동의 비율에 2π를 곱한 것으로 말할 수 있다. 시간 이동을 위상으로부터 구할 필요가 있으면, t_1에 대하여 풀 수 있다.

$$t_1 = -\frac{\varphi}{\omega_0} = -\frac{\varphi}{2\pi f_0} = -\frac{\varphi T_0}{2\pi} \tag{2.7b}$$

원점 $t = 0$에서 가장 가까운 양의 피크는 반드시 항상 구간 $[-T_0/2, T_0/2]$ 안에 존재해야 하므로, 식 (2.7a)에서 계산된 위상은 항상 $-\pi < \varphi < \pi$를 만족하게 된다. 그러나, 또한 코사인 입력 변수에 2π를 더하여도 코사인의 값은 변하지 않으므로, 위상은 또한 모호하다. 이 점은 코사인이 주기 2π인 주기함수라는 사실의 직접적인 결과이다. 2π에 다른 정수배를 한 것은 각각 주기 파

형에서 다른 피크를 선택하는 것과 동일하다. 따라서 위상을 계산하는 또 하나의 방법은 정현파의 양의 피크를 어떤 것이든 하나 찾아 이에 대응되는 시간 위치값을 측정하는 것이다. 시간적 위치가 식 (2.7a)를 이용하여 위상으로 바꾼 다음에, 2π에 정수값을 곱한 값들을 위상으로부터 더하거나 빼서 최종 결과가 $-\pi$와 $+\pi$ 사이에 있도록 만들면 된다. 이렇게 하면 최종 결과는 $t = 0$으로부터 반주기 안에 있는 피크를 찾는 방법과 동일한 결과를 준다. 2π의 정수배를 더하거나 빼는 연산은 **모듈로 2π 나눗셈(Reducing Modulo 2π)**이라고 하며, 그 이유는 이 연산이 수학에서 모듈로 나눗셈과 유사하며, 그 값이 2π로 나눈 나머지와 같기 때문이다. $-\pi$와 $+\pi$ 사이의 위상값을 위상의 **주요값(Principal Value)**이라고 한다.

연습문제 2.3 그림 2-6에서, t_1의 양수와 음수 값 모두를 측정할 수 있으며 그 다음에 대응되는 위상들을 계산할 수 있다. 어느 위상값이 영역 $-\pi < \varphi \le \pi$ 안에 있는가? 이 두 위상들이 2π 만큼 차이가 난다는 것을 보여라.

연습문제 2.4 그림 2-6의 그래프에서 시작하여, $t_1 = 0.0075$일 때의 $x(t - t_1)$의 그래프를 그려라. $t_1 = -0.01$일 때에 대하여 반복하여라. 정확한 방향으로 이동했는지를 확인한다. 각각의 경우에, 결과로 구한 시간 이동된 정현파의 위상을 계산하여라.

연습문제 2.5 그림 2-6의 신호, $x(t) = 20\cos(2\pi(40)t - 0.4\pi)$에 대하여, $y(t) = Gx(t - t_1)$이 $5\cos(2\pi(40)t)$와 같아지도록 G와 t_1을 구하여라.

2-4 정현파의 샘플링과 그래프 그리기

이 장에서 나온 모든 정현파의 그래프들은 MATLAB을 이용해서 그려졌다. MATLAB은 열이나 행으로 이루어진 이산신호들만 다루지만, 우리는 실질적으로 연속함수 $x(t)$의 그래프를 그리는 것을 원하므로, 이 작업은 조심스럽게 작업되어야 했다. 예를 들어, 그림 2-6에서 보인

$$x(t) = 20\cos(2\pi(40)t - 0.4\pi) \tag{2.8a}$$

와 같은 함수의 그래프를 그리기를 원한다면, $x(t)$를 일련의 이산시간에서 계산해야 한다. 보통 우리는 **균등한** 집합 $t_n = nT_s$를 선택하며, 여기서 n은 정수이다. 그러면 $x(t)$로부터 샘플들을 구할 수 있다.

$$x(nT_s) = 20\cos(80\pi nT_s - 0.4\pi) \tag{2.8b}$$

여기서 T_s는 **샘플링 간격(Sampling Spacing)** 또는 **샘플링 주기(Sampling Period)**라고 불린다. MATLAB의 `plot` 함수를 이용하여 함수 $x(nT_s)$를 그릴 때, 한 쌍의 열이나 행벡터를 준비해야 하며, 하나는 시간 값을, 다른 하나는 그려져야 할 계산된 함수값들을 포함한다. 예를 들어, 다음의 MATLAB 문장들은

```
n = -6:9;
Ts = 0.005;
```

```
tn = n*Ts;
xn = 20*cos(80*pi*tn - 0.4*pi);
plot(tn,xn)
```

−0.03과 0.045 사이에서 샘플링 주기 0.005 간격으로 샘플링된 16개의 숫자의 행벡터 tn과, $x(t)$의 샘플들로 된 행벡터 xn을 생성한다. 그 다음으로 MATLAB 함수 plot은 각 점들 간을 직선으로 연결하여 대응되는 점들을 그린다. 이런 방법으로 샘플들 간의 선을 연결하는 것을 **선형 보간법(Linear Interpolation)**이라고 한다. 그림 2-9(a)에서 굵은 실선은 샘플링 간격이 $T_s = 0.005$일 때 선형 보간한 결과를 보여준다. 직관적으로, 점들이 매우 가까이 있으면, 부드러운 곡선을 볼 수 있다. 중요한 질문은 "코사인 신호가 샘플들 사이를 선형 보간으로 정확히 복원될 수 있으려면, 샘플링 간격이 얼마나 작아야 하는가?"이다. 이 질문에 대한 정량적인 대답은 그림 2-9에 나와 있으며, 이 그림에서는 세 개의 다른 샘플링 주기에 대하여 그린 그래프를 보인다.

명백하게, 그림 2-9(a)에서 $T_s = 0.005$의 샘플 간격은 샘플 점들을 직선으로 연결할 때, 정확한 그래프가 되기에는 충분히 가깝지 않다.[4] 그림 2-9(b)에서의 $T_s = 0.0025$의 간격은, 그래프는 다소 코사인같아 보이기 시작하지만 점들이 부드러운 코사인 함수라기보다는 직선으로 연결되어 있는 것으로 볼 수 있다. 그림 2-9(c)의 그래프에서만이, 여기서 간격은 $T_s = 0.0005$이며, 간격이 꽤 촘촘하여 우리 눈에 코사인 함수를 충실하게 재현하는 곡선이라고 쉽게 볼 수 있다. 위에서 제기된

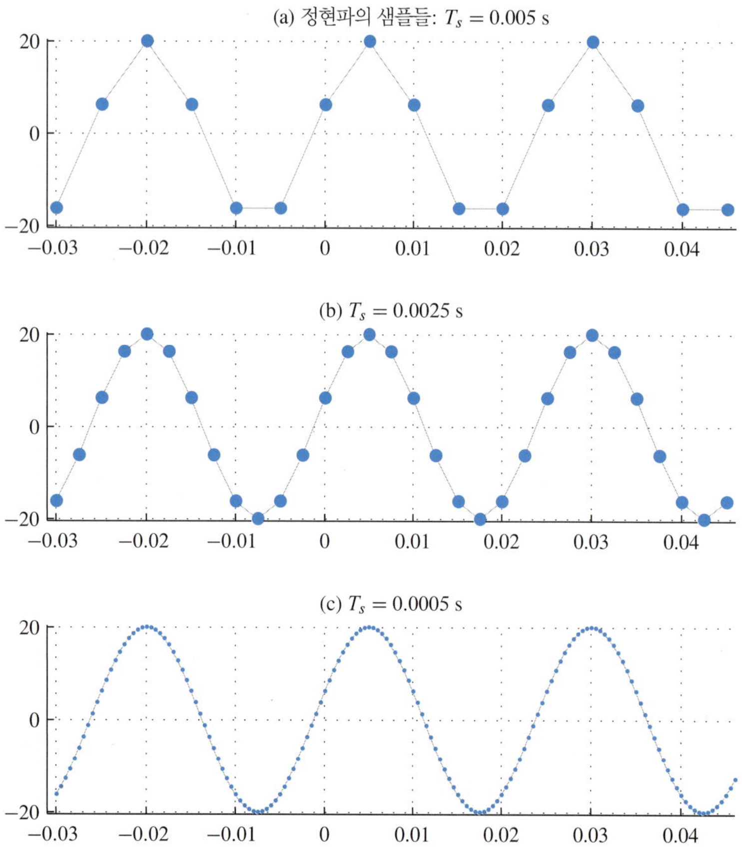

그림 2-9 샘플링된 40 Hz 코사인 신호 식 (2.8b)의 그래프 (a) $T_s = 0.005$초, (b) $T_s = 0.0025$초, (c) $T_s = 0.0005$초

4) 이 3개의 그래프에는 샘플들을 점으로 나타내었다. 이것은 MATLAB의 hold와 stem 함수를 이용하여 그린 두 번째 그림을 추가하여 완성하였다.

질문에 대한 정확한 답을 하기 위해서는 정확도에 대한 수학적 정의가 필요하다; 우리의 주관적인 판단은 사람마다 서로 다를 가능성이 항상 존재한다. 하지만, 이 예로부터 샘플링 주기가 줄어듦에 따라, 정현파의 한 주기 동안 얻는 샘플의 개수는 더 늘어난다는 것을 알 수 있다. $T_s = 0.005$일 때는, 한 주기에 5개의 샘플이 있으며, $T_s = 0.0025$일 때는 한 주기 동안 10개의 샘플이 있으며, $T_s = 0.0005$일 때는 한 주기에 50샘플이 있다. 한 주기에 10개의 샘플은 충분하지 않은 것으로 보이고, 주기당 50샘플은 거의 확실하게 필요한 것보다 많아 보인다. 그러나 일반적으로 샘플의 개수가 더 많아질수록, 선형 보간법으로 얻은 그래프는 더 부드러워지고 더 정확해진다.

T_s의 선택은 코사인 신호의 주파수와 또한 관계가 있으며, 그 이유는 한 주기당 샘플의 수는 그래프를 그리는 데 중요하기 때문이다. 예를 들어, 코사인 신호의 주파수가 40 Hz가 아니고 400 Hz라면, 주기는 10배 더 짧으며 $T_s = 0.0005$의 샘플링 간격은 한 주기당 5개의 샘플밖에 얻지 못한다. 정확하게 복원하기 위하여 중요한 점은 코사인 신호가 샘플 점들 사이에서 너무 많이 변하지 않도록 충분히 자주 샘플링해야 한다는 점이다.

이산 샘플들을 이용해서 코사인 신호의 그래프를 부드럽게 그리는 것은 또한 보간하는 방법에 의존한다. MATLAB에 내장된 플롯 함수에서는, 직선 선분으로 연결하는 선형 보간법을 사용한다. 이것은 이런 질문을 할 수 있을 것이다. "만일 더 복잡한 보간 방법을 이용한다면, 코사인 신호를 정확하게 그리는 데 샘플링 간격을 얼마나 넓혀도 될 것인가?" 놀랍게도, 이에 대한 이론적인 답은 코사인 신호는, 만일 샘플 간격이 주기의 반 이하가 되면 (즉, 한 주기당 샘플의 평균수는 두 개보다 약간만 더 많을 필요가 있다), 코사인 신호는 샘플들로부터 정확히 복원될 수 있다! 선형 보간으로는 분명히 이런 결과를 얻을 수는 없지만, 제4장에서 샘플링 과정에 대해서 더 자세히 배우면, 이 놀라운 결과가 어떻게 이루어질 수 있는지를 설명할 것이다. 당분간은, 샘플링 주기가 "충분히 작으면" 샘플들로부터 부드럽고 정확한 정현파의 곡선을 복원할 수 있다는 우리의 관측은 우리의 목표로 충분하다.

2-5 복소 지수함수와 페이저

코사인 신호들은 실제 상황에서 발생하는 신호들을 수학적으로 표현하는 데 유용하며, 이 신호들은 정의하고 해석하기가 간단하다는 것을 살펴보았다. 그런데 정현파 신호를 분석하고 취급하는 것은 복소 지수신호라고 불리는 관련된 신호를 이용하면 더욱 간단해진다. 복소 지수신호라는 친숙하지 않고 인위적으로 보이는 개념을 도입하는 것이 문제를 더욱 어렵게 만드는 것처럼 보이지만, 정현파 신호들을 이용할 때 발생하는 많은 따분한 삼각함수 조작들을 피할 수 있으므로, 이 새로운 표현의 가치를 알게 된다. 복소 지수신호를 소개하기 전에, 우선 복소수에 대한 기본적인 개념에 대하여 복습한다.[5)]

2-5.1 복소수의 복습

하나의 복소수 z는 실수의 순서 쌍으로 나타낸다. 복소수는 $z = (x, y)$로 나타낼 수 있으며, 여기서 $x = \Re\{z\}$는 실수부이고 $y = \Im\{z\}$는 허수부이다. 전기전자 엔지니어들은 $\sqrt{-1}$을 i 대신 j로 표

5) 부록 A는 복소수에 대한 기본적인 내용을 다루고 있다. 복소수에 기본에 대하여 알고 이들을 어떻게 다루는지에 대하여 알고있는 독자는 복습을 위하여 부록 A를 훑어보고, 2-5.2절에서 시작한다.

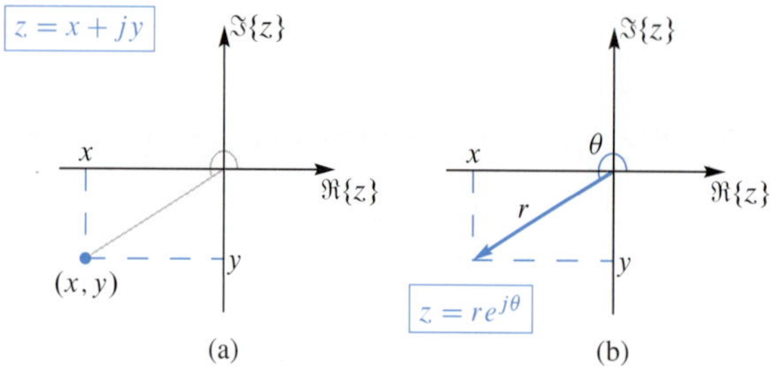

그림 2-10 복소평면에서 복소수의 표현. (a)직교좌표형 (b)극좌표형.

시한다. 따라서 복소수를 또한 $z = x + jy$ 형태로 표시할 수 있다. 이 두 가지 표현 방법을 복소수의 **직교좌표형(Cartesian Form)**이라고 부른다. 복소수는 **복소수 평면(Complex Plane)**에서 점들로 표현할 수 있으며, 실수부와 허수부는, 그림 2-10(a)에서 보인 것과 같이, 각각 수평과 수직 좌표가 된다. 직교좌표 표기와 j가 곱해진 수는 허수에 속한다고 이해하고 나면, 복소수 덧셈, 복소수 뺄셈, 복소수 곱셈, 복소수 나눗셈의 연산들은 실수부와 허수부의 실수 연산으로 정의할 수 있다. 예를 들어, 두 복소수의 합은 실수부는 실수부끼리, 허수부는 허수부끼리 더해진 복소수로 정의된다.

복소수는 복소수 평면 상에 한 점으로 표현될 수 있으므로, 복소수는 2차원 공간에서 벡터와 유사하다. 이 성질은 그림 2-10(b)에서 보인 것과 같이 복소수를 편리하게 벡터같이 기하학적으로 해석할 수 있도록 해준다. 벡터는 길이와 방향을 가지므로, 복소수를 나타내는 또 다른 방법이 복소수를 벡터의 길이 r과 실수축과 이루는 각 θ로 함께 나타내는, **극좌표형(Polar Form)**이다. 벡터의 길이는 또한 z의 크기(Magnitude) ($|z|$로 나타낸다)라고 불리고, 각도는 z의 각 (Argument) (arg z라고 나타낸다)이라고 불린다. 이는 다시 $z \leftrightarrow r \angle \theta$로 표현되며, z를 나타내는 벡터는 길이가 r이며 양의 실수축과 이루는 각이 θ라는 것을 의미한다.

복소수를 직교좌표계와 극좌표계의 사이에서 변환할 수 있다는 점은 매우 중요하다. 그림 2-10(b)에는 복소수 z와 직교좌표 및 극좌표 표현 모두에 관련된 양들을 보여준다. 이 그림에서 간단한 삼각함수 이론과 피타고라스 정리를 이용하여, 극좌표 $r \angle \theta$로부터 직교좌표 (x, y)로 계산하는 방법을 유도할 수 있다.

$$x = r\cos\theta \quad \text{및} \quad y = r\sin\theta \tag{2.9}$$

그리고 유사하게, 직교좌표로부터 극좌표로 가려면,

$$r = \sqrt{x^2 + y^2} \quad \text{및} \quad \theta = \arctan\left(\frac{y}{x}\right) \tag{2.10}$$

를 이용하며, 여기서 사용된 아크탄젠트는 모든 4사분면의 각도를 돌려주어야 한다. 많은 계산기와 컴퓨터 프로그램들이 내장된 두 좌표계 간의 변환식을 갖고 있으며, 극좌표와 직교좌표 사이의 변환을 좀 더 간단하고 편리하게 해준다.

$r \angle \theta$표기는 다루기 힘들고, 보통의 대수적 법칙을 빌릴 수도 없다. 훨씬 더 좋은 극좌표형은 Euler의 유명한 복소 지수함수의 공식으로 주어진다.

$$e^{j\theta} = \cos\theta + j\sin\theta \tag{2.11}$$

직교좌표 쌍인 $(\cos\theta, \sin\theta)$는 반지름이 1인 원 위의 어떤 점으로 나타낼 수 있으며, 그래서 식 (2.11)을 약간만 일반화시키면, 어떠한 복소수 z라도 표현할 수 있다.

$$z = re^{j\theta} = r\cos\theta + jr\sin\theta \tag{2.12}$$

데모
Zdrill

복소수의 복소 지수함수의 극좌표형은 복소수 곱셈과 나눗셈을 계산할 때 매우 편리하다(더 자세한 설명은 부록 A에 나온다). 이 표현은 다음 절에서 소개하는, 복소 지수신호에 대한 기초가 된다. (동반 웹사이트에서 다운받을 수 있는) **zdrill**이라는 MATLAB GUI를 이용하면 기본적인 복소수 연산 기법을 익힐 수 있다.

2-5.2 복소 지수신호

복소 지수신호(Complex Exponential Signal)는

$$z(t) = A\,e^{j(\omega_0 t+\varphi)} \tag{2.13}$$

와 같이 정의된다. 신호 $z(t)$는 t의 복소값 함수이지만, 이 신호의 크기는 항상 상수(즉, $|z(t)| = A$)이며, $z(t)$의 각도는 $\angle z(t) = (\omega_0 t + \varphi)$이다. 식 (2.11)의 오일러 공식을 사용하여, 복소 지수신호는

$$Ae^{j(\omega_0 t+\varphi)} = A\cos(\omega_0 t + \varphi) + jA\sin(\omega_0 t + \varphi) \tag{2.14}$$

와 같이 직교좌표로 나타낼 수 있다. 실수 정현파에서와 같이, A는 양의 실수값을 가지는 **진폭(Amplitude)**이고, φ는 **위상(Phase)**; ω_0는 rad/sec로 나타낸 **주파수(Frequency)**이다. 식 (2.14)에서 복소 지수신호의 실수부는 식 (2.2)에서 정의된 실수 코사인 신호이고, 허수부는 실수 사인 신호이다. 그림 2-11은 다음 복소 지수신호에 대한 그래프를 보인다.

$$\begin{aligned} z(t) &= 20\,e^{j(2\pi(40)t-0.4\pi)} \\ &= 20\,e^{j(80\pi t-0.4\pi)} \\ &= 20\cos(80\pi t - 0.4\pi) + j20\sin(80\pi t - 0.4\pi) \\ &= 20\cos(80\pi t - 0.4\pi) + j20\cos(80\pi t - 0.9\pi) \end{aligned}$$

복소 신호를 시간의 함수로 그리려면 두 개의 그래프가 필요하며, 하나는 실수부를, 또 하나는 허수부를 나타낸다. 복소 지수신호의 실수부와 허수부는 모두 실수 정현파 신호이며, 위상은 0.5π rad 만큼의 위상 차이가 있다.

우리가 복소 지수신호에 관심을 갖는 주된 이유는 이 신호가 실수 코사인 신호를 나타내는 또 하나의 방법이 되기 때문이다. 이 신호는 아래와 같이 항상 나타낼 수 있기 때문이다.

$$x(t) = \Re\left\{Ae^{j(\omega_0 t+\varphi)}\right\} = A\cos(\omega_0 t + \varphi) \tag{2.15}$$

사실, 그림 2-11에 보인 복소 지수신호의 실수부는 그림 2-6에 그린 코사인 신호의 그래프와 동일하다. 복소 지수신호를 구하기 위하여 허수부를 먼저 도입한 후 나중에 실수부만 취하여 허수부를 버림으로써 문제를 복잡하게 만든 것처럼 보이지만, 복소 지수신호의 특성을 이용하면 많은 계산이 훨씬 간편해졌다는 것을 알게 될 것이다. 예를 들어, 대부분의 삼각함수의 식들은 지수들의 산술적인 연산으로 대체 가능하다.

연습문제 2.6 복소수 식 $e^{j(\alpha+\beta)} = e^{j\alpha}e^{j\beta}$의 양변의 실수부를 같다고 놓으면 표 2-2의 등식 #5를 유도할 수 있다는 것을 보여라. 또한, 허수부를 같다고 놓아서 등식 #4를 유도할 수 있음을 보여라.

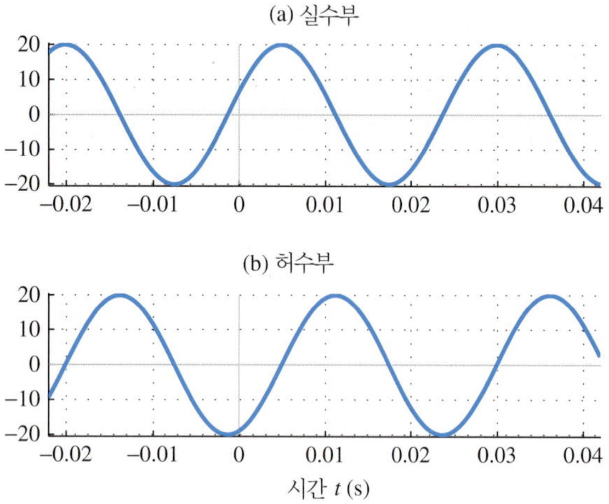

그림 2-11 복소 지수신호 $z(t) = 20e\alpha^{(2\pi(40)t - 0.4\pi)}$의 실수부와 허수부. 두 신호의 위상 차이는 90도 또는 $\pi/2$ rad이다.

2-5.3 회전 페이저의 해석

두 복소수들이 곱해질 때, 각 복소수를 극좌표형으로 표시하면 크기는 크기끼리 곱해지고 위상은 위상끼리 더해지므로 두 수를 극좌표형으로 표현하는 것이 가장 좋다. 이것을 보여주기 위해 $z_3 = z_1 z_2$를 생각해 보자. 여기서 $z_1 = r_1 e^{j\theta_1}$, $z_2 = r_2 e^{j\theta_2}$이다. 이 곱셈은

$$z_3 = r_1 e^{j\theta_1} r_2 e^{j\theta_2} = r_1 r_2 e^{j\theta_1} e^{j\theta_2} = \overbrace{r_1 r_2}^{r_3} e^{j\overbrace{(\theta_1 + \theta_2)}^{\theta_3}}$$

이며, 여기서 두 개의 복소 지수들을 결합하는 지수법칙을 이용하였다. 그림 2-12에 보인 벡터들은 회전과 스케일링을 포함한다는 것을 보인다.

이런 복소수 곱셈을 기하학적인 관점에서 살펴보면, 복소 지수신호들은 시간이 감에 따라 회전하는 복소수 벡터로 설명할 수 있다. 복소수를 A와 φ를 이용하여 아래와 같이 정의하면,

$$X = Ae^{j\varphi} \tag{2.16}$$

식 (2.13)은 아래와 같이 표현된다.

$$z(t) = Xe^{j\omega_0 t} \tag{2.17}$$

(즉, $z(t)$는 복소수 상수 X와 복소수값의 시간 함수 $e^{j\omega_0 t}$의 곱이다.) **복소수 진폭(Complex Amplitude)**이라고 부르는 복소수 X는, 실수 진폭과 복소 지수신호의 위상으로 생성된다. 이를 결합하면, 복소수 진폭 $X = Ae^{j\varphi}$와 주파수 ω_0만 있으면 $z(t)$를 나타내는 데 충분하며, 또한 실수 코사인 신호 $x(t) = A\cos(\omega_0 t + \varphi)$도 표현할 수 있다. 또한, 이 복소수 진폭은 **페이저(Phasor)**라고 부른다. 이 페이저라는 용어는 전기 회로 이론에서 흔히 사용되는 용어이며, 여기서는 회로를 분석하고 설계하는 것을 간단히 하기 위하여, 복소 지수신호를 이용한다. X는 복소수이므로, 그래픽하게 복소수 평면에서 벡터로 그릴 수 있으며, 벡터의 크기($|X| = A$)가 진폭이 되고, 벡터의 각도($\angle X = \varphi$)는 식 (2.17)에서 정의된 복소 지수 함수의 위상이다. 이 책의 이후에는, 페이저라는 말보다는 복소 진폭이라는 용어를 더 많이 사용할 것이지만, 식 (2.16)에서 보듯이 같은 양을 나타내기 때문에, 구별 없이 사용한다.

식 (2.17)에서 정의된 복소 지수신호는 아래와 같이 쓸 수 있다.

$$z(t) = Xe^{j\omega_0 t} = Ae^{j\varphi}e^{j\omega_0 t} = Ae^{j\theta(t)}$$

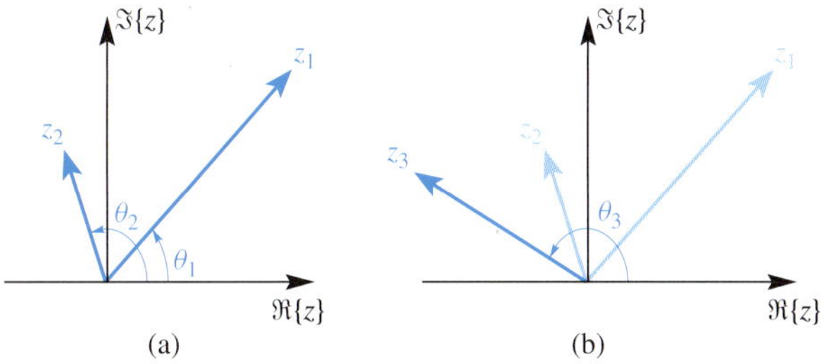

그림 2-12 복소수 곱셈 $z_3 = z_1 z_2$의 기하학적인 표현. 벡터 z_3는 z_2를 회전하고 크기를 조정한 것과 같다. 즉, $z_3 = \angle z_2 + \theta_1$이고 z_3의 길이는 r_1에 z_2의 길이를 곱한 것이다. 이 그림에서 $r_1 = 1.72$, $r_2 = 0.77$이고 $r_3 = 1.32$이다.

여기서 $\theta(t)$는 시간에 따라 변하는 각함수로

$$\theta(t) = \omega_0 t + \varphi \text{ (라디안)}$$

이다. 주어진 순간 t에서 복소 지수신호 값 $z(t)$는 크기가 A이고, 각도가 $\theta(t)$인 복소 지수신호이다. 다른 복소수와 마찬가지로, $z(t)$도 복소수 평면에서 하나의 벡터으로 표시된다. 이 경우, 벡터의 끝은 항상 반지름이 A인 원주 위에 놓이게 된다. 시간 t가 증가함에 따라, 복소 벡터 $z(t)$는 라디안 주파수 ω_0에 의하여 결정되는, 상수 속도로 단지 회전만 한다. 다른 말로 하면, 페이저 X에 식 (2.17)에 나오는 $e^{j\omega_0 t}$를 곱하면 페이저 X가 $\omega_0 t$ 각도 만큼으로 회전하게 된다. $|e^{j\omega_0 t}| = 1$이므로, 길이는 변하지 않는다. 이와 같이, 복소 지수신호는 **회전 페이저(Rotating Phasor)**라는 또 다른 이름을 갖는다.

주파수 ω_0가 양수이면, 회전의 방향은 반시계 방향이며, 그 이유는 시간이 증가함에 따라 $\theta(t)$도 증가하기 때문이다. 반대로 ω_0가 음수이면, $\theta(t)$는 시간이 증가함에 따라 음의 방향으로 감소하고, 그래서 페이저는 시계 방향으로 돌게 된다. 그래서, 회전 페이저는 만일 반시계 방향으로 회전한다면, **양의 주파수(Positive Frequency)**를 가졌다고 하고, 시계 방향으로 회전한다면 페이저는 **음의 주파수(Negative Frequency)**를 가졌다고 한다.

회전 페이저는 $\theta(t)$가 2π 라디안만큼 바뀔 때마다 완전히 한 바퀴를 돈다. 한 바퀴를 도는 데 걸리는 시간은 또한 그 복소 지수신호의 한 주기 T_0와 같으며, 그래서,

$$\omega_0 T_0 = (2\pi f_0) T_0 = 2\pi \qquad \Longrightarrow \qquad T_0 = \frac{1}{f_0}$$

여기서 위상 φ는 $t = 0$일 때 페이저가 지시하는 방향을 결정한다는 것을 참고한다. 예를 들어, 만일 $\varphi = \pi/2$이면, 그 페이저는 $t = 0$일 때 원의 바로 위방향을 지시하며, 반면 만일 $\varphi = 0$이면, 페이저는 오른쪽 방향을 지시한다.

그림 2-13(a)의 그래프들은 하나의 복소수 회전 페이저와 코사인 신호 파형과의 관계를 설명한다. 왼편 위의 그림에는 두 개의 벡터가 있는 복소수 평면을 나타낸다. 제3사분면에 있는 각도에서 벡터는 $t = 1.5\pi$일 때 다음 신호

$$z(t) = e^{j(t - \pi/4)}$$

를 나타낸다. 왼쪽을 가리키고 있는 수평 지시 벡터는 특별한 시간 $t = 1.5\pi$일 때, 벡터 $z(t)$의 실수부와 같으며,

$$x(1.5\pi) = \Re\{z(1.5\pi)\} = \cos(1.5\pi - \pi/4) = -\frac{\sqrt{2}}{2}$$

와 같다. 시간 t가 증가함에 따라, 회전 페이저 $z(t)$는 반시계 방향으로 회전하고, 실수부 $x(t)$는 실

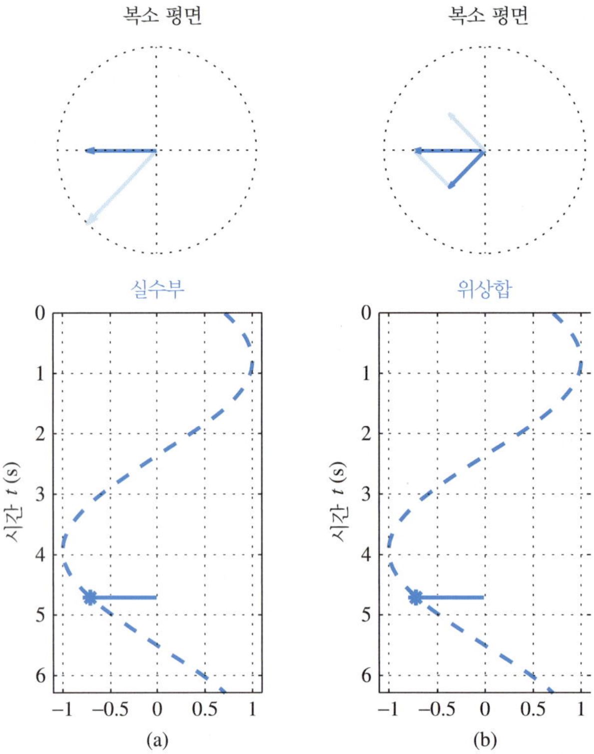

데모
회전 페이저

그림 2–13 회전 페이저들: (a) 반시계 방향으로 회전하는 단일 페이저, (b) 회전하는 페이저들의 켤레 복소수

수축을 따라 왼쪽, 오른쪽으로 진동한다. 이것은 왼편 아래 그림에 보였으며, 여기서 회전 페이저의 실수부가 한 주기에 걸쳐서 (즉, $0 \le t \le 2\pi$ 동안) 어떻게 변하는지를 보여준다. 그림 2-13(b)에 대한 논의는 2-5.4절에서 다시 하도록 한다.

2-5.4 역 오일러 공식

역 오일러 공식은 코사인 함수를 복소 지수로 나타낼 수 있도록 해준다.

$$\cos\theta = \frac{e^{j\theta} + e^{-j\theta}}{2} \tag{2.18}$$

또한 사인 함수는

$$\sin\theta = \frac{e^{j\theta} - e^{-j\theta}}{2j} \tag{2.19}$$

으로 나타낼 수 있다 (부록 A를 보면 더 자세한 내용을 알 수 있다).

식 (2.18)을 이용하여 $\cos(\omega_0 t + \varphi)$를 다음과 같이 2개의 복소 지수신호들로 나타낼 수 있다.

$$\begin{aligned} A\cos(\omega_0 t + \varphi) &= A\left(\frac{e^{j(\omega_0 t+\varphi)} + e^{-j(\omega_0 t+\varphi)}}{2}\right) \\ &= \tfrac{1}{2}Xe^{j\omega_0 t} + \tfrac{1}{2}X^* e^{-j\omega_0 t} \\ &= \tfrac{1}{2}z(t) + \tfrac{1}{2}z^*(t) \\ &= \Re\{z(t)\} \end{aligned}$$

여기서 *는 켤레 복소수를 나타낸다. 이 식에서 매우 흥미로운 해석을 이끌어낼 수 있다. 주파수가

데모
회전 페이저

ω_0인 실수 코사인 신호는 실질적으로 양의 주파수(ω_0) 복소 지수신호와, 음의 주파수 ($-\omega_0$) 복소 지수신호로 구성된다. 양의 주파수 복소 지수함수의 복소수 진폭은 $\frac{1}{2}X = \frac{1}{2}Ae^{j\varphi}$이고, 음의 주파수를 가지는 복소 지수함수의 복소수 진폭은 $\frac{1}{2}X^* = Ae^{-j\varphi}$이다. 다른 말로 하면, 실수 코사인 신호는 서로 켤레 관계를 갖는 페이저로부터 시작하여, 서로 반대 방향으로 회전하는 두 개의 복소 회전 페이저의 합으로 나타낼 수 있다.

그림 2-13(b)는 2개의 진폭의 반인 켤레 복소 회전 페이저의 합이 어떻게 실수 코사인 신호가 되는지를 보여준다. 이 경우에, 제3사분면에 있는 각도의 벡터(굵은 파란색 실선)는 시간 $t = 1.5\pi$일 때, 복소 회전 페이저 $\frac{1}{2}z(t)$이다. 이 시간 이후로 시간 t가 증가함에 따라, 각도는 반시계 방향으로 증가한다. 유사하게, (가는 파란색 실선으로 표시한) 2사분면의 벡터는 시간 $t = 1.5\pi$일 때의 복소 회전 페이저 $\frac{1}{2}z^*(t)$이다. 이 시간이 지나면서 시간 t가 증가하면, $\frac{1}{2}z^*(t)$의 각도는 시계 방향으로 증가한다. 왼쪽을 향하고 있는 수평 벡터는 이 두 개의 켤레 회전 페이저들을 더한 결과이다. 그 결과는 왼쪽 그림의 실수 벡터와 같고, 따라서 시간의 함수로 추적되는 실수 코사인 파형은 두 가지 경우에서 동일하다. 오른쪽 아래 그림에서는 $0 \le t \le 2\pi$ 동안의 $\cos(t - \pi/4)$의 실수값의 변화를 보여준다.

이 양과 음의 주파수 성분들에 관한 실수 정현파 신호들의 표현은 놀라울 정도로 매우 유용한 개념이다. 음의 주파수들은, 복소 지수 형태로 표현함으로써 발생하며, 앞으로 신호와 시스템 문제들의 해석에서 많은 경우에 간략화할 수 있도록 해준다. 제3장에서는 이 표현 방식을 더 발전시켜서, 신호의 스펙트럼에 대한 개념을 소개한다.

연습문제 2.7

실수 사인 신호로부터 다음의 식

$$A\sin(\omega_0 t + \varphi) = \tfrac{1}{2}Xe^{-j\pi/2}e^{j\omega_0 t} + \tfrac{1}{2}X^* e^{j\pi/2}e^{-j\omega_0 t}$$

이 유도될 수 있다는 것을 보여라. 여기서 $X = Ae^{j\phi}$이다. 다른 말로 하여, 사인 신호는 같은 양과 음의 주파수를 가진 두 복소 지수신호들의 합으로 표현되지만, 항들에 곱해지는 복소 계수들은 코사인 신호의 경우와는 다르다. 특별히, 사인 신호는 복소수 진폭 X와 X^*에 각각 $\pm\pi/2$ 만큼 위상을 더해주는 것을 필요로 한다.

2-6 페이저 덧셈

여러 개의 정현파의 합을 구하는 경우가 많이 발생한다. 모든 신호들이 같은 주파수를 가지고 있을 때, 덧셈은 간단하다. 이런 덧셈 문제는 전기 회로 해석에서 발생하고, 이산시간 필터링과 주파수 응답의 개념에 대해 소개하는 제5장과 제6장에서도 발생한다. 따라서 같은 주파수를 갖지만, 다른 진폭과 위상을 갖는 여러 개의 정현파들을 더하기 위한 지름길을 개발하는 것은 유용하다. 우리의 목표는 A와 φ를 합으로부터 어떻게 구하는지를 보여서 다음의 문장이 사실임을 증명하는 것이다.

$$\sum_{k=1}^{N} A_k \cos(\omega_0 t + \varphi_k) = A\cos(\omega_0 t + \varphi) \tag{2.20}$$

식 (2.20)은 주파수는 같지만 진폭과 위상이 다른 N개의 코사인 신호들을 더하는 것은 항상 같은 주파수를 갖는 하나의 코사인 신호로 간략화된다는 것을 나타낸다. 식 (2.20)은

$$A_k \cos(\omega_0 t + \varphi_k) = A_k \cos\varphi_k \cos(\omega_0 t) - A_k \sin\varphi_k \sin(\omega_0 t) \tag{2.21}$$

와 같은 삼각함수의 등식을 이용하여 증명될 수 있지만, 그러나 이런 접근방법은 하기에 매우 지루하다. 다음에 볼 수 있는 것과 같이, 코사인 신호들은 복소 지수로 나타내질 수 있다는 것을 기반으로 훨씬 더 간단한 접근 방법이 가능하다.

2-6.1 복소수의 덧셈

두 개의 복소수가 더해질 때, 직교좌표형을 사용할 필요가 있다. 만일 $z_1 = x_1 + jy_1$이고 $z_2 = x_2 + jy_2$이면, $z_3 = z_1 + z_2 = (x_1 + x_2) + j(y_1 + y_2)$이다(즉, 합의 실수부와 허수부는 각각 실수부의 합과 허수부의 합이다). 복소수 z_1과 z_2를, 시작점이 원점에 있는 벡터들로 보고, 복소수의 벡터 표현을 이용하면, 합 z_3는 벡터의 합의 결과이며, 다음과 같이 구해진다:

(a) z_1을 복사하여 시작점을 z_2의 끝점으로 옮긴다. 이것을 이동된 벡터 $\hat{z}_1$이라고 부른다.
(b) 원점으로부터 $\hat{z}_1$의 끝점까지 벡터를 그린다. 이 벡터가 합인 z_3이다.

이 과정은 $z_1 = 4 - j3$이고 $z_2 = 2 + j5$의 경우에 대하여 그림 2-14에 보였다.

2-6.2 페이저 덧셈 법칙

다음의 정현파의 합

$$x(t) = \sum_{k=1}^{N} A_k \cos(\omega_0 t + \varphi_k) = A \cos(\omega_0 t + \varphi) \tag{2.22}$$

을 나타내기 위하여 사용될 수 있는 페이저 표현은 A와 φ를 구하기 위하여 복소 진폭들을 더했던 방법으로 수행될 수 있다:

$$\boxed{\sum_{k=1}^{N} A_k e^{j\varphi_k} = A e^{j\varphi}} \tag{2.23}$$

즉, 같은 주파수를 갖지만, 다른 진폭과 위상들을 갖는, 2개 이상의 코사인 신호들의 합 (2.22)는 등

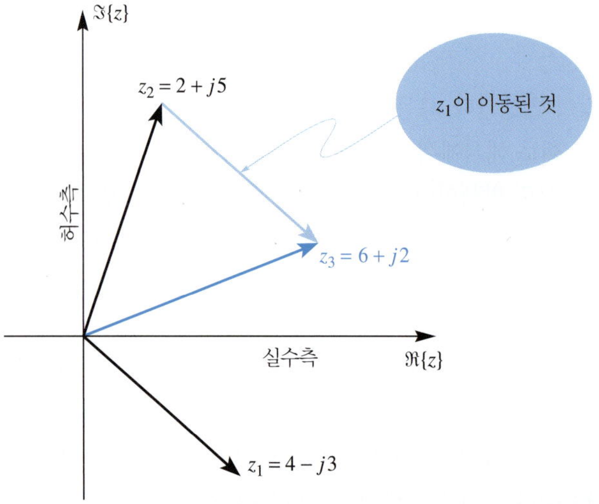

그림 2-14 복소수 덧셈, $z_3 = z_1 + z_2$의 그림 해설은 벡터 덧셈과 같은 방법이라는 것을 보인다.

가의 하나의 코사인 신호로 나타낼 수 있다. 식 (2.22)의 우변의 항의 결과적인 진폭 A와 위상 φ는 식 (2.23)의 복소수 합을 함으로써 좌변의 각 진폭들 (A_k)와 위상들 (φ_k)로부터 계산될 수 있다. 이 방법을 **페이저 덧셈 법칙(Phase Addition Rule)**이라고 한다. 페이저 덧셈 법칙은 다음의 두 가지 정보를 이용하여 증명할 수 있다:

(a) 어떤 정현파도 아래의 형태로 표현할 수 있다.

$$A\cos(\omega_0 t+\varphi)=\Re\{Ae^{j(\omega_0 t+\varphi)}\}=\Re\{Ae^{j\varphi}\,e^{j\omega_0 t}\}$$

(b) 복소수 집합 $\{X_k\}$에 대해서도, 실수부들의 합은 합의 실수부와 같다. 즉,

$$\Re\left\{\sum_{k=1}^{N}X_k\right\}=\sum_{k=1}^{N}\Re\{X_k\}$$

페이저 덧셈 법칙의 증명은 다음과 같은 수식의 조작을 거친다.

$$\begin{aligned}\sum_{k=1}^{N}A_k\cos(\omega_0 t+\varphi_k)&=\sum_{k=1}^{N}\Re\left\{A_k e^{j(\omega_0 t+\varphi_k)}\right\}\\&=\Re\left\{\sum_{k=1}^{N}A_k e^{j\varphi_k}e^{j\omega_0 t}\right\}\\&=\Re\left\{\left(\sum_{k=1}^{N}A_k e^{j\varphi_k}\right)e^{j\omega_0 t}\right\}\\&=\Re\left\{\left(Ae^{j\varphi}\right)e^{j\omega_0 t}\right\}=\Re\left\{Ae^{j(\omega_0 t+\varphi)}\right\}=A\cos(\omega_0 t+\varphi)\end{aligned}$$

이 증명에서 2가지 단계들 (컬러로 표시되었다)이 중요하다. 세 번째 줄에서, 모든 정현파 신호들은 같은 주파수를 가지므로, 복소 지수신호 $e^{j\omega_0 t}$는 합에서 공통인수로 인수분해되어 밖으로 나온다. 세 번째 식에서 네 번째 식으로 넘어갈 때, 중요한 단계는, 우리는 N개의 복소 상수들을 더하고 있으므로, 식 (2.23)에서 정의한 것과 같이, 괄호 안의 합의 항을 $Ae^{j\varphi}$로 대체하는 것이다.

2-6.3 페이저 덧셈 법칙 : 예제

이제 두 개의 정현파 신호의 더하는 예를 고려한다.

$$\begin{aligned}x_1(t)&=1.7\cos(20\pi t+70\pi/180)\\x_2(t)&=1.9\cos(20\pi t+200\pi/180)\end{aligned}$$

두 정현파 신호의 주파수는 모두 10 Hz이며, 주기는 $T_0=0.1$초이다. 두 신호의 합 $x_1(t)+x_2(t)$는 다음 4 단계를 필요로 하는 복소 진폭들의 페이저 덧셈 식 (2.23)으로 구할 수 있다.

1. 신호 $x_1(t)$와 $x_2(t)$를 페이저로 나타낸다.

$$\begin{aligned}X_1&=A_1e^{j\varphi_1}=1.7e^{j70\pi/180}\\X_2&=A_2e^{j\varphi_2}=1.9e^{j200\pi/180}\end{aligned}$$

2. 두 페이저를 직교좌표 형태로 변환한다.

$$X_1 = 0.5814 + j1.5975$$
$$X_2 = -1.7854 - j0.6498$$

3. 실수부와 허수부의 합을 구한다

$$\begin{aligned} X_3 &= X_1 + X_2 \\ &= (0.5814 + j1.5975) + (-1.7854 - j0.6498) \\ &= -1.204 + j0.9477 \end{aligned}$$

4. 다시 극좌표형으로 바꾸면 다음을 얻을 수 있다.[6)]

$$X_3 = 1.5322e^{j141.79\pi/180}$$

결과 페이저 X_3는 10 Hz 정현파로 다시 환원되어, $x_3(t)$에 대한 마지막 수식은 다음과 같다.

$$x_3(t) = 1.532\cos(20\pi t + 141.79\pi/180)$$
또는 $$x_3(t) = 1.532\cos(20\pi(t + 0.0394))$$

세 신호의 파형들은 그림 2-15(b)에 보였으며, 이 문제를 풀기 위해 사용한 페이저들은 그림 2-15(a)에 보였다. 각 코사인 신호의 최대값이 발생하는 시점은 다음 공식

$$t_m = -\frac{\varphi T_0}{2\pi}$$

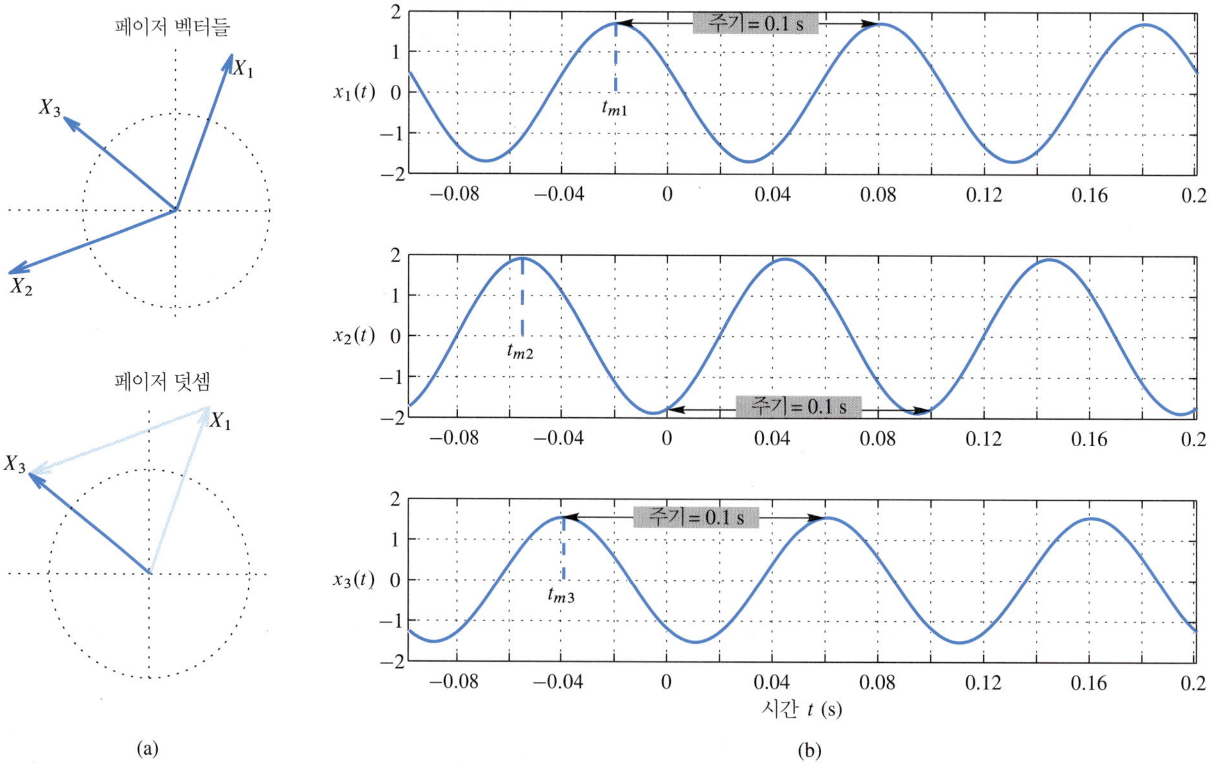

그림 2-15 (a) 페이저 덧셈을 이용한 정현파들의 합, 실제로는 벡터의 기하학적인 합이다. (b) 각 신호 $x_i(t)$의 그래프에 그 신호의 최대값이 발생하는 시점을 표시하였다.

6) 오늘날의 공학용 계산기는 1단계에서 숫자를 입력하고 버튼을 한 번 누르기만 하면 2-4단계가 자동으로 계산된다.

표 2-3 페이저 덧셈의 예

Z	= X	+ jY	크기	위상	Ph/pi	Ph (deg)
Z1	0.5814	1.5975	1.7	1.222	0.389	70.00
Z2	-1.7854	-0.6498	1.9	-2.793	-0.889	-160.00
Z3	-1.204	0.9477	1.5322	2.475	0.788	141.79

으로 위상으로부터 유도될 수 있으며,

$$t_{m1} = -0.0194,\quad t_{m2} = -0.0556,\quad t_{m3} = -0.0394\text{ s}$$

를 얻는다. 이 시간들은 그림 2-15(b)에 보인 해당되는 파형에서 수직 점선들로 표시하였다.

2-6.4 페이저의 MATLAB 데모

데모

ZDrll

페이저 덧셈에 대한 과정은 MATLAB을 이용하여 쉽게 수행할 수 있다. 표 2-3에 주어진 특별한 페이저 덧셈에 대하여, 답은 MATLAB으로 생성되고 (웹사이트에서 제공하는) 특별한 함수 zprint로 프린트 할 수 있다. 명령어 zprint에 대한 help는 다음과 같다.

```
ZPRINT   print out complex # in rect and polar form
  usage:   zprint(z)
   z = vector of complex numbers; each one will be printed
       in a format showing real, imag, mag and phase
```

LAB

DSP-First 툴박스

그림 2-15의 그래프를 생성하는 MATLAB 프로그램은 벡터 그래프를 그리기 위하여 특별한 MATLAB 함수들 zprint, zvect, zcat, ucplot 및 zcoords을 사용한다 (동반 웹사이트에서 제공한다).

2-6.5 페이저 덧셈 법칙의 요약

이 절에서는, 실수 코사인 신호가 복소 지수신호 (회전하는 복소수 페이저)의 실수부로 표현할 수 있음을 보았고, 이 표현을 이용하여 같은 주파수를 갖는 여러 개의 코사인 신호들의 덧셈을 간단하게 만드는 방법을 보였다.

$$x(t) = \sum_{k=1}^{N} A_k \cos(\omega_0 t + \varphi_k) = A\cos(\omega_0 t + \varphi)$$

정리하면, 합에 대한 코사인 신호 표현을 얻기 위해서 해야 될 것은 다음과 같다:

(a) 각 신호들의 페이저 식 $X_k = A_k e^{j\varphi_k}$를 구한다.

(b) 각 신호들의 페이저를 더하여 $X = X_1 + X_2 + \cdots = Ae^{j\varphi}$를 구한다. 여기서 극좌표에서 직교좌표로, 직교좌표에서 극좌표로 변환이 필요하다.

(c) X에 $e^{j\omega_0 t}$를 곱하여 $z(t) = Ae^{j\varphi}e^{j\omega_0 t}$를 얻는다.

(d) 실수부를 취하여 $x(t) = \Re\{Ae^{j\varphi}e^{j\omega_0 t}\} = A\cos(\omega_0 t + \varphi) = x_1(t) + x_2(t) + \cdots$를 구한다.

다른 말로 하면, A와 φ는 모든 페이저 X_k들의 벡터 합을 구하여 계산될 수 있다.

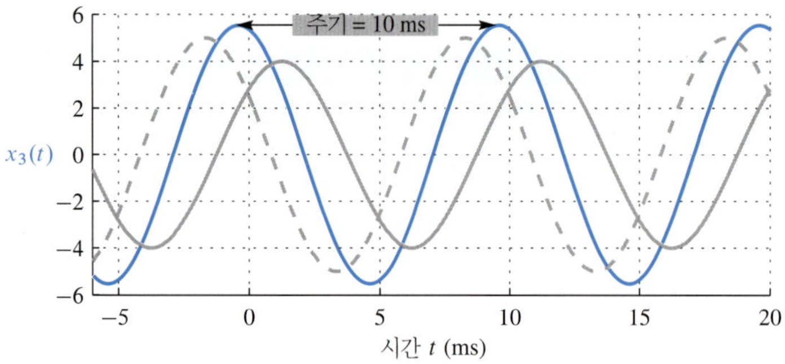

그림 2-16 두 개의 정현파와 그 합, $x_3(t) = x_1(t) + x_2(t)$

연습문제 2.8 다음 두 정현파

$$x_1(t) = 5\cos(2\pi(100)t + \pi/3)$$
$$x_2(t) = 4\cos(2\pi(100)t - \pi/4)$$

를 고려한다. 이 두 신호의 페이저 식을 구하고, 페이저들을 더하고, 복소수 평면에 두 페이저와 이들의 합을 나타내어라. 또한, 두 신호의 합이 아래와 같음을 증명하라.

$$x_3(t) = 5.536\cos(2\pi(100)t + 0.2747)$$

각도로 표시하면 위상은 15.74°이다. 그림 2-16의 그래프를 검사하여 $x_1(t)$, $x_2(t)$, $x_3(t) = x_1(t) + x_2(t)$를 식별할 수 있는지 확인하여라.

2-7 소리굽쇠의 물리학

2-1절에서, 정현파 신호와 매우 흡사한 파형을 발생하는 소리굽쇠에 대한 간단한 실험을 기술했다. 이제 우리가 정현파 신호에 대해서 많이 알게 되었으므로, 이 문제를 다시 논의하고자 한다. 소리굽쇠의 신호가 정현파와 비슷하다는 것은 우연일까, 아니면 진동과 정현파 사이에 더 깊숙한 연관관계가 있는 것일까? 이 절에서는 소리굽쇠가 평형상태로부터 변위를 주었을 때, 소리굽쇠 시스템은 실제로 정현파로 진동한다는 것을 보이는 간단한 분석을 제공한다. 소리굽쇠의 다리의 정현파 진동은 주위의 공기 분자들로 전이되어, 우리가 들을 수 있는 음향신호를 만든다. 이 간단한 예를 통해, 기본적인 물리 법칙으로부터 유도된 물리 시스템의 수학적인 모델이 어떻게 물리적인 현상을 간결한 수학적인 설명으로 이끌고 결과적인 신호의 수학적인 설명으로 이끄는지를 설명한다.

2-7.1 물리 법칙 방정식

소리굽쇠와 소리굽쇠의 운동에 대한 도식적인 그림은 그림 2-17에 보였다. 우리가 실험으로 이미 본 것과 같이, 소리굽쇠로 단단한 표면을 때리면, 소리굽쇠의 다리는 진동하면서 "순수한" 주파수의 소리를 낸다. 우리는 소리굽쇠의 물리적 현상을 설명하는 방정식을 찾는 데 관심이 있으며, 그래서 이를 통해 소리가 만들어지는 기본적인 메커니즘을 이해하고자 한다.[7] 뉴턴의 제2법칙

7) 소리의 발생과 전파에 대한 내용은 모든 대학 일반물리 책에 나온다.

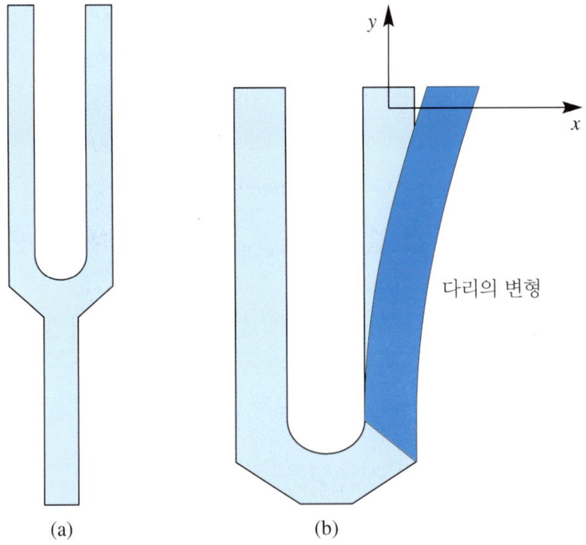

그림 2-17 (a) 소리굽쇠, (b) 소리굽쇠 다리의 진동을 해석하기 위한 방정식을 유도하는 데 필요한 좌표계

$F = ma$를 이용하면 해가 사인이나 또는 코사인 함수이거나 아니면 복소 지수신호인 미분방정식을 유도할 수 있다.

소리굽쇠를 때리면, 한쪽 다리가 그림 2-17(b)처럼 안정 상태에서 약간 변형된다. 경험적으로 이 변형이 금속을 부러트리거나 휘게할 만큼 강력하지 않으면, 그 다리는 원래의 위치로 다시 돌아오려는 경향을 갖는다는 것을 알고 있다. 이 현상을 설명하는 물리 법칙이 훅(Hooke)의 법칙이다. 소리굽쇠는 매우 단단한 금속으로 되어 있지만, 변형이 작을 때는 탄성체로 볼 수 있다. 훅의 법칙에 의하면, 복원력은 직접적으로 변형의 정도에 비례한다. 그림 2-17(b)에서와 같이 좌표계를 이용하면, 변형은 x축 방향으로 일어났으므로 다음과 같이 쓸 수 있다.

$$F = -kx$$

여기서 파라미터 k는 물질의 탄성 계수(Elastic Constant) (즉, 경도(Stiffness))이다. 여기서 다리의 변위가 양의 방향이라고 할 때, 마이너스 부호는 복원력이 변형이 가해졌던 반대 방향으로 작용한다는 것을 나타낸다(즉, 다리가 다시 원래의 위치로 끄는 힘이 작용한다).

탄성에 의한 복원력으로 뉴턴의 제2법칙에서 언급한 가속도를 만들어

$$F = ma = m\frac{d^2x}{dt^2}$$

식으로 나타내지며, 여기서 m은 다리의 질량이고, 위치 x에 대한 2차의 시간 미분은 x축 방향으로 생기는 가속도이다. 두 개의 힘이 서로 평형을 이루어야 하므로(즉, 두 힘의 합이 0이 되어야 한다), 시간 t의 모든 값에 대하여 다리의 움직임 $x(t)$를 나타내는 2차 미분방정식을 얻는다.

$$m\frac{d^2x(t)}{dt^2} = -k\,x(t) \tag{2.24}$$

이 특별한 미분방정식을 푸는 것은 어렵지 않으며, 사실, 그 해를 예측할 수 있다. 사인과 코사인의 미분 성질들로부터, 해로 다음 함수를 시도해 볼 수 있다.

$$x(t) = A\cos\omega_0 t$$

여기서 파라미터 ω_0는 결정되어야 하는 상수이다. $x(t)$의 2차 미분은,

$$\begin{aligned}\frac{d^2x(t)}{dt^2} &= \frac{d^2}{dt^2}(A\cos\omega_0 t)\\ &= \frac{d}{dt}(-\omega_0 A\sin\omega_0 t)\\ &= -\omega_0^2 A\cos\omega_0 t\end{aligned}$$

이다. 코사인 함수의 2차 미분은 같은 코사인 함수에 상수 $(-\omega_0{}^2)$을 곱한 것이다. $x(t)$를 식 (2.24)에 대입하면

$$\begin{aligned}m\,\frac{d^2x(t)}{dt^2} &= -k\,x(t)\\ -m\,\omega_0^2 A\cos\omega_0 t &= -k\,A\cos\omega_0 t\end{aligned}$$

를 얻는다. 이 식은 모든 t에 대하여 만족해야 하므로, 양변의 $\cos\,\omega_0 t$의 계수들은 반드시 같아야 하며, 그래서 다음의 등식을 구할 수 있다

$$-m\,\omega_0^2 = -k$$

이 방정식은 ω_0에 대해서 풀 수 있으며, 그래서

$$\omega_0 = \pm\sqrt{\frac{k}{m}} \tag{2.25}$$

를 얻는다. 따라서 위의 미분방정식에 대한 하나의 해는 아래와 같다.

$$x(t) = A\cos\left(\sqrt{\frac{k}{m}}\,t\right)$$

우리의 모델에서, $x(t)$는 소리굽쇠 다리의 움직임을 나타낸다. 그러므로 다리는 정현파로 움직이며 진동한다고 결론 내릴 수 있다. 이 움직임은, 또한, 다리 주변에 있는 공기 입자들로 전달되고, 그래서 음향파를 만드는 공기압의 정현파의 변화를 만들어낸다. 주파수에 대한 공식에서 두 가지 결론을 얻을 수 있다.

데모
소리굽쇠

(a) 같은 질량을 갖는 소리굽쇠 중에, 더 단단한 것이 더 높은 주파수를 만들어낸다. 이것은 식 (2.25)의 분자에 있는 $\sqrt{k}$가 주파수에 비례하기 때문이다.

(b) 단단한 정도가 같은 소리굽쇠 중에서는, 무거운 쪽이 더 낮은 주파수를 발생한다. 그 이유는 주파수는 식 (2.25)의 분모에 있는 $\sqrt{m}$에 반비례하기 때문이다.

2-7.2 미분방정식의 일반해

식 (2.24)의 소리굽쇠에 대한 미분방정식의 해는 여러 가지가 될 수 있다. 다음의 함수

$$x(t) = A\cos(\omega_0 t + \varphi)$$

는 식 (2.24)에 대입하여 미분방정식 (2.24)를 만족한다는 것을 증명할 수 있다. 다시 한 번 주파수는 $\omega_0 = \sqrt{k/m}$이 되어야 한다. 주파수 ω_0만이 우리의 모델에서 제약을 받는다; 파라미터 A와 φ의 구체적인 값은 중요하지 않다. 이것으로부터, 우리는 정확한 주파수를 갖는 정현파 신호에 크기가

다르고 시간 이동된 신호들은 어느 것이나 소리굽쇠 다리의 움직임을 나타내는 미분방정식을 만족한다는 결론을 낼 수 있다. 이것은 소리굽쇠 실험에서 무한개의 서로 다른 정현파 신호들이 만들어질 수 있다는 것을 의미한다. 어떤 특별한 실험에서, A와 φ값은 다리의 초기 변위를 주는 정확한 세기와 타이밍에 의하여 결정될 수 있다. 그러나 이런 모든 정현파들의 주파수는 소리굽쇠 다리의 금속의 질량과 경도에 의해서만 결정된다.

연습문제 2.9 복소 지수신호도 소리굽쇠 미분방정식:

$$\frac{d^2x}{dt^2} = -\frac{k}{m}x(t)$$

의 해가 될 수 있다는 것을 증명하여라. 미분방정식의 양변을 $z(t)$와 $z^*(t)$로 치환하여, 다음 두 신호

$$z(t) = Xe^{j\omega_0 t} \quad \text{와} \quad z^*(t) = X^*e^{-j\omega_0 t}$$

는 모든 t에 대하여 이 방정식을 만족한다는 것을 보여라. 미분방정식을 만족하는 ω_0값을 구하라.

소리굽쇠와 소리굽쇠의 진동 현상은 단지 **단진동 운동(Simple Harmonic Motion)**의 하나의 예이며, 여기서는 하나의 정현파로 물리 시스템의 운동을 훌륭하게 표현한다. 같은 수학이 스프링의 질량, 진자의 운동, 분자의 진동과 다른 많은 물리 현상을 나타내는 데 사용된다.

2-7.3 음 듣기

물리 실험에서 관찰자는 중요한 부분이다. 발생된 신호를 듣는 실험에서는 특별히 더 해당된다. 소리굽쇠 실험에서, 어떤 피치 (주파수와 연관된다)의 그리고 어떤 세기 (진폭과 연관된다)의 음을 듣는다. 사람의 귀와 신경계는 소리굽쇠에서 나온 것과 같은 소리의 주파수와 진폭은 지각하지만, 위상은 느낄 수 없다. 위상이란 그 정현파 신호가 시작하는 임의의 시간과 관련이 있기 때문이다. 예를 들어, 어떤 시간에 들리는 음과 그 5분 전에 똑같은 방법으로 발생된 음은 똑같다. 다른 한편으로, 우리가 그 소리를 마이크로 녹음하고 오실로스코프로 디스플레이해 볼 수 있다. 하지만, 이 경우, 주파수와 진폭은 정확히 측정 가능하지만, 위상은 오직 오실로스코프나 녹음기의 기준 시간에 대해서만 정확히 측정할 수 있다.

2-8 시간 신호: 공식 이상의 무엇

이 장의 목적은 정현파의 개념을 소개하고, 실제 상황에서 정현파 신호가 어떻게 발생되는가를 보여주는 것이다. 이미 정의한 바와 같이, 신호들은 물리적인 시스템의 상태나 동작에 대한 정보를 담고 있거나 나타내는 변화하는 패턴이다. 우리는 이론적으로, 또한 실험적으로 소리굽쇠가 수학적으로 정현파로 표현되는 신호를 발생한다는 것을 보았다. 소리굽쇠의 문맥에서 보면, 정현파는 소리굽쇠의 상태에 대한 정보를 보유하고 나타낸다. 이 정현파에 담겨져 있는 정보는 소리굽쇠가

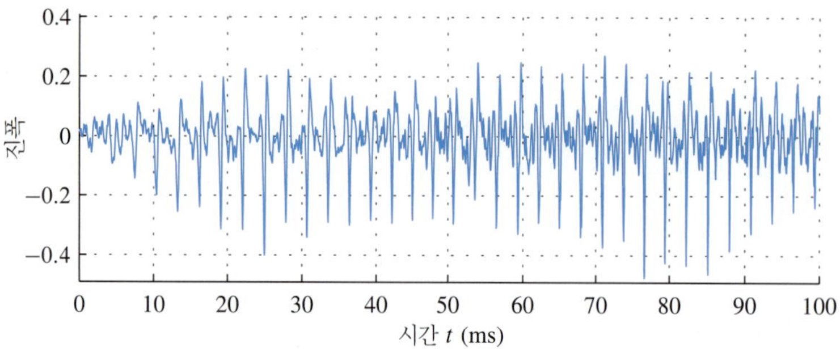

그림 2-18 오케스트라 음악 신호의 한 소절

데모

진흙 호루라기

진동하고 있는지, 아니면 정지하고 있는지를, 그리고 진동하고 있다면, 그 진동의 주파수와 진폭 등을 알려준다. 이런 정보는 사람의 귀로 추출할 수 있고, 아니면 사람이나 컴퓨터가 나중에 처리할 수 있도록 저장해 놓을 수 있다. 정현파에 가까운 파형을 만들어내는 또 다른 간단한 물리현상인 **진흙 호루라기(Clay Whistle)**를 웹사이트에서 확인할 수 있다.

소리굽쇠에 대한 미분방정식 (2.24)의 해는 정현파 함수이지만, 결과적인 수학 공식은 단지 소리굽쇠를 이상적으로 모델링하여 나온 모델이다. 소리 신호는 수식과 별개의 것임을 항상 기억하는 것은 중요하다. 소리굽쇠에 의하여 생성되는 실제 파형은 십중팔구는 정확한 정현파가 아닐 수 있다. 그러나 이 신호는 수학적으로 $x(t) = A\cos(\omega_0 t + \varphi)$로 표현되며, 이 식은 물리적인 법칙에 근거한 이상적인 모델로부터 유도될 수 있다. 이 모델은 실제에 가까운 근사식이지만, 그럼에도 근사식이다. 그럼에도, 이 모델은 매우 유용하며, 소리굽쇠에서 만들어지는 소리를 바로 유용한 수학적인 식으로 유도해 주기 때문이다.

여러 악기들에서 나는 복잡한 소리의 경우, 신호는 하나의 수학적인 식으로 표현하기 어렵다. 그림 2-18에는 오케스트라 음악의 한 소절을 보여준다. 파형을 언뜻 보아도 이것은 더 복잡한 경우라는 것을 알 수 있다. 이 신호는 정현파처럼 진동하기는 해도, 분명히 주기적이지는 않다 (최소한 주어진 소절만 보면). 오케스트라 음악은 여러 가지 음색을 가진 서로 다른 악기의 소리를 모아 놓은 것이다. 만일 각 악기가 할당된 음의 주파수에서의 순수한 정현파 신호를 만들어낸다면, 복합적인 오케스트라 음악은 서로 다른 주파수, 진폭, 위상을 갖는 정현파 신호들의 합이 되었을 것이다. 이 가정이 대부분의 악기들에 대한 정확한 모델과는 전혀 다르지만, 오케스트라 신호를 이해하는 데 매우 유용한 가정이다. 사실, 우리는 서로 다른 주파수, 진폭, 위상 변이를 갖는 신호들의 합은 무한히 다양한 파형을 표현할 수 있다는 것을 곧 알게 될 것이다. 실제로 거의 모든 신호들은 정현파 신호들의 합으로 나타낼 수 있다는 것은 사실이다. 이 개념이 푸리에(Jean-Baptise Joseph Fourier)에 의하여 1807년에 소개되었을 때, 세상의 많은 유명한 수학자들은 회의적이었다. 그러나 오늘날에 와서, 이것은 상식이 되어버렸다 (그래도 놀라운 일이지만). 푸리에 분석을 하는 수학적이고 계산적인 기법들은 전기공학을 포함하여 많은 과학 및 공학 분야에서 광범위하게 사용되고 있는 주파수영역 분석을 위한 도구의 근간이 된다.

2-9 요약 및 링크

이 장에서는 정현파 신호를 소개하였다. 우리는 정현파 신호들이 간단한 물리적 과정에서 자연적으로 발생하고, 우리에게 잘 알려진 수학적 함수들과 복소 지수신호들로 나타낼 수 있음을 보였다. 어떤 신호를 수학적으로 표현하는 것은 두 가지 면에서 가치가 있다. 첫 번째로, 수학적 표현은 신

LAB MATLAB 소개

LAB 복소 지수함수들

데모 소리굽쇠와 진흙 호루라기

데모 사인 연습

호를 일관성 있게 표현할 수 있는 편리한 방법을 제공한다. 예를 들어, 코사인 신호는 단지 3개의 파라미터들만 갖고 완전하게 기술할 수 있다. 두 번째, 신호와 시스템을 수학적으로 표현함으로써, 신호와 시스템의 상호작용에 대한 정확한 설명을 할 수 있다.

이 장과 관련하여, 동반 웹사이트에서는 두 개의 랩 실습을 찾아볼 수 있다. 첫 번째 랩 실습은 MATLAB 프로그래밍 환경에 대한 기본적인 요소들과 복소수를 다루고 정현파의 그래프를 그리는 것에 대하여 소개하는 실습문제들을 포함한다. 부록 B에 MATLAB에 대한 중요한 개념에 대한 빠른 개요가 있다. 복소 지수함수들에 대한 실습에는 정현파와 페이저 덧셈을 다룬다. 이 실습들에서 학생들은 그림 2-15와 비슷한 페이저 덧셈에 대한 증명을 다시 만들어보게 된다. 랩 실습 보고서를 써 놓은 것은 웹사이트에 있다.

동반 웹사이트에서는 다음의 자료들을 구할 수 있다:

(a) 소리굽쇠를 때리고 그 소리를 기록하는 실습을 보여주는 소리굽쇠 동영상. 서로 다른 소리굽쇠에서 나오는 몇 가지 소리와 진흙 호루라기에서 나는 소리가 있다.

(b) MATLAB에서 `sindrill`이라고 불리는 연습 프로그램은 정현파의 진폭, 위상, 주파수를 갖고 실습을 할 수 있다.

(c) 회전 페이저들과 실수부를 취하는 연산이 어떻게 정현파들을 생성하는지를 보여주는 일련의 동영상들

2-10 문제

참고 해답이 있는 문제들

이 절의 문제들은 이 장의 주요 개념들을 다룬다. 동반 웹사이트에는, 복습과 실습을 위해서 더 많은 연관된 숙제 문제들이 나와 있다. 대부분의 문제들은 자세한 풀이가 같이 포함되어 있다.

P-2.1 신호 $x(t)$를

$$x(t) = 9\cos(100\pi t + 0.4\pi)$$

라고 정의한다. 범위 $-0.02 \le t \le 0.02$에서 $x(t)$의 그래프를 그려라.

P-2.2 그림 P-2.2는 어떤 정현파의 그래프이다. 이 그래프로부터, 다음 수식

$$x(t) = A\cos(\omega_0 t + \varphi)$$

에 적합한 진폭(A), 위상(φ), 주파수(ω_0)를 결정하여라. 답은 가능하다면 숫자뿐만 아니라 단위도 같이 제시하여라.

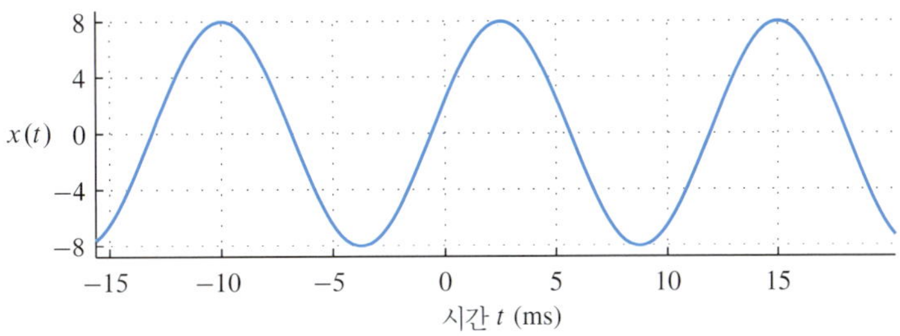

그림 P-2.2

P-2.3 다음의 각 함수를 자세히 그리고 주요 값들을 표시하여라.

(a) 영역 $-3\pi \le \theta \le 3\pi$에서 $\cos\theta$의 그래프를 그려라.

(b) 2개의 주기가 포함되는 t의 값에 대하여 $\cos(20\pi t)$의 그래프를 그려라.

(c) $-T_0 \le t \le T_0$에서의 t에 대하여 신호 $\cos(20\pi t/T_0 + \pi/2)$의 그래프를 그려라. 그래서 함수의 2 주기가 보일 수 있도록 하여라. 가로축에는 주요 값들을 T_0에 대하여 표시하여라.

P-2.4 e^x, $\cos(\theta)$, $\sin(\theta)$에 대한 급수 전개를 이용하여 오일러 공식을 증명하여라.

$$e^x = 1 + x + \frac{x^2}{2!} + \frac{x^3}{3!} + \cdots$$
$$\cos(\theta) = 1 - \frac{\theta^2}{2!} + \frac{\theta^4}{4!} + \cdots$$
$$\sin(\theta) = \theta - \frac{\theta^3}{3!} + \frac{\theta^5}{5!} + \cdots$$

P-2.5 복소 지수신호들 (즉, 페이저)을 이용하여 다음 삼각함수 등식을 증명하여라.

(a) $\cos(\theta_1 + \theta_2) = \cos(\theta_1)\cos(\theta_2) - \sin(\theta_1)\sin(\theta_2)$

(b) $\cos(\theta_1 - \theta_2) = \cos(\theta_1)\cos(\theta_2) + \sin(\theta_1)\sin(\theta_2)$

힌트 : 각 식의 좌변을 복소 지수함수의 실수부로 표현한다.

P-2.6 복소 지수신호에 대한 오일러 공식을 이용하여 다음 드무아브르(DeMoivre)의 공식을 증명하여라.

$$(\cos\theta + j\sin\theta)^n = \cos n\theta + j\sin n\theta$$

이 식을 이용하여 $\left(\frac{3}{5} + j\frac{4}{5}\right)^{100}$을 계산하여라.

P-2.7 다음 표현식을 간략화하여라.

(a) $3e^{j\pi/3} + 4e^{-j\pi/6}$

(b) $\left(\sqrt{3} - j3\right)^{10}$

(c) $\left(\sqrt{3} - j3\right)^{-1}$

(d) $\left(\sqrt{3} - j3\right)^{1/3}$

(e) $\Re\left\{je^{-j\pi/3}\right\}$

직교좌표 $(x + jy)$와 극좌표 $(re^{j\theta})$ 모두로 답하여라.

P-2.8 MATLAB을 이용하여 정현파 신호를 그린다고 가정한다. 아래의 MATLAB 코드를 이용하여 신호를 만들고 그래프를 그려라. 이 신호에 대한 수식을 구하고, 프로그램을 돌리지 말고, MATLAB으로 그려질 그래프를 손으로 그려본다.

```
dt = 1/1000;
tt = -0.15 : dt : 0.15;
Fo = 7;
zz = 15*exp(j*(2*pi*Fo*(tt + 0.875)));
xx = real(zz);
plot( tt, xx ), grid on
title( '정현파의 한 단편')
xlabel( '시간 (s)')
```

P-2.9 그림 P-2.9에 보인 정현파에 대하여, 파형이

$$X = A\,e^{j\varphi}$$

로 나타내질 수 있도록, 파라미터 ω_0, φ, A를 구하여 복소수 페이저 표현식

$$x(t) = \Re\{X\,e^{j\omega_0 t}\}$$

를 결정하여라.

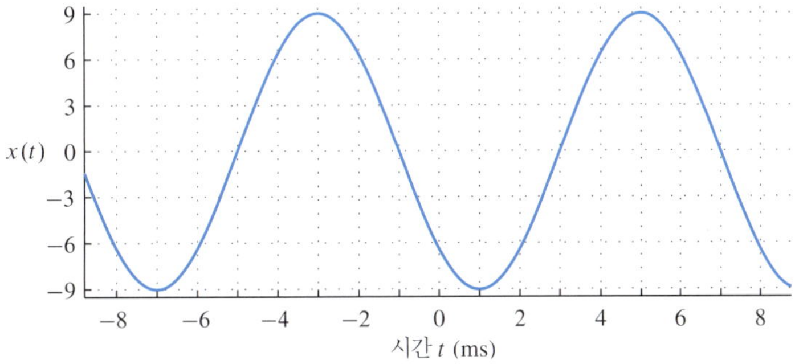

그림 P-2.9

P-2.10 신호 $x(t)$를

$$x(t) = 3\cos(\omega_0 t - \tfrac{2}{3}\pi) + \cos(\omega_0 t)$$

라고 정의한다.

(a) $x(t)$를 $x(t) = A\cos(\,\omega_0 t + \varphi)$ 형태로 나타내어라.

(b) $x(t) = \Re\{z(t)\}$를 만족시키는 복소수 신호 $z(t)$를 구하여라.

P-2.11 신호 $x(t)$를

$$x(t) = \cos(\omega t - \pi) + \cos(\omega t + \tfrac{\pi}{3}) + 2\cos(\omega t - \tfrac{\pi}{3})$$

라고 정의한다. $x(t)$를 표준 정현파형 $x(t) = A\cos(\omega t + \varphi)$로 간단히 하여라. 페이저를 이용하여 계산을 하고, 각 3개의 페이저를 나타내는 벡터들과, 합을 나타내는 벡터를 복소수 평면에 그려라.

P-2.12 θ에 대한 다음 방정식을 풀어라.

$$\Re\{(1 + j)e^{j\theta}\} = 0$$

단위는 라디안으로 답하라. 모든 가능한 답들을 구했다는 것을 확인하여라.

P-2.13 다음의 복소 지수신호:

$$s(t) = 0.8e^{j\pi/4}e^{j500\pi t}$$

를 정의한다.

(a) 신호 $s_i(t) = \Re\{js(t)\}$의 그래프를 그려라. 이때 정확하게 신호의 3개의 주기를 포함하도록 t의 영역값을 선택한다.

(b) $q(t) = \Re\{\frac{d}{dt}s(t)\}$의 그래프를 그려라. 이때 신호의 3개의 주기를 보여라.

P-2.14 두 정현파 신호가

$$x_1(t) = \sqrt{5}\cos(7t - \pi/3) \qquad x_2(t) = \sqrt{5}\cos(7t + \pi)$$

라고 정의되고, 두 신호의 합을 $x(t) = x_1(t) + x_2(t)$라고 나타낸다.

(a) $x_1(t) = \Re\{z_1(t)\}$를 만족하는 복소수 신호 $z_1(t)$를 구하여라.

(b) $x_2(t) = \Re\{z_2(t)\}$를 만족하는 복소수 신호 $z_2(t)$를 구하여라.

(c) $x(t) = \Re\{z(t)\}$를 만족하는 복소수 신호 $z(t)$를 구하여라.

P-2.15 신호 $x(t)$를

$$x(t) = 2\cos(\omega t + 5) + 8\cos(\omega t + 9) + 4\cos(\omega t)$$

로 정의하며, 여기서 위상의 단위는 라디안이다. $x(t)$를 $x(t) = A\cos(\omega t + \varphi)$의 형태로 나타내어라. 답을 구하기 위하여 복소수 페이저를 더할 때 계산기를 이용하여라. 페이저를 벡터 다이어그램으로 그려서 답을 설명하여라.

P-2.16 정현파의 위상은 다음과 같이 시간 이동과 관계가 있다.

$$x(t) = A\cos(2\pi f_0 t + \varphi) = A\cos(2\pi f_0(t - t_1))$$

정현파의 주기는 $T_0 = 8$ sec라고 가정한다.

(a) "$t_1 = -2$ sec일 때, 위상은 $\varphi = \pi/2$이다." 이 문장이 참인지 거짓인지를 설명하여라.

(b) "$t_1 = 3$ sec일 때, 위상은 $\varphi = 3\pi/4$이다." 이 문장이 참인지 거짓인지를 설명하여라.

(c) "$t_1 = 7$ sec일 때, 위상은 $\varphi = \pi/4$이다." 이 문장이 참인지 거짓인지를 설명하여라.

P-2.17 신호 $x(t)$를 $x(t) = \sum_{k=0}^{4} \cos(\omega t + \frac{2}{5}\pi k)$라고 정의한다.

(a) 합을 페이저 표현으로 변환하고 각 페이저를 복소 평면에 벡터로 나타내어라. 벡터들은 1의 근과 유사한 모양으로 분포하지만 (부록 A를 참조할 것), 1은 빠져있다는 것을 주목한다.

(b) A, φ의 수치 값을 구하여, $x(t)$를 $x(t) = A\cos(\omega t + \varphi)$ 형태로 나타내어라.

P-2.18 다음 식에서 파라미터 $\{\omega, \varphi, A\}$의 값을 구하여라.

(a) $9\cos(\omega t + \varphi) = Ae^{(j8t + j\varphi)} + Ae^{(-j8t + j2\pi/3)}$

(b) $10\cos(9t - \pi/3) = A\cos(\omega t - \pi/2) + 5\cos(\omega t + \varphi)$

P-2.19 정현파를 페이저로 변환할 수 있다면 정현파 방정식을 대수적으로 풀 수 있다. 예를 들어 주어진 방정식

$$9\cos(2t + \tfrac{1}{2}) = 3A\cos(2(t-1) + \varphi) + 4\cos(2t)$$

에서, A와 φ에 대하여 풀어라. 아래 단계로 풀어라:

(a) 위의 방정식에서 각 항을 페이저 표현으로 변환하여라.

(b) $z = Ae^{j\varphi}$라 하고, (a)에서 구한 페이저 방정식을 다음과 같이 표현하라.

$$9e^{j0.5} = (3e^{-j2})z + 4$$

(c) 위 방정식을 z에 대해 풀어 복소수 해를 구하라.

(d) 마지막으로, 위에서 구한 z를 극좌표 형태로 표현하여 A와 φ의 값을 구하여라.

P-2.20 연립 정현파 방정식들도 일단 정현파를 페이저로 변환하면 연립 대수 방정식으로 풀 수 있다. 미지수 $A_1, \varphi_1, A_2, \varphi_2$를 갖는 다음의 두 방정식을 고려한다.

$$\cos(7t) = A_1\cos(7t + \varphi_1) + A_2\cos(7t + \varphi_2)$$
$$\sin(7t) = 2A_1\cos(7t + \varphi_1) + A_2\cos(7t + \varphi_2)$$

(a) 위 방정식의 각 항에 대한 페이저 표현을 구하여라.

(b) $z_1 = A_1e^{j\varphi_1}$, $z_2 = A_2\, e^{j\varphi_2}$라 하고, (a)에서 구한 두 페이저 방정식을 다음과 같이 작성하여라.

$$1 = z_1 + z_2$$
$$-j = 2z_1 + z_2$$

(c) 방정식을 풀어 복소수 z_1과 z_2를 구하여라.

(d) 마지막으로, 답 z_1과 z_2를 극좌표 형태로 표현하여 미지수 $A_1, \varphi_1, A_2, \varphi_2$의 값들을 구하여라.

P-2.21 다음과 같은 연립 정현파 방정식을 풀어서 미지수 $A_1, \varphi_1, A_2, \varphi_2$를 구하여라.

$$\cos(3(t-1)) = 4A_1\sin(3t + \varphi_1) + A_2\cos(3t + \varphi_2)$$
$$\sin(3t + 2) = 3A_1\sin(3t + \varphi_1) + A_2\cos(3t + \varphi_2)$$

(a) 페이저 z_1과 z_2로 변환하여, 페이저 z_1과 z_2에 대한 극좌표 식으로부터 $A_1, \varphi_1, A_2, \varphi_2$를 구하여라.

(b) 벡터 $4z_1, z_2, 4z_1 + z_1$ 및 벡터 $3z_1, z_2, 3z_1 + z_2$ 각각 복소 공간에 표시하여 위에서 구한 답을 설명하는 다이어그램을 2개 그려라.

P-2.22 다음 수식을 M과 ψ에 대해 풀어라. 모든 가능한 답을 구하여라. 페이저 방법을 이용하고, 도형을 그려 답을 설명하여라.

$$M\cos(\omega_0 t + \pi/3) = 5\cos(\omega_0 t + \psi) - 4\cos(\omega_0 t)$$

힌트 : $0 \le \psi \le 2\pi$일 때 집합 $\{z{:}z = 5e^{j\psi} - 4\}$로 주어지는 z평면에서 그림을 설명하여라.

P-2.23 복소 지수신호들은 시간 이동이 발생할 때 복소 진폭의 위상이 변한다는 규칙을 따른다. 어떤 복소 신호가 $z(t) = Ze^{j10\pi t}$이고 $Z = 7e^{j0.3\pi}$일 때 다음을 답하여라.

(a) $z(t)$를 시간 이동시킨 신호는 복소수 진폭 W를 갖는 또 다른 복소 지수함수로 표현할 수 있다. 즉, $z(t-t_d) = w(t) = We^{j10\pi t}$로 표현할 수 있다. $t_d = 0.24$초일 때 복소수 진폭 W를 구하여라.

(b) 신호 $y(t)$를 $z(t)$를 시간 이동시킨 또 다른 신호라고 하고, $y(t)$의 복소수 진폭은 $Y = 7e^{-j0.1\pi}$라고 가정한다. 이때 $y(t) = z(t-t_d)$를 만족하는 가장 작은 양수 t_d를 구하여라.

P-2.24 $x[n]$을

$$x[n] = 7e^{j(0.22\pi n - 0.25\pi)}$$

로 정의되는 복소수 신호라고 하며, 여기서 n은 $-\infty < n < \infty$을 만족하는 정수이다. 새로운 신호 $y[n]$을 모든 n에 대하여 다음

$$y[n] = x[n+1] - 2x[n] + x[n-1]$$

과 같이 정의하면, $y[n]$은 $y[n] = Ae^{j\varphi}e^{j\hat{\omega}_0 n}$으로 나타낼 수 있다.

(a) $y[n]$의 식에서 주파수 $\hat{\omega}_0$을 결정하여라.

(a) A, φ의 값을 구하여라.

P-2.25 복소 지수신호들은 미분과 적분과 같은 연산을 할 때 미적분학과 대수의 법칙을 따른다. 복소 신호 $z(t) = Ze^{j2\pi t}$, $Z = e^{j\pi/4}$를 고려한다.

(a) $z(t)$를 시간에 대하여 1차 미분한 것은 새로운 복소 지수함수 $Qe^{j2\pi t}$로 나타내질 수 있으며, 그래서 $\frac{d}{dz}z(t) = Q\,e^{j2\pi t}$로 나타낼 수 있다. 복소 진폭 Q의 값을 구하여라.

(b) 복소 평면에 Z와 Q를 함께 그려라. Q의 각도는 Z의 각도에 비하여 얼마나 큰가? (또는 작은가?)

(c) $\Re\{\frac{d}{dt}z(t)\}$와 $\frac{d}{dt}\Re\{z(t)\}$를 비교하라. 이 결과는 모든 복소 지수함수에 대해 참인가?

(d) 범위 $-0.5 \le t \le 0.5$에서 $z(t)$ 정적분을 계산하여라.

$$\int_{-0.5}^{0.5} z(t)dt = ?$$

계산 결과를 극좌표 형으로 표현하라. 복소수 양의 적분은 대수의 법칙을 따른다는 것을 참고한다: 실수부와 허수부를 분리해서 적분할 수 있지만, $z(t)$에 지수 함수의 적분 공식을 바로 사용하는 것이 훨씬 쉽다.

P-2.26 다음 미분방정식

$$\frac{d^2x(t)}{dt^2} = -289\,x(t)$$

를 만족하는 복소근 $x(t) = Xe^{j\omega t}$에서 서로 다른 두 주파수를 구하여라.

P-2.27 2-7절에서 언급한 것과 같이, 소리굽쇠는 단진동 운동의 한 예이며, 그 이유는 진동이 식 (2.24)와 같은 2차 미분방정식으로 표현되기 때문이다. 이와 같은 단진동 운동으로 모델링될 수 있는 많은 물리 현상들이 존재하며, 그림 P-2.27에 보인 것과 같이 인덕터와 커패시터로 구성된 전기회로 역시 하나의 중요한 경우라 할 수 있다. 미분방정식을 구하려면, 회로 이론을 이용할 필요가 있다. 인덕터와 커패시터는 두 소자에 같은 전압 $v(t)$가 인가되는, 소위 병렬로 연결되어 있다는 것

을 볼 수 있다. 또한, 전류 $i(t)$는 루프 주위를 시계 방향으로 흐르고 있다고 (임의로) 정의할 수 있으며, 두 소자의 단자들을 통과한다. 따라서 커패시터(C)와 인덕터(L)는 다음과 같은 관계식으로 나타낼 수 있다:

$$i(t) = C\frac{dv}{dt} \quad \text{그리고} \quad v(t) = -L\frac{di}{dt}$$

인덕터 방정식에서 음의 부호는 필요하며, 가정한 전류의 방향은 L에 걸리는 양의 전압 방향과 반대 방향이라는 것을 의미한다.

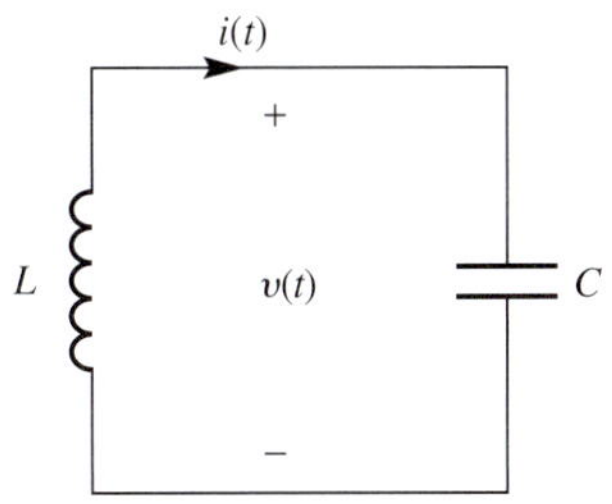

그림 P-2.27

(a) 그림 P-2.27에서 보인 것과 같이, 두 소자의 양단에 인가되는 전압 $v(t)$가 동일하다는 사실을 이용한다. 이때 위의 두 식을 조합하여 전압이 다음 미분방정식을 만족함을 보여라.

$$\frac{d^2v(t)}{dt^2} = -\frac{1}{LC}v(t) \tag{2.26}$$

(b) 식 (2.26)을 소리굽쇠에 대한 미분방정식 (2.24)와 비교하여라. 두 식의 형태가 동일하기 때문에, 그림 P-2.27 회로의 전압 역시 단진동의 운동을 보일 것이라고 예측된다. 두 항들을 식 (2.25)와 비교한 다음, 전압 $v(t)$의 발진 주파수를 구하여라.

(c) 치환을 하여, $v(t) = A\cos(\omega_0 t + \varphi)$가 식 (2.26)의 해 임을 보이고 ω_0를 L과 C로 나타내어라. 일반적으로, 계수들 A와 φ는 회로에서 초기 조건을 맞추도록 선택될 수 있다.

(d) 앞에서 구한 $v(t)$에서 $A = 5$, $\varphi = \pi/3$라고 가정한다. 위의 커패시터 관계식을 이용하여 $v(t)$로부터 전류 $i(t)$를 구하고, $v(t)$와 $i(t)$의 위상 차이를 구하여라.

(e) 앞에서 구한 전류에 대해, $i(t)$가 $v(t)$와 동일한 미분방정식, 즉

$$\frac{d^2i(t)}{dt^2} = -\frac{1}{LC}i(t) \tag{2.27}$$

를 만족함을 증명하여라.

P-2.28 이동통신 시스템 (즉, 핸드폰)에서, 한 종류의 감쇠(Degradation)는 정현파로 쉽게 모델링 될 수 있다. 이러한 **다경로 감쇄(Multipath Fading)**는 반사되는 무선 전파들이 어떤 장소에서 간섭되어 상쇄되는 것이다. 송신탑에서 정현파 신호를 보낸다고 가정하고, 이동통신 사용자는 전송된 신호의 두 복제 신호: 그림 P-2.28에 나타난 바와 같이 직사 전송(Direct-path Transmission)과 반사 경로(Reflected-path) 신호(예를 들어 큰 빌딩으로부터)를 받는다고 가정한다.

수신된 신호는 두 신호의 합이며, 두 신호는 다른 거리를 이동했으므로, 다른 시간적인 지연을 갖는다. 만일 송신 신호가 $x(t)$라고 한다면, 수신 신호[8]

8) 간단하게 하기 위해 전파 손실은 무시했다. 라디오 신호가 거리 R만큼 전송되면 그 진폭은 $1/R^2$에 비례하여 줄어든다.

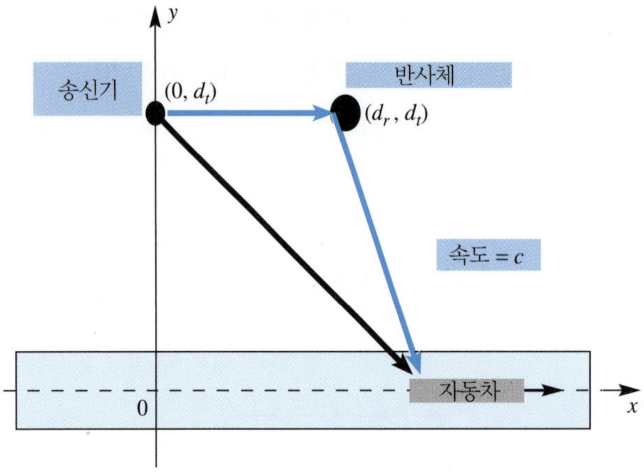

그림 P-2.28

$$r(t) = s(t - t_1) + s(t - t_2)$$

이동통신 시나리오에서, 핸드폰 사용자와 송신탑 사이의 거리는 항상 변한다. 만약 $d_t = 1{,}000$ m 라면, 직사 거리는 다음과 같다.

$$d_1 = \sqrt{x^2 + 10^6} \ \ (\text{미터})$$

여기서 x는 x축으로 이동하는 핸드폰 사용자의 위치이다. 그리고 반사면이 $d_r = 55$ m에 위치할 경우, 반사 경로 거리는 다음과 같다.

$$d_2 = \sqrt{(x - 55)^2 + 10^6} + 55 \ \ (\text{미터})$$

(a) 지연 시간은 거리를 광속 (3×10^8 m/s)으로 나누어 구한다는 사실을 이용하여, 두 전파 경로에 대하여 지연 시간(초)의 양을 구할 수 있다. t_1과 t_2를 휴대폰의 위치(x)의 함수로 구하여라.

(b) 송신 신호가

$$s(t) = \cos(300 \times 10^6 \pi t)$$

라고 가정한다. $x = 0$일 때, 수신 신호를 구하여라. 수신 신호가 정현파임을 증명하고 그 진폭, 위상, 그리고 주파수를 구하여라.

(c) 수신 신호의 진폭은 신호 세기에 대한 측정이다. 핸드폰 사용자가 이동함에 따라, 신호의 세기가 0이 되는 점을 찾을 수 있다는 것을 보여라. 이런 위치 하나를 구하여라.

(d) MATLAB을 사용할 수 있다면, x축을 따라 발생하는 신호의 세기의 그래프를 그리는 프로그램을 작성하고, 이렇게 하여 신호가 감지되지 않는 장소가 많이 있다는 것을 확인하여라. x의 범위를 $-100 \le x \le 100$으로 한다.

제 3 장

스펙트럼 표현

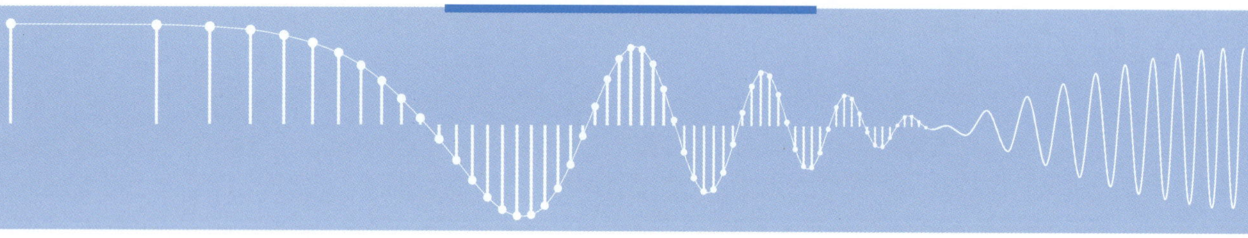

이 장에서는 신호의 **스펙트럼(Spectrum)** 개념—정현파의 합으로 표시할 수 있는 신호의 주파수 부분에 대한 간결한 표현 방식—을 소개한다. 제2장에서는 다음 수식

$$x(t) = A\cos(2\pi f_0 t + \varphi) = \Re\left\{X e^{j2\pi f_0 t}\right\} \tag{3.1}$$

로 표시할 수 있는 정현파 파형의 성질들에 대하여 배웠다. 우리는 함수의 형태를 알고 있으므로, 식 (3.1)의 파형 $x(t)$는 모든 t에 대하여, 단지 3개의 숫자: 즉, 진폭 A, 주파수 f_0, 그리고 위상 φ로 표현할 수 있다는 점을 주목한다. 제2장에서는, 복소수 진폭인 $X = Ae^{j\varphi}$를 정의했고, 이것을 페이저라고 불렀다. 식 (3.1)로 표현되는 정현파 파형은 전기 전력망에서 볼 수 있는 전압과 전류의 훌륭한 수학적인 모델이다. 전기 회로를 공부하는 데 있어서, 페이저들은 같은 주파수를 갖는 정현파들의 합을 간단하게 나타낼 수 있으므로, 매우 유용하였다. 그러나 페이저 개념은 일반화될 수 있으며, 가정용 전기의 전압을 나타내는 경우뿐만 아니라 많은 다른 형태의 신호들을 나타내기 위한 기초를 제공한다.

이 장에서는, 좀 더 복잡한 파형을 서로 다른 주파수들과 대응되는 다른 진폭들과 위상들을 갖는 정현파들의 합으로 어떻게 표현할 수 있는가에 대해서 보이고자 한다. 이런 여러 주파수를 갖는 신호의 스펙트럼은 단순히 진폭, 위상, 주파수 정보만 가지고 정의할 수 있다.[1] 그러한 스펙트럼 정보를 복소 진폭들을 주파수의 함수로서 보여주는 그래픽한 표현은 매우 유용하다는 것을 알게 된다. 스펙트럼의 이런 시각적인 표현은 다른 주파수의 스펙트럼 성분들 사이의 상호 연관성을 쉽고 빠르게 볼 수 있도록 해준다. 결과적으로, 신호를 그림으로 표현하는 것은 신호로의 연산에 의하여 신호들이 어떻게 변화되는지를 이해하는 데 매우 중요하다.

---

1) **스펙트럼**이라는 용어는 대부분 정확한 정의없이 여러 방식으로 사용된다. 여기에의 이 용어는 정현파나 복소 지수 함수들의 합으로 깔끔하게 정의할 수 있다. 다른 사용법에게는 좀 덜 정확할 수 있지만, 정현파의 성분으로 이루어져 있다는 것을 고려할 때, 여전히 적절하다.

3-1 정현파 합의 스펙트럼

정현파가 우리의 공부에 중요한 한 가지 이유는, 그것이 좀 더 복잡한 신호들의 기본적인 구축 블록들이기 때문이다. 이 장에서, 우리는 기본적인 코사인 파형들의 단순한 결합이 아닌 매우 복잡해 보이는 파형들을 살펴볼 것이다. 정현파들로부터 새 신호를 만드는 가장 일반적이고 강력한 방법은 **선형 중첩 결합(Additive Linear Combination)**이며, 여기서 하나의 실수 신호는 상수와 함께, 서로 다른 주파수, 크기, 위상을 갖는 N개의 정현파들의 합으로 만들어진다. 만일 이 신호가 실수라면, 우변과 같이 표현할 수 있다.

$$x(t) = A_0 + \sum_{k=1}^{N} A_k \cos(2\pi f_k t + \varphi_k) \tag{3.2}$$

여기서, 가장 일반적인 경우, 각각의 진폭, 위상, 주파수[2]는 독립적으로 선택될 수 있다. 이러한 신호는 복소 지수함수들과 각 정현파 성분들을 위한 복소수 진폭들을 이용하여 나타내질 수 있다. 즉,

$$x(t) = X_0 + \sum_{k=1}^{N} \Re\left\{X_k e^{j2\pi f_k t}\right\} \tag{3.3}$$

여기서 $X_0 = A_0$는 실수인 상수 성분을 나타내며, 각 복소수 진폭

$$X_k = A_k e^{j\varphi_k}$$

는 주파수 f_k를 갖는 회전하는 페이저의 크기와 위상을 나타낸다.

역 오일러 공식(Inverse Euler Formula)은 식 (3.3)으로 나타내진 $x(t)$를 또 다른 형식

$$x(t) = X_0 + \sum_{k=1}^{N} \left\{\frac{X_k}{2} e^{j2\pi f_k t} + \frac{X_k^*}{2} e^{-j2\pi f_k t}\right\} \tag{3.4}$$

로 나타낼 수 있다. 각 정현파의 경우에서와 같이, 복소수의 실수부는 그 복소수와 그 수의 켤레복소수 합의 1/2과 같다. 식 (3.4)는 또한 합에서의 각 정현파는 두 개의 회전하는 페이저로 나누어지며, 하나는 양의 주파수 f_k로 반시계 방향으로 회전하는 페이저와 다른 하나는, 시계 방향으로 회전하는, 음의 주파수 $-f_k$의 페이저의 합으로 표현된다.

식 (3.4)의 신호의 표현은 정현파 신호 식 (3.2)를 구성하는 신호들을 명시하기 위한 $2N + 1$개의 복소수 진폭(페이저)과 함께 $2N + 1$개의 양과 음의 주파수들을 사용하므로, 식 (3.4)는 **양측대역 스펙트럼(Two-sided Spectrum)**이라고 불린다. 좀 더 정확히 말하면, 우리의 스펙트럼의 정의는 쌍들의 집합

$$\left\{(0, X_0),\ \left(f_1, \tfrac{1}{2}X_1\right),\ \left(-f_1, \tfrac{1}{2}X_1^*\right), \ldots,\ \left(f_k, \tfrac{1}{2}X_k\right),\ \left(-f_k, \tfrac{1}{2}X_k^*\right), \ldots\right\} \tag{3.5}$$

이다. 각 쌍 $(f_k, \frac{1}{2}X_k)$는 주파수 f_k에 기여하는 복소 지수신호 성분의 크기와 상대적인 위상을 나타낸다. 일반적으로 스펙트럼을 그 신호의 **주파수 영역 표현(Frequency-domain Representation)**이

2) 이 장에서는, 라디안 주파수 $\omega_k = 2\pi f_k$보다는 주파수 f_k를 사용하며, 그 이유는 Hz로 나타내는 음악 악보와 같이 이 방법이 물리적인 양을 더 쉽고 자연스럽게 나타낼 수 있기 때문이다.

라고 부른다. 대조적으로, **시간 영역 표현(Time-domain Representation)**은 시간 파형의 값 자체를 주는 반면, 주파수 영역 표현은 단지 식 (3.4)로 신호를 합성하는 데 필요한 정보를 준다.

성분들의 숫자가 적고, 주파수가 넓게 분포하고 있으면, 스펙트럼은 $x(t)$를 간결하게 나타낸다. 그 경우에, 스펙트럼은 **희소(Sparse)**하다고 하며. 이것은 단지 몇 개의 주파수 성분으로 이루어졌다는 것을 의미한다. 제7장에서는 스펙트럼의 개념을 주파수들이 과밀하게 연속인 스펙트럼에 대해서까지 포함하여 일반화할 것이다. 이 경우 스펙트럼은 이산시간 푸리에 변환이라고 부른다.

예제 3-1 양측대역 스펙트럼

상수와 두 정현파의 합으로 구성된 다음 신호

$$x(t) = 10 + 14\cos(200\pi t - \pi/3) + 8\cos(500\pi t + \pi/2)$$

의 스펙트럼을 결정하려면, 식 (3.2)의 일반형을 양측대역 형태인 식 (3.4) 형식으로 바꾸어야 한다. 역 오일러 공식에 적용하면, 다음의 5개의 항

$$\begin{aligned} x(t) = 10 &+ 7e^{-j\pi/3}e^{j2\pi(100)t} + 7e^{j\pi/3}e^{-j2\pi(100)t} \\ &+ 4e^{j\pi/2}e^{j2\pi(250)t} + 4e^{-j\pi/2}e^{-j2\pi(250)t} \end{aligned} \tag{3.6}$$

를 얻는다. 여기서, 신호의 상수 성분은 종종 DC성분[3]으로 불리며, 이는 주파수 0을 갖는 복소 지수신호로 나타낼 수 있다 (즉, $10e^{j0t} = 10$). 그러므로, 식 (3.5)에서 제안된 형식으로 나열하면, 이 신호의 스펙트럼은 주파수/복소 진폭 쌍들로 나타내지는 5개의 회전 페이저들의 집합

$$\left\{(0,\ 10),\ (100,\ 7e^{-j\pi/3}),\ (-100,\ 7e^{j\pi/3}),\ (250,\ 4e^{j\pi/2}),\ (-250,\ 4e^{-j\pi/2})\right\}$$

로 나타내진다.

3-1.1 표기법의 변경

X_k와 스펙트럼의 관계는 특별한 경우를 포함하며, 그 이유는 X_0인 경우를 제외하고는, 식 (3.5)의 스펙트럼에서 모든 X_k에 $\frac{1}{2}$이 곱해지기 때문이다. 식 (3.4)와 같은 동반 식은 거북하다. 그러므로 스펙트럼에서 복소수 진폭에 대한 새로운 기호로서 a_k를 다음:

$$a_k = \begin{cases} A_0 & k = 0 \\ \frac{1}{2}A_k e^{j\varphi_k} & k \neq 0 \end{cases} \tag{3.7}$$

와 같이 새로이 정의한다. 이 표기는 스펙트럼을 (f_k, a_k) 쌍들의 집합이라 말할 수 있도록 해준다. 이렇게 표기법을 변경하면 나중에 3.5절에서 유도할 푸리에 급수 계수들의 공식을 간단하게 표시할 수 있기 때문이다. 예를 들어, 식 (3.4)는 하나의 간략한 합

3) "DC"라는 용어는 전기 회로에서 왔으며, 여기서는 상수 값을 가지는 전류를 직류(direct current) 또는 DC라고 부른다. 일반적으로 $X_0 = A_0$를 스펙트럼의 DC 성분이라고 부른다. DC 성분은 상수이므로, 이 성분의 주파수는 $f = 0$이다.

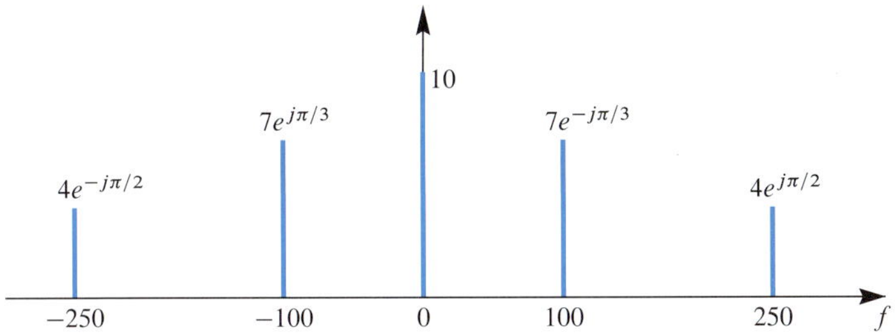

그림 3-1 신호 $x(t) = 10 + 14\cos(200\pi t - \pi/3) + 8\cos(500\pi t + \pi/2)$의 스펙트럼 그래프. 주파수($f$)의 단위는 Hz이다. 음의 주파수 성분들은 신호가 실수인 경우, 대응되는 양의 주파수 성분들의 켤레 복소수들이며, 완벽을 위하여 포함되어야 한다.

$$x(t) = \sum_{k=-N}^{N} a_k e^{j2\pi f_k t} \tag{3.8}$$

로 나타낼 수 있으며, 여기서 $f_0 = 0$으로 정의한다.

3-1.2 스펙트럼의 그래프

스펙트럼 그래프는 (f_k, a_k) 쌍들의 목록으로 나타내는 것보다 더 많은 것을 보여준다. 각 주파수 성분은 해당 주파수에서 수직선으로 표현되며, 수직선의 길이는 크기 $|a_k|$에 비례하여 그려진다. 그림 3-1은 식 (3.6)의 신호에 대하여 보여준다. 각 **스펙트럼의 선(Spectral Line)**들은 스펙트럼을 정의하는 데 필요한 정보를 완전하게 나타내기 위하여 a_k의 값으로 표시된다.

이 간단하지만 효과적인 그래프는 두 가지: 주파수들의 상대적인 위치와 정현파 성분들의 상대적인 진폭들을 쉽게 알 수 있게 해준다. 이러한 이유로 스펙트럼 그래프는 신호의 그래픽적인 표현으로 널리 사용된다. 제4장과 제6장에서 보겠지만, 주파수 영역 표현이 유용하며, 그 이유는 신호가 시스템을 통과할 때 신호의 스펙트럼에 어떤 변화가 있는지를 결정함으로써, 시스템이 그 신호에 어떤 영향을 끼쳤는지 쉽게 알 수 있기 때문이다. 이 점이 왜 스펙트럼이 라디오, TV, 휴대폰, MP3 플레이어 등과 같은 복잡한 시스템을 이해하는 중요한 열쇠가 되는 이유이다.

데모
회전 페이저

그림 3-1과 같은 스펙트럼은, 각 음의 주파수 성분의 복소수 진폭은 그것에 대응하는 양의 주파수 성분에서의 복소수 진폭의 켤레 복소수이다. 이 성질은 **켤레 대칭(Conjugate Symmetry)**이라고 불린다. 스펙트럼은 $x(t)$가 실수 신호이면 언제나 켤레 대칭이며, 그 이유는 식 (3.4)에서의 f_k와 $-f_k$에서의 복소 회전 페이저들은 서로 반대 방향으로 회전하며 이들이 결합하여 반드시 실수 신호를 형성하기 때문이다(그림 2.13(b)와 웹사이트에서 **회전 페이저들(Rotating Phasors)** 동영상을 참고한다).

각각의 정현파들로 구성된 신호의 스펙트럼은 보통 **선 스펙트럼(Line Spectra)**이라고 부른다. "선"이라는 용어는 여기서는 적절해 보이며, 그 이유는 각 성분들이 각각의 주파수에 위치하는 수직선들로 나타나기 때문이다. 그러나 그 용어는 물리학에서 나왔으며, 여기서는 (광학적 스펙트럼 분석기라고 할 수 있는) 광학적인 프리즘으로 만들어진 방사 또는 흡수 스펙트럼에서 선들이 관측된다. 이런 선들은 서로 다른 원자나 이온들의 특성들인 파장들에서 방사하거나 흡수되는 에너지에 대응된다. 이것은 그림 3-2에 보였으며, 이 그림은 (모든 주파수에 대하여 거의 같은 크기의 진폭을 갖는다고 가정하는) 어떤 별에서 나온 백색광의 주파수 스펙트럼이 외계 행성의 대기를 통과하여 전파하면서 어떻게 수정되는지를 보인다. 이 그래프는 백색광의 스펙트럼이 특정한 주파수의 흡수에 의하여 변한다는 것을 보여준다. 이 예는 그 신호에의 연산에 의한 신호들의 수정이 그 신호의 스펙트럼에 의하여 어떻게 쉽게 나타내질 수 있는지와 이해될 수 있는지를 설명해 준다.

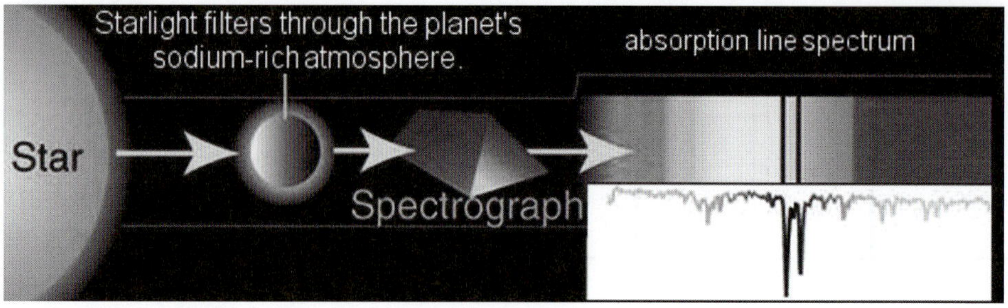

그림 3-2 외계 행성 HD 209458의 대기를 통과한 백색광의 스펙트럼 분석에 대한 설명(NASA 사진). 이 사진의 컬러 버전은 다음 사이트 http://science.nasa.gov/science-news/science-at-nasa/2001/ast27nov_1/를 참조한다.

3-1.3 분석 대 합성

스펙트럼이라는 문맥에서, 합성은 주파수 영역의 표현(즉, 스펙트럼)을 이용해서 시간 영역의 신호 (즉, 파형 $x(t)$)를 만들어내는 과정이다. 이와는 대조적으로, 분석은 시간 영역의 신호로의 연산으로 주파수 영역의 스펙트럼을 만들어낸다. 지금까지 기술한 것과 같이, 두 연산들은 상대적으로 쉬워보이지만, 임의로 선택된 신호에 대한 스펙트럼을 계산하고 그래프를 그리기 위한 일반적인 과정은 푸리에 분석(Fourier analysis)—예를 들어, 3-5절과 부록 C의 푸리에 급수와 제7장과 제8장의 이산신호들에 대한 푸리에 변환—의 공부를 필요로 한다.

지금까지, 관심 있는 신호는 상수와 **유한한 개수(Finite Number)**의 정현파의 합으로 가정할 수 있는 특별한 경우를 다루어 왔다. 이 **합성 과정(Synthesis Procedure)**은 그림 3-1과 같은 그래프로부터 시작하면 비교적 쉽다. (f_k, a_k) 값들은 스펙트럼 그래프로부터 추출할 수 있으며, 식 (3.8)로 시간 영역에서의 신호값들을 계산하는 데 사용될 수 있다. 신호를 식 (3.2)와 같이 정현파들의 합으로 구성되는 수학 공식으로 정의할 때, **분석 과정(Analysis Procedure)**도 또한 명료하다. 식 (3.2)에서의 각각의 정현파는 역 오일러 관계를 이용해서 두 개의 복소 지수함수로 나타내어 식 (3.4)와 같은 형태를 얻을 수 있다. 그 다음으로, 스펙트럼 값들은 각각의 주파수와 이에 대응하는 복소수 진폭을 인식하여 추출할 수 있다. 이렇게 간단한 분석 절차는 실제로는 잘 적용되지 않는다. 예를 들어, 만일 신호가 인간의 녹음된 음성이라면, 신호값들에 대한 수학적인 식은 없으며, 분석 문제는 훨씬 어려워진다. 그러나 스펙트럼을 구하고자 하는 분석 개념과 시간 영역에서의 신호를 구축하고자 하는 합성 개념은 매우 일반적이며, 그래서 이 책에서는 반복적으로 계속 나온다.

주기 신호에 대한 푸리에 급수의 경우를 다루기 전에, 정현파들과는 매우 다르며 흥미롭게 들리는 파형을 갖는 오디오 신호를 단지 몇 개의 정현파의 합으로 만드는 예제들을 보인다. 시간에 따른 파형과 스펙트럼 사이의 관계는 강조할 예정이다. 앞으로 보일 몇 개의 예제들에서는, 시간에 따른 파형은 매우 복잡해 보이지만 반면에 스펙트럼은 희소하고 비교적 간단하며 그래서 이해하기 쉬운 예제들을 보이고자 한다.

3-2 정현파의 진폭 변조

지금까지 우리는 주파수가 서로 다른 정현파의 합으로 표현할 수 있는 신호에 대해서 배웠다. 그런데 정현파의 곱도 또 하나의 유용한 수학적인 모델이다. 서로 다른 주파수를 갖는 2개의 정현파

LAB
AM과 FM 정현파 신호

를 곱하면, **비트음(Beat Note)**이라 불리는 흥미로운 오디오 효과를 만들 수 있다. 떨리는 듯한 소리의 이 현상은, 아주 작은 주파수 중의 하나(예를 들면,10 Hz)와 1 kHz 부근의 주파수를 선택하면 잘 들린다. 어떤 악기는 비트 톤을 자연스럽게 생성해 낸다. 정현파들의 곱셈이 사용되는 또 다른 보편적인 예는 라디오 방송이다. 이 경우, 곱셈은 **진폭 변조(Amplitude Modulation)**라고 불리며, 그래서 어떤 방송국은 AM 라디오라는 이름을 사용한다.

3-2.1 정현파들의 곱셈

두 정현파의 곱에 의해 만들어지는 신호는, 이 신호의 스펙트럼을 구하기 위해서는 반드시 합으로 다시 작성해야 하며, 그 이유는 스펙트럼은 복소 지수신호들의 선형 덧셈 결합을 그래프로 표시한 것이기 때문이다. 정현파들의 또 다른 수학적인 결합들도 스펙트럼을 디스플레이하기 위해서는 덧셈 형식으로 다시 작성해야 한다. 이러한 사실은 아래의 예제로 설명할 수 있다.

예제 3-2 곱 신호의 스펙트럼

주파수 5 Hz와 1/2 Hz를 갖는 두 정현파의 곱으로써 만들어진 특별한 경우의 신호

$$x(t) = \cos(\pi t)\sin(10\pi t) \tag{3.9}$$

에 대하여, 이 신호의 스펙트럼을 정의하기 전에 $x(t)$를 합으로 다시 작성할 필요가 있다. 한 가지 방법이 다음:

$$x(t) = \left(\frac{e^{j\pi t} + e^{-j\pi t}}{2}\right)\left(\frac{e^{j10\pi t} - e^{-j10\pi t}}{2j}\right) \tag{3.10a}$$

$$= \tfrac{1}{4}e^{-j\pi/2}e^{j11\pi t} + \tfrac{1}{4}e^{-j\pi/2}e^{j9\pi t} + \tfrac{1}{4}e^{j\pi/2}e^{-j9\pi t} + \tfrac{1}{4}e^{j\pi/2}e^{-j11\pi t} \tag{3.10b}$$

$$= \tfrac{1}{2}\cos(11\pi t - \pi/2) + \tfrac{1}{2}\cos(9\pi t - \pi/2) \tag{3.10c}$$

와 같이, 역 오일러 공식을 사용하는 것이다. 이 유도된 식에서는, 덧셈 결합 (3.10b) 안에 4개의 항을 찾을 수 있으며, 그래서 주파수 $\pm 11\pi$와 $\pm 9\pi$에 4개의 스펙트럼 성분들이 존재하며, 이들은 각각 5.5, 4.5, −4.5, −5.5 Hz로 변환된다. 크기는 4개의 성분들에 대하여 (1/4)로 같다. 또한 식 (3.9)의 $x(t)$를 정의하는 데 사용된 원래의 주파수 (5 Hz와 1/2 Hz)중 어느 것도 스펙트럼에서는 보이지 않는다는 것을 인지할 필요가 있다.

연습문제 3.1 $x(t) = \sin^2(10\pi t)$라고 한다. $x(t)$에 대하여 식 (3.8)의 형태로 덧셈 결합을 구하고 스펙트럼을 그려라. 스펙트럼에서 주파수 성분들의 수를 계산하여라. $x(t)$가 갖고 있는 최고 주파수는 얼마인가? 덧셈 형태를 구하기 위하여 삼각함수의 등가 공식보다는 역 오일러 공식을 사용하여라.

3-2.2 비트음 파형

비트음[4]은 거의 동일한 주파수를 갖는 2개의 같은 진폭의 정현파들의 덧셈에 의해서 만들어진다. 식 (3.9)과 (3.10c)에서의 예에서는 두 정현파의 곱은 2개의 같은 진폭의 정현파의 합과 동일하다

4) 이 현상은 오디오 기기에서 흔히 일어나는 현상으로 2개의 음악적 음표가 동시에 소리가 날 때 일어나므로, 비트음(beat note)이라는 용어를 사용한다. 예를 들자면, 두 개의 인접한 피아노 건반을 동시에 쳤을 경우이다.

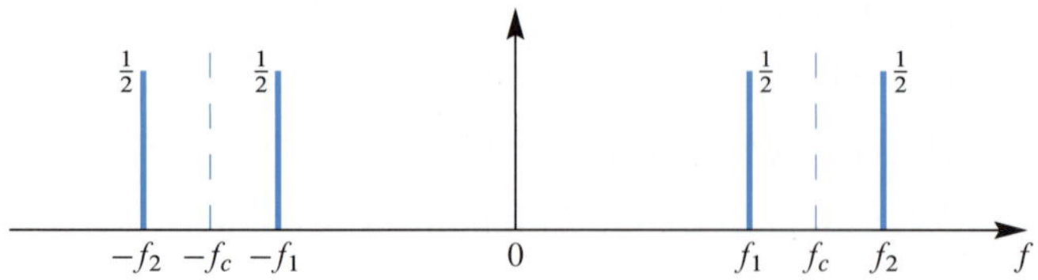

그림 3-3 진폭이 같은 두 개의 정현파의 합의 스펙트럼. $f_\Delta = \frac{1}{2}(f_2 - f_1)$이 매우 작으면, 이 스펙트럼은 식 (3.11)과 (3.12)의 비트 신호의 스펙트럼이다. 음의 주파수 선스펙트럼들은 $-f_c$를 중심으로 대칭적으로 존재한다.

데모
간단한 음의 스펙트로그램

는 것을 보여준다. 따라서 $f_2 > f_1$인 2개의 같은 진폭의 정현파들의 덧셈 결합

$$x(t) = \cos(2\pi f_1 t) + \cos(2\pi f_2 t) \tag{3.11}$$

로부터 시작한다면, 곱셈 형태의 스펙트럼의 일반적인 관계식을 유도할 수 있다. 2개의 주파수는 $f_1 = f_c - f_\Delta$과 $f_2 = f_c + f_\Delta$로 나타낼 수 있으며, 여기서 **중심 주파수(Center Frequency)** $f_c = \frac{1}{2}(f_1 + f_2)$와 **주파수 편이(Deviation Frequency)** $f_\Delta = \frac{1}{2}(f_2 - f_1)$—이것은 f_c보다 적으며—라고 정의하였다. 덧셈형 식 (3.11)은 비트음의 스펙트럼을 주며, 그림 3-3에 나타내었다. 비트음에 대한 예와 이와 비슷한 신호의 예는 동반 웹사이트에서 볼 수 있다.

두 개의 코사인을 복소 지수함수로 표현하면, 덧셈 형에서 곱셈 형으로 바꿀 수 있다. 신호 $x(t)$를 두 개의 코사인의 곱셈으로 다시 쓰면, 시간 영역에서 더 쉽게 그릴 수 있는 형태가 되며, 이 그래프로부터 두 개의 주파수가 거의 같다면 왜 식 (3.11)이 하나의 비트음으로 느껴지는지 알 수 있게 된다. 이것에 대한 분석은 다음과 같다.

$$\begin{aligned} x(t) &= \cos(2\pi f_1 t) + \cos(2\pi f_2 t) \\ &= \Re\left\{e^{j2\pi f_1 t}\right\} + \Re\left\{e^{j2\pi f_2 t}\right\} \\ &= \Re\left\{e^{j2\pi(f_c - f_\Delta)t} + e^{j2\pi(f_c + f_\Delta)t}\right\} \\ &= \Re\left\{e^{j2\pi f_c t}\left(e^{-j2\pi f_\Delta t} + e^{j2\pi f_\Delta t}\right)\right\} \\ &= \Re\left\{e^{j2\pi f_c t}\left(2\cos(2\pi f_\Delta t)\right)\right\} \\ &= 2\cos(2\pi f_\Delta t)\cos(2\pi f_c t) \end{aligned} \tag{3.12}$$

연습문제 3.2

더해진 2개의 정현파 신호들이 0이 아닌 위상을 갖는다면, 즉

$$x(t) = \cos(2\pi f_1 t + \varphi_1) + \cos(2\pi f_2 t + \varphi_2)$$

주파수들 f_c와 f_Δ는 바뀌지 않지만, 위상 φ_Δ와 φ_c는 변하게 된다.

$$x(t) = 2\cos(2\pi f_\Delta t + \varphi_\Delta)\cos(2\pi f_c t + \varphi_c)$$

곱의 표현에서 필요한 위상들을 결정하여라.

숫자가 포함된 예로, 식 (3.12)에서 $f_c = 200$ Hz, $f_\Delta = 20$ Hz라고 하면,

$$x(t) = 2\cos(2\pi(20)t)\cos(2\pi(200)t) \tag{3.13}$$

두 개의 코사인파 성분과 곱 신호 $x(t)$의 **시간 영역**의 그래프를 그리는 데 MATLAB을 이용한다. 그림 3-4(a)는 두 개의 코사인 성분들 $2\cos(2\pi(20)t)$와 $2\cos(2\pi(200)t)$를 보이며, 이 신호들은

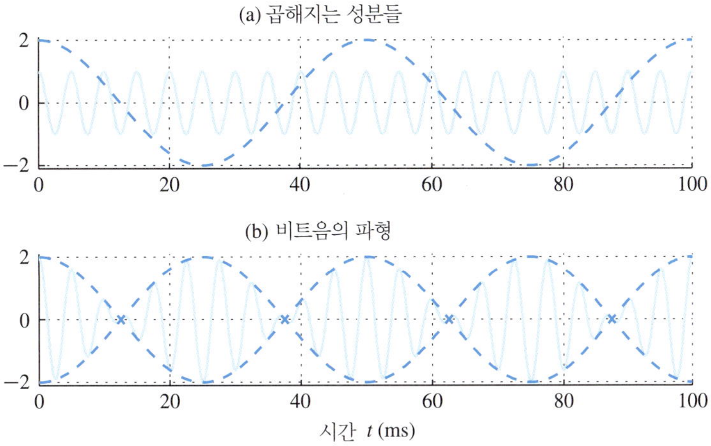

그림 3-4 (a) f_c = 200 Hz이고 f_Δ = 20 Hz를 갖는 비트음에서의 곱해지는 성분들의 파형 (b) 대응되는 곱 신호. 포락선의 영점들 간의 시간 간격은 $\frac{1}{2}(1/f_\Delta)$ = 25 ms이며, 주파수 편이 f_Δ로 나타냈다.

참고
비트음의
시간 영역 그래프

데모
beatcon

식 (3.13)의 곱의 형태를 만든다. 비트음의 그래프는 먼저 $2\cos(2\pi(20)t)$를 그리고, 그것의 음의 형태인 $-2\cos(2\pi(20)t)$를 그려서 경계를 정의하고, 그 안쪽에 높은 주파수의 신호를 그리면 된다. 이러한 경계들을 신호의 **포락선(Envelope)**이라고 한다. 한 신호는 다른 신호에 비해서 훨씬 빨리 변하고, 그래서 늦게 변하는 신호는 빨리 변하는 신호의 진폭을 시간에 따라 서서히 변하게 하는 것으로 보인다. 결과 비트음은 그림 3-4(b)에 그렸으며, 여기서 높은 주파수의 정현파 (200 Hz)와 낮은 주파수의 정현파 (20 Hz)를 곱하는 효과는 높은 주파수 파형의 피크점의 진폭을 변화시킨다. 이와 같은 신호를 스피커로 듣거나, 아니면 악기로 이런 신호를 만든다면, 신호의 포락선이 주기 $\frac{1}{2}(1/f_\Delta)$ = 25 ms로 주기적으로 오르락내리락하여, 마치 소리가 가까이 왔다 멀어졌다 하는 것처럼 들린다. 이런 소리 현상을 음악에서 톤의 "비팅(beating)"이라고 한다. 진폭은 낮은 주파수 신호 한 주기에 두 번 오르락내리락하며, 그래서 이런 신호 $x(t)$를 들으면, $2f_\Delta$ Hz로 진폭 변화를 들을 수 있다. f_c가 f_Δ에 비해서 매우 높으면, f_c Hz 주변에서 주파수가 오르락내리락하는 것과 같은 소리도 들을 수 있다. 음악가들은 비팅 효과를 이용해서 두 개의 다른 악기를 튜닝(tuning)한다. 두 개의 음들이 비슷하지만 약간 다른 주파수를 갖는다면, 비팅 효과를 들을 수 있다. 한 음이 다른 음에 점점 더 가까이 가면, 이러한 현상이 사라지며, 그러면 두 악기는 튜닝이 된 것이다.

예제 3-3 주파수 편이 f_Δ의 감소

만일 f_Δ가 20 Hz에서 9 Hz로 감소한다면, 그림 3-5(a,b)에서 알 수 있듯이 200 Hz 톤의 포락선은 훨씬 더 느리게 변화함을 알 수 있다. 포락선의 영점들(zeros) 간의 시간 간격은 f_Δ 정현파 주기의 반인 $\frac{1}{2}(1/f_\Delta)$이다. 그래서 식 (3.11)의 정현파의 주파수들이 더 가까운 간격을 갖는다면, 포락선의 변화는 더 느려진다. 그림 3-4와 3-5는 식 (3.11)의 두 항 모두에 대하여 위상 0을 사용하여 어느 정도 간단히 하였지만, 다른 위상 관계에서도 유사한 패턴을 보여준다. 결과적으로, 그림 3-4의 $x(t)$의 스펙트럼은 ±220 Hz와 ±180 Hz의 주파수 성분을 갖고 있으며, 반면 그림 3-5의 신호는 주파수 성분 ±209 Hz와 ±191 Hz를 갖고 있다.

3-2.3 진폭 변조

정현파들을 곱하는 것은 데이터, 음성, 또는 음악과 같은 정보 신호들을 전송하는 데 사용되는 고

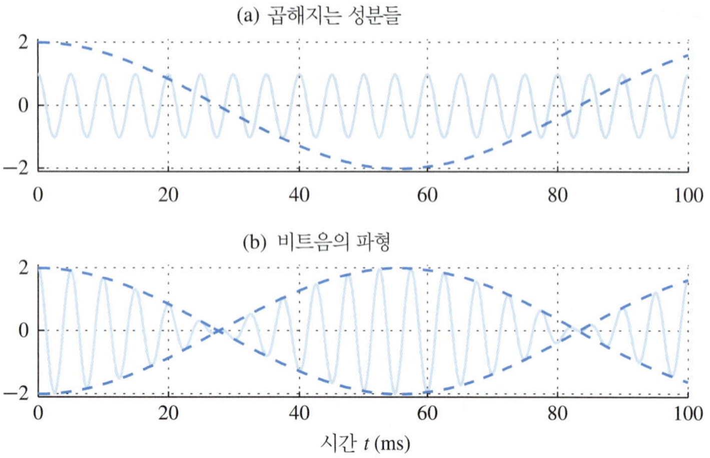

그림 3-5 $f_c = 200\,\text{Hz}$와 $f_\Delta = 20\,\text{Hz}$를 갖는 비트음. 0을 끊는 점들의 간격은 $\frac{1}{2}(1/f_\Delta) = 55.6\,\text{ms}$이다.

주파 삼각함수들의 변조가 사용되는 통신 시스템에서는 매우 흔한 일이다. **진폭 변조 (Amplitude Modulation)**는—음성이나 음악 신호와 같은—낮은 주파수의 신호에 높은 주파수의 정현파 신호를 곱하는 과정이다. 이러한 테크닉은 AM 라디오 방송에서 사용된다: 사실 "AM"은 진폭 변조의 약자이다. AM 신호는 다음과 같은 곱의 형태이다.

$$x(t) = v(t)\cos(2\pi f_c t) \tag{3.14}$$

LAB
AM과
FM 정현파 신호

이 식에서 코사인 항의 주파수(f_c Hz)는 전송되는 신호 $v(t)$의 스펙트럼에 포함된 어떤 주파수보다도 훨씬 크다. 라디오에서는, $v(t)$는 전송될 음성이나 음악 신호를 나타낸다. 식 (3.14)에서 코사인 파형 $\cos(2\pi f_c t)$는 **반송파 신호 (Carrier Signal)**라 불리며, 주파수 f_c는 **반송 주파수 (Carrier Frequency)**라고 불린다.

이 시점에서의 스펙트럼에 대한 제한된 지식으로 보면, 식 (3.14)에서 $v(t)$의 형태는 정현파들의 유한한 합이어야 하지만, 이 경우만으로도 식 (3.14)의 변조 과정이 $v(t)$의 스펙트럼의 **주파수 이동 (Frequency Shifting)**을 포함하고 있다는 것을 이해하기에 충분하다.

예제 3-4 진폭 변조

만약 $v(t) = 5 + 4\cos(40\pi t)$이고 $f_c = 200\,\text{Hz}$라고 하면, AM 신호는 비트 신호와 비슷한 곱의 형태가 된다:

$$x(t) = [5 + 4\cos(40\pi t)]\cos(400\pi t) \tag{3.15}$$

신호 $v(t)$는 충분히 큰 DC 성분을 가져서 모든 t에 대하여 $v(t)$는 양의 값을 갖는다. $x(t)$의 그래프는 그림 3-6(b)에 있으며, 여기서 높은 주파수 반송파 (200 Hz)와 낮은 주파수의 정현파 (20 Hz)를 곱하는 것은 반송파 파형의 진폭 포락선을 "변조 (Modulation)" (또는 변화)시키는 효과가 있다는 것을 볼 수 있다. 그러므로 그림 3-7의 $x(t)$와 같은 신호에 진폭 변조라는 이름을 붙였다.

식 (3.14)와 (3.15)의 AM 신호와 비트음 신호의 주요 차이점은 AM 신호에서는 보통 포락선이 절대 0을 끊지 않도록 만든다는 점이다. 반송파 주파수가 그림 3-7에서의 $v(t)$의 주파수와 비교하여 훨씬 커지면, 포락선 신호를 명확하게 그리지 않아도 변조된 신호 $v(t)$의 윤곽을 볼 수 있다. 이런 특성은 AM 신호 $x(t)$로부터 포락선 $v(t)$를 검출하는 것이 목적인 AM 방송 수신기의 검파기 회로를 쉽게 구현할 수 있도록 해준다.

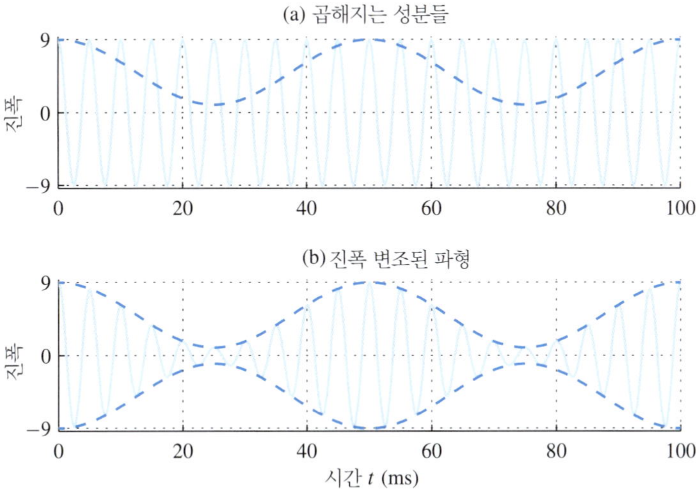

그림 3-6 f_c = 200 Hz와 f_Δ = 20 Hz인 AM 신호. (a) 신호 $5 + 4\cos(40\pi t)$는 진한선으로, 200 Hz 정현파 신호 $\cos(400\pi t)$는 연한선으로 표시했다(편의를 위하여 9배 확장된 스케일로 그렸다). (b) (a)의 두 신호들의 곱으로 만들어진 AM 신호(연한선)는 200 Hz로 진동하며, 포락선(진한선)이라고 말하는 진폭의 변화를 갖는다.

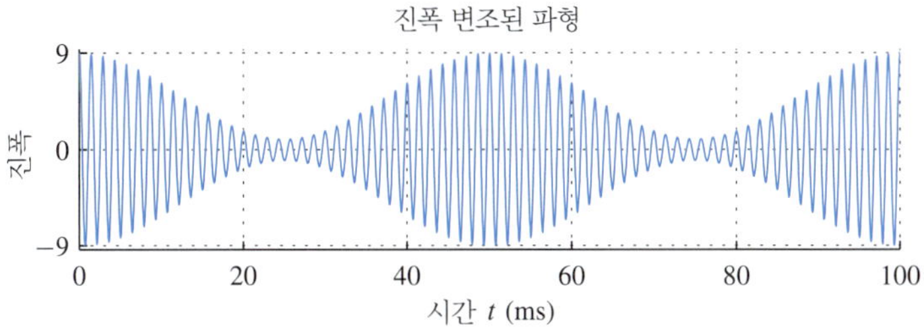

그림 3-7 f_c = 700 Hz와 f_Δ = 20 Hz인 AM 신호. 더 높은 반송파 주파수는 포락선을 그리지 않고도 변조된 코사인의 윤곽을 볼 수 있도록 해준다.

3-2.4 AM 스펙트럼

주파수 영역에서 AM 신호 스펙트럼은 나타내기 쉽다: 그림 3-8에 보인 것과 같이, $f = \pm f_c$에 중심을 두고 $v(t)$의 스펙트럼을 스케일링하여 복제한 것들로 나타난다. 같은 설명이 비트음 신호의 스펙트럼에서도 적용될 수 있으며, 이 신호는 예제 3-2와 3-2.2절에서 설명한대로 두 개의 정현파의 곱으로 나타난다. 식 (3.15)의 AM 신호의 스펙트럼은 $v(t)$와 $\cos(400\pi t)$를 복소 지수함수들로 나타냄으로써 유도될 수 있다.

$$\begin{aligned} x(t) &= v(t)\left(\tfrac{1}{2}e^{j400\pi t} + \tfrac{1}{2}e^{-j400\pi t}\right) \\ &= (5 + 2^{j40\pi t} + 2^{-j40\pi t})\tfrac{1}{2}e^{j400\pi t} + (5 + 2^{j40\pi t} + 2^{-j40\pi t})\tfrac{1}{2}e^{-j400\pi t} \end{aligned} \tag{3.16}$$

그런 다음, 전개하면 다음의 스펙트럼의 덧셈 결합

$$x(t) = \tfrac{5}{2}e^{j400\pi t} + e^{j440\pi t} + e^{j360\pi t} + \tfrac{5}{2}e^{-j400\pi t} + e^{-j440\pi t} + e^{-j360\pi t} \tag{3.17}$$

를 얻는다. $v(t)$의 스펙트럼은 f = 0, 20, −20 Hz에 3개의 선스펙트럼을 갖지만, $x(t)$의 스펙트럼은 6개의 스펙트럼 성분들로 나타난다: 주파수 f = 200, 220, 180 Hz, f = −200, −220, −180 Hz. 이와 같이 $x(t)$에 대한 스펙트럼 (그림 3-8)은, 하나는 f_c에 중심을 갖고, 다른 하나는 $-f_c$에 중심을 둔 2개의 유사한 세트들로 구성된다. 각 세트들은 $v(t)$의 양방향 스펙트럼을 주파수 이동한 (크기 변환한) 것들이다. 다음 예제는 3-3.5절에서 일반화하기로 한다.

연습문제 3.3 $v(t) = 5 + 4\cos(2\pi(20)t)$의 스펙트럼을 유도하고, 주파수의 함수로 그려라. 이 결과를 그림 3-8의 AM 신호의 스펙트럼 그래프와 비교하여라.

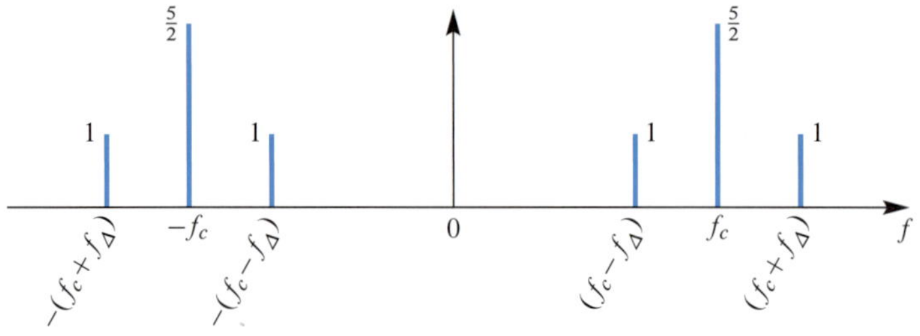

그림 3-8 식 (3.15), (3.16), (3.17) 및 그림 3-6에서의 AM 신호들의 스펙트럼, 여기서 식 (3.15)에서 정의된 $v(t)$에 대하여 $f_c = 200\,\text{Hz}, f_\Delta = 20\,\text{Hz}$이다.

3-2.5 대역폭의 개념

대역폭의 개념은 신호의 스펙트럼 표현과 밀접하게 관련이 있으며, 이 개념은 신호를 전송하고, 조작하고, 저장하는 거의 모든 응용들에서 매우 중요하다. 우리는 자주 신호의 스펙트럼을 대략적인 특성으로 파악하고 싶어 한다. 예를 들어, 스펙트럼의 내용에 대한 지표로 0이 아닌 부분 중에 가장 높은 주파수를 사용할 수도 있다. 이것은 제4장에서 샘플링을 고려할 때는 적절한 지표가 된다. 스펙트럼이 그림 3-8처럼 표시되는 AM 신호의 경우는 가장 높은 주파수는 $f_c + f_\Delta$가 될 것이다. 다른 방법으로는, 가장 낮은 주파수와 가장 높은 주파수 모두를 포함하는 주파수들의 그룹(또는 밴드)을 강조하는 것이 훨씬 중요하고 더욱 의미가 있을 수 있다. 이런 것과 같은 스펙트럼의 지표들은 **스펙트럼의 대역폭(Bandwidth of the Spectrum)** 또는, 암시적으로, **신호의 대역폭(Bandwidth of the Signal)**이라고 부른다.

그림 3-8의 신호의 경우, 신호의 대역폭은 $(f_c + f_\Delta) - (f_c - f_\Delta) = 2f_\Delta$라고 말할 수 있으며, 좀 더 정확하게 표현하려면 이 주파수 대역은 주파수 f_c에 중심을 갖는다는 것을 주목한다.[5] 대역폭 특징은 AM 라디오 방송에서는 중요하며, 그 이유는 각 방송국들은 반송파 주파수 f_c와 이 반송파 주파수를 중심으로 대역폭 10 kHz가 주어지기 때문이다. 이런 방법으로, 많은 지역 방송국들은 자유 공간의 (넓은) 주파수 대역을 서로 간섭하지 않고 나누어 쓸 수 있게 된다.[6] 이렇게 자유 공간의 통신 채널을 공유하는 것을 **주파수 분할 다중화(Frequency Divided Multiplexing)**라고 부른다.

3-3 스펙트럼에의 연산

신호처리에서는 주로 시간 영역 연산으로 신호를 다룬다. 스펙트럼 표현의 좋은 점 중에 하나가 신호 $x(t)$로의 시간 영역의 연산들은 종종 스펙트럼에 매우 간단한 변화를 준다. 스펙트럼은 주파수/복소수 진폭 쌍들의 집합 $S = \{(f_k, a_k)\}$로 구성되므로, 시간 영역에서 신호 $x(t)$에 연산을 하면, 주파수 $\{f_k\}$나 또는 복소수 진폭 $\{a_k\}$를 바꿀 수도 있다. 시간 영역 연산과 스펙트럼 변화와의 대응은 종종 스펙트럼 표현의 **성질(Property)**이라고 부른다. 이 절에서는 이 스펙트럼 성질들에 대한 몇 가지 예를 소개한다.

---

5) 신호가 실수이면, 스펙트럼은 복소수로 켤레 대칭(conjugate symmetry)이므로, 양의 주파수 부분만 초점을 맞출 수 있다.

6) AM 라디오 방송국들의 반송 주파수는 540 kHz~1700 kHz 범위에 있다. 다른 무선 통신은 우리가 총괄하여 **전자기 스펙트럼(Electromagnetic Spectrum)**이라고 부르는 것의 다른 주파수대를 사용한다.

3-3.1 스케일링 또는 상수 더하기

어떤 신호에 상수를 곱하는 것 (즉, $\gamma x(t)$)은 스펙트럼에 있는 모든 복소수 진폭들에 같은 스케일 인자 (γ)를 곱하는 것과 같다.

$$\gamma x(t) = \gamma \sum_{k=-M}^{M} a_k e^{j2\pi f_k t} = \sum_{k=-M}^{M} (\gamma a_k) e^{j2\pi f_k t}$$

하지만 모든 주파수들은 바뀌지 않는다. 반면에, 신호에 상수를 더하면 (즉, $x(t) + c$), 복소수 진폭에서 오직 한 주파수 ($f = 0$)만 바꾼다. 다음 식

$$x(t) + c = \sum_{f_k \neq 0} a_k e^{j2\pi f_k t} + \underbrace{a_0 e^{j2\pi(0)t} + c}_{\text{새로운 DC}}$$

에서 새로운 DC 값은 $a_0 + c$이다. 만일 $x(t)$의 스펙트럼이 DC 성분을 갖고 있지 않다면 ($a_0 = 0$), c를 더함으로써 $f = 0$에 새로운 선스펙트럼을 만드는 것이며, 그래서 $(0, c)$ 쌍이 스펙트럼 집합에 추가된다.

그림 3-9에서는 신호 $x(t)$가

$$x(t) = \tfrac{3}{2} + 6\cos(6\pi t - \pi/3) + 4\cos(14\pi t + \pi/4)$$

일 때, $y(t) = 2x(t) + 6$에 대한 두 가지 연산을 보여준다. $x(t)$의 스펙트럼은 그림 3-9(a)에 보였고, $y(t)$의 스펙트럼은 그림 3-9(c)에 보였다. $f = \pm 3$과 $f = \pm 7$에서의 복소 진폭들은 그림 3-9(a)에서 그림 3-9(c)로 가면서 크기가 2배가 되었다. DC ($f = 0$)에서 상수 6이 더해졌으며, 그 이유는 이 상수 신호는 그림 3-9(b)에 보인 스펙트럼을 갖는 DC만의 신호이기 때문이다. 이와 같이 $y(t)$의 스펙트럼에서의 DC 성분은 $2(1.5) + 6 = 9$가 된다.

3-3.2 신호의 덧셈

또 다른 간단한 연산은 두 신호의 덧셈 $x_1(t) + x_2(t)$이며, 스펙트럼에서는 주파수에 따라 두 가지 경우가 있다. 이론적으로, $x_1(t)$의 스펙트럼은 $x_2(t)$의 스펙트럼에 더해지며, 왜냐하면

$$x_1(t) + x_2(t) = \sum_{f_{1k}} a_{1k} e^{j2\pi f_{1k} t} + \sum_{f_{2\ell}} a_{2\ell} e^{j2\pi f_{2\ell} t}$$

이며, 여기서 (f_{1k}, a_{1k})와 $(f_{2\ell}, a_{2\ell})$들은 각각 $x_1(t)$과 $x_2(t)$의 주파수와 복소수 진폭들이다. 만일 선스펙트럼이 두 스펙트럼에서 $f = f_{1k} = f_{2\ell}$에 있다면, 대응되는 복소수 진폭들, a_{1k}와 $a_{2\ell} = a_{2k}$는, 반드시 페이저 합으로 더해져야 한다.[7] 다른 경우는 선스펙트럼이 단지 하나의 스펙트럼에만 있는 경우이다. 이 경우에는, 더해질 것이 없으며 그래서 선스펙트럼은 어떤 변경도 없이 더해진 신호의 스펙트럼의 일부로 포함시키면 된다.

예제 3-5 스펙트럼의 덧셈

그림 3-10의 그래프에는 두 신호의 합의 스펙트럼에 대한 몇 가지 점들을 보였다. $x_1(t)$의 스펙트럼은 그림 3-10(a)에, $x_2(t)$의 스펙트럼은 3-10(b)에 보였다. 스펙트럼들을 더할 때, 두 스펙트럼은 주

7) 페이저 덧셈을 한 다음에, 복소수 진폭이 0이 될 수 있으며, 이 경우 그 주파수 성분은 스펙트럼 집합에서 없어진다.

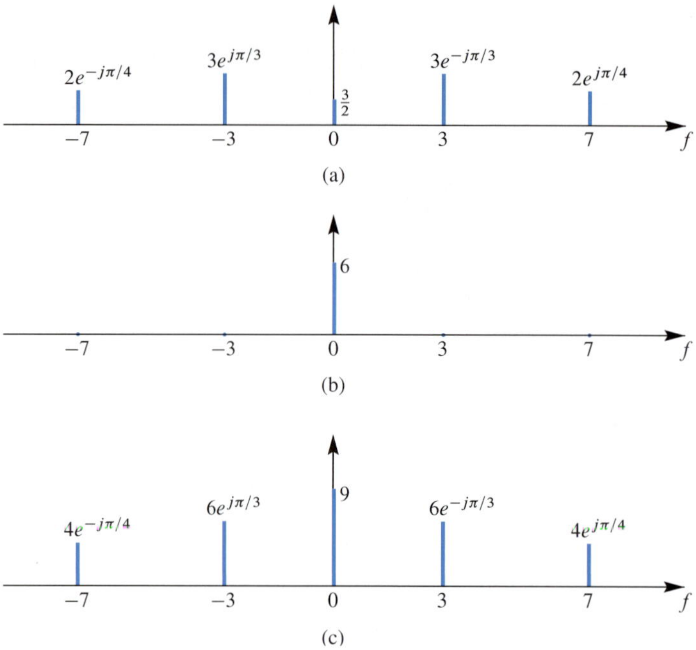

그림 3-9 상수가 더해진 스케일된 신호의 스펙트럼 그래프. (a) $x(t)$의 스펙트럼, (b) 상수 신호의 스펙트럼, (c) $y(t) = 2x(t) + 6$의 스펙트럼

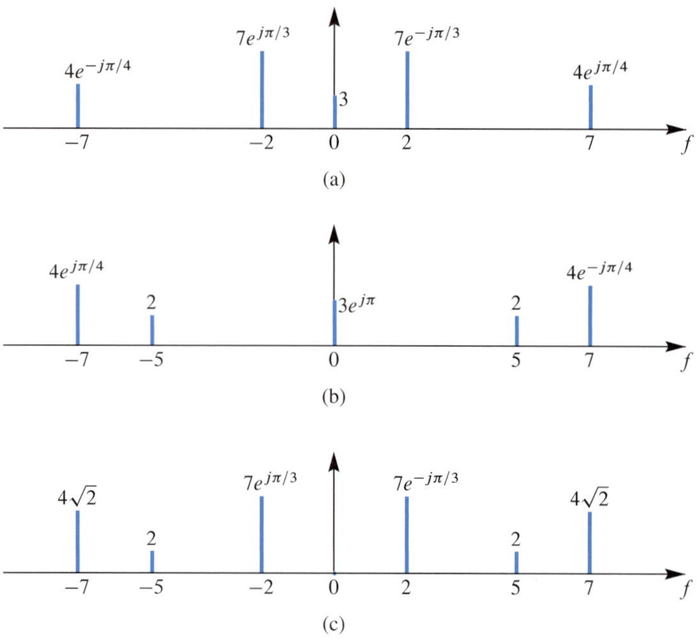

그림 3-10 두 신호의 합의 스펙트럼 그래프. (a) $x_1(t)$의 스펙트럼, (b) $x_2(t)$의 스펙트럼, (c) 합 신호의 $x_1(t) + x_2(t)$의 스펙트럼

파수 $f = \pm 7$과 0에서 스펙트럼 성분을 가지고 있으며, 그래서 3개의 페이저들의 합을 구해야 한다.

$$3 + 3e^{j\pi} = 0 \qquad (f = 0)$$

$$4e^{-j\pi/4} + 4e^{j\pi/4} = 4\sqrt{2} \qquad (f = -7)$$

$$4e^{j\pi/4} + 4e^{-j\pi/4} = 4\sqrt{2} \qquad (f = 7)$$

$f = 0$에서의 복소수 진폭은 상쇄되어 없어지므로, 그림 3-10(c)의 합의 스펙트럼에는 DC 성분이 없다. $x_1(t)$의 스펙트럼은 $f = \pm 2$에 스펙트럼 성분이 있지만, $x_2(t)$에서는 없으며, 그래서 성분들을

합의 스펙트럼으로 직접 복사하면 된다. 같은 방법으로, $x_2(t)$의 스펙트럼에서 $f = \pm 5$의 성분들도 합의 스펙트럼에 또한 복사한다.

3-3.3 a_k에 복소 지수를 곱하는 $x(t)$의 시간 이동

만일 $x(t)$를 시간 이동시켜서 새로운 신호 $y(t)$를 만든다면, 주파수에는 변화가 없지만, 스펙트럼의 복소수 진폭에서 위상에는 변화가 생긴다.

$$y(t) = x(t - \tau_d) \quad \longleftrightarrow \quad b_k = a_k e^{-j2\pi f_k \tau_d}$$

왜냐하면

$$y(t) = x(t - \tau_d) = \sum_k a_k e^{j2\pi f_k (t-\tau_d)} = \sum_k \underbrace{\left(a_k e^{-j2\pi f_k \tau_d}\right)}_{b_k} e^{j2\pi f_k t}$$

예제 3-6 지연된 코사인

주기의 1/4인 $\tau_d = 2$ ms 만큼 지연시킨 코사인 함수 $x(t) = 6\cos(250\pi t)$를 고려한다. $x(t)$의 스펙트럼 집합은 $S = \{(125, 3), (-125, 3)\}$이다. $x(t - 0.002)$의 스펙트럼에서는 주파수 $f = +125$ Hz 항에서의 위상 변화는

$$e^{-j250\pi(0.002)} = e^{-j0.5\pi} = -j$$

이다. 이와 같이, $x(t - 0.002)$의 스펙트럼은 스펙트럼 집합 $S = \{(125, -3j), (-125, 3j)$라고 쓸 수 있다. 이 식

$$x(t - 0.002) = 6\sin(250\pi t)$$

을 증명하는 것은 쉽다. 이 결과는 코사인을 4분의 1 주기 만큼 지연시키면 사인파가 되는 사실과도 일관성이 있다.

3-3.4 a_k에 $(j2\pi f_k)$를 곱하는 $x(t)$의 미분

$x(t)$를 미분해서 새로운 신호 $y(t)$를 만든다면, 주파수는 변하지 않지만, 반면 $y(t)$의 스펙트럼의 복소수 진폭들은 다음 식:

$$y(t) = \tfrac{d}{dt}x(t) \quad \longleftrightarrow \quad b_k = (j2\pi f_k)a_k$$

과 같이 구할 수 있다. 합의 미분은 각각의 미분들의 합이므로, $x(t)$의 스펙트럼에서 각각의 항들에 미분 연산자를 적용할 수 있으며

$$y(t) = \tfrac{d}{dt}x(t) = \sum_k a_k \frac{d}{dt} e^{j2\pi f_k t} = \sum_k \underbrace{(j2\pi f_k)a_k}_{b_k} e^{j2\pi f_k t}$$

를 얻는다.

예제 3-7 DC가 더해진 사인파 신호의 미분

DC 오프셋을 갖는 사인파 $x(t) = 7 + 6\sin(250\pi t)$의 미분을 고려해본다. $x(t)$에 대한 스펙트럼 집

합은 $S = \{(0, 7), (125, -3j), (-125, 3j)\}$이다. $\frac{d}{dt}x(t)$의 스펙트럼에서 $f = 0$ 항은 7에 $j2\pi(0) = 0$을 곱한 것이고, 그래서 소거된다; $f = +125$ Hz 항은 $j2\pi(125)$가 곱해진다.

$$(j2\pi(125))(-3j) = 750\pi$$

따라서 $\frac{d}{dt}x(t)$의 스펙트럼 집합은 $S = \{(125, 750\pi), (-125, 750\pi)\}$가 된다. 이 스펙트럼으로부터

$$\frac{d}{dt}x(t) = 1500\pi \cos(250\pi t)$$

를 증명하는 것은 쉬우며, 이것은 사인 함수의 미분은 코사인이고, 상수의 미분은 0이라는 사실과 일치한다.

3-3.5 주파수 이동

어떤 신호에 정현파나 또는 복소 지수함수를 곱하면, 스펙트럼에서의 주파수들이 예측할 수 있는 위치로 이동된다. 신호 $x(t)$에 주파수가 f_c인 복소 지수신호 $Ae^{j\varphi}e^{j2\pi f_c t}$를 곱한 식의 유도는 다음과 같다.

$$y(t) = Ae^{j\varphi}e^{j2\pi f_c t}\underbrace{\sum_k a_k e^{j2\pi f_k t}}_{x(t)} \tag{3.18a}$$

$$y(t) = \sum_k (a_k Ae^{j\varphi})e^{j2\pi(f_k+f_c)t} \tag{3.18b}$$

식 (3.18b)의 해석은 $y(t)$의 스펙트럼 집합은 $S = \{(f_k + f_c, a_k Ae^{j\varphi})\}$가 되며 이 식은 $x(t)$의 모든 주파수는, $f_c > 0$라고 가정하면, f_c만큼 오른쪽으로 이동하며, 복소수 진폭들은 모두 복소 지수함수의 복소수 진폭을 곱한 것이 된다.

주파수가 이동하는 현상을 스펙트럼에서 보여주는 것은 쉽다. 그림 3-11(b)는 $f_c = 9$, $A = 1$, $\varphi = 0$인 복소 진폭이 곱해진 신호에 대한 스펙트럼을 보였다. 그림 3-11(a)에서 $x(t)$의 스펙트럼은 7개의 선스펙트럼을 갖고 있으며, 켤레 대칭이 있으므로, $x(t)$는 실수이다. 신호 $x(t)e^{j2\pi(9)t}$도 같은 7개의 선스펙트럼으로 구성되는 스펙트럼을 갖지만, $f = 9$ Hz 주위로 중심이 위쪽으로 이동하였다. 이제 이 신호는 더 이상 실수 신호가 아니고, 또한 스펙트럼은 켤레 대칭 성질을 준수하지 않는다는 것에 주목한다.

신호 $x(t)$에 실수 정현파 $A\cos(2\pi f_c t + \varphi)$가 곱해지면, 주파수 이동 개념을 두 번 적용할 필요가 있다.

$$y(t) = x(t)A\cos(2\pi f_c t + \varphi) = x(t)\tfrac{1}{2}Ae^{j\varphi}e^{j2\pi f_c t} + x(t)\tfrac{1}{2}Ae^{-j\varphi}e^{-j2\pi f_c t} \tag{3.19}$$

식 (3.19)의 첫 항은 $x(t)$의 모든 주파수를 f_c만큼 위로 이동한 것이며, 그림 3-11(b)에 보인 것과 같이 오른쪽으로 주파수를 이동한 것이다; 식 (3.19)의 두 번째 항은 $x(t)$의 모든 주파수를 f_c만큼 내려서 왼쪽으로 이동한 것이다. 복소수 진폭들은 다음과 같이 변한다; 주파수가 높아진 신호에 대해서는, 새로운 복소수 진폭은 $a_k(\frac{1}{2}Ae^{j\varphi})$이고; 주파수를 내린 것의 새로운 복소수 진폭은 $a_k(\frac{1}{2}Ae^{-j\varphi})$으로, 즉, 위상이 서로 반대이다.

이런 2개의 주파수 이동은 그림 3-11(c)에 신호 $x(t)\sin(2\pi(9)t)$에 대하여 보였으며, 이 신호는 $x(t)\cos(2\pi(9)t - \frac{1}{2}\pi)$와 같다. 그림 3-11(a)에서의 $x(t)$의 스펙트럼이 9 Hz만큼 위로 이동했

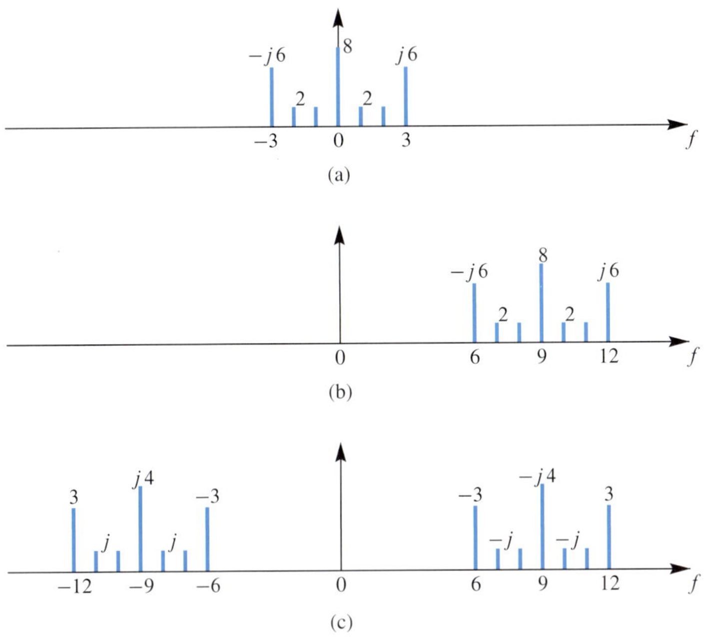

그림 3-11 신호의 주파수 이동에 대한 스펙트럼 그래프. (a) $x(t)$의 스펙트럼, (b) $x(t)e^{j2\pi(9)t}$의 스펙트럼, (c) $x(t)\sin(2\pi(9)t)$의 스펙트럼. 이동 주파수 f_c는 충분히 커서 $x(t)$의 주파수들을 이동한 카피들은 겹치지 않으며, 그래서 그래프 그리는 것을 간단하게 만들어준다.

을 때, 복소수 진폭들에는 $\frac{1}{2}e^{-j\pi/2} = -j\,\frac{1}{2}$이 곱해진다. 예를 들어, 그림 3-11(a)에서 $f = 3$에 있는 선스펙트럼은, $j6$의 복소수 진폭을 가지며, 그림 3-11(c)에서 $f = 12$로 이동했고, 복소수 진폭 $(j6)(-j\,\frac{1}{2}) = 3$을 갖는다. 그림 3-11(a)의 $x(t)$의 스펙트럼이 9 Hz 아래로 이동하면, 복소수 진폭은 $\frac{1}{2}\,e^{+j\pi/2} = j\,\frac{1}{2}$이 곱해진다. 다음으로, 그림 3-11(a)의 $f = 3$에 있던 선스펙트럼은 그림 3-11(c)에서와 같이 $f = -6$으로 이동하고, 복소수 진폭은 $(j6)(j\,\frac{1}{2}) = -3$을 갖는다. 모든 선스펙트럼들의 주파수 이동이 일어나고, 이들의 복소수 진폭들에 $\frac{1}{2}Ae^{\pm j\varphi}$곱해진 다음에는, 스펙트럼은 켤레 대칭 여부를 조사한다. 신호 $x(t)\sin(2\pi(9)t)$는 실수이므로, 그림 3-11(c)에서 켤레 대칭이 성립되어야 한다. 마지막 의견으로, f_c가 $x(t)$의 가장 큰 주파수보다 크다면, 위로 이동한 스펙트럼과 아래로 이동한 스펙트럼들은 겹치지 않는다는 점을 주목한다. 이것은 그림 3-11(c)에서 성립하며, 이 성질은 그래프 그리는 것을 쉽게 만든다.

주파수 이동 성질은 두 개의 복소 지수함수의 곱은 그 지수끼리 더하는 것과 동등하다는 사실에 근거한다. 제7장에서는 이 주파수 이동 성질은 단지 정현파들의 합이 아닌 더 폭넓은 종류의 신호에도 적용된다는 것을 보여줄 것이다.

3-4 주기적인 파형들

주기 신호는 모든 t에 대해 $x(t + T_0) = x(t)$인 조건을 만족하며, 이는 신호가 매 T_0초마다 반복된다는 것을 말한다. 시간 간격 T_0는 $x(t)$의 주기라고 불리며, 만일 이 값이 이런 반복되는 시간 간격 중 가장 짧다면, 이를 **기본 주기(Fundamental Period)**라고 한다. 이 절에서는, 정현파들의 합이 어떻게 주기 신호를 합성하는 데 사용될 수 있는지와 합해진 정현파들이 반드시 **고조파 관계(Harmonic Relation)**의 주파수들; 기본 주파수 F_0의 정수배인 주파수들을 가져야 하는지에 대하여 공부한다. 다른 말로 하면, 신호는 $N + 1$개의 정현파들의 합으로 합성될 수 있다.[8)]

8) 정현파 중의 하나가 주파수가 0인 정현파인 DC 성분 A_0이다.

$$x(t) = A_0 + \sum_{k=1}^{N} A_k \cos(2\pi k F_0 t + \varphi_k) \tag{3.20}$$

식 (3.20)에서의 k번째 코사인 성분의 주파수인 f_k는

$$f_k = kF_0 \text{ (고조파 주파수)}$$

이다. 주파수 f_k는 F_0의 k번째 **고조파(Harmonic)**라고 불리며, 그 이유는 이 주파수는 기본 주파수 F_0의 정수배이기 때문이며, 만일 F_0가 이런 F_0들 중에서 가장 큰 값이라면, **기본 주파수(Fundamental Frequency)**라고 불린다.

식 (3.20)에서 합은 주기적인 신호인가? 그렇다면, $x(t)$의 주기는 얼마인가? k번째 고조파 정현파는 가장 짧은 주기 $1/(kF_0)$를 갖지만, 이 또한 매 $1/F_0$초 마다 k번씩 반복된다. 식 (3.20)의 모든 코사인은 $1/F_0$의 주기로 반복되므로, 그 합도 같은 반복 주기를 갖으며, 그래서 $x(t + 1/F_0) = x(t)$를 반드시 만족해야 한다. 이 주기 $T_0 = 1/F_0$는 가장 짧은 반복 주기라는 것을 쉽게 증명할 수 있으며, 그래서 **기본 주기(Fundamental Period)**[9]라고 불린다. 다른 말로 하면, 기본 주기는 기본 주파수의 역이다.

예제 3-8 기본 주기 T_0

때때로 기본 주기는 명확하지 않다. 예를 들면, 신호 $x(t) = \cos^2(4\pi t)$의 주기는 0.5초지만, 기본 주기는 $T_0 = 0.25$초이다; 왜냐하면, $\cos^2(4\pi(t + \frac{1}{4})) = \cos^2(4\pi t + \pi) = \cos^2(4\pi t)$이기 때문이다.

예제 3-9 F_0의 계산

기본 주파수는 $f_k = kF_0$를 만족하는 가장 큰 F_0이며, 여기서 k는 정수이다. 수학적으로 이는 정수의 집합에서의 **최대 공약수(gcd: Greatest Common Divisor)**라는 관계가 있다. 만일 모든 주파수 f_k들이 정수 f_k면,

$$F_0 = \gcd\{f_k\} \quad k = 1, 2, \ldots, N$$

라고 말할 수 있다. 예를 들어, 어떤 신호가 주파수가 12, 20, 60 Hz를 갖는 정현파들의 합으로 이루어졌다면, $F_0 = 4$ Hz이며, 왜냐하면, 12 Hz는 세 번째 고조파, 20 Hz는 다섯 번째 고조파이며, 60Hz의 15번째 고조파이기 때문이다.

연습문제 3.4

예를 들어, $\{f_k\} = \{3.5, 5.6, 9.8\}$(단위 Hz)와 같은, 고조파 주파수가 정수가 아닌 경우를 생각해본다. 이 경우 어떤 수 λ를 곱했을 때, λf_k가 모든 k에 대하여 모두 정수가 되는 스케일링 상수 λ를 찾을 수도 있다. 이 특별한 경우에는, $\lambda = 10$이다. 이제, 스케일된 주파수들에 최대 공약수를 이용하면 다음과 같다:

$$F_0 = (1/\lambda) \gcd\{\lambda f_k\}$$

이 결과를 적용하면 $\{3.5, 5.6, 9.8\}$ Hz의 기본 주파수를 구할 수 있다.

코사인의 복소 지수 표현을 이용하면, 식 (3.20)은

9) 기본 주기는 식 (3.20)의 모든 정현파 주기들의 최소 공배수로 구할 수 있다.

표 3-1 모음 "아 (ah)" 소리와 같은 모음의 복잡한 파형을 근사화한 주기신호의 복소수 진폭들. 계수 a_k들은 양의 인덱스 k에 대해서만 표시하였으며, 음의 k에 대한 값들은 켤레 복소수들 $a_{-k} = a_k^*$이다.

k	f_k (Hz)	a_k	크기 (Mag)	위상 (Phase)
1	100	0	0	0
2	200	$0.00772 + j0.122$	0.1223	1.508
3	300	0	0	0
4	400	$-0.08866 + j0.2805$	0.2942	1.877
5	500	$0.48 - j0.08996$	0.4884	−0.185
6	600	0	0	0
⋮	⋮	⋮	⋮	⋮
15	1500	0	0	0
16	1600	$0.01656 - j0.1352$	0.1362	−1.449
17	1700	$0.04724 + j0$	0.04724	0

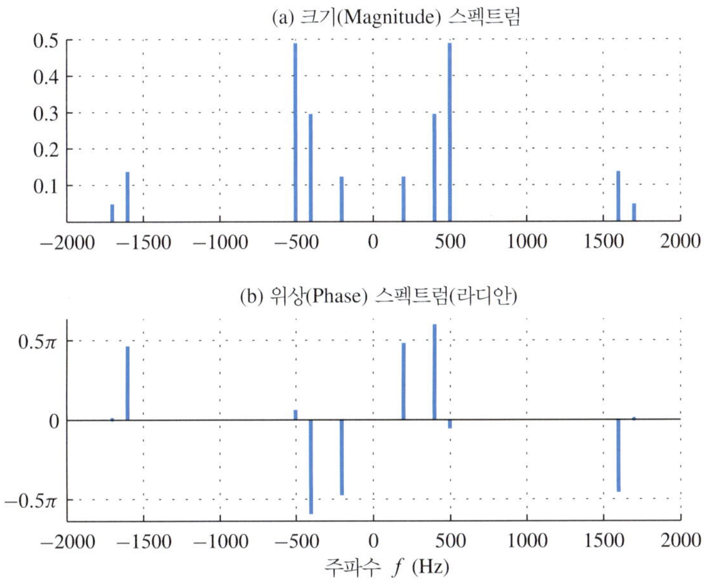

그림 3-12 표 3-1에 정의된 신호의 스펙트럼. 크기 (a)는 $f = 0$을 중심으로 우함수(even function)이고, 위상 (b)는 $a_{-k} = a_k^*$이므로 기함수(odd function)이다.

$$x(t) = \sum_{k=-N}^{N} a_k e^{j2\pi k F_0 t} \tag{3.21}$$

와 같이 쓸 수 있으며, 여기서 a_k는 3-1.1절의 식 (3.7)로 정의되었다.

연습문제 3.5 복소 지수신호 $v_k(t) = e^{j2\pi kF_0 t}$의 한 가지 가능한 주기는 $T_0 = 1/F_0$라는 것을 보여라. 또한, $v_k(t)$의 기본 주기는 $1/(kF_0)$라는 것을 보여라.

3-4.1 합성 모음

주기함수의 합성에 대한 예로서, 기본 주파수 $F_0 = 100$ Hz이며, 식 (3.21)의 합에서 $\{a_{\pm2}, a_{\pm4}, a_{\pm5}, a_{\pm16}, a_{\pm17}\}$에 0이 아닌 항을 포함하는 경우를 고려해 본다. 복소 진폭들의 수치값들은 표 3-1에 보였다. 합성된 신호는 남자가 모음 "아(ah)" 소리를 말할 때 생기는 파형과 근사하도록 복소 지수신

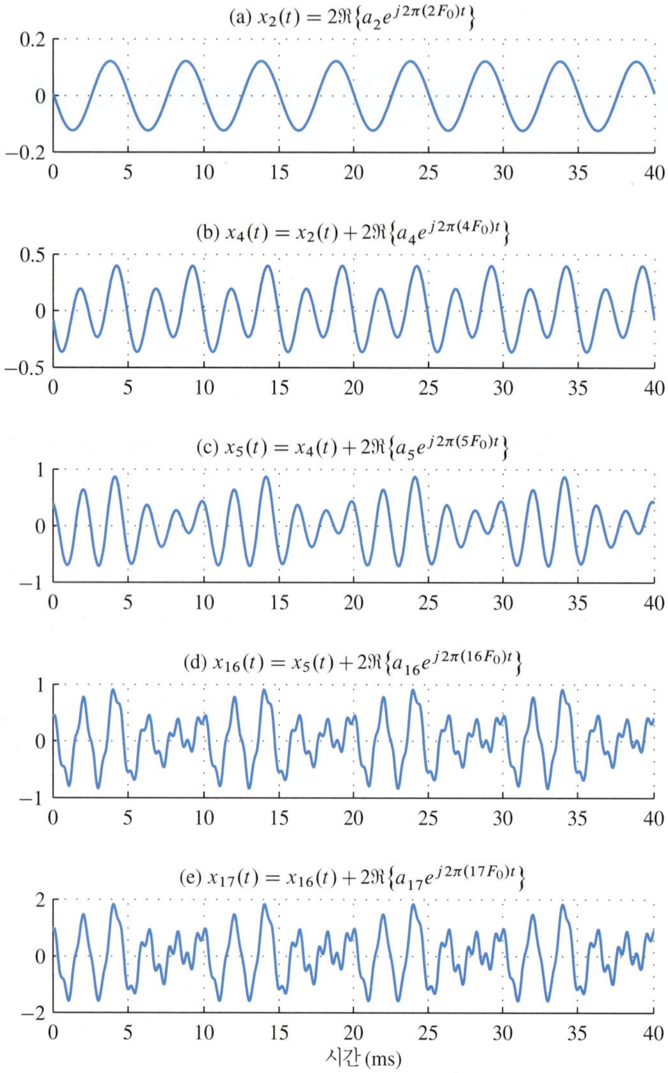

그림 3-13 표 3-1의 모든 5가지 항들의 합. (a) 200 Hz 항만, (b) 200 Hz와 400 Hz항들의 합. 전체 합성 모음 신호가 (e)에서 생성될 때까지 추가적으로 항들을 한 번에 하나씩 더한다. (c) 500 Hz가 더해졌으며, 그래서 기본 주파수가 바뀌었다. (d) 1,600 Hz가 더해졌다. (e) 1,700 Hz가 더해졌다.

호들에 대한 계수들을 선택하였다. 이 신호의 양측파대 스펙트럼은 그림 3-12에 2개의 그래프로 그렸으며, 여기서 3-12(a)에는 크기를, 3-12(b)는 위상을 나타낸다. 이 그래프는 그림 3-1과 다르며, 그림 3-1에서는 편의상 하나의 그래프를 그렸으며 0이 아닌 스펙트럼 성분에 복소수 진폭들을 표시하는 방식으로 그렸었다. 유의할 것은 100 Hz 자체에는 스펙트럼 성분이 없지만, 모든 주파수는 100 Hz의 정수배에 위치해 있다는 것이다. 이 주파수들의 최대 공약수는 100이므로, 기본 주파수는 100 Hz이고 기본 주기는 1/100 = 0.01초이다. 또한, 그림 3-12(b) 음의 주파수 성분들의 위상각들은 대응되는 양의 주파수 성분들의 위상각들의 부호를 바꾼 값들을 가지며, 이것은 음의 주파수에 대한 복소 진폭들은 대응되는 양의 주파수에 대한 복소 진폭들의 켤레 복소수들이기 때문이다.

데모
모음 합성
(Vowel Synthesis)

합성된 모음 신호는 10개의 0이 아닌 스펙트럼 성분들을 갖지만, 양의 주파수들과 음의 주파수들이 결합되고 나면 단지 5개의 정현파 항들만을 갖는다. 각 실수 성분들의 기여도를 따로따로 살펴보면 흥미로운 점을 알 수 있다. 이것은 하나의 정현파의 파형을 그리고, 그 다음에는 2개의 정현파에 해당하는 파형, 다음은 3개의 항에 해당하는 파형 등을 계속해서 그려서 확인할 수 있다. 그림 3-13(a)는 표 3-1에서 $k = 2$인 정현파만의 그래프를 보인 것이다. 이 단일 성분의 주파수는 $2F_0 = 200$ Hz이므로, 이 파형은 주기 1/200 = 5 msec를 갖는다는 것을 참고한다. 다음으로, 그림

3-13(b)는 $x_4(t)$를 보였으며, 이는 $k = 2$와 $k = 4$인 항의 합에 대한 그래프이다. 이 두 주파수들은 200 Hz의 정수배이기 때문에, $x_4(t)$의 주기는 여전히 5 msec이다.

그림 3-13(c)는 처음 세 개 항들의 합 $x_5(t)$의 그래프를 보인다. 이 파형의 주기는 10 msec로 증가되었음을 주목한다. 그 이유는 3개의 주파수들 200, 400 그리고 500 Hz는 100 Hz의 정수배이기 때문이다; 즉, 기본 주파수가 이제는 100 Hz가 된다. 그림 3-13(d)는 주파수 1,600 Hz인 성분을 더한 것으로 주기는 바뀌지 않았다는 것을 보인다. 마지막으로, 그림 3-13(e)는 $x_{17}(t)$를 보여주며, 이 것은 표 3-1의 모든 항들의 합이다. $x_{17}(t)$의 주기는 $T_0 = 10$ ms이며, 주파수 F_0의 성분이 없다고 하더라도, 이 값은 $1/F_0$와 같다. 신호 $x_{17}(t)$는, 자연적인 음성 신호의 파형을 정밀하게 나타내기에는 더 많은 주파수 성분들이 필요할 수도 있지만, 음성에서 전형적인 모음 소리에 대한 파형중의 하나이다. 신호에서 높은 주파수들은 파형의 상세한 부분에 기여한다. 그림 3-13에서 보면, 16번째와 17번째의 고조파 성분이 더해짐에 따라 파형이 점점 더 복잡해지고 더 급하게 변한다는 것은 명백하다. 동반 웹사이트에는 이 **모음 합성(Vowel Synthesis)** 예에 대한 좀 더 상세한 설명을 볼 수 있다.

3-4.2 사인 함수의 세제곱 신호

3-2절에서는 각 사인 함수들을 역 오일러 공식을 이용하여 복소 지수함수 형으로 확장하여, 사인파들의 곱의 스펙트럼을 구했었다. 복소 지수함수 형을 곱하고 지수함수들을 간략히 하여, 곱셈을 복소 지수함수들의 합으로 나타낼 수 있었다. 그러면 스펙트럼은 단순하게 해당 주파수들을 각 복소수 진폭들과 연관시켜줌으로써 구해졌었다. 같은 접근 방법이 사인 함수의 거듭제곱들을 포함하는 다른 삼각함수들의 조합에 대해서도 사용될 수 있다. 주기 함수를 거듭 제곱하면 같거나 아니면 더 짧은 주기를 가질 수 있는 주기 함수가 된다. 이 점을 보여주는 간단한 예가 삼각함수의 세제곱 함수

$$x(t) = \sin^3(4\pi t) \tag{3.22}$$

이며, 이 신호는 그림 3-14에 나타내었다. 우리의 목적은 $x(t)$를 식 (3.21)에서의 복소 지수함수들의 합의 형태로 구하여, $x(t)$의 스펙트럼을 쉽게 구할 수 있도록 하는 것이다.

$\sin(\cdot)$ 함수에 대한 역 오일러 공식과 함께 $(a-b)^3$에 대한 이항 전개(Binomial Expansion)를 이용하여, 사인함수의 세제곱 함수를 합으로 다시 작성할 수 있다:

$$\begin{aligned} x(t) &= \left(\frac{e^{j4\pi t} - e^{-j4\pi t}}{2j}\right)^3 \\ &= \tfrac{1}{-8j}\left(e^{j12\pi t} - 3e^{j8\pi t}e^{-j4\pi t} + 3e^{j4\pi t}e^{-j8\pi t} - e^{-j12\pi t}\right) \\ &= \tfrac{j}{8}e^{j12\pi t} + \tfrac{-3j}{8}e^{j4\pi t} + \tfrac{3j}{8}e^{-j4\pi t} + \tfrac{-j}{8}e^{-j12\pi t} \end{aligned} \tag{3.23}$$

식 (3.23)은 각 주파수 $\omega = \pm 4\pi$ 및 $\omega = \pm 12\pi$ rad/s를 갖는 **4개의 항들의 합**이라는 것을 볼 수 있다. $\gcd(4, 12)\pi = 4\pi$이므로, 기본 주파수는 $\omega_0 = 4\pi$ rad/s (또는 $F_0 = 2$ Hz)이다. 식 (3.23)의 주파수들은 기본 주파수의 첫 번째와 세 번째의 고주파들이다. 그러므로 식 (3.21)에서 $N = 3$, $T_0 = 0.5$초가 된다. 식 (3.21)의 계수들은 고조파 번호 k를 인덱스로 나타내었다.

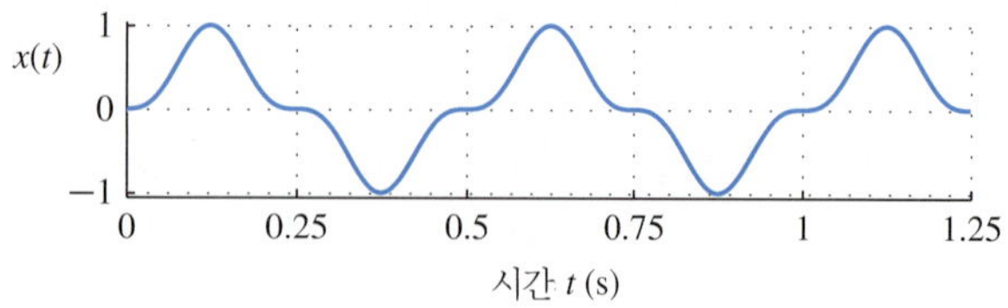

그림 3-14 신호 $x(t) = \sin^3(4\pi t)$의 파형

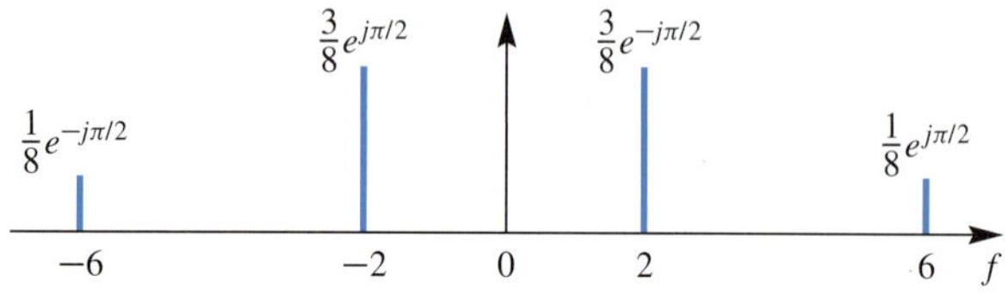

그림 3-15 복소 지수함수들의 합으로 표시된 "사인의 세제곱" 함수의 스펙트럼. −6에서 +6 Hz까지의 영역만 보였다. 스펙트럼은 이 구간의 바깥쪽에서는 0의 값을 갖는다. 각 선스펙트럼의 복소수 진폭은 주파수 kF_0에서 a_k와 같다.

$$a_k = \begin{cases} 0 & k = 0 \\ \mp j\frac{3}{8} & k = \pm 1 \\ 0 & k = \pm 2 \\ \pm j\frac{1}{8} & k = \pm 3 \end{cases} \tag{3.24}$$

이제, 4개의 주파수 $f = \{-6, -2, 2, 6\}$ Hz에 위치한 4개의 0이 아닌 a_k 성분들을 갖고 있다는 것을 알고 있으므로, 스펙트럼의 그래프를 그릴 수 있다. 그림 3-15에 Hz 단위의 주파수에 따른 스펙트럼을 그렸으며, 3번째 고조파는 6 Hz에 있으며, 두 번째 고조파는 나타나지 않는다.

3-4.3 비주기 신호의 예

고조파 관계의 복소 지수함수들을 더하면, 주기신호를 얻지만, 만일 주파수들이 서로 이런 고조파 관계를 갖고 있지 않다면 어떻게 될까? 정현파 합성 공식

$$\begin{aligned} x(t) &= a_0 + \sum_{k=1}^{N} 2|a_k|\cos(2\pi f_k t + \angle a_k) \\ &= a_0 + \sum_{k=1}^{N} \left(a_k e^{j2\pi f_k t} + a_k^* e^{-j2\pi f_k t}\right) \end{aligned}$$

는 여전히 성립하지만, 주기성은 고조파 관계의 주파수들과 관련이 있다는 것을 증명하고자 하므로, 여기서 간단한 예를 제시하기로 한다.

먼저, $a_1 = 1$, $a_3 = -1/3$, $a_5 = 1/5$와 기본 주파수 $F_0 = 10$ Hz로 고조파 신호 $x_h(t)$를 만든다:

Spectrograms: Simple Sounds: Square Waves

$$x_h(t) = 2\cos(20\pi t) - \tfrac{2}{3}\cos(20\pi(3)t) + \tfrac{2}{5}\cos(20\pi(5)t) \tag{3.25}$$

$x_h(t)$의 그래프는 그림 3-16에 "스트립 차트" 형식으로 보였다. 이 그래프는 세 줄로 되어 있으며, 각 줄에는 2초 동안의 신호를 포함한다. 첫 줄은 $t = 0$초에 시작하고, 두 번째 줄은 $t = 2$초에, 세 번째 줄은 4초에 시작한다. 이런 그림은 긴 길이의 신호를 볼 수 있도록 해주며, $x_h(t)$는 기본 주기가 0.1초인 주기함수라는 것을 명확히 알 수 있다. 식 (3.25)의 진폭은 주기 사각파의 진폭과 비례하며, 이것은 부록 C에서 논의한다. 여기서는 우리의 목적상, 주파수들이 고조파들이며 신호는 주기 0.1초의 주기신호라는 사실을 주목하는 것으로도 충분하다.

주파수들이 고조파들이 아닌 경우에 어떻게 되는지를 설명하기 위하여, 복소 진폭은 같지만

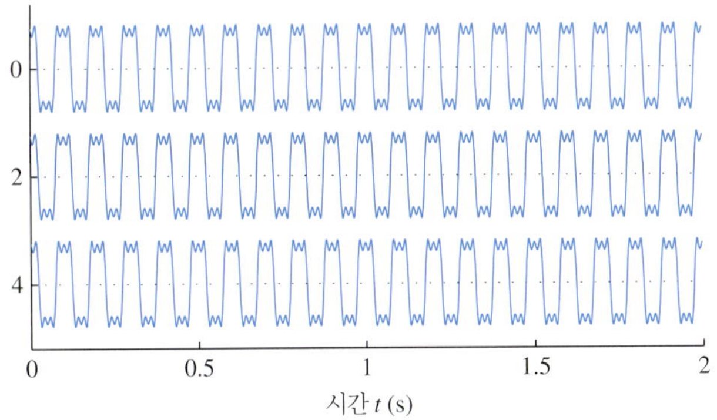

그림 3-16 고조파 주파수들을 갖는 3개의 코사인파의 합. 스펙트럼은 그림 3-18(a)에 보였으며, $x_h(t)$의 기본 주파수는 10 Hz이다.

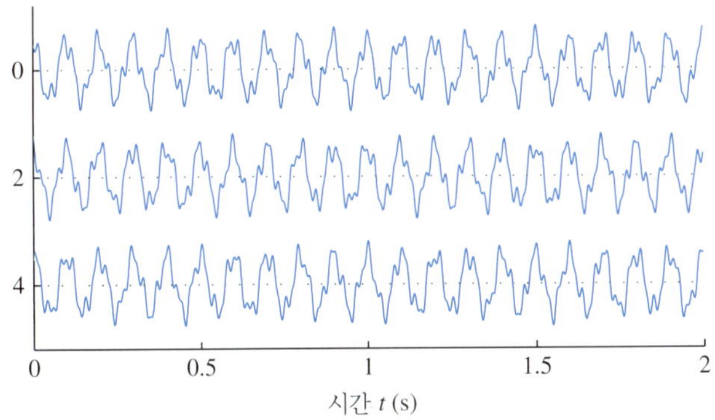

그림 3-17 세 개의 비고조파 주파수들을 갖는 코사인파들의 합, $x_{nh}(t)$. 이 스펙트럼은 그림 3-18(b)에 보였다.

주파수가 $x_h(t)$의 주파수와 약간 달라진 2번째 신호를 생성한다. $x_{nh}(t)$를 세 정현파의 합:

$$x_{nh}(t) = 2\cos(20\pi t) - \tfrac{2}{3}\cos(20\pi(2\sqrt{2})t) + \tfrac{2}{5}\cos(20\pi(3\sqrt{3})t)$$

로 정의한다. 복소 진폭들은 식 (3.25)에서와 같지만, 주파수가 무리수 (Hz 단위로)로 약간 변경되었다. 그러므로 최대 공약수도 없고, 따라서 기본 주파수도 없다. 이 그래프는 주기 0.1초를 갖는 우세한 주기 성분을 갖는 것처럼 보이지만, 그림 3-17에서의 $x_{nh}(t)$의 그래프는 확실히 주기적이지 않다.[10] 아무리 노력해도 이 신호의 정확한 반복주기를 찾을 수 없으며, 그럼에도 그림 3-16의 파형과 복소수 진폭들은 모두 같고, 3개의 주파수만 약간 달라졌을 뿐이다.

그림 3-18의 스펙트럼 그래프는 그림 3-16과 그림 3-17의 신호들 간의 차이점을 설명해 준다. 그림 3-18(a)에서 주파수는 공통된 주파수 $F_0 = 10$ Hz의 정수배이며, 그래서 그림 3-16의 파형은 주기가 $T_0 = 1/10$초인 주기 신호이다. 그림 3-17의 파형은 **비주기적(Nonperiod)**이며, 그 이유는 주파수들은 무리수들이고 약간씩 다르다: 30이 아닌 $20\sqrt{20} \approx 28.28$, 50이 아닌 $30\sqrt{3} \approx 51.96$. 이런 약간의 주파수 이동은 시간 파형에서 극적인 차이를 만든다. 주기성에 대해서는, 그림 3-18(b)의 "주파수 영역"에서의 기본 주파수를 필요로 한다. 기본 주파수가 없다는 것을 보기 위하여, $20\sqrt{2}$는 p번째 고조파이고, $30\sqrt{3}$은 q번째 고조파라고 가정한다. 그렇다면, 두 값의 비율 $(20\sqrt{2})/(30\sqrt{3})$은 유리수 p/q이어야 한다. 그러나 이것은 불가능하므로, 기본 주파수가 존재하지 않는다고 결론내릴 수 있다.

10) 첫 번째 줄에는 20개의 주요 진동이 나타나며, 이 시간은 2초에 대응된다. 그러므로 이 파형의 "주기"는 대략적으로 2/20 = 0.1초인 것으로 보이지만, 그러나 사실은 이 신호는 결코 정확히 반복되지 않는다. 0.1초 주기가 우세해 보이는 것은 주파수가 10 Hz인 정현파 성분의 진폭이 다른 2개에 비하여 몇 배 크기 때문이다.

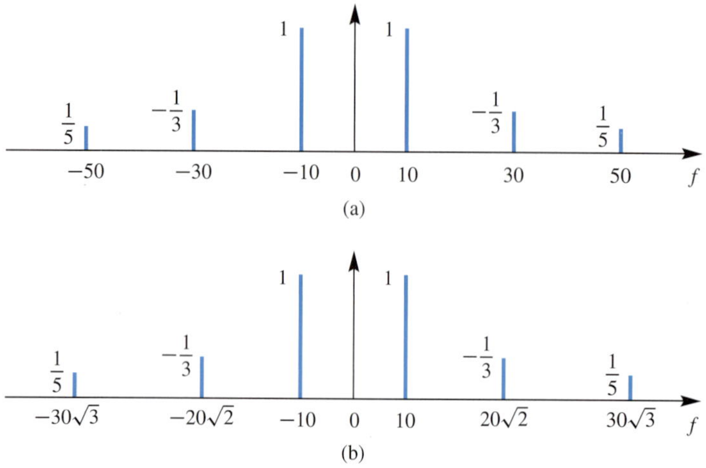

그림 3-18 (a) 주기 0.1초를 갖는 그림 3-16의 고조파 파형 $x_h(t)$ 스펙트럼, (b) 주기함수가 아닌 그림 3-17의 비고조파 파형 $x_{nh}(t)$의 스펙트럼

3-5 푸리에 급수

3.4절의 예제들에서 **고조파 관계(Harmonically Related)**의 정현파들을 합을 이용하여 다양한 주기 파형을 합성할 수 있다는 것을 보였다. 이제 다음과 같은 질문을 탐구해본다: *모든 주기신호는 고조파 관계의 정현파들의 합으로 합성될 수 있는가?* 지금까지는, 3-4절에서 보인 파형들의 그래프를 구하기 위하여 식 (3.21)을 이용했을 때인 N이 유한한 경우의 예들만을 보였다. 하지만, 이제 보이는 것과 같이, 만일 N을 무한대라고 하면, 실질적으로 모든 주기 파형들은 복소 지수신호들의 합으로 합성될 수 있다.

그러므로 복소 지수함수들의 합을 말할 때, N이 필요에 따라 유한할 수도 있고 무한할 수도 있다고 가정한다. 이것은 일반적으로 이른바 **푸리에 합성 합(Fourier Synthesis Summation)** 식으로 표현할 수 있다.[11)]

푸리에 합성 합

$$x(t) = \sum_{k=-\infty}^{\infty} a_k e^{j(2\pi/T_0)kt} \tag{3.26}$$

이 식은, 유한한 경우에는, $|k| > N$일 때 $a_k = 0$이라고 가정할 수 있으므로, 유한한 경우와 무한한 경우 모두를 포함한다. 아마도 식 (3.26)의 더 일반적인 이름은 푸리에 급수이지만, 여기서는 좀 더 설명적인 용어로 푸리에 합성 합이라고 하였다. 식 (3.26)의 k번째 복소 지수신호는 $f_k = k/T_0$ Hz와 같은 주파수를 가지며, 그래서 모든 주파수는 기본 주파수 $F_0 = 1/T_0$ Hz의 정수배이다.[12)] 이제 합이 무한개의 항들을 필요로 할 수도 있지만, *어떤 주기 신호라도 고조파 관계의 정현파들의 합으*

11) Jean-Baptiste Joseph Fourier(1768-1830)는 프랑스의 수학자이자 물리학자로서 함수를 정현파의 합으로 표현한다는 개념을 처음 도입한 공로가 있다. 이 공헌은 오늘날 과학과 공학에서 가장 중요한 방법들 중 하나로 인식되고 있으며, 그의 연구로부터 발전된 수학의 분야를 그에게 경의를 표하고자 명명하였다.

12) 기본 주파수를 나타내는 데에는 3가지 방법이 있다: rad/s 단위의 각주파수 ω_0, Hz 단위의 주파수 F_0, 초 단위의 주기 T_0로 나타낼 수 있다. 각각은 특정한 경우에 나름의 장점들이 있다. 이들 간의 관계식은 $\omega_0 = 2\pi F_0 = 2\pi/T_0$이다. $f_0 = 0/T_0$는 기본 주파수가 아니며 이것보다는 $f_1 = 1/T_0 = F_0$라는 것을 주의한다.

로 합성될 수 있도록, 계수들 a_k를 구하는 일반적인 이론을 기술해 본다. 이 수학 이론을 **푸리에 급수(Fourier Series)** 이론이라고 한다.

푸리에 이론에는 두 가지 측면: 분석(analysis)과 합성(synthesis)이 있다. $x(t)$로부터 시작하여 $\{a_k\}$를 계산하는 것은 **푸리에 분석(Fourier Analysis)**이라고 한다. $\{a_k\}$로부터 시작해서 $x(t)$를 생성하는 역과정은 **푸리에 합성(Fourier Synthesis)**이라고 하며 3.4절의 주요 내용이다. 식 (3.26)으로 모든 주기 신호를 합성할 수 있는지에 대한 질문에 답을 하기 위하여, 푸리에 분석이 어떻게 행해지는지에 대하여 반드시 배워야 한다.

3-5.1 푸리에 급수: 분석

식 (3.26)에서의 고조파 합의 계수 $\{a_k\}$들은 신호 $x(t)$로부터 **푸리에 분석 적분(Fourier Analysis Integral)**을 이용하여 구할 수 있다.

푸리에 분석 적분

$$a_k = \frac{1}{T_0}\int_0^{T_0} x(t)e^{-j(2\pi/T_0)kt}\,dt \tag{3.27}$$

피적분함수로 $x(t)$의 한 주기만 필요하며, 그래서 T_0는 $x(t)$의 기본 주기이어야 한다. 식 (3.27)에서 변수 t는 적분 상하한을 대입하고 나면 사라지는 "적분 변수"이다. t는 또한 식 (3.26)에서의 독립 변수로서 이용되는 문자이므로, 만일 다른 문자로 나타냈다면 덜 혼란스러웠을 것이다. 하지만, 일반적으로 식 (3.27)과 (3.26)을 함께 주기 신호의 푸리에 표현을 구성하는 쌍으로 사용할 때, 이런 세심한 구분을 할 필요는 없다. 하지만, 중요한 점은 식 (3.27)이 계산되고 나면, 변수 t는 적분되어 없어지고 결과는 k에만 관련되어 있으며, 시간만이 식 (3.26)을 쓸 때 다시 등장한다. 이와 같이, 함수 $x(t)$는 주기 신호의 시간 영역 표현으로 표현하고, 계수 a_k는 그 신호의 *주파수 영역 표현* 또는 *스펙트럼 표현*이라고 하는 것이 일반적이다.

푸리에 적분 식 (3.27)은 $x(t)$를 한 주기 동안 정의하는 공식을 갖고 있다면 계산할 수 있다. 3-5.2절의 예에서 볼 수 있듯이, a_k를 k의 함수로 구하기 위해서는 정적분을 계산하여야 한다. 푸리에 분석 적분을 계산하는 과정을 설명하는 다른 예들은 부록 C에 나온다. 반면에, $x(t)$가 데이터로만 갖고 있으면, 제8장에서 나오는 것처럼 수치적인 방법이 필요하다.

3-5.2 전파정류 사인파 (FWRS)의 분석

이 절에서는, 그림 3-19(b)에 보인 예로, 전파정류 사인파 (FWRS: Full-Wave Rectified Sine)에 대한 푸리에 분석을 한다. 이 신호는 DC 전원 공급기뿐만 아니라 휴대폰, 노트북 등과 같은 기기에서 배터리를 충전하는 데 필요한 장치인 AC-DC 전력 변환기에서 볼 수 있다. 배터리의 충전에는 DC 전류가 필요하지만, 벽의 콘센트에 연결하면 AC (교류, Alternating Current)를 얻을 수 있으며, 이 교류는 우리의 용어로 DC 값이 0인 순수한 정현파이다. 다이오드로 만든 간단한 회로로 정현파를 0이 아닌 DC 성분을 갖는 신호로 변환하면, 이 신호는 필터링해서 깨끗이 하여 충전을 위한 DC 전력원으로 사용할 수 있다.

FWRS 신호에 대한 수학적 식은 정현파의 절대값이다.

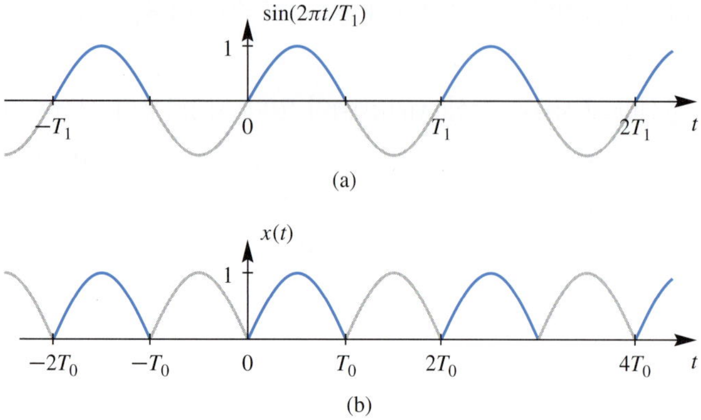

그림 3-19 (a) 주기 T_1인 정현파, (b) 주기 T_0인 FWRS 주기 신호로, (a)에 나온 정현파의 절대값을 취하여 생성된다.

$$x(t) = |\sin(2\pi t/T_1)| \tag{3.28}$$

기본 주기 T_0는 $T_1/2$이며, 왜냐하면, 그림 3-19에 나타낸 것과 같이, 절대값 연산자에 의하여 정현파의 음수부분이 접혀 올라가서 정현파의 음의 부분이(로브가) 양의 부분과 (로브와) 동일해지기 때문이다. 그림 3-19(b)에서 보인 FWRS는 연속신호이지만, 1차 미분은 불연속이며, 신호가 0인 곳 ($t = 0, T_0, 2T_0, \cdots$)에서 뾰족해진다. 50 Hz AC 전력[13]은 기본 주기 $T_1 = 0.02$초인 정현파이지만, "정류"를 하고 나면, 그림 3-19(b)에 보인 것과 같이 주기는 절반이 되며, 그래서 FWRS의 기본 주파수는 $F_0 = 100$ Hz가 된다.

이 경우의 푸리에 적분은 다음과 같은 정적분

$$a_k = \frac{1}{T_0}\int_0^{T_0} |\sin(2\pi t/T_1)|\, e^{-j(2\pi/T_0)kt}\, dt \tag{3.29a}$$

이며, 여기서 $T_0 = \frac{1}{2}T_1$이다. t의 적분 범위가 0에서 T_0까지로 지정된 구간에서 $\sin(2\pi t/T_1) \geq 0$이므로,

$$a_k = \frac{1}{T_0}\int_0^{T_0} \sin(2\pi t/T_1) e^{-j(2\pi/T_0)kt}\, dt \tag{3.29b}$$

라고 쓸 수 있다. 식 (3.29b) 적분은 사인에 대한 역 오일러 공식을 이용하여 두 개의 적분의 합으로 식 (3.29b)를 쓰면 효과적으로 수행할 수 있다.

$$a_k = \frac{1}{2jT_0}\int_0^{T_0} e^{j(2\pi/T_1)t} e^{-j(2\pi/T_0)kt}\, dt + \frac{-1}{2jT_0}\int_0^{T_0} e^{-j(2\pi/T_1)t} e^{-j(2\pi/T_0)kt}\, dt \tag{3.30}$$

각 피적분함수는 쉽게 적분할 수 있는 하나의 복소 지수신호로 합할 수 있다. $T_1 = 2T_0$이므로, 식 (3.30)의 피적분함수는 복소 지수함수이다.

$$e^{\pm j(2\pi/2T_0)t} e^{-j(2\pi/T_0)kt} = e^{j(\pm 1-2k)(\pi/T_0)t}$$

정적분은 다음과 같이 수행되어 간략히 될 수 있다.

13) 세계적으로 대부분 나라에서는 50 Hz로 AC 전력을 공급하지만, 미국과 우리나라에서는 60 Hz를 사용한다.

$$\int_0^{T_0} e^{j(\pm1-2k)(\pi/T_0)t}dt = \left.\frac{e^{j(\pm1-2k)(\pi/T_0)t}}{j(\pm1-2k)(\pi/T_0)}\right|_0^{T_0} = \frac{e^{j(\pm1-2k)((\pi/T_0)T_0)}-1}{j(\pm1-2k)(\pi/T_0)} \tag{3.31}$$

분자에 있는 항들은 다음과 같이 간략하게 만들 수 있다.

$$e^{j(\pm1-2k)((\pi/T_0)T_0)} - 1 = \underbrace{e^{j(\pm1-2k)\pi}}_{\text{항상 }=-1} - 1 = -2 \tag{3.32}$$

어떤 정수 k값에 대해서도 $(\pm1-2k)$는 항상 홀수이고, 따라서 이 복소 지수의 각도는 π의 홀수배이므로, 이 복소 지수는 항상 -1이다.

이제 식 (3.31)과 (3.32)를 식 (3.30)의 두 개의 적분에 적용하면 a_k에 대한 간단한 식을 얻을 수 있다.

$$a_k = \frac{1}{2jT_0}\left(\frac{-2}{j(1-2k)(\pi/T_0)} - \frac{-2}{j(-1-2k)(\pi/T_0)}\right) \tag{3.33a}$$

$$= \frac{-2}{-2\pi(1-2k)} - \frac{-2}{-2\pi(-1-2k)} \tag{3.33b}$$

$$= \frac{1}{\pi(1-2k)} + \frac{1}{\pi(1+2k)} \tag{3.33c}$$

식 (3.33c)의 두 항들을 통분하면, a_k에 대한 최종 결과는

$$a_k = \frac{2}{\pi(1-4k^2)} \tag{3.34}$$

로 적을 수 있다. 이렇게, FWRS 파형은 푸리에 급수

$$x(t) = |\sin(2\pi t/T_1)| = \sum_{k=-\infty}^{\infty} \frac{2}{\pi(1-4k^2)} e^{j(2\pi/T_0)kt} \tag{3.35a}$$

$$= \frac{2}{\pi} + \sum_{k=1}^{\infty} \frac{4}{\pi(1-4k^2)} \cos(2\pi kt/T_0) \tag{3.35b}$$

로 나타낼 수 있다는 것을 보였으며, 여기서 $T_0 = T_1/2$이다.

3-5.3 FWRS 푸리에 급수의 스펙트럼

3-1절에서 스펙트럼에 대하여 논의할 때, $x(t)$가 복소 지수함수들의 합으로 구성되어 있을 때 스펙트럼을 그리는 절차를 기술하였다. 합성식 (3.26)의 덕분으로, 푸리에 급수 계수 a_k들은 사실상 $x(t)$의 스펙트럼을 정의하는 복소수 진폭들이다. 그러므로 주기 신호의 스펙트럼 그래프는 기본 주파수 $F_0 = 1/T_0$의 정수곱인 주파수에서만 나타나는 선들이 된다. 보통 선스펙트럼은 주파수 kF_0 위치에 $|a_k|$ 같은 길이로 그리는 것이 편리하지만, 그림 3-20에서는 식 (3.34)에서의 a_k의 크기는 매우 빠르게 감소하여 $|k| \geq 3$에서 그 크기는 거의 보기 어려우므로, 길이들은 크기에 비례하지 않는다. 예를 들어, $|a_3| = 2/(35\pi) \approx 0.018$이다. 스펙트럼 그래프는 만일 각 선스펙트럼을 대응되

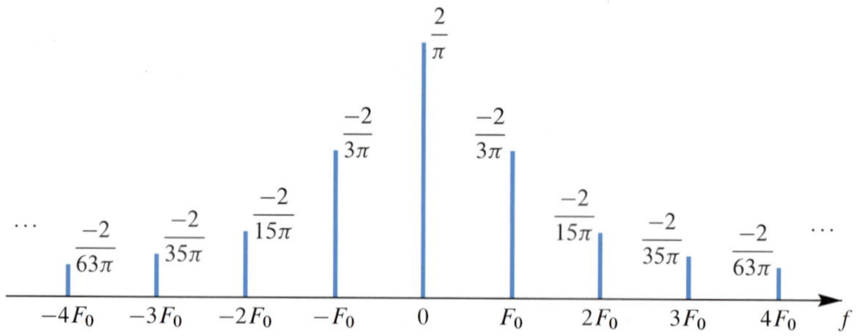

그림 3-20 푸리에 급수 계수 a_k와 대응되는 주파수 kF_0에 대하여 FWRS 주기신호의 스펙트럼. 수직선의 길이는 크기값에 비례하지는 않는다.

는 복소수 값 a_k로 표시한다면, 완전히 나타낼 수 있지만, FWRS 스펙트럼은 순수한 실수라는 점을 주목한다. 그림 3-20에서 스펙트럼은 단지 $-4F_0 \le f \le 4F_0$ 범위에서만 그렸지만, ...라는 기호는 그 스펙트럼이 $kF_0 \to \infty$에 따라 모든 0이 아닌 계수들을 갖는 더 높은 주파수에 대해서도 계속된다는 것을 의미한다.

3-5.3.1 푸리에 급수의 DC 값

$k = 0$일 때 푸리에 급수 계수는 신호 $x(t)$의 **평균값**이라는 특별한 의미를 갖는다. 분석 적분식 (3.27)에서 $k = 0$라고 하면,

DC 성분

$$a_0 = \frac{1}{T_0} \int_0^{T_0} x(t)\, dt \tag{3.36}$$

를 갖는다. 이 적분은 한 주기 동안의 함수 $x(t)$의 면적이다. 면적을 합으로 생각하고 T_0로 나누는 것을 합에서 원소의 수로 나누는 것과 비슷하다고 생각한다면, 식 (3.36)은 신호의 평균으로 해석할 수 있다. 계수 a_0는 주파수 0 (다시 말하여, $0F_0 = 0$ Hz)인 복소 지수함수의 진폭이다. 이와 같이, 이것은 상수 신호 성분이다. 그래서 전자공학에서는 이것을 또한 신호의 **DC 성분**이라고 부른다. FWRS 예의 경우, DC 값은 0이 아니고

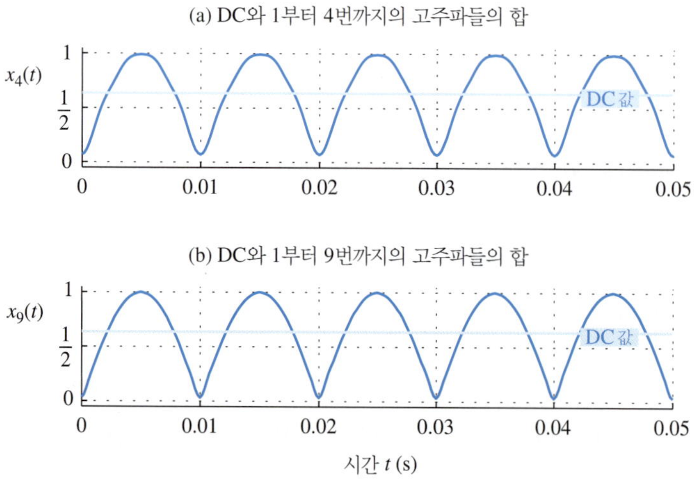

그림 3-21 식 (3.37)을 이용한 FWRS 신호의 고조파 성분들의 합. (a) $N = 4$, (b) $N = 9$

$$a_0 = \left. \frac{2}{\pi(1-4k^2)} \right|_{k=0} = 2/\pi \approx 0.6366$$

이며, 이 값은 그림 3-21에서 보인 정류된 사인의 최대값의 63.66%이다. AC-DC 변환기에서는, 절대값을 취하는 연산은, DC 값이 0인, AC 입력으로부터 0이 아닌 DC를 갖는 출력을 만들며, 이 기능은 정확히 우리가 필요로 하는 것이다.

3-5.3.2 FWRS의 유한한 합성

FWRC 신호의 스펙트럼이 무한한 개수의 선스펙트럼을 갖는다는 사실은 이 신호가 무한대의 대역폭을 갖는다는 것을 의미한다. 좀 더 자세히 말하면, FWRS의 스펙트럼에서 백만 번째 고조파는 0이 아니며, 1억 번째의 고조파도 0이 아니며, 등등이다. 다행히, 이런 매우 높은 고조파의 크기는 매우 작다. 예를 들어, 백만 번째 고조파의 크기는 $\approx 10^{-13}$이다. 사실, 식 (3.34)는 크기는 $k \to \infty$에 따라 k^{-2}으로 작아진다고 말한다. 대역제한된 신호는 매우 높은 고조파들을 모두 없애면 만들 수 있으며, 이것은 FWRS 신호를 거의 완벽하게 나타낼 수도 있다. 따라서 유한한 수의 선스펙트럼으로부터 FWRS 신호를 근사화한 재합성을 공부하는 것이 유용하며, "$N = 4$, $N = 9$, 또는 $N = 20$의 선스펙트럼을 사용할 때, 근사화는 얼마나 잘되었는가?"와 같은 질문을 할 수 있다.

데모
푸리에 급수
(Fourier Series)

근사화된 신호는 유한 푸리에 합성 합 공식을 따라서 합성될 수 있다.[14]

$$x_N(t) = \sum_{k=-N}^{N} a_k e^{j(2\pi/T_0)kt} \tag{3.37}$$

합성식 (3.37)은 보통 코사인 형태로 간략하게 될 수 있다. 식 (3.34)의 FWRS 계수의 특별한 경우에는, DC 값과 첫 번째 및 두 번째 고조파만을 선택하여 (즉, $N = 2$) 합성하면, 식 (3.38)로 유도된 두 개의 정현파의 합에 DC가 더해진 신호를 얻는다.

$$\begin{aligned} x_2(t) &= a_{-2}e^{-j(4\pi/T_0)t} + a_{-1}e^{-j(2\pi/T_0)t} + a_0 + a_1 e^{j(2\pi/T_0)t} + a_2 e^{j(4\pi/T_0)t} \\ &= \frac{-2}{15\pi}e^{-j(4\pi/T_0)t} + \frac{-2}{3\pi}e^{-j(2\pi/T_0)t} + \frac{2}{\pi} + \frac{-2}{3\pi}e^{j(2\pi/T_0)t} + \frac{-2}{15\pi}e^{j(4\pi/T_0)t} \\ &= \frac{2}{\pi} + \frac{-2}{3\pi}(e^{j(2\pi/T_0)t} + e^{-j(2\pi/T_0)t}) + \frac{-2}{15\pi}(e^{j(4\pi/T_0)t} + e^{-j(4\pi/T_0)t}) \\ &= \frac{2}{\pi} - \frac{4}{3\pi}\cos(2\pi t/T_0) - \frac{4}{15\pi}\cos(4\pi t/T_0) \end{aligned} \tag{3.38}$$

데모
정현파 신호의
합성

간단한 MATLAB M 파일을 이용하여, 기본 주파수 $F_0 = 100$ Hz로 식 (3.37)을 이용한 합성을 할 수 있다. 기본 주파수는 $T_0 = 1/100 = 0.01$초이므로, 고조파 주파수들은 $(2\pi/T_0)k = (200\pi)k$ rad/s가 된다. $N = 4$일 때인 경우 그림 3.21(a)와 $N = 9$인 경우 그림 3.21(b)에 2가지의 경우를 보였다. 합성된 파형의 주기는 기본 주파수에 의해서 결정되므로 둘 다 같다는 점을 주목한다. 그림 3-21의 파형을 그림 3-19의 이상적인 FWRS 신호와 비교해보면, 유한 푸리에 합 근사화식 (3.37)은 처음의 네 개의 고조파들만으로도 거의 비슷하다는 것을 알 수 있다.

14) MATLAB을 사용할 수 있으면, 식 (3.37)을 구현하는 *푸리에 합성 프로그램*을 작성하는 것은 쉽다. 이 MATLAB 프로그래밍 연습들은 음악 합성 랩에서 좀 더 상세히 설명한다.

더 많은 고조파 항들이 더해져감에 따라, 근사식은 여전히 정현파의 유한한 합이지만 더 높은 주파수들의 항들이 더해진다. 그림 3-21에서 가장 잘 안된 근사화는 T_0의 정수배 (즉, 0, 0.1, 0.2, ...)에서 이며, 여기서 FWRS는 0이어야 한다. 이 위치에서 FWRS의 미분은 불연속이며, 그래서 더 높은 고조파 항들이 필요하다. $N = 9$인 경우에, 근사화는 원래의 파형에 거의 가까워진다. $N > 9$인 고조파들을 더하여도 개선은 아주 조금 일어나며, 주로 $t = 0.01, 0.02, ...$에서 들어간 부분이 좀 더 날카로워 진다. $N = 4$인 경우에는 정현파를 실제의 FWRS 신호에 대한 좋지 않은 근사화이며, 그 이유는 충분한 정현파 신호들을 이용하지 않기 때문이다. 그림 3-20과 같이 스펙트럼을 그려서, $k > 4$에서의 고주파 성분들의 상대적인 크기가 떨어지는 것을 살펴봄으로써 근사화 에러를 정량화할 수 있다 (C-4.3 참고). 부록 C에서 설명한, MATLAB 데모 `fourierseries`는, 근사화의 성능이 항이 더 많아짐에 따라 어떻게 개선되는지를 공부하기 위하여 항의 수들이 변경될 수 있도록 하는 양방향 GUI를 제공한다.

마지막으로, 전력선의 사인파의 전파 정류의 목적이 DC 값이 0이 아닌 파형을 얻고자 하는 AC-DC 변환기의 응용으로 돌아온다, 정류를 한 이후에는, 원래 사인파의 기본 및 모든 높은 고조파들을 제거하는 과정을 사용한다. 그 결과는 그림 3-21의 DC 성분만의 신호이다. 저항과 커패시터 회로 소자들로 이루어진 실제 시스템에서는, 고주파 성분의 크기는 줄일 수 있지만, 완벽하게 제거는 불가능하며, 그래서 주파수 F_0를 갖는 작은 **리플 (Ripple)**은 (근사화된) DC 신호에 남게 된다.

3-6 시간-주파수 스펙트럼

지금까지 넓은 범위의 흥미로운 파형들이 정현파들의 합으로 합성될 수 있다는 사실을 알게 되었다.

$$x(t) = A_0 + \sum_{k=1}^{N} A_k \cos(2\pi f_k t + \varphi_k) \tag{3.39}$$

이러한 파형들은 상수에서부터 코사인 신호로, 일반적인 주기 신호로, 그리고 주기 신호가 아닌 복잡하게 보이는 신호까지 포함된다. 지금까지 해왔던 하나의 가정이 식 (3.39)에서의 진폭, 주파수, 위상들이 *시간에 따라서 변하지 않는다*는 것이다. 그러나 세상에 존재하는 대부분의 신호들은 시간에 따른 주파수 변화도 보인다. 음악이 그 훌륭한 예이다. 매우 짧은 시간 구간 동안 음악은 **변하지 않는** 스펙트럼을 가지지만, 오랜 시간 동안 보면, 음악의 주파수 내용들은 극적으로 변한다. 사실, 변화하는 주파수 스펙트럼은 음악에서 매우 필수 요소이다. 인간의 음성도 또 다른 좋은 예이다. 모음 소리들은, 긴 시간 동안 소리를 낸다면, 상수 스펙트럼을 나타내며, 성도(vocal tract)는 특성 주파수로 공진하고, 성대(vocal cord)도 어느 정도 일정한 기본 주파수로 진동한다. 그러나 우리가 다른 단어들을 말하게 되면, 주파수 성분들은 꾸준히 변하게 된다. 어떤 경우든, 주파수, 크기, 위상이 시간에 따라 변화한다고 해도, 대부분의 흥미로운 신호들은 정현파들의 합으로서 모델링될 수 있다. 그러므로 시간-주파수 스펙트럼의 개념을 공부할 수 있도록 이끌 수 있는 시간-주파수 변화를 묘사할 수 있는 방법이 필요하다. 가장 보편적인 시간-주파수 스펙트럼 표현은 **스펙트로그램 (Spectrogram)**이다.

시간-주파수 스펙트럼의 수학적인 개념은 복잡한 이론적인 개념이지만, 시변(Time-varying) 스펙트럼의 직관적인 의미는 상식적이고, 일상의 예들에 의해서 알 수 있다. 언급할 만한 공학적이

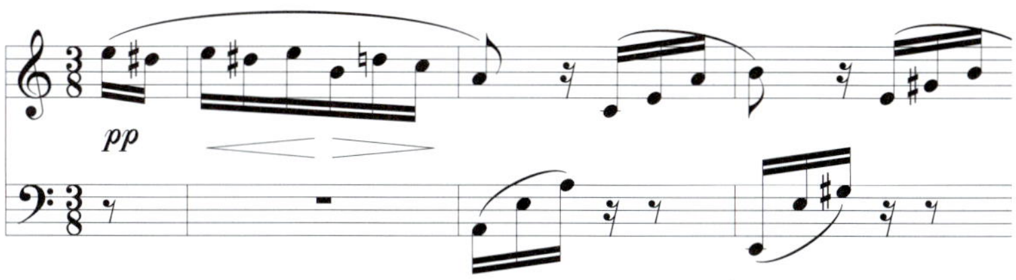

그림 3-22 악보(sheet music)는 시간-주파수 그림이다.

아닌 예는 악보이다 (그림 3-22). 악보는 연주해야 할 음정을 주는 것뿐만 아니라, 각 음정이 연주되는 시간 간격과 시작 시간들을 지정한다. 음표는 그 자체만으로 완전하게 명확하지는 않으나, 많은 학생들은 악기를 배우는 동안 보아왔다. 그림 3-22에서 수평축은 시간이며, 반면에 수직축은 주파수이다. 각 음표에 대한 연주시간은 음표머리에 검은색 또는 흰색으로, 음표 기둥에 보통 존재하며, 그리고 음표 기둥에 붙어있는 꼬리에 인코딩된다. 인코딩된 길이는 온음표, 2분음표, 4분음표, 8분음표, 16분음표 등으로 정의하는 것만으로 충분하다. 그림 3-22에서 대부분의 음표들은 16분음표이며, 이것은 짧게 연주하라는 것이다. 우리가 16분음표에 어떤 길이를 주게 되면, 모든 16분음표들은 같은 시간 길이를 가져야 한다. 8분음표는 16분음표보다 두 배의 시간 길이를 가지며, 4분음표는 16분음표보다 네 배 긴 시간 등등을 갖는다.

수직 (주파수)축은 주파수를 정의하는 데 훨씬 더 복잡한 표기법을 사용한다. 그림 3-22를 주의 깊게 보면, 음표를 나타내는 음표의 머리가 오선지에 걸려있던가 아니면 오선지 사이에 있음을 볼 수 있다. 이런 각 위치들은 그림 3-23에 그려진 피아노 건반 위의 하얀 건반을 나타내며, 각 건반들은 서로 다른 주파수 음(tone)을 만든다. 피아노의 검은 건반들은 "샵"(♯)이나 "플랫"(♭)을 사용하는 추가적인 표기를 필요로 한다. 그림 3-22는 샵이 붙은 음표들이 많이 있다, 예를 들어, $D_5^\sharp$. 악보는 높은음자리 (위 오선지)와 낮은음자리 (아래 오선지)로 나누어진다. 수직의 음의 기준점은 "중간 C" ("가운데 도"라고 하는)이며, 이는 높은음자리와 낮음음자리 사이의 보이지 않는 수평축 위에 그려진다 (그림 3-23에서 건반 번호 40). 그러므로 높은음자리 오선지에서 가장 아래 선은 중간 도 (C)보다 두 단계 높은 하얀 건반 (E_4), 즉 그림 3-23에서 건반 번호 44이다.

일단 악보로부터 피아노 건반으로 매핑이 되면, 각 음표의 주파수에 대한 수학적인 공식을 적을 수 있다. 88개의 건반을 갖는 피아노 건반은 각각 12개의 건반을 갖는 옥타브들로 나누어진다. **옥타브(Octave)**에서 건반의 주파수들은 다음의 낮은 옥타브의 건반에서보다 두 배이다. 한 옥타브 내에서, 이웃한 건반들은 상수 주파수 비(r)를 유지한다. 한 옥타브당 12개의 건반이 있으므로, 비율(r)은 다음과 같이 구할 수 있다:

$$r^{12} = 2 \qquad \Longrightarrow \qquad r = 2^{1/12} = 1.0595$$

LAB
정현파 신호들의 합성

이 비율로, 하나의 기준 주파수만 있으며 모든 건반의 주파수를 계산할 수 있다. 규칙은 중간 C 위에 A-440이라 불리는 A 건반은 440 Hz의 주파수를 가진다. A-440은 건반 번호 49이고, 중간 C는 건반 번호 40이므로, 중간 C의 주파수는 다음과 같다:

$$f_{\text{중간 C}} = 440 \times 2^{(40-49)/12} \approx 261.6\,\text{Hz}$$

LAB
악기를 위한 FM 합성

악보를 어떻게 보는가를 설명하는 것이 목표는 아니지만, 동반 웹사이트에 있는 두 개의 랩 프로젝트들에서 파형을 합성하여 노래나 음악을 만드는 방법을 알려준다. 악보에 대해 흥미로운 것은 시간에 따라 변하는 주파수 내용을 보이기 위해서 2차원 표시 방법을 사용한다는 것이다. 만약 우리가 비슷한 표기법을 택한다면, 시간에 따라 변하는 주파수를 갖는 정현파들을 합성하는 방법

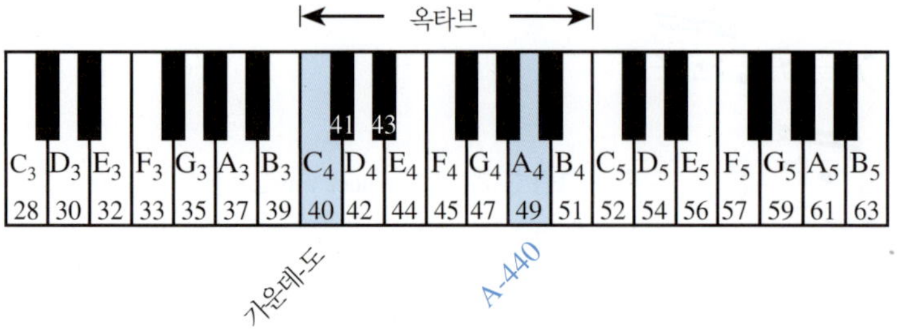

그림 3-23 피아노의 건반들은 1에서 88까지 번호를 붙일 수 있다. 중간 도 (C)는 건반 번호 40이다. A-440은 건반 번호 49이다. 음표 이름 아래에 붙어있는 숫자는 옥타브 번호를 의미한다.

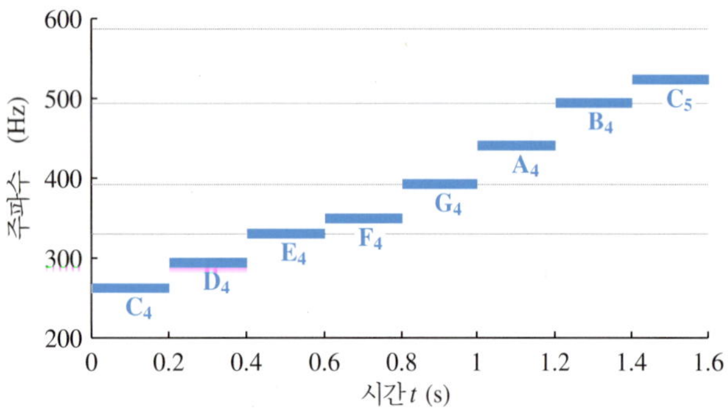

그림 3-24 C장조 음계를 연주하기 위한 이상적인 시간-주파수 그래프. 수평 점선들은 악보의 높은음자리 보표에서 처음 4개의 선에 대응된다. (그림 3-22)

을 지정할 수 있다. 매우 간단한 표기법의 하나를 그림 3-24에 나타내었다. 이 시간-주파수 그림은 각 음표의 주파수들과 그 길이 (0.2초)를 나타낸다.

3-6.1 계단형 주파수

시간에 따라 변하는 주파수의 간단한 예는, 짧은 시간 동안 일정한 주파수를 유지하고 그 다음 시간 동안은 더 높은 (또는, 더 낮은) 주파수로 뛰는 파형을 만드는 것이다. 이런 계단 주파수 파형은 간단한 전송 하드웨어로 주파수 범위와 높은 전력을 필요로 하는 레이더 송신기에서 또한 사용된다. 음악에서는, 간단한 계단 주파수 노래의 예는 한 옥타브에 걸쳐서 연속되는 음을 연주하는 **음계 (Scale)**이다. 예를 들어, 다장조 음계는 $\{C_4, D_4, E_4, F_4, G_4, A_4, B_4, C_4\}$의 음표들을, 중앙 C인 C_4부터 시작하여 한 번에 하나씩 연주하는 것으로 만든다. 이 음계는 하얀 건반으로만 완벽하게 연주된다. 이 음표들의 주파수는 아래 표와 같다.

중앙 C	D_4	E_4	F_4	G_4	A_4	B_4	C_5
262 Hz	294	330	349	392	440	494	523

C 장조 음계를 그림으로 나타낸 것이 그림 3-24의 시간-주파수 그림이다. 이 그림은 다음과 같이 해석된다: 주파수 262 Hz를 $\cos(2\pi(262)t)$으로 200 msec 동안 합성하고, 다음 200 msec 동안 주파수 294 Hz를 $\cos(2\pi(294)t)$로, 등등으로 계속한다. 전체적인 파형의 길이는 1.6 sec이다. 악보에서, 음들은 그림 3-25(a)와 같이 표기되며, 여기서 각 음표는 4분음표이다.

3-6.2 스펙트로그램 분석

신호의 주파수 내용은 분석 혹은 합성이라는 두 가지 관점에서 고려된다. 예를 들어, 그림 3-24의 이상적인 시간-주파수 다이어그램은 다장조 음계를 합성하는 규칙을 지정한다. 푸리에 급수 분석 적분식 (3.27)을 보였던 3.5절에서 볼 수 있듯이, 분석은 좀 더 어려운 문제이다.

시간에 따라 변하는 주파수들에 대한 분석은 보통 고급 대학원 과정까지 올라가는 대부분의

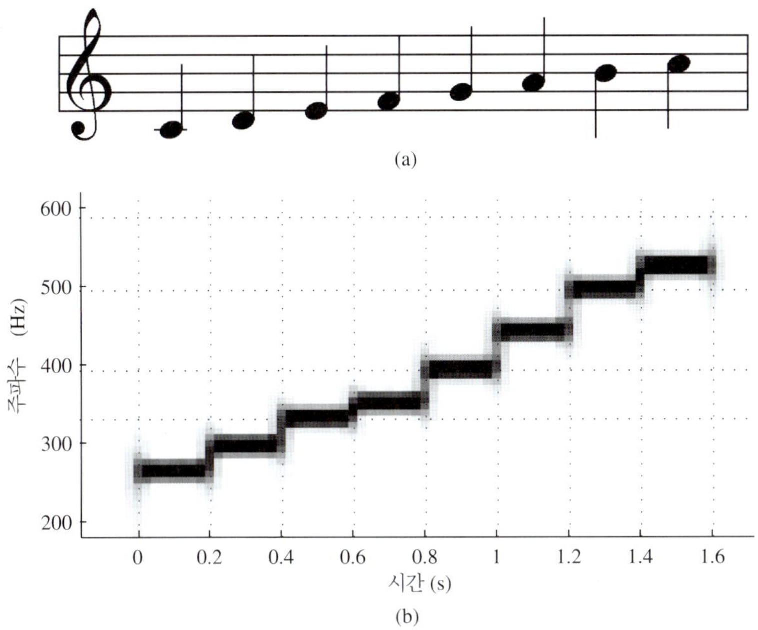

그림 3-25 (a) C 장조 음계의 악보, (b) MATLAB의 spectrogram 함수를 이용하여 계산된 스펙트로그램. 수평 점선들은 높은음자리 보표의 처음 4개의 선을 나타낸다.

데모
실제 소리의 스펙트로그램

신호처리의 연구와 응용에서 중요한 주제이다. 한 가지 이유로 분석을 하기 위하여 푸리에 급수 적분과 같은 수학적 공식을 쓰는 것에 여러 가지 방법이 있다. 다른 한편으로, 시간-주파수 분석에 이용할 수 있는 훌륭한 수치해석 프로그램이 있다. 좀 더 자세히 말하면, **스펙트로그램**을 계산하는 것은 쉬우며, 이 스펙트로그램은 신호의 스펙트럼 성분들의 시간 변화에 따른 측정값들을 보여주는, 시간과 주파수의 2차원적 함수이다. 동반 웹사이트에는 피아노 소리를 포함하여 실제 소리들과 이들의 스펙트로그램을 보여준다.

제8장에서는 스펙트로그램의 기초가 되는 이론을 제공하며 시간 해상도와 주파수 해상도 사이에 반드시 만들어져야 하는 트레이드오프에 대하여 설명해 준다. MATLAB에서, 함수 spectrogram은 스펙트로그램을 계산해 주며, 이 함수의 디폴트값들은 대부분의 신호에 잘 맞는다.[15] 그러므로 spectrogram 함수로 어떤 종류의 출력을 만들어 낼 수 있는지에 대하여 보는 것은 의미있는 일이다. 그림 3-25(b)는 그림 3-25(a)의 악보로 나타내지는 다장조 음계를 만드는 계단형의 주파수의 시간 파형들에 spectrogram을 적용한 결과를 보였다. 이 계산은 샘플된 신호의 짧은 세그먼트 동안 주파수의 수치분석을 하고, 분석 결과를 그 분석이 행해진 특정한 시간에 그림으로써 수행되었다. 이 과정을 시간축에서 약간씩 이동하면서 반복하여, 가로축은 시간이고 세로축은 주파수이며 크기는 그레이스케일 영상으로 디스플레이되는 2차원 배열을 생성한다. 어두운 정도는 각 시간-주파수 점에서 신호의 진폭에 비례한다. 주파수 계산은 순간적으로 되지 않으며, 그것보다는, 주파수 분석은 신호의 유한한 세그먼트—여기서는 25.6 msec—에서 이루어지므로, 시간축은 **분석 시간**으로 해석되어야 한다.

각 음표들이 있으면 주파수 확인은 매우 쉬우나, 그림 3-25(b)의 스펙트로그램은 이상적인 것과는 거리가 있게 만드는 간섭 요소들도 있다. 8-7절에서는 스펙트로그램이 어떻게 계산되고 좋은 결과를 얻기 위해서 어떤 파라미터를 선택할 것인가를 설명하기 위해 시간-주파수 **분석**에 관한 논의를 할 예정이다. 이 스펙트로그램은 신호 분석에서 매우 발전된 생각이지만, 이것을 응용하는 것

15) MATLAB 구문은 `[S, F, T] = spectrogram(X,WINDOW, NOVERLAP, NFFT, Fs, 'yaxis')`이다. DSPFirst 툴박스에는 이 함수와 같은 기능을 하는 plotspec과 spectgr이라는 함수들을 갖고 있다.

은, 비교적 쉽고 직관적이며, 특히 음악 신호의 경우에, 음악 신호들은 스펙트로그램과 매우 비슷한 표기법으로 상징적으로 기술된다.

3-7 주파수 변조: 처프 신호

3.6절에서 흥미있는 소리들은 주파수가 시간의 함수로 변할 때 생길 수 있다고 설명하였다. 이 절에서는, 다른 수학적인 공식을 이용하여 주파수가 끊임없이 시간에 따라 변하는 신호들을 만들어 보도록 한다.

3-7.1 처프 또는 선형 스윕 주파수

LAB
악기를 위한 FM 합성

어떤 주파수 범위를 커버하는, 또는 선형적으로 스윕하는 신호를 만들기를 원한다고 가정한다. 예를 들어, 가청주파수 대역에서, 300 Hz부터 800 Hz까지 **스윕(Sweep)**하도록 할 수 있을 것이다. 이런 신호를 만들기 위한 한가지 방법은 300 Hz부터 시작하여 800 Hz까지, 많은 수의 짧은 상수 주파수 정현파들을 연결하여 계단형 주파수 신호를 사용하는 것일 수 있다. 그림 3-26은 주파수가 계단형으로 변하는 시간 파형을 보인다. $t = 4, 8, 12, 16, 20$ ms에서 불연속이 있으며, 이 경우 각 짧은 정현파 세그먼트에서 $\varphi = 0$을 이용함으로써 발생하게 된다는 것을 주목한다. 주파수 단계는 연속이 아니며 많은 단계를 사용하더라도 소리가 부드럽지 않을 것이다. 또한, 이 접근 방법은 짧은 정현파들사이의 경계에서는, 각 짧은 정현파의 초기 위상을 주의해서 조정하지 않는다면, 짧은 정현파들의 경계가 불연속이 되기 때문에 구현하기에 지루한 작업이 된다.

처프(Chirp) 신호는 주파수가 어떤 시작 값으로부터 종료 주파수까지 선형으로 연속적으로 변하는 주파수-스윕 신호이다. 처프 공식은 복소 지수함수라는 개념으로부터 유도될 수 있다. 먼저, 상수 주파수 정현파는 (회전하는) 복소수 페이저의 실수부

$$x(t) = \Re\{Ae^{j\overbrace{(\omega_0 t + \varphi)}^{\text{각도}}}\} = A\cos(\omega_0 t + \varphi) \tag{3.40}$$

이며 복소 지수함수의 각도는 코사인의 입력변수라는 것을 주목한다. 정현파를 다음

$$x(t) = \Re\{Ae^{j\psi(t)}\} = A\cos(\psi(t)) \tag{3.41}$$

와 같이 적을 수 있는 좀 더 넓은 범위의 신호로 일반화할 때, 여기서 $\psi(t)$를 임의의 시간의 함수라면, $\psi(t)$를 코사인의 **각함수(Angle Function)**[16]라고 한다. 예를 들어 다음과 같이

$$\psi(t) = 2\pi\mu t^2 + 2\pi f_0 t + \varphi \tag{3.42}$$

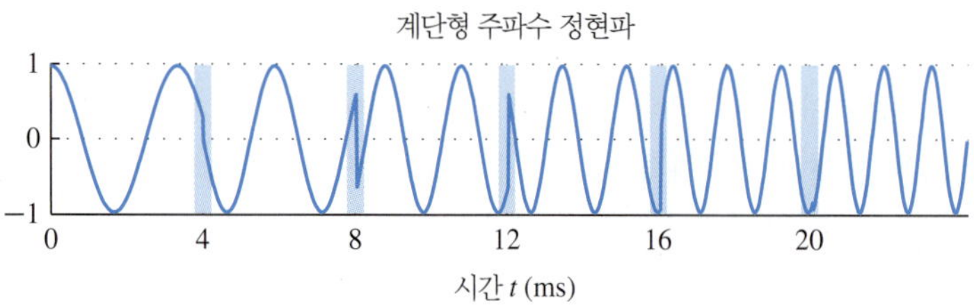

그림 3-26 300 Hz부터 800 Hz까지 100 Hz씩 증가하는 6개의 주파수를 갖는 계단형 주파수 정현파 신호. 주파수는 매 4 ms 마다 바뀐다.

16) 상수 주파수 코사인파의 각함수는 $\psi(t) = \omega_0 t + \varphi$이다

라고 정의하여 2차의 각함수를 갖는 신호를 생성할 수 있다.

이제 각함수로부터 주파수의 변화를 어떻게 구하는지에 대하여 고려한다. 식 (3.40)의 상수-주파수 정현파에 대하여, 상수 ω_0는 *각함수의 변화율*이며 이 값은 각함수를 시간으로 1차 미분하면 구할 수 있다. 미분을 한다는 생각은, 식 (3.41)의 신호에 대한 **순간 주파수(Instantaneous Frequency)**를 각함수의 미분

$$\omega_i(t) = \frac{d}{dt}\psi(t) \qquad \text{(rad/s)} \tag{3.43}$$

으로 정의하면 일반화할 수 있으며, 이것은 $\psi(t)$의 순간 기울기이다. $\psi(t)$의 단위는 라디안이며, $\omega_i(t)$의 단위는 rad/sec이다. 때때로 우리는 Hz 단위의 주파수를 원하며, 이를 위하여 2π로 나눌 필요가 있다.

$$f_i(t) = \frac{1}{2\pi}\frac{d}{dt}\psi(t) \qquad \text{(Hz)} \tag{3.44}$$

데모
스펙트로그램: 처프 음 (Chirp Sounds)

만약 $x(t)$의 각함수가 식 (3.42)에서와 같은 2차식이라면, 식 (3.44)를 미분하면 시간에 따라 선형으로 변하는 **순간 주파수(instantaneous frequency)**를 구할 수 있다. 즉,

$$f_i(t) = 2\mu t + f_0 \tag{3.45}$$

식 (3.42)와 같이 시간에 따라 변하는 각함수에 의하여 생성된 주파수 변화는 **주파수 변조(Frequency modulation, FM)**라고 부르며, 이런 종류의 신호들을 **선형 FM신호(Linear FM Signal)**라고 부른다. 그림 3-27은 선형 FM 신호의 이상적인 순간 주파수의 예를 보여준다. 마지막으로, 주파수의 선형 변화 식 (3.45)는 새의 지저귀는 소리 (chirp)와 유사한 가청 소리를 내기 때문에, 선형 FM 신호는 **처프(Chirp) 신호** 또는 간단히 **처프**라고 불린다.

이 과정은 원하는 선형 주파수 스윕을 갖는 시간-영역 신호를 합성하기 위하여 역으로 할 수 있다. 식 (3.43)은 순간 주파수는 각함수 $\psi(t)$의 미분이라고 말하므로, 식 (3.41)에서 필요한 실질적인 각함수는 $\omega_i(t)$의 적분으로부터 구할 수 있다.

예제 3-10 처프 공식의 합성

그림 3-27과 같이 시작시간 $t = 0$부터 종료시간 $t = T_2 = 0.5$ sec까지의 시간 간격인 0.5 sec에 걸쳐서 $f_1 = 300$ Hz부터 $f_2 = 800$ Hz까지의 주파수 스윕을 합성하기를 원한다고 가정한다. 무엇보다도 먼저, 원하는 순간 주파수에 대한 식을 만드는 것이 필요하다.

$$f_i(t) = \frac{f_2 - f_1}{T_2}t + f_1 = \frac{800 - 300}{0.5}t + 300$$

이 식은 그림 3-27의 기울어진 선이다. 그 다음으로 각함수를 얻기 위해 $\omega_i(t) = 2\pi f_i(t)$를 적분해야 한다.

$$\begin{aligned}\psi(t) &= \int_0^t 2\pi f_i(u)\,du \\ &= \int_0^t 2\pi\,(1000u + 300)\,du \\ &= 1000\pi t^2 + 600\pi t + \varphi\end{aligned}$$

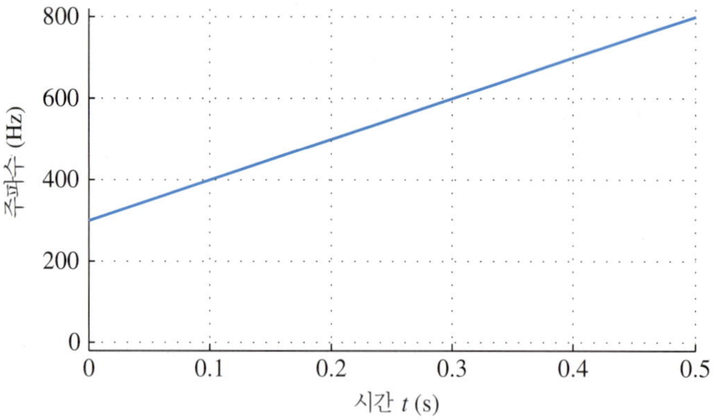

그림 3-27 0.5초 동안 300 Hz에서 800 Hz까지 연속적으로 스윕하는 선형 FM 신호의 순간 주파수

여기서 위상 $\varphi = \psi(0)$는 임의의 적분 상수이다. 그림 3-27에 대응되는 시간 영역 처프 신호는 $x(t) = \cos(1000\pi t^2 + 600\pi t + \varphi)$이다.

3-7.2 순간 주파수의 자세한 고찰

각함수의 미분이 순간 주파수가 된다는 것을 이해하는 것은 어렵다. 다음의 실험이 그것의 실마리를 제공한다.

(a) 다음 파라미터들을 사용하여 예제 3-10에서의 방법을 이용하여 "처프" 신호를 정의한다.

$$f_1 = 300 \text{ Hz}$$
$$f_2 = 800 \text{ Hz}$$
$$T_2 = 20 \text{ ms}$$

다른 말로 하면, 지정된 500 Hz 영역을 20 ms 동안 스윕하도록 $x(t)$를 정의하기 위하여 식 (3.42)에서 μ와 f_0를 결정한다.

(b) (a)에서 합성된 신호의 그래프를 그린다. 그림 3-28에서, 이 그래프는 3-28(b)이다. 이 처프 신호가 정확하게 주파수 성분을 갖고 있는지 아닌지에 대한 여부는 판별하기 어렵다. 하지만, 이 실험의 나머지 부분에서 각함수의 미분이, (대략적으로) 5.45 ms과 6 ms에서 취한, 2개의 다른 시간에서의 순간 주파수를 정확하게 정의한다는 것을 보여준다. 이 위치들은 그림 3-28(b)에 표시된 처프 신호의 두 개의 양의 피크들이다.

(c) 먼저, 450 Hz 정현파 $x_1(t) = \cos(900\pi(t - 0.00545))$의 그래프를 그리며, 이 신호는 $t = 5.45$ ms에서 양의 피크를 갖는다. 이 상수 주파수 정현파는 그림 3-28(a)에 보였다.

(d) 다음으로, $t = 16$ ms에서 양의 피크를 갖는 700 Hz 정현파, $x_2(t) = \cos(1400\pi(t - 0.016))$를 생성하여 그래프를 그린다. 이 상수 주파수 정현파는 그림 3-28(c)에 보였다.

(e) 이제 그림 3-28에 나와 있는 3개의 신호들을 처프의 주파수 성분과 비교해 본다. 시간 영역 4 ~ 7 ms에서 처프의 주파수에 집중한다. 이 시간 영역에서는 450 Hz 정현파가 처프 신호와 거의 일치한다는 것을 주목한다. 이 영역에서 이론적인 $f_i(t)$를 계산해 본다.

(f) 마찬가지로 16 ms (14.5~17.5 ms) 근처 영역에서 처프 주파수가 700 Hz에 거의 같아지는 또 다른 영역을 찾을 수 있다.

먼저의 예로서 스펙트로그램을 이용하여 주파수 성분이 변하는 신호를 해석할 수 있다는 정

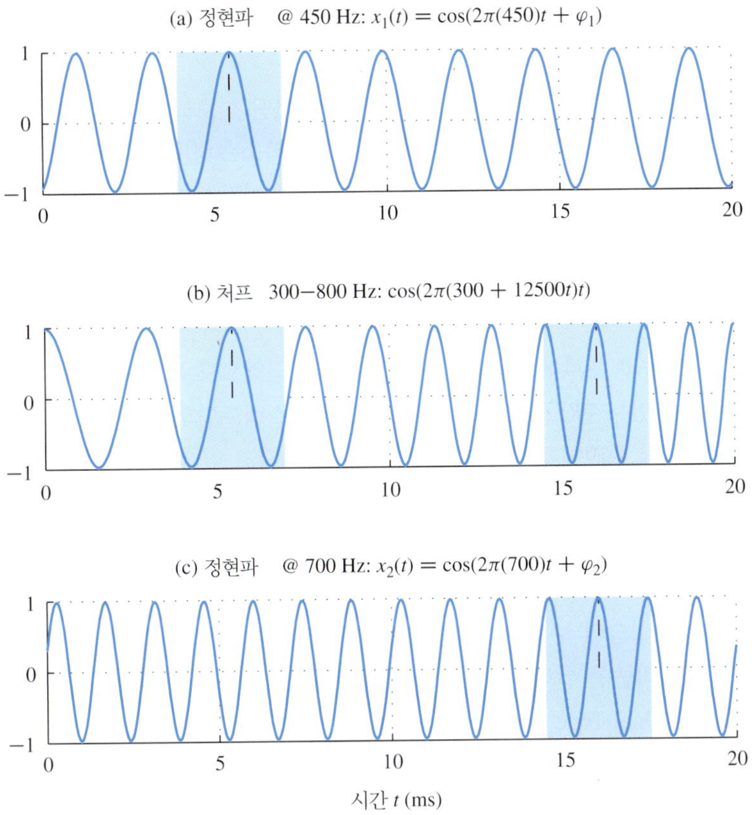

그림 3-28 처프 신호 (b)와 (a) 450 Hz 및 (c) 700 Hz의 상수 주파수 정현파와의 비교. 처프의 로컬 주파수가 두 정현파 중 하나와 같다는 사실을 주목한다.

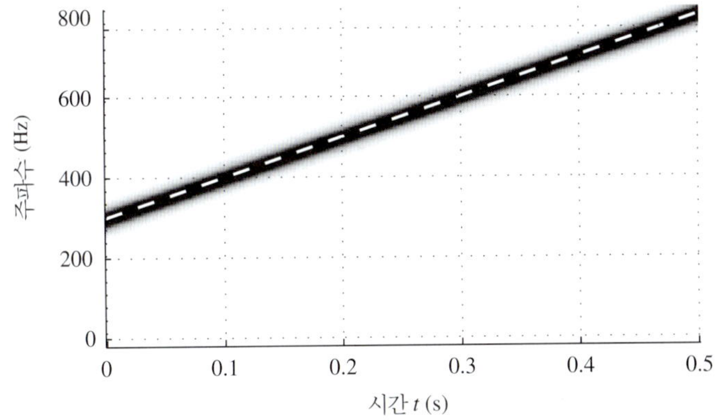

그림 3-29 0.5초 동안 300 Hz에서 800 Hz까지 선형적으로 스윕하는 선형 FM 신호의 스펙트로그램. 1000 Hz/s의 비율로 변하는, 이상적인 순간 주파수는 흰 파선으로 보였다.

당성을 제공하였다. 짧은 시간 동안에는, 그림 3-28(b)의 처프 신호는 상수 주파수 정현파로 근사화될 수 있다. 이렇게, 푸리에 분석 적분은 이렇게 짧은 시간동안 적용하여 신호의 로컬 주파수 성분을 결정할 수 있다. 이 방법이 정확히 스펙트로그램에서 하는 일이다. 그림 3-29에는 이상적인 순간 주파수가 그림 3-27로 주어진 신호에 스펙트로그램을 적용한 예를 보인다. 비교를 위하여, 이상적인 순간 주파수를 같이 그려놓았다.

데모
FM 합성

우리는 $x(t) = A\cos(\psi(t))$ 형태의 신호들에서, 신호의 순간 주파수는 각함수 $\psi(t)$의 미분이라는 것을 알았다. 만일 $\psi(t)$가 상수이면, 주파수는 0이다. 만일 $\psi(t)$가 직선이면, $x(t)$는 어떤 고정된 주파수의 정현파이다. 만일 $\psi(t)$가 2차식이면, $x(t)$는 주파수가 시간에 따라 선형으로 변하는 처프 신호가 된다. 좀 더 복잡하게 변하는 $\psi(t)$는 다양한 신호들을 만들어 낼 수 있다. 한 예가 경찰차나 앰뷸런스의 사이렌 소리이다. 이런 FM 신호의 또 다른 중요한 응용은 음악 합성이다. 이 응용은 동반 웹사이트에서 데모나 랩 실습과 함께 설명되어 있다.

3-8 요약 및 링크

이 장에서는 **스펙트럼**의 개념에 대해서 소개하였으며, 스펙트럼에는 어떤 신호를 그 신호의 정현파의 성분들로 나타낸다. 스펙트럼은 신호에서 각 주파수 성분에 대한 복소수 진폭을 그래프로 표현한 것이다. 우리는 복잡한 신호들이 비교적 간단한 스펙트럼으로부터 어떻게 만들어질 수 있는지를 보였고, 푸리에 급수의 가장 중요한 개념을 제공했으며 그래서 임의의 주기 신호들의 스펙트럼 표현도 할 수 있다. 마지막으로, 스펙트럼이 어떻게 시간에 따라 변할 수 있는지에 대한 논의로 마무리 지었다.

LAB 정현파 신호의 합성

LAB 악기 소리를 위한 FM 합성

데모 많은 데모로의 링크

이 시점에서, 수많은 다른 데모들과 프로젝트들을 수행할 수 있게 되었으므로 그 목록에서 어느 정도 제한해야 된다. 웹사이트에 있는 랩 프로젝트들 중에서 3개가 스펙트럼의 다른 측면을 제공한다. 첫 번째는 사각파와 톱니파의 푸리에 급수 표현에 대한 실습을 담고 있다. 두 번째는 바흐의 “Jesu, Joy of Man's Desiring”과 같은 음악 합성 프로그램을 학생들이 개발하도록 하고 있다. 이 합성은 정현파들로만 행해져야 하지만, 점점 작아지는 진폭의 포락선을 사용하는 것과 같은 추가적인 방법으로 세련되게 다듬을 수도 있다. 마지막으로, 세 번째 실습에서는 비트음, 처프 신호와 스펙트로그램에 대해 다룬다. 이 실습의 두 번째 부분은 주파수 변조를 기본으로 하는 음악 합성 방법을 포함한다. FM 합성 알고리즘은 클라리넷이나 드럼과 같은 악기들의 실제적인 소리를 만들 수 있다. 추가적으로, DTMF (Dual-Tone Multi-Frequency) 터치톤 전화기와 같은, 정현파 신호들로 동작하는 실질적인 시스템들을 포함하는 실습들이 하나 더 있다. 그러나 이 실습은 필터링에 대한 약간의 지식을 필요로 하므로, 이 내용은 제7장에서 다루도록 한다. 이 실험들에 대한 자세한 내용도 역시 동반 웹사이트에 있다.

그 웹사이트는 또한 많은 소리들과 이 신호들의 스펙트로그램에 대한 데모들을 담고 있다:

(a) 사인파, 구형파, 다른 고조파들과 같은 간단한 소리들에 대한 스펙트로그램.

(b) 녹음된 피아노 소리, 합성된 음계, 그리고 오래전에 이 과목을 수강한 학생이 만든 자료 중의 하나인 합성된 음악을 포함하여, 실제적인 소리들의 스펙트로그램.

(c) 순간 주파수 변화 비율이 귀에 들리는 소리에 어떻게 영향을 주는지를 보이는 처프 신호의 스펙트로그램.

(d) 악기를 모방하는 FM 합성 방법의 설명. 몇 가지 소리의 예들이 들을 수 있도록 포함되어 있다.

(e) 회전 페이저들

(f) 모음 합성

3-9 문제

참고 풀이가 있는 문제들

이 절의 문제들은 이 장의 주요 개념들을 다룬다. 동반 웹사이트에는, 복습과 실습을 위해서 더 많은 연관된 숙제 문제들이 나와 있다. 대부분의 문제들은 자세한 풀이가 같이 포함되어 있다.

P-3.1 신호 $x(t)$는 그림 P-3.1에 보인 양측대파 스펙트럼을 갖는다.

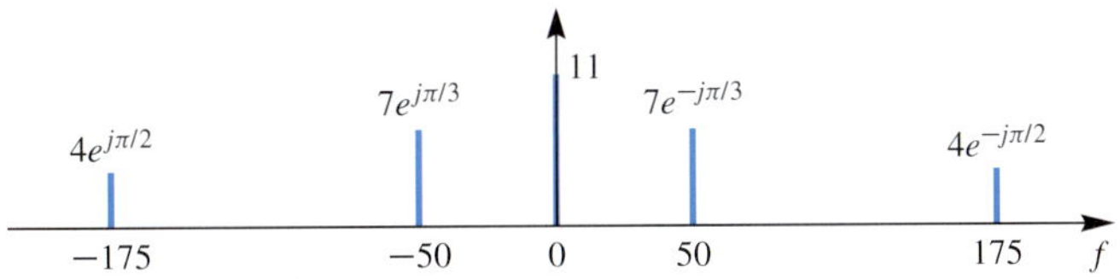

그림 P-3.1

(a) $x(t)$를 코사인의 합으로 나타내어라.

(b) $x(t)$는 주기 신호인가? 만약 그렇다면, 기본 주기와 기본 주파수를 결정하여라.

(c) 이 스펙트럼에서 왜 음의 주파수들이 필요한지 설명하여라.

P-3.2 정현파들로 구성된 신호가 다음의 식으로 주어졌다.

$$x(t) = 10\cos(800\pi t + \pi/4) + 7\cos(1200\pi t - \pi/3) - 3\cos(1600\pi t)$$

(a) 이 신호의 스펙트럼을 그리고, 각 주파수 성분의 복소수 진폭을 나타내어라. 각 주파수의 복소 진폭들에 대하여 실수부/허수부 또는 크기/위상 성분을 별도의 그래프로 그려라.

(b) $x(t)$는 주기함수인가? 그렇다면, 주기는 얼마인가?

(c) 이제 $y(t) = x(t) + 5\cos(1000\pi t + \pi/2)$로 정의된 새로운 신호를 고려해 본다. 스펙트럼은 어떻게 변했는가? $y(t)$는 주기함수인가? 그렇다면, 주기는 얼마인가?

P-3.3 다음 MATLAB 코드는 벡터 zz를 정의하며, 이 벡터는 신호 $z(t)$에 해당한다.

```
tt = -10:0.01:10; %- 초 단위로
kk = 2; zz = kk*cos(kk*tt);
kk = 4; zz = zz + kk*cos(kk*tt - pi/3);
kk = 6; zz = zz + real( 2*exp(j*pi/4)*exp(j*kk*tt) );
```

(a) $z(t)$에 대한 식을 표준형의 정현파, 즉 $x(t) = A_0 + \Sigma_k A_k \cos(\omega_k t + \varphi_k)$로 나타내어라.

(b) $z(t)$의 스펙트럼을 그리고 모든 주파수와 복소수 진폭들을 표시하여라.

P-3.4 $x(t) = \sin^3(27\pi t)$라고 한다.

(a) $x(t)$에 대한 식을 복소 지수함수들의 합의 실수부로 구하여라.

(b) $x(t)$의 기본 주기를 결정하여라.

(c) $x(t)$에 대한 스펙트럼을 그려라.

P-3.5 다음 식

$$x(t) = \sum_{k=-3}^{3} \frac{1}{1+jk} e^{jkt}$$

으로 정의되는 신호의 스펙트럼을 (ω를 변수로) 그려라. 각 선스펙트럼에 대응하는 복소수 진폭을 극좌표 형태로 써넣어라.

P-3.6 그림 P-3.6에는 주기 신호 $x(t)$의 스펙트럼을 보였다. 주파수축의 단위는 rad/s이다.

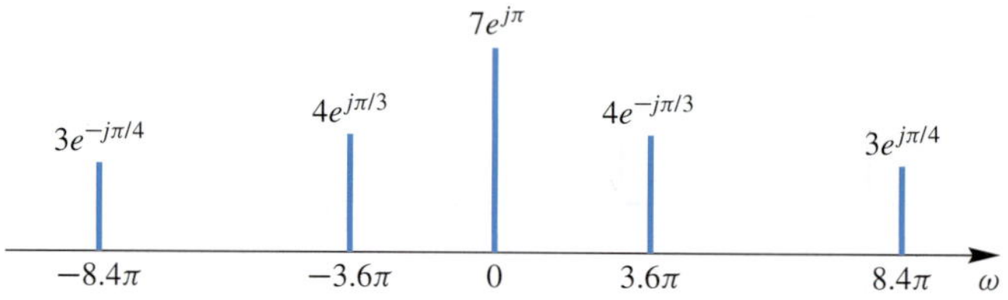

그림 P-3.6

(a) 이 신호의 기본 주파수 ω_0를 결정하여라.
(b) $x(t)$의, 가능한 가장 작은 주기인, 기본 주기 T_0를 결정하여라
(c) 이 신호의 DC 값을 결정하여라.
(d) 이런 형태의 주기 신호는 다음과 같이 푸리에 급수로 나타낼 수 있다.

$$x(t) = \sum_{k=-\infty}^{\infty} a_k e^{j\omega_0 kt}$$

만일 $x(t)$의 푸리에 급수 계수들을 a_k, $k = 0, \pm 2, \pm 3, \cdots$로 나타낸다면, 어떤 계수들이 0이 아닌지 결정하여라. 이 0이 아닌 푸리에 급수 계수들과 이들의 값을 하나의 표에 정리하여라.

P-3.7 3-2.2절에서는, 한 코사인 파가 다른 코사인파에 대하여 비트음을 내는 간단한 예를 보였다. 이 문제에서는, 더 일반적인 경우를 고려해 본다. $x(t)$를

$$x(t) = A\cos(2\pi(f_c - f_\Delta)t) + B\cos(2\pi(f_c + f_\Delta)t)$$

라고 한다. 3-2.2절에서 논의된 경우에서는 진폭은 모두 $A = B = 1$로 같다.

(a) 페이저를 사용하여 복소 신호 $z(t)$를 구하라. 여기서,

$$x(t) = \Re\{z(t)\}$$

(b) $z(t)$에 대한 식을 조작하고 실수부를 계산하여, 위의 더 일반적인 경우의 $x(t)$의 식은 다음의 형태

$$x(t) = C\cos(2\pi f_\Delta t)\cos(2\pi f_c t) + D\sin(2\pi f_\Delta t)\sin(2\pi f_c t)$$

으로 나타낼 수 있다는 것을 보이고, C와 D의 식을 A와 B에 대하여 구하여라. $A = B = 1$을 대입하여 답을 확인해 보아라.

(c) 다음

$$x(t) = 2\sin(2\pi f_\Delta t)\sin(2\pi f_c t)$$

와 같이 되도록 A와 B의 값을 구하여라. 그리고 이 신호의 스펙트럼을 그려라.

P-3.8 다음 신호

$$x(t) = 10 + 20\cos(2\pi(100)t + \tfrac{1}{4}\pi) + 10\cos(2\pi(250)t)$$

를 고려한다.

(a) 오일러 관계식을 이용하여, 위에서 정의된 신호 $x(t)$는 유한 푸리에 합성합의 식을 이용하여 복소 지수신호들의 합 (3.37)로 나타낼 수 있다.

f_0, N, 및 모든 복소 진폭들 a_k의 값을 결정하여라. a_k를 구하기 위하여 적분이 필요하지는 않다.
(b) 신호 $x(t)$는 주기 신호인가? 그렇다면, 기본 주기는 얼마인가?
(c) 이 신호의 스펙트럼을 Hz 단위의 주파수 f에 대하여 그려라.

P-3.9 어떤 진폭 변조 (AM) 코사인 파형이 다음 식으로 나타내진다.

$$x(t) = [12 + 7\sin(\pi t - \tfrac{1}{3}\pi)]\cos(13\pi t)$$

(a) 페이저를 사용하여 $x(t)$는 다음의 형태로 나타낼 수 있다는 것을 보여라.

$$x(t) = A_1\cos(\omega_1 t + \varphi_1) + A_2\cos(\omega_2 t + \varphi_2) + A_3\cos(\omega_3 t + \varphi_3)$$

여기서 $\omega_1 < \omega_2 < \omega_3$이다; 즉, 파라미터 $A_1, A_2, A_3, \varphi_1, \varphi_2, \varphi_3, \omega_1, \omega_2, \omega_3$의 값을 구하여라.
(b) 주파수 축에 이 신호의 양측파대 스펙트럼을 그려라. 그림의 중요한 특징이 되는 값들을 빠짐없이 표시하여라. A_i, φ_i, ω_i의 수치값들로 그림에 표시하여라.

P-3.10 다음과 같은 신호 $x(t)$를 고려한다.

$$x(t) = 2\cos(\omega_1 t)\cos(\omega_2 t) = \cos[(\omega_2 + \omega_1)t] + \cos[(\omega_2 - \omega_1)t]$$

여기서 $0 < \omega_1 < \omega_2$이다.

(a) $x(t)$가 주기 T_0의 주기 함수가 되도록 $\omega_1 + \omega_2$과 $\omega_1 - \omega_2$가 반드시 만족해야 하는 일반적인 조건은 무엇인가? T_0를 결정하고 $x(t) = x(t + T_0)$를 증명하여라.
(b) ω_1과 ω_2에 대하여 (a)의 결과는 무엇을 의미하는가? 예를 들어, ω_2는 반드시 ω_1의 정수배가 되어야 하는가?

P-3.11 어떤 주기 함수가 다음 식

$$x(t) = 2 + 4\cos(40\pi t - \tfrac{1}{5}\pi) + 3\sin(60\pi t) + 4\cos(120\pi t - \tfrac{1}{3}\pi)$$

으로 주어졌다.

(a) 기본 주파수 ω_0, 기본 주기 T_0, 항의 수 N, 계수들 a_k를 위의 신호 $x(t)$에 대한 유한한 푸리에 표현식 (3.37)에서 결정하라. 이 문제는 적분 없이 풀 수 있다.
(b) 각 주파수 성분의 복소수 진폭을 나타내는 이 신호의 스펙트럼을 그려라. 적절한 주파수들에서 복소 진폭값들을 표시하여라. 실수부/허수부 또는 크기/위상에 대하여 별도의 그림을 그릴 필요는 없다.
(c) 한 개 이상의 정현파를 더하여 정의된 새로운 신호 $y(t) = x(t) + 10\cos(50\pi t - \pi/6)$를 고려한다. 스펙트럼은 어떻게 변했는가? $y(t)$는 여전히 주기 함수인가? 만약 그렇다면, 기본 주기는 얼마인가?

P-3.12 음악의 음표들은 수학적으로 정현파 신호로 모델링할 수 있다는 것을 보았다. 악보를 읽거나 피아노를 연주할 때, 피아노 건반들은 여러 개의 옥타브로 나누어져 있고, 각 옥타브에서 각 음들은 바로 아래의 옥타브에서 같은 음의 주파수값의 두 배로 되는 것으로 구성되어 있다는 것을 알고 있다. 주파수 크기를 맞추기 위해서는, 기준 음으로 A_4로 나타내는, 중간 C위에 있는 A음이며,

이 음은 A-440이라고도 하는데, 그 주파수가 440 Hz이기 때문이다. 각 옥타브에는 12개의 음이 있으며, 연속된 음들 간의 주파수 비율은 일정하다. 이와 같이, 이 비율은 $2^{1/12}$이다. 중간 C는 A-440에서부터 9개의 음 아래에 있으므로, 주파수는 대략 $(440)2^{-9/12} \approx 261.6$ Hz이다. 중간 C로 시작해서, 높은 C로 끝나는 옥타브에서 음 (음표)의 이름은 다음 표와 같다:

음표 이름	C_4	$C_4^\sharp$	D_4	$E_4^\flat$	E_4	F_4	$F_4^\sharp$
음표 번호	40	41	42	43	44	45	46
주파수							
음표 이름	$F_4^\sharp$	G_4	$G_4^\sharp$	A_4	$B_4^\flat$	B_4	C_5
음표 번호	46	47	48	49	50	51	52
주파수				440			

(a) 4번째 옥타브의 음표에 대한 주파수 표를 만들어라. 옥타브는 중간 C에서 시작하고, 중간 C위의 A_4의 주파수는 440 Hz라고 가정한다.

(b) 위의 음표들은 피아노에서 번호 40에서 52에 해당한다. 만일 N이 음표 번호이고 f는 해당되는 음의 주파수를 나타낸다면, 음의 주파수의 식을 음표 번호의 함수로 구하여라.

(c) 화음 (chord)은 동시에 소리나는 음들의 조합이다. 3화음 (triad)은 3개의 음으로 이루어진 화음이다. D 장조 화음 (D-major chord)은 동시에 소리나는 D_4, $F_4^\#$, A_4 음들로 이루어진다. (a)에서 정해진 주파수들로부터, 각 음이 하나의 순수한 정현파 신호로 구현된다고 가정하고, D 장조 화음의 스펙트럼의 주요 특징들을 그려라. *복소수 페이저들은 정확하게 표시할 필요는 없다.*

P-3.13 그림 P-3.13의 신호 $x(t)$는 DC 성분과 하나의 코사인 신호의 합으로 구성된다.

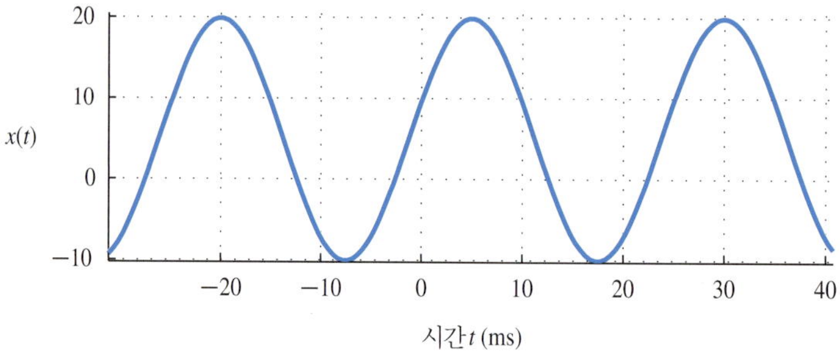

그림 P-3.13

(a) DC 성분의 주파수와 코사인 함수의 주파수를 결정하여라.

(b) 신호 $x(t)$에 대한 식을 구하여라. 위의 그래프를 보고 식 안에 있는 모든 진폭, 주파수, 위상들의 수치값을 정확히 결정할 수 있어야 한다.

(c) 먼저 부분에서 구한 식을 양의 주파수 및 음의 주파수 성분들을 갖는 복소 지수신호들의 합으로 전개하여라.

(d) 신호 $x(t)$의 양측파대 스펙트럼을 그려라. 스펙트럼에서 양수 및 음수 주파수 성분에 대한 복소수 진폭들을 표시하여라.

P-3.14 신호 $x(t)$의 양측파대 스펙트럼이 다음 표와 같이 주어졌다. 몇 개의 값은 아직 알지 못한다.

주파수 (rad/s)	ω_2	-70π	0	ω_1	100π
복소 진폭	$8e^{-j\pi/3}$	X_{-1}	20	$\sqrt{2}+j\sqrt{2}$	X_2

(a) 만일 $x(t)$가 실수 신호라면, 스펙트럼의 대칭 성질을 이용해서 파라미터들: X_{-1}, X_2, ω_1, ω_2의 수치값들을 정하여라.

(b) 실수 값과 코사인 함수들만을 포함하는 신호 $x(t)$의 식을 구하여라.

(c) 이 신호가 주기 신호라면, 기본 주기를 결정하여라.

(d) 파형을 그리지 말고, 모든 t에 대하여 $x(t) \geq 0$임을 보여라.

P-3.15 다음의 각 신호에 대하여 스펙트럼을 구하여라. 답을 그림으로 나타내어라.

(a) $x(t) = \cos^2(7\pi t - 0.1\pi)$

(b) $y(t) = \cos^2(7\pi t - 0.1\pi)\cos(77\pi t + 0.1\pi)$

P-3.16 AM 라디오에서, 전송되는 신호는 반송파 신호와 결합된 음성 (또는 음악) 신호이다. 반송파는 AM 방송국에 배정된 방송 주파수의 정현파이다. 예를 들어, 미국 애틀랜타 시의 WCNN 방송국의 반송파 주파수는 680 kHz이다. 음성/음악 신호를 $v(t)$라고 한다면, WCNN에서 실질적으로 전송되는 신호는 다음과 같이 표시된다:

$$x(t) = (v(t) + A)\cos(2\pi(680 \times 10^3)t)$$

여기서 A는 상수이다. 상수 A는 $(A + v(t))$를 양수가 되도록 만들기 위하여 도입되었으며, 이렇게 하면 AM 수신기의 설계가 좀 더 간단해진다. 즉, $A > \min v(t)$이다.

(a) 음성 대역 신호는 4000 Hz (4 kHz) 이하의 주파수를 갖는 경향이 있다. $v(t)$를 3000 Hz 정현파라고 가정한다, 즉, $v(t) = \cos(2\pi(3000)t + 0.3\pi)$. $v(t)$의 스펙트럼을 그려라.

(b) 반송파가 680 kHz에 위상은 0이라고 가정하고, $x(t)$의 스펙트럼을 그려라. (a)의 $v(t)$를 이용하고, $A = 1.5$라고 가정한다.

힌트: 신호 $v(t)$를 대입하고, $x(t)$를 3개의 다른 주파수를 갖는 코사인 항들의 합으로 전개한다.

P-3.17 실수 신호 $x(t)$의 양측대역 스펙트럼을 (Hz 단위의 주파수로) 아래에 보였다.

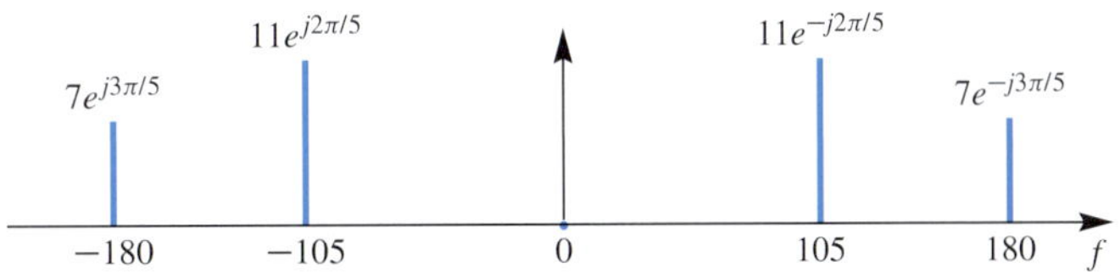

그림 P-3.17

(a) $x(t)$의 기본 주파수를 (Hz 단위로) 결정하여라.

(b) $x(t)$의 식을 실수 정현파들의 합으로 구하여라.

(c) 신호 $x_2(t) = x(t - 0.05)$는 $x(t)$를 시간-지연한 것이다. 신호 $x_2(t)$의 스펙트럼을 결정하여라. 복소수 진폭의 수치 값들을 간단히 하여, 위상은 $(-\pi, \pi]$ 범위 내에 있도록 하여라.

(d) 세 번째 신호는 $x_3(t) = x(t)\, e^{j210\pi t}$로 정의된다. 이 새로운 신호는 복소수 값을 가지며, DC값이 0이 아니다. $x_3(t)$의 DC 성분의 복소수 진폭을 결정하여라.

P-3.18 실수 신호 $x(t)$는 그림 P-3.17에 보인 양측대역 스펙트럼을 갖는다.

(a) 신호 $y(t) = x(t) + 8$의 스펙트럼을 그려라.

(b) 신호 $z(t) = x(t) + 18\cos(80\pi t + 0.8\pi)$의 스펙트럼을 그려라.

(c) 신호 $z(t)$의 기본 주파수를 결정하여라.

(d) $q(t)$를 (a)에서의 $y(t)$를 미분으로 정의하여라. 신호 $q(t) = \frac{d}{dt}y(t)$의 스펙트럼을 그려라.

P-3.19 신호 $x(t)$의 양측대역 스펙트럼은 다음 표에 주어진 두 개의 성분들로 구성된다.

주파수 (rad/s)	ω_1	10π
복소 진폭	$8e^{j\pi/3}$	X_1

(a) $x(t)$가 실수 신호라면, 파라미터 X_1과 ω_1의 수치값을 구하여라.

(b) $x(t)$의 스펙트럼을 그려라; 양쪽 선스펙트럼들에 라벨을 붙여라.

(c) 새로운 신호 $y(t)$를 $y(t) = x(t)\cos(\omega_c t + \varphi)$라고 정의한다. 신호 $y(t)$의 양측대역 스펙트럼은 다음 표에 주어진 세 개의 성분들로 구성된다.

주파수 (rad/s)	-20π	ω_a	ω_b
복소 진폭	B	A	$-4j$

만일 $y(t)$가 실수 신호라면, 주파수 이동 성질을 이용하여 파라미터들 A, B, ω_a, ω_b, ω_c, φ의 수치값을 결정하여라.

P-3.20 어떤 실수 신호 $x(t)$는 그림 P-3.20에 보인 양측대역 스펙트럼을 갖는다. 주파수 축의 단위는 rad/s이다.

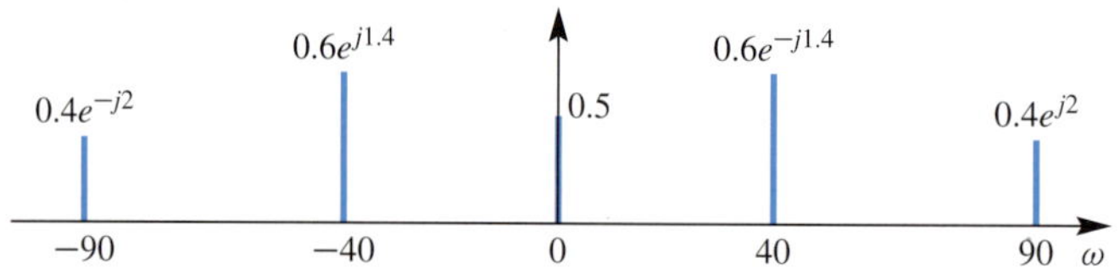

그림 P-3.20

(a) 이 신호의 기본 주파수 ω_0를 결정하여라.

(b) $x(t)$의 기본 주기 T_0를 결정하여라. 기본 주기는 가능한 가장 짧은 주기이다.

(c) 이 신호의 DC 값을 결정하여라.

(d) 이런 형태의 주기 신호는 다음의 형태

$$x(t) = \sum_{k=-\infty}^{\infty} a_k e^{j\omega_0 kt}$$

의 푸리에 급수로 나타낼 수 있다. 이 급수의 k번째 항은 k번째 고조파라고 불린다. 어떤 고조파 (양수나 음수)들이 존재하는지를 결정하여라. 다른 말로 하여, 푸리에 급수의 계수 a_k에 대하여, 어떤 계수들이 0이 아닌지를 결정하여라. 표에 0이 아닌 푸리에 계수들의 인덱스들과 그 때의 값들을 만들어라.

P-3.21 어떤 처프 신호는 시간이 $t = 0$에서 $t = T_2$로 진행해감에 따라, 주파수가 $\omega_1 = 2\pi f_1$에서 $\omega_2 = 2\pi f_2$까지 스윕한다. 처프에 대한 일반적인 공식은

$$x(t) = A\cos(\alpha t^2 + \beta t + \varphi) = \cos(\psi(t)) \tag{3.46}$$

와 같으며, 여기서,

$$\psi(t) = \alpha t^2 + \beta t + \varphi$$

이다. $\psi(t)$의 미분은 (단위가 rad/s인) 순간 주파수이며, 그 주파수가 가청 대역에 있다면 들을 수 있다.

(a) 식 (3.46)에 있는 처프에 대해서, 시작 주파수 (ω_1)와 종료 주파수 (ω_2)에 대한 식을 α, β, T_2에 대하여 구하여라.

(b) 처프 신호

$$x(t) = \Re\{e^{j(40t^2+27t+13)}\}$$

에 대하여, 시간에 따른 순간 주파수의 식을 유도하여라.

(c) $0 \le t \le 1$ s의 범위에서 시간에 따른 순간 주파수(Hz)의 그래프를 그려라.

P-3.22 선형 FM "처프" 신호는 유한한 시간 동안 주파수가 $\omega_1 = 2\pi f_1$에서 $\omega_2 = 2\pi f_2$로 선형적으로 변하는 것을 말한다.

(a) 시간이 $t = 0$에서 $t = 2$ s까지 진행함에 따라, 순간 주파수가 $f_1 = 4800$ Hz에서 $f_2 = 800$ Hz까지 변하는 처프 신호에 대한 수학적인 식을 구하여라.

(b) 다음의 처프 신호

$$y(t) = \cos(400\pi t^2 + 500\pi t - \pi/4) \qquad 0 \le t \le 3\text{s}$$

에서, 시작 주파수와 종료 주파수를 결정하여라.

P-3.23 왜 각함수의 미분이 순간 주파수가 되는지를 보이기 위해, 3-7.2절의 실험을 반복한다.

(a) 처프 신호를 정의하기 위해서 다음의 파라미터를 사용한다.

$$f_1 = 1\text{ Hz}, \quad f_2 = 9\text{ Hz}, \quad T_2 = 2\text{ s}$$

$x(t)$를 정의하여 이 신호가 지정된 주파수 범위에서 주파수 스윕을 하도록 (3.46)에서 α와 β를 정하여라.

(b) 이 문제의 나머지는 왜 각함수의 미분이 순간 주파수의 "정확한" 정의인지를 증명하는 MATLAB 실험에 집중한다. 우선, 순간 주파수 $f_i(t)$(Hz)를 시간의 그래프로 그린다.

(c) 이제 (a)에서 합성된 신호의 그래프를 그린다. 이 그래프가 매우 부드러운 곡선이 되도록 충분히 작은 시간 샘플링 구간을 정한다. 이 그림을 `subplot` 명령, `subplot(3,1,2)`을 이용하여 3 × 1 `subplot`의 중간 패널에 그린다.

(d) 4 Hz 정현파를 발생시키고, 이 그래프를 `subplot(3,1,1)`을 이용하여, 3 × 1 `subplot`의 위 패널에 그린다.

(e) 8 Hz 정현파를 발생시켜서, 이 그래프를 `subplot(3,1,3)`을 이용하여, 3 × 1 `subplot`의 아래 패널에 그린다.

(f) 세 신호를 비교하고, 시간 영역 $1.6 \le t \le 2$ s에서 처프의 주파수에 대해서 설명하라. 어떤 정현파가, 이 시간대에 처프 신호와 일치하는가? 이 영역에서 예상되는 $f_i(t)$를 4 Hz 및 8 Hz와 비교하여라.

P-3.24 만일 $x(t) = \cos(\psi(t))$이면, (Hz 단위의) 순간 주파수는 코사인의 입력 변수 $\psi(t)$의 미분으로 정의된다.

$$f_i(t) = \frac{1}{2\pi}\frac{d\psi(t)}{dt}$$

아래의 각각의 정현파에 대해서, Hz 단위의 순간 주파수의 식을 구하고 지정된 시간 범위에서 $f_i(t)$의 그래프를 그려라.

(a) $x_1(t) = \cos(\sqrt{t}),\ 0.01 \le t \le 4$

(b) $x_2(t) = \cos(t^2 + \pi/2),\ -3 \le t \le 3$

(c) $x_3(t) = \cos(e^{2t}),\ 0 \le t \le 3$

(d) $x_4(t) = \cos(\cos(2\pi t)),\ 0 \le t \le 3$

P-3.25 스펙트럼의 복소수 진폭으로부터 $t = 0$에서의 $x(t)$의 값을 구하는 것은 쉽다.

(a) $x(t)$가 $f = f_k$에서 복소수 진폭 a_k인 선스펙트럼을 가질 때, $x(0)$는 모든 복소수 진폭의 합 (즉, $\sum a_k$)이라는 것을 증명하여라. 이 결과는 $x(0)$가 주파수들과는 무관하다는 것을 말한다는 것을 주목한다.

(b) 그림 P-3.25에 주어진 스펙트럼을 이용해서 이를 테스트해본다. $a_1^* = a_4 = 2e^{j3\pi/4}$, $a_2^* = a_3 = 6e^{j\pi/4}$라고 가정하고, $x(0)$의 값을 구하여라.

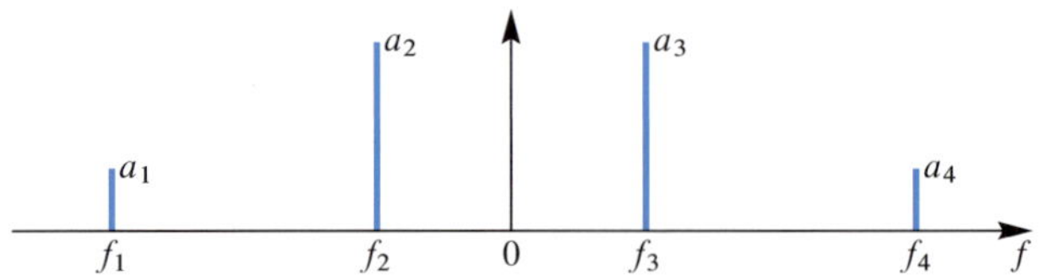

그림 P-3.25

P-3.26 그림 P-3.26의 그래프에서 왼쪽에는 파형을, 오른쪽에는 그의 스펙트럼을 보여준다. 파형의 번호와 대응되는 스펙트럼 번호와 일치시켜라. 각각의 경우에, 신호에 대한 식을 정현파의 합으로 나타내어라.

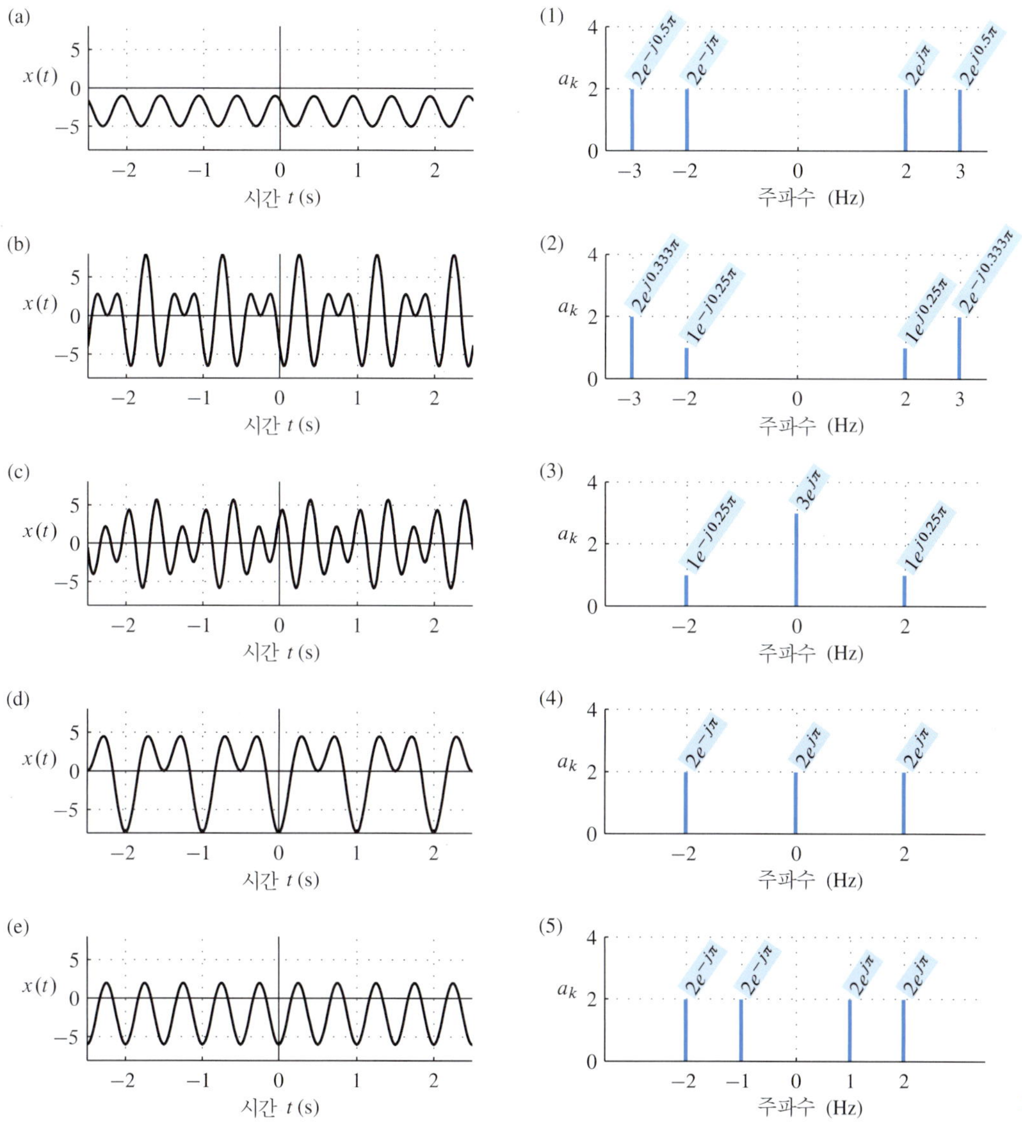

그림 P-3.26

P-3.27 그림 P-3.27에 시간 범위는 $0 \le t \le 2$ s에서 6개의 신호에 대한 스펙트로그램 (번호 (1)-(6)이 붙어있다)을 보였다. 각 그래프에 대한 주파수 축의 단위는 Hz이다. 다음에 보인 각 신호에 대하여, 대응되는 스펙트로그램을 찾아라.

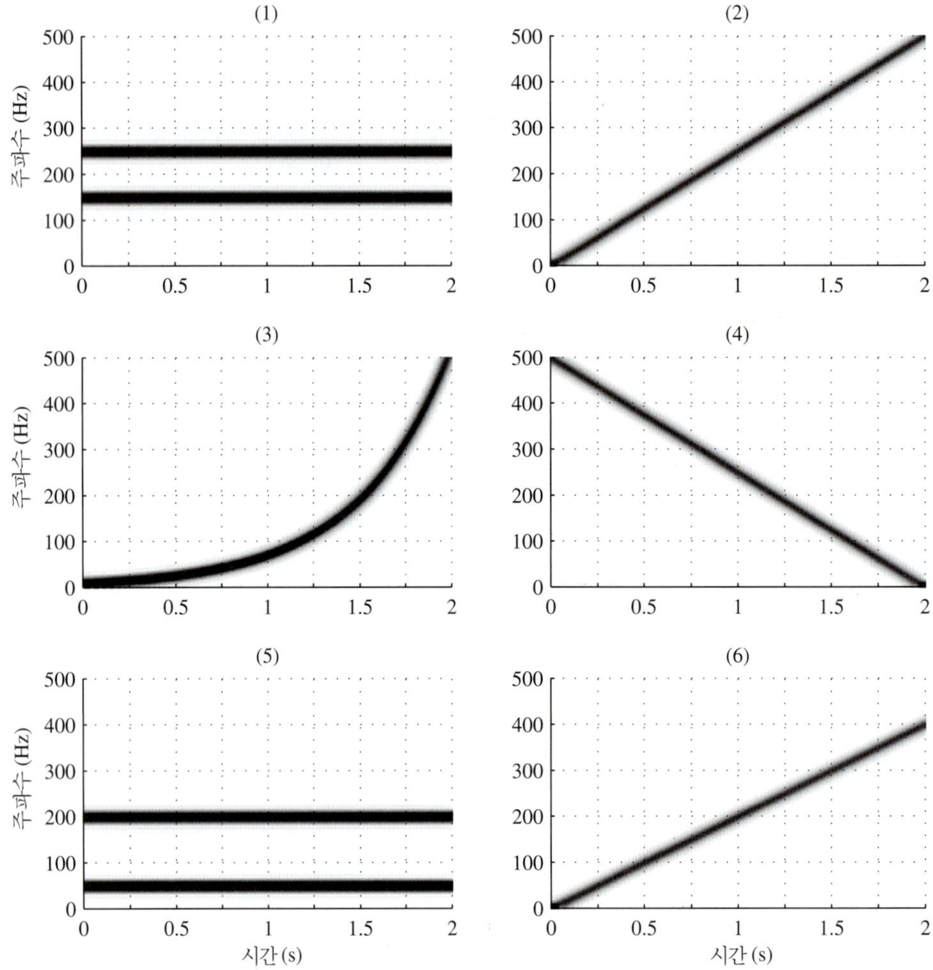

그림 P-3.27

(a) $x(t) = \cos(-250\pi t^2)$

(d) $x(t) = \cos(100\pi t)\cos(400\pi t)$

(b) $x(t) = \cos(100\pi t - \pi/4) + \cos(400\pi t)$

(f) $x(t) = \cos(200\pi t^2)$

(c) $x(t) = \cos(1000\pi t - 250\pi t^2)$

(e) $x(t) = \cos(30e^{2t})$

제 4 장

샘플링과 에일리어싱

컴퓨터는 숫자나, 숫자의 집합들을 처리하며, 그래서 정현파 신호와 같은 연속적인 파형은 디지털 신호처리를 위해서 벡터나 숫자의 열로 바뀌어야 한다. 숫자들을 얻는 가장 일반적인 방법은 연속 시간 신호로부터 일정한 시간 간격마다 샘플을 취하는 것이다. 예를 들어, 초당 48,000 샘플. 여기서 가장 핵심적인 문제는 연속시간 신호를 적절하게 표현하기 위해 초당 몇 개의 숫자가 필요할 것인가이다. 일정한 시간간격으로 샘플을 취하는 것이라면, 이 문제는 결국 (시간당 숫자 개수의) 최소의 속도를 찾는 문제가 된다. 이 장에서는 아날로그 (연속시간) 영역과 디지털 (이산시간) 영역 사이의 신호의 변환에 대해서 다룬다. 우리의 주된 목표는 **샘플링 정리 (Sampling Theorem)**를 이해하는 것이다. 샘플링 정리는 샘플링 속도가 아날로그 신호의 스펙트럼에 포함된 최고 주파수의 2배보다 높을 때, 그 샘플들로부터 원래 신호가 정확하게 복원될 수 있다고 하는 것이다. 제2장에서 얘기했듯이, 최고 주파수가 유한한 스펙트럼을 갖는 신호를 **대역제한된 (Bandlimited)** 신호라고 하고, 이론적으로, 이러한 신호는 오차 없이 샘플링되고 복원될 수 있다.

디지털을 다시 아날로그로 변환시키는 과정을 **복원 (Reconstruction)**이라 부른다. 이 복원의 일반적인 예로는 녹음 또는 녹화된 CD나 DVD를 재생하는 것을 들 수 있다. 예를 들어, CD나 DVD에 있는 음악은 초당 44,100번 샘플링되어 디지털 형태로 저장되며, 여기서부터 우리가 듣는 연속적인 (아날로그) 파형이 재생장치에 의해 복원된다. 이러한 복원 과정에서는 샘플 시간 t_n 사이의 빠져 있는 신호 값들을, 이산시간 샘플 값들 $x(t_n)$을 지나는 부드러운 곡선을 그려서 채워 넣어야 한다. 수학자들은 이 과정을 **보간 (Interpolation)**이라고 한다. 왜냐하면, 이러한 과정이 시간 영역의 보간 공식으로 표현될 수 있기 때문이다. 다른 한편으로, 스펙트럼이나 주파수 영역의 관점은 샘플로부터 신호를 복원하는 것이나 대역폭과 같이 중요한 문제들을 이해하는 데 있어서 또 다른 방법이 된다는 것을 알아볼 것이다.

4-1 샘플링

앞선 장들에서 정현파나 주기신호와 같이 **연속시간(Continuous-time)** 신호에 대한 예를 고려해 보았다. 연속시간 신호들은 수학적으로 시간에 대한 함수 $x(t)$로 나타낼 수 있다. 여기서 t는 실수이고 $x(t)$의 모든 값들도 역시 연속적인 실수인 것으로 가정한다. 우리는 흔히 연속시간 신호를 **아날로그(Analog)** 신호라고 부르는데, 이는 신호의 진폭과 시간 변수가 둘 다 (이산적인 값이 아닌) 실수임을 가정한다는 의미이다. 2-4절의 논의로 돌아가서, 우리는 MATLAB을 이용해서 파형을 그려보았으나, 사실은 진짜 연속시간 파형을 그리지는 않았다. 대신에 우리는 시간 상에서 고립된 (이산화된) 점들을 찍고, 그것을 직선으로 연결시켜 줌으로써 파형을 그렸다. 인식하지 못하고 넘어갔을 수도 있겠지만, 모든 신호 값들은 유한한 비트수로 표현되었다. 여기서 핵심은 컴퓨터에서 표현된 신호는 시간과 진폭이 모두 이산적이라는 것이다. 그러나 우리는 시간축은 이산적이지만 신호의 값은 실수인 이산시간 신호에 대해 공부할 것이다.[1)]

이산시간 신호(Discrete-time Signal)는 수학적으로 순서가 표시된 수열에 의해서 나타내진다. 디지털 컴퓨터에 저장했을 때, 그 신호 값들은 메모리 영역에 저장되고, 그래서 메모리 주소에 의해서 찾을 수 있다.[2)] 우리는 이산시간 신호의 값을 $x[n]$으로 표시한다. 여기서 n은 신호에서 값들의 순서를 가리키는 정수 인덱스이다. 인수 n을 둘러싸는 대괄호 [ ]는, 연속시간 신호 $x(t)$와 그에 대응하는 이산시간 신호 $x[n]$을 구별하기 위해서 사용한다.[3)]

우리는 다음 중 하나의 방법으로 이산시간 신호들을 얻을 수 있다.

(a) 연속시간 신호를 일정한 시간 간격으로 배치된 순간들 $t_n = nT_s$에서 **샘플링(Sampling)**할 수 있다. 즉,

$$x[n] = x(nT_s) \qquad -\infty < n < \infty \tag{4.1}$$

여기서 $x(t)$는 음성이나 오디오와 같이 연속적으로 변하는 신호이며, 이 신호들은 자연세계에서 나타난 것이므로 본질적으로 아날로그 신호이다. $x[n]$의 각각의 값들은 연속시간 신호의 샘플들이라 부른다. **샘플들** 간의 고정된 시간 간격 T_s는, 고정된 **샘플링 속도(Sampling Rate)** f_s, 즉 초당 샘플수로도 표현될 수 있다.

$$f_s = \frac{1}{T_s} \quad \text{샘플/초}$$

따라서 식 (4.1)의 신호를 나타내는 또 다른 방법은 $x[n] = x(n/f_s)$이다.

샘플링은 연속시간 $x(t)$에서 대응되는 이산시간 신호 $x[n]$인 출력을 얻는 일종의 변환 또는 연산이라고 생각할 수 있다. 공학에서는 이런 변환을 **시스템**이라고 부르고, 그것들을 도식적으로 블록 다이어그램으로 표현한다. 블록 다이어그램은 시스템의 연산을 나타내는 이름과 함께 입력과 출력을 표시한다. 샘플링 연산은 시스템의 한 예로 입력은 연속시

---

1) 신호 값들의 양자화(quantization)는 어려워서 이 교재에서는 다루지 않는다.

2) 여기에 더하여, 메모리 레지스터는, 한정된 크기로 만들어졌으므로, 샘플값들을 유한한 개수의 숫자들로 나타내도록 한다. 이 양자화는 종종 중요하지 않으며, 그래서 이후의 논의에서는 무시하도록 한다.

3) 이산시간 신호라는 용어는 모든 학문분야에서 사용하는 용어는 아니다. $x[n]$을 부를 때, *신호* 대신에 *신호열*(sequence)이라고 하기도 하고, *이산시간* 대신에 *디지털*이라고 하기도 한다.

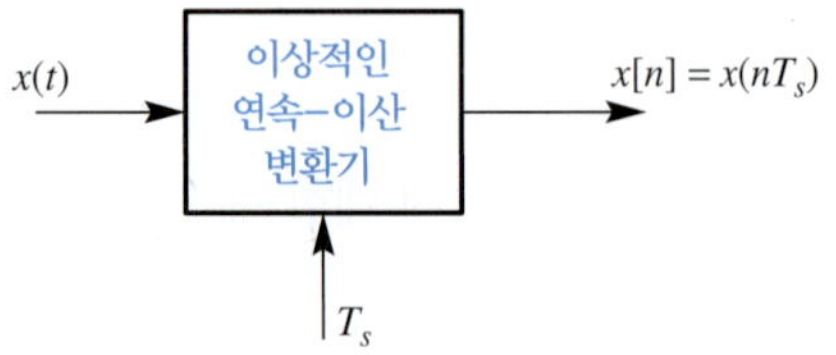

그림 4-1 이상적인 연속-이산 (C-to-D) 변환기의 블록 다이어그램 표현. 파라미터 T_s는 입력 신호를 매 T_s초마다 균일하게 샘플링하는 것을 의미한다.

간 신호이며 출력은 그림 4-1에 보인 것과 같은 이산시간 신호이다. 그림 4-1의 시스템 블록 다이어그램은 식 (4.1)의 수학적인 연산을 나타내며 **이상적인 연속–이산 변환기(Ideal Continuous-to-Discrete (C/D) Converter)**라고 부른다. 이와 같은 이상적인 식은 분석에 유용하지만, 아날로그-디지털(A/D) 변환기라고 불리는, 샘플링을 수행하는 실제 하드웨어 시스템은 연속-이산(C/D) 변환기의 완벽한 샘플링을 근사화한 것이다. 아날로그-디지털 (A-D) 변환기 하드웨어는 이상적인 연속-이산 (C/D) 변환기와는 다르며, 그 이유는 12 혹은 16비트의 워드 길이의 진폭 양자화, 샘플링 시간의 지터(jitter), 그리고 수학적 모델로 나타내기 어려운 다른 요인들과 같은 실세계의 문제들이 존재하기 때문이다. 이러한 요소들은 변환기를 정교하게 설계하면 무시할 수 있도록 만들 수 있기 때문에, 그래서 우리는 앞으로 이상적인 연속-이산 (C/D) 변환기에 제한하여 설명한다.

(b) 이산신호의 값들은 식으로부터 직접 계산하여 구할 수 있다. 간단한 예로

$$w[n] = n^2 - 5n + 3$$

에서 인덱스 $n = 0, 1, 2, 3, 4, 5, 6, ...$에 대응하는 수열 $\{3, -1, -3, -3, -1, 3, 9, ...\}$를 만든다. 신호 $w[n]$은 $w(t) = t^2 - 5t + 3$을 샘플링 주기 $T_s = 1$초로 계산할 수도 있지만, 실제로 샘플된 신호는 자연 세계에서는 그런 신호가 아니었을 수도 있다. 그럼에도 불구하고, 여전히 신호의 각 값들을 샘플들이라고 말한다. 식에 의해서 나타내지는 이산시간 신호들은 이산시간 신호와 시스템을 공부하는 데 아주 많이 쓰인다.

이산시간 신호의 그래프를 그릴 때, 그림 4-2와 같이 막대 형태로 그린다. 그림 4-2는 앞서 정의한 신호 $w[n]$의 여덟 개의 값들(샘플들)을 나타낸다. 막대 그림의 이산시간 신호는 오직 정수 인덱스에서만 값을 가지며, 그 사이에 이산시간 신호는 **정의되지 않는다**는 것을 명확하게 보여준다.

4-1.1 정현파 신호의 샘플링

정현파 신호들은 컴퓨터 밖의 **실제 세계**에 존재하며, 간단한 수학식으로 표현할 수도 있는 연속시간 신호의 좋은 예이다. 정현파에 대해서는 샘플링을 쉽게 이해할 수 있기 때문에, 샘플링을 공부하기 위한 기초로서 정현파를 사용한다.

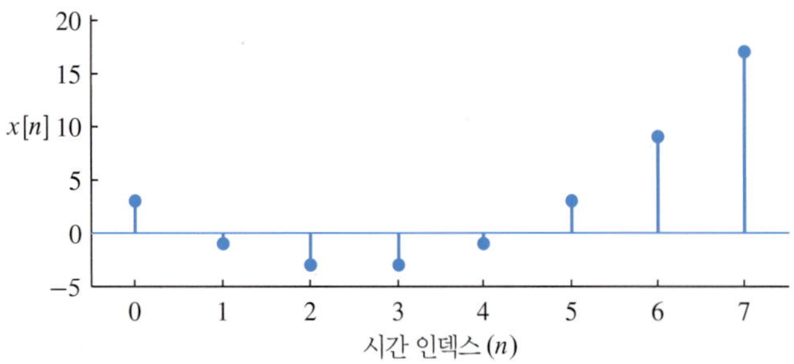

그림 4-2 막대 그림이라고 불리는 이산시간 신호의 그래프 형식. MATLAB에서는 `stem` 함수를 사용하여 이와 같은 그림을 생성한다. 어떤 학생들은 "막대사탕" 그래프라고 부른다.

만일 $A\cos(\omega t + \varphi)$ 형태의 정현파 신호를 샘플링하면, 다음과 같은 식을 얻을 수 있다.

$$\begin{aligned} x[n] &= x(nT_s) \\ &= A\cos(\omega n T_s + \varphi) \\ &= A\cos(\hat{\omega} n + \varphi) \end{aligned} \tag{4.2}$$

여기서 $\hat{\omega}$은 다음과 같이 정의된다.

정규화된 라디안 주파수

$$\hat{\omega} \stackrel{\text{def}}{=} \omega T_s = \frac{\omega}{f_s} \tag{4.3}$$

식 (4.2)의 신호 $x[n]$은 **이산시간 코사인 신호(Discrete-time Cosine Signal)**이고, $\hat{\omega}$은 **이산시간 주파수(Discrete-time Frequency)**가 된다. 여기서 ω에 붙인 **hat(^)**은 이것이 새로운 주파수 변수임을 나타낸다. 이는 샘플링 주파수를 위한 정규화된 버전의 연속시간 라디안 주파수이다. 여기서 ω의 단위는 rad / sec이기 때문에, $\hat{\omega} = \omega T_s$ 단위는 **라디안**이다. 즉, $\hat{\omega}$은 차원이 없는 양이다. 이것은 $x[n]$에서 n이 차원이 없다는 사실과 전적으로 일관성이 있다. 일단 $x(t)$로부터 샘플들을 얻었다면, 이 샘플들도 시간 정보를 잃어버리게 된다. 이산시간 신호 $x[n]$은 단지 수열이며, 이를 얻는 데 쓰인 샘플링 주기 T_s에 대한 정보를 가지고 있지 않다. 이런 관측이 바로 암시하는 것은 무한개의 연속시간 정현파 신호들이 샘플링에 의해서 동일한 이산시간 정현파로 변환될 수 있다는 것이다. 여기서 해야 할 일은 샘플링 주기를, 입력된 연속시간 정현파의 주파수에 반비례하는 값으로 변경하

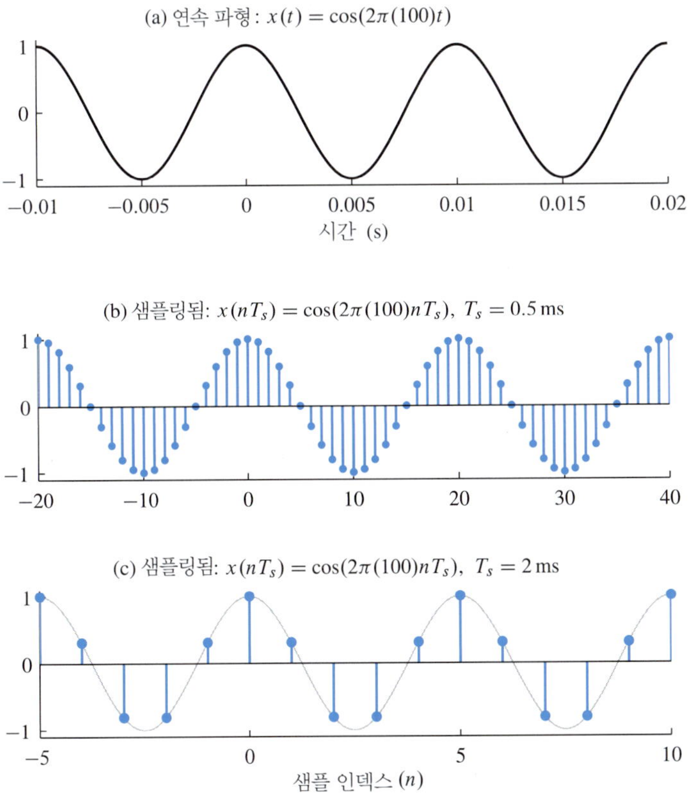

그림 4-3 100 Hz 연속시간 정현파 (a)와 이를 샘플링한 두 이산시간 정현파 신호 (b) f_s = 2,000 샘플/초 및 (c) f_s = 500 샘플/초

는 것이다. 예를 들어, 만약 $\omega = 200\pi$ rad/s, $T_s = 0.5$ ms이면, $\hat{\omega} = 0.1\pi$ rad이다. 다른 한편으로, 만일 $\omega = 1000\pi$ rad/s, $T_s = 0.1$ ms라면, $\hat{\omega}$은 그대로 0.1π rad이 된다.

그림 4-3(a)는 주파수 $f_0 = 100$ Hz인 연속시간 정현파 $x(t) = \cos(200\pi t)$를 나타낸다. 그림 4-3(b)는 샘플링 주기 $T_s = 0.5$ msec로 얻은 샘플들을 나타낸다. 이 신호는 식 $x[n] = x(nT_s) = \cos(0.1\pi n)$에 의해서 주어졌으며, 이산시간 라디안 주파수는 $\hat{\omega}_0 = 0.1\pi$이다($\hat{\omega}_0$은 차원이 없기 때문에, 그것의 단위를 rad으로 표현하는 것은 불필요하다). 이 예에서 샘플링 속도는 $f_s = 1/T_s = 2{,}000$ 샘플/초가 된다. 샘플 값들은 그림 4-3(b)와 같이 이산적인 점들로 그려진다. 이 점들은 연속적인 곡선으로 연결되지 않았으며, 왜냐하면 샘플 값들 사이의 신호 값들에 대해서는 직접적인 정보가 없기 때문이다. 이 경우에, 신호의 주기마다 20개의 샘플 값들이 있으며, 그 이유는 샘플링 주파수 (2,000 샘플/초)가 연속신호의 주파수 (100 Hz)보다 20배가 높기 때문이다. 이산시간 그래프로부터, 샘플들의 값들만으로도 연속시간 코사인 파형을 시각적으로 복원하기에 충분한 것 같아 보이지만, 그러나 샘플링 속도에 대한 지식이 없으면, 아날로그 주파수가 얼마인지 알 수 없다.

샘플링의 또 다른 예를 그림 4-3(c)에 보였다. 이 경우, 100 Hz 정현파를 비교적 낮은 샘플링 속도 ($f_s = 500$ 샘플/초)로 샘플링을 해서 $x[n] = \cos(0.4\pi n)$의 신호를 얻었다. 이 경우, 이산시간 라디안 주파수는 $\hat{\omega} = 0.4\pi$이다. 샘플들의 시간 간격 $T_s = 1/f_s = 2$ msec이며, 그래서 연속시간 신호의 한 주기당 5개의 샘플밖에 없다. 원래의 파형이 겹쳐있지 않으면, 원래의 연속시간 정현파의 모양을 식별하기가 어렵다.

연습문제 4.1	만약 샘플링 속도가 $f_s = 1{,}000$ 샘플/초이고, 연속시간 신호가 $x(t) = \cos(\omega t)$이면, ω의 어떤 값이면 샘플들의 신호가 그림 4-3(c)에서 보여진 이산시간 신호와 같아지는가?

한눈에, 연습문제 4.1은 식 (4.3)에서의 식이 ω를 f_s와 $\hat{\omega}$에 대하여 풀 수 있으므로, 쉬운 질문을 하는 것 같아 보인다. 연습문제 4.1의 답으로 $\omega = (0.4\pi) f_s = 400\pi$ rad/sec를 얻는 것은 쉽다. 그렇지만 이것만이 유일한 가능한 답일까? 이 문제를 이해하고 연습문제 4.1에 대한 많은 다른 답들을 찾기 위하여, **에일리어스(Alias)**의 개념에 대하여 소개할 필요가 있다.

4-1.2 에일리어스의 개념

에일리어스(Alias)라는 단어를 간단히 정의하면 **동일한 사람 또는 동일한 사물을 일컫는 두 개의 이름**을 말한다. 어떤 수학적인 식이 한 신호를 정의할 때, 그 식은 그 신호의 이름이라고 할 수 있다. 여기서 우리는 에일리어스의 개념을 두 개의 다른 이산시간 정현파 식들이 같은 신호 값을 정의하는 것을 보여줌으로써 소개할 것이다. 정현파 $x_1[n] = \cos(0.4\pi n)$은 그림 4-3(c)에서 보여준 그래프에서 주파수가 0.4π인 경우의 식이다. 따라서 이것은 그 신호에 붙여진 하나의 **이름**이다. 이제 또 다른 정현파, 분명하게 다른 주파수 2.4π를 가진, 식 $x_2[n] = \cos(2.4\pi n)$을 살펴본다. $x_2[n]$의 그래프가 어떻게 보이는지를 보기 위해 간단한 삼각함수의 등가식 $\cos(\theta + 2\pi) = \cos(\theta)$를 이용하여

데모
샘플링 이론
튜토리얼

$$x_2[n] = \cos(2.4\pi n) = \cos(0.4\pi n + 2\pi n) = \cos(0.4\pi n)$$

을 얻으며, 그 이유는 $2\pi n$은 코사인 함수 주기의 정수배이기 때문이다. 다른 말로 하여, $x_2[n]$의 그래프는 $x_1[n]$의 그래프와 일치한다. 이런 현상을 에일리어싱(aliasing)이라고 부르며, 여기서는 삼각함수가 2π를 주기로 하는 주기함수이기 때문에 생긴 것이다.

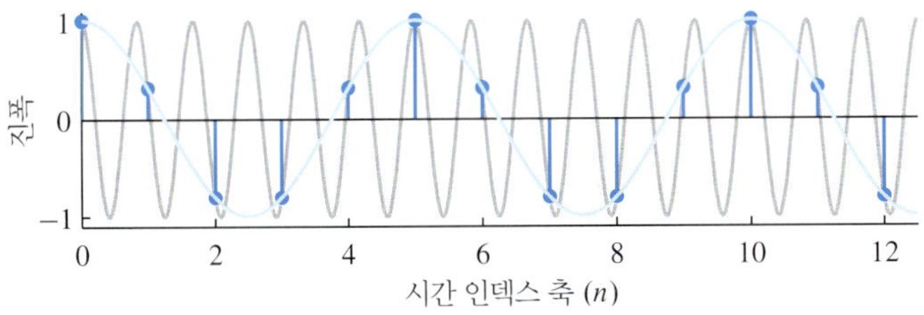

그림 4-4 에일리어싱의 설명: 같은 샘플들을 갖는 2개의 연속시간 신호들. 샘플들은 서로 다른 주파수를 갖는 두 개의 서로 다른 코사인 신호들로부터 얻어졌지만, 코사인 함수들은 $n = 0, 1, 2, 3, \ldots$에서 같은 값을 갖는다. 에일리어싱은 샘플링을 한 다음에 높은 주파수가 낮은 주파수와 구별할 수 없을 때 발생한다.

그림 4-4는 두 개의 신호 $x_1[n] = \cos(0.4\pi n)$과 $x_2[n] = \cos(2.4\pi n)$의 그래프가 동일하다는 것을 보여준다. 그림 4-4는 또한 신호들 $\cos(0.4\pi t)$와 $\cos(2.4\pi t)$의 연속시간 그래프를 보이며, 이 신호들을 $T_s = 1$로 샘플링하면 그 점들은 $x_1[n]$과 $x_2[n]$이 된다. 그림 4-4에서 이러한 연속 코사인 신호의 값들은 정수값 n에 대해 동일하다는 것이 분명하다. 모든 정수 n에서 $x_2[n] = x_1[n]$이기 때문에, $x_2[n] = \cos(2.4\pi n)$은 같은 이산시간 신호에 대한 또 다른 이름이라는 것을 알 수 있다(즉, 이것은 0.4π의 **에일리어스**이다).

$x_2[n]$의 주파수는 $\hat{\omega} = 2.4\pi$인 반면에, $x_1[n]$의 주파수는 $\hat{\omega} = 0.4\pi$이다. 주파수에 대해 언급할 때, 2.4π는 0.4π의 **에일리어스**라고 말한다. 다음의 연습문제에서 암시하는 것과 같이, 많은 주파수 에일리어스들이 존재한다.

연습문제 4.2

신호 $7\cos(8.4\pi n - 0.2\pi)$는 신호 $7\cos(0.4\pi n - 0.2\pi)$의 에일리어스임을 보여라. 또한 0.4π 라디안의 에일리어스들인 주파수를 두 개 이상 더 찾아라.

앞선 연습문제에서, 0.4π에 2π의 정수배를 더하는 것이 에일리어스를 만드는 것이라는 것을 배웠다. 따라서 0.4π의 주파수 에일리어스들에 적용되는 일반적인 식은 다음과 같다:[4)]

$$\hat{\omega}_\ell = 0.4\pi + 2\pi\ell \qquad \ell = 0, 1, 2, 3, \ldots \tag{4.4}$$

주요값 에일리어스(Principal Alias)는 구간 $-\pi < \hat{\omega} \le +\pi$에서 유일한 에일리어스 주파수로 정의된다. 이 경우, 주요값 에일리어스는 0.4π이다.

그러나 아직 끝나지 않았으며, 더 많은 에일리어스들이 존재한다. 또 다른 삼각함수의 등가식 $\cos(2\pi - \theta) = \cos(\theta)$를 이용하면, $x_1[n] = \cos(0.4\pi n)$의 또 다른 에일리어스들을 다음과 같이 만들 수 있다.

$$\begin{aligned} x_3[n] &= \cos(1.6\pi n) \\ &= \cos(2\pi n - 0.4\pi n) \\ &= \cos(0.4\pi n) \end{aligned}$$

$x_3[n]$의 주파수는 1.6π이다. 이런 형태의 모든 에일리어스 주파수들의 일반적인 식은 아래와 같다.

$$\hat{\omega}_\ell = -0.4\pi + 2\pi\ell \qquad \ell = 1, 2, 3, \ldots \tag{4.5}$$

그림 4-12를 설명하는 동안 명확해질 이유로, 이런 음수 주파수들의 에일리어스들은 **폴딩된 에일리어스(Folded Alias)**라고 불린다. 폴딩된 에일리어스의 경우에, 주요값 에일리어스는 -0.4π이다.

4) 만일 음수 주파수를 허용한다면, 정수 ℓ은 음수가 될 수도 있지만, 당분간 이런 경우를 피하는 것을 선호한다.

만약 일반적인 이산시간 정현파 신호식 (4.2)의 에일리어싱을 살펴보면, 다음의 분석에서 설명한 것과 같이 폴딩된 에일리어스인 경우에 대한 추가적인 복잡한 과정이 발생한다.

$$\begin{aligned} A\cos((2\pi - \hat{\omega})n - \varphi) &= A\cos(2\pi n - \hat{\omega}n - \varphi) \\ &= A\cos(-\hat{\omega}n - \varphi) \\ &= A\cos(\hat{\omega}n + \varphi) \end{aligned} \tag{4.6}$$

폴딩된 에일리어스들의 위상각의 부호는 주요값 에일리어스의 위상각과 정반대가 된다는 것을 주목한다.

연습문제 4.3

$7\cos(9.6\pi n + 0.2\pi)$는 신호 $7\cos(0.4\pi n - 0.2\pi)$의 에일리어스임을 증명하여라. MATLAB의 `stem` 명령으로 이 두 신호의 막대 그림을 그려서, 같은 그래프를 만들려면 위상의 부호가 반드시 바뀌어야 한다는 것을 증명하여라.

요약하면, 우리는 주파수 $\hat{\omega}_0$을 갖는 정현파의 모든 에일리어스들에 대한 일반적인 공식은 다음과 같이 쓸 수 있다.

$$\hat{\omega}_0,\ \hat{\omega}_0 + 2\pi\ell,\ 2\pi\ell - \hat{\omega}_0 \qquad (\ell = \text{정수}) \tag{4.7}$$

그 이유는 다음 신호들은 모든 n에 대하여 같은 값들을 갖는다.

$$\begin{aligned} A\cos(\hat{\omega}_0 n + \varphi) &= A\cos((\hat{\omega}_0 + 2\pi\ell)n + \varphi) \\ &= A\cos((2\pi\ell - \hat{\omega}_0)n - \varphi) \end{aligned} \tag{4.8}$$

만약 각각의 (A, $\hat{\omega}$, φ 및 ℓ의 특정한 값에 대하여) 모든 신호들에 대한 막대 그림들을 그려보면, 그림 4-4의 예에서 나타난 바와 같이, 구별이 불가능하다.

4-1.3 샘플링과 에일리어싱

에일리어스라는 개념은 수학적인 호기심을 채우는 정도라고 생각될지 모른다. 그러나 아날로그 신호를 샘플링하고 복원하는 것을 이해하는 데에 있어서는 매우 중요한 것이다. 연속시간 코사인 신호 $x(t) = \cos(\omega_0 t)$를 샘플링하면, 이산시간 코사인 신호 $x[n] = x(nT_s) = \cos(\hat{\omega}_0 n)$ (여기서 $\hat{\omega}_0 = \omega_0 T_s$)를 얻는다는 것을 기억해 본다. 다음 절에서 보겠지만, 원래의 아날로그 신호를 복원하기를 원한다면, 정규화된 주파수 $\hat{\omega}_0$은 기본값 에일리어스가 될 필요가 있다, 즉,

$$-\pi < \hat{\omega}_0 = \omega_0 T_s < \pi \tag{4.9}$$

식 (4.9)를 만족하지 **않을 때**, 우리는 **에일리어싱이 발생했다**라고 말한다. 그래서 **에일리어싱**이라는 용어를 사용할 때, 우리는 신호가 샘플링되었을 때, 결과적인 샘플들은 (주요값 에일리어스들에 대응하는) **낮은 주파수 신호**를 샘플링해서 얻은 샘플들과 같다는 것을 의미한다. 샘플링에서 에일리어싱이 발생하면 신호의 원래의 모습이 모호하므로, 샘플 값으로부터 원래의 아날로그 신호를 복원한다는 것이 쉽지 않게 된다. 그래서 연속시간 신호를 샘플링하는 시스템을 설계할 때, 에일리어싱을 피하는 것이 일반적으로 바람직하다.

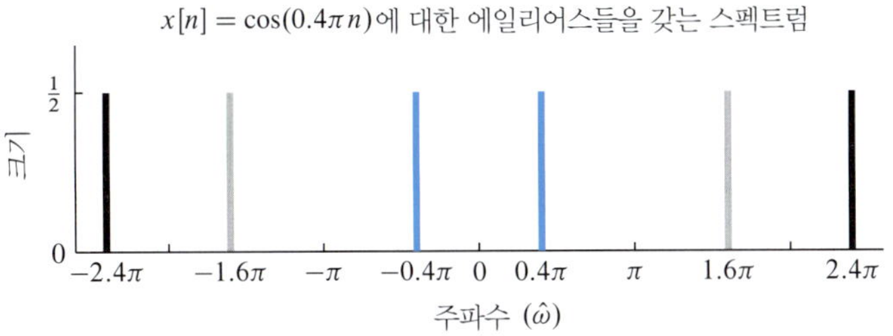

그림 4-5 이산시간 정현파의 스펙트럼. 기본값 에일리어스 성분들은 $\hat{\omega} = \pm 0.4\pi$에 있다.

4-1.4 이산시간 신호의 스펙트럼

연속시간 정현파 신호를 선 스펙트럼으로 구성되는 스펙트럼 그래프로 나타내는 것이 때로는 아주 유용하다는 것을 보았다. 이산시간 신호에 대해서도 비슷한 것을 기대할 수 있다. 연속시간 정현파의 스펙트럼은 주파수 $\pm\omega$ rad/s에서 2개의 선 스펙트럼으로 나타났다. 에일리어싱 현상은 스펙트럼 그래프를 바꾸는데, 이는 주어진 이산시간 정현파 신호가 무한개의 서로 다른 주파수 $\hat{\omega}$에 대응되기 때문이다. 우리의 접근 방식은 이를 고려하여, 같은 샘플 값들을 갖는 여러 개의 서로 다른 이산시간 정현파를 보이는 스펙트럼의 그래프를 만드는 것이다. 그림 4-5에서 보듯이, 기본값 에일리어스와 몇 개의 다른 에일리어스들을 스펙트럼 상에 그려 넣어서 보일 수 있다.[5] 그림 4-5에서 스펙트럼 그래프는 기본값 에일리어스 $x_1[n] = \cos(0.4\pi n)$와 다른 두 에일리어스들 $x_2[n] = \cos(2.4\pi n)$ 및 $x_3[n] = \cos(1.6\pi n)$의 스펙트럼을 보여준다. 식 (3.4)의 양측파대 표현에서와 같이 각각의 이산시간 에일리어스 신호의 스펙트럼은 양의 주파수 성분과 대응되는 음의 주파수 성분으로 구성되어 있음을 알 수 있다. 이와 같이, $x_1[n]$은 $\pm 0.4\pi$에서의 성분으로 나타내었고, $x_2[n]$은 $\pm 2.4\pi$에 검은색 성분으로 나타내져 있으며, 첫 번째의 폴딩된 에일리어스는 회색 성분으로 나타내져 있다. 그림 4-5의 그래프를 그리는 또 다른 방법은 $\pm 0.4\pi$에 놓여있는 기본값 에일리어스 신호의 스펙트럼을 2π만큼 위로 그리고 2π만큼 아래로 이동시키는 것이다. 다른 말로 하여, 스펙트럼의 주요 (또는 기본) 대역을 2π의 정수배만큼 이동시키는 것이다.

연속시간 신호의 스펙트럼의 경우 가정은 모든 스펙트럼 성분들은 함께 더해져서 연속시간 신호로 합성된다는 것이다. 그러나 이산시간의 경우는 다르며, 왜냐하면 각 기본값 에일리어스 성분에 대하여 무한개의 에일리어스들이 존재하고, 이것들은 같은 것을 나타내기 때문이다. 그림 4-5와 같은 그림에서, 단순히 많은 상이한 주파수들이 동일한 시간영역 신호를 나타낼 수 있다는 사실을 강조하기 위해 여러 개의 에일리어스들에 대한 선 스펙트럼을 보였다. 다음

$$y_1[n] = 2\cos(0.4\pi n) + \cos(0.6\pi n) \tag{4.10}$$

과 같은 이산시간 정현파의 합의 경우, 각 코사인 신호들의 많은 에일리어스들을 하나의 그래프 위에 겹쳐서 그린 그림 4-5에서와 같은 그래프를 만들게 된다. 주어진 스펙트럼에 해당되는 시간영역의 신호를 합성하기 위하여, 서로 다른 에일리어스들의 집합 각각에서 하나의 신호를 선택하기만 하면 된다. 예를 들어, 식 (4.10)은 주요값 에일리어스들만을 포함하며, 그 이유는 0.4π와 0.6π 모두 π보다 작기 때문이다.

연습문제 4.4 식 (4.10) 신호에 대하여 각 코사인 신호에 대한 주요값 에일리어스와 2개의 다른 에일리어스 주파수를 보이는 그림 4-5와 유사한 스펙트럼의 그래프를 그려라. 만일 신호가 $y_2[n] = 2\cos(0.4\pi n) + \cos(2.6\pi n)$이라면, 먼저의 그래프에서 무엇을 바꾸어야 하는가?

5) 무한개의 에일리어스를 그려야 하지만, 그걸 다 나타낼 수는 없다.

4-1.5 샘플링 이론

그림 4-3에 보인 그래프는 샘플들로부터 원래의 연속시간 신호를 복원하기 위해 얼마나 많은 샘플들을 취해야 하는가에 대한 의문을 제기한다. 놀랄만하게 간단한 답은 **섀넌의 샘플링 정리(Shannon Sampling Theorem)**로 주어지며, 현대 디지털 통신, 디지털 제어, 디지털 신호처리의 이론적인 기둥이 된다.

> **섀넌의 샘플링 정리**
> 최대 주파수 f_{max}를 갖는 연속시간 신호 $x(t)$는, 만일 샘플들이 $2f_{max}$보다 큰 속도 $f_s = 1/T_s$로 샘플링된다면, 이 신호의 샘플들 $x[n] = x(nT_s)$로부터 정확히 복원될 수 있다.

샘플링 정리에는 두 가지의 이슈들이 있다는 점을 주목한다. 첫 번째로는 비록 복원을 하기 위한 절차에 대해서는 전혀 지정하지 않았지만, 샘플들로부터 신호의 복원에 대한 것을 말한다는 점이다. 두 번째로는 연속시간 신호 $x(t)$의 스펙트럼에 포함된 주파수들과 관련된 최소의 샘플링 속도를 준다는 점이다.

이 최소 샘플링 속도를 **나이퀴스트 속도(Nyquist rate)**라고 한다.[6] 우리는 많은 상품들에서 나이퀴스트 속도 샘플링의 예들을 찾을 수 있다. 일례로, 오디오 CD는 디지털 형식으로 오디오 신호를 저장하는 데 44.1 kHz 샘플링 속도를 사용한다. 이 숫자 44.1 kHz는 20 kHz의 2배보다 조금 큰 수이며, 20 kHz는 사람이 음악 소리를 듣고 인식하는 일반적인 최대 한계로 인식되고 있다. 모든 응용에서 나이퀴스트 속도는 매우 중요하며, 그 이유는 샘플링 속도를 최소화함으로써 저장장치와 처리속도 등의 비용을 최소화할 수 있기 때문이다.

섀넌의 정리는 한 주기에 두 개 이상의 샘플만으로 정현파를 복원할 수 있다고 말한다. 만일 우리가 충분히 샘플을 얻지 않는 경우 어떻게 되겠는가? 간단한 대답은 에일리어싱이 발생하며 그래서 복원은 어려워지거나 불가능해진다. 4.2절에서는 C/D 변환 절차를 스펙트럼 관점에서 살펴봄으로써 이 문제를 자세히 다룬다.

4-1.6 이상적인 복원

샘플링 정리는 연속시간 신호를 샘플들로부터 복원할 수 있는 방법이 있음을 암시한다. 이 복원 과정은 C/D 변환의 역과정이므로, **이산-연속 변환(D/C Conversion)**이라 한다. 이상적인 이산-연속 (D/C) 변환기 블록은 그림 4-6에 보였다. 이상적인 C/D 변환기의 샘플링 과정은 식 (4.1)에서 $t = n/f_s$를 수학적으로 대입하는 것으로 정의하였으므로, 이상적인 D/C 변환기에 적용되는 데는 같은 관계식

$$y(t) = y[n]\Big|_{n=f_s t} \qquad -\infty < t < \infty \tag{4.11}$$

이 될 것이라고 기대할 것이다. 그러나 이 식은 현실적이지 않으며, 오직 $y[n]$이 정현파의 합으로 나타내질 때만 성립한다. $y[n]$이 나이퀴스트 속도 이상의 하나의 정현파를 샘플링하여 $y[n] = A\cos(2\pi f_0 n/f_s + \varphi)$로 얻어지는 특별한 경우이면, 치환 식 (4.11)을 이용하여 $y(t) = A\cos(2\pi f_0 t + \varphi)$를 D/C 변환기의 출력으로 얻을 수 있다. 이 식은 $y(t)$에 대한 수학적인 식을 얻을 수 있기 때

6) 해리 나이퀴스트(Harry Nyquist)와 클라우드 섀넌(Claude Shannon)은 1920~1950년 동안 벨 연구소에서 연구원으로 근무했으며, 샘플링과 디지털 통신 분야에서 지대한 공을 세웠다.

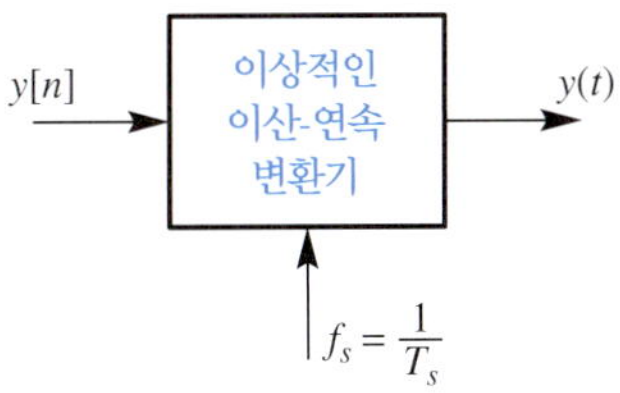

그림 4-6 샘플링 속도가 $f_s = 1/T_s$일 때 이상적인 이산-연속 (D/C) 변환기의 블록 다이어그램. 출력 신호는 반드시 $y(nT_s) = y[n]$을 만족해야 한다.

문에 매우 편리하다. 실질적으로는, 우리는 샘플링하여 얻어진 $y[n]$에 대하여 숫자의 열로만 갖고 있으면, $y[n]$에 대한 식을 모를 뿐만 아니라, 이 신호에 대한 간단한 식이 존재하지 않으며, 그래서 $y(t)$를 구하는 것은 쉽지 않다. 전자부품으로 만든 실질적인 D/A 변환기는 식 (4.11)에서와 같은 수학적인 대입을 할 수 없다. 대신에, 샘플링 시간 $t_n = nT_s$ 사이의 빈 곳에 값을 **채워 넣는** 작업을 한다. 4.3절에서는, 이상적인 D/C 변환기의 동작을 **근사화**하는 D/A 변환기를 구현하기 위하여 보간이 어떻게 사용될 수 있는지 알아볼 것이다.

만일 이상적인 연속-이산 (C/D) 변환기가 어떤 코사인 신호를 에일리어싱 없이 샘플링한다면, 이 동작을 **주파수 스케일링 (Frequency Scaling)**이라고 한다. 위의 $y[n]$에서, 이산시간 주파수는 $\hat{\omega} = 2\pi f_0/f_s$이며, $y(t)$의 연속시간 주파수는 $\omega = 2\pi f_0$이다. 그러므로 $\omega = \hat{\omega} f_s = \hat{\omega}/T_s$의 관계가 성립한다. 만일 ω에 대한 주파수 스케일링 식 (4.3)을 $\hat{\omega}$에 대하여 풀면, D/C 변환기를 설명하기 위해 같은 결과를 사용할 수 있다.

$$\omega = \hat{\omega}\, f_s \tag{4.12}$$

그러므로 이산시간 신호의 각 주파수 성분은 연속시간 출력 신호의 주파수 성분에 매핑될 수 있다. 그러나 한 가지 중요한 문제가 더 있다: 이산시간 신호에는 에일리어스들이 있다 — 식 (4.7)에 의해 무한개가 존재한다. 식 (4.12)에서는 어떤 이산시간 주파수가 사용되어야 하는가? 이론적으로, 선택은 임의로 할 수 있지만, 그러나 이상적인 C/D 변환기를 정의하였으므로, 항상 가장 낮은 주파수 성분 (주요값 에일리어스들)을 선택한다. 이 주파수들은 $-\pi < \hat{\omega} \le \pi$ 범위에 존재한다는 것이 보장되며, 그래서 $\hat{\omega}$으로부터 아날로그 주파수로 변환할 경우, 출력 주파수는 **언제나 $+f_s/2$와 $-f_s/2$사이에 존재한다**.

데모
연속-이산 샘플링

요약하면, 섀넌의 샘플링 정리는 신호 $x(t)$가 f_{max}보다 큰 주파수를 갖지 않고, 샘플링 주파수가 $f_s > 2\,f_{max}$이라면, 에일리어스가 없는 샘플링을 보증한다. 더 나아가, 샘플링을 할 때 에일리어싱이 발생하지 않았다면, 이상적인 이산-연속 (D/C) 변환기의 출력 신호 $y(t)$는 그림 4-7의 이상적인 연속-이산 (C/D) 변환기의 원래의 입력 신호인 $x(t)$와 동일하다.

4-2 스펙트럼 관점에서의 샘플링과 복원

이제 샘플링과 복원 과정을 주파수 스펙트럼을 이용하여 자세히 설명한다. C/D 변환기의 출력은

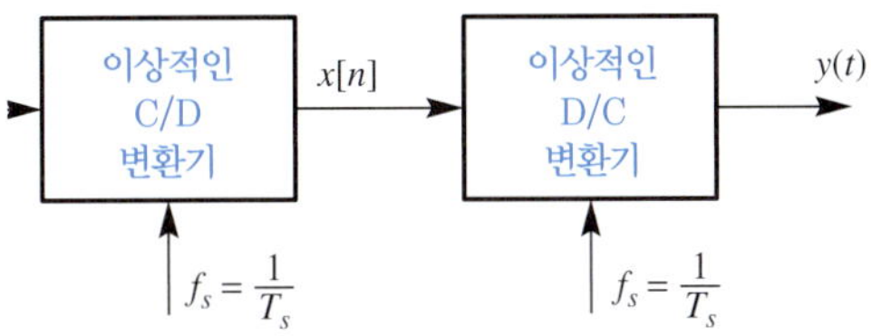

그림 4-7 C/D 변환기와 D/C 변환기의 속도가 같을 때 샘플링과 복원 시스템

데모
에일리어싱과 폴딩

무한한 개수의 스펙트럼 에일리어스들을 갖는 이산시간 신호이며, 따라서 4-1.4절에서 논의되었던 모든 에일리어스들을 포함하는 스펙트럼 다이어그램이 필요하다. 그러면 그림 4-7에 있는 주파수들의 가능한 에일리어싱들은 주파수 영역에서 선 스펙트럼들의 움직임을 통해 추적될 수 있다.

4-2.1 샘플링에 의해 얻은 이산시간 신호의 스펙트럼

만일 식 (4.2)의 이산시간 정현파를 샘플링하여 얻는다면, 그 주파수는 식 (4.3)으로 주어진다. 식 (4.7)에 의해 예측되는 모든 에일리어스들을 포함시키면, 완전한 스펙트럼을 보여주기 위해 무한개의 선 스펙트럼을 그려야 한다. 물론, 몇 개만 나타내고, 그림 밖의 영역에 더 있더라도 표시해 줄 수도 있다.

먼저 연속시간 정현파 $x(t) = A\cos(\omega_0 t + \varphi)$로 시작하며, 이 신호의 스펙트럼은 $\pm\omega_0$에 $\frac{1}{2}Ae^{\pm j\varphi}$의 복소수 진폭을 갖는 2개의 선 스펙트럼으로 구성된다. 샘플링된 이산시간 신호

$$
\begin{aligned}
x[n] &= x(n/f_s) = A\cos((\omega_0/f_s)n + \varphi) \\
&= \tfrac{1}{2}Ae^{j\varphi}e^{j(\omega_0/f_s)n} + \tfrac{1}{2}Ae^{-j\varphi}e^{j(-\omega_0/f_s)n}
\end{aligned}
$$

의 스펙트럼은 $\hat{\omega} = \pm\omega_0/f_s$에 두 개의 선 스펙트럼을 가지며, **다음 이산시간 주파수**

$$
\begin{aligned}
\hat{\omega} &= \omega_0/f_s + 2\pi\ell \qquad \ell = 0, \pm1, \pm2, \ldots \\
\hat{\omega} &= -\omega_0/f_s + 2\pi\ell \qquad \ell = 0, \pm1, \pm2, \ldots
\end{aligned}
\tag{4.13}
$$

에 존재하는 모든 에일리어스들을 반드시 포함해야 한다. 위의 예는 이산시간 정현파가 샘플링되어 얻는 경우, 모든 에일리어스 주파수들은 연속시간 신호의 주파수의 **정규화된** 값 ω_0/f에 기초를 둔다라는 중요한 사실을 보여준다. 에일리어스 주파수들은 주파수 $\hat{\omega} = \omega_0/f_s$ 값에 2π 라디안의 정수배한 것을 더하여 구해진다.

연습문제 4.5	연속시간 신호 $x(t) = \cos(2\pi(100)t + \pi/3)$의 스펙트럼을 그려라.

다음 절에서는 $x(t) = \cos(2\pi(100)t + \pi/3)$의 형태인 주파수가 100 Hz인 연속시간 정현파를 샘플링하는 예를 보여준다. 샘플링 주파수를 바꾸면서 다른 경우에 대하여 이산시간 스펙트럼을 보여주며, 여기서 그림 4-8에서 그림 4-11까지 f_s가 나이퀴스트 속도보다 높거나 낮다. 모든 스펙트럼들은 샘플링 과정에서 발생하는 모든 스펙트럼 성분들의 위치를 그려주는 MATLAB M-파일을 이용하여 만들었다.

4-2.2 오버샘플링

대부분의 응용에서, 에일리어싱 문제를 피하기 위하여 가장 높은 주파수의 2배보다 더 높은 주파수로 샘플링해야 한다는 샘플링 이론의 제약조건을 준수하려고 노력한다. 이를 **오버샘플링 (over-sampling)**이라고 부른다. 예를 들어, 100 Hz 정현파 $x(t) = \cos(2\pi(100)t + \pi/3)$를 샘플링 속도 f_s = 500 샘플/초로 샘플링할 때, 나이퀴스트 속도의 2.5배로 샘플링을 한다. 그림 4-8에 시간 영역과 주파수 영역에 대한 그래프를 보였다. 그림 4-7의 C/D, D/C 블록을 참고하여, 그림 4-8 (a)는 입력 신호 $x(t)$의 스펙트럼을 보이며, 반면에 그림 4-8(c)는 C/D 변환기의 출력인 $x[n] = \cos(0.4\pi n + \pi/3)$의 스펙트럼을 보여준다. $x(t)$, $x[n]$ 및 복원된 출력 $y(t)$의 시간 영역 그래프는 모두 그림 4-8(b)

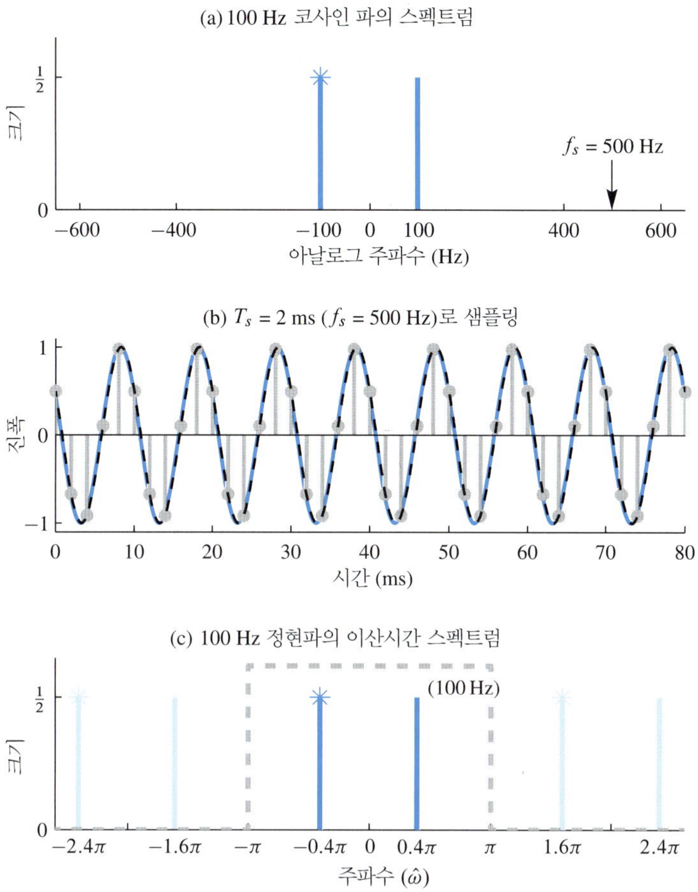

그림 4-8 100 Hz 정현파의 f_s = 500 Hz 오버샘플링. (a) 연속시간 스펙트럼; (b) 샘플들 $x[n]$을 회색점으로, 원신호 $x(t)$를 연속시간 실선으로, 복원된 신호 $y(t)$를 검은색 파선으로 나타낸 시간영역 그래프로, 100 Hz 정현파는 같은 샘플 점들을 통과한다; (c) 2개의 에일리어스들과 함께, $\hat{\omega} = \pm 0.4\pi$에 원래의 정현파의 양과 음의 주파수 성분들을 보이는 이산시간 스펙트럼 그래프.

에 보였다.

그림 4-8(a)의 연속시간 스펙트럼은, 주파수 축이 헤르츠(Hertz)로 표현되어 있다. 코사인의 음의 주파수 복소 지수 성분은 양의 주파수 성분의 켤레값이라는 것을 나타내기 위하여, 선 스펙트럼 위에 *로 표시하였다. 그림 4-8(b)는 $x(t)$, $x[n]$ 및 $y(t)$를 함께 보여주지만, 수평축은 msec 단위의 시간 (t)이며, 그래서 $x[n]$은 nT_s에 대해서 그려져 있다. 그림 4.8(c)는 정규화된 주파수 $\hat{\omega}$에 대한 이산시간 신호의 스펙트럼을 그렸다. 주파수 스케일링 식 (4.3)에 의하면, 100 Hz의 입력 아날로그 주파수는 $\hat{\omega} = 2\pi(100)/f_s = 2\pi(100)/500 = 0.4\pi$에 매핑되며, 그래서 선 스펙트럼은 $\hat{\omega} = \pm 0.4\pi$에 위치한다. 그렇다면, 모든 에일리어스들은 다음의 위치에 있게 된다.

$$\hat{\omega} = 0.4\pi + 2\pi\ell \qquad \ell = 0, \pm 1, \pm 2, \ldots$$
$$\hat{\omega} = -0.4\pi + 2\pi\ell \qquad \ell = 0, \pm 1, \pm 2, \ldots$$

D/C 변환기는 이산시간 스펙트럼을 연속시간 출력 스펙트럼으로 변환한다. 그러나 여기에 한 가지 문제가 있다: D/C 변환기는 식 (4.13)에서 주어진 모든 가능성으로부터 한 쌍의 선 스펙트럼을 선택해야 한다. 그 선택 방법은 임의로 할 수 있지만, 실제의 D/A 변환기와의 일관성을 유지하기 위하여, 이상적인 D/C 변환기는 항상 각 에일리어스 집합에서 가장 작은 주파수를 선택해야 한다는 것을 반드시 주장해야 된다는 것이다. 이들을 주요값 에일리어스 주파수라고 부르며, 그림 4-8(c)에서는 이들을 파선 박스 안으로 들어오는 주파수 성분들이다, 즉, 이들은 $|\hat{\omega}| < \pi$의 조건을 만족한다. 파선 박스 내부에 있는 주파수 성분들은 $|\hat{\omega}| < \pi$의 조건을 만족하므로, 출력의 선스

펙트럼들은 **항상 $-f_s/2$와 $+f_s/2$ 사이에 있다**. 그림 4-8(c)에 나타난 주요값 에일리어스 주파수들은 $\hat{\omega}$으로부터 아날로그 주파수로 변환되며, 그때, 결과는 $f = \pm 0.4\pi(f_s/2\pi) = \pm 100$ Hz이며, 이는 그림 4-8(a)와 동일하다.

정리하면, 원래의 주파수 f_0가 $f_s/2$보다 작은 오버샘플링의 경우, 원래의 파형은 정확하게 복원된다. 앞의 예제에서는 $f_0 = 100$ Hz, $f_s = 500$ Hz이므로, 샘플링 정리의 나이퀴스트 조건을 만족하며, 출력 $y(t)$는 그림 4-8(b)에서 보인 것과 같이 입력 $x(t)$와 동일하다.

4-2.3 언더샘플링에 의한 에일리어싱

$f_s < 2f_0$일 때, 그 신호는 **언더샘플링되었다(undersampled)**고 하고 에일리어싱이 발생했다고 한다. 예를 들어, 만약 $f_s = 80$ Hz이며 $f_0 = 100$ Hz이라면, 샘플링 속도는 나이퀴스트 속도보다 낮으며, 에일리어싱에 의한 왜곡이 생긴 것을 볼 수 있다. 그림 4-9(a)에서, 아날로그 입력신호 $x(t)$의 스펙트럼과, 화살표로 가리키고 있는 샘플링 속도 $f_s = 80$ Hz를 보여준다. 이산시간 신호의 스펙트럼 (그림 4-9(c))은 식 (4.3)의 주파수 스케일링 식으로부터 예측된대로, $\hat{\omega} = \pm 2\pi(100)/f_s = \pm 2\pi(100)/80 = \pm 2.5\pi$에 선 스펙트럼을 포함한다. 완전한 이산시간 스펙트럼을 완성하기 위해서는 다음의 위치의 모든 에일리어스들을 반드시 나타내어야 한다.

$$\hat{\omega} = 2.5\pi + 2\pi\ell \qquad \ell = 0, \pm 1, \pm 2, \ldots$$
$$\hat{\omega} = -2.5\pi + 2\pi\ell \qquad \ell = 0, \pm 1, \pm 2, \ldots$$

그림 4-9 (b)에서는, 100 Hz 정현파 (파란색 실선)가 원래의 100 Hz 정현파로 인식되기에는 충분

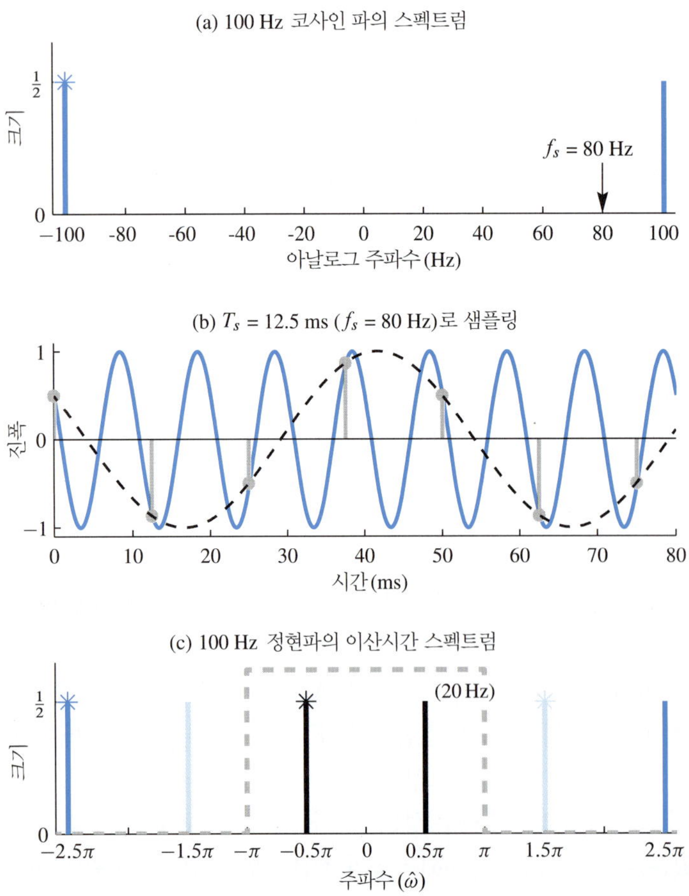

그림 4-9 100 Hz 정현파의 샘플링 속도 $f_s = 80$ 샘플/초로의 언더샘플링. (a) 연속시간 스펙트럼; (b) 시간 영역에서의 그래프, 샘플들 $x[n]$을 회색 점으로, 원래의 신호 $x(t)$를 파란색 연속시간 실선으로, 복원된 신호 $y(t)$는 검은색 파선으로 나타내었으며, 이 신호는 같은 샘플점들을 통과하는 20 Hz의 정현파이다; (c) 이산시간 스펙트럼 그래프로, $\pm 2.5\pi$ rad에 원래 정현파 신호의 양수, 음수 주파수 성분과 함께 2세트의 에일리어스 성분들이 나타나 있다.

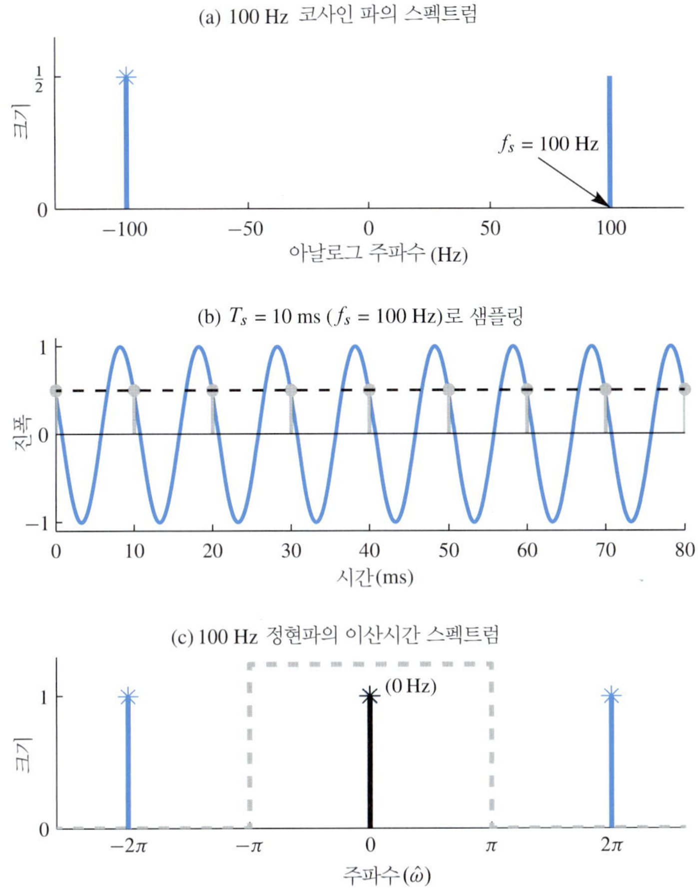

그림 4-10 100 Hz 정현파의 샘플링 속도 f_s = 100 샘플/초로의 언더샘플링. (a) 연속시간 스펙트럼; (b) 시간 영역 그래프로, 샘플들 $x[n]$을 회색 점으로, 원래의 신호 $x(t)$를 파란색 실선으로, 복원된 신호 $y(t)$는 검은색 파선으로 나타내었으며, 이 신호는 항상 같은 값을 가지는 0 Hz의 정현파이다. (c) 이산시간 스펙트럼 그래프, $\hat{\omega} = \pm 2\pi$에 원래 정현파 신호의 양수, 음수 주파수 성분들이, $\hat{\omega} = 0$에 중첩되어 DC 값 $\frac{1}{2}e^{j\pi/3} + \frac{1}{2}e^{-j\pi/3} = \cos(\pi/3)$로 된 에일리어스 성분들과 함께 나타나 있다.

하게 샘플링되지 않았음을 보여준다. 이 경우의 D/C 과정을 살펴보면, 이산시간 스펙트럼 (그림 4-9(c))의 가장 낮은 주파수 스펙트럼을 사용하고 있음을 알 수 있다. 이 값들은 $\hat{\omega} = \pm 0.5\pi$의 주요값 에일리어스들이며, 그래서 출력 선 스펙트럼들은 $f = \pm 0.5\pi(f_s/2\pi) = \pm 80/4 = \pm 20$ Hz에 있게 된다. 이 결과를 달리 표현하면, 같은 샘플들이 20 Hz 정현파로부터 얻어질 수 있다는 것을 관찰함으로써 시간 영역에서 이 결과를 말할 수 있다. 복원된 신호는 그림 4-9(b)의 검은 파선으로 보여진 20 Hz의 정현파이다. 20 Hz의 에일리어스 주파수 100 Hz로부터 f_s를 빼면 구할 수 있다.

정현파 성분들의 에일리어싱은 약간의 극적인 효과를 가질 수 있다. 그림 4-10은 샘플링 속도와 정현파의 주파수가 동일한 경우를 보여준다. 그림 4-10(b)에서는, 매 주기마다 하나의 샘플을 샘플링을 하므로, 모든 샘플들은 같은 값이다. 다른 말로 하면, $x[n]$은 상수 (DC)이며 정현파로 말하면 주파수가 0이다. 우리는 이 결과를 (그림 4-10(c)) 이산시간 스펙트럼은 $\hat{\omega} = \pm 2\pi(100/f_s) = \pm 2\pi$에 선스펙트럼을 포함하고 있으며, 또한 에일리어스들은 $2\pi\ell$만큼씩 떨어져 있다는 사실을 확인함으로써 주파수 영역에서 증명할 수 있다. 따라서 두 개의 에일리어스들이 $\hat{\omega} = 0$에 나타나고, 그 두 항의 합이 D/C 변환기에 의하여 복원된 값이다.

4-2.4 언더샘플링에 의한 폴딩

그림 4-11은 언더샘플링이 폴딩이라고 불리는 에일리어싱의 형태로 이끄는 경우를 보인다. 여기서 샘플링 속도는 f_s = 125 샘플/초이며, f_0와 $2f_0$의 사이에 있다. 다시 한 번, 그림 4-11(a)는 선 스펙트럼이 ±100 Hz에 있는 연속시간 신호의 스펙트럼을 보여준다. 그림 4-11(c)의 이산시간 스펙

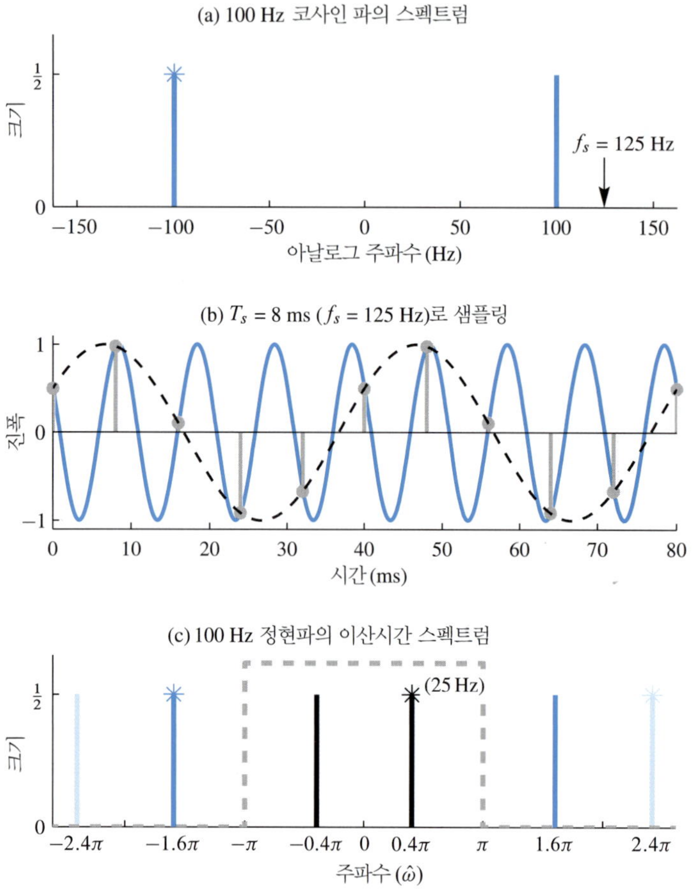

그림 4-11 100 Hz 정현파의 샘플링 속도 f_s = 125 샘플/초 언더샘플링. (a) 연속시간 스펙트럼; (b) 시간 영역 그래프로, 샘플들 $x[n]$은 회색 점으로, 원신호 $x(t)$는 파란색의 연속시간 실선으로, 복원된 신호 $y(t)$는 검은색 파선으로 나타내었으며, 이 신호는 같은 샘플 점들을 통과하는 25 Hz의 정현파이다; (c) 이산시간 스펙트럼 그래프로, $\hat{\omega}$ = ±1.6π 라디안에 원 정현파 신호의 양수, 음수 주파수 성분과 함께 다른 두 개의 에일리어스들을 보인다. 이 폴딩에 의한 에일리어스의 예에서는 위상이 반전된다는 것을 주목한다.

트럼은 ±100 Hz를 두 개의 선 스펙트럼들 $\hat{\omega} = \pm 2\pi(100/f_s) = \pm 1.6\pi$에 대응시키고, 그 다음으로

$$\begin{aligned} \hat{\omega} &= 1.6\pi + 2\pi\ell \qquad && \ell = 0, \pm1, \pm2, \ldots \\ \hat{\omega} &= -1.6\pi + 2\pi\ell \qquad && \ell = 0, \pm1, \pm2, \ldots \end{aligned}$$

에서의 선 스펙트럼들을 얻기 위하여 모든 에일리어스들을 포함시킨다. 이 경우, 흥미로운 사실을 발견할 수 있다. $\pm\pi$ 사이에 있는 두 개의 주파수 성분들은 $\hat{\omega} = \pm 0.4\pi$이지만, $\hat{\omega} = +0.4\pi$에 있는 하나의 에일리어스는 -1.6π에 있는 음의 주파수 성분의 에일리어스이며, 이것이 이러한 상황을 폴딩이라고 부르는 이유이다. 복원된 출력의 아날로그 주파수는 $f = 0.4\pi(f_s/2\pi) = f_s/5 =$ 25 Hz이다. 폴딩에 대한 또 하나의 사실은 복원된 아날로그 신호의 위상의 부호가 바뀐다는 점이다. 만일 원래의 100 Hz 정현파가 $\varphi = +\pi/3$의 위상을 갖고 있었다면, $\hat{\omega} = -1.6\pi$ 성분의 위상은 $-\pi/3$가 되며, 따라서 $\hat{\omega} = +0.4\pi$에서 에일리어스된 성분의 위상이 역시 $-\pi/3$이 된다. 복원을 한 후에, $y(t)$의 위상은 $-\pi/3$가 된다. 이 현상은 시간 영역 그래프인 그림 4-11(b)에서 위상-반전되는 것을 관찰할 수 있다. 입력 신호 (파란색 실선)는 시간 $t = 0$에서 감소하며, 반면에 복원된 출력 (검은색 파선)은 증가한다. 이것은 100 Hz의 정현파를 125 샘플/초의 속도로 샘플링하면, 25 Hz의 정현파를 샘플링하여 얻은 샘플과 동일하지만, 위상만 반대인 샘플들을 얻는다. 이것은 그림 4-11에 보였으며, 0.4π에서 양수 주파수 성분의 복소수 진폭은 음의 주파수 에일리어스 $(-1.6\pi + 2\pi)$에 의한 것이다.

4-2.5 복원된 최대 주파수

앞의 예에서 한 가지 공통점을 갖고 있다: 출력 주파수는 언제나 $f_s/2$보다 적다는 것이다. 샘플된 정현파의 경우, 이상적인 D/C 변환기는 $\hat{\omega} = 0$에 가장 가까운 에일리어스 주파수를 선택하게 되고, 이 주파수를 $f = \hat{\omega}(f_s/2\pi)$ 식을 통하여 출력 아날로그 주파수로 매핑시킨다. 주요값 에일리어스는 $-\pi$와 $+\pi$ 사이에 있도록 보장되므로, 출력 주파수는 항상 $-f_s/2$와 $+f_s/2$ 사이에 있다.

데모
처프 합성

이 사실에 대한 놀랄만한 데모로 그림 4-7의 시스템을 구현하면서 확인할 수 있으며, 이 시스템에서는 입력으로 선형 FM 처프 (chirp) 신호를, 그 다음에는 복원된 출력 신호를 들어보고, 그것의 스펙트로그램을 계산해 본다.[7] 이 **처프 합성(Chirp Synthesis)** 데모는 동반 웹사이트에 준비되어 있으며, AM/FM 정현파 신호(AM and FM Sinusoidal Signals)라고 이름 붙여진 랩 실습에 포함되어 있다.

처프 합성 데모를 이해하기 위하여, 입력 처프의 순간 주파수가 식 $f_x(t) = \alpha t$ Hz에 따라 증가한다고 가정하며, 여기서 α를 처프율(Chirp Rate)이라고 한다. 그러면 입력 신호는 $x(t) = \cos(\pi\alpha t^2)$이며, 속도 f_s로 샘플링을 한 후 아래의 식을 얻는다.

$$x[n] = \cos(\pi\alpha\, n^2/f_s^2)$$

LAB
AM 및 FM
정현파 신호

만일 $y(t)$가 $x[n]$으로부터 복원된다면, 어떤 소리가 들릴 것인가? 출력 주파수는 그림 4-12에 보인 것과 같이 위아래로 왔다 갔다 한다. 이와 같은 현상이 일어날 것이라는 데에는 회의적이며, 그 이유는 입력의 순간 주파수가 연속적으로 $f_s/2$보다 더 증가하더라도 출력은 $f_s/2$보다 더 큰 주파수를 가질 수 없다는 것을 알기 때문이다.

출력 주파수가 오르내리는 현상을 설명하기 위해서는 좀 더 생각이 필요하다. 우리가 시간 $t = t_0$ 근방의 매우 짧은 시간에 집중해 본다면, 순간 주파수의 개념은 $t = t_0$ 근처에서 주파수가 $f_x(t_0) = \alpha t_0$ 값의 상수 주파수를 갖는다고 가정할 수 있다. 시간 $t = t_0$ 근처에서 $x(t)$에 대한 상수 주파수를 근사화하면 $\pm\alpha t_0$에서 두 개의 선 스펙트럼들을 갖는다. 샘플링을 한 다음에, 이 스펙트럼은 정규화된 이산 라디안 주파수 $\pm\hat{\omega}_x = \pm 2\pi(\alpha t_0)/f_s$에 매핑된다. 그런 후 모든 에일리어스들을 결정하고, 주요값 에일리어스를 사용하여 복원된 출력 주파수를 결정한다. 이에 대한 쉬운 수식이

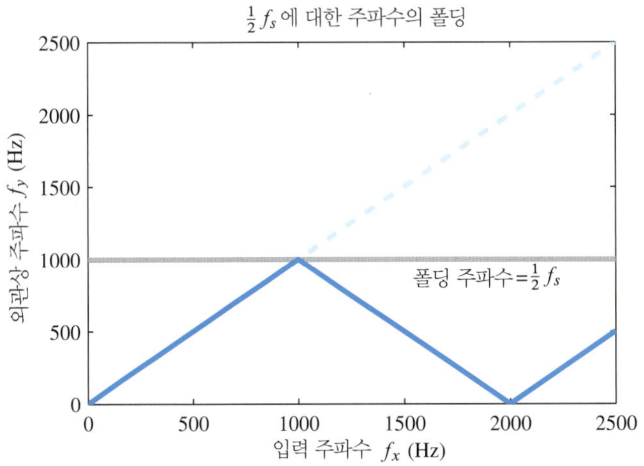

그림 4-12 $f_s = 2{,}000$ 샘플/초로 샘플링된 정현파의 폴딩. 외관상의 주파수는 입력 신호의 주파수와 같은 샘플들을 갖는 정현파의 가장 낮은 주파수이다.

7) 에일리어싱이 없는 처프의 스펙트로그램은 3-7.2절에 그림 3-29에 나와 있다. 스펙트로그램에 대한 더 깊은 논의는 8-7절에 나온다.

없으므로, 몇 가지 다른 경우들을 고려해야 한다. 먼저, 입력 주파수가 0부터 $f_s/2$까지 변할 때, $\hat{\omega}_x$은 0부터 π까지 증가하며 주요값 에일리어스와 같으므로, 그래서 출력 주파수는 입력 주파수와 같게 된다. 다음으로, 입력 주파수 $f_x(t) = \alpha t$가 $f_s/2$부터 f_s까지 증가하는 경우를 고려해 본다. $x[n]$의 주파수는 양의 주파수의 경우 $\hat{\omega}_x = \pi$로부터 2π로 증가하고, 반면 음의 주파수는 $-\hat{\omega}_x = -\pi$로부터 $-\hat{\omega}_x = -2\pi$까지 변한다. 이 음의 주파수 성분의 주요값 에일리어스는 $-\hat{\omega}_x + 2\pi$로 $\hat{\omega}_x = +\pi$로부터 $\hat{\omega}_x = 0$까지 감소하는 반면, 양의 주파수 성분의 주요값 에일리어스는 $\hat{\omega}_x = -\pi$로부터 $\hat{\omega}_x = 0$까지 증가한다. 그러므로 주요값 에일리어스로부터 복원되는 출력 신호는 $f = f_s/2$부터 $f = 0$까지 감소하는 주파수를 갖는다.

그림 4-12는 입력 주파수 $f_x(t)$에 대한 출력 주파수 $f_y(t)$의 그래프를 보여준다. f_x가 $f_s/2$에서 f_s로 변함에 따라 출력 주파수 f_y는 $f_s/2$에서 0으로 줄어들며, 그 다음 순간에 $\hat{\omega}_x$가 2π보다 커지면서 다시 증가하기 시작한다. **폴딩된 주파수 (Folded Frequency)**란 용어는 그림 4-12에서와 같이 입력과 출력 주파수가 $f_s/2$에 대하여 대칭이며, 그래프를 $f_s/2$를 중심으로 접으면 하나가 다른 것과 겹친다는 사실로부터 유래되었다.

4-2.6 샘플링과 복원 GUI

앞서 논의를 하였고 그림 4-7에 보인 샘플링과 복원 과정을 더 잘 이해하기 위하여, `con2dis`라는 MATLAB GUI를 사용할 수 있으며, 이에 대한 인터페이스는 그림 4-13에 보였다. 이 GUI의 디스플레이는 2x3 배열의 패널로 되어 있다. 제일 위 행은 시간 영역 신호들을 보이며, 왼쪽으로부터 오른쪽까지 그림 4-7에서의 신호의 흐름을 따른다. 가장 왼쪽의 신호는 입력으로, 연속시간 정현파이다; 중앙에는 샘플링 이후의 이산시간 신호이다; 오른쪽은 D/C 변환기의 출력이며, 다

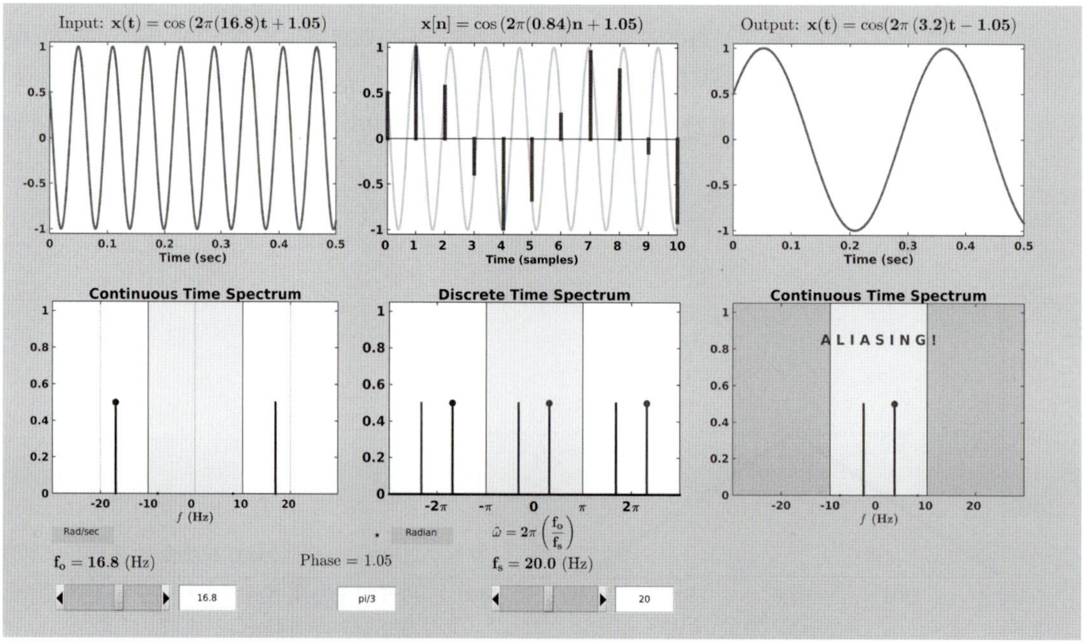

그림 4-13 샘플링 주파수가 20 Hz인 특별한 경우의 `con2dis` GUI 인터페이스. 샘플링되고 있는 입력 신호의 주파수는 16.8 Hz이며 이 값은 $f_s/2$에서 f_s 사이에 있다. 그래서 폴딩된 에일리어스 주파수가 존재한다. 출력 신호의 주파수는 반드시 $f_s/2$보다 작아야 하며, 이 값은 오른쪽 위 패널에서 보듯이 3.2 Hz이다.

데모
연속–이산 샘플링

시 연속시간 정현파가 된다. 아래 행은 위의 시간 영역 신호들에 대한 주파수 영역 스펙트럼들이다. 가장 왼쪽은 연속시간 정현파 입력에 대한 두 개의 선 스펙트럼들을 보인다;[8] 중앙의 스펙트럼은 이산시간 신호의 스펙트럼으로 $\hat{\omega}$ 영역에서 2π주기를 갖는다는 것을 보여준다; 가장 오른쪽 스펙트럼은 $\hat{\omega}$ 영역에서 $-\pi$에서 $+\pi$ 사이에 있는 두 개의 선 스펙트럼들로부터 주파수 스케일링 ($f = \hat{\omega}/2\pi\, f_s$)을 해서 얻어진 가장 낮은 선 스펙트럼 쌍들인 2개의 선 스펙트럼을 갖는다. GUI 디스플레이의 주파수 축은 라디안과 사이클 주파수 단위로 이동할 수 있다.

GUI는 두 가지 방법으로 제어할 수 있다: 샘플링 속도를 고정하고, 입력 주파수와 위상을 바꿀 수 있으며, 또는 고정된 정현파 입력에 대하여 샘플링 속도를 바꿀 수 있다. 입력 주파수를 연속적으로 증가시키기 위하여 왼쪽 아래의 주파수 슬라이딩 바를 이용하면, 그림 4-12에서 설명한 출력 주파수가 오르고 내리는 것을 주시함으로써 폴딩 현상을 관찰할 수 있다.

4-3 이산-연속 (D/C) 변환

이상적인 이산-연속(D/C) 변환기의 목적은 주어진 이산시간 샘플 $y[n]$으로부터 부드러운 연속시간 함수로 보간을 하는 것이다. 따라서 $y[n] = A\cos(2\pi f_0 n T_s + \varphi)$인 특별한 경우에 있어서, 만일 $f_0 < f_s/2$라면, 샘플링 정리에 의하여, 이상적인 변환기는 다음의 신호를 만들어야 한다.

$$y(t) = A\cos(2\pi f_0 t + \varphi) \tag{4.14}$$

샘플링된 정현파 신호들에 대해서만, 이상적인 D/C 변환기는 실질적으로 n을 $f_s t$로 바꾸어진다. 반면에, 만일 $f_0 > f_s/2$이면, 에일리어싱이나 폴딩 왜곡이 일어난다고 알고 있으며, 이상적인 D/C 변환기는 $f_s/2$보다 작은 주요값 에일리어스 주파수와 일치하는 코사인파를 복원한다.

4-3.1 펄스를 이용한 보간

실제적인 D/C 변환기는 어떻게 동작하는가? 이 절에서는, 주어진 이산시간 샘플들 $y[n]$을 갖고 D/C 변환기가 어떻게 보간을 하는지에 대하여 설명하고, 이상적인 D/C 변환기와 거의 유사한 실용적인 시스템을 설명한다. 이런 실제의 하드웨어 시스템들은, D/A(digital-to-analog) 변환기라고 불리며, 식 (4.14)에서와 같이 이상적인 D/C 변환기의 동작을 모사한다.

넓은 범위의 D/C 변환기들을 나타내는 일반적인 식은,

$$y(t) = \sum_{n=-\infty}^{\infty} y[n]p(t - nT_s) \tag{4.15}$$

로 주어지며, 여기서 $p(t)$는 변환기 고유의 펄스 모양이다. 식 (4.15)에서는 출력 신호가 시간적으로 위치가 이동된 스케일된 펄스들의 합으로 이루어졌다는 것이다. 다른 말로 하면, 각각의 샘플 시간 $t_n = nT_s$에서, 이동된 펄스 $p(t - nT_s)$는 그 시간에 대응되는 샘플값 $y[n]$에 비례하는 진폭을 가진 펄스로 변환되어 발생된다.[9] 주의할 것은 모든 펄스는 $p(t)$에 의해 결정되는 동일한 파형을 갖는다는 것이다. 만일 펄스의 지속기간이 T_s보다 크거나 같으면 샘플 사이의 간격은 겹쳐진 펄스

8) 음의 주파수 선스펙트럼은 위에 점을 표시하였다.

9) 펄스(pulse)는 시간 축에서 어떤 순간에 집중되어 나타나는 연속시간 신호이다.

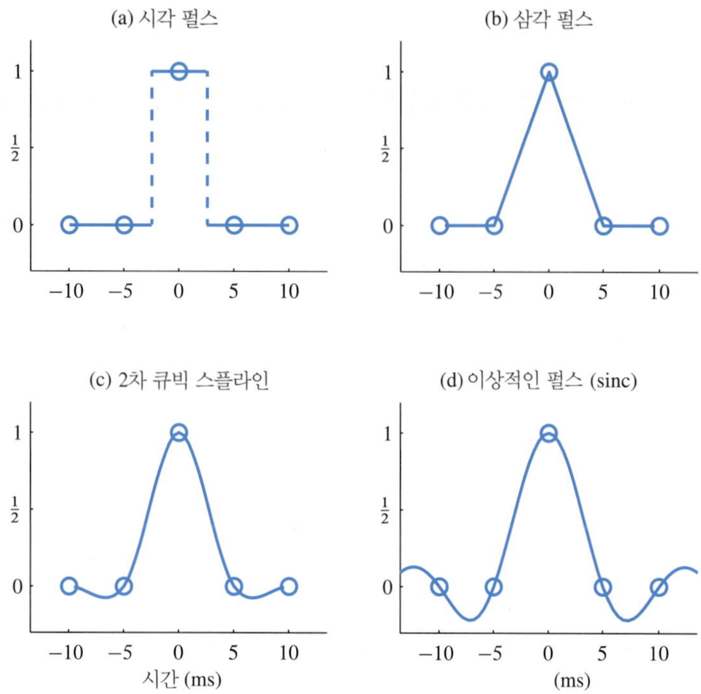

그림 4-14 D/C 변환을 위한 네 가지 다른 펄스들. 샘플링 주기는 $T_s = 5$ ms(즉, $f_s = 200$ Hz)이다. 펄스의 지속시간은 (a) T_s인 사각형 펄스, (b) $2T_s$인 삼각형 펄스, (c) $4T_s$인 큐빅 스플라인 (cubic spline) 및 (d) 무한대인 이상적인 펄스.

들을 더하여 채워질 것이다.

식 (4.15)는 펄스파형 $p(t)$를 선택해야 할 필요가 있다. 불행하게도, 아직은 우리가 섀넌의 샘플링 정리에서 가능하다고 예언한 것과 같이 샘플들 $y[n] = y(nT_s)$로부터 $y(t)$를 정확히 복원하는 데 필요하며, 최적의 펄스 모양을 유도하는 데 필요한 수학적 도구에 대하여는 아직 공부하지 않았다. 이 최적의 펄스 모양은 샘플링 정리를 수학적으로 증명하는 동안 구축될 수 있다. 그럼에도 불구하고, 준최적화 펄스 모양을 이용하는 간단한 예들을 고려함으로써 식 (4.15)의 가능성을 증명하고자 한다. 그림 4-14는 $f_s = 200$ Hz일 때 D/C변환에 사용될 수 있는 네 가지 가능한 펄스파형들을 나타낸다.

데모
복원 동영상

4-3.2 0차 지속 보간

우리가 제안할 수 있는 가장 간단한 펄스 형태인 대칭형 사각 펄스는 다음 식으로 표시된다.

$$p(t) = \begin{cases} 1 & -\frac{1}{2}T_s < t \le \frac{1}{2}T_s \\ 0 & \text{그 외} \end{cases} \tag{4.16}$$

그림 4-14(a)에 그려진 사각형 펄스의 전체 폭은 $T_s = 5$ ms이고, 진폭은 1이다. 따라서 식 (4.15)의 각 항 $y[n]p(t - nT_s)$는 $t = nT_s$를 중심으로 높이가 $y[n]$인 평평한 펄스를 만들 것이다. 이런 과정을 그림 4-15(a)에 보였다. 원래 파형의 83 Hz의 코사인파 (회색 실선), 200 샘플/초의 샘플링 속도로 샘플링한 샘플들, 그리고 각각 시간축에서 이동되고 스케일된 펄스들 $y[n]p(t - nT_s)$ (파란색 파선)을 볼 수 있다. 그림 4-15(b)처럼, 각 샘플들을 이동하고 스케일된 펄스들의 합은 **계단 파형**을 생성하며, 여기서 회색 실선은 원래의 코사인파 $x(t)$를, 파란색 실선은 사각 펄스를 이용하여 복원된 파형을 나타낸다.[10)]

데모
복원 동영상

10) 상수는 0차 다항식이고, 평평한(flat) 펄스의 효과는 **지속(hold)**이거나, 아니면 각 샘플을 T_s동안 복제하는 것이므로, 평평한 펄스를 사용하는 복원을 0차 지속 복원(Zero-order Hold Reconstruction)이라고 한다.

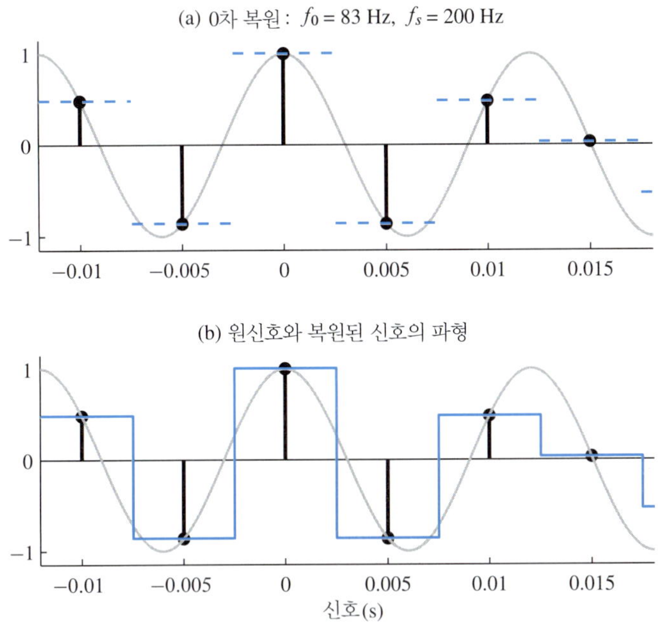

그림 4-15 사각 펄스를 이용한 D/C 변환. (a) 시간 이동된 사각 펄스(파란색 파선), (b) 식 (4.15)를 이용한 합. (파란색 실선). 평평한 부분은 0차 지속 신호의 특징이다.

샘플들 사이의 공간은 실제로 연속시간 파형으로 채워졌다. 그러나 그림 4-15(b)에서 알 수 있듯이 사각 펄스에 의해 복원된 파형은 원래의 코사인파와 많은 차이가 있다. 그러므로 식 (4.15)의 사각 펄스를 이용하는 것은 D/C 변환이라고 할 수는 있지만, **이상적인 D/C 변환은 아니다**. 그럼에도 불구하고, 이 모델은 유용한 모델이며, 그 이유는 물리적으로 실현가능한 많은 D/A변환기들이 이와 똑같게 보이는 출력들을 만들기 때문이다!

4-3.3 선형 보간

그림 4-14(b)에 그려진 삼각 펄스는 일차 다항식 (직선) 세그먼트로 구성되는 펄스로 정의되며 다음과 같이 표현할 수 있다.

$$p(t) = \begin{cases} 1 - |t|/T_s & -T_s \le t \le T_s \\ 0 & \text{그 외} \end{cases} \tag{4.17}$$

그림 4-16(a)는 원 파형인 83 Hz의 코사인파 (회색 실선)와 이 신호의 샘플들, 스케일된 삼각 펄스의 $y[n]p(t - nT_s)$(파란색 파선)를 함께 나타내고 있다. 이 경우, 어느 순간 t에서의 D/C 변환기의 출력 $y(t)$는 주어진 시간에 겹쳐진 스케일된 두 개의 삼각 펄스들의 합이다. 펄스의 지속 기간이 $2T_s$이며, 또 인접한 펄스들은 T_s 만큼 이동되었으므로, 어느 주어진 시간에 최대 두 개의 펄스가 겹칠 수 있다. 그 결과 출력은 그림 4-16(b)에 파란색 실선으로 보였다. 결과는 샘플들이 직선으로 연결되어 있다는 것에 주목하라. 또한, $t = nT_s$에서의 값들은 신호값과 정확히 일치한다는 것을 주목하라. 이러한 현상은 삼각 펄스가 $\pm T_s$에서 0의 값을 갖고, $t = nT_s$에서 단지 하나의 스케일된 펄스만이 $y[n]$값에 기여하기 때문이다. 이런 경우, 우리는 연속시간 파형은 샘플들 사이를 **선형 보간(Linear Interpolation)**을 하여 구해졌다라고 말한다. 이 결과로 얻은 파형은 원 파형(회색 곡선)에 대하여 더 부드럽고 더 좋은 근사치를 나타내지만, 여전히 이 신호에 대하여 심각한 복원 오차가 존재한다.

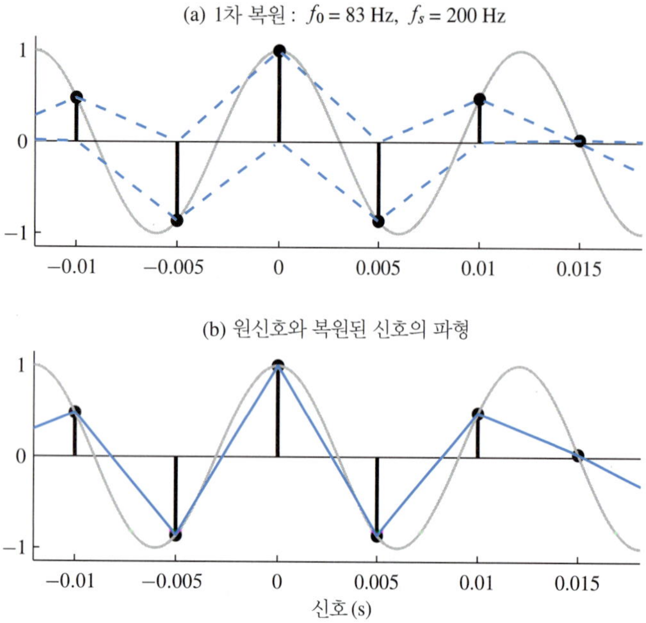

그림 4-16 삼각 펄스를 이용한 D/C 변환, (a) 시간 이동된 삼각 펄스 (파란색 파선); (b) 식 (4.15)를 이용한 합 (파란색 실선). 결과는 선형 보간에 의한 복원이다.

4-3.4 큐빅 스플라인에 의한 보간

세 번째 펄스 형태는 그림 4-14(c)에 보였다. 이 펄스는 네 개의 큐빅 스플라인 (삼차 다항식) 세그먼트로 구성된다. 이 펄스의 지속 기간은 삼각 펄스의 2배이며 사각 펄스의 4배라는 점에 주목하라. 또한, 이 펄스는 중요한 위치에서 0의 값을 가진다. 즉,

$$p(t) = 0 \qquad t = \pm T_s, \pm 2T_s$$

그리고 샘플 위치에서의 미분도 부드럽게 연속적이다. 큐빅 스플라인 펄스를 이용한 복원을 그림 4-17에 보였다. 그림 4-17(a)는 f_0 = 83 Hz의 원신호의 파형 (회색 실선), 이 신호의 샘플들 (f_s = 200 샘플/초), 그리고 시간 이동되고 스케일된 펄스들 $y[n]p(t - nT_s)$(파란색 파선)을 나타내고 있

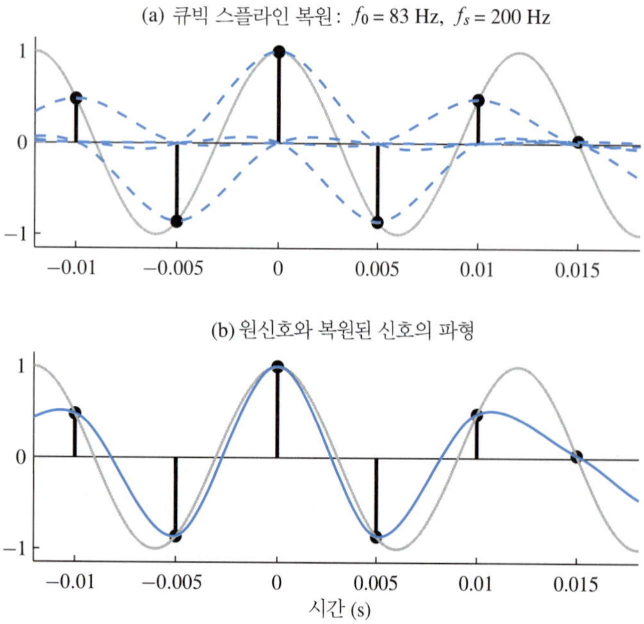

그림 4-17 큐빅 스플라인 펄스를 이용한 D/C 변환. (a) 시간 이동된 큐빅 스플라인 펄스(파란색 파선); (b) 식 (4.15)를 이용한 합(파란색 실선).

다. 두 개의 인접한 샘플들 사이의 t의 값에 대하여는, 네 개의 펄스가 중첩되고, 합 식 (4.15)에서처럼 함께 더해져야 한다는 점을 주목하라. 이것은 특정 시간에 복원되는 신호는, 이런 중첩된 펄스들의 합이며, 그 시각에 선행하는 두 샘플들과 이후에 나오는 두 샘플들에 관련된다는 것을 의미한다. 그림 4-17(b)에서는 원래 파형 (회색 실선), 샘플들, 그리고 **큐빅 스플라인 펄스(Ccubic Sline Plse)** 보간을 이용한 D/C 변환기의 출력 (파란색 실선)을 나타낸다. 이제 근사화된 곡선은 더욱 더 부드러워지고 향상되었지만, 아직도 완전하지는 않다. 다음 절에서는, 이 원인이 샘플링 속도가 최고 주파수의 단지 2.4배이기 때문이라는 것을 알게 될 것이다.

4-3.5 보간을 도와주는 오버샘플링

앞의 세 가지 예에서 보듯이, 정현파와 같은 파형을 부드럽게 복원하는 한 가지 방법은 부드럽고 긴 지속 시간을 가지는 펄스 $p(t)$를 이용하는 방법이다. 그러면 보간법 수식에 의해 각각의 출력값 $y(t)$를 계산할 때, 몇 개의 인접하는 샘플들을 이용한다. 그러나 샘플링 속도도 또 다른 중요한 요소이다. 만일 원래의 파형이 $p(t)$의 지속 시간 동안 그리 많이 변하지 않는다면, 복원을 잘 할 수 있을 것이라고 기대할 수 있다. 이것을 보장하는 한 가지 방법은 오버샘플링이다 (즉, 코사인파의 주파수보다 훨씬 큰 샘플링 속도를 사용하는 것이다). 이런 내용은 그림 4-18, 4-19, 및 4-20에 설명되어 있으며, 여기서 코사인파는 여전히 $f_0 = 83$ Hz이지만, 샘플링 주파수는 $f_s = 500$ 샘플/초로 증가하였다. 복원 펄스는 그림 4-14와 같은 모양이지만, T_s가 5 msec에서 2 msec로 바뀌어서 지속 시간은 훨씬 짧다. 신호가 펄스 지속 시간 동안 훨씬 적게 변하므로 복원 파형이 더 "부드럽게" 보이고, 단지 몇 개의 샘플만을 사용하여도 정확하게 복원하는 것이 쉬어졌다. 심지어 사각 펄스(그림 4-18)의 경우에도 여전히 불연속이지만 복원 상태가 좋아졌다; 삼각 펄스(그림4-19)를 사용하는 경우는 훌륭하게 근사화되었다; 그리고 큐빅 스플라인 펄스는 그림 4-20의 그래프 스케일에서 원 신호와 구분할 수 없을 정도로 잘 복원되었다.

데모
복원 동영상

그림 4-18, 4-19, 그리고 4-20은 오버샘플링이 샘플들로부터 파형을 훨씬 더 쉽게 복원할 수 있다는 것을 보여준다. 실제로 CD나 DVD 오디오 플레이어는 이런 이유로 오버샘플링된 D/A 변

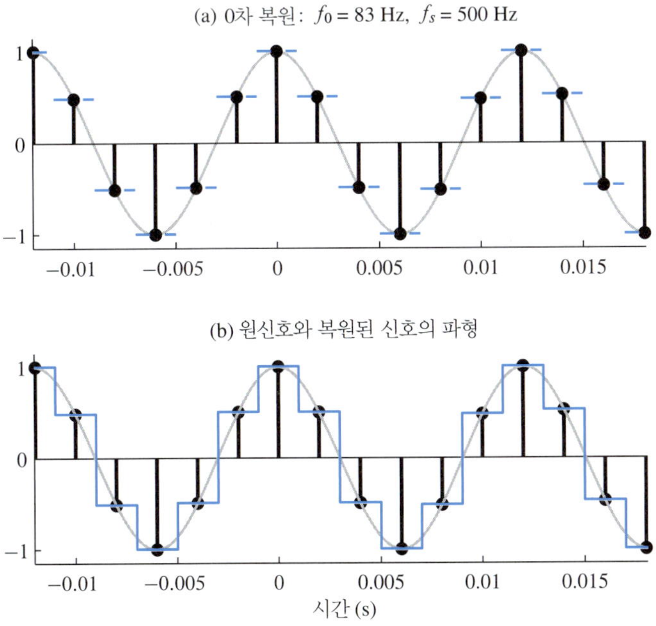

그림 4-18 사각 펄스를 이용한 D/C 변환. 원래의 83 Hz의 정현파가 $f_s = 500$ 샘플/초로 오버샘플링되었다.

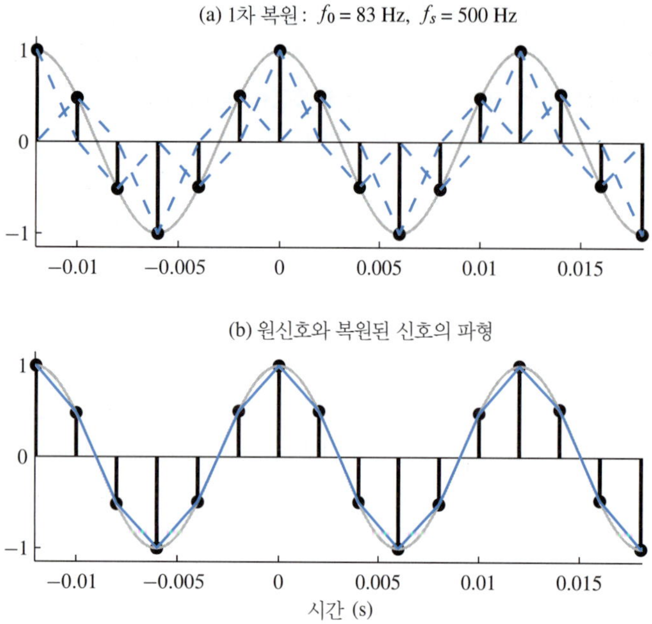

그림 4-19 f_s = 500 샘플/초에서 삼각 펄스를 이용한 D/C 변환

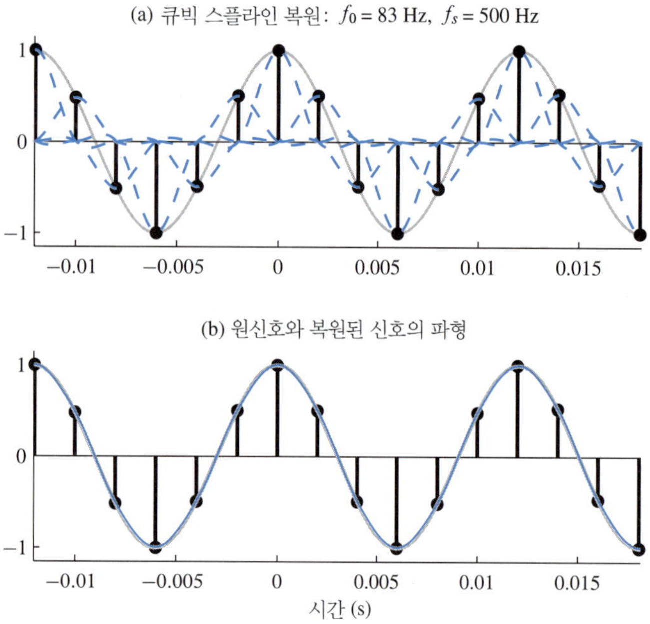

그림 4-20 f_s = 500 샘플/초에서 큐빅 스플라인을 이용한 D/C 변환

환기를 갖고 있다! 이런 시스템들에서는, 샘플들을 D/A 변환기로 전송하기 전에 샘플링 속도를 높이기 위해 4배 혹은 2배의 오버샘플링을 한다. 이렇게 함으로써, 더 간단한 (따라서 훨씬 값이 싼) D/A 변환기를 사용하여 CD 또는 DVD 플레이어에서 더 정확하게 복원하는 것이 가능해진다.

4-3.6 이상적인 대역제한된 보간

이 절에서 지금까지, D/C변환의 기본적인 원리를 증명하였다. 이 변환 과정이 이동된 펄스들의 합의 식 (4.15)에 의해 근사화될 수 있음을 보았다. 하나의 질문이 남아있는데: "이상적인 D/C변환"을 하는 펄스는 어떤 모양일까? 그 답은 연속시간 푸리에 변환을 통해 유도할 수 있는 **sinc 함수**이며, 다음의 식으로 주어진다.

$$p(t) = \text{sinc}(t/T_s) = \frac{\sin(\pi t/T_s)}{(\pi t/T_s)} \qquad -\infty < t < \infty \tag{4.18}$$

이 싱크 펄스의 길이가 무한대라는 사실은 임의의 시간 t에서 신호를 정확히 복원하기 위해, 단지 t 주위의 몇 개의 샘플이 아니라, 모든 샘플들을 필요로 한다는 것을 의미한다. 그림 4-14(d)는 이 펄스를 $-2.6T_s < t < 2.6T_s$ 동안 보였다. 이 구간 밖에서 계속해서 감쇠하지만, 결코 0의 값에 도달하지 않으며 유지하지도 않는다. $p(0) = 1$이고, $n = \pm1, \pm2, \ldots$에 대해서 $p(nT_s) = 0$이므로, 이런 형태의 복원은 여전히 보간 과정이며, **대역제한된 보간(Bandlimited Interpolation)**이라고 부른다. 왜냐하면, 보간 공식인 식 (4.15)에서 식 (4.18)을 이용하는 것은 그림 4-8에서 4-11까지의 그림에서 회색 상자안에 있는 주요값 에일리어스들을 선택하는 것과 동일하기 때문이다. 식 (4.18)을 이용하여 코사인파 샘플들로부터 복원하는 것은 항상 코사인파를 정확히 복원해준다. 만일 샘플링 속도가 샘플링 정리의 조건을 만족한다면, 복원된 코사인파는 샘플링된 원래 신호와 정확하게 일치한다. 만약 샘플링에서 에일리어싱이 발생했다면, 이상적인 D/C 변환기는 $f_s/2$보다 더 작은 에일리어스 주파수를 갖는 코사인파를 복원한다.

4-4 샘플링 정리

이 장에서는 연속시간 신호를 샘플링하는 과정에서 생기는 이슈들에 대해서 논의해 왔다. 연속시간 코사인 신호의 예를 이용해서, 에일리어싱 현상에 대하여 설명하였으며, 원래의 연속시간 신호가 보간에 의해 어떻게 복원되는지를 보여주었다. 이 장에서 논의한 모든 것은 섀넌의 샘플링 정리의 신뢰성을 확립시키는 데 그 목적이 있었으며, 디지털 신호처리를 공부하는 데 이 이론이 갖는 핵심적인 중요성 때문에 여기서 다시 반복한다.

> *섀넌의 샘플링 정리*
>
> 주파수 f_{max} 보다 높은 주파수 성분을 갖고 있지 않는 *대역제한된* 연속시간 신호 $x(t)$는, 만일 샘플들이 $2f_{max}$보다 큰 속도 $f_s = 1/T_s$로 샘플링된다면, 이 신호의 샘플들 $x(nT_s)$로부터 정확히 복원될 수 있다.

샘플링 정리를 나타내는 블록 다이어그램은 이 장에서 정의된 이상적인 C/D, D/C 변환기를 이용하여 그림 4-21에 보였다. 샘플링 정리는 만일 입력이 주파수가 $\{f_k\}$인 정현파 신호들로 구성되어 있고 이런 주파수들은 영역 $0 \le f_k \le f_{max}$ 안에 있다면, 복원된 신호를 샘플링된 원신호와 일치한다 (즉, 만일 $f_s > 2f_{max}$이면, $y(t) = x(t)$이다).

모든 주파수가 $0 \le f \le f_{max}$의 형태의 **주파수의 대역**으로 제약이 된 정현파들의 합으로 구성된 신호들은 **대역제한된 신호**라고 부른다.[11] 이런 신호들은

$$x(t) = \sum_{k=0}^{N} x_k(t) \tag{4.19}$$

11) 대응하는 복소 지수함수 신호들은 대역이 $-f_{max} \le f \le f_{max}$로 제한된다.

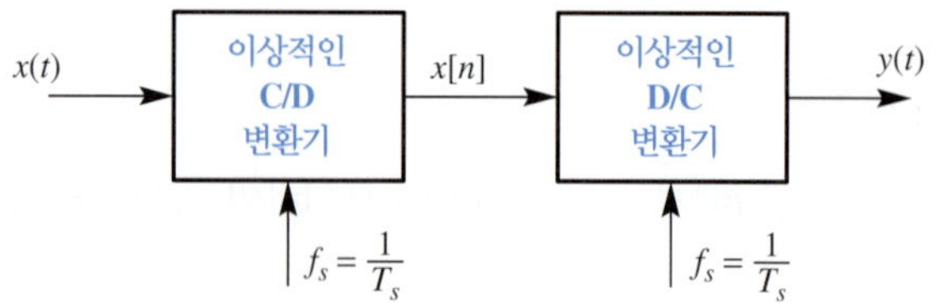

그림 4-21 같은 속도로 C/D 및 D/C를 하는 샘플링 및 복원 시스템

로 나타내지며, 여기서 각각의 신호는 $0 \le f_k \le f_{max}$인 $x_k(t) = A_k \cos(2\pi f_k t + \varphi_k)$의 형태이다. 제3장과 부록 C에서 보았듯이, 정현파의 덧셈 조합(Additive Combination)은 주기 및 비주기 신호 파형들 모두를 얼마든지 만들어낼 수 있다. 식 (4.19)로 나타내지는 신호를 샘플링하면, 다음을 얻는다.

$$x[n] = x(nT_s) = \sum_{k=0}^{N} x_k(nT_s) = \sum_{k=0}^{N} x_k[n] \tag{4.20}$$

여기서 $x_k[n] = A_k \cos(\hat{\omega}_k n + \varphi_k)$이며, $\hat{\omega}_k = 2\pi f_k / f_s$이다. 따라서 만일 우리가 연속시간 코사인 신호들의 합을 샘플링하면, 샘플링된 코사인들의 합을 얻으며, 나이퀴스트 속도보다 높게 샘플링한다면, 각각의 $x_k[n]$에 대해서 $f_s > 2f_{max} \ge 2f_k$이고, $|\hat{\omega}_k| \le \pi$가 된다.

그림 4-21에서 샘플링 다음에 나오는 복원 과정에서 마지막 단계는 아래의

$$y(t) = \sum_{n=-\infty}^{\infty} x[n] p(t - nT_s) \tag{4.21}$$

식을 사용하는 보간법으로 이루어지는 D/C 변환이다. 여기서 완벽한 복원을 위하여 $p(t)$는 식 (4.18)처럼 주어질 것이다. 복원된 출력에 대한 이 식은 샘플들 $x[n]$에 대한 선형 연산이다. 이것은 전체 출력 $y(t)$는 서로 다른 성분들 $x_k[n]$에 의한 각각의 출력들의 합으로 구성된다는 것을 의미한다. 이는 식 (4.20)을 식 (4.21)로 치환해 넣음으로써 알 수 있다.

$$y(t) = \sum_{n=-\infty}^{\infty} \left(\sum_{k=0}^{N} x_k[n] \right) p(t - nT_s) = \sum_{k=0}^{N} \left(\sum_{n=-\infty}^{\infty} x_k[n] p(t - nT_s) \right) \tag{4.22}$$

이제 각각의 정현파가 샘플링 정리를 만족시킨다고 가정하였기 때문에, D/C 변환기는 각각의 성분을 완벽히 복원할 것이며, 그러므로 이렇게 결론을 내릴 수 있다.

$$y(t) = \sum_{k=0}^{N} x_k(t) = x(t)$$

이와 같이, 섀넌의 샘플링 정리는 대역제한된 정현파들의 (유한한) 합으로 나타내질 수 있는 **어떤 신호**에 대해서도 적용된다는 것을 보였으며, 대부분의 실제-세계 신호들은 대역제한된 신호들의 합으로 나타내질 수 있으므로, 이 샘플링 정리는 모든 종류의 신호를 샘플링하는데 있어서 매우 일반적인 지침이 된다.

4-5 스트로보 데모

에일리어싱을 보여주기 위한 효과적인 수단의 하나는 회전하는 물체를 비추는 스트로보 빛을 사용하는 것이다. 컴퓨터로 제어되는 점화 장치가 사용되기 이전에는, 실제로 이 방법은 자동차의 엔진 점화 타이밍을 맞추기 위하여 일상적으로 사용되고 있었고, 에일리어싱이 좋은 영향을 미치는 실제적인 예이다. 이 절에서는 일정한 속도로 회전하는 전기 모터의 축에 부착된 디스크를 사용하기로 한다 (그림 4-22를 본다). 이 흰색 디스크에는 점이 찍혀 있으며, 이 점은 스트로보 빛이 반짝일 때마다 쉽게 볼 수 있다. 초기에 모터의 회전 속도는 750 rpm인 상수이고, 스트로보 빛의 시간당 **플래시 횟수(Flash Rate)**는 큰 폭으로 변할 수 있다.

데모
스트로보 동영상

단위 시간당 플래시 속도가 예를 들어, 회전율의 9배인 $9 \times 750 = 6{,}750$ rpm 정도로 높다고 가정한다, 이런 경우, 디스크는 플래시와 플래시 사이에 많이 회전하지 못할 것이다. 사실상 9 × 경우에 대해서는 그림 4-23처럼 플래시당 $360°/9 = 40°$씩 움직인다. 디스크가 시계 방향으로 회전을 하기 때문에 각도는 한 플래시당 $-40°$씩 변한다. 그러므로 도는 속도가 더 빨라지면, 이것보다 낮은 속도로 변한다.

만약 스트로보의 시간당 플래시 횟수가 디스크의 회전 속도와 같은 750 flashes/min라면, 점은 정지한 것처럼 보일 것이다. 왜냐하면 점은 플래시 사이에서 정확하게 한 번 회전하기 때문에 스트로보로 비출 때 항상 동일한 위치에 있게 되기 때문이다. 이것은 정현파의 주파수가 0으로 에일리어스된 그림 4-10의 경우와 정확하게 일치한다. 점이 정지해 있는 것처럼 보이게 하는 단위 시간당 플래시 속도는 하나가 아니다. 사실상, 회전의 두 배, 세 배 같은 더 낮은 단위 시간당 플래시 속도 또는 임의의 정수배와 같은 플래시 사이에 점의 회전이 정수배만큼 일어나는 모든 경우들도 같은 현상을 만든다. 우리의 750 rpm 속도를 가진 모터의 경우는 단위 시간당 플래시 속도는 375, 250, $187\frac{1}{2}$, 150, 125 flashes/min가 모두 이에 해당한다.

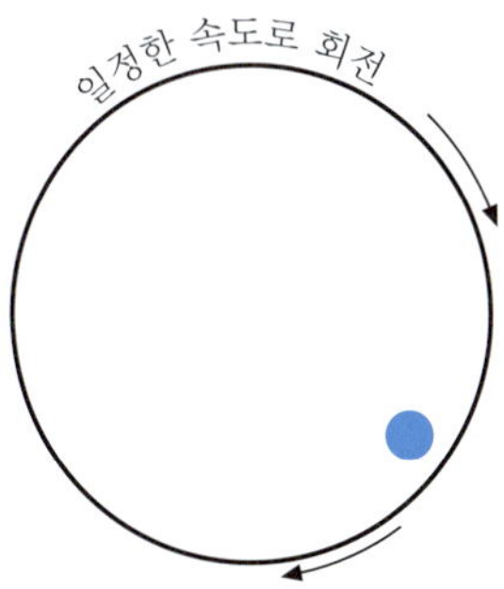

그림 4-22 모터의 축에 연결된 디스크가 일정한 속도로 시계 방향으로 회전한다.

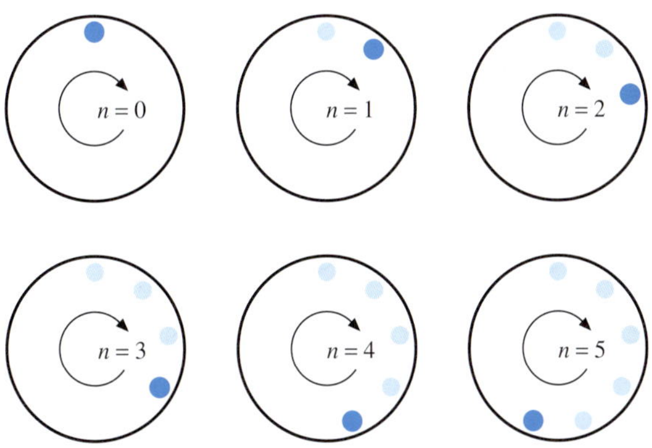

그림 4-23 플래시 속도가 매우 클 때 연속적인 6개의 점의 위치. 밝은 점들은 어두운 점들의 이전의 위치를 나타낸다. 디스크는 시계 방향으로 회전하고, 점은 같은 방향으로 움직이는 것처럼 보인다. 한 번 플래시할 때마다 $-40°$만큼 각이 변한다.

이러한 숫자들과 비슷한 플래시 속도를 사용해서, 점의 이동을 느리게 할 수도 있으며, 또한 회전 방향을 (시계 방향 또는 반시계 방향으로) 제어할 수 있다. 예를 들어, 만일 스트로보의 플래시 속도를 회전 속도보다 약간 빠르게 맞추면, 또 다른 에일리어싱의 영향을 관찰할 수 있다. 플래시 속도를 분당 806번 플래시를 터트린다고 가정한다. 그러면 디스크는 플래시와 플래시 사이에 한 회전을 채 못하게 된다. 만약 한 번 회전하는 데 1/750 min이 걸린다고 인식한다면, 그 회전 운동을 계산할 수 있다.

$$\Delta\theta = -360^\circ \times \frac{1/806}{1/750}$$
$$= -360^\circ \times \frac{750}{806} = -335^\circ = +25^\circ$$

다시 말하면, 음의 부호는 시계 방향 회전을 가리키지만, 그러나 각도 변화는 거의 $-360°$이므로, 대신 작은 양의 각도의 변화로 보이며, 이 점은 그림 4-24에서 볼 수 있는 것과 같이 반시계 방향으로 이동하는 것처럼 보인다. 시계 방향 회전과 반시계 방향 회전을 구별할 수 있다는 사실은 양과 음의 주파수들이 서로 다른 물리적 의미를 가지고 있다고 하는 것과 동일한 의미이다. 그림 4-23과 4-24는 TV에서도 가끔 볼 수 있으며, 움직이는 차의 바퀴가 돌아갈 때 차가 움직이는 방향과 가끔 반대 방향으로 도는 것처럼 보일 때가 있다. 또는 과거 서부영화에서 마차의 바퀴가 이상한 방향으로 도는 것처럼 보일 때가 있다. 이 현상은 비디오에서 초당 프레임 수만큼 샘플링이 일어나기 때문이다. 아날로그 TV는 30 프레임/초이고, 영화는 24 프레임/초이다.

스트로보 실험을 수학적으로 분석하기 위해서, 점의 운동에 대한 표기를 시간의 함수로 표시할 필요가 있다. 점은 $x - y$ 좌표 시스템에서 이동하므로, 실수부 x와 허수부 y로 된 복소수로 간단히 표시할 수 있다. 점의 위치는 다음의 식으로 나타낼 수 있다.

$$p(t) = x(t) + jy(t)$$

더욱이, 점은 반지름이 r인 원 위를 움직이므로, $p(t)$에 대한 식은 상수 주파수, 진폭과 위상을 가지는 복소 지수함수가 된다.

$$p(t) = re^{-j(2\pi f_m t - \varphi)} \tag{4.23}$$

지수함수에서 음의 부호는 시계 방향으로 회전하는 것을 나타내고, 초기 위상 φ는 $t = 0$일 때 점의 위치를 지정한다 (그림 4-25를 볼 것). 모터 회전 주파수 f_m과 반지름 r은 상수이다.

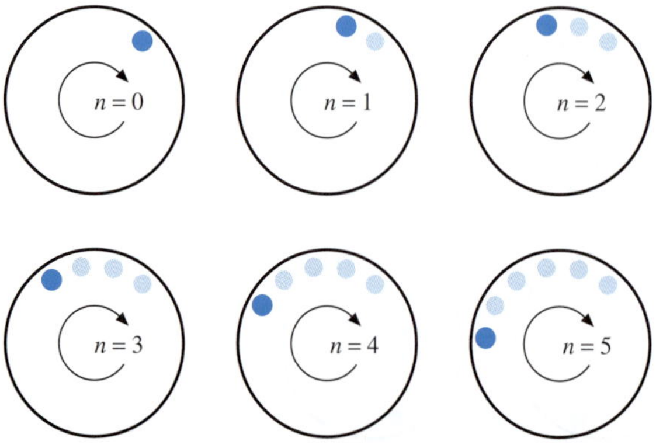

그림 4-24 에일리어싱이 일어날 때 연속적인 6개의 검은 점의 위치. 밝은 점들은 검은점의 이전의 위치를 나타낸다. 디스크는 시계 방향으로 회전하고, 점은 반시계 방향으로 움직이는 것처럼 보인다. 각도 변화는 플래시당 +25°이다.

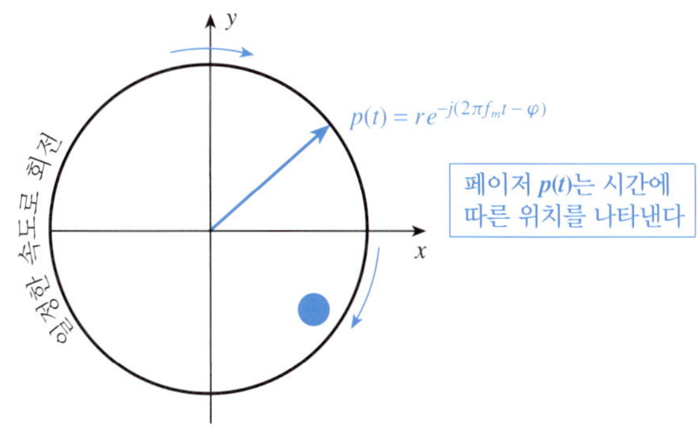

그림 4-25 디스크 위의 점의 위치는 시간에 대하여 회전 페이저 $p(t) = x(t) + jy(t)$로 표현할 수 있다. 주파수 f_m은 모터의 회전 속도를 rpm으로 표시한 것이다.

스트로보 빛의 효과는 플래시 속도 f_s의 고정된 속도로 $p(t)$를 샘플링하는 것이다. 따라서 n번째 플래시에서 점의 위치는 이산시간 신호로 표현될 수 있다.

$$p[n] = p(t)\Big|_{t=nT_s} = p(nT_s) = p(n/f_s)$$

복소 지수함수 식 (4.23)으로 대입하면, 다음과 같다.

$$p[n] = re^{-j(2\pi(f_m/f_s)n - \varphi)} \tag{4.24}$$

만약 샘플링 정리의 조건 (즉, $f_s > 2|f_m|$)을 만족한다면, 이 실험에서는 에일리어싱이 생기지 않을 것이다. 실제로, 한 샘플 시간과 그 다음 시간 사이의 각도의 변화는 $-180°$에서 $0°$까지이므로, 점은 시계 방향으로 회전하는 것 같이 보일 것이다.

더 흥미로운 경우는 단위 시간당 플래시 속도가 $2|f_m|$보다 작을 때이다. 그러면, 디스크가 플래시들 사이에서 한 바퀴 또는 그 이상의 회전을 하며, 그래서 에일리어싱 현상이 생긴다. 식 (4.24)의 샘플링된 위치식을 사용하면, 다음과 같은 형태의 문제를 해결할 수 있다: 점이 플래시당 25°의 속도로 반시계 방향으로 이동하는 모든 가능한 플래시 속도를 구하여라. 이 속도는 매 14.4번의 플래시마다 한 바퀴 회전하는 것과 같다. 모터의 속도는 일정하게 f_m rpm이라고 가정한다. 이 문제를 달리 생각하면, 플래시 속도가 모터의 속도 rpm에 맞추기 위해 분당 플래시 횟수로 나타내져야 한다는 점이다.

ℓ이 정수일 때, $e^{j2\pi\ell} = 1$이라는 성질을 이용하면 체계적인 접근이 가능하다. 점의 원하는 회전은 다음 식

$$d[n] = re^{+j(2\pi(25/360)n + \psi)}$$

로 나타낼 수 있으며, 여기서 $2\pi(25/360)$은 25°를 라디안으로 변환한 것이다. 초기 위상 ψ는 $p[n]$에서의 φ와 같게 지정하여, $d[0] = p[0]$가 되게 한다. 그러면 $p[n]$과 $d[n]$을 같다고 놓을 수 있고, 여기서 값이 1인 $e^{j2\pi\ell n}$을 포함시키면

$$p[n] = d[n]e^{j2\pi\ell n}$$

이제 다음의 분석으로, 플래시 속도를 구하기 위한 식을 세울 수 있다.

$$re^{-j(2\pi(f_m/f_s)n - \varphi)} = re^{+j(2\pi(25/360)n + \varphi)}\; e^{j2\pi\ell n}$$

$$\Rightarrow \quad -\left(2\pi\frac{f_m}{f_s}n - \varphi\right) = +\left(2\pi\frac{25}{360}n + \varphi\right) + 2\pi\ell n$$

$$-\frac{f_m}{f_s} = \frac{25}{360} + \ell$$

$$\Rightarrow \qquad -f_m = f_s\left(\frac{25}{360} + \ell\right)$$

그래서, 최종적으로 구한 (분당) 플래시 속도에 대하여 풀 수 있다.

$$f_s = \frac{-f_m}{(5/72) + \ell} \tag{4.25}$$

여기서 ℓ은 정수이다. 우리는 플래시 속도에 대하여 양의 값을 원하고 있으므로, 또한 모터의 시계 방향의 회전 속도 ($-f_m$)에는 마이너스 부호가 있으므로, 다른 해를 생성하기 위하여 $\ell = -1, -2, -3, \ldots$을 선택한다. 예를 들어, 모터의 rpm이 750일 때, 다음의 플래시 속도(flashes/min)들은 원하는 점이 플래시당 25°의 운동을 만들어 준다.

ℓ	-1	-2	-3	-4
f_s	805.97	388.49	255.92	190.81

연습문제 4.6 이 개념에 대한 지식을 테스트하기 위해, 매 9번의 플래시가 일어날 때마다 시계 방향으로 한 바퀴 회전하는 것처럼 보이게 하는 모든 가능한 플래시 속도를 구하라. 모터 속도는 시계 방향으로 750 rpm으로 같다고 가정한다. 이 경우 가장 큰 플래시 속도는 얼마인가?

4-5.1 스펙트럼 표현

스트로보 데모는 복소 지수함수의 샘플링에 관한 것이며, 그래서 앞서의 절에서와 같이, 시간 영역 식을 이용하는 것보다는 앞으로는 스펙트럼 다이어그램의 형태로 결과를 나타낼 수 있다. 회전하는 디스크는 $f = -f_m$ 사이클/분에서 단일 주파수 성분을 갖는 아날로그 스펙트럼을 갖는다 (그림 4-26).

스트로보 빛이 단위 시간당 플래시 속도 f_s로 비춰질 때, 이산시간 신호 $p[n]$의 결과 스펙트럼은 다음과 같은 무한개의 정규화된 주파수들에 대한 선 스펙트럼들을 갖는다.

$$\hat{\omega}_\ell = 2\pi\frac{-f_m}{f_s} + 2\pi\ell = -\hat{\omega}_m + 2\pi\ell \tag{4.26}$$

여기서 $\ell = 0, \pm1, \pm2, \pm3, \ldots$이다. 식 (4.26)에서 보면 샘플링된 운동을 나타내는 이산시간 신호의 스펙트럼 (그림 4-27)을 만드는 데 두 가지 단계가 필요하다는 것을 알 수 있다는 것을 상기시켜준다.

(a) **정규화된 모터 주파수** $\hat{\omega}_m$을 f_s로 나누어 계산한다. 그 다음에 $\hat{\omega} = -\hat{\omega}_m$에 선 스펙트럼을

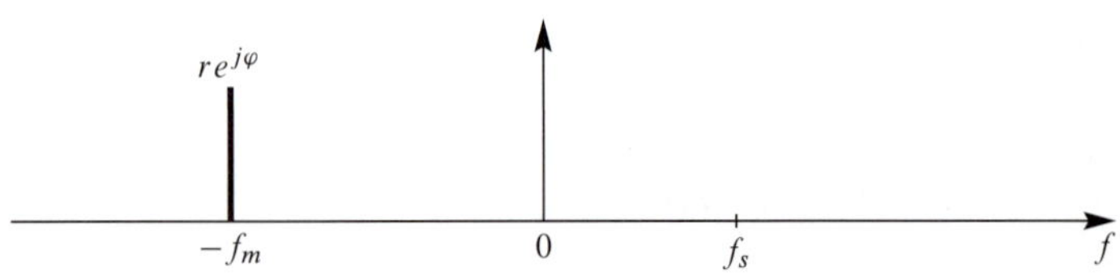

그림 4-26 시계 방향(음의 주파수)으로 f_m rpm만큼 회전하는 디스크를 나타내는 아날로그 스펙트럼. 여기서 f의 단위는 사이클/분이다.

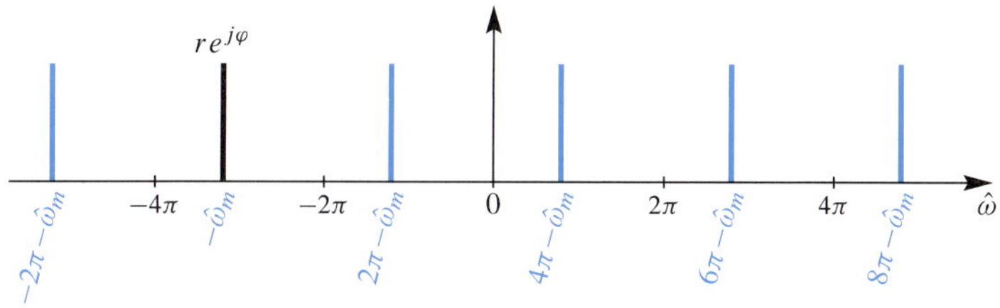

그림 4-27 시계 방향(음의 주파수)으로 f_m rpm 만큼 회전하는 디스크를 분당 f_s 플래시로 비추는 이산시간 스펙트럼. 수평축은 정규화된 주파수 $\hat{\omega} = 2\pi f/f_s$이다. 정규화된 모터 주파수 $-\hat{\omega}_m = 2\pi(-f_m/f_s)$와 이 주파수의 에일리어스들도 보였다.

그린다. 음의 부호는 시계 방향의 회전을 나타낸다.

(b) 모터의 정규화된 선 스펙트럼을 복사하여 2π의 정수배만큼 이동한다. 이것은 식 (4.24)의 이산시간 지수함수 $p[n]$의 에일리어스를 만드는 것이다.

스트로보 빛 실험에서 우리가 보는 것을 그림 4-27을 이용하여 어떻게 설명할 수 있을까? 그림 4-27은 무한개의 선 스펙트럼들을 갖고 있으며, 그래서 관찰할 수 있는 가능성도 무한개이다. 그러나 인간의 시각 시스템은 반드시 하나만을 선택하여야 하며, 그것도 가장 느린 것을 선택한다는 것이 타당성이 있다. 사실상, 인간의 시각 시스템은 D/C 변환기와 같이 동작한다. 이와 같이 이산신호 스펙트럼에서 $\hat{\omega} = 0$에 가장 가까운 주파수 성분만이 D/C 복원 과정에 사용되기 때문에, 스트로보 신호 $p[n]$은 가장 낮은 정규화된 주파수로 회전하는 것처럼 보인다. 그러나 마지막 변환이 반드시 필요하며, 인식된 아날로그 회전 속도를 rpm으로 변환해야 한다. 이산시간 주파수 ($\hat{\omega}$)는 $f = \hat{\omega}\, f_s$ 식을 통하여 아날로그 주파수로 다시 변환되어야 한다. 그림 4-27에서는, $\ell = 2$에 대한 에일리어스가 주파수 0에 가장 가깝고, 그래서 이에 대응하는 아날로그 주파수는 다음과 같다.

$$f_{\text{spot}} = \frac{1}{2\pi}(\hat{\omega}_2) f_s = \frac{1}{2\pi}(4\pi - \hat{\omega}_m) f_s = 2 f_s - f_m$$

이것은 점의 관찰된 회전 속도가 $-f_m$으로부터 샘플링 속도의 정수배만큼 차이가 난다는 것을 돌려서 이야기하는 방법인 것처럼 보인다. 그러나 이것은 상대적인 주파수 위치들을 그림으로 나타내기 위한 체계적인 방법을 제공한다. 마지막으로, 스펙트럼 그림으로 보면 **복원되는** 주파수인 가장 낮은 이산영역 주파수를 식별하기가 쉬워진다. 4.3절의 논의에서 이것이 왜 성립하는지 설명했다.

샘플링 속도가 가변이고 f_m이 고정된 경우, 문제를 해결하기에 조금 어렵지만, 이것이 스트로보스코프의 응용에서 가장 자주 일어나는 상황이다. 그럼에도 불구하고 그래프를 이용한 문제해결이 여전히 가능하며, 그 이유는 원하는 점의 주파수 $\hat{\omega}_d$은 이산시간 스펙트럼에서 선으로 나타나기 때문이다. $\hat{\omega}_d$의 단위는 플래시당 라디안 (라디안/플래시)이다. 이 선은 원점과 가장 가까우며, 그래서 정규화된 모터 회전 주파수와 일치시키기 위해서는 $\hat{\omega}_d$에 $2\pi\ell$을 반드시 더해야 한다.

$$\hat{\omega}_d + 2\pi\ell = \hat{\omega}_m = \frac{-2\pi f_m}{f_s}$$

이 식에서 단위 시간당 플래시 속도 f_s에 대하여 구할 수 있지만, 마지막 해답은 정수 ℓ에 달려 있고, 식 (4.25)에서 이미 본 것처럼, f_s는 여러 개의 값을 가질 수 있다고 예측할 수 있다. 결과는 다음과 같다.

$$f_s = \frac{-2\pi f_m}{\hat{\omega}_d + 2\pi\ell}$$

4-6 요약 및 링크

LAB
디지털 영상:
A/D와 D/A

데모
합성 스트로보
동영상

데모
복원 동영상

이 장은 샘플링 개념과 이와 짝이 되는 복원에 대한 개념을 소개했다. 샘플링에서, 에일리어싱의 가능성은 항상 존재하며, 이 에일리어싱 개념을 직접적이고 직관적으로 설명하기 위하여 스트로보 데모를 만들었다.

디지털 영상 (Digital Image)이라는 제목의 랩 실습: A/D와 D/A는 샘플링이 영상처리에 어떻게 적용되는지를 보여준다. 샘플링의 어떤 측면들은 이미 제3장과 관련된 음악합성 랩 실험에서 이용한 적이 있다. 왜냐하면, 소리가 컴퓨터에서 음악으로 재생되기 위해서는 D/A변환기를 거쳐야 하기 때문이다.

웹사이트에는, 또한 많은 샘플링 및 에일리어싱에 대한 데모들을 포함하고 있다.

(a) 비디오카메라의 플래시를 1초에 30프레임씩 터트리는 것을 찍은 스트로보 동영상.
(b) MATLAB 동영상으로 만들어진 합성 스트로보 데모.
(c) 각각 다른 펄스 모양과 다른 샘플링 속도에 대한 보간 과정을 보여주는 복원 동영상.
(d) 그림 4-13에서 보인, `con2dis`라는 샘플링과 에일리어싱 MATLAB GUI.
(e) 다른 샘플링 속도에 대한 스펙트럼의 변화를 보여주는 에일리어싱과 폴딩 동영상.

4-7 문제

참고
문제와 풀이

이 절의 문제들은 이 장에서의 샘플링과 에일리어싱에 대한 중요한 개념들을 다룬다. 동반 웹사이트에는 관련된 숙제 문제들이 많이 나와 있어서 복습하고 연습할 수 있다. 대부분의 문제들은 자세한 풀이가 있다.

P-4.1 $x(t) = 11\cos(7\pi t - \pi/3)$이라고 한다. 아래 각각의 항에서, 이산신호 $x[n]$은 $x(t)$를 샘플링 속도 f_s 샘플/초로 샘플링하였고, 결과적인 $x[n]$은 다음과 같이 쓸 수 있다.

$$x[n] = A\cos(\hat{\omega}_1 n + \varphi)$$

각각의 경우에, $0 \le \hat{\omega}_1 \le \pi$가 되도록 A, φ , $\hat{\omega}_1$의 값을 정하여라. 또한, 이 신호가 오버샘플링인지, 언더샘플링인지의 여부를 판별하여라.

(a) 샘플링 주파수는 $f_s = 9$ 샘플/초이다.
(b) 샘플링 주파수는 $f_s = 6$ 샘플/초이다.
(c) 샘플링 주파수는 $f_s = 3$ 샘플/초이다.

P-4.2 서로 다른 주파수를 가진 이산시간 신호들은 같을 수 있다; 이것은 에일리어싱과 폴딩 에일리어스들이 일어났음을 보여주는 징후이다. 다음의 이산시간 코사인 신호들 중 어떤 것이 같은지를 결정하여라 (즉, n에 대한 $x_i[n]$의 그래프가 같다).

$$x_1[n] = \cos(0.9\pi n + 0.1\pi)$$
$$x_2[n] = \cos(-2.9\pi n + 0.1\pi)$$

$$x_3[n] = \cos(5.1\pi n - 0.1\pi)$$
$$x_4[n] = \cos(6.9\pi n - 0.1\pi)$$
$$x_5[n] = \cos(-7.1\pi n - 0.1\pi)$$

P-4.3 이상적인 D/C 변환기는 출력 신호의 주파수 성분 $\hat{\omega}$가 $-\pi < \hat{\omega} \leq \pi$ 범위에서 입력 신호의 이산시간 주파수 성분과 같은 출력 신호를 생성한다. 그러나, 연속시간 주파수 축(ω)은 $\hat{\omega}$의 스케일링된 버전이다. 아래의 각각의 이산시간 신호 $y[n]$에 대하여, 샘플링 속도가 $f_s = 3{,}600$ Hz인 이상적인 D/C 변환기를 거쳤을 때 나오는 연속시간 출력신호 $y(t)$를 구하여라.

(a) $y[n] = 8\cos(0.6\pi n - \pi/3)$
(b) $y[n] = 4\cos(1.2\pi n - \pi/4)$
(c) $y[n] = 2\cos(2.4\pi n - \pi/5)$

P-4.4 연속시간 신호의 주파수 성분을 보여주는 스펙트럼 다이어그램은, 신호의 샘플링을 위한 나이퀴스트 속도를 결정하는 데 도움을 준다.

(a) 신호 $x(t) = \cos(4000\pi t)\cos(8000\pi t)$가 주어졌을 때, 이 신호의 스펙트럼을 그려라. 각 성분의 선 스펙트럼에 주파수와 복소수 진폭들의 대표적인 값들을 표시하여라.
(b) 어떤 주파수 성분도 에일리어싱을 일으키지 않도록 하는 $x(t)$를 샘플링하기 위한 최소 샘플링 속도를 결정하여라.
(c) 신호 $r(t) = \cos(3 \times 10^6\pi t)\sin(5 \times 10^6\pi t)\cos(7 \times 10^6\pi t)$가 주어졌을 때, 어떤 주파수 성분도 에일리어싱을 일으키지 않도록 하기 위한 최소 샘플링 속도를 구하여라.
(d) 신호 $v(t) = \cos(3 \times 10^6\pi t) + \sin(5 \times 10^6\pi t) + \cos(7 \times 10^6\pi t)$가 주어졌을 때, 어떤 주파수 성분도 에일리어싱을 일으키지 않도록 하기 위한 최소 샘플링 속도를 구하여라.

P-4.5 신호의 푸리에 급수 식은 복소 지수신호들의 합이다. 그래서 가장 높은 주파수에 주목함으로써, 다음과 같은 연속시간 신호의 나이퀴스트 주파수를 구할 수 있다.

$$x(t) = \sum_{k=-10}^{10} (j8\pi k)e^{j5\pi kt} \tag{4.27}$$

(a) 신호 $x(t)$에 대하여, 에일리어싱을 일으키지 않는 최소 샘플링 속도 (나이퀴스트 속도)를 정하여라.
(b) 새로운 신호 $r(t) = x(t)\cos(22\pi t)$를 정의한다. $r(t)$에 대하여 나이퀴스트 샘플링 속도를 구하여라.
(c) 또 다른 새로운 신호 $v(t) = r(t) + r(t - 0.02)$를 정의한다. $v(t)$에 대한 나이퀴스트 샘플링 속도를 결정하여라.

P-4.6 이상적인 C/D 변환기와 D/C 변환기를 갖는 시스템에 대해서 그림 4-21을 참조한다. 만일 샘플링 속도가 에일리어싱을 피할 만큼 충분히 높고, C/D 변환기와 D/C 변환기의 샘플링 주파수가 같다면, 복원된 출력 신호는 입력 신호와 같다 (이것이 샘플링 정리의 골자이다). 그러나 D/C

샘플링 속도가 다른 경우에는, 스펙트럼에 대해서 세심한 분석이 필요하다. 예를 들어, 만일 출력 샘플링 속도가 입력 샘플링 속도의 두 배라면, 출력 신호는 더 빠르게 재생되고, 출력 신호의 주파수 성분은 높아진다고 예상할 수 있다.

(a) 만약 입력 $x(t)$가 그림 P-4.6과 같이 양측파대 스펙트럼 표현으로 주어지고, C/D 변환기의 샘플링 속도가 $f_s = 2{,}000$ 샘플/초라면, 이산시간 신호 $x[n]$의 스펙트럼을 그려라.

(b) (a)에서 구한 $x[n]$에 대한 스펙트럼을 이용하여 D/C 변환기의 샘플링 속도가 $f_s = 1{,}600$ 샘플/초일 때 (즉, C/D 변환기의 샘플링 속도와 다를 때), 출력 신호 $y(t)$에 대한 간단한 공식을 구하여라.

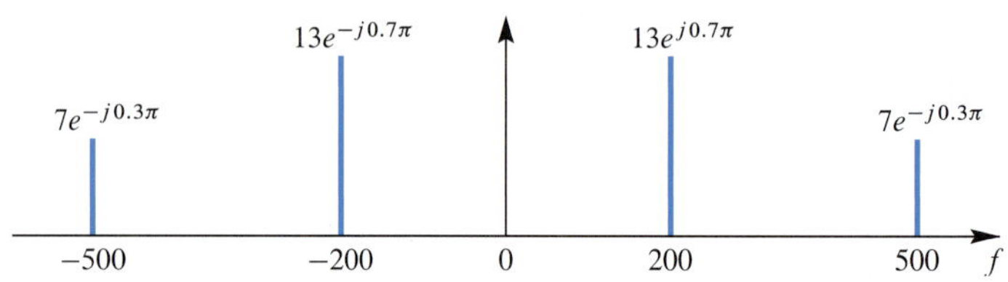

그림 P–4.6

P-4.7 이상적인 C/D 변환기와 D/C 변환기를 갖는 시스템 (그림 4-21)에서, 양쪽 변환기의 샘플링 속도는 $f_s = 450$ 샘플/초이고, 입력 신호 $x(t)$는 그림 P-4.6과 같이 양측파대 스펙트럼으로 표현된다고 가정한다.

(a) 출력 신호 $y(t)$는 입력 신호 $x(t)$와 같은가?

(b) C/D 변환기의 샘플링 속도가 $f_s = 450$ Hz인 경우, 이산시간 신호 $x[n]$의 스펙트럼을 그려라. 모든 선 스펙트럼들에 각각의 주파수와 복소수 진폭 값을 표시하여라.

(c) 윗부분에서 구한 $x[n]$의 스펙트럼을 이용하여, $f_s = 450$ Hz일 때 (C/D 변환기와 D/C 변환기 모두에 대하여) 출력 신호 $y(t)$에 대한 간단한 식을 구하여라.

P-4.8 이상적인 C/D 변환기와 D/C 변환기를 갖는 시스템 (그림 4-21)에서, 두 변환기의 샘플링 속도는 $f_s = 700$ 샘플/초이고, 입력 신호 $x(t)$는 그림 P-4.6과 같이 양측파대 스펙트럼으로 나타내진다고 가정한다.

(a) 그림 P-4.6에서 정의한 $x(t)$의 나이퀴스트 속도를 구하여라. 입력 신호는 에일리어싱되었는가?

(b) C/D 변환기의 샘플링 속도가 $f_s = 700$ Hz인 경우에, 이산시간 신호 $x[n]$의 스펙트럼의 그래프를 그려라. 모든 선스펙트럼들에 주파수와 복소수 진폭 값을 써넣어라.

(c) 앞서 구한 신호 $x[n]$의 스펙트럼을 이용하여, 두 변환기가 모두 $f_s = 700$ Hz인 경우에 대한 출력 신호 $y(t)$에 대한 간단한 수식을 구하여라.

P-4.9 이상적인 C/D 및 D/C 변환기를 갖는 시스템에 대하여 그림 4-21을 참조한다.

(a) C/D 변환기의 출력이 $x[n] = \cos(0.2\pi n)$이고, C/D 변환기의 샘플링 속도가 $f_s = 8{,}000$ 샘플/초라고 가정한다. 10,000 Hz보다 큰 주파수 중에 가장 작은 주파수를 이용하여, 연속시간 정현파 입력 신호 $x(t)$를 나타내는 수식을 구하여라.

(b) C/D 변환기의 출력이 $x[n] = \cos(0.25\pi n)$이고, 입력 신호가 $x(t) = \cos(510\pi t)$이며, 샘플링 속

도가 130 샘플/초보다 작다고 가정한다. 이 세 가지 조건들을 만족하는 가장 큰 샘플링 속도는 얼마인가?

(c) D/C 변환기의 출력 $y(t) = \cos(240\pi t)$이고, C/D 변환기의 입력은 $x(t) = \cos(60\pi t)$라고 가정한다. 두 변환기가 같은 샘플링 속도(f_s)로 동작한다고 한다면, 이 조건들을 만족하는 가장 작은 샘플링 속도 f_s를 결정하여라.

P-4.10 연속시간 정현파 신호 $a(t) = \cos(\omega_1 t + 0.1\pi)$가 $f_s = 30$ Hz로 샘플링되어 $a[n]$이 되었다. 두 번째 연속시간 정현파 신호 $b(t) = \cos(\omega_2 t + 0.1\pi)$는 $f_s = 40$ Hz로 샘플링되어 $b[n]$이 되었다. 샘플링된 이산시간 신호들에 대해서는 등식 (즉, $a[n] = b[n]$)이 성립한다고 하여도, 연속시간 신호들에 대해서는 등식 (즉, $a(t) = b(t)$)이 성립할 수도 있고 아닐 수도 있다.

(a) 만일 $\omega_2 = 24\pi$ rad/s라면, $a[n] = b[n]$이 되게 하는 ω_1을 구하라. $a(t)$를 샘플링할 때, 에일리어싱은 일어나지 않는다고 가정한다.

(b) 앞서의 문제에서, 이산시간 신호들 $a[n] = \cos(\hat{\omega} n + \varphi_1)$, $b[n] = \cos(\hat{\omega} n + \varphi_2)$의 공통된 주파수 $\hat{\omega}$를 결정하여라.

(c) 이제 $\omega_1 = \omega_2 = 2\pi\,(34\frac{2}{7})$ rad/s이라고 가정한다. 이산시간 신호들 $a[n]$와 $b[n]$의 주파수들 $\hat{\omega}_1$과 $\hat{\omega}_2$를 구하여라. 힌트: 에일리어싱을 이용하여 $0 \le \hat{\omega}_1, \hat{\omega}_2 \le \pi$를 만족하는 주파수들을 구한다.

(d) 먼저의 문제에서 구한 이산시간 신호들은 같은가? 그렇다면, 위상들을 구하라. 그렇지 않으면, 왜 아닌지 설명하여라.

P-4.11 코사인 파형 $x(t) = 3\cos(500\pi t)$가 샘플링 속도 f_s로 샘플링될 때, 이산시간 신호 $x[n]$은 $-\infty < n < \infty$일 때,

$$x[n] = x(n/f_s) = 3\cos(800\pi n/f_s)$$

으로 구해진다. 다음 문제들에서, $f_s = 3{,}600$ Hz라고 가정한다.

(a) 코사인파 $x(t)$의 한 주기에 얼마나 많은 샘플들이 샘플링되는가? 이 답은 한 주기당 평균 샘플 수이며, 이 경우 이 값은 정수이다.

(b) 이제 다른 주파수 ω_0를 갖는 또 다른 코사인 함수 $y(t)$를 고려해 본다,

$$y(t) = 3\cos(\omega_0 t)$$

이 신호의 샘플들이 위의 $x[n]$과 같아지는, 즉 모든 n에 대해 $y[n] = y(n/f_s) = x(n/f_s)$가 되는 ω_0의 값을, $7{,}000\pi$와 $9{,}999\pi$ rad/s사이에서 구하여라. 힌트: 답은 에일리어싱을 포함한다.

(c) 위의 (b)에서 구해진 주파수에 대하여, $y(t)$ 한 주기 동안 구해진 샘플들의 평균값을 구하여라. 이 답은 정수가 아닐 수도 있다.

P-4.12 다음의 식

$$x[n] = 9.1\cos(0.4\pi n + 0.4\pi)$$

로 주어진 이산시간 신호 $x[n]$은 연속시간 신호 $x(t) = A\cos(2\pi f_0 t + \varphi)$를 샘플링 속도 $f_s = 5{,}000$ 샘플/초로 샘플링하여 구했다고 가정한다. $x[n]$을 만들 수 있는 세 개의 서로 다른 연속시간 신호

들을 구하여라. 이 연속시간 신호들은 모두 양이며 8,000 Hz보다 작은 서로 다른 주파수들을 가져야 한다. 세 개의 연속시간 신호들에 대하여 수식을 구하여라.

P-4.13 MATLAB에서 신호를 다룰 때, 샘플링은 언제나 되어 있으며 그 이유는 MATLAB이 신호들을 벡터 형태, 즉 실질적으로 이산시간 신호 형태로 저장하기 때문이다. 더구나, MATLAB은 수학적인 수식으로 정의된 신호들을 다룰 때, 이상적인 C/D 변환을 수행한다. 결과적으로, MATLAB 프로그램에서 의도하지 않은 에일리어싱이 발생하는 경우가 있다. 이산시간 MATLAB 신호들은 `soundsc` 함수로 연속시간으로 변환될 수 있으며, 이 함수는 아날로그 신호를 들을 수 있도록 소리를 낸다.

(a) 다음과 같은 MATLAB 코드에서는, 이산시간 정현파가 만들어지고 `soundsc`라는 함수를 이용하여 들을 수 있다.

```
nn = 0:2190099;
xx = (7/pi)*cos(1.8*pi*nn + 2.03);
soundsc(xx,16000)
```

들게 되는 아날로그 신호의 주파수를 (Hz로) 결정하여라,

(b) 아래의 MATLAB 코드는 정현파의 샘플들을 만든다.

```
tt = 0:1/2400:10000;
xx = cos(2*pi*1800*tt + pi/3);
soundsc(xx,fsamp);
```

정현파가 2,400 Hz의 주파수를 갖도록 작성되어 있지는 않지만, 벡터 xx가 2,400 Hz 음처럼 들리도록 할 수 있다. `soundsc`를 사용해서 들을 때, 벡터 xx가 2,400 Hz 음으로 들리게 하는 `fsamp` 값을 정하여라.

(c) 다음 MATLAB 코드는 매우 긴 정현파를 만든다.

```
tt = 0:(1/8000):64;
xx = 1.23*cos(2*pi*440*tt);
soundsc(xx,40000);
```

`soundsc`로 들을 때, 그 음의 주파수(Hz 단위)와 지속 시간(초단위)을 구하여라. 참고: MATLAB은 무한대의 메모리를 갖고 있으며, 그래서 매우 긴 벡터 xx도 저장할 수 있다고 가정한다.

P-4.14 AM 변조된 코사인파가 다음 식

$$x(t) = [3 + \sin(6000\,t)]\cos(2000\pi t)$$

로 나타내진다. 주파수 영역 스펙트럼에는 여러 개의 선 스펙트럼들을 갖는다.

(a) 이 신호의 양측대역 스펙트럼을 그려라. 그래프에 중요한 값들을 써넣도록 하여라

(b) 이 파형이 주기적이 아닌 이유를 설명하여라.

(c) 그림 4-21에서 $y(t) = x(t)$가 되기 위한 샘플링 속도 f_s가 반드시 만족해야 하는 관계식은 무엇인가?

P-4.15 이산신호 $x[n]$이 다음 식

$$x[n] = 7\cos(0.7\pi n + 0.2\pi)$$

로 주어졌고, 이 신호는 연속시간 신호를 샘플링 속도 $f_s = 1/T_s = 8{,}000$ 샘플/초로 샘플링하여 구해졌다고 가정한다.

(a) 샘플들이 $x[n]$과 같게 되는 서로 다른 연속시간 신호 $x_1(t)$와 $x_2(t)$를 구하여라. 다른 말로 하여, $T_s = 125\mu s$일 때, $x[n] = x_1(nT_s) = x_2(nT_s)$를 만족하는 $x_1(t)$와 $x_2(t)$를 구하여라. 두 신호들은 모두 8,000 Hz보다 작은 주파수를 갖는다. 각 신호에 대한 식을 구하여라.

(b) $x[n]$이 위의 식으로 주어진다면, 샘플링 속도 5,000 샘플/초에서 동작하는 이상적인 D/C 변환기에 의하여 어떤 신호가 복원되는가? 즉, 그림 4-21에서 샘플링 속도가 다를 때, 출력 $y(t)$를 구하여라.

P-4.16 대역통과 (Bandpass) 샘플링은 제한된 주파수 범위에 들어있다고 알고 있는 신호를 샘플링하는 것을 말하며, 예를 들어, $x(t)$의 모든 주파수가 7,000~8,000Hz 사이에 있는 경우이다. 보통의 샘플링 정리에 의하면 $f_s > 16{,}000$ Hz이 되어야 하며, 그 이유는 복원은 가능한 가장 낮은 주파수에서 수행되기 때문이다. 그러나 이 경우에 이용가능한 주파수 대역폭이 단지 1,000 Hz이므로, $x(t)$는 2,000 Hz로 샘플링될 수 있고 이 샘플들로부터 완벽하게 복원될 수 있다. 왜냐하면, 복원된 주파수들이 존재하는 영역을 알고 있기 때문이다. 이산시간 신호 $x[n]$이 식

$$x[n] = \cos(0.7\pi n + 0.2\pi)$$

로 주어지고, 이 신호는 연속시간 신호를 샘플링 속도 $f_s = 2{,}000$ 샘플/초로 샘플링하여 구한 것이라고 가정한다.

(a) 샘플링 주파수 $f_s = 2{,}000$ Hz이고, 가능한 대역폭이 또한 2,000 Hz일 때, 샘플링된 신호로부터의 복원은 명확하지 않다. 주파수 범위 7,000~9,000 Hz에서 샘플링한 결과가 $x[n]$이 되는 두 개의 서로 다른 연속시간 신호 $x_1(t)$와 $x_2(t)$를 구하여라.

(b) 주파수가 7,000과 8,000 Hz 사이에 있으면서, 샘플들은 $x[n]$과 일치하는 연속시간 신호 $x(t)$를 구하여라.

(c) $\hat{\omega} \in [0, \pi]$인 $x[n] = \cos(\hat{\omega}n + 0.2\pi)$는 $x(t) = \cos(2\pi ft + \varphi)$를 샘플링 속도 $f_s = 2{,}000$ Hz로 샘플링하여 얻은 이산 신호라고 가정한다. 주파수가 $f \in [7{,}000, 8{,}000]$ Hz를 만족하도록 주파수 f를 $\hat{\omega}$의 함수로 나타내는 일반적인 식을 구하여라. 또한, 위상 φ를 결정하여라.

참고: 주파수 범위의 한쪽 끝이 f_s의 정수배 (즉, $8{,}000 = 4f_s$)일 때만 마지막 부분의 답은 간단하다. 독자는 $f \in [8{,}500, 9{,}500]$ Hz일 때에 대하여, 이 문제의 마지막 부분을 다시 한 번 풀어보기를 권한다.

P-4.17 어떤 이상적이지 않은 D/C 변환기는 이산시간 신호 $y[n]$을 입력으로 받고 연속시간 출력 $y(t)$를 관계식

$$y(t) = \sum_{n=-\infty}^{\infty} y[n]p(t - nT_s)$$

로 만들며, 여기서 $T_s = 0.4$ s이다. 입력 신호는 다음 식

$$y[n] = \begin{cases} 0.1(-2)^n & 0 \le n \le 4 \\ 0 & \text{그 외} \end{cases}$$

으로 주어진다고 가정한다.

(a) 펄스 모양

$$p(t) = \begin{cases} 1 & -0.2 \le t \le 0.2 \\ 0 & \text{그 외} \end{cases}$$

에 대하여, 출력 파형 $y(t)$를 자세히 그려라.

(b) 펄스 모양

$$p(t) = \begin{cases} 1 - 2.5|t| & -0.4 \le t \le 0.4 \\ 0 & \text{그 외} \end{cases}$$

에 대하여, 출력 파형 $y(t)$를 자세히 그려라.

P-4.18 연속시간 정현파 $a(t) = 7\cos(\omega_a t)$는 $f_{s1} = 20$ Hz로 샘플링되어 $a[n]$을 출력하고, 두 번째 연속시간 정현파 $b(t) = 7\cos(\omega_b t)$는 $f_{s2} = 50$ Hz로 샘플링되어 $b[n]$이 출력된다.

(a) 만일 $\omega_b = 30\pi$ rad/s라면, $a[n] = b[n]$이 되는 ω_a를 구하여라. $a(t)$를 샘플링할 때, 에일리어싱은 없다고 가정한다.

(b) 먼저의 문제의 연속선상에서, 이산시간 신호 $b[n] = a[n] = 7\cos(\hat{\omega}n)$인 주파수 $\hat{\omega}$을 결정하여라.

(c) 이제 ω_a와 ω_b 둘 다 모르지만, 이들이 같다고 ($\omega_a = \omega_b$) 가정한다. 이산시간 신호들이 같게 되는 (즉, $a[n] = b[n]$이 되는) 공통된 주파수 ω_a를 결정하여라. 이 문제의 해법은 에일리어싱이 포함되어 있으므로, 많은 다른 답이 존재한다.

(d) 앞의 문제에서의 많은 가능한 답 중에서, 단지 3개 만이 $0 < \omega_a < 70\pi$ rad/s를 만족한다. $\omega_a = \omega_b$라는 제한 조건을 준수하면서, 이 답들을 구하여라.

P-4.19 종종 정현파를 그리는 데에는 MATLAB이 이용되며, 이때, `plot` 명령어는 수평축과 수직축의 벡터에 대해서 적용되므로 시간축이 정의되어야 한다. 다음의 MATLAB 코드는 신호 $x[n]$을 생성하고, n에 대한 $x[n]$의 그래프를 그린다:

```
Ts = 0.01; % 단위는 초이다.
Duration = 0.3;
tt = 0 : Ts : Duration;
Fo = 380; % Hz 단위
```

```
xn = 2*cos( 2*pi*Fo*tt + 0.6*pi );
stem( 0:length(xn)-1, xn )
```

(a) n을 수평축으로 하여 신호 $x[n]$의 막대 그림(stem plot)을 그려라. 손으로 그리거나, 또는 MATLAB을 이용하여 그려라. 인덱스 n은 0에서 시작한다고 가정한다.
(b) 이 그림에서, 이산시간 신호 $x[n]$의 주기를 측정하여라.
(c) 이산시간 신호에 대한 정확한 식을

$$x[n] = A\cos(\hat{\omega}_0 n + \varphi)$$

형태로 표시하여라. 여기서 $\hat{\omega}_0 \in [0, \pi]$이다.
(d) 에일리어싱이 이 식과 그려진 막대 그림에 어떤 영향을 주는지 설명하여라.

P-4.20 다음의 MATLAB 프로그램의 의도는 15 Hz 정현파를 17주기 동안 그리는 것이지만, 이 프로그램은 하나의 버그를 갖고 있다.

```
Fo = 15;
To = 1/Fo; %-- 주기
Ts = 0.05;
tt = 0 : Ts : (17*To);
xx = real((1+j*0.1)*exp(j*2*pi*Fo*tt));
%-- xx 벡터는 15 Hz 정현파의 샘플들이다.
plot( tt, xx, '-o')
xlabel('TIME (sec)') grid on
```

(a) 먼저, 17 주기의 정현파를 그렸을 때, 이 그래프에서 0을 끊는 경우 (Zero Crossing)가 몇 번 발생하는가? 양수의 피크와 음수의 피크가 몇 번 발생하는가?
(b) MATLAB으로 그래프를 그리고, 0을 끊는 경우의 횟수와 피크의 횟수를 세어보아라.
(c) 그래프에서 주기를 초 단위로 측정하고, 그 다음으로 그 주기에서의 정현파의 주파수를 Hz 단위로 계산하여라. 에일리어싱과 폴딩으로 어떻게 이 주파수를 예측하는지에 대하여 설명하여라.
(d) 신호 xx의 샘플들은 이산시간 신호 $x[n]$을 형성한다. $x[n]$의 주기를 구하고, $x[n]$에 대한 식을 구하여라.
(e) 원하는 15 Hz 신호의 매우 부드러운 그래프를 구하기 위하여, T_s의 허용 가능한 값들은 얼마인지 결정하여라.

P-4.21 어떤 AM 변조한 코사인파가 식

$$x(t) = [3 + \sin(\pi t)]\cos(13\pi t + \pi/2)$$

로 나타내진다.

(a) *페이저*를 이용하여 $x(t)$가 다음의 형태로 나타낼 수 있다는 것을 보여라.

$$x(t) = A_1\cos(\omega_1 t + \varphi_1) + A_2\cos(\omega_2 t + \varphi_2) + A_3\cos(\omega_3 t + \varphi_3)$$

여기서, $\omega_1 < \omega_2 < \omega_3$이다. 또한, 파라미터들 $A_1, A_2, A_3, \varphi_1, \varphi_2, \varphi_3, \omega_1, \omega_2, \omega_3$의 값들을 구하여라.

(b) 이 신호의 양측파대 스펙트럼을 주파수 축에서 그려라. 그래프에 중요한 특징들을 표시하고, $i = 1, 2, 3$에 대하여 파라미터들 A_i, φ_i, ω_i의 수치 값들을 포함시켜라.

(c) 신호 $x(t)$의 어떤 성분도 에일리어싱 없이 $x(t)$를 샘플링하는 데 사용할 수 있는 최소의 샘플링 속도를 결정하여라.

P-4.22 샘플링 시스템과 복원 시스템에 대해서 그림 4-21을 참조한다. C/D 변환기와 D/C 변환기의 샘플링 속도는 같고, 이상적인 C/D 변환기에 대한 입력은

$$x(t) = 2\cos(2\pi(50)t + \pi/2) + \cos(2\pi(150)t)$$

라고 가정한다.

(a) 이상적인 D/C 변환기의 출력이 입력 $x(t)$와 같다면, 즉

$$y(t) = 2\cos(2\pi(50)t + \pi/2) + \cos(2\pi(150)t)$$

라면, 이 경우 샘플링 주파수 f_s 값에 대해서 내릴 수 있는 일반적인 사실이 무엇인가?

(b) 만일 샘플링 속도가 $f_s = 250$ 샘플/초라면, 이산시간 신호 $x[n]$을 구하고, $x[n]$을 코사인 함수의 합으로 나타내어라. *답의 모든 주파수들은 양수이고 π 라디안 보다 작아야 한다는 점을 확인하여라.*

(c) (b)의 신호의 스펙트럼을 $-\pi \le \hat{\omega} \le \pi$범위에서 그려라. 답에 대한 그래프를 그리고, 각 스펙트럼 성분의 주파수, 진폭, 위상 값을 써넣어라.

(d) 이상적인 D/C 변환기의 출력이

$$y(t) = 2\cos(2\pi(50)t + \pi/2) + 1$$

이라면, 샘플링 주파수 f_s의 값을 결정하여라(입력 $x(t)$는 위에서 정의되었다는 것을 기억한다).

P-4.23 4-5절에서 기술한 회전하는 디스크와 스트로보 데모에서, 스트로보 빛의 다른 플래시 속도는 디스크 위에 있는 점을 정지해 있도록 하거나, 다른 방향으로 움직이도록 만들 수 있다.

(a) 디스크가 *시계 방향*으로 13 rev/s로 일정한 속도로 회전하고 있다고 가정한다. 만일 플래시 속도가 15 flashes/s라면, 디스크 위의 점의 움직임을 복소수 회전 페이저 $p[n]$으로 나타내어라. $p[n]$은 n번째 플래시에서의 점의 위치를 알려준다. $n = 0$(첫 번째 플래시)일 때, 점은 가장 높은 위치에 있다고 가정한다.

(b) (a)의 조건에 대하여, "스트로보" 점의 이동 방향과 보이는 속도 (rev/s 단위)를 결정하여라.

(c) 이제 디스크의 회전 속도를 모른다고 가정한다. 만일 플래시 속도가 13 flashes/s이고, 각 플래시마다 디스크 위의 점이 *반시계 방향*으로 15°씩 움직인다면, 디스크의 회전 속도 (rev/s 단위)를 결정하여라. 만일 답이 하나가 아니라면, 모든 가능한 회전 속도를 구하여라.

P-4.24 회전하는 디스크와 스트로보 데모에서, 여러 가지 다른 속도의 플래시 빛은 디스크의 점이 정지해 있는 것처럼 보이게 만들 수 있다는 것을 관찰하였다.

(a) 디스크가 반시계 방향으로 12 rev/s의 일정한 속도로 돌고 있다고 가정한다. 디스크 위의 점의 운동을 복소수 회전 페이저로 나타내어라.

(b) 만일 스트로보 주파수가 빛이 속도 n flashes/s로 비춰질 수 있다면, 여기서 n은 0보다 큰 정수이라면, 디스크가 정지해 있게 보이게 하는 모든 플래시 속도 값들을 결정하여라.

참고: 가능한 플래시 속도는 초당 1번, 초당 2번, 초당 3번 등이다.

(c) 플래시 속도가 초당 13회라면, 점이 어떻게 움직이는지 설명하고, 각 플래시에서의 점의 위치를 알려주는 복소수 회전 페이저 식을 구하여라.

P-4.25 다음의 복소값 신호는 회전 페이저를 나타낸다.

$$z[n] = e^{j\theta[n]}$$

여기서, $\theta[n]$은 회전 페이저의 각도를 n의 함수로 나타낸 것이다.

(a) 각도가 n에 대하여 일정한 양만큼 변할 때, 페이저는 등속도로 회전한다. 다음의 회전 페이저

$$z[n] = e^{j(0.3\pi n + 0.2\pi)}$$

에 대하여, $n = 0, 1, 2, 6, 7, 11, 21, 51$일 때 페이저의 위치를 그려라.

(b) $z[n]$의 주기를 결정하여라.

(c) 다음의 처프 신호

$$c[n] = e^{j(\pi/15)n^2}$$

에 대응되는 복소수 회전 페이저에 대하여 반복하여라. 이 경우 $n = 0, 1, 2, 4, 14$에 대한 페이저의 위치를 그려보아라.

(d) (c)에서 정의된 처프 신호 $c[n]$이 주기 신호라는 것을 아는 것을 매우 놀랄 만하다. 주기를 결정하여라.

P-4.26 디지털 처프 신호가 $n = 0, 1, 2, ..., 200$에 대하여 다음 식으로 합성되었다.

$$x[n] = \Re\{e^{j\theta[n]}\} = \cos(\pi(0.7 \times 10^{-3})n^2)$$

(a) $n = 10, 50, 100$일 때, 회전 페이저 $e^{j\theta[n]}$의 그래프를 그려라.

(b) 만일 이 신호가 샘플링 속도가 8 kHz인 D/A 변환기에 입력되었다면, 아날로그 신호에 대하여 시간에 따른 아날로그 순시 주파수 (Hz 단위)를 시간축에 그려라.

(c) 상수 주파수 디지털 신호 $v[n] = \cos(0.7\pi n)$이 샘플링 속도가 8 kHz인 D/A 변환기로의 입력이라면, 어떤 (아날로그) 주파수를 들을 수 있는가?

P-4.27 다음의 MATLAB 코드에서, 그림 P-4.27에 보인 스펙트럼이 `plotspec` 함수에 의해 만들어지는 FM 신호의 정의에서 `ALPHA`, `BETA`, `fs` 값을 구하여라. 이 함수는 웹사이트에서 이용할 수 있다. 양의 주파수 영역과 음의 주파수 영역 둘 다 실수 신호 `xn`에 약간의 허수를 더함으로써 나타내진다는 것에 주목한다.

```
%
fs = ????;
```

```
tt = 0:1/fs:2;
psi = ALPHA*pi*tt. 4 + BETA*pi*tt;
xn = cos(psi);
plotspec (xn+j*1e-11, fs, 128), grid on %-- 스펙트럼을 만든다.
```

참고
DSP-First
M-파일들

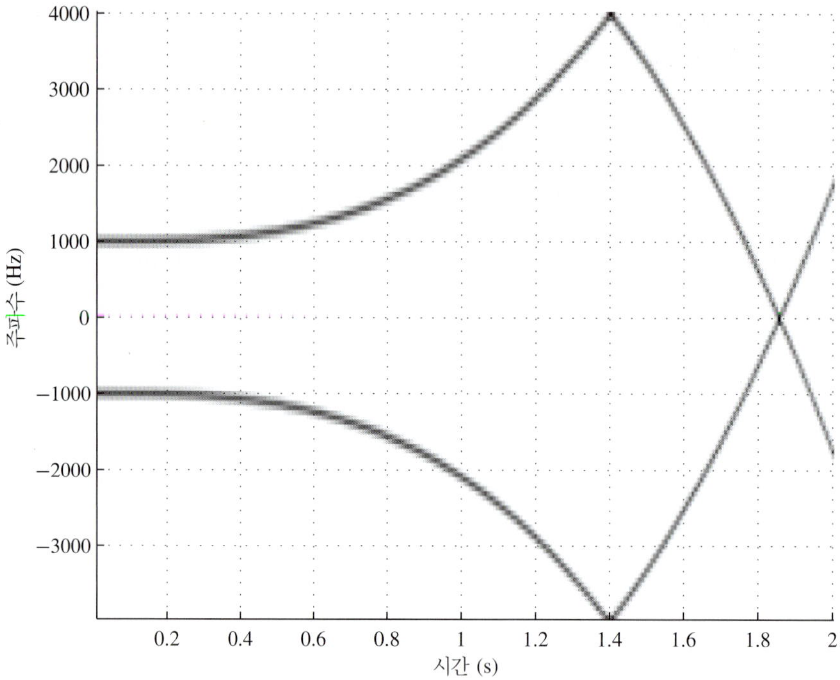

그림 P-4.27

제 5 장

FIR 필터

지금까지 우리는 신호와 신호의 수학적인 표현에 대하여 배웠다. 이 장에서는, 시스템 또는 **필터(Filter)**에 대하여 배우게 된다. 엄격하게 말하면, 필터는 신호의 어떤 성분을 제거하거나 또는 신호가 갖는 어떤 특성을 변경하도록 설계된 하나의 시스템이지만, 종종 필터나 시스템이라는 말은 서로 바꿔가면서 사용된다. 이 장에서는, 우리가 보통 **FIR 필터**라고 부르는, **유한 임펄스 응답(Finite Impulse Response (FIR))**이라는 부류의 시스템을 소개한다. 이 필터들은 각 출력 값이 입력 신호들의 유한한 개수의 샘플에 일정한 계수를 곱해서 더한 합이다. 우리는 FIR 필터의 기본적인 입출력 구조를 이른바 **차분 방정식(Difference Equation)**에 기반하여 시간 영역에서의 계산으로 정의한다. 필터의 단위 임펄스 응답을 정의하고, 콘볼루션이라는 연산을 통해 필터를 완벽하게 묘사하는 것을 보여준다. 선형성과 시불변성에 대한 일반적인 개념도 제공될 것이다. 이러한 2개의 성질들은 연속시간 영역과 이산시간 영역 모두에서 매우 중요한 다양한 종류의 필터들을 완벽하게 나타낼 수 있다.

이 장의 목표는 이산시간 시스템의 기본적인 개념을 소개하고, 향후 공부에 대한 시작점을 제공하고자 한다. 이산시간 및 연속시간 시스템을 분석하려면 수학적 표현과 조작에 익숙해져야 한다.[1)] 이 장에서 소개하는 시스템들은 분석하기 가장 간단한 것이다. 이 책의 나머지 부분에서는 이 장에서 나온 개념들을 다른 종류의 시스템으로 확장하는 일과, 이런 시스템들을 분석할 수 있는 개발 도구를 다룬다.

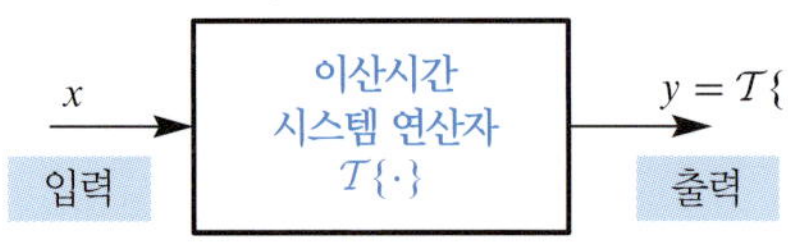

그림 5-1 이산시간 시스템의 블록 다이어그램 표현

1) 시스템은, 제7장과 제9장에서 소개될 푸리에 변환이나 z-변환과 같이, 변환(transform)이라고 불리는 수학적 방법으로 잘 해석될 수 있다. 고급 신호 및 시스템 교재에서 더 심도 있게 다루어진다.

5-1 이산시간 시스템

이산시간 시스템은, **입력 신호**라고 부르는, 하나의 이산시간 신호를 **출력 신호**라는 다른 이산시간 신호로 변환하는 계산 과정이다. 앞서 언급했듯이, 시스템은 그림 5-1의 블록 다이어그램으로 그려볼 수 있다. 제4장에서 샘플링과 복원 과정을 표현하는 데 비슷한 블록 다이어그램을 사용했다. 샘플링의 경우, 입력 신호는 연속시간 신호이고, 출력 신호는 이산시간 신호이다. 반면에 복원 과정에서는 그 반대이다. 지금은 입력과 출력이 모두 이산시간 신호인 이산시간 시스템을 공부하고자 한다. 이런 시스템들은 매우 중요한데, 왜냐하면 이런 시스템은 디지털 계산으로 구현될 수 있고, 여러 가지 유용한 방법으로 신호들을 변화시킬 수 있기 때문이다.

일반적으로, 시스템의 작용을 다음과 같이 나타낸다.

$$x[n] \stackrel{\mathcal{T}}{\longmapsto} y[n]$$

이 수식은 출력 시퀀스[2] y는 입력 시퀀스 x와, 수학적으로 연산자 $\mathcal{T}$[3]로 나타낼 수 있는, 계산 절차 (또는 매핑)로 관련되어 있다는 것을 간결하게 나타낸다. 이산시간 신호는 단순히 수열이므로, 이런 연산자들은 입력 신호의 값들로부터 출력 신호의 값들을 계산하는 수식을 제공함으로 나타낼 수 있다. 예를 들어,

$$y[n] = (x[n])^2$$

관계는 입력 신호 값을 제곱하여 출력하는 매우 간단한 시스템을 나타낸다. 이 경우, 시간 인덱스 n에서의 출력값은 단지 같은 시간 인덱스 n에서의 입력값에만 관련된다. 좀 더 복잡한 예는 다음과 같이 3개 중 최대값을 구하는 시스템이 될 수 있다.

$$y[n] = \max\{x[n], x[n-1], x[n-2]\}$$

이 경우, 출력값은 연속된 3개의 입력값들, n의 인덱스를 갖는 **현재 값**, $n-1$과 $n-2$를 갖는 두 개의 **과거 값들**과 관련이 있다. 이 두 가지 간단한 예들에서 볼 수 있듯이, 시스템의 정의는 종종 하나의 신호 $x[n]$을 또 다른 신호 $y[n]$으로 변환하는 공식이나 또는 계산 과정으로 주어진다.

이산시간 시스템은 정의하기에는 수많은 가능한 방법이 존재하므로, 이산시간 시스템을 효과적으로 공부하기 위해서는 우리가 공부하는 시스템의 특성을 어느 정도 제한할 필요가 있다. 이 장에서는 **FIR 필터**라고 하는 아주 중요한 이산신호 시스템을 소개하면서, 이산시간 시스템에 대한 공부를 시작한다. 특별히, 이산시간 FIR 시스템의 표현, 구현과 분석을 통해 이 시스템이 어떻게 신호를 변화시킬 수 있는지를 알아볼 것이다.

5-2 이동 평균 필터

이산시간 신호의 간단하지만 유용한 변환으로 **이동 평균(Running Average)**이 있다. 이는 두 개 이상의 연속된 신호열의 값들의 평균을 이동하면서 계산하여 평균값들의 새로운 신호를 만든다.[4]

2) 시퀀스 (sequence)라는 용어는 이산시간 신호와 동등하므로, 두 용어가 구별 없이 사용된다.

3) 연산자는 함수의 개념과 유사한 수학적 개념이다. 이산시간 연산자 $\mathcal{T}$는 하나의 숫자에서 또 다른 숫자로의 매핑이 아닌, 전체 신호 (입력)에서 또 다른 신호(출력)로의 매핑이다.

평균은 데이터의 변화가 심하거나, 해석하기 전에 부드럽게 할 때 보통 사용한다. 예를 들어, 주가는 날마다, 또는 시간마다 눈에 띄게 변한다. 따라서 우리가 주가의 경향을 알아보려면, 며칠간의 주가를 평균해 보기도 한다. 매일 일어나는 또 다른 예로는 신용카드 잔고를 들 수 있으며, 여기서 이자는 하루의 **평균** 잔고에 부과된다. FIR 필터는 이동 평균의 개념을 일반화시킨 것이다.

FIR 시스템에 대한 일반적인 정의를 끌어내기 위하여, 시스템이 출력 신호를 만들기 위하여 입력 신호를 어떻게 처리하는지에 대한 예로서 간단한 이동 평균을 알아본다. 좀 더 구체적으로, 각 출력 신호들의 값은 연속된 3개의 입력값의 합을 3으로 나눈 3-포인트 이동 평균을 고려해 본다.[5] 그림 5-2(a)에 보인 삼각형 형태의 입력 신호에 이 3-포인트 이동 평균을 적용해 보면 $y[n]$이라고 불리는 새로운 신호를 계산할 수 있다. 그림 5-2(a)의 신호는 **유한길이(Finite-length)** 신호의 한 예이다. 이런 신호에서 신호 값이 0이 아닌 구간을 **서포트(Support)**라고 한다; 이 경우, 서포트는 유한 구간 $0 \le n \le 4$이다. $\{x[0], x[1], x[2]\} = \{2, 4, 6\}$ 값들에 대한 3-포인트 이동 평균을 취하면, 답은 $\frac{1}{3}(2+4+6) = 4$가 된다. 이 결과는 출력값 중 하나가 된다. 다음 출력값은 $\{x[0], x[1], x[2]\} = \{4, 6, 4\}$을 평균하여 14/3가 된다. 더 계산해 나가기 전에 출력에 인덱스를 적용하는 방법을 정한다. 예를 들어, 4와 14/3는 $y[0]$과 $y[1]$으로 표현할 수 있으며, **이 방법은 여러 가지 표현 가능한 방법 중의 하나일 뿐이다.** 이렇게 인덱스를 주면, 입력으로부터 출력을 구하는 식은

$$y[0] = \tfrac{1}{3}(x[0] + x[1] + x[2])$$
$$y[1] = \tfrac{1}{3}(x[1] + x[2] + x[3])$$

와 같으며, 위 식을 입출력 방정식으로 일반화하면,

$$y[n] = \tfrac{1}{3}(x[n] + x[n+1] + x[n+2]) \tag{5.1}$$

와 같다. 식 (5.1)로 주어지는 식을 **차분 방정식**이라고 한다. 이 식은 FIR 시스템을 완벽하게 표현해 주며, 왜냐하면, 식 (5.1)을 이용하면 $-\infty < n < +\infty$에 있는 모든 n의 값에 대하여 전체 출력을 계산할 수 있기 때문이다. 그림 5-2(a)에 있는 입력에 대한, 식 (5.1)의 출력은 다음과 같이 표로 정리한 신호 $y[n]$이 된다.

n	$n<-2$	-2	-1	0	1	2	3	4	5	$n>5$
$x[n]$	0	0	0	2	4	**6**	**4**	**2**	0	0
$y[n]$	0	$\frac{2}{3}$	2	4	$\frac{14}{3}$	**4**	2	$\frac{2}{3}$	0	0

신호 $x[n]$에서 파란색의 값들은 $y[2]$를 계산하는 데 사용되는 숫자들이다. 유한 구간 $-2 \le n \le 4$의 바깥쪽 구간에서 $y[n] = 0$이다; 이와 같이, 출력도 유한한 서포트를 갖는다. 출력 신호의 그래프는 그림 5-2(b)에 보였다. 출력 신호의 서포트가 입력 신호보다 더 길며 (더 많은 0이 아닌 값들을 갖는다), 이것이 FIR 필터의 전형적인 특성이다.

출력의 인덱스를 정하는 것은 임의로 할 수 있지만, n이 보통 시간 인덱스이므로, 필터의 성질에 대하여 언급할 때는 중요한 문제가 될 수 있다. 예를 들어, 식 (5.1)로 정의되는 필터는 입력이 시작되기 전에 출력의 값이 시작된다 (0이 아닌 값이 나온다)는 성질이 있다. 이 현상은, 오디오 신

4) 이동 평균은 moving average라고도 불린다.

5) 일반적으로 신호 값은 샘플 또는 포인트(점)의 값을 지칭한다. 샘플이라는 용어는 샘플 값을 줄인 것이며 많은 신호들이 샘플링으로부터 생성되므로, 곧 신호 값을 말한다.

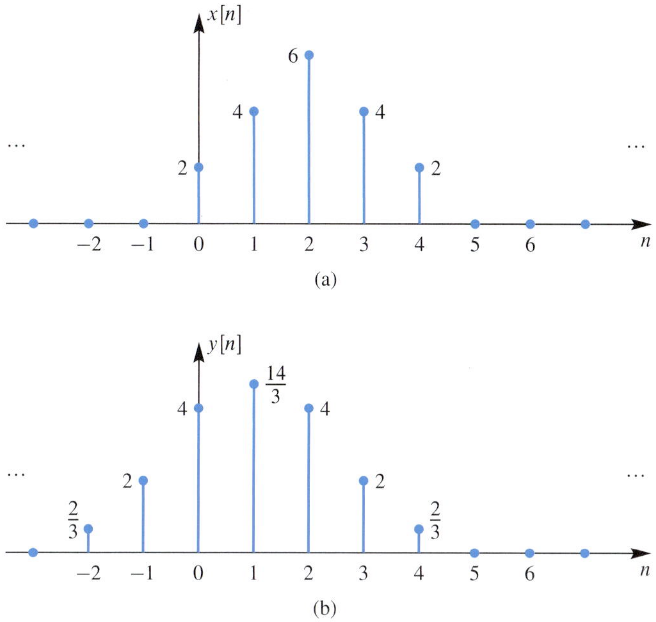

그림 5-2 (a) 유한길이 입력 신호 $x[n]$, (b) 이동 평균 필터의 출력 $y[n]$

호처리 응용에서 흔히 일어나는 것과 같이, 입력 신호의 값이 A/D 변환기로부터 직접 들어오는 경우, 이러한 상황은 전혀 바람직하지 않다. 이 경우에, n은 시간을 나타내고, 식 (5.1)의 $y[n]$은 세 개의 입력값들로부터 나오는 **현재**의 출력값을 계산한 것이다. 이 입력들은 각각 n, $n+1$, $n+2$로 인덱스가 주어졌으므로, 이 중 두 개는 **미래**의 값이다. 이 형태의 3-포인트 이동 평균 필터는 다음 식의 우변의 표기로 간략하게 나타낼 수 있다.

$$y[n] = \tfrac{1}{3}(x[n] + x[n+1] + x[n+2]) = \tfrac{1}{3}\sum_{\ell=n}^{n+2} x[\ell] \tag{5.2}$$

이 식에서, ℓ은 합을 계산하기 위한 **더미(Dummy)** 인덱스이고, n은 출력 신호의 n번째 샘플을 나타내는 인덱스이다. 입력 신호를 $-\infty < \ell < +\infty$까지 $x[\ell]$로 나타낼 때, 우리는 신호 전체를 생각한다. 만일 n을 현재[6]라고 나타내면, 식 (5.2)는 n에서의 출력은 n일 때의 입력 (즉, $x[n]$)과 두 개의 미래 값, $x[n+1]$과 $x[n+2]$의 평균값이라고 알려준다.

일반적으로, **과거** 또는 **미래** 또는 둘 다의 샘플 값들은 이동 평균 계산에 이용될 수도 있다. 그림 5-3은 과거와 미래의 입력 샘플 값들이 출력 신호의 현재값을 계산하는 데 사용되는 경우에 대하여 보여준다. 3-포인트 이동 평균의 모든 경우에서, 3개의 샘플들의 **슬라이딩 윈도우(Sliding Window)**는 $y[n]$을 계산하는 데 어떤 3개의 샘플들이 사용되는지를 결정한다. 그림 5-3은, 또한 출력 샘플 값을 만들기 위해 세 개 이상의 샘플들이 사용되는 경우를 보여준다.

과거와 현재의 입력값만을 이용하는 필터를 **인과 필터(Causal Filter)**라고 하며, 이는 결과가 원인보다 앞서지 않는다는 것을 의미한다. 그러므로 입력의 미래 값을 이용하는 필터를 **비인과(Non-causal) 필터**라고 부른다. 출력을 계산해야 할 때 입력값은 아직 이용할 수 없으므로, 비인과 시스템은 실시간 시스템에서는 구현될 수 없다. 반면에, 컴퓨터 내에서 저장되어 있는 데이터를 조작하는 경우에는 인과성의 문제는 심각한 제약이 되지 않을 수도 있다.

6) 가끔 여기에서처럼 표기가 명확하지 않을 수 있다. 의미가 명확할 때는, n에서의 신호의 값만이 아닌 전체 열을 의미할 때도, 단지 신호 $x[n]$이라고 지칭할 수 있다.

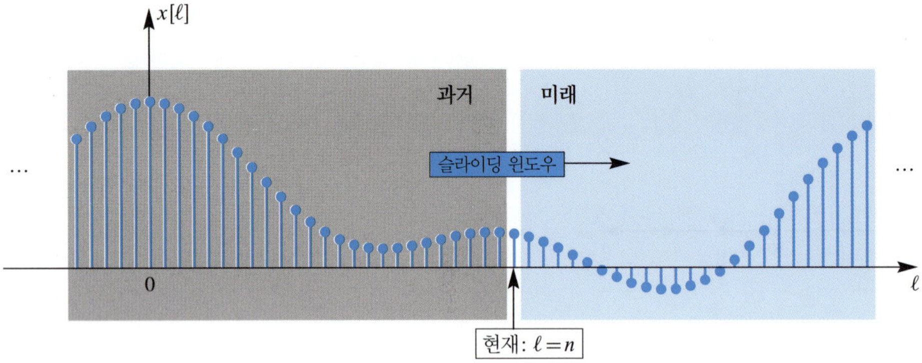

그림 5-3 현재 시간 ($\ell = n$)에서의 필터 계산에서는 슬라이딩 윈도우 내의 값들을 사용한다. 회색 영역은 과거 ($\ell < n$)를; 파란색 영역은 미래 ($\ell > n$)를 나타낸다. 이 그림에서 슬라이딩 윈도우는 과거와 미래의 모든 값들을 포함한다.

출력에 다른 인덱스 방법을 사용하면 3-포인트 평균 필터가 인과성을 갖도록 할 수 있다. 이 경우, 출력값 $y[n]$은 n(현재), $n - 1$(한 샘플 전), $n - 2$(두 샘플 전)에서의 입력값들을 평균하여 구한다. 이 필터[7]의 차분 방정식은 다음과 같다.

$$y[n] = \tfrac{1}{3}(x[n] + x[n-1] + x[n-2]) = \sum_{\ell=n-2}^{n} \tfrac{1}{3}x[\ell] \tag{5.3}$$

이 식에서 상한값은 n이며, 그래서 합에서는 더 이상 미래의 값을 포함하지 않고, 슬라이딩 평균의 구간은 $n - 2$로부터 n까지다. 식 (5.3)으로 주어지는 형태는 **인과 이동 평균기(Causal Running Averager)**이며, **역방향 평균(Backward Average)**이라고 부르기도 한다. 합의 간단한 조작으로, 식 (5.3)은 다음과 같이 나타낼 수 있다.

$$y[n] = \tfrac{1}{3}(x[n] + x[n-1] + x[n-2]) = \sum_{k=0}^{2} \tfrac{1}{3}x[n-k] \tag{5.4}$$

식 (5.4)에서, 합 계산을 위한 인덱스는, 꼭 필요하지는 않지만, 식 (5.3)에서의 ℓ과 구별하기 위하여 k로 나타낸다. ℓ과 k는 **더미** 인덱스들이며, 그 의미는 오직 계산을 위해 사용되는 항들을 나타내기 위하여 사용되는 임의의 문자라는 의미이며, 그래서 식 (5.3)과 식 (5.4) 좌측의 식에서 숫자로 대체된다. 그러므로 ℓ과 k는 모두 n과는 구별되는 다른 어떤 편리한 문자와도 바꿀 수 있다.

인과 차분 방정식 (5.3)과 (5.4)를 이용해서, 결과 값들의 표를 만들 수 있다.

n	$n < -2$	-2	-1	0	1	2	3	4	5	6	7	$n > 7$
$x[n]$	0	0	0	2	4	6	4	2	0	0	0	0
$y[n]$	0	0	0	$\frac{2}{3}$	2	4	$\frac{14}{3}$	4	2	$\frac{2}{3}$	0	0

여기서 파란색으로 쓴 $x[n]$ 값들은 $y[2]$가 아닌 $y[4]$를 계산하는 데 사용되는 점을 유의한다. 결과 신호 $y[n]$은 먼저와 같은 값들을 가지나, 이 값들의 서포트는 지금은 $0 \le n \le 6$이다. 인과 필터의 출력은 단지 이전의 비인과 필터의 결과를 이동시킨 것이다. 이 필터는 출력을 계산하는 데 현재와 두 개의 과거 입력값들만을 사용하였으므로 인과성을 가진다. 그러므로 입력에 0이 아닌 값이 나오기 이전까지 출력값은 0이다.

7) 3-포인트 이동 평균기에서 3으로 나누는 것을 식 (5.3)과 식 (5.4)에서는 각 항에 1/3의 값을 가진 계수로 구현된다.

연습문제 5.1 그림 5-2(a)의 입력에 대한 아래의 **중간 이동 평균기(Centralized Running Average)**의 출력을 계산하여라.

$$y[n] = \frac{1}{3}(x[n+1] + x[n] + x[n-1])$$

이 필터는 인과적인가 아니면 비인과적인가? 이 입력에 대한 출력의 서포트를 구하여라. 그림 5-2(b)에 있는 출력과 비교하여라.

5-3 일반적인 FIR 필터

식 (5.4)의 인과 이동 평균은 일반적인 차분 방정식

$$y[n] = \sum_{k=0}^{M} b_k\, x[n-k] = b_0 x[n] + b_1 x[n-1] + \cdots + b_M x[n-M] \tag{5.5}$$

의 특별한 경우이며, 여기서 계수 b_k는 고정된 값이다. 보통 계수 b_k들은 모두 같지는 않으며, 그러므로 식 (5.5)는 $M + 1$개의 샘플들에 **가중치가 있는 이동 평균(Weighted Running Average)**이라 정의할 수 있다. 3-포인트 이동 평균인 식 (5.4)는 식 (5.5)에서 $M = 2$이고 $b_k = 1/3$인 경우이다. 식 (5.5)에서 보면, $y[n]$을 계산하는 데 $\ell = n, n-1, n-2, \ldots, n-M$에 대한 $x[\ell]$ 값들 (즉, $x[n]$, $x[n-1]$, $x[n-2]$ 등)이 필요하다. 그림 5-4를 보면, 인과 FIR 필터가 출력을 계산하기 위해 $x[n]$과 과거 M개의 샘플 값들을 이용한다는 것을 알 수 있다. 식 (5.5)의 합이 미래의 입력 샘플 값들을 포함하지 않으므로, 이 시스템은 인과적이다. 따라서 입력값에 0이 아닌 값들이 나올 때까지 결과값은 나오지 않는다.[8)]

FIR 필터의 두 번째 일반적인 형태는, $M = 2$이고 $k = 0, 1, 2$일 때 $b_k = 1/3$인 경우 식(5.3)이 되는데, 식 (5.5)에서 $\ell = n - k$(또는 등가적으로 $k = n - \ell$)로 바꾸고 합의 상한과 하한을 조정하여

$$y[n] = \sum_{\ell=n-M}^{n} b_{n-\ell}\, x[\ell] = b_M x[n-M] + b_{M-1} x[n-M+1] + \cdots + b_0 x[n] \tag{5.6}$$

과 같이 구할 수 있다. 식 (5.5)와 (5.6)은 모두 필터 계수 열 b_k의 아래 첨자가 입력 순서의 인덱스에 대하여 역순으로 되어 있다. 식 (5.6)에서 b_0가 입력 $x[n]$의 현재 값과 곱해지는 반면, b_M은 가장 먼 과거의 입력값 $x[n-M]$과 곱해진다. 이러한 식은 그림 5-4와 같이 슬라이딩 윈도우를 시각화하여 보여주며, 이 그림에서 회색으로 칠해진 막대는 각각 역순으로 나열된 필터의 계수들을 포함한다.

그림 5-4는, 또한 입력 신호가 처음과 끝이 있는 유한길이 신호일 때 무엇이 일어나는지 보여준다. 이 경우, $\ell < 0$과 $N \le \ell$일 때 입력은 0이므로, $0 \le \ell \le N-1$인 경우에만 0이 아니게 된다. 이 잠재적으로 0이 아닌 구간은 신호 $x[n]$의 **서포트**라고 부른다. 입력이 길이 N인 유한한 서포트를 갖는다면, 처음 M개의 출력 샘플에서는, 필터의 슬라이딩 윈도우가 입력과 겹치기 시작하면서

8) 비인과 시스템은 식 (5.5)를 수정하여 합의 인덱스 k가 음수 값들을 갖도록 하면 나타낼 수 있다는 점을 참고한다.

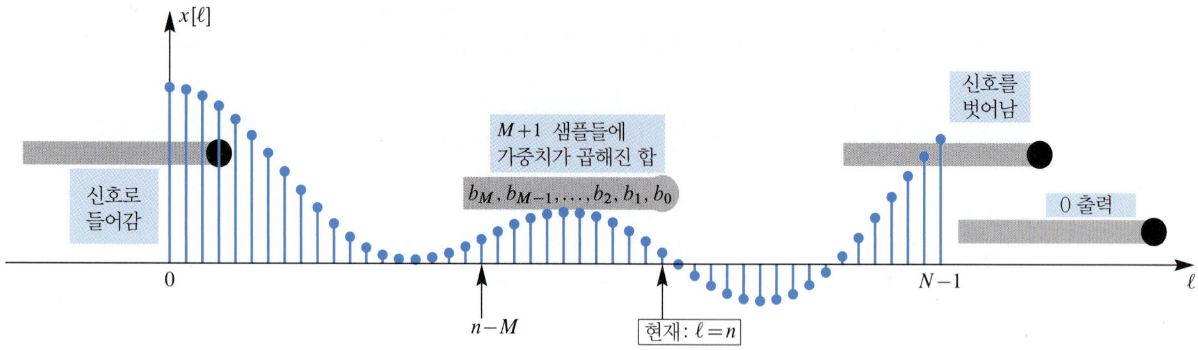

그림 5-4 (회색) 슬라이딩 윈도우의 여러 위치에 따른 M차 인과 FIR 필터의 동작. 슬라이딩 윈도우는 가중치가 있는 평균이 계산될 $M+1$ 개의 샘플들로 이루어진다. 입력 신호 $x[\ell]$이 유한할 때(N 샘플들), 슬라이딩 윈도우는 입력 신호로 들어갔다가 나오며, 그래서 결과적으로 얻는 출력도 유한한 길이를 갖는다.

$M+1$개보다 더 적은 수의 계산이 포함되며, 또한 필터의 슬라이딩 윈도우가 입력을 빠져나오는 마지막 M개의 출력 샘플에서도, $M+1$개보다 적은 수의 계산이 포함된다. 또한, 그림 5-4에서 알 수 있는 것은 필터가 입력 신호를 빠져나오기 시작할 때, 추가적인 출력값들이 만들어지고, 그래서 출력은 입력 서포트보다 M개의 샘플만큼의 더 긴 서포트를 갖는다는 것을 보여준다. 그러므로 출력 신호의 길이는 $N+M$ 샘플들이며, 이때 n은 입력 신호의 길이이다. FIR 필터의 입출력에 대한 이런 일반적인 사실들은 다음 예제에서 확인할 수 있다.

예제 5-1 3-포인트 이동 평균으로의 펄스 입력

식 (5.6)의 슬라이딩 윈도우의 형태로 나타내진 3-포인트 이동 평균 시스템은 다음과 같이 표현된다.

$$y[n] = \sum_{\ell=n-2}^{n} \tfrac{1}{3} x[\ell]$$

이때 입력은 그림 5-5(a)에 보인 것과 같이

$$x[n] = \begin{cases} 1 & 0 \le n \le 10 \\ 0 & \text{이외} \end{cases}$$

이다. $x[n]$을 **펄스 입력**이라고 말하는데, 그 이유는 길이 11의 짧은 간격 동안 0이 아닌 상수가 지속되기 때문이다. 그림 5-5(a)에서 음영 부분은 $n=0, 6, 14$일 때의 출력 계산과 관련된 $x[\ell]$의 세 개의 샘플들을 강조하고 있다. 이 특별한 경우들은 길이가 3인 인과적 **슬라이딩 윈도우**가 입력 신호의 각각 샘플들을 지나면서 출력 신호를 어떻게 만드는지를 보여준다. 그림 5-5(b)의 출력에서 3개의 강조된 샘플들은 그림 5-5(a)에 표시된 3개의 평균 구간들에 대응된다. 마지막으로, $n<0$과 $n>12$일 때 출력은 0이 되며, 그 이유는 평균에 사용되는 입력값들이 0인 값들만 있기 때문이다. 또한, $n=0, 1, 2$일 때의 결과는 0에서 1사이의 직선이 된다. 왜냐하면 n이 $0 \le n \le 2$ 구간에서 오른쪽으로 이동해 감에 따라 평균 구간에 한 개씩의 단위 샘플을 추가하기 때문이다. 비슷한 경사로 같은 모습이 펄스 간격의 끝에서 일어나며, 여기서는 구간을 오른쪽으로 움직이면서 평균을 함에 따라 0이 아닌 샘플들이 점점 더 적어진다. 구간 $2 \le n \le 10$에서 출력은 상수인 1의 값을 가지며, 여기서 평균 구간은 $x[n]=1$인 $x[n]$의 3개의 샘플들을 포함한다.

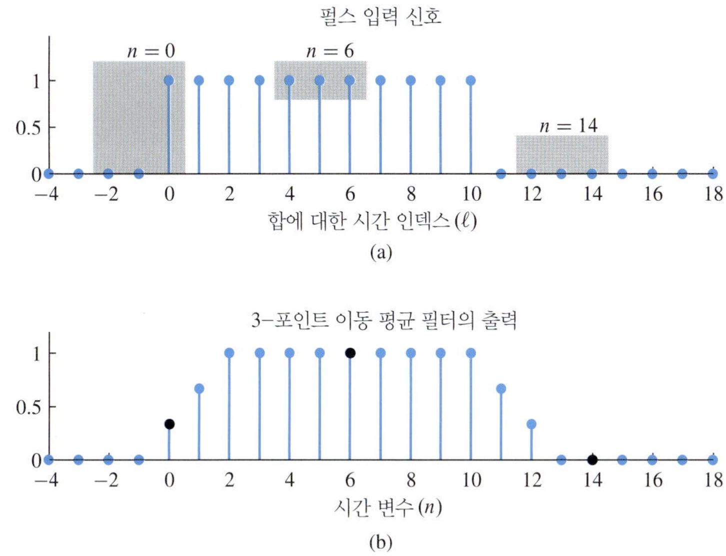

그림 5-5 3-포인트 이동 평균 필터의 출력 계산. (a) 입력 신호 $x[n]$은 길이 11인 펄스이다. 회색 부분은 이 FIR 필터의 슬라이딩 윈도우의 길이 3으로 평균을 하는 구간의 세 점의 위치이다. (b) 3-포인트 이동 평균기의 결과. $n = 0, 6, 13$에서 얻은 값들은 검정색 점으로 강조하였다.

예제 5-1은 앞에서 설명한 입출력 신호의 서포트를 보여준다: 만약 $x[\ell]$이 구간 $0 \le \ell \le N-1$에서만 0이 아니면, $k = 0, 1, 2, \ldots, M$에 대하여 $M + 1$개의 계수 $\{b_k\}$를 갖는 인과 FIR 필터에 대하여, 대응되는 출력 $y[n]$도 $n \ge 0$과 $n - M \le N - 1$일 때만 0이 아닌 값을 가질 수 있다. 그러므로 출력 신호의 서포트는 구간 $0 \le n \le N + M - 1$이며, 그래서 출력 서포트의 길이는 $N + M$ 샘플들이다. 이것은 $M + 1$개의 계수 값과 관계없이 성립한다. 예제 5-1에서 $N = 11$이고 $M = 2$이므로 출력은 구간 $0 \le n \le 12$에서 0이 아니며, 출력 신호의 길이는 13개의 샘플들이다. 문제 P-5.6은 신호 $x[n]$이 $n = N_1$에서 시작하고 $n = N_2$에서 끝나는 경우인 일반적인 경우를 고려한다.

예제 5-2 FIR 필터 계수

일반적으로, FIR 필터는 일단 필터 계수들 $\{b_k\}$가 주어지면 완벽하게 정의된다. 예를 들어, 인과 필터의 계수들이

$$\{b_k\} = \{3, \ -1, \ 2, \ 1\}$$

이라면, $M = 3$이고, 길이 4인 필터가 되며, 식 (5.5)는 다음과 같이 4-포인트 차분 방정식으로 확장된다.

$$y[n] = \sum_{k=0}^{3} b_k x[n-k] = 3x[n] - x[n-1] + 2x[n-2] + x[n-3]$$

파라미터 M은 FIR 필터의 **차수(Order)**라고 한다. 필터 계수의 개수는 필터의 **길이(L)**라고 한다. 보통, 길이는 차수보다 1만큼 더 크다. 즉, $L = M + 1$이 성립한다. 이 **차수**라는 용어는 제9장에서 z-변환을 소개할 때, 보다 자세한 의미를 알 수 있게 된다.

연습문제 5.2 계수가 $\{b_k\} = \{3, -1, 2, 1\}$이고 길이가 4인 필터에 대한 출력 $y[n]$을 계산하여라. 입력 신호는 그림 5-2(a)에 주어진 것을 이용한다. 여기서 표로 주어진 답이 맞는지 확인하고, 빠진 부분을 채워 넣어라.

n	$n<0$	0	1	2	3	4	5	6	7	8	$n>8$
$x[n]$	0	2	4	6	4	2	0	0	0	0	0
$y[n]$	0	6	10	18	?	?	?	8	2	0	0

5-3.1 FIR 필터의 설명

지금까지 배운 내용을 설명하고, FIR 필터가 신호를 어떻게 바꿀 수 있는지 다음 신호를 생각해 본다.

$$x[n] = \begin{cases} (1.02)^n + \frac{1}{2}\cos(2\pi n/8 + \pi/4) & 0 \le n \le 40 \\ 0 & \text{이외} \end{cases}$$

두 성분들의 합인 이 신호는 그림 5-6(a)에 파란색 점으로 표시되었다. 이런 신호는 실제로 자주 볼 수 있다. 즉, 한 성분이 원하는 신호이며, 이 경우 천천히 변하는 지수 성분인 $(1.02)^n$이라고 할 수 있고, 다른 성분은 원하지 않는 신호로, 원하는 신호를 관찰할 때 신호의 품질을 낮추는 **잡음 (noise)** 또는 **간섭 (interference)**으로 간주된다. 이 경우, 우리는 정현파 성분 $\frac{1}{2}\cos(2\pi n/8 + \pi/4)$를 제거하고자 하는 간섭 신호라고 생각한다. 그림 5-6에서 각 그래프에 중첩되어 있는 것으로 보이는 지수적으로 증가하는 실선은, 세 그림 모두에서 참고로 하기 위하여 원하는 신호를 $(1.02)^n$의 각 샘플 값들을 직선으로 연결한 것이다.

이제 신호 $x[n]$을 인과 3-포인트 이동 평균기의 입력이라고 하자. 즉,

$$y_3[n] = \sum_{k=0}^{2} \tfrac{1}{3} x[n-k] \tag{5.7}$$

이 경우, $M = 2$이고, 계수들은 모두 1/3이다. 이 필터의 출력은 그림 5-6(b)에 보였다. 이 그래프에서 몇 가지 사실을 주목할 수 있다.

(a) 입력 신호 $x[n]$은 $n = 0$ 이전에는 0이라는 것을 관찰할 수 있고, 식 (5.7)로부터, $n < 0$에서 출력이 0이다.

(b) 출력은 $n = 0$에서부터 0이 아닌 값을 가지며, 출력 신호의 0이 아닌 부분이 시작하는 부분에서의 길이 $M = 2$인 음영 구간[9]은 2-포인트 평균기가 입력 신호 안으로 **들어가기 시작하는** 구간이다. 3-포인트 평균 윈도우에서 입력이 모두 0이 아닌 구간은 $2 \le n \le 40$이다.

(c) 끝에 길이 $M = 2$인 또 다른 음영 구간이 있으며 ($n = 40$ 이후에), 여기서는 필터 윈도우가 입력 신호로부터 **벗어나기 시작한다**.

9) 예제 5-1에서, 음영은 입력 신호에 대하여 이동 평균 구간을 강조하기 위해 사용하였다. 그림 5-6(b)와 (c)에서 음영은 평균을 하는 구간이 유한-길이 입력 신호와 만나기 시작하고 떨어지기 시작하는, 출력 신호의 시작과 끝 부분의 고정 구간을 강조하기 위하여 출력 신호에 사용되었다.

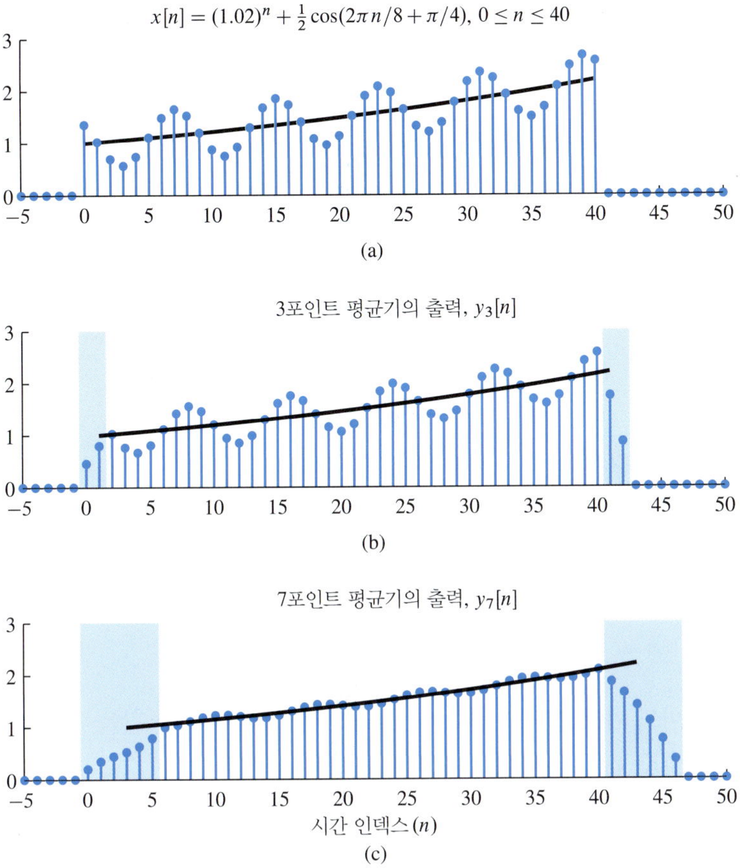

그림 5-6 이동 평균 필터의 설명. (a) 입력 신호, (b) 3-포인트 평균기의 결과, (c) 7-포인트 평균기의 결과

(d) $y_3[n]$에서의 정현파 성분의 크기가 약간 줄어들었음을 관찰할 수 있다. 그러나 정현파 성분이 필터 때문에 제거되지는 않았다. 지수 성분의 값을 나타내는 실선은, 인과 필터에 의하여 발생되는 이동을 반영하기 위하여, $M/2 = 1$만큼 우측으로 이동했다.

3-포인트 이동 평균기를 이용하면 입력 신호의 변동하는 정도는 거의 줄이지 못하며, 그래서 원하는 성분을 복원하지 못했다. 직관적으로, 평균하는 구간이 더 길어지면, 더 좋은 결과를 얻을 수 있을 것이라고 생각할 수도 있다. 그림 5-6(c)의 그래프에서는

$$y_7[n] = \sum_{k=0}^{6} \tfrac{1}{7} x[n-k] \tag{5.8}$$

로 정의되는 7-포인트 이동 평균의 출력을 보인다. 이 경우, $M = 6$이고 계수가 모두 1/7이므로, 다음과 같은 사실을 알 수 있다.

(a) 출력의 시작과 끝 부근, 음영 구간의 길이는 이제 $M = 6$이다.

(b) 이제 정현파 성분의 크기는 입력 신호와 비교해서 크게 줄어들었으며, 출력의 성분도 입력의 지수 성분과 매우 가깝다 ($M/2 = 3$ 샘플만큼 이동 후에).

이 예제에서 무슨 결론을 얻을 수 있을까? 첫째로, FIR 필터링을 이용하여 신호를 유용하도록 변형할 수 있다. 둘째, 평균 구간 길이는 결과로 나오는 출력에 크게 영향을 미친다. 셋째, 이동 평균을 하면 $M/2$만큼 이동된다. 이 모든 관찰들은 식 (5.5)에 정의된 좀 더 일반적인 FIR 필터에 적

용할 수 있다. 그러나 이 예제에 대한 자세한 내용을 전체적으로 알기 전에, FIR의 성질들을 자세히 알아봐야 한다. 이 예제가 의미하는 것은 제6장이 끝나면 완벽하게 알 수 있다.

연습문제 5.3 MATLAB을 이용하여 8-포인트 평균기를 구현하고 그림 5-6(a)의 신호에 적용해 본다. 길이가 8인 슬라이딩 윈도우가 완벽히 입력 신호와 겹치는 부분에서의 출력에서는 사인 파형간섭이 없어야 한다. MATLAB 출력에서 그 사실을 확인하고 8-포인트의 이동 평균기의 효과를 생각하면서 왜 그런지 설명하여 보아라.

5-4 단위 임펄스 응답과 콘볼루션

이 절에서는, 세 가지 새로운 개념을 소개한다: 단위 임펄스 신호, 단위 임펄스 응답, 그리고 콘볼루션 합이다. **임펄스 응답은 FIR 필터의 모든 특성들을 제공한다**는 것을 보인다. 그 이유는 콘볼루션 합이 단위 임펄스 응답을 알 때, 입력으로부터 출력을 계산하는 공식을 주기 때문이다.

5-4.1 단위 임펄스열

단위 임펄스(Unit Impulse)는 아마도 가장 간단한 신호이며, $n = 0$에서만 0이 아닌 값을 갖기 때문이다. 수학적인 표현은 크로네커(Kronecker) **델타 함수(Delta Function)**이다.

$$\delta[n] = \begin{cases} 1 & n = 0 \\ 0 & n \neq 0 \end{cases} \tag{5.9}$$

아래 표에서 두 번째 줄과 같이 표현할 수 있다.

n	...	−2	−1	0	1	2	3	4	5	6	...
$\delta[n]$	0	0	0	1	0	0	0	0	0	0	0
$\delta[n-2]$	0	0	0	0	0	1	0	0	0	0	0

$\delta[n-2]$와 같이 이동한 임펄스는 입력 변수가 0일 때, $n - 2 = 0$, 즉 $n = 2$에서 0이 아닌 값을 갖는다. 위의 표에서 세 번째 줄은 이동한 임펄스 $\delta[n-2]$의 값을 나타내며, 그림 5-7은 이 신호의 그래프를 보여준다.

이동한 임펄스는 신호와 시스템을 표현하는 데 매우 유용한 개념이다. 예를 들어, 다음과 같은 신호를 생각해 본다.

$$x[n] = 2\delta[n] + 4\delta[n-1] + 6\delta[n-2] + 4\delta[n-3] + 2\delta[n-4] \tag{5.10}$$

이 식은 $x[n]$을 다섯 개의 0이 아닌 값으로 표로 만들어 정의하는 것과 같다. 식 (5.10)을 해석하기

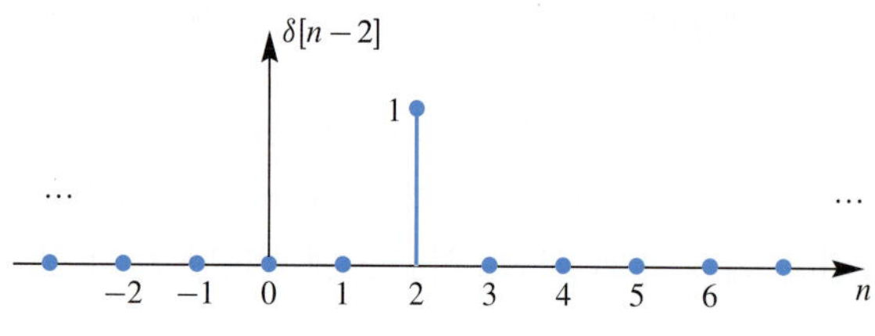

그림 5-7 이동한 임펄스 열 $\delta[n-2]$

위하여, 어떤 신호에 어떤 수를 곱하는 것의 의미는 그 신호의 각 값에 그 수를 곱하는 것과 같다. 마찬가지로 두 개 이상의 신호를 더하는 것은 해당 위치 (시간)에 대응되는 신호의 값을 각각 더하는 것과 같다. 아래 표에서는 식 (5.10)에 나오는 각 신호와 그 합을 보여준다.

n	...	−2	−1	0	1	2	3	4	5	6	...
$2\delta[n]$	0	0	0	2	0	0	0	0	0	0	0
$4\delta[n-1]$	0	0	0	0	4	0	0	0	0	0	0
$6\delta[n-2]$	0	0	0	0	0	6	0	0	0	0	0
$4\delta[n-3]$	0	0	0	0	0	0	4	0	0	0	0
$2\delta[n-4]$	0	0	0	0	0	0	0	2	0	0	0
$x[n]$	0	0	0	2	4	6	4	2	0	0	0

식 (5.10)은 그림 5-2(a)에 나오는 신호를 간결하게 표현한 것이다. 사실, 어떤 신호든 이 방법으로 표현할 수 있다. 식

$$\begin{aligned} x[n] &= \sum_k x[k]\delta[n-k] \\ &= \cdots + x[-1]\delta[n+1] + x[0]\delta[n] + x[1]\delta[n-1] + x[2]\delta[n-2] + \cdots \end{aligned} \tag{5.11}$$

은 k가 신호 $x[n]$의 모든 0이 아닌 값을 다룬다면 성립한다. 식 (5.11)의 의미는 명백하다. 이산시간 신호는 정확한 인덱스 위치에 정확한 크기를 갖는 샘플들을 위치하도록 스케일되고 이동된 임펄스들을 이용하여 만들 수 있다.

5-4.2 단위 임펄스 응답 신호

필터의 출력은 종종 입력에 대한 **응답(response)**이라고 불리며, 그래서 입력이 단위 임펄스 $\delta[n]$이면, 출력은 **단위 임펄스 응답(Unit Impulse Response)**이라고 한다.[10] 이 특별한 출력 신호에 대한 표기를 $h[n]$이라고 한다. 시스템의 블록 다이어그램에서 임펄스 응답을 강조하기 위하여, 임펄스 신호 $\delta[n]$을 입력에, 임펄스 응답 $h[n]$은 출력 쪽의 대응되는 위치에 표시한다. 이것은 그림 5-8의 블록 다이어그램에 보였다. 다른 말로 하여, FIR 필터의 식 (5.5)에 대한 입력이 단위 임펄스 신호일 때($x[n] = \delta[n]$), 출력은 (단위) 임펄스 응답 $h[n]$이다. 식 (5.5)에서 $x[n] = \delta[n]$으로 대체하면 출력 $y[n] = h[n]$을 준다.

$$h[n] = \sum_{k=0}^{M} b_k\,\delta[n-k] = \begin{cases} b_n & n = 0, 1, 2, \ldots, M \\ 0 & \text{이외} \end{cases}$$

우리가 관찰한 바와 같이 각각의 $\delta[n-k]$는 $n-k=0$일 때, 즉 $n=k$일 때만 0이 아니므로, 합은 각각의 n의 값에서 하나의 항으로 계산된다. 임펄스 응답을 표로 나타내면,

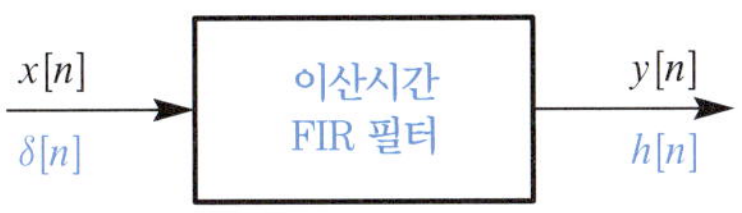

그림 5-8 임펄스 응답의 정의를 보여주는 블록 다이어그램. 입력 신호가 $x[n] = \delta[n]$일 경우, 정의에 의하여, 출력 신호는 임펄스 응답 $y[n] = h[n]$이라고 한다.

10) 보통 단위를 생략하여 주로 임펄스 응답이라고 쓴다.

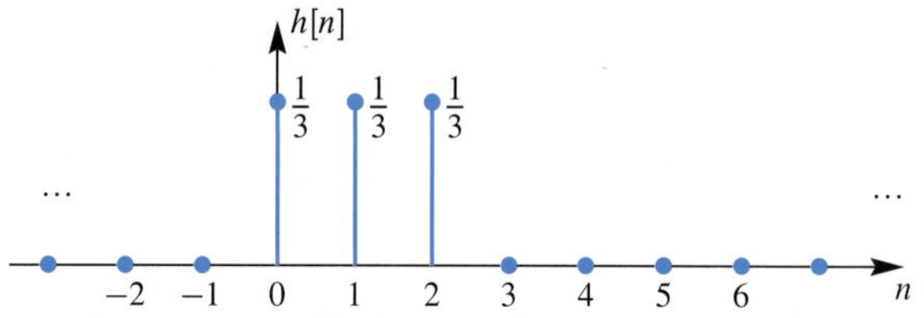

그림 5-9 3-포인트 이동 평균 필터의 임펄스 응답 $h[n]$

n	$n<0$	0	1	2	3	...	M	$M+1$	$n>M$
$x[n]=\delta[n]$	0	1	0	0	0	0	0	0	0
$y[n]=h[n]$	0	b_0	b_1	b_2	b_3	...	b_M	0	0

다른 말로 하면, FIR 필터의 임펄스 응답 $h[n]$은 단지 차분 방정식의 계수들의 열이다. $n<0$과 $n>M$일 때, $h[n]=0$이므로, 임펄스 응답 $h[n]$의 길이는 유한하다. 이것이 식 (5.5)의 시스템을 **유한 임펄스 응답(FIR)** 시스템이라고 부르는 이유이다. 그림 5-9는 인과성의 3-포인트 이동 평균 필터의 임펄스 응답을 그려 놓은 것이다. 임펄스 응답은 차분 방정식의 계수들의 열과 같기 때문에, FIR 필터는 임펄스 응답으로 완전하게 정의된다. 5-7절에서는, 이 특성이 더 넓은 범위의 LTI(Linear Time-Invariant) 시스템에도 또한 적용된다는 것을 보인다.

연습문제 5.4 다음 FIR 필터의 임펄스 응답을 구하고, 그래프를 그려라.

$$y[n]=\sum_{k=0}^{10}(k-3)x[n-k]$$

5-4.2.1 단위-지연 시스템

시스템을 n_0만큼 지연 또는 이동시키는 연산자도 중요한 시스템이다.

$$y[n]=x[n-n_0] \tag{5.12}$$

$n_0=1$이면 **단위 지연(Unit Delay)**이라고 한다. 단위 지연의 출력은 특별히 쉽게 그려 볼 수 있다. 그래프에서 $x[n]$의 값들을 오른쪽으로 하나의 시간 인덱스만큼 이동한다. 예를 들어, $y[4]$는 $x[3]$ 값을 갖고, $y[5]$는 $x[4]$ 값을, $y[6]$는 $x[5]$ 값을 가지는 형식으로 진행된다.

지연 시스템은 실질적으로 가장 간단한 FIR 필터이다; 이 시스템은 단지 하나의 0이 아닌 계수만을 갖는다. 예를 들어, **2만큼 지연**되는 시스템의 필터 계수들은 $\{b_k\}=\{0, 0, 1\}$이다. 이 FIR 필터의 차수는 $M=2$이고, 이에 대한 차분 방정식은 다음과 같다.

$$\begin{aligned}y[n]&=b_0x[n]+b_1x[n-1]+b_2x[n-2]\\&=(0)x[n]+(0)x[n-1]+(1)x[n-2]=x[n-2]\end{aligned}$$

참고: 2 만큼 지연하는 필터의 길이는 상황에 따라 $L=3$ 또는 $L=1$이다. MATLAB에서는 이 필터를 구현하기 위해서는 길이가 3인 벡터 `[0, 0, 1]`을 필요로 한다. 다른 한편으로, 차분 방정식에서는 오직 하나의 0이 아닌 필터 계수가 있으므로, 그래서 단지 하나의 차분 방정식 항을 갖는다.

그림 5-10은 그림 5-2(a)의 입력에 대한 2만큼 지연시킨 시스템의 출력을 보여준다. 이 지연 시스템의 임펄스 응답은 식 (5.12)에서 $x[n]$을 $\delta[n]$으로 대체하여 구할 수 있다. 2만큼 지연하는 경우,

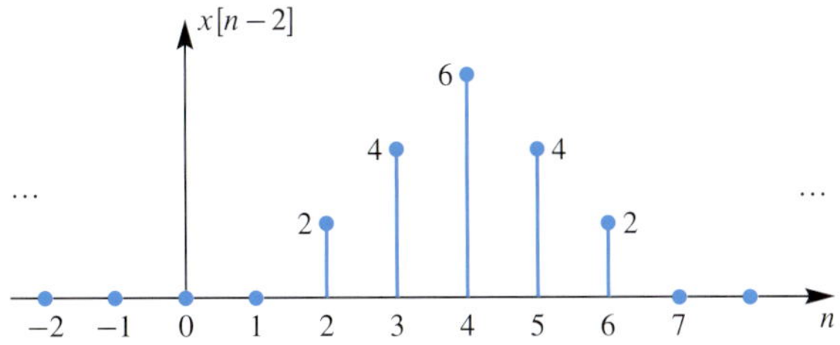

그림 5-10 그림 5-2(a)의 입력에 대한 지연된 유한길이 입력 신호 $y[n] = x[n-2]$

$$h[n] = \delta[n - n_0] = \delta[n-2] = \begin{cases} 1 & n = 2 \\ 0 & n \neq 2 \end{cases}$$

이 임펄스 응답의 그래프는 그림 5.7에서 보여준 이동한 임펄스가 될 것이다.

5-4.3 FIR 필터와 콘볼루션

FIR 필터의 출력에 대한 일반식 (5.5)는 임펄스 응답에 대하여 유도될 수 있다. 식 (5.5)의 필터 계수들은 임펄스 응답 값들과 동일하므로, 식 (5.5)에서 b_k를 $h[k]$로 바꾸면,

$$y[n] = \sum_{k=0}^{M} h[k]\,x[n-k] \tag{5.13}$$

를 얻는다. 이제 필터의 입력과 출력 사이의 관계는 입력과 임펄스 응답으로 표현된다. 식 (5.13)의 합은 유한 **콘볼루션 합(Convolution Sum)**이라고 불리며, 출력은 신호 $h[n]$과 $x[n]$을 콘볼루션하여 구한다라고 말한다. 이 용어는 콘볼루션이 두 신호들 사이의 연산임을 강조한다. 이 관점은 **콘볼루션 연산자**라는 새로운 용어를 도입하여 공식화된다. 별표(∗)는

$$y[n] = h[n] * x[n] \tag{5.14}$$

과 같이 나타냄으로써, $-\infty < n < +\infty$에 대하여 식 (5.13)을 계산하는 연산자를 나타내며, 이것은 "**출력 신호 $y[n]$은 임펄스 응답 $h[n]$을 입력 열 $x[n]$과 콘볼루션하여 얻어진다.**"라는 것을 의미한다.

5-7절에서는, 콘볼루션은 FIR 필터를 특별한 경우로 포함하는 매우 광범위한 부류의 매우 유용한 필터들에 대한 기본적인 입력-출력의 알고리즘이라는 것을 증명할 것이다. 또한, 무한길이의 신호에 적용할 수 있는 콘볼루션의 일반적인 형태

$$y[n] = h[n] * x[n] = \sum_{k=-\infty}^{\infty} h[k]\,x[n-k] \tag{5.15}$$

도 보여줄 것이다. 이 콘볼루션 합인 식 (5.15)는 무한길이의 임펄스 응답을 포함하기 위해 무한대의 상한값을 갖는다. 그러나 $n < 0$과 $n > M$에 대하여 $h[n] = 0$이면 식 (5.13)으로 축소된다.

5-4.3.1 콘볼루션의 출력 계산

5-2절에서는, 이동 평균 FIR 필터의 출력은 값들을 표로 만들어 계산하였다. 이 방법은 짧은 신호에 대해서는 가능하지만, 좀 더 복잡한 문제에서 일반적으로 표현하기에 부족하다. 그러나 식 (5.13)을 잘 해석해 보면 **수치로 계산하는 콘볼루션** 알고리즘으로 이끌어준다. 우선, 신호 값들의 상대적인 위치를 추적하는 그림 5-11의 표를 사용하여 구현할 수 있는 알고리즘을 설명한다. 그림

n	$n<0$	0	1	2	3	4	5	6	7	$n>7$
$x[n]$	0	2	4	6	4	2	0	0	0	0
$h[n]$	0	3	−1	2	1					
$h[0]x[n]$	0	6	12	18	12	6	0	0	0	0
$h[1]x[n-1]$	0	0	−2	−4	−6	−4	−2	0	0	0
$h[2]x[n-2]$	0	0	0	4	8	12	8	4	0	0
$h[3]x[n-3]$	0	0	0	0	2	4	6	4	2	0
$y[n]$	0	6	10	18	16	18	12	8	2	0

그림 5-11 합성 다항식 곱셈에 의한 유한길이 신호의 콘볼루션 계산

5-11의 예는 $x[n] = \{2, 4, 6, 4, 2\}$와 $h[n] = \{3, -1, 2, 1\}$을 어떻게 콘볼루션하는지를 보여준다. 첫 번째 단계는, 신호 $x[n]$과 $h[n]$의 신호 값들을 별도의 두 행에 써 놓는다. 그 다음으로 이른바 **합성 다항식 곱셈**과 유사한 방법을 이용하여 출력을 이동된 행들의 합으로 나타낸다.[11] 각각의 이동된 행들은 $x[n]$ 행과 하나의 $h[k]$ 값을 곱하고, 그 결과를 오른쪽으로 계속 이동해서 $h[k]$의 위치에 맞춤으로써 만들어진다. 최종 결과는 각 열을 따라 아래로 더함으로써 얻을 수 있다.

콘볼루션 합 식 (5.13)을 계산하기 위한 이 알고리즘을 증명하려면 합

$$y[n] = h[0]x[n] + h[1]x[n-1] + h[2]x[n-2] + \cdots$$

에서 각각의 항들을 조사하여 할 수 있다. $x[n-2]$와 같은 항은 $x[n]$ 신호를 오른쪽으로 두 열만큼 이동한 것이다. 곱하는 수 $h[2]$는 이동한 신호 $x[n-2]$에 곱하여 $h[2]x[n-2]$를 만들며, 이것은 표에 강조하였다. 각각의 항들은 반드시 더해져야 하며, 이것은 열을 따라 아래로 합산하여 수행된다.

연습문제 5.5 **합성 곱셈** 콘볼루션 알고리즘을 이용하여, 길이가 4인 임펄스 응답 $h[n] = \delta[n] - 2\delta[n-1] + 2\delta[n-2] - \delta[n-3]$에 대한 출력 $y[n]$을 계산하여라. 그림 5-2(a)에 주어진 신호를 입력으로 사용하라.

5-4.3.2 콘볼루션의 길이

새로운 용어를 사용하면, FIR 필터는 시스템의 입력과 유한길이 임펄스 응답의 콘볼루션을 출력으로 가지는 시스템이다. 이 관점에서 볼 때, 예제 5-1은 길이가 11인 펄스 신호와 3-포인트 임펄스 응답

$$h[n] = \tfrac{1}{3}\delta[n] + \tfrac{1}{3}\delta[n-1] + \tfrac{1}{3}\delta[n-2]$$

의 콘볼루션으로 다시 생각해 볼 수 있다. 그림 5-5(b)에서 보이는 필터의 출력 $y[n] = h[n]*x[n]$은 $0 \le n \le 12$에서 0이 아니다. 이 예는 일반적인 법칙을 설명해 준다. 즉, $x[n]$이 구간 $0 \le n \le L_x - 1$에서 0이 아닐 때, $L_h = M + 1$ 길이의 임펄스 응답을 갖는 인과 FIR 필터에서, 이에 대응되는 출력 $y[n]$은 오직 $n \ge 0$과 $n - M \le L_x - 1$일 때 0이 아닌 값을 가진다. 바꾸어 말하여, $y[n]$의 서포트는 구간 $0 \le n \le L_x + M - 1$이다. 그러므로 $y[n]$의 길이는

11) 이 용어는 더 잘 알려진 다항식의 조립제법에서 착안한 것이다.

$$L_y = L_x + L_h - 1 \tag{5.16}$$

이며, 그림 5-5(b)에서 $L_y = 11 + 3 - 1 = 13$이다.

또 다른 예는 그림 5-11에 있는 길이 5인 신호 $x[n]$과 길이 4인 신호 $h[n]$의 콘볼루션이다. 출력 $y[n]$은 $n = 0$에서 시작하여 $n = 7$에서 끝나므로, 길이가 8인 신호가 된다. 그림 5-11에서 $L_y = 5 + 4 - 1 = 8$이므로, 일반적인 식 (5.16)을 사용하여도 같은 결과를 얻는다.

신호가 $n = 0$에서 시작할 때, 식 (5.16)이 성립한다는 것을 증명하기 위해 합성 곱셈을 이용할 수 있다. $x[n]$의 길이가 L_x이기 때문에, 마지막 0이 아닌 신호 값은 $x[L_x - 1]$이다. 마찬가지로, $h[n]$은 $h[L_h - 1]$일 때 마지막으로 0이 아닌 값을 갖는다. 그림에서 $h[0]x[n]$에 대한 행은 $n = 0$에서 시작하고 $n = L_x - 1$에서 끝난다. 반면에, $h[L_h - 1]\,x[n - (L_h - 1)]$ 행은 $n = (L_x - 1) + (L_h - 1)$에서 끝난다. 열을 따라 아래로 더한 후, 콘볼루션 결과 $y[n]$은 $n = 0$에서 시작하고 $n = L_h + L_x - 2$에서 끝난다는 것을 알 수 있다. 그래서 $y[n]$의 길이는 $L_x + L_h - 1$이다. 문제 P-5.6에서는 신호 $x[n]$이 샘플 N_1에서 시작해서 N_2에서 끝나는 일반적인 경우를 고려한다.

5-4.3.3 MATLAB에서의 콘볼루션

MATLAB에서, FIR 시스템은 conv 함수[12]를 이용하여 구현할 수 있다. 예를 들어, 다음과 같은 MATLAB 명령들이 있다고 한다.

```
xn = sin(0.07*pi*(0:50));
hn = ones(11,1)/11;
yn = conv(hn, xn);
```

위의 프로그램은 길이 11의 신호 hn과 길이 51의 정현파 신호 xn과의 콘볼루션을 계산한다. MATLAB 벡터 hn을 다음과 같이 특별히 선택하면, 11-포인트 이동 평균 시스템이 된다.

$$h[n] = \begin{cases} 1/11 & n = 0, 1, 2, \ldots, 10 \\ 0 & \text{이외} \end{cases}$$

즉, 11개 필터 계수들은 모두 같은 1/11이다.

연습문제 5.6	MATLAB에서는, 콘볼루션은 길이가 유한한 신호들에서만 가능하다. 위의 MATLAB 콘볼루션으로 계산되는 출력 신호의 길이를 계산하여라.

연습문제 5.7	MATLAB을 이용하여 예제 5-1에서 그림 5-5의 그래프를 (음영 부분 없이) 재현하여라.

5-4.3.4 MATLAB에서 다항식의 곱셈

이미 콘볼루션이라 불리는 연산은 다항식 곱셈과 같다는 것을 언급했다. 9-4절의 z-변환에서는, 이 관계가 성립한다는 것을 증명한다. 이 시점에서 MATLAB에는 다항식의 곱셈을 하는 함수가 없다

12) MATLAB에서는 모든 데이터 벡터의 인덱스는 1부터 시작하는 반면 $x[n]$과 같은 수학 공식들은 $n = 0$에서 시작한다는 점을 주목한다. 따라서 MATLAB 프로그램에서는 이 차이점을 반드시 고려해야 한다.

는 점을 인지한다. 대신, 콘볼루션이 다항식의 곱셈과 같다는 것을 알아야 한다. 그러면, 다항식을 계수들의 이산시간 신호로 나타내고, conv 함수를 이용하여 콘볼루션하면, 다항식 곱셈이 된다.

연습문제 5.8	MATLAB의 conv 함수를 이용하여 다음 다항식의 곱셈을 계산하여라. $$P(x)=(1+2x+3x^2+5x^4)(1-3x-x^2+x^3+3x^4)$$

5-4.3.5 단위계단 신호의 필터링

앞 절에서 유한길이의 신호의 FIR 필터링을 설명했다. 그러나 입력 신호가 무한할 때도 안 될 이유는 없다. 한 예가 $n < 0$일 때 0의 값을 갖고 $n = 0$일 때, **켜지는** 신호인 **단위계단(Unit-step)** 신호이다.

$$u[n] = \begin{cases} 0 & n < 0 \\ 1 & n \geq 0 \end{cases} \tag{5.17}$$

그림 5-12(a)는 신호 $u[n]$의 그래프를 보여준다. $u[n]$이라는 기호는 단위계단만을 위하여 사용하도록 되어 있으며, 그러므로 우리는 입력이 단위계단 신호가 되기 원하면, $x[n] = u[n]$이라고 쓰며, M차 FIR 필터의 출력은 식 (5.6) 형태를 이용하면

$$y[n] = \sum_{\ell=n-M}^{n} b_{n-\ell}u[\ell] \tag{5.18}$$

이 된다. FIR 필터는 인과적이고 단위계단 신호는 $n = 0$에서 시작하고 출력은 $n < 0$일 때 0이므로, $n \geq 0$일 때의 결과는 다음과 같이 결정된다.

$$y[0] = b_0u[0] = b_0$$
$$y[1] = b_1u[0] + b_0u[1] = b_0 + b_1$$

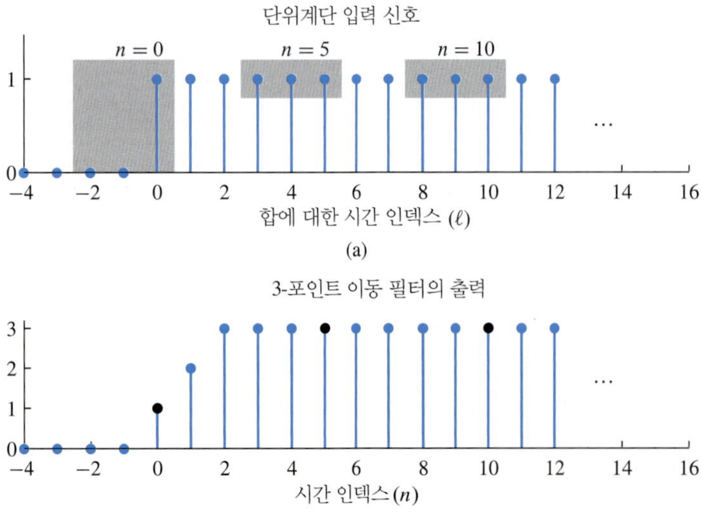

그림 5-12 3-포인트의 이동 합 필터에서의 단위계단 신호의 필터링. (a) 입력 신호는 ℓ에 대해 그려진 단위계단 신호이고, ℓ은 콘볼루션 합인 식 (5.18)의 더미(dummy) 시간 인덱스이다. 회색 부분은 길이가 3인 합을 구하기 위한 구간인 FIR 필터의 슬라이딩 윈도우를 보인다. (b) 대응되는 3-포인트 이동 합의 출력들로 $n = 0, 5, 10$의 값들이 검은색 점들로 강조되었다.

$$y[2] = b_2u[0] + b_1u[1] + b_0u[2] = \sum_{k=0}^{2} b_k$$

$$\vdots \quad \vdots$$

$$y[M] = \sum_{k=0}^{M} b_k$$

$$y[n] = \sum_{k=0}^{M} b_k \quad n > M \text{ 일 때}$$

이와 같이, 출력에는 3가지 경우가 있다: (1) $n < 0$일 때, $y[n] = 0$인 경우; (2) $0 \le n < M$일 때, $y[n]$은 처음의 $n + 1$개 필터 계수들의 합인 경우; (3) $M \le n$일 때, $y[n]$이 모든 $M + 1$ 필터 계수들의 합인 경우.

FIR 필터가 길이 L인 이동 합일 때, 모든 필터 계수들은 1과 같으며, 그래서 $n \ge 0$일 때 출력 신호는 아래 값들을 가진다.

$$y[n] = \{\underbrace{1, 2, 3, \ldots, L-1}_{\text{증가}}, \underbrace{L, L, L, \ldots}_{\text{크기가 일정함}}\}$$

그림 5-12(b)는 $L = 3$일 때의 결과를 보여준다.

예제 5-3 두 개의 이동된 단위계단들의 차이로서의 펄스

시작하는 인덱스가 $n = 100$이며, 길이가 5인 펄스는

$$x[n] = u[n - 100] - u[n - 105]$$

로 나타낼 수 있음을 보여라.

5-4.3.6 콘볼루션의 교환 법칙

식 (5.14)에서 소개된 콘볼루션 연산자의 관점은 FIR 필터와 5-6, 5-7절에서 배울 좀 더 일반적인 부류의 LTI 시스템을 다루는 데 매우 효과적이라는 것이 밝혀졌다. 연산자로서 고려할 때, 콘볼루션은 선형 시스템의 분석과 설계에 유용한 성질들을 많이 갖고 있다. 예를 들어, 콘볼루션 연산은 **교환 법칙**이 성립한다. 즉,

$$y[n] = h[n] * x[n] = x[n] * h[n] \tag{5.19}$$

이 성질은 FIR 필터에 대한 식 (5.5)와 (5.6)이 동일하다는 것으로 제안한다. FIR 필터의 임펄스 응답은 필터 계수들의 열이므로 식 (5.6)은 다음과 같은 콘볼루션으로 다시 쓸 수 있다.

$$y[n] = \sum_{k=n-M}^{n} x[k]h[n-k] = x[n] * h[n] \tag{5.20}$$

여기서 $h[n]$은 이제 합의 식 안에서 뒤집혀졌다 (flipped). $x[n]$이 유한하고 $0 \le n \le M_x$에서만 0이 아니라고 하면, 식 (5.20)의 합은 더 간단해진다.

$$y[n] = \sum_{k=0}^{M_x} x[k]\, h[n-k] = x[n] * h[n] \tag{5.21}$$

연습문제 5.9 그림 5-11의 $x[n]$과 $h[n]$ 행들을 교환하고 합성 다항식 곱셈을 수행하여 콘볼루션의 교환법칙을 증명하여라.

이 콘볼루션의 교환 법칙은 다음과 같이 요약된다.

콘볼루션은 교환 법칙이 성립한다

$$y[n] = h[n] * x[n] = x[n] * h[n] \tag{5.22}$$

5-6절에서, 콘볼루션의 연산은 또한 결합 법칙과 분배 법칙이 성립함을 보인다. 따라서 신호들에 대한 콘볼루션은 숫자들의 곱셈과 같은 성질들을 갖는다.

연습문제 5.10 5-4.3.3절의 프로그램에 명령문 `ync = conv(xn, hn);`을 추가하고, MATLAB을 다시 실행하고, yn과 ync를 비교하여 콘볼루션의 교환 법칙이 성립함을 증명하여라.

5-4.3.7 콘볼루션을 위한 MATLAB GUI

데모
이산 콘볼루션

그림 5-13은 다양한 간단한 유한길이 신호들로 콘볼루션의 예들을 만들어내는 MATLAB의 GUI 스크린샷을 보여준다. GUI에 보인 이 특별한 경우에는 길이가 11이며 진폭이 0.5인 사각 펄스 신호가 다음

$$h[n] = \delta[n] - \delta[n-1] \tag{5.23}$$

과 같이 정의된 임펄스 응답과 콘볼루션하는 것을 보여준다. 콘볼루션 식 (5.20)에서 길이가 2인 임펄스 응답 값들이 $M = 1$이고 식 (5.23)에서 주어진 $h[n]$을 이용하면,

$$\begin{aligned} y[n] &= \sum_{k=n-1}^{n} x[k]h[n-k] \\ &= x[n-1]h[n-(n-1)] + x[n]h[n-n] \\ &= x[n-1]h[1] + x[n]h[0] \end{aligned}$$

을 얻는다. 그러므로 결과는 다음

$$y[n] = x[n] - x[n-1]$$

과 같은 차분 방정식으로 나타내진다. 이 임펄스 응답은 **뒤집혔는데,** $h[1] = -1$은 과거 값인 $x[n-1]$과 곱해지고, 반면에 $h[0] = 1$은 이 신호의 현재 값인 $x[0]$과 곱해졌기 때문이다. 그러므로 **$h[n]$을 뒤집기**(flip $h[n]$) 버튼은 FIR 필터의 슬라이딩 윈도우 해석을 시각화하여 볼 수 있도록 선택되어야 한다. 그림 5-13에서 출력 인덱스 n에 대한 포인터는 슬라이딩 윈도우 개념을 설명하기 위하여 수평축을 따라 앞뒤로 움직일 수 있다. 스크린샷에서 포인터가 $n = 4$에 있으며 펄스의 진폭은 $n = 4$와 $n = 3$ 모두에서 1/2이다. 그러므로 $y[4]$의 계산은 다음과 같다.

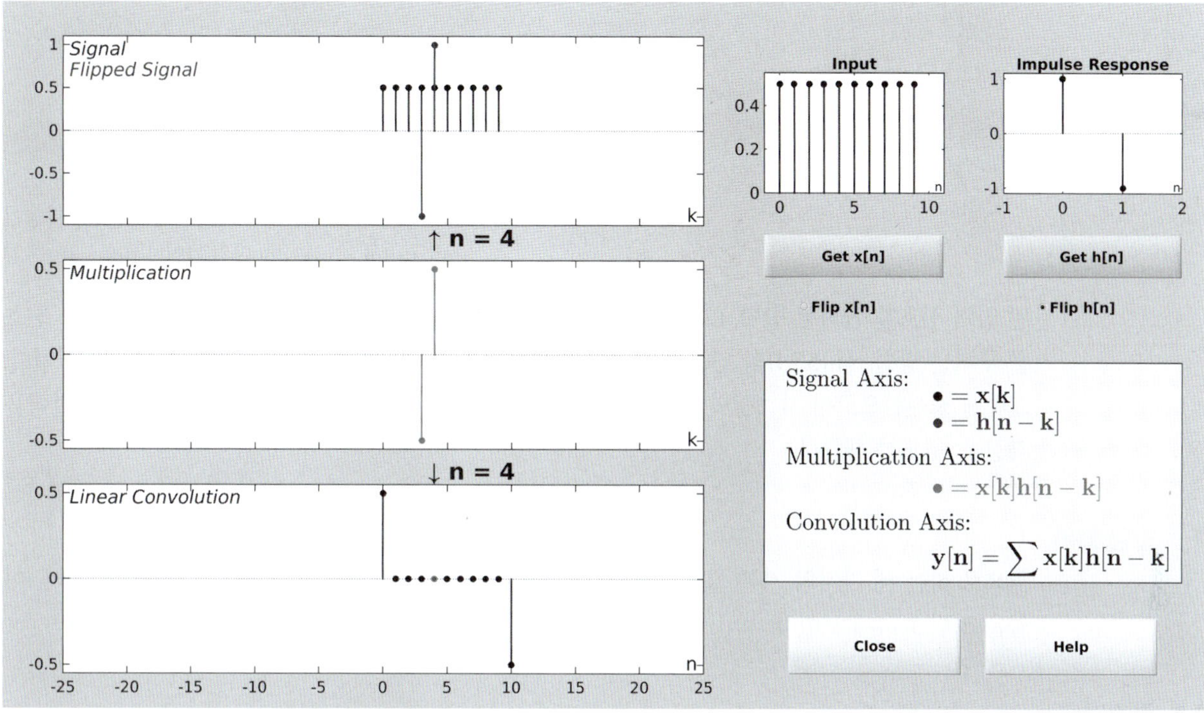

그림 5-13 FIR 필터의 슬라이딩 윈도우 특성 (즉, 콘볼루션)을 보여주는 dconvdemo를 위한 그래픽 사용자 인터페이스. 임펄스 응답 $h[n]$은 슬라이딩 전에 뒤집혔다. 사용자는 입력 신호와 임펄스 응답을 선택할 수 있으며, 필터를 입력 신호에 대하여 움직이면서 어떻게 출력이 나오는지 관찰할 수 있다.

$$y[4] = \cancel{1x[4]}^{\frac{1}{2}} + \cancel{(-1)x[3]}^{-\frac{1}{2}} = 0$$

이 GUI에서는 $x[n]$ 또는 $h[n]$을 뒤집는 것이 가능하다. 이것은 5-4.3.6절에서 설명한 콘볼루션의 교환 성질에 대한 표현이다. 식 (5.20)의 콘볼루션 $x[n]*h[n]$에 대하여, GUI에서는 $h[n]$이 뒤집힌 반면, 식 (5.13)에서와 같은 $h[n]*x[n]$에서는 GUI에서 $x[n]$이 뒤집혔다. 콘볼루션의 다른 성질들은 5-7.2절에서 논의한다.

연습문제 5.11 dconvdemo GUI를 이용하여 그림 5-13의 예를 반복하여라. 이때, 입력을 뒤집어서 콘볼루션의 교환 법칙을 확인하여라. 인덱스가 0과 1로 고정된 임펄스 응답을 뒤집힌 입력이 어떻게 지나가는지 주의 깊게 확인하여라.

5-5 FIR 필터의 구현

FIR 필터의 일반식은 다음과 같다.

$$y[n] = \sum_{k=0}^{M} b_k\, x[n-k] \tag{5.24}$$

식 (5.24)를 이용하여 FIR 필터의 출력을 구하려면, 다음 사항이 필요하다. (1) 필터 계수와 지연

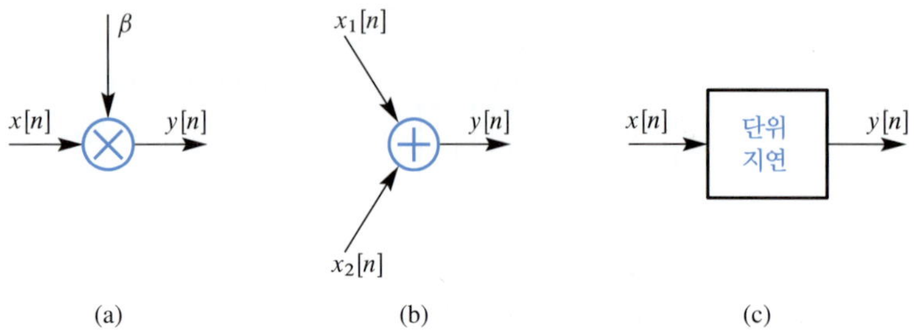

그림 5-14 LTI 이산시간 시스템을 구현하기 위한 빌딩 블록들: (a) 곱셈기 $y[n] = \beta x[n]$ (b) 덧셈기 $y[n] = x_1[n] + x_2[n]$, (c) 단위 지연기 $y[n] = x[n-1]$

된 입력 신호를 곱하는 방법, (2) 가중치가 곱해진 신호 값들을 더하는 방법, (3) 지연된 입력 신호를 구하는 방법. 식 (5.24)의 연산들을 블록 다이어그램으로 표현하면 매우 유용하다는 것을 안다. 그렇게 표현함으로써 시스템의 성질과 시스템을 구현하는 다른 방법들에 대하여 새로운 통찰력을 가질 수 있도록 해준다.

5-5.1 빌딩 블록

필요로 하는 세 가지의 기본 빌딩 블록 시스템들은 곱셈기, 덧셈기, 단위 지연기 연산자들이다. 이들은 그림 5-14에 보였다.

5-5.1.1 곱셈기

첫 번째 기본 시스템은 신호에 상수를 곱하는 곱셈기이다 (그림 5-14(a)를 참고할 것). 출력 신호 $y[n]$은 다음의 규칙으로 주어진다.

$$y[n] = \beta x[n]$$

여기서 계수 β는 상수이다. 이 시스템은 컴퓨터 내의 하드웨어 곱셈기가 될 수도 있다. DSP 마이크로프로세서에서는 이 곱셈기의 속도는 디지털 필터링의 처리량을 결정하는 기본적인 요소 중 하나이다. 영상 콘볼루션 같은 응용에서는, 초당 수십억 번 곱셈이 이루어져야 하므로, DSP 응용에서 곱셈 속도를 빨리하기 위해 상당한 공학적인 노력이 집중되어지고 있다. 더구나, 많은 필터에서는 같은 곱셈이 계속적으로 반복해서 이루어지므로, 곱셈기를 파이프라인 (Pipelining) 형태로 구현하면 필터링 과정의 속도를 극적으로 빠르게 할 수 있다.

그런데, 간단한 곱셈기 하나도 식 (5.5)에서 $M = 0$이고, $b_0 = \beta$인 FIR 필터이다. 이 곱셈기 시스템의 임펄스 응답은 간단히 $h[n] = \beta\delta[n]$이다.

5-5.1.2 덧셈기

그림 5-14(b)는 두 번째 기본 소자인 덧셈기이며 두 신호의 덧셈을 수행한다. 여기서는 두 개의 신호가 입력되고 하나의 신호가 출력되는 다른 종류의 시스템이다. 하드웨어로 구현할 때, 컴퓨터에서는 단순히 하드웨어 덧셈기이다. 많은 DSP 연산에서는 대체로 곱셈 다음에 바로 덧셈이 사용되므로, DSP 프로세서에서는 특별한 곱셈-덧셈 소자를 구현하고, 그것을 "MADD" 또는 "MAC" 유닛이라고 부른다.[13)]

덧셈기는 두 입력 신호들의 값이 결합되는 점에 해당한다는 것을 참고한다. 두 개 이상의 입력

13) 예를 들어, Texas Instruments C667xDSP는 초당 16비트 고정점 곱셈-덧셈 연산을 3,200억 번, 32비트 부동점 곱셈-덧셈 연산을 1,600억 번 할 수 있다(2013년).

이 필요하므로, 이것은 FIR 필터는 아니다. 그러나 FIR 필터를 구현하는 데 매우 중요한 소자이다. 입력이 많으면, 여러 개의 입력 신호를 더하는 다중 덧셈기를 그릴 수도 있지만, 디지털 하드웨어에서는, 전형적으로 한 번에 두 개씩만 더한다.

5-5.1.3 단위 지연기

세 번째 기본 시스템은 하나의 단위 시간만큼 늦추는 지연기이다. 이것은 그림 5-14(c)의 블록 다이어그램에 보였다. 이산시간 필터에서는, 시간이 정수형으로 표현되므로, 지연은 시스템 클록(clock)에서 하나의 **카운트(count)**로 표현된다. 디지털 하드웨어에서 단위 지연의 구현은 실질적으로 신호를 한 클록 동안 저장했다가 출력하는 형태로 구현한다. 식 (5.24)를 구현하려면 한 클록 사이클 이상의 지연이 필요하며, 이것은 여러 개의 단위 시간을 지연기를 일렬로 직렬 연결하여 구현한다(블록 다이어그램의 관점에서). 그러므로 M개의 시간 지연을 위해 시프트 레지스터(Shift Register) 형태로 구성된 M개의 기억 소자가 필요하다. 컴퓨터 메모리에서는 원형(Circular) 버퍼로 구현된다.

5-5.2 블록 다이어그램

하드웨어 구조를 파악하는 데 유용한 그래픽 표현으로, **블록 다이어그램 표기(Block-diagram Notation)**를 사용하며, 블록 다이어그램은 더 복잡한 구조를 만들기 위하여 세 가지 기본적인 블록을 상호 연결하여 사용한다.[14] 이런 다이어그램에서 노드(node)들은, 즉 연결점들은 합 노드, 분배 노드, 입출력 노드 중 하나이다. 노드들 간의 연결은 지연기이거나 곱셈기이다. 그림 5-15는 3차 FIR 디지털 필터 ($M=3$)의 일반적인 블록 다이어그램이다. 이 구조는 모든 경로들이 입력으로부터 출력으로 향하는 방향으로 되어 있기 때문에, 왜 FIR 필터가 **피드 포워드 차분 방정식(Feed Forward Difference Equation)**이라고 불리는지를 보인다. 이 블록 다이어그램에서는 폐루프(closed-loop)는 하나도 없다. 제10장에서, **피드백(feedback)**이 있는 필터를 다루며, 여기서는 입력과 출력의 과거 값들도 출력을 계산하는 데 포함된다.

엄격하게 말하여, 그림 5-15의 구조는 다음

$$y[n] = (((b_0 x[n] + b_1 x[n-1]) + b_2 x[n-2]) + b_3 x[n-3])$$

과 같이 필터 계산을 그루핑하여 블록 다이어그램으로 나타낸 것이며, 이 식은 식 (5.24)에서 $M=3$인 경우와 같다. 입력 신호는 직렬 연결된 단위 지연기들에 의하여 지연되고, 각 지연된 신호들은 필터 계수가 곱해진 후에, 이 곱들은 모아져서 더해진다. 따라서 블록 다이어그램과 FIR 필터의 차분 방정식 (5.24) 사이에는 일대일 대응의 관계가 있다는 것은 쉽게 알 수 있으며, 그 이유는 둘 다 모두 필터 계수들 b_k로 정의되기 때문이다. 한 가지 유용한 방법은 하나의 표현으로부터 시작하여 다른 표현으로 변환시키는 것이다.

그림 5-15의 구조는 더 긴 필터들을 쉽게 정의할 수 있도록 만드는 규칙성을 보인다; 직렬 연결된 지연 소자들의 수가 M으로 증가되면, 필터 계수들 $\{b_k\}$들은 다이어그램 안으로 대체된다. 이 표준형 구조를 **직접형(Direct Form)**이라고 부른다. 직접형을 사용하고 있는 동안에는, 블록 다이어그램으로부터 차분 방정식으로 다시 돌아가는 것도 또한 쉽다. 이 대응 관계를 이해하기 위해 간단한 연습을 해 본다.

14) 이러한 연결을 방향 그래프(Directed Graph)라고 한다.

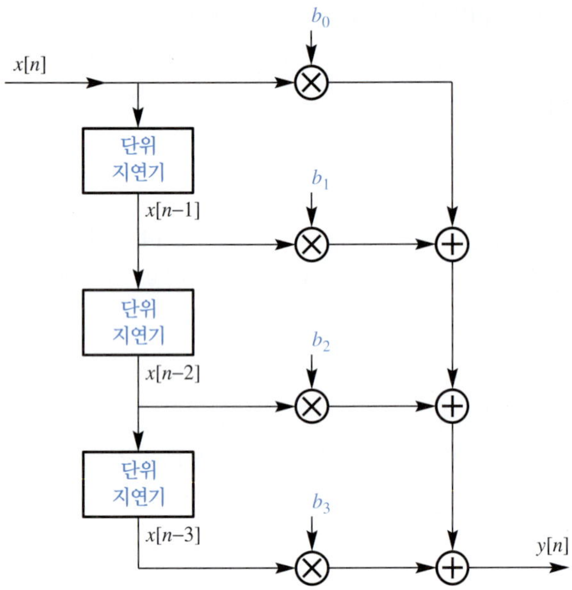

그림 5-15 3차 FIR 필터의 블록 다이어그램 구조

연습문제 5.12	그림 5-16의 블록 다이어그램이 나타내는 차분 방정식을 구하여라.

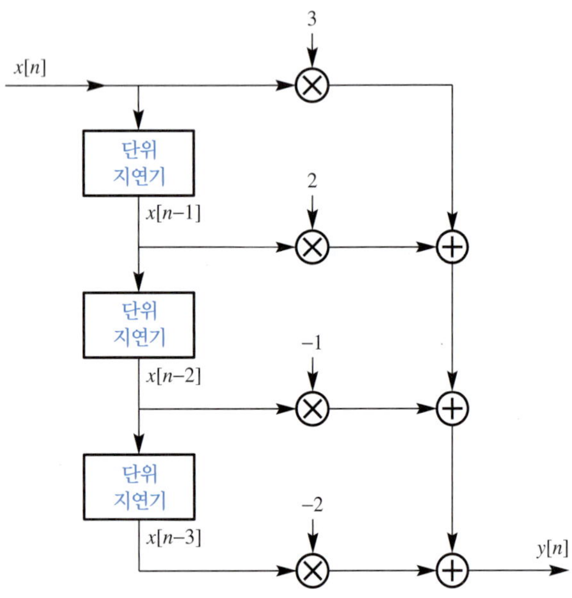

그림 5-16 직접형의 3차 FIR 필터

5-5.2.1 다른 블록 다이어그램

이산시간 시스템의 블록 다이어그램은 단지 입력으로부터 출력을 계산하는 특별한 과정을 그림으로 보여주는 것이다. 내부적인 계산의 세부 사항이 다르더라도, 입력부터 출력까지 외부로 보이는 동작이 같다는 의미에서, 같은 FIR 필터를 구현하는 데 있어서 많은 다른 블록 다이어그램이 있다. 직접형은 한 예일 뿐이다. 다른 블록 다이어그램은 다른 내부적인 계산이나, 다른 계산의 순서를 갖는다. 어떤 경우에 있어서는, 내부의 곱셈기들은 다른 계수들을 사용할 수도 있다. 제9장과 제10장에서 z-변환을 배우고 나면, 많은 다른 방법으로 구현하기 위한 도구들을 갖추게 된다.

임의의 블록 다이어그램을 만났을 때, 다음의 4단계 절차는 블록 다이어그램으로부터 차분 방정식을 유도하기 위하여 사용될 수 있다.

(a) 각 단위 지연 블록 입력에 고유한 신호의 명칭을 부여한다.
(b) 단위 지연기의 출력은 입력을 이용하여 표시할 수 있다는 점을 주목한다.
(c) 각 구조의 합 노드에서 식을 작성한다. 신호의 명칭은 (a), (b) 단계에서 정의된 것을 이용한다.
(d) 이 단계에 오면, $x[n]$, $y[n]$과 내부 신호 명칭을 포함하는 여러 개의 방정식을 갖게 된다. 연립방정식에서 해오던 것과 마찬가지로, 변수들을 제거하여 $x[n]$과 $y[n]$만을 포함하는 하나의 차분 방정식으로 얻는다.

이 방법을 그림 5-17에 나와 있는 간단하면서 유용한 블록 다이어그램에 적용해 본다. 먼저 내부에 신호 변수들 $\{v_1[n]\ ,\ v_2[n],\ v_3[n]\}$은 세 개의 지연기에 대한 입력으로 그림 5-17에서 정의되어 있다. 그러면 이 지연기들의 출력은 위에서 아래로 $v_3[n-1]$, $v_2[n-1]$, $v_3[n-1]$이 된다. 또한 $v_3[n]$은 입력 $x[n]$에 상수가 곱해진 것이라는 것을 알 수 있다. 또한, 세 개의 합 노드에서의 아래 세 방정식이 얻어진다.

$$y[n] = b_0x[n] + v_1[n-1]$$
$$v_1[n] = b_1x[n] + v_2[n-1]$$
$$v_2[n] = b_2x[n] + v_3[n-1]$$
$$v_3[n] = b_3x[n]$$

이제 다섯 개의 미지수에 대한 네 개의 방정식을 얻었다. 이 연립 방정식들이 직접형과 같다는 것을 증명하려면, 이 방정식들을 결합하여 $v_i[n]$을 소거하여야 한다.

$$\begin{aligned} v_2[n] &= b_2x[n] + b_3x[n-1] \\ y[n] &= b_0x[n] + b_1x[n-1] + v_2[n-2] \\ &= b_0x[n] + b_1x[n-1] + b_2x[n-2] + b_3x[n-3] \end{aligned}$$

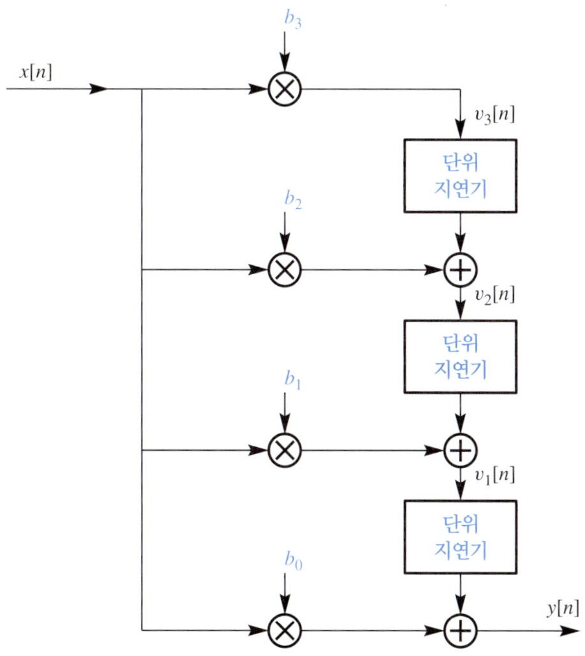

그림 5-17 3차 FIR 필터의 전치형 블록 다이어그램 직접형의 3차 FIR 필터

이와 같이, 먼저와 같은 방정식을 유도하였으며, 그래서 이 새로운 구조는 동일한 것을 달리 표현하는 방법임을 알게 되었다. 사실, 이 새로운 방정식은 매우 광범위하게 이용되고 있는 것으로 FIR 필터의 **전치형(Transposed Form)**[15)]이라고 부른다.

연습문제 5.13	그림 5-16 필터에 대하여, *전치형* 블록 다이어그램을 그려라.

5-5.2.2 내부 하드웨어 세부 사항

블록 다이어그램을 보면 다른 신호 변수들 간의 종속성을 알 수 있다. 그러므로 같은 입출력 동작을 구현하지만 서로 다른 블록 다이어그램을 구현하는 것은 내부 동작에 관한한 전혀 다른 특성들을 가질 수 있다. 생각나는 몇 가지를 들어본다.

(a) 계산의 순서가 블록 다이어그램에 의하여 결정된다. 병렬 연산이나 파이프라인 연산이 반드시 이루어져야 하는 고속 응용인 경우에는, 블록 다이어그램 내의 신호들 간의 종속성은 계산의 제약 조건을 나타낸다.

(b) ASIC 또는 FPGA를 구현하기 위하여 필터를 파티션할 때, 최상위 레벨에서 블록 다이어그램에 맞추어 하게 된다. 마찬가지로, 특별한 DSP 아키텍처에 매핑되어야 하는 알고리즘은 블록 다이어그램을 해당 DSP 칩에 가장 최적화된 코드로 변환하는 특별한 컴파일러를 갖는 블록 다이어그램을 이용하여 관리될 수 있다.

(c) 계산 속도를 높이고 전력 소모를 줄이기 위하여 필터를 고정 소수점 연산으로 구현한다면, 유한 단어길이 효과(Finite Word-length Effects)가 매우 중요하다. 이 경우에는, 반올림 에러와 오버플로(Overflow)는 현실적으로 중요한 문제로, 내부의 계산 순서에 연관된다.

이제 FIR 필터의 콘볼루션과 구현에 대하여 알아봤으므로, 이산시간 시스템을 좀 더 일반적인 방법으로 고려해 볼 시점이 되었다. 다음 절에서는, FIR 시스템이 일반적인 선형 시불변(LTI) 시스템 중 하나의 특별한 경우임을 보여줄 것이다. FIR 필터에 대해서 배운 많은 것들이 좀 더 일반적인 경우에도 적용됨을 알 수 있게 된다.

5-6 선형 시불변 (LTI) 시스템

이 절에서는 시스템에 대하여 두 가지 일반적인 성질을 다루게 된다. 이 성질들은 **선형성**과 **시불변성**이며, 시스템의 동작에 대한 더 깊은 통찰과 이해를 생기도록 해 준다. 이런 성질들에 대한 논의를 쉽게 하기 위하여, p.135 그림 5-1에 보인 일반적인 이산시간 시스템에 대한 블록 다이어그램을 다시 본다. 이 블록 다이어그램은 시스템이 $x[n]$을 처리하여 $y[n]$을 만든다는 것을 의미하기 위하여 $y[n] = \mathcal{T}\{x[n]\}$을 사용하였다. 다른 표현으로 $x[n]$이 시스템 $\mathcal{T}$를 통과하여 $y[n]$이 나온다고 말할 수 있으며, 다음과 같은 식으로 표현할 수 있다.

15) 이 용어는 그림 5-15와 5-17을 비교하여 제시된 것이다. 단일입력-단일출력 블록 다이어그램의 전치형은 10-4.3절에서 좀 더 자세히 다룬다.

$$x[n] \stackrel{\mathcal{T}}{\longmapsto} y[n] \tag{5.25}$$

특별한 경우, 시스템은 입력 신호의 값들로부터 출력 신호의 모든 값들을 계산하는 수식이나 알고리즘을 제공함으로써 정의된다. 하나의 특별한 예로 다음의 규칙:

$$x[n] \stackrel{\mathcal{S}}{\longmapsto} (x[n])^2 \tag{5.26}$$

에 의해 정의되는 **제곱법칙** 시스템이 있다. 또 다른 예로는 식 (5.12)를 들 수 있는데, 이 시스템은 일반적인 지연 시스템을 보여준다. 또 하나의 예로 식 (5.24)는 일반적인 FIR 필터를 정의하고 특별한 경우로 지연 시스템을 포함한다. 이 FIR 필터들은 모두 선형이고 시불변인 반면에, 제곱법칙 시스템은 비선형이면서 시불변이다.

5-6.1 시불변성

입력이 n_0만큼 지연(이동)되었을 때, 출력도 같은 양만큼 지연되면, 그 이산시간 시스템은 시불변이라고 말해진다. 이 조건은 어떠한 신호 $x[n]$이나 어떤 지연 시간 n_0에 대해서도 성립해야 하며, 이 정수 값 n_0는 시간 이동의 양을 결정한다. 그림 5-18에 시불변 성질을 블록 다이어그램으로 보였다. 윗부분에서, 입력은 시스템에 들어가기 전에서 지연되고, 아랫부분은 출력이 지연된다. 이와 같이 그림 5-18에서 $w[n] = y[n - n_0]$인지 아닌지를 체크하여 이 시스템이 시불변임을 테스트할 수 있다.

식 (5.26)으로 정의되는 제곱법칙 시스템의 예를 고려한다. 그림 5-18의 윗부분에서, 제곱법칙 시스템에 주어지는 입력으로, 지연된 입력을 이용한다. 그래서,

$$x[n] \stackrel{\mathcal{D}}{\longmapsto} x[n-n_0] \stackrel{\mathcal{S}}{\longmapsto} (x[n-n_0])^2$$

을 얻으며, 여기서, $\mathcal{D}$는 지연 연산자이다. 아랫부분에서 $x[n]$은 이 제곱법칙 시스템의 입력이고, 그래서 $y[n] = (x[n])^2$이며

$$x[n] \stackrel{\mathcal{S}}{\longmapsto} (x[n])^2 \stackrel{\mathcal{D}}{\longmapsto} (x[n-n_0])^2$$

이다. 두 출력이 같으므로, 제곱법칙 시스템은 시불변이다.

두 번째의 간단한 예는 역시간 시스템으로 아래의 매핑

$$x[n] \stackrel{\mathcal{F}}{\longmapsto} x[-n]$$

에 의해 정의된다. 이 역시간 시스템은 단지 원점에 대하여 입력 신호의 순서를 뒤집은 것이다. 입력을 지연시키고 원점에 대하여 순서를 뒤집으면 다음

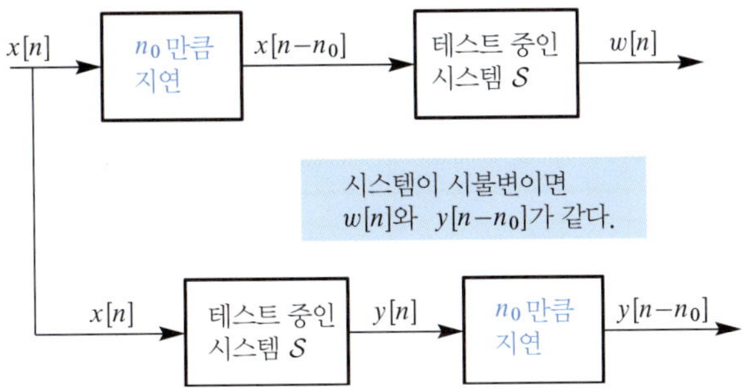

그림 5-18 연산의 순서를 바꾸어 체크하는 시스템 $\mathcal{S}$의 시불변 성질 테스트

$$x[n] \stackrel{\mathcal{D}}{\longmapsto} x[n-n_0] \stackrel{\mathcal{F}}{\longmapsto} x[(-n)-n_0] = w[n]$$

을 얻는다. 그러나 입력 신호의 뒤집기를 먼저하고 그 뒤에 출력을 지연하면, $w[n]$과 다른 결과가 나온다. $y[n] = x[-n]$이므로, $y[n]$을 지연시킨 후 결과는

$$x[n] \stackrel{\mathcal{F}}{\longmapsto} x[-n] \stackrel{\mathcal{D}}{\longmapsto} x[-(n-n_0)] = x[-n+n_0]$$

이다. 따라서 이 역시간 시스템은 시불변이 아니다.

연습문제 5.14 $x[n] \stackrel{\mathcal{T}}{\longmapsto} nx[n]$으로 정의되는 시스템을 테스트하여 이 시스템이 시불변이 아니라는 것을 확인하여라.

5-6.2 선형성

신형 시스템은 만일 $x_1[n] \longmapsto y_1[n]$이고 $x_2[n] \longmapsto y_2[n]$이면,

$$x[n] = \alpha x_1[n] + \beta x_2[n] \longmapsto y[n] = \alpha y_1[n] + \beta y_2[n] \tag{5.27}$$

을 만족하는 성질을 가지며, 여기서 $\longmapsto$ 표시는 테스트 대상이 되는 시스템을 나타낸다. 이 수학적 조건은 상수 α와 β를 어떻게 선택을 하던, 그리고 모든 신호 $x_1[n]$과 $x_2[n]$에서도 성립해야 한다. 식 (5.27)은 만일 입력이 상수가 곱해진 신호들의 합으로 구성된다면, 출력도 각각의 입력에 대한 출력들에 같은 상수가 곱해져 더해진 합이라고 말한다. 그림 5-19에는 이 선형성을 블록 다이어그램으로 나타냈으며, 이 다이어그램은 선형성을 $w[n] = y[n]$이 성립하는가 아닌가를 확인함으로써 테스트될 수 있다는 것을 보여준다.

식 (5.27)에 나타난 선형성의 조건은 또한 **중첩의 원리 (Principle of Superposition)**라고 불려진다. 입력이 상수가 곱해진 두 개 이상의 신호들의 합(중첩)일 때, 출력은 각각의 입력 신호들 하나씩에 대한 출력들을 구하고 여기에 각각의 상수가 곱해진 출력들을 더한 것으로 구할 수 있다. 때때로 식 (5.27)을 두 가지 성질로 분리하는 것이 유용하다: $\alpha = \beta = 1$이라고 하면 다음과 같은 덧셈 성질을 얻는다.

$$x[n] = x_1[n] + x_2[n] \longmapsto y[n] = y_1[n] + y_2[n] \tag{5.28a}$$

$\beta = 0$이라고 하면, 오직 하나의 입력만 존재하며, 스케일링 성질을 준다.

$$x[n] = \alpha x_1[n] \longmapsto y[n] = \alpha y_1[n] \tag{5.28b}$$

식 (5.27)이 성립하기 위해서는 반드시 식 (5.28a)와 (5.28b)가 동시에 성립해야 한다.

연습문제 5.15 선형 시스템은 모든 n에 대하여 $x[n] = 0$이면, 모든 n에 대하여 $y[n] = 0$이라는 것을, 식 (5.28)을 이용하여 보여라.

식 (5.26)으로 정의된 제곱법칙 시스템의 예를 다시 고려해 본다. 그림 5-19의 윗부분에서 출력 $w[n]$은

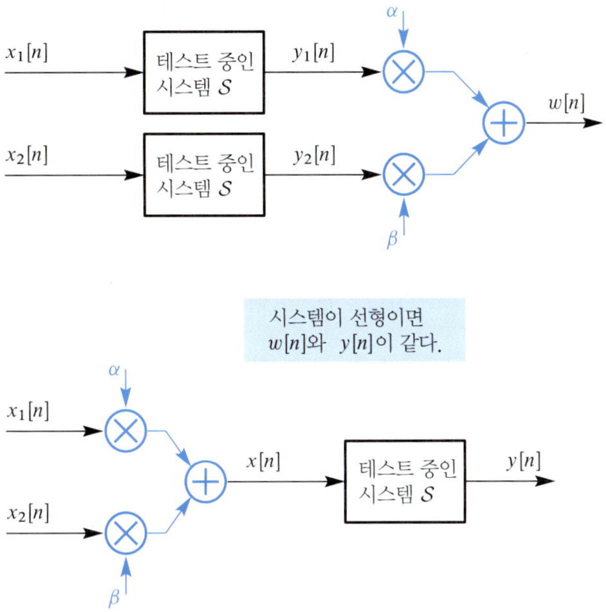

그림 5-19 연산의 순서를 바꾸어 확인하는 시스템 $\mathcal{S}$의 선형성 검사

$$w[n] = \alpha(x_1[n])^2 + \beta(x_2[n])^2$$

반면에 아랫부분에서, 출력은

$$\begin{aligned} y[n] &= (\alpha x_1[n] + \beta x_2[n])^2 \\ &= \alpha^2(x_1[n])^2 + 2\alpha\beta x_1[n]x_2[n] + \beta^2(x_2[n])^2 \end{aligned}$$

이다. 이와 같이 $w[n] \neq y[n]$이며, 이 제곱법칙 시스템은 선형이 아니다. 선형이 아닌 시스템을 **비선형** 시스템이라고 부른다.

연습문제 5.16 역시간 시스템 $y[n] = x[-n]$은 선형 시스템임을 증명하여라.

5-6.3 FIR 필터의 경우

식 (5.5)로 나타내지는 FIR 시스템은 선형성과 시불변성 조건을 만족한다. 시불변성에 대한 수학적 증명은 그림 5-18에 표시된 절차에 따라 할 수 있다. 만일 신호 $v[n]$을 $x[n - n_0]$라고 정의하면, 그림 5-18의 윗부분의 $v[n]$과 $w[n]$ 사이의 차분 방정식은

$$\begin{aligned} w[n] &= \sum_{k=0}^{M} b_k v[n-k] \\ &= \sum_{k=0}^{M} b_k x[(n-k) - n_0] \\ &= \sum_{k=0}^{M} b_k x[(n-n_0) - k] \end{aligned}$$

이다. 비교를 위하여, 아래 부분에서 $y[n - n_0]$을 구하면,

$$y[n] = \sum_{k=0}^{M} b_k x[n-k]$$

$$\Rightarrow \quad y[n-n_0] = \sum_{k=0}^{M} b_k x[n-n_0-k]$$

이 두 식은 동일하며, 그래서 출력 $w[n]$은 $y[n-n_0]$이며, FIR 필터가 시불변임을 증명하였다.

선형 조건은 더 간단히 증명할 수 있다. 차분 방정식 (5.5)에 대입하여 $x_1[n-k]$와 $x_2[n-k]$ 항들을 모으면 된다.

$$\begin{aligned} y[n] &= \sum_{k=0}^{M} b_k x[n-k] \\ &= \sum_{k=0}^{M} b_k(\alpha x_1[n-k] + \beta x_2[n-k]) \\ &= \alpha \sum_{k=0}^{M} b_k x_1[n-k] + \beta \sum_{k=0}^{M} b_k x_2[n-k] \\ &= \alpha y_1[n] + \beta y_2[n] \end{aligned}$$

이 FIR 필터는 중첩의 원리를 따르고 있다; 따라서 이 시스템은 선형 시스템이다.

두 개의 성질을 모두 만족하는 시스템을 **선형 시불변 시스템** 또는 간단히 **LTI 시스템**이라고 한다. LTI 조건은 일반적인 조건이라는 것이 강조되어야 한다. FIR 필터는 LTI 시스템의 한 예이다. 모든 LTI 시스템이 식 (5.5)로 표현될 수 있는 것은 아니지만, 그러나 식 (5.5)로 표현되는 모든 시스템은 LTI 시스템이다.

5-7 콘볼루션과 LTI 시스템

그림 5-8의 블록 다이어그램으로 보여진 이산시간 LTI 시스템을 생각해 본다. LTI 시스템의 임펄스 응답 $h[n]$은 단지 입력이 단위 임펄스 신호 $\delta[n]$일 때의 출력이다. 이 절에서는, 임펄스 응답은 어떤 LTI 시스템이라도 완전하게 특징을 나타낼 수 있으며, 콘볼루션 식은 모든 **LTI 시스템**의 입력에 대하여 출력을 계산할 수 있도록 해주는 **일반적인 공식**이라는 것을 보여준다. 처음에 콘볼루션을 설명하는데, 먼저 유한길이 입력 신호와 FIR 필터를 고려해 보았다. 이제는 무한길이의 신호들과 임펄스 응답들에서도 성립하는 아주 일반적인 식을 준다.

5-7.1 콘볼루션 합의 유도

5-4절에서 어떤 신호 $x[n]$이라도 임펄스에 상수를 곱하고 시간적으로 이동한 신호의 합으로 표현할 수 있음을 보였다. 신호 $x[n]$의 0이 아닌 샘플 값들은 그 샘플의 인덱스까지 이동시킨 임펄스 함수에 곱해진다. 자세히 말하면, $x[n]$은 다음:

$$x[n] = \sum_{\ell} x[\ell]\delta[n-\ell] = \cdots + x[-2]\delta[n+2] + x[-1]\delta[n+1] \quad (5.29)$$
$$+ x[0]\delta[n] + x[1]\delta[n-1] + x[2]\delta[n-2] + \cdots$$

과 같이 쓸 수 있다. 가장 일반적인 경우에, 식 (5.29)에 있는 합의 범위는 $-\infty$에서 $+\infty$이다. 식 (5.29)에서는 범위를 정해놓지 않았으므로, 이 식이 입력신호의 모든 0이 아닌 샘플들을 포함하여야 된다는 것을 알 수 있다.

식 (5.29)처럼 스케일된 신호들의 합을 일반적으로 **선형 결합** 또는 스케일된 신호의 중첩이라고 부른다. 따라서 식 (5.29)는 신호 $x[n]$을 스케일되고, 시간 이동된 임펄스들의 선형 결합으로 나타낸 것이다. LTI 시스템은 신호들이나 이동된 신호들의 합에 대하여 간단하고 예측 가능한 방법으로 응답하므로, 이 식은 LTI 시스템의 출력을 계산하기 위한 일반적인 공식을 유도하고자 하는 우리의 목적에 특별히 유용하다.

그림 5-8은 단위 임펄스 $\delta[n]$에 대한 출력이, 정의에 의해, 임펄스 응답 $h[n]$임을 기억시켜 준다. 시불변성을 이용하면, 특별히 $\delta[n-1]$에 의한 응답은 $h[n-1]$이라는 추가적인 정보를 준다. 사실상, 다음과 같은 입력-출력 쌍들의 집합을 만들 수 있다.

$$\begin{aligned}
&\delta[n] &&\longmapsto h[n]\\
\Rightarrow\ &\delta[n-1] &&\longmapsto h[n-1]\\
\Rightarrow\ &\delta[n-2] &&\longmapsto h[n-2]\\
\Rightarrow\ &\delta[n-(-1)] &&\longmapsto h[n-(-1)] = h[n+1]\\
\Rightarrow\ &\delta[n-\ell] &&\longmapsto h[n-\ell] \quad \text{임의의 정수 } \ell\text{에 대하여}
\end{aligned}$$

식 (5.29)에서 일반적인 입력 신호를 시간 이동한 임펄스 신호들의 선형 결합으로 나타냈으므로, 이제 선형성을 이용해 본다. 다음과 같이 몇 가지 경우를 적어본다:

$$\begin{aligned}
x[0]\delta[n] &\longmapsto x[0]h[n]\\
x[1]\delta[n-1] &\longmapsto x[1]h[n-1]\\
x[2]\delta[n-2] &\longmapsto x[2]h[n-2]\\
x[\ell]\delta[n-\ell] &\longmapsto x[\ell]h[n-\ell] \quad \text{임의의 정수 } \ell\text{에 대하여}
\end{aligned}$$

그러면 이 모든 것을 모아서 중첩의 원리를 이용하면,

$$x[n] = \sum_{\ell} x[\ell]\delta[n-\ell] \longmapsto y[n] = \sum_{\ell} x[\ell]h[n-\ell] \quad (5.30)$$

식 (5.30)을 유도할 때, $x[n]$ 또는 $h[n]$ 어느 것도 그 길이가 유한하다는 가정을 하지 않았다. 그래서 일반적으로 그 합에 대하여 범위를 무한대로 하여 다음과 같은 콘볼루션 합의 식을 얻을 수 있다.

콘볼루션 합 공식

$$y[n] = x[n] * h[n] = \sum_{\ell=-\infty}^{\infty} x[\ell]h[n-\ell] \quad (5.31)$$

이 식은 가장 일반적인 의미에서 콘볼루션을 표현하는 식이다. 이로써 **모든 LTI 시스템은 콘볼루션 합으로 표현될 수 있다**는 것을 증명하였다. 범위가 무한대인 것은, 2개의 신호들 중에 하나 또는 둘 모두 길이가 유한한 특별한 경우를 포함하여, 모든 가능한 경우를 다룬다.

5-7.2 LTI 시스템의 성질들

콘볼루션의 성질들은 바로 LTI 시스템의 성질들이다. 이 절에서는 대수에서 잘 알려진 개념으로부터 개발된 콘볼루션의 성질들에 대하여 알아본다. 5-4.3절에서 공부한 것과 같이, 콘볼루션은 **두 신호들 간의 2항 연산**이며, 그래서 (덧셈과 곱셈과 같은) 대수의 특성을 가지고 있다. 두 신호 $x_1[n]$과 $x_2[n]$의 콘볼루션은 $*$ 연산자로 나타내지는 연산, 즉

$$y[n] = x_1[n] * x_2[n] = \sum_{\ell=-\infty}^{\infty} x_1[\ell]x_2[n-\ell] \tag{5.32}$$

으로 나타낼 수 있다. 첫 번째 신호 $x_1[n]$이 두 번째 신호 $x_2[n]$과 콘볼루션되어 결과 $y[n]$을 만든다고 말한다. 5-4.3절에서, 유한 임펄스 응답과의 콘볼루션은 교환 법칙이 성립하는 연산이며 무한한 신호에 대해서도 마찬가지라는 것을 보였다. 이제 무한길이의 열과 같은 일반적인 경우에서도 콘볼루션 연산자는 교환 법칙이 성립하고, 결합 법칙, 분배 법칙이 성립하고, 그리고 항등원이 있음을 설명하고, 그 다음으로 이들 각각을 LTI 시스템의 성질들과 연관시켜 본다.

콘볼루션의 교환 법칙 연산자는 순서가 중요하지 않다면 교환 법칙이 성립한다: 이 경우, $x_1[n]$과 $x_2[n]$을 콘볼루션한 결과는 $x_2[n]$과 $x_1[n]$을 콘볼루션한 것과 같은 결과를 주어야 한다.

$$x_2[n] * x_1[n] = x_1[n] * x_2[n] \tag{5.33}$$

식 (5.33)의 증명을 위해 콘볼루션의 합의 간단한 대수적 조작으로 보여줄 수 있다. 여기서 변수를 $k = n - \ell$로 변경하고, 이 더미 변수 k에 대하여 합을 구한다:

$$y[n] = x_2[n] * x_1[n] \tag{5.34a}$$

$$= \sum_{\ell=-\infty}^{\infty} x_2[\ell]x_1[n-\ell] \tag{5.34b}$$

$$= \sum_{k=+\infty}^{-\infty} x_2[n-k]x_1[k] \qquad (\text{참고: } k = n - \ell) \tag{5.34c}$$

$$= \sum_{k=-\infty}^{\infty} x_1[k]x_2[n-k] = x_1[n] * x_2[n] \tag{5.34d}$$

세 번째 줄 식 (5.34c)에서, 숫자들을 더할 때 순서에 상관없으므로, 합의 상한과 하한을 바꿀 수 있다. 콘볼루션이 LTI 시스템을 나타낼 때, 교환 성질 식 (5.33)은

$$y[n] = x[n] * h[n] = h[n] * x[n] \tag{5.35}$$

이 되며, 이것은 입력 신호가 임펄스 응답과 콘볼루션이 되고, 그 역도 성립한다는 것을 의미한다. 앞에서 본 것과 같이, FIR 필터는 두 가지 방법: 식 (5.13)이나 식 (5.20)으로 표현된다. 연습문제 5.9에서 지적한 것처럼, 두 FIR 합들은 그림 5-11의 계산 알고리즘과 일관성이 있으며, 그 이유는 $x[n]$이나 $h[n]$ 모두 첫 번째 행에 쓰여질 수 있으며, 그래서 교환이 가능하기 때문이다.

콘볼루션의 항등원 단위 임펄스 신호 $\delta[n]$은 콘볼루션 연산자의 항등원이다. 즉, 어떤 신호가 임펄스와 콘볼루션되어도 신호는 바뀌지 않는다. 즉, $x[n] * \delta[n] = x[n]$. 이에 대한 증명은 이동된 임

펄스와 콘볼루션을 하는 일반적인 경우를 다룸으로써 할 수 있다.

임펄스와의 콘볼루션

$$x[n] * \delta[n-n_0] = x[n-n_0] \tag{5.36}$$

이를 증명하기 위해, 콘볼루션이 입력 신호 $x[n]$과 임펄스 응답 $h[n]$을 콘볼루션하여 출력을 구하는 LTI 시스템의 표현 ($x[n]*h[n]$)을 기억하여 본다. 5-4.2.1절에서 본 것과 같이, n_0만큼 지연된 시스템은 LTI이고, 이 시스템의 임펄스 응답은 $h[n] = \delta[n-n_0]$로 알고 있다. 그러므로 LTI 지연 시스템의 입-출력 동작은 다음과 같이 콘볼루션으로 쓸 수 있다.

$$y[n] = x[n-n_0] = x[n] * h[n] = x[n] * \delta[n-n_0]$$

이것은 매우 유용한 결과이다. 왜냐하면 식 (5.36)은 "$n = n_0$에 위치한 임펄스와 임의의 신호 $x[n]$과 콘볼루션하기 위하여 필요로 하는 것은 단지 $x[n]$의 원점을 n_0만큼 이동시키는 것이다"라고 말한다. 예를 들어, 만약 $x[n]$이 $n = 0$에서 시작한다면, $x[n-n_0]$는 $n = n_0$에서 시작한다. $n_0 = 0$일 때, 특별한 경우 $x[n] * \delta[n] = x[n]$을 얻으며, 이 식은 간단하게 말하면 "$\delta[n]$은 콘볼루션의 항등원이다"라고 간략히 요약할 수 있다.

콘볼루션의 결합 법칙 결합 법칙은 세 개의 신호들을 콘볼루션할 때

$$(x_1[n] * x_2[n]) * x_3[n] = x_1[n] * (x_2[n] * x_3[n]) \tag{5.37}$$

이며, 어느 두 개를 먼저 콘볼루션한 후, 그 결과를 세 번째 신호와 콘볼루션할 수 있다. 더 나아가, 교환 법칙으로 이 콘볼루션들이 순서와 상관없이 할 수 있음을 보여준다. 결합 법칙이 성립한다는 것의 증명은 다음 절에서 직렬 시스템을 설명할 때 보여준다.

콘볼루션의 분배 법칙 분배 법칙은 콘볼루션이 덧셈에 대해 성립한다는 것이다.

$$(x_1[n] + x_2[n]) * h[n] = x_1[n] * h[n] + x_2[n] * h[n] \tag{5.38}$$

식 (5.38)에 적힌 $h[n]$과의 콘볼루션은, 사실상, 임펄스 응답이 $h[n]$인 LTI 시스템에 대한 중첩의 원리를 다시 말한 것이다.

5-8 LTI 시스템의 직렬 연결

두 시스템을 직렬로 연결하면, 첫 번째 시스템의 출력은 두 번째 시스템의 입력이 되고, 전체 시스템의 출력은 두 번째 시스템의 출력이 된다. 그림 5-20(a)에는 두 개의 LTI 시스템(LTI 1과 LTI 2)이 직렬로 연결되어 있는 것을 보여준다.

LTI 시스템은 **직렬 연결된 2개의 LTI 시스템들은 어떤 순서로 구현하여도 동일한 결과가 된다**는 놀라운 성질을 갖는다. 이 성질은 교환 법칙을 LTI 시스템의 임펄스 응답에 직접 적용한 결과이다. 직렬 연결된 LTI 시스템에서 순서에 상관없다는 것을 보여주기 위하여, 먼저 두 직렬 연결

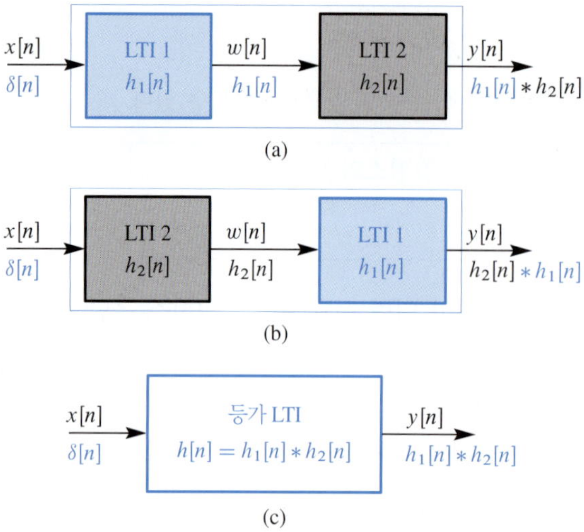

그림 5-20 직렬 연결된 LTI 시스템의 순서 바꾸기. (c)의 단일 LTI 시스템은 (a)의 두 시스템의 직렬 연결과 동등하며 또한 (b)의 직렬 연결과도 같다.

LAB
샘플링, 콘볼루션, FIR 필터링

된 시스템에서의 임펄스 응답을 결정한다. 그림 5-20(a)에서, 임펄스 입력과 그에 대응하는 출력은 화살표 아래에서 볼 수 있다. 첫 번째 시스템의 입력은 임펄스일 때, LTI 1의 출력은, 임펄스 응답의 정의에 의해, $h_1[n]$이며, 이것은 LTI 2의 입력이 된다. 그 다음으로, LTI 2의 출력은 LTI 2의 입력인 $h_1[n]$과 임펄스 응답인 $h_2[n]$을 콘볼루션한 것이다. 그러므로 그림 5-20(a)의 전체 임펄스 응답은, 식 (5.31)에 따르면, $h_1[n] * h_2[n]$이다. 동일한 방법으로 그림 5-20(b)의 전체 임펄스 응답은 $h_2[n] * h_1[n]$임을 쉽게 알 수 있다. 콘볼루션은 교환 법칙이 성립하므로, 두 개의 직렬 시스템들은 같은 임펄스 응답

$$h[n] = h_1[n] * h_2[n] = h_2[n] * h_1[n] \tag{5.39}$$

을 가지며, 이것은 직렬 연결과 동등한 단일 시스템의 임펄스 응답 $h[n]$으로 이용할 수 있다. 다시 말하여, 만약 같은 신호 $x[n]$이 그림 5-20의 세 시스템의 입력이라면, 세 시스템 모두의 출력은 같다. 왜냐하면 전체적인 임펄스 응답이 같기 때문이다.

이 직렬 시스템 분석의 부산물은 콘볼루션의 결합 법칙의 증명이다. 그림 5-20(a)의 직렬 연결에서 입력 $x[n]$에 대응하는 결과 $y[n]$은

$$y[n] = v[n] * h_2[n] = (x[n] * h_1[n]) * h_2[n]$$

이며, 이것은 그림 5-20(c)의 등가 시스템에 대하여

$$y[n] = x[n] * h[n] = x[n] * (h_1[n] * h_2[n])$$

이다. 이 두 식이 같다는 것은 정확하게 식 (5.37)이 결합 법칙이 성립한다는 것을 보여준다.

예제 5-4 직렬 시스템의 임펄스 응답

직렬 LTI 시스템에서 얻은 결과가 유용하다는 것을 보여주기 위하여, 다음 식

$$h_1[n] = \begin{cases} 1 & 0 \le n \le 3 \\ 0 & \text{이외} \end{cases} \qquad h_2[n] = \begin{cases} 1 & 1 \le n \le 3 \\ 0 & \text{이외} \end{cases}$$

으로 정의되는 두 시스템이 직렬 연결된 시스템과 동등한 하나의 등가 시스템을 구해 본다. 등가 시스템은 그림 5-20(c)와 같이, $h[n] = h_1[n] * h_2[n]$의 임펄스 응답을 가진다. 그러므로 전체 임펄

스 응답 $h[n]$을 구하기 위해 $h_1[n]$과 $h_2[n]$을 콘볼루션하여야 한다. 콘볼루션은 5-4.3.1절에서 보인 합성 다항식 곱셈 알고리즘을 사용하여 구할 수 있다. 이 경우, 계산은 다음과 같다.

n	$n<0$	0	1	2	3	4	5	6	$n>6$
$h_1[n]$	0	1	1	1	1	0	0	0	0
$h_2[n]$	0	0	1	1	1				
$h_1[0]h_2[n]$	0	0	0	0	**0**	0	0	0	0
$h_1[1]h_2[n-1]$	0	0	1	1	**1**	1	0	0	0
$h_1[2]h_2[n-2]$	0	0	0	1	**1**	1	1	0	0
$h_1[3]h_2[n-3]$	0	0	0	0	**1**	1	1	1	0
$h[n]$	0	0	1	2	**3**	3	2	1	0

가장 아래 행의 등가의 임펄스 응답은 또한 필터 계수 b_k를 정의하며 $h[n]$을 가중치가 곱해져 이동된 임펄스들의 합

$$h[n] = \sum_{k=0}^{6} b_k \delta[n-k]$$

로 나타낼 수 있으며, 여기서 $\{b_k\}$는 $\{0, 1, 2, 3, 3, 2, 1\}$이다. 이 임펄스 응답 $h[n]$을 갖는 시스템은 $\{b_k\}$가 위의 신호인 하나의 차분 방정식

$$y[n] = \sum_{k=0}^{6} b_k x[n-k] \tag{5.40}$$

로 구현하거나, 또는 한 쌍의 차분 방정식들

$$\begin{aligned} v[n] &= \sum_{k=0}^{3} x[n-k] \\ y[n] &= \sum_{k=1}^{3} v[n-k] \end{aligned} \tag{5.41}$$

의 직렬 연결로 구현될 수 있다.

예제 5-4는 중요한 점을 시사한다. 식 (5.40)과 식 (5.41)은 계산할 때, 큰 차이가 있다. 식 (5.41)의 직렬 연결을 구현하면 출력 신호의 각 값을 계산하는 데 모두 다섯 번의 덧셈이 필요하다. 반면에 식 (5.40)은 다섯 번의 덧셈과 추가적으로 1이 아닌 계수들로 네 번 곱해야 한다. 좀 더 큰 스케일에서는 (더 긴 필터라면), 계산의 양과 방식의 차이는 FIR 필터들을 실제로 응용하는 데 매우 중요할 수 있다. 그러므로 같은 필터라도 여러 가지 구현 방법들이 존재하는 것은 설계 선택을 융통성있게 할 수 있다.

연습문제 5.17	식 (5.40)과 식 (5.41)의 2개의 차분 방정식은 그림 5-15에서 보여주는 것과 같이 두 개의 분명히 다른 블록 다이어그램으로 나타난다. (5.40)은 직접형으로, (5.41)은 직렬연결형으로 자세한 블록 다이어그램을 구현하되, 모든 곱셈과 덧셈을 보여주어라. (1을 곱하는 것은 명시적으로 곱셈 연산으로 보여줄 필요는 없다.)

5-9 FIR 필터링의 예

우리는 FIR 필터링을 실제 신호에 적용하는 예를 보이면서 이 장을 끝맺고자 한다. 신호로 보일 수 있는 샘플된 데이터의 한 예가 다우존스 산업지수 평균 (DJIA: Dow-Jones Industrial Average)이다. DJIA는 선택된 몇 개의 대표적인 주식들의 종가들을 평균하여 구한 신호이다. 이것은 1897년에 처음 도입되었고, 투자자들과 경제학자들에 의하여 여러 가지 방법으로 이용되고 있다. 1897년으로 거슬러 올라가는 전체 신호는 모두 양의 값들을 가지며, 오랜 기간을 봤을 때 지수적으로 증가한다. 상세한 변화들이 보이도록 예를 얻기 위하여, 1993년 말과 2013년 사이에 주간 종가 평균의 세그먼트를 신호 $x[n]$으로 선택하였다.[16] 원래 DJIA 신호는 그림 5-21과 같이 그 변화가 매우 극심하며, 매 주의 값들은 다른 점으로 표시된다. 그림 5-21에 나오는 완만한 곡선은 아래의 식으로 표현되는 인과적 51-포인트 이동 평균기의 출력이다, 즉,

$$y[n] = \frac{1}{51}\sum_{k=0}^{50} x[n-k] = h[n] * x[n] \tag{5.42}$$

이며, 여기서 $h[n]$은 인과적 51-포인트 이동 평균기의 임펄스 응답이다.

5-3.1절의 그림 5-5에서 관찰한 대로, 필터에 입력 신호가 들어오고 빠져나가는 영역이 있음에 주목한다 (이 경우에는 각각 50 샘플들 길이). 왼쪽 영역은 $n = 50$까지 확장되며, 이 영역은 식 (5.42)에서 $n - k$가 음수가 되지 않는 가장 작은 n값이다. 특히 $n \geq 50$에 대해서는 식 (5.42)의 합에는 0인 샘플들이 어떤 것도 포함되지 않았다. 선택된 시간 동안 입력과 출력 신호 전체를 보기에 필요한 스케일에서, 이 영역에서의 출력은 일정한 속도로 증가한다. 이것은 입력 신호가 구간

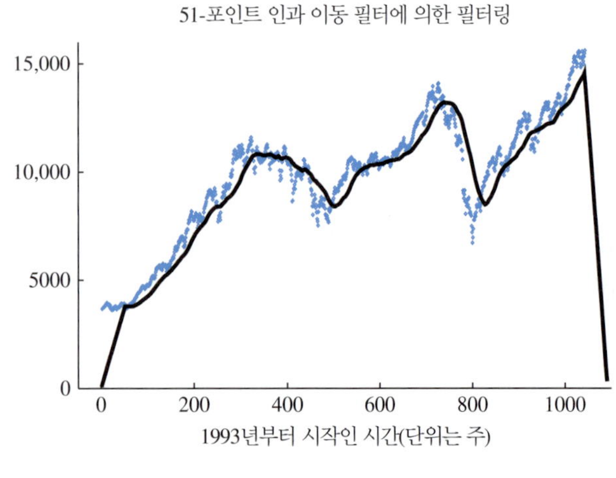

그림 5-21 51-포인트 이동 평균 FIR 필터에 의하여 필터링된 DJIA 주간 종가 (1993년 12월부터 2013년 10월까지). 입력 (파란색)과 출력 (검은색). 출력 샘플들은 입력 샘플들과 구별하기 위하여 샘플들끼리 연결하였다.

16) 1897년부터 2014년까지 기간의 주간 평균 데이터 전체 집합은 6,000개 이상의 샘플이 되며, 40에서 17,000 사이의 값을 가진다. 전체 데이터의 그래프는 나타내고자 하는 효과들을 잘 보여주지 않는다.

$0 \le n \le 50$에서 대략적으로 3,800의 값 근처에서 약간 변하며, 그래서 이동 평균 필터의 출력은 51개의 샘플들의 평균 구간에 더욱 더 많은 샘플들이 포함되어 감에 따라 대체로 선형적으로 증가한다. 유사하게, n이 입력에서의 마지막 샘플 인덱스를 지나가면, 구간 $n-50$에서 n까지 더욱 더 적은 입력 샘플들이 입력되므로, 출력은 0으로 급격히 줄어든다. 출력에서 0이 아닌 부분은 입력보다 50샘플들만큼 길며, 그 이유는 필터가 인덱스 $n-50$이 입력의 끝을 지나간 후로는 궁극적으로 0의 값을 주기 때문이다.

또한, 필터에 의하여 세세한 주간 변화가 대부분 제거되었음에 주목한다. 마지막으로, 출력은 입력에 대하여 이동했음을 주목한다. 제6장에서는, 필터에 의하여 지연된 정도가 정확히 $M/2 = 50/2 = 25$샘플이 되는지를 설명할 수 있는 방법을 보여줄 것이다. 샘플링 주기는 1주일이기 때문에, 51-포인트의 평균은 51주에 대하여 일어나며, 이동은 25주의 지연에 해당된다.[17)]

이 예에서는 25샘플의 지연 없이, 입력과 출력을 살펴보면 많은 정보를 얻을 수 있다. 이를 위해 다음과 같은 비인과적 중간 이동 평균기를 사용하여 구할 수 있다.

$$\tilde{y}[n] = \frac{1}{51} \sum_{k=-25}^{25} x[n-k] = x[n] * \tilde{h}[n]$$

여기서 $\tilde{h}[n]$은 중간 이동 평균의 임펄스 응답이다. 출력 $\tilde{y}[n]$은 인과적 이동 평균기의 출력 $y[n]$을 왼쪽으로 25샘플만큼 (이동시켜) 선행하여 얻을 수 있다. 앞에서 설명했던 직렬 연결 FIR 시스템의 관점에서 살펴보면, 중간 이동 평균 시스템은 인과적 이동 평균 시스템과 임펄스 응답이 $\delta[n+25]$인 시스템과 직렬 연결한 것이다. 왜냐하면 식 (5.36)은 $y[n]$과 임펄스를 콘볼루션하면 신호의 원점을 임펄스의 위치로 이동시키기 때문이다(이 경우 $n=-25$).

$$\begin{aligned}
\tilde{y}[n] &= y[n] * \delta[n+25] \\
&= (x[n] * h[n]) * \delta[n+25] \\
&= x[n] * (h[n] * \delta[n+25]) \\
&= x[n] * h[n+25]
\end{aligned}$$

LAB
샘플링, 콘볼루션, FIR 필터링

이와 같이, 중간 이동 평균기의 임펄스 응답, $\tilde{h}[n] = h[n+25]$는 인과적 이동 평균기의 임펄스 응답을 이동한 것이다. 임펄스 응답을 이동함으로써, 인과성 시스템에 의하여 유입된 지연을 제거할 수 있다.

연습문제 5.18 51-포인트 인과 이동 평균기의 임펄스 응답 $h[n]$을 구하고, 51-포인트 중간 이동 평균기의 임펄스 응답 $\tilde{h}[n]$을 구하여라.

중간 이동 평균기의 직렬 연결은 그림 5-22에 그려져 있다. 그림 5-22의 시스템을 설명하는 한 가지 방법으로 두 번째 시스템이 첫 번째 시스템으로 생긴 지연을 **보상하는** 것으로 볼 수 있다. 즉, 중간 이동 평균기는 **지연이 없는** 이동 평균 필터이다.

그림 5-23은 지연 보상된 이동 평균 필터에 대한 입력 $x[n]$과 출력 $\tilde{y}[n]$를 보여준다. 입력과 출력의 시점이 잘 정렬되어 있음을 볼 수 있다.

17) 우리는 52주 대신 51주를 사용하였으며, 이는 52주 이동 평균을 하면 $51/2=25.5$의 지연이 발생한다. 지연이 정수개의 샘플들일 때, 0.5샘플의 지연을 일단위의 이동으로 해석하는 것은 명확하지 않다.

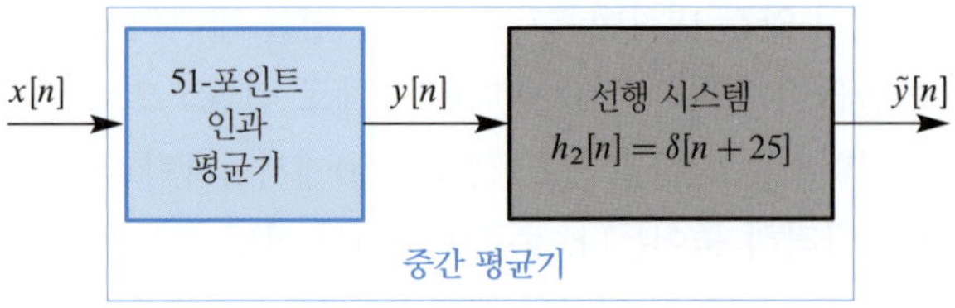

그림 5-22 인과적 이동 평균기와 지연 보상기의 직렬 연결로 나타내진 중간 이동 평균기

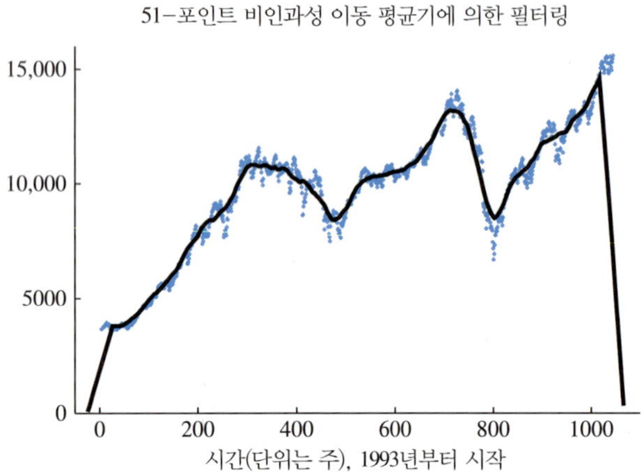

그림 5-23 DJIA 주간 종가에 적용된 지연-보상된 51-포인트 이동 평균기의 입력 (파란색)과 출력 (검은색).

5-10 요약 및 링크

데모
이산 콘볼루션

이 장에서는 콘볼루션, 임펄스 응답 그리고 선형 시불변 시스템의 일반적인 개념과 함께 FIR 필터링의 개념에 대하여 설명하였다. 동반 웹사이트의 랩 실습 프로젝트 중에, **샘플링**, **콘볼루션** 그리고 FIR **필터링**에서 이산 콘볼루션과 샘플링 효과에 관하여 다룬다. 이 랩 실습은 두 개의 MATLAB GUI를 사용하며, 하나는 제4장에서 공부한 샘플링, `con2dis`이고, 다른 하나는 이산 콘볼루션에 관한, `dconvdemo`이다.

5-11 문제

참고
풀이가 있는 문제들

이 절의 문제들은 이 장에서 배운 FIR 필터링, LTI 시스템 그리고 콘볼루션을 다룬다. 동반 웹사이트에는, 복습과 실습을 위해서 더 많은 연관된 숙제 문제들이 나와 있다. 대부분의 문제들은 자세한 풀이가 같이 포함되어 있다.

P-5.1 어떤 FIR 필터의 임펄스 응답 $h[n]$이 다음

$$h[n] = 7\delta[n] + \delta[n-3] - 5\delta[n-4]$$

와 같다면, 이 필터의 차분 방정식을 구하여라.

P-5.2 식 $G = \sum_{n=0}^{12} (9\delta[n-3] - 9\delta[n-4])\, e^{-j0.5\pi n}$을 계산하여라. G에 대한 답을 극좌표 복소수로 나타내어라.

P-5.3 길이 L-이동 합 (running sum)이 다음과 같이 정의된다.

$$y[n] = \sum_{k=0}^{L-1} x[n-k]$$

입력 $x[n]$이 단위계단 신호일 때, 다음과 같이 출력을 구하여라.

(a) $L = 4$라고 가정할 때, $y[n]$의 값을 구간 $-2 \le n \le 8$에서 구하여라.

(b) $L = 4$라고 가정하고, 시간 구간 $-2 \le n \le 8$에서 출력의 그래프를 그려라. 필요하다면 MATLAB을 사용하되, 직접 그리는 것도 해 본다.

(c) 마지막으로 임의의 길이 L에도 적용될 수 있는 $y[n]$의 일반식을 구간 $n \ge -2$에서 구하여라.

P-5.4 어떤 LTI 시스템이 아래의 차분 방정식으로 나타내진다.

$$y[n] = 2x[n] - 3x[n-1] + 2x[n-2]$$

(a) 이 시스템의 입력이

$$x[n] = \begin{cases} 0 & n < 0 \\ n+1 & n = 0, 1, 2 \\ 5-n & n = 3, 4 \\ 1 & n \ge 5 \end{cases}$$

와 같을 때, 구간 $0 \le n \le 10$에서 $y[n]$의 값을 계산하여라.

(b) 먼저 부분에서, $x[n]$과 $y[n]$의 그래프를 그려라.

(c) 단위 임펄스 입력에 대한 이 시스템의 응답을 구하여라. 즉, 입력이 $x[n] = \delta[n]$일 때, 출력 $y[n] = h[n]$을 구하여라. 그리고 $h[n]$의 그래프를 n의 함수로 그려라.

P-5.5 어떤 LTI 시스템이 아래의 차분 방정식에 의해 표현된다.

$$y[n] = 2x[n] - 3x[n-1] + 2x[n-2]$$

(a) 이 시스템을 직접형(direct form)으로 구현하고 블록 다이어그램으로 그려라.

(b) 이 시스템을 전치형(transposed direct form)으로 구현하고 블록 다이어그램을 그려라.

P-5.6 다음

$$y[n] = \sum_{k=0}^{M} b_k x[n-k]$$

와 같이 정의된 시스템이 있다.

(a) 입력 $x[n]$이 구간 $0 \le n \le N-1$에서만 0이 아니라고 가정한다. $y[n]$이 최소 서포트인 구간 $0 \le n \le P-1$에서 0이 아님을 증명하라. P 값을 필터의 차수 M과 입력 신호의 길이 N으로 나타내어라.

(b) 입력 $x[n]$이 구간 $N_1 \le n \le N_2$에서만 0이 아니라고 가정한다. $x[n]$의 길이는 얼마인가? $y[n]$이 최소 서포트인 구간 $N_3 \le n \le N_4$에서 0이 아님을 증명하라. N_3, N_4와 $y[n]$의 길이를 N_1, N_2 그리고 M으로 나타내어라. 힌트: 그림 5-4와 유사하게 그려본다.

P-5.7 단위계단 신호 $u[n]$은 $n < 0$일 때 0인 신호를 나타낼 때 사용할 수 있다.

(a) 구간 $-2 \le n \le 8$에서 $x[n] = (-0.5)^n u[n]$을 그려보아라.

(b) L-포인트 이동 합은 다음과 같이 정의된다.

$$y[n] = \sum_{k=0}^{L-1} x[n-k]$$

입력 $x[n] = (-0.5)^n u[n]$에 대하여, 출력 $y[n]$을 구간 $-2 \le n \le 8$에서 그려보아라. $L = 2$라고 가정한다.

(c) 입력 신호 $x[n] = a^n u[n]$에 대하여, 임의의 a, 임의의 길이 L, 그리고 $n \ge -2$에서 만족하는 이동 합 $y[n]$의 출력의 일반식을 구하라. 이를 위해, 필요하다면 아래의 공식을 사용하여라.

$$\sum_{k=M}^{N} \alpha^k = \frac{\alpha^M - \alpha^{N+1}}{1-\alpha}$$

P-5.8 임펄스가 입력으로 주어질 때, 즉 $x[n] = \delta[n]$일 때, 어떤 FIR 필터에서 관찰되는 출력은 그림 P-5.8에 보인 신호 $h[n]$이다. 이 FIR 필터의 차분 방정식의 필터 계수$\{b_k\}$를 구하여라.

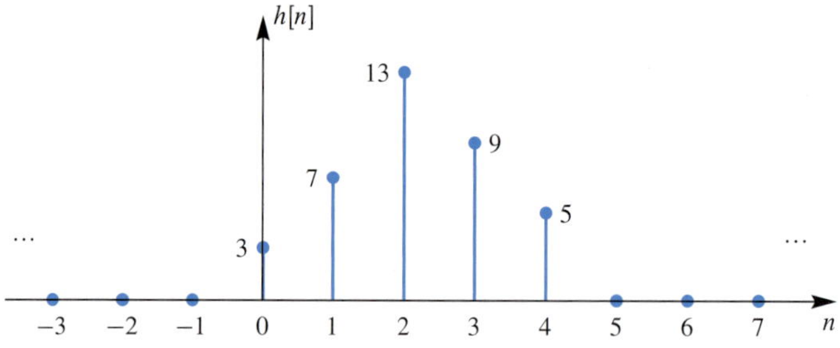

그림 P-5.8

P-5.9 FIR 시스템의 필터 계수가 $\{b_k\} = \{13, -13, 13\}$이며 입력 신호가

$$x[n] = \begin{cases} 0 & n \text{ 짝수} \\ 1 & n \text{ 홀수} \end{cases}$$

일 때, 모든 n에 대한 출력 $y[n]$을 구하여라. 답을 식이나 그래프로 표시하여라.

P-5.10 다음의 각 시스템에 대하여, 이 시스템이 (1) 선형, (2) 시불변, (3) 인과적인지를 결정하여라.

(a) $y[n] = x[n]\cos(0.2\pi n)$

(b) $y[n] = x[n] - x[n-1]$

(c) $y[n] = |x[n]|$

(d) $y[n] = Ax[n] + B$, A와 B는 0이 아닌 상수.

P-5.11 $\mathcal{S}$가 어떤 LTI 시스템으로 형태를 정확히 모른다고 가정한다. 이 시스템에 어떤 입력을 실행하는 테스트를 하여 출력을 관찰하였다. 테스트의 결과로 다음과 같은 입력-출력 쌍이 나왔다고 가정한다.

입력: $x[n]$	출력: $y[n]$
$\delta[n] - \delta[n-1]$	$\delta[n] - \delta[n-1] + 2\delta[n-3]$
$\cos(\pi n/2)$	$2\cos(\pi n/2 - \pi/4)$

(a) 아래 신호의 그래프를 그려보아라.

$$y[n] = \delta[n] - \delta[n-1] + 2\delta[n-3]$$

(b) 선형성과 시불변성을 사용하여 다음 입력에 대한 출력을 구하여라.

$$x[n] = 7\delta[n] - 7\delta[n-2]$$

P-5.12 어떤 LTI 시스템의 임펄스 응답이 다음과 같다.

$$h[n] = 3\delta[n] - 2\delta[n-1] + 4\delta[n-2] + \delta[n-4]$$

(a) 이 시스템을 직접형(direct form)으로 구현하는 블록 다이어그램을 그려라.

(b) 이 시스템을 전치형(transposed direct form)으로 구현하는 블록 다이어그램을 그려라.

P-5.13 어떤 특정한 LTI 시스템에 대하여, 입력을 스케일된 단위계단 함수 입력, $x_1[n] = 3u[n]$일 때, 이에 대응되는 출력은 다음과 같다.

$$y_1[n] = \delta[n] - 3\delta[n-1] - 3\delta[n-2] = \begin{cases} 0 & n < 0 \\ 1 & n = 0 \\ -3 & n = 1 \\ -3 & n = 2 \\ 0 & n \geq 3 \end{cases}$$

(a) 이 LTI 시스템에 입력 $x_2[n] = 3u[n] - 6u[n-2]$가 인가되었을 때의 출력을 구하여라. $y_2[n]$을 알려진 신호들로 나타내는 식이나 또는 $-\infty \leq n \leq +\infty$ 구간에 대한 값을 표로 작성하여 답을 구하여라.

(b) 단위 임펄스 신호는 두 개의 단위계단 신호들의 차이로 나타낼 수 있다. 다음의 식이 성립하도록 A와 B의 값을 결정하여라.

$$\delta[n] = Au[n] + Bu[n-1]$$

(c) (b)의 결과를 사용하여, 시스템의 임펄스 응답 $h[n]$을 구하여라.

P-5.14 $y[n] = x[n] - ax[n-1]$인 FIR 필터에서, 다음의 2개의 비슷한 경우에 대하여 출력 신호 $y[n]$을 구하여라.

(a) 무한 길이의 입력 신호 $x[n] = a^n u[n]$.
(b) 길이가 8인 입력 신호 $x[n] = a^n(u[n] - u[n-8])$.
(c) (b)의 경우, 구간 $0 \le n \le 10$에서 $x[n]$과 $y[n]$의 그래프를 그려라.

P-5.15 디콘볼루션(deconvolution)의 한 방법으로 출력 신호와 필터의 임펄스 응답으로부터 시작하여, 가끔 입력 신호를 구하는 것이 가능할 때도 있다.

(a) 만일 $h[n] = \delta[n-3]$인 FIR 필터의 출력이

$$y[n] = 5u[n-2] - u[n-6]$$

이라면, 입력 신호 $x[n]$을 구하여라.

(b) 다음의 차분 방정식

$$y[n] = x[n] - x[n-1]$$

로 정의되는 일차 차분 필터에 대하여, 입력이 이동한 단위계단 신호 $u[n-2]$일 때, 출력 신호를 구하여라.

(c) 만일 일차 차분 FIR 필터의 출력이

$$y[n] = \delta[n-2] - \delta[n-7]$$

이라면, 입력 신호 $x[n]$을 구하여라.

(d) 만일 2-포인트 이동 합 필터의 출력이

$$y[n] = -8\delta[n] - 8\delta[n-3]$$

이라면, 입력 신호 $x[n]$을 결정하여라.

P-5.16 또 다른 디콘볼루션의 방법으로 출력 신호와 입력 신호로부터 시작하여, 이로부터 임펄스 응답을 구하는 것도 가능할 수 있다.

(a) 만일 입력 신호가 $x[n] = u[n]$이라면, 출력 신호 $y[n] = u[n-1]$을 발생시키는 FIR 필터를 구하여라.
(b) 만일 입력 신호가 $x[n] = u[n]$이라면, 출력 신호 $y[n] = \delta[n]$을 발생시키는 FIR 필터를 구하여라.
(c) 만일 입력 신호 $x[n] = (\frac{1}{2})^n u[n]$이라면, 출력 신호 $y[n] = \delta[n-1]$을 발생시키는 FIR 필터를 구하여라.

P-5.17 주어진 입력과 출력 쌍으로부터 디콘볼루션을 하는 것은 항상 가능하지는 않다. 예를 들어, $x[n] = \delta[n] + \delta[n-1]$이 입력되어 출력 $y[n] = \delta[n]$이 나오는 FIR 필터는 존재하지 않음을 보여라.

P-5.18 만일 세 개의 시스템이 직렬로 연결되었다고 가정한다. 다른 말로 하여, $\mathcal{S}_1$의 출력은 $\mathcal{S}_2$의 입력이 되고, $\mathcal{S}_2$의 출력은 $\mathcal{S}_3$의 입력이다. 이 세 개 시스템들은 다음과 같은 차분 방정식으로 지정된다.

$$\begin{aligned}\mathcal{S}_1: &\quad y_1[n] = x_1[n] + x_1[n-1]\\ \mathcal{S}_2: &\quad y_2[n] = x_2[n] - x_2[n-2]\\ \mathcal{S}_3: &\quad y_3[n] = x_3[n-1] - x_3[n-2]\end{aligned}$$

그러므로 $x_1[n] = x[n]$, $x_2[n] = y_1[n]$, $x_3[n] = y_2[n]$, $y[n] = y_3[n]$이다. 이제 $\mathcal{S}_1$으로 들어가는 입력 $x[n]$으로부터, $\mathcal{S}_3$의 출력인, 출력 $y[n]$을 구하는 하나의 등가 시스템을 구하고자 한다.

(a) 각 서브시스템 $\mathcal{S}_i$의 임펄스 응답 $h_i[n]$을 결정하여라.
(b) 전체 시스템의 임펄스 응답 $h[n]$을 구하여라. 즉, $y[n] = x[n] * h[n]$을 만족하는 $h[n]$을 구하여라.
(c) 전체 시스템을 $x[n]$과 $y[n]$만을 이용하여 정의하는 하나의 차분 방정식을 세워라.

P-5.19 아래의 MATLAB 프로그램으로 구현된 시스템이 있다.

```
% xx.mat 는 "xx" 라는 입력 샘플 값들의 벡터를
% 포함하는 2진 파일이다.
load xx
yy1 = conv([1:4],xx);
yy2 = conv(ones(1,4),xx);
ww = yy1 + yy2;
yy = conv([1,-1],ww);
```

입력 xx으로부터 출력 yy로의 전체 시스템은 세 개의 LTI 서브시스템으로 이루어진 하나의 LTI 시스템이다.

(a) 위의 프로그램에 의해 구현되는 전체 시스템을 구성하기 위하여 세 개의 LTI 서브시스템들이 어떻게 구성되었는지를 보이는 블록 다이어그램을 그려라. 각 서브시스템의 임펄스 응답과 차분 방정식을 적어라.
(b) 전체 시스템은 LTI 시스템이다. 임펄스 응답을 구하고, 입력 $x[n]$과 출력 $y[n]$이 만족하는 차분 방정식을 구하여라.

제 6 장

FIR 필터의 주파수 응답

제5장에서 FIR 이산시간 시스템에 대하여 소개하였다. 유한개의 입력 신호의 가중치 이동 평균으로 이산시간 시스템을 정의했는데, 그런 시스템은 선형이고 시불변이다 (LTI). 또한 FIR 시스템의 임펄스 응답은 시스템을 완벽하게 정의한다고 설명하였다. 이 장에서는, 선형 시불변(LTI) FIR 필터의 **주파수 응답(Frequency Response)** 개념을 소개하고, 주파수 응답과 임펄스 응답이 유일하게 관련되어 있다는 것을 보여준다.

LTI 시스템에 대하여, 입력이 복소수 정현파일 때, 그 출력은 크기와 위상은 다르지만 동일한 주파수의 복소수 정현파가 된다는 점은 주목할 만하다. 모든 LTI 시스템은 **정현파 입력에 정현파 출력**이란 성질을 갖는다. 모든 주파수에 대하여 보여주는 주파수 응답 함수는 모든 가능한 정현파의 크기와 위상 변화를 보여주는 LTI 시스템의 응답이라 요약할 수 있다. 또한, 선형 시불변 시스템은 중첩의 원리에 따르기 때문에, 주파수 응답 함수는 정현파의 합으로 표현될 수 있는 어떠한 입력에 대해서도 그 시스템의 동작을 완벽하게 보여준다. 제7장에서 살펴보겠지만 거의 모든 이산시간 신호는 정현파의 중첩으로 표현될 수 있기 때문에, 주파수 응답은 거의 모든 신호에 대하여 시스템을 표현하는 데 충분하다.

6-1 FIR 시스템의 정현파 응답

선형 시불변 (LTI) 시스템은 입력이 이산시간 복소 지수함수인 경우 특히 더 간단하게 동작한다. 이를 확인하기 위해, FIR 시스템

$$y[n] = \sum_{k=0}^{M} b_k x[n-k] \tag{6.1}$$

를 고려해 보기로 하며, 여기서 입력은 다음과 같은 정규화된 라디안 주파수 $\hat{\omega}$, 크기 A, 그리고 위상 φ를 갖는 복소 지수함수 신호[1]라고 한다.

$$x[n] = Ae^{j\varphi}e^{j\hat{\omega}n} \qquad -\infty < n < \infty$$

이러한 입력에 대응되는 출력은

$$\begin{aligned} y[n] &= \sum_{k=0}^{M} b_k \, Ae^{j\varphi}e^{j\hat{\omega}(n-k)} \\ &= \left(\sum_{k=0}^{M} b_k e^{-j\hat{\omega}k}\right) Ae^{j\varphi}e^{j\hat{\omega}n} \\ &= \mathcal{H}(\hat{\omega})Ae^{j\varphi}e^{j\hat{\omega}n} \qquad -\infty < n < \infty \end{aligned} \tag{6.2}$$

이며, 여기서

$$\mathcal{H}(\hat{\omega}) = \sum_{k=0}^{M} b_k e^{-j\hat{\omega}k} \tag{6.3}$$

이다. 복소 지수함수 신호의 주파수를 일반적인 심벌 $\hat{\omega}$으로 표현했기 때문에, $\hat{\omega}$의 함수인 식 (6.3)을 얻었다. 달리 말하여, 식 (6.3)은 어떤 주파수 $\hat{\omega}$을 갖는 복소 지수함수 신호에 대한 LTI 시스템의 응답이다. 따라서 식 (6.3)에서 정의된 $\mathcal{H}(\hat{\omega})$은 시스템의 **주파수 응답 함수(Frequency-Response Function)**라고 부른다. 일반적으로, 짧게 **주파수 응답**이라고 한다.

하지만 주파수 응답에 대한 표현은 (제9장에서 다룰) z-변환과의 일관성에 대한 문제가 있다. 식 (6.3)의 우변은 복소 지수함수 $e^{j\hat{\omega}}$의 거듭제곱을 포함한다. 주파수 응답을 나타낼 때, 이 복소 지수를 많이 사용한다. 그러므로 $e^{j\hat{\omega}}$의 특성을 살리기 위해 $\mathcal{H}(\hat{\omega})$이란 표현 대신 $H(e^{j\hat{\omega}})$을 사용하고자 한다. 여전히 $H(e^{j\hat{\omega}})$도 $\hat{\omega}$의 함수이다. 더욱이 FIR 필터의 임펄스 응답 신호는 필터 계수열과 같기 때문에, 주파수 응답을 필터 계수 b_k 또는 임펄스 응답 $h[k]$로 표현할 수 있다. 즉,

FIR 시스템의 주파수 응답

$$H(e^{j\hat{\omega}}) = \sum_{k=0}^{M} b_k e^{-j\hat{\omega}k} = \sum_{k=0}^{M} h[k]e^{-j\hat{\omega}k} \tag{6.4}$$

식 (6.2)와 식 (6.4)에서 몇 가지 중요한 점들이 있다. 무엇보다도 먼저, 식 (6.2)의 정확한 해석은 다음과 같다. 입력이 이산시간 복소 지수함수 신호일 때, LTI FIR 필터의 출력은 또한 다른 복소수 진폭을 갖지만, 같은 주파수 $\hat{\omega}$을 갖는 이산시간 복소 지수함수 신호이다. 주파수 응답이 복수 지수함수 입력 신호에 곱해져, 복수 진폭을 변화시킨다. 수학적으로 $y[n] = H(e^{j\hat{\omega}})x[n]$으로 쓰기 쉬운데, 그렇게 사용하지 않기를 적극적으로 추천하며, 그 이유는 이 식이 주파수 $\hat{\omega}$을 갖는 복소 지수함수 신호에 대해서만 적용된다는 것을 쉽게 잊기 때문이다. 결론적으로 수식 $y[n] = H(e^{j\hat{\omega}})x[n]$은 입력 신호가 $x[n] = Ae^{j\varphi}e^{j\hat{\omega}n}$의 형태가 아니면 무의미하다. **이 점을 이해하는 것은 매우 중요하다.**

1) 이산시간 신호는 연속시간 신호 $x(t) = Ae^{j\varphi}e^{j\omega t}$를 샘플링하여 얻어질 수 있다. 만일 $x[n] = x(nT_s)$이면 $\hat{\omega} = \omega T_s$의 관계가 성립하며, 여기서 T_s는 샘플링 주기이다.

두 번째 중요한 점은 주파수 응답 $H(e^{j\hat{\omega}})$은 복소수 값을 취하며, 그래서 이 식은 $H(e^{j\hat{\omega}}) = |H(e^{j\hat{\omega}})|e^{j\angle H(e^{j\hat{\omega}})}$ 또는 $H(e^{j\hat{\omega}}) = \Re\{H(e^{j\hat{\omega}})\} + j\Im\{H(e^{j\hat{\omega}})\}$으로 나타내질 수 있다는 것이다. 주파수 응답의 크기와 각으로 표현하는 것이 가장 편리한 형태이며, 이유는 식 (6.2)에서 필요한 복소수 곱셈을 극좌표 형식으로 쉽게 수행할 수 있기 때문이다. 입력 복소 지수함수 신호의 크기(A)와 위상(φ)에 대한 LTI 시스템의 영향은 주파수 응답 $H(e^{j\hat{\omega}})$에 의하여 완벽하게 결정된다. 특히, 입력이 $x[n] = Ae^{j\varphi}e^{j\hat{\omega}n}$이면, $H(e^{j\hat{\omega}})$의 극좌표 형식에 의해

$$\begin{aligned} y[n] &= \left(|H(e^{j\hat{\omega}})|e^{j\angle H(e^{j\hat{\omega}})}\right) Ae^{j\varphi}e^{j\hat{\omega}n} \\ &= (|H(e^{j\hat{\omega}})| \cdot A)e^{j(\angle H(e^{j\hat{\omega}})+\varphi)}e^{j\hat{\omega}n} \end{aligned} \tag{6.5}$$

을 얻는다. $H(e^{j\hat{\omega}})$의 크기는 신호의 진폭(A)에 곱해져 신호의 크기를 변화시킨다. 따라서 $|H(e^{j\hat{\omega}})|$은 보통 시스템의 **이득**(gain)이라 부른다.[2] 각 $\angle H(e^{j\hat{\omega}})$은 입력의 위상($\varphi$)에 더해져 복소 지수함수 신호에 추가적으로 위상 변이를 일으킨다.

예제 6-1 주파수 응답 공식

차분 방정식 계수가 $\{b_k\} = \{1, 2, 1\}$인 LTI 시스템을 고려해 본다. 이를 식 (6.3)에 대입하면

$$H(e^{j\hat{\omega}}) = 1 + 2e^{-j\hat{\omega}} + e^{-j\hat{\omega}2}$$

가 된다. 이 FIR 필터의 주파수 응답의 크기와 위상에 대한 식을 얻기 위해, 위의 식을 다음과 같이 전개한다.

$$\begin{aligned} H(e^{j\hat{\omega}}) &= 1 + 2e^{-j\hat{\omega}} + e^{-j\hat{\omega}2} \\ &= e^{-j\hat{\omega}}\left(e^{j\hat{\omega}} + 2 + e^{-j\hat{\omega}}\right) \\ &= e^{-j\hat{\omega}}\left(2 + 2\cos\hat{\omega}\right) \end{aligned}$$

주파수 $-\pi < \hat{\omega} \le \pi$에 대하여 $(2+2\cos\hat{\omega}) \ge 0$이므로, 크기는 $|H(e^{j\hat{\omega}})| = (2+2\cos\hat{\omega})$이며, 위상은 $\angle H(e^{j\hat{\omega}}) = -\hat{\omega}$이 된다.

예제 6-2 복소 지수함수 입력

주파수가 $\hat{\omega} = \pi/3$인 복소수 입력 $x[n]=2e^{j\pi/4}e^{j(\pi/3)n}$을 고려한다. 이 신호가 예제 6-1의 시스템의 입력이라면, 식 (6.5)에서 정의된 대로 주파수 영역 방법을 사용하기 위하여 입력 주파수에서 주파수 응답을 계산해야 한다. 이 계산을 하면, $|H(e^{j(\pi/3)})| = 2 + 2\cos(\pi/3) = 3$과 $\angle H(e^{j\pi/3}) = -\pi/3$을 얻는다. 따라서 주어진 입력에 대한 시스템의 출력은

$$\begin{aligned} y[n] &= 3e^{-j\pi/3} \cdot 2e^{j\pi/4}e^{j\pi n/3} \\ &= (3 \cdot 2) \cdot e^{(j\pi/4 - j\pi/3)}e^{j\pi n/3} \\ &= 6e^{-j\pi/12}e^{j\pi n/3} = 6e^{j\pi/4}e^{j\pi(n-1)/3} \end{aligned}$$

이다. 이와 같이, 이 시스템과 주어진 입력 $x[n]$에 대하여, 출력은 입력에 3배가 곱해졌고, $-\pi/3$의 위상 변이는 한 샘플이 지연된 것과 같다.

2) 이득은, 이 단어가 1보다 크다는 것을 암시하지만, 1보다 클 수도 있고 작을 수도 있다.

연습문제 6.1 계수 열이 대칭($b_0 = b_M$, $b_1 = b_{M-1}$, ... 등)일 때, 주파수 응답은 예제 6-1에서와 같이 다룰 수 있다. 이 예제의 형태를 따르면, 계수 $\{b_k\} = \{1, -2, 4, -2, 1\}$을 갖는 FIR 필터의 주파수 응답은

$$H(e^{j\hat{\omega}}) = [4 - 4\cos(\hat{\omega}) + 2\cos(2\hat{\omega})]e^{-j2\hat{\omega}}$$

와 같이 나타낼 수 있음을 보여라.

6-2 중첩과 주파수 응답

입력이 복수 지수함수 신호들의 합이라면, 중첩의 원리는 LTI 시스템의 출력을 매우 쉽게 구할 수 있도록 해 준다. 이것이 주파수 응답이 LTI 시스템의 분석과 설계에 중요한 이유이다. 예를 들어, 어떤 LTI 시스템의 입력이 특정한 정규화된 주파수 $\hat{\omega}_1$을 갖는 코사인파와 DC의 합이라고 가정한다.

$$x[n] = A_0 + A_1\cos(\hat{\omega}_1 n + \varphi_1)$$

신호를 복소 지수함수들로 나타낸다면, 그 신호는 주파수 $\hat{\omega} = 0, \hat{\omega}_1, -\hat{\omega}_1$인 세 개의 복소 지수함수 신호로 구성되며, 그래서

$$x[n] = A_0 e^{j0n} + \frac{A_1}{2}e^{j\varphi_1}e^{j\hat{\omega}_1 n} + \frac{A_1}{2}e^{-j\varphi_1}e^{-j\hat{\omega}_1 n}$$

이다. 중첩의 원리에 의하여, 각 항에 대한 출력을 따로 구할 수 있고, 그것들을 다 합하여 $x[n]$에 대응하는 $y[n]$을 구할 수 있다. 입력 신호의 성분들이 모두 복소 지수함수 신호들이기 때문에, 시스템의 주파수 응답을 안다면, 각 입력 신호의 성분에 대한 출력을 쉽게 구할 수 있다. 각 주파수에서 계산된 $H(e^{j\hat{\omega}})$을 각 성분에 곱하여

$$y[n] = H(e^{j0})A_0 e^{j0n} + H(e^{j\hat{\omega}_1})\frac{A_1}{2}e^{j\varphi_1}e^{j\hat{\omega}_1 n} + H(e^{-j\hat{\omega}_1})\frac{A_1}{2}e^{-j\varphi_1}e^{-j\hat{\omega}_1 n}$$

을 얻는다. 여기서 상수 신호는 $\hat{\omega} = 0$의 복소 지수함수라는 사실을 이용하였다. 만일 $H(e^{j\hat{\omega}_1})$을 $H(e^{j\hat{\omega}_1}) = |H(e^{j\hat{\omega}_1})|e^{j\angle H(e^{j\hat{\omega}_1})}$라고 나타낸다면, 식 (6.6)의 계산 과정[3]을 통해 $y[n]$은 최종적으로 수정된 하나의 코사인 신호와 하나의 상수로 표현될 수 있다.

$$\begin{aligned} y[n] &= H(e^{j0})A_0 e^{j0n} + H(e^{j\hat{\omega}_1})\frac{A_1}{2}e^{j\varphi_1}e^{j\hat{\omega}_1 n} + H^*(e^{j\hat{\omega}_1})\frac{A_1}{2}e^{-j\varphi_1}e^{-j\hat{\omega}_1 n} \\ &= H(e^{j0})A_0 + |H(e^{j\hat{\omega}_1})|e^{j\angle H(e^{j\hat{\omega}_1})}\frac{A_1}{2}e^{j\varphi_1}e^{j\hat{\omega}_1 n} \\ &\quad + |H(e^{j\hat{\omega}_1})|e^{-j\angle H(e^{j\hat{\omega}_1})}\frac{A_1}{2}e^{-j\varphi_1}e^{-j\hat{\omega}_1 n} \\ &= H(e^{j0})A_0 + |H(e^{j\hat{\omega}_1})|\frac{A_1}{2}e^{j(\hat{\omega}_1 n + \varphi_1 + \angle H(e^{j\hat{\omega}_1}))} \end{aligned} \tag{6.6}$$

3) $H(e^{j\hat{\omega}})$는 **켤레대칭** 성질 $H(e^{-j\hat{\omega}}) = H^*(e^{j\hat{\omega}})$을 만족한다고 가정하였으며, 이 가정은 필터의 계수들이 실수이면 항상 성립한다(6-4.3절을 볼 것).

$$+|H(e^{j\hat{\omega}_1})|\frac{A_1}{2}e^{-j(\hat{\omega}_1 n+\varphi_1+\angle H(e^{j\hat{\omega}_1}))}$$
$$=H(e^{j0})A_0+|H(e^{j\hat{\omega}_1})|A_1\cos\left(\hat{\omega}_1 n+\varphi_1+\angle H(e^{j\hat{\omega}_1})\right)$$

코사인 입력 신호의 크기와 위상 변화는 $H(e^{j\hat{\omega}})$의 양의 주파수(positive frequency) 쪽에서 가져왔다는 것을 주목한다. 그러나 $x[n]$을 복소 지수신호들의 합으로 표현한 후, 그 다음에 주파수 응답을 사용하여 각각의 복소 성분들에 대한 주파수 응답을 따로따로 구한다는 것도 주목한다.

예제 6-3 코사인 입력

계수 $\{b_k\}=\{1, 2, 1\}$을 갖는 FIR 필터에 대하여, 입력이

$$x[n]=3\cos\left(\frac{\pi}{3}n-\frac{\pi}{2}\right)$$

일 때 출력을 구하여라. 이 시스템의 주파수 응답은 예제 6-1에 의해서 다음과 같이 결정된다.

$$H(e^{j\hat{\omega}})=(2+2\cos\hat{\omega})e^{-j\hat{\omega}}$$

여기서 $H(e^{-j\hat{\omega}})=H^*(e^{j\hat{\omega}})$임을 주목한다. 그래서 $H(e^{j\hat{\omega}})$는 켤레 대칭(conjugate symmetry)이다. 이 문제의 해는 단지 주파수 $\hat{\omega}=\pi/3$에서 $H(e^{j\hat{\omega}})$을 한 번 계산하는 것만 필요하다.

$$H(e^{j\pi/3})=e^{-j\pi/3}\,(2+2\cos(\pi/3))$$
$$=e^{-j\pi/3}\left(2+2(\tfrac{1}{2})\right)=3e^{-j\pi/3}$$

따라서 크기는 $|H(e^{j\pi/3})|=3$이고, 위상은 $\angle H(e^{j\pi/3})=-\pi/3$이므로, 출력은 다음과 같다.

$$y[n]=(3)(3)\cos\left(\frac{\pi}{3}n-\frac{\pi}{3}-\frac{\pi}{2}\right)$$
$$=9\cos\left(\frac{\pi}{3}(n-1)-\frac{\pi}{2}\right)$$

데모
DLTI 데모

주파수 응답의 크기는 코사인 신호의 진폭에 곱해지며, 주파수 응답의 위상각은 코사인 신호의 위상에 더해진다. 이 문제는 MATLAB GUI인 `dltidemo`로 풀수도 있고, 공부할 수도 있다.

LAB
주파수 응답을 통한 청력 테스트

만일 입력 신호가 많은 복소 지수함수 신호들의 합으로 구성되어 있다면, 각각의 입력 성분에 대한 출력을 각각 구하기 위하여 주파수 응답이 적용될 수 있으며, 이 결과들을 더하여 최종 출력을 결정할 수 있다. 이것이 중첩의 원리이다. 만일 신호를 복소 지수함수에 대하여 나타낼 수 있다면, 주파수 응답은 LTI 시스템이 입력 신호에 대해 어떤 동작을 수행하는지를 결정하기 위한 간단하며 매우 직관적인 방법을 제공한다. 일반적인 경우에, LTI 시스템에 인가되는 입력이 실수 신호이며 다음

$$x[n]=X_0+\sum_{k=1}^{N}\left(\frac{X_k}{2}e^{j\hat{\omega}_k n}+\frac{X_k^*}{2}e^{-j\hat{\omega}_k n}\right)$$
$$=X_0+\sum_{k=1}^{N}|X_k|\cos(\hat{\omega}_k n+\angle X_k)$$

과 같이 나타낼 수 있다면, 이에 해당되는 출력은 식 (6.7)에 있는 $y[n]$이며, 만일 $H(e^{-j\hat{\omega}}) = H^*(e^{j\hat{\omega}})$이라면, 이것은 필터의 계수가 실수일 때 성립한다.

$$\begin{aligned} y[n] &= H(e^{j0})X_0 + \sum_{k=1}^{N}\left(H(e^{j\hat{\omega}_k})\frac{X_k}{2}e^{j\hat{\omega}_k n} + H(e^{-j\hat{\omega}_k})\frac{X_k^*}{2}e^{-j\hat{\omega}_k n}\right) \\ &= H(e^{j0})X_0 + \sum_{k=1}^{N}|H(e^{j\hat{\omega}_k})||X_k|\cos\left(\hat{\omega}_k n + \angle X_k + \angle H(e^{j\hat{\omega}_k})\right) \end{aligned} \tag{6.7}$$

식 (6.7)의 $y[n]$에 대하여, $x[n]$에 있는 각각의 복소 지수함수 성분들은 그 성분의 주파수에서 계산된 주파수 응답에 의해 값이 달라진다.

예제 6-4 세 개의 정현파 입력

계수 $\{b_k\} = \{1, 2, 1\}$을 갖는 FIR 필터에 대하여, 입력이

$$x[n] = 4 + 3\cos\left(\frac{\pi}{3}n - \frac{\pi}{2}\right) + 3\cos\left(\frac{7\pi}{8}n\right) \tag{6.8}$$

일 때 출력을 구하여라. 여기에는 세 개의 주파수 $(0, \pi/3, 7\pi/8)$가 있으므로, 출력도 동일한 주파수의 세 정현파를 갖는다. 이 시스템의 주파수 응답은 예제 6-1에서 결정되었으며, 예제 6-3에서의 주파수 응답과 같다. 이 예제에서의 입력이 예제 6-3의 입력과 다른 점은 입력에 상수항(DC)과 또 다른 주파수 $7\pi/8$의 코사인 신호를 더 포함하고 있다. 중첩에 의한 해를 얻기 위해 주파수 $0, \pi/3, 7\pi/8$에서 $H(e^{j\hat{\omega}})$를 계산할 필요가 있으며, 그러면

$$\begin{aligned} H(e^{j0}) &= 4 \\ H(e^{j\pi/3}) &= 3e^{-j\pi/3} \\ H(e^{j7\pi/8}) &= 0.1522e^{-j7\pi/8} \end{aligned}$$

를 얻는다. 그러므로 출력은 다음과 같다.

$$\begin{aligned} y[n] &= 4\cdot 4 + 3\cdot 3\cos\left(\frac{\pi}{3}n - \frac{\pi}{3} - \frac{\pi}{2}\right) + 0.1522\cdot 3\cos\left(\frac{7\pi}{8}n - \frac{7\pi}{8}\right) \\ &= 16 + 9\cos\left(\frac{\pi}{3}(n-1) - \frac{\pi}{2}\right) + 0.4567\cos\left(\frac{7\pi}{8}(n-1)\right) \end{aligned}$$

이 경우, DC 성분에는 4가, 주파수 $\hat{\omega} = \pi/3$ 성분에는 3을, 그리고 주파수 $\hat{\omega} = 7\pi/8$ 성분에는 0.1522가 곱해진다는 점을 주목한다. 주파수 $\hat{\omega} = 7\pi/8$에서 주파수 응답의 크기(이득)가 너무 작기 때문에, 이 주파수 성분은 실제적으로 입력 신호로부터 필터링되어 제거된다.

이 절의 예제들은 **주파수 영역** 방법이라 불리는 문제 해결 방법을 보여준다. 이 예제들에서 볼 수 있듯이, 입력이 복소 지수함수 신호일 때, 시스템의 **시간 영역** 표현 (즉, 차분 방정식 또는 임펄스 응답)은 다룰 필요가 없다. 입력 신호의 각 샘플들에게 무엇이 일어나는지를 고려하는 것보다 신호의 스펙트럼이 시스템에 의해서 어떻게 변경되는가를 생각한다면, 주파수 영역 표현(즉, 주파수 응답)만으로도 작업할 수 있다. 이 장의 남은 부분에서는 시간 영역과 주파수 영역을 볼 기회가

데모
FIR 필터링 소개

충분히 주어진다.

6-3 정상상태와 과도 응답

6.1절에서는, 만일 입력이

$$x[n] = Xe^{j\hat{\omega}n} \qquad -\infty < n < +\infty \tag{6.9}$$

이고, 여기서 $X = Ae^{j\varphi}$이면, LTI FIR 시스템의 해당되는 출력은

$$y[n] = H(e^{j\hat{\omega}})Xe^{j\hat{\omega}n} \qquad -\infty < n < +\infty \tag{6.10}$$

이며, 여기서

$$H(e^{j\hat{\omega}}) = \sum_{k=0}^{M} b_k e^{-j\hat{\omega}k} \tag{6.11}$$

이다. 식 (6.9)에서 $x[n]$이 $-\infty < n < +\infty$ 위에 존재하는 복소 지수함수 신호라는 조건은 매우 중요하다. 이 조건이 충족되지 않으면, 식 (6.10)의 간단한 결과를 얻을 수 없다. 그러나 이 조건은 다소 비현실적으로 보일 수 있다. 어떤 실제 구현에서도, 확실히 $n = -\infty$까지로 거슬러 올라가는 실제적인 입력 신호는 없다. 다행히도, 복소 지수함수 입력이 양쪽으로 무한한 간격 안에서 정의된다는 이 조건을 완화시켜도, 식 (6.10)을 편리하게 활용할 수 있다. 이를 보기 위해 $n = 0$에서 시작하고, $0 \le n$ 구간에서만 0이 아닌 값을 갖는 다음의 **갑자기 인가되는** 복소 지수함수 신호:

$$x[n] = Xe^{j\hat{\omega}n}u[n] = \begin{cases} Xe^{j\hat{\omega}n} & 0 \le n \\ 0 & n < 0 \end{cases} \tag{6.12}$$

를 고려해 본다. 단위계단 신호를 곱하는 것은 이 갑자기 인가되는 조건을 부여하는 편리한 방법이다. 이 입력에 대한 LTI FIR 시스템의 출력은 식 (6.12)의 FIR 차분 방정식에서 $x[n]$에 적용된 정의를 이용하여 얻을 수 있다.

$$y[n] = \sum_{k=0}^{M} b_k \underbrace{Xe^{j\hat{\omega}(n-k)}u[n-k]}_{x[n-k]} \tag{6.13}$$

서로 다른 n 값과 $k > n$일 때 $u[n-k] = 0$라는 사실을 고려하면, 식 (6.13)의 합은 세 가지의 경우로 표현된다.

$$y[n] = \begin{cases} 0 & n < 0 \\ \left(\displaystyle\sum_{k=0}^{n} b_k e^{-j\hat{\omega}k}\right) Xe^{j\hat{\omega}n} & 0 \le n < M \\ \left(\displaystyle\sum_{k=0}^{M} b_k e^{-j\hat{\omega}k}\right) Xe^{j\hat{\omega}n} & M \le n \end{cases} \tag{6.14}$$

즉, 이 복소 지수함수 신호가 갑자기 인가되면, 출력은 세 개의 다른 영역에 걸쳐서 정의된다. 첫

번째 영역, $n < 0$에서, 입력이 0이므로, 해당 출력도 역시 0이 된다. 두 번째 영역은 길이가 M샘플(즉, FIR 시스템의 차수)인 과도 영역이다. 이 영역에서는, $e^{j\hat{\omega}n}$로의 복소 곱셈은 n에 의존한다. 이 영역은 종종 출력의 **과도(Transient)** 부분이라 불린다. 세 번째 영역, $n \geq M$에서 출력은 입력이 양쪽으로 무한한 구간 위에서 정의된 입력일 때 얻어지던 것과 동일한 출력이다. 즉,

$$y[n] = H(e^{j\hat{\omega}})Xe^{j\hat{\omega}n} \qquad M \leq n \tag{6.15}$$

출력에서 이 부분은 일반적으로 **정상상태(Steady-state)** 부분이라 불린다. 정상상태 부분이 모든 $n \geq M$에 대하여 존재한다고 규정했지만, 식 (6.15)는 입력이 $X(e^{j\hat{\omega}n})$인 경우만 유효하다는 점을 명확히 짚고 넘어가야 한다. $n > M$인 어떤 시간에, 입력이 주파수를 변화시키거나 진폭이 0이 되면, 또 다른 과도 상태가 발생한다.

예제 6-5 정상상태 출력

간단한 예제로 위의 내용을 설명할 수 있다. 필터 계수들이 열 $\{b_k\} = \{1, -2, 4, -2, 1\}$인, 연습문제 6.1에서의 시스템에 대하여 고려해 본다. 이 시스템의 주파수 응답은 다음과 같다.

$$H(e^{j\hat{\omega}}) = [4 - 4\cos(\hat{\omega}) + 2\cos(2\hat{\omega})]e^{-j2\hat{\omega}}$$

만일 입력이 갑자기 인가된 코사인 신호

$$x[n] = \cos(0.2\pi n - \pi)u[n]$$

이라면, 이 식을 두 개의 갑자기 인가된 복소 지수함수 신호들의 합으로 표현할 수 있다. 그러므로 주파수 응답은 6.2절에서 논의한 대로 이에 해당되는 정상상태에서의 출력을 결정하기 위하여 사용될 수 있다. $\hat{\omega} = 0.2\pi$에서 $H(e^{j\hat{\omega}})$은

$$H(e^{j\hat{\omega}}) = [4 - 4\cos(0.2\pi) + 2\cos(0.4\pi)]e^{-j2(0.2\pi)} = 1.382e^{-j(0.2\pi)2}$$

이며, $M = 4$이므로, 정상상태 출력은

$$y[n] = 1.382\cos(0.2\pi(n-2) - \pi) \qquad 4 \leq n$$

이다. 주파수 응답은 정상상태 영역 어디에서나 출력의 간단한 식을 구할 수 있도록 해 준다. 과도 영역에서 출력값들을 구하고자 한다면, 시스템의 차분 방정식을 이용하여 구할 수 있다.

이 예에 대한 입력과 출력 신호들은 그림 6-1에 보였다. 이 시스템에서 $M = 4$이기 때문에, 과도 영역은 $0 \leq n \leq 3$(음영 부분으로 표시)이며, 정상상태 영역은 $n \geq 4$이다. 또한, 위의 정상상태 분석에서 예측한 대로, 정상상태 영역에서 신호는 단지 1.382배만큼 스케일되고, 두 샘플만큼 이동한 입력신호이다.

6-4 주파수 응답의 성질

주파수 응답 $H(e^{j\hat{\omega}})$은 정규화된 주파수 변수 $\hat{\omega}$의 복소값 함수이다. 이 함수는 분석을 간단하게 할 수 있는 흥미로운 성질들을 갖는다.

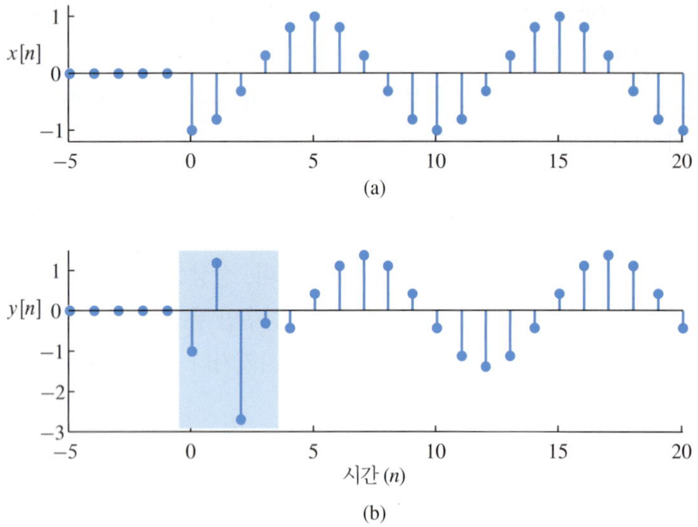

그림 6-1 (a) 입력 $x[n] = \cos(0.2\pi n - \pi)u[n]$과 (b) 계수가 {1, −2, 4, −2, 1}인 FIR 필터의 대응되는 출력 $y[n]$. 과도 영역은 (b)에서 파란색 음영으로 표시한 부분이다(수직 방향의 스케일이 같지 않음을 주의한다).

6-4.1 임펄스 응답과 차분 방정식과의 관계

$H(e^{j\hat{\omega}})$는 필터 계수들 $\{b_k\}$로부터 바로 계산될 수 있다. 식 (6.1)과 (6.4)를 비교하면, 차분 방정식이 주어졌을 때, 식 (6.1)에서 각 $b_k x[n-k]$ 항들은 식 (6.4)에서 $b_k e^{-j\hat{\omega}k}$ 또는 $h[k]e^{-j\hat{\omega}k}$와 대응되는 것에 착안한다면 $H(e^{j\hat{\omega}})$을 나타내는 것은 간단하다. 마찬가지로, FIR 시스템의 임펄스 응답은 필터 계수의 열 (즉, $h[k] = b_k$, $k = 0, 1, ..., M$)로 구성되기 때문에, $H(e^{j\hat{\omega}})$은 임펄스 응답으로부터 직접 구할 수 있다. 이 점을 강조하기 위하여, 다음과 같은 등가식을 쓸 수 있다.

시간 영역 ⟷ 주파수 영역

$$h[n] = \sum_{k=0}^{M} h[k]\delta[n-k] \longleftrightarrow H(e^{j\hat{\omega}}) = \sum_{k=0}^{M} h[k]e^{-j\hat{\omega}k}$$

차분 방정식 또는 임펄스 응답으로부터 주파수 응답을 구하는 과정은 간단하다. 또한, $H(e^{j\hat{\omega}})$가 $e^{-j\hat{\omega}}$의 지수항들로 표현한다면, 주파수 응답으로부터 차분 방정식 또는 임펄스 응답을 구하기도 쉽다. 이러한 점을 다음의 두 예에서 설명한다.

예제 6-6 $h[n] \longleftrightarrow H(e^{j\hat{\omega}})$

임펄스 응답

$$h[n] = -\delta[n] + 3\delta[n-1] - \delta[n-2]$$

로 정의된 FIR 필터를 고려해 본다. $h[n]$의 값들은 필터 계수들 $\{b_k\} = \{-1, 3, -1\}$이므로, 이 임펄스 응답에 해당하는 차분 방정식은

$$y[n] = -x[n] + 3x[n-1] - x[n-2]$$

이다. 따라서 이 시스템의 주파수 응답은

$$H(e^{j\hat{\omega}}) = -1 + 3e^{-j\hat{\omega}} - e^{-j2\hat{\omega}}$$

이다.

예제 6-7 $H(e^{j\hat{\omega}})$으로부터 차분 방정식 구하기

종종 주파수 응답은 사인이나 코사인을 포함하는 방정식으로 가끔 주어진다. 예를 들어,

$$H(e^{j\hat{\omega}}) = e^{-j\hat{\omega}}\left(3 - 2\cos\hat{\omega}\right)$$

FIR 차분 방정식을 얻기 위하여, $e^{-j\hat{\omega}}$의 지수승을 이용하여 $H(e^{j\hat{\omega}})$을 구해야 한다. 이 예에서, 역 오일러 방정식 $\cos\hat{\omega} = \frac{1}{2}(e^{j\hat{\omega}} + e^{-j\hat{\omega}})$을 사용할 수 있으며, 그러면 다음 식

$$\begin{aligned} H(e^{j\hat{\omega}}) &= e^{-j\hat{\omega}}\left[3 - 2\left(\frac{e^{j\hat{\omega}} + e^{-j\hat{\omega}}}{2}\right)\right] \\ &= -1 + 3e^{-j\hat{\omega}} - e^{-j\hat{\omega}2} \end{aligned}$$

를 얻을 수 있다. 이제, $H(e^{j\hat{\omega}})$이 다음의 차분 방정식에 부합하는 것을 쉽게 확인할 수 있다.

$$y[n] = -x[n] + 3x[n-1] - x[n-2]$$

이와 같이, 임펄스 응답도 $H(e^{j\hat{\omega}})$가 $e^{-j\hat{\omega}}$에 대하여 나타내져 있으면, $H(e^{j\hat{\omega}})$로부터 직접 쉽게 구할 수 있다.

연습문제 6.2 사인 함수에 대한 역오일러 공식을 사용해서 $H(e^{j\hat{\omega}}) = 2j\sin(\hat{\omega}/2)e^{-j\hat{\omega}/2}$의 임펄스 응답과 차분 방정식을 구하여라.

6-4.2 $H(e^{j\hat{\omega}})$의 주기 성질

이산시간 LTI 시스템의 중요한 성질 중의 하나가 주파수 응답 $H(e^{j\hat{\omega}})$은 항상 주기 2π의 주기 함수라는 점이다. 이것은 $\hat{\omega}$이 임의의 주파수일 때, $\hat{\omega} + 2\pi$를 고려해 보면 알 수 있다. 식 (6.3)에 대입하면

$$\begin{aligned} H(e^{j(\hat{\omega}+2\pi)}) &= \sum_{k=0}^{M} b_k e^{-j(\hat{\omega}+2\pi)k} \\ &= \sum_{k=0}^{M} b_k e^{-j\hat{\omega}k} \underbrace{e^{-j2\pi k}}_{=1} = H(e^{j\hat{\omega}}) \end{aligned}$$

여기서 k가 정수라면 $e^{-j2\pi k} = 1$이다. 제4장에서 본 것과 같이, 이산시간 복소 지수신호의 주파수가 2π만큼 변하여도 구별할 수 없으므로, 즉

$$x[n] = Xe^{j(\hat{\omega}+2\pi)n} = Xe^{j\hat{\omega}n}\overbrace{e^{j2\pi n}}^{1} = Xe^{j\hat{\omega}n}$$

$H(e^{j\hat{\omega}})$이 이러한 성질을 갖는다는 것은 별로 놀라운 것은 아니다. 다시 말해서, 2π만큼 차이 나는 주파수를 갖는 두 개의 복소 지수함수 신호는 같은 샘플 값들을 가지며, 이산시간 시스템이 이러한 2개의 주파수에 대해서 다르게 동작할 거라는 기대를 할 이유는 없다. 이러한 이유로, 주파수 응답은 한 주기의 구간만, 즉 $-\pi < \hat{\omega} \le \pi$의 구간 내에서만, 나타내도 충분하다.

6-4.3 켤레 대칭

주파수 응답 $H(e^{j\hat{\omega}})$은 복소수 값을 갖지만, 보통 크기와 위상이 대칭이므로 그래프를 그릴 때, 단지 $0 \le \hat{\omega} \le \pi$ 동안만 집중할 수 있도록 해준다. 이것이 **켤레 대칭(Conjugate Symmetry)**의 성질이다.

$$H(e^{-j\hat{\omega}}) = H^*(e^{j\hat{\omega}}) \tag{6.16}$$

이 식은 필터 계수가 실수이면 (즉, $b_k = b_k^*$, 또는 등가적으로 $h[k] = h^*[k]$라면) 항상 성립한다. FIR의 경우에 대하여 이 성질은 다음과 같이 증명할 수 있다.

$$\begin{aligned} H^*(e^{j\hat{\omega}}) &= \left(\sum_{k=0}^{M} b_k e^{-j\hat{\omega}k}\right)^* \\ &= \sum_{k=0}^{M} b_k^* e^{+j\hat{\omega}k} \\ &= \sum_{k=0}^{M} b_k e^{-j(-\hat{\omega})k} = H(e^{-j\hat{\omega}}) \end{aligned}$$

켤레 대칭 특성은 크기 함수는 $\hat{\omega}$의 우함수이며 위상은 기함수라는 것을 의미한다. 즉,

$$\begin{aligned} |H(e^{-j\hat{\omega}})| &= |H(e^{j\hat{\omega}})| \\ \angle H(e^{-j\hat{\omega}}) &= -\angle H(e^{j\hat{\omega}}) \end{aligned}$$

유사하게, 실수부는 $\hat{\omega}$의 우함수이며 허수부는 기함수이다. 그래서

$$\begin{aligned} \Re\{H(e^{-j\hat{\omega}})\} &= \Re\{H(e^{j\hat{\omega}})\} \\ \Im\{H(e^{-j\hat{\omega}})\} &= -\Im\{H(e^{j\hat{\omega}})\} \end{aligned}$$

결과적으로, 음의 주파수 영역은 대칭으로 만들어질 수 있기 때문에, 주파수 응답의 그림은 종종 반주기, $0 \le \hat{\omega} \le \pi$에서만 보여준다. 이러한 대칭성은 6.5절의 그래프에 나타나 있다.

연습문제 6.3 켤레 대칭 주파수 응답에 대하여, 크기 함수는 $\hat{\omega}$의 우함수이며 위상은 $\hat{\omega}$의 기함수임을 증명하여라. 크기의 제곱 $H(e^{j\hat{\omega}})\,H^*(e^{j\hat{\omega}})$은 우함수라는 것의 증명부터 시작한다.

6-5 주파수 응답의 그래프 표현

데모
FIR 필터링 소개

LTI 시스템의 주파수 응답에 대하여 두 가지 점이 강조되어야 한다. 첫 번째는, 주파수 응답은 보통 주파수에 따라 변하므로, 서로 다른 주파수들을 갖는 정현파들은 그 시스템에 의하여 다르게 작용한다. 두 번째로 중요한 점은, 계수 b_k들을 적절히 선택하면, 매우 다양한 형태의 주파수 응답들을 구현할 수 있다. 주파수에 따른 주파수 응답의 변화를 시각적으로 보기 위해서, $\hat{\omega}$에 대하여 크기 $|H(e^{j\hat{\omega}})|$, 위상 $\angle H(e^{j\hat{\omega}})$의 그래프를 그려보는 것은 유용하다. $H(e^{j\hat{\omega}})$이 복소수 값이기 때문에 두 개의 그래프가 필요하다. 이 그래프들은 그 시스템이 복소 지수함수 신호들과 서로 다른 주파수들의 정현파들에 어떤 작용을 하는지를 알려준다는 것을 한 눈에 알 수 있다. 이 절에서는 주

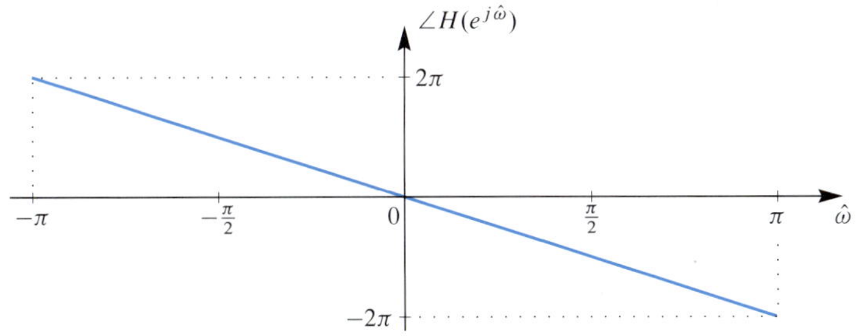

그림 6-2 순수한 지연 ($n_0 = 2$) 시스템의 위상 응답 $H(e^{j\hat{\omega}}) = e^{-j2\hat{\omega}}$

파수 응답의 그래프를 그리는 것의 가치를 보이기 위하여 몇 개의 예들을 제공한다.

6-5.1 지연 시스템

지연 시스템은 다음의 차분 방정식

$$y[n] = x[n - n_0]$$

에 의하여 주어지는 간단한 FIR 필터이며, 여기서 n_0는 지연의 양이다. 이 시스템은 단 하나의 0이 아닌 필터 계수, $b_{n_0} = 1$을 가지므로, 주파수 응답은

$$H(e^{j\hat{\omega}}) = e^{-j\hat{\omega}n_0} \tag{6.17}$$

이다. 이 시스템에서는 두 개의 주파수 응답의 그래프를 쉽게 볼 수 있다. $|e^{-j\hat{\omega}n_0}| = 1$이기 때문에 모든 주파수에 대하여 크기 응답은 1이다. 위상 그래프는 $\angle H(e^{j\hat{\omega}}) = -n_0\hat{\omega}$이므로, 그림 6-2와 같이 기울기가 $-n_0$인 직선이다. 결과적으로, 모든 필터에서 일반적인 규칙으로, 선형 위상의 주파수에 따른 기울기와 시간 지연과 연관지을 수 있다. 시간 지연은 신호의 그래프를 수평적으로 이동시키고 모양은 바꾸지 않으므로, 선형 위상을 이상적인 위상 응답으로 여긴다.

6-5.2 일차 차분 시스템

다른 간단한 예로서, 다음의 일차 차분 시스템을 고려해 본다.

$$y[n] = x[n] - x[n-1]$$

이 시스템의 출력은 입력 신호열에서 인접한 입력 값을 뺀 것이다. 이 LTI 시스템의 주파수 응답은

$$H(e^{j\hat{\omega}}) = 1 - e^{-j\hat{\omega}}$$

이다. $H(e^{j\hat{\omega}}) = 1 - (\cos(\hat{\omega}) - j\sin(\hat{\omega})) = (1 - \cos\hat{\omega}) + j\sin\hat{\omega}$이므로, 크기와 위상은 실수부와 허수부로부터

$$\begin{aligned} |H(e^{j\hat{\omega}})| &= [(1-\cos\hat{\omega})^2 + \sin^2\hat{\omega}]^{1/2} \\ &= [2(1-\cos\hat{\omega})]^{1/2} = 2|\sin(\hat{\omega}/2)| \end{aligned}$$

$$\angle H(e^{j\hat{\omega}}) = \arctan\left(\frac{\sin\hat{\omega}}{1-\cos\hat{\omega}}\right)$$

이라고 적을 수 있다. 크기와 위상의 그래프는 그림 6-3에 범위 $-3\pi < \hat{\omega} < 3\pi$에 걸쳐 그려져 있다. 이런 확장된 그래프는 $H(e^{j\hat{\omega}})$의 주기가 2π임을 증명해 주며, 6-4.3절에서 논의된 켤레 대칭 성질도 알 수 있게 해 준다. 정상적으로, 이산 시스템의 주파수 응답은 단지 $-\pi < \hat{\omega} \le +\pi$, 또는 켤

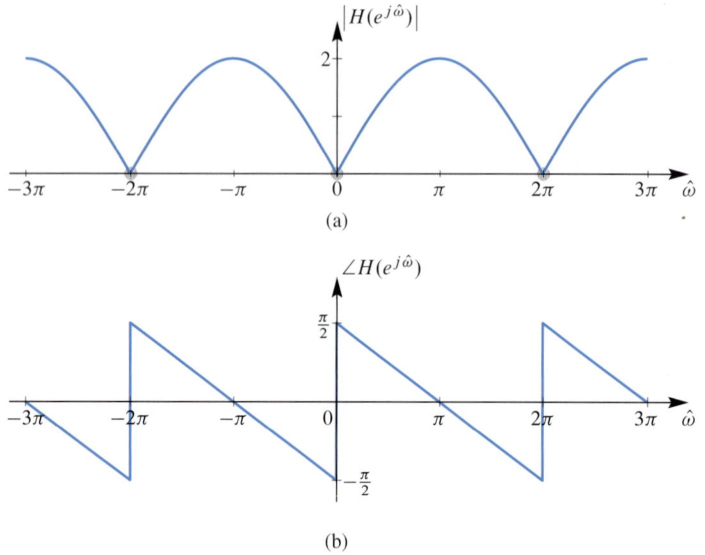

그림 6-3 세 주기에 걸쳐 $H(e^{j\hat{\omega}})$의 주기 성질과 켤레 대칭을 보여주는 $H(e^{j\hat{\omega}}) = 1 - e^{-j\hat{\omega}}$의 (a) 크기와 (b) 위상

레 대칭일 때는 $0 \le \hat{\omega} \le \pi$ 구간에서만 그리면 된다.

$H(e^{j\hat{\omega}})$의 크기와 위상 그래프에 대한 활용은 이 간단한 예에 의해서도 확인할 수 있다. 그림 6-3에서 $H(e^{j0}) = 0$이므로, 이 시스템은 $\hat{\omega} = 0$인 성분 (즉, DC)을 완전히 제거한다. 더 나아가서, 크기 그래프에서 (그림 6-3(a)), 이 시스템은 저주파보다는 상대적으로 고주파 ($\hat{\omega} = \pi$ 근처)를 강조하는 것을 볼 수 있다. 이런 종류의 시스템은 **고역통과 필터(Highpass Filter)**라 불린다. 이와 같은 저역과 고역 대역에서의 필터 동작은 주파수 영역에서 시스템을 생각하는 전형적인 방법이다.

실수부와 허수부 그리고 크기와 위상은 항상 복소수의 표준 처리에 의해서 결정되어질 수 있다. 그러나 계수들이 중앙점에 대해서 대칭이거나 또는 반대칭일 때, 크기와 위상을 구하는 더 쉬운 접근 방법이 있다. $\{b_k\}$ 계수들이 반대칭 조건

$$b_k = -b_{M-k} \tag{6.18}$$

를 만족하기 때문에, 다음 $H(e^{j\hat{\omega}})$의 수식적 처리가 가능하다. 여기서 1차 차분 필터에 대하여 $M = 1$이다. 예제 6.1에서 이미 사용한 기교로, 필터 차수의 반 ($M/2$)에 $\hat{\omega}$를 곱한 위상에 해당하는 지수항을 뽑아낸 다음, 역 오일러 공식을 사용하여 양과 음의 주파수 복소 지수들을 결합한다. 일차 차분 필터에서, 우리는 식 (6.18)을 이용해 이렇게 쓸 수 있다.

$$\begin{aligned} H(e^{j\hat{\omega}}) &= 1 - e^{-j\hat{\omega}} \\ &= e^{-j\hat{\omega}/2}\left(e^{j\hat{\omega}/2} - e^{-j\hat{\omega}/2}\right) \\ &= 2je^{-j\hat{\omega}/2}\sin(\hat{\omega}/2) \\ &= \underbrace{2\sin(\hat{\omega}/2)}_{\text{크기?}}\exp(j\underbrace{(\pi/2 - \hat{\omega}/2)}_{\text{위상?}}) \end{aligned}$$

$H(e^{j\hat{\omega}})$에 대해서 유도된 식은 거의 유효한 극좌표 형태이며, $\sin(\hat{\omega}/2)$는 $-\pi < \hat{\omega} < 0$ 구간에서는 음수이기 때문에, 크기 $|H(e^{j\hat{\omega}})| = 2|\sin(\hat{\omega}/2)|$으로 나타내야 하며, 그래서 음수 부호[4)]는 $-\pi <$

4) $-1 = e^{\pm j\pi}$임을 기억한다. 따라서 $-\pi < \hat{\omega} < 0$ 범위에서는 위상에 $+\pi$ 또는 $-\pi$를 더한다. 이 경우는 $-\pi$를 더하여 결과적인 위상 곡선이 모든 $\hat{\omega}$에서 $-\pi$와 $+\pi$ 라디안 사이에 있도록 한다.

$\hat{\omega} < 0$ 구간에 대한 위상 응답으로 포함시켜 처리한다. 따라서 극 형식의 정확한 위상은

$$\angle H(e^{j\hat{\omega}}) = \begin{cases} \pi/2 - \hat{\omega}/2 & 0 < \hat{\omega} \leq \pi \\ -\pi + \pi/2 - \hat{\omega}/2 & -\pi \leq \hat{\omega} < 0 \end{cases}$$

위상에 대한 이 공식은 그림 6-3(b)의 위상 그래프와 일치하며, 여기서 몇 개의 선형 세그먼트들이 있지만, $\hat{\omega} = 0$과 $\hat{\omega} = \pm 2\pi$에서 불연속이다. 이 불연속의 크기는 π이며, 이는 불연속점에서 $H(e^{j\hat{\omega}})$의 부호가 바뀌기 때문이다.

예제 6-8 일차 차분의 상수값 제거

일차 차분 시스템의 입력이 $x[n] = 4 + 2\cos(0.3\pi n - \pi/4)$라고 가정한다. 출력이 입력과 $y[n] = x[n] - x[n-1]$의 관계가 있으므로,

$$\begin{aligned} y[n] &= 4 + 2\cos(0.3\pi n - \pi/4) - 4 - 2\cos(0.3\pi(n-1) - \pi/4) \\ &= 2\cos(0.3\pi n - \pi/4) - 2\cos(0.3\pi n - 0.55\pi) \end{aligned}$$

이 결과로부터, 일차 차분 시스템은 상수값을 제거하며 같은 주파수의 두 개의 코사인 신호를 남기며, 이 신호들은 위상의 덧셈을 통해 합쳐질 수 있다. 그러나 주파수 응답 함수를 이용한 풀이는 더 간단하다. 일차 차분 시스템이 주파수 응답

$$H(e^{j\hat{\omega}}) = 2\sin(\hat{\omega}/2)e^{j(\pi/2 - \hat{\omega}/2)}$$

을 갖기 때문에, 주어진 입력에 대한 이 시스템의 출력은 다음과 같이 얻어진다.

$$y[n] = 4H(e^{j0}) + 2|H(e^{j0.3\pi})|\cos(0.3\pi n - \pi/4 + \angle H(e^{j0.3\pi}))$$

다른 말로 하여, $\hat{\omega} = 0$과 $\hat{\omega} = 0.3\pi$일 때의 주파수 응답만 구하면 된다. $H(e^{j0}) = 0$이고

$$\begin{aligned} H(e^{j0.3\pi}) &= 2\sin(0.3\pi/2)e^{j(0.5\pi - 0.15\pi)} \\ &= 0.908e^{j0.35\pi} \end{aligned}$$

이므로 출력은

$$\begin{aligned} y[n] &= (0.908)(2)\cos(0.3\pi n - \pi/4 + 0.35\pi) \\ &= 1.816\cos(0.3\pi n + 0.1\pi) \end{aligned}$$

이다.

6-5.3 간단한 저역통과 필터

예제 6-1, 6-3 그리고 6-4에서, 시스템은

$$H(e^{j\hat{\omega}}) = 1 + 2e^{-j\hat{\omega}} + e^{-j2\hat{\omega}} = (2 + 2\cos\hat{\omega})e^{-j\hat{\omega}}$$

와 같은 주파수 응답을 갖는다. 모든 $\hat{\omega}$에 대하여 $(2 + 2\cos\hat{\omega}) \geq 0$이므로,

$$|H(e^{j\hat{\omega}})| = (2 + 2\cos\hat{\omega})$$

이며

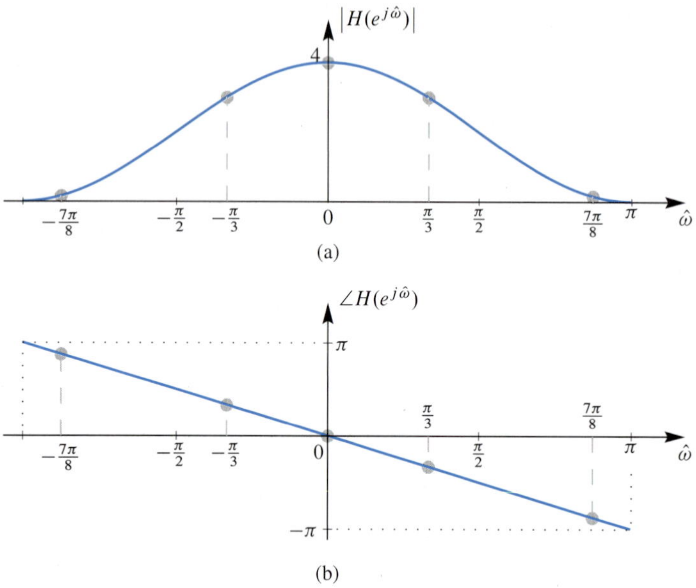

그림 6-4 주파수 응답 $H(e^{j\hat{\omega}}) = (2 + 2\cos\hat{\omega})e^{-j\hat{\omega}}$을 갖는 시스템의 (a) 크기와 (b) 위상. 회색 점들은 예제 6-9에서 정현파 응답을 계산하기 위하여 주파수 응답이 계산된 점들을 나타낸다.

$$\angle H(e^{j\hat{\omega}}) = -\hat{\omega}$$

이다. 그림 6-4에 $-\pi < \hat{\omega} \le \pi$의 구간 동안 이 함수들을 보였다. 그림 6-4(b)에서와 같이 위상 응답은 기울기가 1인 직선이므로, 한 샘플의 지연이 발생한다는 것을 알 수 있다. 크기 응답 (그림 6-4(a))은 낮은 주파수 ($\hat{\omega} = 0$ 근처)에서 높은 이득을 갖는 반면, 고주파 ($\hat{\omega} = \pi$ 근처)에서는 이득이 거의 없음을 보여준다. 이 경우, $\hat{\omega} = 0$부터 $\hat{\omega} = \pi$로 갈수록 점차로 이득이 작아지므로, 중간대역 주파수는 고주파보다 더 많은 이득이 있지만, 저주파보다는 이득이 덜 하다. 이와 같이, 입력의 고주파 성분을 억제하는 필터를 **저역통과 필터(Lowpass Filter)**라고 한다.

예제 6-9 저역통과 필터

예제 6-4를 반복하면, 그림 6-4 $H(e^{j\hat{\omega}})$의 그래프가 정현파 입력에 대한 필터의 출력을 어떻게 쉽게 찾을 수 있는지를 보여줄 수 있다. 예제 6-4에서, 그림 6-5(a)에 보인 것과 같이 입력은

$$x[n] = 4 + 3\cos\left(\frac{\pi}{3}n - \frac{\pi}{2}\right) + 3\cos\left(\frac{7\pi}{8}n\right) \tag{6.19}$$

이며 필터의 계수들은 $\{b_k\} = \{1, 2, 1\}$이다. 출력 신호를 구하기 위해, 주파수 0, $\pi/3$, $7\pi/8$에서 $H(e^{j\hat{\omega}})$ 값을 계산해야 하여

$$H(e^{j0}) = 4$$
$$H(e^{j\pi/3}) = 3e^{-j\pi/3}$$
$$H(e^{j7\pi/8}) = 0.1522e^{-j7\pi/8}$$

를 구한다. 이 값들은 그림 6-4의 그래프에 회색 점들로 표시되어 있다. 예제 6-4와 같이, 출력은

$$y[n] = 4 \cdot 4 + 3 \cdot 3\cos\left(\frac{\pi}{3}n - \frac{\pi}{3} - \frac{\pi}{2}\right) + 0.1522 \cdot 3\cos\left(\frac{7\pi}{8}n - \frac{7\pi}{8}\right)$$

$$= 16 + 9\cos\left(\frac{\pi}{3}(n-1) - \frac{\pi}{2}\right) + 0.4567\cos\left(\frac{7\pi}{8}(n-1)\right)$$

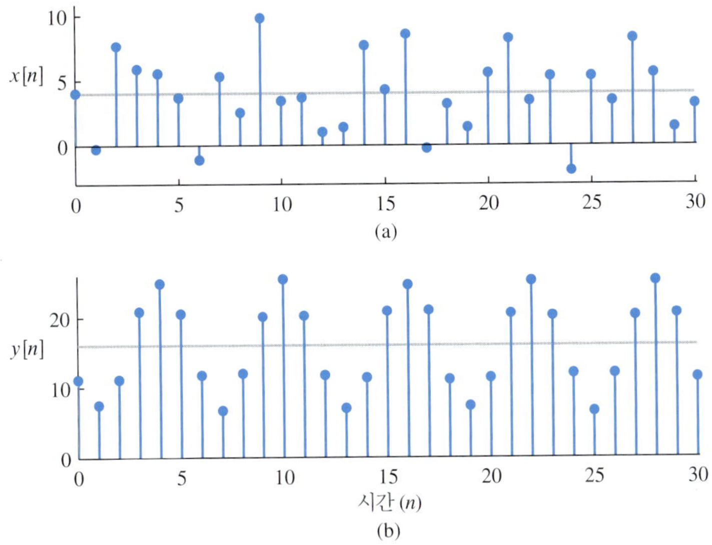

그림 6-5 주파수 응답이 $H(e^{j\hat{\omega}}) = (2 + 2\cos\hat{\omega})e^{-j\hat{\omega}}$인 시스템의 입력과 출력. (a) 식 (6.19)로 주어진 입력 신호 $x[n]$의 세그멘트와 (b) 그에 대응되는 출력 신호 세그먼트.

이다. 출력 신호 $y[n]$에서 두 가지 특징을 알 수 있다. $\hat{\omega} = \pi$ 주위에서의 크기 응답이 상대적으로 작기 때문에, $\hat{\omega} = 7\pi/8$의 정현파는 매우 작은 크기를 갖는다. 또한, 기울기 1을 갖는 선형 위상은 $y[n]$의 두 번째와 세 번째 항에 있는 것과 같이 한 샘플의 시간 지연을 발생시킨다.

간단한 저역통과 필터의 출력은 그림 6-5(b)에 보인 시간 파형이다. DC 성분은 두 그림에서 수평 회색선으로 표시했다. 출력은 상수 16과 주기 6, 진폭 9인 코사인의 합처럼 보인다. 그러나 더 자세히 살펴보면, 주파수 $\hat{\omega} = 7\pi/8$에 세 번째 출력 성분이 있다는 것을 알 수 있으며, 이것은 그림 6-5(b)에서 거의 보이지는 않는다. 이 성분의 크기는 주파수 $\hat{\omega} = \pi/3$ 성분의 약 5% 정도이다.

6-6 LTI 시스템의 직렬 연결

데모
FIR 필터의 직렬연결

시스템의 직렬 연결은 두 개의 작은 시스템을 두 가지 방법에서 빌딩 블록으로 사용할 수 있게 해준다: 여러 개의 낮은 차수 시스템은 직렬로 연결하여 높은 차수의 복잡한 시스템을 만들 수 있거나 또는 높은 차수의 시스템을 설계와 해석이 쉬운 낮은 차수 시스템 여러 개로 만들 수 있다. 5-8절에서, 2개의 LTI 시스템이 직렬로 연결되면 (첫 번째 시스템의 출력이 두 번째 시스템의 입력이 된다), 전체 임펄스 응답은 두 개의 각각의 임펄스 응답의 콘볼루션이다. 달리 말해, 직렬 연결된 시스템은 두 개의 임펄스 응답을 콘볼루션한 것을 전체의 임펄스 응답으로 갖는 하나의 시스템과 동등하다. 이 절에서는, 두 LTI 시스템의 직렬 연결의 주파수 응답이 간단히 각각의 주파수 응답의 곱과 같다는 것을 보일 것이다.

그림 6-6(a)는 두 LTI 시스템의 직렬 연결을 보여준다. 전체 시스템 (입력 $x[n]$으로부터 출력 $y_1[n]$까지)의 주파수 응답을 구하기 위하여,

$$x[n] = e^{j\hat{\omega}n}$$

이라고 하며, 여기서 $\hat{\omega}$은 고정된 주파수이다. 그럼, 첫 번째 LTI 시스템의 출력은

$$w_1[n] = H_1(e^{j\hat{\omega}})e^{j\hat{\omega}n}$$

이다. 신호 $w_1[n]$은 복소 지수함수이며 항 $H_1(e^{j\hat{\omega}})$는 복소수 상수로 크기와 위상을 결정한다. 따라

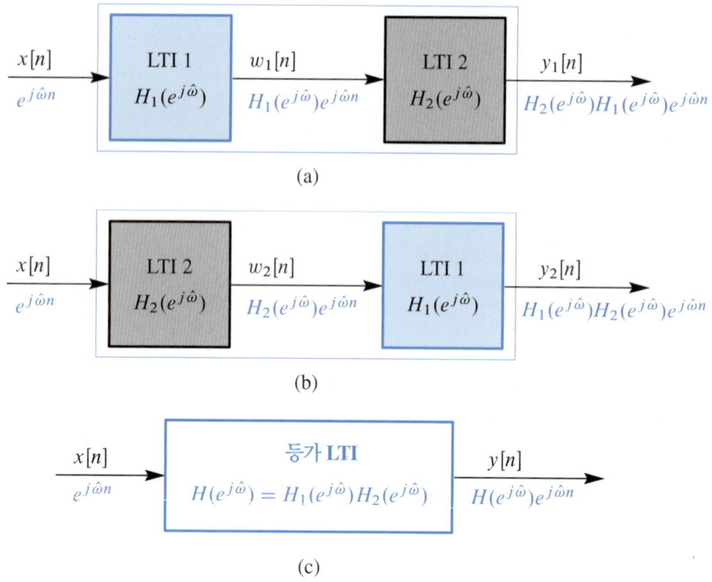

그림 6-6 세 개의 동등한 직렬 연결된 LTI 시스템의 주파수 응답. 세 개의 시스템은 모두 동일한 주파수 응답을 가지며 그래서 같은 입력 $x[n]$에 대해 $y[n] = y_1[n] = y_2[n]$이다.

서, 두 번째 시스템의 출력은

$$y_1[n] = H_2(e^{j\hat{\omega}})\left(H_1(e^{j\hat{\omega}})e^{j\hat{\omega}n}\right) = H_2(e^{j\hat{\omega}})H_1(e^{j\hat{\omega}})e^{j\hat{\omega}n}$$

이다. 그림 6-6(b)를 유사하게 분석하면

$$y_2[n] = H_1(e^{j\hat{\omega}})\left(H_2(e^{j\hat{\omega}})e^{j\hat{\omega}n}\right) = H_1(e^{j\hat{\omega}})H_2(e^{j\hat{\omega}})e^{j\hat{\omega}n}$$

을 구한다. $\hat{\omega}$은 고정된 주파수이므로, 주파수 응답 값들의 곱 $H_1(e^{j\hat{\omega}})H_2(e^{j\hat{\omega}})$ 또는 $H_2(e^{j\hat{\omega}})H_1(e^{j\hat{\omega}})$은, 복소수 곱셈의 교환법칙을 만족하기 때문에, 같은 값을 가져야 하고, 그래서 $y_1[n] = y_2[n]$이 되어야 한다. 그러므로 두 직렬 시스템은 같은 복소 지수함수 입력에 대하여 동등하고, 두 시스템 모두 다음의 주파수 응답

$$H(e^{j\hat{\omega}}) = H_1(e^{j\hat{\omega}})H_2(e^{j\hat{\omega}}) \tag{6.20}$$

을 갖는 하나의 시스템과 동등하다. 식 (6.20)으로 주어지는 주파수 응답 $H(e^{j\hat{\omega}})$을 갖는 임의의 시스템의 출력 $y[n]$은 $y_1[n]$ 또는 $y_2[n]$과 같다. 이것은 그림 6-6(c)에 보였다.

데모
FIR 필터의
직렬 연결

5-8절에서 전체 임펄스 응답은 $h_1[n] * h_2[n]$이라는 것을 기억한다. 그러므로 "시간 영역의 콘볼루션은 주파수 영역의 곱과 동등하다"라고 결론내릴 수 있다. 직렬 시스템에서, 임펄스 응답의 콘볼루션은 주파수 응답의 곱에 해당한다.

$$\begin{array}{c}\text{콘볼루션} \longleftrightarrow \text{곱셈}\\ h_1[n] * h_2[n] \longleftrightarrow H_1(e^{j\hat{\omega}})H_2(e^{j\hat{\omega}})\end{array} \tag{6.21}$$

식 (6.21)의 대응 관계는 LTI 시스템을 나타내고 처리하는 또 다른 방법을 제공하기 때문에 매우 유용하다. 이것은 다음의 예에서 설명된다.

예제 6-10 직렬 연결에서의 주파수 응답

두 개의 FIR LTI 시스템의 직렬 연결에서 첫 번째 시스템은 계수의 집합 {2, 1, 2}로 정의되며, 두 번째 시스템은 계수들 {0, 3, 0, −3}으로 정의된다. 따라서 각 시스템의 주파수 응답들은

$$H_1(e^{j\hat{\omega}}) = 2 + e^{-j\hat{\omega}} + 2e^{-j\hat{\omega}2}$$

와

$$H_2(e^{j\hat{\omega}}) = 3e^{-j\hat{\omega}} - 3e^{-j\hat{\omega}3}$$

이다. 전체 주파수 응답은 이 항들의 곱셈을 하여 구할 수 있다:

$$\begin{aligned} H(e^{j\hat{\omega}}) &= H_1(e^{j\hat{\omega}})H_2(e^{j\hat{\omega}}) \\ &= \left(2+e^{-j\hat{\omega}}+2e^{-j\hat{\omega}2}\right)\left(3e^{-j\hat{\omega}}-3e^{-j\hat{\omega}3}\right) \\ &= 6e^{-j\hat{\omega}}+3e^{-j\hat{\omega}2}+(6-6)e^{-j\hat{\omega}3}-3e^{-j\hat{\omega}4}-6e^{-j\hat{\omega}5} \end{aligned}$$

따라서 전체의 동등한 임펄스 응답은

$$h[n] = 6\delta[n-1] + 3\delta[n-2] - 3\delta[n-4] - 6\delta[n-5]$$

이며 등가 FIR 시스템의 필터 계수들은 {0, 6, 3, 0, −3, −6}이다.

이 예제는 두 임펄스 응답의 콘볼루션은 해당되는 주파수 응답들의 곱에 대응됨을 보여준다. FIR 시스템에 대하여, 주파수 응답은 변수 $e^{-j\hat{\omega}}$의 다항식이다. 그러므로, 두 주파수 응답의 곱은 다항식의 곱을 필요로 한다. 이 결과는 5-4.3.1절에서 논의된 **합성** 다항식 곱셈 알고리즘에 대한 이론적인 근거가 된다.

연습문제 6.4 두 시스템이 직렬 연결되어 있다고 가정한다. 첫 번째 시스템은 계수들의 집합 {1, 2, 3, 4}로 정의되고, 두 번째 시스템은 계수들 {−1, 1, −1}에 의하여 정의된다. 전체 직렬 연결된 시스템의 주파수 응답과 임펄스 응답을 결정하여라.

6-7 이동합 필터링

또 다른 평범한 LTI 시스템은 차분 방정식

$$\begin{aligned} y[n] &= \sum_{k=0}^{L-1} x[n-k] \\ &= x[n] + x[n-1] + \cdots + x[n-L+1] \end{aligned} \tag{6.22}$$

로 정의된다. 이 시스템 식 (6.22)는 **L-포인트 이동 평균 합(L-point Running Sum)**이라고 불리며, 시간 n에서의 출력은 입력의 $x[n]$과 이전 $L-1$개의 입력 샘플들의 합으로부터 계산된다. 식 (6.22)로 정의된 시스템은 MATLAB에서 $L = 11$일 때, 다음과 같은 명령문으로 구현된다.

```
bb = ones(11,1);
```

```
yy = conv(bb, xx);
```

여기서 xx는 입력 샘플들을 포함하는 벡터이다. 벡터 bb는 11개의 필터 계수들을 포함하며, 이 경우 모두 1이라는 값을 갖는다.

식 (6.4)를 이용하여, L-포인트 이동합의 주파수 응답은

$$H(e^{j\hat{\omega}}) = \sum_{k=0}^{L-1} e^{-j\hat{\omega}k} \tag{6.23}$$

이다. 기하급수의 처음 L개 항의 합의 공식

$$\sum_{k=0}^{L-1} \alpha^k = \frac{1-\alpha^L}{1-\alpha} \qquad (\alpha \neq 1) \tag{6.24}$$

을 이용하여 이동합의 크기와 위상에 대한 간단한 공식을 유도할 수 있다. 무엇보다도 먼저, $e^{-j\hat{\omega}}$를 α라고 하고, 다음과 같이 전개할 수 있다.

$$\begin{aligned} H(e^{j\hat{\omega}}) = \sum_{k=0}^{L-1} e^{-j\hat{\omega}k} &= \left(\frac{1-e^{-j\hat{\omega}L}}{1-e^{-j\hat{\omega}}}\right) \\ &= \left(\frac{e^{-j\hat{\omega}L/2}(e^{j\hat{\omega}L/2}-e^{-j\hat{\omega}L/2})}{e^{-j\hat{\omega}/2}(e^{j\hat{\omega}/2}-e^{-j\hat{\omega}/2})}\right) \\ &= \left(\frac{\sin(\hat{\omega}L/2)}{\sin(\hat{\omega}/2)}\right) e^{-j\hat{\omega}(L-1)/2} \end{aligned} \tag{6.25}$$

두 번째 줄의 분자와 분모는 사인에 대한 역 오일러 공식을 사용하여 간단히 정리된다. 식 (6.25)를 다음의 형태로 나타내면 편리하다.

$$H(e^{j\hat{\omega}}) = D_L(\hat{\omega})e^{-j\hat{\omega}(L-1)/2} \tag{6.26}$$

여기서

$$\boxed{D_L(\hat{\omega}) = \frac{\sin(\hat{\omega}L/2)}{\sin(\hat{\omega}/2)}} \tag{6.27}$$

이다. 함수 $D_L(\hat{\omega})$은 종종 **디리클레 형(Dirichlet Form)**[5)]으로도 부르며, 아래 첨자 L은 L-포인트 이동합으로부터 왔다는 것을 나타낸다. MATLAB에서는 $D_L(\hat{\omega})$의 스케일된 값을 `diric` 함수로 계산할 수 있다.

6-7.1 주파수 응답 그리기

11-포인트 이동합 필터의 주파수 응답은 식

$$H(e^{j\hat{\omega}}) = D_{11}(\hat{\omega})e^{-j\hat{\omega}5} \tag{6.28}$$

---

5) 여기서 디리클레 (Dirichlet) 함수라고 사용하지 못하며, 그 이유는 수학에서 다르게 잘 정의되어 있기 때문이다. 푸리에 해석에서는 $D_L(\hat{\omega})$을 디리클레 커널이라 부른다.

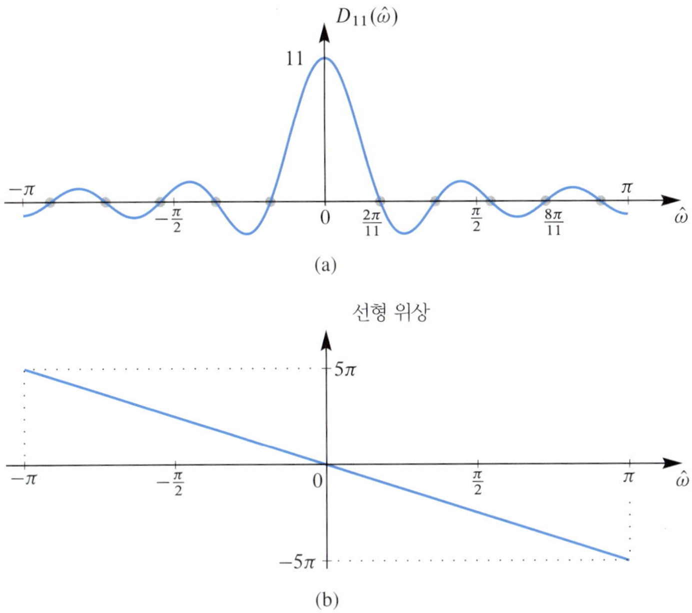

그림 6-7 11-포인트 이동합 필터의 주파수 응답의 (a) 진폭과 (b) 위상 함수. 진폭은 디리클레 형이며, 이것은 음의 값을 가지므로 크기(magnitude)와는 다르다.

로 주어지며, 여기서 $D_{11}(\hat{\omega})$은 $L = 11$일 때 식 (6.27)에서 정의된 디리클레 형이다, 즉,

$$D_{11}(\hat{\omega}) = \frac{\sin(11\hat{\omega}/2)}{\sin(\hat{\omega}/2)} \tag{6.29}$$

이다. 식 (6.28)이 명확한 것처럼, 주파수 응답 함수 $H(e^{j\hat{\omega}})$는 실수 진폭 함수 $D_{11}(\hat{\omega})$과 복소 지수함수 항 $e^{-j5\hat{\omega}}$의 곱으로 표현될 수 있다. 복소 지수함수 항은 크기가 1이며 위상각이 $-5\hat{\omega}$이다. 그림 6-7(a)는 진폭 함수 $D_{11}(\hat{\omega})$의 그래프이다. 위상 함수 $-5\hat{\omega}$는 그림 6-7(b)에 보였다. 여기서 우리는 크기(magnitude)보다 진폭(amplitude)이라는 용어를 사용했으며, 그 이유는 $D_{11}(\hat{\omega})$가 음수가 될 수 있기 때문이다. $D_{11}(\hat{\omega})$의 절대값을 취하여 크기 $|H(e^{j\hat{\omega}})|$의 그래프를 그릴 수 있다. 그림 6-7은 단지 한 주기, $-\pi < \hat{\omega} \le \pi$ 동안만을 보여주고 있으나, 주파수 응답은, 물론 2π의 주기를 갖는 주기함수이며, 그래서 그림 6-7의 그래프들은 단지 2π의 주기로 반복된다.

11-포인트 이동합의 경우, 위상은 -5의 기울기를 갖는 직선이므로 그리기가 쉽다. 진폭은 다소 복잡하지만, 다음의 성질들이 그래프 그리는 것에 도움을 준다.

(a) $D_{11}(\hat{\omega})$은 주기[6)]가 2π인 $\hat{\omega}$의 우함수이다.

(b) $D_{11}(\hat{\omega})$은 $\hat{\omega} = 0$일 때 최댓값 11을 갖는다. 일반적으로 최댓값은 L이다.

(c) $D_{11}(\hat{\omega})$은 $2\pi/11$의 0이 아닌 정수배의 주파수에서 영점들을 갖는다 (일반적으로, $D_L(\hat{\omega})$의 영점들은 $2\pi/L$에 존재한다).

(d) $D_{11}(\hat{\omega})$은 $\hat{\omega}$가 증가함에 따라 감소한다; 영점들 사이에 로컬(local) 극한값들 (사이드로브(sidelobe)라고 불린다)이 있으며, 이 값들의 크기는 $\hat{\omega} = 0$부터 $\hat{\omega} = \pm\pi$로 갈수록 감소한다.

$D_{11}(\hat{\omega})$이 우함수임을 확인하기 위해 두 개의 사인 함수의 비율이란 사실을 주목한다. 두 개의 기함수 (즉, 사인 함수)의 비는 우함수이므로, $D_{11}(-\hat{\omega}) = D_{11}(\hat{\omega})$이다. $D_{11}(\hat{\omega})$가 우함수이며 주기

6) L이 짝수일 때 디리클레 형 $D_L(\hat{\omega})$의 주기는 4π이다.

가 2π인 주기 함수이므로, 구간 $0 \le \hat{\omega} \le \pi$ 내에서만 그 값들을 고려하면 된다. 다른 값들은 대칭성과 주기성질로부터 추론할 수 있다.

$\hat{\omega} = 0$에서 동작은 특별히 관심이 있으며, 그 이유는 $D_{11}(\hat{\omega})$은 분자 분모 모두 0을 갖기 때문에 부정이 된다.

$$D_{11}(0) = \frac{0}{0}$$

그러나 로피탈(L'Hôpital)의 정리에 의하여, $\lim\limits_{\hat{\omega}\to 0} D_{11}(\hat{\omega}) = 11$임을 쉽게 알 수 있다.

분자는 $\sin(11\hat{\omega}/2)$이며, 이 신호는 -1과 1 사이에서 진동하며, 정수 k에 대하여 $11\hat{\omega}/2 = \pi k$를 만족하는 주파수에서는 0의 값을 갖는다. 이 값을 구해보면, $\hat{\omega}_k = 2\pi k/11$이 되며, 여기 k는 0이 아닌 정수이다. 첫 번째 영점인 $\pm 2\pi/11$는 **메인로브(mainlobe)**의 폭을 결정한다.

$D_{11}(\hat{\omega})$의 분모는 $\sin(\hat{\omega}/2)$이며, $\hat{\omega} = 0$일 때 0이며 $\hat{\omega} = \pi$일 때 최댓값 1까지 단조 증가한다. 그러므로 $D_{11}(\hat{\omega})$은 $\hat{\omega} = 0$ 주위에서 분모가 적으므로 큰 값을 가지며, $\hat{\omega}$이 π까지 증가함에 따라 진폭이 감소하며 진동한다.

그림 6-7의 진폭과 위상 그래프들은 함께 11-포인트 이동합 필터의 주파수 응답을 완벽하게 결정한다. 그러나 정상적으로, 주파수 응답은 극형식으로

$$H(e^{j\hat{\omega}}) = |H(e^{j\hat{\omega}})|e^{j\angle H(e^{j\hat{\omega}})}$$

와 같이 나타내진다. 이것은 $|H(e^{j\hat{\omega}})|$와 $\angle H(e^{j\hat{\omega}})$를 $\hat{\omega}$의 함수로써 그리는 것이 필요하다. 식 (6.28)로부터 $|H(e^{j\hat{\omega}})| = |D_{11}(\hat{\omega})|$이라는 것을 쉽게 알 수 있다. 그림 6-8(a)는 11-포인트 이동합 필터에 대한 $|H(e^{j\hat{\omega}})| = |D_{11}(\hat{\omega})|$의 그래프를 보여주며, 음수의 사이드로브는 양이 되도록 접혀올려져 있음을 확인할 수 있다. 다른 한편으로, 그림 6-8(b)의 위상 응답 $\angle H(e^{j\hat{\omega}})$는 그림 6-7(b)에 보인 선형 함수보다 더 복잡하다. 이것에 대한 두 가지 이유가 있다:

(a) $|H(\hat{\omega})| = |D_{11}(\hat{\omega})|$은 $D_{11}(\hat{\omega})$의 부호를 소거하기 때문에, $D_{11}(\hat{\omega})$의 부호를 위상 함수에서 반드시 나타내주어야 한다.

(b) 위상 함수의 그래프는 주로 $-\pi$와 $+\pi$ 사이의 **주요값(Principal Value)**들의 그래프이다.

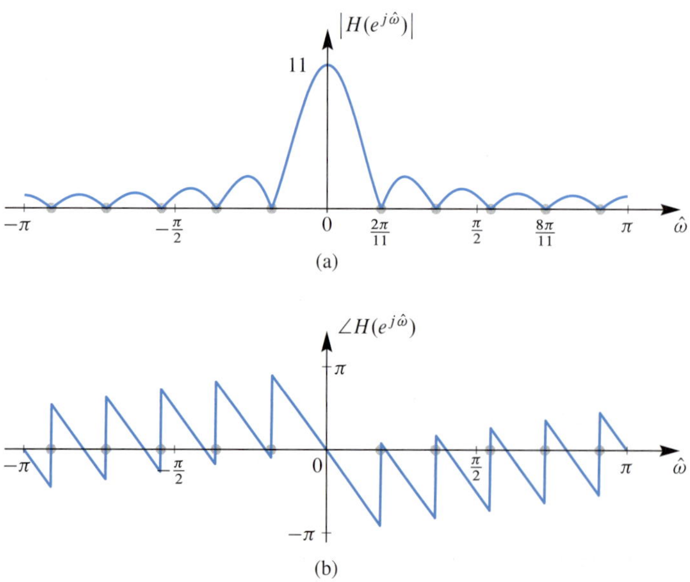

그림 6-8 11-포인트 이동합 필터의 주파수 응답에 대한 (a) 크기와 (b) 위상. 크기는 그림 6-7(a)의 진폭값의 절대값과 같다. 위상은 크기가 0일 때마다 π만큼의 점프가 발생한다.

$D_{11}(\hat{\omega})$의 값이 음수일 때 $D_{11}(\hat{\omega}) = |D_{11}(\hat{\omega})|\, e^{\pm j\pi}$라는 것을 알기 때문에, $D_{11}(\hat{\omega})$의 부호는 위상 함수에 포함될 수 있다. 복소수 각도의 주요값은 $-\pi$와 $+\pi$ 사이의 라디안으로 정의된다.

$$e^{j(\theta \pm 2\pi k)} = e^{j\theta} e^{\pm j2\pi k} = e^{j\theta}$$

여기서 k는 임의의 정수이고, 복소수 값을 바꾸지 않으며, 복소수 각에서 2π의 정수배를 더하거나 뺄 수 있다. 사실, 우리는 항상 2π의 정수배를 구할 수 있으며, 그래서 θ로부터 더하거나 빼서 결과가 $-\pi < \theta \le +\pi$ 범위에 있도록 한다.

이것을 **θ를 모듈로 2π(modulo 2π)로 뺀다**라고 부른다. 이 주요값은 일반적으로 아크탄젠트 함수를 MATLAB이나 또는 과학 계산기 또는 다른 컴퓨터 언어로 계산할 때 나오는 값들이다. 그림 6-7(b)에서 단순히 위상각에 대한 식을 갖고 있기 때문에, 주요값의 범위를 넘는 각들의 그래프를 그릴 수 있다.

그림 6-8과 같은 그래프는 다음의 MATLAB 코드를 이용하여 만들 수 있다:

```
omega = -pi:(pi/500):pi;
bb = ones(1,11)/11;
HH = freqz(bb,1,omega);
subplot(2,1,1), plot(omega,abs(HH))
subplot(2,1,2), plot(omega,angle(HH))
```

MATLAB 함수 angle은 벡터 HH 원소들의 실수부와 허수부에 의해 결정되는 각도의 주요값들을 돌려주기 위해 4-상한의 아크탄젠트 함수를 사용한다.

그림 6-8에서, 위상 곡선은 $D_{11}(\hat{\omega})$의 영점들에서 불연속점을 갖는 것으로 보인다. 이 불연속점들은 구간 $2\pi/11 < |\hat{\omega}| < 4\pi/11$, $6\pi/11 < |\hat{\omega}| < 8\pi/11$, $10\pi/11 < |\hat{\omega}| < \pi$에서 $D_{11}(\hat{\omega})$의 음의 부호와 또한 주요값들의 계산에서 암시적으로 2π의 정수배가 더해지기 때문에, 위상에 π 라디안의 정수배가 더해져서 발생한다. 그림 6-8에 그려진 위상 곡선에 대한 식은 $(-5\hat{\omega})$의 선형항이 우세하지만, 주파수 $0 \le \hat{\omega} \le \pi$에 대해서 다음과 같은 특별한 경우들을 갖는다.

$$\angle H(e^{j\hat{\omega}}) = \begin{cases} -5\hat{\omega} & 0 \le \hat{\omega} < 2\pi/11 \\ -5\hat{\omega} + \pi & 2\pi/11 < \hat{\omega} < 4\pi/11 \\ -5\hat{\omega} + 2\pi & 4\pi/11 < \hat{\omega} < 6\pi/11 \\ -5\hat{\omega} + \pi + 2\pi & 6\pi/11 < \hat{\omega} < 8\pi/11 \\ -5\hat{\omega} + 4\pi & 8\pi/11 < \hat{\omega} < 10\pi/11 \\ -5\hat{\omega} + \pi + 4\pi & 10\pi/11 < \hat{\omega} \le \pi \end{cases}$$

음의 주파수 $-\pi < \hat{\omega} < 0$에 대한 값들은 위상이 기함수라는 사실을 (즉, $\angle H(e^{-j\hat{\omega}}) = -\angle H(e^{j\hat{\omega}})$) 이용하여 채워질 수 있다.

연습문제 6.5 $\angle H(e^{j\hat{\omega}})$의 주요값에 대하여 잘 이해하고 있는지를 테스트 해보기 위하여 구간 $-\pi < \hat{\omega} \le \pi$에서 $H(e^{j\hat{\omega}}) = e^{-j4\hat{\omega}}$의 위상의 (주요값들의) 그래프를 그려라.

6-7.2 크기와 위상의 직렬 연결

식 (6.25)로부터 $H(e^{j\hat{\omega}})$는 두 함수의 곱, 즉 $H(e^{j\hat{\omega}}) = H_2(e^{j\hat{\omega}})H_1(e^{j\hat{\omega}})$임을 알 수 있으며, 여기서

$$H_1(e^{j\hat{\omega}}) = e^{-j\hat{\omega}(L-1)/2} \tag{6.30}$$

와

$$H_2(e^{j\hat{\omega}}) = D_L(\hat{\omega}) = \frac{\sin(\hat{\omega}L/2)}{\sin(\hat{\omega}/2)} \tag{6.31}$$

이며, 이것은 앞에서 정의했던 디리클레 형이다. 성분 $H_1(e^{j\hat{\omega}})$는 단지 $H(e^{j\hat{\omega}})$의 위상에만 공헌을 하며, 이 위상에 대한 공헌은 $\hat{\omega}$의 선형 함수이다. 앞에서, $\angle H_1(e^{j\hat{\omega}}) = -\hat{\omega}(L-1)/2$와 같은 선형위상은 $(L-1)/2$ 만큼의 시간 지연에 해당한다. $L = 11$일 때, 선형위상의 기울기, $-(L-1)/2 = -5$는 그림 6-7(b)에서 명확히 보인다. 두 번째 시스템 $H_2(e^{j\hat{\omega}})$의 주파수 응답은 실수이다. 따라서 이 시스템은 $H(e^{j\hat{\omega}})$의 크기에 기여하며, $H(e^{j\hat{\omega}})$가 음수라면, 또한 $H(e^{j\hat{\omega}})$의 위상에 $\pm\pi$ 만큼 기여하며, 그림 6-8(b)에서 $2\pi/11$의 정수배가 되는 곳에서 불연속을 일으킨다.

이 곱의 표현은 그림 6-9의 블록 다이어그램에 나타내었으며, 이 그림에서 이동합은 지연 회로 다음에 높은 주파수에 비하여 낮은 주파수를 강조하는 **저역통과 필터**와의 직렬 연결로 생각할 수 있다는 것을 보인다. 이렇게 분리하여 생각하는 것은 시스템이 입력에 어떤 영향을 미치는지 알아내는 데 도움이 된다. 다른 한편으로, 그림 6-9의 블록 다이어그램에 상응하는 구현은 인과 지연 시스템과 비인과 필터 $H_2(e^{j\hat{\omega}}) = D_L(\hat{\omega})$로 구성되어 있다. 엄격히 말하여, 이 장에서는 비인과 필터의 구현은 다루지 않았다. 따라서 전체적인 인과 이동합 시스템은 아직 식 (6.22)의 차분 방정식으로 구현되어야 한다.

마지막으로, 그림 6-9의 인과 지연 시스템의 구현에는 문제가 있다. $(L-1)/2$가 정수일 때, $w[n] = x[n-(L-1)/2]$는 입력 샘플들의 지연이다. $(L-1)/2$가 정수가 아닌 경우에는 특별한 해석을 필요로 하며, 6.8.2절에서 다룬다.

6-7.3 이동 평균기의 주파수 응답

이동합과 이동평균 필터는 이동 평균기가 L개의 연속된 신호 샘플들을 더한 후 L로 나눈다는 점에서 거의 같다.

$$y[n] = \frac{1}{L}\underbrace{(x[n] + x[n-1] + \cdots + x[n-L+1])}_{\text{이동합}} \tag{6.32}$$

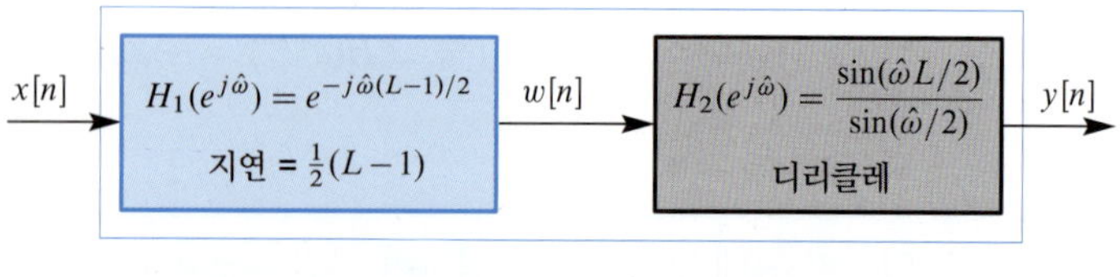

그림 6-9 L-포인트 이동합의 지연기와 실수 주파수 응답과의 직렬 연결의 표현

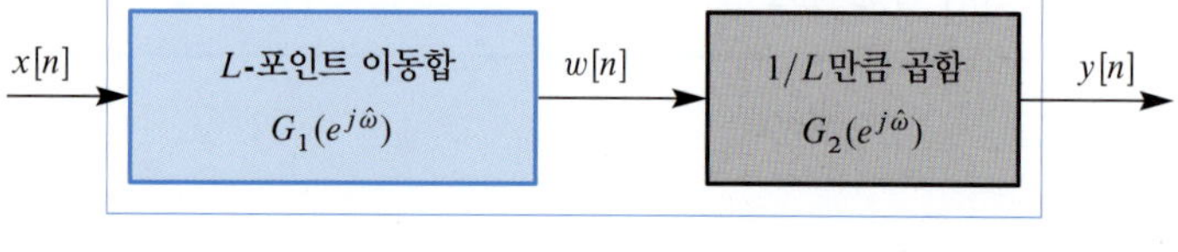

그림 6-10 이동합과 곱셈기의 직렬 연결로 표현한 L-포인트 이동 평균 필터

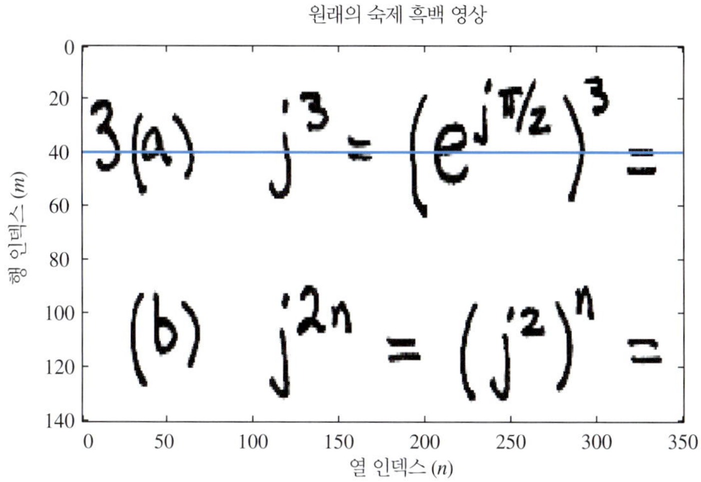

그림 6-11 40번째 행이 파란색으로 표시된 **숙제** 영상

하드웨어에서는 L로 나누는 연산은 곱셈기로 하며, 따라서 그림 6-10에 보인 것과 같이, 이동 평균기는 두 LTI 시스템의 직렬 연결로 볼 수 있다. 직렬 연결 표현에서 L-포인트 평균기의 주파수 응답은 다음과 같다.

$$G_2(e^{j\hat{\omega}})G_1(e^{j\hat{\omega}}) = \tfrac{1}{L}D_L(\hat{\omega})e^{-j\hat{\omega}(L-1)/2} \tag{6.33}$$

6-7.4 실험: 영상 스무딩

이동평균 시스템의 필터링 효과를 보기 위한 간단한 실험으로, 그림 6-11의 영상을 고려해 본다. 영상은 샘플들의 2차원 배열 $x_i\,[m, n]$으로 나타낼 수 있는 2차원 이산 신호이다. 영상에서, 각 샘플 값은 **화소(픽셀(Pixel))**라 불리며, **화상 원소(Picture Element)**에 대한 줄임말이다. 하나의 수평 스캔 선 ($m = 40$에서)이 영상으로부터 추출되어 1차원 신호 $x[n] = x_i\,[40, n]$을 만들며, 그림 6-12에 보였다. 영상에서 $x[n]$이 추출된 위치는 파란색 선으로 표시되었다. 영상 신호에서의 값들은 모두 범위 $0 \le x_i\,[m, n] \le 255$ 사이의 양의 정수이다. 이 숫자들은 8비트 2진 숫자들[7]로 나타낼 수 있다. 1차원 그래프를 선 주위 영역에서 그레이 레벨 (Gray Level)과 비교하면, 영상에서 어두운 영역은 큰 값 (거의 255)을 가지며, 밝은 영역은 작은 값 (거의 0)을 가진다. 이것은 실제로 네거티브 영상이지만, 흰색 배경 위의 검은색 잉크를 스캔한 것이므로 적절하다고 볼 수 있다.

11-포인트 이동 평균기에 $x[n]$이 인가되었으며, 입력과 출력은 같은 그래프 (그림 6-13(a))에 그려졌다. 출력 $y[n]$은 약간의 오른쪽 이동한 $x[n]$의 스무딩된 버전처럼 보인다. 이 스무딩은 신호의 높은 주파수는 감쇠하는 저역통과 디리클레 필터의 결과이며, 이 부분은 영상에서 씌여진 글자의 모서리에 해당된다. 이동은 11-포인트 이동 평균기에 대해서 예상한 대로 5샘플이 지연되었다.

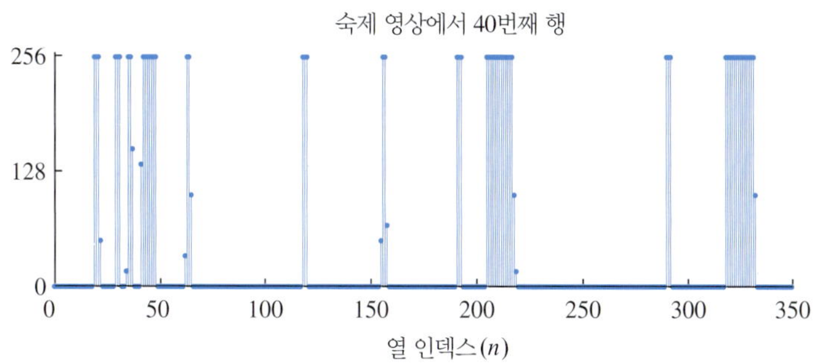

그림 6-12 **숙제** 영상의 40번째 행을 따라 얻은 신호값 $x[n]$

7) 우리는 이런 영상 값들의 전체 다이내믹 레인지는 8비트라고 말한다.

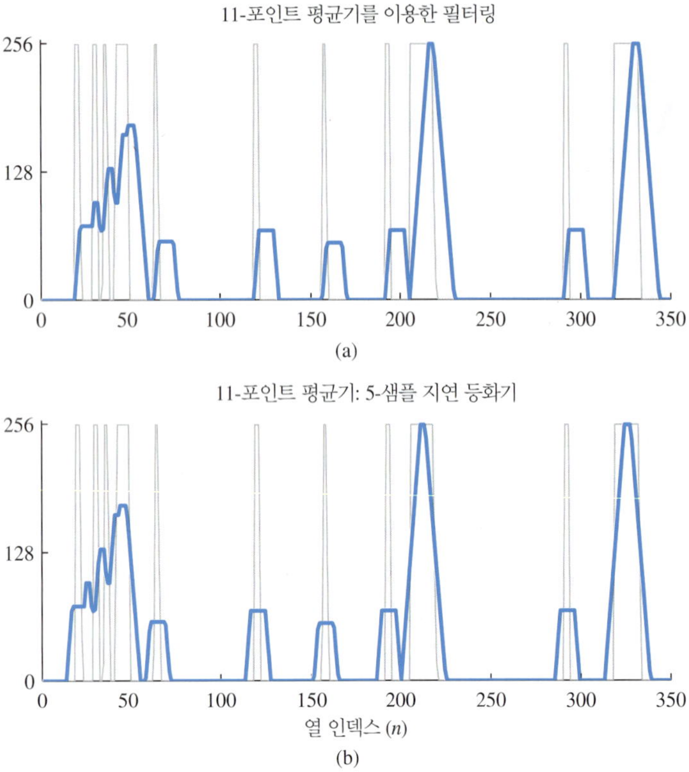

그림 6-13 (a) 11-포인트 이동 평균기의 출력 $y[n]$(파란색 실선)과 입력 (회색 실선). (b) 11-포인트 이동 평균기의 출력 (파란색 실선)과 5샘플 지연된 입력 (회색 실선)

이 지연의 영향을 증명하기 위하여, 그림 6-13(b)는 $w[n] = x[n-5]$와 $y[n]$의 그래프를 보여준다. 이제 출력은 입력에 완벽하게 정렬되어 있는 것으로 보인다는 것을 확인할 수 있다.

저역통과 필터링 작용을 시각적으로 확인하기 위하여, 11-포인트 이동 평균기를 영상 전체 행들에 적용하여 보았다.[8] 결과는 그림 6-14에 보였으며, 여기서는 저역통과 필터가 영상을 수평축에서만 희미하게 한다. 그런 반면에 수직축으로는 영상이 흐려지지 않음을 그림 6-14의 '=' 표시 근처에서 확인할 수 있다. 앞에서 보았듯이, 필터는 영상의 고주파 성분을 감소시킨다. 이와 같이, 영상에서 날카로운 모서리는 고주파 성분들과 반드시 관련이 있다고 결론 내릴 수 있다.

필터링 효과의 또 다른 예로서, **숙제** 영상 신호의 각 행에 코사인 신호를 더함으로써 영상을 왜곡시킬 수 있다. 영상의 한 행을 따라, 신호는 이제

$$x_1[n] = x[n] + 128\cos(2\pi n/11) + 128$$

이다. 코사인은 왜곡 간섭 신호이며, 상수 (DC 값) 128은 영상 값이 늘 양수가 되도록 유지시키기 위해 더한다. 그림의 40번째 줄에 대하여 왜곡된 신호 $x_1[n]$을 11-포인트 이동 평균기로 필터링 되었다. 지연된 입력 $x_1[n-5]$와 이에 대응되는 출력은 그림 6-15에 보였다. 그림 6-13(b)와 6-15를 비교해 보면, 128의 오프셋을 제외하곤, $x[n]$과 $x_1[n]$에 대한 출력들은 동일하다는 것이 명확하다.[9] 그 이유는 명백한데, $H(e^{j2\pi/11}) = 0$이기 때문에, $\hat{\omega} = 2\pi/11$는 평균 필터에 의해서 완전히 제거되는 주파수 중 하나이다. 시스템은 LTI이며 중첩을 준수하기 때문에, $x_1[n]$에 대한 출력은 $x[n]$에 대한 출력과 같아야 한다. 코사인이 영상의 각 행에 더해지면, 수직 방향의 띠 (그림 6-16(a))로 보이게 된다. 각 행에 11-포인트 이동평균 필터로 처리되면, 코사인은 제거되지만, 영상은 수평적으로

8) MATLAB에서는, 함수 `filter2( )`는 루프를 사용하지 않고 2차원 필터링을 한다.

9) 꼼꼼히 비교해 보면, 과도 영역 $0 \le n \le 9$에서 작은 차이가 존재한다.

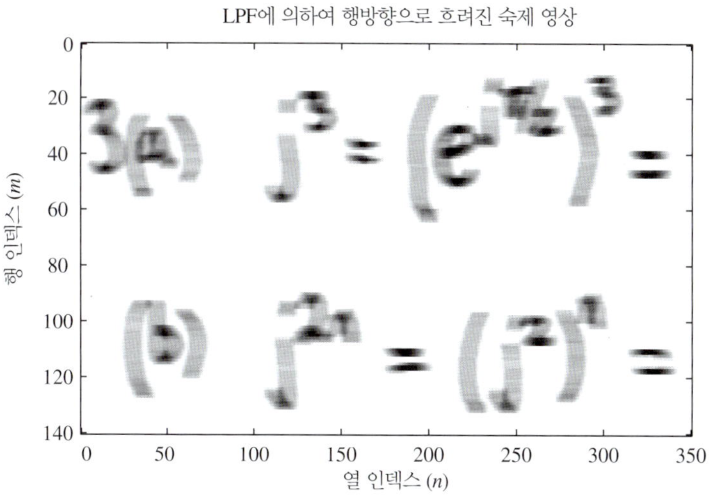

그림 6-14 숙제 영상의 열들을 11-포인트 이동 평균기로 필터링한 결과. 영상의 흐려짐이 수평으로만 일어난다.

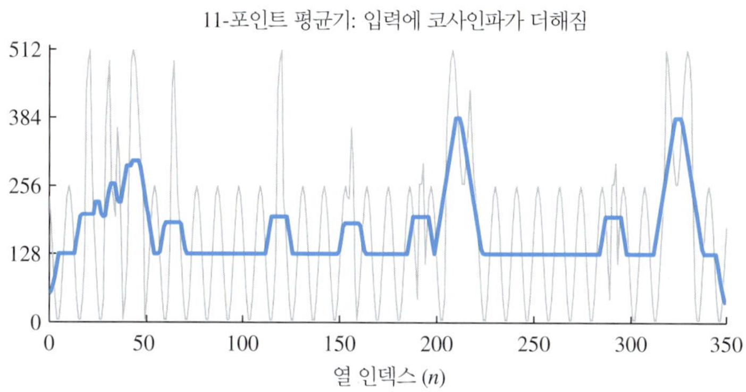

그림 6-15 스캔된 영상 선에 128 $\cos(2\pi n/11)$이 더해진 입력에 대한 11-포인트 이동 평균기에서 나온 출력. 파란색 실선이 출력이며 가는 회색 실선이 5-샘플 지연된 입력이다. 수직 축 범위가 그림 6-13(b)의 두 배임을 참고한다.

흐려진다(그림 6-16(b)).

6-8 샘플링된 연속시간 신호의 필터링

이산시간 필터는 샘플링하여 얻은 대역제한된 (bandlimited) 연속시간 신호를 필터링하는 데 사용될 수 있다. 이 절에서는, 이산시간 필터의 주파수 응답과 연속시간 신호에 인가된 **유효 주파수 응답 (Effective Frequency Response)** 사이의 관계에 대하여 공부한다. 이산시간 시스템의 입력이 연속시간 신호를 샘플링하여 얻어진 신호일 때, 이산신호 필터의 주파수 응답을 원래의 연속시간 신호의 스펙트럼에 미치는 필터의 영향과 연관짓기 위하여 샘플링과 복원에 대한 지식을 이용할 수 있다.

그림 6-17에 그려진 시스템을 고려해 본다. 입력이 복소수 정현파

$$x(t) = Xe^{j\omega t}$$

이며, 여기서 $X = Ae^{j\varphi}$이다. 샘플링을 한 후에, 이산시간 필터로의 입력 신호는

$$x[n] = x(nT_s) = Xe^{j\omega nT_s} = Xe^{j\hat{\omega}n}$$

이다. 이산시간 주파수 $\hat{\omega}$와 연속시간 주파수 ω 및 f의 관계는

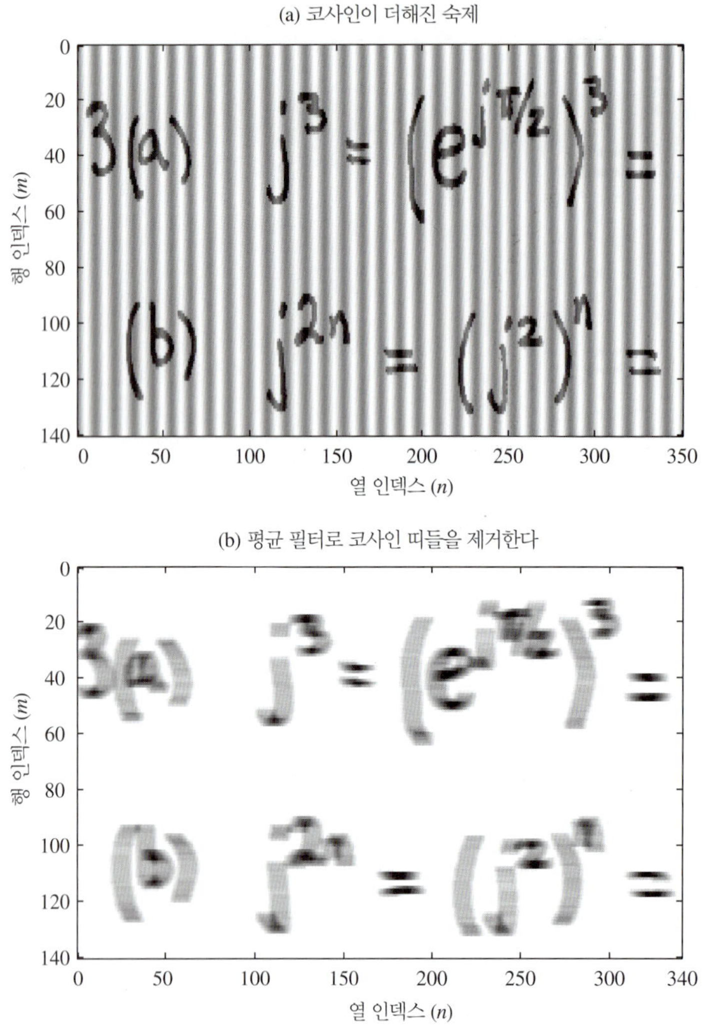

그림 6-16 (a) **코사인이 더해진 숙제** 입력 영상. 코사인의 주기 성질로 인해 수직 띠가 발생한다. (b) **코사인이 더해진 숙제** 영상의 각 열을 11-포인트 이동 평균기에 통과한 후, 처리된 영상은 흐려지지만, 코사인 띠는 사라진다. 영상의 좌측 모서리의 과도부분이 제거되었으며, 수평 방향의 폭이 10픽셀로 줄어들었다(입력과 출력 모두 8비트 영상으로 전환됨).

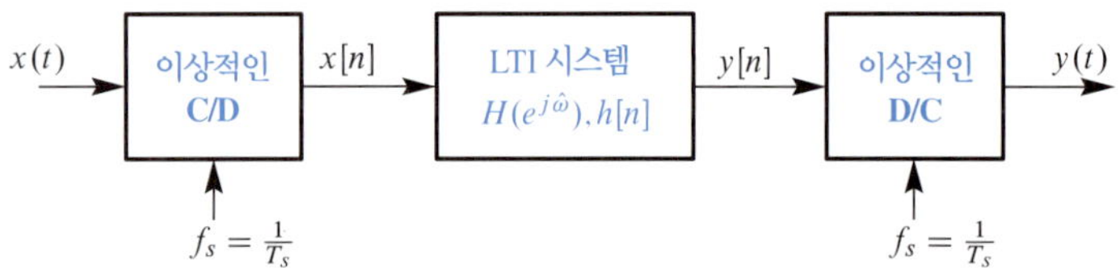

그림 6-17 대역제한된 연속시간 신호의 이산시간 필터링을 위한 시스템

$$\boxed{\hat{\omega} = \omega T_s = \frac{2\pi f}{f_s}} \tag{6.34}$$

이다. 연속시간 복소 지수함수 신호의 주파수가 샘플링 이론의 조건을 만족하면 (즉, $|\omega| < \pi/T_s$ 이면), 에일리어싱(aliasing)이 없으며 식 (6.34)의 정규화된 이산시간 주파수는 $|\hat{\omega}| < \pi$를 만족한다.

이산시간 시스템의 주파수 응답은 그림 6-17에서 출력 $y[n]$을 구하는 빠른 방법을 제공한다.

$$y[n] = H(e^{j\hat{\omega}})Xe^{j\hat{\omega}n}$$

이제 $\hat{\omega} = \omega T_s$로 치환하면, $y[n]$을 아날로그 주파수 ω로 나타낼 수 있다.

$$y[n] = H(e^{j\omega T_s})Xe^{j\omega T_s n}$$

마지막으로 원래 샘플링에서 에일리어싱이 발생하지 않았기 때문에, **이상적인** 이산-연속 (D/C) 변환기는, 새로운 복소수 진폭을 갖는, 원래의 복소 지수함수를 복구할 수 있다.

$$y(t) = H(e^{j\omega T_s})Xe^{j\omega t} \tag{6.35}$$

이 $y(t)$에 대한 공식은 $-\pi/T_s < \omega < \pi/T_s$ 범위의 주파수에 대해서만 유효하다. 왜냐하면 이상적인 이산-연속 변환기는 $|\hat{\omega}| < \pi$ 대역에 있는 모든 디지털 주파수 성분들을 $|\omega| < \pi/T_s$의 대역 안의 아날로그 주파수로서 복구하기 때문이다. 에일리어싱이 없는 한, 입력 신호 $x(t)$의 주파수 대역은 출력 $y(t)$의 주파수 대역에 대응된다. 그러므로 그림 6-17의 전체 시스템은 주파수 응답이 $|\omega| < \pi/T_s$내에서만 유효한 $H(e^{j(\hat{\omega}T_s)})$인 LTI 연속시간 시스템과 같은 동작을 한다.

그림 6-17의 시스템이 대역제한된 연속시간 신호의 LTI 필터링을 구현하는 데 사용되기 위하여, 유효 주파수 응답을 제어하는 데 두 가지의 요소들이 있다. 첫 번째로, 고정된 샘플링 주기에서 전체의 유효 주파수 응답을 변화시키기 위해, 이산시간 시스템 $H(e^{j\hat{\omega}})$을 바꿀 수 있다. 다른 방법으로 고정된 이산시간 시스템 $H(e^{j\hat{\omega}})$에 대하여 (입력의 에일리어싱을 피하며) 샘플링 주기 T_s를 변화시킬 수 있으며, 새로운 유효 주파수 응답을 구할 수 있다. 일반적으로 에일리어싱을 피하기 위하여 나이퀴스트 속도 근처로 샘플링 속도를 결정하고, 그 다음에 유효 주파수 응답 $H(e^{j\omega T_s})$가 원하는 주파수 선택 성질을 갖도록 이산시간 LTI 필터를 설계한다.

6-8.1 예제: 연속시간 신호를 위한 저역통과 평균기

한 예로서, 그림 6-17에서의 필터와 같은 11-포인트 이동 평균기

$$y[n] = \frac{1}{11}\sum_{k=0}^{10} x[n-k]$$

를 사용한다. 이 이산시간 시스템의 주파수 응답은

$$H(e^{j\hat{\omega}}) = \frac{\sin(\hat{\omega}11/2)}{11\sin(\hat{\omega}/2)}e^{-j\hat{\omega}5}$$

이다. 이 주파수 응답의 크기는 그림 6-18(a)에 보였다.

그림 6-17의 이산 시스템이 샘플링 주파수 $f_s = 1{,}000$을 갖는 11-포인트 이동 평균기로 사용될 때, 우리는 다음 두 질문의 답을 원하게 된다: 유효 아날로그 주파수 응답이 무엇이며, 다음과 같은 신호

$$x(t) = \cos(2\pi(25)t) + \sin(2\pi(250)t)$$

는 시스템에 의해 어떻게 처리되는가?

주파수 응답 문제는 쉽다. 유효 연속시간 주파수 응답은 $|f| < 500$ Hz에 대하여

$$H(e^{j\omega T_s}) = H(e^{j\omega/1000}) = H(e^{j2\pi f/1000})$$

이며, f는 Hz 단위를 갖는다. f에 대한 유효 연속시간 주파수 응답의 그래프는 그림 6-18(b)에 보였다. 전체 시스템의 주파수 응답은 $|f| = f_s/2 = 500$ Hz에서 갑자기 감소하며, 그 이유는 이상적인 이산-연속 (D/C) 변환기가 $f_s/2$ 이상의 주파수들을 복구하지 않기 때문이다.

두 번째 질문에 대한 답도, 만일 유효 연속시간 주파수 응답 식 (6.35)를 이용하여 입력 신호의

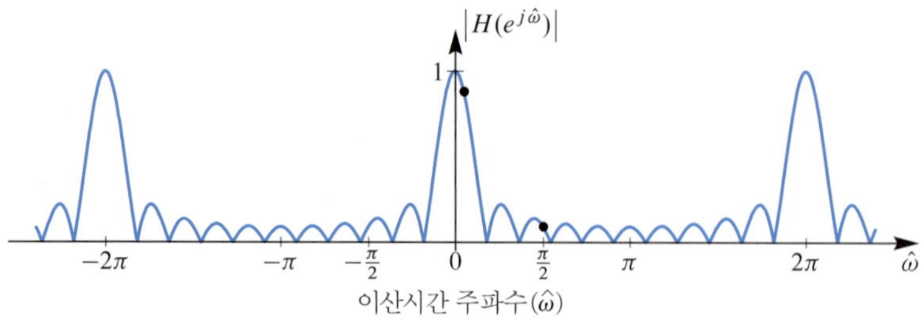

(a)

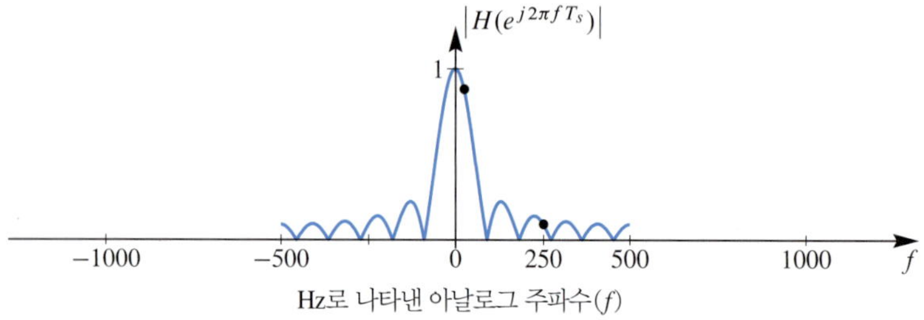

(b)

그림 6-18 (a) 11-포인트 이동 평균기의 주파수 응답(크기). (b) 그림 6-17의 시스템을 사용하여 샘플링 속도 f_s = 1,000 Hz로 대역제한된 아날로그 신호를 필터링했을 때의 유효 아날로그 주파수 응답 f = 25 Hz와 f = 250 Hz에 있는 검은 점들은 이 예제의 입력 $x(t)$에 필요한 주파수 응답의 두 값들을 나타낸다.

두 주파수들이 그림 6-17의 세 시스템들을 통과하는 것을 추적한다면, 쉽게 답할 수 있다. 입력 $x(t)$가 $\omega = 2\pi(25)$와 $2\pi(250)$에 주파수를 갖는 두 개의 정현파를 포함한다. $f_s = 1{,}000 > 2(250) > 2(25)$이므로, 에일리어싱이 없으며,[10] 그래서 같은 주파수 성분들은 출력 신호 $y(t)$에 나타난다. 크기와 위상 변화들은 25와 250 Hz에서 유효 주파수 응답을 계산함으로써 구할 수 있다.

$$H(e^{j2\pi(25)/1000}) = \frac{\sin(\pi(25)(11)/1000)}{11\sin(\pi(25)/1000)} e^{-j2\pi(25)(5)/1000} = 0.8811e^{-j\pi/4}$$

$$H(e^{j2\pi(250)/1000}) = \frac{\sin(\pi(250)(11)/1000)}{11\sin(\pi(250)/1000)} e^{-j2\pi(250)(5)/1000} = 0.0909e^{-j\pi/2}$$

이 값들은 그림 6-18(b)의 그래프에 표시해 놓았다. 그러므로 최종 출력은

$$y(t) = 0.8811\cos(2\pi(25)t - \pi/4) + 0.0909\sin(2\pi(250)t - \pi/2)$$

이다. 이동평균 필터의 저역통과 성질은 250 Hz 성분을 크게 감쇠시키는 반면, 25 Hz 성분은 약간의 감쇠만 되며, 그 이유는 이 주파수가 0 Hz 근처에서 필터의 통과대역 안에 위치해 있기 때문이다.

연습문제 6.6 같은 입력 신호와 같은 이산시간 시스템이라고 가정할 때, 샘플링 속도 f_s = 750 Hz를 이용하여, 이 절의 예제를 반복하여라.

6-8.2 지연에 대한 해석

$H(e^{j\hat{\omega}}) = e^{-j\hat{\omega}n_0}$ 형태의 주파수 응답은 n_0 샘플만큼의 시간 지연을 의미한다는 것을 알고 있다. 정수의 n_0에 대하여 이것의 해석은 명확하다. 만일 시스템의 입력이 $x[n]$이라면, 해당되는 출력은

10) 에일리어싱이 일어나면, 이런 종류의 문제는 간단하지 않으며, 왜냐하면 출력 신호 $y(t)$는 입력과 다른 주파수 성분을 갖기 때문이다.

$y[n] = x[n - n_0]$이다. 그러나 n_0가 정수가 아니라면, 해석은 조금 어려워진다. 예를 들기 위해 L-포인트 이동평균 시스템의 주파수 응답이

$$H(e^{j\hat{\omega}}) = \tfrac{1}{L} D_L(\hat{\omega}) e^{-j\hat{\omega}(L-1)/2}$$

이며, 여기서 $D_L(\hat{\omega})$은 식 (6.27)에서 정의된 디리클레 형이다. 지수항은 L-포인트 이동 평균기가 $(L - 1)/2$ 샘플의 지연을 갖고 있다고 알려준다. 만일 L이 홀수라면 이 지연값이 입력에 대하여 $(L - 1)/2$ 샘플만큼의 지연이 출력에 나타나게 한다. 그러나 L이 짝수라면 $(L - 1)/2$은 정수가 아니다. 이 절에서는 정수가 아닌 지연의 요인에 대한 영향을 해석해 본다.

이상적인 C/D 변환기의 입력이

$$x(t) = Xe^{j\omega t}$$

이며, 여기서 $\omega < \pi/T_s$으로 에일리어싱이 발생하지 않는다고 가정한다. 그러면 L-포인트 이동 평균기의 샘플링된 입력은

$$x[n] = Xe^{j\omega n T_s} = Xe^{j\hat{\omega} n}$$

이고, 여기서 $\hat{\omega} = \omega/T_s$이며, 출력은

$$y[n] = H(e^{j\hat{\omega}})Xe^{j\hat{\omega} n} = \tfrac{1}{L} D_L(\hat{\omega}) e^{-j\hat{\omega}(L-1)/2} Xe^{j\hat{\omega} n}$$

이다. 마지막으로, $\omega < \pi/T_s$이므로, 이상적인 D/C 변환기는

$$\begin{aligned} y(t) &= \tfrac{1}{L} D_L(\hat{\omega}) Xe^{-j\hat{\omega}(L-1)/2} e^{j\omega t} \\ &= \tfrac{1}{L} D_L(\omega T_s) Xe^{-j\omega T_s(L-1)/2} e^{j\omega t} \\ &= \tfrac{1}{L} D_L(\omega T_s) Xe^{j\omega(t - T_s(L-1)/2)} \end{aligned}$$

으로 나타낼 수 있는 복소 지수함수 신호로 $y(t)$를 복구시킬 수 있다. 지수항의 $(t - T_s(L - 1)/2)$는 복소 지수함수가 샘플링 주기 T_s로 샘플링된 연속시간 신호에 대하여 $(L - 1)T_s/2$초의 시간 변이가 있음을 의미한다. 이는 $(L - 1)/2$이 정수인지 아닌지에 상관없이 성립한다. 정확히 $(L - 1)T_s/2$초의 시간 지연은 완벽한 대역제한된 복원을 수행하는 **이상적인** D/C 변환기를 사용한 결과이다.

예제 6-11 FIR 필터의 시간 지연

이동평균 필터에서 정수가 아닌 지연의 영향을 설명하기 위하여, 샘플링 주파수 $f_s = 1{,}000$ Hz로 $x(t) = \cos(200\pi t)$를 샘플링하여 얻은 신호 $x[n] = \cos(0.2\pi n)$을 고려해 본다. 그림 6-19(a)는 $x(t)$와 $x[n]$을 보여준다. $x[n]$이 5-포인트 이동 평균 필터의 입력이라면, 출력의 정상상태 (steady-state) 부분은

$$y_5[n] = \frac{\sin(0.2\pi(5/2))}{5\sin(0.2\pi/2)} \cos(0.2\pi n - 0.2\pi(2)) = 0.6472\cos(0.2\pi(n-2))$$

이다. 이 필터의 출력에 대해서, 그림 6-17(b)의 **이상적인** 이산-연속 (D-to-C) 변환기의 출력은

$$y_5(t) = y_5[n]\Big|_{n=1000t} = 0.6472\cos(200\pi(t - 0.002))$$

이다. 지연은 2샘플이다. 다른 한편으로, 같은 신호 $x[n]$이 4-포인트 이동평균 시스템의 입력이라면, 출력의 정상상태 부분은

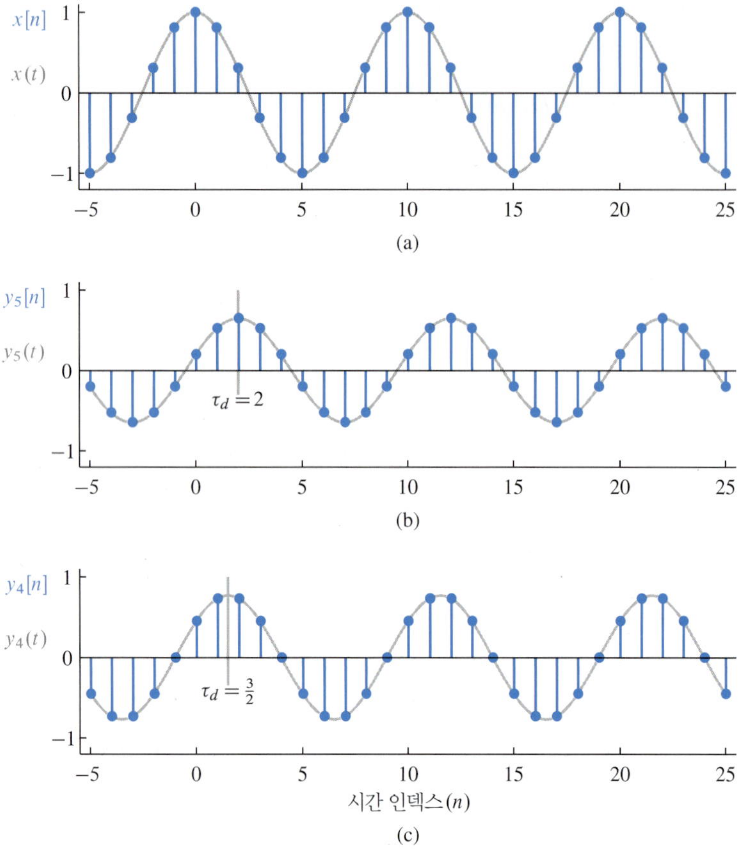

그림 6-19 (a) f_s = 1,000 Hz로 샘플된 입력 신호. (b) 5-포인트 이동 평균기의 출력. (c) 4-포인트 이동 평균기의 출력. 회색 실선은 대응되는 연속시간 신호이다: (a) $x(t)$, (b) $y_5(t)$, (c) $y_4(t)$.

$$y_4[n] = \frac{\sin(0.2\pi(4/2))}{4\sin(0.2\pi/2)}\cos(0.2\pi n - 0.2\pi(3/2)) = 0.7694\cos(0.2\pi(n - 3/2))$$

이다 (그림 6-19(c)). 이제 지연은 3/2샘플이므로, $y_4[n]$은 정수만큼 이동된 입력 신호로써 나타낼 수 없다. 이 경우에, 필터에 의해서 유도된 **3/2 샘플** 지연은 그림 6-17(c)에서 이상적인 D/C 변환기의 해당 출력 항으로 해석될 수 있다. 이 경우

$$y_4(t) = y_4[n]\Big|_{n=1000t} = 0.7694\cos(200\pi(t - 0.0015))$$

이다. 그림 6-19에는 입력과 대응되는 출력 $y_5[n]$, $y_5(t)$, $y_4[n]$과 $y_4(t)$를 보여준다. 모든 경우에 있어서, 회색 실선은 주어진 이산시간 신호에 대하여 이상적인 D/C 변환기에 의하여 복원되었어야 하는 연속시간 코사인 신호이다.

이 예제에서 다음과 같은 특별한 점들이 있다:

1. 두 출력들은 모두 입력보다 작다. 이것은 두 경우 모두 $D_L(0.2\pi) < 1$이기 때문이다.
2. 그림 6-19(b), (c)의 회색 수직선들은 $n = 0$에서 입력의 피크에 해당하는 출력 코사인 신호의 피크를 보여준다. 5-포인트 평균기에 대해서는 $(5 - 1)/2 = 2$의 지연이 있으며, 4-포인트 평균기에는 $(4 - 1)/2 = 1.5$의 지연이 있음을 참고한다.
3. 이상적인 D/C 변환기는 소수 1.5의 지연을 처리할 때, 코사인 신호의 원래 샘플들 사이의 중간점에서 보간을 구현하는 것이다.

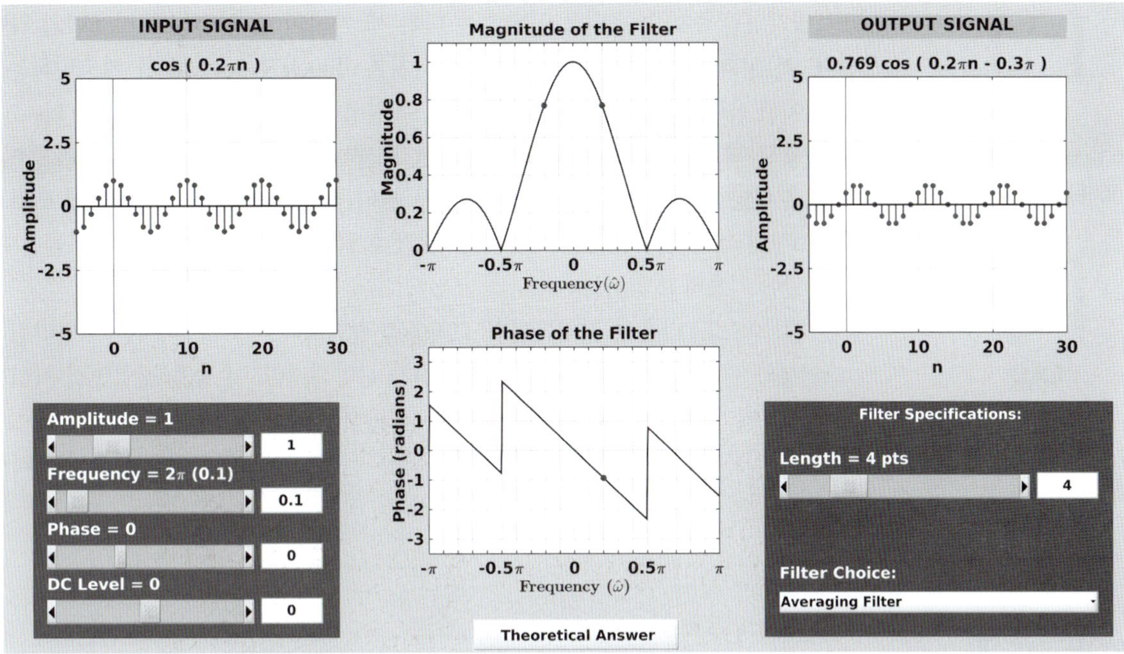

그림 6-20 정현파 입력은 정현파 출력이 발생한다라는 개념을 설명하는 `dltidemo`의 그래픽 사용자 인터페이스(GUI)의 스크린샷. 사용자는 LTI 시스템뿐만 아니라 입력 정현파의 주파수, 크기, 위상도 변화시킬 수 있다.

6-9 요약 및 링크

이 장은 FIR 필터에 대한 주파수 응답의 개념을 소개했다. 주파수 응답은 다음 장들에서도 보겠지만, 모든 선형 시불변 시스템에도 적용된다. 그림 6-20에서 보여주는 MATLAB GUI는 이 장의 주요한 결과인 **정현파 입력에 대한 정현파 출력**을 구현하였다. 이는 주파수 응답의 하나의 값을 구하는 것이 정현파가 LTI 시스템에 의해 어떻게 처리되는지를 예측하는 데 충분함을 보여준다. 필터가 바뀌면, 주파수 응답도 바뀌므로 정현파의 주파수 성분도 다르게 다루어져야 한다. 그림 6-20에 보이는 특별한 경우가 예제 6-11에서 $x[n] = \cos(0.2\pi n)$이 4-포인트 이동 평균기에 의하여 필터링되는 과정을 보여준다. 주파수 응답은 출력 정현파의 새로운 진폭과 위상을 결정하기 위하여 필요한 $H(e^{j\hat{\omega}})$의 값들을 나타내는 점들과 함께 중앙에 보였다. 오른쪽의 출력 신호는 그림 6-19(c)의 $y_4[n]$과 정확히 일치한다.

데모
DLTI: 정현파 입력과 정현파 출력

연습문제 6.7 MATLAB의 GUI인 `dltidemo`를 이용하여 입력 정현파가 4-포인트 이동 평균기 필터에 의해 제거되는 경우를 찾아본다. 다른 말로 하여, 입력이 $x[n] = \cos(\hat{\omega}_1 n)$일 때 출력 신호 $y[n] = 0$이 되는 주파수 $\hat{\omega}_1$을 결정하여라.

LAB
대역통과 및 널(Null) 필터

이 장에서는 제5장에서 소개했던 FIR 필터링에 대한 기본 내용을 확장시켜 다루었다. 이 랩 실습을 하기 위해서는, 특별히 제5, 6장의 내용에 익숙해야 한다. 대역통과 필터와 널필터(Bandpass and Null Filter)라고 명명한 랩 실습은 두 가지 종류의 중요한 FIR 필터들의 주파수 응답에 대한 실험이다.

LAB
터치톤 (Touch tone)의 인코딩과 디코딩

LAB
옥타브 밴드 필터링

FIR 필터링과 주파수 응답을 포함하는 다른 세 가지의 랩 실험들도 시스템의 완벽한 구현이 요구된다. 이 실험에서 구현되는 것들은 (1) 터치톤 (Touch Tone) 신호를 디코딩하는 시스템, (2) 피아노의 어떤 음이 연주되었는지를 자동적으로 결정하는 옥타브 밴드 (Octave-band) 시스템, (3) 난청 환자를 위해 달팽이관에 부착하는 기구를 묘사하기 위한 필터 뱅크 시스템 등이다. 이 각각의 구현들은 다양한 주파수 응답들을 갖는 많은 필터들을 포함한다. 그러므로 이 프로젝트들은 일단 제7~10장의 개념들을 공부한 다음에는, 훨씬 쉬워진다. 그러나 이 프로젝트들은 주로 주파수 응답의 개념에 기초하고 있다.

동반 웹사이트도 다음의 저역통과와 고역통과 필터링의 데모들: 저역통과 필터링하면 희미해지고, 고역통과 필터링하면 영상의 에지 (Edge)가 선명해지며, 이 둘을 직렬연결 처리를 함으로써 저역통과 필터에 의해 희미해진 영상을 고역통과 필터로 상쇄할 수 있다는 것을 보이는 사진 영상의 필터링, 그리고 저음대역과 고음대역을 강조한다는 것을 보이는 소리 신호의 필터링을 포함하고 있다.

6-10 문제

데모
FIR 필터의 직렬 연결

참고
문제와 풀이

이 절의 문제들은 이 장에서 배운 중요한 개념들을 다룬다. 동반 웹사이트에 복습과 연습을 위한 많은 숙제 문제들이 나와 있다. 대부분의 문제에 자세한 풀이가 포함되어 있다.

P-6.1 어떤 FIR 필터의 입력이

$$x[n] = e^{j(0.4\pi n - 0.5\pi)}$$

라고 가정한다. 만일 새로운 신호 $y[n]$을 일차 차분 신호 $y[n] = x[n] - x[n-1]$이라고 가정하면, $y[n]$을

$$y[n] = Ae^{j(\hat{\omega}_0 n + \varphi)}$$

형식으로 표현할 수 있다. 여기서 A, φ, $\hat{\omega}_0$의 수치 값을 결정하여라.

P-6.2 어떤 이산시간 시스템이 다음의 입출력 관계

$$y[n] = x[n] + x[n-1]$$

로 표현된다고 가정한다.

(a) 입력이 두 복소 지수함수 신호들의 합일 때 출력을 구하여라.

$$x[n] = e^{j0.1\pi n} + e^{j0.4\pi n}$$

(b) 출력이 왜 두 복소 지수함수 신호의 합으로 표현될 수 있는지 설명하여라.

$$y[n] = A_1 e^{j\varphi_1} e^{j\hat{\omega}_1 n} + A_2 e^{j\varphi_2} e^{j\hat{\omega}_2 n}$$

(c) 시스템의 주파수 응답을 사용하여 A_1, φ_1, A_2, φ_2의 값을 결정하여라.

P-6.3 어떤 이산시간 시스템이 아래의 입출력 관계

$$y[n] = (x[n])^2$$

로 나타내진다고 가정한다.

(a) 입력이 두 복소 지수함수 신호들의 합일 때 출력을 구하여라.

$$x[n] = e^{j0.1\pi n} + e^{j0.4\pi n}$$

(b) 출력이 왜 두 복소 지수함수 신호들의 합으로 나타내질 수 없는지 설명하여라.

$$y[n] \neq A_1 e^{j\varphi_1} e^{j\hat{\omega}_1 n} + A_2 e^{j\varphi_2} e^{j\hat{\omega}_2 n}$$

(c) 왜 이 예가 주어진 시스템이 LTI 시스템이 아니라고 결론내리기에 충분한지 설명하여라.

P-6.4 어떤 LTI 시스템이 아래의 차분 방정식에 의해 표현된다.

$$y[n] = 2x[n] - 2x[n-1] + 2x[n-2]$$

(a) 주파수 응답 $H(e^{j\hat{\omega}})$에 대한 식을 구하고, 다음의 형식으로 표현하여라.

$$H(e^{j\hat{\omega}}) = R(e^{j\hat{\omega}})e^{-j\hat{\omega}n_0}$$

여기서 $R(e^{j\hat{\omega}})$는 실수 함수이며 n_0는 정수이다.

(b) $H(e^{j\hat{\omega}})$가 $\hat{\omega}$의 주기 함수이다; 주기를 결정하여라.

(c) $H(e^{j\hat{\omega}})$의 크기를 $-\pi < \hat{\omega} < 3\pi$에서 $\hat{\omega}$의 함수로 그려보아라. 손으로 직접 계산해 본 다음 MATLAB 함수 `freqz`로 확인해 본다.

(d) 입력 $e^{j\hat{\omega}n}$에 대하여 출력이 0이 되는 주파수 $\hat{\omega}$를, 구간 $-\pi < \hat{\omega} \leq \pi$ 내에서, 모두 찾아라.

(e) 시스템의 입력이 $x[n] = \cos(0.5\pi n)$일 때, 출력 신호를 구하고 $y[n] = A\cos(\hat{\omega}_0 n + \varphi)$로 나타내어라.

P-6.5 어떤 LTI 필터가 아래의 차분 방정식에 의해 나타내진다.

$$y[n] = 3x[n] + 2x[n-1] + x[n-2]$$

(a) 이 시스템의 주파수 응답 식을 구하여라.

(b) $-\infty < n < \infty$에서 입력 $x[n] = 1 + 2\cos(0.5\pi n + 0.1\pi)$일 때, 출력을 구하여라.

(c) 계단 응답을 구하여라. 이는 입력이 단위 계단 신호 $u[n]$일 때의 출력이다.

(d) $n \to \infty$에 따라 계단 응답은 상수가 된다. 왜 이 상수가 주파수 응답의 DC값과 같은지 설명하여라.

P-6.6 어떤 LTI 시스템이 아래의 차분 방정식에 의해 표현된다.

$$y[n] = x[n] - x[n-4]$$

(a) 주파수 응답 $H(e^{j\hat{\omega}})$의 식을 구하고, 다음의 형식

$$H(e^{j\hat{\omega}}) = R(e^{j\hat{\omega}})e^{j\pi/2}e^{-j\hat{\omega}n_0}$$

으로 나타내어라. 여기서 $R(e^{j\hat{\omega}})$는 실수 함수이며 n_0는 정수이다.

(b) 입력 신호가 $x[n] = 4 + \cos(0.25\pi n - \pi/4)$일 때, 출력을 구하여라.

(c) 신호 $x_1[n] = (4 + \cos(0.25\pi n - \pi/4))u[n]$은 $n < 0$일 때 0이므로, 그래서 $n = 0$에서 시작한다. 만일 입력 신호가 $x_1[n]$이면, n의 어떤 값에 대하여 대응되는 출력이 (b)에서 구한 출력과 같게 되는가?

P-6.7 다음의 주파수 응답들에 대하여, 해당하는 임펄스 응답을 구하여라.

(a) $H(e^{j\hat{\omega}}) = 3 - e^{-j2\hat{\omega}}$

(b) $H(e^{j\hat{\omega}}) = 5e^{-j3\hat{\omega}}\cos(2\hat{\omega})$

(c) $H(e^{j\hat{\omega}}) = e^{-j5.5\hat{\omega}} \dfrac{\sin(5\hat{\omega})}{\sin(\hat{\omega}/2)}$

P-6.8 어떤 LTI 필터의 주파수 응답이 아래 식으로 주어졌다.

$$H(e^{j\hat{\omega}}) = (1 - e^{-j\hat{\omega}})(1 - e^{j3\pi/4}e^{-j\hat{\omega}})(1 - e^{-j3\pi/4}e^{-j\hat{\omega}})$$

(a) 입력 $x[n]$과 출력 $y[n]$ 사이의 관계를 만족하는 차분 방정식을 적어라.

(b) 이 필터의 계단 응답을 결정하여라 (즉, 입력이 $x[n] = u[n]$일 때의 출력).

(c) 만일 입력이 $x[n] = Ae^{j\varphi}e^{j\hat{\omega}n}$의 형태를 가졌을 때, 모든 n에 대해 $y[n] = 0$이 되는 값들은 $-\pi < \hat{\omega} \le \pi$ 구간에서 무엇이 있는가?

P-6.9 어떤 LTI 필터의 주파수 응답이 아래 식으로 주어졌다.

$$H(e^{j\hat{\omega}}) = (1 + e^{-j2\hat{\omega}})(1 - \tfrac{1}{2}e^{-j\hat{\omega}} + \tfrac{1}{4}e^{-j2\hat{\omega}})$$

(a) 입력 $x[n]$과 출력 $y[n]$과의 관계를 나타내는 차분 방정식을 적어라.

(b) 이 LTI 필터의 임펄스 응답을 구하여라.

(c) 만일 입력이 $x[n] = Ae^{j\varphi}e^{j\hat{\omega}n}$의 형태라면, 구간 $-\pi < \hat{\omega} \le \pi$에서 모든 n에 대해 $y[n] = 0$이 되는 주파수를 구하여라.

P-6.10 $\mathcal{S}$가 형태를 정확히 모르는 LTI 시스템이라고 가정한다. 이 시스템에 여러 개의 다른 테스트 입력을 인가하고, 대응되는 출력들을 관찰하여 테스트하였다. 다음의 입력-출력 쌍이 테스트의 결과라고 가정한다.

입력: $x[n]$	**출력:** $y[n]$
$\delta[n]$	$\delta[n] - \delta[n-3]$
$\cos(2\pi n/3)$	0
$\cos(\pi n/3 + \pi/2)$	$2\cos(\pi n/3 + \pi/2)$

(a) 신호 $x[n] = 3\delta[n] - 2\delta[n-2] + \delta[n-3]$의 그래프를 그려라.

(b) 입력이 $x[n] = 3\delta[n] - 2\delta[n-2] + \delta[n-3]$일 때, 이 시스템의 출력을 구하고 그래프를 그

려라.

(c) 입력이 $x[n] = \cos(\pi(n - 3)/3)$일 때, 이 시스템의 출력을 구하여라.

(d) 다음의 문장이 옳은지 틀린지 판단하고 설명하여라.

$$H(e^{j(\pi/2)}) = 0$$

P-6.11 디리클레 형은 식 (6.27)에서 다음

$$D_L(\hat{\omega}) = \frac{\sin(L\hat{\omega}/2)}{\sin(\hat{\omega}/2)}$$

과 같이 정의된다. $L = 8$의 경우에,

(a) 구간 $-3\pi < \hat{\omega} \leq +3\pi$에서 $D_8(\hat{\omega})$의 그래프를 그려라. 값이 0을 끊는 점을 표시하여라.

(b) $D_8(\hat{\omega})$의 주기와 최대 크기를 결정하여라.

(c) $H(e^{j\hat{\omega}}) = D_8(\hat{\omega})\, e^{-j3.5\hat{\omega}}$의 주기를 결정하여라.

P-6.12 어떤 LTI 필터가 아래의 차분 방정식에 의해 표현된다.

$$y[n] = x[n] - 3x[n-1] + 3x[n-2] - x[n-3]$$

(a) 이 시스템의 주파수 응답의 식을 구하고, $(1 - a)^3 = 1 - 3a + 3a^2 - a^3$을 이용하여, $H(e^{j\hat{\omega}})$가 다음과 같은 형태로 나타낼 수 있다는 것으로 보여라.

$$H(e^{j\hat{\omega}}) = 8\sin^3(\hat{\omega}/2)e^{j(-\pi/2-3\hat{\omega}/2)}$$

(b) 주파수 응답 크기를 주파수 $\hat{\omega}$의 함수로 그려라.

(c) 입력이 $x[n] = 5 + 6\cos(0.5\pi(n - 2))$라면, 이 시스템의 출력은 무엇인가?

(d) 이 LTI 필터의 임펄스 응답을 구하여라.

(e) 중첩의 원리를 이용하여 입력이 $x[n] = 5 + 6\cos(0.5\pi n) + 9\delta[n - 3]$일 때, 이 시스템의 출력을 구하여라.

P-6.13 만일 세 시스템이 직렬로 연결되었다고 가정한다. 여기서, $\mathcal{S}_1$의 출력은 $\mathcal{S}_2$의 입력, $\mathcal{S}_2$의 출력은 $\mathcal{S}_3$의 입력이다. 이 세 시스템들은 다음과 같은 차분 방정식으로 표현된다.

$$\mathcal{S}_1: \quad y_1[n] = x_1[n] - x_1[n-1]$$
$$\mathcal{S}_2: \quad y_2[n] = x_2[n] + x_2[n-2]$$
$$\mathcal{S}_3: \quad y_3[n] = x_3[n-1] + x_3[n-2]$$

여기서 $\mathcal{S}_i$의 입력은 $x_i[n]$, 출력은 $y_i[n]$이다.

(a) 3개의 각 시스템들의 주파수 응답을 구하여라.

(b) 직렬 연결된 시스템의 전체 주파수 응답을 하나의 식으로 구하여라.

(c) ($\mathcal{S}_1$으로의) 입력 $x[n]$으로부터, $\mathcal{S}_3$의 출력인, 전체 출력 $y[n]$까지 포함하는 하나의 연산인 등가 시스템의 차분 방정식으로 나타내어라. 여기서 $x[n] = x_1[n]$이며 $y[n] = y_3[n]$이다.

P-6.14 어떤 LTI 필터가 다음의 차분 방정식

$$y[n] = x[n] + x[n-1] + x[n-2] + x[n-3] + x[n-4]$$

으로 나타내지는 5-포인트 이동합이다.

(a) 이 시스템의 주파수 응답을 닫힌 식으로 구하여라.

(b) 구간 $-\pi < \hat{\omega} \leq +\pi$에서 주파수 응답이 0이 되는 주파수를 결정하여라.

(c) 구간 $-\infty < n < +\infty$에서 입력이

$$x[n] = 7 + 8\cos(0.25\pi n) + 9\cos(0.4\pi n)$$

이라고 가정한다. 출력을 $y[n] = A + B\cos(\hat{\omega}_0 n + \varphi_0)$의 형태로 구하여라.

(d) 입력이

$$x_1[n] = \left[7 + 8\cos(0.25\pi n) + 9\cos(0.4\pi n)\right]u[n]$$

이라고 가정하며, 여기서 $u[n]$은 단위 계단 신호이다. n의 어떤 값에 대하여 출력 $y_1[n]$이 (c)에서 얻은 $y[n]$과 같아지는가?

P-6.15 그림 P-6.15에 연속시간 신호를 필터링하기 위한 시스템을 보였다.

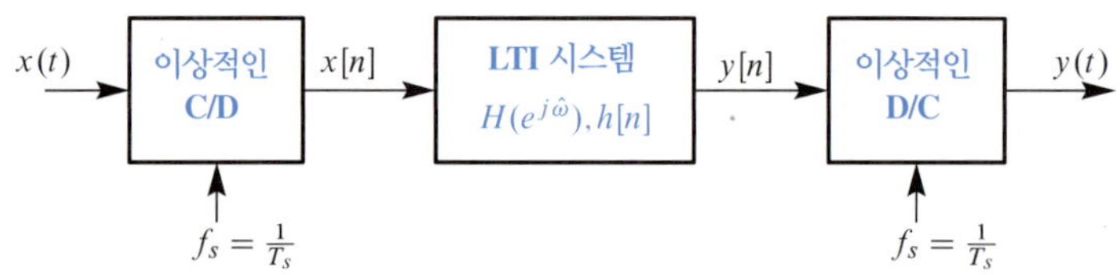

그림 P-6.15

이 시스템의 C/D 변환기 입력이 $-\infty < t < +\infty$에서 다음과 같다.

$$x(t) = 7 + 8\cos(1000\pi t) + 9\cos(1600\pi t + 0.7\pi)$$

LTI 시스템의 임펄스 응답은

$$h[n] = \sum_{k=0}^{4} \delta[n-k]$$

이다. 만일 $f_s = 4{,}000$ 샘플/sec이라면, D/C 변환기의 출력 $y(t)$의 식을 구하여라.

힌트: 문제 P-6.14의 결과를 여기에 적용할 수 있다.

P-6.16 그림 P-6.15의 C/D 변환기의 입력이 다음과 같다.

$$x(t) = 10 + 20\cos(\omega_0 t + \pi/3) \qquad -\infty < t < \infty$$

(a) LTI 시스템의 임펄스 응답이 $h[n] = \delta[n]$이라고 가정한다. 만일 $\omega_0 = 2\pi(500)$이라면, $f_s = 1/T_s$의 어떤 값에 대하여 $y(t) = x(t)$가 되는가?

(b) 이 LTI 시스템의 임펄스 응답이 $h[n] = \delta[n-10]$으로 바뀌었다고 가정한다. 샘플링 속도 $f_s = 1/T_s$을 결정하고 전체 시스템의 출력이 $-\infty < t < \infty$에 대하여

$$y(t) = x(t-0.001) = 10 + 20\cos(\omega_0(t-0.001) + \pi/3)$$

가 되는 ω_0 값의 범위를 구하여라.

(c) LTI 시스템이 5-포인트 이동 평균기로 주파수 응답이 다음과 같다고 가정한다.

$$H(e^{j\hat{\omega}}) = \frac{\sin(5\hat{\omega}/2)}{5\sin(\hat{\omega}/2)}e^{-j\hat{\omega}2}$$

만일 샘플링 속도가 $f_s = 2{,}000$ 샘플/sec라고 할 때, 출력이 상수가 되는, (즉, $-\infty < n < \infty$에서 $y(t) = A$인) ω_0의 모든 값을 구하여라. 또한 이때의 상수값 A도 구하여라.

P-6.17 그림 P-6.17에 있는 다이어그램은 두 개의 LTI 시스템이 직렬로 연결된 것이다. 첫째 시스템은 5-포인트 이동합이며 둘째 시스템은 일차 차분 시스템이다.

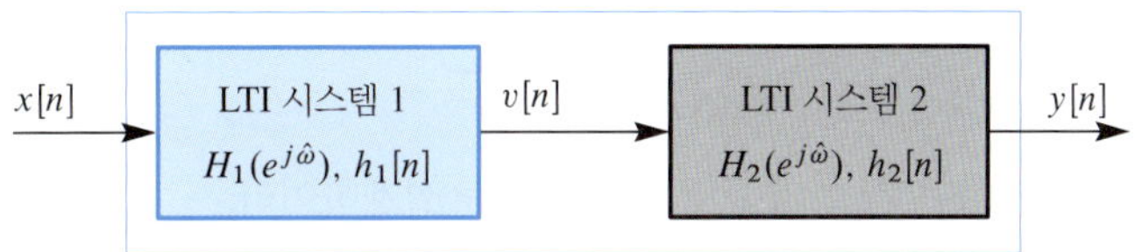

그림 P-6.17

(a) 다음 설명이 왜 참인지 설명하라: "만일 입력이 $x[n] = 10 + x_1[n]$이라면, 전체 시스템의 출력 $y[n]$은 $y[n] = y_1[n]$ 행태가 된다. 여기서 $y_1[n]$은 $x_1[n]$만에 의한 출력이다."

(b) 전체 직렬 연결된 시스템의 주파수 응답 함수를 구하여라.

(c) 전체 주파수 응답이 0이 되는 주파수들을 구하여라.

(d) 전체 직렬 연결된 시스템에서 $x[n]$과 $y[n]$을 연결짓는 하나의 차분 방정식을 구하여라.

P-6.18 어떤 LTI 시스템이 아래의 차분 방정식에 의해 나타내진다.

$$y[n] = -x[n-2] + x[n-12]$$

(a) 임펄스 응답 $h[n]$을 구하고 그래프를 그려라.

(b) 주파수 응답 $H(e^{j\hat{\omega}})$의 식을 구하고, 아래의 형식으로 표현하라.

$$H(e^{j\hat{\omega}}) = jR(e^{j\hat{\omega}})e^{-j\hat{\omega}n_0}$$

여기서 $R(e^{j\hat{\omega}})$는 실수 함수이며 n_0는 정수이다.

(c) 구간 $-\pi < \hat{\omega} \leq \pi$에서 $|H(e^{j\hat{\omega}})|$의 그래프를 자세히 그리고 주요값들을 표시하여라.

(d) 구간 $-\pi < \hat{\omega} \leq \pi$에서 $\angle H(e^{j\hat{\omega}})$의 주요값의 그래프를 자세히 그리고 라벨을 표시하여라.

P-6.19 그림 P-6.17의 직렬 연결 시스템에서, 두 시스템은 다음과 같이 정의된다.

$$H_1(e^{j\hat{\omega}}) = 1 + 2e^{-j\hat{\omega}} + e^{-j\hat{\omega}2}$$
$$h_2[n] = \delta[n] - \delta[n-1] + \delta[n-2] - \delta[n-3]$$

(a) 전체 직렬 연결된 시스템 (즉, 입력 $x[n]$으로부터 출력 $y[n]$까지)의 주파수 응답 $H(e^{j\hat{\omega}})$에 대한 식을 구하여라. 답을 가능한 간략하게 정리하여라.

(b) 전체 직렬 연결된 시스템의 임펄스 응답 $h[n]$을 구하고 그래프를 그려라.

(c) $x[n]$과 $y[n]$의 관계를 나타내는 차분 방정식을 구하여라.

P-6.20 주파수 응답이 다음

$$H(e^{j\hat{\omega}}) = (1 - e^{j\hat{\omega}_0}e^{-j\hat{\omega}})$$

와 같은 일차항을 갖는 어떤 LTI 시스템은 $e^{j\hat{\omega}_0 n}$ 형태의 입력 신호 값을 완전하게 소멸시킨다. 직렬 시스템을 사용하는 이유도 이와 같이 추가적으로 복소 지수함수 신호들을 없애기 위하여 사용될 수 있다.

(a) 널 (Null) 필터의 차분 방정식의 계수를 결정하여, 신호 $x[n] = 3 + 7\cos(0.2\pi n - 0.4\pi)$를 제거하는 FIR 필터를 설계하여라.

(b) 널 필터의 차분 방정식의 필터 계수들을 결정하여, 신호

$$x[n] = \sum_{k=0}^{5}(k^2 + 9)\cos(0.2\pi kn)$$

를 제거하는 최소 차수의 FIR 필터를 설계하여라.

P-6.21 그림 P-6.15의 C/D 변환기의 입력이 다음과 같다.

$$x(t) = 10\cos(120\pi t) + 20\cos(240\pi t + \pi/3) \qquad -\infty < t < \infty$$

(a) 샘플링 속도가 $f_s = 1{,}000$ Hz라면, 샘플링된 신호 $x[n] = x(n/f_s)$의 두 정규화된 주파수를 결정하여라.

(b) 출력 $y(t)$가 0이 되도록 FIR 필터 $H(e^{j\hat{\omega}})$를 설계하여라. 다른 말로 하여, 가장 낮은 차수의 FIR 시스템의 필터 계수를 구하여라.

(c) MATLAB을 사용하여 $\hat{\omega}$에 대한 주파수 응답의 (크기) 그래프를 그리고 또한 주파수 60 Hz와 120 Hz가 제거되었는지를 확인하기 위하여 Hz로 나타낸 아날로그 주파수 f에 대한 주파수 응답의 (크기) 그래프를 그려라.

P-6.22 일차 차분 시스템의 주파수 응답이 그림 6-3에 그려져 있다.

(a) 입력이 $x[n] = 10 + 10\cos(0.5\pi n)$이라면, 이 그래프를 이용하여 시스템의 출력을 구하여라.

(b) $\hat{\omega} = 0$과 2π의 배수 주위의 주파수에서 위상 응답 곡선이 왜 불연속인지 설명하여라.

P-6.23 어떤 LTI 시스템의 주파수 응답을 그림 P-6.23에 보였다.

(a) 이 그래프를 이용하여 입력이 다음과 같을 때 시스템의 출력을 구하여라.

$$x[n] = 10 + 10\cos(0.2\pi n) + 10\cos(0.5\pi n)$$

(b) $\hat{\omega} = 2\pi(0.17)$ 및 $\hat{\omega} = 0.5\pi$ 근처의 주파수에서 위상 응답 곡선이 왜 불연속인지 설명하여라.

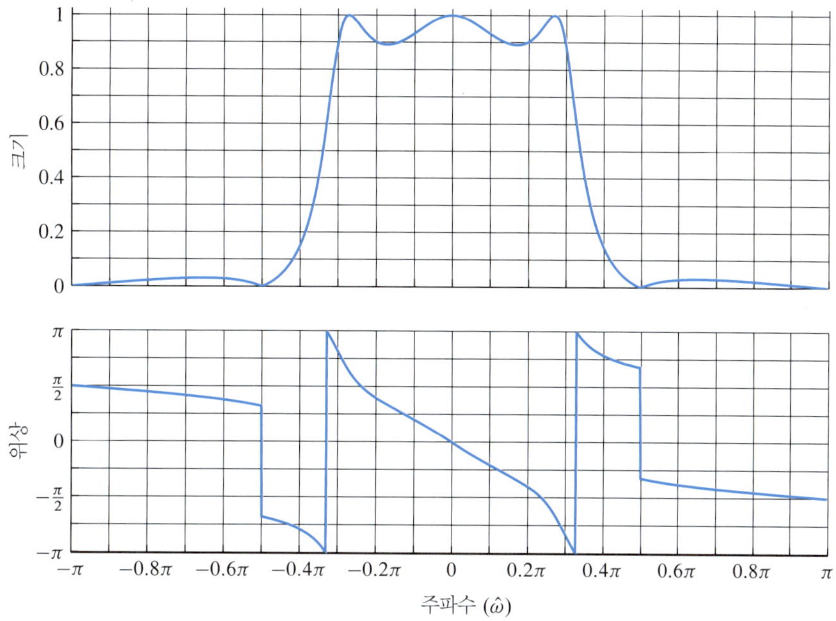
크기
1
0.8
0.6
0.4
0.2
0
위상
π
$\frac{\pi}{2}$
0
$-\frac{\pi}{2}$
$-\pi$
$-\pi$ -0.8π -0.6π -0.4π -0.2π 0 0.2π 0.4π 0.6π 0.8π π
주파수 ($\hat{\omega}$)

그림 P-6.23

제 7 장

이산시간 푸리에 변환

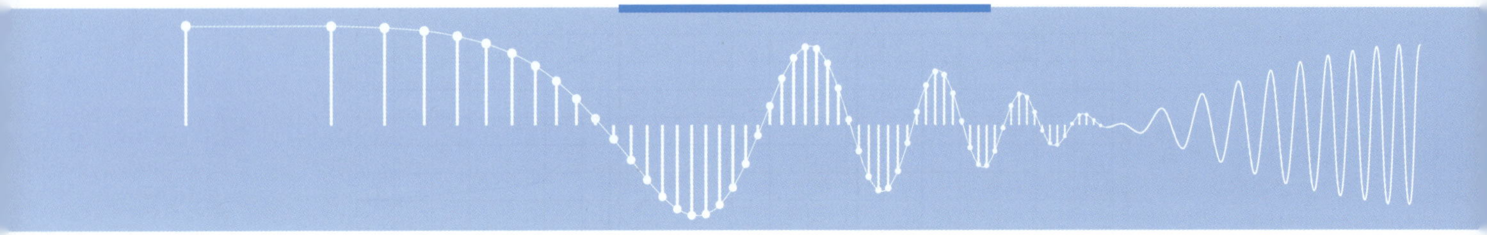

제3장과 부록 C에서, 흥미로운 연속시간 파형 $x(t)$가 다양한 주파수 f_k와 복소수 진폭들 a_k를 갖는 정현파들 또는 복소 지수함수 신호들의 합으로 합성될 수 있음을 살펴보았다. 또한, 복소 지수함수 신호의 주파수와 대응되는 복소수 진폭들 $\{f_k, a_k\}$에 대한 정보의 집합으로서 신호의 **스펙트럼** 개념을 소개하였고, 그리고 주파수 대비 진폭과 위상으로 정의된 선 스펙트럼들의 그래프로 스펙트럼을 나타내는 것이 편리하다는 것을 발견하였다. 이 스펙트럼 그래프는 **각각의 주파수가 신호 안에 얼마나 많이 존재하는가**를 한눈에 알려주는 주파수 영역 표현이다.

제4장에서는, 연속시간 신호 $x(t)$의 스펙트럼 개념을 $x(t)$를 샘플링하여 구한 이산시간 신호 $x[n]$으로 확장하였다. 이산시간 신호의 경우, 선 스펙트럼은 정규화된 주파수 $\hat{\omega}$의 함수로 그려졌다. 제6장에서는 FIR 필터의 주파수 영역 표현인 주파수 응답 $H(e^{j\hat{\omega}})$을 소개하였다. FIR 필터는 시간 영역에서 임펄스 응답 신호 $h[n]$으로 나타내지므로, 주파수 응답이 신호 $h[n]$의 **주파수 영역 표현** 혹은 **스펙트럼**이라는 것을 연상하는 것은 어렵지 않다.

이 장에서는 주파수 응답이, 이산시간 푸리에 변환(Discrete-time Fourier Transform, DTFT)의 더 일반적인 개념을, LTI 시스템의 임펄스 응답으로 적용한 결과와 같다는 것을 보인다. DTFT는 넓은 범위의 유한 혹은 무한 길이 모두의 이산시간 신호 $x[n]$에 대한 주파수 영역 표현이다. DTFT는 $X(e^{j\hat{\omega}})$로 표기하며, 이는 주파수가 항상 복소 지수함수 $e^{j\hat{\omega}}$을 항상 포함하고 있어 종속된다는 것을 의미한다. 어떤 신호에 푸리에 변환을 수행하는 연산은 **주파수 영역에서** 신호와 시스템을 분석하는 일반적인 도구가 된다.[1)]

DTFT의 응용은 보통 푸리에 분석, 스펙트럼 분석, 혹은 **푸리에 영역이나 주파수 영역으로 들어간다**라고 말한다. 이와 같이, *스펙트럼, 푸리에 변환, 주파수 영역 표현*은, 비록 각각이 다른 문

1) 공학에서 일반적으로 "이산시간 푸리에 변환을 한다"는 것은 신호 $x[n]$으로 표현하는 데 $X(e^{j\hat{\omega}})$을 고려한다는 것을 의미한다.

자로 나타내지지만, 동일한 개념이다.

7-1 DTFT: 이산시간 신호의 푸리에 변환

제6장에서 논의된 주파수 응답의 개념은 분석의 과정에서 나왔으며, 이 분석에서는 만약 LTI 이산시간 시스템의 입력이 $x[n]=e^{j\hat{\omega}n}$ 형태이면, 이에 대응되는 출력은 $y[n] = H(e^{j\hat{\omega}n})e^{j\hat{\omega}n}$의 형태가 되고, 여기서 $H(e^{j\hat{\omega}})$은 LTI 시스템의 주파수 응답이라고 불린다. 이 사실은, LTI 시스템에 대한 중첩의 원리와 맞물려서, 주파수 응답 함수 $H(e^{j\hat{\omega}})$이 $e^{j\hat{\omega}n}$ 혹은 $\cos(\hat{\omega}n + \theta)$ 형태의 신호의 어떠한 선형 결합에서도 출력을 결정하는 데 충분하다는 것으로 이끈다. 제6장에서 논의된 인과 FIR 필터와 같은 이신신호 필터에 대하여, 주파수 응답 함수는 다음

$$H(e^{j\hat{\omega}}) = \sum_{n=0}^{M} h[n]e^{-j\hat{\omega}n} = h[0] + h[1]e^{-j\hat{\omega}} + \cdots + h[M]e^{-j\hat{\omega}M} \tag{7.1}$$

과 같으며, 여기서 $h[n]$은 임펄스 응답이다. 수학적 관점에서, 임펄스 응답 $h[n]$은 영역 $-\pi < \hat{\omega} \leq +\pi$ 상의 각각의 $\hat{\omega}$ 값들에 대하여 식 (7.1)을 계산하는 연산으로 주파수 응답으로 변환된다. (각각의 $\hat{\omega}$ 값에 대하여 식 (7.1)에서의 항들을 더하는) 변환 연산은 이산시간 인덱스 n의 함수를, 연속 주파수 변수 $\hat{\omega}$의 주기 함수로 대체한다는 것이다. 이 변환으로, 시간영역 표현인 $h[n]$은 주파수 영역 표현인 $H(e^{j\hat{\omega}})$으로 대치된다. 이 개념이 완벽하고 유용하기 위해서는, 변환의 결과가 유일하다는 것을 알 필요가 있으며, 주파수 영역의 표현에서 시간 영역의 표현으로 되돌아 갈 수 있는 능력이 필요하다. 즉, $H(e^{j\hat{\omega}})$으로부터 원래의 $h[n]$을 복원하는 **역변환**이 필요하다. 제6장에서, $h[n]$은 $e^{-j\hat{\omega}n}$의 계수이므로 단지 다항식의 계수를 선택함으로써, 신호는 식 (7.1)에서와 같이 $e^{-j\hat{\omega}}$의 거듭제곱항으로 표현되는 주파수 응답으로부터 복원될 수 있음을 보였다. 이 과정은 M이 작을 때 효과적일 수 있지만, 무한한 길이의 신호에 대해서도 적용되는 훨씬 더 강력한 역변환 방법이 존재한다.

이 절에서는, LTI 시스템의 임펄스 응답에 적용되었을 때 주파수 응답을 주는, 이산시간 푸리에 변환의 일반적인 개념을 제공한다. 또한, $H(e^{j\hat{\omega}})$이 식 (7.1)과 같은 유한한 다항식으로 나타내지지 않을 경우에도 사용될 수 있는 역DTFT에 대한 적분 형태를 제공한다. 추가적으로, DTFT가, 무한한 길이의 신호를 포함하여, 넓은 범위의 신호들을 나타내는 데 사용될 수 있으며, 그래서 이런 신호들은 임펄스 응답, LTI 시스템의 입력 및 출력, 또는 이 장에서 논의될 특정한 조건들을 만족하는 모든 신호들이 될 수 있다는 것을 보인다.

7-1.1 순방향 DTFT

신호 $x[n]$의 DTFT는 다음과 같이 정의된다.

이산시간 푸리에 변환(DTFT)

$$X(e^{j\hat{\omega}}) = \sum_{n=-\infty}^{\infty} x[n]e^{-j\hat{\omega}n} \tag{7.2}$$

이 정의로부터 발생되는 DTFT $X(e^{j\hat{\omega}})$은 주파수 $\hat{\omega}$의 함수이다. 신호 $x[n]$으로부터 시작하여 DTFT로 가는 것을 "순방향(Forward) 변환을 한다"라고 말하며, DTFT로부터 신호 $x[n]$으로 돌아가는

것을 "역변환을 한다"라고 말한다. 식 (7.2)에서 합의 상하한은 무한대이며 그래서 DTFT는 유한한 길이의 신호들뿐만 아니라 무한한 길이의 신호에도 정의할 수 있다.[2)] 그러나 식 (7.2)를 식 (7.1)과 비교하면, 만약 신호가 유한한 길이의 임펄스 응답이라면, 그 신호의 DTFT는 FIR 시스템의 주파수 응답과 같아지게 된다. 좀 더 일반적으로, 만약 $h[n]$이 어떤 LTI 시스템의 임펄스 응답이라면, $h[n]$의 DTFT는 그 시스템의 주파수 응답 $H(e^{j\hat{\omega}})$이다. 무한한 길이의 임펄스 응답 필터의 예들은 제10장에서 논의될 예정이다.

연습문제 7.1 식 (7.2)에서 정의된 DTFT 함수 $X(e^{j\hat{\omega}})$은 $\hat{\omega}$에 대하여 항상 주기 2π인 주기 함수라는 것을 증명하여라. 즉,

$$X(e^{j(\hat{\omega}+2\pi)}) = X(e^{j\hat{\omega}}).$$

7-1.2 시간 이동된 임펄스 신호의 DTFT

먼저 어떤 일반적인 신호에 대한 DTFT의 예를 살펴본다. 가장 간단한 경우는 시간 이동된 단위 임펄스 신호 $x[n] = \delta[n - n_0]$이다. 이 신호의 순방향 DTFT는 정의에 의하면 다음과 같다.

$$X(e^{j\hat{\omega}}) = \sum_{n=-\infty}^{\infty} \delta[n - n_0] e^{-j\hat{\omega}n}$$

$n = n_0$일 때만 임펄스 신호가 0이 아니므로, 합은 단지 하나의 0이 아닌 항을 가지며, 그래서

$$X(e^{j\hat{\omega}}) = e^{-j\hat{\omega}n_0}$$

가 된다. 이 변환과 다른 DTFT 관계의 중요성을 강조하기 위하여, 순방향과 역변환을 표시하기 위한 표기 $\stackrel{\text{DTFT}}{\longleftrightarrow}$을 사용한다:

$\delta[n - n_0]$의 DTFT 표현

$$x[n] = \delta[n - n_0] \stackrel{\text{DTFT}}{\longleftrightarrow} X(e^{j\hat{\omega}}) = e^{-j\hat{\omega}n_0} \tag{7.3}$$

7-1.3 DTFT의 선형성

DTFT의 심도 깊은 논의를 하기 전에, 기본 성질들을 먼저 공부하는 것이 유용하다. DTFT는 선형 연산이며, 즉 두 개 이상의 스케일된 신호들의 합의 DTFT는 각각 상응하는 DTFT들에 같이 스케일링한 후 더한 결과와 동일하다. 이를 증명하기 위하여, $x[n] = ax_1[n] + bx_2[n]$이라고 가정하며, 여기서 a와 b는 상수 (복소수도 가능함)이다. 정의에 의해 $x[n]$의 DTFT는 다음과 같다.

$$X(e^{j\hat{\omega}}) = \sum_{n=-\infty}^{\infty} (ax_1[n] + bx_2[n]) e^{-j\hat{\omega}n}$$

만약 $x_1[n]$과 $x_2[n]$의 DTFT가 모두 존재한다면, 연산 법칙 중 덧셈과 곱셈의 분배 법칙을 이용하면 다음과 같이 기술할 수 있다.

---

2) 무한대의 한계는 일반적으로 $x[n] \neq 0$인 모든 n에 대한 합을 의미하는 데 사용된다. 이것은 보통 분석을 위해 DTFT를 사용할 때, 불필요한 어색한 표현을 막아준다.

$$X(e^{j\hat{\omega}}) = a \sum_{n=-\infty}^{\infty} x_1[n]e^{-j\hat{\omega}n} + b \sum_{n=-\infty}^{\infty} x_2[n]e^{-j\hat{\omega}n} = aX_1(e^{j\hat{\omega}}) + bX_2(e^{j\hat{\omega}})$$

즉, 주파수 영역의 표현은 신호들이 결합되는 것과 동일한 방법으로 결합되는 것을 의미한다.

예제 7-1 FIR 필터의 DTFT

다음과 같은 FIR 필터

$$y[n] = 5x[n-1] - 4x[n-3] + 3x[n-5]$$

는 유한한 길이의 임펄스 응답

$$h[n] = 5\delta[n-1] - 4\delta[n-3] + 3\delta[n-5]$$

를 갖는다. $h[n]$의 각 임펄스는 식 (7.3)을 이용하여 변환되며, 그래서 DTFT의 선형성에 따라 결합되어 다음과 같이 나타내진다.

$$H(e^{j\hat{\omega}}) = 5e^{-j\hat{\omega}} - 4e^{-j3\hat{\omega}} + 3e^{-j5\hat{\omega}}$$

7-1.4 DTFT의 유일성

DTFT는 $x[n]$과 $X(e^{j\hat{\omega}})$ 사이에 유일한 관계이다; 다른 말로 하면, 두 개의 다른 신호들은 같은 DTFT를 가질 수 없다. 이것은 선형성의 결과이며, 그 이유는 만약 두 개의 다른 신호들이 같은 DTFT를 갖는다면, 우리는 두 신호의 차이를 구하여 세 번째 신호를 만들 수 있기 때문이다.

$$x_3[n] = x_1[n] - x_2[n] \overset{\text{DTFT}}{\longleftrightarrow} X_3(e^{j\hat{\omega}}) = \underbrace{X_1(e^{j\hat{\omega}}) - X_2(e^{j\hat{\omega}})}_{\text{같은 DTFT}} = 0$$

하지만 식 (7.2)의 정의로부터 DTFT가 0이면 $x_3[n]$도 0이라고 쉽게 확인할 수 있고 이는 차례로 $x_1[n] = x_2[n]$을 의미한다.

만약 식 (7.3)과 같은 DTFT 표현을 미리 알고 있다면, 시간 영역 또는 주파수 영역 어디에서든지 시작할 수 있으며 다른 영역에서 대응되는 표현도 쉽게 쓸 수 있으므로 이 DTFT의 유일성은 매우 중요하다. 예를 들면, 만약 $X(e^{j\hat{\omega}}) = e^{-j\hat{\omega}3}$이라면, $x[n] = \delta[n-3]$임을 알 수 있다.

7-1.5 펄스의 DTFT

또 다른 일반적인 신호는 L- 포인트 사각파로, 모두 1의 값으로 구성된 유한한 길이의 신호이다:

$$r_L[n] = u[n] - u[n-L] = \begin{cases} 1 & n = 0, 1, 2, \ldots, L-1 \\ 0 & \text{이외} \end{cases}$$

정의에 의해 이 신호의 순방향 DTFT는 다음과 같다.

$$R_L(e^{j\hat{\omega}}) = \sum_{n=0}^{L-1} 1\, e^{-j\hat{\omega}n} = \frac{1 - e^{-j\hat{\omega}L}}{1 - e^{-j\hat{\omega}}} \tag{7.4}$$

여기서 등비수열의 L개의 항에 대한 합의 공식을 사용하여 $R_L(e^{j\hat{\omega}})$에 대한 닫힌 형태의 식을 구하였다. 이 신호는 전에 제6장에서 L-포인트 이동합 필터의 임펄스 응답으로 공부하였었다. 6-7절에서, 이동합 필터의 주파수 응답은 디리클레 형과 복소 지수함수 곱으로 나타내졌었다. 6-7절에서 이미 논의한 결과를 참조하거나 또는 식 (7.4)를 조작하면, 다음과 같은 또 하나의 DTFT 쌍을 구한다.

L-포인트 사각 펄스의 DTFT 표현

$$r_L[n] = u[n] - u[n-L] \overset{\text{DTFT}}{\longleftrightarrow} R_L(e^{j\hat{\omega}}) = \frac{\sin(L\hat{\omega}/2)}{\sin(\hat{\omega}/2)} e^{-j\hat{\omega}(L-1)/2} \tag{7.5}$$

이동합 필터의 필터 계수들이 이동평균 필터 계수의 L배이므로, 식 (7.5)의 분모에 L은 없다.

7-1.6 우방향 지수신호의 DTFT

무한한 길이 신호의 DTFT의 예를 살펴보기 위하여, $x[n] = a^n u[n]$의 형태인 우방향 지수함수 신호를 고려한다. 여기서 a는 실수도 될 수 있고 아니면 복소수도 될 수 있다. 이런 신호는 $n < 0$에서 (그래프의 왼편에 해당된다) 0이다. 만일 $|a| < 1$이면, $n \geq 0$에 대해 이 신호는 지수적으로 감소하며; $|a| = 1$이면 상수로 유지하고; 만일 $|a| > 1$이면, 지수적으로 증가한다. 이 신호의 DTFT는 정의에 따라 다음과 같다.

$$X(e^{j\hat{\omega}}) = \sum_{n=-\infty}^{\infty} a^n u[n] e^{-j\hat{\omega}n} = \sum_{n=0}^{\infty} a^n e^{-j\hat{\omega}n}$$

$X(e^{j\hat{\omega}})$에 대해

$$X(e^{j\hat{\omega}}) = \sum_{n=0}^{\infty} (ae^{-j\hat{\omega}})^n$$

라는 것을 인식한다면, 닫힌 형태의 식을 얻을 수 있으며, 위 식은 공비가 $(ae^{-j\hat{\omega}})$인 무한 등비수열의 무한개의 항들의 합이다. 이 급수에 대한 최종 결과는 다음과 같이 표현된다.

$$X(e^{j\hat{\omega}}) = \sum_{n=0}^{\infty} (ae^{-j\hat{\omega}})^n = \frac{1}{1 - ae^{-j\hat{\omega}}}$$

그러나 여기에는 하나의 제약이 있다. 무한개의 항들의 합으로부터 시작하여 닫힌 형태의 결과로 나타나기 위해서는 $|ae^{-j\hat{\omega}}| < 1$ 또는 $|a| < 1$일 때만 유효하다. 만약 그렇지 않다면, 등비수열의 항이 한없이 커지거나 또는 상수가 되어, 항의 합이 무한대가 된다.

이 DTFT 쌍은 널리 사용되는 결과이며, 시간 이동된 임펄스와 펄스열과 함께 강조할 가치가 있다.

$a^n u[n]$의 DTFT 표현

$$x[n] = a^n u[n] \overset{\text{DTFT}}{\longleftrightarrow} X(e^{j\hat{\omega}}) = \frac{1}{1 - ae^{-j\hat{\omega}}} \qquad |a| < 1\text{일 때} \tag{7.6}$$

연습문제 7.2 식 (7.6)과 함께 DTFT의 유일성을 이용하여 다음

$$X(e^{j\hat{\omega}}) = \frac{1}{1 - 0.5e^{-j\hat{\omega}}}$$

와 같은 DTFT를 갖는 $x[n]$을 구하여라.

연습문제 7.3 식 (7.6)과 DTFT의 선형성을 이용하여, 두 개의 우방향 지수함수 신호들의 합인

$$x[n] = (0.8)^n u[n] + 2(-0.5)^n u[n]$$

의 DTFT를 구하여라.

7-1.7 DTFT의 존재

FIR 필터의 임펄스 응답과 같은 유한한 길이 신호의 경우, DTFT를 정의하는 합은 유한개 항의 합을 갖는다. 따라서 식 (7.1)과 같은 FIR 필터의 DTFT는, $X(e^{j\hat{\omega}})$이 항상 유한하기 때문에, 항상 존재한다. 그러나 식 (7.2)에서의 합에 표기된 한쪽 또는 양쪽의 한계가 무한대인 일반적인 경우에, DTFT 합은 발산할 수 있다 (무한대가 될 수 있다). 이것은 7-1.6절에서 $|a| > 1$일 때 우방향 지수함수 신호에 의하여 설명된다.

신호 $x[n]$의 DTFT의 존재에 대한 충분 조건은 $X(e^{j\hat{\omega}})$의 크기에 대한 한계를 정할 수 있는 다음의 조작으로부터 나올 수 있다.

$$\begin{aligned}
|X(e^{j\hat{\omega}})| &= \left| \sum_{n=-\infty}^{\infty} x[n]e^{-j\hat{\omega}n} \right| \\
&\le \sum_{n=-\infty}^{\infty} \left| x[n]e^{-j\hat{\omega}n} \right| && \text{(합의 크기 ≤ 크기의 합)} \\
&\le \sum_{n=-\infty}^{\infty} |x[n]| \underbrace{\left| e^{-j\hat{\omega}n} \right|}_{1} && \text{(곱의 크기 = 크기의 곱)} \\
&\le \sum_{n=-\infty}^{\infty} |x[n]|
\end{aligned}$$

만약 $|x[n]|$의 합이 유한하다면, DTFT는 존재한다.

DTFT가 존재하기 위한 충분 조건

$$\left| X(e^{j\hat{\omega}}) \right| \le \sum_{n=-\infty}^{\infty} |x[n]| < \infty \tag{7.7}$$

식 (7.7)을 만족하는 신호 $x[n]$은 **절대적으로 더할 수 있다(Absolutely Summable)**라고 말하며, 식 (7.7)이 만족할 때, 식 (7.2)에서 DTFT $X(e^{j\hat{\omega}})$를 정의하는 무한 합은 모든 $\hat{\omega}$에 대해 유한한 결과로 수렴한다라고 말한다.

예제 7-2 복소 지수함수의 DTFT?

$r = 1$일 때, 우방향 복소 지수함수 신호 $x[n] = r^n e^{j\hat{\omega}_0 n} u[n]$을 고려한다. 식 (7.7)의 조건을 이 신호에 적용하면 다음을 얻을 수 있다.

$$\sum_{n=0}^{\infty} |e^{j\hat{\omega}_0 n}| = \sum_{n=0}^{\infty} 1 \ \to \infty$$

따라서 우방향 복소 지수함수의 DTFT는 존재한다는 것을 보장할 수 없으며, $|X(e^{j\hat{\omega}_0})| \to \infty$임을 쉽게 증명할 수 있다. 다른 한편으로, 만약 $r < 1$이라면, $x[n] = r^n e^{j\hat{\omega}_0 n}\, u[n]$의 DTFT는 존재하며, 7-1.6절에서 $a = re^{j\hat{\omega}_0}$인 결과로 주어진다. $-\infty < n < \infty$에 대하여 $e^{j\hat{\omega}_0 n}$로 정의되는 양방향 복소 지수함수의 경우 DTFT가 존재하지 않는다는 것도 또한 성립한다.

7-1.8 역DTFT

이제 DTFT 존재에 대한 조건을 알고 있으므로, 역DTFT의 문제에 대하여 다룰 필요가 있다. 유일성은 만약 식 (7.3), (7.5), (7.6)과 같은 알고 있는 DTFT 쌍들에 대한 테이블이 있으면, 연습문제 7.2에서처럼 테이블을 참조하는 것만으로, 시간 영역과 주파수 영역 표현 사이를 왕복할 수 있다는 것을 의미한다. 하지만, 이 접근 방법으로는, 이미 알고 있는 DTFT 쌍들을 정리한 테이블의 크기에 항상 제약을 받게 된다.

대신에, 우리는 역DTFT를 수행하는 일반적인 식을 공부하여 DTFT를 계속해서 발전시키고자 한다. DTFT $X(e^{j\hat{\omega}})$은 연속 변수 $\hat{\omega}$의 함수이며, 그래서 정규화된 주파수 $\hat{\omega}$에 대한 적분 식 (7.8)은 $X(e^{j\hat{\omega}})$으로부터 신호 $x[n]$으로 되돌릴 수 있도록 변환하기 위하여 필요하다.

역DTFT

$$x[n] = \frac{1}{2\pi}\int_{-\pi}^{\pi} X(e^{j\hat{\omega}})e^{j\hat{\omega}n}\,d\hat{\omega} \tag{7.8}$$

여기서 n은 적분에서 정수 파라미터이며, 반면에 $\hat{\omega}$은 이제 정적분이 이 극한에서 계산될 때 사라지는 더미변수이다. 변수 n은 범위 $-\infty < n < \infty$ 구간의 모든 정수 값들을 취하며, 그래서 식 (7.8)을 사용하여, DTFT가 $X(e^{j\hat{\omega}})$인 신호 $x[n]$의 각 샘플들을 추출할 수 있다. 식 (7.2)의 DTFT 정의를 식 (7.8)에 대입하고 항들을 재배치하여, 식 (7.8)이 정확한 역DTFT 관계라는 것을 증명할 수 있다.

일반적인 증명 대신에, 이동된 임펄스 신호 $\delta[n - n_0]$로 작업을 함으로써 더 간단하고 더 직관적인 증명을 제공한다. 이 이동된 임펄스 신호의 DTFT는

$$X(e^{j\hat{\omega}}) = e^{-j\hat{\omega}n_0}$$

라고 알려져 있다. 목적은 식 (7.8)이 $X(e^{j\hat{\omega}})$에 작용할 때, 정확한 시간 영역 신호를 줄 수 있는지를 보는 것이다. 식 (7.8)에 위의 DTFT를 대입하면, 다음을 얻을 수 있다.

$$\frac{1}{2\pi}\int_{-\pi}^{\pi} X(e^{j\hat{\omega}})e^{j\hat{\omega}n}\,d\hat{\omega} = \frac{1}{2\pi}\int_{-\pi}^{\pi} e^{-j\hat{\omega}n_0}e^{j\hat{\omega}n}\,d\hat{\omega} = \frac{1}{2\pi}\int_{-\pi}^{\pi} e^{j\hat{\omega}(n-n_0)}\,d\hat{\omega} \tag{7.9}$$

지수함수의 정적분은 다음과 같은 두 가지 경우로 나눠줘야 한다: 첫째 $n = n_0$일 때,

$$\frac{1}{2\pi}\int_{-\pi}^{\pi} e^{j\hat{\omega}(n-n_0)}d\hat{\omega} = \frac{1}{2\pi}\int_{-\pi}^{\pi} d\hat{\omega} = 1 \tag{7.10a}$$

이고, 다음으로 $n \neq n_0$일 때,

$$\frac{1}{2\pi}\int_{-\pi}^{\pi} e^{j\hat{\omega}(n-n_0)}d\hat{\omega} = \frac{1}{2\pi}\frac{e^{j\hat{\omega}(n-n_0)}}{j(n-n_0)}\Bigg|_{-\pi}^{\pi} = \frac{e^{j\pi(n-n_0)} - e^{-j\pi(n-n_0)}}{j2\pi(n-n_0)} = 0 \tag{7.10b}$$

이며, 여기서 $n - n_0$가 0이 아닌 정수이면, 분자는 0이 된다. 식 (7.10a)와 (7.10b)는 또한 복소 지수함수 $e^{j\hat{\omega}n}$과 $e^{-j\hat{\omega}n_0}$는 $\hat{\omega}$의 주기 함수로 보았을 때) 서로 **직교(Orthogonal)**한다는 것을 보인다.[3)]

이 두 가지 경우를 결합하면, 다음과 같은 관계로 정리된다.

$$\frac{1}{2\pi}\int_{-\pi}^{\pi} e^{-j\hat{\omega}n_0}e^{j\hat{\omega}n}d\hat{\omega} = \begin{cases} 1 & n = n_0 \\ 0 & n \neq n_0 \end{cases} = \delta[n-n_0] \tag{7.11}$$

이와 같이, DTFT가 $X(e^{j\hat{\omega}}) = e^{-j\hat{\omega}n_0}$일 때, 식 (7.8)은 신호 $x[n] = \delta[n - n_0]$로 정확히 복원된다는 것을 보였다.

이 예는 실질적으로 역DTFT에 적분식 (7.8)은 항상 유한한 길이 신호에 적용된다는 것을 증명할 만큼 강력하며, 그 이유는 일반적인 유한 길이 신호의 DTFT가 항상 $e^{-j\hat{\omega}n_0}$와 같은 복소 지수 함수 항들의 유한한 선형 조합이기 때문이다. 따라서 DTFT의 선형성은 역DTFT 적분이 이동된 임펄스들의 같은 선형 조합인 유한 길이 신호를 복원한다는 것을 보장하며, 이 선형 조합은 유한 길이 신호에 대해 정확히 나타낸다. 만약 신호의 길이가 무한대라면, 그리고 만일 식 (7.7)과 같이 $x[n]$이 절대적으로 더할 수 있다면, 그래서 DTFT가 존재한다면, 식 (7.8)은 $X(e^{j\hat{\omega}})$으로부터 원래 시퀀스를 복원한다는 것을 보여줄 수 있다.

연습문제 7.4 식 (7.2)에서 정의된 $X(e^{j\hat{\omega}})$은 항상 $\hat{\omega}$에 대하여 주기 2π인 주기 함수란 사실을 기억한다. 이 사실과 변수 변환을 이용하여 역DTFT 적분의 적분 구간을 $-\pi$에서 π 대신에 0에서 2π로 다음과 같이 바꿀 수 있다는 것을 보여라.

$$\frac{1}{2\pi}\int_{-\pi}^{\pi} X(e^{j\hat{\omega}})e^{j\hat{\omega}n}d\hat{\omega} = \frac{1}{2\pi}\int_{0}^{2\pi} X(e^{j\hat{\omega}})e^{j\hat{\omega}n}d\hat{\omega}$$

7-1.9 대역제한된 DTFT

보통 신호를 시간 영역에서 정의하지만, 역DTFT 적분은 어떤 신호의 DTFT를 주파수의 함수로 지정함으로써 주파수 영역의 신호로 정의할 수 있도록 해준다. 일단 $X(e^{j\hat{\omega}})$의 크기와 위상을 지정하면, 신호 $x[n]$을 구하기 위하여 식 (7.8)을 적용하여 적분을 수행할 수 있다. 이 과정의 중요한 예로 **이상적인 대역제한된 신호**를 정의할 수 있으며, 이 신호는 낮은 주파수 대역인 $|\hat{\omega}| \leq \hat{\omega}_b$에서 0

3) 같은 성질이 연속시간 주기 신호에 대한 푸리에 급수 적분을 유도하기 위하여 부록 C의 C-1절에서 사용되었다. 예를 들어 식 (C.1)과 (7.8)사이의 유사성을 참조한다.

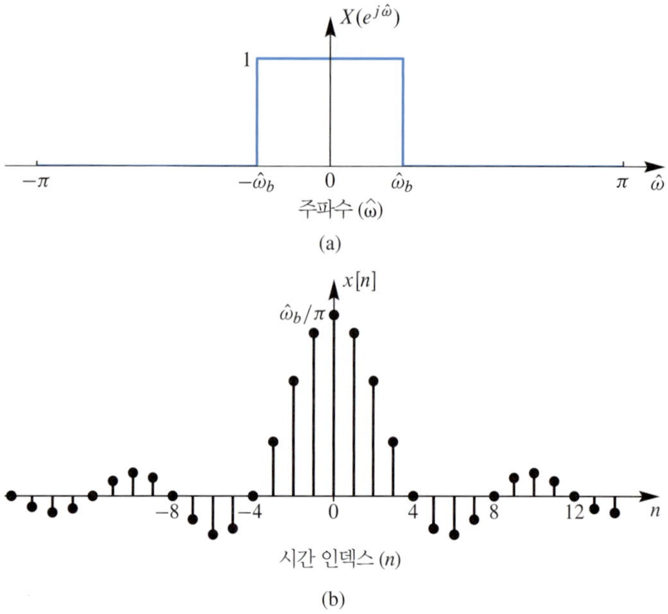

그림 7-1 대역제한된 DTFT. (a) DTFT는 $|\hat{\omega}| < \hat{\omega}_b$으로 대역제한된 사각파이다. (b) 역DTFT는 $\hat{\omega}_b = 0.25\pi$인 샘플링된 sinc 함수이다.

이 아니면서 높은 주파수 대역인 $\hat{\omega}_b < |\hat{\omega}| \le \pi$에서 0인 신호이다. 이 DTFT의 0이 아닌 부분의 크기는 1인 상수이고 위상은 0으로 가정하면, DTFT는 다음 식으로 기술되며 그림 7-1(a)에 그렸다.

$$X(e^{j\hat{\omega}}) = \begin{cases} 1 & |\hat{\omega}| \le \hat{\omega}_b \\ 0 & \hat{\omega}_b < |\hat{\omega}| \le \pi \end{cases}$$

이 간단한 DTFT 함수에 대하여, 식 (7.8)의 피적분함수는 구간별 상수 함수이며, $X(e^{j\hat{\omega}})$의 정의를 역DTFT 적분식 (7.8)에 대입한 후에는 상대적으로 적분하기 쉽다.

$$\begin{aligned} x[n] &= \frac{1}{2\pi}\int_{-\pi}^{\pi} X(e^{j\hat{\omega}})e^{j\hat{\omega}n}d\hat{\omega} \\ &= \underbrace{\frac{1}{2\pi}\int_{-\pi}^{-\hat{\omega}_b} 0\, e^{j\hat{\omega}n}d\hat{\omega}}_{0} + \frac{1}{2\pi}\int_{-\hat{\omega}_b}^{\hat{\omega}_b} 1\, e^{j\hat{\omega}n}d\hat{\omega} + \underbrace{\frac{1}{2\pi}\int_{\hat{\omega}_b}^{\pi} 0\, e^{j\hat{\omega}n}d\hat{\omega}}_{0} \end{aligned}$$

이 적분은 3개의 구간으로 나눌 수 있으며, 여기서 $X(e^{j\hat{\omega}})$은 0 또는 1이다. 가운데 적분만이 0이 아니므로, 이 적분은 다음과 같이 정리할 수 있다.

$$\begin{aligned} x[n] &= \frac{1}{2\pi}\int_{-\hat{\omega}_b}^{\hat{\omega}_b} 1\, e^{j\hat{\omega}n}d\hat{\omega} \\ &= \left.\frac{e^{j\hat{\omega}n}}{2\pi jn}\right|_{-\hat{\omega}_b}^{\hat{\omega}_b} = \frac{e^{j\hat{\omega}_b n} - e^{-j\hat{\omega}_b n}}{(2j)\pi n} = \frac{\sin(\hat{\omega}_b n)}{\pi n} \end{aligned}$$

마지막 단계에서는 사인 함수에 대한 역 오일러 공식을 이용하였다.

역DTFT 결과는 다음과 같은 이산 시간 신호

$$x[n] = \frac{\sin(\hat{\omega}_b n)}{\pi n} \qquad -\infty < n < \infty \tag{7.12}$$

가 되며, 여기서 $0 < \hat{\omega}_b < \pi$이다. 이 수학적 형태는, sinc 함수라 불리며, $\hat{\omega}_b = 0.25\pi$일 때 그림 7.1(b)에 그래프를 그렸다. 비록 sinc 함수가 $n = 0$에서 정의되지 않는 것처럼 보이지만, 로피탈 정리를 잘 적용하거나 또는 sinc 함수를 작은 각도에서 근사화하면, 실제적으로 $x[0] = \hat{\omega}_b/\pi$이라는 것을 알 수 있다. DTFT 쌍은 유일하므로, 다음과 같이 또 다른 DTFT 쌍을 추가할 수 있다.

Sinc 함수의 DTFT 표현

$$x[n] = \frac{\sin(\hat{\omega}_b n)}{\pi n} \overset{\text{DTFT}}{\longleftrightarrow} X(e^{j\hat{\omega}}) = \begin{cases} 1 & |\hat{\omega}| \le \hat{\omega}_b \\ 0 & \text{이외} \end{cases} \tag{7.13}$$

7-3절에서 이상적인 필터에 대하여 논의할 때 이 변환을 주파수 응답으로 다시 공부할 예정이다.

우리가 sinc 함수라는 용어를 사용하는 것은 특정한 함수에 대한 정의라기보다는 하나의 형태를 말한다. sinc 함수의 형태는 분자에 사인 함수를 갖고, 분모에는 사인의 입력 변수를 갖는다. 신호처리에서, 정규화된 sinc 함수는

$$\text{sinc}(\theta) = \frac{\sin \pi\theta}{\pi\theta}$$

로 정의되며, 이 정의가 MATLAB의 M-파일 `sinc`에서 사용되는 정의이다. 식 (7.12)에서의 $x[n]$을 이 sinc 함수의 정의로 나타내면, 다음과 같이 쓸 수 있다.

$$x[n] = \frac{\hat{\omega}_b}{\pi} \text{sinc}\left(\frac{\hat{\omega}_b}{\pi} n\right)$$

이 함수에 대하여 sinc라는 이름을 갖는 것이 좋아 보이지만, sinc라는 이름은 푸리에 변환 식에서 자주 발생하며, 적절한 입력 변수와 스케일 값을 찾는 것은 까다로울 수 있다. 반면에, sinc 함수라는 용어는 식 (7.12)의 일반적 형태로 표현되는 어떠한 함수에 대해서도 편리하게 널리 사용될 수 있으므로, 이런 의미에서 sinc 함수라는 용어를 사용한다.

이 sinc 신호는 이산시간 신호와 시스템 이론에서 중요하지만, 순방향 변환 합인 식 (7.2)에 직접 적용함으로써 DTFT를 구하는 것은 불가능하다. 이것은 sinc 함수의 순방향 DTFT를 작성하여 알 수 있으며, 이렇게 하면 아래와 같은 무한 합이 된다.

$$X(e^{j\hat{\omega}}) = \sum_{n=-\infty}^{\infty} \frac{\sin(\hat{\omega}_b n)}{\pi n} e^{-j\hat{\omega} n} = \begin{cases} 1 & |\hat{\omega}| \le \hat{\omega}_b \\ 0 & \text{이외} \end{cases} \tag{7.14}$$

하지만, DTFT의 유일성 덕분에, 우리는 이미 주파수 영역에서 정확한 변환 $X(e^{j\hat{\omega}})$으로 시작하여 $X(e^{j\hat{\omega}})$을 역DTFT를 하여 sinc 함수 신호를 구하여 원하는 DTFT 변환 쌍을 구한 적이 있었다.

sinc 함수 신호의 또 다른 성질은 절대적으로 더해지지 않는다는 것이다. 식 (7.7)에서 절대적으로 더해진다는 조건은 DTFT가 존재하기 위한 **충분 조건**임을 상기한다면, sinc 함수는 예외임에

틀림없다. 우리는 식 (7.14)의 우변이 유한하며 잘 정의되어 있으므로, DTFT가 존재함을 알 수 있다. 따라서 식 (7.13)의 변환 쌍은 절대적으로 더할 수 있다는 조건은, DTFT가 존재하기 위한, 충분 조건이지만 필요 조건은 아님을 나타낸다.

7-1.10 우방향 지수함수의 역DTFT

다른 형태의 무한 길이 신호는 7-1.6 절에서 논의한 우방향 지수함수 신호 $x[n] = a^n u[n]$이다. 이 경우, DTFT에 대한 "합"을 구하기 위하여 친숙한 등비수열의 합 공식을 이용할 수 있으며, 다음과 같은 닫힌 형태의 식을 얻을 수 있다.

$$X(e^{j\hat{\omega}}) = \frac{1}{1 - ae^{-j\hat{\omega}}} \qquad |a| < 1 \tag{7.15}$$

다른 한편으로, 식 (7.15)에서 $X(e^{j\hat{\omega}})$가 주어졌을 때 $x[n]$을 구하기를 원한다고 가정한다. 이 식을 역DTFT 식 (7.8)에 대입하면, 다음을 얻을 수 있다.

$$x[n] = \frac{1}{2\pi} \int_{-\pi}^{\pi} \frac{e^{j\hat{\omega}n}}{1 - ae^{-j\hat{\omega}}} d\hat{\omega} \tag{7.16}$$

비록 복소수 변수 이론을 이용하여 이런 적분을 계산할 수 있는 방법이 존재한다고 하더라도, 이런 기법을 알고 있다고 가정하지는 않는다. 대신, 식 (7.6)의 결과처럼 항상 사용이 가능한 DTFT의 유일성 특성을 활용한다. 다시 말하여, **표를 참조하여** 역변환을 할 수 있다. 이 예와 sinc 함수의 예에서 중요한 점은 일단 하나의 변환 쌍이, 어떤 방법으로든 결정이 되면, 시간 영역과 주파수 영역 사이를 왔다 갔다 하면서 적분이나 합을 수행하지 않고 이 DTFT 관계식을 사용할 수 있다는 것이다. 여기에 더하여, 7-2절에서는 순방향 및 역방향 DTFT 계산을 더욱 간단히 하기 위하여 사용될 수 있는 많은 일반적인 DTFT의 성질들을 소개하려고 한다.

7-1.11 DTFT 스펙트럼

지금까지 DTFT를 논의할 때 **스펙트럼**이란 용어를 사용하지 않았지만, 이 시점에서는 분명하게 이산시간 신호의 스펙트럼 표현으로 DTFT를 언급하는 것이 필요하다. 제3장에서 스펙트럼이란 용어를 3-5절에서 푸리에 합성식 (3.26)을 이용하여 신호를 합성하기 위해 필요한 주파수와 복소수 진폭 정보의 집합을 의미한다는 것을 기억해 본다. DTFT의 경우, 이 합성식은 역변환 적분 (7.8)이며, 분석식인 식 (7.2)는 합성식에서 복소 지수함수 $e^{j\hat{\omega}n}$의 복소수 진폭을 결정하기 위한 수단을 제공한다. 이것을 좀 더 확고하게 만들기 위하여, 식 (7.8)을 적분의 리만 합 정의(Riemann Sum Definition)[4]에 관하여 작성함으로써, 유한합의 극한으로서 역DTFT 적분을 볼 수 있다.

$$x[n] = \frac{1}{2\pi} \int_{0}^{2\pi} X(e^{j\hat{\omega}}) e^{j\hat{\omega}n} d\hat{\omega} = \lim_{\Delta\hat{\omega} \to 0} \sum_{k=0}^{N-1} \left(\frac{1}{2\pi} X(e^{j\hat{\omega}_k}) \Delta\hat{\omega} \right) e^{j\hat{\omega}_k n} \tag{7.17}$$

4) 적분에 대한 리만 합 근사화 (Riemann sum approximation)는 $\int_0^u q(t)dt \approx \sum_{n=0}^{N_u - 1} q(t_n)\Delta t$이며, 여기에서 피적분함수 $q(t)$는 N_u개의 균등한 시간들 $t_n = n\Delta t$에서 샘플링되며, $\Delta t = u/N_u$이다.

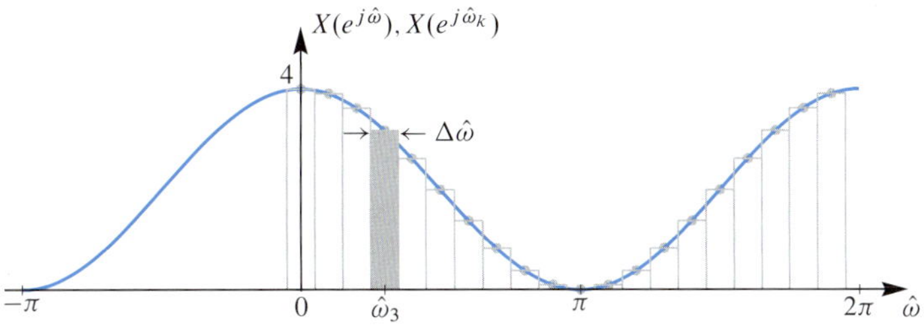

그림 7-2 역DTFT의 적분에 대한 리만 합 근사화 (Riemann sum approximation). 여기서 $X(e^{j\hat{\omega}}) = 2(1 + \cos\hat{\omega})$이며, 이것은 $x[n] = \delta[n+1] + 2\delta[n] + \delta[n-1]$의 DTFT이다.

여기서 $\Delta\hat{\omega} = 2\pi/N$는 주파수 $\hat{\omega}_k = 2\pi k/N$ 사이의 간격이며, 적분[5] 범위 $0 \le \hat{\omega} < 2\pi$는 $k = 0, 1, ..., N-1$을 선택함으로써 커버된다. 식 (7.17)의 우변은 주파수 $\hat{\omega}_k$의 집합과 이에 상응하는 복소수 진폭이 $X(e^{j\hat{\omega}_k})\Delta\hat{\omega}/(2\pi)$인 스펙트럼을 갖는 **복소 지수함수 신호들의 합**을 포함한다. 이것은 그림 7-2에 보였으며, 여기서는 $X(e^{j\hat{\omega}_k})$의 값을 회색 점으로 나타냈으며, 사각형은 면적으로 $X(e^{j\hat{\omega}_k})\Delta\hat{\omega}$을 갖는다. 각각의 사각형들은 특히 $\Delta\hat{\omega} \to 0$일 때, 선 스펙트럼으로 볼 수 있다. $\Delta\hat{\omega} \to 0$인 극한의 경우, 스펙트럼 성분들의 크기는 주파수들 간의 간격이 무한히 작아짐에 따라 극한적으로 작아진다. 따라서 식 (7.17)은 역DTFT 적분이 $0 \le \hat{\omega} < 2\pi$의 모든 주파수들을 더하여 사용하는 무한히 작은 복소 지수신호들의 합으로 신호 $x[n]$을 합성한다는 것을 제시한다. $X(e^{j\hat{\omega}})$의 크기 변화는 $x[n]$을 합성하는 데 필요한 각 주파수 성분의 상대적인 크기를 지정한다. 이는 원래 정의했으며 나중에 제3장-6장에서 논의한 스펙트럼 개념에서 사용된 방법과 전적으로 일관성이 있으며, 그래서 스펙트럼이라는 용어를 DTFT 표현에 마음 편하게 적용할 수 있게 된다.

7-2 DTFT의 성질들

DTFT를 연구하는 것은 주로 필터의 주파수 응답을 결정하거나, 또는 좀 더 일반적으로 신호의 푸리에 표현을 결정하는 문제를 고려하는 데에서 동기를 받아왔다. 이런 것들이 DTFT의 중요한 응용 분야인 반면, DTFT가 이산시간 신호와 시스템 이론에서 **연산자**로서 중요한 역할을 하는 점에도 또한 주목해야 한다. 이것은 DTFT 연산자의 중요한 성질들 중에 몇 가지를 강조하여 잘 설명된다.

7-2.1 선형성

7-1.3절에서 살펴본 것과 같이, DTFT 연산은 중첩의 원리를 따른다 (즉, DTFT는 선형 연산자이다). 이 성질은 식 (7.18)에 정리되었다.

DTFT의 선형성 특성

$$x[n] = ax_1[n] + bx_2[n] \stackrel{\text{DTFT}}{\longleftrightarrow} X(e^{j\hat{\omega}}) = aX_1(e^{j\hat{\omega}}) + bX_2(e^{j\hat{\omega}}) \tag{7.18}$$

7-2.2 시간지연 성질

정현파 신호를 처음 공부할 때, 위상은 신호의 시간이동에 의해 발생함을 확인하였다. 이 간단한

5) 합의 인덱스를 편리하게 사용하기 위하여, 연습문제 7.4의 결과를 사용하여 상하한을 0에서 2π까지로 바꾸었다.

관계는 위상은 주파수와 시간이동과의 곱에 음수를 취하는 것과 같다. 이 개념은 일반적인 푸리에 변환의 경우에도 동일하게 적용된다. 이 DTFT의 시간지연 성질은 시간이동이 주파수 영역에서 위상의 변화로 나타난다고 주장한다.

DTFT의 시간지연 특성

$$y[n] = x[n - n_d] \overset{\text{DTFT}}{\longleftrightarrow} Y(e^{j\hat{\omega}}) = X(e^{j\hat{\omega}})e^{-j\hat{\omega}n_d} \tag{7.19}$$

지연 특성이 이렇게 중요하고 유용한 이유는 주파수 영역 식 (7.19)에서 $e^{-j\hat{\omega}n_d}$의 형태의 곱셈 인자는 항상 시간지연을 의미하기 때문이다.

예제 7-3 지연된 sinc 함수

$y[n] = x[n - 10]$이고, 여기서 $x[n]$은 식 (7.13)에서의 sinc 함수라고 한다. 그러면

$$y[n] = \frac{\sin \hat{\omega}_b(n-10)}{\pi(n-10)}$$

이 된다. 시간 지연 성질과 식 (7.13)에서의 $X(e^{j\hat{\omega}})$의 결과를 이용하여, $y[n]$의 DTFT에 대한 다음의 식을 더 이상의 분석이 필요 없는 식으로 나타낼 수 있다.

$$Y(e^{j\hat{\omega}}) = X(e^{j\hat{\omega}})e^{-j\hat{\omega}10} = \begin{cases} e^{-j\hat{\omega}10} & 0 \le |\hat{\omega}| \le \hat{\omega}_b \\ 0 & \hat{\omega}_b < |\hat{\omega}| \le \pi \end{cases}$$

$|Y(e^{j\hat{\omega}})|$의 크기 그래프는 그림 7.1(a)에서와 같이 여전히 사각파임을 주목한다; 시간지연은 단지 주파수 영역에서 위상만을 변하게 한다.

시간지연 성질을 증명하기 위하여, 단지 또 다른 신호 $x[n]$의 시간지연 형태인 신호 $y[n] = x[n - n_d]$를 고려한다. 우리는 $y[n]$의 DTFT와 $x[n]$의 DTFT를 비교할 필요가 있다. 정의에 의하여, $y[n]$의 DTFT는 다음과 같다.

$$Y(e^{j\hat{\omega}}) = \sum_{n=-\infty}^{\infty} \underbrace{x[n - n_d]}_{y[n]} e^{-j\hat{\omega}n} \tag{7.20}$$

식 (7.20)의 합의 인덱스를 $m = n - n_d$로 치환하면 다음을 얻을 수 있다.

$$Y(e^{j\hat{\omega}}) = \sum_{m=-\infty}^{\infty} x[m]e^{-j\hat{\omega}(m+n_d)} = \sum_{m=-\infty}^{\infty} x[m]e^{-j\hat{\omega}m}e^{-j\hat{\omega}n_d} \tag{7.21}$$

인수 $e^{-j\hat{\omega}n_d}$는 m과 관계없고 식 (7.21)의 우변의 합의 모든 항들에 존재하므로 $Y(e^{j\hat{\omega}})$를 다음과 같이 기술할 수 있다.

$$Y(e^{j\hat{\omega}}) = \left(\sum_{m=-\infty}^{\infty} x[m]e^{-j\hat{\omega}m}\right)e^{-j\hat{\omega}n_d} = X(e^{j\hat{\omega}})e^{-j\hat{\omega}n_d} \tag{7.22}$$

따라서 시간이동은 주파수 영역에서 위상 변화로 나타남을 증명하였다.

7-2.3 주파수 이동 성질

$x[n]$의 DTFT가 $X(e^{j\hat{\omega}})$일 때 신호 $y[n] = e^{j\hat{\omega}_0 n}x[n]$을 살펴본다. 지수함수와 곱하는 것은 $x[n]$의 DTFT와 비교할 때 $y[n]$의 DTFT에 주파수 이동을 초래한다. 정의에 의해, $y[n]$의 DTFT는 다음과 같다.

$$Y(e^{j\hat{\omega}}) = \sum_{n=-\infty}^{\infty} \underbrace{e^{j\hat{\omega}_0 n}x[n]}_{y[n]} e^{-j\hat{\omega}n} \tag{7.23}$$

만약 식 (7.23)의 우변의 합에서 지수함수 항들을 묶으면,

$$Y(e^{j\hat{\omega}}) = \sum_{n=-\infty}^{\infty} x[n]e^{-j(\hat{\omega}-\hat{\omega}_0)n} = X(e^{j(\hat{\omega}-\hat{\omega}_0)}) \tag{7.24}$$

을 얻을 수 있다. 따라서 다음과 같은 DTFT의 일반적 성질을 증명하였다.

DTFT의 주파수 이동 특성

$$y[n] = e^{j\hat{\omega}_0 n}x[n] \stackrel{\text{DTFT}}{\longleftrightarrow} Y(e^{j\hat{\omega}}) = X(e^{j(\hat{\omega}-\hat{\omega}_0)}) \tag{7.25}$$

7-2.3.1 유한길이 복소 지수함수의 DTFT

주파수 이동 성질을 나타내는 훌륭한 예는 유한구간 복소 지수함수의 DTFT를 공부하는 동안 발생한다. 이 예는 대역통과 필터 설계와 스펙트럼 분석에서 중요하다. 스펙트럼 분석에서는, DTFT가 유한길이 복소 지수함수 신호의 주파수에서 큰 값을 갖기를 기대하며, 주파수 이동 성질이 이 사실을 쉽게 확인하여 주기를 기대한다.

다음과 같은 길이 L인 복소 지수함수 신호

$$x_L[n] = Ae^{j(\hat{\omega}_0 n+\varphi)} \qquad n = 0, 1, 2, \ldots, L-1$$

을 고려한다. 이 신호는 $n < 0$과 $n \geq L$ 일 때 0이다. $x_L[n]$에 대한 다른 표현은 길이 L인 사각펄스에 복소 지수신호를 곱하는 것이다.

$$x_L[n] = Ae^{j\varphi}\underbrace{e^{j(\hat{\omega}_0 n)}r_L[n]}_{\text{주파수 이동}}$$

여기서 사각펄스 $r_L[n]$은 $n = 0, 1, 2, ..., L-1$에서 값이 1이고, 그 외에는 0이다.

$x_L[n]$의 DTFT 식을 구하기 위하여, $r_L[n]$의 DTFT를 사용하며, 이 식은 (7.5)에서의 디리클레 형[6]을 포함하고 있다고 알려져 있다 (또한 p.247 표 7-1을 참조한다). 그림 7-3(a)는 길이 20인 사각펄스에 대한 DTFT 크기 (즉, $|R_{20}(e^{j\hat{\omega}})| = |D_{20}(\hat{\omega})|$)를 보인다. $L = 20$일 때, 디리클레 크기의 피크값은 $\hat{\omega} = 0$에서 20이고, 주파수가 $2\pi/20 = 0.1\pi$의 정수배일 때 0을 갖는다.

이 다음으로 $x_L[n]$의 DTFT는 주파수 이동 성질에 의해 다음과 같이 얻어진다.

---

6) 디리클레 형은 6-7절에서 처음 정의되었다.

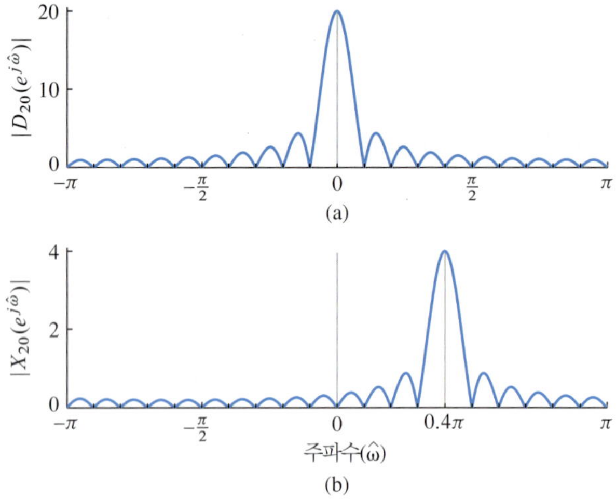

그림 7-3 DTFT 주파수 이동 성질에 대한 설명. (a) 길이 20인 단위 진폭 사각펄스의 DTFT 크기. (b) 크기 $A = 0.2$, 주파수 $\hat{\omega}_0 = 0.4\pi$, 길이 20인 복소 지수함수의 DTFT.

$$X_L(e^{j\hat{\omega}}) = Ae^{j\varphi}\ R_L(e^{j(\hat{\omega}-\hat{\omega}_0)}) \tag{7.26a}$$

$$= Ae^{j\varphi} D_L(\hat{\omega} - \hat{\omega}_0)\, e^{-j(\hat{\omega}-\hat{\omega}_0)(L-1)/2} \tag{7.26b}$$

여기서 $D_L(\hat{\omega} - \hat{\omega}_0)$은 디리클레 형의 주파수 이동된 버전이다.

$$D_L(\hat{\omega} - \hat{\omega}_0) = \frac{\sin((\hat{\omega} - \hat{\omega}_0)L/2)}{\sin((\hat{\omega} - \hat{\omega}_0)/2)} \tag{7.27}$$

식 (7.26b)에서 지수 항들은 위상에만 영향을 주므로, 이 결과는 크기 $|X_L(e^{j\hat{\omega}})| = A|D_L(\hat{\omega} - \hat{\omega}_0)|$가 A만큼 스케일되고 주파수 이동된 디리클레라고 말할 수 있다. $\hat{\omega}_0 = 0.4\pi$, $A = 0.2$, $L = 20$에 대하여, 길이 20인 복소 지수함수 $x_{20}[n] = 0.2\exp(j0.4\pi n)\, r_{20}[n]$은 그림 7-3(b)에 보인 것과 같은 DTFT 크기를 갖는다. 이동된 디리클레의 포락선의 피크는 복소 지수함수의 주파수인 $\hat{\omega}_0 = 0.4\pi$에 위치한다. 피크 높이는 디리클레 피크 높이는 복소 지수함수 진폭의 곱이 되며, $AL = (0.2)(20) = 4$가 된다.

7-2.3.2 유한길이 실수 코사인 신호의 DTFT

정현파는 두 개의 복소 지수함수들로 구성되며, 그래서 DTFT를 구할 때 주파수 이동 성질을 두 번 적용해야 한다. 다음과 같은 길이 L인 정현파 신호를 고려한다.

$$s_L[n] = A\cos(\hat{\omega}_0 n + \varphi) \qquad n = 0, 1, \ldots, L-1 \tag{7.28a}$$

이 신호는 주파수 $+\hat{\omega}_0$와 $-\hat{\omega}_0$에서 다음과 같은 복소 지수함수의 합으로 표현할 수 있다.

$$s_L[n] = \tfrac{1}{2}Ae^{j\varphi}e^{j\hat{\omega}_0 n} + \tfrac{1}{2}Ae^{-j\varphi}e^{-j\hat{\omega}_0 n} \qquad n = 0, 1, \ldots, L-1 \tag{7.28b}$$

두 주파수 $\pm\hat{\omega}_0$에서 DTFT의 선형성과 식 (7.26b)를 이용하면 다음의 식을 얻을 수 있다.

$$\begin{aligned} S_L(e^{j\hat{\omega}}) = &\tfrac{1}{2}Ae^{j\varphi}D_L(\hat{\omega} - \hat{\omega}_0)e^{-j(\hat{\omega}-\hat{\omega}_0)(L-1)/2} \\ &+ \tfrac{1}{2}Ae^{-j\varphi}D_L(\hat{\omega} + \hat{\omega}_0)e^{-j(\hat{\omega}+\hat{\omega}_0)(L-1)/2} \end{aligned} \tag{7.29}$$

여기서 함수 $D_L(\hat{\omega})$은 식 (7.27)의 디리클레 형이다. 다시 말하면, 이 DTFT는 두 개의 디리클레 형의 합에 해당된다: 하나는 $+\hat{\omega}_0$ 만큼 위로 올라가고 다른 하나는 $-\hat{\omega}_0$ 만큼 내려간다.

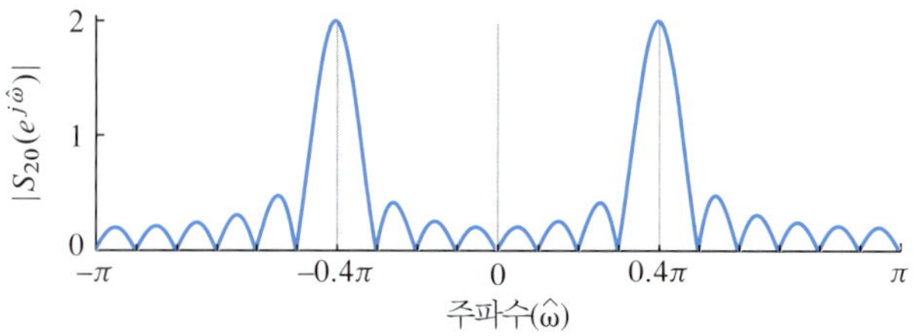

그림 7-4 진폭 $A = 0.2$와 주파수 $\hat{\omega}_0 = 0.4\pi$를 갖는 길이 20인 정현파 함수의 DTFT

그림 7-4는 $A = 0.2$이고 $L = 20$일 때 $\hat{\omega}_0 = 0.4\pi$의 경우에 대하여 $\hat{\omega}$의 함수 형태로 $|S_{20}(e^{j\hat{\omega}})|$의 그래프를 그린 것이다. DTFT 크기는 우함수의 대칭성을 보이며, DTFT의 피크는 $\hat{\omega}_0 = \pm 0.4\pi$ 근처에서 발생한다. 게다가 피크 높이는 대략 1/2 AL이다. 이 근사값은 $\hat{\omega}_0 = 0.4\pi$에서 식 (7.29)를 계산하면 구할 수 있으며, $|S_{20}(e^{j\hat{\omega}_0})|$의 값은 전적으로 식 (7.29)의 첫 번째 항에 의해 결정된다고 가정한다.

8-7절에서는, 고립된 스펙트럼의 피크들은 종종 정현파 신호 성분을 나타낸다는 사실을 다시 논의할 예정이다. 피크 높이는 진폭 A와 길이 L 모두에 연관이 있다고 알고 있으면 여러 개의 주파수들을 갖는 신호들의 스펙트럼의 분석 결과를 해석하는 데 유용하다.

7-2.4 콘볼루션과 DTFT

DTFT의 가장 중요한 성질은 아마도 두 이산신호들의 이산시간에서의 콘볼루션으로 주어지는 신호의 DTFT에 관한 것이다. 다음 성질은 **DTFT는 콘볼루션을 곱으로 변환시킨다**는 것을 말한다.

DTFT의 콘볼루션 특성

$$y[n] = x[n] * h[n] \overset{\text{DTFT}}{\longleftrightarrow} Y(e^{j\hat{\omega}}) = X(e^{j\hat{\omega}})H(e^{j\hat{\omega}}) \tag{7.30}$$

콘볼루션 성질을 설명하기 위하여, 두 신호의 콘볼루션인 $h[n]*x[n]$을 고려한다. 여기서 $x[n]$은 세 개의 0이 아닌 값을 갖는 유한길이 신호

$$x[n] = 3\delta[n] + 4\delta[n-1] + 5\delta[n-2] \tag{7.31}$$

이고 $h[n]$은 길이가 유한 또는 무한한 신호이다. 신호 $x[n]$이 $h[n]$과 콘볼루션되면, 다음과 같이 쓸 수 있다.

$$\begin{aligned} y[n] &= \sum_{k=0}^{M} x[k]h[n-k] \\ &= x[0]h[n] + x[1]h[n-1] + x[2]h[n-2] + \underbrace{x[3]h[n-3] + \cdots}_{\text{이 항들은 0이다}} \end{aligned} \tag{7.32}$$

식 (7.32)의 DTFT를 수행하면, 다음을 얻을 수 있다.

$$Y(e^{j\hat{\omega}}) = x[0]H(e^{j\hat{\omega}}) + x[1]e^{-j\hat{\omega}}H(e^{j\hat{\omega}}) + x[2]\underbrace{e^{-j2\hat{\omega}}H(e^{j\hat{\omega}})} \tag{7.33}$$

여기서 지연 성질을 $h[n-2]$와 같은 항에 적용하면 $e^{-j2\hat{\omega}}H(e^{j\hat{\omega}})$ 항을 만든다. 그러면 식 (7.33) 우변의 $H(e^{j\hat{\omega}})$항은 다음과 같이 인수로 묶을 수 있다.

$$Y(e^{j\hat{\omega}}) = \underbrace{\left(x[0] + x[1]e^{-j\hat{\omega}} + x[2]e^{-j2\hat{\omega}}\right)}_{x[n]\text{의 DTFT}} H(e^{j\hat{\omega}}) \tag{7.34a}$$

따라서 식 (7.30)에서 주장한 것과 같이, DTFT의 곱인 원하는 결과를 얻었다.

$$Y(e^{j\hat{\omega}}) = X(e^{j\hat{\omega}})H(e^{j\hat{\omega}}) \tag{7.34b}$$

이 예에서 $x[n]$에 신호값들을 대치하면, 다음

$$Y(e^{j\hat{\omega}}) = X(e^{j\hat{\omega}})H(e^{j\hat{\omega}}) = \underbrace{\left(3 + 4e^{-j\hat{\omega}} + 5e^{-j2\hat{\omega}}\right)}_{\text{계수가 신호 값임}} H(e^{j\hat{\omega}}) \tag{7.34c}$$

을 얻을 수 있다.

위의 단계는 신호 $x[n]$의 수치값과는 관련이 없으므로, 일반적인 증명은 이 과정을 따라 수행될 수 있다. 사실상, 이 증명은 무한대 길이의 신호들에 대하여 유효할 것이며, 여기서 식 (7.32)의 합에서의 상하한은 무한대일 수 있다. 무한 길이의 경우에 단 하나의 고려 사항은, 전에 이미 고려했던 것과 같이, DTFT들 $X(e^{j\hat{\omega}})$과 $H(e^{j\hat{\omega}})$이 반드시 존재해야 한다는 것이다.

예제 7-4 지연 신호의 주파수 응답

지연 성질은 DTFT의 콘볼루션 성질의 하나의 특별한 경우이다. 이것을 보기 위하여, 지연을 이동된 임펄스와의 콘볼루션

$$y[n] = x[n] * \delta[n - n_d] = x[n - n_d]$$

로 나타낼 수 있으며, 그래서 지연 시스템의 임펄스 응답은 $h[n] = \delta[n - n_d]$이다. 이 지연 시스템에 대응되는 주파수 응답 (즉, DTFT)은

$$H(e^{j\hat{\omega}}) = \sum_{n=-\infty}^{\infty} \delta[n - n_d]e^{-j\hat{\omega}n} = e^{-j\hat{\omega}n_d}$$

이다. 따라서 콘볼루션 성질을 이용하면, 지연 시스템 출력의 DTFT는

$$Y(e^{j\hat{\omega}}) = X(e^{j\hat{\omega}})H(e^{j\hat{\omega}}) = X(e^{j\hat{\omega}})e^{-j\hat{\omega}n_d}$$

와 같으며, 이 결과는 식 (7.19)의 지연 특성과 동일하다.

7-2.4.1 필터링은 콘볼루션이다

LTI 시스템의 콘볼루션 성질은 LTI 시스템을 생각할 수 있는 효과적인 방법을 제공한다. 특별히, LTI 시스템을 "필터"로 생각할 때, 우리는 이들의 주파수 응답들을 생각하며, 이것들은 입력 신호 중 어떤 주파수들은 통과하지 못하게 하고, 반면에 다른 주파수들은 거의 변경 없이 통과되도록 선택될 수 있다. 7-1.11절에서 논의한 것과 같이, DTFT $X(e^{j\hat{\omega}})$는 유한 길이 및 무한 길이 신호 모두에 대해 스펙트럼의 역할을 한다. 콘볼루션 성질인 식 (7.30)은 이 관점을 확고하게 해준다. 만약 식 (7.30)을 DTFT 합성 적분을 이용하여 LTI 시스템의 출력에 대한 식을 구하기 위하여 사용하면,

$$y[n] = \frac{1}{2\pi}\int_{0}^{2\pi} H(e^{j\hat{\omega}})X(e^{j\hat{\omega}})e^{j\hat{\omega}n}d\hat{\omega} \tag{7.35a}$$

을 얻을 수 있다. 이 식은 7-1.11절에서와 같이, 리만(Riemann) 합을 이용하여 근사화될 수 있다.

$$y[n] = \lim_{\Delta\hat{\omega}\to 0} \sum_{k=0}^{N-1} H(e^{j\hat{\omega}_k}) \left(\frac{\Delta\hat{\omega}}{2\pi} X(e^{j\hat{\omega}_k}) \right) e^{j\hat{\omega}_k n} \tag{7.35b}$$

이제, 각 주파수에서의 복소수 진폭 $\frac{\Delta\hat{\omega}}{2\pi}X(e^{j\hat{\omega}_k})$는 주어진 주파수 $\hat{\omega}_k$에서 계산된 시스템의 주파수 응답 $H(e^{j\hat{\omega}_k})$에 의하여 변하게 된다. 이것은 입력이 복소 지수함수들의 이산합인 경우에 대하여 제6장에서 보았던 **정현파 입력에 정현파 출력** 성질과 정확히 같은 결과이다. 7-3절에서는, 이 생각을 확장하여 신호처리 응용에서 구현하기를 원하는 필터의 이상적인 버전인 주파수 응답을 갖는 여러 개의 이상적인 주파수 선택 필터를 정의한다.

7-2.5 에너지 스펙트럼과 자기상관 함수

푸리에 변환 이론에서 중요한 결과 중 하나는 다음과 같은 파시발 (Parseval) 정리이다.

신호의 에너지에 대한 파시발 정리

$$\sum_{n=-\infty}^{\infty} |x[n]|^2 = \frac{1}{2\pi} \int_{-\pi}^{\pi} |X(e^{j\hat{\omega}})|^2 d\hat{\omega} \tag{7.36}$$

식 (7.36)의 좌변은 신호의 에너지에 해당하는 스칼라 값이다. 그래서 식 (7.36)의 우변도 또한 에너지이지만, DTFT $|X(e^{j\hat{\omega}})|^2$는 주파수에 따라 에너지가 어떻게 분포되어 있는지를 보여준다. 따라서 DTFT $|X(e^{j\hat{\omega}})|^2$는 $x[n]$의 **크기 제곱된 스펙트럼** 혹은 **에너지 스펙트럼**이라 부른다.[7] 만약 먼저 신호의 에너지를 다음과 같이 제곱의 합으로 정의한다면,

$$E = \sum_{n=-\infty}^{\infty} |x[n]|^2 \tag{7.37}$$

이 경우 에너지 E는 종종 신호의 크기를 측정하는 데 편리한 지표인 하나의 숫자이다.

예제 7-5 Sinc 신호의 에너지

(시간 영역에서 표현되는) sinc 신호의 에너지는

$$E = \sum_{n=-\infty}^{\infty} \left(\frac{\sin \hat{\omega}_b n}{\pi n} \right)^2$$

와 같다. 이 합을 직접 계산하기는 불가능하지만, 파시발 정리를 적용하면 다음을 얻을 수 있다.

$$E = \sum_{n=-\infty}^{\infty} \left(\frac{\sin \hat{\omega}_b n}{\pi n} \right)^2 = \frac{1}{2\pi} \int_{-\hat{\omega}_b}^{\hat{\omega}_b} |1|^2 d\hat{\omega} = \frac{\hat{\omega}_b}{\pi}$$

7) 많은 물리적인 시스템에서, 에너지는 (전압과 같은) 물리적인 양에 제곱을 취하고 시간 축에서 적분을 하여, 또는 합을 구하여, 계산된다.

이는 sinc 신호의 DTFT는 $-\hat{\omega}_b \le \hat{\omega} \le \hat{\omega}_b$에서 항상 1이기 때문이다. 이 결과로부터 에너지는 sinc 신호의 대역폭에 비례하며 대역 $|\hat{\omega}| \le \hat{\omega}_b$에 걸쳐서 $\hat{\omega}$에 균등하게 분포되어 있다고 해석할 수 있다.

7-2.5.1 자기상관 함수

에너지 스펙트럼은 $x[n]$의 자기상관에 해당하는 시간영역 신호의 푸리에 변환이다. **자기상관 함수(Autocorrelation Function)**는 신호 검출의 응용 분야에서 널리 사용되고 있다. 자기상관 함수의 일반적인 정의인 식 (7.39)는 다음과 같은 콘볼루션 연산과 동일하다.

$$c_{xx}[n] = x[-n] * x[n] = \sum_{k=-\infty}^{\infty} x[-k]x[n-k] \tag{7.38}$$

합에서 더미 인덱스를 $m = -k$로 치환하면 다음을 얻을 수 있다.

$$c_{xx}[n] = \sum_{m=-\infty}^{\infty} x[m]x[n+m] \qquad -\infty < n < \infty \tag{7.39}$$

이것은 $x[n]$이 실수일 때, 자기상관 함수의 기본적인 정의이다. 식 (7.39)에서, 인덱스 n은 두 신호 $x[m]$, $x[n+m]$이 m의 함수라고 볼 때, $x[m]$을 기준으로 $x[n+m]$을 n만큼 이동하는 데 사용된다. $n = 0$일 때 $x[n+m]$이 $x[m]$과 일치하기 때문에, $c_{xx}[n]$은 $n = 0$일 때 최대가 됨을 쉽게 확인할 수 있다. $c_{xx}[n]$에서 독립 변수 n을 일반적으로 **래그(lag)**라고 부르는데, 이것은 같은 신호 $x[n]$의 두 카피들 사이의 이동 차이를 의미한다. 식 (7.39)에서 이 래그가 0, 즉 $n = 0$일 때, 자기상관 값은 신호의 에너지에 해당된다 (즉, $E = c_{xx}[0]$).

연습문제 7.5 식 (7.38)에서, 역시간 신호 $x[-n]$을 사용한다. $x[-n]$의 DTFT가 $X(e^{-j\hat{\omega}})$이라는 것을 보여라.

연습문제 7.6 제6장에서, 실수 임펄스 응답에 대한 주파수 응답이 반드시 켤레 대칭임을 살펴보았다. 주파수 응답 함수는 DTFT이므로, 실수 신호 $x[n]$의 DTFT 또한 반드시 켤레 대칭이어야 한다. 만약 $x[n]$이 실수이면, $X(e^{-j\hat{\omega}}) = X^*(e^{j\hat{\omega}})$임을 증명하여라.

실수 신호에 대한 연습문제 7.5와 7.6의 결과를 이용하면, 자기상관 함수 $c_{xx}[n] = x[-n]*x[n]$의 DTFT는

$$C_{xx}(e^{j\hat{\omega}}) = X(e^{-j\hat{\omega}})X(e^{j\hat{\omega}}) = X^*(e^{j\hat{\omega}})X(e^{j\hat{\omega}}) = |X(e^{j\hat{\omega}})|^2 \tag{7.40}$$

이다. $C_{xx}(e^{j\hat{\omega}})$이 크기의 제곱으로 표현되므로, 이 값은 순수하게 실수이고 $C_{xx}(e^{j\hat{\omega}}) \ge 0$이다. $c_{xx}[n]$을 역DTFT에 대하여 나타내면 유용한 결과를 얻을 수 있다, 즉,

$$c_{xx}[n] = \frac{1}{2\pi}\int_{-\pi}^{\pi} |X(e^{j\hat{\omega}})|^2 e^{j\hat{\omega}n}\,d\hat{\omega} \tag{7.41}$$

만일 $n = 0$에서 식 (7.39)와 (7.41)을 계산하면, 이 신호의 에너지는 다음과 같이 $C_{xx}(e^{j\hat{\omega}}) = |X(e^{j\hat{\omega}})|^2$로부터 계산될 수 있다.

$$\sum_{m=-\infty}^{\infty} |x[n]|^2 = c_{xx}[0] = \frac{1}{2\pi}\int_{-\pi}^{\pi} |X(e^{j\hat{\omega}})|^2 d\hat{\omega} \tag{7.42}$$

최종적으로, 식 (7.37)과 (7.42)를 같다고 놓으면, 파시발 정리 (7.36)을 얻을 수 있다.

7-3 이상적인 필터

LTI 이산시간 시스템의 실제 응용 분야에서는, 주파수 응답 함수 $H(e^{j\hat{\omega}})$는 필터 설계 과정을 통해 유도되며, 이 과정에서는 유한한 계산으로 구현될 수 있는 LTI 시스템을 만든다. 하지만, 시스템 설계 과정의 초기 단계에서는 이상적인 주파수 선택성을 제공하는 간단한 주파수 응답을 갖는 이상적인 필터로 시작하는 것이 일반적이다.

7-3.1 이상적인 저역통과 필터

이상적인 저역통과 필터(lowpass filter: LPF)는 두 영역으로 구성된 주파수 응답을 갖는다: $\hat{\omega} = 0$(DC) 근처의 통과대역으로, 여기서는 주파수 응답이 1이고, $\hat{\omega} = 0$에서 떨어진 차단대역(Stopband)에서는 주파수 응답이 0이다. 이상적인 LPF는 다음과 같이 정의된다.

$$H_{\text{LP}}(e^{j\hat{\omega}}) = \begin{cases} 1 & |\hat{\omega}| \le \hat{\omega}_{\text{co}} \\ 0 & \hat{\omega}_{\text{co}} < |\hat{\omega}| \le \pi \end{cases} \tag{7.43}$$

주파수 $\hat{\omega}_{\text{co}}$는 LPF 통과대역의 **차단 주파수(Cutoff Frequency)**라고 부른다. 그림 7-5에서는 이상적인 LPF에 대한 $H_{\text{LP}}(e^{j\hat{\omega}})$의 그래프를 보였다. 모양은 사각형이며 $\hat{\omega} = 0$에 대하여 $H_{\text{LP}}(e^{j\hat{\omega}})$은 대칭이다. 6-4.3절에서 논의한 것과 같이, 이 성질은 필요하며, 그 이유는 실수 값을 갖는 임펄스 응답이 켤레 대칭 주파수 응답을 갖는 필터를 만들도록 해주기 때문이다. $H_{\text{LP}}(e^{j\hat{\omega}})$의 위상이 0이며, 실수 값을 가지므로, 따라서 함수가 켤레 대칭이 된다는 것은 우함수가 된다는 것과 같다.

연습문제 7.7 제6장에서는, 실수 임펄스 응답에 대한 주파수 응답이 반드시 켤레 대칭임을 살펴보았다. 선형 위상과 함께 정의된 저역통과 응답

$$H(e^{j\hat{\omega}}) = e^{-j7\hat{\omega}} H_{\text{LP}}(e^{j\hat{\omega}})$$

이 켤레 대칭이며, 그래서 역DTFT는 실수라는 것을 의미한다는 것을 보여라.

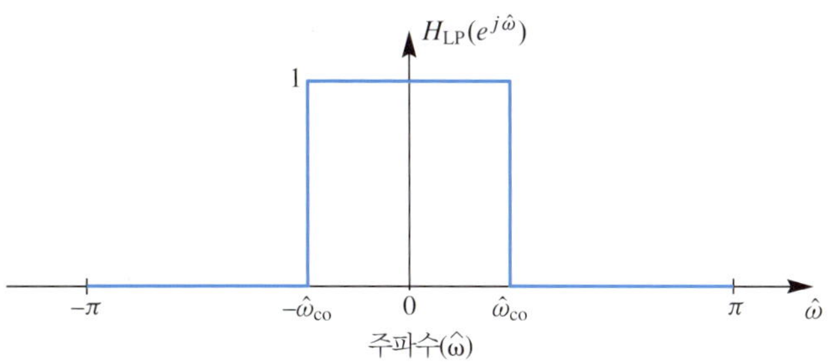

그림 7-5 차단 주파수가 $\hat{\omega}_{\text{co}}$ 라디안인 이상적인 LPF의 주파수 응답. $H_{\text{LP}}(e^{j\hat{\omega}})$은 주기 2π인 주기함수라는 것을 기억한다.

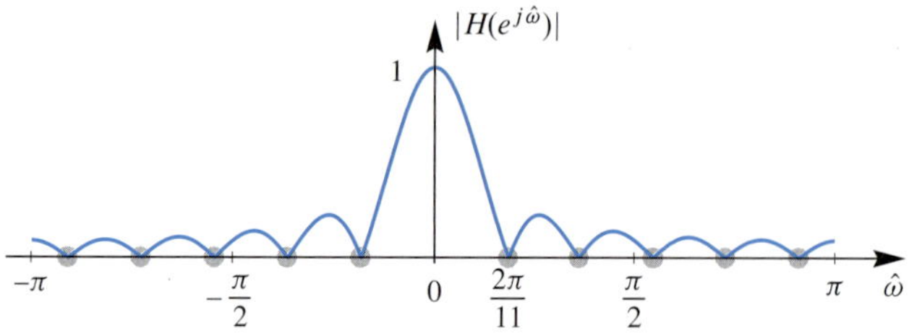

그림 7-6 11-포인트 이동 평균 필터의 크기 응답 (그림 6-8에 또한 상세한 설명을 보였다).

식 (7.13)에서 DTFT 쌍을 적용하여 구해진, 이상적인 LPF의 임펄스 응답은 다음과 같은 sinc 함수 형태

$$h_{\text{LP}}[n] = \frac{\sin \hat{\omega}_{\text{co}} n}{\pi n} \qquad -\infty < n < \infty \tag{7.44}$$

이다. 이상적인 LPF는 구현이 불가능하며, 그 이유는 임펄스 응답 $h_{\text{LP}}[n]$이 비인과성이고, 사실, 많은 수의 양의 값 n 뿐만 아니라 많은 수의 음의 값 n에서도 0이 아닌 함수 값이 존재해야 하기 때문이다. 하지만, 그럼에도 이것은 이상적인 LPF의 개념 – 낮은 주파수 대역은 선택하고 나머지 모든 주파수 성분들은 제거하는 – 은 매우 유효하다. 6-7.3절에서 논의한 이동 평균 필터조차도 어떤 응용에서는 LPF를 만족할 수 있다. 그림 7-6에서는 11-포인트 이동 평균 필터의 주파수 응답을 보였다. 이 인과 필터는 저역통과와 유사한 주파수 응답 크기를 가지지만, 차단대역이라고 여겨지는 곳에서는 크기가 0과는 많이 차이가 난다. 좀 더 엄격한 필터 응용에서는, 이상적인 특성에 근접하는 우수한 근사화 방법을 필요로 한다. 실제의 응용을 할 때, 필터 설계 과정은, 구현 가능한 필터에 해당되지만 이상적인 주파수 응답에 충분히 근접하는 주파수 응답을 갖는 이상적인 필터의 수학적인 근사화 작업을 포함한다.

다음의 예제는 필터링 문제를 다룰 때 변환 방법의 중요성을 보여준다.

예제 7-6 이상적인 저역통과 필터링

식 (7.43)의 주파수 응답과 식 (7.44)의 임펄스 응답을 갖는 이상적인 LPF를 고려한다. 이제 이상적인 LPF의 입력 신호 $x[n]$은 대역제한된 sinc 신호

$$x[n] = \frac{\sin \hat{\omega}_b n}{\pi n} \tag{7.45}$$

이라고 가정한다. 시간 영역에서, 이상적인 LPF의 대응되는 출력은 콘볼루션 식

$$y[n] = x[n] * h_{\text{LP}}[n] = \sum_{m=-\infty}^{\infty} \left(\frac{\sin \hat{\omega}_b m}{\pi m}\right)\left(\frac{\sin \hat{\omega}_{\text{co}}(n-m)}{\pi(n-m)}\right) \tag{7.46}$$

으로 주어지게 된다. 이 콘볼루션을 시간 영역에서 직접 계산하는 것은 분석적으로나 수학적 계산을 통해서나 불가능하다. 하지만, DTFT를 이용하여 필터 출력을 구하는 것은 쉬우며, 그 이유는 주파수 영역에서는 이 변환들이 모두 사각파 신호들이며, 이들이 곱해지기 때문이다. 식 (7.13)으로부터, 입력에 대한 DTFT는

$$X(e^{j\hat{\omega}}) = \begin{cases} 1 & |\hat{\omega}| \le \hat{\omega}_b \\ 0 & \hat{\omega}_b < |\hat{\omega}| \le \pi \end{cases} \tag{7.47}$$

이다. 따라서 이상적인 필터 출력의 DTFT는 $Y(e^{j\hat{\omega}}) = X(e^{j\hat{\omega}})H(e^{j\hat{\omega}})$이며, 이것은 다음과 같은 형태

$$Y(e^{j\hat{\omega}}) = X(e^{j\hat{\omega}})H_{\text{LP}}(e^{j\hat{\omega}}) = \begin{cases} 1 & |\hat{\omega}| \le \hat{\omega}_a \\ 0 & \hat{\omega}_a < |\hat{\omega}| \le \pi \end{cases} \tag{7.48a}$$

로 주어진다. 식 (7.48a)의 우변을 얻기 위하여 DTFT들을 곱하면, 두 개의 사각파의 곱은 폭이 $\hat{\omega}_b$와 $\hat{\omega}_{\text{co}}$ 중에 더 작은 값을 폭으로 갖는 또 하나의 사각파가 되며, 그래서 대역제한 주파수 $\hat{\omega}_a$는 다음과 같다.

$$\hat{\omega}_a = \min(\hat{\omega}_b, \hat{\omega}_{\text{co}}) \tag{7.48b}$$

출력 신호 $y[n]$을 구하기를 원하므로, $Y(e^{j\hat{\omega}})$의 역DTFT를 수행하여야 한다. 식 (7.13)을 사용하여 역변환을 수행하면, 식 (7.46)의 콘볼루션은 다음과 같은 또 하나의 sinc 신호로 계산된다.

$$y[n] = \sum_{m=-\infty}^{\infty} \left(\frac{\sin \hat{\omega}_b m}{\pi m}\right)\left(\frac{\sin \hat{\omega}_{\text{co}}(n-m)}{\pi(n-m)}\right) = \frac{\sin \hat{\omega}_a n}{\pi n} \tag{7.49}$$

연습문제 7.8 식 (7.48a)와 (7.48b)로 주어진 결과는 DTFT의 사각파를 보이는 그래픽한 해결법으로 쉽게 알 수 있다. $\hat{\omega}_b = 0.4\pi$와 $\hat{\omega}_{\text{co}} = 0.25\pi$일 때, 같은 축 상에서 식 (7.47)의 $X(e^{j\hat{\omega}})$와 식 (7.43)의 $H_{\text{LP}}(e^{j\hat{\omega}})$의 그래프를 그리고 그 다음으로 (7.48b)의 결과를 검증하여라

예제 7-6의 결과를 몇 가지 흥미로운 방법으로 일반화할 수 있다. 우선 $\hat{\omega}_b > \hat{\omega}_{\text{co}}$일 때 출력은 이상적인 LPF의 임펄스 응답이라는 것을 알 수 있으므로, 그래서 식 (7.45)의 입력은 어떤 의미에서 이상적인 LPF로의 임펄스와 같이 동작한다. 여기에 더하여, 주파수 대역이 필터에 의해 완벽히 제거된 이상적인 필터에 대하여, 많은 다양한 입력들은 같은 출력을 만들 수 있다. 또한, 만일 이상적인 LPF에 대한 입력의 대역제한 값 $\hat{\omega}_b$가 차단 주파수보다 작으면 (즉, $\hat{\omega}_b \le \hat{\omega}_{\text{co}}$이면), 입력 신호는 변하지 않으며 필터를 통과한다. 마지막으로, 만일 입력이 원하는 대역제한된 신호에 스펙트럼이 전 영역 $|\hat{\omega}| \le \pi$에 걸쳐서 분포하는 잡음과 같은 방해하는 신호 종류가 더해져서 구성되는 경우, 그리고 만일 신호 스펙트럼이 대역 $|\hat{\omega}_b| \le \hat{\omega}_b$ 안에 집중되어 있다면, 중첩의 원리에 의하여 차단 주파수 $\hat{\omega}_{\text{co}} = \hat{\omega}_b$을 갖는 이상적인 LPF는 원하는 신호는 수정하지 않고 통과시키며 반면에 방해하는 신호의 스펙트럼에서 차단 주파수 이상의 모든 주파수들은 제거한다. 이것은 종종 LPF를 사용하는 동기이다.

7-3.2 이상적인 고역통과 필터

이상적인 고역통과 필터 (HPF)는 저주파에서 차단대역이 낮은 주파수에 중심을 두고 있고, 통과대역은 $|\hat{\omega}| = \hat{\omega}_{\text{co}}$로부터 $|\hat{\omega}| = \pi$까지 확장된다 (샘플링된 신호의 가장 높은 정규화된 주파수는 물론 π이다).

$$H_{\text{HP}}(e^{j\hat{\omega}}) = \begin{cases} 0 & |\hat{\omega}| \le \hat{\omega}_{\text{co}} \\ 1 & \hat{\omega}_{\text{co}} < |\hat{\omega}| \le \pi \end{cases} \tag{7.50}$$

그림 7-7에서는 차단 주파수가 $\hat{\omega}_{\text{co}}$ rad/s인 이상적인 HPF를 보였다. 이 경우, 신호의 고주파 성분

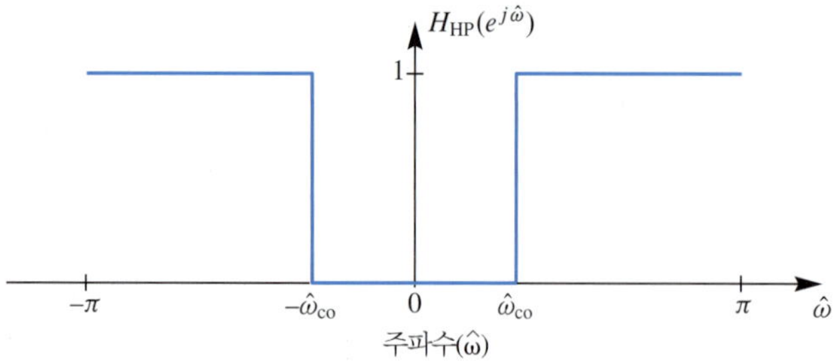

그림 7-7 차단 주파수가 $\hat{\omega}_{co}$인 이상적인 HPF의 주파수 응답.

은 변하지 않고 이 필터를 통과되지만, 반면 낮은 주파수 성분은 완벽하게 제거된다. 고역통과 필터는 종종 샘플된 신호들로부터 DC를 제거하기 위해 사용된다. 이상적인 LPF와 같이, 켤레 대칭 $H_{HP}(e^{-j\hat{\omega}}) = H^*_{HP}(e^{j\hat{\omega}})$을 갖는 이상적인 고역통과 필터를 정의해야 하므로, 그래서 상응하는 임펄스 응답은 시간의 실수 함수이다.

연습문제 7.9 만일 $H_{LP}(e^{j\hat{\omega}})$가 그림 7-5에 그린 것과 같이 차단 주파수 $\hat{\omega}_{co}$인 이상적인 LPF라면, 차단 주파수 $\hat{\omega}_{co}$를 가지는 이상적인 HPF의 주파수 응답은 다음과 같이 표현될 수 있음을 보여라.

$$H_{HP}(e^{j\hat{\omega}}) = 1 - H_{LP}(e^{j\hat{\omega}})$$

힌트: 함수 $1 - H_{LP}(e^{j\hat{\omega}})$을 그려본다.

연습문제 7.10 연습문제 7.9의 결과를 이용하여, 이상적인 HPF의 임펄스 응답이 다음과 같음을 보여라.

$$h_{HP}[n] = \delta[n] - \frac{\sin(\hat{\omega}_{co}n)}{\pi n}$$

7-3.3 이상적인 대역통과 필터

이상적인 대역통과 필터 (BPF)는 낮은 주파수 대역에서 떨어진 곳에 통과대역의 중심을 가지며, 하나는 $\hat{\omega} = 0$ 근처에 다른 하나는 높은 주파수에 총 2개의 차단대역을 갖는다. 두 개의 차단 주파수들은 이상적인 BPF를 정할 때 반드시 필요하며, $\hat{\omega}_{co1}$를 낮은 차단 주파수, $\hat{\omega}_{co2}$를 높은 차단 주파수로 정의한다. 이와 같이, 이상적인 BPF는 다음과 같은 주파수 응답을 갖는다.

$$H_{BP}(e^{j\hat{\omega}}) = \begin{cases} 0 & |\hat{\omega}| < \hat{\omega}_{co_1} \\ 1 & \hat{\omega}_{co_1} \le |\hat{\omega}| \le \hat{\omega}_{co_2} \\ 0 & \hat{\omega}_{co_2} < |\hat{\omega}| \le \pi \end{cases} \tag{7.51}$$

그림 7-8은 차단 주파수가 $\hat{\omega}_{co1}$과 $\hat{\omega}_{co2}$인 이상적인 BPF를 보인다. 다시 한 번, BPF에서도 상응하

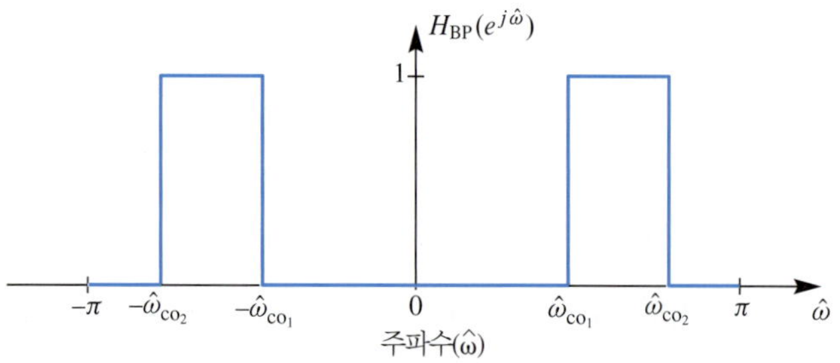

그림 7-8 통과대역이 $\hat{\omega} = \hat{\omega}_{co1}$부터 $\hat{\omega} = \hat{\omega}_{co2}$ 라디안까지인 이상적인 BPF의 주파수 응답

는 임펄스 응답이 실수 값이 되도록, 통과대역과 차단대역에게 대칭 정의를 사용한다. 이 경우, 대역 $\hat{\omega}_{co1} \le |\hat{\omega}| \le \hat{\omega}_{co2}$ 상에 존재하는 신호의 모든 복소 지수함수 성분들은 이 필터를 통과할 때 변하지 않고 통과되지만, 반면에 다른 주파수의 성분들은 완벽히 제거된다.

연습문제 7.11 만일 $H_{BP}(e^{j\hat{\omega}})$가 차단 주파수들이 $\hat{\omega}_{co1}$과 $\hat{\omega}_{co2}$인 이상적인 BPF라고 한다면, $H_{BR}(e^{j\hat{\omega}}) = 1 - H_{BP}(e^{j\hat{\omega}})$으로 정의된 필터는 이상적인 **대역차단(Band-reject)** 필터라고 불릴 수 있다는 것을 그림을 그려 설명하여라. 대역차단 필터의 차단대역의 경계값들을 결정하여라.

7-4 실질적인 FIR 필터

이상적인 필터는 유용한 개념이지만, 유한한 계산량으로는 구현이 불가능하므로 현실적이지 않다. 따라서 실질적인 필터를 구하기 위하여, 이상적인 주파수 응답을 근사화하는 **필터 설계**를 수행한다. FIR 필터의 경우, 필터 설계 방법은 다음과 같은 차분 방정식으로 FIR 필터의 시간 영역의 구현을 위해 필터 계수들 $\{b_k\}$를 생성해야 한다.

$$y[n] = b_0x[n] + b_1x[n-1] + b_2x[n-2] + \cdots + b_Mx[n-M]$$

필터 계수들은 임펄스 응답의 값들과 같고, 임펄스 응답의 DTFT는 설계된 주파수 응답의 실질적인 크기와 위상을 결정한다. 이때 설계된 주파수 응답이 원하는 이상적인 응답과 얼마나 일치하는지를 결정하기 위하여 평가가 되어야 한다. 이상적인 주파수 응답을 근사화하는 방법은 많이 있지만, 우리는 DTFT를 통해 분석할 수 있는 **윈도우잉(Windowing)** 방법에 대하여 중점적으로 다룬다.

7-4.1 윈도우잉

윈도우잉 개념은 신호처리에서 널리 쓰이고 있다. 기본 개념은 아주 긴 신호 $x[n]$에서 **곱셈** $w[n]x[n+n_0]$을 하여 **유한 구간으로 추출**하는 것이다. 이 방법은 윈도우 함수 $w[n]$의 값이 유한한 구간의 바깥에서 0일 때 적절히 동작한다. 필터 설계에서 윈도우는 무한 길이의 이상적인 임펄스 응답 $h_i[n]$[8]을 절단하여, 절단된 임펄스 응답 (Truncated Impulse Response)으로 변경한다. 가장 간단한 윈도우 함수는 7-1.5절에서 공부한 사각파 펄스와 같은 길이 L인 사각파 윈도우이다.

$$w_r[n] = r_L[n] = \begin{cases} 1 & 0 \le n \le L-1 \\ 0 & \text{이외} \end{cases} \tag{7.52}$$

사각파 윈도우를 곱하는 것은 신호를 절단하는 것이다.

윈도우잉의 중요한 개념은 곱 $w_r[n]h_i[n+n_0]$이 신호 $h_i[n]$의 $n = n_0$ 시점으로부터 L개의 값을 추출하는 것이다. 사각파 윈도우에 대하여, 다음을 얻을 수 있다.

8) 아래 첨자 i는 7-3절에서 논의한 이상적인 필터 형태를 의미한다.

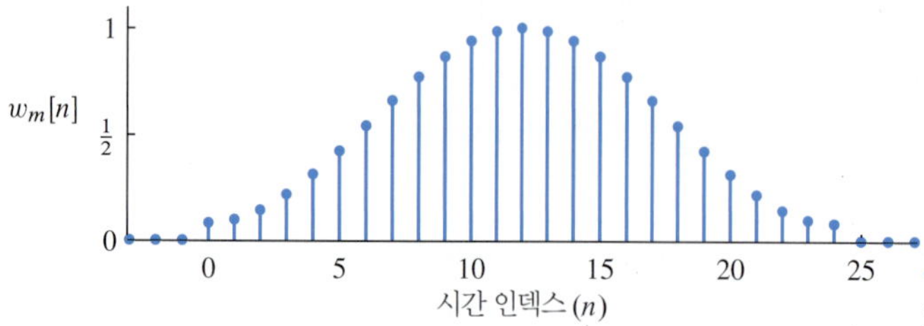

그림 7-9 $n = 0, 1, \ldots, 24$일 때만이 0이 아닌 값을 갖는 길이 25인 해밍 윈도우

$$w_r[n]h_i[n+n_0] = \begin{cases} 0 & n < 0 \\ w_r[n]h_i[n+n_0] & 0 \le n \le L-1 \\ 0 & n \ge L \end{cases} \tag{7.53}$$

윈도우란 이름은 윈도우를 통해 신호를 **살펴볼** 때, 윈도우 구간 내에 신호 $h_i[n + n_0]$의 L개 값만 볼 수 있다는 생각에서 유래되었다. $w[n]$을 곱하는 것은 윈도우를 통해 보는 것과 같다. n_0를 바꾸면, 신호는 이동하고, 이 신호의 길이 L인 다른 구간을 보게 된다.

윈도우 함수의 0이 아닌 값들은 모두 1일 필요는 없으나, 반드시 양수가 되어야 한다. 예를 들어, 대칭인 L-포인트 해밍 (Hamming) 윈도우[9]는 다음과 같이 정의된다.

$$w_m[n] = \begin{cases} 0.54 - 0.46\cos(2\pi n/(L-1)) & 0 \le n \le L-1 \\ 0 & \text{이외} \end{cases} \tag{7.54}$$

MATLAB 함수 `hamming(L)`은 식 (7.54)에 의하여 주어진 값들로 벡터를 계산한다. 그림 7-9에서 해밍 윈도우의 stem 그래프는 중앙에는 값이 크지만 가장자리로 갈수록 값이 작아짐을 확인할 수 있다. 윈도우의 길이는 짝수나 홀수가 가능하지만, 홀수 길이의 해밍 윈도우가 특성을 지정하기 쉽다. 중앙점 $n = (L-1)/2$에서의 최댓값은 1.0이고, $w_m[n] = w_m[L-1-n]$이므로 이 윈도우는 중앙점을 기준으로 우함수 대칭이다.

7-4.2 필터 설계

이상적인 필터는 **완벽한** 통과대역과 차단대역으로 구성된, 주파수 응답으로 정의된다. 이상적인 필터는 FIR이 될 수 없으며, 그 이유는 DTFT가 이상적인 주파수 응답과 같아지는 유한개의 필터 계수들의 집합이 존재할 수 없기 때문이다. 이상적인 LPF의 임펄스 응답이 다음의 DTFT 쌍으로 보인 것과 같이 무한히 긴 sinc 함수라는 것을 보이는 그림 7-1을 기억해 본다.

$$h_i[n] = \frac{\sin(\hat{\omega}_{\text{co}} n)}{\pi n} \overset{\text{DTFT}}{\longleftrightarrow} H_i(e^{j\hat{\omega}}) = \begin{cases} 1 & |\hat{\omega}| \le \hat{\omega}_{\text{co}} \\ 0 & \hat{\omega}_{\text{co}} < |\hat{\omega}| \le \pi \end{cases} \tag{7.55}$$

여기서 $\hat{\omega}_{\text{co}}$는 이상적인 LPF의 **차단 주파수**가 되며, 이것은 차단대역과 통과대역을 구분한다. 이 sinc 함수는 무한히 길다.

7-4.2.1 이상적인 임펄스 응답의 윈도우

실제적인 FIR 필터를 만들기 위하여, 윈도우에 sinc 함수를 곱해서 길이 L인 임펄스 응답을 만들

9) 이 윈도우는 제8장에서 논의된 한 (Hann) 윈도우 (8.49)의 0.5 계수들을 약간 조정하면, 개선된 주파수 영역의 특성을 만든다는 것을 발견한 Richard Hamming의 이름으로부터 명명되었다.

수 있다. 하지만, 직관적으로 이상적인 임펄스 응답으로부터 최댓값을 사용해야 하므로, sinc 함수의 메인로브 (main lobe)가 윈도우의 중심이 되도록 sinc 함수를 이동해야 한다. DTFT의 이동 성질로부터, $(L-1)/2$의 시간 이동은 DTFT의 선형 위상을 만든다. 따라서 윈도우잉을 통해 얻은 임펄스 응답은 다음과 같다.

$$h[n] = w[n]h_i[n-(L-1)/2] = \begin{cases} w[n]\dfrac{\sin(\hat{\omega}_{co}(n-(L-1)/2))}{\pi(n-(L-1)/2)} & n = 0, 1, \ldots, L-1 \\ 0 & \text{이외} \end{cases} \tag{7.56}$$

여기서 $w[n]$은 윈도우로, 사각파 또는 해밍 윈도우 중의 하나이다.[10] 윈도우의 0이 아닌 영역은 $n = 0$에서 시작하므로, 결과적인 FIR 필터는 인과적이다. 실제적인 FIR 필터는 이상적인 임펄스 응답의 윈도우된 버전인 임펄스 응답을 갖는다라고 보통 말한다.

윈도우잉 연산은 그림 7-10(a)에 이상적인 임펄스 응답을 길이 $L = 25$로 잘라낸 사각파 윈도우에 대하여 보였다. 그림 7-10(b)에는, 이상적인 임펄스 응답을 잘라낸 해밍 윈도우된 임펄스 응답 $h_m[n]$을 보였고, 또한 중간지점보다 가장자리에서 값을 더 줄이도록 가중치를 설정하였다. 중간지점 값은 보존된다 (즉, $h_m[12] = \hat{\omega}_{co}/\pi$), 반면 처음과 마지막 지점은 ($h_m[0] = 0.08h_i[0]$과 같이) 원래 값의 8%가 된다. 해밍 윈도우의 연속적인 형태는 절단된 이상적인 임펄스 응답에 적용된 가중치를 보여주기 위해 그림 7-10(a)에 보였다. 해밍 윈도우를 사용하는 장점은 절단된 이상적인 저역통과 임펄스 응답에서의 양끝의 값을 부드럽게 만들 수 있다는 사실로부터 온다.

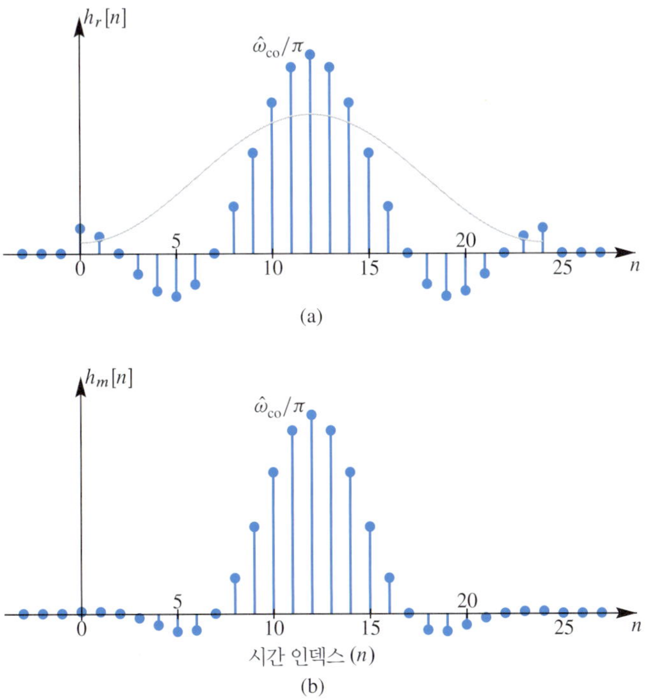

그림 7-10 두 LPF에 대한 임펄스 응답들. (a) 사각파 윈도우를 갖는 길이 25인 LPF (즉, 절단된 sinc함수). (b) 25-포인트 해밍 윈도우를 사용한 길이 25인 LPF로 sinc 함수를 곱하였다. 해밍 윈도우의 모양은 (a)에 보였으며, (a)에서 보인 sinc함수를 절단하고 곱하여 (b)의 그래프를 만들었기 때문이다.

10) 여기에서는 구형파와 해밍 윈도우만을 고려하지만 다양한 다른 윈도우 함수가 존재하고 이들은 다른 주파수 응답 특성을 가진 필터 역할을 수행한다.

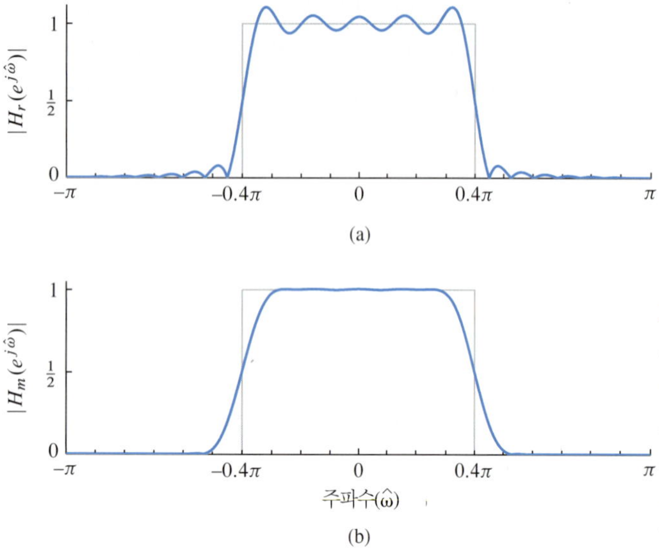

그림 7-11 그림 7-10에 보인 임펄스 응답을 갖는 LPF에 대한 주파수 응답의 크기. (a) 길이 25의 LPF로 사각파 윈도우를 이용하여 구한 절단된 sinc 함수 형태의 임펄스 응답을 갖는다. (b) 25-포인트 LPF로 임펄스 응답이 25-포인트 해밍 윈도우와 sinc 함수의 곱이다. $\hat{\omega}_{co} = 0.4\pi$를 갖는 이상적인 LPF는 회색으로 보였다. 이 두 필터들의 위상 응답은 기울기가 $-(L-1)/2 = -12$인 선형 위상이다.

7-4.2.2 실질적인 필터의 주파수 응답

실질적인 필터는 주파수 응답이 이상적인 필터의 바람직한 주파수 응답에 가깝게 근사화하는 인과적인 길이 L인 필터이다. 윈도우된 sinc의 DTFT를 수행할 수 있다고 하더라도, 결과로 나오는 식은 상당히 복잡하고 주파수 영역의 근사화의 품질에 대한 많은 정보를 주지 않는다. 대신, 윈도우된 필터 계수들에 대한 간단한 식을 갖고 있으므로, MATLAB의 `freqz` 함수를 사용하여 주파수 응답을 직접 계산할 수 있다.

그림 7-11(a)에는 $\hat{\omega}_{co} = 0.4\pi$를 갖는 길이 25로 절단한 이상적인 임펄스 응답을 갖는 FIR 필터의 크기 응답을 보였다. 실제 필터의 통과대역은 평평하지 않지만, 원하는 통과대역 값인 1의 위아래로 진동한다; 차단대역에서도 유사한 현상을 보인다. 이런 **통과대역 및 차단대역의 리플(Ripple)**들은 이상적인 LPF를 근사화하는 실제 FIR 필터에서 보통 관찰되고, 사각파 윈도우에서 특별히 현저하게 나타난다.

그림 7-11(b)는 임펄스 응답이 길이 25인 해밍 윈도우된 sinc인 FIR 필터의 크기 응답을 보였다. 이 경우, 리플들은 크기 그래프에서는 보이지 않으며, 이것은 스케일이 선형이고 리플들이 0.0033미만으로, 아주 작기 때문이다. 통과대역에서 1이라는 값을, 차단대역에서는 0의 값을 근사화한다는 측면에서, 해밍 윈도우된 이상적인 LPF가 훨씬 더 우수하다. 그러나 이 개선된 근사화 방법은 비용이 든다 — 차단 주파수 근처 통과대역의 경계는 훨씬 더 작은 기울기를 갖는다. 필터 설계에서, 통과대역에서 차단대역으로 **보다 천천히 떨어진다**라는 표현을 종종 말한다. 어떤 필터가 좋은가란 질문에 답을 할 수 있기 전에, 리플들이 크기가 통과대역에서 차단대역으로 떨어지는 비율보다 더욱 중요한지 혹은 그 반대인지를 먼저 결정해야 한다.

7-4.2.3 주파수 응답을 위해 정의된 통과대역

주파수 선택적 디지털 필터 (예를 들어, LPF, BPF, HPF)들은 어떤 주파수 영역에서는 1에 가깝고, 다른 영역에서는 0에 가까운 크기 응답을 갖는다. 예를 들어, 그림 7-12(a)의 그래프는 LPF로 그 크기 응답이 $0 \le \hat{\omega} < 0.364\pi$일 때 1의 (대략) ±10% 안에 있다. 크기가 1에 가까운 이 영역을 이 필터의 **통과대역(Passband)**이라 부른다. 통과대역의 경계들을 정확히 정의하는 것은 유용하며, 그래서 통과대역의 폭이 측정 가능하며 다른 필터들과 비교할 수 있도록 해준다.

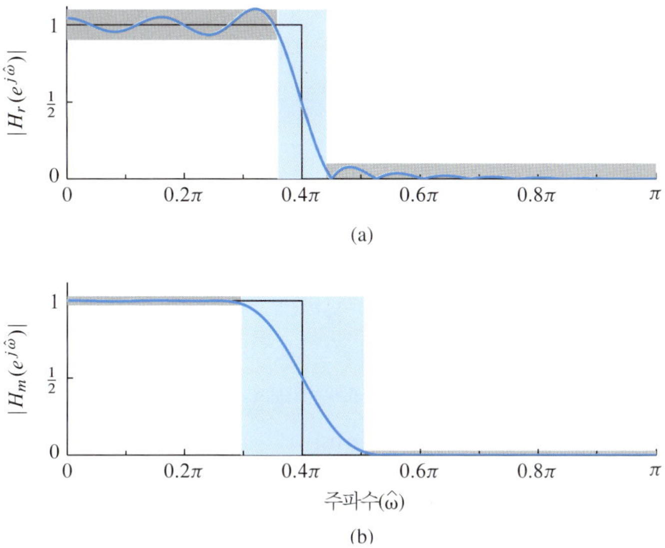

그림 7-12 전이대역을 따라 통과대역과 차단대역의 리플들의 허용오차를 보여주는 LPF의 템플릿 안의 크기 응답. (a) 사각파 윈도우 (즉, 절단된 sinc)의 길이 25인 LPF $H_r(e^{j\hat{\omega}})$. (b) 25-포인트 해밍 윈도우를 사용한 길이 25의 LPF $H_m(e^{j\hat{\omega}})$. 주파수의 반인 양의 주파수만을 보였으며, 그 이유는 임펄스 응답이 실수일 때는 항상 크기 응답이 우함수이기 때문이다.

크기 응답의 그래프로부터 (예를 들어, MATLAB의 `freqz` 함수 등을 통해) 크기가 1에 아주 근접한 주파수의 집합을 결정하는 것이 가능하며, 이 주파수 집합은 $||H(e^{j\hat{\omega}})| - 1|$이, **통과대역 리플**로 불리는, δ_p보다 작도록 하는 주파수로 정의된다. 원하는 통과대역 리플에 대한 일반적인 설계 선택은 0.01과 0.1 사이의 값 (즉, 1%에서 10%로)이다. LPF에 대하여는, 통과대역 구간은 $\hat{\omega} = 0$에서부터 $\hat{\omega}_p$까지 확장되며, 여기서 파라미터 $\hat{\omega}_p$는 **통과대역 경계**라고 불린다.

그림 7-12에 보인 두 LPF에 대하여, 그림 7-13에서 확대된 그래프로부터 δ_p와 $\hat{\omega}_p$을 정확하게 측정할 수 있다. 사각파 윈도우의 경우, 주의 깊게 측정해보면 최대 통과대역 리플의 크기는 $\delta_p = 0.104$이고, 통과대역 경계는 $\hat{\omega}_p = 0.364\pi$이다. 해밍 윈도우의 경우, 그림 7-13에서와 같이, 리플들을 보기 위하여 통과대역 영역을 확대한 그래프가 필요하다. 그러면, 해밍 윈도우의 경우에 대하여는 통과대역 리플이 $\delta_p = 0.003$으로 측정할 수 있고, 이 값은 30배 이상 더 작다. 일단 통과대역의 크기가 정해지면, 통과대역의 경계를 측정할 수 있다 — 그림 7-12(b)에서 이 값은 $\hat{\omega}_p = 0.2596\pi$이다. **실제적인 통과대역의 경계**들은 **차단 주파수**라고 불리는 설계 파라미터 $\hat{\omega}_{co}$와는 동일

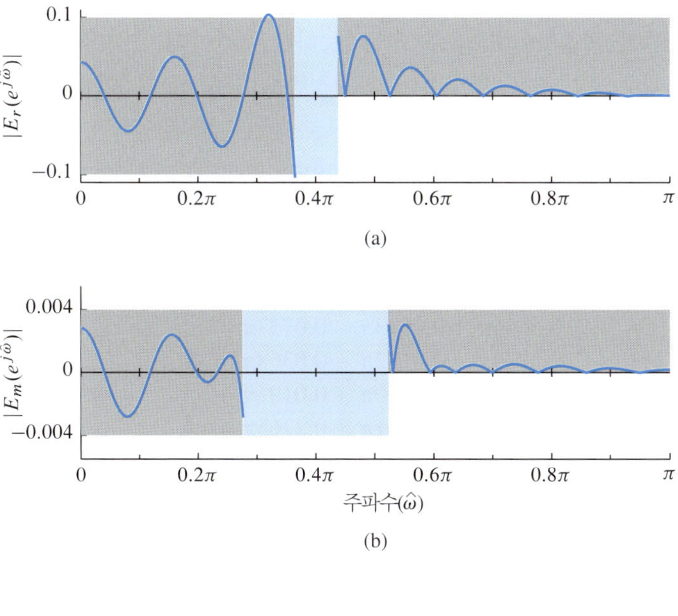

그림 7-13 실제의 크기 응답과 이상적인 것과의 사이의 에러, $E(e^{j\hat{\omega}}) = |H(e^{j\hat{\omega}})| - |H_i(e^{j\hat{\omega}})|$를 확대한 그림으로, 통과대역과 차단대역의 리플들을 보여준다. (a) 사각파 윈도우를 이용한 길이 25인 LPF $H_r(e^{j\hat{\omega}})$ (즉, 절단된 이상적인 저역통과 임펄스 응답). (b) 25-포인트 해밍 윈도우를 사용한 길이 25의 LPF $H_m(e^{j\hat{\omega}})$. 해밍 윈도우의 경우 리플들이 30배 이상 작다.

하지 않다는 것을 주의한다. 때때로 **통과대역 차단 주파수**라는 용어가 통과대역의 경계라는 의미로 사용될 때가 있으며, 이것은 $\hat{\omega}_{co}$와 $\hat{\omega}_p$가 같을지도 모른다는 것을 의미하지만, 몇몇 예를 본 후에는, 이것이 절대로 사실이 아니라는 것이 명확해진다.

7-4.2.4 주파수 응답에 대하여 정의된 차단대역

디지털 필터의 주파수 (크기) 응답이 0에 가까워질 때, 필터의 **차단대역(Stopband)** 영역을 갖는다. 만약 어떤 LPF의 크기 응답이 음이 아닌 주파수에 대하여만 그려진다면, 차단대역은 $\hat{\omega}_s \le \hat{\omega} \le \pi$의 형태의 영역이다. 파라미터 $\hat{\omega}_s$는 **차단대역의 경계(Edge)**라고 불린다. 그림 7-12(a)와 7-13(a)의 사각파 윈도우 LPF 예에서, 크기 응답은 $0.438\pi \le \hat{\omega} \le \pi$일 때 (즉, 높은 주파수에서) 0에 가까워진다. 이 영역에 대한 차단대역 리플은 0.1보다 작게 될 것으로 예측되며, $\delta_s = 0.077$로 측정되었다. 사각파 윈도우된 sinc의 경우, 차단대역의 경계는 $\hat{\omega}_s = 0.4383\pi$이다.

해밍 윈도우 LPF에 대해서도 그림 7-12(b)와 7-13(b)를 이용하여 이 과정을 반복하여, 차단대역의 리플 δ_s와 크기가 δ_s보다 작은 주파수들의 집합을 결정할 수 있다. 결과는 차단대역 리플의 측정값이 0.0033이며, 대응되는 차단대역 경계 $\hat{\omega}_s = 0.5361\pi$이다.

7-4.2.5 LPF의 전이 구간

통과대역이 끝나는 곳의 주파수와 같은 주파수에서 차단대역이 시작하는 이상적인 LPF와는 다르게, 실질적인 필터에서는 통과대역 경계와 차단대역 경계 사이에는 0이 아닌 차이가 항상 존재한다. 이 차이를 필터의 **전이 폭(Transition Width)**: $\Delta\hat{\omega} = \hat{\omega}_s - \hat{\omega}_p$이라고 부른다. 전이 폭이 작을수록, 필터는 더 좋으며, 그 이유는 전이 폭이 0인 **이상적인 필터**에 더 가깝기 때문이다.

그림 7-12의 LPF에 대하여, 사각파 윈도우된 sinc의 측정된 전이 폭은 다음과 같다.

$$\Delta\hat{\omega}_r = \hat{\omega}_s - \hat{\omega}_p = 0.4383\pi - 0.3646\pi = 0.0737\pi \tag{7.57a}$$

반면에 해밍 윈도우된 sinc의 경우 다음과 같이 거의 4배 이상 넓은 전이 폭을 보인다.

$$\Delta\hat{\omega}_m = \hat{\omega}_s - \hat{\omega}_p = 0.5361\pi - 0.2596\pi = 0.2765\pi \tag{7.57b}$$

예제 7-7 전이 폭 대 필터 차수

전이 폭의 성질 중 하나는 필터 차수를 변경함에 따라 조절이 가능하다는 것이다. 근사화한 역 관계도 존재하며, 그래서 차수를 두 배로 높일 경우 전이 폭이 대략 절반으로 줄어든다. 이 아이디어는 그림 7-12(b)에서 차수 24에 해당하는 길이 25의 사각파 윈도우로 테스트할 수 있다. 만약 우리가 같은 차단 주파수 $\hat{\omega}_{co} = 0.4\pi$를 갖지만, 차수가 2배 (즉, $M = 48$)인 새로운 LPF를 설계한다면, 대역 경계들 $\hat{\omega}_p$, $\hat{\omega}_s$들과 전이 폭 $\Delta\hat{\omega}$에 대한 측정을 다음과 같이 반복할 수 있다.

필터	차수 : M	$\hat{\omega}_p$	$\hat{\omega}_s$	$\Delta\hat{\omega}$
사각파	24	0.3646π	0.4383π	0.0737π
사각파	48	0.3824π	0.4192π	0.0368π
사각파	96	0.3909π	0.4100π	0.0191π
해밍	24	0.2596π	0.5361π	0.2765π
해밍	48	0.3308π	0.4687π	0.1379π
해밍	96	0.3660π	0.4340π	0.0680π

$\Delta\hat{\omega}$의 값을 비교하면, 비율은 $(0.0737\pi)/(0.0368\pi) = 2.003$이다. 차수를 한 번 더 두 배로 만들어 $M = 96$이 되면, 전이 폭은 0.0191π가 되고, 그래서 비율은 $(0.0737\pi)/(0.0191\pi) = 3.86 \approx 4$가 된다. 해밍 윈도우의 경우, $M = 48$에 대한 측정된 전이 폭은 $\Delta\hat{\omega} = 0.1379\pi$이고, $M = 96$에 대하여는, $\Delta\hat{\omega} = 0.0680\pi$이다. 0.1379π와 0.0680π에 대한 0.2765π의 비율은 2.005와 4.066이고, 이는 예상하였던 대략적인 역 관계가 성립함을 보여준다.

LAB
FIR 필터 설계

식 (7.57a)와 (7.57b)에서의 전이 폭들을 비교하면, $\Delta\hat{\omega}_m = 3.75\Delta\hat{\omega}_r$이며, 그래서 $L = 25$에서 해밍 윈도우의 LPF의 전이 폭은 약 4배 이상 크다. 이 실험적인 관찰은 "LPF를 근사화하는 같은 차수의 FIR 필터를 비교할 때, 큰 전이 폭을 갖는 필터가 더 작은 리플들을 갖는다"라는 명제를 확인할 수 있다. 하지만, 이 명제는 단순히 전이 폭을 넓히면 리플들의 크기를 줄일 수 있다는 것을 의미하지는 않는다. 해밍 윈도우 필터와 같은, 하나의 윈도우 형태 내에서는, 전이 폭을 변경하여도 리플의 크기가 단순히 몇 퍼센트 이상 변하지는 않는다.

7-4.2.6 필터 사양의 정리

리플, 대역 경계들, 전이 폭에 대한 앞서의 논의는 그림 7-12에 보인 것과 같이 허용 오차 방식으로 정리될 수 있다. 필터 설계 과정은 이상적인 주파수 응답을 아주 근접하게 근사화하는 것이다. 일단 원하는 리플과 대역 경계들을 지정하면, 이상적인 주파수 응답 주변에 템플릿을 그릴 수 있다. 사실상, 이 템플릿에서는 리플의 크기와 전이 폭 사이에 트레이드오프 관계를 반드시 제공해야 한다. 그러면, 허용되는 필터 설계는 크기 응답이 이 템플릿 안에 모두가 들어오는 모든 FIR 필터가 될 것이다. 해밍 윈도우 방법은 지금까지 개발된 많은 설계 방법 중에 단지 한 가지 가능한 방법이다.

7-4.3 필터 설계를 위한 GUI

데모
FIR 필터 설계 GUI

`filterdesign`이라 불리는 DSP-First GUI는 LPF, BPF, HPF 필터에 대한 몇 가지 필터 설계 방식을 설명한다. 이 인터페이스는 그림 7-14에 보였다. FIR과 IIR 필터 모두 설계될 수 있지만, 지금은 상단 오른쪽에 있는 `FIR` 버튼으로 선택되는 FIR 경우만 설명하고자 한다. 디폴트 설계 방식은 해밍 윈도우를 사용한 **윈도우 방식(Window Method)**이다. 윈도우 형태는 오른쪽 아래에 있는 드롭다운 리스트로부터 다른 윈도우 형태를 선택하여 변경할 수 있다. 설계를 지정하기 위하여, FIR 필터의 차수와 하나 혹은 그 이상의 차단 주파수를 설정할 필요가 있다; 이 파라미터들은 편집 상자에서 입력이 가능하다.

이 그림은 처음에는 Hz 단위의 주파수 축에서 주파수 응답의 크기를 선형 스케일로 보여준다. 단어 Magnitude를 클릭하면 크기 스케일을 dB 단위의 로그 스케일로 토글된다. 단어 Frequency를 클릭하면 주파수 축을 정규화된 주파수 $\hat{\omega}$으로 토글되고, rad 단위의 $\hat{\omega}_{co}$을 이용한 차단 주파수를 입력할 수 있다. 여기서 $\hat{\omega}_{co} = 2\pi(f_{co}/f_s)$라는 것을 기억한다. 그래프 영역은 $H(e^{j\hat{\omega}})$의 위상 응답이나 또는 필터 $h[n]$의 임펄스 응답도 또한 보여줄 수 있다. 그림 영역에서 우측 클릭을 하면 메뉴를 얻을 수 있다. Option 메뉴에서 `Options -> Zoom`과 `Options -> Grid`를 통해 확대(zooming)하거나 격자를 넣을 수 있다.

필터 계수들은 메뉴 `File -> Export Coeffs`를 이용하여 GUI로부터 내보낼 수 있다. 비교하기 위하여 여러 필터들을 만들기 위해서는, 그림 7-12의 설계를 다시 하고, 필터 계수들을 작업

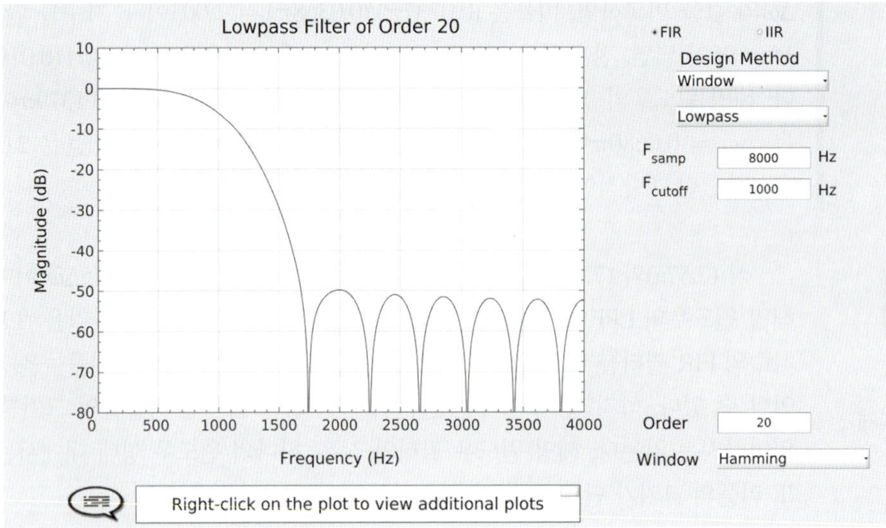

그림 7-14 `filterdesign` GUI에 대한 인터페이스. 필터 선택을 FIR으로 지정하면, 해밍 윈도우와 사각파 윈도우(즉, 유한 길이로 절단한)를 포함하여, 다양한 필터 형태를 선택할 수 있다. 하나 이상의 차단 주파수 f_{co}는 Hz 단위의 샘플링 속도 (Hz 단위의 f_s)와 함께 (Hz 단위의) 연속시간 주파수를 이용하여 입력해야 한다. 정규화된 주파수에서는, 차단 주파수는 $\hat{\omega}_{co} = 2\pi(f_{co}/f_s)$이다.

공간으로 유일한 이름으로 내보낸다. 다음에, MATLAB에서 `freekz` 함수 (또는 `freqz`) 다음에 `plot` 명령을 이용하여 자기만의 주파수 응답의 그래프를 그릴 수 있다. 예를 들어, 리플과 전이 폭을 측정값들을 체크하기 위하여, 그림 7-13에서와 같이 크기 응답 그래프들을 확대할 수 있다.

7-5 푸리에 변환 성질과 짝에 대한 표

표 7-1에는 이 장에서 유도한 모든 푸리에 변환 짝뿐만 아니라 유도하지 않았던 짝 모두를 포함한

데모
비주얼 DTFT 짝들

표 7-1 기본적인 이산시간 푸리에 변환 짝

시간 영역: $x[n]$	주파수 영역: $X(e^{j\hat{\omega}})$
$\delta[n]$	1
$\delta[n-n_d]$	$e^{-j\hat{\omega}n_d}$
$r_L[n] = u[n] - u[n-L]$	$\dfrac{\sin(\frac{1}{2}L\hat{\omega})}{\sin(\frac{1}{2}\hat{\omega})} e^{-j\hat{\omega}(L-1)/2}$
$r_L[n]\, e^{j\hat{\omega}_0 n}$	$\dfrac{\sin(\frac{1}{2}L(\hat{\omega}-\hat{\omega}_o))}{\sin(\frac{1}{2}(\hat{\omega}-\hat{\omega}_o))} e^{-j(\hat{\omega}-\hat{\omega}_o)(L-1)/2}$
$\dfrac{\sin(\hat{\omega}_b n)}{\pi n}$	$\begin{cases} 1 & \lvert\hat{\omega}\rvert \le \hat{\omega}_b \\ 0 & \hat{\omega}_b < \lvert\hat{\omega}\rvert \le \pi \end{cases}$
$a^n u[n] \quad (\lvert a\rvert < 1)$	$\dfrac{1}{1-ae^{-j\hat{\omega}}}$
$-b^n u[-n-1] \quad (\lvert b\rvert > 1)$	$\dfrac{1}{1-be^{-j\hat{\omega}}}$

표 7-2 기본적인 이산시간 푸리에 변환 성질들

DTFT 짝의 표		
성질 명	시간 영역: $x[n]$	주파수 영역: $X(e^{j\hat{\omega}})$
$\hat{\omega}$에서 주기성		$X(e^{j(\hat{\omega}+2\pi)}) = X(e^{j\hat{\omega}})$
선형성	$ax_1[n] + bx_2[n]$	$aX_1(e^{j\hat{\omega}}) + bX_2(e^{j\hat{\omega}})$
켤레 대칭	$x[n]$이 실수	$X(e^{-j\hat{\omega}}) = X^*(e^{j\hat{\omega}})$
켤레 신호	$x^*[n]$	$X^*(e^{-j\hat{\omega}})$
역시간	$x[-n]$	$X(e^{-j\hat{\omega}})$
지연	$x[n - n_d]$	$e^{-j\hat{\omega}n_d}X(e^{j\hat{\omega}})$
주파수 이동	$x[n]e^{j\hat{\omega}_0 n}$	$X(e^{j(\hat{\omega}-\hat{\omega}_0)})$
변조	$x[n]\cos(\hat{\omega}_0 n)$	$\frac{1}{2}X(e^{j(\hat{\omega}-\hat{\omega}_0)}) + \frac{1}{2}X(e^{j(\hat{\omega}+\hat{\omega}_0)})$
콘볼루션	$x[n] * h[n]$	$X(e^{j\hat{\omega}})H(e^{j\hat{\omega}})$
자기 상관	$x[-n] * x[n]$	$\lvert X(e^{j\hat{\omega}})\rvert^2$
파시발 정리	$\sum_{n=-\infty}^{\infty} \lvert x[n]\rvert^2 = \frac{1}{2\pi}\int_{-\pi}^{\pi} \lvert X(e^{j\hat{\omega}})\rvert^2 d\hat{\omega}$	

다. 또한, 시스템을 설계하고 분석하는 데 편리하게 사용되는 푸리에 변환의 기본 성질들은 쉽게 참조할 수 있도록 표 7-2에 정리하였다.

7-6 요약 및 링크

이 장에서는, DTFT 개념을 소개하였고, 선형 시스템의 동작을 이해하기 위하여 DTFT의 몇 개의 기본 성질들을 개발하였다. DTFT는 시스템들뿐만 아니라 신호들에 대한 주파수 영역 표현을 제공하며, 다른 푸리에 변환들처럼 이산 신호의 스펙트럼의 개념을 일반화한다. 주파수 응답의 개념을 일반화하여 DTFT를 구하였고, 역변환이 다양한 이상적인 필터의 임펄스 응답들을 얻는 데 어떻게 사용될 수 있는지를 보였다. 따라서 DTFT가 사각 윈도우와 해밍 윈도우 등에 기반한 실질적인 필터 설계 방법에서 중요한 역할을 한다는 것은 놀랄 일은 아니다.

7-7 문제

참고
문제와 풀이

이 절의 문제들은 이 장의 주요 개념들을 다룬다. 동반 웹사이트에는 복습과 실습에 사용될 수 있는 관련된 숙제 문제들이 많이 있다. 이들 중에 대부분은 상세한 해답이 제공되었다.

P-7.1 다음의 신호들 각각에 대하여 DTFT를 구하여라.

(a) $x_1[n] = 2\delta[n-3]$

(b) $x_2[n] = 3\delta[n-2] - \delta[n-3] + 3\delta[n-4]$

(c) $x_3[n] = 7u[n-1] - 7u[n-9]$

(d) $x_4[n] = \dfrac{\sin(0.25\pi n)}{9\pi n}$

P-7.2 다음의 변환들 각각에 대하여 역DTFT를 구하여라.

(a) $Y_1(e^{j\hat{\omega}}) = 2\pi$

(b) $Y_2(e^{j\hat{\omega}}) = 5e^{-j3\hat{\omega}}$

(c) $Y_3(e^{j\hat{\omega}}) = 6\cos(3\hat{\omega})$

(d) $Y_4(e^{j\hat{\omega}}) = j\sin(7\hat{\omega})$

P-7.3 적절한 역 또는 순방향 DTFT를 구하여라.

(a) $V_1(e^{j\hat{\omega}}) = \begin{cases} 1 & |\hat{\omega}| \le 0.3\pi \\ 0 & 0.3\pi < |\hat{\omega}| \le \pi \end{cases}$

(b) $v_2[n] = \begin{cases} 0 & n < 0 \\ 1 & n = 0, 1, \dots, 9 \\ 0 & n > 9 \end{cases}$

(c) $V_3(e^{j\hat{\omega}}) = \begin{cases} 0 & |\hat{\omega}| \le 0.3\pi \\ 1 & 0.3\pi < |\hat{\omega}| \le \pi \end{cases}$

(d) $v_4[n] = \begin{cases} 0 & n < 0 \\ (-1)^n & n = 0, 1, \dots, 9 \\ 0 & n > 9 \end{cases}$

P-7.4 다음 신호들 각각에 대하여 DTFT를 구하여라.

(a) $h_1[n] = 5\delta[n] - \dfrac{\sin(0.25\pi n)}{0.2\pi n}$

(b) $h_2[n] = \dfrac{\sin(0.4\pi n)}{0.1\pi n} - \dfrac{\sin(0.1\pi n)}{0.1\pi n}$

(c) $h_3[n] = \dfrac{\sin(0.4\pi(n-8))}{\pi(n-8)} - \dfrac{\sin(0.1\pi(n-8))}{\pi(n-8)}$

P-7.5 다음 차분 방정식으로 정의된 LTI 시스템을 고려한다.

$$y[n] = 3x[n-2] + 3x[n-3] + 3x[n-4] + 3x[n-5] + 3x[n-6] = \sum_{k=2}^{6} 3x[n-k]$$

이 시스템의 주파수 응답이 다음과 같은 디리클레 형과 유사한 형태로 표현될 수 있다.

$$H(e^{j\hat{\omega}}) = \alpha \left(\frac{\sin(L\hat{\omega}/2)}{\sin(\hat{\omega}/2)} \right) e^{-j\beta\hat{\omega}}$$

파라미터들 L, α, β의 값들을 결정하여라.

P-7.6 DTFT는 반드시 주기가 2π인 주기함수이어야 하므로, DTFT는 $-\pi \le \hat{\omega} < \pi$ 상에서만 정의하는 것으로 충분하다. 다음의 이상적인 필터 각각에 대하여, 주어진 DTFT의 역변환을 구하여라.

(a) $G_1(e^{j\hat{\omega}}) = \begin{cases} 5e^{-j0.3\hat{\omega}} & 0 \le |\hat{\omega}| \le 0.4\pi \\ 0 & 0.4\pi < |\hat{\omega}| \le \pi \end{cases}$

(b) $G_2(e^{j\hat{\omega}}) = \begin{cases} 0 & 0 \le |\hat{\omega}| \le 0.7\pi \\ 4e^{-j0.1\hat{\omega}} & 0.7\pi < |\hat{\omega}| \le \pi \end{cases}$

(c) $G_3(e^{j\hat{\omega}}) = \begin{cases} 0 & 0 \le |\hat{\omega}| \le 0.4\pi \\ 9e^{-j0.2\hat{\omega}} & 0.4\pi < |\hat{\omega}| \le 0.7\pi \\ 0 & 0.7\pi < |\hat{\omega}| \le \pi \end{cases}$

P-7.7 DTFT의 콘볼루션 성질은 LTI 필터링할 때 발생하는 어려운 연산들을 간단하게 만들 수 있다. 다음을 간단히 만들어라.

(a) $x_1[n] = \dfrac{\sin(0.25\pi n)}{9\pi n} * \dfrac{\sin(0.44\pi n)}{4\pi n}$

(b) $x_2[n] = \dfrac{\sin(0.25\pi n)}{9\pi n} * \dfrac{\sin(0.25\pi n)}{8\pi n} * \dfrac{\sin(0.25\pi n)}{7\pi n}$

(c) $x_3[n] = (0.3)^n u[n] * (10\delta[n-2] - 3\delta[n-3])$

P-7.8 어떤 LTI 시스템의 주파수 응답이 $H(e^{j\hat{\omega}}) = \cos(3\hat{\omega})$라고 한다. 다음 각각의 입력 신호에 대하여 시스템의 출력을 결정하여라.

(a) $x_1[n] = \delta[n-3]$

(b) $x_2[n] = 3\cos(0.25\pi n)$

(c) $x_3[n] = u[n] - u[n-9]$

P-7.9 주파수 이동 성질의 한 예는 진폭이 작아지며 진동하는 신호를 응답으로 갖는 물리적인 시스템을 모델링할 때 발생한다. 정확한 형태는 지수함수와 삼각함수의 곱 $x[n] = a^n\cos(\hat{\omega}_0 n)u[n]$이다.

(a) 역 Euler 공식을 이용하여 $x[n]$을 다음 식과 같이 나타낼 수 있음을 보여라.

$$x[n] = \tfrac{1}{2}e^{j\hat{\omega}_0 n}a^n u[n] + \tfrac{1}{2}e^{-j\hat{\omega}_0 n}a^n u[n]$$

(b) 식 (7.6)의 DTFT 짝을 사용하고, 식 (7.25)의 주파수 이동 성질을 2번 적용한 후, 두 개의 분수에 대한 공통된 분모를 구하는 방법으로, $X(e^{j\hat{\omega}})$을 다음과 같이 기술할 수 있음을 보여라.

$$X(e^{j\hat{\omega}}) = \frac{1 - a\cos(\hat{\omega}_0)e^{-j\hat{\omega}}}{(1 - ae^{j\hat{\omega}_0}e^{-j\hat{\omega}})(1 - ae^{-j\hat{\omega}_0}e^{-j\hat{\omega}})} = \frac{1 - a\cos(\hat{\omega}_0)e^{-j\hat{\omega}}}{1 - 2a\cos(\hat{\omega}_0)e^{-j\hat{\omega}} + a^2e^{-j\hat{\omega}2}}$$

P-7.10 신호 $v[n] = a^n u[n]$에 대하여, DTFT $V(e^{j\hat{\omega}})$는 표 7-1에서 찾을 수 있다. 아래 질문에 대하여, $a = 0.95$라 가정한다.

(a) $-\pi < \hat{\omega} \le \pi$에 대하여 $|V(e^{j\hat{\omega}})|^2$의 그래프를 그려라.
(b) 만약 $V(e^{j\hat{\omega}})$이 주파수 응답이었다면, 이 필터는 저역 통과, 고역 통과, 또는 대역통과 필터 중 어떤 것인가?
(c) $w[n] = v[n]\cos(0.3\pi n)$이라고 정의하고, $-\pi < \hat{\omega} \le \pi$에서 $|W(e^{j\hat{\omega}})|^2$의 그래프를 그려라.
(d) 만일 $W(e^{j\hat{\omega}})$이 주파수 응답이라면, 이 필터는 저역 통과, 고역 통과, 또는 대역통과 필터 중 어떤 것인가?

P-7.11 $H_{LP}(e^{j\hat{\omega}})$는 그림 7-5와 같이, 대역 경계 $\hat{\omega}_{co}$을 갖는 이상적인 LPF라고 가정한다.

(a) 차단 주파수 $\hat{\omega}_{co}$을 갖는 이상적인 HPF의 주파수 응답은 다음과 같이 나타낼 수 있음을 보여라.

$$H_{HP}(e^{j\hat{\omega}}) = 1 - H_{LP}(e^{j\hat{\omega}})$$

(b) 이 이상적인 HPF의 차단 주파수를 결정하여라.
(c) (a)의 결과를 이용하여 이 HPF의 임펄스 응답 $h_{HP}[n]$의 식을 결정하여라.

P-7.12 $H_{BP}(e^{j\hat{\omega}})$가 식 (7.51)과 같고 그림 7-8에 보인 것과 같이 $\hat{\omega}_{co1}$와 $\hat{\omega}_{co2}$에 대역 경계들을 갖는 이상적인 BPF라고 가정한다.

(a) 두 차단 주파수들 $\hat{\omega}_{co1} = 0.3\pi$와 $\hat{\omega}_{co2} = 0.6\pi$를 갖는 이상적인 BPF의 주파수 응답이 다음과 같이 2개의 이상적인 LPF의 차이로 나타낼 수 있다는 것을 보여라.

$$H_{BP}(e^{j\hat{\omega}}) = H_{LP_1}(e^{j\hat{\omega}}) - H_{LP_2}(e^{j\hat{\omega}})$$

특히, 2개의 LPF들 $H_{LP_1}(e^{j\hat{\omega}})$ 및 $H_{LP_2}(e^{j\hat{\omega}})$의 차단 주파수를 구하여라.
(b) (a)의 결과를 이용하여, 이 BFP의 임펄스 응답 $h_{BP}[n]$에 대한 식을 결정하여라.

P-7.13 다음과 같이 정의된 좌방향의 지수함수 신호를 고려한다.

$$x[n] = -b^n u[-n-1]$$

(a) $b = 2$인 경우, $x[n]$의 그래프를 그려라.
(b) b의 어떤 값에 대하여 $x[n]$의 DTFT가 존재하는가?

(c) (b)에서 구한 b값에 대하여, $x[n]$의 DTFT가 다음과 같음을 보여라.

$$X(e^{j\hat{\omega}}) = \frac{1}{1 - be^{-j\hat{\omega}}}$$

P-7.14 파시발 정리와 DTFT를 사용하여 다음 값을 구하여라.

(a) $\displaystyle\sum_{n=-\infty}^{\infty} \left| \frac{\sin(0.25\pi n)}{3\pi n} \right|^2$

(b) $\displaystyle 4\int_{-\pi}^{\pi} \left| \frac{\sin(5\hat{\omega})}{\sin(\hat{\omega}/2)} e^{-j(9/2)\hat{\omega}} \right|^2 d\hat{\omega}$

P-7.15 DTFT나 또는 이산시간 콘볼루션을 이용하여 다음 신호들 각각에 대한 자기상관 함수를 구하여라.

(a) $x_1[n] = \delta[n-4]$

(b) $x_2[n] = \delta[n-4] - \delta[n-6]$

(c) $x_3[n] = u[n-6] - u[n-16]$

(d) $x_4[n] = \dfrac{\sin(0.25\pi n)}{9\pi n}$

P-7.16 신호 $x[n] = u[n] - u[n-5]$를 고려한다.

(a) 이 신호의 자기상관 함수(acf)인 $c_{xx}[n]$을 결정하여라.

(b) 이 자기상관 함수의 DTFT를 결정하여라; 이 DTFT는 순수한 실수이며 음이 아니라는 것을 증명하여라.

(c) 신호 $y[n] = x[n-2]$의 자기상관 함수를 구하여라.
힌트: 자기 상관 함수의 피크값은 항상 신호의 0 래그에 (시간 차이가 없을 때) 존재하므로, $c_{yy}[n]$과 $c_{xx}[n]$이 같을 수도 있다는 가능성을 고려해본다. 자기상관 함수의 DTFT를 사용하면 문제를 더 쉽게 풀 수도 있다.

데모
Filter Design GUI

P-7.17 `filterdesign` GUI를 이용하여 다음의 사양을 갖는 FIR HPF의 임펄스 응답을 생성해 보아라: 필터 차수 $M = 32$, 차단 주파수 $\hat{\omega}_{co} = 0.6\pi$, 해밍 윈도우 설계 방법.

(a) 주파수 응답 크기 그래프를 그려라; 그리고 그림 7-13에서와 같이 통과대역과 차단대역을 자세히 볼 수 있도록 **확대된** 두 개의 그래프를 만들어라.

(b) (a)의 그림으로부터 통과대역과 차단대역의 경계 값들과 또한 통과대역과 차단대역의 리플들(즉, 파라미터들 $\hat{\omega}_p$, $\hat{\omega}_s$, δ_p, δ_s)을 측정하여라.

(c) 만일 필터 차수가 $M = 80$으로 변경되었다면, 통과대역과 차단대역의 경계값의 변화를 추정하여라. 참고: 리플들은 크게 변해서는 안된다.

(d) 차수 80인 필터를 설계하고 새로운 통과대역과 차단대역을 측정하여라. 먼저 부분에서 구한 추정값의 정확도에 대하여 말하여라.

P-7.18 `filterdesign` GUI를 이용하여 해밍 윈도우 방법으로 FIR HPF의 임펄스 응답을 생성하여라. 다음의 필터 사양들을 이용한다: 필터 차수 $M = 24$, 차단 주파수 $\hat{\omega}_{co} = 0.6\pi$. 아래의 질문들은 특정한 입력 신호들을 필터링하고 대응되는 출력 신호들을 결정하는 것을 다룬다.

(a) 입력 $x_1[n]$의 DC 레벨이 10일 때, 출력 레벨을 결정하여라.
(b) 입력 신호가 위상 0인 정현파 $x_2[n] = 10\cos(0.5\pi n)$일 때, 출력을 $y_2[n] = A_2\cos(\hat{\omega}n + \varphi_2)$인 표준형으로 구하여라.
(c) 입력 신호가 위상이 0인 정현파 $x_3[n] = 10\cos(0.75\pi n)$일 때, 출력을 $y_2[n] = A_3\cos(\hat{\omega}n + \varphi_3)$과 같은 표준형으로 구하여라.

P-7.19 `filterdesign` GUI를 이용하여 사각파 윈도우 방법으로 FIR LPF의 임펄스 응답을 생성하여라. 다음의 필터 사양들을 사용하여라: 필터 차수 $M = 37$, 차단 주파수 $\hat{\omega}_{co} = 0.3\pi$. 아래의 질문들은 특정한 입력 신호들을 필터링하고, 대응되는 출력 신호들을 결정하는 것을 다룬다.

(a) 입력 $x_1[n]$이 DC 레벨이 10일 때, $y_1[n]$의 출력 레벨을 결정하여라.
(b) 입력 신호가 위상 0인 정현파 $x_2[n] = 10\cos(0.5\pi n)$일 때, 출력을 표준형 $y_2[n] = A_2\cos(\hat{\omega}n + \varphi_2)$로 나타내어라.
(c) MATLAB을 이용하여 (b)의 출력을 검증하여라. 신호 $s[n] = x_1[n] + x_2[n] = 10u[n] + 10\cos(0.5\pi n)u[n]$의 100개 값을 생성하여 벡터 `sn`에 저장하고 MATLAB의 `filter` 명령어로 신호 `sn`을 필터링하여 `snOutput`을 구한다. `n=0:99`에 대하여 `snOutput`의 그래프를 그려라. 비교를 위하여, (a)와 (b)로부터 구한 $y_1[n] + y_2[n]$의 그래프를 같은 범위에서 그린다.
참고: MATLAB으로 필터링된 신호는 $n = 0$에서 시작하므로, 출력의 시작 부분에서 과도 구간이 있으며, 이 구간이 두 그래프에서는 다르다. 그러나, $n = 37$ 이후부터는 두 그래프들은 완벽히 일치한다. 이와 같이, 비교할 두 신호의 차이를 구하고 과도 구간을 강조하기 위하여 이 차이 신호의 그래프를 그리는 것이 도움이 될 수 있다.

P-7.20 `filterdesign` GUI를 이용하여 해밍 윈도우 방법으로 FIR HPF의 임펄스 응답을 만든다. 다음의 사양을 사용한다: 필터 차수 $M = 32$, 차단 주파수 $\hat{\omega}_{co} = 0.6\pi$. 다음 질문들은 특정한 입력 신호들을 필터링하고 대응되는 출력 신호들 결정하는 것을 다룬다. 다음 문제들은 `filterdesign` GUI를 이용하여 풀 수 있다. 주파수 응답 곡선에 커서를 두면, 곡선 상의 점의 주파수와 크기를 읽을 수 있다는 점을 참고한다.

(a) 입력 정현파에 대하여 주파수는 모르고 위상이 0인 정현파 $x[n] = 9\cos(\hat{\omega}n)$이라고 가정한다. `filterdesign` GUI를 이용하여 출력의 진폭으로 9를 갖는 (즉, $y[n] = 9\cos(\hat{\omega}n + \varphi)$) 가장 낮은 주파수 $\hat{\omega}$을 결정하여라. 선택한 주파수에 대하여, `fiterdesign` GUI를 이용하여 위상 φ를 결정하여라.
(b) 입력이 $x[n] = 9\cos(\hat{\omega}n)$일 때, 출력이 $y[n] = 9\cos(\hat{\omega}n + \varphi)$가 되는 모든 가능한 주파수들을 결정하여라.
(c) 입력이 $x[n] = 9\cos(\hat{\omega}n)$일 때 출력이 0이 되는 모든 가능한 주파수들을 결정하여라. 힌트: 위상 곡선에서 π 라디안의 점프를 찾는다.

참고: 필터 계수들은 `filterdesign` GUI로부터 MATLAB 작업공간으로 내보낼 수 있다. 그 다음에, `freqz`를 사용하여 그림 창에서 주파수 응답의 그래프를 그릴 수 있으며, 여기서 크기 응답을 자세히 조사하기 위하여 확대 기능을 사용할 수 있다.

제 8 장

이산 푸리에 변환

이 장은 제7장에서 다룬 DTFT의 정의와 논의를 기반으로 한다. 여기서의 목적은 이산 푸리에 변환 (Discrete Fourier Transform 또는 DFT)이라고 불리는 **수치적인 푸리에 변환**을 정의하는 것이며, 이 DFT는 DTFT로부터 **주파수 샘플**들을 취하여 얻어진다. DFT는 유한한 길이의 샘플링된 신호의 스펙트럼 표현을 FFT 알고리즘으로 매우 효율적으로 계산하는데 어떻게 사용되는지를 보인다. DFT는 임의의 유한한 길이의 신호들의 스펙트럼을 제공할 뿐만 아니라, (유한한 길이의) 한 주기를 무한히 반복하여 만들어진 주기 신호의 스펙트럼 표현에도 이용될 수 있다. 마지막으로, DFT는 스펙트로그램에서 필요로 하는 핵심적인 계산이며, 이것은 긴 신호로부터 추출된 연속적인 짧은 부분들에 DFT를 함으로써, 매우 긴 신호의 시간-주파수 영역 스펙트럼 분석을 제공한다.

스펙트럼 분석은 신호처리의 실습에서 사용되는 가장 보편적인 기술들 중의 하나라고 할 수 있다. 조만간, 대부분의 과학자들과 공학자들은 A/D (Analog to Digital) 변환기로부터 **샘플링된 신호 데이터**를 얻고 그 데이터에 들어있는 주파수 성질들을 분석해야만 하는 상황을 만나게 된다. 때로는, 스펙트럼 분석은 그 신호에 뚜렷한 주기적인 성분이 있는지 없는지를 파악하기 위해 사용된다. 주기적이거나 또는 그와 거의 유사한 성질을 갖는 자연 현상들의 목록에는 수백 가지의 항목들이 있다. 보편적인 예로는 음성이나 음악 신호들뿐만 아니라 밀물과 썰물, 일년 단위의 태양의 흑점 주기들과 같은 자연적인 관측도 포함한다. 샘플링된 신호들의 경우, 관심사는 유한한 개수의 숫자들만으로 정의된 신호에 수치 연산들을 하여 어떻게 스펙트럼을 유도할 수 있는가이다. 이 샘플링된 신호로부터 이 신호의 스펙트럼을 구하는 절차를 **이산시간 주파수 분석(discrete-time spectrum analysis)**이라 부르며, DFT는 이를 구현하는 연산자이다.

8-1 이산 푸리에 변환(DFT)

이산시간 신호 $x[n]$의 DTFT는 제3장과 제4장에서 소개한 스펙트럼의 개념을 일반화한 것으로 볼 수 있으며, 여기서는 주파수 영역에서의 이산 선들은 시간 영역에서의 복소 지수신호들의 합으로 나타내진다. DTFT로부터 얻어진 스펙트럼의 개념은 $X(e^{j\hat{\omega}})$으로 표현되는 주파수의 연속 함수이며, 푸리에 변환으로서의 이 값은 $x[n]$과 $X(e^{j\hat{\omega}})$이 수학적인 식으로 정의될 때, 가장 쉽게 이용할 수 있다. 그러나 신호의 스펙트럼은 매우 유용하기 때문에, $x[n]$이 단순한 수학식으로 표현되지 않는다고 하더라도 이 신호의 스펙트럼을 결정하기를 원하는 것은 자연적인 것이다. 실제로, 어떤 **신호의 샘플들로부터 스펙트럼을 계산할 수 있는** 컴퓨터 프로그램을 갖고 있다면 매우 유용할 것이다.

DTFT 합 (7.2)를 계산 가능한 형태로 변경하려면 2가지의 단계가 필요하다: 연속 주파수 변수인 $\hat{\omega}$은 반드시 샘플링되어야 하고, DTFT 합은 반드시 유한하도록 제한을 하여야 한다. 먼저, 비록 $\hat{\omega}$이 연속 변수이긴 하지만, 유한한 범위 $-\pi \le \hat{\omega} \le \pi$를 가지므로 그래서, $\hat{\omega}_k$으로 나타내지는, 주파수들의 유한한 집합에서 계산할 수 있다. 두 번째로, DTFT 합은 신호의 길이가 유한할 때, 유한한 개수의 항들을 갖는다. 무한 길이의 신호에 대한 변환을 계산하는 것은 불가능하지만, 매우 긴 신호의 유한한 선분에만 연산하는 것이 일반적이다.

유한한 구간을 갖는 신호에 대하여, 주파수 $\hat{\omega}_k$에서 샘플링된 DTFT는 다음과 같다.

$$X(e^{j\hat{\omega}_k}) = \sum_{n=0}^{L-1} x[n]e^{-j\hat{\omega}_k n} \qquad k = 0, 1, \ldots, N-1 \tag{8.1}$$

여기서 L은 $x[n]$의 길이이다. 우리는 특정한 주파수 샘플들의 집합 $\{\hat{\omega}_k\}$을 선택해야 하지만, 식 (8.1)을 계산하기 위해 어떤 주파수들을 선택해야 하는가? 스펙트럼에 대한 일반적인 영역은 $-\pi \le \hat{\omega} \le \pi$이지만, 길이 2π의 어떤 구간도 충분하다. 뒤에서 좀 더 분명해질 이유로, 구간을

$$0 \le \hat{\omega}_k < 2\pi$$

가 되도록 선택하고, 식 (8.1)을 N개의 동일한 간격의 주파수들

$$\hat{\omega}_k = \frac{2\pi k}{N} \qquad k = 0, 1, \ldots, N-1 \tag{8.2}$$

에서 계산하는 것이 일반적이다. $k = N$이 $\hat{\omega}_N = 2\pi$를 주며, 이 값은 $\hat{\omega}_0 = 0$의 하나의 에일리어스 주파수이므로, N개의 주파수의 집합은 $0 \le \hat{\omega}_k < 2\pi$ 영역을 커버한다는 것을 주목한다. 식 (8.2)를 (8.1)에 대입하면 DTFT의 N개의 주파수 샘플들을 준다.

$$X\left(e^{j\frac{2\pi k}{N}}\right) = \sum_{n=0}^{L-1} x[n]e^{-j(2\pi k/N)n} \tag{8.3}$$

여기서 $k = 0, 1, \ldots, N-1$이다. 식 (8.3)은 계산 가능한 **유한한 푸리에 합**이다. 식 (8.3)에서의 합은 이산적인 주파수 인덱스 k 값에 대해 N개의 다른 값들에 대하여 계산되어야 한다. 우변의 합에서 인덱스 n은 합을 계산하기 위한 인덱스이며, 그래서 합이 계산되면, 사라진다. 식 (8.3)의 좌변은 주파수 인덱스 k만의 함수에 연관되므로, $X[k] = X\left(e^{j\frac{2\pi k}{N}}\right)$라고 정의한다.

주파수 샘플들의 개수 N이 신호의 길이 L과 동일하다면, $N = L$일 때 식 (8.3)의 합은 다음과 같이 된다.

이산 푸리에 변환

$$X[k] = \sum_{n=0}^{N-1} x[n]e^{-j(2\pi/N)kn} \qquad k = 0, 1, \ldots, N-1 \tag{8.4}$$

식 (8.4)는 이것이 푸리에 변환이며, 또한 시간 영역과 주파수 영역에서 모두 이산이라는 사실을 인지하여, **이산 푸리에 변환(Discrete Fourier Transform)** 혹은 DFT라고 한다.[1] DFT는 시간 영역에서 N개의 샘플들을 취하여 주파수 영역에서 N개의 $X[k]$의 값들로 변환한다. 전형적으로, $X[k]$의 값들은 복소수이고, 반면에 $x[n]$의 값들은 보통 실수지만, 식 (8.4)의 $x[n]$은 복소수가 될 수도 있다.

예제 8-1 짧은 길이의 DFT

신호 $x[n] = \{1, 1, 0, 0\}$의 4-포인트 DFT를 계산하기 위해, 합 (8.4)를 $k = 0, 1, 2, 3$의 각 값에 대하여 한 번씩, 총 네 번 계산해야 한다. $N = 4$일 때에는, 식 (8.4)의 모든 지수들은 $2\pi/N = \pi/2$이므로 $\pi/2$의 정수배가 된다.

$$\begin{aligned}
X[0] &= \overset{1}{\cancel{x[0]}}e^{-j0} + \overset{1}{\cancel{x[1]}}e^{-j0} + \overset{0}{\cancel{x[2]}}e^{-j0} + \overset{0}{\cancel{x[3]}}e^{-j0} \\
&= 1 + 1 + 0 + 0 = 2 \\
X[1] &= 1e^{-j0} + 1e^{-j\pi/2} + 0e^{-j\pi} + 0e^{-j3\pi/2} \\
&= 1 + (-j) + 0 + 0 = 1 - j = \sqrt{2}e^{-j\pi/4} \\
X[2] &= 1e^{-j0} + 1e^{-j\pi} + 0e^{-j2\pi} + 0e^{-j3\pi} \\
&= 1 + (-1) + 0 + 0 = 0 \\
X[3] &= 1e^{-j0} + 1e^{-j3\pi/2} + 0e^{-j3\pi} + 0e^{-j9\pi/2} \\
&= 1 + (j) + 0 + 0 = 1 + j = \sqrt{2}e^{j\pi/4}
\end{aligned}$$

이와 같이, 4개의 DFT 계수들[2] $X[k] = \{2, \sqrt{2}e^{-j\pi/4}, 0, \sqrt{2}e^{j\pi/4}\}$를 얻는다.

예제 8-1은 식 (8.4)의 덧셈의 한계에 관한 흥미로운 사실을 보여준다. 즉, N개의 주파수에서 DFT를 계산하기 위하여 $x[n]$의 N개의 샘플들을 더하도록 선택하였다. 때때로, 신호 $x[n]$의 길이가 N보다 작고 (즉, $L < N$), $x[n]$이 $0 < n \leq L - 1$인 영역에서만 0이 아닌 값을 가질 때가 있다. 예를 들어, 예제 8-1에서는, $L = 2$이고 $N = 4$이다. 이런 경우에, 단순히 $x[n]$의 뒤에 $N - L$개의 0을 추가하고, 그 다음에 N-포인트 DFT[3]를 계산한다. 이렇게 추가되는 0은 유한 길이의 신호의 길이를 늘이지만, 0이 아닌 부분을 바꾸지는 않는다.

---

1) 대조적으로, 이산시간 푸리에 변환 (Discrete-time Fourier transform: DTFT)은 시간 영역에서만 이산이라는 것을 강조한다.

2) **계수**라는 용어는 일반적으로 DFT 값들에 적용된다. $X[k]$는 식 (8.5)의 IDFT에서 $e^{j(2\pi/N)kn}$의 (복소수 진폭) 계수이기 때문에 이 용어는 적절하다.

3) **N-포인트** DFT라는 용어는 신호 $x[n]$은 N개의 인덱스에 대하여 알고 있으며, DFT는 식 (8.2) N개의 주파수들에서 계산된다는 것을 의미한다.

8-1.1 역DFT(IDFT)

DFT는 식 (8.4)에 정의된 변환에 대한 역변환이 가능하므로 적법한 변환이라 할 수 있다. 다른 말로 하여, 역이산 푸리에 변환 (또는 IDFT)이 존재하며, 이것은 $k = 0, 1, ..., N-1$에 대한 $X[k]$를 다시 $n = 0, 1, ..., N-1$에 대한 신호 $x[n]$으로 되돌릴 수 있는 계산이다. IDFT는 다음과 같다.

역이산 푸리에 변환

$$x[n] = \frac{1}{N}\sum_{k=0}^{N-1} X[k]e^{j(2\pi/N)kn} \qquad n = 0, 1, \ldots, N-1 \tag{8.5}$$

식 (8.5)와 (8.4)는 N-포인트 신호 $x[n]$과 N-포인트 DFT $X[k]$ 사이의 유일한 관계식을 정의한다. 푸리에 표현법에 대한 앞에서의 용어를 따르면, 식 (8.4)로 정의되는 DFT는 **분석 방정식(Analysis Equation)**이고 식 (8.5)로 정의되는 IDFT는 **합성 방정식(Synthesis Equation)**이다. 이 두 식이 서로 일관성 있는 변환 가능한 푸리에 표현식임을 증명하기 위하여, 신호가 유한하므로, 식 (8.5)는 잘 정의된 계산이며, $n = 0, 1, ..., N-1$에 대해 계산했을 때 분명하게 어떤 신호를 만들게 된다. 그래서 이 신호를 사실이 아니라고 증명될 때까지 $v[n]$이라 부른다. 증명은 다음과 같은 몇 가지 과정으로 주어진다:

$$v[n] = \frac{1}{N}\sum_{k=0}^{N-1} X[k]e^{j(2\pi k/N)n} \tag{8.6a}$$

$$= \frac{1}{N}\sum_{k=0}^{N-1} \underbrace{\left(\sum_{m=0}^{N-1} x[m]e^{-j(2\pi k/N)m}\right)}_{\text{순방향 DFT, } X[k]} e^{j(2\pi k/N)n} \tag{8.6b}$$

$$= \frac{1}{N}\sum_{m=0}^{N-1} x[m] \underbrace{\left(\sum_{k=0}^{N-1} e^{j(2\pi k/N)(n-m)}\right)}_{= 0,\ m = n\text{일 때 제외}} \tag{8.6c}$$

$$= x[n] \tag{8.6d}$$

식 (8.6d)의 등호를 주장하기까지 이르는 과정에는 몇 가지 일이 발생하였다. 식 (8.6b)의 두 번째 줄에서, 덧셈 인덱스를 n에서 m으로 바꾼 다음에 식 (8.4)의 우변을 $X[k]$와 치환하였다. 변수 m이 **더미 인덱스(Dummy Index)**이므로 이 변경을 할 수 있으며, 변수 n은 IDFT에 의해 합성되는 $v[n]$의 인덱스이므로 그대로 유지해야 한다. 식 (8.6c)의 세 번째 줄에서는, k와 m에 대한 합이 서로 바뀌었다. 이런 유한한 합은 어떤 순서로도 할 수 있으므로 허용된다.

이제 식 (8.6c)의 괄호 안의 항을 살펴볼 필요가 있다. 연습문제 8.1은 필요한 직교성에 대하여 기술하였으며, 이것은 쉽게 증명될 수 있다. 식 (8.8)을 식 (8.6c)의 세 번째 줄에 대입하면, m에 대한 합에서 0이 아닌 단 하나의 항은 $m = n$인 경우에 해당되는 항이라는 것을 알 수 있다. 이와 같이, 우리가 증명하고자 했던 것과 같이, $0 \le n \le N-1$에 대해 $v[n] = x[n]$이 성립한다.

연습문제 8.1 *주기적인 이산시간 복소 지수함수의 직교성*

공식

$$\sum_{k=0}^{N-1} \alpha^k = \frac{1-\alpha^N}{1-\alpha} \tag{8.7}$$

을 이용하여, 다음을 증명하여라.

$$d[n-m] = \frac{1}{N}\sum_{k=0}^{N-1} e^{j(2\pi/N)nk} e^{j(2\pi/N)(-m)k} \quad \text{(정의)}$$

$$= \frac{1}{N}\sum_{k=0}^{N-1} e^{j(2\pi/N)(n-m)k} \quad \text{(다른 형태)}$$

$$= \frac{1}{N}\left(\frac{1-e^{j(2\pi)(n-m)}}{1-e^{j(2\pi/N)(n-m)}}\right) \quad \text{(식 (8.7) 이용)}$$

$$d[n-m] = \begin{cases} 1 & n-m=rN \\ 0 & \text{이외} \end{cases} \tag{8.8}$$

여기서 r은 $r=0$을 포함한 임의의 양과 음의 정수이다.

예제 8-2 짧은 길이의 IDFT

예제 8-1의 4-포인트 DFT 결과는 신호 $X[k] = \{2, \sqrt{2}e^{-j\pi/4}, 0, \sqrt{2}e^{j\pi/4}\}$이다. 이 $X[k]$에 대하여 4-포인트 IDFT를 계산한다면, $n = 0, 1, 2, 3$의 각 값에 대하여 식 (8.5)의 IDFT를 적용해 $x[n]$을 복원할 수 있어야 한다. 먼저와 같이, 식 (8.5)의 지수들은 모두 $N = 4$일 때 $\pi/2$의 정수배이다.

$$x[0] = \tfrac{1}{4}\left(X[0]e^{j0} + X[1]e^{j0} + X[2]e^{j0} + X[3]e^{j0}\right)$$
$$= \tfrac{1}{4}\left(2+\sqrt{2}e^{-j\pi/4}+0+\sqrt{2}e^{j\pi/4}\right) = \tfrac{1}{4}(2+(1-j)+0+(1+j)) = 1$$

$$x[1] = \tfrac{1}{4}\left(X[0]e^{j0} + X[1]e^{j\pi/2} + X[2]e^{j\pi} + X[3]e^{j3\pi/2}\right)$$
$$= \tfrac{1}{4}\left(2+\sqrt{2}e^{j(-\pi/4+\pi/2)}+0+\sqrt{2}e^{j(\pi/4+3\pi/2)}\right) = \tfrac{1}{4}(2+(1+j)+(1-j)) = 1$$

$$x[2] = \tfrac{1}{4}\left(X[0]e^{j0} + X[1]e^{j\pi} + X[2]e^{j2\pi} + X[3]e^{j3\pi}\right)$$
$$= \tfrac{1}{4}\left(2+\sqrt{2}e^{j(-\pi/4+\pi)}+0+\sqrt{2}e^{j(\pi/4+3\pi)}\right) = \tfrac{1}{4}(2+(-1+j)+(-1-j)) = 0$$

$$x[3] = \tfrac{1}{4}\left(X[0]e^{j0} + X[1]e^{j3\pi/2} + X[2]e^{j3\pi} + X[3]e^{j9\pi/2}\right)$$
$$= \tfrac{1}{4}\left(2+\sqrt{2}e^{j(-\pi/4+3\pi/2)}+0+\sqrt{2}e^{j(\pi/4+9\pi/2)}\right) = \tfrac{1}{4}(2+(-1-j)+(-1+j))=0$$

따라서 길이가 4인 신호 $x[n] = \{1, 1, 0, 0\}$이 4-포인트 DFT 계수 $X[k] = \{2, \sqrt{2}e^{-j\pi/4}, 0, \sqrt{2}e^{j\pi/4}\}$로부터 복원될 수 있음을 확인하였다.

8-1.2 DTFT로부터 얻은 DFT 쌍

DFT는 유한한 길이의 신호에 대한 DTFT를 주파수 영역에서 샘플링한 것과 같기 때문에, DTFT 쌍에서 $\hat{\omega} \to (2\pi/N)k$을 대입하여 DFT 쌍을 만들 수 있다. 표 7-1에 네 개의 유한한 길이의 신호가 있으며, 각각은 $X(e^{j\hat{\omega}})$을 샘플링하여 얻은 DFT를 갖는다.

8-1.2.1 이동된 임펄스의 DFT

임펄스 신호 $\delta[n]$과 이동된 임펄스 신호는 매우 단순한 신호들이므로 가장 쉬운 경우에 해당한다. $x_1[n] = \delta[n]$의 DFT를 계산하면, DFT 합은 하나의 항으로 간단해진다.

$$X_1[k] = \sum_{n=0}^{N-1} \delta[n] e^{-j(2\pi k/N)n} = \underbrace{\delta[0]e^{-j0}}_{=1} + \sum_{n=1}^{N-1} \overset{0}{\cancel{\delta[n]}}\, e^{-j(2\pi k/N)n} = 1$$

DFT 합을 직접 수행함으로써 모든 DFT 쌍을 구하는 것은 끌리는 일이지만, 이미 알려진 DTFT들을 주파수 영역에서 샘플링을 하면 보다 손쉽게 DFT 쌍을 구할 수 있다. 우리는 이미 이동된 임펄스 $\delta[n - n_d]$의 DTFT를 알고 있다는 것을 기억하고 있으므로, 다음과 같이 DFT를 구할 수 있다.

$$x[n] = \delta[n - n_d] \overset{\text{DTFT}}{\longleftrightarrow} e^{-j\hat{\omega}n_d} \quad \Rightarrow \quad X[k] = e^{-j\hat{\omega}n_d}\Big|_{\hat{\omega}=(2\pi k/N)} = e^{-j(2\pi k/N)n_d} \tag{8.9}$$

식 (8.9)에서 이동 (n_d)이 없다면, 즉 $n_d = 0$이라면, 이전의 결과와 같이, $\delta[n]$의 DFT는 $X[k] = 1$이다. 식 (8.9)를 한 쌍을 나타내는 의미로 $\delta[n - n_d] \overset{\text{DFT}}{\longleftrightarrow} e^{-j(2\pi k/N)n_d}$와 같이 쓰기를 원하지만, 그러나 DFT를 주파수 영역에서 샘플링한다는 것은 유한한 길이의 신호가 $0 \le n \le N-1$의 구간에서 정의되어야 한다는 것을 필요로 하며, 현재로는 n_d가 반드시 이 구간에 포함되어야 한다는 것을 요구하는 것으로 보인다. 실제로, 이러한 제약은 제거될 수 있으며, 이것에 대해서는 8-3.2 절에서 논의하기로 한다.

8-1.2.2 복소 지수함수의 DFT

표 7-1의 세 번째와 네 번째 경우는 유한한 길이의 (사각) 펄스를 포함하며, 이 신호의 펄스의 DTFT는 제7장의 식 (7.27)에 나타낸 디리클레[4] 형태를 포함한다. 잘 알려진 DTFT를 샘플링하면 복잡한 덧셈 연산을 다시 계산하지 않아도 된다. 세 번째 경우는 유한한 길이의 (사각) 펄스이다.

$$r_L[n] = \begin{cases} 1 & 0 \le n \le L-1 \\ 0 & L \le n \le N-1 \end{cases}$$

이 신호의 DTFT는 표 7-1의 세 번째 항목과 같고, 그래서 DFT는 디리클레 형태를 샘플링한 하나의 항이 된다.

$$R_L[k] = R_L(e^{j\hat{\omega}})\Big|_{\hat{\omega}=(2\pi k/N)} = \underbrace{\frac{\sin(\frac{1}{2}L(2\pi k/N))}{\sin(\frac{1}{2}(2\pi k/N))}}_{\text{샘플링된 디리클레 형}} e^{-j(2\pi k/N)(L-1)/2} \tag{8.10}$$

4) 디리클레 (Dirichlet) 형은 6-7절에서 처음 정의하였다.

네 번째 경우는 유한한 길이의 복소 지수함수이며, 이 신호는 다음과 같이 주파수 $\hat{\omega}_0$에서의 복소 지수함수와 사각 펄스 $r_L[n]$과의 곱으로 나타내진다.

$$x_4[n] = r_L[n]\, e^{j\hat{\omega}_0 n} = \begin{cases} e^{j\hat{\omega}_0 n} & 0 \le n \le L-1 \\ 0 & L \le n \le N-1 \end{cases}$$

$x_4[n]$의 DTFT는 표 7-1의 네 번째 항목과 같으며, 이것은 DTFT의 주파수 이동 성질로부터 온다. 따라서 주파수 영역에서 샘플링을 한 후에, 유한 길이 복소 지수함수에 대한 다음과 같은 DFT를 얻게 된다.

$$X_4[k] = R_L(e^{j(\hat{\omega}-\hat{\omega}_0)})\Big|_{\hat{\omega}=(2\pi k/N)} = \underbrace{\frac{\sin(\frac{1}{2}L(2\pi k/N - \hat{\omega}_0))}{\sin(\frac{1}{2}(2\pi k/N - \hat{\omega}_0))}}_{\text{이동되고 샘플링된 디리클레}} e^{-j(2\pi k/N - \hat{\omega}_0)(L-1)/2} \tag{8.11}$$

(8.11)의 우변의 식이 다소 복잡해보이기는 하지만, 사각 펄스의 DTFT로부터 나온 디리클레 형으로 작성되어 있는 동안은 이해하기 쉬운 구조를 갖는다는 것을 알 수 있다.

$$X_4[k] = D_L(2\pi k/N - \hat{\omega}_0)\, e^{-j(2\pi k/N - \hat{\omega}_0)(L-1)/2} \tag{8.12}$$

식 (8.12)의 지수항은 단지 위상에만 영향을 미치기 때문에, 크기는 오직 디리클레 형 $|X_4[k]| = |D_L(2\pi k/N - \hat{\omega}_0)|$에 의해 결정된다고 이 결과는 말한다. $|X[k]|$의 전형적인 크기 그래프는 그림 8-1에 $N = L = 20$이고 $\hat{\omega}_0 = 5\pi/20 = 2\pi\ (2.5)/N$인 경우에 대하여 보였다. (DTFT에 대한) 디리클레 형의 포락선의 연속적인 크기는 회색으로 그렸으며, 그래서 어디에서 주파수 샘플링이 일어났는지를 명확하게 보여준다. 디리클레 포락선의 피크는 수평축을 따라 정수가 아닌 2.5인 지점에서 나타나며, 이것은 DTFT 주파수 $\hat{\omega}_0 = (2\pi/N)(2.5)$에 해당한다.

복소 지수함수의 주파수가 정확하게 $2\pi/N$의 정수배이고 DFT 길이가 신호의 길이와 같을 때

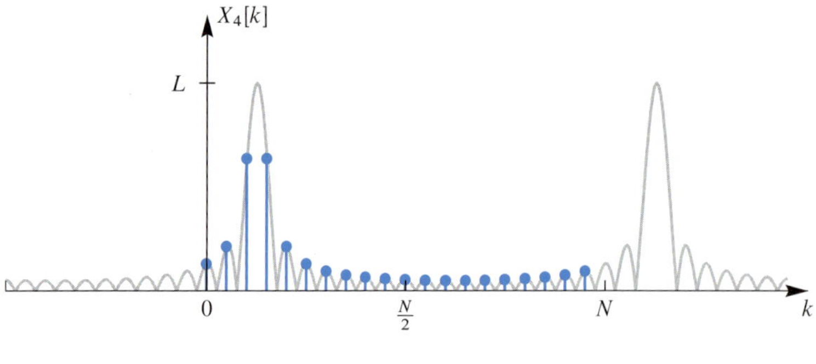

그림 8-1 길이가 20인 복소 지수함수의 20-포인트 DFT 계수들의 크기. 복소 지수함수의 주파수는 $\hat{\omega}_0 = 0.25\pi$이며, 이 값은 $N = L = 20$일 때 $2\pi/N$의 정수배가 아니다. 회색 실선은 샘플링될 디리클레 형태의 크기이다.

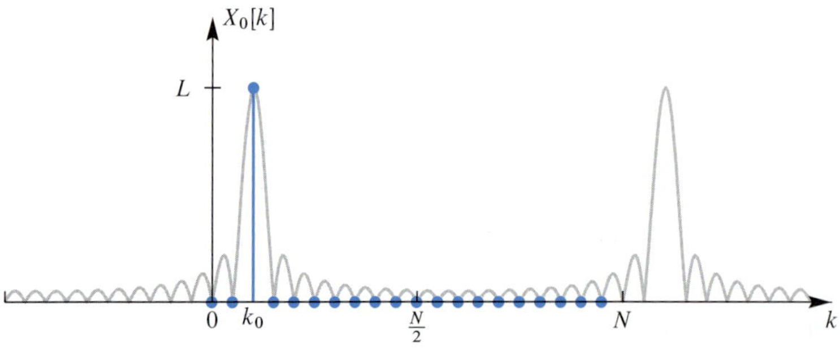

그림 8-2 길이가 20인 복소 지수함수의 20-포인트 DFT 계수들의 크기. 복소 지수함수의 주파수는 $\hat{\omega}_0 = 0.2\pi$이며 이는 $2\pi/N$의 정수배이다 (즉, $N = L = 20$이고 $k_0 = 2$).

(즉, $N = L$), DFT는 매우 간단하다. 이렇게 특수한 경우에 대하여, $k_0 < N$일 때 $x_0[n] = e^{j(2\pi k_0/N)n}$과 같이 정의하고, 다음으로 식 (8.12)에 $\hat{\omega}_0 = 2\pi k_0/N$을 적용하여 다음을 얻을 수 있다.

$$X_0[k] = D_N(2\pi(k - k_0)/N)\ e^{-j(2\pi(k-k_0)/N))(N-1)/2}$$

많이 간략화되는 것은 디리클레 형태 $D_N(\hat{\omega})$을 $D_N(0)$을 제외하고, 모든 $2\pi/N$의 정수배에서 계산하면, 0이 되며, 그래서

$$X_0[k] = N\delta[k - k_0] \tag{8.13}$$

를 얻는다는 사실로부터 온다. 이 $k = k_0$에서 스케일된 이산 임펄스는 $X_0[k_0] = N$이고 나머지 모든 DFT 계수들은 0이라는 것을 의미한다. 이 결과는 그림 8-2에서 확인할 수 있으며, 여기서 DFT $X_0[k]$는 회색의 디리클레 크기를 정확히 피크와 0을 끊는 점들에서 샘플링하여 얻어진다. 피크값은 $N = L$이며, 이것은 이 DFT 결과에서 유일하게 0이 아닌 값이다.

연습문제 8.2 식 (8.13)을 N-포인트 역DFT 관계식 (8.5)에 대입하여, 대응되는 시간 영역 신호가

$$x_2[n] = e^{j(2\pi/N)k_0 n} \qquad n = 0, 1, \ldots, N-1$$

과 같음을 보여라.

8-1.3 DFT의 계산

식 (8.4)와 (8.5)의 DFT 표현식은 2가지 이유로 디지털 신호처리에서 중요하다: 각 수식이 유한한 한계를 가지고 있어서, $x[n]$과 $X[k]$의 값을 계산하는 것이 가능하다는 점과 DSP 시스템을 분석하고 설계하는 데 유용한 DTFT와 같은 주요 성질들을 갖고 있는 푸리에 표현식이라는 점이다. DFT와 IDFT 합들은 모두 하나의 영역에 있는 N개의 숫자를 취하여 다른 영역에 있는 N개의 숫자를 생성해내는 계산 방법들이라 볼 수 있다. 두 영역의 숫자들은 복소수일 수 있다. 예를 들어, 식 (8.4)는 각각의 k값마다 하나씩, N개의 개별적인 합으로 구성된다. $X[k]$ 항 하나를 계산하기 위하여, $k \neq 0$일 때는 $N - 1$번의 복소수 합과 $N - 1$번의 복소수 곱이 필요하다. 따라서 $X[k]$ 계수들의 모든 값들을 계산하기 위하여 필요한 수학적인 연산들의 개수를 세면, 전체 개수는 $(N - 1)^2$번의 복소수 곱과 $N^2 - N$번의 복소수 합이다. 예를 들어, 예제 8-2에서와 같이 $N = 4$인 경우, 9번의 복소수 곱과 12번의 복소수 합이 이루어짐을 명확히 확인할 수 있다. $e^{j0} = 1$을 포함하는 항들은 실질적인 곱셈을 필요로 하지 않는다는 것을 주의한다. 역변환의 경우, $\frac{1}{4}$을 곱하는 것은 예제 8-2에서와 같이 개별적으로 계산을 한다면, 추가적으로 네 번의 곱셈이 필요하다.

디지털 신호처리 분야의 가장 중요한 발견[5] 중 하나는 **고속 푸리에 변환(Fast Fourier Transform)**, 혹은 FFT이며, 이것은 일련의 알고리즘으로서 식 (8.4) 혹은 (8.5)를 계산하는데 필요한 연산의 횟수가 $(N - 1)^2$이 아닌 $N \log_2 N$에 비례한다. 만약 N이 2의 거듭제곱 형태라면, FFT 알고리즘은 대략 $(N/2)\log_2 N$번의 복소 연산으로 모든 $X[k]$ 값들을 계산할 수 있다. $N \log_2 N$은 N의 값이 클수록 점차적으로 더 중요하게 된다. 예를 들어, 만일 $N = 1024$라면, FFT는 DFT 계수 $X[k]$를

5) J.W. Cooley and J.W. Tukey, "An Algorithm for the Machine Computation of Complex Fourier Series," Mathematics of Computation, vol. 19, pp. 297-301, April 1965. FFT의 기본적인 아이디어의 시작은 18세기 말 가우스(Gauss)까지 거슬러 올라간다.

얻기 위해 $(N/2)\log_2 N = 5{,}120$번의 복소수 곱셈을 계산하는 반면, 식 (8.4)를 직접 이용할 경우 $(N-1)^2 = 1{,}046{,}529$번의 복소수 곱셈이 필요하다. 이 알고리즘은 DFT 길이 N이 2의 거듭제곱인 경우 가장 많이 적용되지만, N이 많은 작은 정수들의 인수로 이루어진 경우에도 효율적으로 동작한다. 반면, N이 소수(prime number)인 경우에는 표준의 FFT 알고리즘은 DFT 합을 직접 계산하는 것과 비교해 이득을 제공하지 않는다. FFT 알고리즘의 많은 다른 변형들은 대부분의 컴퓨터 언어와 거의 모든 컴퓨터 하드웨어 구조에서 이용할 수 있다. MATLAB에서, 이 명령어는 단지 `fft`이며, MATLAB 안의 다양한 스펙트럼 해석 함수들은 `fft`를 호출하여 함수들이 해야 할 작업들을 처리한다. 벡터 `x`의 DFT는 `X = fft (x, N)`이라는 명령문을 사용하여 계산되며, 여기서 `X`는 `x`의 DFT이다. MATLAB은 N의 값에 따라 다양한 종류의 FFT 알고리즘을 사용하며, N이 2의 거듭제곱인 경우가 최상의 경우이다. FFT에 관한 더욱 상세한 내용과 FFT의 유도는 8-8절에서 찾을 수 있다.

8-1.4 DFT와 IDFT의 행렬 형태

계산에 대한 통찰을 얻는 데 또 다른 쉬운 방법은 DFT 수식을 행렬-벡터 곱셈으로 써보는 것이다. 여기서는 N개의 신호값과 N개의 DFT 계수들은 N개의 원소를 갖는 열벡터가 된다.

$$\begin{bmatrix} X[0] \\ X[1] \\ X[2] \\ \vdots \\ X[N-1] \end{bmatrix} = \begin{bmatrix} 1 & 1 & 1 & \cdots & 1 \\ 1 & e^{-j2\pi/N} & e^{-j4\pi/N} & \cdots & e^{-j2(N-1)\pi/N} \\ 1 & e^{-j4\pi/N} & e^{-j8\pi/N} & \cdots & e^{-j4(N-1)\pi/N} \\ \vdots & \vdots & \vdots & \ddots & \vdots \\ 1 & e^{-j2(N-1)\pi/N} & e^{-j4(N-1)\pi/N} & \cdots & e^{-j2(N-1)(N-1)\pi/N} \end{bmatrix} \times \begin{bmatrix} x[0] \\ x[1] \\ x[2] \\ \vdots \\ x[N-1] \end{bmatrix} \tag{8.14}$$

MATLAB에서, DFT 행렬은 $N \times N$ 행렬에 대하여 `dftmtx(N)` 함수를 이용하여 구할 수 있다. 그러면 DFT의 계산은 행렬과 벡터의 곱: `X = dftmtx(N) * x`이 되며, 여기서 `x`는 신호의 샘플들의 벡터이고 `X`는 DFT 계수들의 벡터이다. 그러나 어떤 벡터의 DFT를 계산하는 것은 `X = fft(x, N)`을 이용하여 계산하는 것이 훨씬 효율적이다.

연습문제 8.3 IDFT도 또한 행렬-벡터의 곱으로 나타낼 수 있다. $N \times N$ IDFT 행렬의 전형적인 원소들을 적고, MATLAB을 이용하여 6×6 IDFT 행렬을 만들어 본다. (MATLAB에서) IDFT 행렬과 DFT 행렬을 곱하여 결과를 확인해본다. 예상되는 결과가 왜 항등행렬이어야 하는 이유를 설명하여라.

8-2 DFT의 성질

이 절과 8-3절에서, DFT의 여러 성질들을 살펴본다. 일부 성질들은 DTFT를 주파수 영역에서 샘플링한 것이라는 해석과 관련되어 있으며, 일부는 DTFT 성질들로부터 직접 상속되며, 다른 성질들은 DFT의 결과들을 해석해야 될 필요가 있다. 한 가지 주목할 만한 성질은 DTFT의 2π단위 주기성으로부터 상속된 $X[k]$의 k에 대한 주기성이다. 이 주기성은 $X[k]$에서 음의 주파수 성분들의 위치와 또한 대칭성에 영향을 미친다.

IDFT와 DFT 합들은 모두 신호 $x[n]$과 이 신호의 N-포인트 DFT 계수들 $X[k]$가 다음과 같이 주기 N을 갖는 주기 신호로 정의된다는 것을 보인다.

$$X[k] = X[k+N] \quad -\infty < k < \infty \tag{8.15a}$$

$$x[n] = x[n+N] \quad -\infty < n < \infty \tag{8.15b}$$

DFT가 처음부터 유한한 길이 N-포인트 신호에 대하여 정의되었고, DFT는 N개의 DFT 계수들이기 때문에, 이러한 주기성들은 놀라울 수 있다. 그러나 많은 변환 성질들은 범위 $[0, N-1]$ 밖의 인덱스들 n 또는 k에 대해 계산하는 연산들을 내재적으로 포함한다. 따라서 지연 성질과 콘볼루션과 같은 성질들을 설명하기 위하여 주기성이 필요하다.

8-2.1 $X[k]$에 대한 DFT 주기성

유한한 N-포인트 신호에 대한 DFT는 이 신호들의 DTFT를 주파수 영역에서 샘플링한 것이라는 것을 이미 보였다.

$$\begin{aligned} X[k] = \sum_{n=0}^{N-1} x[n]e^{-j(2\pi/N)kn} &= X(e^{j\hat{\omega}})\Big|_{\hat{\omega}=(2\pi k/N)} \\ &= X(e^{j(2\pi k/N)}) \quad k = 0, 1, \ldots, N-1 \end{aligned} \tag{8.16}$$

DTFT $X(e^{j\hat{\omega}})$은 항상 주기가 2π인 주기 신호이므로, DFT $X[k]$도 반드시 주기 신호이어야 한다. DFT의 정의는 인덱스 k가 항상 0과 $N-1$ 사이의 값이라는 사실을 암시하고 있지만, 사실 식 (8.4)를 $k \ge N$ 또는 $k < 0$에 대해 계산해서는 안 된다는 어떤 규칙도 없다. 주파수의 샘플링 관계식 $\hat{\omega}_k = 2\pi k/N$은 모든 정수 k에 대해 유효하며, 따라서 $\hat{\omega}_k + 2\pi = 2\pi k/N + 2\pi(N/N) = 2\pi(k+N)/N = \hat{\omega}_{k+N}$이 성립한다. 다시 말하여, DFT 계수들 $X[k]$는 주기 N을 갖고 있으며, 그 근거는

$$X[k] = \underbrace{X(e^{j2\pi(k)/N}) = X(e^{j(2\pi(k)/N+2\pi)})}_{\text{DTFT 주기는 } 2\pi} = X(e^{j2\pi(k+N)/N}) = X[k+N]$$

이다. 구간 $0 \le k < N$ 밖의 DFT 계수 $X[k]$가 필요한 경우, 새로이 계산할 필요 없이 주기 N을 이용해 기존의 계수를 확장하여 구할 수 있다. 즉, $X[N] = X[0]$, $X[N+1] = X[1]$, $X[N+2] = X[2]$ 등과 같다. 또한 이와 유사하게 $X[-1] = X[N-1]$, $X[-2] = X[N-2]$, ... 등과 같이 계산할 수 있다. 이 주기성을 그림 8-3에 나타내었다.

8-2.2 음의 주파수와 DFT

DFT와 IDFT 공식은 음수가 아닌 인덱스를 사용하며, 이 인덱스들은 연산과 수학적 식에 편리하다. 결과적으로, IDFT 합성식 (8.5)는 양의 주파수 성분만을 갖는 것처럼 보인다. 그러나 (제4장의 그림 4-8에서 4-11까지와 같이) 이산시간 신호의 스펙트럼 그래프를 그릴 때, 양의 주파수 성분뿐만 아니라, 실수 신호인 경우 켤레 대칭을 따르는 음의 주파수 성분도 함께 보기를 원한다. 따라

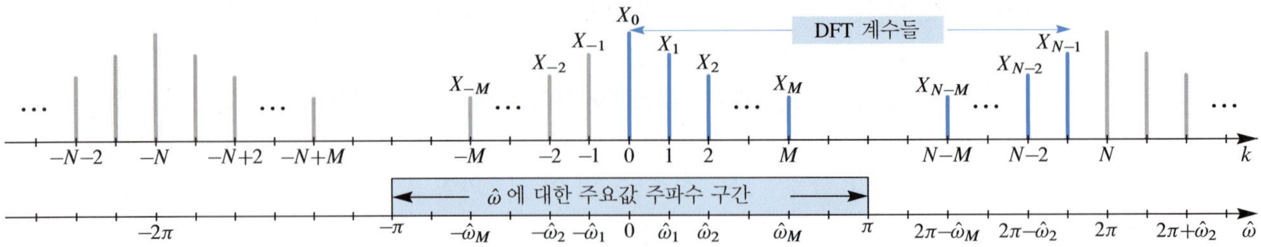

그림 8-3 DFT 계수의 주기성 $X[k+N] = X[k]$와 주파수 인덱스 k와 정규화된 주파수 표본 $\hat{\omega}_k$와의 관계. DFT 계수들은 가독성을 향상하기 위해 아래 첨자 (즉, $X[k]$ 대신 X_k)로 표시하였다. IDFT는 한 주기인 $k=0$에서부터 $k=N-1$까지 가는 인덱스를 이용한다. 반면, DTFT는 전형적으로 주요값 주파수 구간 $-\pi \le \hat{\omega} < \pi$를 사용한다.

서 켤레 대칭 스펙트럼 그래프를 알기 위하여 DFT 인덱스를 반드시 재해석하여야 한다.

식 (8.5)의 IDFT에 의해 정의된 신호는 양의 주파수 구간 $0 \le \hat{\omega} < 2\pi$에 걸쳐서 N개의 동일한 간격의 정규화된 주파수 $\hat{\omega}_k = (2\pi/N)k$을 갖고 있다. 이 주파수들은 다음과 같이 두 개의 부분집합으로 분리할 수 있다.

$$0 \le (2\pi/N)k < \pi \qquad 0 \le k < N/2 \text{ 일 때} \tag{8.17a}$$

$$\pi \le (2\pi/N)k < 2\pi \qquad N/2 \le k \le N-1 \text{ 일 때} \tag{8.17b}$$

DTFT가 $\hat{\omega}$에 대해 2π의 주기 신호이므로, 샘플링 인덱스 $k = N-1$은 양의 주파수 $\hat{\omega}_{N-1} = 2\pi(N-1)/N$에 대응되며, 이 인덱스는 $\hat{\omega}_{-1} = -2\pi/N = \hat{\omega}_{N-1} - 2\pi$에 대응되는 인덱스 $k=-1$의 에일리어스이기도 하다. 일반적으로, $\hat{\omega}_{-k} = (2\pi/N)(-k)$에서의 DTFT 샘플은 주파수 $\hat{\omega}_{N-k} = (2\pi/N)(-k+N)$에서의 샘플과 동일한 값을 갖는다. 이것은 제4장에서 논의한 주파수 성분의 복제이다. 실제로, 위의 식 (8.17b)에 나타낸 두 번째 부분집합의 모든 주파수들은 실질적으로 스펙트럼에서 음의 주파수들의 에일리어스들이다.[6] 이 인덱스의 재배열은 스펙트럼 그래프를 $-\pi \le \hat{\omega} < \pi$에 대해 그리고자 할 경우에 중요하다. 만약 N이 짝수라면, 두 번째 부분집합의 인덱스들 $\{\frac{N}{2}, \frac{N}{2}+1, \frac{N}{2}+2, \ldots, N-2, N-1\}$는 $\{-\frac{N}{2}, -\frac{N}{2}+1, -\frac{N}{2}+2, \ldots, -2, -1\}$의 에일리어스들이다.

연습문제 8.4 IDFT는 다음과 같이 인덱스의 절반이 음수인 경우의 합으로 나타낼 수 있음을 증명하여라. DFT 길이 N은 짝수라고 가정한다.

$$x[n] = \frac{1}{N} \sum_{k=-N/2}^{N/2-1} X[k] e^{j(2\pi/N)kn}$$

8-2.3 DFT의 켤레 대칭성

실수 신호 $x[n]$을 갖고 있을 때, DTFT는 켤레 대칭성이 존재하므로, DFT 계수들 역시 다음과 같은 성질을 반드시 만족해야만 한다: $X[-1] = X^*[1]$, $X[-2] = X^*[2], \ldots, X[-k] = X^*[k], \ldots$ $X[k]$의 주기성과 켤레 대칭성을 결합하면, 실수 신호 $x[n]$의 DFT가 만족하는 일반적인 성질을 만들 수

6) $k = N/2$이고 N이 짝수인 경우는 8-2.3.1절에서 추가로 다룬다. 여기에서 두 번째 부분집합에 이 인덱스를 부여하는 MATLAB 표기법(`fftshift`를 사용할 때의 표기법)을 따른다.

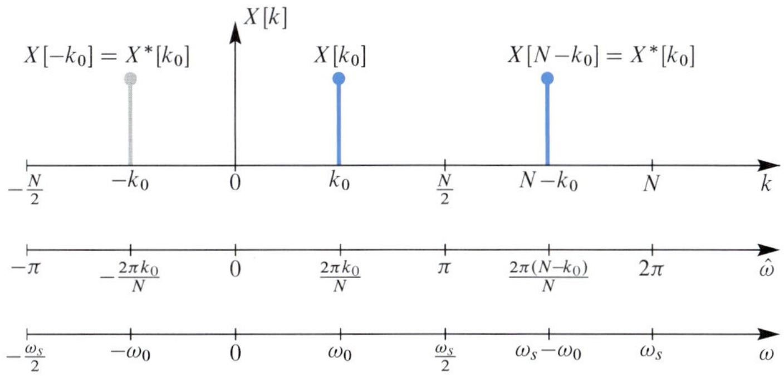

그림 8-4 $X[N - k_0] = X^*[k_0]$를 보여주는 DFT 계수들의 켤레 대칭성. 세 개의 서로 다른 **주파수 스케일**이 존재한다. 제일 위의 스케일은 DFT 인덱스 k이다. 가운데의 스케일은 이산 신호에 대한 정규화된 주파수 $\hat{\omega}$을 보인다. 제일 아래 스케일은 연속시간 주파수 스케일 $\omega = \hat{\omega}/T_s$를 보여주며, 신호 $x[n]$을 샘플링 주파수 $\omega_s = 2\pi/T_s$로 샘플링하여 구해진다. 이와 같이, DFT 인덱스 k_0는 아날로그 주파수 $\omega_0 = 2\pi k_0/(NT_s)$ rad/s에 대응된다.

있다.

$$X[N-k] = X^*[k] \qquad k = 0, 1, \ldots, N-1$$

그림 8-4는 정규화된 주파수 $\hat{\omega}_{k_0} = 2\pi k_0/N$에서의 DFT 계수 $X[k_0]$를 보여준다. 켤레 복소수로 나타나는, 음의 주파수 성분들은 $k = -k_0$에 회색으로 표시하였다. $k = N - k_0$에서의 스펙트럼 성분은 음의 주파수 성분의 에일리어스이다.

예제 8-3 DFT 대칭성

예제 8-1에서, 4-포인트 DFT의 주파수 인덱스는 네 개의 주파수들 $\hat{\omega}_k = \{0, \pi/2, \pi, 3\pi/2\}$에 대응된다. 주파수 $\hat{\omega}_3 = 3\pi/2$는 $\hat{\omega} = -\pi/2$의 에일리어스이다. 예제 8-1에서 DFT 계수들이 켤레 대칭성, 즉, $X[1] = X^*[4-1] = X^*[3] = \sqrt{2}e^{-j\pi/4}$를 만족함을 확인할 수 있다.

연습문제 8.5

켤레 대칭 성질을 증명하는 MATLAB 예제 하나를 만드는 것은 쉬우며, 한 실수 신호의 8-포인트 DFT를 계산하는 `Xk=fft(1:8)`를 실행하면 된다. $n = 0, 1, 2, ..., 7$에 대한 신호 $x[n]$의 값을 나열하여라. 그 다음으로 극좌표형으로 나타낸 MATLAB 벡터 `Xk`의 값들을 표로 만들고, 이로부터 $k = 0, 1, ..., 7$ 및 $N = 8$에 대하여 $X[N-k] = X^*[k]$를 증명하여라. 마지막으로, 각 인덱스 k에 대응되는 $\hat{\omega}$의 값을 나열하여라.

8-2.3.1 $X[N/2]$에서의 모호성

DFT 길이 N이 짝수인 경우, $X[k]$는 항상 $k = N/2$에서 값을 갖는다. 그러나 N이 홀수이면 $k = N/2$는 정수가 아니므로, 다음과 같은 내용이 적용되지 않는다. 인덱스 $k = N/2$은 정규화된 주파수 $\hat{\omega} = 2\pi(N/2)/N = \pi$에 대응된다. 그러나 스펙트럼은 $\hat{\omega}$에 대해 2π 주기로 반복되기 때문에, 스펙트럼 값은 $\hat{\omega} = \pm\pi$에서 동일하다. 다른 말로 하여, 주파수 $\hat{\omega} = -\pi$는 $\hat{\omega} = \pi$의 에일리어스이다.

제3장에서와 같이 스펙트럼 그래프를 그릴 때, 주파수가 0인 점은 중앙에 위치하고, 주파수 축은 $-\pi$에서부터 π까지 보인다. 엄밀하게 말하여, 양 끝점은 항상 동일해야하기 때문에, 즉 $X[N/2]$

$= X[-N/2]$이므로, 모두 표시할 필요는 없다. 따라서 $X[N/2]$을 양의 주파수 측에 표시할지, 아니면 $X[-N/2]$를 음의 주파수 측에 표시할지를 선택하여야 한다. 다음 예는 $N = 6$일 때 가능한 두 가지 재배열의 예이다.

$$\{\underbrace{X[0]}_{\hat{\omega}=0}, X[1], X[2], \underbrace{X[3]}_{\hat{\omega}=\pi}, X[4], X[5]\} \longrightarrow \{\underbrace{X[-3]}_{\hat{\omega}=-\pi}, X[-2], X[-1], \underbrace{X[0]}_{\hat{\omega}=0}, X[1], X[2]\}$$

$$\longrightarrow \{X[-2], X[-1], \underbrace{X[0]}_{\hat{\omega}=0}, X[1], X[2], \underbrace{X[3]}_{\hat{\omega}=\pi}\}$$

이 예에서 DFT 계수들의 주기성을 이용해 다음과 같은 재배치가 가능했다. 즉, $X[5] = X[-1]$, $X[4] = X[-2]$, $X[3] = X[-3]$, 주파수 $\hat{\omega} = 2\pi(3)/6 = \pi$에 대응되는 $k = 3$에서의 DFT 성분 $X[3]$은 $\hat{\omega} = 2\pi(-3)/6 = -\pi$ 대응되는 $k = -3$에서의 DFT 성분의 값 $X[-3]$과 반드시 같은 값을 가져야 한다. 어떤 재배열을 선택할지는 임의로 하면 되지만, MATLAB 함수 `fftshift`는 먼저의 경우를 따르며, $X[N/2]$을 제일 앞에 놓으며 그래서 $X[-N/2]$가 되며, $\hat{\omega} = -\pi$에 대응된다. 따라서 우리는 이 장에서 이 관습을 따르기로 하며, N이 짝수인 경우에만 이러한 방식을 적용할 수 있다는 점을 명심한다.

연습문제 8.6 벡터 $x[n]$이 실수이고 DFT 길이 N이 짝수일 때, DFT 계수 $X[N/2]$은 반드시 실수임을 증명하여라.

8-2.4 주파수 영역 샘플링 및 보간

주파수 응답과 같이 DTFT 그래프를 부드럽게 그리기 위해서는, 주파수 샘플들의 간격을 매우 세밀하게 해야 한다. 암묵적으로, DFT의 변환 길이는 입력 신호의 길이 L과 같다고 가정한다. 따라서 L-포인트 DFT는 $\hat{\omega} = (2\pi/L)k$, $k = 0, 1, ..., L - 1$에서의 DTFT의 샘플들을 계산한다. L개의 주파수 샘플들은 $0 \le \hat{\omega} < 2\pi$의 구간에 동일한 간격으로 위치하므로, 다음과 같은 관계를 얻을 수 있다.

$$H[k] = H(e^{j(2\pi/L)k}) = H(e^{j\hat{\omega}})\Big|_{\hat{\omega}=(2\pi/L)k} \qquad k = 0, 1, \ldots, L-1 \tag{8.18}$$

좀 더 세밀한 간격 $(2\pi/N)$ (여기서 $N > L$)에서의 샘플들을 원한다면, 제로-패딩 (Zero-padding)이라는 간단한 방법을 이용할 수 있으며, 이 방법에서는 N-포인트 DFT를 수행할 수 있다. **제로-패딩**에서는, N-포인트 DFT를 수행하기에 앞서 입력 신호의 뒷부분에 0을 추가하여 신호의 길이를 길게 만든다. 다른 말로 하여, 길이가 N인 신호 $h_{zp}[n]$을 다음

$$h_{zp}[n] = \begin{cases} h[n] & n = 0, 1, \ldots, L-1 \\ 0 & n = L, L+1, \ldots, N-1 \end{cases} \tag{8.19}$$

과 같이 정의한다. 이제 $h_{zp}[n]$의 N-포인트 DFT를 수행하고, 이들은 두 개의 더 작은 합들로 나눈다:

$$H_{zp}[k] = \sum_{n=0}^{N-1} h_{zp}[n] e^{-j(2\pi/N)kn} \tag{8.20a}$$

$$= \sum_{n=0}^{L-1} h_{zp}[n]e^{-j(2\pi/N)kn} + \sum_{n=L}^{N-1} \overset{0}{h_{zp}[n]}e^{-j(2\pi/N)kn} \tag{8.20b}$$

$$= \sum_{n=0}^{L-1} h[n]e^{-j(2\pi/N)kn} \tag{8.20c}$$

$$H_{zp}[k] = H(e^{j(2\pi/N)k}) \qquad k = 0, 1, 2, \dots, N-1 \tag{8.20d}$$

이와 같이 식 (8.20d)는 제로-패딩으로 길이를 확장한 L-포인트 (임펄스 응답) 신호의 N-포인트 DFT 결과이며 $\hat{\omega}_k = 2\pi k/N$에서의 주파수 응답의 샘플들을 보여준다.

특별히 $N = 2L$인 경우, $N = L$인 경우에 비해 두 배 많은 주파수 샘플들을 얻는다. 그러나 짝수번째 샘플들은 다음과 같이 L-포인트 DFT 값과 같다.

$$H_{zp}[2\ell] = H[\ell] \qquad \ell = 0, 1, \dots, L-1 \tag{8.21}$$

$N = 2L$일 때 식 (8.21)이 참이라는 것을 확인하기 위하여, $(2\pi/N)10$과 같은 짝수 번째 주파수를 확인해본다. 주파수 $(2\pi/2L)10 = (2\pi/L)5$, 즉 $H_{zp}[n]$의 10번째 값에 해당하는 주파수는, $H[k]$의 다섯 번째 값과 같으며, 그 이유는 이 값들은 $H(e^{j\hat{\omega}})$을 정확하게 같은 주파수에서 샘플링한 것들이기 때문이다. 다른 한편으로, $N = 2L$일 때 $(2\pi/N)7$과 같은 홀수 번째 주파수를 살펴본다. 주파수 $(2\pi/2L)7 = (2\pi/L)3.5$는 $(2\pi/L)3$과 $(2\pi/L)4$ 사이의 값이므로, 그래서 홀수 번째 주파수들은 주파수 응답의 "중간"에 있는 값들을 계산하는 것과 같다. 실제로, $2L$-포인트 DFT는 L-포인트 DFT $H[\ell]$을 보간하는 것이며, 이것은 주파수 응답의 L개의 샘플들 값들을 갖는다. 일단 DFT의 보간 성질을 인식한다면, 주파수 응답 그래프를 그리기 전에 더 많은 제로-패딩을 통해 매우 촘촘한 주파수 샘플들을 구할 수 있다. 사실상, 극한 $N \to \infty$에서, DFT는 $\hat{\omega}$의 연속 함수인 진정한 주파수 응답으로 수렴한다.

예제 8-4 DFT를 이용한 주파수 응답 그래프

8-포인트 이동합 FIR 필터의 주파수 응답 그래프를 그리기를 원한다고 가정한다. MATLAB에서는 `freqz`라는 함수를 이용해 주파수 응답을 그릴 수 있지만, 우리는 또한 MATLAB에서 `fft`를 호출하여 DFT로 직접 계산할 수도 있다. 이렇게 함으로써 실질적인 일을 할 때 `fft`를 호출하는 `freqz` 함수의 내부 구조를 이해하는 데 도움이 될 것이다. 주파수 응답을 촘촘하게 얻기 위해서 제로-패딩을 이용한다. 이를 위해 $N = 80$으로 정하고 다음과 같은 MATLAB 코드를 사용한다.

```
N=80 ;
hpadded = [ ones(1,8), zeros(1,N-8) ] ;
Hk = fft(hpadded) ;
stem( 0:N-1, abs(Hk) ) % H[k]를 k에 대해 그린다.
```

제로-패딩은 매우 일반적인 기법이므로, `fft` 함수는 FFT 길이를 지정하고 제로 패딩을 가능하도록 하는 두 번째 입력 변수를 갖는다. 이와 같이, `fft(hn,N)` 명령은 hn의 N-포인트 DFT를 계산하며, 만일 `N > length(hn)`이면 제로-패딩을 한다. 그림 8-5(a)는 결과 그래프를 보인다. 이 코드로부터의 그래프와 제6장에서의 이동합 필터의 크기 그래프와 비교하면, 두 결과가 유사함을 알 수 있지만, 큰 이슈가 있다. 주파수 축의 인덱스가 k에서 $\hat{\omega}$으로 변환되어야 한다는 것이다. 또한,

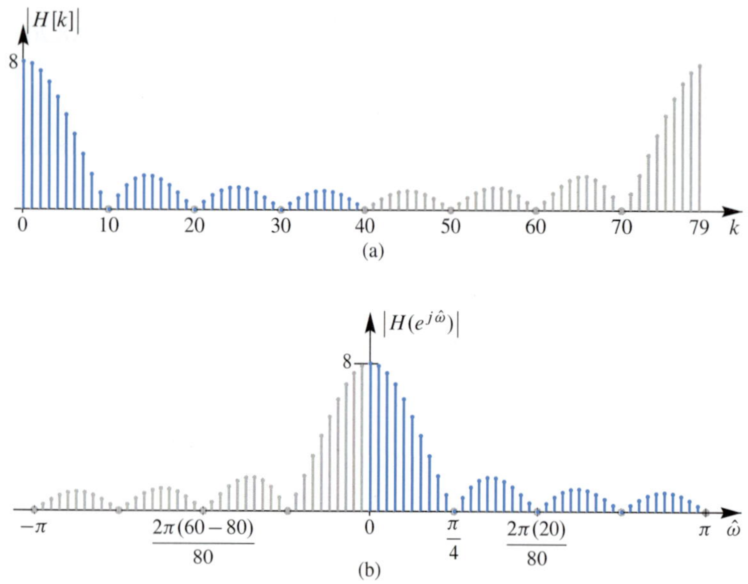

그림 8-5 8-포인트 이동합 필터의 주파수 응답. (a) 80-포인트 FFT로부터 구해진 크기 스펙트럼을 DFT 인덱스 k에 대하여 그린 그래프. (b) 파란색으로 나타낸 음의 주파수 성분을 이동한 후, $\hat{\omega}$에 대하여 그린 크기 응답 그래프. $0 \le k < 40$에 해당하는 인덱스는 $\hat{\omega} = 2\pi k/N$에 매핑되고, 반면에 $40 \le k < 80$의 인덱스는 음의 주파수 $\hat{\omega} = 2\pi(k - N)/N = 2\pi k/N - 2\pi$에 매핑된다.

주파수 축은 $\hat{\omega}$의 범위를 $-\pi$에서 π까지 나타내어야 하므로, 8-2.2절에서 설명한 것과 같이 음의 주파수에 해당하는 값들로 이동해야 한다. 이를 위해서는 `Hk` 벡터의 뒤쪽 절반과 앞쪽 절반을 다음과 같이 다르게 취급해야 한다(이때 `N`이 짝수라 가정한다).

```
HkCentered = [ Hk(N/2+1:N), Hk(1:N/2) ] ; % fftshift.m을 이용하는 것과 같다.
kCentered = [-N+(N/2+1:N), (1:N/2) ] - 1 ; % -는 음의 주파수 인덱스를 만든다.
% kCentered는 [-N/2, -N/2+1, ..., -2, -1, 0, 1, 2, 3, ..., N/2-1]이다.
stem((2*pi/N)*kCentered, abs(HkCentered))
```

위의 순서를 뒤바꾸는 연산은 MATLAB에서 FFT를 이용할 때 자주 발생하기 때문에 재배열을 하기 위하여 `fftshift`라는 특별한 함수가 생성되었다. 주파수들은 따로따로 재배열되어야 한다. 주파수 응답이 켤레 대칭성을 갖고 있을 때, 관례적으로 `Hk`의 앞쪽 절반, 즉 양의 주파수에 해당하는 부분만을 그린다.

8-2.5 실수 코사인 신호의 DFT

DTFT는 선형 연산자이고 DFT는 DTFT를 주파수 영역에서 샘플링한 것이므로, DFT 역시 내재적으로 선형 연산자이다. 코사인 신호는 역오일러 등식의 도움을 빌리면 두 복소 지수함수의 합이 되므로, 코사인 신호의 DFT는 식 (8.12)로부터 두 항의 합으로 표현될 수 있다.

그림 8-1과 8-2에서 보인 복소 지수함수의 DFT의 예들은 DFT 길이 N이 복소 지수신호의 길이 L과 같다고 가정한다. 그러나 식 (8.12)의 일반적인 결과는 $L \le N$인 경우도 성립하며, $L < N$인 경우를 살펴보는 데 유용하다. 다음과 같이 길이가 L인 코사인 신호를 고려해 본다.

$$x[n] = A\cos(\hat{\omega}_0 n) \qquad n = 0, 1, \ldots, L-1 \tag{8.22a}$$

이를 다음과 같이 주파수 $+\hat{\omega}_0$와 $2\pi - \hat{\omega}_0$의 복소 지수함수의 합으로 나타낼 수 있다.

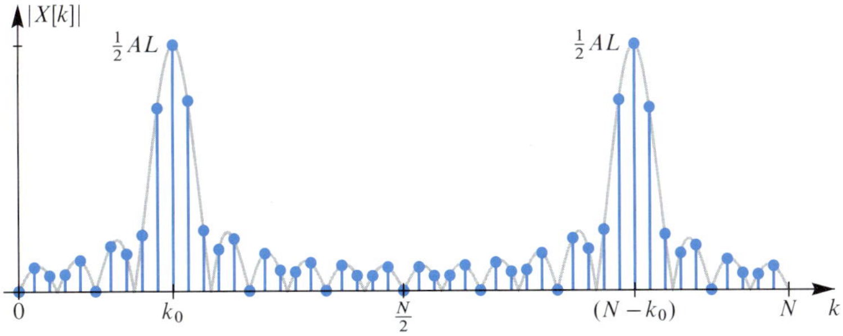

그림 8-6 주파수가 $2\pi/N$의 정수배이고, 길이가 L인 실수 코사인 신호의 N-포인트 DFT 결과. $N = 50$ 그리고 $L = 20$이다. 회색 실선은 샘플링될 DTFT의 크기이다. 정수배는 $k_0 = 10$이며, 그래서 $\hat{\omega}_0 = (2\pi/50)(10) = 0.4\pi$와 $2\pi - \hat{\omega}_0 = (2\pi/50)(50 - 10) = 1.6\pi$에서 DTFT의 피크를 샘플링한 DFT 값들이 존재한다.

$$x[n] = \frac{A}{2}e^{j\hat{\omega}_0 n} + \frac{A}{2}\underbrace{e^{j2\pi n}}_{=1}e^{-j\hat{\omega}_0 n} \qquad n = 0, 1, \ldots, L-1 \tag{8.22b}$$

이 2개의 복소 지수신호들에 식 (8.12)와 DFT의 선형성을 이용하면 다음과 같이 쓸 수 있다.

$$\begin{aligned} X[k] = &\frac{A}{2}D_L((2\pi k/N) - \hat{\omega}_0)\, e^{-j((2\pi k/N)-\hat{\omega}_0)(L-1)/2} \\ &+\frac{A}{2}D_L((2\pi k/N) - (2\pi - \hat{\omega}_0))\, e^{-j((2\pi k/N)+\hat{\omega}_0)(L-1)/2} \end{aligned} \tag{8.23}$$

여기서 함수 $D_L(\hat{\omega})$은 식 (7.27)로 주어진다.

그림 8-6은 $\hat{\omega}_0 = 0.4\pi$이고 $N = 50$, $L = 20$일 때 $|X[k]|$를 k의 함수로 나타낸 것이다. 가로축은 정규화된 주파수축 $(\hat{\omega})$이며, 즉 $\hat{\omega}_k = 2\pi k/N$에 대응된다. DFT의 크기는 피크값이, 각각 주파수 $(2\pi k_0/N) = \hat{\omega}_0$와 $(2\pi(N - k_0)/N) = 2\pi - \hat{\omega}_0$에 대응되는, $k = k_0$와 $k = N - k_0$에서 나타나는, 대칭적인 특성을 보인다는 것을 참고한다. 또한, 피크값은 크기는 대략 $AL/2$이다. 이는 $(2\pi k_0/N) = \hat{\omega}_0$이고 $|X[k_0]|$의 값이 주로 식 (8.23)의 첫 번째 항에 의해서 결정된다는 가정 하에 식 (8.23)을 계산하면 얻을 수 있는 값이다.

8-7절에서는, 고립된 스펙트럼 피크들은 정현파 성분들을 나타낸다는 사실을 다시 살펴볼 예정이다. 피크의 높이는 진폭 A와 신호의 길이 L에 의해 결정된다는 사실을 알고 있으면 많은 주파수 성분들을 갖고 있는 신호들의 스펙트럼 분석을 해석하는 데 유용하다.

연습문제 8.7

MATLAB을 이용하여 $n = 0, 1, \ldots, 499$일 때 신호 $x_0[n] = 5\cos(0.211\pi n)$의 샘플들을 계산하여라. 다음과 같은 MATLAB 코드를 이용하여 길이 500의 신호 $x_0[n]$의 $(N = 16384)$-포인트 DFT를 계산하고 크기 그래프를 그려라.

```
x0 = 5*cos( 0.211*pi*(0:499) ) ;
N = 16384 ;
X0 = fft(x0,N) ; % fft는 제로-패딩을 포함한다.
plot((0:N/2)*2*pi/N, abs(X0(1:N/2+1))) ;
```

피크의 높이가 위에서 논의한 관계식 $AL/2$을 만족하는지 확인하여라.
위의 과정을 다음과 같은 5000개의 길이를 갖는 신호에 대해 반복하여라.

$$x_3[n] = \begin{cases} 0.5\cos(0.4\pi n) & n = 5000, 5001, \ldots, 9999 \\ 0 & \text{이 외} \end{cases}$$

두 번째 DFT 그래프를 그리기 전에 MATLAB의 `hold on` 명령어를 이용하여, 두 결과 그래프를 겹쳐서 그린다. 신호의 진폭이 10배 차이가 나는데도 불구하고 주파수 피크의 높이가 왜 같은지 이유를 설명하여라.

연습문제 8.8 오일러의 관계식을 이용하여 신호 $x[n] = A\cos(2\pi k_0 n/N)$을 2개의 복소 지수함수의 합으로 나타내어라. k_0는 정수라고 가정한다. DFT가 선형 연산이고 DFT 계수들은 주기 성질을 갖는다는 사실을 이용하여, $x[n]$의 DFT가 다음과 같이 나타낼 수 있다는 것을 보여라.

$$X[k] = \frac{AN}{2}\delta[k - k_0] + \frac{AN}{2}\delta[k - (N - k_0)] \qquad k = 0, 1, \ldots, N - 1$$

8-3 DFT와 $x[n]$의 시간 영역에서의 내재적인 주기성

이 절에서, DFT/IDFT 표현에 관련된 몇 가지 추가적인 성질을 공부한다. 지난 절에서, 우리는 DFT가 DTFT의 결과를 주파수 영역에서 샘플링한 것으로 해석된다는 것과 $X[k]$가 주기함수라는 사실과 관련된 성질들에 대하여 공부하였다. 이 주기 성질은 $X[k]$의 음의 주파수 성분들의 위치와 대칭성에 영향을 준다. 이 절에서는 IDFT 합은 시간 영역 신호 $x[n]$이 주기 N을 갖는 주기 신호이어야 한다는 점을 보이고자 한다.

$$x[n] = x[n + N] \qquad -\infty < n < \infty$$

이 성질은 놀라운 것일 수 있다. 왜냐하면, DFT는 유한한 길이를 갖는 N-포인트 신호에 대하여 정의되었고, DFT는 N개의 DFT 계수들을 만들어내기 때문이다. 그러나 어떤 변환 성질들은 내부적으로 범위 $[0, N - 1]$ 밖의 인덱스 n 또는 k에 대한 연산도 포함하기 때문에, 지연 성질이나 콘볼루션 등의 성질들을 설명하기 위해서는 주기 성질이 필요하다.

8-3.1 $x[n]$에 대한 DFT 주기성

IDFT 합이 주기성질을 내포하고 있다는 사실을 알기는 쉽지 않다. 하지만, 이런 질문을 해볼 수 있다. 식 (8.5)에 정의된 IDFT 덧셈식을 $n < 0$ 또는 $n \geq N$의 범위에서 계산하면 어떻게 될까? 특히 n이 $0 \leq n \leq N - 1$일 때 $n + N$에서 식 (8.5)를 계산해 본다.

$$\tilde{x}[n + N] = \frac{1}{N}\sum_{k=0}^{N-1} X[k]e^{j(2\pi/N)k(n+N)} \tag{8.24}$$

식 (8.24)의 결과를 $\tilde{x}[n + N]$으로 표시하였으며, 그 이유는 $n + N$에서 어떤 값이 계산되는지 확인하기 위해서이다.

$$\tilde{x}[(n + N)] = \frac{1}{N}\sum_{k=0}^{N-1} X[k]e^{j(2\pi/N)k(n+N)} \tag{8.25a}$$

$$= \frac{1}{N}\sum_{k=0}^{N-1} X[k]e^{j(2\pi/N)k(n)}\underbrace{e^{j(2\pi/N)k(N)}}_{1} \tag{8.25b}$$

$$= \frac{1}{N}\sum_{k=0}^{N-1} X[k]e^{j(2\pi/N)k(n)} = x[n] \tag{8.25c}$$

식 (8.25b)에서, 모든 k에 대해 $e^{j(2\pi/N)kN} = e^{j2\pi k} = 1$이다.

식 (8.25c)의 결과는 $n + N$에서의 IDFT 결과가 0이 아님을 보여주며, 만일 IDFT가 구간 $0 \le n \le N - 1$ 밖에서는 $x[n] = 0$의 값들을 갖는 원래의 유한 길이의 신호 $x[n]$이었다면 0의 값을 주었을 것이다. 대신, IDFT는 $0 \le n \le N - 1$에 해당하는 신호 $x[n]$을 반복한다. 동일한 방법으로, r을 정수라고 하면, 임의의 점 $n + rN$에서 계산하더라도 $\tilde{x}[n + rN] = x[n]$인 것도 증명할 수 있다. 다른 말로 하여, IDFT 합으로부터의 결과는, 만일 식 (8.5)를 기본 범위 $0 \le n \le N - 1$ 밖에서 계산하더라도, 주기 N의 n에 대한 주기 신호라는 것이다. 이를 간단하게 정리하면 다음과 같다:

$$\frac{1}{N}\sum_{k=0}^{N-1} X[k]e^{j(2\pi/N)kn} = \tilde{x}[n] = \sum_{r=-\infty}^{\infty} x[n + rN] \quad -\infty < n < \infty \tag{8.26}$$

여기서 $x[n]$은 원신호이며 이 신호의 DTFT는 식 (8.16)에서와 같이 샘플링된다. 우변의 무한한 합은, 즉 같은 신호의 이동된 복제본들을 포함하고 있으며, 그림 8-7에 표시하였다. 식 (8.26)으로 이끄는 논의에서 $x[n]$이 $0 \le n \le N - 1$ 밖에서는 0이라고 가정했지만, 식 (8.26)의 관계식은 DTFT를 갖는 임의의 신호들에 대해서 성립한다는 것이 밝혀졌다.

식 (8.26)은 IDFT에 대한 중요한 관측이며, 그 이유는 다음 질문: 즉 "언제 신호 $x[n]$은 DTFT $X(e^{j\hat{\omega}})$의 N개의 샘플들로부터 정확히 복원될 수 있는가?"의 답을 제공하기 때문이다. 만일 기본 구간 $0 \le n \le N - 1$ 밖에서 $x[n] = 0$이라고 하면, $0 \le n \le N - 1$에서는 $x[n] = \tilde{x}[n]$이라는 것을 (8.26)으로부터 명확하게 확인할 수 있다. 즉, 이는 신호 $x[n]$이 유한한 길이 N인 신호라면 DTFT $X(e^{j\hat{\omega}})$의 N개의 표본으로부터 복원될 수 있음을 의미한다. 이것은 **DTFT에 대한 샘플링 이론**이라고 이름 지을 수 있다.

인덱스 n과 k 모두의 식인 DFT/IDFT 식에 내재된 주기성은 푸리에 식들의 익숙한 성질들을 특별한 방법으로 해석하도록 한다. 특히, DFT/IDFT 식에 의하여 내재적으로 나타내지는 주기 신호 $\tilde{x}[n]$을 놓쳐서는 안 된다. 이 사실은 지연과 콘볼루션 같은 신호 연산들을 다룰 때 특별히 중요하다. 시간 주기성 이슈에 관련된 좋은 예는 식 (8.9)의 이동된 임펄스의 DFT 쌍을 $\delta[n - n_d] \overset{\text{DFT}}{\longleftrightarrow} e^{-j(2\pi k/N)n_d}$라고 쓰기를 원할 때, 발생한다. 이 경우, IDFT의 주기성에 대한 이슈는, 다음 예에서 볼 수 있는 것과 같이, $n_d \ge N$일 때 발생한다.

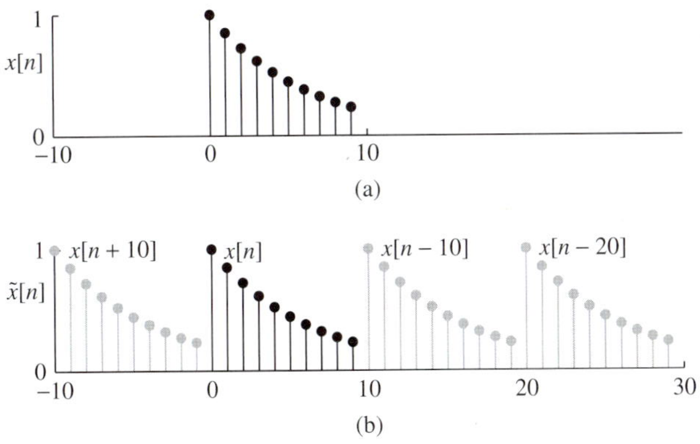

그림 8-7 식 (8.26)의 합의 설명. (a) 길이가 10인 유한한 길이의 신호 $x[n]$. (b) 내재적으로 주기 10인 주기 신호 $\tilde{x}[n]$을 만들기 위하여 더해진 $x[n]$의 이동된 복제본들. 이 내재적인 주기신호 $\tilde{x}[n]$은 $-10 \le n < 30$ 영역 밖에서도 주기 N으로 계속된다.

예제 8-5 이동된 임펄스의 DFT

신호 $q[n] = \delta[n-14]$의 10-포인트 DFT는 식 (8.9)의 DFT 쌍을 기반으로 $Q[k] = e^{-j0.2\pi(14)k}$가 된다. 만약 $Q[k]$의 10-포인트 IDFT를 적용하면, $n = 0, 1, \ldots, 9$에 대하여 길이가 10인 신호를 얻을 수 있다. 여기서 $Q[k]$의 IDFT를 결정하는 한 가지 방법은 다음과 같다.

$$Q[k] = e^{-j0.2\pi(10+4)k} = e^{-j2\pi k}e^{-j0.2\pi(4)k} = e^{-j0.2\pi(4)k} \overset{\text{DFT}}{\longleftrightarrow} \delta[n-4]$$

따라서 IDFT 결과는 $n = 4$에서 0이 아닌 값을 가지며, 이것은 $n = 14$일 때 0이 아닌 값을 갖던 $q[n]$과 다르다.

신호 $q[n] = \delta[n-14]$의 10-포인트 DFT에 대하여, $q[n]$을 $n = \ldots, -16, -6, 4, 14, 24, 34, \ldots$에서 임펄스를 갖는 주기 신호 $\tilde{q}[n]$으로 확장한다면 DFT만을 적용할 수 있다. 즉, 주기 신호 $\tilde{q}[n]$은 다음과 같이

$$\tilde{q}[n] = \cdots + \underbrace{\delta[n+6]}_{q[n+20]} + \underbrace{\delta[n-4]}_{q[n+10]} + \underbrace{\delta[n-14]}_{q[n]} + \underbrace{\delta[n-24]}_{q[n-10]} + \cdots$$

$$= \sum_{r=-\infty}^{\infty} \delta[n-14+10r] = \sum_{r=-\infty}^{\infty} q[n+10r]$$

라고 쓸 수 있으며, 이 식은 주기 신호 $\tilde{q}[n]$을 식 (8.26)의 형태로 나타낸다.

8-3.2 DFT의 시간지연 특성

제7장에서 본 것처럼, DTFT의 지연 성질은

$$y[n] = x[n-n_d] \overset{\text{DTFT}}{\longleftrightarrow} e^{-j\hat{\omega}n_d}X(e^{j\hat{\omega}})$$

이며, 여기서 $y[n] = x[n-n_d]$는 $x[n]$을 시간-이동한 것이다. 주파수 샘플링을 이용하면, DFT의 지연 성질은 다음과 같이 될 것이다.

$$Y[k] = e^{-j\hat{\omega}n_d}X(e^{j\hat{\omega}})\Big|_{\hat{\omega}=(2\pi k/N)} = e^{-j(2\pi k/N)n_d}X[k] \tag{8.27}$$

하지만, $X[k]$와 $Y[k]$에 IDFT를 하면, 내재적인 주기 신호 $\tilde{x}[n]$으로부터 n_d만큼 이동한 주기 신호 $\tilde{y}[n]$이 된다. 이때 $0 \le n \le N-1$의 범위에만 집중한다면, 뜻 밖의 결과를 얻게 된다. 만약 $0 \le n \le N-1$의 전체 범위에서 $x[n]$이 0이 아닌 경우에 특히 문제가 발생할 수 있다. 왜냐하면 이 영역 내에 $x[n-n_d]$가 위치할 공간이 없기 때문이다. 이는 예제 8-5에서 이미 살펴본 현상과 유사하다. 예를 들어, $n_d = 4$이면 $x[n-4]$는 $4 \le n \le N+3$의 구간에서 0이 아니다. $N = 10$인 경우를 그림 8-8에 나타내었다. 그림 8-8(a)는 원래의 10-포인트 신호 $x[n]$이다. 이 신호에 10-포인트 DFT를 하여 $X[k]$를 구하고 다시 IDFT하여 구한 주기 신호 $\tilde{x}[n]$은 그림 8-8(b)와 같다. 그리고 $Y[k] = e^{-j(2\pi k/10)(4)}X[k]$를 만들고 IDFT하여 얻은 주기 신호, 즉 $\tilde{y}[n] = \tilde{x}[n-4]$는 그림 8-8(c)에 보였다. 회색선 위의 회색 점들은, 검정색 선과 점들로 표시한, 기본 구간 $0 \le n \le 9$의 신호들을 주기적으로 확장한 것들이다. 끝으로, $Y[k] = e^{-j(2\pi k/10)(4)}X[k]$를 만들고 10-포인트 IDFT를 하여, $0 \le n \le 9$에서의 신호 $y[n]$을 계산하면, 그림 8-8(d)의 결과를 얻게 된다.

그림 8-8(a)에서 (d)까지의 결과를 비교하면, $y[n] \ne x[n-4]$임이 분명하지만, 그러나 $y[n]$의

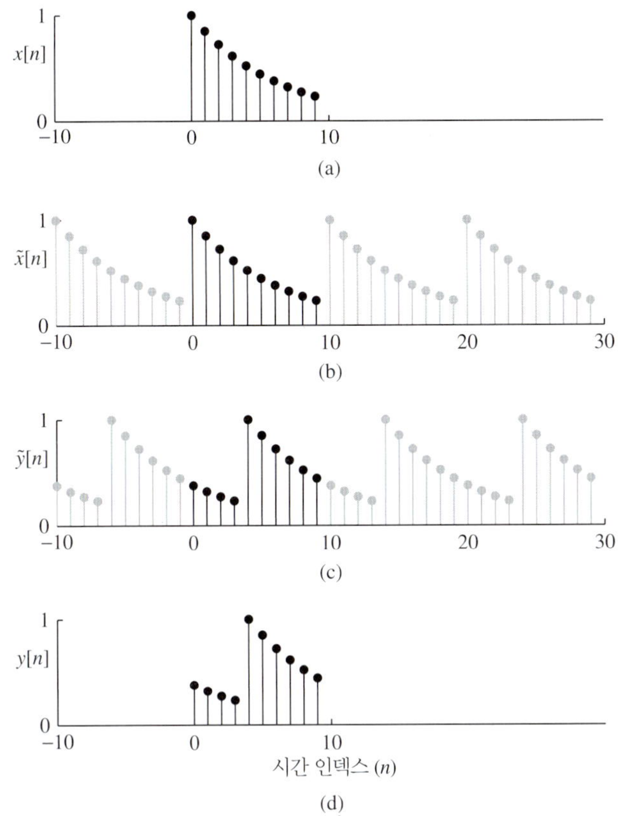

그림 8-8 DFT의 시간-이동 성질의 설명. (a) 길이가 10인 유한한 길이 신호 $x[n]$. (b) 10-포인트 DFT 식에 대한 내재적인 주기 신호 $\tilde{x}[n]$. (c) $Y[k] = e^{-j(2\pi k/10)(4)}X[k]$의 IDFT와 동일한, 시간-이동된 주기 신호 $\tilde{y}[n] = \tilde{x}[n-4]$. (d) 구간 $0 \le n \le 9$에서만 $Y[k]$의 10-포인트 IDFT를 계산하여 얻은 시간 $y[n]$.

좌측의 네 개의 샘플들은 원래 $x[n]$의 우측의 네 개의 샘플들이었다. 따라서 $y[n]$은 $x[n]$을 이동한 것으로 연관되어 있으며, 이 이동은 때때로 **순환(Circular)** 이동라고 불리며, 이동된 샘플들이 주어진 구간에서 **회전** 또는 **감아 싸는** 것으로 볼 수 있기 때문이다. 이 효과는 연속-시간 시간들을 샘플링할 때 발생하는 주파수 에일리어싱과 매우 밀접하다는 것을 알 수 있으므로, 시간 에일리어싱이라고 불린다. 이 **순환 이동**을 나타내는 편리한 방법은 모듈로 연산자를 이용하는 것이다.

예제 8-6 모듈로-N (Modulo-N) 연산

정수론에서, 해가 존재하는 대수계는, 모듈로라고 불리는, 고정된 정수 N에 대하여 나머지로 정의될 수 있다. 임의의 정수 n은 유일하게 $n = qN + r$이라고 나타낼 수 있으며, 여기서 몫인 q는 정수이고 나머지 r은 음수가 아니며, 모듈로 N보다 작다. 우리는 r이 n modulo-N의 나머지라는 것을 나타내기 위하여, $r = n \bmod N$이라고 쓴다. 예를 들어, $(-2) \bmod 10$은 8이다. 왜냐하면 $-2 = (-1)(10) + 8$이기 때문이다.

신호의 지연과 콘볼루션에 대하여는, 정수 인덱스들의 덧셈과 뺄셈만이 필요하다. 예를 들어 $N = 10$이고, 7과 6을 더하고자 한다고 가정한다. 이때 modulo-10 연산의 결과는 $(7 + 6) = 13$이므로 3이다. 따라서 양의 값을 갖는 나머지 3을 이용해 modulo-10 연산을 단순화할 수 있다. modulo-10 연산에서 나머지는 반드시 0과 $N - 1 = 9$ 사이의 값을 가져야 한다. 만약 2에서 4를 빼야 한다면, 결과는 $(2 - 4) \bmod 10 = -2 \bmod 10 = 8$이 된다. modulo-10으로 수를 센다면, 결과는 {0, 1, 2, 3, 4, 5, 6, 7, 8, 9, 0, 1, 2, 3, ...}이 되며, 그 이유는 1에 9를 더하면 10이 되며 10 mod 10은 0이기 때문이다. 더욱이, $n = 0, 1, \ldots, 9$에 대해 $(n - 4) \bmod 10$을 계산하면, $(0 - 4) \bmod 10$부터 시작하면 되고, 이 값은 6이 되며, {6, 7, 8, 9, 0, 1, 2, 3, 4, 5}를 얻는다.

보다 간결하고 일반적인 표기법을 위하여, 인덱스 뺄셈 모듈로-N을 다음

$$((n-n_d))_N = (n-n_d) \bmod N \tag{8.28}$$

과 같이 정의한다. modulo-N 연산은 $0 \le ((n-n_d))_N \le N-1$을 보장한다. 따라서 $n = 0, 1, ..., N-1$에 대하여, 인덱스 $((n-n_d))_N$은 $n = (0-n_d) \bmod N = N-n_d$에서 시작하여 기본 구간을 순환한다. 식 (8.28)의 표기법에 따르면, DFT 이동 성질은 다음

$$y[n] = x[((n-n_d))_N] \overset{\text{DFT}}{\longleftrightarrow} Y[k] = e^{-j(2\pi k/N)n_d} X[k]$$

과 같으며, 이 식은 시간 이동이 주기 N을 갖는 순환 이동이라는 것을 강조한다.

8-3.2.1 제로-패딩

그림 8-8(d)의 신호가 10-포인트 DFT의 올바른 결과라 하더라도, 우리가 일반적으로 원하는 시간 이동된 신호의 DFT는 아니다. 그러나 식 (8.26)과 그림 8-8의 예는 이 문제에 대한 해결책이 있다는 것을 암시하고 있다. 먼저 만약 $n = 0$부터 세기 시작한다면, $x[n-4]$는 10-포인트 길이의 신호가 아니라는 점에 주목해야 한다. 시간 지연이 있었기 때문에 $y[n]$의 처음 네 개의 값들은 0이고 이동된 신호는 $n = 0$으로부터 $n = 13$까지 지속되므로, 이동한 신호의 길이는 14 샘플이다. 따라서 원신호 $x[n]$의 우측 끝에 4개의 0을 추가하여 확장하면, 이 신호를 오른쪽으로 4개의 샘플 간격만큼 이동해도 여전히 새로운 기본 구간 $0 \le n \le 13$ 안에 존재한다. 이러한 확장 기법을 **제로-패딩**이라고 한다. 따라서 4개의 샘플들의 시간 이동 효과를 순환없이 얻으며 DFT $X[k]$에 $e^{-j(2\pi k/N)(4)}$를 곱하기 위해서는, 반드시 14-포인트 (혹은 그 이상의) DFT를 적용해야만 한다. 이 과정을 그림 8-9에 나타내었다.

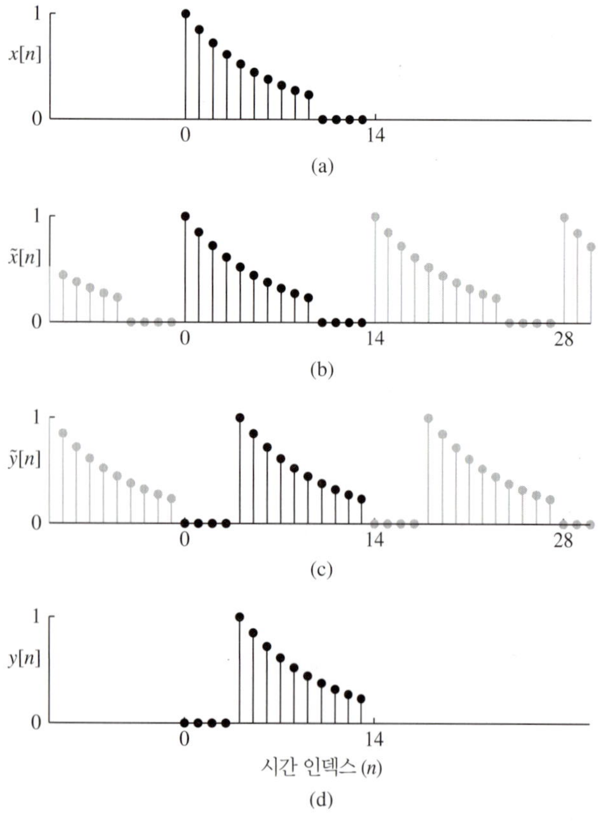

그림 8-9 제로-패딩을 이용한 DFT의 시간-이동 성질에 대한 설명. (a) 길이가 10이고 4개의 0이 추가된 유한한 길이의 신호 $x[n]$. (b) 14-포인트 DFT 식에 대한 내재적인 주기 신호 $\tilde{x}[n]$. (c) $Y[k] = e^{-j(2\pi k/14)(4)}X[k]$에 대응하는 시간 이동된 주기 신호 $\tilde{y}[n] = \tilde{x}[n-4]$. (d) 구간 $0 \le n \le 13$에서 $Y[k]$의 14-포인트 IDFT를 계산하여 구한 신호 $y[n]$.

그림 8-9(a)는 4개의 0샘플들이 추가된 신호 $x[n]$을 보여준다 (이들은 사실 유한 길이 신호 $x[n]$의 정확한 값들이다). 그림 8-9(b)는 $N = 14$일 때의 DFT 식을 이용하여 내재적 주기 신호 $\tilde{x}[n]$을 보이며, 그림 8-9(c)는 $Y[k] = e^{-j(2\pi k/14)(4)}X[k]$에 대응하는 4개의 샘플들 간격만큼 이동한 주기 신호 $\tilde{y}[n]$을 나타낸다. 최종적으로 $Y[k] = e^{-j(2\pi k/14)(4)}X[k]$를 만들고, 14-포인트 IDFT를 이용하여 $0 \le n \le 13$에 대한 신호 $y[n]$을 계산하면, 그림 8-9(d)의 결과를 얻게 된다. 이제 명확히, $0 \le n \le 13$에 대하여 $y[n] = x[n-4]$임을 알 수 있다. $N \ge 14$인 더 긴 길이의 DFT를 사용하더라도, $n > 13$에 대하여 추가적인 0이 더 많이 포함될 뿐, 정확한 이동된 신호를 구할 수 있게 된다.

8-3.3 DFT의 콘볼루션 성질

DTFT의 가장 중요한 특성 중 하나는 다음과 같이, 시간 영역에서의 콘볼루션이 주파수 영역에서는 곱이 된다는 것이다.

$$y[n] = h[n] * x[n] \stackrel{\text{DTFT}}{\longleftrightarrow} Y(e^{j\hat{\omega}}) = H(e^{j\hat{\omega}})X(e^{j\hat{\omega}})$$

지금까지 계속해서 사용해온 개념인 DFT는 DTFT를 주파수 영역에서 샘플링한 것이라는 관점에서, 위와 유사한 개념이 DFT에 대해서도 성립한다는 것을 보일 수 있다. 그러나 시간 지연과 DFT에 관해 공부한 내용을 생각해 보면, DFT/IDFT에 내재된 주기성이 콘볼루션에서도 뭔가 특별한 고려를 해야 할 것이라는 점을 예상할 수 있다.

DFT/IDFT 식은 유한한 길이의 신호를 다루고 있기 때문에, 유한한 길이를 갖는 두 신호의 콘볼루션에 대해 공부하기를 원한다. 이때 각 신호는 DFT 식들이 존재한다. 따라서 콘볼루션 식은 다음

$$y[n] = \sum_{m=0}^{M-1} h[m]x[n-m] \tag{8.29}$$

과 같이 유한 합으로 적을 수 있으며, 여기서 $n = 0, 1, ..., M-1$을 제외한 구간에서 $h[n] = 0$을 만족하고, $n = 0, 1, ..., L-1$을 제외한 구간에서 $x[n] = 0$이라고 가정한다. 즉, $h[n]$는 M-포인트 신호이고 $x[n]$은 L-포인트 신호이다. 제5장에서는, $y[n]$은 단지 $0 \le n \le L+M-2$에서만이 0이 아닌 값을 가지며, 그래서 $y[n]$의 길이는 $L+M-1$이라고 배웠다.

이제 다음과 같이 $Y(e^{j\hat{\omega}})$를 DFT 주파수 $\hat{\omega}_k = (2\pi k/N)$에서 샘플링하여 DFT $Y[k]$를 구했다고 가정한다, 즉,

$$Y[k] = H(e^{j\hat{\omega}})X(e^{j\hat{\omega}})\Big|_{\hat{\omega}=(2\pi k/N)} = H(e^{j(2\pi k/N)})X(e^{j(2\pi k/N)}) = H[k]X[k] \tag{8.30}$$

여기서 세 개의 DFT는 모두 N-포인트 DFT이다. 만일 신호 $x[n]$과 $h[n]$의 길이가 다르다면, 더 짧은 신호에 제로-패딩을 하여 길이를 N으로 만들 수 있다고 가정한다. 유한한 길이를 갖는 두 신호의 콘볼루션이 각 신호의 DFT의 곱으로 표현된다는 것은 그리 놀라운 일은 아니다. 그러나 DFT $Y[k] = H[k]\ X[k]$가 나타내는 것이 제5장과 식 (8.29)에 나타낸 보통의 콘볼루션을 나타낸다고 성급히 결론을 내려서는 절대로 안되며, 그것보다는, 내재적 주기 신호 $\tilde{x}[n]$과 $\tilde{h}[n]$의 주기적 콘볼루션

$$\tilde{y}[n] = \sum_{m=0}^{N-1} \tilde{h}[m]\tilde{x}[n-m] = \frac{1}{N}\sum_{k=0}^{N-1} Y[k]e^{j(2\pi/N)kn} \tag{8.31}$$

을 나타내며, 여기서 $\tilde{y}[n]$은 $Y[k]$의 IDFT이다. 주기적 (혹은 순환) 콘볼루션에서는, 두 신호 모두 동일한 주기 N을 갖고 있으며, 합은 한 주기에 걸쳐서만 이루어지는 점에 유의해야 한다. $Y[k]$의 IDFT는 이미 알고 있는 것처럼 주기 N을 갖는 주기 신호이다. 여기에 더하여, 식 (8.26)으로부터 주기 신호 $\tilde{y}[n]$은 다음

$$\tilde{y}[n] = \sum_{r=-\infty}^{\infty} y[n + rN] \tag{8.32}$$

과 같이 식 (8.29)에서의 신호 $y[n]$과 연관되어 있음을 보여준다.

이제 $y[n]$을 계산하는 데 필요한 길이 N을 결정할 수 있게 되었다. 식 (8.29)에서 원하는 콘볼루션 출력 $y[n]$은 길이가 $L + M - 1$이므로, 기본 구간 $0 \le n \le N - 1$에서 $\tilde{y}[n] = y[n]$이 되기를 원한다면, $N \ge L + M - 1$을 만족해야 한다. 이것은 이 조건을 만족하는 N에 대하여 DFT $X[k]$와 $H[k]$를 계산하여 수행할 수 있다. 길이가 N이 되도록 신호들 $x[n]$과 $h[n]$에 제로-패딩을 하는 것이 필요하다.

이 콘볼루션 성질은 8-3.2절의 시간-지연 성질을 이용해 나타낼 수 있으며, 이 시간-지연 성질은 콘볼루션 성질의 특수한 경우이다. 먼저, n_d만큼 시간 지연하는 시스템이 있다면, 이 시스템의 임펄스 응답은 $h[n] = \delta[n - n_d]$이며, 그래서

$$y[n] = h[n] * x[n] = \delta[n - n_d] * x[n] = x[n - n_d]$$

이다. 이 경우, $n = 0$부터 카운트를 시작하므로, $h[n]$의 길이는 $n_d + 1$이다. 만약 $x[n]$의 길이가 L이라면, $y[n]$의 전체 길이는 $n_d + L$이다. $h[n] = \delta[n - n_d]$의 DFT는 $H[k] = e^{-j(2\pi/N)kn_d}$이라는 것은 이미 보였다. 그래서, DFT 곱, 즉 $Y[k] = H[k]X[k] = e^{-j(2\pi/N)kn_d}X[k]$는 만일 $N \ge L + n_d$이라면, DFT의 시간-지연 성질을 이용하여 구한 것과 동일하다.

예제 8-7 펄스들의 콘볼루션

$x[n]$은 길이가 10인 사각파이고 $h[n]$은 길이가 6인 사각파라고 가정한다. 제5장의 결과로부터, 콘볼루션 결과가 사다리꼴 형태임을 알 수 있다. 만약 10-포인트 DFT를 사용한다면, 그 결과를 해석적으로 파악할 수 있다. $x[n]$의 10-포인트 DFT는 $X[k] = 10\delta[k]$이며, 그 이유는 $x[n]$이 모두 1이고 식 (8.13)의 DFT 쌍에서 $k_0 = 0$이라고 적용할 수 있기 때문이다. 그렇다면 $H[k]$를 몰라도 DFT 간의 곱을 수행할 수 있다. $\delta[k]$는 $k = 0$일 때에만 0이 아닌 값을 갖기 때문에,

$$Y[k] = X[k]H[k] = 10\delta[k]H[k] = 10H[0]\delta[k]$$

를 얻을 수 있다. $H[0]$의 값은 $k_0 = 0$일때의 DFT 계수이므로, 이 값은

$$H[0] = \sum_{n=0}^{9} h[n] \overbrace{e^{-j0.2\pi(0)n}}^{1} = 6$$

이 된다. 이와 같이, $Y[k] = 60\,\delta[k]$이고 $y[n]$을 구하기 위해 10-포인트 IDFT를 계산하면 다음과 같다.

$$y[n] = \frac{1}{10}\sum_{k=0}^{9} 60\delta[k]e^{j0.2\pi kn} = \underbrace{6\delta[0]e^{j0}}_{k=0\text{항}} = 6 \qquad n = 0, 1, \ldots, 9$$

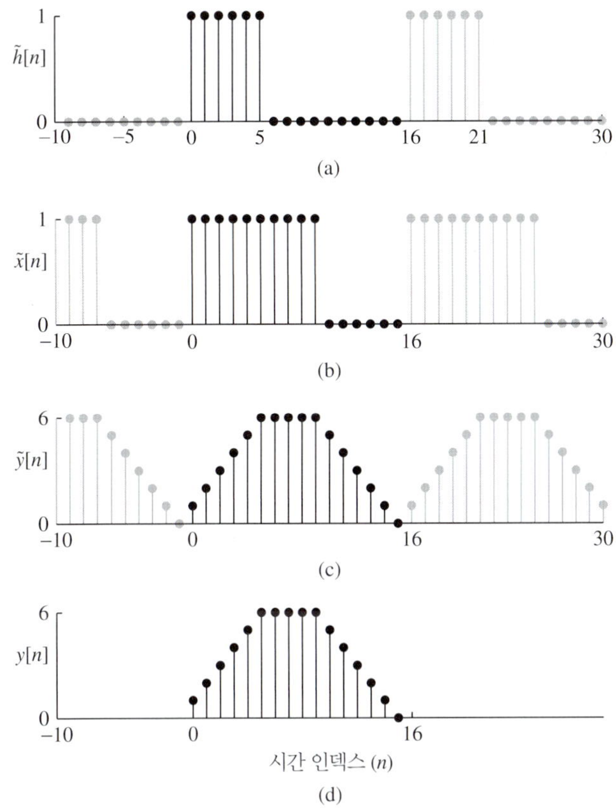

그림 8-10 길이 16의 DFT를 이용한 두 사각 펄스의 콘볼루션의 설명. (a) 길이가 6인 펄스의 16-포인트 DFT $H[k]$에 대응하는 내재적 주기 신호 $\tilde{h}[n]$. (b) 길이가 10인 펄스의 16-포인트 DFT $H[k]$에 대응되는 내재적 주기 신호 $\tilde{x}[n]$. (c) $Y[k] = H[k]X[k]$에 대응하는 내재적 주기 신호 $\tilde{y}[n]$. $\tilde{y}[n]$은 식 (8.31)에 정의된 순환 콘볼루션과 동일하다. (d) 구간 $0 \le n \le 15$에서 $Y[k]$의 16-포인트 IDFT를 계산하여 얻은 16-포인트 신호 $y[n]$.

이 합에서 0이 아닌 유일한 0이 아닌 항은 $k = 0$인 항 뿐이다. 콘볼루션 결과 $y[n]$은 상수이며 이 결과는 우리가 원하는 것은 아니다.

만약 DFT의 길이를 $N = 16$으로 바꾼다면, 길이가 $10 + 6 - 1 = 15$인 두 사각파의 정확한 콘볼루션을 얻을 수 있다. 이 경우는 매우 장황한 연산이 필요하기 때문에, MATLAB을 이용해 계산하는 것이 좋다.

```
x = ones(1,10) ; h=[1, 1, 1, 1, 1, 1] ;
y16 = ifft( fft( h, 16 ) .* fft( x, 16 ), 16 ) ;
y10 = ifft( (fft( h, 10 ) .* fft( x, 10 ), 10 ) ;
```

$N = 16$일 때의 결과를 그림 8-10에 표시하였다. $N = 10$일 때에는 $\tilde{y}[n]$이 상수이기 때문에, 그래프는 따로 그리지 않았다.

이 예제는, 만일 DFT/IDFT 식에서 길이 N의 값이 두 신호의 길이의 합에서 1을 뺀 값과 같거나 크다면 (즉, $N \ge M + L - 1$이라면), DFT와 IDFT를 이용해 계산한 주기적 콘볼루션은 유한한 길이의 두 신호의 보통의 콘볼루션과 동일할 수 있다는 일반적인 결과를 보여준다.

8-4 DFT 성질과 DFT 쌍의 표

이 장에서는, 다양한 유용한 변환 쌍들을 유도하였으며, 또한 몇 가지 중요한 성질들을 유도하였

표 8-1 기본적인 이산 푸리에 변환 (DFT) 쌍들

DFT 쌍들의 표	
시간 영역: $x[n]$	주파수 영역: $X[k]$
$\delta[n]$	1
$\delta[n-n_d]$	$e^{-j(2\pi k/N)n_d}$
$r_L[n]=u[n]-u[n-L]$	$\underbrace{\dfrac{\sin(\frac{1}{2}L(2\pi k/N))}{\sin(\frac{1}{2}(2\pi k/N))}}_{=D_L(2\pi k/N)} e^{-j(2\pi k/N)(L-1)/2}$
$r_L[n]\,e^{j(2\pi k_0/N)n}$	$D_L(2\pi(k-k_0)/N)\,e^{-j(2\pi(k-k_0)/N)(L-1)/2}$

데모
시간–주파수 시각화

다. 표 8-1에는 앞에서 유도한 DFT 쌍들을 정리하였다.

DFT의 기본적인 성질들은 시스템을 설계하고 해석하는 데 편리하도록 하는 것들이며, 그래서 쉽게 참조할 수 있도록 표 8-2에 정리하였다. 중요한 것은 이 표에 정리된 모든 성질들은 DFT/IDFT의 식의 내재적인 주기성의 관점에서 해석되어야 한다는 점이다. 예를 들어, 시간-지연 성질은 $\tilde{x}[n]$으로 표기하는 내재적인 주기 신호에 적용되며, 콘볼루션 성질은 유사하게 $x[n]$과 $h[n]$의 내재적인 주기 신호의 주기적 콘볼루션에 관련이 있다. 표 8-2에서 주어진 몇 가지 성질은 이 장에서 유도하지 않았거나 논의되지 않았다. 그럼에도 이것들은 항상 성립하며, 완성도를 위하여 포함시켰다.

표 8-2 DFT의 기본적인 성질들

DFT 성질들의 표		
성질 명	시간 영역: $x[n]$	주파수 영역: $X[k]$
주기성질	$x[n]=x[n+N]$	$X[k]=X[k+N]$
선형성	$ax_1[n]+bx_2[n]$	$aX_1[k]+bX_2[k]$
켤레 대칭성	$x[n]$ 실수	$X[N-k]=X^*[k]$
켤레성	$x^*[n]$	$X^*[N-k]$
역시간	$x[((N-n))_N]$	$X[N-k]$
지연	$x[((n-n_d))_N]$	$e^{-j(2\pi k/N)n_d}X[k]$
주파수 이동	$x[n]e^{j(2\pi k_0/N)n}$	$X[k-k_0]$
변조	$x[n]\cos((2\pi k_0/N)n)$	$\frac{1}{2}X[k-k_0]+\frac{1}{2}X[k+k_0]$
콘볼루션	$\sum_{m=0}^{N-1}h[m]x[((n-m))_N]$	$H[k]X[k]$
파시발의 정리	$\sum_{n=0}^{N-1}\lvert x[n]\rvert^2=\frac{1}{N}\sum_{k=0}^{N-1}\lvert X[k]\rvert^2$	

8-5 이산 주기 신호들의 주파수 해석

3장의 3-6절에서, 연속시간 **주기 신호**의 스펙트럼을 구하기 위한 **푸리에 분석을 하는** 연산자로 푸리에 급수 적분을 소개하였다. 결과적인 푸리에 급수 합의 식은 복소 지수함수들의 가중합으로 나타내지고, 이 복소 지수신호의 주파수는 모두 기본 주파수의 정수배이다. 이 절에서는, 이산시간 주기 신호의 주파수 해석을 위한 **이산 푸리에 급수(Discrete Fourier Series, DFS)**를 다룬다. DFS의 핵심은 $0 \le n \le N-1$ 범위 밖에서 계산할 때 주기 신호를 합성해 내는 IDFT 합이며, 이 신호 역시 주파수가 $2\pi/N$의 정수배인 복소 지수함수의 가중합이다. 결과적으로, DFT는 한 주기의 샘플들의 DFT를 계산하여, 이산 시간 (샘플링된) 주기 신호 $\tilde{x}[n]$의 스펙트럼을 뽑아 낼 수 있는 푸리에 분석 방법으로 해석할 수 있다. 일단 DFS를 유도하면, 주기적인 이산시간 신호의 스펙트럼 분석과 주기적인 연속시간 신호의 스펙트럼을 연결할 수 있게 된다.[7)]

8-5.1 주기적인 이산시간 신호: 이산 푸리에 급수

8-3.1절에서 보인 것과 같이, 유한한 길이의 신호 $x[n]$의 IDFT는 내재적으로 주기적이며 주기는 N이다. 유한한 길이의 신호를 표현하기 위해 IDFT를 사용할 때, 일반적으로 IDFT 연산을 $0 \le n \le N-1$의 범위로 제한한다. 그러나 이 범위 밖에서 IDFT를 계산하면, $\tilde{x}[n] = \tilde{x}[n+N]$과 같은 주기 신호를 얻는다. 즉,

$$\tilde{x}[n] = \frac{1}{N}\sum_{k=0}^{N-1} X[k]e^{j(2\pi k/N)n} = \sum_{r=-\infty}^{\infty} x[n+rN] \tag{8.33}$$

식 (8.33)은 N-포인트 DFT가 $X[k]$인 유한 길이 신호 $x[n]$의 무한 반복이다.

IDFT 합 (8.33)에 대하여 주목해야 할 또 다른 사실은, 이 식이 동일한 간격의 주파수들 $\hat{\omega}_k = (2\pi/N)k$를 갖는 N개의 복소 지수함수들의 합이라는 점이다. 다시 말하여, 모든 주파수가 $\hat{\omega}_1 = (2\pi/N)$의 정수배이다. 우리의 관점을 유한 길이 신호식이라는 점에서 벗어나, N-포인트 IDFT는 기본 구간 밖에서 계산하면 주기적인 결과를 준다는 사실에 집중한다. 그렇다면 식 (8.33)을 주기 신호 $\tilde{x}[n]$의 **이산 푸리에 급수**라고 부르는 것이 합리적이다. 3-5절에서 논의했던 연속 시간 신호의 푸리에 급수의 경우와 동일하게, 이제 이산 시간 주기 신호를 **고조파** 복소 지수함수들의 합으로 나타내는 식을 갖게 된다.[8)]

IDFT를 이용해 주기 신호를 합성하고자 한다. 그런데 일반적인 푸리에 급수 합성식은 음의 주파수들을 포함하므로, 따라서 8-2.2절에서와 같이 몇몇 인덱스들을 재배열하여 음의 주파수를 만들어줄 필요가 있다. 주기 신호가 정현파처럼 실수로 이루어졌다면, 다음과 같이 양의 주파수 성분들뿐만 아니라, 음의 주파수 성분들도 함께 구성된 합성식을 기대하게 된다, 즉,

$$\tilde{x}[n] = \sum_{m=-M}^{M} a_m e^{j(2\pi m/N)n} \qquad -\infty < n < \infty \tag{8.34}$$

여기에 더하여, $\tilde{x}[n]$이 실수일 때, 계수들 $\{a_m\}$은 켤레 대칭성, 즉 $a_{-m} = a_m^*$를 갖는다. 이산시간

7) 이 절에서 유도하는 관계와 유사한 관계식이 연속시간 푸리에 변환과 이산시간 푸리에 변환 사이에도 적용된다.

8) (제3장에서 공부한) 연속시간 신호의 푸리에 급수 합성식은 주기 신호를 가능한 많은 고조파(harmonic) 복소 지수함수의 (무한할 수도 있는) 합으로 표현하였다는 것을 기억한다.

의 경우, 식 (8.34)의 합은 N개의 항들만을 갖는 식 (8.33)의 IDFT와 동일하고, 주기가 N인 임의의 이산 시간 주기 신호에 대한 일반적인 식이므로, 덧셈의 한계 M은 반드시 유한해야 한다. 식 (8.34)의 항의 개수는 $2M+1$이며, 반드시 $2M \le N-1$을 만족해야 한다.

예제 8-8 DFS로부터 주기 신호의 합성

신호 $\tilde{x}[n]$이 특정한 계수 값 $a_m = (m^2-1)$을 갖는 식 (8.34)의 DFS 합으로 정의되어 있다고 가정한다. $M=2$라고 하면, 다음과 같이 쓸 수 있다.

$$\tilde{x}[n] = \sum_{m=-2}^{2} (m^2-1)e^{j(2\pi m/N)n} \qquad -\infty < n < \infty$$

$N=5$인 경우, $n = 0, 1, 2, .., 10$에 대하여 $\tilde{x}[n]$의 값을 구하여 $\tilde{x}[n]$의 주기가 5임을 증명하여라.

풀이: $\tilde{x}[n]$에 대한 합의 공식은 다음과 같이 쓸 수 있다.

$$\begin{aligned}\tilde{x}[n] &= ((-2)^2-1)e^{j(2\pi/5)(-2)n} + ((-1)^2-1)e^{j(2\pi/5)(-1)n} + ((0)^2-1)e^{j(2\pi/5)(0)n} \\ &\quad + ((1)^2-1)e^{j(2\pi/5)(1)n} + ((2)^2-1)e^{j(2\pi/5)(2)n} \\ &= (4-1)e^{j(2\pi/5)(-2)n} + (-1)e^{j(2\pi/5)(0)n} + (4-1)e^{j(2\pi/5)(2)n} \\ &= 3e^{j(2\pi/5)(-2)n} - e^{j(2\pi/5)(0)n} + 3e^{j(2\pi/5)(2)n} \\ &= 6\cos(4\pi n/5) - 1\end{aligned}$$

이 식은 n에 정수값을 대입하여 계산할 수 있으며, 다음과 같이 $0 \le n \le 10$에 대한 값을 구할 수 있다.

$$\tilde{x}[n] = \{5,\ -5.045,\ 0.545,\ 0.545,\ -5.045,\ 5,\ -5.045,\ 0.545,\ 0.545,\ -5.045,\ 5\}$$

이와 같이, $\tilde{x}[n]$은 5를 주기로 반복한다.

식 (8.33)에서 복소 지수함수 항들의 계수들 $(1/N)X[k]$는 푸리에 급수의 계수들이 된다. 우리는 이미 DFT 계수가 주기적이라는 것을 공부하였으며, 즉 그림 8-3에서 보인 것과 같이 $X[k \pm N] = X[k]$를 만족한다. 따라서 식 (8.34)의 푸리에 계수들 $\{a_m\}$은 식 (8.33)에서의 계수들과 동일하다고 보일 수 있으며, 그래서

$$a_m = \begin{cases} \frac{1}{N}X[m] & m = 0, 1, 2, \ldots, M \\ \frac{1}{N}X[m+N] & m = -1, -2, \ldots, -M \end{cases} \tag{8.35}$$

을 얻는다. 최종 결과는 주기적인 이산시간 신호에 대한 DFS를, 한 주기의 신호로부터 계수들 $\{a_m\}$을 구하기 위한 덧셈식으로서 (스케일된) DFT를 이용하여 나타낼 수 있다.

$$a_k = \frac{X[k]}{N} = \frac{1}{N}\sum_{n=0}^{N-1} \tilde{x}[n]e^{-j(2\pi k/N)n} \tag{8.36a}$$

$$\tilde{x}[n] = \sum_{k=0}^{N-1} a_k e^{j(2\pi k/N)n} = \sum_{m=-M}^{M} a_m e^{j(2\pi m/N)n} \qquad (2M+1 \le N\text{일 때}) \tag{8.36b}$$

DFS에서, 인수 $(1/N)$은 (8.36a)의 분석식과 관련되어 있다.

예제 8-9 DFS 계수들의 켤레 대칭성

DFT $X[k]$로부터 DFS 계수들 $\{a_m\}$을 구할 때, 2가지 경우: N이 짝수인 경우와 N이 홀수인 경우를 고려해야 한다. N이 홀수이면 임의의 정수 M에 대해 $N = 2M + 1$이라고 쓸 수 있기 때문에, 표기법이 훨씬 쉬워진다. 예를 들어, $N = 5$이면 $M = 2$가 되고, 푸리에 급수는 다음과 같다.

$$\tilde{x}[n] = a_0 + a_1 e^{j0.4\pi n} + a_2 e^{j0.8\pi n} + a_{-1} e^{-j0.4\pi n} + a_{-2} e^{-j0.8\pi n}$$

$\tilde{x}[n]$ 한 주기의 5-포인트 DFT는 $\{Na_0, Na_1, Na_2, Na_{-2}, Na_{-1}\}$이다. 반면에, N이 짝수이면, 다소 복잡해진다. 예를 들어 $N = 4$이면 식 (8.34)의 합은 $2M \le 3$, 또는 $M = 1$을 의미하지만, 4-포인트 IDFT는 다음과 같이 적을 수 있다.

$$\tilde{x}[n] = \tfrac{1}{N}X[0] + \tfrac{1}{N}X[1]e^{j0.5\pi n} + \tfrac{1}{N}X[2]e^{j\pi n} + \tfrac{1}{N}X[3]e^{j1.5\pi n}$$

따라서 $\tilde{x}[n]$의 DFS 식은 다음과 같다.

$$\tilde{x}[n] = a_0 + a_1 e^{j0.5\pi n} + a_2 e^{j\pi n} + a_{-1} e^{-j0.5\pi n}$$

$a_2 \ne 0$인 경우는 8-2.3.1절에서 다룬 $X[N/2]$에 대한 모호성과 유사한 특별한 경우이다. 신호가 실수라면, a_2(혹은 $X[N/2]$)의 값은 실수이며, 따라서 음의 주파수에서 켤레 복소수 항은 필요하지 않다.

예제 8-10 이산시간 정현파의 주기

어떤 주기 신호의 기본 주기는 기본 주파수의 역수일 것이라고 생각하기 쉽다. 그 이유는 연속시간 신호의 경우에는 기본 주파수의 역수가 기본 주기이다. 그러나 이산시간 신호의 경우 이 명제가 항상 참인 것은 아니다. 이러한 불확실성이 발생하는 이유는 **이산시간 신호의 주기는 반드시 정수여야하기 때문이다.**

주파수가 $\pi/8$ rad인 신호 $\tilde{x}_1[n] = \cos(0.125\pi n)$을 고려해 본다. 이 신호의 주기는 $N = 16$이다. 이 값은 또한 가장 짧은 주기이며, 그래서 이 신호의 기본 주기가 16이라고 말할 수 있다. 한 주기의 $\tilde{x}_1[n]$에 16-포인트 DFT를 하면, $X_1[k] = 8\delta[k-1] + 8\delta[k-15]$를 얻는다. 그리고 이 DFT 계수를 $a_1 = 8/16 = 1/2$, $a_{-1} = 8/16 = 1/2$로 DFS 식으로 변환하면

$$\tilde{x}_1[n] = \tfrac{1}{2}e^{j(2\pi/16)n} + \tfrac{1}{2}e^{j(2\pi(-1)/16)n}$$

이 된다.

이제, 주파수가 $5\pi/8$ rad인 신호 $\tilde{x}_2[n] = \cos(0.625\pi n)$을 고려해 본다. 이 신호의 주기는 $2\pi/(5\pi/8) = 16/5$이 아니다. 이 신호의 주기는 또한 $N = 16$이며, 이 값은 가장 짧은 정수 주기이다. 이 신호 $\tilde{x}_2[n]$의 한 주기에 16-포인트 DFT를 하면, $X_2[k] = 8\delta[k-5] + 8\delta[k-11]$을 얻는다. 이 DFT 계수들을 $a_5 = 8/16 = 1/2$, $a_{-5} = 8/16 = 1/2$로 DFS 식으로 변환할 수 있으며,

$$\tilde{x}_2[n] = \frac{1}{2}e^{j(2\pi(5)/16)n} + \frac{1}{2}e^{j(2\pi(-5)/16)n}$$

가 된다. 여기서의 문제는 $\tilde{x}_2[n]$의 주기가 16이라는 것은 기본 주파수가 $2\pi/16$라는 것을 의미하고, 그래서 a_5는 5번째 고조파여야 하는데, $\tilde{x}_2[n]$의 정의에는 $10\pi/16$에 하나의 주파수만을 가지며, 이 주파수는 기본 주파수이어야 한다. 실제로, 이런 불합치성은 주파수가 $2\pi k_0/N$이고 k_0가 N의 인수가 아닌 정현파를 DFT하면 항상 나타난다.

따라서 이 예에서는 주기적인 이산시간 신호의 기본 주기와 기본 주파수 사이에 간단한 **일관성 있는** 관계를 정의하는 것은 불가능하다라는 것을 보여준다.

8-5.2 대역제한된 주기 신호의 샘플링

다음으로 다룰 내용은 연속시간 푸리에 급수와 DFS의 관계를 확인하는 것이다. 연결점은 (제4장에서 공부한) 나이퀴스트 속도 이상으로 샘플링을 한 경우의 주파수 스케일링이다. 대역제한된 이산시간 주기 신호는 다음과 같이 **유한** 푸리에 급수로 나타낼 수 있다.

$$x(t) = \sum_{m=-M}^{M} a_m e^{j2\pi f_0 mt} \qquad -\infty < t < \infty \tag{8.37}$$

여기서 f_0는 Hz 단위의 기본 주파수이며, m은 합의 정수 인덱스이다.[9] $x(t)$에 대한 식 (8.37)에서, 최대 주파수가 $2\pi M f_0$ rad/s로 존재하므로, 이 신호는 대역제한된 신호이다. $x(t)$를 샘플링할 때, 나이퀴스트 속도 조건을 만족시키기 위하여, 반드시 $f_s > 2Mf_0$ Hz이어야 한다.

$x(t)$를 속도 $f_s = 1/T_s$로 샘플링하면, 샘플링된 신호 $\tilde{x}[n]$은 식 (8.37)로 부터 구한 이산시간 복소 지수함수들의 합으로 나타낼 수 있다.

$$\tilde{x}[n] = x(nT_s) = \sum_{m=-M}^{M} a_m e^{j2\pi f_0 mnT_s} \qquad -\infty < n < \infty \tag{8.38}$$

식 (8.38)에서 정의된 이산-시간 신호는 주기 신호가 아닐 수도 있다. 하지만 여기서는 우리의 관심을 $f_s = Nf_0$를 만족하는 특별한 경우에만 제한시킨다면, $\tilde{x}[n]$이 항상 주기 N을 갖는 주기 신호가 된다고 보장할 수 있게 된다. 각 주기에 존재하는 샘플들의 개수 (N)는 기본 주기 (T_0)와 샘플링 주파수 f_s의 곱과 같다. 즉, $N = f_s / f_0 = (f_s)(T_0)$이며 정수이다. N의 역수를 구하면 $(1/N) = (1/f_s)(1/T_0) = (T_s)(f_0)$가 된다. 식 (8.38)에서 $f_0 T_s = 1/N$으로 치환하면, $\tilde{x}[n]$에 대한 식은 다음과 같아 진다.

$$\tilde{x}[n] = \sum_{m=-M}^{M} a_m e^{j(2\pi/N)mn} \qquad -\infty < n < \infty \tag{8.39}$$

식 (8.39)는 주기가 N인 주기 신호의 **이산 푸리에 급수**라는 것을 알 수 있다. 식 (8.37)과 (8.39)를 비교해 보면, 푸리에 급수의 계수 a_m은 $x(t)$와 $\tilde{x}[n]$에서와 동일함을 알 수 있다.

한 주기 동안의 샘플들 $x(nT_s)$로부터 DFS 계수들을 계산한다면, 한 주기 동안의 샘플들의 수 (N)가 충분히 커서 한 주기 동안의 $\tilde{x}[n]$에 DFT를 하여 a_m을 구할 수 있어야 한다. 따라서 적어도

9) 이 장에서는, 인덱스 k를 사용하기를 원하는 IDFT와 구별하기 위하여 푸리에 급수의 인덱스를 m으로 사용한다, 앞서, 제3장에서는, 연속 시간 푸리에 급수의 인덱스로 k를 사용하였다.

$2M+1$개의 DFT 계수가 필요하며, 이 계수들은 식 (8.35)를 이용해 $X[k]$로부터 $2M+1$개의 DFS 계수들 a_m을 계산하는 데 사용될 수 있다. 식 (8.36b)에서 주어진 조건은 $N \geq 2M+1$이다. 여기에 더하여, $f_0 T_s = 1/N$는 $f_s = Nf_0$로 쓸 수 있다는 사실은 샘플링 속도가 $x(t)$의 기본 주파수의 N배라는 것을 의미한다. 샘플링 이론에서 에일리어싱이 생기지 않을 요구 조건은 $f_s > 2Mf_0$이며, 즉 샘플링 속도는 나이퀴스트 속도보다 반드시 커야 하며, 이 나이퀴스트 속도는 대역제한된 신호 $x(t)$의 최대 주파수의 두 배이다. $f_s = Nf_0$이므로, 나이퀴스트 속도의 조건은 $N > 2M$이라는 조건을 의미하며, 이 조건은 같은 요구 조건이다. 따라서 $f_s = Nf_0$인 경우에, 한 주기당 샘플의 수는 $x(t)$의 연속시간 푸리에 급수의 (양의) 주파수 성분들의 개수의 2배보다 반드시 커야 한다.

예제 8-11 샘플링된 신호의 푸리에 급수

다음과 같은 연속시간 신호

$$x(t) = 2\cos(42\pi t + 0.5\pi) + 4\cos(18\pi t)$$

가 주어졌으며, 이 신호를 샘플링한 이산시간 신호의 푸리에 급수를 구하기를 원한다고 가정한다. 특히, 어떤 푸리에 급수의 계수들이 0이 아닌 값을 갖는지 확인해 보고자 한다. 먼저 기본 주파수의 정수배이면서, 42 Hz인, 나이퀴스트 속도보다 더 큰 샘플링 속도가 필요하다. $x(t)$의 2개의 주파수 성분은 각각 9 Hz와 21 Hz이며, 기본 주파수는 최소 공약수인 $f_0 = 3$ Hz이다. 나이퀴스트 속도 조건을 만족시키기 위하여, $N > 14$를 선택해야 하며, 그래서 이 예에서는 $f_s = 16 \times 3 = 48$ Hz를 이용한다.

정현파의 합은 다음과 같이 복소 지수함수들의 합으로 변환될 수 있다.

$$x(t) = e^{j(42\pi t + 0.5\pi)} + e^{-j(42\pi t + 0.5\pi)} + 2e^{j(18\pi t)} + 2e^{-j(18\pi t)}$$

그러면 식 (8.38)은 샘플링된 신호 $\tilde{x}[n] = x(n/f_s)$을 다음

$$\tilde{x}[n] = e^{j(42\pi(n/48) + 0.5\pi)} + e^{-j(42\pi(n/48) + 0.5\pi)} + 2e^{j(18\pi(n/48))} + 2e^{-j(18\pi(n/48))} \tag{8.40}$$

과 같이 쓸 수 있다. 네 개의 이산시간 주파수들은 $\hat{\omega} = \pm(42/48)\pi$와 $\pm(18/48)\pi$이다. (8.40)을 (8.39)의 합의 형태로 쓰기 위하여, $N = 16$을 이용한다. 식 (8.40)에서, 지수에서 항 $(2\pi/N) = (2\pi/16)$을 강조하기 위하여, 다음과 같이 정리할 수 있다.

$$\tilde{x}[n] = e^{j((2\pi/16)7n + 0.5\pi)} + e^{-j((2\pi/16)7n + 0.5\pi)} + 2e^{j((2\pi/16)3n)} + 2e^{-j((2\pi/16)3n)} \tag{8.41}$$

이제 이 4개의 항들의 합은 $N = 16$이고 $M = 7$일 때 (즉, 합의 범위가 $-7 \leq m \leq 7$일 때) 식 (8.39)의 특별한 경우로 인식할 수 있다. 식 (8.39)에서 유일하게 0이 아닌 푸리에 계수들은 $m = \pm 7, \pm 3$인 경우이고, 이들의 값들은 $a_3 = 2$, $a_7 = e^{j0.5\pi} = j$, $a_{-3} = 2$, $a_{-7} = e^{-j0.5\pi} = -j$이다.

식 (8.39)의 DFS와 (8.37)의 연속시간 푸리에 급수 사이의 관계식은, 그리고 DFS와 DFT의 관계는, 그림 8-11에 보였으며, 여기서 그림 8-11(a)는 대역제한된 연속시간 주기 신호의 **전형적인** 스펙트럼을 (f의 함수로), 그림 8-11(b)는 이에 대응되는 샘플링된 주기 신호의 스펙트럼을 ($\hat{\omega}$와 또한 k의 함수로) 보였다. 원래 스펙트럼의 에일리어스 이미지들은 **기저대역(Baseband)**의 양쪽에, 즉 $-\pi < \hat{\omega}_m \leq \pi$ 구간에서 모든 주파수 성분이 존재하는 대역의 양쪽에 존재하는 것에 주목해야 한다. $f_s > 2Mf_0$일 때, 샘플링 속도 f_s는 나이퀴스트 속도보다 크고, 에일리어싱에 의한 왜곡이 발

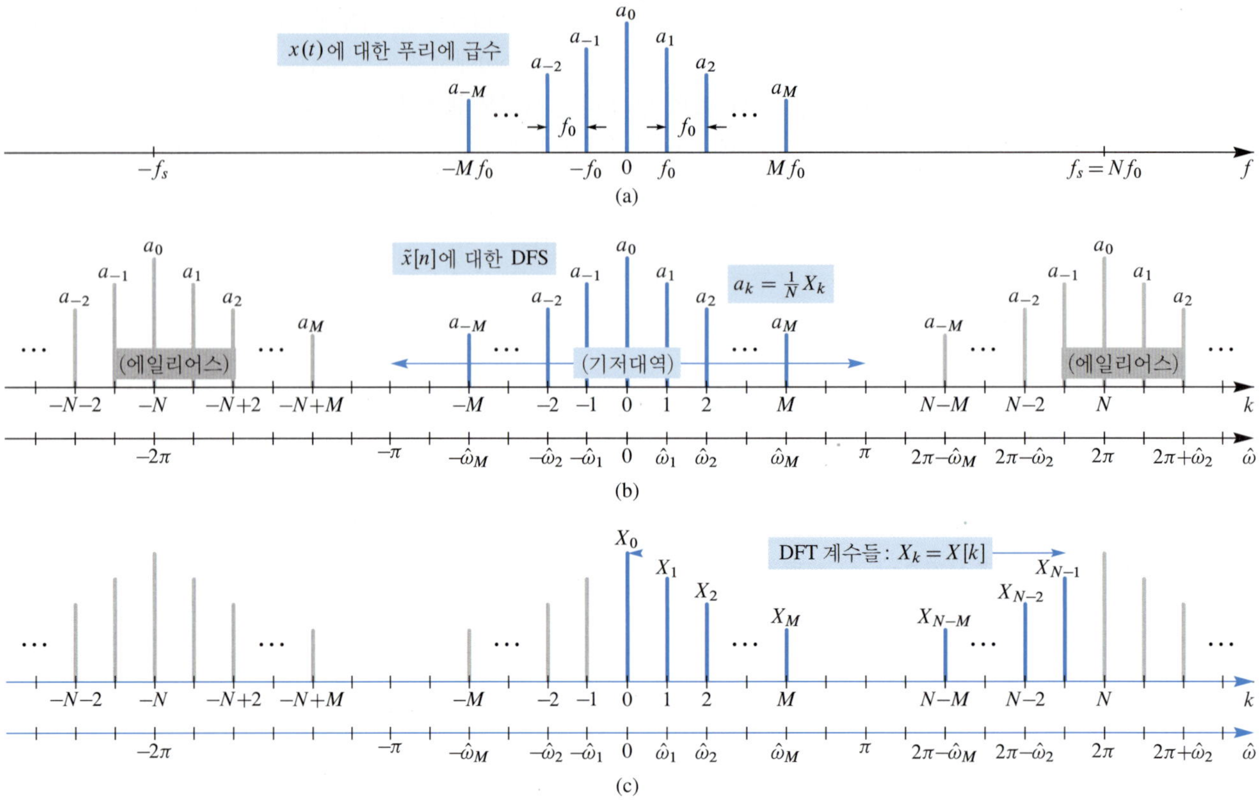

그림 8-11 주기 신호의 샘플링에 대한 주파수 영역 표현. (a) 기본 주파수가 f_0인 대역제한된 연속시간 주기 신호의 선 스펙트럼. (b) (a)의 신호를 나이퀴스트 속도보다 높이 $f_s = Nf_0$, $N > 2M$으로 샘플링하여 구한 이산시간 주기신호 $\tilde{x}[n]$의 선 스펙트럼. $\hat{\omega}_k = (2\pi/N)k$에 선 스펙트럼이 위치한다. (c) 선 스펙트럼으로 나타낸 DFT 계수들로, 여기서는 주기 신호 $\tilde{x}[n]$의 한 주기 동안 DFT를 하였다. DFT 계수들은 라벨의 가독성을 높이기 위하여 아래첨자, (즉 $X[k]$ 대신 X_k로) 나타내었다.

생하지 않기 때문에 전체 연속시간 스펙트럼은 모두 기저대역 내에서 구할 수 있다.

제4장에서 샘플링된 신호의 스펙트럼은 $\hat{\omega}$에 대해 주기 2π인 주기 신호라는 것을 알고 있다. 이 속성들은 그림 8-11(b)에 나타내었다. 스펙트럼은 $\hat{\omega}$에 대하여 주기 2π인 주기 신호이며, 주파수 $\hat{\omega}_k = (2\pi/N)k$에 선 스펙트럼이 위치해 있으므로, 이 말은 스펙트럼이 k에 대해 주기 N으로 주기적이라는 말과 동일한 의미이다. 이 점을 강조하기 위하여, 그림 8-11(b)에 두 개의 수평축을 보였다. 하나는 정규화된 주파수 $\hat{\omega}$에 대한 가로축이며, 다른 하나는 $\hat{\omega}_k$에서 나오는 인덱스 k이다. 그림 8-11(c)에 보인 DFT 또한 k에 대하여 같은 주기성을 가지고 있으며, 그래서 $0 \le k \le N-1$에 대하여 DFT 계수들은 $-M \le m \le M$ DFS 계수와 $a_m = (1/N)X[m]$으로 연관되어 있다.

8-5.3 주기 신호의 주파수 해석

이 절에서는 DFT가 샘플링된 연속시간 주기 신호를 분석하는 데 어떻게 사용되는지에 대하여 알아본다. 특정한 예로서, 연속시간 주기 신호

$$x_c(t) = 0.1223\cos(2\pi(200)t + 1.5077) + 0.2942\cos(2\pi(400)t + 1.8769)$$

$$+ 0.4884\cos(2\pi(500)t - 0.1852)$$
$$+ 0.1362\cos(2\pi(1600)t - 1.4488)$$
$$+ 0.0472\cos(2\pi(1700)t) \tag{8.42}$$

를 고려해 본다.

이 신호의 기본 주파수는 $\hat{\omega}_0 = 2\pi(100)$ rad/s이고, 이 신호는 기본 주파수의 2, 4, 5, 16, 17배의 주파수를 갖는 다섯 개의 고조파로 구성된다. 이 신호는 3-4.1절에서 공부한 합성 모음과 동일한 신호이다. $x_c(t)$를 $f_s = 4{,}000$ Hz로 샘플링하면, $f_s = 4{,}000$ Hz는 정확히 $f_0 = 100$ Hz의 40배 이므로, 정확히 주기당 40개의 샘플들을 얻게 된다. 샘플링된 이산시간 신호 $x[n] = x_c(n/4000)$은 다음과 같다.

$$\begin{aligned}\tilde{x}[n] = {} & 0.1223\cos(0.1\pi n + 1.5077) \\ & + 0.2942\cos(0.2\pi n + 1.8769) \\ & + 0.4884\cos(0.25\pi n - 0.1852) \\ & + 0.1362\cos(0.8\pi n - 1.4488) \\ & + 0.0472\cos(0.85\pi n)\end{aligned} \tag{8.43}$$

그림 8-12(a)의 $\tilde{x}[n]$의 그래프는 이 신호가 주기 40인 주기 신호라는 것을 볼 수 있다 (즉 $\tilde{x}[n] = \tilde{x}[n + 40]$). 같은 결론에 이르는 또 한가지 방법은 $\tilde{x}[n]$은 모든 주파수 성분들이 $\hat{\omega}_k = 0.05\pi = 2\pi/40$의 배수이며 이 주파수는 따라서 기본 주파수이다. 연속시간의 경우와 같이, 식 (8.43)의 $\tilde{x}[n]$은 2, 4, 5, 16, 17 번호를 갖는 정규화된 기본 주파수의 배수에 고조파들을 갖는다.

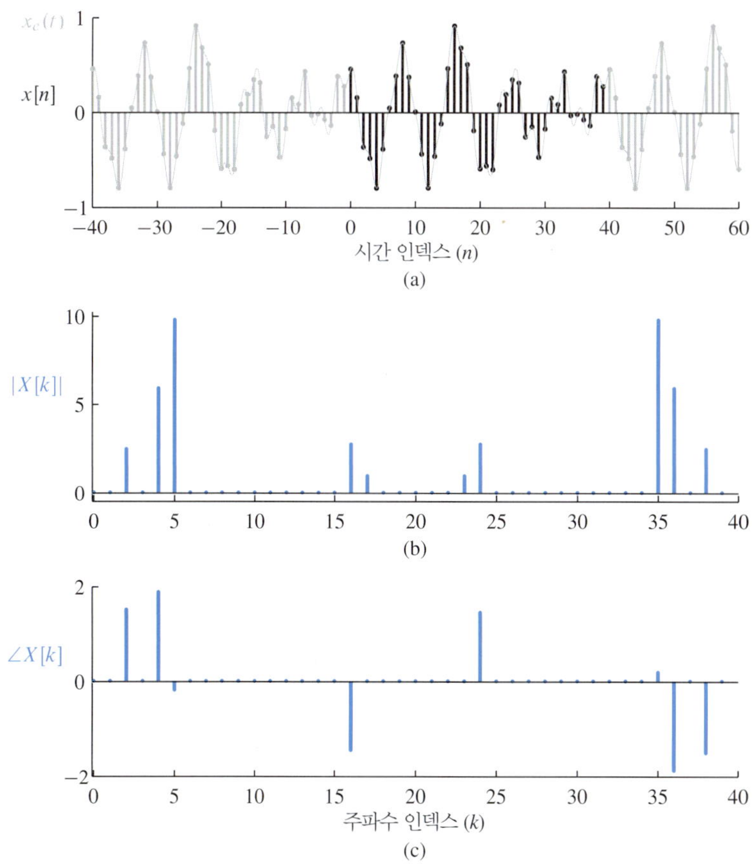

그림 8-12 식 (8.43)의 주기 신호 $x[n]$과 이 신호의 40-포인트 DFT 스펙트럼 $X[k]$. (a) 검은 영역은 분석을 위하여 취해진 ($n = 0$부터 시작하여) 40-포인트 구간을 나타낸다. (b) DFT 크기 스펙트럼. (c) DFT 위상 스펙트럼.

이제, DFT의 길이를 주기와 같게 하여 $\tilde{x}[n]$의 DFT를 해본다. 먼저, 그림 8-12(a)로부터 $\tilde{x}[n]$의 길이 40의 한 주기 동안의 $\tilde{x}[n]$을 추출하고, 식 (8.4)의 40-포인트 DFT를 해본다. 구해진 40개의 DFT 계수들 $X[k]$는 그림 8-12(b)와 (c)에 각각 크기와 위상을 보였다. 40개의 DFT 계수들은 IDFT 식 (8.5)의 합성 공식을 통하여 **정확히** 신호 $\tilde{x}[n]$의 한 주기를 나타낸다. DFS는 또한 고조파 주파수들에서 복소 지수함수들의 합으로 $\tilde{x}[n]$을 나타낸 것들이며, 그래서 DFT 계수들 $X[k]$는 식 (8.35)에서 보인 것과 같이 DFS 계수들과 관련되어 있다.

연습문제 8.9 8-5.2절의 연습문제 8.8의 결과를 이용하여, 식 (8.43)의 $x[n]$의 40-포인트 DFT $X[k]$의 식을 구하여라. 한 주기 $0 \le n \le 39$에서 취한 40포인트의 $x[n]$ 값들을 이용한다. 0이 아닌 DFT의 몇몇 값들이 다음과 같음을 증명하여라.

$$X[k] = \begin{cases} 0.06115(40)e^{j1.5077} & k = 2 \\ 0.1471(40)e^{j1.8769} & k = 4 \\ 0.2442(40)e^{-j0.1852} & k = 5 \\ 0.0681(40)e^{-j1.4488} & k = 16 \\ 0.0236(40) & k = 17 \end{cases} \tag{8.44}$$

$X[k]$의 0이 아닌 다른 값들을 구하고, 얼마나 많은 DFT 계수들 $X[k]$가 0이 되는지를 구하여라.

연습문제 8.10 연습문제 8.9에서 정의된 $X[k]$의 IDFT는 식 (8.43)에서의 $x[n]$과 같음을 보여라. 또한, IDFT를 이용해 구해진 신호 $x[n]$이 주기 N인 주기 신호라는 것을 보여라.

그림 8-12(b)와 (c)의 그래프들은 다섯 개의 정현파 또는 10개의 복소 지수함수들의 합에 대한 스펙트럼이며, 그래서 그림 8-12(b)는 10개의 선 스펙트럼으로 구성되며, 그림 8-2에서의 그래프와 똑같은 각각의 선 스펙트럼들은 다음과 같은 형태

$$x[n] = e^{j((2\pi/N)k_0 n+\varphi)} \qquad n = 0, 1, \ldots, N-1$$

를 갖는 하나의 복소 지수함수의 DFT의 크기를 나타내며, 여기서 k_0는 정수이다.

DFT는, **DFT의 길이가 $x[n]$의 한 주기와 정확하게 일치할 때,** DFS를 구하는 데 이용할 수 있다는 것을 확인하였다. 정확하게 일치하지 않는다면, DFT 결과는 합리적인 근사치가 될 수 있지만 정확한 값은 아니다. 이 점을 설명하기 위하여, 샘플링 주파수가 기본 주파수의 정수배가 아닌 경우, 즉 f_s / f_0가 정수가 아닌 경우를 고려해 보며, 그래서 DFT 길이와 같아질 수 없는 경우를 고려해본다. 한 예로, 식 (8.42)에서 신호를 f_s = 3,950 Hz로 (즉, $f_s / f_0 = 39.5$)로 샘플링하는 경우로, 그래서 그림 8-13(a)의 그래프는 40에 가까운 주기를 갖는 것처럼 보이지만, 정확히 40은 아니다.

마치 주기가 40인 것처럼 계속 진행하여, 샘플링된 신호의 $N = 40$샘플들의 40-포인트 DFT를 구한다면, 그림 8-13(b)의 그래프를 얻을 수 있다. 이 DFT 그래프는 그림 8-12(b)에서의 DFT와 어느 정도 비슷해 보이지만, DFT 계수들 중 어떤 것도 정확하게 0이 되지는 않는다. 대신, 각 코사인은, 그림 8-1에서 본 것과 같이, $0 \le k \le N-1$의 전 범위에 걸쳐 퍼져있는 많은 작은 값들을 갖는 DFT에 기여를 한다. DFT 값의 진폭은 전과 같이 $(2\pi f_0 / f_s)k$에서의 (여기서 k = 2, 4, 5, 16, 17) 피크 주파수들에 가까운 DFT 인덱스들 주위에 있는 경향이 있다. 하지만, 추가적으로 발생하는

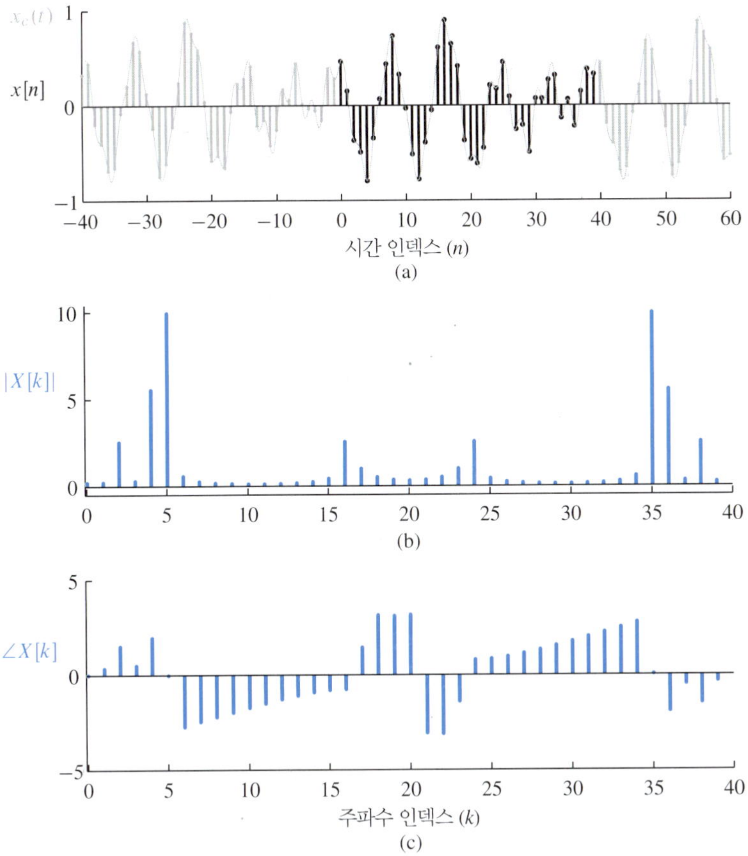

그림 8-13 (8.42)의 $x(t)$를 f_s = 3,950 Hz로 샘플링하여 구한 주기가 대략 40인 이산시간 신호 $x[n]$과 이에 대응되는 40-포인트 DFT 스펙트럼 $X[k]$. (a) 어두운 영역은 분석을 위한 (n = 0부터 시작하는) 40-포인트 구간을 나타낸다. (b) DFT 크기 스펙트럼. (c) DFT 위상 스펙트럼.

많은 주파수 성분들이 존재하기 때문에 원래의 연속시간 신호의 스펙트럼 식이 퍼지게 된다 (또는 부정확해진다).

연습문제 8.11 MATLAB을 이용하여 식 (8.42)의 신호 $x_c(t)$의 N = 40샘플들을 4,000 Hz가 아닌 f_s = 4,100 Hz로 합성하여라; 이 결과를 `x4100`이라고 부른다. 다음으로, MATLAB 명령 `X41=fft(x4100,40)`을 이용하여 40-포인트 DFT를 계산한다. 끝으로, `stem(0:39, abs(X41))`을 이용해 DFT 크기 그래프를 그리고, 결과 크기 스펙트럼을 그림 8-12(b)에서의 스펙트럼과 비교하여라. 예상되는 DFT의 0인 영역에 대하여 의견을 말하여라.

8-6 윈도우

DFT는 유한한 합이므로, 유한한 길이의 신호를 분석하는 데에만 사용될 수 있다. 심지어 DFS를 갖고 있는 무한한 길이의 주기 신호들도 한 주기의 DFT를 하여 분석한다. 우리는 유한한 길이의 신호가 FIR 시스템의 임펄스 응답인 경우에 대해 살펴보았고, 주파수 응답, 혹은 등가적으로 DTFT의 샘플들은 제로-패딩을 한 후, 긴 길이의 DFT를 하여 계산될 수 있다는 것을 보인 바 있다. 8-2.4절에서는 유한한 길이를 갖는 신호의 N-포인트 DFT는 $k = 0, 1, \ldots, N-1$일 때 주파수 $\hat{\omega}_k = 2\pi k/N$에서 계산한 값들의 DTFT와 동일하다는 것을 확인하였다. 즉,

$$X[k] = X(e^{j(2\pi k/N)}) = \sum_{n=0}^{L-1} x[n]e^{-j(2\pi k/N)n} \tag{8.45}$$

비록 $L < N$이더라도 $N - L$개의 0을 갖는 샘플들이 신호 $x[n]$의 끝에 효과적으로 덧붙여지므로 $X[k] = X(e^{j(2\pi k/N)})$임을 알 수 있다. 이 연산은 8-2.4절에서 **제로-패딩**이라고 불렀다. MATLAB에서 DFT는 `fft (x, N)` 이라는 함수로 계산되며, 이 함수는 신호의 길이가 DFT 길이보다 짧으면 자동적으로 제로-패딩을 수행한다.

이 절에서는, 유한한 길이를 갖는 신호들의 또 다른 측면을 살펴본다. 즉, 매우 긴 신호의 짧은 조각들의 로컬한 주파수 해석을 위한 **윈도우**로서의 사용에 관한 것이다. **윈도우의 개념**은 신호처리에서 널리 사용된다. 실제로, 7-4절의 FIR 필터 설계에서 이미 소개된 바 있다. 이 기본적인 개념은 더 긴 신호 $x[n]$에 곱 $w[n]x[n + n_0]$을 하여 유한한 조각을 뽑아내는 것이며, 여기서 $w[n]$은 윈도우 함수이며, n_0는 추출되는 조각의 시작점을 의미한다. 곱 신호 $w[n]x[n + n_0]$는 만일 $w[n]$이 어떤 구간 밖에서 항상 0이라면, 유한한 길이를 갖게 된다. 가장 간단한 윈도우 함수는 다음과 같이 정의되는 L-포인트 사각 윈도우이다.

$$w_r[n] = \begin{cases} 1 & 0 \le n \le L-1 \\ 0 & \text{이외} \end{cases} \tag{8.46}$$

윈도우의 핵심 개념은 곱 $w_r[n]x[n + n_0]$가 $n = n_0$부터 시작하여 L개의 신호 $x[n]$의 값을 추출하는 것이다. 그렇다면, 다음의 식들은 동일하다.

$$w_r[n]x[n+n_0] = \begin{cases} 0 & n < 0 \\ \cancelto{1}{w_r[n]}x[n+n_0] & 0 \le n \le L-1 \\ 0 & n \ge L \end{cases} \tag{8.47}$$

윈도우라는 이름은 우리가 창문 (윈도우)을 통해 **볼** 때, 윈도우 구간 안에 신호 $x[n + n_0]$의 L개의 값들만을 볼 수 있다는 생각에서 온 것이다. $w[n]$을 곱하는 것은 윈도우를 통해 바라보는 것과 같다. n_0를 바꾸면, 신호는 이동하며, 그래서 원신호의 다른 부분에 있는 L개의 값을 보게 된다.

윈도우 함수에서 0이 아닌 값들은 반드시 1일 필요는 없지만, 반드시 양수이어야 한다. 예를 들어 대칭적인 L-포인트 Hann, 또는 von Hann, 윈도우[10]는 다음과 같이 정의된다.

$$w_h[n] = \begin{cases} 0.5 - 0.5\cos(2\pi(n+1)/(L+1)) & 0 \le n \le L-1 \\ 0 & \text{이외} \end{cases} \tag{8.48}$$

그림 8-14의 $L = 20$일 때의 $w_h[n]$의 stem 그래프는 윈도우 값들이 중앙 (즉 $n = 9, 10$)에 있는 윈도우 값은 1에 가깝고 끝에 가까워질수록 차차 줄어든다. MATLAB에서는 `hanning(L)` 함수로 식 (8.48)과 같은 윈도우 값들을 계산할 수 있다.[11]

---

10) Hann 윈도우 (Hann window)는 오스트리아의 과학자 Julius von Hann의 이름을 따라 명명되었다. 이 윈도우는 종종 "해닝 (Hanning)" 윈도우라 불리기도 한다. 가끔, Hann 윈도우 공식은 $w_h[0] = 0$이 되도록 정의되지만, 여기서의 정의에서는 $w_h[n]$은 항상 양수값들을 갖는다.

11) 연관된 윈도우는 대칭적인 L-포인트 해밍 (Hamming) 윈도우이며, 이 윈도우는 7-4절에서 정의되고 논의되었었다; 이 값들은 MATLAB의 `hamming(L)` 함수로 생성할 수 있다.

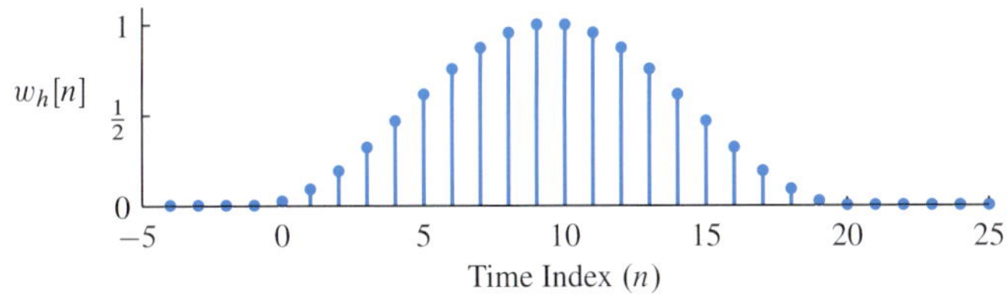

그림 8-14 $L = 20$인 Hann 윈도우의 시간 영역 그래프. 이 윈도우는 $n < 0$과 $n \geq 20$일 때 0이다.

8-6.1 윈도우의 DTFT

스펙트럼 분석에서 윈도우가 종종 사용되며 그 이유는 윈도우가 주파수 영역에서 바람직한 성질을 가지고 있기 때문이다. 따라서 몇몇 일반적인 윈도우들의 DTFT를 공부하는 것은 가치있는 일이다. 우리는 이미 사각 윈도우의 DTFT를 알고 있다. 즉 디리클레 형태를 포함하며 다음과 같다.

$$W_r(e^{j\hat{\omega}}) = D_L(\hat{\omega})e^{-j(L-1)\hat{\omega}/2} = \frac{\sin(\frac{1}{2}L\hat{\omega})}{\sin(\frac{1}{2}\hat{\omega})}e^{-j\hat{\omega}(L-1)/2}$$

반면 해밍과 von Hann 윈도우의 경우, DTFT에 대한 분석식들은 많은 통찰력을 제공해주지 않으므로, 수치적으로 DTFT를 계산하고 그래프는 제로-패딩이 된 DFT를 계산한 다음에 그리기로 한다.

그림 8-15는 길이가 $L = 20$과 $L = 40$을 갖는 2개의 Hann 윈도우의 DTFT의 크기를 그린 것이다. 이 DTFT들은 제로-패딩을 하여 1024-포인트 DFT를 이용하여 구하였다. 1024개의 주파수 샘플들은 샘플 값들이 직선으로 연결되어 있기는 하지만 MATLAB의 `plot` 함수로 부드러운 그래프를 그릴 수 있도록 해준다. 그림 8-15(b)는 Hann 윈도우의 DTFT는 $\hat{\omega} = 0$ 근처에 집중되어 있다는 것을 보인다. $\hat{\omega} = 0$ 주위의 메인로브 (main lobe)는 $-4\pi/(L + 1) < \hat{\omega} < 4\pi/(L + 1)$의 영역에 걸쳐 있다; 메인로브의 바깥에는 거의 0에 가까워진다.

그림 8-15(b)에서 2개의 다른 길이를 갖는 윈도우의 DTFT $|W_h(e^{j\hat{\omega}})|$ 값들을 비교해보면, L 값이 커질수록 DTFT의 크기는 $\hat{\omega} = 0$ 주변에 더 집중되는 것을 알 수 있다. Hann 윈도우의 경우, $|W_h(e^{j\hat{\omega}})|$의 첫 번째 0은 $\hat{\omega} = 4\pi/(L + 1)$에서 발생하는 것을 보인다. 따라서 L을 20으로부터 40까지로 키우면 메인로브의 폭이 (대략) 절반으로 줄어든다. $\hat{\omega} = 0$에서의 피크의 크기 또한 10.5에서 20.5로 거의 두 배 증가하며, 이것은 피크에 대한 일반적인 식 $\frac{1}{2}(L + 1)$이 된다는 사실과 일관된다. $|W_h(e^{j\hat{\omega}})|$의 그래프는 이 결과를 확인할 수 있도록 해준다.

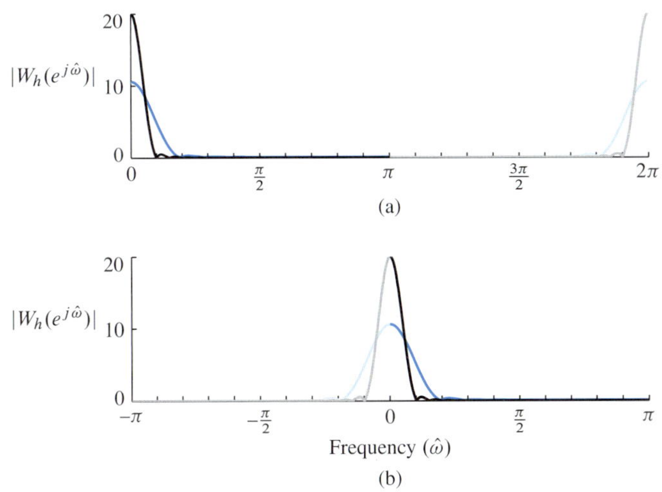

그림 8-15 2개의 Hann 윈도우의 DTFT: 길이 $L = 20$인 Hann 윈도우(파란색)와 길이 $L = 40$인 Hann 윈도우 (검정색과 회색선). (a) 제로-패딩 후 1024-포인트 FFT한 결과. (b) $\hat{\omega} = 0$가 중앙에 오도록 재배열한 DFT 값들의 그래프. 회색과 옅은 파란색 선은 음의 주파수 성분을 나타낸다.

연습문제 8.12 DTFT의 성질은 DTFT의 DC 값 ($\hat{\omega} = 0$일 때)이 시간 영역의 모든 신호값들의 합과 같다는 것이다. 순방향 DTFT 정의를 이용하여 이 사실을 증명하여라. 이 사실은 $W_h(e^{j0})$를 계산하는 데 사용될 수 있다.

윈도우들은 긴 신호에서 일부분을 추출하기 위해 사용된다. 구체적인 예로는 스펙트럼 해석을 위하여 정현파의 일부를 추출하는 경우가 있으며, 이 경우 정현파 신호에 윈도우를 곱하고 DTFT의 샘플들을 구하기 위하여 제로 패딩한 다음에 DFT를 한다. 이런 문맥에서, 두 가지 질문에 답해져야 한다: 첫째는 좋은 윈도우를 어떻게 선택할 것인가 이고, 두 번째는 윈도우 길이를 어떻게 정해야하는가 이다.

첫 질문에 대하여, 사각 윈도우와 Hann 윈도우를 비교하는 예를 고려한다. 각 윈도우가 길이 40으로 $x_w[n] = w[n]\cos(0.4\pi n)$과 같은 정현파에 적용되었다고 가정한다. 윈도우가 코사인 함수에 곱해졌기 때문에, DTFT의 주파수-이동 성질은 이 결과가 윈도우의 DTFT를 주파수 영역에서 이동한 것 2개를 더한 것과 같다고 예측한다.

$$X_w(e^{j\hat{\omega}}) = \tfrac{1}{2}W(e^{j(\hat{\omega}-0.4\pi)}) + \tfrac{1}{2}W(e^{j(\hat{\omega}+0.4\pi)}) \tag{8.49}$$

여기서 $W(e^{j\hat{\omega}})$는 윈도우의 DTFT이다. 그림 8-16은 이 결과를 나타내며, 이 그래프에서 메인로브들이 $\pm 0.4\pi$에 중심을 주고 있으므로 주파수 이동을 쉽게 확인할 수 있다. 그림 8-16(a)에 보인 사각 윈도우의 경우는, 메인로브는 좁으며, 피크의 양쪽으로 처음 0을 끊는 점들 사이를 측정하면 메인 로브가 차지하는 구간은 $-2\pi/L \le \hat{\omega} \le 2\pi/L$에 걸치게 된다. 그러나 그림 8-16(a)에 보인 DTFT의 크기는 또한 전 주파수 영역에서 작은 로브 (lobe)들이 많이 존재하는 것을 확인할 수 있다. 이들을 **사이드로브(Sidelobe)**라고 부른다. 사각 윈도우에는, 이러한 사이드로브들이 다소 크며 이 윈도우가 대부분의 다른 윈도우에 비해 성능이 떨어진다고 여겨지는 주요 원인이 된다. 다른 한편으로, 그림 8-16(b)에 보인 Hann 윈도우의 DTFT는 더 넓은 메인로브를 갖지만, 훨씬 더 작은 사이드로브를 갖는다. Hann 윈도우의 DTFT의 메인로브는 첫 번째 0을 끊는 점들 사이를 측정했을 때 $-4\pi/(L+1) \le \hat{\omega} \le 4\pi/(L+1)$ 영역에 걸쳐있게 된다. 따라서 길이 L의 Hann 윈도우는 같은 길이의 사각 윈도우가 차지하는 주파수 대역보다 약 두 배의 대역을 갖는다. 그림 8-16(b)의 Hann 윈도우의 DTFT 크기의 사이드로브들은 피크 높이의 1% 미만이다.

만약 윈도우된 주파수 $\hat{\omega}_0$의 정현파의 이상적인 DTFT가 무엇인지 자문해보면, 대답은 주파수 $\pm\hat{\omega}_0$에서만 존재하는 두 개의 선 스펙트럼이 나타나기를 바라는 것과 비슷하게 될 것이다. 다른 말로하여, 이상적으로 메인로브는 매우 좁아야하고 (정확히 주파수 $\pm\hat{\omega}_0$에 집중되어야 하고), 이상적인 사이드로브들은 0 (또는 거의 0)이어야 한다. 이런 두 가지의 예측은 유한한 길이의 윈도우를 사용하는 경우 상충되며, 그 이유는 사이드로브들을 줄이는 것은 메인로브를 넓혀지는 희생을 해야지만 이룰 수 있기 때문이다.

또한, 그림 8-16에서 2개의 윈도우된 DTFT들을 비교하면, 피크의 크기가 서로 다른 것을 알 수 있다. Hann 윈도우에 대해서는, 이미 관찰한 것과 같이 피크의 크기가 $\frac{1}{2}(L+1)$이다; 사각 윈도우의 경우에는 L이다. 두 경우 모두, 윈도우는 결과에 알려진 스케일 상수만큼 공헌을 한다. 만일, 이 예제와 같이, 정현파의 스펙트럼을 분석하는 것이 목표라면, 결과물은 길이가 정현파의 진폭의 절반인, 단위 진폭의 경우 1/2인, 선 스펙트럼이어야 한다. 그림 8-16(a)에서 $L = 40$으로 나누

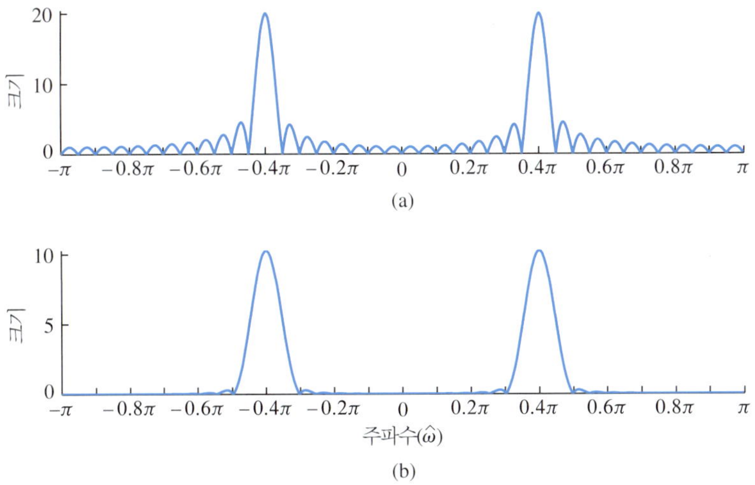

그림 8-16 윈도우된 정현파를 1000-포인트 DFT한 DTFT의 크기. (a) $L = 40$인 사각 윈도우(피크의 크기는 20임). (b) $L = 40$인 Hann 윈도우(피크 크기는 10.25임). 정현파의 주파수는 0.4π rad이다.

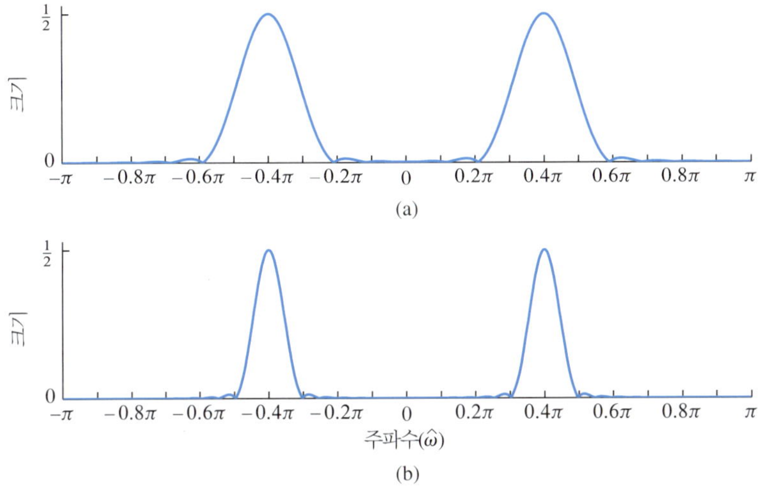

그림 8-17 윈도우된 단위-진폭 정현파를 1000-포인트 DFT한 스케일한 DTFT 그림. (a) 1/5.25로 스케일된 $L = 20$의 Hann 윈도우. (b) 1/10.25로 스케일된 $L = 40$인 Hann 윈도우. 정현파의 주파수는 0.4π rad이다.

면 $\frac{1}{2}$이 되고, 또한 그림 8-16(b)에서는 $\frac{1}{2}(L + 1) = 20.5$로 나누면 역시 $\frac{1}{2}$이 되는 것을 확인할 수 있다.

윈도우의 길이에 관한 두 번째 질문에 대해서, 그림 8-15는 DTFT에서 메인로브의 넓이는 윈도우의 길이의 역에 비례한다고 증명하였다. 윈도우된 단위-진폭 정현파의 스펙트럼 분석인 같은 예로 계속하지만, 이번에는 길이가 20과 40인 Hann 윈도우를 이용해본다. 그림 8-17은 결과적인 스케일된 DTFT를 보이며, 여기서는 알려진 윈도우 스케일 인수는 나누어져 없어져서, 피크값은 $\frac{1}{2}$이 된다. 만일 메인로브의 폭을 첫 번째의 0을 끊는 점들 사이로 측정한다면, 그림 8-17(a)에서 메인로브는 0.2π에서 0.6π까지 확장되고, 그림 8-17(b)에서는 0.3π에서 0.5π까지 확장된다. 따라서 $L = 20$ 경우, 메인로브의 폭 $\Delta\hat{\omega}$은 $\Delta\hat{\omega} \approx 0.4\pi$이며, $L = 40$인 경우에는, $\Delta\hat{\omega} \approx 0.2\pi$이다. L에 대한 $\Delta\hat{\omega}$의 관계는 서로 반비례 관계이며, 대략적으로 $\Delta\hat{\omega} \approx 8\pi/L$로 근사화될 수 있다.[12)]

예제 8-12 두 정현파의 합

주파수 영역에서의 윈도우 특성들을 분석하는 것이 매우 중요하다는 것은 우리가 두 정현파의 합

12) 정확하게 분석하면 첫 번째 0을 끊는 점들은 $\pm 4\pi/(L + 1)$에서 발생하며, 그래서 정확한 관계식은 $8\pi/(L + 1)$이다. $L > 30$에 대해서는, 두 식들 간의 차이는 0.1% 미만이며, 따라서 L에 반비례한다라고 기억하는 것이 더 쉽다.

으로 이루어진 신호를 생각해보면 명확해 진다. 만일 2개의 주파수 성분들을 갖는 신호

$$x[n] = A_1 \cos \hat{\omega}_1 n + A_2 \cos \hat{\omega}_2 n$$

를 고려해본다. 여기서 $\hat{\omega}_1 < \hat{\omega}_2$라 가정한다. 이 신호에 윈도우를 적용하면

$$x_w[n] = w[n]x[n] = A_1 w[n] \cos \hat{\omega}_1 n + A_2 w[n] \cos \hat{\omega}_2 n$$

와 같아지며, 이 신호에 대응되는 DTFT는

$$X_w(e^{j\hat{\omega}}) = \frac{A_1}{2} W(e^{j(\hat{\omega}-\hat{\omega}_1)}) + \frac{A_1}{2} W(e^{j(\hat{\omega}+\hat{\omega}_1)}) + \frac{A_2}{2} W(e^{j(\hat{\omega}-\hat{\omega}_2)}) + \frac{A_2}{2} W(e^{j(\hat{\omega}+\hat{\omega}_2)}) \quad (8.50)$$

와 같아진다. $\hat{\omega}_1$과 $\hat{\omega}_2$를 추정하기 위하여 $X_w(e^{j\hat{\omega}})$의 샘플들을 계산하기를 원한다면, 식 (8.50)의 각 항들의 메인로브들은 서로 겹쳐서는 안된다. 만약 윈도우가 메인로브의 폭이 $8\pi/L$을 갖는 Hann 윈도우라면, $\hat{\omega}_2 - \hat{\omega}_1 > 8\pi/L$을 만족하면, 메인로브들은 겹치지 않는다. 이 경우, $\pm\hat{\omega}_1$과 $\pm\hat{\omega}_2$에서 서로 다른 피크들을 얻을 수 있으며, 피크의 크기는 거의 $\frac{1}{2}A_1$과 $\frac{1}{2}A_2$에 가까울 것이다. DTFT에 서로 다른 두 개의 피크들이 있다면, 두 주파수가 **분해(resolved)**되었다고 말한다. 스펙트럼 해상도에서 윈도우의 길이에 따른 영향은 8-7.4.1절에서 더 다룬다.

8-7 스펙트로그램

우리는 DFT가 주기 신호와 유한 길이 이산 신호 모두의 주파수 영역의 식을 정확히 **계산할** 수 있다는 것을 알았다. 똑같이 중요한 경우가 샘플링된 신호가 막연하게 길지만, 반드시 주기적이지는 않은 경우이다. 이때 두 가지 다른 관점에서 생각할 수 있다: 긴 신호가 전 구간에 걸쳐서 같은, 글로벌한 스펙트럼 성분들을 갖거나, 또는 긴 신호가 실질적으로는 가변하는 **로컬** 스펙트럼 성분을 갖는 짧은 신호들의 연결로 이루진 경우이다. 첫 번째 경우, 이 신호는 DTFT를 이용해 수학적으로 분석할 수 있지만, 긴 신호가 실제로 유한한 길이의 신호가 아니라면 주파수 영역의 식을 **수치적으로 계산할 수 없다**. 그 다음으로 이 신호의 DFT를 계산할 수 있지만, 단지 모든 샘플들을 얻기 위하여 지나치게 긴 시간을 기다려야 할지도 모르며, 그렇게 했다고 하더라도, 매우 큰 DFT 계산과 직면하게 된다. 이는 온라인으로 신호를 처리해야 하는 실시간 시스템에서는 용납되지 않는다. 만약 긴 신호가 많은 짧은 신호들을 직렬로 연결한 것이라면, 적절한 주파수 영역의 표현은 많은 짧은 길이의 DFT들을 모아놓은 것일 것이다. 그러면 로컬한 주파수 성분들의 시간에 따른 변화가 나타날 것이다. 이 스펙트로그램은 이런 관점으로부터 발생하였으며, 여기서는 짧은 길이의 DFT가 긴 신호의 다른 짧은 조각들을 분석하기 위하여 반복적으로 사용된다.

무한히 긴 신호들의 좋은 예들은 음성이나 음악과 같은 소리 신호들이다. 이 두 가지 경우에 모두, 관심이 가는 것은 시간에 따라 변화하는 주파수 성분들이다. 음성의 변화하는 피치 (Pitch)나 음색을 보면 인간의 음성에 정보가 어떻게 인코딩되는지를 알 수 있다. 유사하게, 음악이 짧은 시간 구간 동안 거의 상수인 톤들의 조합의 연속으로 합성될 수 있다는 것을 이미 확인하였다. 음악 신호에 대해서는, 보통 수분 또는 수시간 동안 샘플링을 하여 얻게 되는 매우 긴 신호의 디지털 기록을 구할 수 있다. 예를 들어, 44.1 kHz의 샘플링 속도로 스테레오 소리 신호를 샘플링을 한다면 채널당 $44{,}100 \times 60 \times 60 = 158{,}760{,}000$개의 샘플들로 나타내질 것이다. 이 음악의 전체 1시간

분량의 (글로벌한) DFT를 계산한다면, 필요한 가장 가까운 FFT의 2의 지수는 채널당 $N = 2^{28} = 268{,}435{,}456$이 될 것이다. 다른 한편으로, 위의 로컬한 스펙트럼으로 접근하면 긴 신호 안에서 짧은 세그먼트들을 짧은 길이 FFT로 분석하게 된다. 이 방법은 타당하며 (또한 일반적으로 선호한다), 그 이유는 매우 긴 신호는 십중팔구는 스펙트럼의 성분이 변하지 않는 짧은 악절의 연속으로 구성되어 있기 때문이다. 또한, 음악 신호에 대하여 FFT 길이를 주관하는 자연적인 세그먼트의 길이가 있다는 것이 사실일 수도 있다.

8-7.1 설명을 위한 예제

위에서 언급한 내용을 살펴보기 위하여, 주파수 특성이 시간에 따라 변하는 신호를 공부해 본다. 먼저 다음과 같이 다른 진폭과 다른 주파수들을 갖는 코사인파들이 연속되어 있는 네 개의 시간 구간으로 구성된 연속시간 신호를 합성한다.

$$x(t) = \begin{cases} 5\cos(2\pi f_0 t) & 0 \le t < T_1 \\ 2\cos(2\pi f_1 t) & T_1 \le t < T_2 \\ 2\cos(2\pi f_2 t) & T_2 \le t < T_3 \\ 0.5\cos(2\pi f_3 t) & T_3 \le t < T_4 \\ \quad \cdots & T_4 \le t \end{cases} \tag{8.51}$$

$x(t)$는 진폭이 5이고 주파수가 f_0 Hz인 코사인 신호인 T_1초의 구간으로 시작한다. $t = T_1$에서 파형은 진폭이 2이고 주파수가 f_1인 코사인 신호로 바뀌고, 이 파라미터로 구간 $T_1 \le t < T_2$까지 유지한다. 마지막 두 구간에서도 식 (8.51)에서 나타낸 것과 같이 T_2와 T_3에서 다른 진폭과 주파수를 갖는 코사인 신호로 바뀐다. 이 신호는 $t = T_4$ 이후에 파라미터를 바꿔가면서 무한히 지속될 수도 있지만, 우리의 관심은 처음의 4개의 시간 구간들에 대하여만 한정하는 것으로도 충분하다.

특별한 샘플링 주파수 f_s일 때, 결과적으로 샘플링된 신호는 다음과 같다.

$$x[m] = x(m/f_s) = \begin{cases} 5\cos(\hat{\omega}_0 m) & 0 \le m \le 499 \\ 2\cos(\hat{\omega}_1 m) & 500 \le m \le 2999 \\ 2\cos(\hat{\omega}_2 m) & 3000 \le m \le 4999 \\ 0.5\cos(\hat{\omega}_3 m) & 5000 \le m \le 9999 \end{cases} \tag{8.52}$$

여기서 $\hat{\omega}_0 = 2\pi f_0/f_s$, $\hat{\omega}_1 = 2\pi f_1/f_s$, $\hat{\omega}_2 = 2\pi f_2/f_s$, $\hat{\omega}_3 = 2\pi f_3/f_s$들은 차원이 없는 주파수 양들이고, 주파수들은 $T_1 f_s = 500$, $T_2 f_s = 3{,}000$, $T_3 f_s = 5{,}000$, $T_4 f_s = 10{,}000$ 샘플들일 때 바뀐다. 정규화된 주파수들 $\hat{\omega}_0 = 0.211\pi$, $\hat{\omega}_1 = 0.111\pi$, $\hat{\omega}_2 = 0.8\pi$, $\hat{\omega}_3 = 0.4\pi$는 $f_s = 2{,}000$ Hz, $f_0 = 211$ Hz, $f_1 = 111$ Hz, $f_2 = 800$ Hz, $f_3 = 400$ Hz일 때 얻어진다. 하지만, f_0, f_1, f_2, f_3 및 f_s의 다른 값들은 같은 정규화된 주파수들을 줄 수 있으며, 따라서 같은 샘플들의 신호를 줄 수 있다.

연습문제 8.13 샘플링 주파수가 $f_s = 1{,}000$ Hz라고 가정한다. 식 (8.51)의 f_0, f_1, f_2, f_3의 어떤 값들이 식 (8.52)에서 정규화된 주파수 값들 $\hat{\omega}_0 = 0.211\pi$, $\hat{\omega}_1 = 0.111\pi$, $\hat{\omega}_2 = 0.8\pi$, $\hat{\omega}_3 = 0.4\pi$를 만드는가?

연습문제 8.14 MATLAB을 이용하여 주파수 $\hat{\omega}_0 = 0.211\pi$, $\hat{\omega}_1 = 0.111\pi$, $\hat{\omega}_2 = 0.8\pi$, $\hat{\omega}_3 = 0.4\pi$를 갖는 샘플링된 신호 $x[m]$을 합성하고, $f_s = 2{,}000$ Hz일 때 컴퓨터의 D/A 컨버터 (MATLAB의 `soundsc` 함수)를 이용하여 식 (8.51)의 $x(t)$의 소리를 들어보아라. 소리를 듣는 동안, 신호의 네 개의 세

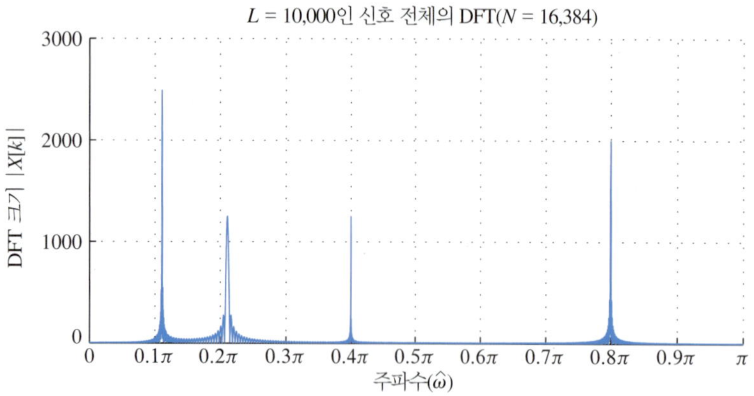

그림 8-18 식 (8.52)에서 DFT 길이 $N = 16{,}384$를 갖는 신호 $x[n]$ 전체의 DFT. $0 \le k \le 8192$에서의 DFT 크기 $|X[k]|$만을 표시하였다. 수평축은 $\hat{\omega}_k = 2\pi k/N$라는 것을 이용하여 정규화된 주파수로 나타내었다.

그먼트들 사이의 차이를 관찰하라. 들리는 소리가 설정된 위에서 식 (8.51)로 주어진 파라미터들 (길이, 주파수, 크기)과 일관성이 있는가?

이제 식 (8.52)의 전체 10,000-포인트 신호 $x[m]$을 $N = 16{,}384$가 되도록 제로-패딩을 하여 전체의 DFT를 계산한다고 가정한다. 길이 16,384의 DFT의 결과적인 크기 그래프는 그림 8-18에 나타내었다. 이 그래프의 명확한 특징들은 네 개의 좁은 피크들이며, 이들은 신호 $x[n]$의 본성에 대한 어떤 단서를 주기는 하지만, 이 해석은 전혀 완벽하지 않으며 명확하지도 않다. 네 개의 강력한 피크들이라면 다른 주파수들과 비교할만한 진폭들을 갖는 4개의 코사인파들의 합으로 구성되어 있다는 것을 암시할 수도 있다. 약간의 확신으로, 그림 8-18에 그려진 DFT를 갖는 신호에 대하여 다음과 같이 설명할 수 있다.

1. DFT 스펙트럼에서 네 개의 피크들은 대략 $\hat{\omega} = 0.111\pi, 0.211\pi, 0.4\pi, 0.8\pi$에 대응되는 주파수에 위치하므로, 이들은 $x[n]$ 안에는 이 주파수들을 갖는 사인이나 코사인 신호 성분이 확실하게 있을 것이다.
2. DFT의 피크의 높이들은 정현파 성분의 진폭에 관한 어떤 정보를 제공하지만, 8-2.5절에서 증명한 것처럼, 한 코사인 신호의 DFT의 피크의 높이는 그 코사인 함수의 진폭과 길이 모두에 의하여 결정된다. 그림 8-18의 피크의 높이들은 기껏해야 최대 2배 정도 차이가 나지만, 이 예에서 주파수들 0.111π, 0.211π, 0.4π 및 0.8π에서의 실제 진폭은 각각 2, 5, 0.5, 2이다. 0.211π에 해당하는 피크의 높이는 0.4π에서의 피크의 높이와 같지만, 이 코사인 성분들의 진폭 사이에는 10:1의 비율을 가지고 있다. 유사하게, 0.211π와 0.111π에서의 DFT 피크의 높이들은 1:2의 비율이지만, 반면에 이 두 코사인의 진폭들의 비율은 5:2이라는 것을 안다. 이러한 현상의 이유는 8-2.5절에서 증명한 것처럼, 진폭이 A이고 길이가 L인 코사인의 DFT는 대략 $AL/2$의 최댓값을 갖기 때문이다. $\hat{\omega}_0 = 0.211\pi$에 해당하는 세그먼트의 진폭과 길이는 $A_0 = 5$, $L_0 = 500$인 반면, $\hat{\omega}_3 = 0.4\pi$의 세그먼트의 해당되는 값들은 $A_3 = 0.5$, $L_3 = 500$이다; 따라서 각 피크의 크기들은 $5 \times 500/2 = 0.5 \times 5000/2 = 1{,}250$으로 같다. 다른 피크의 폭에는, 8-6절의 윈도우에 대하여 논의하는 동안 본 것과 같이, 정현파의 길이에 대한 정보를 보유하고 있다는 것을 주목한다.
3. 그림 8-18에는 신호의 성질들의 시간적 위치나 시간적 변화에 관한 어떠한 정보도 없다. 예를 들어, 서로 다른 주파수 성분들이 동시에 발생하는지 (시간적으로 전체 분석 구간을

통하여 겹쳐져 있는지) 아니면 (이 예에서와 같이) 차례로 발생하는지 알 수 없다. 이것은 두 가지 경우 모두에 있어서, 신호들은 더해져서 결합되었고, DFT의 선형성에 의하여, 결과는 각 성분들의 모든 DFT들의 합이기 때문이다. 신호의 시작 시간의 변화는 신호의 시간 이동이며, 이것은 DFT의 위상을 변화시키기는 하지만, DFT의 크기를 변화시키지는 않는다.

8-7.2 시간-종속적 DFT

긴 DFT는 식 (8.52)의 $x[n]$과 같은 신호의 주파수 성분에 대한 유용한 정보를 제공하지만, 만일 DFT가 신호의 시간에 따라 변하는 성질들을 추적할 수 있다면 더욱 유용할 수 있다. 이 개념을 무한히 긴 신호 $x[m]$에 공식화하기 위해, 이 신호의 **시간 종속적인 이산 푸리에 변환(Time-dependent Discrete Fourier Transform)**을 다음과 같이 정의한다.

$$X[k, n_s] = \sum_{m=0}^{L-1} w[m]x[n_s + m]e^{-j(2\pi k/N)m} \qquad k = 0, 1, \ldots, N-1 \tag{8.53}$$

여기서 n_s는 $x[n]$의 시작 시간을 지정하는 **분석 시간 인덱스(Analysis Time Index)**라고 하며, 여기에서 짧은 길이의 DFT를 한다. 이 식은 두 단계: 윈도우 적용과 짧은 길이의 DFT로 구성된다. 먼저, $w[m]$은 **분석 윈도우(Analysis Window)**라고 불린다. 이 신호는 구간 $m = 0, 1, ..., L-1$에서만 0이 아닌 값을 갖는, 식 (8.48)에서의 Hann 윈도우와 같은 신호이며, 여기서 L은 신호 $x[n]$의 전체 길이보다 훨씬 작다고 가정한다. 따라서 곱 $w[m]x[n_s + m]$은 $m = 0, 1, \ldots, L-1$에서만 0이 아니다. 이런 방법으로, 윈도우는 신호 $x[n]$으로부터 분석 시간 인덱스 n_s로부터 시작하는 유한한 길이의 세그먼트를 추출한다. 두 번째로, 유한 길이 윈도우된 세그먼트의 짧은 길이 DFT는 신호의 그 로컬 구간에 대한 스펙트럼을 추출하기 위하여 계산한다. 분석 시간 인덱스 n_s를 조정함으로써, $x[n]$의 어떤 원하는 세그먼트들도 윈도우의 영역으로 이동시킬 수 있으며, 그래서 분석을 위하여 길이 L인 어떤 세그먼트도 선택할 수 있다. 이 길이가 L인 세그먼트들은 종종 프레임(frame)이라 부르기도 한다. 윈도우는 시간적으로 국지화를 적용시킬 수 있으므로, 식 (8.53)의 $X[k, n_s]$는 **짧은 시간 이산 푸리에 변환(Short-time Discrete Fourier Transform)** 또는 STDFT라고 알려져 있다.

식 (8.53)의 우변은 유한 길이 신호 $w[m]x[n_s + m]$의 N-포인트 DFT라는 것을 쉽게 알 수 있다. 따라서 식 (8.53)은 각 n_s의 선택에 대하여 FFT 연산을 통해 쉽게 계산할 수 있다. 분석 세그먼트의 선택은 분석시간 인덱스 $n_s = 0$과 $n_s = 400$의 두 가지 경우에 대하여 그림 8-19에 보였다. 그림 8-19(a)는 식 (8.52)의 이산시간 신호 $x[n]$의 첫 801샘플들을, 신호 값은 점으로 m에 대하여 그린 것이다. 그림 8-19(a)에는 또한 길이 301샘플들인 두 개의 음영 영역이 있다. 한 영역은 $m = 0$에서 시작하는 파란색으로 표시된 영역이고, 다른 영역은 $m = 400$에서 시작하며 회색으로 표시된 영역이다.[13] 이들은 301샘플들로 구성된 잠재적인 분석 프레임들이다. 또한, 그림 8-19(a)에는 원점이 $m = 0$[14]에 고정된 (벨 모양의) Hann 윈도우 $w[m]$의 모양을 나타내었다. 그림 8-19(a)의 파란색 샘플들은 $n_s = 0$일 때 윈도우 $w[m]$이 곱해지게 되는 샘플들이며, 그래서 $w[m]x[0 + m]$의 DFT인, $X[k, 0]$을 구하기 위하여 DFT로 분석하기 위하여 선택된다.

13) 샘플들의 음영은 두 개의 전형적인 분석 구간을 강조하기 위해 의도적으로 표시하였으며, 일반적으로 모든 샘플들은 같은 색으로 그려진다는 것을 암시한다.

14) 이산시간 윈도우 신호는 $x[m]$의 샘플들과 구별하기 위하여 연속적인 외곽선으로 표시하였다.

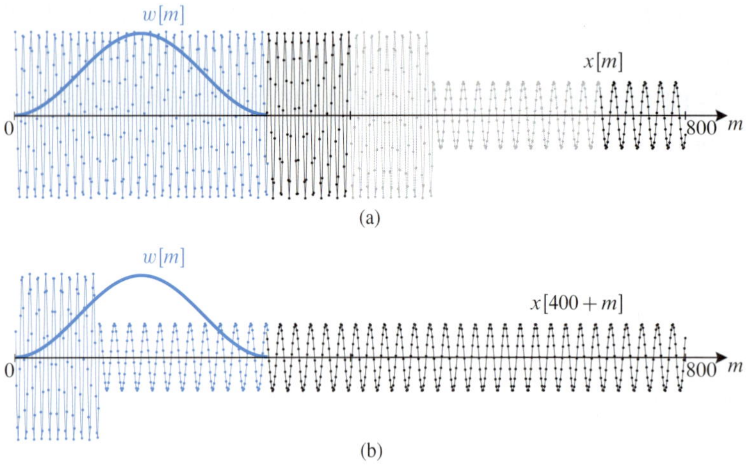

그림 8-19 길이가 301인 윈도우를 이용하여 신호를 시간 종속적 Hann 윈도우를 한 것. (a) 신호 $x[0 + m] = x[m]$과 고정된 윈도우 $w[m]$. (b) 400샘플들만큼 이동된 신호 (즉, $x[400 + m]$)와 고정된 윈도우 $w[m]$.

그림 8-19(b)는 신호 $x[400 + m]$과 함께 고정된 윈도우 신호 (파란색으로 표시)를 나타내며, 이것은 신호 $x[m]$을 왼쪽으로 400샘플만큼 이동한 것이다. 그림 8-19(a)의 회색 샘플들은 그림 8-19(b)의 파란색 샘플들이 되었으며, 여기서 이 샘플들은 윈도우와 곱해지고 DFT 분석을 위하여 $X[k, 400]$을 계산하고자 선택된다. 임의의 n_s에 대하여 $X[k, n_s]$를 계산하기 위해서는, 그림 8-19에서 설명한 것과 같은 방법으로, **윈도우된** 신호 $w[m]x[n_s + m]$을 구성하고, 그 다음으로 식 (8.53)과 같은 결과로 나오는 유한한 길이의 신호의 DFT를 계산한다. 이동량 n_s는 전형적으로 R개의 샘플들 단위로 건너뛰며, 여기서 $1 \le R < L$이다. $R < L$이기만 하면, 윈도우된 세그먼트들은 중첩되고, 이 신호의 모든 샘플들은 최소한 하나의 분석 윈도우 안에 포함된다. 공통적인 디폴트로서의 선택은 $R = L/2$이지만, R을 더 작게 만들면 (아래서 논의한 것과 같이) 더욱 부드러운 스펙트로그램을 얻을 수 있는 반면, 더 많은 연산이라는 비용이 들어간다. 가장 좋은 R 값은 종종 분석하려는 신호의 시간적 변화를 얼마나 빨리 추적하고자 하는지에 따라 결정된다.

짧은-시간 DFT의 본질을 설명하기 위하여, 그림 8-20에 STDFT 파라미터들 $L = 301$과 $N =$

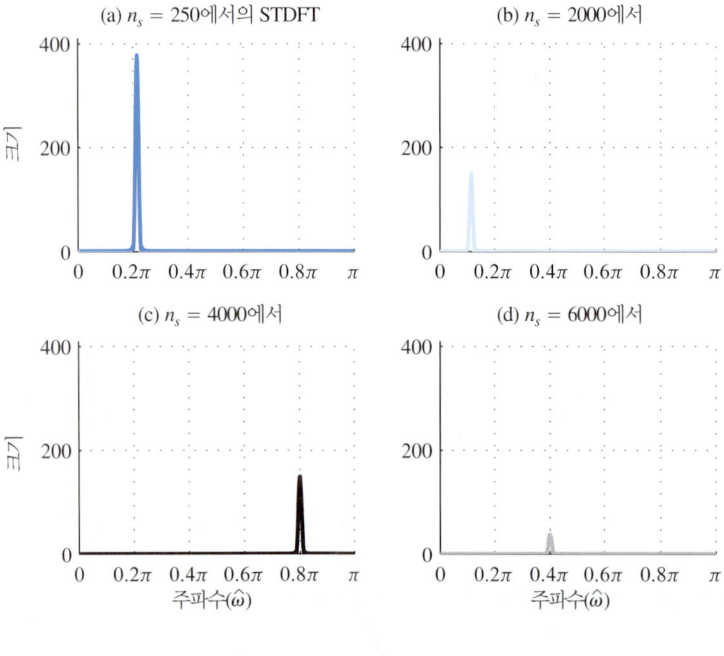

그림 8-20 $L = 301$, $N = 1024$일 때 식 (8.52)로 정의된 신호에 대한 짧은-시간 스펙트럼. (a) 시간 인덱스 $n_s = 250$일 때의 STDFT. (b) $n_s = 2000$일 때의 STDFT. (c) $n_s = 4000$일 때의 STDFT. (d) $n_s = 6000$일 때의 STDFT. 주파수 축 $\hat{\omega}$는 $\hat{\omega} = 2\pi k/N$을 이용하여 k로부터 유도되었으며, $0 \le k \le 512$에 대한 DFT 크기는 대응되는 DTFT를 주파수 $0 \le \hat{\omega} \le \pi$에서 그린 것과 같이 연결되어 있다.

1024에 대하여 식 (8.52)의 신호에 대한 $|X[k, 250]|$, $|X[k, 2000]|$, $|X[k, 4000]|$, $|X[k, 6000]|$의 그래프를 그렸다. 그림 8-20에서 $|X[k, 250]|$, $|X[k, 2000]|$, $|X[k, 4000]|$, $|X[k, 6000]|$ 각각은 대응되는 분석 시간에서의 정현파 성분의 주파수에 중심을 둔 하나의 피크를 나타낸다. 더욱이, 각 피크들의 진폭들은 정확한 비율로 나타나며, 그 이유는 선택된 분석 시간에 대하여 그 윈도우 안에는 단 하나의 주파수만 존재하며 윈도우 길이 ($L = 301$)는 같기 때문이다.[15)]

그림 8-20에 있는 것과 같은 그래프들은 특정한 분석 시간 n_s의 주변에서의 주파수 영역의 성질들을 보여주는 데 유용한 반면, 신호의 파라미터들이 시간에 따라 어떻게 변하는지에 대한 전반적인 동향을 알려주지는 않는다. 이 예에서는, 분석시간 인덱스들을 $n_s = 250, 2000, 4000, 6000$을 선택하였으며, 그 이유는 이런 위치에서 다른 주파수들을 보일것이라는 것을 알기 때문이다. 실제적인 환경에서는, 신호의 상세한 내용에 대하여 미리 알 수 없으므로, 스펙트로그램 그래프는 훨씬 더 효과적이고 널리 사용된다.

8-7.3 스펙트로그램의 디스플레이

STDFT를 계산하면 2차원의 신호 $X[k, n_s]$가 발생하며, 여기서 k는 주파수를 나타내며, 그 이유는 $\hat{\omega}_k = (2\pi k/N)$은 k번째 분석 주파수를 나타내며, 분석 윈도우의 시간 위치가 $t_s = n_sT_s$이므로, n_s는 시간을 나타낸다. STDFT는 주파수와 시간 모두의 함수이므로, 각 분석 시간에 대하여 다른 **로컬 스펙트럼**을 가질 수 있다. $X[k, n_s]$는 크기와 위상을 갖는 복소수이지만, 우리는 보통 크기만을 (k, n_s)에 대해 3차원 그래프로 그린다. 크기 $|X[k, n_s]|$를 k와 n_s 모두의 함수로 그리는 데에는 다양한 디스플레이 방법이 사용될 수 있으며, 그 중에는 워터폴 그래프 (그림 8-20과 같은 그래프들을 세로축으로 쌓은 그래프), 투시 그래프, 등고선 그래프, 그레이스케일 이미지 등을 포함한다. 여기에 더하여, (k, n_s)에 대하여 로그 크기 $\log|X[k, n_s]|$의 그래프를 그리는 것은, 보다 넓은 영역의 진폭을 보이기 위하여 종종 사용된다. 이 중 가장 선호하는 형태는 **스펙트로그램(Spectrogram)**이며, 이것은 그레이스케일 (또는 의사컬러) 이미지로, 위치 (k, n_s)에서의 그레이 레벨이 $|X[k, n_s]|$, 또는 로그 크기 $\log|X[k, n_s]|$에 비례하도록 만든 것이다. 보통, 크기가 클수록 검정색에 가깝고, 작을수록 흰색에 가깝게 표현하지만, 의사컬러 영상들도 또한 보편적으로 사용된다.

데모
스펙트로그램 실습

식 (8.52)의 신호에 대한 스펙트로그램은 그림 8-21에 나타내었다. 가로축은 분석 시간이며 세로축은 주파수이다. 분석 시간은 그림 8-21에서처럼 샘플 인덱스 (n_s)로 주어질 수 있으며, 또는 샘플링 속도를 이용하여 연속시간 $t_s = n_s/f_s$으로 변환되어 주어질 수도 있다. 이와 유사하게, 주파수는 인덱스 k로부터 Hz로 변환되거나, 또는 그림 8-21에서와 같이 정규화된 주파수 $\hat{\omega}$으로 변환될 수 있다. 실수 신호에 대한 스펙트로그램 이미지에서는, 음의 주파수 영역은 켤레 대칭이므로, 보통 $0 \le k \le N/2$ 또는 $0 \le \hat{\omega} \le \pi$ 영역에 대한 주파수만 보인다. 복소 신호의 경우는, FFT 값들이 디스플레이되기 전에 재배열이 되었는지 아닌지에 따라, 주파수 영역은 $0 \le \hat{\omega} < 2\pi$ 또는 $-\pi < \hat{\omega} \le \pi$가 된다.[16)]

8-7.4 스펙트로그램의 해석

그림 8-21을 얼핏 보면 스펙트로그램은 그림 8-18에서와 같이 긴 DFT에 대한 하나의 그래프나,

15) 피크의 절대 높이는 정현파의 진폭 A와 윈도우에 의해 결정된다. 특히, 피크의 높이는 $0.5A\sum w[m]$과 같다.

16) DSP-First Toolbox의 함수 `plotspec`과 `spectgr`은, MATLAB의 `spectrogram`과 유사하며, 복소 신호의 경우는 재배열을 이용하여 $-\pi < \hat{\omega} \le \pi$의 범위를 나타낸다; MATLAB의 `spectrogram` 함수는 $0 \le \hat{\omega} < 2\pi$를 사용한다.

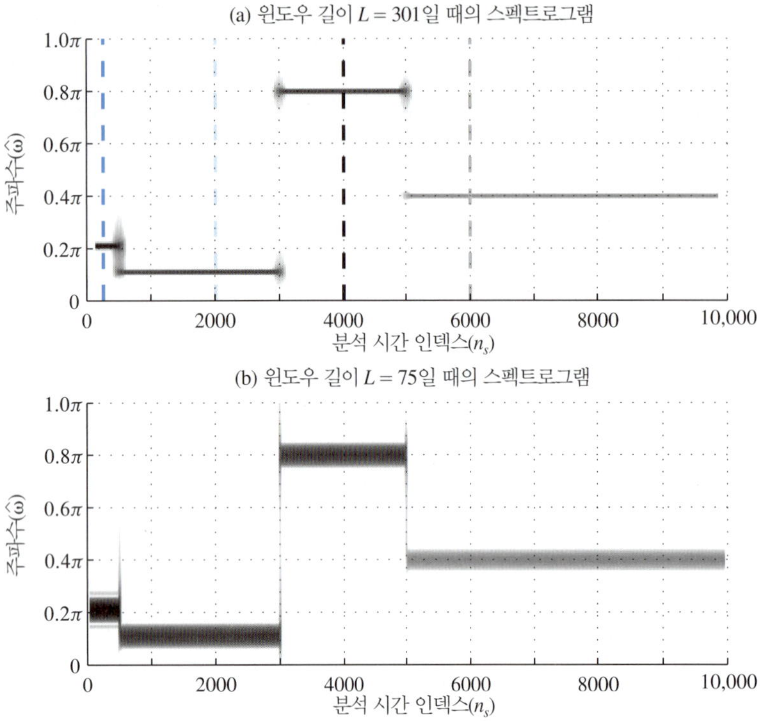

그림 8-21 2개의 다른 윈도우 길이에 대하여 `spectgr`으로 (선형 스케일의 크기) 계산된 테스트 신호 (8.52)의 스펙트로그램. (a) $L = 301$. (b) $L = 75$. 두 경우 모두, $N = 1024$이고 분석 시간 사이의 간격은 $R \approx 0.1L$이다.

또는 그림 8-20에서와 같이 4개의 스냅샷에 비하여, 식 (8.52)에 정의된 신호의 시간-주파수 특성을 훨씬 더 명확하게 나타내고 있음을 알 수 있다. 그림 8-21(a)에서 네 개의 정현파 성분들과 각 성분들이 시작하고 끝나는 시간을 분명하게 볼 수 있다. 반면, 그림 8-21(b)의 검은 가로 막대들은 더 넓고 덜 분명하게 정의되어 있어서, 정확한 주파수를 결정하기 어렵다–그러나 두 스펙트로그램에서 공통적으로 정현파 성분들의 시간적 위치는 분명하다. $n_s = 250$, $n_s = 2000$, $n_s = 4000$, $n_s = 6000$에 표시한 파선들은 그림 8-20을 구성하는 네 개의 각각의 DFT의 위치를 보여준다; 즉, 그림 8-20 (a), (b), (c), (d)에서의 DFT 그래프들은 그림 8-21(a)에 보인 그레이-스케일 스펙트로그램 영상의 열들이다. DFT의 크기는 그레이스케일 음영으로 매핑되며, 이것들은 각각 파란색, 검은색 및 회색 수직 마커 선들을 따라서 볼 수 있다. 그림 8-20(a)-(d)는, 따라서 스펙트로그램을 **세로로 자른 단면**과 같다.

데모
AM 및 FM 신호의 스펙트로그램

그림 8-21의 두 스펙트로그램을 비교해 보면 짧은-시간 푸리에 해석에서 윈도우의 길이의 영향에 대한 귀중한 통찰력을 제공해 준다. 윈도우 길이는 그림 8-21(a)에서는 $L = 301$이며, 그림 8-21(b)에서는 $L = 75$이다. 시간축 (N)을 따라서 주파수가 급하게 변하는 지점들에서는, **흐릿한 부분**이 존재한다; 이들은 n_s가 500, 3000, 5000일 때 발생한다. 이런 흐릿한 영역은 분석 윈도우가 급하게 변하는 부분에 위치할 때마다 발생하며, 이는 윈도우 형태 안에 변화하는 점의 양쪽부분들의 샘플들을 모두 갖고 있기 때문이다. 예를 들어, $n_s = 350$일 때 신호 구간 [350, 650]은 DFT에 앞서서 $L = 301$인 윈도우에 들어가며, 그래서 신호 $x[350 + m]$의 전반부는 주파수 0.211π를 가지며, 후반부는 주파수 0.111π를 갖는다. 따라서 STDFT $X[k, 350]$은 두 주파수에서 낮은 피크를 가져야 한다. 윈도우의 길이가 길어지면, 이런 모호한 흐릿한 구간이 넓어진다. 이 효과는 그림 8-21(a)와 (b)를 비교하면 확인할 수 있으며, 흐릿한 영역은 $L = 301$의 경우가 훨씬 더 넓다. 이 예로부터 **신호에서 시간적으로 변화하는 정확한 위치를 알려면 짧은 윈도우를 필요로 한다**라는 일반적인 원칙을 보여준다.

8-7.4.1 주파수 해상도

또 다른 중요한 점은 (정현파에 대하여) 수평 막대의 수직 폭은 두 스펙트로그램에서 다르다는 점이다. 실제로, 그림 8-21(b)에서의 막대의 폭은 그림 8-21(a)에서의 막대의 폭의 대략 4배이며, 그 이유는 윈도우 길이가 각각 75와 301이기 때문이다. 이 사실은 시간 축에서 여러 개의 주파수 성분들이 겹쳐진 신호에 대해서는, 만일 주파수들이 서로 너무 가까이 있으면, 스펙트로그램은 서로 다른 피크로 나타나지 않을 수도 있다는 것을 의미한다. 다른 말로 하면, 스펙트로그램은 2개의 가까이 위치한 주파수 성분들을 주파수 영역에서 분리된 피크들로 분해하기 위해서는 더 긴 윈도우가 필요할 수도 있다.

이러한 **해상도(Resolution)** 문제는 테스트 예로서 설명되며, 이 예에서는 신호가 가까이 위치한 주파수들을 갖는 여러 주파수의 정현파들로 구성되어 있다. 그림 8-22에 보인 2개의 스펙트로그램들은 다음 신호

$$x[m] = \begin{cases} \cos(0.2\pi m) + 1.5\cos(0.227\pi m) & 0 \le m < 5{,}000 \\ \cos(0.2\pi m) & 5{,}000 \le m < 7{,}000 \\ 3\cos(0.6\pi m) + \cos(0.7\pi m) & 7{,}000 \le m < 10{,}000 \end{cases} \quad (8.54)$$

에 대하여 서로 다른 2개의 윈도우 길이에 대하여 계산되었다. 스펙트로그램들을 비교하면, 윈도우의 길이가 주파수 해상도에 미치는 영향을 알 수 있다. 첫 번째 구간에서는, 두 주파수가 0.2π와 0.227π에 (0.027π의 간격으로) 매우 가까이 위치하는 반면, 세 번째 구간에서는, 두 주파수 성분이 0.6π와 0.7π에 (0.1π rad 간격으로) 비교적 멀리 위치하고 있다. 첫 번째 구간의 두 주파수 모두 그림 8-22(a)에서는 분명하게 구분되는 반면, 그림 8-22(b)에서는 두 주파수 성분들은 하나의 넓은 수평 막대로 합쳐져서 구분하기 어렵다. 다른 한편으로, 세 번째 구간에서는, 두 개의 명확히 분리된 막대들은 2개의 스펙트로그램 모두에서 주파수 0.6π와 0.7π 명확히 보인다. 그래서, 두 주파수

LAB
스펙트로그램: 고조파 선과 처프(Chirp) 에일리어싱

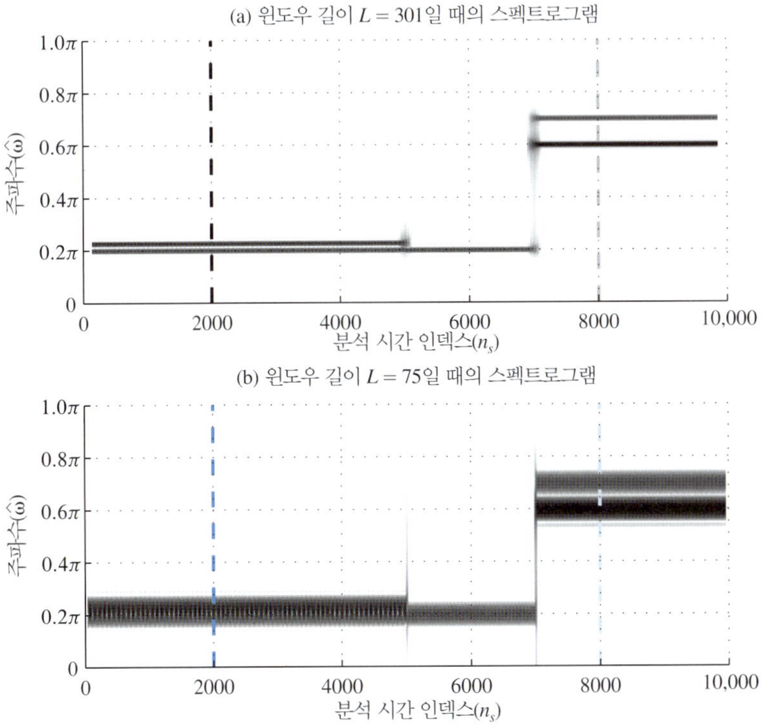

그림 8-22 2개의 다른 윈도우 길이를 갖는 테스트 신호 식 (8.54)에 대한 스펙트로그램. (a) $L = 301$. (b) $L = 75$. FFT 길이는 제로-패딩을 포함하여 $N = 1{,}024$이다.

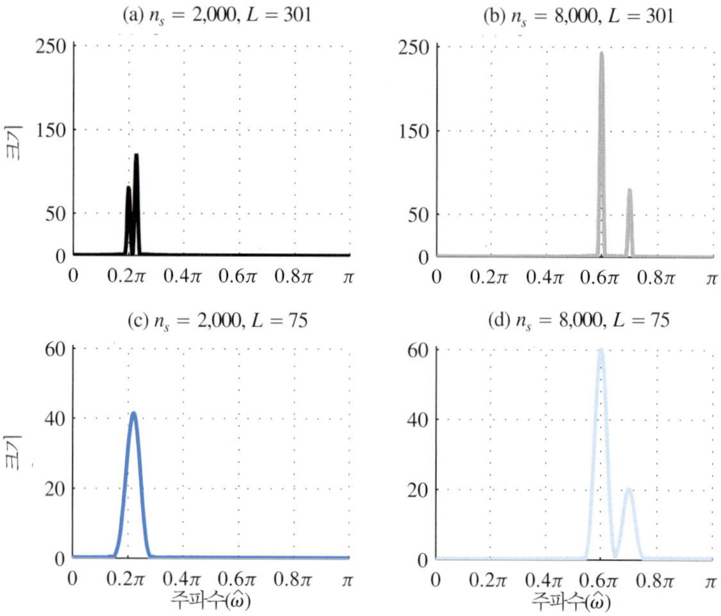

그림 8-23 2개의 다른 시간 인덱스에서의 신호 (8.54)의 짧은-시간 스펙트럼. 이들은 그림 8-22에서 보인 수직 단면들이다. (a) 윈도우 길이 L = 301, 시간 인덱스 n_s = 2,000에서의 Hann 윈도우. (b) L = 301, n_s = 8,000. (c) L = 75, n_s = 2,000. (d) L = 75, n_s = 8,000. FFT 길이는 제로 패딩을 포함하여 1024이다.

성분들이 분해된 것이다. 이 해상도가 가능한 것은, 그림 8-22(b)의 막대가 그림 8-22(a)의 막대에 비하여 3~4배 넓지만, 주파수 0.6π와 0.7π 사이의 간격은 주파수 0.2π와 0.227π 사이의 간격의 대략 4배 정도 되기 때문이다. 이 예는 **주파수 해상도는 분석 윈도우의 길이를 길게 하여 개선될 수 있다**라는 일반적인 원칙을 알려준다.

주파수 해상도에 대하여 좀 더 명확히 알기 위하여, 그림 8-23은 그림 8-22(a)와 (b)에서 파선을 따라 잘라낸 수직 단면을 그린 것이며, 가까이 위치한 주파수들을 갖는 2개의 정현파 신호들을 갖는 세그먼트의 중앙에 있는, 분석 시간 n_s = 2,000과 n_s = 8,000에 대응된다. 그림 8-23(a)는 윈도우 길이 L = 301일 때 n_s = 2,000에서 자른 단면에 대응되며, 여기서는 주파수 0.2π와 0.227π 주위에 명확한 두 개의 피크를 볼 수 있다. 그러나, 그림 8-23(c)는 윈도우 길이 L = 75로 n_s = 2,000에서의 단면을 보인다. 이 경우에, 단지 하나의 넓은 피크만 보이며, 그래서 우리는 두 주파수 성분이 **분해되지 않았다**고 결론내릴 수 있다. 반면, 그림 8-23(b)와 (d)에 보인 n_s = 8,000에서의 단면들은, 두 주파수들이 좀 더 넓게 떨어져 있으며, 그래서 두 스펙트로그램 단면에서 모두 2개의 서로 다른 피크들을 확연하게 본다. 하지만, n_s = 8,000의 경우의 단면에서, 만일 윈도우의 길이가 75 이하로 줄어들면, 그림 8-23(d)에서의 2개의 피크들의 폭은 넓어지게 되며, 궁극적으로 윈도우 길이가 줄어듦에 따라 2개의 주파수 0.6π와 0.7π를 커버하는 하나의 넓은 피크만을 보게될 것이다. 마지막으로, DFT의 수직 단면은 2개의 정현파들의 진폭이 다르다는 것을 명확히 보여주지만, 진폭의 차이는 그레이스케일 스펙트로그램 영상에서는 구별하기가 훨씬 어렵다는 것을 주의해야 한다.

연습문제 8.15

MATLAB을 이용하여 식 (8.54)의 세 번째 시간 구간의 신호를 생성하여라.

$$x[m] = 3\cos(0.6\pi m) + \cos(0.7\pi m) \quad 7{,}000 \le m < 10{,}000$$

다음으로 Hann 윈도우를 이용하여, n_s = 8,000에서 스펙트로그램의 단면을 계산하여라. 길이 L = 91 및 L = 31인 윈도우를 이용하여 DFT를 계산하여, 그림 8-23과 같은 그래프를 그려라. 두 주파수 성분들이 **분해**되는지 아닌지를 결정하여라.

그림 8-23에서 보인 것과 같이, 정현파 성분들의 DFT에 대한 피크의 폭은 윈도우 길이 L에 반비례한다. 먼저의 8-6절에서, 그림 8-23(a)에서 우리가 본 것은 윈도우 $w[n]$의 DTFT가 주파수 축에서 정현파의 주파수까지 이동한 것이라고 배웠다. 또한, 윈도우의 길이와 주파수 폭은 서로 반비례의 관계가 존재한다는 것은 푸리에 변환의 일반적인 원칙이다. 따라서, Hann 윈도우와 같은 윈도우 신호의 DTFT의 주파수 폭은 다음과 같은 역비례식으로 나타낼 수 있다.

$$\Delta\hat{\omega} \approx \frac{C}{L}$$

여기서 상수 C는 작은 값으로, **훌륭한** 윈도우의 경우 보통 $4\pi < C < 8\pi$의 범위 내에 있다. Hann 윈도우의 경우, 0을 끊는 점들 간의 폭은 $\Delta\hat{\omega} = 8\pi/L$이며, 그래서 길이 75인 Hann 윈도우의 경우 $\Delta\hat{\omega} = 8\pi/75 = 0.107\pi$이 되며, 이 값은 $n_s = 8{,}000$에서 주파수 0.6π와 0.7π를 분해하기에 충분히 작은 값이다. 만일 두 주파수들의 차이가 $\Delta\hat{\omega}$ 보다 작다면, 이들의 STDFT의 두 피크들은 서로 합쳐진다. 따라서 두 정현파를 분해할 수 있는 (즉, 2개의 구별된 피크들을 보기 위한) 능력은 윈도우 길이 L에 반비례한다. 이것은 직관적으로 이해할 수 있으며, 그 이유는 윈도우 길이가 길어질수록, 신호의 주기성 (또는 비주기성)을 관찰할 수 있는 시간도 더 늘어나기 때문이다. 다른 한편으로, 만일 윈도우 길이가 매우 짧으면, 예를 들어, 신호의 한 주기보다 짧으면, 실질적으로 신호의 주기성에 대한 어떤 정보도 얻을 수 없으며, 이것이 STDFT에 반영될 것이라고 기대하는 것은 합리적이다.

윈도우 길이에 대해 한 가지 더 짚고 넘어갈 점은, **시간 해상도**이다. 그림 8-21에서 윈도우 길이는 신호의 시간적 변화를 추적하는 데 매우 중요한 요소임을 관찰하였다. 이 **모호한** 전이 영역들은 그림 8-21(a)의 구간이 그림 8-21(b)에 비해 4배 정도 넓으며, 윈도우의 길이가 $L = 301$에서 $L = 75$로 변하기 때문이다. 따라서 주파수의 변화를 빠르게 추적하기 위해서는 윈도우의 길이를 가능한 짧게 유지할 필요가 있다.

따라서 우리는 트레이드-오프를 해야만 하는 상황에 놓였다: 시간적 변화를 추적하기 위해서는 윈도우의 길이가 짧아야 하며, 반면 가까이 위치해 있는 주파수 성분들을 분리하기 위해서는 길어야 한다. 이와 같은 이유 때문에, 어떤 모르는 신호의 성질들을 분석할 때, 윈도우 길이를 바꾸어가며 스펙트로그램을 계산하는 것이 일반적이다. 어떤 한 경우에 분명하게 나타는 특성들이 다른 경우에는 불분명할 수 있다. 그러나 여러 개의 스펙트로그램들과 윈도우 길이가 (그리고 모양이) 스펙트로그램의 이미지에 어떤 영향을 미치는지 잘 이해하고 있으면, 신호에 대한 많은 유용한 정보를 결정할 수 있다. 이러한 시간-주파수 정보는 다양한 응용에서 유용하게 사용될 수 있는 신호의 매우 정확한 모델을 얻기 위하여 신호 생성과/또는 탐지를 위한 물리적 모델과 결합될 수 있다. 주목할 만한 그리고 어디에나 있는 응용 분야로 디지털 저장과 전송을 위한 오디오 코딩이다. MP3와 같은 오디오 엔코더는 스펙트로그램 영상을 생성하는 데 채택된 같은 형태의 주파수 해석 방식에 근거한다. 인간의 청각 시스템은 어떤 형태의 주파수 분석을 형상화하고 있으므로, 짧은-시간 주파수 분석은 청각적 인지 효과들을 구체화하는 자연적인 방법이며, 이런 효과들에는 디지털 오디오 신호들을 압축하는 과정의 마스킹 같은 것이 있다. **프레임 별로** 주파수 분석을 철저히 하여, 현저한 스펙트럼 성분들 밑으로 이들을 글자 그대로 **숨겨서** 코딩 에러들을 막는 것이 가능하다.

8-7.5 MATLAB에서의 스펙트로그램

스펙트로그램은 윈도우된 신호의 세그먼트들에 많은 FFT를 하여 계산될 수 있기 때문에, MATLAB은 DFT 계산을 하고 영상을 디스플레이하기 위한 이상적인 환경이다. 특히, MATLAB의 스펙트로그램의 계산은 R만큼 떨어진 (즉, $n_s = 0, R, 2R, 3R, \ldots$) 길이-$L$인 세그먼트에 대하여 식 (8.53)을 계산한다.

$$X[(2\pi k/N)f_s, rRT_s] = \sum_{m=0}^{L-1} w[m]x[rR+m]e^{-j(2\pi k/N)m} \quad k = 0, 1, \ldots, N/2 \quad (8.55)$$

MATLAB은 디폴트로 스펙트로그램에서의 주파수는 Hz로, 시간은 초 단위로 디스플레이하므로, 주파수들은 $(2\pi/N)f_s$로 스케일되고 T_s가 곱해진다. 매우 자주, 디폴트 값은 $R = L/2$이며, 그래서 윈도우를 한 이후에 DFT에 의하여 분석되는 신호 세그먼트들의 절반이 서로 중첩이 된다. N 값은 DFT 길이이며, 그래서 $N > L$이면 제로-패딩을 한다. 큰 N 값을 선택하면 k에 따라 많은 주파수 샘플들을 제공하며, 그 이유는 주파수 인덱스 k가 0과 $N/2$ 사이의 값을 갖기 때문이다. $x[n]$과 연관된 샘플링 속도 $f_s = 1/T_s$를 이용할 수 있으면, DFT 출력에 대한 주파수 위치들은 Hz단위로 스케일될 수 있으며, 시간축은 스펙트로그램 디스플레이의 축에 라벨을 붙이기에 편리하도록 샘플 인덱스로부터 초 단위의 분석 시간으로 변환될 수 있다.[17)]

스펙트로그램에 대한 계산은 `for` 루프를 포함하는 간단한 MATLAB 프로그램으로 나타내질 수 있다. 이 프로그램의 핵심은 신호 세그먼트들이 50% 겹치는 짝수-길이의 윈도우의 특별한 경우에 대하여 아래에 보였다.

```
% L = 신호 세그먼트의 길이, 또한 윈도우의 길이 (짝수 정수)
% N = FFT (DFT) 길이
% win = 윈도우 신호, Hann 윈도우나 hanning.m과 같은 L-포인트 열벡터
% xn = 인력 신호 (열 벡터)
% 겹치는 비율은 50%라고 가정한다.
Lx = length(xn);
NwinPos = 2*ceil(Lx/L);
X = zeros(N,NwinPos);
for ii=0:NwinPos-1
     X(:,ii+1) = fft(win.*xn(ii*L/2 + (1:L)),N);
end
```

최신 버전의 MATLAB에서 식 (8.55)의 계산을 호출하는 명령어는

```
[S,F,T] = spectrogram(X,WINDOW,NOVERLAP,NFFT,Fs,'yaxis')
```

이다. 마지막 문자열 `'yaxis'`는 주파수 축을 수평축에, 시간축을 세로축에 놓기 위한 디폴트 동작들의 설정을 변경할 때 사용한다. `spectrogram`의 출력은 복소값의 스펙트로그램 값들을 포

17) 다른 말로 하여, MATLAB의 스펙트로그램 함수는 샘플링 속도 `fs`가 주어졌다고 가정할 때, 연속시간 단위의 주파수, 시간 단위로 보정한다.

함하는 2차원 배열인 `S`, 모든 분석 주파수의 벡터 `F`, 그리고 윈도우될 신호 세그먼트의 시작 시간을 포함하는 벡터 T이다. 입력들은 신호 값 `X`, 윈도우 계수들 `WINDOW`, 신호 세그먼트의 중첩 `NOVERLAP`, `FFT` 길이 `NFFT`, 샘플링 주파수 `Fs`이다. 여기에 더하여, 디폴트 `spectrogram` 윈도우는 해밍 (Hamming)이며, 그래서 `Hann` 함수 (예를 들어, `hanning(L)`)를 호출하여 대체하여야 한다. 식 (8.55)에서의 윈도우 스킵 파라미터 R은 윈도우 길이에 중첩을 뺀 것과 같으므로 그래서 중첩은 윈도우 길이보다 작아야 하지만, `Noverlap`을 `length(window)-1`로 선택하는 것은, 윈도우 스킵이 $R = 1$이 되므로, 필요 없는 그리고 매우 큰 영상을 만들어 낸다. 중첩은 최종적인 스펙트로그램의 이미지가 얼마나 부드럽게 되어야 할지에 따라서, 윈도우 길이의 50%에서 90% 사이의 값을 사용하는 것이 보편적이다 (즉, $0.1L \le R \le 0.5L$). 보다 자세한 사항은 MATLAB의 `help spectrogram`을 참고하기 바란다.

스펙트로그램의 영상은 MATLAB의 3차원 디스플레이 함수들 중의 하나를 이용하여 디스플레이될 수 있다. 이 장에서 보여준 반전된 그레이스케일 이미지를 얻기 위해서는, 다음을 이용한다:

```
imagesc( T, F, abs(S) )
axis xy, colormap(1-gray)
```

`(1-gray)`의 컬러맵은 인쇄하기에 유용한 음의 그레이스케일을 제공하지만, 컴퓨터 스크린에서는 컬러를 사용하는 것을 더 선호할 수 있다 (예를 들어 `colormap(jet)`). 마지막으로, 큰 진폭 성분들뿐만 아니라, 작은 진폭 성분들을 보기 위하여, `imagesc`에서 로그 진폭 스케일을 사용하는 것이 유리할 수 있다.

8-8 고속 푸리에 변환 (FFT)

8-1.3절에서, DFT를 효율적으로 계산하기 위한 알고리즘으로 FFT에 대해 언급한 바 있다. FFT는 의심할 필요 없이 신호처리 분야에서 가장 널리 알려진 알고리즘으로, 우리가 매일 이용하고 있는 많은 시스템들은 하드웨어 혹은 소프트웨어로 효과적으로 구현되어 있는 FFT에 의존한다.

8-8.1 FFT의 유도

이 절에서는, FFT 알고리즘을 유도하기 위한 기본적인 분할-정복 (Divide-and-Conquer) 기법을 소개한다. 이 유도로부터, DFT 길이가 N이라고 할 때, 시간적으로 $(N/2)\log_2 N$에 비례하는 시간 동안 실행되는 FFT 프로그램을 작성할 수 있어야 한다. N은 2의 거듭제곱수라고 가정해야 할 필요가 있으며, 그래서 분해가 반복적으로 수행할 수 있게 된다. 이런 알고리즘들은 radix-2 알고리즘이라고 불린다.

DFT 합 식 (8.4)와 IDFT 합 식 (8.5)는 DFT의 지수에 있는 음수 부호와 IDFT에 곱해진 $1/N$을 제외하고는 근본적으로 동일하다. 따라서 DFT를 위하여 작성된 프로그램은 복소 지수의 부호를 바꾸고 최종 값에 $1/N$을 곱함으로써 IDFT를 하도록 변경할 수 있다는 것을 염두에 두고, DFT 계산에 초점을 맞추어 설명한다. DFT 합은 두 집합으로 분할할 수 있으며, 하나는 $x[n]$의 짝수 인덱스 점들에 대한 합이고, 다른 하나는 홀수 인덱스 점들에 대한 합이다.

$$X[k] = \text{DFT}_N\{x[n]\} \tag{8.56a}$$

$$= \sum_{n=0}^{N-1} x[n]e^{-j(2\pi/N)kn} \tag{8.56b}$$

$$= \left(x[0]e^{-j0} + x[2]e^{-j(2\pi/N)2k} + \cdots + x[N-2]e^{-j(2\pi/N)k(N-2)}\right) + \left(x[1]e^{-j(2\pi/N)k} + x[3]e^{-j(2\pi/N)3k} + \cdots + x[N-1]e^{-j(2\pi/N)k(N-1)}\right) \tag{8.56c}$$

$$X[k] = \sum_{\ell=0}^{N/2-1} x[2\ell]e^{-j(2\pi/N)k(2\ell)} + \sum_{\ell=0}^{N/2-1} x[2\ell+1]e^{-j(2\pi/N)k(2\ell+1)} \tag{8.56d}$$

이 시점에서 두 가지의 창의적인 단계가 필요하다: 첫째는, 두 번째 합의 지수를 2개의 지수의 곱으로 분해되어야 하며, 그래서 L과 관련이 없는 지수를 인수분해하여 뽑아내어야 한다. 두 번째로, 지수 (2ℓ)에서의 인수 2는 $2\pi/N$의 분모 N과 결합시켜야 한다.

$$X[k] = \sum_{\ell=0}^{N/2-1} x[2\ell]e^{-j(2\pi k/N)(2\ell)} + e^{-j(2\pi k/N)} \sum_{\ell=0}^{N/2-1} x[2\ell+1]e^{-j(2\pi k/N)(2\ell)} \tag{8.56e}$$

$$X[k] = \sum_{\ell=0}^{N/2-1} x[2\ell]e^{-j(2\pi k/(N/2))\ell} + e^{-j(2\pi k/N)} \sum_{\ell=0}^{N/2-1} x[2\ell+1]e^{-j(2\pi k/(N/2))\ell} \tag{8.56f}$$

이제 정확한 형태를 갖추었다. 식 (8.56f)의 각각의 합은 길이 $N/2$인 DFT와 동일하며, 그래서 다음과 같이 쓸 수 있다.

$$X[k] = \text{DFT}_{N/2}\{x[2\ell]\} + e^{-j(2\pi/N)k}\,\text{DFT}_{N/2}\{x[2\ell+1]\} \tag{8.57}$$

2개의 더 작은 DFT로부터 $X[k]$를 복원하는 식 (8.57)은 하나의 숨겨진 특성을 갖고 있다: 이 값은 반드시 $k = 0, 1, 2, ..., N-1$에 대해 계산되어야 한다. $N/2$-포인트 DFT는 $N/2$개의 원소를 갖는 출력 벡터들을 만든다; 예를 들어, 홀수-인덱스의 점들의 DFT는 $k = 0, 1, 2, ..., N/2-1$에 대하여

$$X^o_{N/2}[k] = \text{DFT}_{N/2}\{x[2\ell+1]\}$$

와 같다. 이와 같이, $k \geq N/2$에 대하여, $X[k]$를 계산하기 위해서는 $N/2$-포인트 DFT는 주기 $N/2$인 주기 함수라는 것을 기억할 필요가 있다. 이 사실은 다음과 같이 쉽게 확인할 수 있다.

$$X^o_{N/2}[k + N/2] = X^o_{N/2}[k]$$

짝수-인덱스 점들의 DFT에서도 유사하며, 그래서 식 (8.57)의 덧셈을 계산하기 전에, $N/2$-포인트 DFT의 결과들을 주기를 갖고 단순히 확장하기만 하면 된다. 이를 위해 추가적으로 필요한 연산은 없다.

식 (8.57)에서의 분해는 FFT 알고리즘 전체에 지정하기에 충분하다: 두 개의 작은 DFT들을 계산한 뒤, 홀수 인덱스에 대한 DFT 결과에 지수 인수 $e^{-j(2\pi/N)k}$를 곱한다. 그림 8-24를 참고하면, 이 그림에서는 3단계의 반복적인 분할을 나타내었다. 이러한 반복적인 구조가 사용되면, 두 개의 $N/2$-포인트 DFT들은 네 개의 $N/4$-포인트 DFT들로 분해될 수 있고, 이들은 다시 여덟 개의 $N/8$-포인트 DFT들로 계속 분할될 수 있다. 만약 N이 2의 지수형태라면, 이 분해는 $(\log_2 N - 1)$번까지 가능하고, 최종적으로 DFT 길이가 2와 같을 때에 도달하게 된다. 2-포인트 DFT에 대하여, 계산은

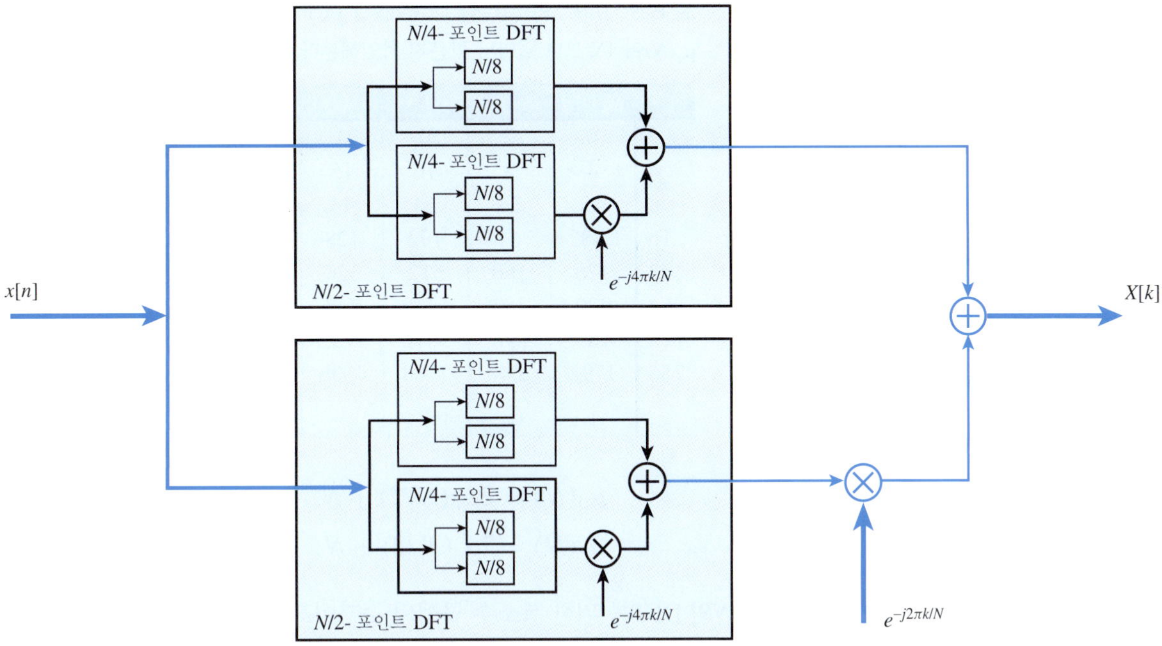

그림 8-24 $N = 2^{\nu}$일 때 radix-2 FFT 알고리즘의 블록 다이어그램. 선의 폭은 처리되는 데이터의 양에 비례한다. 예를 들어, 각각의 $N/4$-포인트 DFT는 $N/4$개의 원소들을 갖는 데이터 벡터를 변환하여야 한다.

매우 간단하다:

$$X_2[0] = x_2[0] + x_2[1]$$

$$X_2[1] = x_2[0] + e^{-j2\pi/2}\, x_2[1] = x_2[0] - x_2[1]$$

2-포인트 DFT의 두 출력값은 입력값들의 합과 차이다. 따라서 계산의 마지막 단계는 $N/2$개의 2-포인트 DFT들을 필요로 한다.

8-8.1.1 FFT 연산 횟수

앞으로 진행되는 유도는 알고리즘에 대한 개략적인 설명이지만, 기본적인 연산자로 2-포인트 DFT와 복소 지수를 이용하여 FFT 프로그램을 작성하기 위한 기본적인 아이디어는 제시되었다. FFT에 대한 중요한 점 중의 하나는 프로그램을 작성하는 것뿐만 아니라, 계산을 완료하는 데 필요한 연산의 횟수를 평가하는 것이다. FFT 알고리즘이 처음 발표되었을 때, 비로소 주파수 영역을 수치적으로 접근 가능하도록 만들었기 때문에, FFT는 사람들이 문제에 대하여 어떻게 생각하는지에 대하여 매우 큰 충격을 주었다. 스펙트럼 분석은, 매우 긴 신호들이라고 하더라고, 일상적인 계산으로 가능해졌다. 시간 영역에서는 자연스러워 보이는, 필터링과 같은 연산은 매우 긴 FIR 필터에 대하여 주파수 영역에서 더욱 효율적으로 처리할 수 있다.

FFT를 계산하는 데 필요한 연산의 수는 간단한 식으로 나타낼 수 있다. 식 (8.57)에 주어진 알고리즘의 구조가 연산의 수를 카운트하는 데 충분하다. 카운트는 다음과 같이 진행된다: N-포인트 DFT는 두 개의 $N/2$-포인트 DFT로 분해될 수 있고, 이것들은 식 (8.57)에서 볼 수 있는 것과 같이, N번의 복소수 곱셈과 N번의 복소수 덧셈이 따른다.[18] 따라서 다음과 같이 쓸 수 있다.

18) 실제에는, $e^{-j2\pi(N/2)/N} = -1$이므로, 복소수 곱셈의 수는 $N/2$으로 줄어들 수 있다.

표 8-3 N이 2의 지수일 때 radix-2 FFT의 연산 수. $\mu_r(N)$이 $4N^2$보다 얼마나 작은지 확인해본다.

N	$\mu_c(N)$	$\alpha_c(N)$	$\mu_r(N)$	$\alpha_r(N)$	$4N^2$
2	0	2	0	4	16
4	4	8	16	16	64
8	16	24	64	48	256
16	48	64	192	128	1024
32	128	160	512	320	4096
64	320	384	1280	768	16,384
128	768	896	3072	1792	65,536
256	1792	2048	7168	4096	262,144
⋮	⋮	⋮	⋮	⋮	⋮

$$\mu_c(N) = 2\mu_c(N/2) + N$$
$$\alpha_c(N) = 2\alpha_c(N/2) + N$$

여기서 $\mu_c(N)$은 길이 N의 DFT를 위한 복소수 곱셈의 숫자이고, $\alpha_c(N)$은 복소수 덧셈의 숫자이다. $\mu_c(2) = 0$, $\alpha_c(2) = 2$이라는 것을 알고 있으므로, 이 식은 $N = 2, 4, 8, ...$에 대해 순차적으로 계산될 수 있다. 표 8-3은 2의 지수의 길이를 갖는 몇몇 변환에 대해 연산의 횟수를 계산한 것이다. 각각에 대한 식은 표로부터 유도될 수 있다.

$$\mu_c(N) = N(\log_2 N - 1)$$
$$\alpha_c(N) = N \log_2 N$$

복소수 연산은 궁극적으로 실수들 간의 곱셈과 덧셈으로 이루어져야 하므로, 연산의 수를 실수 덧셈과 실수 곱셈으로 변환하면 유용하다. 각 복소수 덧셈은 두 번의 실수 덧셈을 필요로 하지만, 하나의 복소수 곱셈은 네 번의 실수 곱셈과 두 번의 실수 덧셈을 필요로 한다. 따라서 표 8-3에 2개의 열을 더 넣어서 실수 곱셈과 덧셈 횟수를 넣을 수 있다. 이 표의 마지막 열 $4N^2$은 정의 (8.4)로부터 N-포인트 DFT를 직접 계산했을 때 필요한 실수 곱셈의 횟수이다.

요약하면, 전체 연산의 수는 $N \log_2 N$에 비례한다. 표 8-3의 정확한 공식들은 실수 곱셈과 덧셈에 대하여 각각

$$\mu_r(N) = 4N(\log_2 N - 1)$$
$$\alpha_r(N) = 2N(\log_2 N - 1) + 2N = 2N \log_2 N$$

와 같다. 이런 숫자들은 계산 수를 더욱 줄이기 위하여 복소수 지수에서 어떤 대칭성을 이용할 수 있으므로, 이 숫자들은 약간 더 크다.

8-9 요약 및 링크

이 장에서는 DTFT의 유한한 형태인 DFT를 소개하였으며, DFT의 개념들이 신호들의 스펙트럼 식들을 계산하고 선형 시스템의 동작을 이해하는 데 얼마나 유용한지를 확인하였다. 또한, DFT는 DTFT로부터 주파수 샘플링으로 유도될 수 있음을 확인하였으며, 이것은 DFT/FFT 계산의 결과

데모
스펙트로그램 실습

를 설명할 때 분석을 위하여 DTFT를 이용할 수 있도록 해준다. 끝으로, DFT의 응용의 예로서 스펙트로그램을 소개하였으며, 여기서 시간-종속적인 스펙트럼은 긴 신호를 짧은 윈도우로 세그먼트로 만들어 DFT를 하여 계산된다.

8-10 문제

참고
문제와 풀이

이 절의 문제들은 이 장의 주요 개념들을 다룬다. 동반 웹사이트에는 복습과 실습에 사용될 수 있는 연관된 숙제 문제들이 많이 있다. 이들 중에 대부분은 상세한 풀이가 제공되었다.

P-8.1 다음의 각각의 길이-10인 신호에 대하여, DTFT를 주파수 샘플링하여 10-포인트 DFT에 대한 식을 구하여라. MATLAB을 이용해 결과를 수치 값으로 확인하여라.

(a) $x_0[n] = \begin{cases} 1 & n = 0 \\ 0 & n = 1, 2, \ldots, 9 \end{cases}$

(b) $x_1[n] = 1 \qquad n = 0, 1, 2, \ldots, 9$

(c) $x_2[n] = \begin{cases} 1 & n = 4 \\ 0 & n \neq 4 \end{cases}$

(d) $x_3[n] = e^{j(2\pi/5)n} \qquad n = 0, 1, 2, \ldots, 9$

P-8.2 다음의 각각의 10-포인트 DFT에 대하여, 10-포인트 IDFT에 대한 식을 구하여라. MATLAB을 이용하여 결과를 수치 값으로 확인하여라.

(a) $X_a[k] = \begin{cases} 1 & k = 0 \\ 0 & k = 1, 2, \ldots, 9 \end{cases}$

(b) $X_b[k] = 1 \qquad k = 0, 1, 2, \ldots, 9$

(c) $X_c[k] = \begin{cases} 1 & k = 3, 7 \\ 0 & k = 0, 1, 2, 4, 5, 6, 8, 9 \end{cases}$

(d) $X_d[k] = \cos(2\pi k/5) \qquad k = 0, 1, 2, \ldots, 9$

P-8.3 다음 각각의 길이-12 신호에 대하여, 12-포인트 DFT의 식을 구하여라. MATALB을 이용해 결과를 수치 값으로 확인하여라.

(a) $y_0[n] = 3(-1)^n \qquad n = 0, 1, \ldots, 11$

(b) $y_1[n] = \begin{cases} 1 & n = 0, 1, 2, 3 \\ 0 & n = 4, 5, \ldots, 11 \end{cases}$

(c) $y_2[n] = \begin{cases} 1 & n = 0, 2, 4, 6, 8, 10 \\ 0 & n = 1, 3, 5, 7, 9, 11 \end{cases}$

P-8.4 어떤 알고 있지 않은 6-포인트 신호 $w[n]$에 대하여, 대응되는 6-포인트 DFT결과는 다음과 같다.

$$W[k] = \{1,\ 0,\ j,\ 0,\ -j,\ 0\}$$

(a) 새로운 6-포인트 신호 $y[n] = 7 - 3w[n]$을 정의하고, 6-포인트 DFT $Y[k]$를 구하여라.
 힌트: $w[n]$을 구할 필요는 없다.

(b) 새로운 6-포인트 신호 $v[n] = 4(-1)^n w[n]$을 정의하고, 6-포인트 DFT $V[k]$를 구하여라.

P-8.5 실수 값의 신호들 $x[n]$의 FFT를 많이 계산해 본 적이 있는 어떤 숙련된 엔지니어가 많은 DFT 계수들이 보통 복소수 값을 갖지만, 2개의 계수들, 즉 $X[0]$와 $X[N/2]$는 N이 짝수이고 $x[n]$이 실수라면 항상 실수 값을 갖는다는 것을 인식하였다.

(a) $N = 256$에 대하여, $X[0]$와 $X[128]$이 실제로 실수 값을 갖는다는 것을 증명하도록 식을 구하여라.

(b) 4-포인트 신호 $x[n] = \{3, -1, 3, -1\}$이 주어졌을 때, 4-포인트 DFT 신호 $X[k]$를 구하여라.

(c) 만일 모르는 길이-4인 신호 $v[n]$의 4-포인트 DFT가 $V[k] = \{3, 5j, 0, -5j\}$라면, $v[2]$를 구하여라.

(d) 길이 10인 신호 $y[n] = \sum_{m=0}^{9} 7(-1)^m \delta[n-m]$이 주어지고, 이 신호의 10-포인트 DFT를 $Y[k]$라고 한다. $Y[0]$와 $Y[5]$의 값을 구하여라.

P-8.6 다음 식

$$x[n] = \delta[n-1] + 2\delta[n-2] + 3\delta[n-3] + 4\delta[n-4]$$

로 정의된 실수 유한-길이 신호 $x[n]$을 고려한다.

(a) $x[n]$의 그래프를 $0 \le n < 8$에 대해 8-포인트 신호로 그려라.

(b) 8-포인트 DFT가

$$Y[k] = e^{-j1.5\pi k} X[k]$$

 라고 주어지는 유한 길이 신호 $y[n]$의 그래프를 그려라. 여기서 $X[k]$는 $x[n]$의 8-포인트 DFT이다.

P-8.7 길이가 유한한 두 신호,

$$x[n] = \begin{cases} 0 & n < 0 \\ 1 & 0 \le n \le 3 \\ 0 & n > 3 \end{cases}$$

와 $h[n] = 2\,\delta[n] - \delta[n-1] - \delta[n-2]$를 고려한다.

(a) 이 두 신호에 대하여 이산 콘볼루션 $y[n] = x[n]*h[n]$을 계산하고 그래프를 그려라.

(b) $x[n]$의 길이는 4이고 $h[n]$의 길이는 3이라는 것을 주목한다. 따라서 각 신호는 $N \ge 4$일 때 N-포인트 DFT로 나타낼 수 있다. $N > 4$인 경우에는 길이를 늘이기 위하여 제로-패딩이 사용

한다. N-포인트 DFT $X[k]$와 $H[k]$의 식을 구하여라. 수치적인 답을 구하지 말고—대신 답을 $e^{-j(2\pi/N)k}$를 이용하여 나타내어라.

(c) 이제 곱 $Y[k]=X[k]H[k]$를 다시 $e^{-j(2\pi k/N)n}$에 대하여 구하여라.

(d) (c)의 결과로부터, $N = 6$일 때 $Y[k]$의 IDFT를 구하여라. 구한 답을 (a)의 결과와 비교하여라.

(e) $N = 4$라고 하고, 반복한다. 이 경우, 복소 지수함수들은 변경되어야 하며, 그래서 지수가 2π보다 작아야 한다 (즉, 만일 $0 \le k \le N-1$이라면, $e^{-j(2\pi/N)(N+k)} = e^{-j(2\pi/N)k}$).

(f) 일반적으로, $x[n]$을 길이 L이고, $h[n]$은 길이가 M이라고 가정한다. MATLAB 명령 `y = ifft( fft(x,N).*fft(h,N))`의 결과와 `y = conv(x,h)`의 결과가 같아지기 위해서 N을 어떻게 선택하여야 하는가?

P-8.8 $X(e^{j\hat{\omega}}) = 7e^{-j18\hat{\omega}}\dfrac{\sin(12.5\hat{\omega})}{\sin(0.5\hat{\omega})}$의 역 DTFT는 길이가 25인 신호 $x[n]$이다. 제로-패딩을 이용하여 $x[n]$의 100-포인트 DFT를 계산한다면, DFT 계수 $X[13]$를 결정하고, 이 값을 극좌표 형식 $Ae^{j\varphi}$로 표현하라. 여기서 $A \ge 0$이고 $-\pi < \varphi \le \pi$이다.

P-8.9 길이가 32인 실수 정현파 신호 $q[n] = A\cos(\hat{\omega}_0 n)$, $n = 0, 1, \ldots, 31$의 DTFT는 두 개의 "디리클레 (Dirichlet)-형"의 피크들을 갖고 있으며 다음과 같이 쓸 수 있다 (표 8-2와 8-3을 참조한다).

$$Q(e^{j\hat{\omega}}) = \tfrac{1}{2}A\,\frac{\sin(\frac{1}{2}(32)(\hat{\omega}-\hat{\omega}_0))}{\sin(\frac{1}{2}(\hat{\omega}-\hat{\omega}_0))}e^{-j\frac{31}{2}(\hat{\omega}-\hat{\omega}_0)} + \tfrac{1}{2}A\,\frac{\sin(\frac{1}{2}(32)(\hat{\omega}+\hat{\omega}_0))}{\sin(\frac{1}{2}(\hat{\omega}+\hat{\omega}_0))}e^{-j\frac{31}{2}(\hat{\omega}+\hat{\omega}_0)}$$

여기서 $\hat{\omega}_0$은 정현파의 주파수이다.

(a) 길이가 32인 신호 $s[n] = 0.1 + A\cos(\hat{\omega}_0 n)$을 정의하고, 이 신호의 길이 32의 DFT를 구한다고 가정한다. 결과를 $k = 0, 1, \ldots, 31$에 대하여 $S[k]$라고 한다. DFT $S[k]$의 값들이 32개의 DFT 결과 중 29개가 0이고, $|S[k]|$의 최댓값이 인덱스 $k_1 = 10$에서 나타난다면, 정현파의 주파수 $\hat{\omega}_0$를 구하여라.

(b) (a)에서 구한 32-포인트 DFT에 대하여, $S[k]$의 다른 2개의 0이 아닌 값들이 존재하는 인덱스들을 구하여라 (즉, $S[k_2] \ne 0$와 $S[k_3] \ne 0$인 k_2와 k_3을 구하라).

(c) 만일 $|S[k]|$의 두 개의 최댓값 중 하나가 인덱스 $k_1 = 10$에서 나타나고 $|S[k_1]| = 50$이라면, (a)에서 정의한, 신호 $s[n]$의 진폭 A를 구하여라.

P-8.10 길이가 32인 신호를 $n = 0, 1, \ldots, 31$에 대하여 $r[n] = 1 + 7\cos(0.2\pi n)$이라고 정의한다. 여기에 48개의 0을 제로-패딩하여 길이가 N인 신호를 생성한 뒤, 제로-패딩된 신호을 N-포인트 DFT를 하여 $k = 0, 1, 2, \ldots, N-1$에 대하여 $R[k]$를 구한다.

(a) 제로-패딩 후 계산한 N-포인트 DFT를 하기 위한 N의 값을 정하여라.

(b) $|R[k]|$의 두개의 최댓값을 갖는 인덱스 k_{PEAKS}를 결정하고, $|R[k]| = \max\limits_{k}\{|R[k]|\}$이 되는 2개의 인덱스를 구하여라.

(c) (b)에서 구한 2개의 인덱스에서의 $|R[k]|$의 값을 구하여라.

P-8.11 어떤 주기 신호 $x[n]$은 다음

$$x[n] = \sum_{k=-9}^{9} (1 + k^2) e^{j(0.08\pi k)n}$$

으로 주어지는 DFS를 갖는다고 가정한다. 주파수 응답 (또는 DTFT)을 이용하여 다음 콘볼루션을 계산하여라.

$$y[n] = \left(\frac{\sin(0.15\pi n)}{5\pi n}\right) * x[n] = h[n] * x[n]$$

답을 가장 간단한 형태로 정리하여라.

P-8.12 어떤 이산시간 신호 $x[n]$은 다음과 같이 복소 지수신호의 합이라고 가정한다.

$$x[n] = 3 + 2e^{j0.2\pi n} + 2e^{-j0.2\pi n} - 7je^{j0.7\pi n} + 7je^{-j0.7\pi n}$$

(a) 구간 $0 \le \hat{\omega} < 2\pi$에서 양의 주파수만을 이용하여 $x[n]$의 DFS의 스펙트럼의 그래프를 그려라.

(b) $x_1[n] = x[n]e^{j0.4\pi n}$이라고 가정한다. 양의 주파수만을 이용하여 $x_1[n]$의 DFS의 스펙트럼 그래프를 그려라.

(c) $x_2[n] = (-1)^n x[n]$이라고 가정한다. 양의 주파수만을 이용하여 $x_2[n]$의 DFS의 스펙트럼 그래프를 그려라.

P-8.13 다음과 같은 연속시간 신호

$$x(t) = 6\cos(42\pi t) + 4\cos(18\pi t - 0.5\pi)$$

가 속도 $f_s = 60$ Hz로 샘플링되어서 이산시간 신호 $x[n]$을 얻었으며, 이 신호는 주기 N인 주기 신호이며, $x[n]$의 DFS 식을 구하기를 원한다고 가정한다.

(a) $x[n]$의 주기 N을 (샘플수로) 구하여라.

(b) $x[n]$을 4개의 복소 지수함수 신호들의 합으로 나타내어라.

(c) DFS 합에 대한 0이 아닌 푸리에 급수 계수들 $\{a_k\}$의 값과 인덱스 k를 구하여라. DFS 합의 영역은 $-M$부터 M까지라는 것을 참고한다. 여기서 $M \le \frac{1}{2}N$이다. 각 0이 아닌 a_k의 값을 극좌표 형으로 나타내어라.

(d) 그림 8-11(b)와 같이 스펙트럼의 두 주기가 보이도록 수평축 $-\pi \le \hat{\omega} \le 3\pi$에 대해 DFS의 스펙트럼 그래프를 그려라.

P-8.14 8-포인트 이동합 FIR 필터는 계수들로 $\{b_k\} = \{1, 1, 1, 1, 1, 1, 1, 1\}$을 갖는다.

(a) FFT를 이용해 8-포인트 이동합 필터의 주파수 응답 $H(e^{j\hat{\omega}})$를 계산하고 그래프를 그려라. MATLAB 코드를 작성하고 주파수에 따른 크기와 위상 그래프를 그려라. 주파수 응답 그래프가 연속인 것처럼 보일 수 있도록 $\hat{\omega}$에 대한 촘촘한 그리드가 되도록 적절한 FFT 길이 N을 정하라.

(b) 8-포인트 이동합 필터의 입력 신호가 $x[n]$으로, 이 신호의 이산시간 푸리에 급수는 $\hat{\omega}_1 = 0.25\pi$, $\hat{\omega}_2 = 0.5\pi$, $\hat{\omega}_3 = 0.75\pi$에만 0이 아닌 주파수 성분을 갖고 있고, 직류 성분 (DC) 값은 $X_0 = 3$를 갖는다고 가정한다. 8-포인트 이동합 필터의 출력이 모든 n에 대하여 $y[n] = 24$가 되는지

설명하여라. 이 설명을 뒷받침하기 위하여 $\hat{\omega}$에 대한 $|H(e^{j\hat{\omega}})|$의 그래프로부터의 값을 이용하여라.

P-8.15 연속시간 신호 $x_c(t)$는 대역제한된 신호로 $|\omega| \geq 2\pi$ (1000)에서 어떤 스펙트럼 성분도 갖고 있지 않다. 이 신호는 샘플링 속도 $f_s = 1/T_s$로 샘플링되어 이산시간 신호 $x[n] = x_c(nT_s)$를 얻는다. 그 다음으로 샘플링된 신호의 길이 L인 조각을 그림 8-19에서와 같이 시간 윈도우를 곱하여 추출하고 N-포인트 FFT로 분석하였다. 결과적인 N 포인트 DFT 계수들은 연속시간 신호 $x_c(t)$의 스펙트럼을 Δf Hz 간격으로 샘플링한 것이다.

(a) 계산의 효율성을 위하여, N이 2의 지수형태라고 가정한다. f_s와 N은 에일리어싱을 피하는 제약조건을 만족한다면 원하는대로 선택할 수 있으며 $N = 2^{\nu}$이다. DFT 계수들 간의 주파수 간격 Δf가 5 Hz와 같거나 더 작도록 N의 최소값과, 또한 f_s를 결정하여라.

(b) 윈도우는 Hann 윈도우로, 이 윈도우의 길이 L은 FFT의 길이 N의 반이라고 가정한다. (a)에서 구한 값 N에 대하여, (0을 끊는 점들 간의 간격으로서의) 스펙트럼 피크의 폭을 구하여라. 답은 Hz 단위로 구하여라. 결과는 5 Hz보다 커야 하며, 좁은 피크들의 주파수 해상도는 스펙트럼의 주파수 샘플링과는 다르다는 것을 나타내어야 한다.

P-8.16 연속시간 $x(t)$는 중첩되는 여러 개의 정현파의 조각들

$$x(t) = \begin{cases} \cos(2\pi(600)t) & 0 \leq t < 0.5 \\ \sin(2\pi(1100)t) & 0.3 \leq t < 0.7 \\ \cos(2\pi(500)t) & 0.4 \leq t < 1.2 \\ \cos(2\pi(700)t - \pi/4) & 0.4 \leq t < 0.45 \\ \sin(2\pi(800)t) & 0.35 \leq t < 1.0 \end{cases}$$

로 구성된다고 가정한다.

(a) 만일 신호가 샘플링 주파수 $f_s = 8{,}000$ Hz로 샘플링된다면, 신호의 정의에 대응되는 이상적인 스펙트로그램을 그려라.

(b) FFT의 길이가 $N = 500$이고 길이 $L = 200$인 Hann 윈도우를 160 포인트만큼 중첩하도록 하여 구해지는 실제의 스펙트로그램을 그려라. MATLAB에서 스펙트로그램을 실질적으로 계산하지 않고 그래프를 그리기 위하여 주파수 폭을 결정하기 위하여 근사화를 하여라.

P-8.17 그림 P-8.17의 C 장조 음계의 스펙트로그램에서, 분석 윈도우는 Hann 윈도우로, 길이 $L = 256$, 중첩은 200, 샘플링 주파수가 $f_s = 4{,}000$ Hz이다. 각 음계에 대한 시간폭을 추정하여라. 이 시간폭은 8개 음계 모두에 대하여 같다.

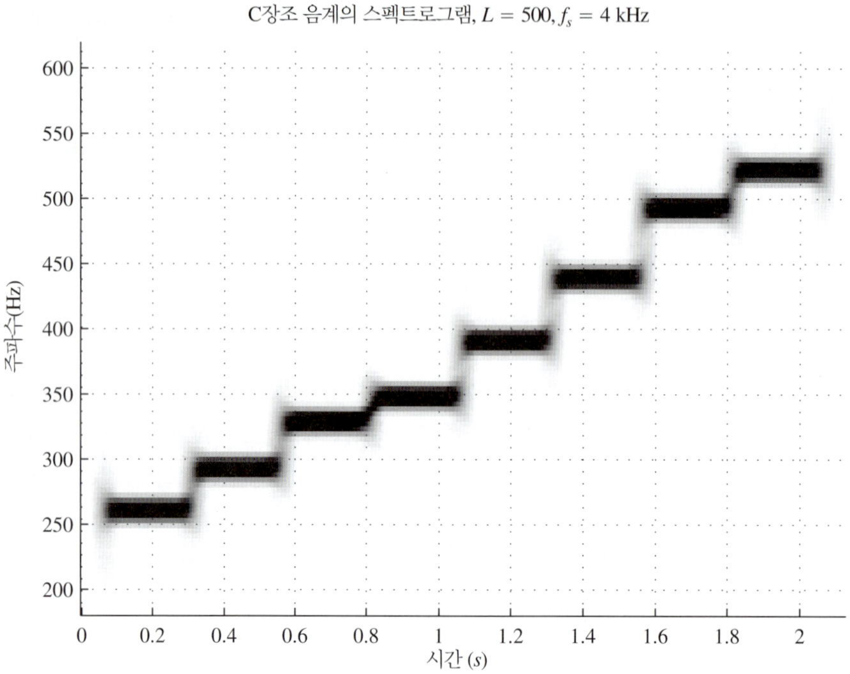

그림 P-8.17

P-8.18 그림 P-8.17은 사인파로 구성된 합성된 음계의 스펙트럼을 보여준다. 분석 윈도우는 중첩 길이가 200, $L = 256$인 Hann 윈도우이며, 샘플링 주파수는 $f_s = 4{,}000$ Hz이다. 만일 윈도우 길이가 $L = 100$일 경우에 얻어질 스펙트로그램을 그려라. 그려진 그래프가 그림 P-8.17과 어떻게 다른지에 대하여 설명하여라.

P-8.19 어떤 음성 신호가 8,000 Hz로 샘플링된 후에 다음의 파라미터들: 길이 $L = 100$인 해밍 윈도우, FFT 길이 $N = 256$ 및 중첩 200 포인트를 이용하여 MATLAB의 `spectrogram` 함수로 분석되었다. 결과 스펙트로그램 영상의 해상도를 결정하여라.

(a) 주파수 해상도를 (Hz 단위로) 구하여라.

(b) 시간 해상도를 (sec 단위로) 구하여라.

P-8.20 스펙트럼 분석 시스템의 주파수 해상도는 시간 윈도우의 이산시간 푸리에 변환 (DTFT)에 의해 결정된다. 연속시간 신호를 $f_s = 10{,}000$ Hz로 샘플링하고 250 Hz의 주파수 해상도를 갖기를 원한다고 가정한다.

(a) $w[n]$으로 Hann 윈도우를 사용한다면, 윈도우 길이 L은 얼마이어야 하는가? L의 최소값을 예측하여라.

(b) (a)에서 구한 특정한 L값을 이용하여, 주파수가 3,000 Hz와 3,250 Hz인 2개의 같은 진폭의 정현파의 합을 갖는 신호가 생성되고 제로-패딩을 하여 FFT로 DTFT의 샘플들을 구하는 방법으로 결과적인 Hann 윈도우가 충분한 해상도를 갖는다는 것을 보여라. DTFT의 크기 그래프에 정확한 (알려진) 주파수에 두 개의 뚜렷한 피크가 나타나야만 한다.

P-8.21 그림 P-8.21의 스펙트로그램은 그림 3-22의 베토벤의 '엘리제를 위하여'의 높은음자리표

의 첫 아홉 음계들에 대응되는 시간들을 나타낸다.

(a) 이 9개의 음계들의 악보로부터 (A440을 기반으로) 이론적인 주파수들을 계산하여라.
(b) 그림 P-8.21의 스펙트로그램에서 9개의 음계들의 주파수를 측정하고, 결과를 (a)에서의 정확한 주파수 값들과 비교하여라.
(c) 9개의 16분 음표의 각각의 시간 길이를 측정하라.

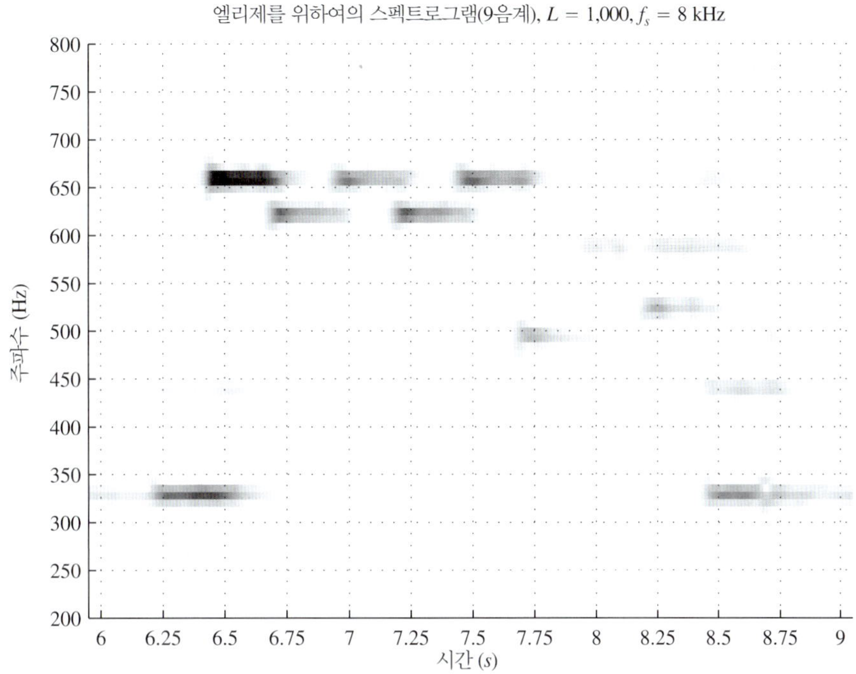

그림 P-8.21

P-8.22 이 문제에서는, 다음과 같은 형태의 신호

$$x[n] = \begin{cases} \cos(\hat{\omega}_0 n) + \cos(\alpha n^2) & 0 \le n \le 2{,}000 \\ \cos(\hat{\omega}_0 n) + \cos(\hat{\omega}_1 n) & 2{,}000 < n \le 4{,}000 \end{cases} \tag{8.58}$$

를 고려한다.

그림 P-8.22는 DFT 길이 N = 500, 길이 L = 100인 Hann 윈도우, (매우 부드러운 영상을 구하기 위하여) 윈도우 중첩 90으로 얻어진 신호의 스펙트로그램을 보였다.

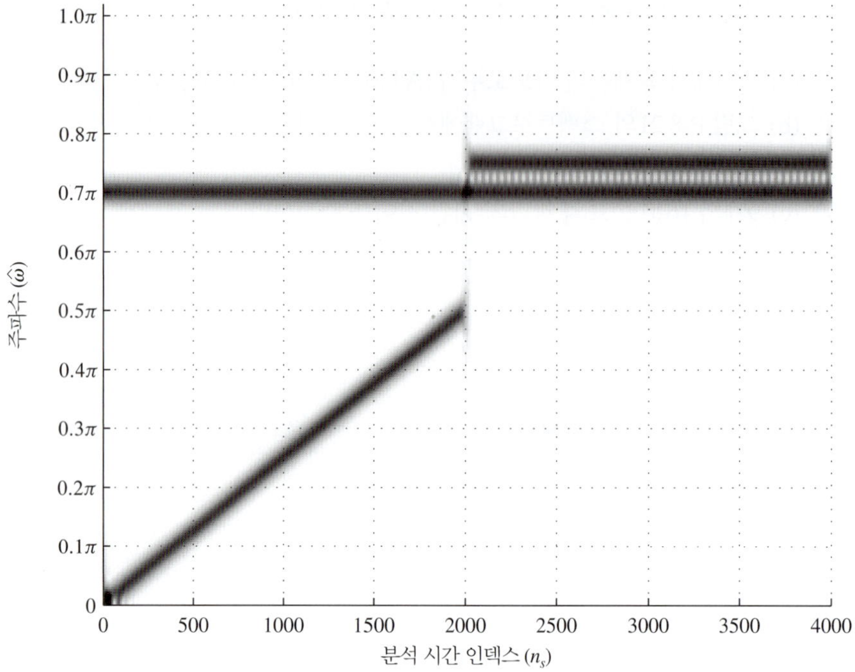

그림 P-8.22

(a) 그림 P-8.22를 이용하여, 주파수 $\hat{\omega}_0$, $\hat{\omega}_1$와 파라미터 α를 예측하여라.

(b) 만일 스펙트럼 분석 윈도우의 길이를 $L = 400$으로 바꾼다면, 스펙트로그램은 어떻게 변경될지에 대하여 설명하여라.

제 9 장

z-변환

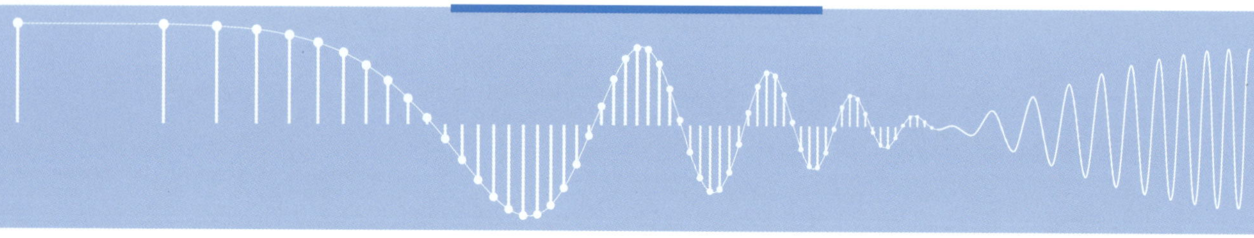

이 장에서는 다항식과 유리 함수들로 선형 이산시간 시스템의 분석이 가능하도록 만드는 z-변환을 소개한다. 가장 중요한 결과는 FIR 콘볼루션이 다항식의 곱과 같아진다는 것이다. 사실, 곱셈, 나눗셈, 다항식의 인수분해 등과 같은, 일반적인 연산들은 LTI 시스템을 결합하거나 분해하는 것으로 해석될 수 있다. 가장 보편적인 z-변환들은 유리 함수들이다 (즉, 분자 다항식이 분모 다항식으로 나누어진 것이다). 이런 다항식의 근은 중요하며, 그 이유는 디지털 필터의 대부분 성질들은 이 근들의 위치에 따라 해석될 수 있기 때문이다.

이 장에서는 일반적인 FIR 필터와 유한 길이 신호에 대해 z-변환 방법을 소개한다. 이산시간 신호와 시스템을 위하여 FIR 경우를 사용하여 **표현 영역(Domain of Representation)**의 중요한 개념을 소개하고자 한다. 이 교재 전체에 걸쳐서, 신호와 시스템의 3가지 표현 영역들: **n-영역** 혹은 **시간 영역**(신호, 임펄스 응답, 및 차분 방정식의 영역), **$\hat{\omega}$-영역** 또는 **주파수 영역** (주파수 응답과 스펙트럼의 표현 영역), **z-영역** (z-변환, 연산자, 영점과 극점의 영역)을 고려한다.[1] 세 가지 다른 영역의 표현을 갖는 가치는 한 영역에서 어려운 분석이 종종 다른 한 영역에서는 쉽게 분석할 수 있기 때문이다. 따라서 한 표현 영역에서 다른 표현 영역으로 이동할 수 있는 기술을 향상시킴으로써 이해도를 높일 수 있다. 예를 들어, LTI 시스템들의 직렬연결은, n-영역에서는 콘볼루션이라는 새로운 (다소 생소한) 기술이 필요한 것으로 보이지만, z-영역으로 변환하면 다항식 곱셈이라는 좀 더 친숙한 연산으로 변경된다.

세 가지 영역 모두 신호와 시스템을 분석하는 데 쓰일 수 있다. z-영역은 주로 대수적인 속성

1) 전통적으로, 신호와 시스템 교재들은 두 가지 영역들: 시간 영역과 주파수 영역만을 식별하여 왔다. 많은 저자들은 우리가 정의한 $\hat{\omega}$-영역과 z-영역을 합쳐서 "주파수 영역"으로 간주한다. 곧 알게 되겠지만, 이렇게 하는 가장 큰 이유는 $\hat{\omega}$-영역이 일반적인 z-영역의 특수한 경우로 보일 수 있기 때문이다. 하지만, 이 두 영역과 연관된 수학적 함수들의 특성이 다르기 때문에, $\hat{\omega}$-영역과 z-영역이 별개지만, 서로 관련이 있다는 관점에서 고려하는 데에는 분명한 장점이 있다.

을 위하여 존재하며, 이것은 수학적 분석과 합성에 편리하다. 주파수 영역은 소리나 실제 존재하는 신호들을 분석할 때 물리적으로 중요성을 갖는 분석 기술들을 제공한다. 그러나 n-영역은 신호들이 생성되고 처리되는 주로 **구현 영역**이며, 여기서는 필터들의 구현이 일어난다. FFT 알고리즘들은 주파수 영역에서 실제적이고 효율적인 구현을 가능하게 하므로, 때때로 주파수 영역이 처리하기 위하여 사용되기도 한다.

9-1 z-변환의 정의

유한 길이 신호 $x[n]$은 신호값들의 집합 $\{x[0], x[1], \ldots, x[L-1]\}$으로 구성되며, 다음의 관계식

$$x[n] = \sum_{k=0}^{L-1} x[k]\delta[n-k] \tag{9.1}$$

으로 나타낼 수 있다. 합의 각 항인 $x[k]\delta[n-k]$은 시간 인덱스 $n = k$에서의 $x[k]$의 값이며, 이 값은 $\delta[n-k]$가 0이 아닌 유일한 인덱스이다. 식 (9.1)에서 신호 $x[n]$의 **z-변환**은 다음의 공식

$$X(z) = \sum_{k=0}^{L-1} x[k]z^{-k} \tag{9.2}$$

식으로 정의되며, 여기서 z는 z-변환 $X(z)$의 독립 변수로서 복소수이다. 식 (9.2)에서 신호값들 $\{x[0], x[1], \ldots, x[L-1]\}$은 z^{-1}의 다항식의 계수들로 사용되고, z^{-k}의 지수는 다항식 계수 $x[k]$는 신호의 k번째 값이라는 사실을 나타낸다. 비록 식 (9.2)가 z-변환의 일반적인 정의지만,[2] $X(z)$를 다음

$$X(z) = \sum_{k=0}^{L-1} x[k](z^{-1})^k$$

과 같이 표현하면, 좀 더 많은 것을 알게 해준다. 이 식은 $X(z)$가 단순히 변수 z^{-1}의 $L-1$차 다항식임을 강조한다. 식 (9.2)의 z-변환은 유한 길이 신호에만 적용되며, 그 이유는 합의 상한은 $L-1$로, 이 값은 z-변환된 다항식의 차수가 유한하다는 것을 의미하기 때문이다. 9-2.3절에서, 무한의 극한을 갖는, z-변환의 완벽한 정의를 소개한다.

식 (9.2)를 사용해 신호 $x[n]$의 z-변환을 구할 때, $x[n]$을 새로운 식 $X(z)$로 **변환한다**고 말한다. 실제로 이를 "$x[n]$을 z-변환한다"라고 말한다. **z-변환을 하는** 이 연산은 계수가 신호 $x[n]$의 값을 갖는 다항식 $X(z)$를 생성하는 것이다. 특별히 k번째 신호값은 다항식 $X(z)$에서 z^{-1}의 k 제곱의 계수이다. 이는 식 (9.2)에서 식 (9.1)로 쉽게 되돌아 갈 수 있으며, 이것을 **역 z-변환을 한다**라고 말하며, 그 이유는 단순히 z^{-1}의 k 제곱의 계수를 추출하여 신호 $x[n]$의 k번째 위치에 값을 할당함으로써 $X(z)$로부터 $x[n]$을 복구할 수 있기 때문이다.

z-변환 쌍은 다음과 같이 표현된 신호와 이에 대응되는 z-변환이다.

2) 몇몇 저자들은 z-변환의 정의에서 z의 양의 지수들을 사용하지만, 이 습관은 신호처리에서 보편적인 것은 아니다.

$$x[n] \overset{z}{\longleftrightarrow} X(z) \tag{9.3}$$

다음과 같이 신호 $x[n]$과 이 신호의 z-변환과의 유일한 대응관계를 강조할 수 있다.

n-영역	$\overset{z}{\longleftrightarrow}$	**z-영역**
$x[n] = \sum_{k=0}^{L-1} x[k]\delta[n-k]$	$\overset{z}{\longleftrightarrow}$	$X(z) = \sum_{k=0}^{L-1} x[k]z^{-k}$

여기서 n은 신호 $x[n]$의 독립 변수이다. 따라서 식 (9.1)은 **n-영역**에서의 신호를 나타낸다라고 말한다. n은 종종 샘플링된 시간 파형에서 시간을 나타내는 인덱스이므로, 식 (9.1)을 신호의 **시간 영역** 표현으로 말한다. 유사하게, z는 z-변환 $X(z)$의 독립 변수이다. 다른 말로 하여, 식 (9.2)에서의 $X(z)$는 **z-영역**의 신호를 나타내고, 어떤 신호의 **z-변환을 수행할** 때, 시간 영역에서 z-영역으로 이동한다.

단순하지만, 매우 중요한 z-변환 쌍의 예로, 신호가 이동된 임펄스 (즉, $x[n] = \delta[n-n_0]$)라고 가정한다. 그리고 식 (9.2)의 정의를 적용하면, $X(z) = z^{-n_0}$을 얻을 수 있으며, 그래서 다음과 같은 변환 쌍을 쓸 수 있다.

n-영역	$\overset{z}{\longleftrightarrow}$	**z-영역**
$x[n] = \delta[n-n_0]$	$\overset{z}{\longleftrightarrow}$	$X(z) = z^{-n_0}$

(9.4)

신호가 수치값들의 열로 정의되면, 다음 예제에서 보인 것과 같이, z-변환을 하여 일반적인 다항식을 얻을 수 있다.

예제 9-1 신호의 z-변환

다음 표로 주어진 신호 $x[n]$을 고려한다.

n	$n < -1$	-1	0	1	2	3	4	5	$n > 5$
$x[n]$	0	0	2	4	6	4	2	0	0

이 신호의 z-변환은 다음과 같다.

$$X(z) = 2 + 4z^{-1} + 6z^{-2} + 4z^{-3} + 2z^{-4}$$

이 신호의 0이 아닌 값인 {2, 4, 6, 4, 2}는 다항식 $X(z)$의 계수들이 된다.

예제 9-1은 신호의 값들이 주어질 때 어떻게 z-변환을 하는지를 보여준다. 다음 예제는 역 z-변환 연산, 즉 z-변환 다항식으로 주어질 때 어떻게 신호값들을 결정하는지를 보여준다.

예제 9-2 역 z-변환

다음 식으로 주어진 z-변환 $X(z)$를 고려한다.

$$X(z) = 1 - 2z^{-1} + 3z^{-3} - z^{-5}$$

z-변환의 정의 식 (9.2)에서, 신호값들은 다항식의 계수들이다. 따라서 예제 9-1에서와 같이 표의 형태로, 또는 신호 값들에 대한 경우에 따른 식을 다음의 형태인 n에 대한 함수로

$$x[n] = \begin{cases} 0 & n < 0 \\ 1 & n = 0 \\ -2 & n = 1 \\ 0 & n = 2 \\ 3 & n = 3 \\ 0 & n = 4 \\ -1 & n = 5 \\ 0 & n > 5 \end{cases}$$

와 같이 쓸 수 있다. 또 다른 방법으로, 식 (9.2)에서의 z-변환으로부터 시작하여 식 (9.1)의 시간 영역 식까지 임펄스 신호에 대하여 쓸 수 있으며, 그래서 대응되는 신호 $x[n]$을 다음과 같이 쓸 수 있다.

$$x[n] = \delta[n] - 2\delta[n-1] + 3\delta[n-3] - \delta[n-5]$$

9-2 기본적인 z-변환 성질

9-1절에서, 우리는 z-변환을 정의하였고, 유한 길이의 신호에 대하여 신호 $x[n]$과 이 신호의 z-변환 $X(z)$ 사이를 쉽게 전환할 수 있다는 것을 보였다. 이번 절에서는, z-변환에 성립하는 2개의 범용적인 변환 성질들을 살펴보고, 이 z-변환이 무한 길이 경우로 확장하였을 때, 이 성질들이 여전히 성립함을 보인다.

9-2.1 z-변환의 선형성

z-변환은 중첩 성질을 만족하므로 선형 변환이다. 이를 살펴보기 위하여, 중첩을 (덧셈과 스케일링을) 사용하여, 모두 길이가 L보다 작거나 같은, 두 신호 $x_1[n]$과 $x_2[n]$을 선형 결합하여 새로운 신호 $x[n] = ax_1[n] + bx_2[n]$을 생성한다. 그 다음으로, 이 선형 결합에 z-변환을 한다:

$$\begin{aligned} X(z) &= \sum_{n=0}^{L-1} (ax_1[n] + bx_2[n])\, z^{-n} \\ &= a\sum_{n=0}^{L-1} x_1[n]z^{-n} + b\sum_{n=0}^{L-1} x_2[n]z^{-n} \\ &= aX_1(z) + bX_2(z) \end{aligned}$$

이 단계들은 실수와 복소수의 덧셈에 대한 곱셈의 *분배* 법칙이므로 성립한다. 따라서 z-변환 $X(z)$는 시간 영역에서 사용된 것과 같은 선형 결합 (덧셈과 스케일)을 갖는다.

z-변환의 선형성

$$ax_1[n] + bx_2[n] \quad \stackrel{z}{\longleftrightarrow} \quad aX_1(z) + bX_2(z) \tag{9.5}$$

9-2.2 z-변환의 시간 지연 성질

z-변환의 두 번째로 중요한 성질은 z-영역에서 z^{-1}을 *곱하는 것*은 n-영역에서 하나의 인덱스만큼 *시간 이동*을 하는 것과 동일하다는 것이다. 먼저 수치화된 예제로 이 성질을 살펴본다. 다음 표로 정의되는 길이 6인 신호 $x[n]$을 고려한다:

n	$n<0$	0	1	2	3	4	5	$n>5$
$x[n]$	0	3	1	4	1	5	9	0

$x[n]$의 z-변환은 다음과 같은 (z^{-1} 의) 5차 다항식이다.

$$X(z) = 3 + z^{-1} + 4z^{-2} + z^{-3} + 5z^{-4} + 9z^{-5}$$

신호값들 $x[n]$은 다항식 $X(z)$의 계수들이며, 그래서 지수들은 그 값의 시간 위치에 해당된다는 것을 기억한다. 예를 들어, 항 $4\,z^{-2}$은 $n=2$에서 신호값이 4 (즉, $x[2]=4$)를 의미한다.

이제 다항식 $X(z)$에 z^{-1}을 곱한 결과를 살펴본다:

$$\begin{aligned} Y(z) &= z^{-1}X(z) \\ &= z^{-1}(3 + z^{-1} + 4z^{-2} + z^{-3} + 5z^{-4} + 9z^{-5}) \\ &= 0z^{0} + 3z^{-1} + z^{-2} + 4z^{-3} + z^{-4} + 5z^{-5} + 9z^{-6} \end{aligned}$$

결과로 나오는 다항식 $Y(z)$는 새로운 신호 $y[n]$의 z-변환식이고, 이것은 $Y(z)$에서의 다항식 계수들과 지수들을 이용하여 역 z-변환을 하고 모든 시간 위치에서의 $y[n]$의 값을 찾아서 구해진다. 여기서 $n=3$에서의 신호값을 나타내는 항 $4z^{-3}$은 $y[3]=4$를 의미한다. $y[n]$에 대한 결과는 다음과 같이 정리된다:

n	$n<0$	0	1	2	3	4	5	6	$n>6$
$y[n]$	0	0	3	1	4	1	5	9	0

신호의 각 샘플들은 표에서 한 칸씩 움직였으며, 그래서 $y[n]=x[n-1]$이다. 일반적으로, 임의의 유한 길이 신호에 대하여, z-변환 다항식에 z^{-1}을 곱하는 것은 다항식에서 각각 지수값을 1씩 빼는 것에 해당되고, 그 결과 모든 시간 인덱스를 1만큼 차이나도록 한다. 따라서 다음과 같은 기본적인 관계식을 얻을 수 있다.:

단위 샘플 지연

$$x[n-1] \quad \stackrel{z}{\longleftrightarrow} \quad z^{-1}X(z) \tag{9.6}$$

이것은 z-변환의 **단위 지연 성질**이라고 정의한다.

이 단위 지연 성질은 식 (9.6)을 여러 번 적용함으로써 한 샘플 이상 이동하는 경우로 일반화될 수 있다. 일반적인 결과는 다음과 같다.

n_0 단위 샘플 지연

$$x[n-n_0] \quad \stackrel{z}{\longleftrightarrow} \quad z^{-n_0}X(z) \tag{9.7}$$

9-2.3 일반적인 z-변환 공식

지금까지, 식 (9.2)를 사용하여 유한 길이 신호에 대해서만 z-변환을 정의하였다. 이 정의에서 신호는 구간 $0 \leqq n \leqq N$에서만 0이 아니라고 가정하였으며, 그래서 식 (9.2)에서 합의 상하한은 유한하다. 이 정의를 무한 길이의 신호로 확장하기 위해서는 합의 상한과 하한을 $+\infty$와 $-\infty$로 변경하여 간단히 확장할 수 있다. 즉,

$$X(z) = \sum_{n=-\infty}^{\infty} x[n]z^{-n} \tag{9.8}$$

선형성과 지연 성질과 같은 성질들은 임의의 다항식에 대하여, 무한 길이의 다항식에 대해서도, 성립한다는 것을 보이는 것은 어렵지 않으며, 그 이유는 연산들은 각각의 다항식 계수들에 해당하는 각각의 신호값에 이 연산들이 수행되기 때문이다.

하지만, 무한한 합은 수학적으로 수렴하는지에 대하여 미묘한 어려움을 초래할 수 있으므로, 특별한 주의를 필요로 한다. 식 (9.8)에서와 같이 무한개의 복소수 항들의 합은 무한대의 결과가 나올 수 있다 (즉, 합이 수렴하지 않을 수 있다). 무한 길이의 경우의 한 예가 우방향의 지수 함수를 z-변환할 때 발생한다.[3)]

$$x[n] = (\tfrac{1}{2})^n u[n] \quad \stackrel{z}{\longleftrightarrow} \quad X(z) = \sum_{n=0}^{\infty} (\tfrac{1}{2})^n z^{-n} \tag{9.9}$$

1/2이라는 값은 임의로 선택된 것이지만, 합의 수렴에 영향을 준다. 만약 $(\frac{1}{2})^n$과 z^{-n}을 합쳐서 $(\frac{1}{2}z^{-1})^n$항을 만들면, 등비수열의 합이 $\Sigma r^n = 1/(1-r)$이므로, 이 합은 간단히 할 수 있다. 결과는

$$\text{만일 } |\tfrac{1}{2}z^{-1}| < 1 \text{ 이면} \qquad X(z) = \sum_{n=0}^{\infty} (\tfrac{1}{2}z^{-1})^n = \frac{1}{1-\frac{1}{2}z^{-1}} \tag{9.10}$$

3) 우방향 지수함수와 이 함수의 z-변환은 10장에서 자세히 다룬다.

과 같으며, 이 결과는 무한개 항들의 합이 분모가 1차 다항식이며, 유리 함수에 나타나는 유일한 숫자가 1/2인 유리 함수로 나타내질 수 있다는 의미에서 흥미롭다. 그러나 무한개 항의 합이 식 (9.10)처럼 닫힌 식으로 수렴하기 위해서는 z가 반드시 만족해야 하는 조건이 있다: 즉 $|z| > 1/2$이다. 다른 말로 하여, z-변환 $X(z)$는 복소수 z 평면에서 일부분에서만 정의되고, 이 부분을 **수렴 지역 (Region Of Convergence)**이라고 부른다.

무한 길이의 경우는 제10장에서 IIR 디지털 필터를 공부할 때 자세히 살펴볼 것이다. 이 경우에서도, (수렴 영역과 함께) 신호 및 시스템 분석에 대한 완벽한 z-변환 이론의 엄격한 수학적 분석 방법의 개발은 또 다른, 좀 더 고급 과정에서 논의하고자 한다.

9-3 z-변환과 선형 시스템

지금까지, 어떻게 z-변환과 이 변환의 역 변환을 하는지에 대하여 공부했지만, 물어야 하는 질문이 있다. n-영역에서 z-영역으로 변환하는 것의 장점이 무엇인가 하는 것이다. 이에 대한 주된 답은 FIR 필터 입출력 수식 (차분 방정식)이 z-영역에서 다항식의 곱과 같다는 점이다. 결과적으로, 다항식과 유리함수의 대수의 장점은 LTI 시스템의 분석의 많은 부분을 간단하게 만들 수 있다. 이 장의 나머지 부분에서는 LTI 시스템을 설계하고 분석하는 데 반드시 필요한 z-변환의 많은 다른 성질들과 함께 이 답을 모색한다.

9-3.1 단위 지연 시스템

단위 지연 연산자는 제5장 5-5.2절의 블록 다이어그램에서 볼 수 있듯이, FIR 차분 방정식에 대한 기본 블록 중 하나이다. 사실, 단위 지연 연산은 다음

$$y[n] = x[n-1] \tag{9.11}$$

과 같이 정의된 FIR 필터로 해석될 수 있다. 이것은 두 필터 계수들이 $b_0 = 0, b_1 = 1$인 1차 FIR 필터이다. 반면에, 9-2.2절에서 z-변환의 지연 성질에 대하여 배웠으며, 그 결과에 따르면 z-변환은 다음과 같다.

$$\underbrace{Y(z)}_{\text{출력}} = \underbrace{(z^{-1})}_{\text{지연}}\underbrace{X(z)}_{\text{입력}} \tag{9.12}$$

이와 같이, 출력 z-변환 $Y(z)$는 두 개의 z-변환들, (z^{-1})과 $X(z)$의 곱이며, 그래서 단위 지연이 z^{-1}으로 표현된다라고 주장하는 것은 근거가 있다. 이 사실로부터 그림 9-1(a)와 (b)에서의 블록 다이어그램들이 동일하게 취급할 수 있게 해준다.

9-3.2 블록 다이어그램에서 z^{-1}의 표기

식 (9.12)와 그림 9-1(b)의 지연 시스템 표현은 다음과 같이 일반적인 LTI 시스템들의 블록 다이어그램에서 사용될 수 있다: 즉, 모든 단위 지연 연산자들은 변환 영역에서 z^{-1} 연산자들로 사용될 수 있으며, z-변환의 선형 성질로 인하여, 스칼라의 곱과 덧셈은 시간 영역에서와 같이 유지된다. 그림 9-2에서는 일반적인 길이 2인 FIR 필터 $y[n] = b_0x[n] + b_1x[n-1]$의 블록 다이어그램을 보이

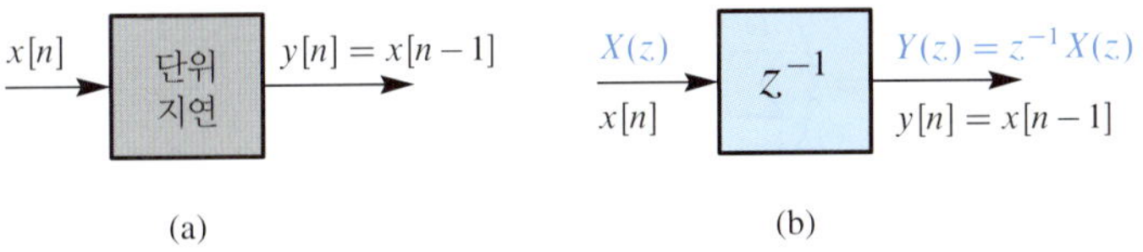

그림 9-1 단위 지연 시스템의 표현. (a) 명시적 표현. (b) z^{-1}을 사용한 표현

지만, 단위 지연 연산자를 나타내기 위하여 z-영역 표기인 z^{-1}를 사용한다. 블록 다이어그램에서는 z^{-1}를 사용하므로, 출력의 z-변환 $Y(z)$를 $X(z)$로 쉽게 나타낼 수 있으며, 그래서 다음과 같이 대수식을 간단히 정리할 수 있으며 다음

$$Y(z) = b_0 X(z) + b_1 z^{-1} X(z) = \underbrace{(b_0 + b_1 z^{-1})}_{H(z)} X(z) \tag{9.13}$$

을 얻을 수 있다. 다시 말하면, 이 출력은 두 z-변환 함수들 $X(z)$와 $H(z) = b_0 + b_1 z^{-1}$의 곱이며, 이들은 필터 계수들의 함수이다. 여기서 $H(z)$란 표기를 사용하였으며, 그 이유는 이 $H(z)$가 실질적으로 FIR 필터의 임펄스 응답의 z-변환이기 때문이라는 것을 9-3.4절에서 보인다.

연습문제 9.1	1차 차분 시스템: $y[n] = x[n] - x[n-1]$에 대하여, 그림 9-2와 유사한 블록 다이어그램을 그려라.

9-3.3 FIR 필터의 z-변환

일반적인 FIR 필터의 z-영역 표현을 구하는 두 가지 방법이 있다. 첫 번째 방법은 FIR 차분 방정식에 z-변환을 수행하는 것이고, 두 번째는 임펄스 응답의 z-변환을 하는 것이다. 그림 9-2의 예는 어떻게 FIR 차분 방정식으로 구할 수 있는지를 보여준다. FIR 필터의 일반적인 차분 방정식은 지연된 입력 신호에 스칼라 값을 곱한 다음 더한 것들을 포함한다.

$$y[n] = \sum_{k=0}^{M} b_k \, x[n-k] \tag{9.14}$$

이 연산들은 z-변환의 선형성과 지연 성질들에서 다루어진 것과 정확히 같은 연산들이다. 식 (9.4)의 n_0 지연 성질로부터 $x[n-k]$과 같은 항의 z-변환은 $z^{-k}X(z)$라고 말해준다. 선형성으로부터 같은 스케일링 계수들 b_k와 합은 z-영역에서도 동일하게 사용됨을 알 수 있다. 결과적으로, 식 (9.14)의 차분 방정식 양변에 z-변환을 하면 다음 식을 얻을 수 있다.

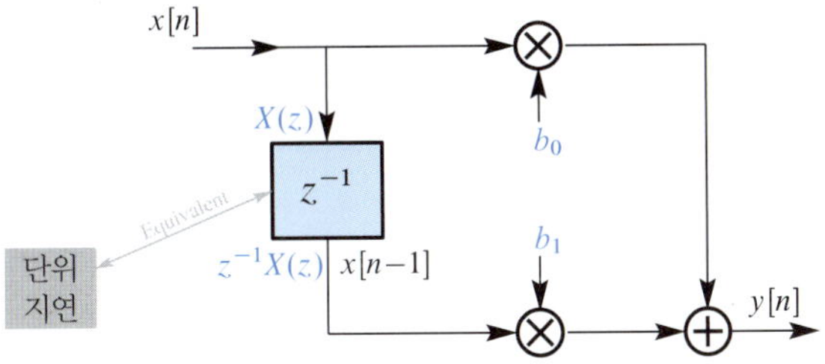

그림 9-2 1차 FIR 필터 $y[n] = b_0 x[n] + b_1 x[n-1]$의 계산 구조. 이 블록 다이어그램에서 그림 9-1(a)와 (b)에서 보인 등가식을 이용하여, 단위 지연을 나타내기 위하여 z^{-1}이라는 표기를 사용하였다.

$$Y(z) = \sum_{k=0}^{M} b_k \left(z^{-k} X(z)\right) = \underbrace{\left(\sum_{k=0}^{M} b_k z^{-k}\right)}_{H(z)} X(z) \tag{9.15}$$

따라서 출력은 다시 $X(z)$와 필터 계수들 만에 의하여 결정되는 z-영역 함수 $H(z)$의 곱이다. z-변환 함수 $H(z)$를 FIR 필터의 **시스템 함수(System Function)**라고 부른다.

9-3.4 임펄스 응답의 z-변환

FIR 필터의 z-영역 식을 구하는 두 번째 방법은 임펄스 응답에 z-변환을 취하는 것이다. 이 방법에서는 FIR 필터가 유한 길이 신호인 임펄스 응답 $h[n]$으로 *완벽히 정의될* 수 있음을 기억해본다. 따라서 임펄스 응답 $h[n]$에 z-변환을 하면,

$$H(z) = \sum_{k=0}^{M} h[k] z^{-k} \tag{9.16}$$

FIR 시스템을 *완벽히 정의하는* z-영역 식을 구한다. 식 (9.16)의 z-변환은 $H(z)$라고 불리며, 이 식이 식 (9.15)에 구한 시스템 함수와 동일한지 주장하기 위하여 5-4.2절로부터 한 가지 사실을 기억할 필요가 있다. 이 사실은

$$h[n] = \sum_{k=0}^{M} b_k \delta[n-k] \tag{9.17}$$

이며, FIR 필터의 임펄스 응답 값들은 필터 계수들과 같다라고 말한다.

정리하면, FIR 시스템에 대해 다음과 같은 중요한 결과를 추가할 수 있다.

FIR 시스템의 시스템 함수

$$h[n] = \sum_{k=0}^{M} b_k \delta[n-k] \quad \overset{z}{\longleftrightarrow} \quad H(z) = \sum_{k=0}^{M} h[k] z^{-k} \tag{9.18}$$

식 (9.15)와 (9.18)을 비교하면, FIR 필터에 대해 $h[k] = b_k$이므로, **시스템 함수** $H(z)$는 다음과 같이 두 가지 동등한 형태로 쓸 수 있다.

$$H(z) = \sum_{k=0}^{M} b_k z^{-k} = \sum_{k=0}^{M} h[k] z^{-k} \tag{9.19}$$

연습문제 9.2

임펄스 응답이

$h[n] = \delta[n] - 7\delta[n-2] - 3\delta[n-3]$

로 주어지는 FIR 필터의 시스템 함수 $H(z)$를 구하여라.

9-3.5 z-변환 다항식의 근

FIR 필터를 시스템 함수 다항식 $H(z)$로 나타내는 것으로부터 발생하는 대수의 장점을 설명하기 위하여, 다항식의 인수분해를 필요로 하는 두 가지 예를 살펴본다. FIR 필터에 대한 $H(z)$와 같은, 유한 길이 신호의 z-변환은 복소수 변수 z의 함수이며 또한 식 (9.19)에서 변수 z^{-1}의 M차 다항식이다. 따라서 $H(z)$는 대수의 기본 정리에 의하여 정확히 M개의 근을 가진다. $H(z)$가 근으로 나타내지면, 다음과 같이 이 함수는 상수가 곱해지는 것만을 제외하고는 이 다항식을 정확히 정의할 수 있는 1차 인수들의 곱으로 기술될 수 있다.

$$H(z) = G\prod_{k=1}^{M}(1 - z_k z^{-1}) = G\prod_{k=1}^{M}\frac{(z - z_k)}{z} \tag{9.20}$$

여기서 G는 상수이다. 우변의 곱에서 1차 항 $(z - z_k)$으로부터 이런 근들은 또한 $H(z)$의 영점들 (즉, $k = 1, 2, \ldots, M$에 대하여 M개의 z_k 값들은 $H(z_k) = 0$이다)이라는 것을 명확히 해준다.

예제 9-3 시스템 함수의 영점들

다음의 차분 방정식

$$y[n] = 6x[n] - 5x[n-1] + x[n-2]$$

로 정의된 FIR 필터를 고려한다. z-변환 시스템 함수는 $H(z) = 6 - 5z^{-1} + z^{-2}$이며, 이 함수는

$$H(z) = (3 - z^{-1})(2 - z^{-1}) = 6\,\frac{(z - \frac{1}{3})(z - \frac{1}{2})}{z^2}$$

과 같이 인수분해된다. 이와 같이 $H(z)$의 근은 $\frac{1}{3}$와 $\frac{1}{2}$이다. 아래와 같은 다른 필터

$$w[n] = x[n] - \tfrac{5}{6}x[n-1] + \tfrac{1}{6}x[n-2]$$

는 동일한 근들을 갖는 시스템 함수를 갖지만, 이 필터의 각각의 계수들은 처음 필터 계수보다 크기에서 $\frac{1}{6}$이다. 이것을 간단히 표현하면 $w[n] = y[n]/6$이고, 두 번째 시스템의 시스템 함수는 $\frac{1}{6}\,H(z)$이다.

예제 9-4 $H(z)$의 근으로부터 유도한 차분 방정식

시스템 함수 $H(z)$의 두 개의 근이 $\{-1, \frac{1}{2}\}$이라고 가정한다. 그러면 식 (9.20)을 사용하여 근들로부터 다음

$$H(z) = G\,\frac{(z - (-1))}{z}\,\frac{(z - \frac{1}{2})}{z} = G(1 + z^{-1})(1 - \tfrac{1}{2}z^{-1})$$

과 같은 다항식 $H(z)$를 생성할 수 있으며, 여기서 G는 임의의 상수이다. $H(z)$를 구하려면, G의 값을 구할 필요가 있으며, 추가적인 정보가 필요하다. 이 예제에서는, $z = 3$일 때 $H(z)$의 값이 4라고 가정한다. 그렇다면, $z^{-1} = \frac{1}{3}$이고,

$$4 = H(z)\Big|_{z=3} = G(1 + (\tfrac{1}{3}))(1 - \tfrac{1}{2}(\tfrac{1}{3})) = (\tfrac{4}{3})(\tfrac{5}{6})G$$

이다. 이와 같이 $G = 3.6$이며, 두 개의 인수를 곱하여 $H(z) = 3.6 + 1.8z^{-1} - 1.8z^{-2}$을 구할 수 있다. 마지막으로, 다음과 같이 FIR 필터의 차분 방정식을 쓸 수 있다.

$$y[n] = 3.6x[n] + 1.8x[n-1] - 1.8x[n-2]$$

연습문제 9.3

시스템 함수로

$$H(z) = 4(1 - e^{j\pi/2}z^{-1})(1 - e^{-j\pi/2}z^{-1})(1 + 0.8z^{-1})$$

를 갖는 FIR 필터의 임펄스 응답 $h[n]$을 구하여라. 인수들을 곱하여 다항식을 구하고, **역 z-변환**을 하여 임펄스 응답을 구하여라.
참고: 복소수 켤레근들을 갖는 항들의 곱은 다음과 같이 간단히 표현할 수 있다.

$$(1 - re^{j\theta}z^{-1})(1 - re^{-j\theta}z^{-1}) = 1 - 2r\cos(\theta)z^{-1} + r^2z^{-2}$$

9-4 콘볼루션과 z-변환

z-변환의 능력은 z-변환의 다항식 곱은 시간 영역의 콘볼루션과 동일하다는 *콘볼루션 성질*에 있다. 이 절에서는, 식 (9.15)의 결과를 일반화함으로써 이 중요한 변환 성질을 유도한다. 두 신호의 콘볼루션이 z-변환의 곱으로 "변환될" 수 있다는 것을 증명하기 위하여, 두 개의 신호들 $x[n]$과 $h[n]$의 이산 콘볼루션은 다음

$$y[n] = x[n] * h[n] = \sum_{k=0}^{M} h[k]x[n-k] \tag{9.21}$$

과 같이 주어진다는 것을 기억한다. 여기서 $M+1$은 신호 $h[n]$의 길이이다. 당분간 $x[n]$의 길이는 유한하다고 가정하며, 이것은 $y[n]$의 길이 또한 유한하다는 것을 의미한다. 원하는 일반적인 결과를 증명하기 위하여, 식 (9.21)의 양변에 z-변환을 한다. 식 (9.21)의 우변에는, 항들 $x[n-k]$만이 n의 함수이므로, 이에 대한 z-변환은 $z^{-k}X(z)$이며, 식 (9.7)의 일반적인 지연 성질로부터 구할 수 있다. 콘볼루션 합은 이 ($h[k]$가 곱해진) 지연된 신호들의 중첩된 형태이므로, 식 (9.5)의 선형성으로부터 다음을 얻을 수 있다.

$$Y(z) = \sum_{k=0}^{M}\left(h[k]\underbrace{\left(z^{-k}X(z)\right)}_{z\text{-transform}}\right) \tag{9.22a}$$

$$= \left(\sum_{k=0}^{M} h[k]z^{-k}\right)X(z) = H(z)X(z) \tag{9.22b}$$

식 (9.22a)에서 $X(z)$는 합에 있는 모든 항들에 공통적으로 존재하므로, 공통 인수로 뽑아내어 식 (9.22b)를 구할 수 있다. 만일 $x[n]$이 유한한 길이의 신호라면, 이 신호의 z-변환 $X(z)$는 다항식이고, 따라서 z-변환 연산자는 콘볼루션을 다항식 곱셈으로 변환시킴을 증명하였다.[4] 다항식 곱에 대한 세부 사항들은 다음 예제에서 설명한다.

예제 9-5 콘볼루션과 $H(z)X(z)$

z-변환 방법은 다음과 같은 두 신호들의 콘볼루션에 사용될 수 있다.

$$\begin{aligned} x[n] &= \delta[n-1] - \delta[n-2] + \delta[n-3] - \delta[n-4] \\ h[n] &= \delta[n] + 2\delta[n-1] + 3\delta[n-2] + 4\delta[n-3] \end{aligned}$$

신호들 $x[n]$과 $h[n]$의 z-변환은 다음과 같다.

$$\begin{aligned} X(z) &= 0 + 1z^{-1} - 1z^{-2} + 1z^{-3} - 1z^{-4} \\ H(z) &= 1 + 2z^{-1} + 3z^{-2} + 4z^{-3} \end{aligned}$$

$X(z)$와 $H(z)$가 모두 z^{-1}의 다항식이므로, 콘볼루션의 z-변환은 이 두 다항식의 곱으로 계산할 수 있다. 즉,

$$\begin{aligned} Y(z) &= H(z)X(z) \\ &= (1 + 2z^{-1} + 3z^{-2} + 4z^{-3})(z^{-1} - z^{-2} + z^{-3} - z^{-4}) \\ &= z^{-1} + (-1+2)z^{-2} + (1-2+3)z^{-3} \\ &\quad + (-1+2-3+4)z^{-4} \\ &\quad + (-2+3-4)z^{-5} + (-3+4)z^{-6} + (-4)z^{-7} \\ &= z^{-1} + z^{-2} + 2z^{-3} + 2z^{-4} - 3z^{-5} + z^{-6} - 4z^{-7} \end{aligned}$$

임의의 z-다항식의 계수들은, 시간에서의 위치가 (z^{-1})의 지수에 의하여 나타내지는, 신호값들이므로, $Y(z)$를 역 변환하여 다음을 구할 수 있다.

$$\begin{aligned} y[n] = \delta[n-1] + \delta[n-2] + 2\delta[n-3] + 2\delta[n-4] \\ - 3\delta[n-5] + \delta[n-6] - 4\delta[n-7] \end{aligned}$$

정확한 콘볼루션 결과를 구했는지를 증명하기 위하여, 이제 출력을 직접 계산하여 식 (9.21)의 콘볼루션 합을 수행해본다. 몇 개 항을 다음과 같이 적어보면, z-변환 다항식 곱과 유사한 패턴을 탐지할 수 있다.

$$\begin{aligned} y[0] &= h[0]x[0] = 1(0) = 0 \\ y[1] &= h[0]x[1] + h[1]x[0] = 1(1) + 2(0) = 1 \end{aligned}$$

4) 콘볼루션 성질을 유도할 때 선형성과 지연 성질들만 필요하므로 무한 길이의 신호로 확장될 수 있다. 하지만, 무한 길이 신호들에서는, 무한개 항의 합이 수렴하는지 여부에 대한 문제가 항상 존재하며, 그래서 반드시 곱해진 두 z-변환들이 z-평면 상에서 겹쳐진 수렴 지역을 갖고 있는 경우에만 콘볼루션 성질이 참이라고 이야기해야 한다.

$$\begin{aligned} y[2] &= h[0]x[2] + h[1]x[1] + h[2]x[0] \\ &= 1(-1) + 2(1) + 3(0) = 1 \\ y[3] &= h[0]x[3] + h[1]x[2] + h[2]x[1] + h[3]x[0] \\ &= 1(1) + 2(-1) + 3(1) + 4(0) = 2 \\ y[4] &= h[0]x[4] + h[1]x[3] + h[2]x[2] + h[3]x[1] \\ &= 1(-1) + 2(1) + 3(-1) + 4(1) = 2 \\ \vdots &= \qquad \vdots \end{aligned}$$

위의 각 항에서, $h[n]$의 인덱스와 $x[n-k]$의 인덱스의 합은 $y[n]$에 기여하는 모든 곱들에 대하여 같은 값 (즉, n)으로 같음을 주목한다. 같은 일이 다항식 곱에서도 발생하며, 그 이유는 지수들은 더해지기 때문이다.

5-4.3.1절에서, $x[n]$과 $h[n]$의 콘볼루션을 계산하기 위한 *합성 곱셈표*에 대하여 보았다. 이제 우리는 사실상 다항식 $X(z)$와 $H(z)$의 곱하기 때문에, 이 절차에 대한 근거를 갖고 있다. 이 절차는 이 절에 대한 수치적인 예로서 아래에 반복하였다.

z	z^0	z^{-1}	z^{-2}	z^{-3}	z^{-4}	z^{-5}	z^{-6}	z^{-7}
$x[n],\ X(z)$	0	+1	−1	+1	−1	0	0	0
$h[n],\ H(z)$	1	2	3	4				
$X(z)$	0	+1	−1	+1	−1	0	0	0
$2z^{-1}X(z)$		0	+2	−2	+2	−2	0	0
$3z^{-2}X(z)$			0	+3	−3	+3	−3	0
$4z^{-3}X(z)$				0	+4	−4	+4	−4
$y[n],\ Y(z)$	0	+1	+1	+2	+2	−3	+1	−4

z-변환들 $X(z)$, $H(z)$, $Y(z)$에서, z^{-1}의 지수는 위 표의 계수의 수평 위치를 의미한다. 각각의 행은 $x[n]$의 행과 $h[n]$의 하나의 값을 곱한 다음, 이 결과를 z^{-1}의 차수만큼 오른쪽으로 이동하여 만들어진다. 최종 답은 열 별로 아래로 더하여 구해지며, 그래서 마지막 행은 $y[n] = x[n] * h[n]$의 값, 또는, 등가적으로 다항식 $Y(z)$의 계수들을 갖는다.

이 절에서는 콘볼루션과 다항식의 곱이 근본적으로 같다는 것을 확인하였다.[5)] 실제로, z-변환 이론의 가장 중요한 결과 중 하나는 다음이다.

콘볼루션은 z-변환들의 곱으로 대응된다

$$y[n] = h[n] * x[n] \quad \stackrel{z}{\longleftrightarrow} \quad Y(z) = H(z)X(z)$$

이 결과는 콘볼루션의 이해와 구현에 대한 기초로서의 사용법 이상의 많은 중요한 의미를 갖

5) MATLAB에서는, 다항식 곱을 위한 특별한 함수가 존재하지 않는다. 대신, 다항식의 곱과 신호들의 계수들의 이산 콘볼루션과 동일하기 때문에 콘볼루션 함수 conv를 사용할 수 있다.

는다.

연습문제 9.4

$$x[n] = \delta[n-1] - \delta[n-2] + \delta[n-3] - \delta[n-4]$$

의 z-변환과 시스템 함수 $H(z) = 1 - z^{-1}$을 이용하여, $x[n]$이 입력일 때 1차 차분 필터의 출력을 구하여라. 답을 다항식 곱을 이용하여, 또한 다음의 차분 방정식:

$$y[n] = x[n] - x[n-1]$$

을 이용하여 계산하여라. 출력 $y[n]$을 나타내는 z-변환 다항식의 차수는 얼마인가?

9-4.1 시스템의 직렬 연결

시스템 설계에서 z-변환의 대표적인 응용 분야 중 하나가 정확히 같은 입출력을 동작을 갖는 다른 형태의 필터 구조를 생성하는 데 이용하는 것이다. 중요한 예로 두 개 또는 그 이상의 LTI 시스템들을 직렬 연결하는 것이다. 블록 다이어그램의 형태에서, 그림 9-3에서와 같이, 직렬 연결은 첫 번째 시스템의 출력이 두 번째 시스템의 입력으로 연결된다. 입력 신호는 $x[n]$이고 전체 출력은 $y[n]$이다. 신호 $w[n]$은 임시 저장소로 여겨지는 중간 신호이다.

5-8 절에서 이미 살펴보았듯이, 만일 $h_1[n]$과 $h_2[n]$이 각각 첫 번째와 두 번째 시스템의 임펄스 응답이라고 하면, 그림 9-3에서 입력 $x[n]$으로부터 출력 $y[n]$까지의 전체 임펄스 응답은 $h[n] = h_1[n] * h_2[n]$이다 (즉, 콘볼루션이다). 따라서 전체 임펄스 응답 $h[n]$의 z-변환은 두 개의 임펄스 응답의 z-변환들 각각의 곱이 된다, 즉,

직렬 *LTI* 시스템

$$h[n] = h_1[n] * h_2[n] \quad \overset{z}{\longleftrightarrow} \quad H(z) = H_1(z)H_2(z)$$

이 결과의 중요한 결론은 곱셈은 교환 법칙이 성립한다는 사실로부터 쉽게 유도된다: 그래서 $H(z) = H_1(z)H_2(z) = H_2(z)H_1(z)$이다. 이 의미는 콘볼루션은 반드시 교환 법칙이 성립하는 연산자이며 그래서 두 시스템들은 연결 순서에 상관없이 연결될 수 있으며, 그래도 여전히 같은 전체 시스템 응답을 얻을 수 있다는 것을 의미한다.

예제 9-6 직렬 연결에 대한 $H(z)$

이 생각에 대한 간단한 예를 제공하기 위하여, 차분 방정식

$$w[n] = 3x[n] - x[n-1] \tag{9.23a}$$

$$y[n] = 2w[n] - w[n-1] \tag{9.23b}$$

으로 표현되는 시스템을 고려하며, 이 시스템은 두 개의 1차 시스템이 직렬 연결된 것이다. 그림

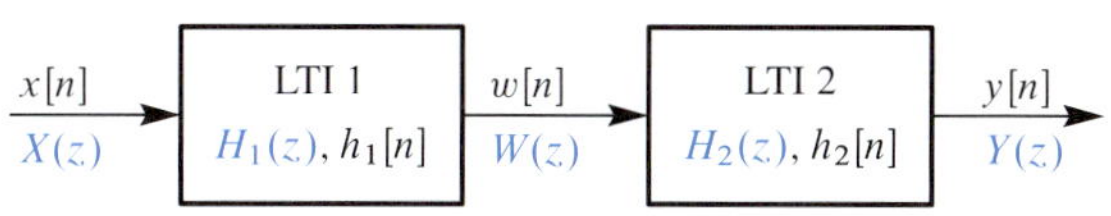

그림 9-3 두 *LTI* 시스템의 직렬 연결

9-3에서와 같이, 첫 번째 시스템의 출력 $w[n]$은 두 번째 시스템의 입력이고, 전체 출력은 두 번째 시스템의 출력이다. 식 (9.23a)에서 중간단계 신호 $w[n]$은 식 (9.23b)에서 사용되기 전에 먼저 계산되어야 한다. 첫 번째 시스템에서의 $w[n]$을 두 번째 시스템에 대체함으로써 두 필터를 하나의 차분 방정식으로 결합할 수 있으며, 결과는

$$\begin{aligned} y[n] &= 2w[n] - w[n-1] \\ &= 2(3x[n] - x[n-1]) - (3x[n-1] - x[n-2]) \\ &= 6x[n] - 5x[n-1] + x[n-2] \end{aligned} \tag{9.24}$$

이다. 따라서 두 1차 시스템의 직렬 연결은 하나의 2차 시스템과 같다는 것을 증명하였다. 차분 방정식 (9.24)는 $y[n]$을 계산하기 위한 알고리즘을 정의하며, 이 알고리즘은 식 (9.23a)와 (9.23b)로 지정된 알고리즘들과는 다르다는 것을 인식하는 것이 중요하다. 하지만, 계산을 정확히 한다고 가정하면, 이 두 개의 다른 구현에서의 출력들은 정확히 같아야 한다.

식 (9.24)에서의 전체 차분 방정식의 세부 내용을 수행하는 것은 시스템의 차수가 높을 경우 매우 따분할 수 있다. z-변환은 이 연산들을 다항식의 곱으로 단순화할 수 있다. 1차 시스템의 z-변환은 다음과 같은 시스템 함수로 주어진다.

$$H_1(z) = 3 - z^{-1} \qquad H_2(z) = 2 - z^{-1}$$

따라서 전체 시스템 함수는 곱

$$H(z) = (3 - z^{-1})(2 - z^{-1}) = 6 - 5z^{-1} + z^{-2}$$

이 된다. 여기서 다항식 계수들은 식 (9.24)의 차분 방정식의 필터 계수들과 일치한다. 이 단순한 예에서도, z-영역의 해법은 n-영역의 해법보다 더 직관적이라는 것을 참고한다.

연습문제 9.5

z-변환을 이용하여 다음의 직렬 시스템

$$\begin{aligned} w[n] &= x[n] + x[n-1] \\ y[n] &= w[n] - w[n-1] + w[n-2] \end{aligned}$$

을 결합하여, $x[n]$에 대한 $y[n]$을 하나의 차분 방정식으로 나타내어라.

9-4.2 z-다항식의 인수분해

높은 차수의 시스템을 얻고자 z-변환들을 곱할 수 있다면, 또한 z-변환 다항식을 인수분해하여 하나의 큰 시스템을 작은 모듈들로 분해할 수 있다. 직렬 시스템들은 이들의 시스템 함수들을 곱하는 것과 동일하므로, 고차 다항식 $H(z)$의 인수들은 직렬 연결에서 $H(z)$를 구성하는 구성요소 시스템들을 나타낸다.

예제 9-7 $H(z)$를 직렬연결로 분해하기

다음과 같은 3차 시스템을 고려한다.

$$H(z) = 1 - 2z^{-1} + 2z^{-2} - z^{-3}$$

여기서 이 시스템은 실수 계수를 갖는 낮은 차수의 시스템들의 직렬 연결로 분해하고자 한다. 직렬연결은 시스템 함수들의 곱으로 원하므로, 시스템 함수의 근들을 구하고 식 (9.20)의 곱 형태를 이용할 필요가 있다. MATLAB 함수 `roots([1, -2, 2, -1])`를 사용하면 근을 구할 수 있으며, 결과는

```
1.0, 0.5000 + 0.8660i, 그리고 0.5000 - 0.8660i
```

과 같다. $H(z)$의 한 근이 $z = 1$이므로, $H_1(z) = (1 - z^{-1})$은 $H(z)$의 한 인수이다. 다른 두 개의 1차 인수들은 복소수 근을 가지며, 이 근들은 켤레 복소수들이다. 따라서 직렬 연결에 대한 다른 시스템 함수를 구하기 위하여, 이 항들의 곱을 수행해야 한다.

$$H_2(z) = (1 - e^{j\pi/3}z^{-1})(1 - e^{-j\pi/3}z^{-1}) = 1 - z^{-1} + z^{-2}$$

결과로 나오는 2차 인수는 실수 계수들을 갖는다. 이는 실수 계수를 갖는 다항식의 복소수 근들은 반드시 켤레 관계로 나와야 한다는 일반적인 성질의 한 예이다. $H(z)$을 인수분해하면,

$$H(z) = (1 - z^{-1})(1 - z^{-1} + z^{-2})$$

이 되며, 이 직렬 연결은 그림 9-4의 블록 다이어그램에서 볼 수 있다. 직렬 연결에 대한 최종 차분 방정식은 $H(z)$의 인수들을 역 변환하여 구해진다.

$$w[n] = x[n] - x[n-1]$$
$$y[n] = w[n] - w[n-1] + w[n-2]$$

9-4.3 디콘볼루션

직렬 연결 성질은 실제 응용에서 흥미로운 문제를 이끌어 낸다. 첫 번째 필터의 작용을 원상태로 돌리기 위해 두 번째 필터를 사용할 수 있는가? 우리가 하고자 하는 바는 두 번째 필터의 출력이 첫 번째 필터의 입력과 같게 만드는 것이다. 좀 더 구체적으로 이야기하면, 두 필터 $H_1(z)$와 $H_2(z)$가 직렬 연결되고, $H_1(z)$를 안다고 가정한다. 전체 시스템의 출력이 입력과 같게 되는 $H_2(z)$를 찾을 수 있는가? 만약 그렇다면, z-변환 분석은 시스템 함수가 다음과 같이 $H(z) = 1$이어야 된다는 것을 의미하며, 그래서

$$Y(z) = H_1(z)H_2(z)X(z) = H(z)X(z) = X(z)$$

이어야 한다.

첫 번째 시스템이 콘볼루션을 통해 입력을 처리하므로, 두 번째 필터는 콘볼루션을 되돌리려고 시도하고, 그래서 이 과정을 **디콘볼루션 (deconvolution)**이라 부른다. 이에 대한 다른 용어는 **역 필터링 (Inverse filtering)**이라고 부르고, 만약 $H_1(z)H_2(z) = 1$이라면, $H_2(z)$는 $H_1(z)$의 역이라 부른

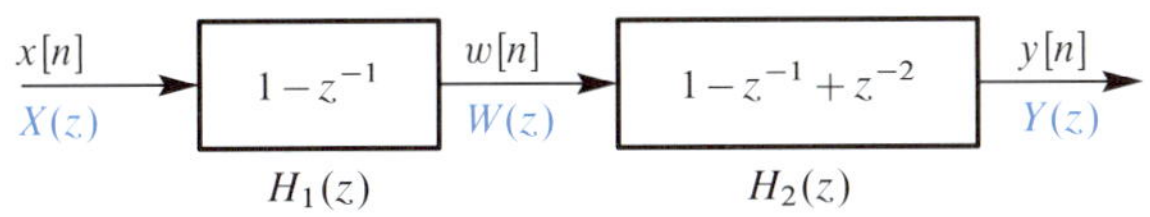

그림 9-4 $H(z) = 1 - 2z^{-1} + 2z^{-2} - z^{-3}$을 1차 시스템과 2차 시스템의 곱으로 인수분해 한다.

다 ($H_1(z)$도 $H_2(z)$의 역이다).

예제 9-8 디콘볼루션

구체적인 예제를 통하여, z-변환으로 디콘볼루션의 해를 찾을 수 있다. 먼저 $H_1(z) = 1 + 0.1z^{-1} - 0.72z^{-2}$이라고 가정한다. $H(z) = 1$을 원하므로,

$$H_1(z)H_2(z) = 1$$

이어야 한다. $H_1(z)$는 알고 있으므로, $H_2(z)$에 대하여 풀면

$$H_2(z) = \frac{1}{H_1(z)} = \frac{1}{1 + 0.1z^{-1} - 0.72z^{-2}}$$

을 구할 수 있다.

이 예제를 어떻게 생각하는가? FIR 필터에 대한 디콘볼루션 연산은 다항식이 아니라 분모가 있는 유리 함수 (분수형의 두 다항식)인 시스템 함수를 반드시 가져야 하는 것으로 보인다. 이것은 FIR 필터의 역 필터는 또 다른 FIR 필터가 될 수 없음을 의미하며, 디콘볼루션은 보이는 것같이 그리 쉽지는 않다는 것을 의미한다. 현재까지 다항식의 시스템 함수가 아닌 다른 어떤 것에 대한 가능성에 대하여 고려해보지 않았으므로, 차분 방정식 형태로 디콘볼루션의 해를 제공할 수는 없다. 하지만, 제10장에서는 분모를 갖는 유리함수 시스템 함수를 갖는 다른 형태의 LTI 시스템을 살펴볼 예정이다. 문제 P-10.27에서 역 필터링 문제의 여러 면에 대하여 살펴볼 예정이다.

9-5 z-영역과 $\hat{\omega}$-영역 간의 관계

FIR 시스템 함수 $H(z)$는 주파수 응답 식 $H(e^{j\hat{\omega}})$와 동일한 형태를 갖는 함수의 형태를 갖는다. $X(z)$의 함수 형태가 DTFT $X(e^{j\hat{\omega}})$의 형태와 동일한 길이 L인 신호 $x[n]$의 z-변환에 대하여 같은 말을 할 수 있다. 이 내용은 z-변환 식과 함께 주파수 영역 식을 나타낸다면 매우 쉽게 알 수 있다.

z-영역	$\overset{z=e^{j\hat{\omega}}}{\longleftrightarrow}$	$\hat{\omega}$-영역
$H(z) = \sum_{k=0}^{M} b_k z^{-k}$		$H(e^{j\hat{\omega}}) = \sum_{k=0}^{M} b_k e^{-j\hat{\omega}k}$
$X(z) = \sum_{n=0}^{L-1} x[n] z^{-n}$		$X(e^{j\hat{\omega}}) = \sum_{n=0}^{L-1} x[n] e^{-j\hat{\omega}n}$

좌변과 우변을 비교한 다음, $H(z)$ 또는 $X(z)$에

$$\boxed{z = e^{j\hat{\omega}}} \tag{9.25}$$

를 대입하면, z-영역과 $\hat{\omega}$-영역 간에 명확한 대응관계를 확인할 수 있다. 여기서 $z^{-n} = (e^{j\hat{\omega}})^{-n}$이다.[6] 식 (9.25)를 대입하면, 주파수 영역과 z-영역을 연결할 수 있으며, z-변환 $X(z)$로부터 DTFT $X(e^{j\hat{\omega}})$을 얻을 수 있도록 해준다.

$$\boxed{X(e^{j\hat{\omega}}) = X(z)\Big|_{z=e^{j\hat{\omega}}}} \qquad (9.26)$$

z-변환 시스템 함수 $H(z)$로부터 주파수 응답 $H(e^{j\hat{\omega}})$도 동일하게 얻을 수 있다. 예를 들어, 시스템 함수가 $H(z) = 1 - z^{-2}$인 FIR 필터를 분석할 때, 주파수 응답은 z를 $e^{j\hat{\omega}}$으로 변경하면, $H(e^{j\hat{\omega}}) = 1 - e^{-j2\hat{\omega}}$을 얻을 수 있다.

데모
3 영역들-*FIR*

표기 $\overset{z=e^{j\hat{\omega}}}{\longleftrightarrow}$는 z-변환 시스템 함수로부터 DTFT로 가는 것이 역도 가능하다는 것을 의미해 왔다. 이것은 $H(e^{j\hat{\omega}})$를 $e^{-j\hat{\omega}}$의 거듭제곱으로 나타내고, 각 항 $e^{-j\hat{\omega}k}$ 대신 z^{-k}로 대체함으로써 수행할 수 있다. 다음 예제에서 이 과정을 설명한다.

예제 9-9 $\hat{\omega}$으로부터 z로의 이동

다음

$$H(e^{j\hat{\omega}}) = (1 + \cos 2\hat{\omega})e^{-j3\hat{\omega}}$$

과 같이 나타내지는 DTFT 함수를 고려한다. 코사인 항에 대한 역 오일러 공식을 사용하면,

$$H(e^{j\hat{\omega}}) = \left(1 + \frac{e^{j2\hat{\omega}} + e^{-j2\hat{\omega}}}{2}\right)e^{-j3\hat{\omega}} = (e^{j\hat{\omega}})^{-3} + \tfrac{1}{2}(e^{j\hat{\omega}})^{-1} + \tfrac{1}{2}(e^{j\hat{\omega}})^{-5}$$

을 얻을 수 있다. $e^{j\hat{\omega}} = z$라고 치환하면

$$H(z) = z^{-3} + \tfrac{1}{2}z^{-1} + \tfrac{1}{2}z^{-5} = \tfrac{1}{2}z^{-1} + z^{-3} + \tfrac{1}{2}z^{-5}$$

을 구할 수 있다. 만약 시스템의 임펄스 응답이 필요하면, 역 z-변환으로 다음을 구한다.

$$h[n] = \tfrac{1}{2}\delta[n-1] + \delta[n-3] + \tfrac{1}{2}\delta[n-5]$$

9-5.1 z-평면과 단위원

z-변환 $X(z)$는 복소수 변수 $z = x + jy$의 복소수 함수이며, 그래서 크기 $|X(z)|$의 그래프는 그림 9-5와 같이 x, y에 대한 3차원 (3-D) 그래프가 된다. 식 (9.26)의 $X(e^{j\hat{\omega}})$ 표기는 $\hat{\omega}$-영역과 z-영역 간에 연결되어 있다는 것을 강조하며, 그 이유는 DTFT $X(e^{j\hat{\omega}})$가 *z-평면에서의 특정한 집합의 값들에 대하여 $X(z)$를 계산함으로써* 구할 수 있기 때문이다. 이런 값들 $z = e^{j\hat{\omega}}$은 크기가 항상 1이고 각도가 $\hat{\omega}$이며, 또한 DTFT의 주파수 변수인, 복소수 집합이다. 다른 말로 하여, $z = e^{j\hat{\omega}}$의 값들은 z-평면에서 반지름 1인 원을 정의하며, 이것을 **단위원(Unit Circle)**이라 부르며, DTFT는 단위원 상에서 계산되는 z-변환이다. 이것은 그림 9-6에 설명하였으며, 여기서는 단위원과 전형적인 점인 $z =$

6) 합에서 변수 n과 k는 전체 항들을 세기 위한 더미 인덱스들이다.

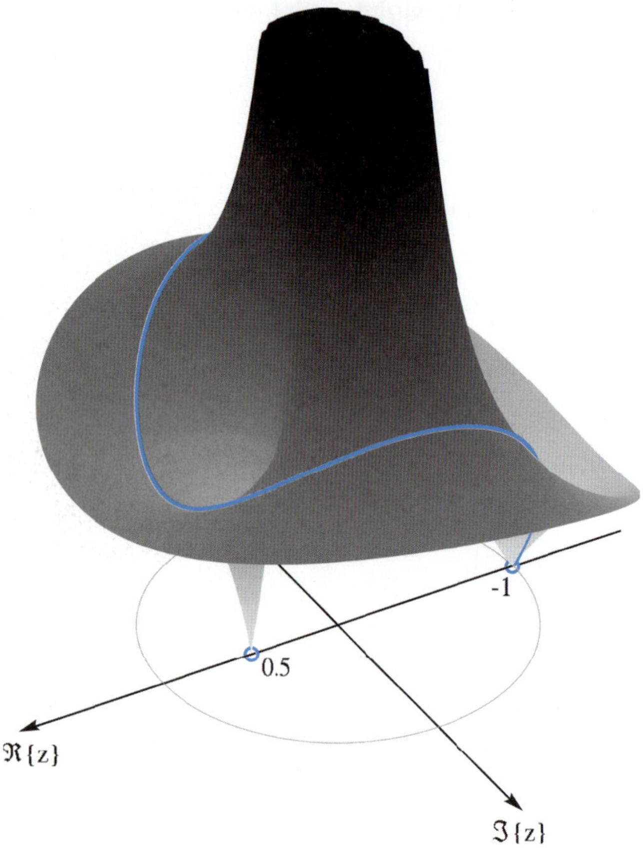

그림 9-5 단위원을 포함하는 z-평면에서 영역 $\{|z|\leq 1.5\}$ 상에서 계산된 z-변환 $X(z) = 1 + \frac{1}{2}z^{-1} - \frac{1}{2}z^{-2} = (1+z^{-1})(1-\frac{1}{2}z^{-1})$. 단위 원상에서 $H(z)$는 파란색 실선으로 나타내었다. 관점은 1상한으로부터이며, 그래서 실수축은 오른쪽에서 왼쪽으로 가며, $z = 1$의 점은 왼쪽에 위치한다. 2개의 작은 파란색 점은 $X(z) = 0$이라는 것을 나타낸다: 이런 영점들은 $z = -1, 1/2$에 있다. $|z| \to 0$에 따라 $|X(z)| \to \infty$이므로, 그래프의 높이는 $|H(z)| \leq 3$으로 잘랐으며, 그래서 수직 범위를 줄여서 영점들을 보기 쉽게 만들었다.

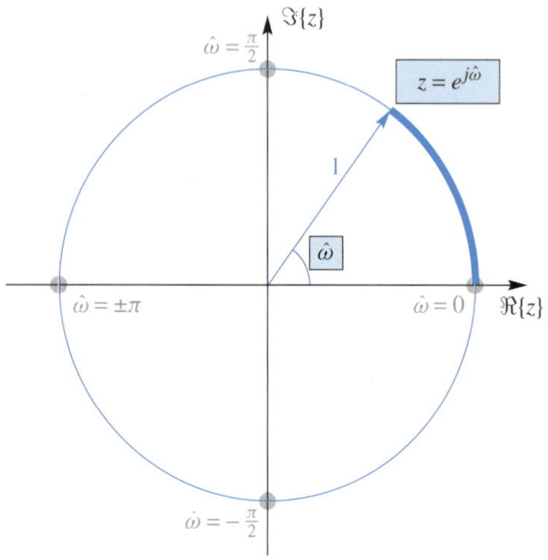

그림 9-6 $z = e^{j\hat{\omega}}$인 단위원을 포함한 복소수 z-평면. 원 주위의 각도는 주파수 $\hat{\omega}$에 의하여 결정된다. 단위원 상에 굵게 표시된 부분은 주파수 간격이 0에서 $\hat{\omega}$에 해당된다. 단위원 상의 회색 점은 $\{1, j, -1, -j\}$이고 이때 주파수는 $\hat{\omega} = \{0, \pi/2, \pm\pi, -\pi/2\}$에 대응된다.

$e^{j\hat{\omega}}$을 보였으며, 이 점들은 원점으로부터 거리가 1이며 z-평면의 실수 축 기준으로 각도가 $\hat{\omega}$이다.

그림 9-6의 그래프로부터 $\hat{\omega}$-영역과 z-영역 간의 관계를 시각적으로 볼 수 있는 편리한 방법을 제공한다. $\hat{\omega}$-영역이 단위원이라는 z-영역의 특별한 부분이므로, DTFT의 많은 성질들은 $X(z)$가 분자와 분모 다항식을 가질 때, 근의 위치뿐만 아니라 z-평면 그래프로부터 명확해진다. 예를 들어, DTFT의 주기성은 그림 9-6으로부터 명확하며, 이 그림에서는 단위원 상의 모든 점에 대해서 시스템 함수를 계산하는 것은 2π 라디안 각도만큼 이동해야 한다는 것을 필요로 한다. 하지만, 주파수 $\hat{\omega}$은, 또한 z-평면에서 $e^{j\hat{\omega}}$의 각도이므로, 주파수 영역 $-\pi < \hat{\omega} \leq \pi$는 단위원 상에 한 바퀴를 도는

표 9-1 z-변환과 DTFT가 공유하고 있는 성질들

특성	n-영역	z-영역	$\hat{\omega}$-영역
정의	$x[n]$	$X(z) = \sum_{n=-\infty}^{\infty} x[n]z^{-n}$	$X(e^{j\hat{\omega}}) = \sum_{n=-\infty}^{\infty} x[n]e^{-j\hat{\omega}n}$
선형성	$ax_1[n] + bx_2[n]$	$aX_1(z) + bX_2(z)$	$aX_1(e^{j\hat{\omega}}) + bX_2(e^{j\hat{\omega}})$
시간 지연	$x[n-n_0]$	$z^{-n_0}X(z)$	$e^{-j\hat{\omega}n_0}X(e^{j\hat{\omega}})$
콘볼루션	$h[n] * x[n]$	$H(z)X(z)$	$H(e^{j\hat{\omega}})X(e^{j\hat{\omega}})$
직렬연결 LTI	$h_1[n] * h_2[n]$	$H_1(z)H_2(z)$	$H_1(e^{j\hat{\omega}})H_2(e^{j\hat{\omega}})$

모든 각도를 커버한다. 만약 주파수가 $\hat{\omega} = -\pi$에서 시작해서 π까지 증가한다면, 원은 $z = e^{-j\pi} = -1$에서 시작하여, 다음에는 $z = e^{-j\pi/2} = -j$, 그 다음에는 $z = e^{j0} = 1$, 그리고 $z = +j$, 그리고 최종적으로 $z = e^{j\pi} = -1$로 되돌아온다. 단위원을 여러 번 도는 것은 단순히 DTFT의 주기만큼 반복하는 것과 같다. 그림 9-6의 회색 점들은 z-평면에서의 특정한 점들과 이에 대응되는 주파수들을 강조하고자 표시하였다.

9-2절과 9-4절에서, 많은 유용한 z-변환의 성질들을 유도하였고 이들의 응용들을 보였다. 이 절에서의 지금까지의 논의로부터 이런 성질들은 모두 식 (9.26)에서 $z = e^{j\hat{\omega}}$로 치환함으로써 DTFT에 의하여 물려받는다는 것이 명확해졌으며, 이 내용은 표 9-1을 참조한다. z-변환과 DTFT를 사용하여 신호 및 시스템 문제를 풀기 위해서는, 이런 성질들에 대하여 친숙해져야 하며 그래서 표 9-1을 참고 문헌으로 찾아볼 필요가 없도록 해야 한다.

9-5.2 z-변환과 DFT

8장에서, 유한 길이 신호들의 이산 푸리에 변환(DFT)을 정의하였고 이산시간 푸리에 변환(DTFT)의 주파수 샘플들과 동일하다는 것을 보였다. z-변환과 DTFT 사이의 관계식이 주어졌을 때, 길이 N인 신호의 z-변환과 이 신호의 N-포인트 DFT 간에 또한 직접적인 관계가 있다는 것은 그리 놀랄일은 아니다. 이는 연관된 식들을 나란히 놓음으로써 쉽게 알 수 있다.

z-영역		DFT
$X(z) = \sum_{n=0}^{N-1} x[n]z^{-n}$	$\xrightarrow{z=e^{j(2\pi/N)k}}$	$X[k] = \sum_{n=0}^{N-1} x[n]e^{-j(2\pi/N)kn}$

식 (9.26)으로부터 다음과 같은 일반적 관계를 얻을 수 있다.

$$X[k] = X(e^{j(2\pi/N)k}) = X(z)\big|_{z=e^{j(2\pi/N)k}} \qquad k = 0, 1, \ldots, N-1 \tag{9.27}$$

이 식은 DFT가 단위원 상의 N개의 점에서 계산된 $X(z)$의 샘플들로 구성된다고 말할 수 있다. z-변

환으로부터 DFT로의 전환을 나타내기 위하여 $\xrightarrow{z=e^{j(2\pi/N)k}}$ 표기를 사용하였으며, 이 한 방향 화살표는 역치환을 함으로써 DFT 값들로부터 z-변환 다항식 $X(z)$로 돌아갈 때 유일한 대응이 존재하지 않을 수도 있을 가능성을 의미한다. 이 이유는 DFT는 길이 N인 신호 $x[n]$으로부터 직접 계산되는 N개의 복소수들의 집합이기 때문이다. 만약 고려하는 신호의 길이가 N 또는 그 이하이면, N 개의 DFT 계수들은 신호와 이 신호의 z-변환을 충분히 복원할 수 있다.

그림 9-7에서는 $N = 8$이라고 가정하고, 식 (9.27)을 계산할 때, z-변환이 샘플링되는 위치의 z 값들에 대응되는 곳에 회색 점으로 z 평면과 단위원을 나타내었으며, $N = 60$일 때 샘플들의 위치를 더 작은 점들로 나타내었다. 이 점들은 모두 일정한 각도 간격 $(2\pi/N)$으로 단위원 상에 위치한다. 이 그림은 DFT에 대한 세 가지 사항을 명확히 이해하는 데 도움을 준다. 첫째, 이 그림에서 DFT 계수들 $X[k]$의 집합은 주기 N을 갖는 주기함수이며, 그 이유는 k가 범위 $0 \leqq k \leqq N-1$ 범위를 벗어나면, z-평면의 점들 $z = e^{j2\pi k/N}$는 단위원 상을 반복해서 돌기 때문이다. 둘째로, $k = 0$에 대한 DFT의 값은 DC에 해당되며 (즉, $\hat{\omega} = 0$ 및 $z = 1$), 반면 (N이 짝수로 가정할 때) $k = N/2$는 주파수 $\hat{\omega} = \pi$와 $z = -1$에 해당된다. 마지막으로, $N = 60$인 경우와 $N = 8$인 경우를 비교할 때, 제로 패딩 (zero-padding)에 대하여 뭔가를 말할 수 있다. $x[n]$이 길이 8인 신호라고 가정하면, z-변환은 7차 다항식으로, $x[n]$의 8-포인트 DFT는 샘플링된 z-변환이 된다.

$$X_8[k] = \left(\sum_{n=0}^{7} x[n]z^{-n}\right)\Bigg|_{z=e^{j(2\pi/8)k}} \qquad k = 0, 1, \ldots, 7 \tag{9.28}$$

이 점들은 그림 9-7에서 8개의 회색 점에서의 샘플들이다. 더 많은 주파수 샘플들을 원한다면, 예를 들어 $N = 60$이라면, 8-포인트 신호에 52개의 "0을 채워" 60-포인트 DFT를 하면 된다. 이 결과는 같은 $X(z)$를 샘플링하지만, 더 촘촘한 각도 간격에서 샘플링을 하게 된다.

$$X_{60}[k] = \left(\sum_{n=0}^{7} x[n]z^{-n}\right)\Bigg|_{z=e^{j(2\pi/60)k}} \qquad k = 0, 1, \ldots, 59 \tag{9.29}$$

이들은 그림 9-7에 60개의 파란 점들에 있는 $X(z)$의 샘플들이다. 재미있는 사항은 8개의 점들은 60개 점들의 부분집합이 아니며, 이것은 제로 패딩이 기존의 샘플들은 지키면서 새로운 주파수 샘플

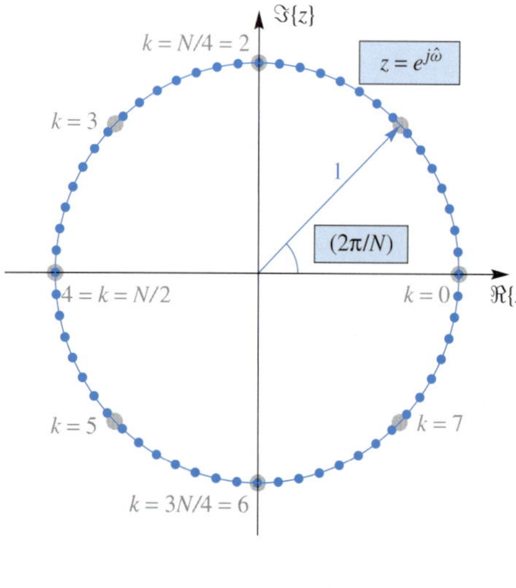

그림 9-7 $z = e^{j\hat{\omega}}$인 단위원을 포함하는 복소수 z-평면. 단위원 상에 회색 점들은 $N = 8$인 DFT에 의하여 $X(z)$의 값들이 계산되는 위치, 즉, $k = 0, 1, \ldots, 7$일 때 $z_k = e^{j(2\pi/8)k}$이다. 파란 점들은 60-포인트 DFT로 계산된 $X(z)$의 값들이 존재하는 위치를 나타낸다.

들을 보간하지는 않는다는 것을 알려준다. 마지막으로, $N \gg 8$을 선택하면, 그림 9-7에서 점들의 밀도가 높아지고, $N \to \infty$로 가는 극한에서는, 실질적으로 단위원 상의 모든 점에서 z-변환의 값을 계산하게 되며, 이것은 DTFT를 계산했다는 것을 의미한다.

9-6 $H(z)$의 영점과 극점

z-변환 다항식의 근들은 문제 풀이에 있어서 시스템 함수 $H(z)$의 사용을 간단히 하는 데 주요한 역할을 한다. 식 (9.20)에 주어진 $H(z)$의 곱 형태는 $H(z)$는 1차 인수 $(1 - z_k z^{-1})$의 곱으로 나타내 진다는 것을 보여준다. 예를 들어, 예제 9-4에서 시스템 함수는 다음과 같이 인수분해 된다.

$$H(z) = 1 - 2z^{-1} + 2z^{-2} - z^{-3} = (1 - 1z^{-1})(1 - e^{j\pi/3}z^{-1})(1 - e^{-j\pi/3}z^{-1}) \tag{9.30a}$$

등식 $(1 - z_k z^{-1}) = (z - z_k)/z$을 이용하면, $H(z)$는 다음과 같이 정리된다.

$$H(z) = \frac{(z-1)(z - e^{j\pi/3})(z - e^{-j\pi/3})}{z^3} \tag{9.30b}$$

$H(z)$의 근들은 $H(z) = 0$을 만족하는 곳의 위치이며, 그래서 이 위치들은 식 (9.30b)의 분자의 인수들로부터 나오며, **시스템 함수의 영점**이라고 부른다. 식 (9.30b)의 인수분해된 형태로부터 영점이 z-평면에서 $z_1 = 1$, $z_2 = e^{j\pi/3}$, $z_3 = e^{-j\pi/3}$에 위치하지만, 식 (9.30a)에서는 같은 근이 z^{-1}의 계수로부터 명확히 알 수 있다는 것을 확인할 수 있다. $H(z)$의 영점들은 식 (9.30b)에서와 같이 복소수가 될 수 있다.

식 (9.30b)에서는 또한 $z \to 0$일 때 $H(z) \to \infty$라는 것을 보여준다. $H(z)$가 무한대가 되는 z의 값들을 $H(z)$의 **극점 (Pole)**이라고 부른다. 식 (9.30b)에서 분모 항 z^3은 $z = 0$에 세 개의 극점들, 혹은 등가적으로 $H(z)$는 $z = 0$에서 3차 극점을 갖는다고 말한다.

$H(z)$가 z의 음의 지수만을 가질 때, z의 음의 지수들이 차분 방정식 및 임펄스 응답과 직접적인 대응 관계가 있으므로, 식 (9.30a)를 보통 매우 편리하게 사용할 수 있다. 게다가, 식 (9.30a)에서의 인수분해 형태는 z-평면 상에서 영점이 $z_1 = 1$, $z_2 = e^{j\pi/3}$, $z_3 = e^{-j\pi/3}$에 위치함을 명확하게 보여주며, 좀 덜 직접적으로, 각 인수들은 $z = \infty$에 극점을 갖는다는 것을 보여준다. z의 음의 지수를 가지는 인수분해 형태는 신호 처리 분야에서 z-변환 이론 중 가장 보편적으로 많이 사용된다. 처음에 z의 음의 지수들을 사용하는 것은 혼란스럽지만, 이 표기에 익숙해지면 장기적으로 장점이 있다.

9-6.1 극점-영점 다이어그램

영점과 극점의 그래프 표현은 서로 간 상대적 그리고 단위원과의 상대적 위치를 시각적으로 쉽게 보여주며, 그래서 복소수 z-평면에서 $H(z)$의 영점과 극점을 점들로 그린다. 그림 9-8의 그래프에서는 예제 9-7에 대한 3개의 영점과 3개의 극점을 그렸다. 이와 같은 그림을 **극점-영점 다이어그램 (플롯)**이라고 부른다. 이 그림은 MATLAB의 `zplane` 함수를 사용하여 생성하였다.[7] 각각의 영점의 위치는 작은 원으로 표시하였고, $z = 0$에서의 3개의 극점은 하나의 **×**의 옆에 3이라고 표

7) DSP-First Toolbox에서는, 극점-영점 그래프 만드는 `zzplane`라 불리는 함수가 있다.

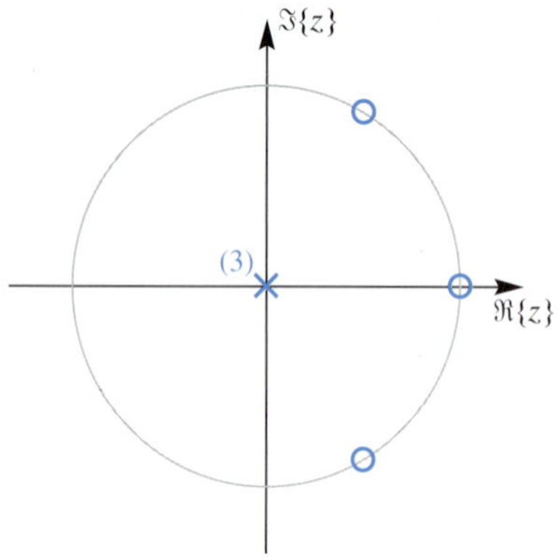

그림 9-8 단위원을 포함하는 z-평면에서 표기된 $H(z)$의 영점과 극점들

기하였다. 일반적으로, 겹치지 않은 극점에 대해서는 각 극점의 위치에 ×만 표기한다. 단위원이 시스템 함수가 $H(z)$인 LTI 시스템의 DTFT를 구하기 위하여 $H(z)$가 계산되는 곳이므로, 그림 9-8에 참조하기 위하여 회색의 원으로 함께 보였다.

9-6.2 $H(z)$의 영점의 중요성

z-영역에서 영점들은 시스템의 시간 영역 응답과 시스템 함수 사이의 연결을 제공한다. 9-6절에서, 다항식 시스템 함수의 영점들은 상수가 곱해지는 것을 제외하고 $H(z)$를 결정하는 데 충분하다는 것을 보여주었다. 시스템 함수는 필터의 FIR 차분 방정식을 결정하는데, 이는 $H(z)$의 다항식 계수들은 또한 FIR 차분 방정식의 계수들과 같기 때문이다. 이 차분 방정식은 (또는 콘볼루션은) 입력 $x[n]$으로부터 대응되는 출력 $y[n]$을 만드는 계산 방법이다. 하지만, 영점의 위치에 대한 정보가 $y[n]$을 계산하기 위하여 차분 방정식을 이용하지 않고 출력에 대해 정확히 정의하기에 충분한 특정한 입력들을 찾을 수 있다. 이런 신호들은 모든 n에 대하여 $x[n] = z_0^n$의 형태가 되며, 여기서 아래 첨자는 z_0가 고정된 복소수라는 것을 의미한다. 이 경우, 출력은 다음과 같다.

$$y[n] = \sum_{k=0}^{M} b_k\, x[n-k] \tag{9.31a}$$

$$y[n] = \sum_{k=0}^{M} b_k z_0^{n-k} \tag{9.31b}$$

$$y[n] = \sum_{k=0}^{M} b_k z_0^n z^{-k} = \overbrace{\left(\sum_{k=0}^{M} b_k z_0^{-k}\right)}^{=H(z_0)} z_0^n \tag{9.31c}$$

$H(z_0)$는 $z = z_0$에서 $H(z)$를 계산하여 구해지는 복소 상수이다. $H(z_0)$ 값은, 복소수의 곱셈을 통하여, 입력 신호 z_0^n의 크기와 위상을 변하게 한다. 매우 흥미로운 경우가 z_0가 $H(z)$의 영점의 하나인 경우이다. 그렇다면, $H(z_0) = 0$이 되며, 그래서 $x[n] = z_0^n$으로부터의 출력은 0이 된다. 이 출력 0의 경우를 **널(Nulling)**이라고 부른다.

예제 9-10 영점을 갖는 널 신호들

예제 9-7에서 공부한 시스템 함수는 $H(z) = 1 - 2z^{-1} + 2z^{-2} - z^{-3}$으로, 이 함수의 영점들은 다음과 같다.

$$\begin{aligned} z_1 &= 1 && \Rightarrow H(z_1) = 0 \\ z_2 &= \tfrac{1}{2} + j\tfrac{1}{2}\sqrt{3} \;=\; 1e^{j\pi/3} && \Rightarrow H(z_2) = 0 \\ z_3 &= \tfrac{1}{2} - j\tfrac{1}{2}\sqrt{3} \;=\; 1e^{-j\pi/3} && \Rightarrow H(z_3) = 0 \end{aligned}$$

그림 9-8과 같이, 이 영점들은 모두 단위원 상에 존재한다. 원점으로부터 단위원 상의 한 점을 연결하는 벡터의 각도는 주파수 영역의 $\hat{\omega}$에 해당되므로, 주파수 0, $\pi/3$, $-\pi/3$를 갖는 복소수 정현파들은 시스템에 의하여 "제거된다". 즉, 다음과 같은 각각의 세 신호들에 의한 출력은 0이 될 것이다:

$$\begin{aligned} x_1[n] = (z_1)^n &= 1 \\ x_2[n] = (z_2)^n &= e^{j(\pi/3)n} \\ x_3[n] = (z_3)^n &= e^{-j(\pi/3)n} \end{aligned}$$

예를 들어, 입력이 $x_2[n]$일 때, 출력은 $y_2[n] = H(z_2)(z_2)^n = 0$이다.

데모
PeZ GUI

이 예제에서 살펴보았듯이, 단위원 상에 있는 시스템의 영점들은 아주 특별하다. 이들의 각도는 시스템의 이득이 0이 되는 주파수에 대응된다 (즉, DTFT (또는 주파수 응답)가 0이 된다). 따라서 이 주파수에서 복소수 정현파들은 시스템에 의해 차단되거나 또는 "제거"된다.

연습문제 9.6

예제 9-10에서 결정된 입력 $x_2[n]$을 차분 방정식 $y[n] = x[n] - 2x[n-1] + 2x[n-2] - x[n-3]$에 대입하여 모든 n의 값에 대하여 복소수 페이저들이 소거된다는 것을 보여서 출력이 모든 곳에서 0이 된다는 사실을 다시 확인하여라.
또한, 이 필터가 $x_2[n]$과 $x_3[n]$의 합인, $2\cos(\pi n/3)$과 같은 신호들도 제거한다는 것을 보여라.

9-6.3 널 필터

만일 $H(z)$의 영점들이 단위원 상에 있다면, 특정 복소 지수함수나 또는 정현파 입력 신호가 제거된다는 것을 보였다 (즉, 필터에 의하여 제거된다). 따라서 이 결과를 이용하여 정현파 간섭 입력을 제거하는 실질적인 FIR 필터를 설계하는 데 이용할 수 있다. 이런 능력은 레이더나 또는 통신 시스템에서 방해 신호를 제거하는 데 종종 필요하다. 유사하게, 60 Hz 전력선으로부터의 간섭 신호도 정확한 $\hat{\omega}$ 주파수에서 널(null)을 위치해 놓음으로써 제거할 수 있다.

z-평면의 영점들은 특수한 형태의 $x[n] = z_0^n$ 신호들만 제거할 수 있다. 만일 정현파 입력 신호를 제거하고자 한다면, 실질적으로는 다음과 같이 2개의 신호를 제거해야 하며, 그 이유는

$$x[n] = \cos(\hat{\omega}_0 n) = \tfrac{1}{2}(e^{j\hat{\omega}_0})^n + \tfrac{1}{2}(e^{-j\hat{\omega}_0})^n$$

이기 때문이다. 각각의 복소 지수 함수는 1차 FIR 필터로 제거할 수 있고, 그래서 두 필터들은 직

렬 연결하여 코사인을 제거하는 2차의 널(null) 필터를 구성한다. 첫 번째 복소 지수신호는 시스템 함수

$$H_1(z) = 1 - z_1 z^{-1}$$

를 갖는 필터에 의하여 제거된다. 여기서 $z_1 = e^{j\hat{\omega}_0}$이며 $z = z_1$에서 $H_1(z_1) = 0$이다. 즉,

$$H_1(z_1) = 1 - z_1(z_1)^{-1} = 1 - 1 = 0$$

유사하게, $H_2(z) = 1 - z_2 z^{-1}$은 만일 $z_2 = e^{-j\hat{\omega}_0}$이라면, 두 번째 복소 지수함수도 제거한다. 그러면, 이 두 필터들을 직렬 연결하여 시스템 함수가 다음의 곱

$$\begin{aligned} H(z) &= H_1(z)H_2(z) \\ &= (1 - z_1 z^{-1})(1 - z_2 z^{-1}) \\ &= 1 - (z_1 + z_2)z^{-1} + (z_1 z_2)z^{-2} \\ &= 1 - (e^{j\hat{\omega}_0} + e^{-j\hat{\omega}_0})z^{-1} + (e^{j\hat{\omega}_0}e^{-j\hat{\omega}_0})z^{-2} \\ &= 1 - 2\cos(\hat{\omega}_0)z^{-1} + z^{-2} \end{aligned}$$

인 2차의 널 필터를 만들 수 있다. 이 2차 FIR 필터는 원점에 2개의 극점과 함께, $z_1 = e^{j\hat{\omega}_0}$와 $z_2 = e^{-j\hat{\omega}_0}$에 2개의 영점을 갖는다. 그림 9-9는 2개의 영점이 $z = e^{\pm j\pi/4}$의 성분들을 제거하는 특별한 경우를 보여준다. 이 영점들로부터 $H(z)$의 계수들의 수치값들은

$$H(z) = 1 - 2\cos(\pi/4)z^{-1} + z^{-2}$$

이다. 이와 같이, 입력으로부터 신호 $\cos(0.25\pi n)$을 제거하는 널 필터는 다음과 같은 차분 방정식

$$y[n] = x[n] - \sqrt{2}\,x[n-1] + x[n-2] \tag{9.32}$$

을 갖는 FIR 필터이다.

9-6.4 z와 $\hat{\omega}$ 간의 그래프 관계

식 $z = e^{j\hat{\omega}}$은 z-영역과 $\hat{\omega}$-영역 간의 연결을 제공한다. 식 (9.26)에서 살펴보았듯이, DTFT는 z-평면

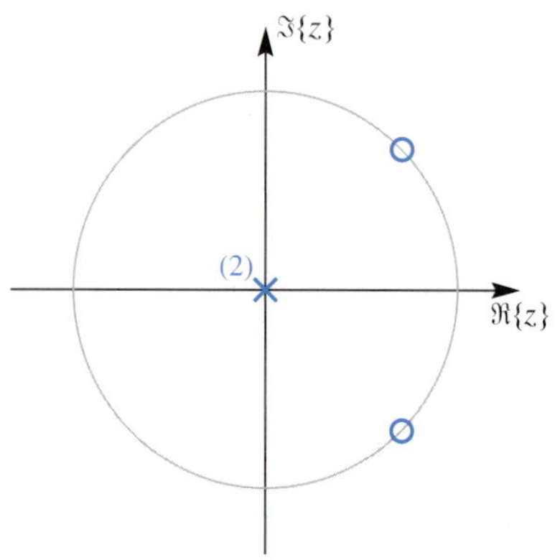

그림 9-9 $\hat{\omega}_0 = \pm\pi/4$의 복소 지수함수 성분들을 제거하는 2차 널 필터를 위한 단위원 상의 영점들

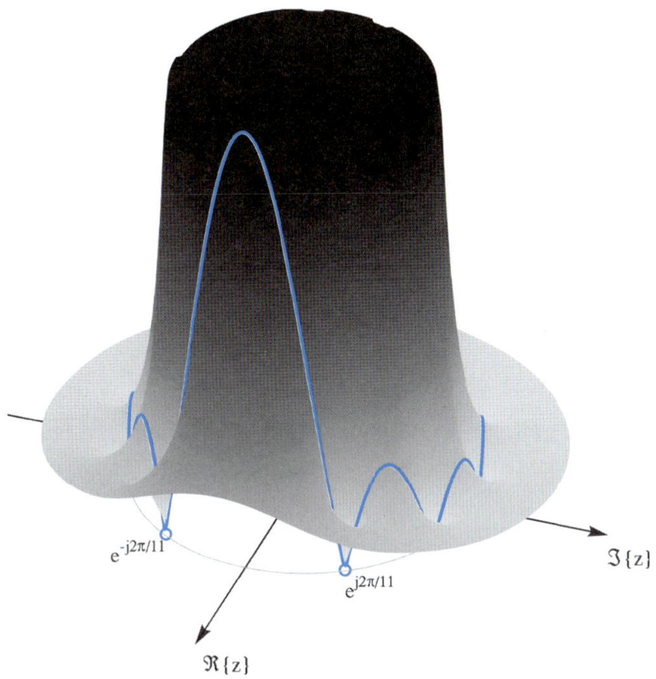

그림 9-10 단위원을 포함하는 z-평면의 영역 $\{|z| \leq 1.5\}$에 걸쳐서 계산된 FIR 필터의 z-변환 시스템 함수. 단위원을 따른 값들은 DTFT (크기)가 계산된 곳에 파란색 실선으로 나타내었다. 관점은 1상한이며, 그래서 $z = 1$의 점은 왼쪽에 위치한다. 그래프의 높이는 $|H(z)| \leq 13$으로 잘랐다. $z = e^{\pm j2\pi/11}$에서의 단위원 상의 영점들은 작은 파란 원으로 표시하였다.

의 단위원 상에서 시스템 함수값을 계산하여 얻어진다. 그림으로 설명하면 $|H(z)|$의 3차원 그래프를 시각화한 (그린) 다음, 관심을 단위원 상으로 제한하여 $|H(e^{j\hat{\omega}})|$의 DTFT 그래프를 구한다. 극점과 영점들은 3차원 그래프에서 어느 위치에서 무한대인지 아니면 0과 같은지를 알려주므로, 매우 중요하다. 3차원 크기 그래프에서, 영점 주변의 영역은 "골짜기"를 형성하고, 반면에 극점 주변의 영역은 아주 높은 "피크"를 만든다. 우리의 관심을 단위원 상으로 한정하면, 그림 9-5와 9-10과 같이 단위원을 따라 추적한 3차원 상의 경로를 따라 골짜기와 피크의 근처에 관심을 갖는다.

시스템 함수의 극점-영점 그래프만을 고려함으로써, 일반적으로 3차원 그림을 그리지 않고 단위원 상으로 제한된 $|H(z)|$의 3차원 그래프가 $\hat{\omega}$에 대한 $|H(e^{j\hat{\omega}})|$의 피크값과 0을 어떻게 만드는지를 추측할 수 있다. 예를 들어, 그림 9-10에서 단위원뿐만 아니라 단위원의 안팎의 모두의 값들을 포함하는 z-평면의 영역에서 z-변환의 크기 $|H(z)|$를 계산하여 구한 3차원 그래프를 보였다. 이 경우 시스템은, 계수들이 모두 1과 같은, 11-포인트 이동합 FIR 필터이다. 11-포인트 이동합 필터의 주파수 응답은 6-7절에서 상세히 논의하였고, 이 필터의 크기 응답의 그래프는 그림 9-11에 다시 보였다. 여기서 $k = \pm 1, \pm 2, \pm 3, \pm 4, \pm 5$일 때 $\hat{\omega} = 2\pi k/11$에 10개의 영점들이 존재하며, 그래서 그림 9-10에서 단위원을 따라서 $|H(z)|$의 10개의 영점들을 갖는 것을 기대한다. 이들 중 2개는 쉽게 확인할 수 있다.

11-포인트 이동합 필터의 시스템 함수는 다음과 같다.

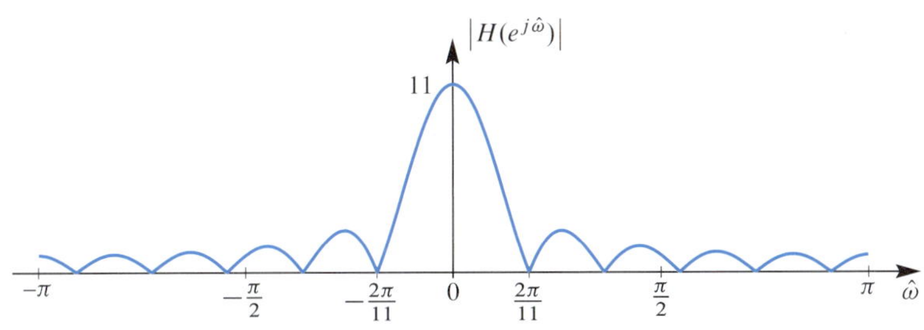

그림 9-11 11-포인트 이동합 필터의 주파수 응답 (크기만). 이 값들은 z-평면에서 단위원을 따라 계산한 $H(z)$의 값들이다. $\hat{\omega} = 0$을 제외하고 주파수 축을 따라 10개의 영점들이 균일하게 분포한다.

$$H(z) = \sum_{k=0}^{10} z^{-k} \tag{9.33}$$

주파수 응답 그래프로부터 단위원 상의 영점의 각도를 알 수 있으므로, 그래서 식 (9.33)의 다항식은 10개의 인수들의 곱으로 표현될 수 있다.

$$H(z) = (1 - e^{j2\pi/11}z^{-1})(1 - e^{j4\pi/11}z^{-1}) \cdots (1 - e^{j18\pi/11}z^{-1})(1 - e^{j20\pi/11}z^{-1}) \tag{9.34}$$

$(1 - e^{j2\pi k/11}z^{-1})$의 형태의 각각의 인수는 $z = e^{j2\pi k/11}$에서의 영점과 $z = 0$에서의 극점을 나타낸다. 따라서, 식 (9.34)는 $z = 0$에서의 10개의 극점들과 함께, $k = 1, 2, \ldots, 10$일 때 $z = e^{j2\pi k/11}$에서의 $H(z)$의 10개의 영점들을 보인다. 9-7절에서는 $H(z)$를 인수분해하기 위해서 1의 제곱근을 사용하고자 하며, 식 (9.33)에서의 $H(z)$의 10개의 영점들이 $k = 1, 2, \ldots, 10$에 대해 각도 $\hat{\omega} = 2\pi k/11$만큼 단위원 상에 존재함을 확인하고자 한다.

그림 9-10의 3-D 크기 그래프에서, 10개의 영점들은 단위원을 따라 3-D 그래프를 정확히 밝힌다. 단위원 안에서 $H(z)$의 값들은 $z = 0$에서의 10개의 극점들로 인하여 매우 커지게 된다. 주파수 응답의 크기 $|H(e^{j\hat{\omega}})|$는 그림 9-10에서 단위원을 따라 z-변환의 값들을 선택하여 얻을 수 있고, 이것은 그림 9-11에서 주어진 $\hat{\omega}$에 대한 $|H(e^{j\hat{\omega}})|$의 그래프와 동일하다. 주파수 응답의 모양은 그림 9-12에서 주어진 영점들의 위치로 설명할 수 있으며, 이것은 $z = 0$에서 10개의 극점들은 $|H(e^{j\hat{\omega}})|$의 값을 키우지만, 단위원을 따라서 있는 영점들은, $z = 1$에서 영점이 없어서 규칙성이 깨지는, $\hat{\omega} = 0$을 제외하고는 일정한 간격으로 $|H(e^{j\hat{\omega}})| = 0$을 만든다. 단위원 상의 값들은 $\hat{\omega}$가 $|z| = 1$로 $-\pi$에서 π까지 변할 때 $|H(z)|$의 굴곡을 따른다.

이 예를 통해 LTI 시스템의 주파수 응답이 시스템 함수 $H(z)$의 극점과 영점들의 그래프로부터 시각적으로 나타내질 수 있다는 직관적인 그림을 설명해준다. 단순하게 극점들은 주파수 응답을 "키우고" 영점들은 "낮추는" 역할을 한다고 기억할 필요가 있다. 게다가, 단위원 상의 영점들은 주파수 응답이 영점의 각도에 대응되는 주파수에서 정확히 0이 되도록 만든다.

9-6.5 세 영역 동영상

z-변환, DTFT, 임펄스 응답 (또는 차분 방정식)으로 이제 하나의 FIR LTI 시스템을 세 가지 방법으로 기술할 수 있게 되었으며, 이 3가지 방법들은 변수 z, $\hat{\omega}$, n으로 특징 지워지는 세 가지 다른 영역들을 포함한다. LTI 시스템을 다루기 위한 매우 중요한 기술들 중 하나는 특정 부류의 필터들

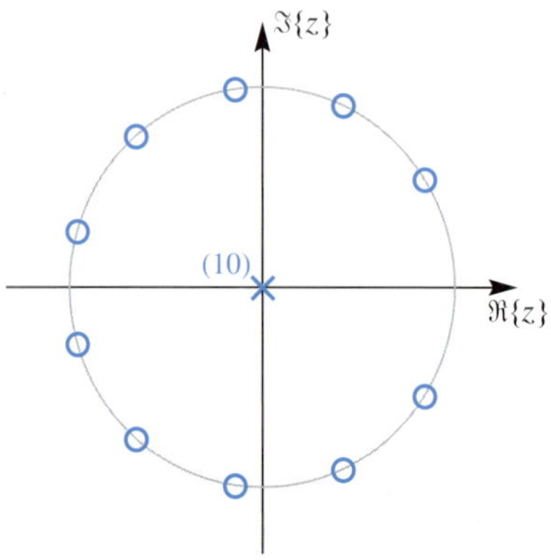

그림 9-12 11-포인트 이동합 필터에 대한 영점과 극점의 분포. 10개의 영점들은 $z = 1$을 제외하고, 단위원 상에 균등하게 분포하고, 10개의 극점들이 원점에 존재한다.

데모
3-영역 동영상

에 대하여 세 영역 모두의 그래프를 동시에 시각화할 수 있는 능력이다. 이 시각화를 세 가지 영역 모두에 대해 그래프를 제공하고 그 다음으로 한 파라미터가 변함에 따라 그래프가 어떻게 변하는지를 보이는 동영상으로 만들었다. 전형적인 예가 FIR 필터에서 하나 이상의 영점들이 변함에 따라 주파수 응답과 임펄스 응답이 어떻게 변하는지를 보이는 것이다. 그림 9-13에서는 z, $\hat{\omega}$, n 영역에서 관계를 표현하는 세 영역 동영상에서 하나의 프레임을 보였다. 이 화면 배치는 z-영역에서 극점-영점 다이어그램과 $H(z)$, $\hat{\omega}$ 영역에서 주파수 응답의 크기와 위상 그래프, n 영역에서 $h[n]$의 막대그림을 갖는다. 이 동영상의 제어는 z 영역에서 수행하며, 그 이유는 영점을 이동하고, $\hat{\omega}$, n 영역에서 어떤 변화가 생기는지 확인하기 쉽기 때문이다. 그림 9-13의 예에서, 동영상 순서는 단위원을 따라 두 개의 켤레 복소수인 영점들이 각도가 변하면서 이동한다. 동시에, $H(z)$의 계수들은 $h[n]$과 $H(e^{j\hat{\omega}})$의 그래프와 함께 갱신된다. 마지막으로, 동일한 상관관계를 보여주는 또 다른 방법으로, (PeZ라고 불리는) 3-영역 GUI가 있다. 이 GUI에서는 사용자가 영점들을 포인팅하는 도구로 클릭하고 드래그하여 이동시키면, 즉각적으로 주파수 응답과 임펄스 응답의 변화를 살펴볼 수 있다(자세한 사항은 그림 10-28에서 살펴볼 수 있다).

데모
PeZ GUI,
세 영역들-FIR

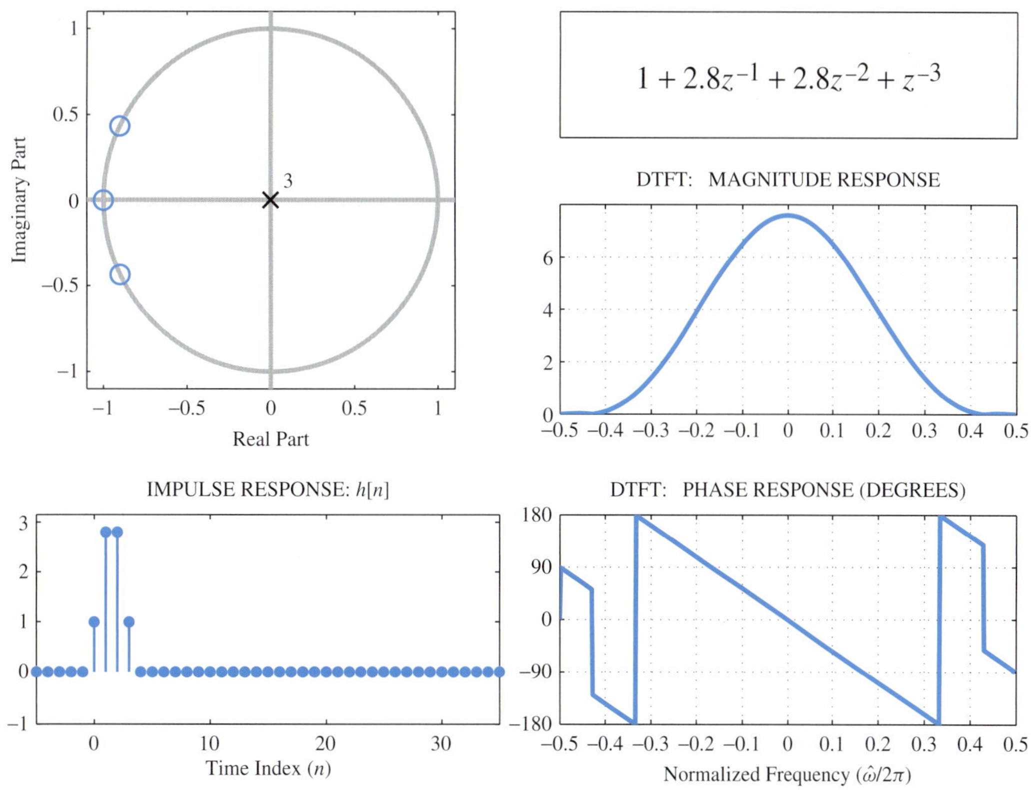

그림 9-13 서로 다른 세 영역들을 보여주는 *세 영역 동영상*의 한 프레임: 세 영역은 시간 영역 (n), 주파수 영역 ($\hat{\omega}$), z-변환 영역 $H(z)$, 및 극점-영점 다이어그램이다. 이 동영상에서, 영점의 켤레 복소수 쌍은 단위원을 따라 움직인다.

9-7 간단한 필터들

지금까지 z 영역과 $\hat{\omega}$ 영역 사이를 연결시키는 지식에 대하여 공부하였으므로, 이 지식을 원하는 주파수 응답 특성들을 갖는 FIR 필터들을 설계하는 데 활용할 수 있다. 이 절에서는 이동합 필터와 매우 유사한 형태의 FIR 필터들을 설명한다.

9-7.1 L-포인트 이동합 필터의 일반화

L-포인트 이동합 필터를 일반화한 필터는 다음과 같이 표현된다.

$$y[n] = \sum_{k=0}^{L-1} a^k x[n-k] \tag{9.35}$$

이동합은 $a = 1$인 경우에 해당한다. 식 (9.35)에 대한 시스템 함수는 다음과 같이 쉽게 결정된다.

$$H(z) = \sum_{k=0}^{L-1} a^k z^{-k} \tag{9.36}$$

필터 차수는 $M = L - 1$이고, 이 값은 $H(z)$ 다항식의 차수와 같다. 등비수열의 L개의 항의 합에 대한 식 (6.24)를 기억한다면, $H(z)$는 다음과 같은 2가지의 다른 유리식 형태로 쓸 수 있다.

$$H(z) = \sum_{k=0}^{L-1} a^k z^{-k} = \frac{1 - a^L z^{-L}}{1 - az^{-1}} = \frac{z^L - a^L}{z^{L-1}(z-a)} \tag{9.37}$$

$H(z)$의 두 번째 형태는 분자의 다항식이 $z^L - a^L$이며, 분모 다항식이 $z^{L-1}(z-a)$인 유리 다항식이다. $H(z)$의 영점들은 분자 다항식의 근으로 결정되고, 이때 z값은 다음과 같이 결정된다.

$$z^L - a^L = 0 \quad \Longrightarrow \quad z^L = a^L e^{j2\pi k} \tag{9.38}$$

여기서 정수 k에 대해 $e^{j2\pi k} = 1$이다. L개의 근을 구하기 위하여 양변에 L 제곱근을 취하면 다음을 얻을 수 있다.

$$z = ae^{j2\pi k/L} \qquad k = 0, 1, 2, \ldots, L-1 \tag{9.39}$$

$a = 1$일 때, 식 (9.39)의 값들은 식 $z^L = 1$을 만족하고, 그래서 이들을 ***1의 L번째 제곱근***이라는 점을 참고한다. 일반적으로, 식 (9.39)의 분자의 모든 근들은 반지름이 $|a|$인 원 위에 존재한다. 식 (9.37)에서 분모의 근들은 (차수 $L - 1$인) $z = 0$이거나 또는 $z = a$가 되는데, 정상적으로 $H(z)$의 극점이 된다. 그러나 분자의 근의 하나가 $z = a$이므로 (식 (9.39)에서 $k = 0$일 때), 분자식은 인수 $(z - a)$를 포함하고 있고, 이 인수는 분모식의 인수와 상쇄되므로, 그래서 분모 항 z^{L-1}만이 $H(z)$의 $L - 1$개의 극점들을 만든다. 따라서 $H(z)$는 차수가 $L - 1$이며 다음과 같은 인수분해 형태로 쓸 수 있다.

$$H(z) = \sum_{k=0}^{L-1} a^k z^{-k} = \prod_{k=1}^{L-1}\left(1 - ae^{j2\pi k/L}z^{-1}\right) \tag{9.40}$$

$z = a$일 때 근이 상쇄되므로 식 (9.40)의 곱은 $k = 0$에 해당하는 항이 제외된다는 점을 참고한다.

예제 9-11 $H(z)$로부터 $H(e^{j\hat{\omega}})$의 계산

11-포인트 이동합 필터 ($L = 11$)는 식 (9.37)에서 $a = 1$인 특별한 경우이므로, 그래서 시스템 함수를 나타내는 한 가지 방법은

$$H(z) = \sum_{k=0}^{10} z^{-k} = \frac{1 - z^{-11}}{1 - z^{-1}} \tag{9.41}$$

이다. 주파수 응답은 z 대신에 $e^{j\hat{\omega}}$을 치환하여 얻을 수 있고, 제6장의 식 (6.25), (6.26)에서 공부한 디리클레 형을 이용하여 다음과 같이 정리할 수 있다.

$$H(e^{j\hat{\omega}}) = H(z)\big|_{z=e^{j\hat{\omega}}} = \frac{1 - e^{-j11\hat{\omega}}}{1 - e^{-j\hat{\omega}}} = D_{11}(\hat{\omega})e^{-j5\hat{\omega}} \tag{9.42}$$

이 경우의 극점-영점 다이어그램은, 그림 9-11에 상응하는 주파수 응답과 함께, 이미 그림 9-12에 보였다. 식 (9.41)에서 분자 다항식 $(z^{11} - 1)$의 11개의 인수들은 $z = 1$에서 0이 되는 $(z - 1)$항을 포함하며, 이 항은 분모의 $(z - 1)$과 상쇄된다. 이는 단위원 주위에 단지 10개의 영점이 존재하며 $z = 1$에는 빈자리가 있는지를 의미한다. 그림 9-12에서 단위원 상의 10개 영점들은 그림 9-11에서, $\hat{\omega} = 0$을 제외하고, $\hat{\omega}$ 축을 따라 $2\pi/11$의 정수 배에서 $H(e^{j\hat{\omega}})$의 영점들을 나타낸다. $z = 1$에서의 빈자리는 주파수 응답이 $\hat{\omega} = 0$에서 큰 값을 갖도록 해준다는 것을 주목한다. 단위원 상의 다른 영점들은 $H(e^{j\hat{\omega}})$을 작도록 유지시키며, 그래서 결과적으로 그림 9-11에 보인 것과 같은 "저역통과" 필터의 주파수 응답을 만든다.

연습문제 9.7 다음과 같은 임펄스 응답

$$h[n] = \sum_{k=0}^{M} a^k \delta[n-k] \tag{9.43}$$

을 갖는 M차 FIR 필터에 대하여, (9.37) 또는 (9.40)의 시스템 함수는 $a \neq 1$일 때 단위원에서 벗어난 영점들을 갖는다. 그림 9-14에서 주어진 $H(z)$의 극점-영점 다이어그램으로부터, a의 값과 필터 길이 L을 결정하여라.

9-7.2 복소수 대역통과 필터

지금까지 단위원 상에 같은 간격으로 배치된 영점들을 위치시켜서 차단대역을 만들고, 한 개의 영점을 빼내어 통과대역을 만들어서 FIR 필터의 주파수 응답을 제어하는 방법에 대한 새로운 감각을 익혔다. 이 관점은 통과대역의 위치를 제어하여, 다른 FIR 필터들을 쉽게 생성할 수 있도록 해

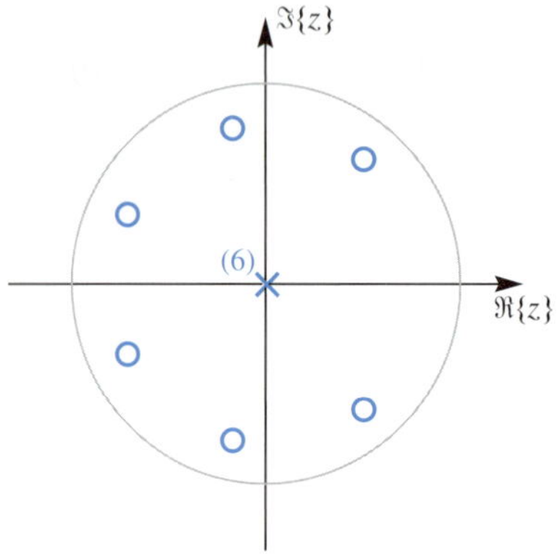

그림 9-14 $M = L - 1 = 6$일 때 식 (9.43)과 (9.37)의 a^k 필터에 대한 극점-영점 분포. 6개의 영점들은 반지름 $a = 0.8$인 원 상에 존재한다.

준다. 만약 통과대역의 중심 주파수를 $\hat{\omega} = 0$에서 떨어뜨리고, 다른 대역의 주파수 성분의 작은 대역을 통과시키면, 이 필터를 **대역통과** 필터 혹은 BPF라고 부른다.

통과대역을 움직이는 한 방법으로 DTFT의 주파수 이동 성질을 사용한다.

$$h[n]e^{j\hat{\omega}_0 n} \quad \stackrel{\text{DTFT}}{\longleftrightarrow} \quad H(e^{j(\hat{\omega}-\hat{\omega}_0)})$$

간단한 BPF를 만드는 방법은, $h[n]$으로 계수가 모두 1인 이동합 임펄스 응답을 이용하고, $\hat{\omega}_0$을 중심 주파수로 선택할 수 있다. $h[n] = e^{j\hat{\omega}_0 n}$의 z-변환은 식 (9.40)에서 $a = e^{j\hat{\omega}_0}$을 이용하면 구할 수 있다. 결과는 다음과 같이 표현된다.

$$H(z) = \sum_{n=0}^{L-1} 1e^{j\hat{\omega}_0 n}z^{-n} = \prod_{k=1}^{L-1}(1 - e^{j\hat{\omega}_0}e^{j2\pi k/L}z^{-1}) \tag{9.44}$$

따라서 $L - 1$개의 영점들은 $k = 1, 2, ..., L - 1$에 대하여 $z = e^{j(\hat{\omega}_0+2\pi k/L)}$에 존재하고, 이 영점들은 $z = e^{j\hat{\omega}_0}$에서의 영점이 빠져있다는 것을 제외하고 모두 단위원 상에 균등하게 분포한다. 한 예를

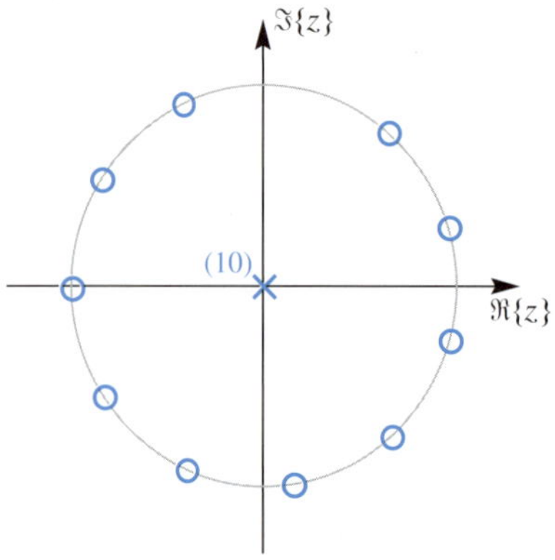

그림 9-15 $\hat{\omega}_0 = 5\pi/11$인 11-포인트 복소수 BPF의 영점과 극점의 분포. 각도 $5\pi/11$에서의 영점은 없지만, 단위원 상에 각도가 $2\pi/11$ 간격으로 10개 영점이 분포한다.

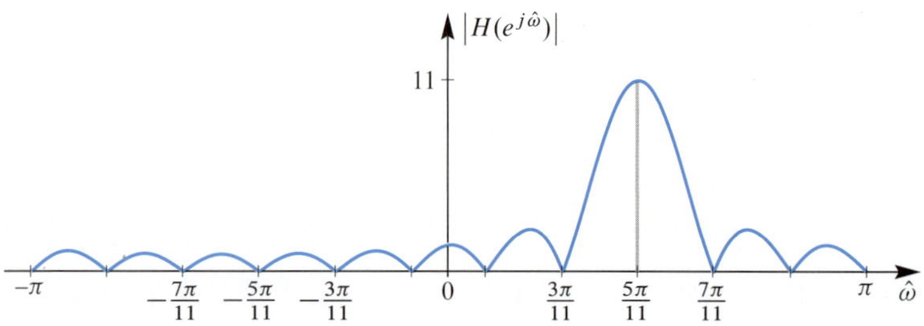

그림 9-16 $\hat{\omega}_0 = 5\pi/11$인 11-포인트 복소수 BPF의 주파수 응답 (크기만 보였다). 이 값들은 z-평면의 단위원 상의 값들이다. 주파수 축을 따라 $2\pi/11$ 간격으로 10개의 영점들이 위치한다.

$\hat{\omega}_0 = 5\pi/L$과 $L = 11$의 경우에 대하여 그림 9-15에 보였다. 필터의 통과대역이 DC ($z = 1$) 주변으로부터 $\hat{\omega}_0$ 주변에 중심을 둔 구간으로 이동할 것이라는 것을 예측한다. 그림 9-16에서는, 피크의 주파수 위치가 $\hat{\omega} = 5\pi/11$이므로, 우리의 직감을 확인할 수 있다. 이 필터는, $\hat{\omega} = 5\pi/11$ 주변의 좁은 통과대역 바깥쪽의 주파수에 대해서는 $|H(e^{j\hat{\omega}})|$이 상당히 작기 때문에 대역통과 필터이다.

9-7.3 실수 계수의 대역통과 필터

먼저의 주파수 이동 방법은 필터 계수들이 $b_k = a^k = e^{j\hat{\omega}_0 k}$와 같은 복소수 값을 갖는 필터를 만들며, 이것은 만일 우리가 실수 신호들을 필터링하기를 원한다면, 바람직하지 않을 수 있다. 하지만, 실수의 필터 계수들을 만드는 두 번째의 방법이 존재한다—주파수의 (상하) 이동을 위해 코사인을 사용할 수 있다. 이렇게 하려면 이 필터 계수들은 다음과 같다.

$$b_k = \cos(\hat{\omega}_0 (k - k_m)) \qquad k = 0, 1, \ldots, L-1\text{일 때}$$

여기서 k_m은 임펄스 응답의 중간점, 즉 $k_m = (L-1)/2$이다. 코사인에서 길이 L인 어떤 부분도 사용 가능하지만, 이렇게 선택한 것은 (9-9절에서 논의할) 선형 위상 조건이 만족한다는 것을 보장하여야 한다.

이 실수 필터 계수들로, 이 새로운 BPF는 두 개의 복소수 BPF의 합으로 쓸 수 있다. z^{-k}의 코사인 계수들을 복소 지수함수들로 확장하면, 다음을 얻을 수 있다.

$$H(z) = \sum_{k=0}^{L-1} \left(\cos(\hat{\omega}_0(k - k_m))\right) z^{-k} \tag{9.45a}$$

$$= \sum_{k=0}^{L-1} \left(\tfrac{1}{2}e^{j\hat{\omega}_0(k-k_m)} + \tfrac{1}{2}e^{-j\hat{\omega}_0(k-k_m)}\right) z^{-k}$$

$$= \tfrac{1}{2}e^{-j\hat{\omega}_0 k_m} \sum_{k=0}^{L-1} e^{j\hat{\omega}_0 k} z^{-k} + \tfrac{1}{2}e^{j\hat{\omega}_0 k_m} \sum_{k=0}^{L-1} e^{-j\hat{\omega}_0 k} z^{-k}$$

$$= H_1(z) + H_2(z) \tag{9.45b}$$

이와 같이, 주파수 응답은, 그림 9-17에서 확인되는 두 개의 "디리클레" 피크들을 갖게 된다. 지수에서 k_m은 단지 $H_1(z)$와 $H_2(z)$의 위상에만 영향을 준다는 점을 참고한다. 사실, 식 (9.45b)의 합은, 크기가 아닌, 복소수들의 합이며, 그래서 위상이 중요하게 된다. MATLAB에서는 그림 9-17과 같은 주파수 응답을 구하는 것은 큰 문제가 안 된다. 추가적으로, 그림 9-18의 영점-극점 다이어그램은 MATLAB 함수 `zplane`으로 만들 수 있다.

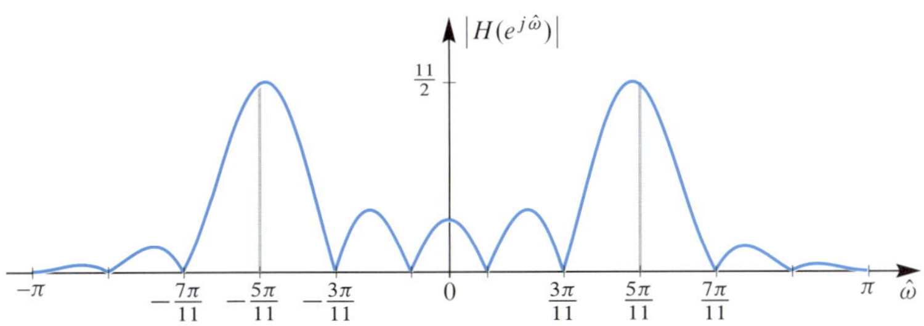

그림 9-17 $\hat{\omega} = \pm 5\pi/11 = \pm\hat{\omega}_0$ 근처에 두 통과대역을 갖는, 11-포인트 실수 BPF의 주파수 응답 (크기만 보였다). 하나의 디리클레 형의 사이드로브(sidelobe)는 다른 피크와 더해져서 $H(e^{j\hat{\omega}})$를 생성하므로, 피크의 크기들은 정확히 $\hat{\omega} = \pm 5\pi/11 = 0.4545\pi$에 존재하지 않음을 주의한다. 피크값은 $\hat{\omega} = \pm 0.439\pi$에서 5.569이다.

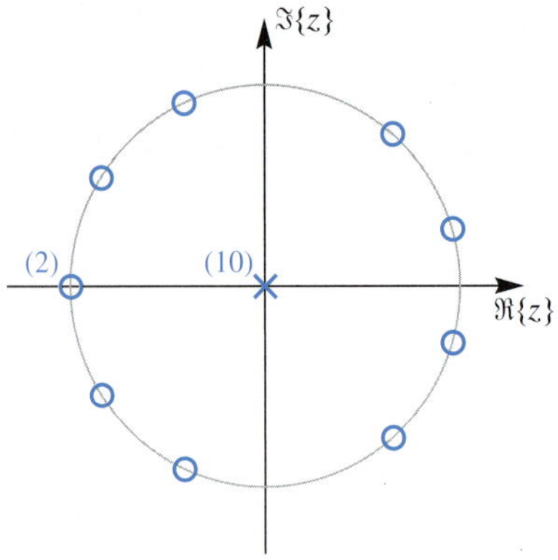

그림 9-18 그림 9-17에 보인 11-포인트 실수 BPF의 극점-영점 분포. 원래의 1의 11승 근 중에서, 각도 $\pm 5\pi/11$의 두 점은 없지만, 실수축 상에서 $z = -1$에 2중 영점이 존재한다. 원점에서는 10개의 극점들이 존재한다.

9-8 실제적인 통과대역 필터 설계

좀 더 세련된 방법으로 훨씬 더 좋은 필터들이 설계될 수 있지만, 9-7절에서 논의한 BPF 설계의 예는, 이런 문제들의 분석을 쉽게 해주는 z-변환의 능력을 유용하게 설명해준다. $H(z)$의 영점들에 의한 (그리고 극점들에 의한) 필터의 특성화는 필터 설계와 구현에서 자주 사용된다. 그 이유는 z-변환이 콘볼루션과 주파수 응답을 포함하는 어려운 문제들을 다항식의 곱셈과 인수분해에 근거한 간단한 대수 계산으로 변환할 수 있기 때문이다. 이와 같이, 기본적인 대수가 설계에서 일상의 도구로 핵심이 된다.

FIR 필터의 마지막 예로, 컴퓨터-기반 필터-설계 프로그램으로 설계되는 고차 FIR 필터를 다룬다. 대부분 디지털 필터 설계는 9-7절에서의 단순한 분석으로 이룰 수 있는 것보다 통과대역과 차단대역을 훨씬 더 정교하게 설계할 수 있는 소프트웨어 툴들을 사용하여 수행한다. `firpm`과 `fir1`과 같은 설계 프로그램들은 MATLAB 소프트웨어가 확장된 Signal Processing Toolbox에서 구할 수 있다. 7-4절에서 `fir1`을 다루는 FIR 필터 설계를 위한 윈도우 방법에 대해 고려하는 방법론을 설명하였으며, 그래서 정교한 설계 방법으로 무엇이 성취될 수 있는지에 대한 지식을 얻기 위하여 프로그램 `fir1`으로부터의 출력을 확인하는 것은 흥미롭다. 이 소프트웨어는 통과대역의 주파수 영역을 지정할 수 있도록 해주며, 그 다음으로 통과대역에서 이득이 1이며 차단대역에서는 이득이 0인 이상적인 필터에 근접하는 훌륭한 근사화를 계산한다. 한 예로 그림 9-19, 9-20, 9-21에 길이 24인 FIR BPF에 대하여 보였다.

24-포인트 FIR BPF의 임펄스 응답은 그림 9-19에 보였다. 계수들은 $k = 0, 1, 2, \ldots, 23$에서 $\{b_k\}$

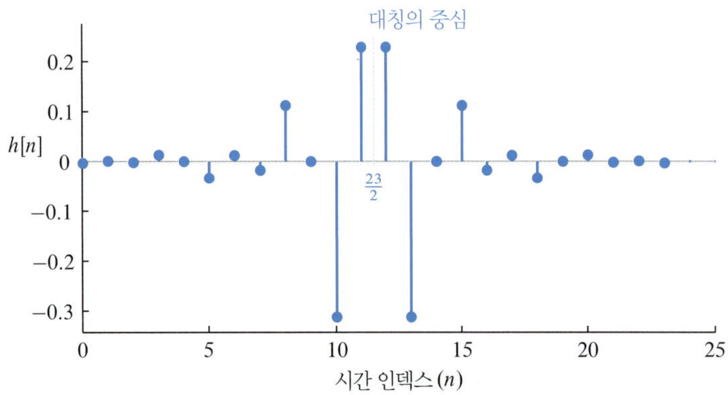

그림 9-19 MATLAB `fir1` 함수로 설계한 24-포인트 BPF의 임펄스 응답. 이 값들은 $k = 0, 1, 2, \ldots, 23$에서의 FIR 필터 계수 $\{b_k\}$이며, 이 값들은 차분 방정식을 구현할 때 필요하다.

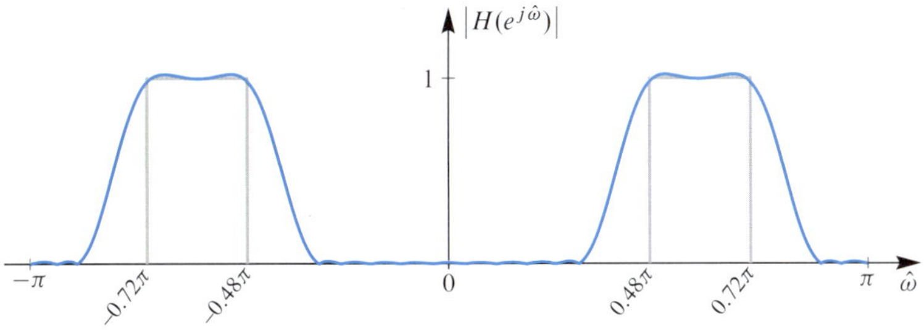

그림 9-20 24-포인트 BPF에 대한 주파수 (크기만의) 응답. 통과대역은 구간 $0.48\pi \le |\hat{\omega}| \le 0.72\pi$이다. 이 설계는 `fir1(23, 2*[0.2, 0.4], kaw)`로 수행되었으며, 여기서 `kaw = kaiser(24, 2.75)`는 카이저 (Kaiser) 윈도우이다.

로 라벨이 되어있다는 점을 주목한다. 이 그래프는 중심점 $n = 23/2$를 기준으로 대칭이다. 표 9-2에는 임펄스 응답과 필터 계수들에 대한 값들을 나열하였다. 이 값들은 그림 9-20에 보인 주파수 응답을 갖는 필터를 구현하기 위한 차분 방정식

$$y[n] = \sum_{k=0}^{23} b_k x[n-k]$$

에서 사용되는 계수들이다. 주파수 영역에서 넓은 통과대역은 $2\pi(0.24) < |\hat{\omega}| < 2\pi(0.36)$에 대응된다는 것을 참고한다. 이 구간에서, 필터 이득은 1에서 약간 변하며, 그래서 이 주파수들을 갖는 정현파 입력 신호들의 진폭들은 필터에 의해 크게 영향 받지 않는다. 9-9 절에서는 이 필터가 선형 위상을 갖는다는 것을 보이고자 하며, 그래서 이 주파수 성분들은 지연만 발생한다.

또한, 영역들 $|\hat{\omega}| < 2\pi(0.16)$과 $2\pi(0.44) < |\hat{\omega}| < 2\pi(0.5)$에서 이득은 거의 0임을 확인할 수 있다. 이 영역들은 필터의 "차단대역"들이며, 이 주파수들에서 정현파들의 진폭은 아주 작은 이득이 곱해져서 출력으로 나오는 것을 차단하기 때문이다.

주파수 응답은 통과대역에서 차단대역으로 부드럽게 줄어듦을 관찰할 수 있다. 이 전환 구간에서, 정현파 신호들은 그림 9-20에 보인 이득을 따라 진폭이 줄어든다. 다양한 응용에서, 이런 전이 영역들은 매우 작기를 원한다. 이상적으로, 이 영역의 폭이 0이 되기를 기대할 수도 있다. 이론상으로는 가능하지만, 7-4.2.5절에서 논의한 바와 같이, 폭을 줄임에 따라 비용은 상승하게 된다. FIR 주파수 선택 필터들에 대하여 (저역통과, 대역통과, 고역통과), 전이 영역의 폭은, 시스템 함수

표 9-2 24-포인트 FIR 대역통과 필터의 필터 계수들

$b_0 = -0.0108 = b_{23}$
$b_1 = 0.0037 = b_{22}$
$b_2 = -0.0052 = b_{21}$
$b_3 = 0.0300 = b_{20}$
$b_4 = 0.0000 = b_{19}$
$b_5 = -0.0526 = b_{18}$
$b_6 = 0.0164 = b_{17}$
$b_7 = -0.0219 = b_{16}$
$b_8 = 0.1275 = b_{15}$
$b_9 = 0.0000 = b_{14}$
$b_{10} = -0.3236 = b_{13}$
$b_{11} = 0.2330 = b_{12}$

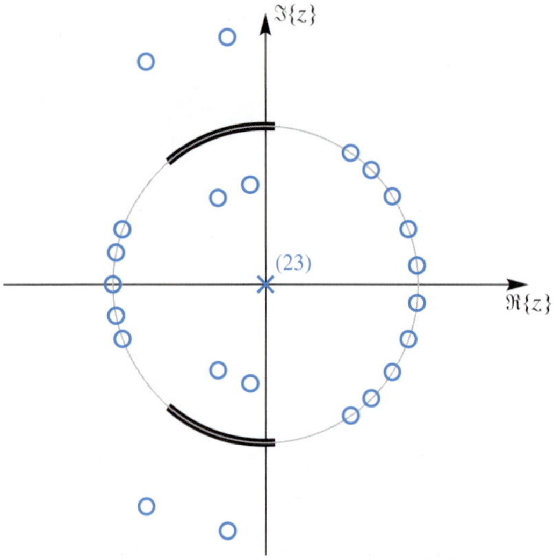

그림 9-21 MATLAB `fir1` 함수로 설계된 24-포인트 BPF의 영점과 극점들의 분포. 그림 9-20에서 $H(e^{j\hat{\omega}})$의 통과대역에 해당하는 단위원 상의 부분은 검은색으로 표시하였다.

다항식의 차수인, M에 반비례한다고 밝혀졌다. 즉, 차수가 더 높아지면, 전이 영역의 폭은 더 좁아지며, $M \to \infty$에 따라, 전이 영역은 0으로 줄어든다. 불행히도 M을 키우면 또한 출력의 각 값을 계산하는 데 필요한 계산량이 증가하게 되며, 그래서 실제 응용환경에서는 트레이드오프 (trade-off)가 항상 필요하다.

그림 9-21에서는 FIR 필터의 극점-영점 다이어그램을 보였다. 여기서 영점들의 위치에는 특이한 패턴이 있다는 것에 주목한다. 특히, 단위원에서 벗어나 있는 영점들이 4개의 영점들의 집합을 형성하는 것같아 보이는지에 대하여 주목한다. 실제로, 단위원 상에 있지 않은 각 영점에 대하여, 켤레 복소수의 위치, 역수의 위치, 켤레 복소수의 역수 위치에 다른 영점들이 존재한다. 이들 4개 영점들의 그룹은 필터의 통과대역을 만드는 설계 과정에서 전략적으로 위치해 놓는다. 유사하게, 설계 과정에서 단위원 상에 (또는 가까이에) 영점들을 놓는 것은 주파수 축의 차단대역 영역에서 필터 이득이 작게 되도록 보장해준다. 또한, 모든 복소수 영점들은 켤레 쌍으로 나타나며, 시스템 함수가 23차 다항식이므로, $z = 0$에서 23개의 극점이 있다. 9-9절에서는, 영점-극점 분포의 이런 성질들은 필터 계수들의 열이 대칭이라는 직접적인 결과이다.

9-9 선형 위상 필터의 특성

9-8절에서 논의된 필터는 계수들의 열이 (임펄스 응답) $k = 0, 1, ..., M$에 대하여, $b_k = b_{M-k}$의 형태의 대칭성을 갖는 부류의 시스템의 한 예이다. 이런 시스템들은 z-영역 표현에서 쉽게 볼 수 있는 재미있는 성질을 많이 갖고 있다.

9-9.1 선형 위상 조건

대칭인 필터 계수로 정의되는 (따라서 대칭의 임펄스 응답을 갖는) FIR 시스템은 위상이 선형인 주파수 응답을 갖는다. 이미 공부를 했던 한 예가, 계수가 모두 같고 $k = 0, 1, \ldots, M$에 대하여 $b_k = b_{M-k}$ 조건을 명확하게 만족하는 L-포인트 이동합의 예이다. 9-8절의 예는 이 대칭 조건을 만족하므로 또한 선형 위상을 갖는다. 왜 선형 위상이 이런 대칭으로부터 나오는지를 알기 위하여, 다음과 같은 시스템 함수를 갖는 간단한 예를 고려한다.

$$H(z) = b_0 + b_1 z^{-1} + b_2 z^{-2} + b_1 z^{-3} + b_0 z^{-4} \tag{9.46}$$

이와 같이, $M = 4$이고 신호 길이는 $L = M + 1 = 5$ 샘플이다. 이 특별한 경우에 대한 주파수 응답을 구한 다음에는 일반화도 쉽게 할 수 있을 것이다. 먼저, $H(z)$는 다음과 같이 쓸 수 있다.

$$H(z) = \left(b_0(z^2 + z^{-2}) + b_1(z^1 + z^{-1}) + b_2\right) z^{-2}$$

만약 M이 더 크다면, $(z^k + z^{-k})$ 형태의 인수들의 그룹을 단순히 늘리면 된다. 이제 $z = e^{j\hat{\omega}}$로 치환하면, 위 인수들의 각각은 다음과 같이 코사인 항이 되며, 그래서,

$$H(e^{j\hat{\omega}}) = \left(2b_0 \cos(2\hat{\omega}) + 2b_1 \cos(\hat{\omega}) + b_2\right) e^{-j\hat{\omega}M/2}$$

이 된다. 이 특정한 예에서, $H(e^{j\hat{\omega}})$는 다음과 같은 형태

$$H(e^{j\hat{\omega}}) = R(e^{j\hat{\omega}}) e^{-j\hat{\omega}M/2} \tag{9.47}$$

가 된다는 것을 보았으며, 여기서 $M = 4$이고 $R(e^{j\hat{\omega}})$은 실수 함수

$$R(e^{j\hat{\omega}}) = \left(2b_0 \cos(2\hat{\omega}) + 2b_1 \cos(\hat{\omega}) + b_2\right)$$

이다. 일반적인 경우에 대해 이 분석 스타일을 따르면, $k = 0, 1, \ldots, M$에 대하여 $b_k = b_{M-k}$이면 언제나 식 (9.47)이 성립한다는 것을 쉽게 보일 수 있다. 일반적인 경우에 대하여, M이 짝수 및 홀수에 따라 다음과 같은 결과를 정리할 수 있다.

$$R(e^{j\hat{\omega}}) = \begin{cases} b_{\frac{M}{2}} + \sum_{k=0}^{\frac{M-2}{2}} 2b_k \cos[(\frac{M}{2} - k)\hat{\omega}] & M: \text{짝수} \\ \sum_{k=0}^{\frac{M-1}{2}} 2b_k \cos[(\frac{M}{2} - k)\hat{\omega}] & M: \text{홀수} \end{cases} \tag{9.48}$$

식 (9.47)에서 임의의 대칭인 필터의 주파수 응답은 실수 진폭 함수 $R(e^{j\hat{\omega}})$과 선형 위상 인수 $e^{-j\hat{\omega}M/2}$와의 곱의 형태임을 확인할 수 있다. 6-5.1절에서 살펴본, 위상 인수는 $M/2$ 샘플의 지연에 해당한다. 따라서, 6-7절에서 제시된 이동 평균 필터에 대한 분석은 일반적인 대칭 FIR 경우에 전형적으로 일어날 수 있는 것들이다. 주요 차이점은, 9-8절에서 살펴보았듯이, 필터 계수들을 신중하게 선택한다면, 훨씬 더 주파수 선택적인 응답을 갖도록 함수 $R(e^{j\hat{\omega}})$의 형태를 만들 수 있다는 점이다.

9-9.2 FIR 선형 위상 시스템의 영점 위치

만약 필터 계수들이 $k = 0, 1, \ldots, M$에 대하여 $b_k = b_{M-k}$를 만족하면, z-변환 다항식은 다음과 같은 "역수 성질 (reciprocal property)"

$$H(1/z) = z^M H(z) \tag{9.49}$$

를 따른다. 선형 위상 필터의 역수 성질을 증명하기 위하여, 4-포인트 시스템 함수 $H(z)$를 고려하

며, z를 $1/z$로 대체하면

$$\begin{aligned} H(1/z) &= b_0 + b_1(1/z)^{-1} + b_1(1/z)^{-2} + b_0(1/z)^{-3} \\ &= b_0 + b_1 z^1 + b_1 z^2 + b_0 z^3 \\ &= z^3(b_0 + b_1 z^{-1} + b_1 z^{-2} + b_0 z^{-3}) \\ &= z^3 H(z) \end{aligned}$$

를 얻는다. 일반적인 M에 대해서도 위 방법을 동일하게 따르면, 식 (9.49)는 일반적인 경우에 대해서도 쉽게 증명할 수 있다.

선형 위상 필터의 역수 성질은 그림 9-21의 극점-영점 다이어그램에서 영점들은 특이한 형태를 만든다. 단위 원상에 있지 않은 영점들은 4개씩 발생한다. 게다가, 이 네 점들은 BPF의 통과대역을 만드는 역할을 한다. 단위원 상의 영점도 켤레 복소수 형태로 존재해야 하므로, 짝을 지어서 발생하며, 이런 영점들은 주로 필터의 차단대역을 만드는 역할을 한다.

이런 성질들은 선형 위상 필터에 대하여 일반적으로 성립된다고 보일 수 있다. 특별히,

> $k = 0, 1, \ldots, M$에 대하여 $b_k = b_{M-k}$일 때, 만일 z_0가 $H(z)$의 영점이라면, 켤레 복소수, 이 수의 역수, 이 켤레 복소수의 역수, 즉 $\{z_0, z_0^*, 1/z_0, 1/z_0^*\}$도 모두 $H(z)$의 영점들이다.

필터 계수들은, 또한 $H(z)$의 계수이기도 하며, 실수이므로, 켤레 복소수의 영점들도 포함된다. 따라서 $H(z)$의 모든 영점들은 반드시 켤레 복소수 쌍들로 나타나야 한다. 식 (9.49)를 이용하면, z_0가 $H(z)$의 영점이라고 가정하면, 다음을 얻을 수 있다.

$$H(1/z_0) = z_0^M H(z_0) = 0$$

$H(z_0) = 0$이므로, 반드시 $H(1/z_0) = 0$이어야 한다. 대부분 FIR 필터들이 대칭 성질을 만족하도록 설계되므로, 그림 9-21의 영점 패턴도 일반적인 형태이다.

9-10 요약 및 링크

LAB 터치톤 신호의 부호화와 복호화

LAB 옥타브 밴드 필터링

이 장에서는 일반적인 FIR 필터와 유한 길이 신호에 대하여 z-변환 방법을 소개하였다. z-변환은 LTI 시스템을 다루는 것을 다항식과 유리 함수들에 대한 단순한 연산으로 줄일 수 있다. 이 z-변환 다항식의 근들은, 주파수 응답과 같은 필터 성질들이 근들의 위치로부터 직접 추론될 수 있으므로, 매우 중요하다.

또한, 이산시간 신호와 시스템에 대해 "표현 영역"이란 중요한 개념을 소개하였다. 여기에는 세 개의 영역: n-영역 또는 시간 영역, $\hat{\omega}$-영역 또는 주파수 영역, 그리고 z-영역이 존재한다. 3개의 다른 영역들을 마음대로 다룰 수 있다면, 일반적으로 가장 어려운 문제들조차도 다른 영역 중 하나로 이동함으로써 단순하게 만들 수 있다.

웹사이트에 있는 랩실습 프로젝트 중에서, 제5장과 제6장에서 FIR 필터링 주제 중 2가지를 이미 살펴보았다. 첫 번째는 정현파 신호의 FIR 필터링, 콘볼루션과 디콘볼루션이다; 두 번째는 1차 차분과 L-포인트 평균기와 같은 일반적인 필터의 주파수 응답에 대하여 살펴보았다. 2개의 다른

데모
세 개의 영역 FIR

데모
Z to Freq

LAB
PeZ 3 영역들

프로젝트에서는, FIR 필터들이 터치톤 복호 시스템, 피아노 음계 검출을 위한 옥타브 대역 필터와 같은 실제적인 시스템에 사용되었다. 이런 랩들 각각에서는 z-변환의 새로운 배경 지식을 쉽게 이해하고 간단히 수행해 볼 수 있다.

관련 웹사이트에서는 z-평면, 주파수 영역과 시간 영역 간의 관계에 대한 몇 가지의 데모들이 또한 포함되어 있다.

(a) 영점의 위치가 이동함에 따라 FIR 필터의 주파수 응답과 임펄스 응답이 어떻게 변하는지를 보여주는 세 영역 동영상. 다수의 다른 필터들의 데모가 있다.

(b) z-평면과 주파수 응답이 존재하는 단위원 사이의 상관관계를 보여주는 애니메이션 동영상.

(c) 세 영역을 살펴볼 수 있는 MATLAB 프로그램 `PeZ`. 세 영역에서 다양하고 유용한 필터들을 (예를 들어 널 필터) 제공하는 `PeZ`에 대한 랩실습이 있다. `PeZ`에서 양방향 제어를 하기 위한 정확한 설명은 10-12.4 절을 참조한다.

9-11 문제

참고
풀이가 있는 문제들

이 절의 문제들은 이 장에서 제시된 z-변환의 주요 개념에 관한 내용을 다룬다. 여기에 더하여, 웹사이트에는 많은 연관된 숙제 문제들이 준비되어 있으며, 이것들은 대부분 상세한 풀이가 있으므로, 복습과 실습을 위하여 사용될 수 있다.

P-9.1 식 (9.5)와 (9.6)의 중첩 성질과 시간-지연 성질을 이용하여 다음 신호들의 z-변환을 구하여라.

$$x_1[n] = 7\delta[n]$$
$$x_2[n] = \delta[n-1]$$
$$x_3[n] = 5\delta[n-4]$$
$$x_4[n] = 7\delta[n] - \delta[n-1] + 5\delta[n-4]$$

P-9.2 만일

$$y[n] = x[n] - x[n-1]$$

이라면, 식 (9.5)와 (9.6)의 중첩 성질과 시간-지연 성질을 이용하여, z-변환 $Y(z)$를 $X(z)$로 나타내어라. 이 결과를 활용하여 이 1차 차분 시스템에 대하여, $H(z) = 1 - z^{-1}$이라는 것을 보여라.

P-9.3 어떤 LTI 시스템이 다음과 같은 시스템 함수를 갖는다고 가정한다.

$$H(z) = 1 + 5z^{-2} - 3z^{-3} + 2z^{-5} + 4z^{-7}$$

(a) 시스템의 출력 $y[n]$과 입력 $x[n]$과의 관계를 나타내는 차분 방정식을 구하여라.

(b) 입력이 $x[n] = \delta[n]$일 때, 출력 $y[n]$을 구하고 그래프를 그려라.

P-9.4 어떤 LTI 시스템은 다음과 같은 차분 방정식으로 나타내진다.

$$y[n] = 0.1\,(x[n] - x[n-1] + x[n-2])$$

(a) 이 시스템의 시스템 함수 $H(z)$를 구하여라.
(b) z-평면에서 $H(z)$의 극점과 영점을 그려라.
(c) $H(z)$로부터 이 시스템의 주파수 응답인 $H(e^{j\hat{\omega}})$의 식을 구하여라.
(d) $-\pi \leqq \hat{\omega} \leqq \pi$에서 주파수의 함수로 주파수 응답 (크기와 위상)의 그래프를 그려라.
(e) 입력이 다음과 같을 때 출력을 구하여라.

$$x[n] = 9 - 8\cos[0.25\pi(n-1)] + 7\cos[(2\pi/3)n]$$

P-9.5 다음과 같이 시스템 함수가 5개의 항의 곱으로 표현되는 어떤 LTI 시스템을 고려한다.

$$H(z) = (1 + z^{-1})(1 - 0.8e^{j\pi/2}z^{-1})(1 - 0.8e^{-j\pi/2}z^{-1})(1 - e^{j2\pi/3}z^{-1})(1 - e^{-j2\pi/3}z^{-1})$$

(a) 입력 $x[n]$과 출력 $y[n]$ 사이를 관계를 나타내는 차분 방정식을 적어라.
힌트: $H(z)$의 인수들을 전개하여 다항식을 구한다.
(b) 복소수 z-평면에서 $H(z)$의 극점과 영점을 그려라.
(c) 만일 입력이 $x[n] = Ae^{j\varphi}e^{j\hat{\omega}n}$이라면, $-\pi \leqq \hat{\omega} \leqq \pi$의 어떤 값들이 $y[n] = 0$을 만족하는가?

P-9.6 그림 P-9.6(a)의 블록 다이어그램은 2개의 LTI 시스템의 직렬 연결을 나타내며, 여기서 첫 번째 시스템의 출력은 두 번째 시스템의 입력이 되고 전체 출력은 두 번째 시스템의 출력이 된다.

(a) LTI 1은 차분 방정식 $y_1[n] = \frac{1}{3}(x[n] + x[n-1] + x[n-2])$로 기술되는 3-포인트 평균기이고, LTI 2는 시스템 함수 $H_2(z) = \frac{1}{4}(1 + z^{-1} + z^{-2} + z^{-3})$으로 기술되는 4-포인트 평균기라고 가정한다. 그림 P-9.6(a)의 전체 직렬 시스템의 시스템 함수를 구하여라.
(b) 그림 P-9.6(b)의 직렬 시스템에서, LTI 1은 4-포인트 평균기이고 LTI 2는 3-포인트 평균기라고 가정한다. 입력이 $x[n] = \delta[n] - \delta[n-1]$일 때, z-변환인 $Y_2(z)$와 $W(z)$를 구하여라.
(c) 그림 P-9.6(a)에서 $y[n]$과 $x[n]$의 관계를 나타내는 차분 방정식을 구하여라. 이 두 평균기의 직렬 연결은 7-포인트 평균기와 동일한가?
(d) 복소수 z-평면에서 $H(z) = H_1(z)H_2(z)$의 극점과 영점들을 그려라.

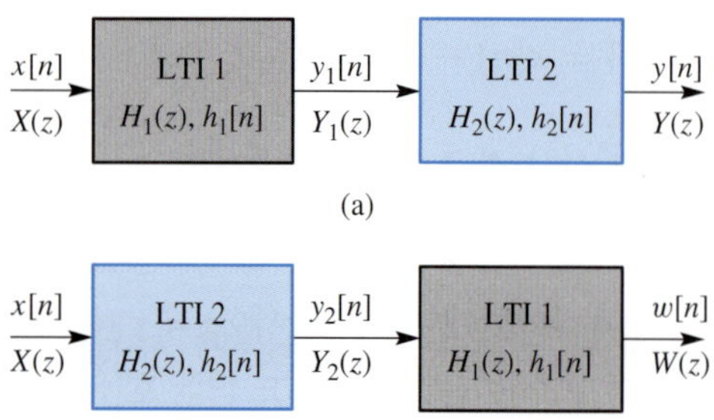

그림 P-9.6

P-9.7 다음 다항식을 인수분해하여 복소수 평면에 근들을 표시하여라.

$$P(z) = 1 - \tfrac{1}{2}z^{-1} + \tfrac{1}{2}z^{-2} - z^{-3}$$

MATLAB에서, `roots`와 `zplane` 함수들을 사용하여라.

P-9.9 다음의 차분 방정식으로 표현되는 LTI 시스템을 고려한다.

$$y[n] = x[n] - x[n-1] + x[n-2] - x[n-3] + x[n-4]$$
$$= \sum_{k=0}^{4} (-1)^k x[n-k]$$

(a) 이 시스템의 임펄스 응답 $h[n]$을 구하여라.

(b) 이 시스템의 시스템 함수 $H(z)$를 구하여라.

(c) 복소수 z-평면에 $H(z)$의 극점과 영점을 그려라.
힌트: 1의 L 제곱근을 기억한다.

(d) $H(z)$로부터, 이 시스템의 주파수 응답 $H(e^{j\hat{\omega}})$의 식을 구하여라.

(e) 주파수 응답 (크기와 위상)의 그래프를 주파수의 함수로 그려라 (또는 MATLAB의 `freqz`, 또는 *DSP-First* 툴박스의 `freekz` 함수를 이용하여 그려라).

(f) $-\infty < n < \infty$에 대하여 입력이

$$x[n] = 5 + 4\cos(0.5\pi n) + 3\cos(0.6\pi n + \pi/4)$$

라고 가정한다. 출력에 대한 식을 $y[n] = A + B\cos(\hat{\omega}_0 n + \varphi_0)$의 형태로 구하여라.

P-9.9 어떤 시스템 $H(z)$는 5개의 1차 차분 필터들의 직렬 연결로 구성되었다고 가정한다.

(a) 전체 시스템의 시스템 함수 $H(z)$를 구하여라.

(b) z-평면에서 $H(z)$의 극점과 영점을 그려라.

(c) $H(z)$로부터, 전체 직렬 시스템의 주파수 응답 $H(e^{j\hat{\omega}})$에 대한 식을 구하여라.

(d) z-변환 다항식을 전개하여, 시스템 전체의 임펄스 응답 $h[n]$을 구하여라.

P-9.10 어떤 LTI 시스템은 다음

$$H(z) = z^{-6} - 2z^{-7} + 4z^{-8} - z^{-9}$$

과 같은 시스템 함수를 갖는다고 가정한다. 시스템의 입력은 신호

$$x[n] = 2\delta[n] + 3\delta[n-3] - 8\delta[n-6] + 3\delta[n-9]$$

이다.

(a) 실제 출력을 계산하지 않고, 다음이 만족되도록 N_1과 N_2의 값을 결정하여라.

$$n < N_1 \text{ 및 } n > N_2\text{일 때} \quad y[n] = 0$$

(b) (a)에서 얻은 N_1과 N_2를 이용하여, (0이 아닌 값) $y[N_1]$과 $y[N_2]$을 구하여라.

(c) z-변환과 다항식 곱을 사용하여 출력 신호 $y[n] = x[n] * h[n]$을 구하여라.

P-9.11 다음과 같은 MATLAB 프로그램의 목적은 `conv` 함수를 이용하여 정현파를 필터링하기 위함이다.

```
omega = pi/6;
nn = [ 0:29 ];
xn = cos(omega*nn - pi/4);
bb = [ 1 1 1 ];
yn = conv( bb, xn );
```

(a) $H(z)$와 FIR 필터의 영점을 구하여라.

(b) 벡터 yn에 포함된 신호인 $y[n]$에 대한 식을 구하여라. 처음 몇 개의 점들은 무시해야 하며, $y[n]$을 구한 식이 $n \geq 3$에서만 정확하다는 것을 확인하여라. 이 식에서는 $y[n]$의 크기, 위상, 주파수에 대한 구체적인 수치값을 제시해야 한다.

(c) $n \geq 3$에 대하여, 출력이 0이 된다는 것을 보장하는 omega의 값을 구하여라.

P-9.12 어떤 시스템이 다음의 시스템 함수로 정의된다고 가정한다.

$$H(z) = (1 - z^{-1})(1 + z^{-2})(1 + z^{-1})$$

(a) 이 시스템의 시간영역 식을 차분 방정식으로 작성하여라.

(b) 이 시스템의 주파수 응답에 대한 식을 작성하여라.

(c) $\hat{\omega}$에 대한 크기 응답과 위상 응답에 대한 간단한 식을 유도하여라. 이 식들은 복소수 항이나 제곱근을 포함하지 않아야 한다.

(d) 이 시스템은 특정 입력 신호를 제거할 수 있다. 어떤 입력 주파수 $\hat{\omega}_0$이 $x[n] = \cos(\hat{\omega}_0 n)$에 대한 응답이 0이 되도록 하는가?

(e) 시스템의 입력이 $x[n] = \cos(\pi n/3)$일 때, 출력 신호 $y[n]$을 다음의 형식:

$$A\cos(\hat{\omega}_0 n + \varphi)$$

를 구하여라. 상수들 A, $\hat{\omega}_0$, φ에 대한 숫자 값을 제시하여라.

P-9.13 어떤 LTI 시스템은 시스템 함수

$$H(z) = (1 - z^{-2})(1 - 4z^{-2}) = 1 - 5z^{-2} + 4z^{-4}$$

를 갖는다. 이 시스템의 입력은 $-\infty < n < \infty$에서

$$x[n] = 100 - 70\delta[n] + 30\cos(0.5\pi n + \pi/4)$$

이다. 위의 입력 $x[n]$에 대한 시스템 출력 $y[n]$을 구하여라. 모든 n에 대하여 성립하는 $y[n]$의 식을 구하여라.

참고: 중첩의 원리를 이용하면 문제를 쉽게 만든다.

P-9.14 그림 P-9.14의 연속-이산 (C/D) 변환기의 입력이 다음과 같다.

$$x(t) = 4 + \cos(1000\pi t - \pi/4) - 3\cos(500\pi t)$$

이 LTI 시스템의 시스템 함수는 다음과 같다.

$$H(z) = 1 - z^{-1} + z^{-2} - z^{-3}$$

만일 $f_s = 2000$ 샘플/초라면, 이산-연속 (D/C) 변환기의 출력인 $y(t)$의 식을 구하여라.

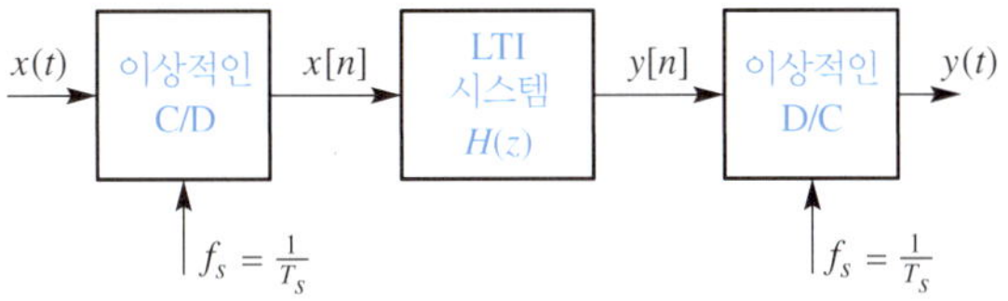

그림 P-9.14

P-9.15 그림 P-9.14에서 주어진 연속시간 신호의 이산시간 필터링 시스템을 참조한다. 이 이산시간 LTI 시스템은

$$H(z) = 5\left(1 + b_1 z^{-1} + z^{-2}\right)$$

로 정의되는 시스템 함수 $H(z)$를 갖는다고 가정한다.

(a) $b_1 = 0.8$의 경우에 대하여, 이산시간 필터의 주파수 응답에 대한 식을 구하여라. α와 β의 값을 구하여 답을 다음과 같은 형태로 나타내어라.

$$H(e^{j\hat{\omega}}) = e^{-j\hat{\omega}}\left(\alpha + \beta\cos(\hat{\omega})\right)$$

(b) $b_1 = 0.8$의 경우에 대하여, 주파수 $-\pi < \hat{\omega} \leq \pi$에 대하여 디지털 필터의 크기 응답의 그래프를 그려라.

(c) $x(t)$로부터 $y(t)$까지 시스템 전체 주파수 응답은 하나의 연속시간 정현파를 제거할 수 있다 (예를 들어, EKG 신호로부터 60 Hz 정현파 간섭을 제거하는 시스템). 필터 계수 b_1의 값은 제거할 주파수 위치를 결정한다. 만일 샘플링 속도가 $f_s = 8000$ Hz라고 하면, 전체 주파수 응답이 1600 Hz의 신호를 제거하기 위한 b_1의 값을 구하여라.

P-9.16 그림 P-9.6(a)의 직렬 시스템에서, 전체 시스템의 시스템 함수 $H(z)$는 다음과 같이 네 항의 곱으로 표현된다고 알고 있다.

$$H(z) = (1 - z^{-2})(1 - 0.8e^{j\pi/4}z^{-1})(1 - 0.8e^{-j\pi/4}z^{-1})(1 + z^{-2})$$

(a) $H(z)$의 극점과 영점을 결정하고 복소수 z-평면에 그려라.

(b) (1) 전체 직렬 시스템이 주어진 시스템 함수 $H(z)$를 가지며, (2) 첫 번째 시스템의 출력이 $y_1[n] = x[n] - x[n-4]$이 되도록, 두 개의 시스템 함수 $H_1(z)$와 $H_2(z)$를 결정할 수 있다. $H_1(z)$와 $H_2(z)$를 구하여라.

(c) (b)에서 구한 답을 이용하여 $y[n]$을 $y_1[n]$으로 나타내는 차분 방정식을 구하여라.

P-9.17 어떤 인과 FIR 필터가 4개의 영점들: $\{0.8e^{\pm j\pi/3}, 1.25e^{\pm j\pi/3}\}$을 갖는다고 알려져 있으며,

그러나 영점들은 시스템을 정확히 정의하지는 않는다.

(a) 임펄스 응답의 첫 번째 샘플 값이 $h[0] = 7$이라고 하면, 이 필터의 임펄스 응답을 구하여라.

(b) 만일 주파수 응답의 DC 값이 $H(e^{j0}) = 2$라면, 이 필터의 시스템 함수를 구하여라.

P-9.18 9-9절에서, 대칭 FIR 필터가 특별한 성질들을 갖고 있다는 것을 보였다. 이 문제에서는, 반대칭 (Antisymmetric)인 경우, 즉 $k = 0, 1, \ldots, M$에서 $b_k = -b_{M-k}$인 경우를 고려한다. 다음과 같은 구체적인 예

$$H(z) = b_0 + b_1 z^{-1} - b_1 z^{-3} - b_0 z^{-4}$$

를 고려하고, 여기서 짝수 차수들은 $b_2 = -b_2 = 0$이다.

(a) 이 예에서 $H(z)|_{z=1} = 0$임을 보여라.

(b) 이 예에서, 다음이 성립함을 보여라.

$$H(e^{j\hat{\omega}}) = [2b_0 \sin(2\hat{\omega}) + 2b_1 \sin(\hat{\omega})]e^{j(\pi/2 - j\hat{\omega}2)}$$

(c) 이 예에서, 다음을 보여라.

$$H(1/z) = -z^4 H(z)$$

(d) 이 결과를 임의의 M에 대해서 일반화하여라; 짝수 차수의 경우와 홀수 차수 경우에는 약간 결과가 다르다는 것에 유의한다.

P-9.19 두 개의 LTI 시스템의 직렬 연결된 시스템을 보이는 그림 P-9.6(a)를 참조한다.

(a) 시스템 1과 시스템 2가 모두 다음과 같은 형태의 "사각 펄스" 임펄스 응답을 갖는다고 가정한다.

$$h_1[n] = h_2[n] = \delta[n] + \delta[n-1] + \delta[n-2] + \delta[n-3]$$

두 시스템의 시스템 함수 $H_1(z)$와 $H_2(z)$를 구하여라.

(b) z-변환을 사용하여 전체 시스템의 시스템 함수 $H(z)$를 구하여라.

(c) 전체 시스템의 임펄스 응답 $h[n]$을 구하여라.

(d) 이 직렬 시스템에서 $y[n]$과 $x[n]$의 관계식을 하나의 차분 방정식으로 구하여라.

(e) $H_1(z) = H_2(z)$는 다음과 같이 표현될 수 있음을 보여라.

$$H_1(z) = H_2(z) = \frac{1 - z^{-4}}{1 - z^{-1}}$$

(f) 전체 시스템 $H(z)$에 대하여, 복소수 z-평면에서 극점과 영점을 그려라.

(g) 두 시스템의 주파수 응답이 다음과 같음을 보여라.

$$H_1(e^{j\hat{\omega}}) = H_2(e^{j\hat{\omega}}) = \frac{\sin(2\hat{\omega})}{\sin(\hat{\omega}/2)} e^{-j3\hat{\omega}/2}$$

(h) (g)에서 구한 주파수 응답으로부터, 주파수 응답 $H(e^{j\hat{\omega}})$에 대한 식을 구하고 $-\pi < \hat{\omega} \leqq \pi$에 대하여 전체 직렬 시스템의 주파수 응답의 크기의 그래프를 그려라.

제 10 장

IIR 필터

이 장에서는 무한한 길이의 임펄스 응답을 갖는 새로운 부류의 LTI 시스템을 소개한다. 이러한 시스템은 종종 IIR 필터라고 불리며, IIR은 무한 임펄스 응답 (Infinite Impulse Response)의 줄임말이다. FIR의 경우와 대조적으로, IIR 필터의 출력은 입력 신호값뿐만 아니라, 이전에 구한 출력 신호값들을 이용하여 계산된다. 출력된 신호가 다시 "피드백"되어 입력과 결합되므로, 이런 시스템들은 일반적으로 **피드백 (Feedback) 시스템**이라 부르는 시스템 형태에 속한다. 계산의 관점에서 보면, 출력 샘플들은 이전에 계산된 출력에 의하여 계산되므로, **재귀적인 (Recursive) 필터**라는 용어가 사용되기도 한다.

IIR 필터의 z-변환 시스템 함수들은 분모 다항식의 근에 위치한 극점들과 분자 다항식의 근에 위치한 영점들을 갖는 유리 함수들이다. FIR에서와 마찬가지로, z-평면에서의 극점들과 영점들의 위치로부터 IIR 필터의 중요한 필터 성질들에 대한 많은 것을 얻을 수 있다.

이 장에서는 1차 IIR 필터로 시작하며, 이 필터는 이전 출력 샘플 중 오직 하나만 피드백 시키기 때문에 가장 간단한 경우이다. 이 시스템의 임펄스 응답을 구하고, 응답이 무한히 계속되는 것을 보인다. 다음에 이 1차 시스템의 z-변환과 주파수 응답을 구한다. 이 간단한 경우에 대한 세 가지 영역의 표현에서 상호 관계를 확립한 다음, 2차 IIR 필터를 고려한다. 이런 필터들은 진동하는 동작을 보이는 많은 다양한 자연적인 현상은 물론 음성 합성에서 나타나는 **공진 현상**을 모델링하는 데 이용될 수 있으므로, 특별히 중요하다. 2차 필터의 주파수 응답은 대역폭과 중심 주파수의 개념으로 설명되는 좁은 대역 특성을 보일 수 있으며, 이 두 가지 (대역폭, 중심 주파수)는 필터의 피드백 계수들을 적절히 선택함으로써 조절할 수 있다. 1차 및 2차 필터에서 얻어진 분석과 식견은 고차 시스템을 이해하고 구현하는 데 기초가 된다.

10-1 일반적인 IIR 차분 방정식

데모
IIR 필터링

FIR 필터는 매우 유용하고, 좋은 특성을 많이 가지고 있지만, LTI 시스템의 가장 일반적인 형태는 아니다. 이것은 출력 신호 $y[n]$이 입력 신호 $x[n]$의 유한한 길이의 샘플들에 의하여 결정되기 때문이다. 유한한 양의 계산으로 구현될 수 있는 이산시간 LTI 시스템의 가장 일반적인 형태는 출력을 얻는 데 입력 신호뿐만 아니라, 이전에 계산된 출력 신호도 이용된다.

이런 넓은 종류의 디지털 필터를 정의하는 식은 다음과 같은 일반적인 차분 방정식이다.

피드백이 있는 차분 방정식

$$y[n] = \sum_{\ell=1}^{N} a_\ell y[n-\ell] + \sum_{k=0}^{M} b_k x[n-k] \tag{10.1}$$

두 개의 집합 $\{b_k\}$와 $\{a_\ell\}$의 필터 계수들은 상수이다. 다음의 간단한 예에서 보면 분명히 드러나듯이, 계수들 $\{a_\ell\}$은 **피드백 (Feedback)** 계수들이고, 계수 $\{b_k\}$는 **피드포워드 (Feed-forward)** 계수들이라고 불린다. 전체적으로, 위의 차분 방정식 (10.1)을 정의하려면 $N + M + 1$개의 계수들이 필요하다.[1)]

만일 피드백 필터 계수들 $\{a_\ell\}$의 값이 모두 0이라면, 차분 방정식 (10.1)은 FIR 시스템의 차분 방정식이 된다. 실제로, 우리는 식 (10.1)이 유한한 계산으로 구현할 수 있는 LTI 시스템의 가장 일반적인 형태이고, 그래서 FIR 시스템은 그 중에서 특별한 경우이어야 한다라고 주장해왔다. FIR 시스템에 대해서 고려할 때, M을 그 필터의 **차수 (Order)**라고 하였으며, 왜냐하면, M이 차분 방정식의 지연 항의 개수이면서 또한 다항식 시스템 함수의 차수이기 때문이다. IIR 시스템에서도, 지연 항의 개수를 측정하는 값으로 M과 N을 갖고 있으며, IIR 시스템의 시스템 함수는 M차 다항식과 N차 다항식의 비(ratio, 나누기)이다. 이와 같이, IIR 시스템의 차수에는 모호한 점이 있을 수 있다. 일반적으로, 피드백되는 항의 개수 N을 IIR 시스템의 차수라고 정의한다.

예제 10-1 IIR 블록 다이어그램

식 (10.1)의 일반적인 형태를 이해하기 위한 첫 번째 단계로, $M = N = 1$일 때의 1차의 경우를 고려하기로 한다.

$$y[n] = a_1 y[n-1] + \underbrace{b_0 x[n] + b_1 x[n-1]}_{v[n]} \tag{10.2}$$

그림 10-1에서 보인, 이 차분 방정식에 대한 블록 다이어그램 표현은, 그림 왼편에 $v[n] = b_0 x[n] + b_1 x[n-1]$을 계산하여 구현하고, 지연된 출력 $a_1 y[n-1]$을 계산하고, 여기에 $v[n]$에 더하여 "폐루프 (closed loop)"를 구현한다. 그림 10-1에서, 피드포워드 부분에서의 모든 경로들은 왼쪽에서 오른쪽으로 이동하며, 이것은 입력으로부터 출력까지의 순방향이다; 피드백 되는 부분에서 경로는 지연을 통과하여 오른쪽에서 왼쪽으로 진행하며, 이것은 출력으로부터 입력으로 되돌아간다.

1) IIR 필터의 차분 방정식은 또한 출력 신호를 발생시키는 재귀적인 공식이라고 불리기도 한다. 따라서 IIR 시스템은 재귀적인 필터라고 불린다.

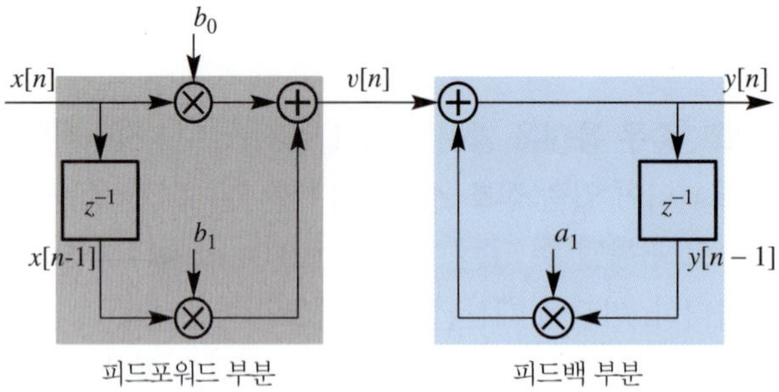

그림 10-1 피드백 계수가 a_1이고 피드포워드 계수가 b_0, b_1 두 개인 1차 IIR 필터

이제 식 (10.2)로 정의되고, 그림 10.1에 그려진 간단한 시스템부터 공부하기로 한다. 공부의 목적은 3가지 영역: 시간 영역, 주파수 영역 및 z-영역 각각에서 필터의 특징을 살펴보는 것이다. 이 필터는 시간 영역 차분 방정식인 식 (10.2)로 정의되므로, 입력으로부터 출력을 계산하기 위하여 이 차분방정식을 어떻게 이용되는가를 알아보고, 그 다음으로 피드백 특성이 어떻게 임펄스 응답을 무한하게 만드는지를 설명한다.

10-2 시간 영역 응답

차분 방정식으로 IIR 시스템을 구현할 수 있음을 보이기 위하여, 식 (10.2)의 필터 계수들이 $a_1 = 0.8$, $b_0 = 5$, $b_1 = 0$인 한 예를 본다. 즉,

$$y[n] = 0.8y[n-1] + 5x[n] \tag{10.3a}$$

입력 신호는 다음

$$x[n] = 2\delta[n] - 3\delta[n-1] + 2\delta[n-3] \tag{10.3b}$$

이라고 가정하며, 그래서 입력의 전체 길이는, 그림 10.2에 보인 것과 같이, 4개의 샘플들이다.

필요조건은 아니지만, 출력 신호값들은 정상적인 순서로 (즉, 그림의 왼쪽에서 오른쪽으로 차례차례) 계산되어야 한다. 그리고 $n = 0$ 이전에는 입력 신호가 0이기 때문에, 출력도 $n = 0$부터 계산하는 것이 자연스럽다. 이렇듯 식 (10.3a)의 출력의 계산은 $y[0]$, $y[1]$, $y[2]$, … 순으로 한다. 예를 들어 $x[0]$의 값은 2이므로, $n = 0$에서 식 (10.3a)를 계산하여 구하면

$$y[0] = 0.8y[0-1] + 5x[0] = 0.8y[-1] + 5(2) \tag{10.4}$$

를 얻는다. 여기서 문제가 하나 발생한다: $n = -1$일 때, $y[n]$의 값이 알려지지 않았다는 것이다. 출력 $y[n]$의 계산을 어디에서 시작하든 간에 이 문제를 해결할 수 없으며, 왜냐하면 n-축의 어느 점에서 출력을 구하기 위해서도, 그 이전 시간 $n-1$에서의 출력을 알아야 하기 때문이다. 하지만, 만일 $y[n-1]$ 값을 안다면, 차분 방정식 (10.3a)를 이용하여 시간 n에서의 출력의 다음 값을 계산할 수 있다. 일단 이 과정이 시작되면, 차분 방정식을 반복적으로 적용하여 출력 신호들을 무한히 계산할 수 있다. 해가 존재하기 위해서는 다음의 두 가지의 가정이 필요하며, 이 둘을 **초기 안정 조건 (Initial Rest Condition)**이라고 한다.

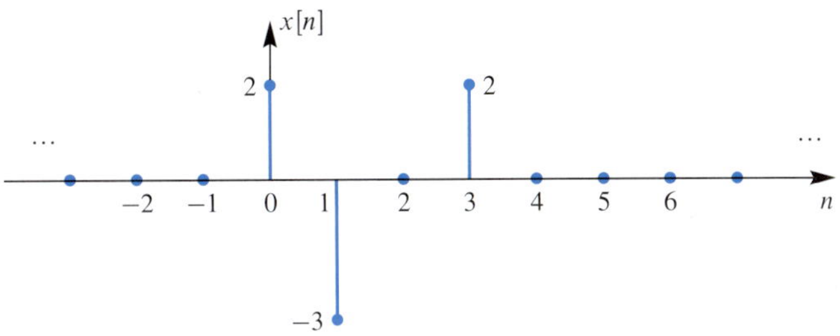

그림 10-2 재귀적 차분 방정식의 입력 신호

> **초기 안정 조건**
>
> 1. 어떤 시작 시간 n_0 이전에, 입력은 0이라고 반드시 가정하여야 한다 (즉, $n < n_0$일 때, $x[n] = 0$). 즉, 이런 입력들은 **갑자기 인가 (Suddenly Applied)**되었다고 한다.
> 2. 출력도 유사하게 신호의 시작 시간 이전에는 0이라고 가정한다 (즉, $n < n_0$일 때, $y[n] = 0$). 만일 출력이 갑자기 인가된 입력이 들어오기 이전에 0이라면, 이 시스템은 초기 안정 상태에 있다라고 말한다.

이 조건들은 별로 까다롭지는 않으며, 특히 입력에 새로운 샘플이 들어옴에 따라 새로운 출력이 하나씩 반드시 계산되어야 하는, 실시간 시스템의 경우에 그렇다. 실시간 시스템은, 현재의 출력을 계산하는 데 미래의 입력이나 출력 신호가 이용돼서는 안 된다는 점에서 **인과적**이어야 한다. 더욱이, 어떤 실제 시스템도 동작을 시작하는 어떤 시점이 항상 있게 마련이다. 여기서 필요한 것은 단지 초기값으로 0으로 지정해 놓은 지연된 출력 샘플들을 포함하는 메모리이다.[2)]

이러한 초기 안정 조건에 따라, $n < 0$일 때 $y[n] = 0$이라고 가정하고, 이제 $y[0]$을 계산할 수 있다.

$$y[0] = 0.8y[-1] + 5(2) = 0.8(0) + 5(2) = 10$$

일단 피드백을 시작하면, 나머지의 값들은, 입력 신호와 이전 출력값들을 알기 때문에, 쉽게 계산된다.

$$\begin{aligned}
y[1] &= 0.8y[0] + 5x[1] = 0.8(10) + 5(-3) = -7 \\
y[2] &= 0.8y[1] + 5x[2] = 0.8(-7) + 5(0) = -5.6 \\
y[3] &= 0.8y[2] + 5x[3] = 0.8(-5.6) + 5(2) = 5.52 \\
y[4] &= 0.8y[3] + 5x[4] = 0.8(5.52) + 5(0) = 4.416 \\
y[5] &= 0.8y[4] + 5x[5] = 0.8(4.416) + 5(0) = 3.5328 \\
&\vdots \qquad\qquad \vdots
\end{aligned}$$

위의 출력 신호는 그림 10.3에 $n = 7$까지 그려져 있다.

그림 10.3에서 주목해야 할 것 중 하나는 입력값이 0이 된 다음의 출력 신호의 구조이다. $n > 3$에서 $x[n] = 0$일 때, $n > 3$ 구간에서 차분 방정식은

2) 샘플링된 신호가 컴퓨터 메모리에 저장되는 디지털 필터의 경우에는, 인과성 조건이 필요 없다. 그래도 일반적으로 출력은 입력 샘플들의 순서와 같은 순서로 계산된다. 차분 방정식이 그 신호 열을 통하여 역방향으로 피드백될 수 있겠지만, 이때에는 초기조건을 다르게 정의해야 한다.

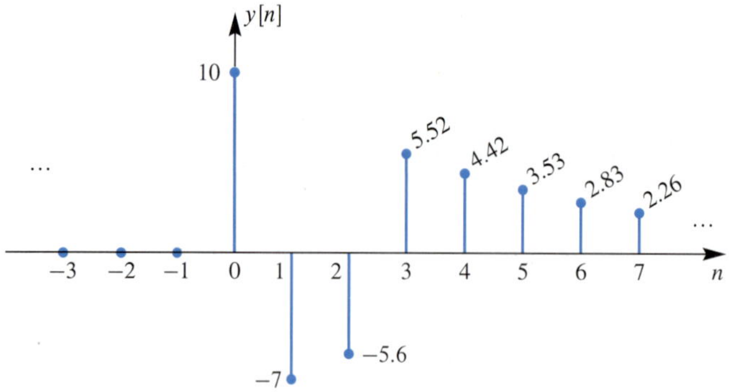

그림 10-3 그림 10-2의 입력에 대한 재귀적 차분 방정식 (10.4)로부터의 출력 신호. 입력 신호가 $n = 3$에서 끝나기 때문에, $n > 3$에서의 신호는 $(0.8)^n$에 비례한다.

$$y[n] = 0.8y[n-1] + \cancel{5x[n]}^{\,0} \qquad n > 3$$

과 같이 된다. 따라서 연속된 두 개의 항의 비는 상수이고, 출력 신호는 $a_1 = 0.8$에 의하여 정해지는 비율로 지수적으로 점점 작아진다. 따라서, 일단 $y[3]$ 값을 알면, 신호 $y[n]$의 값들은 다음 식

$$y[n] = y[3](0.8)^{n-3} \qquad n \geq 3$$

과 같이 표현할 수 있다.

10-2.1 IIR 필터의 선형성과 시불변성

일반적인 IIR 차분 방정식 (10.1)에 초기 안정 조건이 적용되었을 때, 초기 안정 조건은 차분 방정식을 반복하여 (iterate) 구현되는 시스템은 선형이고 시불변이라는 것이 보장된다. 피드백 항들이 FIR 경우보다는 좀 더 복잡하지만 (5-6.3절을 참조할 것), 갑자기 인가되는 입력과 초기 안정 조건들만 만족되면, 차분 방정식은 입력과 출력 샘플들의 선형 결합만을 포함하므로, 중첩의 원리가 만족되리라는 것은 증명할 수 있다. 여기에 더하여, 초기 안정 조건은 갑자기 인가되는 입력이 시작되기 바로 전까지 반드시 만족되어야 되므로, 시불변도 또한 만족한다.

연습문제 10.1 차분 방정식 (10.3a)의 입력 신호가 $x_1[n] = 10x[n-4]$라고 가정하며, 여기에서 $x[n]$은 식 (10.3b)와 그림 10-2로 주어진 신호이다. 이와 같이 입력은 10배가 크며 4만큼 지연되었다. 초기 안정 조건을 가정하여, (10.3a)의 반복식을 이용하여 대응되는 출력 $y_1[n]$을 $n = 0, 1, \ldots, 11$에 대하여 구하여라. 결과를 그림 10-3의 그래프와 비교하고, 시스템이 선형적이고 시불변임을 보여라. 즉, 출력은 10배가 커졌으며 4만큼 지연되어야 한다는 것을 보여라.

10-2.2 1차 IIR 시스템의 임펄스 응답

제5장에서, 단위 임펄스 응답은 하나의 선형 시불변 시스템의 특성을 완전히 알 수 있음을 보였다. 입력 $x[n] = \delta[n]$일 때, $h[n]$으로 나타내지는, 결과로 나오는 출력은, 정의에 의하여 **임펄스 응답**이다. 다른 어떤 입력 신호도 상수가 곱해지고, 지연된 임펄스 신호들의 중첩으로 표시될 수 있기 때문에, 이 신호에 대응되는 출력도 임펄스 응답 $h[n]$에 상수가 곱해지고, 지연된 신호들로부터 구축될 수 있다. 다시 말하면, 초기 안정 조건을 만족하는 재귀적 차분 방정식은 하나의 LTI 시스템이므로, 그 출력은 다음과 같이 곱해지고,. 이동된 $h[n]$으로 표현되는 콘볼루션 식

$$y[n] = \sum_{k=-\infty}^{\infty} x[k]h[n-k] \tag{10.5}$$

로 항상 나타낼 수 있다. 그러므로 임펄스 응답으로 재귀적 차분 방정식의 특성을 파악할 수 있다는 점이 흥미롭다.

IIR 시스템의 임펄스 응답의 본질을 보여주기 위해, 다음과 같이 $b_1 = 0$인 1차 재귀적 차분 방정식

$$y[n] = a_1 y[n-1] + b_0 x[n] \tag{10.6}$$

을 고려한다. 정의에 의해서, 임펄스 응답 $h[n]$은 입력 $x[n] = \delta[n]$일 때의 출력이므로, 차분 방정식

$$h[n] = a_1 h[n-1] + b_0 \delta[n] \tag{10.7}$$

은 모든 n의 값에서 $h[n]$에 대하여 만족되어야 한다. 하지만 식 (10.7)은 $h[n]$에 대한 **양함수 식은 아니다**. 만일 임펄스 응답을 계수 a_1과 b_0를 사용한 일반적인 양함수 식으로 나타내기 원한다면, 식 (10.7)을 사용하여 몇 개의 값을 표로 작성하고, 그 다음에, 이와 같이 간단한 경우에는, 직관에 의하여 일반적인 공식을 작성할 수 있다. 다음 표에는 $h[n]$의 계산에 필요한 숫자들을 보였다.

n	$n<0$	0	1	2	3	4	$\cdots$
$\delta[n]$	0	1	0	0	0	0	$\cdots$
$h[n-1]$	0	0	b_0	$b_0(a_1)$	$b_0(a_1)^2$	$b_0(a_1)^3$	$\cdots$
$h[n]$	0	b_0	$b_0(a_1)$	$b_0(a_1)^2$	$b_0(a_1)^3$	$b_0(a_1)^4$	$\cdots$

이 표로부터 임펄스 응답의 양함수 식은

$$h[n] = \begin{cases} b_0(a_1)^n & n \ge 0 \\ 0 & n < 0 \end{cases} \tag{10.8a}$$

와 같다. 식 (5.17)의 단위 계단 함수의 정의

$$u[n] = \begin{cases} 1 & n \ge 0 \\ 0 & n < 0 \end{cases} \tag{10.8b}$$

를 기억한다면, 식 (10.8a)는 다음과 같이 보다 간결한 형태

$$h[n] = b_0(a_1)^n u[n] \tag{10.8c}$$

으로 표현되며, 여기서 $u[n]$에 $b_0(a_1)^n$을 곱해서 식 (10.8a)의 $n \ge 0$ 및 $n < 0$의 조건을 갖추도록 한다.

예제 10-2 임펄스 응답

$a_1 = 0.8$과 $b_0 = 5$인 식 (10.3a)의 시스템에서, 임펄스 응답은 다음 식

$$h[n] = 5(0.8)^n u[n] = \begin{cases} 5(0.8)^n & n \geq 0 \\ 0 & n < 0 \end{cases} \quad (10.9)$$

와 같다. 이 임펄스 응답은 $0 \leq n < \infty$에서 (즉, 무한구간에서) 0이 아닌 값을 갖고, 이것이 IIR이라고 말하는 이유이다.

약간 더 일반적인 문제는 차분 방정식의 입력 신호에 지연된 항이 하나 더 추가되었을 때, 1차 시스템의 임펄스 응답, 즉

$$y[n] = a_1 y[n-1] + \underbrace{b_0 x[n] + b_1 x[n-1]}_{\text{입력 = 두 항의 중첩}} \quad (10.10a)$$

을 구하는 것이다. 이 시스템은 선형 시불변이고, 입력은 2개의 항으로 구성되어 있기 때문에, 임펄스 응답은 다음

$$h[n] = b_0 (a_1)^n u[n] + b_1 (a_1)^{n-1} u[n-1] \quad (10.10b)$$

과 같이 두 개의 항의 합으로 생각할 수 있다. $h[n]$의 그래프를 그릴 때, 이 간결한 형태의 식은 다음과 같이 세 가지 경우로 다시 써야한다.

$$h[n] = \begin{cases} 0 & n < 0 \\ b_0 & n = 0 \\ (b_0 + b_1 a_1^{-1})(a_1)^n & n \geq 1 \end{cases} \quad (10.10c)$$

여기서 임펄스 응답은 여전히 a_1값에만 관련된 비율로 ($n \geq 1$에서) 지수적으로 감소한다는 것을 쉽게 알 수 있다.

연습문제 10.2

다음의 1차 시스템에서 임펄스 응답 $h[n]$을 구하여라.

$$y[n] = -0.5y[n-1] - 4x[n] + 5x[n-1]$$

구한 임펄스 응답의 그래프를 n의 함수로 그려라.

10-2.3 유한한 길이의 입력에 대한 응답

유한한 길이의 입력에 대하여, IIR (또는 FIR) 시스템의 출력은 *상수가 곱해지고, 이동된 임펄스 응답의 합*으로 쓸 수 있다. 유한한 길이의 신호는 다음과 같이 쓸 수 있다.

$$x[n] = \sum_{k=N_1}^{N_2} x[k]\delta[n-k]$$

여기서 $n < N_1$과 $n > N_2$에서 $x[n] = 0$이다. 그러면 이러한 입력에 대한 출력은 식 (10.5)의 콘볼루션 합으로 구해지며, 그러나 다음

$$y[n] = \sum_{k=N_1}^{N_2} x[k]h[n-k]$$

과 같이 구간은 유한하게 된다. 각 항 $x[k]h[n-k]$은 임펄스 응답을 이동한 다음 $x[k]$를 곱한 것이다.

예제 10-3 일반적인 입력에 대한 IIR 응답

차분 방정식 (10.3a)로 정의되는 LTI 시스템을 다시 고려한다. 임펄스 응답은 예제 10-2와 같이 $h[n] = 5(0.8)^n u[n]$이다. 식 (10.3b)와 그림 10-2에서 주어진 입력

$$x[n] = 2\delta[n] - 3\delta[n-1] + 2\delta[n-3]$$

에 대하여, 출력식이

$$\begin{aligned} y[n] &= 2h[n] - 3h[n-1] + 2h[n-3] \\ &= 10(0.8)^n u[n] - 15(0.8)^{n-1} u[n-1] + 10(0.8)^{n-3} u[n-3] \end{aligned}$$

이라는 것은 쉽게 유도된다. 특정한 시간 인덱스에 대하여 이 식을 계산하기 위해서는 $h[n]$, $h[n-1]$, $h[n-3]$이 0이 아닌 서로 다른 구간을 염두에 둘 필요가 있다. 일단 그렇게 하면,

$$\begin{cases} 0 & n < 0 \\ 10 & n = 0 \\ 10(0.8) - 15 = -7 & n = 1 \\ 10(0.8)^2 - 15(0.8) = -5.6 & n = 2 \\ 10(0.8)^3 - 15(0.8)^2 + 10 = 5.52 & n = 3 \\ 5.52(0.8)^{n-3} & n > 3 \end{cases}$$

을 얻는다. 이 결과를 차분 방정식을 반복 적용하여 얻은 출력(그림 10-3을 볼 것)과 비교해보면, 스케일되고 이동시킨 임펄스 응답들의 중첩에 의하여 구한 결과 신호와 같은 값들을 얻었다는 것을 알 수 있다.

예제 10-3은 IIR 시스템에 대하여 두 가지의 중요한 점들을 설명한다.

1. 초기 안정 조건은 입력이 시작할 때 까지는 출력이 시작되지 않는다는 것을 보장한다.
2. 피드백 시스템이기 때문에, 임펄스 응답은 길이가 무한할 수 있으며, 유한한 길이의 입력에 대한 출력도 스케일되고 이동된 임펄스 응답들의 중첩이므로, 일반적으로 (항상 그렇지는 않지만) 무한히 지속된다. 이런 점이 FIR의 경우와 대비되며, FIR의 경우에는 유한한 길이의 입력은 항상 유한한 길이의 출력 신호를 만든다.

10-2.4 1차 재귀 시스템의 계단 응답

입력 신호가 무한히 길면, 차분 방정식을 이용하여 IIR 시스템의 출력을 계산하는 것은 FIR 시스템에서와 다를 것이 없다; 출력 샘플을 원하는 만큼 계속 반복하여 계산해주면 된다. FIR 경우에는

차분 방정식과 콘벌루션 합이 같은 것이었다. IIR의 경우에 있어서는 이것은 성립하지 않으며, 콘볼루션을 이용한 출력의 계산은 입력과 임펄스 응답 모두 간단한 식으로 표현될 때만 실용성이 있다. 이렇듯, IIR 필터들은 일반적으로 피드백이 있는 차분 방정식을 반복적으로 적용하여 구현된다.

단위 계단 입력에 대한 1차 IIR 시스템의 응답을 계산해 보면, 이 문제에 대한 이슈들을 상대적으로 간단하게 설명할 수 있다. 다시 한 번 식 (10.6)과 동일한 시스템

$$y[n] = a_1 y[n-1] + b_0 x[n]$$

을 이용하며, 입력은 식 (10.8b)의 단위 계단 함수 (즉, $x[n] = u[n]$)라고 가정한다. $n \geq 0$에 대하여, 입력 항 $b_0 u[n]$은 b_0와 같으며, 그래서 차분 방정식을 반복하는 것은 ***이전의 출력에 a_1을 곱하고 b_0를 더하는 것***과 같으며, 한 번에 한 샘플의 출력 신호를 구한다. 처음 몇 개의 값들은 표에 보였다.

n	$x[n]$	$y[n]$
$n<0$	0	0
0	1	b_0
1	1	$a_1(b_0) + b_0$
2	1	$a_1(a_1(b_0) + b_0) + b_0$
3	1	$a_1(a_1^2 + a_1 + 1)(b_0) + b_0$
4	1	$(a_1^4 + a_1^3 + a_1^2 + a_1 + 1)b_0$
$\vdots$	1	$\vdots$

표의 계산을 따라 해봄으로써, 계산 방법에 대하여 확실히 이해했는지 확인한다. 표에 있는 값으로부터, **계단 응답** $y[n]$의 일반식은

$$\begin{aligned} y[n] &= b_0(1 + a_1 + a_1^2 + \cdots + a_1^n) \\ &= b_0 \sum_{k=0}^{n} a_1^k \end{aligned} \tag{10.11}$$

라는 것을 알 수 있다. 조금 더 조작을 하면, 신호 $y[n]$의 일반적인 항에 대해 간단히 닫힌 형태의 식을 얻을 수 있다. 이를 위하여 다음과 같은 기하급수에서 처음 $n+1$개의 항의 합의 공식

$$\sum_{k=0}^{n} r^k = \begin{cases} \dfrac{1-r^{n+1}}{1-r} & r \neq 1 \\ n+1 & r = 1 \end{cases} \tag{10.12}$$

을 기억할 필요가 있다. 이것을 알고 나면, ($a_1 \neq 1$일 때) $y[n]$의 식 (10.11)은

$$y[n] = b_0 \frac{1-a_1^{n+1}}{1-a_1} \qquad n \geq 0\text{일 때} \tag{10.13}$$

의 형태가 된다.

3가지 경우: $|a_1| > 1$, $|a_1| < 1$, 그리고 $|a_1| = 1$이 있을 수 있다. 이 세 경우를 좀 더 살펴보면, 두 가지 양상을 관찰할 수 있다.

1. $|a_1| > 1$일 때, $n \to \infty$에 따라 분자에 있는 a_1^{n+1}항이 우세해지며, $y[n]$은 제한 없이 점점 커진다. 이 경우는 **불안정한** 조건이라고 불리며 보통은 피해야 하는 조건이다. 10-5.3과 10-10절에서 불안정성의 이슈에 대하여 더 다룰 것이다.
2. $|a_1| < 1$일 때는, $n \to \infty$에 따라 a_1^{n+1}항이 0으로 감쇄한다. 이 경우, 시스템은 **안정**하다. 따라서 $n \to \infty$ 에 따라 계단 응답 $y[n]$의 극한값을 결정할 수 있다.

$$\lim_{n\to\infty} y[n] = \lim_{n\to\infty} b_0 \frac{1-a_1^{n+1}}{1-a_1} = \frac{b_0}{1-a_1}$$

3. $|a_1| = 1$인 경우, 무한한 출력을 가질 수도 있지만, 항상 그런 것은 아니다. 예를 들어, $a_1 = 1$이면, 계단 응답 (10.11)에서 $y[n] = (n+1)b_0$가 되고 $n \to \infty$일 때 $y[n]$은 점점 커진다. 다른 한편으로, $a_1 = -1$이면, 계단 응답은 진동한다; 짝수 n에 대해서는 $y[n] = b_0$이고, 홀수 n에 대해서는 $y[n] = 0$이다.[3)]

그림 10-4의 MATLAB 그림은 단위 계단 신호와 1차 시스템

$$y[n] = 0.8y[n-1] + 5x[n]$$

에 대한 계단 응답을 보여준다. $a_1 = 0.8 < 1$이기 때문에, 위의 2번째 경우에 해당하고 $n \to \infty$일 때의 극한값은 25이며, 이 값은 필터 계수들로부터 계산될 수 있다.

$$\lim_{n\to\infty} y[n] = \frac{b_0}{1-a_1} = \frac{5}{1-0.8} = 25$$

콘볼루션 합에 의해서 계단 응답을 구하는 것도 가능하다.

$$y[n] = x[n] * h[n] = \sum_{k=-\infty}^{\infty} x[k]h[n-k] \tag{10.14}$$

입력과 임펄스 응답이 각각 $x[n] = u[n]$과 $h[n] = b_0(a_1)^n u[n]$ 식으로 주어졌기 때문에, 콘볼루션의 결과는 z-변환에 의해서 구할 수 있는 간략한 식이 된다. 10-9.1절에서 z-변환의 부분 분수 방법을 배운 다음에, 이 콘볼루션을 다시 다룰 것이다.

3) $a_1 = 1$인 경우 출력이 때때로 제한된 경우라도, **모든 유한한 입력**에 대해서 출력이 유한하지 않을 수 있으므로, 시스템은 여전히 불안정하다고 간주된다.

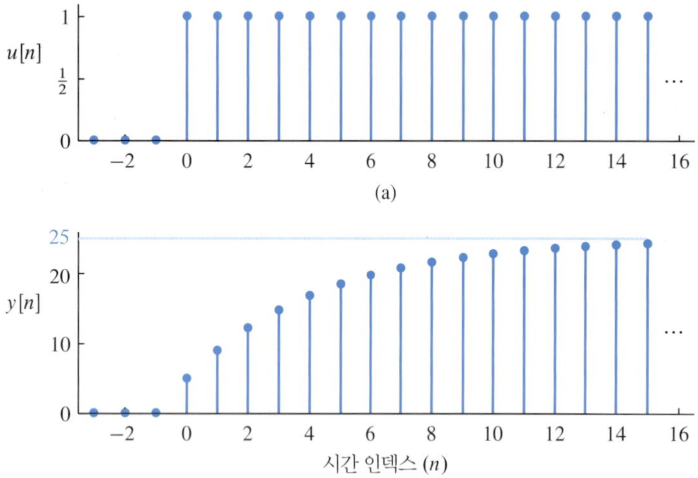

그림 10-4 (a) 단위 계단 신호 $u[n]$. (b) $a_1 = 0.8$일 때 식 (10.3a)의 1차 IIR 필터의 계단 응답

10-3 IIR 필터의 시스템 함수

제9장에서 FIR 경우에 대해서 시스템 함수 $H(z)$는 시스템의 임펄스 응답의 z-변환이라는 것을 확인하였다. FIR 필터의 시스템 함수는 항상 다항식이며, 주된 성질 중의 하나가 콘볼루션 성질이다:

> **n-영역에서의 콘볼루션은 z-영역에서 곱에 대응된다**
>
> $$y[n] = x[n] * h[n] \quad \stackrel{z}{\longleftrightarrow} \quad Y(z) = X(z)H(z)$$

또한, 이 사실은 IIR의 경우에도 성립한다. 하지만, 차분 방정식이 피드백을 갖고 있으면, 시스템 함수 $H(z)$는 두 개의 다항식의 비 (ratio)가 된다. 다항식의 비를 **유리** 함수라 부른다. 이 절에서는, 1차 IIR 시스템의 경우에 대한 시스템 함수를 공부하고, 시스템 함수, 임펄스 응답, 그리고 차분 방정식이 어떻게 연관 관계가 있는지를 보인다.

10-3.1 일반적인 1차의 경우

피드백을 갖는 1차 차분 방정식의 일반적인 형태 (10.10a)를 다시 적으면 다음

$$y[n] = a_1 y[n-1] + b_0 x[n] + b_1 x[n-1] \tag{10.15a}$$

과 같다. 이 방정식은 모든 n값에 대하여 반드시 만족해야 하므로, 식 (9.7)의 지연 성질을 이용하여 이 방정식의 양변에 z-변환을 하여, 입력의 z-변환 $X(z)$와 출력의 z-변환 $Y(z)$ 사이의 다음 식

$$Y(z) = a_1 z^{-1} Y(z) + b_0 X(z) + b_1 z^{-1} X(z) \tag{10.15b}$$

를 얻는다. 이 식의 양변에서 $a_1 z^{-1} Y(z)$를 빼면, 다음의 식

$$Y(z) - a_1 z^{-1} Y(z) = b_0 X(z) + b_1 z^{-1} X(z) \tag{10.15c}$$

$$(1 - a_1 z^{-1}) Y(z) = (b_0 + b_1 z^{-1}) X(z) \tag{10.15d}$$

을 유도할 수 있다. 이 시스템은 LTI 시스템이므로, LTI 시스템의 시스템 함수 $H(z)$에 대하여

$Y(z) = H(z)X(z)$를 만족하여야 한다. 식 (10.15d)에서 $H(z) = Y(z)/X(z)$에 대하여 풀면,

$$H(z) = \frac{Y(z)}{X(z)} = \frac{b_0 + b_1 z^{-1}}{1 - a_1 z^{-1}} = \frac{B(z)}{A(z)} \tag{10.15e}$$

를 얻는다. 따라서 1차 IIR 시스템의 시스템 함수 $H(z)$는 두 개의 다항식의 비가 됨을 보였다. 분자 다항식 $B(z) = b_0 + b_1 z^{-1}$은 입력 신호 $x[n]$에 곱해지는 계수 b_0와 지연된 신호에 곱해지는 계수 b_1에 의해서 정의된다. 분모 다항식 $A(z) = 1 - a_1 z^{-1}$은 피드백 계수 a_1에 의해서 정의된다. 이러한 대응 관계가 일반적으로 사실이라는 것은 $H(z)$에 대한 수식을 구하는 해석과정에서 명확해진다. 실제로, 다음은 모든 차수의 IIR 시스템에 대하여 만족한다.

> IIR 시스템의 시스템 함수의 **분자** 다항식의 계수들은 차분 방정식에서 **피드-포워드** 항의 계수들이다. **분모** 다항식에서는, 상수항은 1이고 나머지 계수들은 **피드백** 계수에 −1을 곱한 것이다.

다시 말하자면, $H(z)$와 차분 방정식 사이에는 일대일의 대응관계가 있다. 시스템 함수가 고차의 다항식

$$H(z) = \frac{\sum_{k=0}^{M} b_k z^{-k}}{1 - \sum_{\ell=1}^{N} a_\ell z^{-\ell}} \tag{10.16a}$$

을 포함하면, 이에 대응하는 차분 방정식은

$$y[n] = \sum_{\ell=1}^{N} a_\ell y[n-\ell] + \sum_{k=0}^{M} b_k x[n-k] \tag{10.16b}$$

와 같다.

MATLAB에서 `filter` 함수는 같은 포맷을 따른다. 명령

```
yy = filter (bb, aa, xx)
```

은 IIR 필터를 구현하며, 여기에서 벡터 `bb`와 `aa`는 각각 분자 다항식과 분모 다항식의 계수들을 갖고 있는 벡터들이다.

예제 10-4 IIR 필터를 위한 MATLAB

다음의 피드백 필터

$$y[n] = 0.5y[n-1] - 3x[n] + 2x[n-1]$$

는 MATLAB에서 다음

```
yy = filter([-3, 2], [1, -0.5], xx)
```

로 구현할 수 있으며, 여기서 xx와 yy는 각각 입력 신호와 출력 신호 벡터이다. 식 (10.15e)의 분모 다항식 $A(z)$에서와 같이 벡터 aa의 첫 번째 원소는 1이고 두 번째 원소는 $-a_1$이라는 것을 참고한다.

일반적으로, 차분 방정식을 정렬하여 $y[n]$에 곱해지는 계수가 1이 되도록 한다 (예를 들어, 필요하면 계수의 크기를 조정한다).

연습문제 10.3 다음 피드백 필터의 z-변환 시스템 함수 $H(z)$를 구하여라:

$$y[n] = 0.5y[n-1] - 3x[n] + 2x[n-1]$$

연습문제 10.4 다음 MATLAB 문장에 의하여 구현되는 시스템의 $H(z)$를 구하여라.

```
yy = filter(5, [1, 0.8], xx)
```

10-3.2 임펄스 응답으로부터의 $H(z)$

10-3.1절에서 분석할 때, 시스템 함수는 IIR 시스템의 임펄스 응답의 z-변환인 것으로 묵시적으로 가정하였다. 이것이 사실이긴 하지만, 우리는 FIR 경우에 대해서만 이를 증명했었다. 1차 IIR의 경우에는, 무한히 긴 신호에 대하여 z-변환을 구할 수 있어야 한다. 이러한 신호의 예로, 임펄스 응답 $h[n] = a_1^n u[n]$을 고려한다.

식 (9.8)에 나오는 z-변환의 정의를 적용시키면, 다음

$$H(z) = \sum_{n=0}^{\infty} h[n]z^{-n} = \sum_{n=0}^{\infty} a_1^n z^{-n} = \sum_{n=0}^{\infty} (a_1 z^{-1})^n \tag{10.17a}$$

과 같이 쓸 수 있으며, 이 식은 $H(z)$를 공비가 $a_1 z^{-1}$인 무한 멱급수로 정의한다. $H(z)$가 적법한 함수가 되기 위해서는, 식 (10.17a)의 기하급수의 모든 항들의 합은 반드시 유한해야 하며, 이 조건은 $|a_1 z^{-1}| < 1$일 때 성립한다. 그 합이 유한할 때, $H(z)$는 다음과 같이 닫힌 형태의 식으로 주어진다.

$$H(z) = \sum_{n=0}^{\infty} a_1^n z^{-n} = \frac{1}{1 - a_1 z^{-1}} \tag{10.17b}$$

이와 같이 무한 합이 닫힌 형태의 식과 같아지기 위한 조건은 $|a_1| < |z|$로 나타낼 수 있다. 복소 평면에서 이 조건을 만족하는 z의 값의 집합을 **수렴 영역 (Region of Convergence (ROC))**라고 부른다. 위에서 유도한대로, 다음과 같은 z-변환 쌍이 성립한다.

$$\boxed{a_1^n u[n] \quad \overset{z}{\longleftrightarrow} \quad \frac{1}{1 - a_1 z^{-1}}} \tag{10.18}$$

이 변환 쌍은 모든 고차의 IIR z-변환의 빌딩 블록이 된다.

예제 10-5 임펄스 응답으로부터의 $H(z)$

식 (10.18)을 사용하는 예로서, 다음과 같은 임펄스 응답을 발생시키는 차분 방정식을 구할 수 있다.

$$h[n] = 2(0.9)^n u[n] + 5(0.9)^{n-1} u[n-1] \tag{10.19}$$

z-변환의 선형성, 지연 성질 및 식 (10.18)의 z-변환쌍을 이용하여, 주어진 임펄스 응답을 갖는 시스템에 대한 시스템 함수는

$$H(z) = 2\left(\frac{1}{1-0.9z^{-1}}\right) + 5z^{-1}\left(\frac{1}{1-0.9z^{-1}}\right) = \frac{2+5z^{-1}}{1-0.9z^{-1}} \tag{10.20}$$

와 같다. 이것은 전에 10-3.1 절에서 차분 방정식 (10.15a)를 z-변환하여 구한 식 (10.15e)의 $H(z)$와 형태가 같다. 다시 말하면, 식 (10.16a)와 (10.16b)에 주어진 시스템 함수와 차분 방정식 사이의 일대일 대응을 이용하면 식 (10.19)의 임펄스 응답 $h[n]$을 발생시키는 차분 방정식은 다음과 같이 작성할 수 있다.

$$y[n] = 0.9y[n-1] + 2x[n] + 5x[n-1] \tag{10.21}$$

이 절에서는, 1차의 경우에 초점을 맞추어, 서로 연결된 **z-변환 방법**의 세 가지 주목할 만한 개념들을 소개했다. 이것들은 차분 방정식 (10.15a), 시스템 함수 (10.15e), 그리고 임펄스 응답 $h[n] = a_1^n u[n]$이다. 시스템 함수의 분자 다항식과 분모 다항식의 계수들은 차분 방정식의 계수들과 같다. 시스템 함수 $H(z)$는 임펄스 응답을 z-변환해서 구할 수 있으며, 1차의 경우에는, 시스템 함수를 역 z-변환함으로써 차분 방정식의 지루한 반복 계산을 하지 않고도, 시스템 함수에서 임펄스 응답을 유도할 수 있다. 이러한 방법들은 고차의 시스템에도 역시 적용된다. 하지만, 역 z-변환의 과정은 z-변환을 부분 분수 방법을 사용하여 1차 항들의 합으로 쪼개는 것에 기초를 두어야만 한다. 이러한 것은 10-9.2절에서 다룰 것이다.

10-4 시스템 함수와 블록 다이어그램 구조

시스템 함수는 차분 방정식의 계수들을 편리한 방법으로 보여줌으로써, 차분 방정식과 시스템 함수 간의 변환을 쉽게 해준다. 이 절에서는, 이런 대응 관계를 이용하여 다른 형태의 차분 방정식을 유도하는데, 이 식은 정확히 동일한 시스템 함수의 또 다른 구현 식이 된다.

10-4.1 직접형 I 구조

시스템 함수와 블록 다이어그램과의 관계를 설명하기 위하여, 그림 10-1을 다시 본다. 편의를 위해 그림 10-5에 다시 나타내었다. 그림 10-5와 같은 블록 다이어그램은 **구현 구조 (Implementation Structures)** 또는 보다 일반적으로 단순히 **구조 (Structure)**라고 한다. 왜냐하면, 시스템을 구현하는 데 이용될 수 있는 차분 방정식에서의 계산들을 그림으로 표현했기 때문이다.

두 개의 z-변환 시스템 함수들의 곱은 두 시스템을 직렬로 연결한 것과 같다는 것을 기억한다.

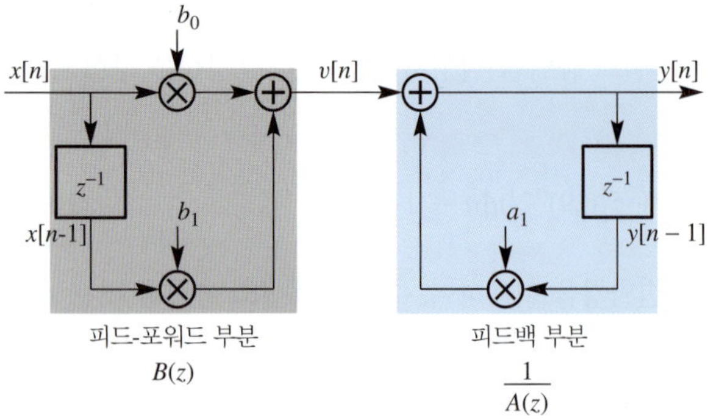

그림 10-5 하나의 피드백 계수 a_1과 2개의 피드-포워드 계수 b_0, b_1을 갖는 1차 IIR 시스템에 대한 직접형 (Direct Form) I 구조. 이 구조는 피드-포워드 필터와 피드백 필터의 직렬 연결로 되어 있다.

따라서 1차 피드백 필터의 시스템 함수는 FIR 부분과 IIR 부분으로 나누어 질 수 있다. 즉,

$$H(z) = \frac{b_0 + b_1 z^{-1}}{1 - a_1 z^{-1}} = \left(\frac{1}{1 - a_1 z^{-1}}\right)\left(b_0 + b_1 z^{-1}\right) = \left(\frac{1}{A(z)}\right) B(z) \tag{10.22}$$

식 (10.22)의 인수 분해에서 얻을 수 있는 결론은 다음의 차분 방정식 쌍을 사용해서 적합한 $H(z)$를 구현할 수 있다는 것이다.

$$v[n] = b_0 x[n] + b_1 x[n-1] \tag{10.23a}$$

$$y[n] = a_1 y[n-1] + v[n] \tag{10.23b}$$

그림 10-5에서 다항식 $B(z)$는 블록 다이어그램에서 피드-포워드 부분 (10.23a)의 시스템 함수이고, $1/A(z)$는 시스템을 완성하는 피드백 부분 (10.23b)의 시스템 함수이다. 이와 같이 구현된 시스템을 **직접형 I (Direct Form I)** 구현이라고 한다. 왜냐하면 $H(z)$의 분자 다항식과 분모 다항식의 계수들을 이용함으로써 시스템 함수로부터 블록 다이어그램의 계수들을 (또는 블록 다이어그램이 나타내는 차분 방정식으로) 곧바로 구할 수 있기 때문이다.

10-4.2 직접형 II 구조

LTI 직렬 연결 시스템에서 시스템의 순서를 바꾸더라도, 전체 시스템의 응답은 바뀌지 않는다는 것을 알고 있다. 이것은 시스템 함수를 보면 명확히 알 수 있다.

$$H(z) = \left(\frac{1}{A(z)}\right) B(z) = B(z)\left(\frac{1}{A(z)}\right) \tag{10.24}$$

위에서 제시된 것과 같이, 식 (10.24)의 우측 식에서 피드백 블록이 먼저 오는 것을 그림 10-6의 블록 다이어그램에 나타냈다. 여기서 $w[n]$이라는 새로운 중간변수를 피드백 부분의 출력이며 피드-포워드 부분의 입력으로 정의하였다는 것을 참고한다. 따라서 블록 다이어그램으로부터 식 (10.25)로 정의된 시스템의 등가 구현은

$$w[n] = a_1 w[n-1] + x[n] \tag{10.25a}$$

$$y[n] = b_0 w[n] + b_1 w[n-1] \tag{10.25b}$$

와 같다는 것을 알 수 있다.

그림 10-6(a)의 블록 다이어그램 표현은 다음과 같은 관찰 결과로 간단하게 될 수 있다. 각 단

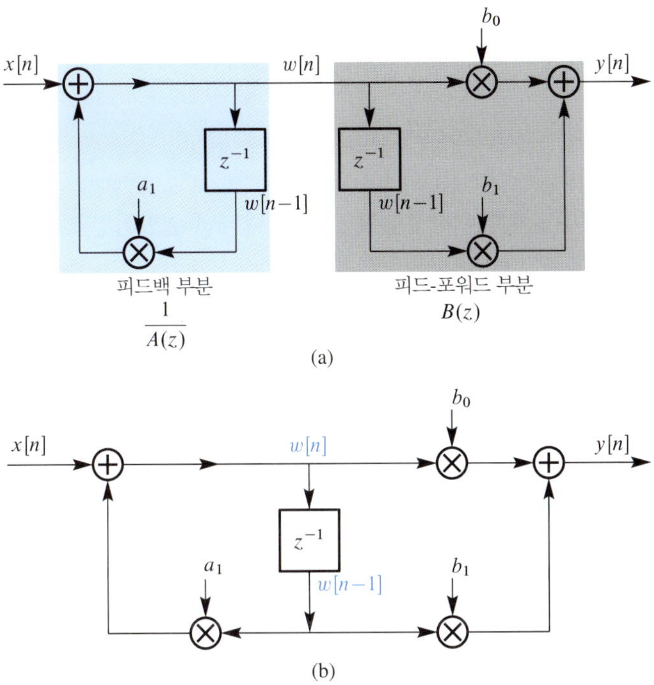

그림 10-6 (a) 피드백 부분이 앞에 있는 직렬연결 구조에서 하나의 피드백 계수 a_1과 2개의 피드-포워드 계수 b_0, b_1을 갖는 1차 IIR 시스템. (b) 직접형 II 구조의 1차 IIR 시스템. (a)에서의 두 개의 지연 소자들이 하나로 합쳐졌다.

위 지연 연산자로의 입력은 동일한 신호 $w[n]$임을 주목한다. 따라서 두 개의 별도의 지연 연산이 필요하지 않다; 그래서 그림 10-6(b)에서처럼 하나의 지연 소자로 결합될 수 있다. 지연 연산은 컴퓨터에서 메모리로 구현되기 때문에, 그림 10-6(b)로 구현하는 것이 그림 10-6(a)로 구현하는 것보다 더 적은 메모리를 필요로 한다. 하지만, 두 블록 다이어그램은 똑같이 차분 방정식 (10.25a)와 (10.25b)를 나타낸다. 다시 한 번, 그림 10-6(b)의 필터 계수들과 $H(z)$의 다항식 계수들 사이에 직접적이고 간단한 대응 관계가 있으므로, 이렇게 구현하는 것을 시스템 함수

$$H(z) = \frac{b_0 + b_1 z^{-1}}{1 - a_1 z^{-1}}$$

를 갖는 1차 IIR 시스템에 대한 **직접형 II (Direct Form II)** 구현이라고 한다.

연습문제 10.5 다음과 같이 직렬로 연결된 차분방정식의 z-변환 시스템 함수를 구하여라.

$$w[n] = -0.5w[n-1] + 7x[n]$$
$$y[n] = 2w[n] - 4w[n-1]$$

이 시스템에 대한 블록 다이어그램을 직접형 I과 직접형 II의 두 방식으로 그려라.

10-4.3 전치형 구조

그림 10-5와 그림 10-6의 직접형 구조들에서, 신호에 대한 연산 순서는 지연, 곱셈, 그 다음으로 덧셈의 순이다. 만일 일반적인 1차 차분 방정식 (10.15a)의 z-변환을 다음과 같이 다시 쓰면

$$Y(z) = b_0 X(z) + \underbrace{z^{-1}}_{\text{지연}} \underbrace{(b_1 X(z) + a_1 Y(z))}_{V(z)\text{ 은 곱하기와 더하기이다.}} \tag{10.26}$$

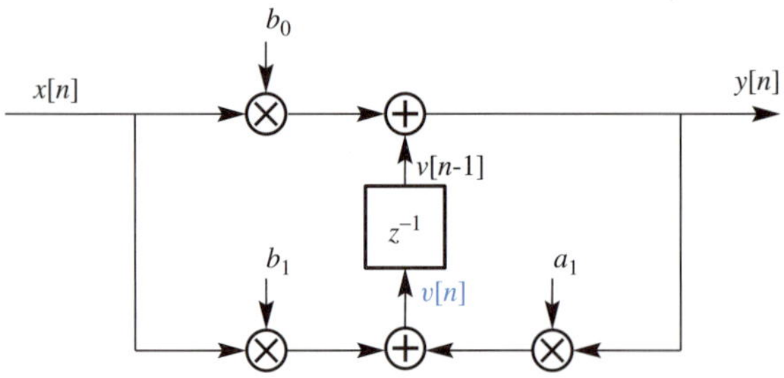

그림 10-7 전치된 직접형 II 구조로 나타낸 일반적인 1차 IIR 필터에 대한 (10.26)의 계산 구조.

다른 연산 구조가 얻어지는데, 여기서는 연산의 순서가 그림 10-7의 블록 다이어그램에서처럼 곱셈, 덧셈, 그 다음이 지연의 순서가 된다. 이에 해당하는 차분 방정식은

$$y[n] = b_0 x[n] + v[n-1] \quad (10.27a)$$

$$v[n] = b_1 x[n] + a_1 y[n] \quad (10.27b)$$

이다. 특히, 신호 $x[n]$과 $y[n]$에 b_1과 a_1을 각각 곱해진 다음, 같이 더해진다. 그 결과가 식 (10.27b)와 그림 10-7에 있는 신호 $v[n]$이 된다. 식 (10.27a)에서는, $v[n]$의 이전 값이 $b_0x[n]$에 더해져서 출력 $y[n]$을 얻는다. 그림 10-7의 블록 다이어그램으로 주어진 피드백 구조를 그림 10-7에 보인 직접형 II의 **전치된 형**[4]이라고 부른다.

전치된 형의 실제 차분 방정식을 확인하기 위하여, 블록 다이어그램으로 정의된 방정식들을 써 볼 필요가 있다. 이렇게 하는 데에는 다음의 2개의 원칙을 지키면서, 순서가 있는 절차가 있다.

1. 모든 지연 소자들의 입력마다 변수 이름들을 하나씩 지정한다. 예를 들어, 그림 10-7에는 $v[n]$이 이용되고, 따라서 지연 소자의 출력은 $v[n-1]$이 된다.
2. 모든 합의 노드들에서 방정식을 세운다; 이 경우에는 두 개의 노드가 있다. 그 결과는 식 (10.27a)와 식 (10.27b)의 2개의 차분 방정식이 된다.

블록 다이어그램은 실제의 계산을 나타내므로, 그래서 식 (10.27a)와 (10.27b)에서는 각 시간 단계 n에서 3번의 곱셈과 2번의 덧셈을 필요로 한다. 식 (10.27b)에서 $y[n]$이 필요하므로, 식 (10.27a)가 반드시 먼저 계산되어야 한다. 피드백이 있으므로, 이들 n-영역의 방정식에서 변수들을 소거하고 하나의 직렬 형태로 만드는 것은 불가능하다. 그러나 z-변환 영역에서 이 두 개의 방정식들을 다시 결합할 수 있으며, 그래서 정확한 시스템 함수를 갖는다는 것을 증명할 수 있다. 먼저, 각 차분 방정식을 z-변환하여

$$Y(z) = b_0 X(z) + z^{-1} V(z) \quad (10.28a)$$

$$V(z) = b_1 X(z) + a_1 Y(z) \quad (10.28b)$$

를 얻는다. 이제, 두 번째 식을 첫 번째 식에 대입하여 $V(z)$를 소거하면,

$$Y(z) = b_0 X(z) + z^{-1}(b_1 X(z) + a_1 Y(z)) \quad (10.28c)$$

---

4) 방향을 갖는 그래프에서, 전치를 하는 것은 모든 가지의 방향을 역으로 하는 잘 정의된 수학적 연산이다. 블록 다이어그램에서, 다수의 입력을 갖는 노드들은 덧셈기가 되어야 하고, 다수의 출력을 갖는 노드들은 가지 포인트들이 되어야 한다. 또한, 동일한 시스템 함수를 얻기 위하여, 입력을 출력으로, 출력을 입력으로 바꿔야 한다.

와 같다. 이 결과는 일반적인 1차 차분 방정식 (10.15a)의 z-변환의 하나의 형태로 식 (10.26)과 동일하다. 이들은 동일한 시스템 함수를 가지며 동일한 차분 방정식을 구현하기 때문에, 식 (10.27a)와 식 (10.27b)는 직접형 I 식 (10.23a)와 식 (10.23b) 및 직접형 II 식 (10.25a)와 식 (10.25b)와 동일하다.

동일한 시스템 함수를 이렇게 여러 가지로 구현해보는 것이 어떤 의미가 있을까? 이런 구현들은 모두 주어진 입력에 대하여 정확히 같은 출력을 계산하기 위하여 같은 수의 곱셈과 덧셈을 사용한다. 그러나 이것은 모든 산술연산이 완전하게 이루어질 때에만 적용된다. 유한한 정밀도 (예를 들어 16비트 연산)를 갖는 컴퓨터에서는, 각 계산마다 발생하는 반올림 에러가 생기게 되며, 이 사실은 각 구현들은 결과가 약간 달라진다는 것을 의미한다. 실제로, 고품질의 디지털 필터를 하드웨어로 구현할 때에는 반올림 에러와 오버플로를 제어하는 세심한 기법이 요구된다.

10-5 극점과 영점

IIR 필터에 대한 z-변환 시스템 함수가 유리함수이므로, 분자 다항식과 분모 다항식은 근을 갖는다. 복소수 평면에서 그 근의 위치는 시스템의 특성을 알 수 있는 효율적인 방법을 제공한다. 차분 방정식과의 1:1의 대응성을 이용하기 위하여 시스템 함수를 z^{-1}항으로 표현하는 것을 선호하지만, 다항식의 근을 구할 때는 z의 지수항으로 나타내진 다항식으로 다시 쓰는 것이 바람직하다. 이와 같이, 1차 시스템 함수 식 (10.15e)의 분자와 분모에 z를 곱하면,

$$H(z) = \frac{b_0 + b_1 z^{-1}}{1 - a_1 z^{-1}} = \frac{b_0 z + b_1}{z - a_1} \tag{10.29}$$

을 얻는다. 근은 분자 다항식과 분모 다항식을 0으로 만드는 값이므로, 분자는 한 개의 근을 갖고 그 근은 다음 식을 풀어서 구한다.

$$b_0 z + b_1 = 0 \quad \Longrightarrow \quad z = -\frac{b_1}{b_0}$$

마찬가지 방법으로 분모의 근은 다음 식을 풀어서 구한다.

$$z - a_1 = 0 \quad \Longrightarrow \quad z = a_1$$

$H(z)$를 전 복소수 z-평면에 걸쳐있는 z의 함수로 생각해 보면, 분자의 근은 분자 다항식의 영점들이다. 따라서 시스템 함수 $H(z)$의 **영점**은, 즉

$$H(z)\big|_{z=-(b_1/b_0)} = 0$$

이다. 또한, z-평면에서 분모의 근은 분모 다항식을 0으로 만든다. 따라서 근의 위치에서는 함수 $H(z)$의 값이 폭발적으로 커진다.

$$H(z)\big|_{z=a_1} \to \infty$$

그래서 이 위치 ($z = a_1$)를 시스템 함수 $H(z)$의 **극점(pole)**이라고 부른다.

연습문제 10.6 다음 z-변환 시스템 함수의 극점과 영점의 위치가 $z = -0.5$와 $z = -4/3$임을 확인하여라:

$$H(z) = \frac{3 + 4z^{-1}}{1 + 0.5z^{-1}}$$

연습문제 10.7 다음 IIR 시스템

$$y[n] = 0.5y[n-1] - x[n] + 3x[n-1]$$

의 시스템 함수 $H(z)$에 대하여, 극점과 영점 위치를 구하여라.

10-5.1 MATLAB에서의 근

데모
PeZ GUI

MATLAB은 이 교재와 동반된 실습과 데모에 많이 사용되므로, MATLAB이 어떻게 다항식과 그의 근을 다루는지를 지적할 필요가 있다. 당연하게, MATLAB에서는 다항식을 계수들의 벡터로 나타낸다. 벡터에서의 순서는 함수 `filter`와 `freqz`에서의 계수 순서와 서로 호환된다. 예를 들어, 식 (10.29)의 시스템 함수는 MATLAB에서 벡터 `b=[b0, b1]`과 `a=[1, -a1]`으로 나타내지고, 여기에서 계수들은 식 (10.29)의 첫 번째 유리함수의 분자와 분모에서처럼 벡터의 좌에서 우로 z^{-1}의 멱(power)의 계수로 간주된다. 이러한 포맷이 시스템의 차분 방정식을 구현하기 위한 MATLAB 함수 `filter(b, a, xx)`와 시스템의 주파수 응답 샘플 값을 구하는 MATLAB 함수 `freqz(b, a, omega)`에 의하여 가정되는 형식이다. MATLAB 함수 `roots`를 사용할 때에도, 정확히 동일한 벡터 `b`와 `a`를 사용할 수 있다. 왜냐하면, `roots` 함수가 다항식 계수 벡터의 첫 번째 계수를 식 (10.29)의 가장 오른쪽에 있는 분자와 분모 다항식에서 가장 높은 z의 지수(power)의 계수로 가정하기 때문이다. 따라서 MATLAB 명령문 `zeros=roots(b)`와 `poles=roots(a)`는 각각 변수 z에 대한 다항식의 비율로 표시된 시스템 함수의 영점과 극점을 계산한다.

MATLAB 함수 `zplane`, 또는 *DSP-First* 함수 `zzplane`은, z-평면에서 극점-영점 다이어그램을 그린다. 몇몇 다른 MATLAB 기반 자원들이 극점-영점 다이어그램과 LTI 시스템에서의 임펄스 응답 및 주파수 응답과의 관계를 설명하고 데모를 하는 데에 이용가능하다. 이러한 관계는 MATLAB PeZ GUI에 설명한다.

10-5.2 $z = 0$ 또는 $z = \infty$에서의 극점과 영점

분자와 분모 다항식에서 계수의 수가 다르면, $z = 0$ 혹은 $z = \infty$에서 영점이나 극점을 가질 수 있다. 시스템의 이런 행동은 제9장에서 인과적인 FIR 시스템에서, 시스템 함수들이 분자 다항식만 갖고 있으며, $z = 0$에서의 극점의 개수는 다항식의 영점의 개수와 같다는 것을 본적이 있다. 일반적인 IIR 경우에, 만일 $z = 0$에서 뿐만 아니라 $z = \infty$에 위치한 극점과 영점을 모두 포함시킨다면, *$H(z)$의 극점의 개수는 영점의 개수와 같다*라고 주장할 수 있다. 다음 예에서 이를 설명한다.

예제 10-6 극점과 영점 찾기

IIR 시스템

$$y[n] = 0.5y[n-1] + 3x[n]$$

의 시스템 함수는 필터 계수로부터 바로

$$H(z) = \frac{3}{1 - 0.5z^{-1}}$$

으로 적을 수 있다. $H(z)$를 z의 양의 지수로 나타내면,

$$H(z) = \frac{3z}{z - 0.5}$$

가 되며, 여기서 $z = 0.5$에 하나의 극점과 $z = 0$에서 하나의 영점이 존재한다.

다음 예제에서는, $z = \infty$에서의 극점들은 극한 $z \to \infty$을 취함으로써 구한다.

예제 10-7 $z = \infty$에서의 영점

IIR 시스템

$$y[n] = 0.5y[n-1] + 3x[n-2]$$

의 시스템 함수는 필터 계수로부터

$$H(z) = \frac{3z^{-2}}{1 - 0.5z^{-1}} = \frac{3}{z(z - 0.5)}$$

이 된다. 이 시스템의 극점들은 $z = 0$과 $z = 0.5$이다. 극한 $\lim_{z \to \infty} H(z)$을 취하면, 극한에서 $H(z) \to 3/z^2 \to 0$이 되므로 $z = \infty$에 2개의 영점들을 갖는다.

10-5.3 극점의 위치로부터 출력 응답

1차 필터의 극점의 위치는 임펄스 응답의 모양을 결정한다. 예제 10-5에서, 분자가 $(b_0 + b_1z^{-1})$인 1차 시스템은 다음과 같이 두 개의 1차 항의 합

$$H(z) = b_0\left(\frac{1}{1 - a_1z^{-1}}\right) + b_1z^{-1}\left(\frac{1}{1 - a_1z^{-1}}\right)$$

으로 쓸 수 있는 시스템 함수를 갖고 있음을 보였다. 따라서 이에 해당하는 임펄스 응답은 두 개의 항을 갖는다:

$$h[n] = b_0(a_1)^n u[n] + b_1(a_1)^{n-1}u[n-1] \tag{10.30a}$$

$$= \begin{cases} 0 & n < 0 \\ b_0 & n = 0 \\ (b_0 + b_1 a_1^{-1})a_1^n & n \geq 1 \end{cases} \tag{10.30b}$$

이 IIR 시스템은 $z = a_1$에 하나의 극점을 갖고 임펄스 응답 식 (10.30b)는 *$n \geq 1$일 때, a_1^n에 비례한다*. 만일 분자 다항식에 z^{-n_0} 항을 넣으면, 비례 상수는 달라지겠지만, 이 문장은 $n \geq n_0$일 때 성립하도록, 즉 a_1^n에 비례하게 된다. 이와 비슷한 동작을 유한한 입력에 대한 1차 IIR 시스템 예제 10-3에서 볼 수 있다. 이와 같은 모든 경우에 대해서, 궁극적으로 IIR 시스템 응답은 $n \geq n_0$일 때(pole)^{n}에 비례하고, 입력이 0일 때도 (pole)^{n}이 발생한다.

시스템 함수의 극점이 $z = a_1$에 있기 때문에, 극점의 위치를 보면 임펄스 응답이 $n \to \infty$일 때 감쇄되어 사라져갈지, 증가할지를 판단할 수 있다. 만일 $|a_1| < 1$이면, 임펄스 응답은 $n \to \infty$에 따라 감쇄되어 사라져가지만, $|a_1| \geq 1$이면, 임펄스 응답은 사라지지 않는다. 사실상, $|a_1| > 1$이면, 출력 신호는 제한 없이 지수 함수적으로 증가하게 되고, 제한 없는 출력을 만드는 시스템은 일반적으로 쓸모가 없기 때문에 바람직하지 않다. 이러한 성질을 보이는 시스템은 불안정한 시스템이라고 부른다. 10-6절에서 보겠지만, 입력값이 어느 한계 내에 있을 때, 출력값도 어느 한계 내에 있는 시스템을 **안정한 시스템**이라고 한다.

1차 시스템의 경우, 안정성은 극점의 위치를 단위원과 비교하여 판단할 수 있다. 만일 $|a_1| < 1$이면, 시스템 함수의 극점은 z-평면에서 단위원 내부에 존재하고, 시스템은 안정하다. 10-6절에서는, 이러한 **극점이 단위원 내부에 있을 조건**이 인과적 고차원 IIR 시스템에도 여전히 적용된다는 것을 보일 것이다. 따라서 시스템의 안정성은 시스템 함수의 z-평면 상의 극점-영점 다이어그램으로부터 한 눈에 바로 결정될 수 있다.

예제 10-8 극점의 위치로부터 안정성

시스템 함수가

$$H(z) = \frac{1 - 2z^{-1}}{1 - 0.8z^{-1}} = \frac{z - 2}{z - 0.8}$$

로 주어진 인과적 시스템은 $z = 2$에 영점과 $z = 0.8$에 극점을 갖는다. 따라서 이 시스템은 안정하다. 영점의 위치는 단위원의 외부에 있지만, 시스템의 안정성과는 무관하다.

연습문제 10.8

IIR 필터의 시스템 함수가

$$H(z) = \frac{2 + 2z^{-1}}{1 - 1.25z^{-1}}$$

라고 가정한다. 극점과 영점을 z-평면에 표시하고, 시스템이 안정한지 아닌지 여부를 판단하여라.

10-6 IIR 시스템의 안정성

1차 IIR 시스템에서 극점의 위치가 시스템이 안정한지 아닌지를 판단하기에 충분하다는 것을 보았다. 이 절에서는, 모든 인과적 LTI 시스템에 적용할 수 있는 안정성에 관한 일반적인 내용을 다룬다. 안정성의 일반 조건은 임펄스 응답의 절대 합을 구할 수 있어야 한다는 것이며, 다수의 극점을 갖는 인과적인 IIR 시스템의 경우에는, **모든 극점들이 단위원 내부에 존재해야만 한다**는 명제로 이끈다.

IIR 시스템은 차분 방정식에 포함된 피드백에 의해서 무한한 임펄스 응답을 갖기 때문에, 차분 방정식이 끝도 없이 반복되는 동안 응답이 계속해서 커지지 않는 것이 중요하다. 그래서 시스템이 안정해야 한다. 보편적인 안정성의 정의 중의 하나는 임의의 유한한 입력 $|x[n]| < M_x < \infty$ 에 대하여 안정한 시스템의 출력은 항상 유한해야 한다는 (즉, $|y[n]| < M_y < \infty$) 것이다. 유한한 상수 M_x와 M_y는 서로 달라도 된다. 이러한 안정성의 정의는 **유한-입력, 유한-출력 (BIBO: Bounded Input Bounded Output)** 안전성 또는 BIBO 안정성이라고 불린다; 이것은 "출력은 계속해서 커지지 않는다"라고 수학적으로 정확히 표현하는 방법이다.

LTI 시스템에서는, 입력과 출력이 콘볼루션으로 연결되기 때문에, 이 BIBO 정의는 LTI 시스템의 임펄스 응답에 간단한 테스트를 하는 것으로 대체될 수 있다. 인과적인 LTI 시스템의 경우에, 콘볼루션 합의 하한은 0이며, 그래서 출력은

$$y[n] = \sum_{m=0}^{\infty} h[m]x[n-m]$$

이다. 따라서, $|y[n]|$ 크기의 극한은 다음과 같이 구할 수 있다:

$$|y[n]| = \left|\sum_{m=0}^{\infty} h[m]x[n-m]\right| \le \sum_{m=0}^{\infty} |h[m]| \underbrace{|x[n-m]|}_{\le M_x} \tag{10.31a}$$

여기에서 항들의 합의 크기는 각 항들의 크기의 합보다 적거나 같다는 사실을 이용했다. 부등식 (10.31a)에서 모든 m에 대해 $|x[n-m]|$을 한도 M_x로 치환하면

$$|y[n]| < \underbrace{M_x \sum_{m=0}^{\infty} |h[m]|}_{=M_y\,?} \tag{10.31b}$$

가 된다. 따라서 $|x[n]| < M_x < \infty$일 때면 언제나, $|y[n]|$을 $M_y < \infty$로 유한하게 하기 위한 충분조건[5]은

인과적인 *LTI* 시스템의 안정성 조건

$$\sum_{m=0}^{\infty} |h[m]| < \infty \tag{10.32}$$

5) 식 (10.32)가 또한 필요조건도 된다는 것을 보일 수 있다. 식 (10.32)를 만족하지 않는 시스템은 불안정한 시스템이다.

이다. 식 (10.32)가 만족되면, 임펄스 응답의 **절대적 합을 구할 수 있다 (Absolutely Summable)**라고 말하고, 이 성질은 LTI 시스템의 안정성을 보장한다.

FIR 시스템의 경우에는 임펄스 응답이 유한 구간에만 존재하므로, $h[n]$의 값들이 유한하기만 하면 식 (10.32)가 만족된다. 따라서 모든 실질적인 FIR 시스템들은 모두 안정하다. 하지만, IIR 시스템의 경우에는 임펄스 응답이 무한히 긴 열을 가지므로, 어떤 IIR 시스템은 불안정할 수도 있다.

예제 10-9 불안정한 시스템

유일한 피드백 계수가 $a_1 = 1$인 1차 차분 방정식

$$y[n] = y[n-1] + x[n] \tag{10.33}$$

을 고려한다. 이 시스템은 입력의 현재 샘플 $x[n]$을 이전 샘플들의 총합 $y[n-1]$에 단순히 더하기 때문에 종종 **누산기 (accumulator)** 시스템이라고 한다. 이 시스템의 임펄스 응답은 식 (10.8c)의 반복에 의해 단위 계단 신호 $h[n] = u[n]$이 된다는 것을 보일 수 있다. 식 (10.18)의 z-변환쌍에서 $a = 1$이므로, 시스템 함수는

$$H(z) = \sum_{n=0}^{\infty} z^{-n} = \frac{1}{1-z^{-1}} \tag{10.34}$$

이 되고, 여기서 무한 합에 대해 관련된 ROC는 $1 < |z|$이다.

식 (10.32)의 안정성 조건을 $h[n] = u[n]$에 적용하면, 안정된 시스템이 아니라는 결론을 얻는다. 왜냐하면 절대적 합 테스트는

$$\sum_{n=0}^{\infty} |u[n]| = \sum_{n=0}^{\infty} 1 \to \infty \tag{10.34}$$

이기 때문이다. 따라서 입력이 유한해도 출력이 무한한 경우가 존재한다는 것이다. 이런 예로 이동된 계단 입력 $x[n] = u[n-1]$은 상한이 $M_x = 1$이다. 연습문제 10.9의 결과는 출력 $y[n] = nu[n-1]$은 n이 증가하면 선형적으로 증가해서 모든 n에 대해 $|y[n]| < M_y$를 만족하는 상수 M_y를 찾을 수 없다.

연습문제 10.9 식 (10.33)을 반복적으로 계산해서 이동된 계단 입력 $x[n] = u[n-1]$에 대한 출력이

$$y[n] = nu[n-1] \tag{10.35}$$

임을 보여라.

이러한 한계가 없는 출력을 갖는 예제 (10.35)를 하나로 이 누산기 시스템 (10.33)이 **불안정하다**고 증명하기에 충분하다는 것을 참고한다. 다른 한편으로, 하나 혹은 심지어 많은 수의 유한한 입력에 대해서 유한한 출력이 나왔다고 해도 누산기 시스템이 안정하다고 증명하기에는 **충분하지 않다**. 이 특별한 시스템의 경우에는, 유한한 출력을 만들어내는 유한한 입력들이 많이 존재한다.

그런 입력 중의 하나가 $(-1)^n u[n]$ 신호이며, 크기는 항상 1로 유한하고 출력 응답은 $y[n] = (0.5 + 0.5(-1)^n)u[n]$로 역시 크기가 1로 유한하다. 운이 좋게도, 식 (10.32)가 임펄스 응답이 $h[n]$인 LTI 시스템의 안정성을 판단하는 필요충분조건이므로, 모든 입력에 대해서 시스템을 테스트할 필요가 없다. 임펄스 응답에 대하여 절대 합 테스트 (10.32)는 한 번만 적용할 필요가 있다.

10-6.1 수렴 영역과 안정성

이 절에서 안정성은 z-변환 영역에서 테스트할 수 있다는 것을 보인다. 구체적으로, $H(z)$의 수렴 영역 (ROC)과 IIR 시스템의 안정성을 연관 지을 수 있다. 왜냐하면 이 두 개념이 절대적 합에 기초하기 때문이다. 시스템 함수의 정의는 임펄스 응답의 z-변환이며, 그래서 만일 시스템이 인과적이면, z-변환 합의 하한은 $n = 0$이며, 그래서

$$H(z) = \sum_{n=0}^{\infty} h[n]z^{-n} \tag{10.36}$$

이다. 무한 합 (10.36)은 z-평면의 모든 곳에서 유한하지 않을 수도 있지만, ROC 내에서 이 합은 유한한 (복소수) 값들로 수렴한다. 식 (10.36)에서 $|H(z)|$가 유한하다는 것은 다음의 무한합의 절대 수렴

$$\underbrace{\left|\sum_{n=0}^{\infty} h[n]z^{-n}\right|}_{|H(z)|} \leq \underbrace{\sum_{n=0}^{\infty} |h[n]|\,|z^{-n}| < \infty}_{\text{절대 수렴}} \tag{10.37}$$

을 만족함으로써 보장이 된다. 식 (10.37)의 부등식은 합의 크기가 각각 항의 크기의 합보다 작다는 사실을 이용했다. 또한, 우변에서 두 항의 곱의 크기는 각 항의 크기의 곱과 같다는 사실을 이용했다. 이와 같이, ROC는 합 (10.36)의 절댓값이 수렴하는 z값들의 집합으로 정의된다.

z-평면의 단위원은 $z = e^{j\hat{\omega}}$, 또는 $|z| = 1$의 경우이며, 식 (10.37)의 우변의 합을 단위원에서 계산하면, 다음

$$\sum_{n=0}^{\infty} |h[n]|\,\overbrace{|e^{-j\hat{\omega}n}|}^{1} = \sum_{n=0}^{\infty} |h[n]| < \infty \tag{10.38}$$

을 얻으며, 이 값은 단위원이 ROC 내부에 있게 되면, 임펄스 응답의 절대적 합을 구할 수 있다는 것을 의미한다. 따라서 ROC에 기초한 LTI 시스템의 안정성을 위한 z-영역 조건은 다음과 같이 말할 수 있다:

> *IIR 시스템이 안정하기 위한 필요충분조건은 시스템 함수 $H(z)$에 대한 수렴영역(ROC)이 z-평면의 단위원을 포함하는 것이다*

기억하기 쉬운 경우가 1차 시스템의 경우 식 (10.18)이며, 임펄스 응답 $h[n] = a_1^n u[n]$이고, ROC는 $\{z: |a_1| < |z|\}$, 즉 반지름이 $|a_1|$인 원반의 외부에 해당하는 z-평면의 부분집합이 된다. $|a_1| < 1$일 때는 원반의 외부 영역이 단위원을 포함한다. 또한, $|a_1| < 1$일 때는 1차 임펄스 응답

의 절대적 합을 구할 수 있다는 사실을 주목한다.

일반적인 인과적 LTI IIR 시스템에서, ROC는 반드시 원반의 외부여야만 한다는 것을 증명할 수 있다. 다음 절에서는, 고차의 인과적 LTI 시스템의 임펄스 응답은 지수함수 항들에 가중치를 곱한 값들의 합으로, 다음

$$h[n] = \sum_{k=1}^{N} A_k p_k^n u[n] \tag{10.39}$$

과 같이 나타낼 수 있다는 것을 보일 것이다. 여기서 p_k는 시스템의 극점들이고, A_k는 상수 가중치들이다.[6] 유효한 시스템 함수 $H(z)$를 갖기 위해서는, 각각의 지수함수 항들 $p_k^n u[n]$은 절대적으로 수렴하는 z-변환을 반드시 갖고 있어야 하며, 그래서 각 항에 대한 ROC는 원반의 외부영역 $\{z: |p_k| < |z|\}$이다. 그러면 $H(z)$의 ROC는 모든 원반들의 외부 영역들의 교집합이 되고, 이 결과 역시 원반의 외부 영역 $\{z: R < |z|\}$이 되며, 여기서 R은 z-평면의 원점으로부터 가장 멀리 위치한 극점의 크기이다. 안정성을 위하여, ROC 내부에 단위원이 존재해야 하고, 이 조건은 모든 극점들이 단위원 내부에 있는 경우에만 성립한다.

10-7 IIR 필터의 주파수 응답

제6장에서, 주파수 응답 $H(e^{j\hat{\omega}})$의 개념을 복소 지수함수 입력이 LTI 시스템을 통과할 때 겪는 위상과 크기의 변화를 결정하는 복소수 함수로 소개했다. 즉, $x[n] = e^{j\hat{\omega}n}$이면, 출력은

$$y[n] = H(e^{j\hat{\omega}})e^{j\hat{\omega}n} \tag{10.40}$$

이다. 제7장에서, 주파수 응답을 임펄스 응답의 DTFT와 같게 일반화 하였다. 9-5절에서, FIR 시스템의 주파수 응답은 시스템 함수와

$$H(e^{j\hat{\omega}}) = H(z)\Big|_{z=e^{j\hat{\omega}}} \tag{10.41}$$

의 관계가 있음을 보였다. 즉, 주파수 응답은 z-평면의 단위원 ($z = e^{j\hat{\omega}}$) 상에서의 계산된 시스템 함수값과 같다. 식 (10.41)의 관계는 IIR 시스템에서도 역시 성립한다. 하지만, IIR의 경우에는 한 가지 추가 조건이 제공되어야 한다: IIR 시스템은 주파수 응답이 존재하고, 식 (10.41)에 의해서 주어지기 위하여는 반드시 안정해야 한다. 식 (10.32)의 안정성 조건은 임펄스 응답의 절대적 합을 구할 수 있어야 한다는 것이고, 이것은 따라서 단위원이 ROC 내부에 있다는 것을 보장해야 하며, 그래서 식 (10.41)에서의 치환이 따라서 적법하다. 제7장에서, DTFT의 존재 조건 식 (7.7) 역시 신호의 절대적 합을 구할 수 있어야 한다는 것이었다.

일반적인 1차 IIR 시스템의 시스템 함수는 다음

6) 식 (10.39)는 모든 극점들 $\{p_k\}$가 서로 같지 않은 경우에만 성립한다.

$$H(z) = \frac{b_0 + b_1 z^{-1}}{1 - a_1 z^{-1}}$$

의 형태를 가지며, 여기서 ROC는 $|a_1| < z$이다. $|a_1| < 1$이면, 시스템은 안정하고, 그래서 단위 원 상에서 $H(z)$를 계산함으로써 주파수 응답을 구하는 공식을 얻을 수 있다:

$$H(e^{j\hat{\omega}}) = H(z)\big|_{z=e^{j\hat{\omega}}} = \frac{b_0 + b_1 e^{-j\hat{\omega}}}{1 - a_1 e^{-j\hat{\omega}}} \tag{10.42}$$

이 유리함수 (10.42)는 $e^{-j\hat{\omega}}$ 항을 포함하며, 이 항은 $\hat{\omega}$에 대해 주기가 2π인 주기함수이다. 따라서 이산-시간 시스템의 주파수 응답에 대해 예견한 대로, $H(e^{j\hat{\omega}})$는 주기가 2π인 주기함수이다.

식 (10.42)의 주파수 응답 $H(e^{j\hat{\omega}})$은 주파수 $\hat{\omega}$의 함수이고 복소수 값을 갖는 함수이다. 그래서 식 (10.42)를 주파수에 대한 크기 함수와 위상 함수인 두 개의 다른 실수 함수로 나눌 수 있다. 크기 응답을 구하기 위해서는, 먼저 크기의 제곱을 구하고 나서 양의 제곱근을 취하는 것이 유리하다. 크기의 제곱은 식 (10.42)의 $H(e^{j\hat{\omega}})$에 그것의 켤레 함수 $H^*(e^{j\hat{\omega}})$를 곱해서 만들 수 있다. 우리의 1차 시스템 예의 경우,

$$\begin{aligned}
\left|H(e^{j\hat{\omega}})\right|^2 &= H(e^{j\hat{\omega}})H^*(e^{j\hat{\omega}}) \\
&= \frac{b_0 + b_1 e^{-j\hat{\omega}}}{1 - a_1 e^{-j\hat{\omega}}} \cdot \frac{b_0^* + b_1^* e^{+j\hat{\omega}}}{1 - a_1^* e^{+j\hat{\omega}}} \\
&= \frac{|b_0|^2 + |b_1|^2 + b_0 b_1^* e^{+j\hat{\omega}} + b_0^* b_1 e^{-j\hat{\omega}}}{1 + |a_1|^2 - a_1^* e^{+j\hat{\omega}} - a_1 e^{-j\hat{\omega}}} \\
&= \frac{|b_0|^2 + |b_1|^2 + 2\Re\{b_0^* b_1 e^{-j\hat{\omega}}\}}{1 + |a_1|^2 - 2\Re\{a_1 e^{-j\hat{\omega}}\}}
\end{aligned}$$

이 된다. 이렇게 유도하는 데 필터의 계수가 실수라고 가정하지 않았다. 만일 계수들이 실수라면, 수식은 더욱 간단해진다.

$$\left|H(e^{j\hat{\omega}})\right|^2 = \frac{|b_0|^2 + |b_1|^2 + 2b_0 b_1 \cos(\hat{\omega})}{1 + |a_1|^2 - 2a_1 \cos(\hat{\omega})} \tag{10.43}$$

이 식은 특별한 도움을 주지 않는다. 왜냐하면, $|H(e^{j\hat{\omega}})|$의 모양을 눈으로 그리기가 쉽지 않기 때문이다. 하지만, 주파수 응답을 계산하고 그래프를 그리는 프로그램을 작성하는 데에 이 식을 이용할 수 있다. 위상 응답은 더 복잡하다. 분자와 분모의 각도를 계산하는 데 아크탄젠트(arctangent)가 필요하고, 전체의 위상은 분자의 각도에서 분모의 각도를 뺀 것이다. 필터 계수들이 실수일 때, 위상각은 다음과 같다.

$$\angle H(e^{j\hat{\omega}}) = \tan^{-1}\left(\frac{-b_1 \sin\hat{\omega}}{b_0 + b_1 \cos\hat{\omega}}\right) - \tan^{-1}\left(\frac{a_1 \sin\hat{\omega}}{1 - a_1 \cos\hat{\omega}}\right)$$

또한, 이 함수는 너무 복잡해서, 식을 보기만 해서는 무엇을 의미하는지 알아내기 어렵다. 뒷 절에서는 관계식 (10.41)과 함께 시스템 함수의 극점과 영점만을 이용하여 이런 복잡한 수식을 따르지

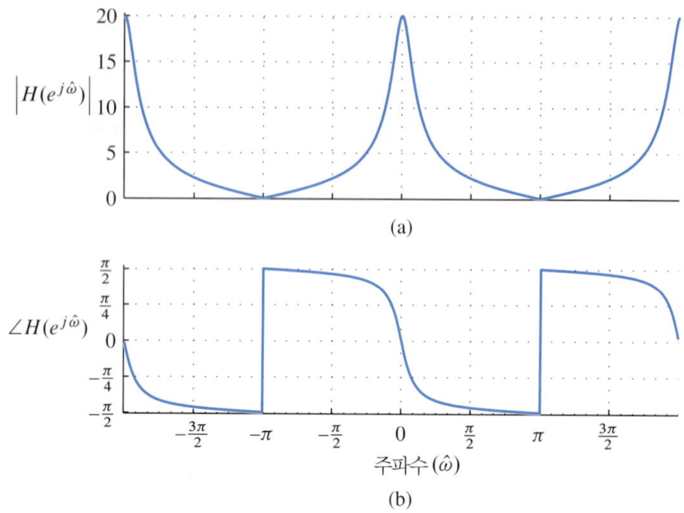

그림 10-8 1차의 피드백 필터의 주파수 응답 (크기 및 위상). 극점은 $z = 0.8$이며, 분자는 $z = -1$에 영점을 갖는다.

않고, 주파수 응답의 대략적인 그림을 그려볼 것이다.

10-7.1 MATLAB을 이용한 주파수 응답

주파수 응답은 많은 신호처리 소프트웨어 패키지를 이용하면 쉽게 계산하고 그려볼 수 있다. 예를 들어, MATLAB에서 함수 `freqz`는 그와 같은 목적만으로 제공되었다.[7] 주파수 응답은 $\hat{\omega}$-영역에서 일정한 간격의 격자에서의 값들을 구하고, 그 다음으로 그것의 크기와 위상의 그래프를 그린다. MATLAB에서는 함수 `abs`와 `angle`을 이용하여, 복소수 벡터의 각 원소의 크기와 각도를 각각 계산한다.

예제 10-10 MATLAB을 통한 $H(e^{j\hat{\omega}})$의 그래프

다음 예

$$y[n] = 0.8y[n-1] + 2x[n] + 2x[n-1]$$

를 고려해본다. MATLAB에서 필터 계수를 정의하기 위해서는, $y[n]$을 갖는 모든 항들은 좌변에, $x[n]$을 갖는 모든 항들은 우변에 모은다.

$$y[n] - 0.8y[n-1] = 2x[n] + 2x[n-1]$$

필터 계수를 읽고, 벡터 `aa`와 `bb`를 다음과 같이 정의한다.

```
aa = [1, -0.8],     bb = [2, 2]
```

이와 같이, 벡터 `aa`와 `bb`는 `filter` 함수에서와 같은 형태다. 다음과 같이 `freqz`를 호출하면, 다음과 같이 3번째의 입력 변수, `2*pi*[-1:.005:1]`에 의하여 지정되는 주파수들의 벡터에서의 주파수 응답값들을 포함하는 401-포인트 벡터 `HH`를 생성한다:

7) 함수 `freqz`는 MATLAB 신호처리 툴박스 (Signal Processing Toolbox)에 있다. 대체 함수가 필요하면, *DSP-First* 툴박스에 있는 `freekz`라고 하는 유사한 함수를 이용한다.

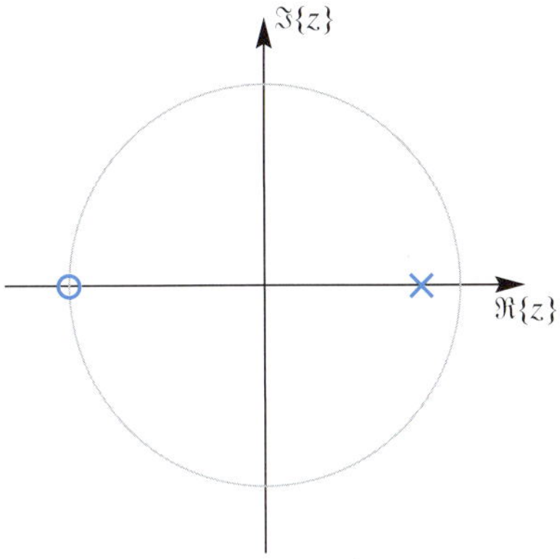

그림 10-9 1차 IIR 필터의 극점-영점 다이어그램. 극점은 $z = 0.8$이 있으며, 분자는 $z = -1$에 영점을 갖는다.

```
HH = freqz (bb, aa, 2*pi*[-1:.005:1]);
```

결과로 계산된 크기와 위상의 그래프는 그림 10-8에 보였다. 확장한 주파수 구간 $-2\pi \le \hat{\omega} \le +2\pi$에서 보면 $H(e^{j\hat{\omega}})$가 2π-주기의 주기함수인 것을 분명히 알 수 있다.[8)]

이 예에서 극점들 및 영점들과 주파수 응답의 모양 사이의 연관성을 찾을 수 있다. 차분 방정식의 계수들로부터, 시스템 함수

$$H(z) = \frac{2 + 2z^{-1}}{1 - 0.8z^{-1}}$$

를 구할 수 있으며, 이 함수는 그림 10-9에서처럼, $z = 0.8$에 극점이 있고, $z = -1$에 영점이 있다.

$z = -1$점은 $\hat{\omega} = \pi$와 같다. 왜냐하면, $z = -1 = e^{j\pi} = e^{j\hat{\omega}}\big|_{\hat{\omega}=\pi}$이기 때문이다. 그래서, $H(e^{j\hat{\omega}})$는 $\hat{\omega} = \pi$일 때, 값이 0이 되므로, $H(z)$는 $z = -1$일 때 값이 0이 된다. 유사한 방법으로 $z = 0.8$에 위치한 극점은 $\hat{\omega} = 0$ 근처에서의 주파수 응답에 영향을 준다. $H(z)$가 $z = 0.8$에서 값이 매우 커지므로, 이와 인접한 단위원 상의 점에서도 매우 큰 값을 갖게 된다. 단위원 상에서 가장 가까운 점은 $z = e^{j0} = 1$일 때이다. 이 경우, $H(z)$ 식으로부터 직접 주파수 응답값을 구할 수 있으며,

$$H(e^{j\hat{\omega}})\Big|_{\hat{\omega}=0} = H(z)\Big|_{z=1} = \frac{2 + 2z^{-1}}{1 - 0.8z^{-1}}\Bigg|_{z=1} = \frac{2 + 2(1)}{1 - 0.8(1)} = \frac{4}{0.2} = 20$$

을 얻는다.

10-7.2 시스템 함수의 3차원 그림

$H(e^{j\hat{\omega}})$와 $H(z)$의 극점-영점 위치와의 관계는 $H(z)$을 복소수 z-평면에서 3차원적으로 그려보면 알 수 있다. 주파수 응답 $H(e^{j\hat{\omega}})$은 $H(z)$의 값을 단위원을 따라 가면서 선택하면 된다. 왜냐하면, $z = e^{j\hat{\omega}}$가 $-\pi < \hat{\omega} \le \pi$ 구간에서 단위원을 나타내기 때문이다.

이 절에서는, 한 예로 시스템 함수

$$H(z) = \frac{1}{1 - 0.8z^{-1}} \tag{10.44}$$

8) 그래프의 라벨은 특수한 플롯 함수들을 사용해서 만들었다.

을 이용하여, 시스템 함수 $H(z)$와 주파수 응답 간의 관계를 알아본다. 그림 10-10과 10-11은 z-평면의 $|z| \leq 1.4$ 영역에서 $H(z)$의 크기와 위상에 대한 그래프들이다. 그림 10.10에 있는 크기 그래프에서 보면, 극점 $z = 0.8$에서 큰 피크가 생기고 인접한 값들도 매우 크게 만든다. 정확히 극점에서는 $H(z) \to \infty$이지만, 그림 10-10의 3차원 곡면에는 수직축을 적절히 잘랐기 때문에 유한한 수직 값의 범위 안에 있다. 그림 10-11의 위상 응답에서는 $z = 1$인 $\hat{\omega} = 0$에서 역시 가장 급격하게 바뀌는 것을 알 수 있다. 이 점은 극점 $z = 0.8$에서 가장 가까운 단위원 상에서의 점이다.

데모
Z to Freq

주파수 응답 $H(e^{j\hat{\omega}})$은 그림 10-10과 10-11에서 단위원을 따라가면서 z-변환의 값들을 선택함으로써 구해진다. $\hat{\omega}$에 따른 $H(e^{j\hat{\omega}})$의 2차원 그래프는 그림 10-12에 주어졌다. 주파수 응답의 모양은, 그림 10-10에서 $z = 0.8$의 극점이 $H(e^{j\hat{\omega}})$을, $z = 1$인 점과 같은, $\hat{\omega} = 0$의 가까운 영역에서도 증가시키는 점을 인식하면, 극점의 위치에 대하여 설명될 수 있다. 단위원에서의 값들은 $\hat{\omega}$이 $-\pi$에서 $+\pi$로 변함에 따라 $H(z)$의 크고 작은 값들을 따른다.

데모
3가지 영역 – IIR

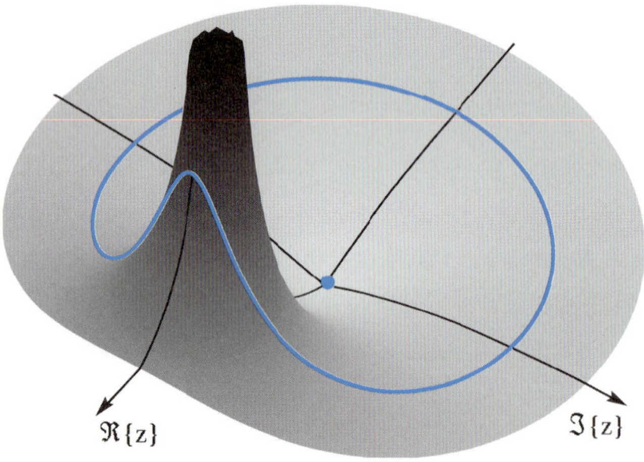

그림 10-10 단위원을 포함하는 z-평면의 영역에 걸쳐 계산된 식 (10.44)의 $H(z)$의 크기. 1차 필터는 $z = 0.8$에 극점을, $z = 0$ (파란색 큰 점)에 영점을 갖는다. 단위원에 따른 $|H(z)|$값들은 파란색 실선으로 보였으며, 여기서 주파수 응답 (크기)이 계산된다. 관점은 1상한이며, $z = 1$점은 왼편 앞쪽에 위치한다.

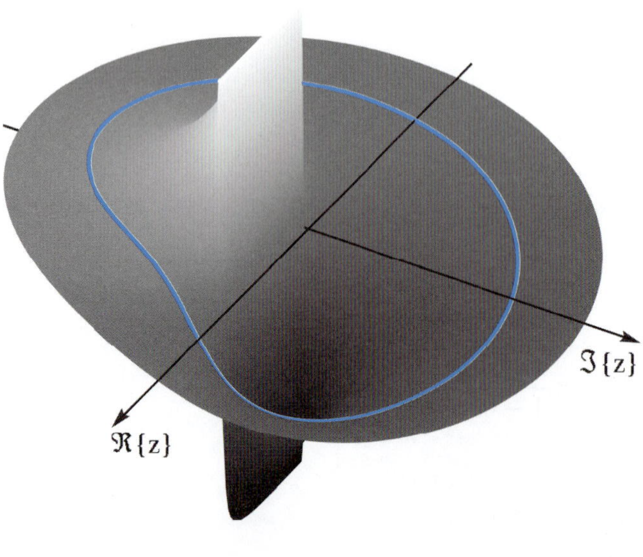

그림 10-11 단위원을 포함하는 z-평면의 영역에 걸쳐 계산된 $H(z)$의 위상. 단위원에 따른 위상값들은 굵은 파란색 실선으로 표시했다. 관점은 1상한이며, $z = 1$점이 전면 왼편에 위치한다.

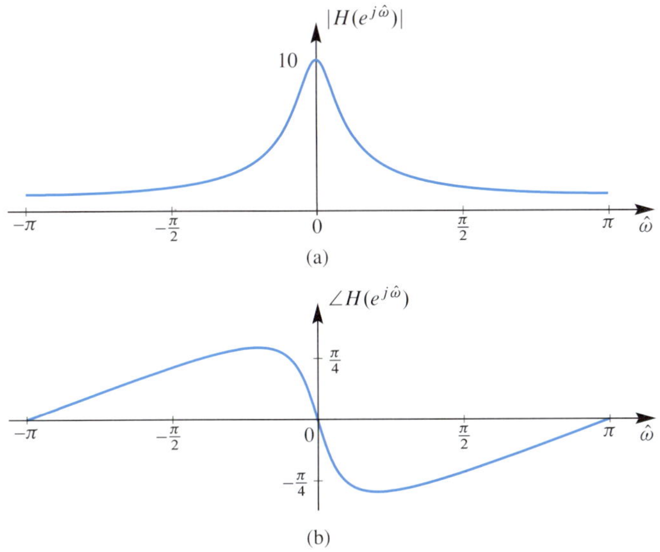

그림 10-12 1차 IIR 필터 식 (10.44)의 주파수 응답. (a) 크기. (b) 위상. 극점은 $z = 0.8$에 있고, 분자는 $z = 0$에 영점을 갖는다. 이 값들은 그림 10-10과 그림 10-11의 z-평면에서 단위원을 따라서 구한 $H(z)$의 값들이다.

10-8 세 가지 영역

그림 10-13에 보인 것처럼, 계수 $\{a_k, b_k\}$들은 신호의 n, $\hat{\omega}$, z영역 표현과 LTI 시스템을 연결하는 데 중요한 역할을 한다.

이 세 가지 영역에 대하여 지금까지 개발된 분석 도구의 사용법을 설명하기 위하여, 다음과 같은 피드백 차분 방정식

$$y[n] = a_1 y[n-1] + a_2 y[n-2] + b_0 x[n] + b_1 x[n-1] + b_2 x[n-2]$$

으로 표현된 일반적인 2차 IIR 디지털 필터를 고려하기로 한다. 여기에서 필터 계수들 $\{a_1, a_2, b_0, b_1, b_2\}$는 상수이다. 이 식은 입력 신호로부터 출력 신호를 계산하기 위하여 반복적으로 계산하는 알고리즘을 제공해 준다. 예를 들어, 입력이 $x[n] = \delta[n]$일 때, 출력은 임펄스 응답 $h[n]$이 된다.

1차 시스템에서 설명한 방법에 따라서, 필터 계수로부터 z-변환 시스템 함수

LAB
실습: PeZ-z, n, $\hat{\omega}$ 영역

$$H(z) = \frac{b_0 + b_1 z^{-1} + b_2 z^{-2}}{1 - a_1 z^{-1} - a_2 z^{-2}}$$

를 직접 구할 수 있으며, 극점이 단위원 내부에 존재할 때에는, 주파수 응답, 또는 DTFT를 단위원 $(z = e^{j\hat{\omega}})$ 상에서의 값을 계산하여

$$H(e^{j\hat{\omega}}) = \frac{b_0 + b_1 e^{-j\hat{\omega}} + b_2 e^{-j2\hat{\omega}}}{1 - a_1 e^{-j\hat{\omega}} - a_2 e^{-j2\hat{\omega}}}$$

를 구할 수 있다. $H(z)$를 다항식의 비로 표현할 수 있으므로, 계수들 $\{a_k, b_k\}$ 혹은 $H(z)$의 극점과 영점은 필터를 완벽하게 정의하는 매개변수들의 작은 집합이 된다.

결국, 주파수 응답에서 통과대역과 차단대역의 모양은 단위원에 대하여 극점과 영점이 얼마나 떨어져 있는가에 밀접한 관련이 있으며, 임펄스 응답의 특징은 극점의 위치와 관련이 있을 수 있다. 10-12.4절에서 논의한 `PeZ` GUI는 시스템의 세 가지 영역의 상호 관계를 시각화하는 데 유용

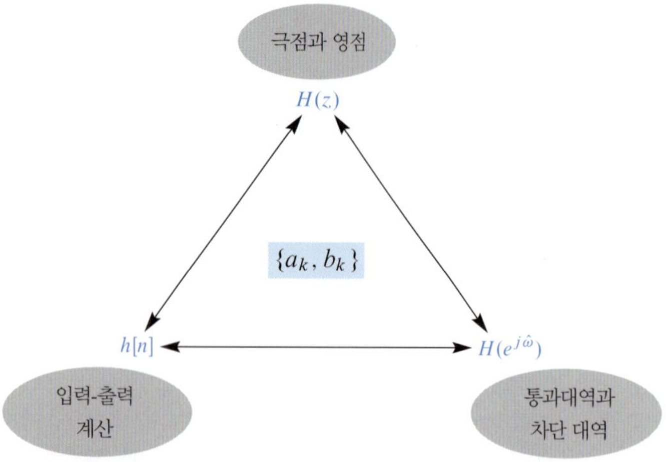

그림 10-13 LTI 시스템에 대한 n-, $\hat{\omega}$-, z-영역 사이의 관계. 필터 계수들 $\{a_k, b_k\}$는 IIR 시스템에 대한 세 가지 영역들을 연결하는 데 중심적인 역할을 한다. FIR 시스템에 대한 필터 계수들의 집합은 $\{b_k\}$뿐이다.

LAB
PeZ GUI

하다. 일반적인 경우에 대하여 마지막 요점이 성립하려면, 도구가—$H(z)$로부터 $h[n]$을 직접 구하기 위한 기법이—하나 더 필요하다. 이 절차는, 임의의 z-변환과 이에 대응하는 신호에 적용되며, 역 z-변환이라고 불리며, 다음 절에서 다룬다.

10-9 역 z-변환과 응용

1차 IIR 시스템에서 세 영역이 어떻게 연결되어 있는지를 보았다. 1차 시스템에 대하여 소개했던 많은 개념들은 고차 시스템에 그대로 적용된다. 그러나 시스템 함수로부터 임펄스 응답을 구하는 것은 1차의 경우에 우리가 해왔던 것을 단순히 확장하는 것은 아니다. 극점이 하나 보다 많은 시스템에 적용될 수 있는 z-변환의 역을 구하는 과정을 개발할 필요가 있다. 이 과정을 **역 z-변환(inverse z-변환)**이라고 부른다. 이 절에서는, 일반적인 유리함수 z-변환에 대한 역 변환 과정을 보이고, 그 다음으로 2차 또는 고차 시스템의 임펄스 응답을 구하는 예제들을 가지고 역변환 과정을 설명한다.

10-9.1 1차 시스템의 계단 응답 복습

10-2.4절에서, 1차 시스템의 계단 응답을 반복 계산으로 계산하였다. 이제 동일한 결과를 간단한 대수를 통하여 어떻게 역 z-변환을 이용하여 얻을 수 있는지 보인다. 다음과 같은 시스템 함수

$$H(z) = \frac{b_0 + b_1 z^{-1}}{1 - a_1 z^{-1}}$$

를 갖는 시스템을 고려한다. 이 시스템의 출력의 z-변환은 $Y(z) = H(z)X(z)$임을 알고 있으므로, 주어진 입력 $x[n]$에 대하여 출력을 구하는 z-변환 방법은 다음과 같다:

1. 입력 $x[n]$에 대한 z-변환 $X(z)$를 결정한다.
2. $H(z)$와 $X(z)$를 곱하여 $Y(z)$를 구한다.
3. $Y(z)$를 역 z-변환하여 출력 $y[n]$을 구한다.

이 절차는 만일 $X(z)$를 구할 수 있고, 필요한 역 변환을 할 수 있다면, 잘 수행될 것이고 차분 방정

식 (또는 콘볼루션)의 반복계산을 피할 수 있다. 이 절에서는 실질적으로 두 단계로 되어 있는 3번째 단계의 일반적인 절차를 유도하는 것에 초점을 맞춘다.

계단 응답의 경우에, 입력 $x[n] = u[n]$은 보다 일반적인 $x[n] = a^n u[n]$의 특별한 경우 (즉, $a = 1$)이다. 그러므로, 식 (10.18)로부터 $x[n] = u[n]$의 z-변환은

$$X(z) = \frac{1}{1 - z^{-1}}$$

와 같으며, $Y(z) = H(z)X(z)$는

$$Y(z) = \frac{b_0 + b_1 z^{-1}}{(1 - a_1 z^{-1})(1 - z^{-1})} \tag{10.45a}$$

$$= \frac{b_0 + b_1 z^{-1}}{1 - (1 + a_1) z^{-1} + a_1 z^{-2}} \tag{10.45b}$$

이다.

이제 역 z-변환을 함으로써 n-영역으로 돌아갈 수 있다. 가장 표준적인 방법은 z-변환짝표를 이용해서 표에서 단순히 답을 찾는 것이다. 제9장과 이 장의 앞부분에서 전술한 것이 그러한 간단한 표를 만드는 것의 기초가 된다. 지금까지 개발된 z-변환 지식을 표 10-1에 요약했다. 더 심도 있는 표를 만들 수도 있겠지만, 이 교재에서 목표로 하는 수준에는 표 10-1의 결과면 충분하다.

식 (10.45a)에서 $Y(z)$가 주어졌을 때, $y[n]$을 구하는 문제는 표 10-1의 어느 항목에도 정확히 일치하지 않으며, 그래서 표의 1, 5, 6 항목들을 이용할 수 있도록 $Y(z)$를 다시 정렬해야 한다. 사용되는 대수 기법은 $Y(z)$의 **부분 분수 전개 (Partial Fraction Expansion)**[9]에 기반을 둔다. 이 일반적인 기법은 유리 함수 $Y(z)$를 1차 유리 함수들의 합으로 표시한다. 즉,

표 10-1 중요한 z-변환 성질과 짝

z-변환 짝 요약표			
	$x[n]$	$\overset{z}{\longleftrightarrow}$	$X(z)$
1.	$ax_1[n] + bx_2[n]$	$\overset{z}{\longleftrightarrow}$	$aX_1(z) + bX_2(z)$
2.	$x[n - n_0]$	$\overset{z}{\longleftrightarrow}$	$z^{-n_0} X(z)$
3.	$y[n] = x[n] * h[n]$	$\overset{z}{\longleftrightarrow}$	$Y(z) = H(z)X(z)$
4.	$\delta[n]$	$\overset{z}{\longleftrightarrow}$	1
5.	$\delta[n - n_0]$	$\overset{z}{\longleftrightarrow}$	z^{-n_0}
6.	$a^n u[n]$	$\overset{z}{\longleftrightarrow}$	$\dfrac{1}{1 - az^{-1}}$

9) 부분 분수 전개는 유리 함수 형태를 적분하기 위한 미적분학에 종종 나오는 대수적 인수분해를 말한다.

$$Y(z) = H(z)X(z) \tag{10.46a}$$
$$= \frac{b_0 + b_1 z^{-1}}{(1 - a_1 z^{-1})(1 - z^{-1})} \tag{10.46b}$$
$$= \frac{A}{1 - a_1 z^{-1}} + \frac{B}{1 - z^{-1}} \tag{10.46c}$$

식 (10.46c)를 통분하면, 결과적으로 유리 함수의 분자가 식 (10.46b)의 $b_0 + b_1 z^{-1}$과 같도록 하는 A와 B값을 구할 수 있다. 두 개의 분자가 같다고 하면 두 개의 미지수 A와 B에 대하여 두 개의 방정식이 생긴다:

$$A + B = b_0$$
$$-A - a_1 B = b_1$$

하지만, 이것을 고차원 z-변환에도 적용할 수 있으면서 더 빨리 하는 방법이 있다. 다음 예는 A와 B 값을 찾는 조직적인 방법을 보여준다. 이 예에서

$$Y(z)(1 - a_1 z^{-1}) = A + \frac{B(1 - a_1 z^{-1})}{1 - z^{-1}}$$

이 식에 극점 $z = a_1$을 대입하면 A만을 뽑아 낼 수 있다. 즉,

$$Y(z)(1 - a_1 z^{-1})\Big|_{z=a_1} = A + \frac{B(1 - a_1 z^{-1})}{1 - z^{-1}}\Big|_{z=a_1} = A$$

$Y(z)$에 $(1 - a_1 z^{-1})$을 곱하면 분모에 있는 같은 항을 소거하므로,

$$A = Y(z)(1 - a_1 z^{-1})\big|_{z=a_1} = \frac{b_0 + b_1 z^{-1}}{1 - z^{-1}}\Big|_{z=a_1} = \frac{b_0 + b_1 a_1^{-1}}{1 - a_1^{-1}}$$

를 얻는다. 유사한 방법으로, 극점 $z = 1$을 대입하면 B는

$$B = Y(z)(1 - z^{-1})\big|_{z=1} = \frac{b_0 + b_1 z^{-1}}{1 - a_1 z^{-1}}\Big|_{z=1} = \frac{b_0 + b_1}{1 - a_1}$$

와 같이 구할 수 있다. 이제 z-변환의 중첩의 원리 (표 10-1의 첫 번째 항목)와 지수 함수의 z-변환 짝 (표 10-1의 6번째 항목)을 이용하여, 식 (10.46c)를 이용하여 원하는 답을 $y[n] = Aa_1^n u[n] + Bu[n]$로, 또는

$$y[n] = \left(\frac{b_0 + b_1 a_1^{-1}}{1 - a_1^{-1}}\right) a_1^n u[n] + \left(\frac{b_0 + b_1}{1 - a_1}\right) u[n]$$

과 같이 쓸 수 있다. 위의 식의 두 항을 통분하면, $y[n]$은

$$y[n] = \left(\frac{(b_0 + b_1) - (b_0 a_1 + b_1) a_1^n}{1 - a_1} \right) u[n] \tag{10.47}$$

과 같이 된다. 식 (10.47)에 $b_1 = 0$을 대입하면,

$$y[n] = b_0 \left(\frac{1 - a_1^{n+1}}{1 - a_1} \right) u[n]$$

을 얻으며, 이 결과는 10-2.4절에서 차분 방정식 (10.13)을 반복 계산해서 나온 결과와 같다.

이 두 개의 극점을 갖는 예를 통해서, 부분 분수 전개[10]와 기본적인 z-변환 짝과 더불어 기본적인 z-변환의 성질을 사용하여 임의의 유리함수 z-변환에 대한 역 z-변환을 구하는 틀을 정립했다. 다음 절에서 이 절차를 요약해 본다.

10-9.2 일반적인 역 z-변환 절차

$X(z)$를 분모의 차수는 N이고, 분자의 차수는 M인 임의의 유리함수 z-변환이라고 한다. $M < N$이라고 가정하면, 다음과 같은 절차에 따라 $X(z)$로부터 $x[n]$을 구할 수 있다.

역 z-변환을 구하는 절차 ($M < N$)

1. $X(z)$의 분모 다항식을 인수 분해하여, 극점 인수들을 $(1 - p_k z^{-1})$ 형태로 표시한다. 여기서 $k = 1, 2, ..., N$이다.
2. $X(z)$를 부분 분수 전개해서 항들의 합으로 표현한다.

$$X(z) = \sum_{k=1}^{N} \frac{A_k}{1 - p_k z^{-1}}$$

여기서 $A_k = X(z)(1 - p_k z^{-1})\big|_{z=p_k}$이다.

3. 역 변환을 다음과 같이 적는다.

$$x[n] = \sum_{k=1}^{N} A_k (p_k)^n u[n]$$

이 절차는 모든 극점 p_k들이 서로 다른 경우의 유리함수 z-변환에서는 항상 정확한 결과를 준다. 동일한 극점들이 있는 경우에는 복잡하지만, 조직적인 방법으로 다룰 수 있다. 이 교재에서는, 모든 극점이 서로 다른 경우만을 다룬다. 다음에는 실수 극점들을 갖는 두 개의 예를 갖고 이 절차를 설명해 본다.

예제 10-11 역 z-변환

z-변환 $X(z)$가

10) MATLAB에서 함수 `residuez`는 극점 인수가 $(1 - p_k z^{-1})$형태라는 가정 하에 부분 분수 전개의 계수들을 구한다.

$$X(z) = \frac{1-2.1z^{-1}}{1-0.3z^{-1}-0.4z^{-2}} = \frac{1-2.1z^{-1}}{(1+0.5z^{-1})(1-0.8z^{-1})}$$

일 때, 신호 $x[n]$을 구하려고 한다. 분모를 인수분해 한 다음, $X(z)$를 합의 형태로 쓴다.

$$X(z) = \frac{A}{1+0.5z^{-1}} + \frac{B}{1-0.8z^{-1}}$$

부분 분수로 전개하면,

$$A = X(z)(1+0.5z^{-1})\big|_{z=-0.5} = \left.\frac{1-2.1z^{-1}}{1-0.8z^{-1}}\right|_{z=-0.5} = \frac{1+4.2}{1+1.6} = 2$$

$$B = X(z)(1-0.8z^{-1})\big|_{z=0.8} = \left.\frac{1-2.1z^{-1}}{1+0.5z^{-1}}\right|_{z=0.8} = \frac{1-2.1/0.8}{1+0.5/0.8} = -1$$

을 얻는다. 따라서

$$X(z) = \frac{2}{1+0.5z^{-1}} - \frac{1}{1-0.8z^{-1}} \tag{10.48}$$

이며, 이 두 개의 1차 항들을 표 10-1의 6번째 항목을 이용해서 역 변환하면,

$$x[n] = 2(-0.5)^n u[n] - (0.8)^n u[n]$$

을 얻는다. 여기서, $z = p_1 = -0.5$와 $z = p_2 = 0.8$에 있는 극점들은 $x[n]$이 $p_1^n u[n]$과 $p_2^n u[n]$ 형태의 항을 가질 수 있도록 해준다는 것을 참고한다.

예제 10-11에서는, 분자의 차수가 $M = 1$로 분모의 차수보다 작고, 분모의 차수는 $N = 2$이다. 이 사실은 중요하며 그 이유는 부분 분수 전개가 $M < N$인 유리함수인 경우에만 가능하기 때문이다. 다음 예에서는 그에 대한 이유를 보이고, 이 문제를 해결하는 방법을 기술한다.

예제 10-12 다항식의 나눗셈과 부분 분수

이 경우, 2차 분자 다항식을 갖는 $Y(z)$를

$$Y(z) = \frac{2-2.4z^{-1}-0.4z^{-2}}{1-0.3z^{-1}-0.4z^{-2}} = \frac{2-2.4z^{-1}-0.4z^{-2}}{(1+0.5z^{-1})(1-0.8z^{-1})}$$

라고 정의한다. 이제 부분 분수 전개에 상수항을 더해야 한다. 그렇지 않으면, 부분 분수로 전개한 후 통분했을 때, 분자에 $-0.4z^{-2}$가 나오게 할 수 없다. 그래서, $Y(z)$를 다음과 같은 형태로 가정해야만 한다.

$$Y(z) = \frac{A}{1+0.5z^{-1}} + \frac{B}{1-0.8z^{-1}} + C$$

상수 C값은 어떻게 구할 수 있는가? 한 가지 방법으로, 나머지의 최고 차수가 분모 다항식의 최고 차수보다 작아질 때까지, 분자 다항식을 분모 다항식으로 나누는 긴 나눗셈 (Long division)을 하는 것이다. 이 예의 경우에는 다음과 같이 된다.

$$\begin{array}{r|l} & \quad\quad\quad 1 \\ -0.4z^{-2} - 0.3z^{-1} + 1 & -0.4z^{-2} - 2.4z^{-1} + 2 \\ & \underline{-0.4z^{-2} - 0.3z^{-1} + 1} \\ & \quad\quad\underbrace{-2.1z^{-1} + 1}_{\text{나머지}} \end{array}$$

그렇게 하여, 나머지 $(1 - 2.1z^{-1})$를 분모 (인수분해 형태로) 위에 놓으면, $Y(z)$를 다음과 같이 유리 함수 항(분수)과 상수 1의 합으로 쓸 수 있다.

$$Y(z) = \frac{1 - 2.1z^{-1}}{(1 + 0.5z^{-1})(1 - 0.8z^{-1})} + 1$$

다음 단계는 $Y(z)$의 유리함수 항에 부분 분수 전개 기술을 적용하는 것이다. 여기서, 유리 함수 부분은 예제 10-11의 식 (10.48)에 있는 $X(z)$와 같으므로, 그 결과는 전 예에서와 같게 될 것이고, $Y(z)$는 다음과 같이 쓸 수 있다.

$$Y(z) = \frac{2}{1 + 0.5z^{-1}} - \frac{1}{1 - 0.8z^{-1}} + 1$$

그러므로, 표 10-1의 4번째와 6번째 항목으로부터,

$$y[n] = 2(-0.5)^n u[n] - (0.8)^n u[n] + \delta[n]$$

여기서도, 시간영역 신호는 $p_k^n u[n]$ 형태의 항들을 갖는다. 시스템 함수의 상수항은 임펄스의 z-변환이다. 임펄스는 $n = 0$일 때만 0이 아닌 값을 갖는다 (표 10-1의 4번째 항목).

10-10 정상상태 응답과 안정성

10-9절에서 개발된 역 z-변환 방법을 이용하여 안정성, 주파수 응답, 정현파 정상상태 응답과 관련된 중요한 점들을 증명할 수 있다. 그 점을 설명하기 위하여, 다음

$$y[n] = a_1 y[n - 1] + b_0 x[n]$$

과 같이 정의된 1차 LTI 시스템을 고려한다. 세 가지 영역에 대한 지식을 바탕으로, 차분 방정식으로부터 직접 임펄스 응답, 시스템 함수, 주파수 응답을 구할 수 있다. 임펄스 응답은

$$h[n] = b_0 a_1^n u[n]$$

이 되고, 이 시스템의 시스템 함수는

$$H(z) = \frac{b_0}{1 - a_1 z^{-1}}$$

이다. $H(z)$를 단위원 상에서 값을 계산하면, 주파수 응답

$$H(e^{j\hat{\omega}}) = H(z)\big|_{z=e^{j\hat{\omega}}} = \frac{b_0}{1 - a_1 e^{-j\hat{\omega}}}$$

를 얻을 수 있으며, 이 식은 시스템이 안정할 때만 ($|a_1| < 1$) 성립한다. 이 절의 목적은 안정성의 개념을 재정립하고, $n = 0$부터 인가되는 정현파 입력에 대해서 안정성이 미치는 영향을 증명하는 것이다.

10-7절의 식 (10.40), (10.42)에서 보면, $-\infty < n < \infty$ 에서 복소 지수함수 입력 $x[n] = e^{j\hat{\omega}_0 n}$에 대한 시스템의 출력은 모든 구간에서 (즉, $-\infty < n < \infty$)

$$y[n] = H(e^{j\hat{\omega}_0})e^{j\hat{\omega}_0 n} = \left(\frac{b_0}{1 - a_1 e^{-j\hat{\omega}_0}}\right) e^{j\hat{\omega}_0 n} \tag{10.49}$$

와 같다. 만일 복소 지수함수 입력 신호가 모든 n에 대해서 존재하지 않고, 어떤 순간에 갑자기 인가되었다면 어떻게 될까? 이미 개발된 z-변환의 특성을 이용하여 이에 대한 답을 쉽게 구할 수 있다. 사실, z-변환은 신호가 갑자기 인가된 지수함수인 경우에 아주 적합하다. 주파수가 $\hat{\omega}_0$인 갑자기 인가된 복소 지수함수 신호

$$x[n] = e^{j\hat{\omega}_0 n} u[n]$$

이 인가되면, 이 신호의 z-변환은 표 10-1의 6번째 항목에서 구할 수 있다.

$$X(z) = \frac{1}{1 - e^{j\hat{\omega}_0} z^{-1}}$$

그리고, LTI 시스템의 출력의 z-변환은

$$\begin{aligned} Y(z) = H(z)X(z) &= \left(\frac{b_0}{1 - a_1 z^{-1}}\right)\left(\frac{1}{1 - e^{j\hat{\omega}_0} z^{-1}}\right) \\ &= \frac{b_0}{(1 - a_1 z^{-1})(1 - e^{j\hat{\omega}_0} z^{-1})} \end{aligned}$$

가 된다. 부분 분수 전개 기법을 이용하면,

$$Y(z) = \frac{\left(\dfrac{b_0 a_1}{a_1 - e^{j\hat{\omega}_0}}\right)}{1 - a_1 z^{-1}} + \frac{\left(\dfrac{b_0}{1 - a_1 e^{-j\hat{\omega}_0}}\right)}{1 - e^{j\hat{\omega}_0} z^{-1}}$$

와 같이 됨을 보일 수 있다. 따라서 갑자기 입력된 복소 지수함수 신호에 대한 출력은

$$y[n] = \underbrace{\left(\frac{b_0 a_1}{a_1 - e^{j\hat{\omega}_0}}\right)(a_1)^n u[n]}_{\text{과도 성분}} + \underbrace{\left(\frac{b_0}{1 - a_1 e^{-j\hat{\omega}_0}}\right)e^{j\hat{\omega}_0 n}u[n]}_{\text{정상상태 성분}} \tag{10.50}$$

와 같다.

식 (10.50)은 출력이 $n = 0$에서 시작되는 두 개의 항으로 구성되어 있다는 것을 보인다. 첫째 항은 $z = a_1$에 있는 극점에 의해서만 결정되는 것으로, 복소수 수열 a_1^n에 비례한다. 만일 $|a_1| < 1$이라면, 이 항은 n이 증가하면서 소멸된다. 그래서, 이 항을 **과도 성분 (Transient Component)**이라고 한다. 두 번째 항은 입력 복소 지수신호에 복소수 진폭을 곱한 것으로 결과는 식 (10.49)와 일치한다. 복소수 진폭은 갑자기 인가된 복소수 정현파의 주파수 $\hat{\omega}_0$에 대한 시스템의 주파수 응답 $H(e^{j\hat{\omega}_0})$이 된다. 이 복소 지수함수 성분을 출력의 **정현파 정상상태 성분 (Sinusoidal Steady-State Component)**이라고 한다. 그 이유는 이 성분이 지수함수적으로 소멸되는 과도 성분이 무시할 정도로 작아진 다음에도 여전히 남아있기 때문이다.

이제 출력이 정현파 정상상태에 도달하고, 과도 성분이 소멸되기 위해서는, $H(z)$의 극점의 위치가 결정적으로 중요하다는 것을 안다. $|a_1| < 1$이면, 시스템은 안정되고, 극점은 단위원 내부에 있다. 이 조건 하에서는, 지수함수 a_1^n은 소멸하고, n값이 커지면, 출력은 다음과 같아진다.

$$y[n] \rightarrow \left(\frac{b_0}{1 - a_1 e^{-j\hat{\omega}_0}}\right)e^{j\hat{\omega}_0 n} = H(e^{j\hat{\omega}_0})e^{j\hat{\omega}_0 n}$$

반대로, $|a_1| \geq 1$이면, 식 (10.50)에서 a_1^n에 비례하는 항은 n이 커질 때 같이 커지고, 곧 출력값을 좌우하게 된다. 다음 예에서는 특정한 숫자를 제시하여 설명한다.

예제 10-13 과도 응답과 정상상태 응답

만일 $b_0 = 5$, $a_1 = -0.8$, $\hat{\omega}_0 = 2\pi/10$이면, 식 (10.50)의 과도 성분은

$$\begin{aligned} y_t[n] &= \left(\frac{-4}{-0.8 - e^{j0.2\pi}}\right)(-0.8)^n u[n] \\ &= 2.3351e^{-j0.3502}(-0.8)^n u[n] \\ &= 2.1933(-0.8)^n u[n] - j0.8012(-0.8)^n u[n] \end{aligned}$$

이 된다. 마찬가지로, 식 (10.50)의 정상상태 성분은

$$\begin{aligned} y_{ss}[n] &= \left(\frac{5}{1 + 0.8e^{-j0.2\pi}}\right)e^{j0.2\pi n}u[n] \\ &= 2.9188e^{j0.2781}e^{j0.2\pi n}u[n] \\ &= 2.9188\cos(0.2\pi n + 0.2781)\,u[n] + j\,2.9188\sin(0.2\pi n + 0.2781)\,u[n] \end{aligned}$$

이 된다. 그림 10-14에서는 (a)는 전체 출력의 실수부, (b)는 과도 성분, (c)는 정상상태 성분을 보여준다. 이 신호들은 모두 복소 지수함수가 인가되기 시작하는 $n = 0$부터 시작한다. 여기서, 과도 성분 $(-0.8)^n$은 진동하지만, 소멸된다는 것에 주목하라. 그래서, 정상상태 성분이 궁극적으로 전체 출력과 같아지는 것이다. 그림 10-14에서 (a)의 $y[n]$과 (c)의 $y_{ss}[n]$은 $n > 15$에서는 거의 같아 보인

다.

반면에, 만일 극점이 $z = 1.1$에 있다면, 시스템은 불안정할 것이고, 그림 10-15에 보인 것과 같이 출력은 "폭발"할 것이다. 이 경우에는, 출력이 $(1.1)^n$항을 포함하고 있고, 이 항은 결국 출력을 좌우하게 되고, 한없이 커진다.

예제 10-13의 결과는, 이 예제와 고차 시스템 함수를 갖는 시스템과의 차이가 단지 고차 시스템에서의 전체 출력은 $H(e^{j\hat{\omega}_0})e^{j\hat{\omega}_0 n}u[n]$항은 물론이고, 시스템 함수의 N개의 극점에 기인한 N개의 지수함수 항으로 구성된다는 점을 관찰한다면, 일반화시킬 수 있다. 특히, 갑자기 인가된 지수함수 입력 신호 $x[n] = e^{j\hat{\omega}_0 n}u[n]$에 대하여, N차 IIR 시스템 $(N > M)$의 출력은 항상 다음과 같은 형태가 됨을 보일 수 있다.

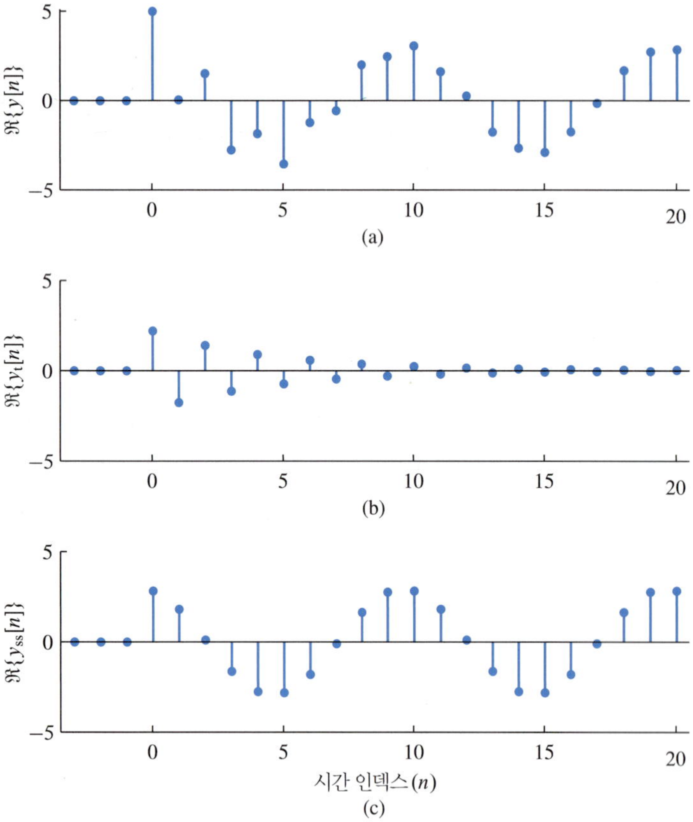

그림 10-14 안정한 IIR 시스템의 과도 응답과 정상상태 응답: (a) 전체 출력 $\Re\{y[n]\}$, (b) 감쇄하는 과도 성분 $\Re\{y_t[n]\}$, (c) 정상상태 응답 $\Re\{y_{ss}[n]\}$

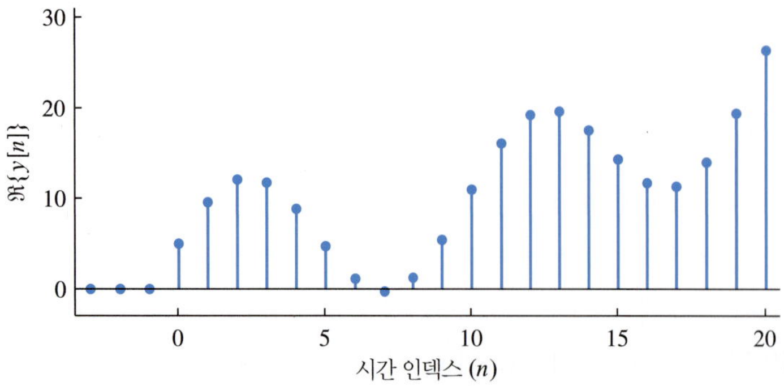

그림 10-15 출력이 증가하는 지수함수 성분에 의해 좌우되는, 불안정한 IIR 시스템. 극점은 $z = 1.1$에 위치한다.

$$y[n] = \underbrace{\sum_{k=1}^{N} A_k (p_k)^n u[n]}_{\text{과도 성분}} + \underbrace{H(e^{j\hat{\omega}_0}) e^{j\hat{\omega}_0 n} u[n]}_{\text{정상상태 성분}}$$

여기서 p_k, $k = 1, 2, \ldots, N$은 시스템 함수의 서로 다른 극점들이다. 그러므로 시스템 함수의 극점들이 모두 단위원 내부에 있게 되면, 정현파 정상상태가 존재하게 되고, $n \to \infty$에 따라 전체 응답을 좌우하게 된다. 이 논의는 시스템이 안정되고 모든 신호가 제한된 시간 안에 시작하는 실제의 경우에서, 주파수 응답에 대한 개념은 유용하다고 알려준다.

10-11 2차 필터

데모
PeZ GUI

이제 2개의 피드백 계수와 3개의 피드-포워드 계수들을 갖는 필터에 초점을 맞춘다. 일반적인 차분 방정식 (10.1)은 2차 차분 방정식

$$y[n] = a_1 y[n-1] + a_2 y[n-2] + b_0 x[n] + b_1 x[n-1] + b_2 x[n-2] \tag{10.51}$$

이 된다. 10-8절에서와 같이, 2차 필터 식 (10.51)에 대해 3가지 영역, 즉 시간 영역, 주파수 영역, 그리고 z-영역에서의 특성을 구할 수 있다. 이제 시스템 함수의 극점과 영점을 가지고 시간 응답과 주파수 응답에 대하여 많은 것을 알 수 있다는 것을 알았으므로, z-변환 영역부터 시작하기로 한다.

10-11.1 2차 필터의 z-변환

10-3.1절에서 다룬 1차 경우에서와 같이, 매 지연 항들을 z^{-1}로 (표 10-1의 2번째 항목) 바꾸어 나가면, 2차 차분 방정식 (10.51)에 대한 z-변환을 구할 수 있다. $Y(z)$의 항들을 모두 좌변으로 옮기고 $X(z)$로 나누면 $H(z)$는 $Y(z)/X(z)$가 된다. 2차 필터에 대하여,

$$H(z) = \frac{Y(z)}{X(z)} = \frac{b_0 + b_1 z^{-1} + b_2 z^{-2}}{1 - a_1 z^{-1} - a_2 z^{-2}} \tag{10.52}$$

을 얻는다. 따라서 IIR 필터에 대한 시스템 함수 $H(z)$는 두 개의 2차 다항식의 비가 되며, 그 분자 다항식은 피드-포워드 계수들 $\{b_k\}$에 의해서 결정되고, 분모는 피드백 계수들 $\{a_\ell\}$에 의해서 결정된다. 이제 연습문제 10.10과 같은 문제들을 풀기 위하여, 차분 방정식으로부터 필터 계수들을 읽고, 바로 식 (10.52)의 z-변환 공식에 대입해서 $H(z)$를 구할 수 있다. 역으로, 시스템 함수 $H(z)$가 주어졌다면, 차분 방정식은 간단히 구할 수 있다.

연습문제 10.10 다음 차분 방정식

$$y[n] = 0.5y[n-1] + 0.3y[n-2] - x[n] + 3x[n-1] - 2x[n-2]$$

으로 정의되는 IIR 필터의 시스템 함수 $H(z)$를 구하여라.

연습문제 10.11 시스템 함수

$$H(z) = \frac{1 + 2z^{-1} + z^{-2}}{1 - 0.8z^{-1} + 0.64z^{-2}}$$

에 대하여, 입력 $x[n]$과 출력 $y[n]$의 관계를 보여주는 차분 방정식을 구하여라.

10-11.2 2차 IIR 시스템의 구조

2개의 피드백 항들을 갖는 차분 방정식 (10.51)은 입력으로부터 출력을 계산하는 하나의 알고리즘으로 생각할 수 있다. 10-4절에서 본 바와 같이, 다른 계산 순서도 가능하며, z-변환은 다항식을 조작함으로써 다른 구조를 유도할 수 있는 능력을 갖고 있다. 식 (10.52)의 $H(z)$로 정의된 시스템을 구현하는 데 있어서, 그림 10-16과 10-17에 두 가지 다른 방법을 보였다.

그림 10-16의 블록 다이어그램이 정확한 시스템 함수를 갖고 있는지를 증명하기 위하여, 각 덧셈기에서 구조에 대한 방정식을 세우고, 내부 변수들을 소거해야 한다. 그림 10-16의 직접형 II의 경우에 대하여, 출력 측과 입력 측의 더해지는 노드들에서의 출력 식은

$$\begin{aligned} y[n] &= b_0 w[n] + b_1 w[n-1] + b_2 w[n-2] \\ w[n] &= x[n] + a_1 w[n-1] + a_2 w[n-2] \end{aligned} \tag{10.53}$$

와 같다. 이 두 시간 영역 방정식에서 $w[n]$을 소거하는 것은 불가능하지만, z-변환 영역에서는 쉽게 할 수 있다. 대응되는 z-변환 방정식들은

$$\begin{aligned} Y(z) &= b_0 W(z) + b_1 z^{-1} W(z) + b_2 z^{-2} W(z) \\ W(z) &= X(z) + a_1 z^{-1} W(z) + a_2 z^{-2} W(z) \end{aligned}$$

과 같으며, 이는

$$\begin{aligned} Y(z) &= (b_0 + b_1 z^{-1} + b_2 z^{-2}) W(z) \\ X(z) &= (1 - a_1 z^{-1} - a_2 z^{-2}) W(z) \end{aligned}$$

의 형태로 다시 쓸 수 있다. 시스템 함수 $H(z)$는 $X(z)$에 대한 $Y(z)$의 비율이므로, 두 식을 나누어

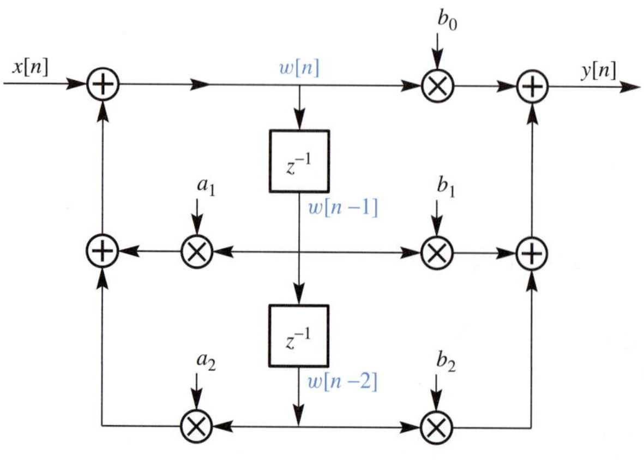

그림 10-16 2차 재귀적 필터를 위한 직접형 II (DF-II) 계산 구조. 신호 $w[n]$은 2번 지연되고, 필터 계수들이 곱해진 다음 출력 신호 $y[n]$을 만들고, $w[n]$을 업데이트하여 더해진다.

$$H(z) = \frac{Y(z)}{X(z)} = \frac{b_0 + b_1 z^{-1} + b_2 z^{-2}}{1 - a_1 z^{-1} - a_2 z^{-2}}$$

를 얻는다. 따라서, 식 (10.53)에 있는 두 개의 방정식을 구현하는, 그림 10-16의 직접형 II (DF-II)는 하나의 차분 방정식 (10.51)로 정의된 시스템과 동일하다는 것을 증명했다.

그림 10-17의 전치된 직접형 II에 대해서도 비슷한 방법을 적용될 수 있다. 블록 다이어그램에 의하여 나타내지는 차분 방정식은

$$\begin{aligned} y[n] &= b_0 x[n] + v_1[n-1] \\ v_1[n] &= b_1 x[n] + a_1 y[n] + v_2[n-1] \\ v_2[n] &= b_2 x[n] + a_2 y[n] \end{aligned} \tag{10.54}$$

와 같다. 이 세 방정식에 대하여 z-변환을 각각 구하면,

$$\begin{aligned} Y(z) &= b_0 X(z) + z^{-1} V_1(z) \\ V_1(z) &= b_1 X(z) + a_1 Y(z) + z^{-1} V_2(z) \\ V_2(z) &= b_2 X(z) + a_2 Y(z) \end{aligned} \tag{10.55}$$

와 같이 된다. 이들 방정식을 이용하여, $V_1(z)$와 $V_2(z)$를 다음과 같이 소거할 수 있다:

$$\begin{aligned} Y(z) &= b_0 X(z) + z^{-1}(b_1 X(z) + a_1 Y(z) + z^{-1} V_2(z)) \\ Y(z) &= b_0 X(z) + z^{-1}(b_1 X(z) + a_1 Y(z) + z^{-1}(b_2 X(z) + a_2 Y(z))) \end{aligned}$$

$X(z)$의 모든 항들을 우변으로 보내고, $Y(z)$의 모든 항들은 좌변으로 보내면,

$$(1 - a_1 z^{-1} - a_2 z^{-2}) Y(z) = (b_0 + b_1 z^{-1} + b_2 z^{-2}) X(z)$$

과 같이 되며, 나눗셈을 하면 동일한 결과

$$H(z) = \frac{Y(z)}{X(z)} = \frac{b_0 + b_1 z^{-1} + b_2 z^{-2}}{1 - a_1 z^{-1} - a_2 z^{-2}}$$

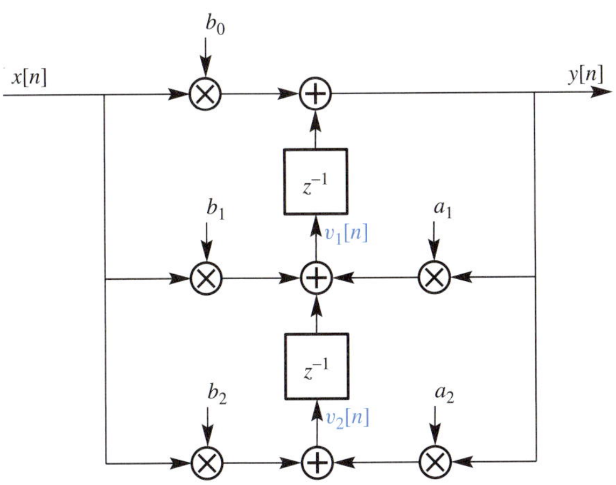

그림 10-17 2차 재귀적 필터를 위한 전치된 직접형 II (TDF-II) 계산 구조. 신호 $x[n]$과 $y[n]$에 먼저 필터 계수가 곱해지고, 합, 지연, 그리고 다시 합을 하여 출력을 만든다.

를 얻는다.

이렇게 하여, 전치된 직접형 II (TDF-II)는 식 (10.51)의 기본적인 직접형 I 차분 방정식에 대한 시스템 함수와 동일하다는 것을 증명했다. 이 예들을 보면 모두 서로 다른 구조에 대응되는 연립 차분 방정식들을 조작하는 데에서도 z-변환이 매우 유용하다는 것을 알 수 있다.

이론적으로, 식 (10.52)로 주어지는 시스템 함수를 갖는 시스템은 식 (10.51), (10.53), 또는 (10.54) 중 하나를 반복 계산하여 구현될 수 있다. 예를 들면, MATLAB 함수 `filter`는 TDF-II 구조를 이용한다. 그러나 전에 언급한 대로, 다른 블록 다이어그램 구조를 갖는 이유는 (10.51), (10.53) 또는 (10.54)의 차분 방정식들로 정의되는 계산의 순서가 서로 다르기 때문이다. 하드웨어로 구현 할 때는, 구조가 다르면 결과도 약간 달라지며, 특히 고정점 연산을 하게 되면 반올림 오차가 구조에 다시 피드백되기 때문이다. MATLAB에서와 같이 이중 정밀도 부동점 연산을 하게 되면, 차이는 거의 없다.

10-11.3 극점과 영점

$H(z)$의 극점과 영점을 구할 때, z^{-1}보다는 z에 관한 다항식으로 다시 쓰면 혼동이 덜된다. 그래서, 분자와 분모에 z^2을 각각 곱하면, 일반적인 2차 유리함수 z-변환은

$$H(z) = \frac{b_0 + b_1 z^{-1} + b_2 z^{-2}}{1 - a_1 z^{-1} - a_2 z^{-2}} = \frac{b_0 z^2 + b_1 z + b_2}{z^2 - a_1 z - a_2}$$

가 된다. 다음과 같은 다항식의 중요한 성질을 대수학으로부터 상기해 본다.

> **실수 다항식의 특성**
>
> N차 다항식은 N개의 근을 갖는다. 만일 다항식의 모든 계수들이 실수라면, 그 근들은 실수이거나 또는 켤레 복소수 쌍이어야 한다.

따라서 2차 시스템의 경우, 분자와 분모 다항식이 각각 두 개의 근을 갖고, 그래서 다음 두 가지 가능성이 있다. 두 근이 모두 실수이거나, 서로 켤레 복소수가 된다. 여기서, 분모의 근에 초점을 맞추며, 결과는 분자에도 똑같이 적용된다. 2차 방정식의 근의 공식에서 두 극점은

$$\frac{a_1 + \sqrt{a_1^2 + 4a_2}}{2} \quad \text{그리고} \quad \frac{a_1 - \sqrt{a_1^2 + 4a_2}}{2}$$

에 위치한다. 여기서 $a_1^2 + 4a_2 \geq 0$이면, 두 극점은 실수이고, $a_1^2 + 4a_2 = 0$일 때는 둘 다 실수이고 값이 같다. 그러나 $a_1^2 + 4a_2 < 0$이면, 허수가 생기므로 다음과 같이 켤레 복소수인 극점들을 갖게 된다.

$$p_1 = \tfrac{1}{2}a_1 + j\tfrac{1}{2}\sqrt{-\left(a_1^2 + 4a_2\right)} \quad \text{그리고} \quad p_2 = \tfrac{1}{2}a_1 - j\tfrac{1}{2}\sqrt{-\left(a_1^2 + 4a_2\right)} \tag{10.56}$$

복소수 극점들을 극좌표로 표현하면, $p_1 = re^{j\theta}$와 $p_2 = re^{-j\theta}$로 나나낼 수 있고, 여기서 r은 반경이고, $\pm\theta$는 각도이다. 복소수 근과 필터 계수들과의 관계를 찾는 간단한 방법은 복소수 켤레 인수들을 전개하는 것이다.

$$(1 - re^{j\theta}z^{-1})(1 - re^{-j\theta}z^{-1}) = 1 - 2r\cos(\theta)z^{-1} + r^2z^{-2} \tag{10.57}$$

요약하면 다음과 같다.

복소수 극점

$$a_2 = -r^2 \qquad a_1 = 2r\cos\theta$$

$$r = \sqrt{-a_2} \qquad \theta = \cos^{-1}\left(\frac{a_1}{2\sqrt{-a_2}}\right) \tag{10.58}$$

예제 10-14 복소수 극점

다음 $H(z)$는 두 개의 극점들과 두 개의 영점들을 갖는다.

$$H(z) = \frac{2 + 2z^{-1}}{1 - z^{-1} + z^{-2}} = 2\frac{z^2 + z}{z^2 - z + 1}$$

시스템 함수는 다음과 같이 두 가지의 인수분해 형태 중 하나로 나타낼 수 있다.

$$H(z) = \frac{2z(z+1)}{(z - e^{j\pi/3})(z - e^{-j\pi/3})} \tag{10.59a}$$

$$= \frac{2(1 + z^{-1})}{(1 - e^{j\pi/3}z^{-1})(1 - e^{-j\pi/3}z^{-1})} \tag{10.59b}$$

식 (10.59a)에서, 극점 $\{p_1, p_2\}$와 영점 $\{z_1, z_2\}$는

$$p_1 = \tfrac{1}{2} + j\tfrac{1}{2}\sqrt{3} = e^{j\pi/3}$$

$$p_2 = \tfrac{1}{2} - j\tfrac{1}{2}\sqrt{3} = e^{-j\pi/3}$$

$$z_1 = 0$$

$$z_2 = -1$$

이다. 그림 10-18에 극점과 영점을 나타냈다.

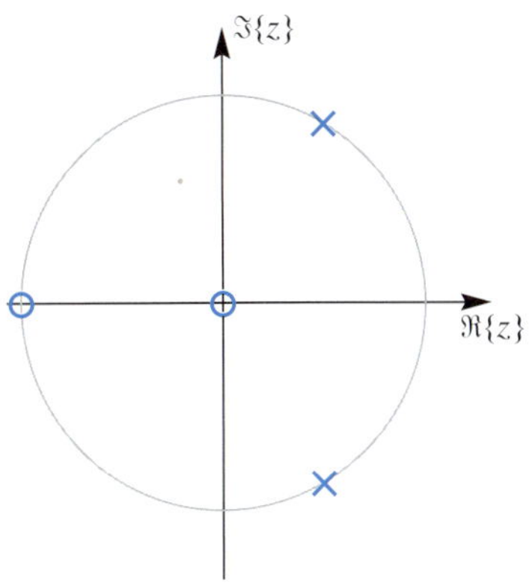

그림 10-18 $H(z) = \dfrac{2 + 2z^{-1}}{1 - z^{-1} + z^{-2}}$인 시스템의 극점-영점 다이어그램. 두 극점들은 단위원 상에 각도 $\theta = \pm\pi/3$에 있다. $z = -1$과 $z = 0$에 영점들이 위치한다.

10-11.4 2차 IIR 시스템의 임펄스 응답

2차 필터에 대한 일반적인 z-변환 시스템 함수는

$$H(z) = \frac{B(z)}{A(z)} = \frac{b_0 + b_1 z^{-1} + b_2 z^{-2}}{1 - a_1 z^{-1} - a_2 z^{-2}} \tag{10.60}$$

와 같이 유도되며, 2차 필터의 극점을 정의하는 분모 다항식 $A(z)$는 두 개의 근을 갖는다. $H(z)$를 극점에 관하여 나타내면

$$H(z) = \frac{b_0 + b_1 z^{-1} + b_2 z^{-2}}{(1 - p_1 z^{-1})(1 - p_2 z^{-1})} \tag{10.61}$$

와 같다. 10-9절에서 개발된 부분 분수 전개 방법을 이용하면, (10.60)의 시스템 함수는

$$H(z) = (-b_2/a_2) + \frac{A_1}{1 - p_1 z^{-1}} + \frac{A_2}{1 - p_2 z^{-1}}$$

로 나타낼 수 있다. 여기서, ($p_1 \neq p_2$이라면) A_1과 A_2는 $A_k = H(z)(1 - p_k z^{-1})_{z=p_k}$을 이용하여 구할 수 있다. 그러므로, 임펄스 응답은

$$h[n] = (-b_2/a_2)\delta[n] + A_1(p_1)^n u[n] + A_2(p_2)^n u[n] \tag{10.62}$$

의 형태를 갖는다. 식 (10.62)에서 극점들은 모두 실수이거나 서로 켤레 복소수인 두 개의 복소수이다. 다음의 예에서, 이 두 경우를 따로 조사해 본다.

10-11.4.1 서로 다른 실수 극점들

p_1과 p_2가 실수라면, 임펄스 응답은 $p_1^n u[n]$과 $p_2^n u[n]$ 형태의 두 개의 실수 지수함수로 구성된다. 이 경우는 다음의 예제에서 설명한다.

예제 10-15 2차 시스템 실수 극점

시스템 함수가 다음과 같다고 가정한다.

$$H(z) = \frac{1}{1 - \frac{5}{6}z^{-1} + \frac{1}{6}z^{-2}} = \frac{1}{(1 - \frac{1}{2}z^{-1})(1 - \frac{1}{3}z^{-1})} \tag{10.63}$$

분모를 인수분해 하면, 극점들은 $z = \frac{1}{2}$과 $z = \frac{1}{3}$에 있다는 것을 알 수 있다. 더불어, 2개의 영점들은 $z = 0$에 위치한다. $H(z)$의 극점들과 영점들은 그림 10-19에 나타냈다. $H(z)$의 분모로부터 필터 계수들을 바로 얻을 수 있고, 다음과 같은 차분 방정식을 세울 수 있다.

$$y[n] = \frac{5}{6}y[n-1] - \frac{1}{6}y[n-2] + x[n] \tag{10.64}$$

이 식은 임의의 입력과, 그에 해당하는 출력에 대해서 성립해야 한다. 특별히, 임펄스 응답은 다음 차분 방정식

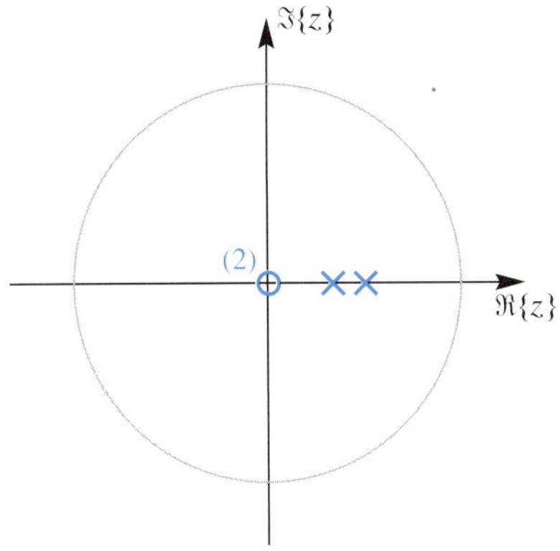

그림 10-19 예제 10-15 시스템의 극점-영점 다이어그램. 극점들은 $z = \frac{1}{2}$과 $z = \frac{1}{3}$에 있으며, $z = 0$에 2개의 영점이 존재한다.

$$h[n] = \tfrac{5}{6}h[n-1] - \tfrac{1}{6}h[n-2] + \delta[n] \tag{10.65}$$

을 만족해야 하며, 만일 $h[-1]$과 $h[-2]$ 값들을 알고 있다면, 반복 계산을 이용하여 $h[n]$을 구할 수 있다. 좀 더 구체적으로 말하면, 반복 계산을 시작하기 위해서는 임펄스가 처음으로 0이 아닌 값을 갖는, $n = 0$ 이전의 임펄스 응답값들을 알 필요가 있다. 이 값들은 초기 안정 조건에 따라서 제공되어야 하며, 그래서 $h[-1] = 0$과 $h[-2] = 0$으로 주어진다. 다음 표에 몇 개의 임펄스 응답값의 계산을 보였다.

n	$n < 0$	0	1	2	3	4	$\cdots$
$x[n]$	0	1	0	0	0	0	$\cdots$
$h[n-2]$	0	0	0	1	$\frac{5}{6}$	$\frac{19}{36}$	$\cdots$
$h[n-1]$	0	0	1	$\frac{5}{6}$	$\frac{19}{36}$	$\frac{65}{216}$	$\cdots$
$h[n]$	0	1	$\frac{5}{6}$	$\frac{19}{36}$	$\frac{65}{216}$	$\frac{211}{1296}$	$\cdots$

간단한 1차 경우와는 다르게, 반복 계산을 통해서 임펄스 응답 수열의 일반적인 n번째 항을 추측하기는 매우 어렵다. 다행히, 역 z-변환 기술을 이용하여 일반적인 식을 유도할 수 있다. 식 (10.63)을 부분 분수로 전개하면,

$$H(z) = \frac{3}{1 - \frac{1}{2}z^{-1}} - \frac{2}{1 - \frac{1}{3}z^{-1}}$$

을 얻는다. 그 다음으로 역 z-변환을 하면, $h[n] = 3(\frac{1}{2})^n u[n] - 2(\frac{1}{3})^n u[n]$을 얻는다. 두 개의 극점들은 모두 단위원의 내부에 존재하므로, n이 커질 때, 임펄스 응답은 점차 감쇄하며, 다시 말하여 시스템은 안정하다.

연습문제 10.12 다음 2차 시스템:

$$y[n] = \tfrac{1}{4}y[n-2] + 5x[n] - 4x[n-1]$$

의 임펄스 응답을 구하여라. 힌트: 극점들은 $z = \pm\frac{1}{2}$에 있음을 보이면 도움이 될 것이다.

10-11.5 복소수 극점

이 절에서는, $H(z)$의 극점들이 복소수가 되도록 하는 경우의 2차 차분 방정식의 계수 a_1과 a_2를 고려한다. 극점을 다음과 같이 극좌표형

$$p_1 = re^{j\theta} \quad \text{그리고} \quad p_2 = re^{-j\theta} = p_1^*$$

로 나타내어 분모 다항식을 r과 θ의 항으로 다시 쓰는 것이 편리하다. 식 (10.58)로부터

$$\begin{aligned} A(z) &= \left(1 - p_1 z^{-1}\right)\left(1 - p_2 z^{-1}\right) \\ &= 1 - 2r\cos\theta z^{-1} + r^2 z^{-2} \end{aligned} \tag{10.66}$$

가 된다. 시스템 함수는 따라서

$$H(z) = \frac{b_0 + b_1 z^{-1} + b_2 z^{-2}}{1 - 2r\cos\theta z^{-1} + r^2 z^{-2}} \tag{10.67}$$

이다. 두 개의 피드백 필터 계수들은 $a_1 = 2r\cos\theta$와 $a_2 = -r^2$가 되고, 이에 대응하는 차분 방정식은,

$$y[n] = (2r\cos\theta)y[n-1] - r^2 y[n-2] + b_0 x[n] + b_1 x[n-1] + b_2 x[n-2] \tag{10.68}$$

이다. 이런 매개변수화는 극점들이 차분 방정식 (10.68)의 피드백 항들을 어떻게 정의하는지를 바로 알 수 있기 때문에 중요하다. 예를 들어, 극점의 각도 $\pm\theta$를 바꾸려고 하면, 계수 a_1만 바꾸면 된다.

예제 10-16 2차 시스템: 복소수 극점

다음 시스템

$$y[n] = y[n-1] - y[n-2] + 2x[n] + 2x[n-1]$$

을 고려한다. 이 시스템의 시스템 함수는

$$H(z) = \frac{2 + 2z^{-1}}{1 - z^{-1} + z^{-2}} = \frac{2(1 + z^{-1})}{(1 - e^{j\pi/3}z^{-1})(1 - e^{-j\pi/3}z^{-1})}. \tag{10.69}$$

이다. $H(z)$의 극점-영점 다이어그램은 이미 그림 10-18에 주어졌다. 부분 분수 전개 방법을 이용하면, $H(z)$를

$$H(z) = \frac{\left(\dfrac{2 + 2e^{-j\pi/3}}{1 - e^{-j2\pi/3}}\right)}{1 - e^{j\pi/3}z^{-1}} + \frac{\left(\dfrac{2 + 2e^{j\pi/3}}{1 - e^{j2\pi/3}}\right)}{1 - e^{-j\pi/3}z^{-1}} = \frac{2e^{-j\pi/3}}{1 - e^{j\pi/3}z^{-1}} + \frac{2e^{j\pi/3}}{1 - e^{-j\pi/3}z^{-1}}$$

의 형태가 된다. 우측의 식은 두 개의 1차 항들의 합이고, 표 10-1의 6번째 항에서 $a = e^{j\pi/3}$와 $a = e^{-j\pi/3}$인 경우에 해당한다. 각각의 항들이 켤레 복소수이기 때문에, 이것들의 합은 순수한 실수이다:

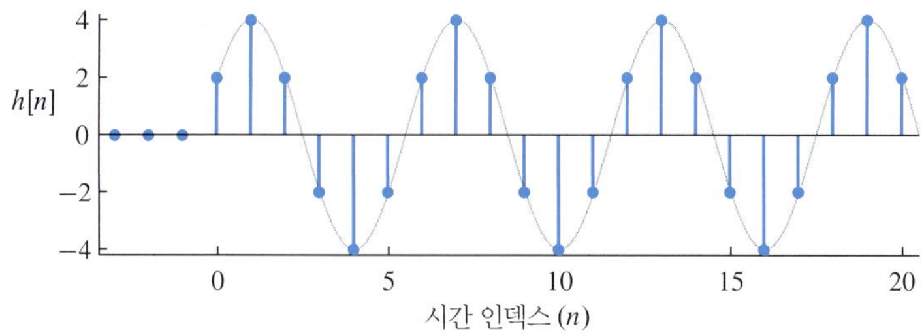

그림 10-20 $H(z) = \dfrac{2+2z^{-1}}{1-z^{-1}+z^{-2}}$인 시스템의 임펄스 응답

$$h[n] = 2e^{-j\pi/3}e^{j(\pi/3)n}u[n] + 2e^{j\pi/3}e^{-j(\pi/3)n}u[n] = 4\cos((2\pi/6)(n-1))\,u[n]$$

주파수가 $\pm\pi/3$를 갖는 두 개의 복소 지수함수가 합쳐지면 코사인 신호가 된다. 임펄스 응답의 그래프는 그림 10-20에 보였다.

예제 10-16에서 다룬 시스템에서 볼 수 있는 중요한 점은 임펄스가 입력되면, 순수한 정현파가 출력된다는 것이다. 이러한 시스템은 **정현파 발진기 (Sine Wave Oscillator)**의 한 예이다. 임펄스로부터 하나의 입력 샘플만 입력되면, 시스템은 주파수가 $\hat{\omega}_0 = (2\pi/6)$인 정현파를 무한히 계속 발생시킨다. **이 주파수는 극점들의 각도와 같다**. 1차 필터 (또는, 극점이 모두 실수인 필터)의 임펄스 응답은 $(p)^n$에 따라 소멸되거나 (아니면 커지거나), $(-1)^n$에 따라 상하로 진동한다. 그러나 2차 시스템은 다른 주기로 진동하기도 한다. 이 점은 음성, 음악, 또는 다른 소리와 같은 실제 신호들을 모델링하는 데 있어서 중요하다.

연속적인 정현파 출력을 얻으려면, 시스템은 z-평면에서 단위원 (즉, $r = 1$) 상에[11] 있는 극점들을 반드시 가져야 한다는 점에 주목한다. 또한, 극점의 각도는 정현파 출력의 라디안 주파수와 정확히 일치하는 점도 주목한다. 그리하여, 차분 방정식 (10.68)에서 계수 a_2는 $a_2 = -1$로 고정해 놓고, 계수 a_1을 적절히 조절하여, 정현파 발진기의 주파수를 제어할 수 있다.

예제 10-17 단위원 상의 극점

다른 주파수를 갖는 발진기의 예로서, 미리 정해둔 위치에 극점을 갖는 차분 방정식을 정의하기 위하여 식 (10.68)을 이용할 수 있다. 그림 10-21에서 보인 바와 같이, $r = 1$, $\theta = \pi/2$이면, $a_1 = 2r\cos\theta = 0$, $a_2 = -r^2 = -1$을 얻고, 차분 방정식 (10.68)은

$$y[n] = -y[n-2] + x[n] \tag{10.70}$$

이 된다. 이 시스템의 시스템 함수는

$$\begin{aligned} H(z) = \frac{1}{1+z^{-2}} &= \frac{1}{(1-e^{j\pi/2}z^{-1})(1-e^{-j\pi/2}z^{-1})} \\ &= \frac{\frac{1}{2}}{1-e^{j\pi/2}z^{-1}} + \frac{\frac{1}{2}}{1-e^{-j\pi/2}z^{-1}} \end{aligned}$$

이다. 역 z-변환을 하면, $h[n]$에 대한 일반적인 공식:

11) 엄밀히 말해서, 단위원 상에 극점을 갖는 시스템은 불안정하다. 그래서, 어떤 입력에 대해서 출력이 무한히 커질 수 있다. 10-9절의 누산기 시스템의 경우처럼, 2차 시스템의 임펄스 응답이 폭발적으로 증가하지는 않는다.

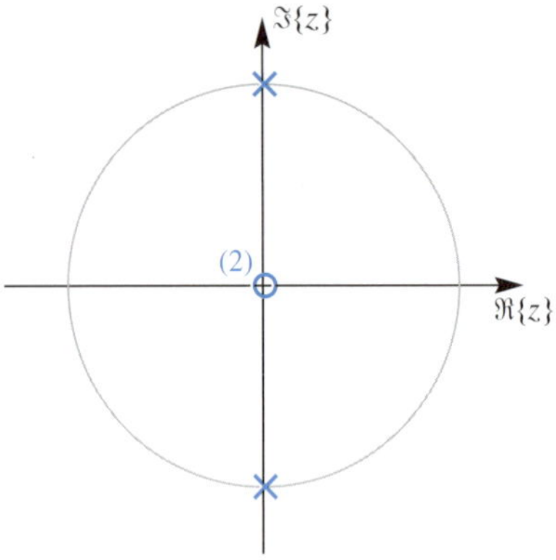

그림 10-21 $H(z) = \frac{1}{1+z^{-2}}$를 갖는 시스템의 극점-영점 다이어그램. 극점은 $z = \pm j$인 단위원 상에 있고, $z = 0$에 두 개의 영점이 있다.

$$h[n] = \tfrac{1}{2}e^{j(\pi/2)n}u[n] + \tfrac{1}{2}e^{-j(\pi/2)n}u[n] = \cos((2\pi/4)n)\,u[n] \tag{10.71}$$

이 된다. 다시 한 번, 임펄스 응답에서 코사인 신호의 주파수는 극점의 각도 $\pi/2 = (2\pi/4)$와 같다.

앞에서 다룬 두 개의 예제들은 2차 시스템의 켤레 복소수 극점들이 단위원 상에 놓여있으면, 출력은 정현파처럼 진동하고, 0으로 소멸되지 않는다는 것을 보였다. 극점이 단위원의 바깥쪽에 있으면, 출력은 지수 함수적으로 증가하고, 안쪽에 있으면, 출력은 지수 함수적으로 감쇄하여 0으로 간다.

예제 10-18 안정한 복소수 극점

안정한 시스템의 예로, 그림 10-22에 보인 것과 같이 극점의 반경이 1보다 작은 $r = \frac{1}{2}$이고, 각도는 $\theta = \pm\pi/3$라고 한다. 그러면 필터 계수들은 $a_1 = 2r\cos\theta = 2(\frac{1}{2})(\frac{1}{2}) = \frac{1}{2}$, $a_2 = -r^2 = -(\frac{1}{2})^2 = -\frac{1}{4}$이 되고, 그래서 차분 방정식 (10.68)은

$$y[n] = \tfrac{1}{2}y[n-1] - \tfrac{1}{2}y[n-2] + x[n] \tag{10.72}$$

과 같이 된다. 이 시스템의 시스템 함수는

$$H(z) = \frac{1}{1 - \frac{1}{2}z^{-1} + \frac{1}{4}z^{-2}} = \frac{\frac{1}{\sqrt{3}}e^{-j\pi/6}}{1 - \frac{1}{2}e^{j\pi/3}z^{-1}} + \frac{\frac{1}{\sqrt{3}}e^{j\pi/6}}{1 - \frac{1}{2}e^{-j\pi/3}z^{-1}}$$

이 되며, 우변의 역 z-변환은 두 개의 복소 지수 함수 항을 결합하여 하나의 실수 정현파로 만든 다음에 $h[n]$의 일반적인 수식

$$h[n] = \tfrac{2}{\sqrt{3}}(\tfrac{1}{2})^n \cos((2\pi/6)n - \pi/6)\,u[n] \tag{10.73}$$

이 된다. 이 경우에 $h[n]$의 일반적인 공식은 주기가 6인 주기적인 코사인 함수가 곱해진 지수적으로 감쇄하는 $(\frac{1}{2})^n$을 갖는다. 임펄스 응답 식 (10.73)에서 코사인 함수 항의 주파수는 다시 극점의 각도가 $\pi/3 = 2\pi/6$이다. 반면에 소멸하는 항 $r^n = (\frac{1}{2})^n$은 극점의 반지름 r에 의하여 제어된다. 그림 10-23은 이 예제의 임펄스 응답 $h[n]$을 보여준다. 임펄스 응답이 급격히 감쇄한다는 점을 주목한다. 이러한 급격한 소멸은 그림 10-22의 극점-영점 다이어그램을 보면 예견할 수 있다. 그 이유

데모
IIR 필터링

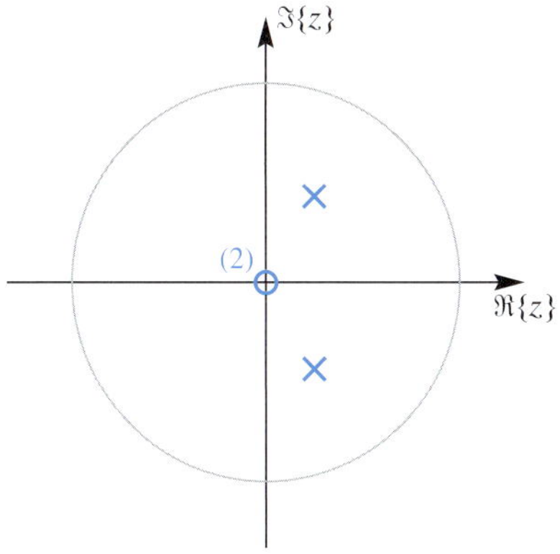

그림 10-22 $H(z) = \dfrac{1}{1 - \frac{1}{2}z^{-1} + \frac{1}{4}z^{-2}}$를 갖는 시스템의 극점-영점 다이어그램. 두 극점들은 단위원 내부에, 반지름 $r = 1/2$, 각도 $\theta = \pm\pi/3$에 있다. 두 영점들은 $z = 0$에 있다.

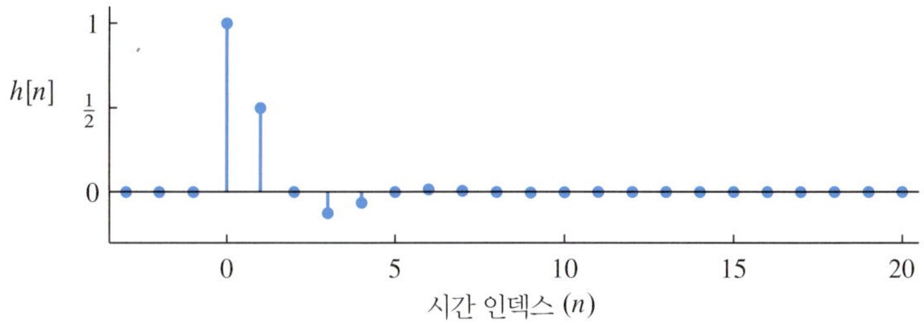

그림 10-23 시스템 함수 $H(z) = \dfrac{1}{1 - \frac{1}{2}z^{-1} + \frac{1}{4}z^{-2}}$를 갖는 두 극점 시스템의 임펄스 응답

는 일반적으로, 단위원에 가깝지 않은 안쪽의 극점들은 임펄스 응답에서 빠르게 감쇄하는 지수 함수 성분에 해당되기 때문이다.

10-12 2차 IIR 필터의 주파수 응답

2차 시스템의 주파수 응답에 대한 일반적인 식은

$$H(e^{j\hat{\omega}}) = \frac{b_0 + b_1 e^{-j\hat{\omega}} + b_2 e^{-j2\hat{\omega}}}{1 - a_1 e^{-j\hat{\omega}} - a_2 e^{-j2\hat{\omega}}} \tag{10.74}$$

이다. 식 (10.74)의 분자와 분모에는 $e^{-j\hat{\omega}}$와 $e^{-2j\hat{\omega}}$ 같은 항이 있으므로, $H(e^{j\hat{\omega}})$는 주기가 2π인 주기함수이다. $H(e^{j\hat{\omega}})$의 크기와 위상에 대한 식을 구할 수 있지만, 특별히 정보를 주지는 않는다. 일반적인 식을 다루기보다는, 특정한 숫자가 들어간 예제를 갖고 살펴보기로 한다.

데모
3 영역들-IIR

예제 10-19 2차 시스템의 주파수 응답

시스템 함수가

$$H(z) = \frac{1 - z^{-2}}{1 - 0.9z^{-1} + 0.81z^{-2}} \tag{10.75}$$

인 시스템을 고려하기로 한다. 주파수 응답의 크기를 구하기 위하여, 크기의 제곱을 먼저 구하고 마지막에 양의 제곱근을 취한다. 크기의 제곱은 $H(e^{j\hat{\omega}})H^*(e^{j\hat{\omega}})$의 분자와 분모의 모든 항을 곱한 다음, 역 오일러 공식을 적용하여 구한다.

$$\begin{aligned}|H(e^{j\hat{\omega}})|^2 &= H(e^{j\hat{\omega}})H^*(e^{j\hat{\omega}})\\ &= \frac{1-e^{-j2\hat{\omega}}}{1-0.9e^{-j\hat{\omega}}+0.81e^{-j2\hat{\omega}}}\cdot\frac{1-e^{j2\hat{\omega}}}{1-0.9e^{j\hat{\omega}}+0.81e^{j2\hat{\omega}}}\\ &= \frac{2-2\cos(2\hat{\omega})}{2.4661-3.258\cos\hat{\omega}+1.62\cos(2\hat{\omega})}\end{aligned}$$

이 식은 코사인 함수만의 항들로 표현되어 있어서 계산 시 유용하다. 이 절차는 일반적이며, 어떠한 IIR 필터에 대해서도 비슷한 식이 유도된다. 코사인은 우함수이므로, 크기 제곱 함수 $|H(e^{j\hat{\omega}})|^2$는 항상 $\hat{\omega}$의 우함수이다. 즉,

$$|H(e^{-j\hat{\omega}})|^2 = |H(e^{j\hat{\omega}})|^2$$

이 성질은 계수가 실수인 차분 방정식에서는 항상 성립한다. 크기 $|H(e^{j\hat{\omega}})|$을 구하기 위해서는 제곱근을 취해야 하고, 이 역시 우함수가 된다.

위상 응답은 다소 복잡하다. 복소수 z의 각도는 $\tan^{-1}(\Im\{z\}/\Re\{z\})$를 계산하여 구할 수 있다. 분자와 분모의 각도를 계산할 때 아크탄젠트 (arctangent)를 이용하면, 분자의 각도에서 분모의 각도를 빼야 전체의 위상을 구할 수 있다. 이 예제에는 필터 계수가 실수이기 때문에, 위상은

$$\angle H(e^{j\hat{\omega}}) = \tan^{-1}\left(\frac{\sin(2\hat{\omega})}{1-\cos(2\hat{\omega})}\right) - \tan^{-1}\left(\frac{0.9\sin\hat{\omega}-0.81\sin(2\hat{\omega})}{1-0.9\cos\hat{\omega}+0.81\cos(2\hat{\omega})}\right)$$

와 같으며, 이 함수가 $\hat{\omega}$에 대한 기함수(즉, $\angle H(e^{-j\hat{\omega}}) = -\angle H(e^{j\hat{\omega}})$)라는 것을 보일 수 있다.

크기는 우함수이고 위상은 기함수라는 것은 실수 임펄스 응답 (혹은 임의의 실수 신호)의 주파수 응답 (혹은 임의의 DTFT)의 일반적인 특징이다. 6-4.3절에서 FIR 경우에 논의한 것과 같이, IIR 경우에도, 임펄스 응답이 실수인 경우에는 언제나 주파수 응답이 켤레 대칭 성질

$$H(e^{-j\hat{\omega}}) = H^*(e^{j\hat{\omega}})$$

을 만족한다는 것을 증명하였다.

이 예제에서 유도된 수식은 어떤 사실을 알아내기에는 식이 너무 복잡하다. 뒷 절에서는 이런 식에 의지하지 않고, 시스템 함수의 극점들과 영점들을 사용해서 대략의 주파수 응답 그래프를 구하는 방법을 알아보기로 한다.

10-12.1 MATLAB을 이용한 주파수 응답

10-7.1절에서 언급한 것과 같이, MATLAB 함수 `freqz`는 $\hat{\omega}$ 영역 $-\pi < \hat{\omega} \le \pi$ 구간에서의 주파수 응답을 구하는 데 사용될 수 있다. 그리고 주파수 응답 $H(e^{j\hat{\omega}})$의 크기와 위상은 주파수 응답을 그리기 이전에 `abs`와 `angle`이라는 함수를 이용하여 각각 계산할 수 있다.

예제 10-20 $H(e^{j\hat{\omega}})$를 위한 MATLAB

예제 10-19에서 소개된 다음과 같은 시스템

$$y[n] = 0.9y[n-1] - 0.81y[n-2] + x[n] - x[n-2] \tag{10.76}$$

을 고려한다. MATLAB에서 필터의 계수를 정의하려면, 모든 $y[n]$항은 왼쪽으로, 모든 $x[n]$항은 오른쪽으로 옮겨놓는다.

$$y[n] - 0.9y[n-1] + 0.81y[n-2] = x[n] - x[n-2]$$

다음에 필터의 계수들을 읽고, 벡터 aa와 bb를 다음과 같이 정의한다.

```
aa = [ 1, -0.9, 0.81 ]
bb = [ 1, 0, -1 ]
```

다음, freqz을 호출하면 HH에는 세 번째 매개변수 $[-\pi : (\pi/100) : \pi]$에 의하여 지정되는 주파수들의 벡터에서 계산된 주파수 응답값이 저장된다.

```
HH = freqz(bb, aa, [-pi:(pi/100):pi])
```

크기와 위상 응답 결과는 그림 10-24에 보였다. $H(e^{j\hat{\omega}})$는 항상 주기가 2π인 주기함수이므로, 주파수 구간 $-\pi < \hat{\omega} \le \pi$에서 주파수 응답을 그리는 것만으로 충분하다.

이 예제에서, 극점, 영점과 주파수 응답의 모양과의 연관성을 보여 줄 수 있다. 이 시스템에 대한 시스템 함수는

$$H(z) = \frac{1 - z^{-2}}{1 - 0.9z^{-1} + 0.81z^{-2}}$$

이고, 극점은 $z = 0.9e^{\pm j\pi/3}$에 있고, 영점은 $z = 1$과 $z = -1$에 있다. $z = -1$은 $z = e^{j\pi}$와 같으므로, $z = -1$에서 $H(z) = 0$이며, $H(e^{j\hat{\omega}})$는 $\hat{\omega} = \pi$에서 0이다. 마찬가지로, $z = +1$에서 $H(z) = 0$이므로, $H(e^{j\hat{\omega}})$는 $\hat{\omega} = 0$에서 0이다. 극점의 각도가 $\pm\pi/3$이라서, $\hat{\omega} = \pm\pi/3$ 근처에서 극점이 주파수 응답에 영향을 미친다. $H(z)$는 $z = 0.9e^{\pm j\pi/3}$에서 무한대이므로, 단위원 상에서 이에 가장 가까운 점 $(z = e^{\pm j\pi/3})$에서 큰 값을 갖게 된다. 이 경우, 식으로부터 직접 주파수 응답값을 계산할 수 있다.

$$\begin{aligned} H(e^{j\hat{\omega}})\big|_{\hat{\omega}=\pi/3} &= H(z)\big|_{z=e^{j\pi/3}} \\ &= \left.\frac{1 - z^{-2}}{1 - 0.9z^{-1} + 0.81z^{-2}}\right|_{z=e^{j\pi/3}} \\ &= \frac{1 - (-\frac{1}{2} - j\frac{1}{2}\sqrt{3})}{1 - 0.9(\frac{1}{2} - j\frac{1}{2}\sqrt{3}) + 0.81(-\frac{1}{2} - j\frac{1}{2}\sqrt{3})} \end{aligned}$$

$$\Rightarrow \left|H(e^{j\pi/3})\right| = \frac{\left|1.5 + j0.5(\sqrt{3})\right|}{\left|0.145 + j0.045(\sqrt{3})\right|} = 10.522$$

이 주파수 응답의 크기 값은 실제 최대값 10.5257에 매우 근접해 있다. 실제의 최대값은 $\hat{\omega} = 0.334\pi$에서 나타난다.

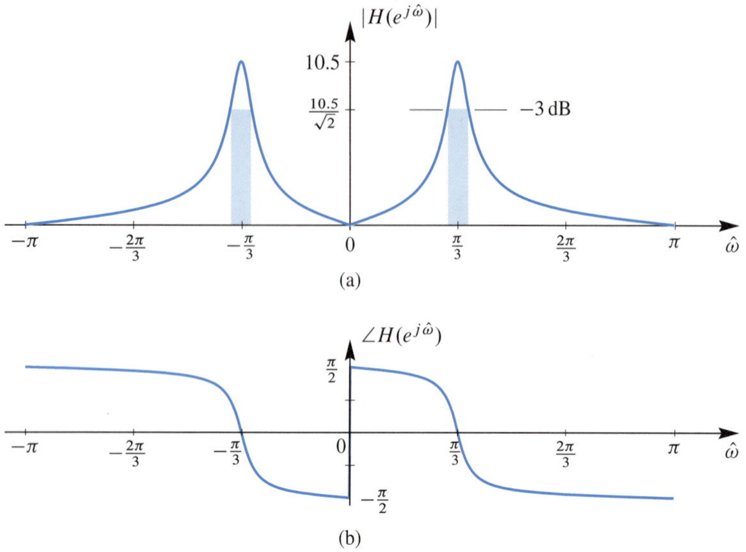

그림 10-24 2차 IIR 필터의 주파수 응답 (크기 및 위상). 극점은 $z = 0.9e^{\pm j\pi/3}$에 있으며, 분자는 $z = 1$과 $z = -1$에 영점들을 갖는다. (a) 크기 응답에서 음영 지역은 피크점 $\hat{\omega} = \pi/3$ 주위의 3 dB 대역폭을 보인다. (b) 비선형인 위상 응답.

10-12.2 3 dB 대역폭

그림 10-24에 나타낸 주파수 응답에서 피크의 너비를 **대역폭 (Bandwidth)**이라고 한다. 일관성을 위하여, 대역폭은 $|H(e^{j\hat{\omega}})|$의 그림에서 어떤 기준에 따라 측정되어야 한다. 가장 보편적인 경우 $|H(e^{j\hat{\omega}})|$를 dB 스케일에 그리고, 다음과 같이 계산되는 3 dB 폭을 이용한다:

> $|H(e^{j\hat{\omega}})|$의 피크값을 정하고, 그 다음으로 그 양쪽에서 주파수 응답의 크기가 $\frac{1}{\sqrt{2}}H_{\text{peak}}$가 되는 주파수를 찾는다. **3 dB 폭 (3 dB width)**은 이 두 주파수 간의 차이 $\Delta\hat{\omega}$을 말한다. 데시벨로 나타내면, $\frac{1}{\sqrt{2}}$는 대략 -3 dB이며, 그래서 3 dB 대역폭 $\Delta\hat{\omega}$는 피크값 3 dB 아래에서 측정한다.

그림 10-24에서 진짜 피크값은 $\hat{\omega} = 0.334\pi$에서 10.5257이다. 그러므로, $|H(e^{j\hat{\omega}})| = \frac{1}{\sqrt{2}}H_{\text{peak}} = (0.707)(10.5257) = 7.443$을 만족하는 주파수 위치를 찾아야 한다. $\hat{\omega} = 0.302\pi$와 $\hat{\omega} = 0.369\pi$에서 이를 만족하므로, 따라서 대역폭은 $\Delta\hat{\omega} = 0.067\pi = 2\pi(0.0335) = 0.2105$ rad이다. 또 다른 방법으로, 그림 10-25처럼 $|H(e^{j\hat{\omega}})|$ 대신에 $20\log_{10}|H(e^{j\hat{\omega}})|$를 그리면, 최대값은 20.42 dB가 되어서, 3 dB 대역폭 점은 피크값에서 3 dB 적은 $20\log_{10}|H(e^{j\hat{\omega}})| = 20.42 - 3 = 17.42$ dB를 만족한다. $z = \pm 1$에 위치한 $H(z)$의 영점에 해당하는 주파수에서 (여기서 $|H(e^{j0})| = 0$, $|H(e^{j\pi})| = 0$), $20\log_{10}|H(e^{j\hat{\omega}})|$이 $-\infty$에 접근함에 주목한다.

3 dB 대역폭은 컴퓨터 프로그램을 이용해서 효율적으로 구할 수 있다. 그러나 빠르게 대략적인 값을 계산할 수 있는 방법으로 "포락선의 등" 계산이 있다. $re^{\pm j\theta}$에 위치한 극점에 대하여, 좁은

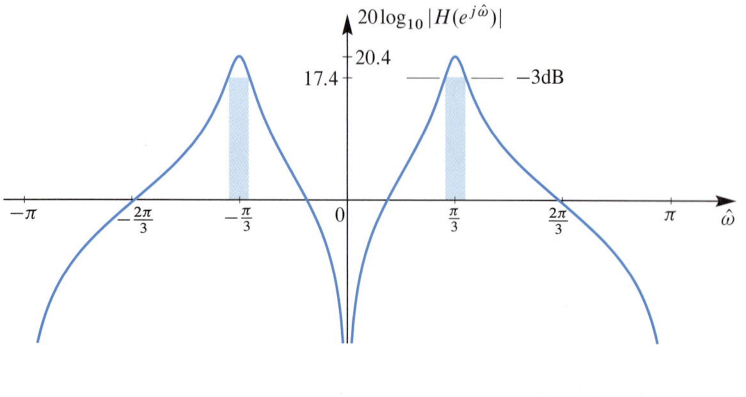

그림 10-25 그림 10-24(a)에 해당하는 주파수 응답의 로그 크기 (dB 단위). 음영지역은 $\hat{\omega} = \pi/3$에서의 피크값 주위의 3 dB 대역폭을 보인다.

피크를 갖는 2차 경우에 훌륭한 근사식은

$$\Delta\hat{\omega} \approx 2\,\frac{|1-r|}{\sqrt{r}} \tag{10.77}$$

로 주어지며, 이 식은 단위원에서 극점 간의 거리 $|1-r|$이 대역폭을 조정한다는 것을 보인다.[12)] $r = 0.9$인 그림 10-24에서, 대역폭의 추정값은 식 (10.77)을 적용해보면,

$$\Delta\hat{\omega} \approx 2\,\frac{(1-0.9)}{\sqrt{0.9}} \approx \frac{0.2}{0.9487} \approx 0.2108 \text{ rad}$$

이다. $\Delta\hat{\omega}$의 측정값은 0.2105 rad이었다. 따라서 극점이 단위원과 가까운 (반지름 = 0.9)이 경우에는, 근사값이 꽤 잘 맞는다는 것을 알 수 있다.

10-12.3 시스템 함수의 3차원 그래프

주파수 응답 $H(e^{j\hat{\omega}})$는 단위원 상에서 계산된 시스템 함수의 값이기 때문에, 그림 10-26에 보인 것과 같은 3차원 그림에서 z와 $\hat{\omega}$ 사이의 연관성을 보일 수 있다. $H(z)$의 극점과 영점이 3차원 그래프에 중대한 영향을 미치고, $H(z)$ 값을 단위원 상에서 구한 주파수 응답에 예측할 수 있는 영향을 미치기 때문에, 극점과 영점은 연관성을 제공한다.

데모
Z To Freq

그림 10-26은 단위원의 내부, 외부 및 위의 점에서의 시스템 함수 $H(z)$ 그림을 보여준다. 극점 $0.85e^{\pm j\pi/2}$에 위치한 피크들은 $\hat{\omega} = \pm\pi/2$ 주변의 주파수 응답 동작을 결정한다. 극점이 단위원에 가깝도록 이동하면, 주파수 응답에서 피크는 더 높아지고 좁아진다. $z = \pm 1$에 있는 영점은 이 경우에, 단위원 상의 $\hat{\omega} = 0, \pi$에 위치한 계곡을 만든다.

그림 10-26의 3차원 예제로부터 얻어진 직관을 바탕으로, 극점과 영점을 가지고 직접 $|H(e^{j\hat{\omega}})|$의 값을 추정해볼 수 있다. $H(z)$를 다음과 같은 형태

$$H(z) = G\,\frac{(z-z_1)(z-z_2)}{(z-p_1)(z-p_2)}$$

로 만들어 조직적으로 구할 수 있다. 여기서 z_1과 z_2는 2차 필터의 영점들, p_1과 p_2는 극점들이다. 파라미터 G는 인수분해하여 구해지는 이득 항이다. 주파수 응답의 크기는

$$\left|H(e^{j\hat{\omega}})\right| = G\,\frac{|e^{j\hat{\omega}}-z_1|\,|e^{j\hat{\omega}}-z_2|}{|e^{j\hat{\omega}}-p_1|\,|e^{j\hat{\omega}}-p_2|} \tag{10.78}$$

와 같다. 식 (10.78)은 간단하게 기하학적으로 해석해 볼 수 있다. 각 항 $|e^{j\hat{\omega}} - z_i|$ 또는 $|e^{j\hat{\omega}} - p_i|$는 그림 10-27에 나온 것과 같이, 영점 z_i와 극점 p_i으로부터 위치 $e^{j\hat{\omega}}$점까지의 벡터의 길이이다. 고정된 $\hat{\omega}$값에서의 주파수 응답은 영점들로부터 $z=e^{j\hat{\omega}}$까지의 모든 벡터들의 길이 값들을 곱하고, 극점들로부터 $e^{j\hat{\omega}}$까지의 모든 벡터들의 길이 값들을 나눈 결과에 G를 곱한 것이다.

12) 대역폭을 추정하는 이 근사식은 극점이 서로 떨어져 있을 때 잘 맞는다. 예를 들어, 2차 시스템에서 두 극점 간의 각도 차이가 적을 때는 추정식이 맞지 않는다.

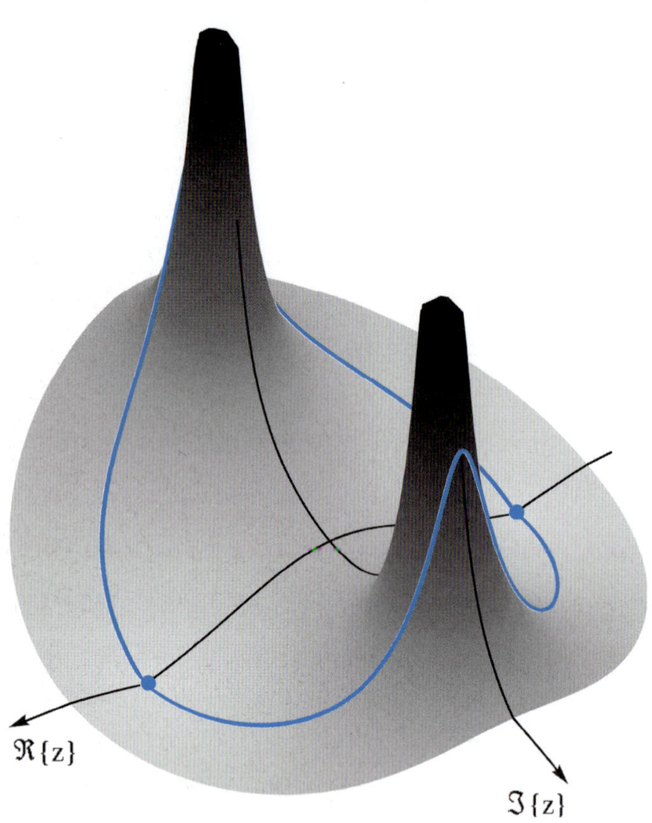

그림 10-26 단위원을 포함하는 z-평면의 영역에서 계산된 z-변환 크기. 관점은 1상한에서 본 것이며, 그래서 $z = 1$이 왼쪽 앞부분에 보인다. 단위원을 따라서 구한 값들은 식 (10.75)에서 정의된 2차 IIR 필터의 주파수 응답(크기)이다. 극점들은 $z = 0.85e^{\pm j\pi/2}$에 위치하며, 영점들은 $z = \pm 1$에 위치한다. 영점들은 실수축을 따라가면 보이는 파란색 점으로 표시했다.

$$\left|H(e^{j\hat{\omega}})\right| = G\,\frac{\overline{Z_1Z}\cdot\overline{Z_2Z}}{\overline{P_1Z}\cdot\overline{P_2Z}}$$

단위원을 따라감에 따라, 이 벡터들의 길이는 변한다. 영점의 위에 있을 때는, 분자에 있는 길이 중에 하나는 0이 되며, 그 주파수에서 $|H(e^{j\hat{\omega}})| = 0$이 된다. 극점의 근처에 가면, 분모에 있는 길이 중에 하나가 매우 작아지고, 따라서 그 주파수에서 $|H(e^{j\hat{\omega}})|$는 커진다.

그림 10-27에서와 같이, $\hat{\omega} = \pi/4$에서 $H(e^{j\hat{\omega}})$의 크기를 추정하는 데 있어서 위의 기하학적 방법을 적용할 수 있다. 이득 G는 1이라고 가정한다. 벡터의 길이에 대한 추정치는 영점에 대해서 $\overline{Z_1Z} \approx 1.8$, $\overline{Z_2Z} \approx 0.7$이고 극점에 대해서 $\overline{P_1Z} \approx 0.7$, $\overline{P_2Z} \approx 1.6$이다. $\hat{\omega} = \pi/4$에서의 주파수 응답의 크기를 다음과 같이 추정값을 구할 수 있다.

$$\left|H(e^{j\pi/4})\right| = G\,\frac{\overline{Z_1Z}\cdot\overline{Z_2Z}}{\overline{P_1Z}\cdot\overline{P_2Z}} = (1)\frac{(1.8)(0.7)}{(0.7)(1.6)} = \frac{1.8}{1.6} = 1.125$$

$H(z)$에 관한 식 (10.75)에서 구한 실제 값은 $|H(e^{j\pi/4})| = 1.132$이다. 이 방법을 노치(notch) 필터와 전역통과 필터에 응용한 연습문제 P-10.19와 P-10.23을 참고한다.

연습문제 10.13 그림 10-27의 극점-영점 다이어그램에 대하여, 이 기하학적인 방법을 적용하여 $z = j0.85$에 위치한 극점과 가까운 $\hat{\omega} = \pi/2$에서 그림 10-26의 $H(e^{\hat{\omega}})$의 크기를 구하여라. 이득 G는 1이라고 가정한다. 이 경우에는, 벡터의 길이가 근사화가 될 필요가 없으므로, 추정치가 정확하게 된다.

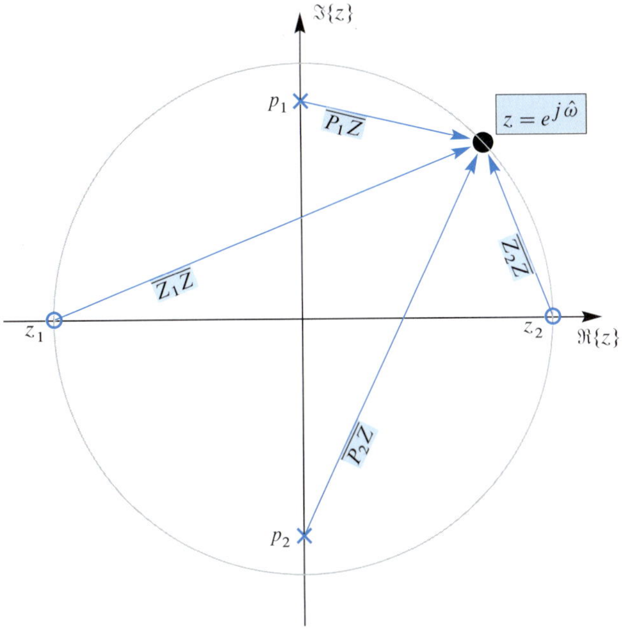

그림 10-27 단위원 ($z = e^{j\hat{\omega}}$)을 따라 극점들과 영점들까지의 벡터의 길이의 곱을 이용하여 계산된 z-변환. $\overline{P_i Z}$는 i번째 극점에서 $z = e^{j\hat{\omega}}$까지의 벡터를 나타내며, $\overline{Z_j Z}$는 j번째 영점에서 $z = e^{j\hat{\omega}}$까지의 벡터를 나타낸다.

10-12.4 PeZ GUI를 이용한 극점-영점 배치

z-영역에서의 극점과 영점의 위치, n-영역에서의 임펄스 응답 $h[n]$, 그리고 $\hat{\omega}$-영역에서의 주파수 응답 $H(e^{j\hat{\omega}})$들 사이의 관계를 직관적으로 이해하기 위해서는, 이 3개의 영역에서 양방향으로 탐구해 볼 수 있는 MATLAB GUI인 `PeZ`가 있다. `PeZ` GUI는 *DSP-First* 툴박스에 포함되어 있다. `PeZ`를 실행하기 위해서는, 명령 프롬프트에서 `pezdemo`를 입력하면, 그림 10-28에 나타낸 GUI를 보게 될 것이다. `PeZ`는 주로 시스템 함수의 인수 분해된 형태에 기반을 두며, 유리함수 z-변환을 극점들과 영점들에 관하여 나타낸다:

$$H(z) = \frac{B(z)}{A(z)} = G\frac{\prod_{k=1}^{M}(1 - z_k z^{-1})}{\prod_{\ell=1}^{N}(1 - p_\ell z^{-1})} \tag{10.79}$$

여기서 M은 영점의 개수이고, N은 극점의 개수이다.

`PeZ` GUI는 좌측 상단에 위치한 `Pole-Zero Plot` 패널에 의해서 제어된다. 여기서 사용자는 극점과 영점들을 추가하고 (혹은 삭제하고) 또한 포인팅 장치로 움직일 수 있다. `ZZ`라고 쓰인 버튼은 영점들을 추가하기 위해서 사용되고, 버튼 `PP`는 극점들을 추가하기 위하여 사용된다. 디폴트 (default)로, `Add with Conjugate` 성질이 활성화되어 있어서, 극점과 영점은 전형적으로 켤레 복소수의 성질을 만족시키기 위해서 쌍으로 추가되며, 실수 계수들이 된다. `PeZ` 제어와 메뉴에 대한 보다 상세한 정보는 "Help"라고 되어 있는 메뉴 아이템을 참조한다.

`PeZ`의 몇몇 특징을 살펴본다. `Pole-Zero Plot` 패널에서는, z-평면에 선택적으로 극점 쌍들과 영점 쌍들을 배치할 수 있고, 배치에 따라서 임펄스와 주파수 응답이 달라지는 것을 (다른 그림 패널에서) 관찰할 수 있다. z-영역 창에서의 파란색 반지름 선은 주파수 영역에서의 파란색 수

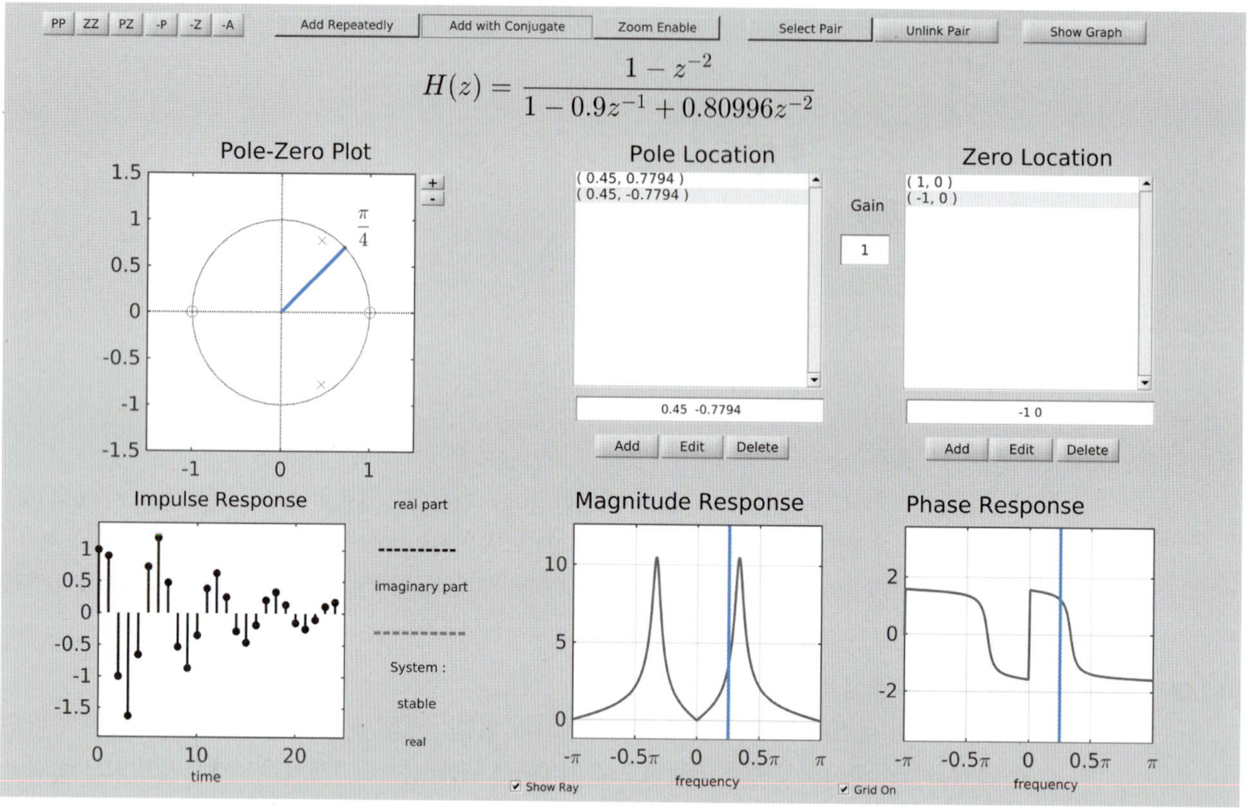

그림 10-28 3개의 영역의 개념을 보여주는 PeZ 그래픽 사용자 인터페이스 (GUI). 사용자는 극점들과 영점들을 입력할 수 있으며, 결과로 나오는 임펄스 응답과 주파수 응답을 볼 수 있다. 더불어, 마우스 포인터를 이용하여 극점/영점의 위치를 바꿀 수 있으며, 다른 그래프들은 실시간으로 업데이트된다. 여기에 보인 예는 식 (10.75)의 $H(z)$와 그림 10-24의 그림들과 같다.

데모
PeZ GUI

직선과 연결되어 있으며, 함께 움직이게 된다.[13] 이러한 동작들은, 단위원을 따라 회전하는 각도가 주파수 $\hat{\omega}$에 해당하기 때문에, 극점들의 위치와 영점들의 위치에 따라 변하는 주파수 영역 특성을 파악하는 데 도움을 준다. 하나의 극점(혹은 영점)은 `Add with Conjugate` 성질이 꺼져 있으면, 추가가 가능하다.

PeZ에서, 각각의 극점/영점 쌍은 이동이 가능하고, 이에 대응되는 $H(e^{j\hat{\omega}})$와 $h[n]$ 그래프는 극점 (혹은 영점) 쌍을 드래그 (drag)하게 되면 따라서 업데이트된다. 마우스를 갖고 정확한 위치에 극점과 영점을 배치하는 것이 어렵기 때문에, 실수부와 허수부 값을 직접 넣을 수 있도록 Edit 버튼이 제공된다. 하지만, 극점과 영점을 편집하기에 앞서., 먼저 `Pole Locations` 혹은 `Zero Locations`를 리스트에서 선택해야만 한다. 다음에, 편집 영역에 (`Edit` 버튼 위의 박스) 필요한 변경을 해야 하며, 변경된 것을 적용하기 위해서 `Edit` 버튼을 눌러야 한다. 각각의 극점 쌍과 영점 쌍을 삭제하기 위해서는 편집 박스 아래의 `Delete` 버튼을 누르면 된다. 모든 극점들과 영점들은 `-A` 버튼으로, 모든 극점은 `-P` 버튼, 모든 영점은 `-Z` 버튼을 사용해서 쉽게 삭제가 가능하다는 것을 참고한다.

13) 파란색 선은 PeZ의 중요한 특징을 강조한다. MATLAB에서 PeZ 화면에는 색상이 있으며 실제로 이 선들은 붉은색이다.

10-13 IIR 저역통과 필터의 예

1차와 2차 IIR 필터들은 유용하고, 간단한 예를 제공하지만, 많은 경우에 고차 IIR 필터를 이용한다. 왜냐하면, 고차 필터의 통과대역과 차단대역은 더 평평하고, 전이대역이 더욱 급격한 변화를 나타내기 때문이다. MATLAB 신호처리 툴박스에서 `butter`, `cheby1`, `cheby2`와 `ellip` 함수를 이용하면 주파수 선택적인 필터를 설계할 수 있다. 예를 들어, 식 (10.80a)로 시스템 함수 $H(z)$가 주어지는 시스템을 고려해본다.

$$H(z) = \frac{0.0798(1+z^{-1}+z^{-2}+z^{-3})}{1-1.556z^{-1}+1.272z^{-2}-0.398z^{-3}} \tag{10.80a}$$

$$= \frac{0.0798(1+z^{-1})(1-e^{j\pi/2}z^{-1})(1-e^{-j\pi/2}z^{-1})}{(1-0.556z^{-1})(1-0.846e^{j0.3\pi}z^{-1})(1-0.846e^{-j0.3\pi}z^{-1})} \tag{10.80b}$$

$$= -\frac{1}{5} + \frac{0.62}{1-.556z^{-1}} + \frac{0.17e^{j0.96\pi}}{1-.846e^{j0.3\pi}z^{-1}} + \frac{0.17e^{-j0.96\pi}}{1-.846e^{-j0.3\pi}z^{-1}} \tag{10.80c}$$

이 시스템은 저대역 통과 **일립틱(Elliptic)** 필터의 한 예이며, 분모와 분자의 계수들은 MATLAB의 `ellip` 함수를 이용하여 구했다. 정확한 호출 구문은 `ellip(3, 1, 30, 0.3)`이다. 위의 세 형태의 함수는 각각 유용하다. 식 (10.80a)는 필터를 차분 방정식으로 구현하는 데 사용되는 필터의 계수를 보여주고, 식 (10.80b)는 극점-영점 다이어그램이나, 주파수 응답을 구하는 데 유용하며, 식 (10.80c)는 임펄스 응답을 찾는 데 유용하다.[14] 그림 10.29는 이 필터의 극점들과 영점들을 보였다. 모든 영점들은 단위원 상에 있고, 극점은 안정한 시스템이어야 하므로, 단위원 안쪽에 위치한다.

연습문제 10.14	식 (10.80a)로부터, 이 시스템을 구현하기 위한 차분 방정식 (직접형 I)을 결정하여라.

시스템 함수는 MATLAB의 `freqz` 함수를 이용하여 단위원 상에서 값이 계산되었다. 이 결과는 그림 10-30에 보였다. 주파수 응답은 극점들 근처에서는 커지고, 영점들 근처에서는 작아지는 점에 주목한다. 특히, 주파수 응답의 통과대역은 $|\hat{\omega}| \leq 2\pi(0.15)$이고, 이는 각도 $\pm 0.3\pi$에 있는 극점에 해당한다. 또한, 주파수 응답은 $\hat{\omega} = \pm 0.5\pi$와 $\hat{\omega} = \pi$에서 완전히 0이 된다. 왜냐하면, $H(z)$

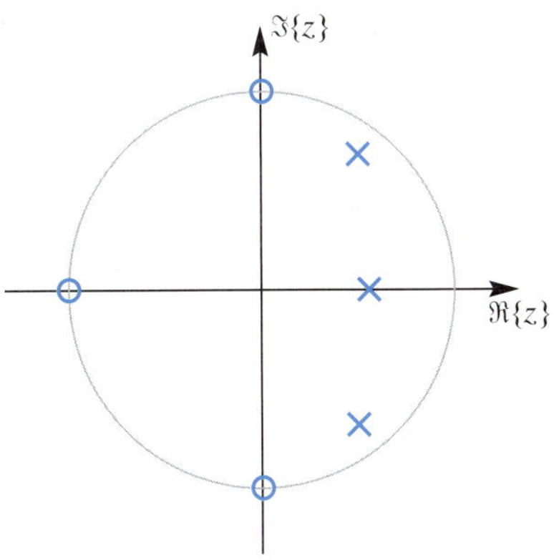

그림 10-29 3차 IIR 필터 (10.80b)의 극점-영점 다이어그램. 3개의 영점들은 단위원 상에 $z = \pm j$, $z = -1$에 있다.

14) 다항식을 인수분해하고, 부분 분수로 전개하기 위해 MATLAB에는 각각 `roots`와 `residuez` 함수를 이용한다.

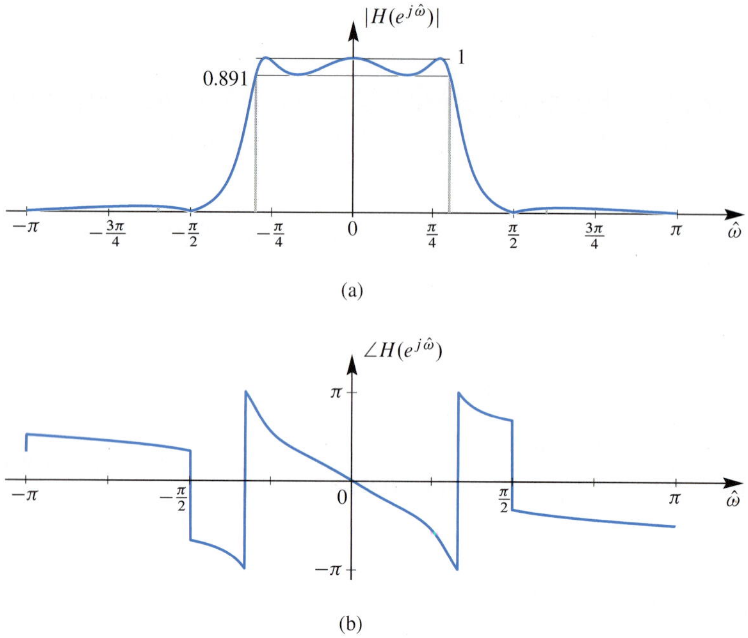

그림 10-30 3차 IIR 필터의 주파수 응답; (a) 크기, (b) 위상

의 영점들이 이 각도에서 단위원 상에 위치하기 때문이다.

연습문제 10.15 식 (10.80a) 또는 (10.80b)로부터, $\hat{\omega} = 0$에서의 주파수 응답의 값을 결정하여라.

마지막으로 그림 10-31은 이 시스템의 임펄스 응답을 보인다. 각도 $\pm 0.3\pi$, 반지름 0.846에 위치한 두 개의 켤레 복소수 극점이 주된 역할을 하기 때문에, n이 증가함에 따라, 진동하며 소멸해 간다. 소멸하는 함수의 포락선은 $(0.846)^n$이다.

연습문제 10.16 부분 분수 형태 (10.80c)를 이용하여 필터의 임펄스 응답에 대한 식을 구하여라.

이 절에서 나온 일립틱 필터 예는 실제로 사용되는 IIR 저역통과 필터의 하나의 간단한 예이다. 더 고차 필터를 사용하면 주파수 선택 특성이 더 좋아진다.

10-14 요약 및 링크

이 장에서는 극점을 다루기 위해 z-변환을 사용하는 새로운 방법과 더불어, IIR 필터에 대하여 소

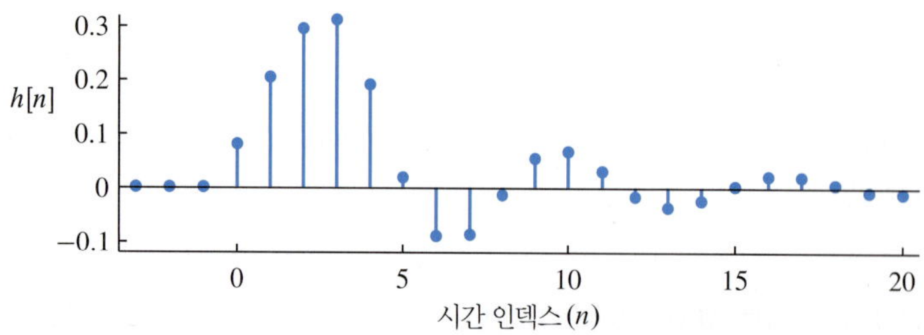

그림 10-31 3차 IIR 필터의 임펄스 응답

개했다. z-변환은 임펄스 응답, 주파수 응답, 시스템 구조에 대한 문제들을 단순히 다항식과 유리함수의 산술적인 조작으로 변화시킨다. 시스템 함수 $H(z)$의 극점들은 IIR 필터에서 가장 중요한 요소이다. 왜냐하면, 주파수 응답의 모양이나, 임펄스 응답의 형태와 같은 성질들을 극점의 위치를 보고 바로 추정할 수 있기 때문이다.

IIR 필터는 많은 경우에 이용될 수 있다. 주파수-선택 필터링이 가장 보편적인 것이지만, 협대역 간섭신호 (예, 60 Hz 전력선 신호)를 제거하기 위해 사용되는 널 (null) 필터 혹은 노치 (notch) 필터도 매우 유용하다. PeZ라고 불리는 MATLAB GUI는 (그림 10-28 참조) IIR 필터의 극점과 영점을 공부하고, 또한 시간(n) 영역, 주파수($\hat{\omega}$) 영역, z-변환 영역의 연관성을 공부하는 데 필요한 이상적인 도구이다. PeZ를 이용하여 할 수 있는 몇 가지 일들은 다음과 같다.

데모
PeZ GUI

1. 영점들의 배치: 단위원 상에 놓이는 경우, $B(z)$의 영점들은 주파수 응답을 0으로 만들어서 특정 주파수의 정현파를 제거하는 데 사용될 수 있다.
2. 극점들의 배치: 단위원 근처에 (하지만 내부에) 놓이는 경우, $A(z)$의 근들은 주파수 응답에서 피크를 만들고 대역통과 필터 (BPF)를 만드는 데 사용될 수 있다.
3. IIR 노치 (notch) 필터의 설계: 켤레 복소수 영점들을 단위원 상에 배치하고, 동일한 각도의 단위원 내부에 켤레 복소수 극점들을 배치함으로써, V자 홈 혹은 좁은 영역에서 작은 이득을 갖는 필터를 만들 수 있다. 노치의 주파수 응답은 단위원 상의 켤레 영점만을 사용해서 만든 FIR필터인 널 필터보다 훨씬 날카로운 특성을 갖는다 (연습문제 P-10.19 참조).
4. 전대역 통과 필터의 설계: 극점들을 단위원 내부에 배치하고, 영점을 극점의 켤레 역수 위치에 배치함으로써, 주파수 응답의 크기가 모든 주파수 대역에서 상수인 필터를 만들 수 있다. 그러한 시스템을 전대역 필터라고 부른다 (연습문제 P-10.23 참조)

LAB
PeZ - z, n 및 $\hat{\omega}$ 영역

"표현 영역"의 주요한 개념은 계속해서 강조했다. n-영역 또는 시간 영역, $\hat{\omega}$-영역 또는 주파수 영역, 그리고 z-영역은 LTI 시스템 특성을 세 영역에서 고려해 볼 수 있도록 해 주었다. 어떤 신호를 그 신호의 z-변환으로부터 계산하는 역 z-변환기술을 소개함으로써 영역 간의 연결 관계를 완성하였다. 결과적으로, 콘볼루션과 같이 복잡한 계산도 가장 편리한 영역인 z-영역에서 작업을 함으로써 간단히 할 수 있고, 계산 후에 다시 원래의 n-영역으로 되돌아올 수 있다.

데모
3 영역 - IIR

세 영역을 공부하는 랩실습에서는, PeZ GUI를 사용하여 IIR 필터의 여러 성질을 탐구한다. PeZ 툴은 IIR 시스템을 공부하는 데 매우 유용하며, 왜냐하면, 극점-영점 영역, 주파수 응답, 임펄스 응답과 같이 LTI 시스템의 다양한 관점을 다루기 때문이다 (그림 10-28 참조).

동반 웹사이트에는 z-평면, 주파수 영역, 그리고 시간 영역 사이의 관계를 설명하는 다음과 같은 데모가 있다:

데모
Z to Freq

(a) 극점의 위치가 변할 때, IIR 필터의 주파수 응답 및 임펄스 응답이 어떻게 변하는가를 보여주는 "세 영역"에 관한 동영상. 몇 가지 서로 다른 필터에 대한 데모가 있다.
(b) z-평면과 주파수 응답이 구해지는 단위원과의 관계를 애니메이션 하는 동영상.
(c) 여러 가지 IIR 및 FIR 필터들을 만들 수 있는 PeZ GUI. 또한 PeZ 사용법을 알려주는 튜토리얼도 있다.

10-15 연습문제

LAB
문제와 풀이

이 절의 문제들은 이 장의 주요 개념들을 다룬다. 동반 웹사이트에는 복습과 실습에 사용될 수 있는 연관된 숙제 문제들이 많이 있다. 이들 중에 대부분은 상세한 풀이가 제공되었다.

P-10.1 피보나치 수열은 재귀적인 방법으로 생성된다.

(a) 다음의 2차 시스템

$$y[n] = y[n-1] + y[n-2] + x[n]$$

의 임펄스 응답을 구하여, 피보나치 수열에 대한 일반적인 수식을 구하여라.

(b) 이 시스템의 2개의 극점을 구하라. 이 시스템은 안정한 시스템인가?

P-10.2 다음의 2차 시스템

$$y[n] = 0.9(y[n-1] - y[n-2]) + x[n-1]$$

의 임펄스 응답을 구하여라. 전체 n영역을 $n < 1$과 $n \geq 1$로 나누어서 서로 다른 수식으로 나타내어라.

P-10.3 시 불변성을 이용하여, 다음의 1차 시스템

$$y[n] = 0.5y[n-1] + 5x[n-7]$$

의 임펄스 응답을 구하여라. 시스템은 $n < 0$에서 출력이 0인 안정 상태라고 가정한다. 결과 신호 $h[n]$의 그래프를 n의 함수로 그려라. 임펄스 응답의 0이 아닌 부분이 어디부터 시작하는지에 대하여 주의한다.

P-10.4 1차 시스템

$$y[n] = -0.5y[n-1] + 5x[n]$$

의 임펄스 응답을 구하고, 이를 이용하여 입력 신호

$$x[n] = \begin{cases} 0 & n < 1 \\ 3 & n = 1 \\ -2 & n = 2 \\ 0 & n = 3 \\ 3 & n = 4 \\ -1 & n = 5 \\ 0 & n > 5 \end{cases}$$

에 대한 출력을 구하여라. 4개 항의 합으로 식을 쓰되, 각각은 임펄스 응답을 이동한 것이다.

초기 안정 조건을 가정한다. 결과 신호 $y[n]$을 $0 \le n \le 10$ 구간에서 n의 함수로 그려라.

P-10.5 LTI 시스템의 임펄스 응답이 $h[n] = 10(\sqrt{2})^{-n}$이다. 입력 신호가 $x[n] = \delta[n] + \beta\delta[n-2] + \delta[n-4]$일 때, 출력 $y[n] = x[n] * h[n]$이 $n \ge 4$에서 0이 되도록 β값을 구하여라.

P-10.6 다음의 피드백 필터에 대하여, 극점과 영점의 위치를 결정하고, z-평면에 위치를 그려 넣어라.

(a) $y[n] = \frac{1}{3}y[n-1] + \frac{1}{2}y[n-2] - x[n] + 3x[n-1] - 2x[n-2]$

(b) $y[n] = \frac{1}{3}y[n-1] - \frac{1}{2}y[n-2] - x[n] + 3x[n-1] + 2x[n-2]$

(b)의 경우에는, (a)와 비교해서 $y[n-2]$항과 $x[n-2]$항의 부호만 바뀌었을 뿐이다. 두 결과를 비교하여라.

P-10.7 이 문제에서는, 분자와 분모 다항식의 차수가 서로 다르므로, $z = 0$이나 $z = \infty$에 영점들(또는 극점들)이 존재해야 한다. 다음 필터들의 영점들과 극점들을 결정하여라.

(a) $y[n] = \frac{1}{3}y[n-1] - \frac{1}{2}y[n-2] - x[n]$
(b) $y[n] = \frac{1}{3}y[n-1] - \frac{1}{2}y[n-2] - x[n-2]$
(c) $y[n] = \frac{1}{3}y[n-1] - \frac{1}{2}y[n-2] - x[n-4]$

z-평면에 극점과 영점의 위치를 나타내어라. 모든 경우에서, $z = \infty$나 $z = 0$에도 영점 (또는 극점)이 있을 수 있다고 하면, 극점과 영점의 개수가 같다는 것을 확인하여라.

P-10.8 다음 차분 방정식으로 정의되는 IIR 필터가 주어졌다.

$$y[n] = -\frac{1}{2}y[n-1] + x[n]$$

(a) 시스템 함수 $H(z)$를 구하고, 극점과 영점을 찾아라.
(b) 입력이

$$x[n] = \begin{cases} +1 & n = 0, 2, 5 \\ 0 & \text{그 외} \end{cases}$$

와 같이 3개의 이동된 임펄스일 때, 출력 신호 $y[n]$을 함수 형태로 나타내어라. $n < 0$일 때, 출력 신호 $y[n]$은 0이라고 가정한다.

P-10.9 어떤 LTI 전대역 통과 필터가 다음의 차분 방정식

$$y[n] = 0.75y[n-1] - 15x[n] + 20x[n-1]$$

으로 나타내진다.

(a) 이 시스템에 대한 시스템 함수 $H(z)$를 구하여라. $H(z)$를 z^{-1}(z의 음의 지수)의 다항식의 비로 나타내고, 또한 z (z의 양의 지수)의 다항식으로도 나타내어라.

(b) $H(z)$의 극점과 영점을 z-평면에 그려 넣어라.

(c) $H(z)$로부터, 이 시스템의 주파수 응답인, $H(e^{j\hat{\omega}})$의 식을 유도하여라.

(d) 모든 $\hat{\omega}$에 대하여, $|H(e^{j\hat{\omega}})|^2$이 상수가 됨을 보이고, 그 상수값을 구하여라.

P-10.10 다음 차분 방정식으로 정의되는 IIR 필터가 주어졌다.

$$y[n] = -0.8y[n-2] + x[n]$$

(a) 시스템 함수 $H(z)$를 결정하고, 극점들과 영점들을 구하여라.

(b) 시스템의 입력이

$$x[n] = 5\delta[n] + 2.5\delta[n-1] + 4\delta[n-2] + 2\delta[n-3]$$

일 때, 출력 $y[n]$을 계산하라. $n < 0$일 때, $y[n]$은 0이라고 가정한다.

P-10.11 다음 차분 방정식으로 주어지는 어떤 IIR 필터가 주어졌다.

$$y[n] = 0.97y[n-5] + x[n]$$

(a) 이 시스템의 z-변환 시스템 함수를 구하여라.

(b) 시스템의 극점들을 구하고 z-평면에 그 위치를 표시하여라.

(c) 입력 신호가 $x[n] = \delta[n] + \beta\delta[n-p]$일 때, 출력이 $n \geq 5$에서 0이 되도록 만드는 p와 β의 값들을 구하여라.

P-10.12 다음에 대한 역 z-변환을 구하여라.

(a) $H_a(z) = \dfrac{1-z^{-1}}{1+0.77z^{-1}}$

(b) $H_b(z) = \dfrac{1+0.8z^{-1}}{1-0.9z^{-1}}$

(c) $H_c(z) = \dfrac{z^{-2}}{1-0.9z^{-1}}$

(d) $H_d(z) = 1 - z^{-1} + 2z^{-3} - 3z^{-4}$

P-10.13 다음에 대한 역 z-변환을 구하라.

(a) $X_a(z) = \dfrac{1-z^{-1}}{1-\frac{1}{6}z^{-1}-\frac{1}{6}z^{-2}}$

(b) $X_b(z) = \dfrac{1 + z^{-2}}{1 + 0.9z^{-1} + 0.81z^{-2}}$

(c) $X_c(z) = \dfrac{1 + z^{-1}}{1 - 0.1z^{-1} - 0.72z^{-2}}$

P-10.14 그림 P-10.14의 극점-영점 다이어그램 (1-6) 각각에 대하여, 다음의 ($H(z)$ 또는 차분 방정식으로 지정된) 어떤 시스템이 어떤 극점-영점 다이어그램과 일치하는가?

$$\mathcal{S}_1: \quad y[n] = 0.9y[n-1] + \tfrac{1}{2}x[n] + \tfrac{1}{2}x[n-1]$$

$$\mathcal{S}_2: \quad y[n] = -0.9y[n-1] + 9x[n] + 10x[n-1]$$

$$\mathcal{S}_3: \quad H(z) = \frac{\frac{1}{2}(1 - z^{-1})}{1 + 0.9z^{-1}}$$

$$\mathcal{S}_4: \quad y[n] = \tfrac{1}{4}x[n] + x[n-1] + \tfrac{3}{2}x[n-2] + x[n-3] + \tfrac{1}{4}x[n-4]$$

$$\mathcal{S}_5: \quad H(z) = 1 - z^{-1} + z^{-2} - z^{-3} + z^{-4}$$

$$\mathcal{S}_6: \quad y[n] = \textstyle\sum_{k=0}^{2} x[n-k]$$

$$\mathcal{S}_7: \quad y[n] = x[n] + x[n-1] + x[n-2] + x[n-3] + x[n-4] + x[n-5]$$

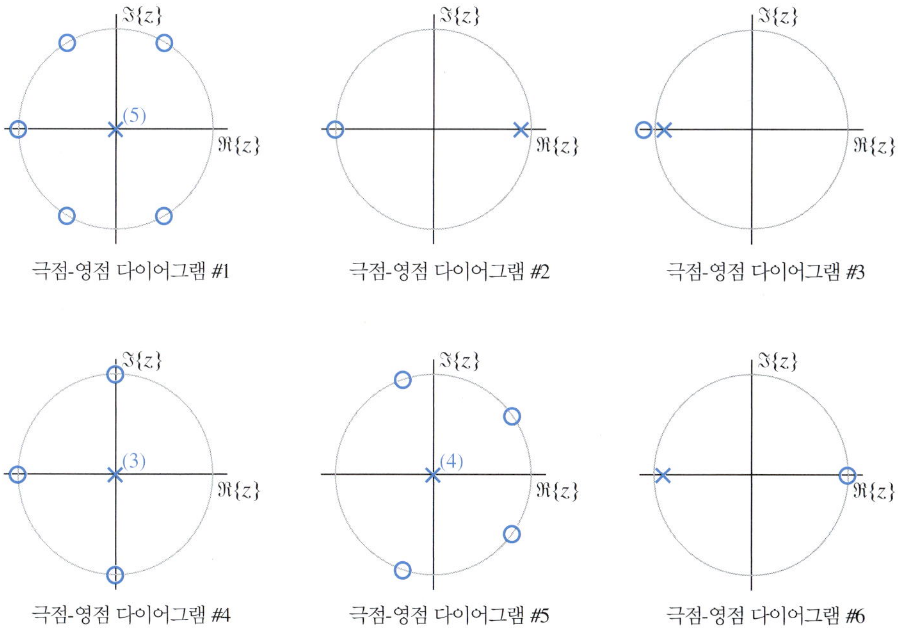

그림 P-10.14

P-10.15 다음 차분 방정식으로 정의되는 IIR 필터가 주어졌다.

$$y[n] = \frac{1}{2}y[n-1] + x[n]$$

(a) 이 시스템에 대한 입력이 단위 계단 함수 $u[n]$일 때, 출력 신호 $y[n]$을 함수식으로 나타내어라. 역 z-변환 방법을 이용한다. $n < 0$일 때, 출력 신호 $y[n]$은 0이라고 가정한다.

(b) $x[n]$이 $n = 0$에서 시작되는 복소 지수신호

$$x[n] = e^{j(\pi/4)n}u[n]$$

일 때, 출력을 구하여라.

(c) 위의 (b)에서 구한 출력에서, 정상상태 성분을 표시하고, 그 성분의 크기와 위상을 $\hat{\omega} = \pi/4$에서의 주파수 응답과 비교하여라.

P-10.16 어떤 LTI 시스템의 시스템 함수가

$$H(z) = \frac{(1+z^{-1})(1-e^{j0.3\pi}z^{-1})(1-e^{-j0.3\pi}z^{-1})}{(1-0.8e^{j0.6\pi}z^{-1})(1-0.8e^{-j0.6\pi}z^{-1})}$$

로 주어졌다.

(a) 입력 $x[n]$과 출력 $y[n]$ 간의 관계를 차분 방정식으로 표현하여라.

(b) 복소수 z-평면에 $H(z)$의 극점들과 영점들을 표시하여라. 힌트: $H(z)$를 z^{-1} 대신 z에 대하여 인수분해된 다항식의 비로 나타낸다.

(c) 만일 입력이 $x[n] = Ae^{j\varphi}e^{j\hat{\omega}_0 n}$의 형태라면, $-\pi \le \hat{\omega}_0 \le \pi$의 어떤 값에서 $y[n] = 0$이 되는가?

P-10.17 그림 P-10.17의 주파수 응답 그래프 (1-6) 각각에 대하여, 다음의 ($H(z)$ 또는 차분 방정식으로 지정된) 어떤 시스템이 어떤 주파수 응답과 일치하는가?

$\mathcal{S}_1$: $y[n] = 0.9y[n-1] + \frac{1}{2}x[n] + \frac{1}{2}x[n-1]$

$\mathcal{S}_2$: $y[n] = -0.9y[n-1] + 9x[n] + 10x[n-1]$

$\mathcal{S}_3$: $H(z) = \dfrac{\frac{1}{2}(1-z^{-1})}{1+0.9z^{-1}}$

$\mathcal{S}_4$: $y[n] = \frac{1}{4}x[n] + x[n-1] + \frac{3}{2}x[n-2] + x[n-3] + \frac{1}{4}x[n-4]$

$\mathcal{S}_5$: $H(z) = 1 - z^{-1} + z^{-2} - z^{-3} + z^{-4}$

$\mathcal{S}_6$: $y[n] = \displaystyle\sum_{k=0}^{2} x[n-k]$

$\mathcal{S}_7$: $y[n] = x[n] + x[n-1] + x[n-2] + x[n-3] + x[n-4] + x[n-5]$

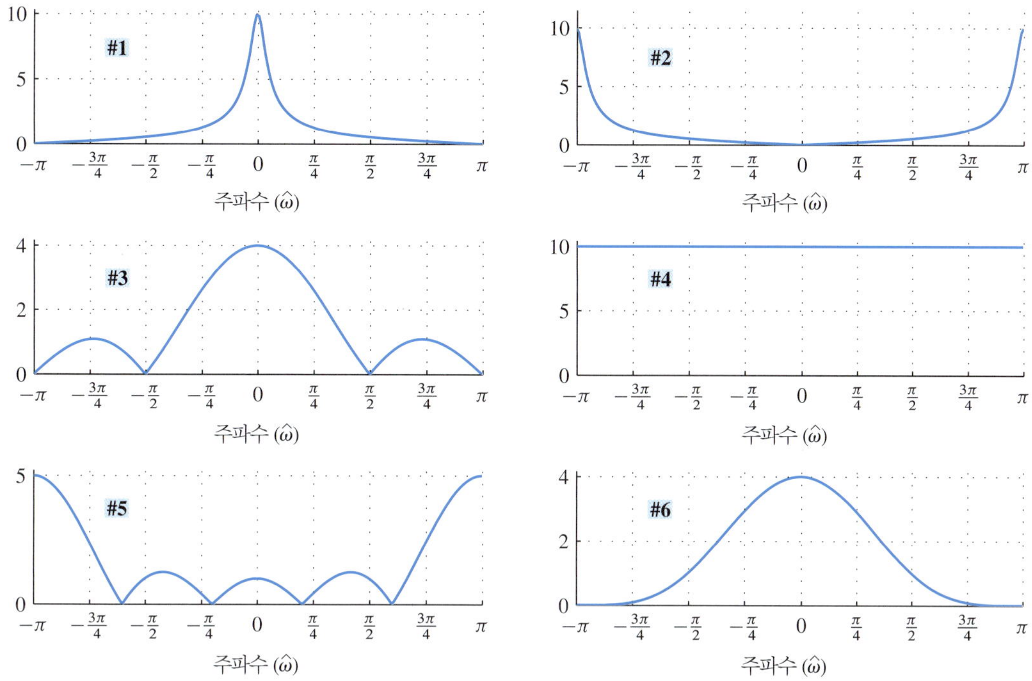

그림 P-10.17

P-10.18 그림 P-10.18에서, 6개의 극점-영점 다이어그램 (PZ 1-6)중에서 5개를 골라서, 5개의 가능한 주파수 응답 (J-N) 중 어느 것과 일치하는지를 결정하여라. 극점-영점 다이어그램에서 극점은 **x**로 영점은 **o**로 표시되었다.

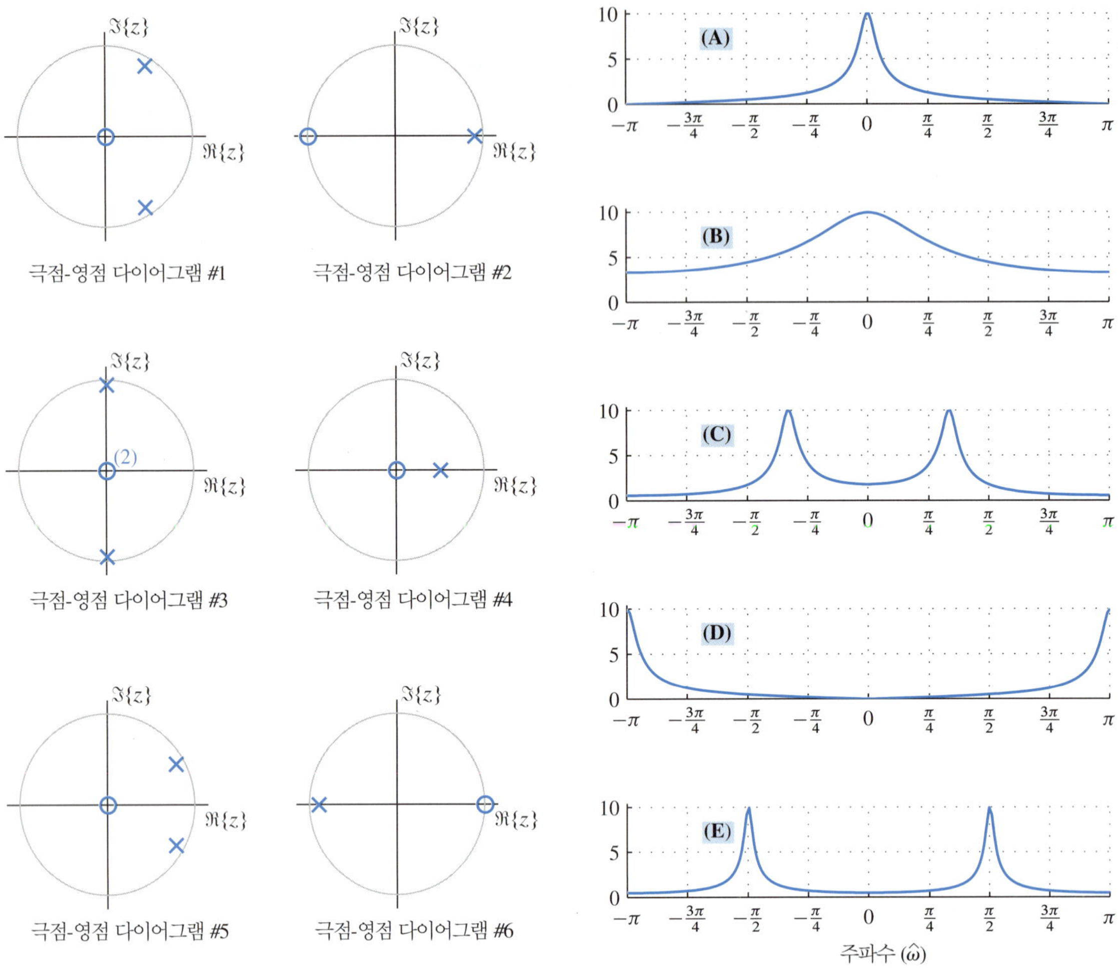

그림 P-10.18

P-10.19 어떤 IIR 노치 필터가 시스템 함수로 정의되었다.

$$H(z) = \frac{(1 - e^{j\pi/3}z^{-1})(1 - e^{-j\pi/3}z^{-1})}{(1 - re^{j\pi/3}z^{-1})(1 - re^{-j\pi/3}z^{-1})}$$

(a) 입력 $x[n]$과 출력 $y[n]$ 간의 관계를 차분 방정식으로 표현하여라.

(b) $r = 0.9$인 경우, z-평면에 $H(z)$의 극점들과 영점들을 표시하여라.

(c) 10-12.3절의 기법을 이용하여, $r = 0.9$인 경우의 시스템의 주파수 응답의 크기를 그려라.

(d) $r \to 1$일 때, 주파수 응답은 어떻게 변화하는가?

(e) 노치 (notch)가 생기는 주파수의 위치를 어떻게 바꿀 수 있는가?

P-10.20 그림 P-10.20에서 6개의 극점-영점 다이어그램 (PZ 1-6) 중에서 5개를 골라서, 5개의 가능한 주파수 응답 (J-N)중 어느 것과 일치하는지 결정하여라. 극점-영점 다이어그램에서 극점은 **x**로 영점은 **o**로 나타내었다.

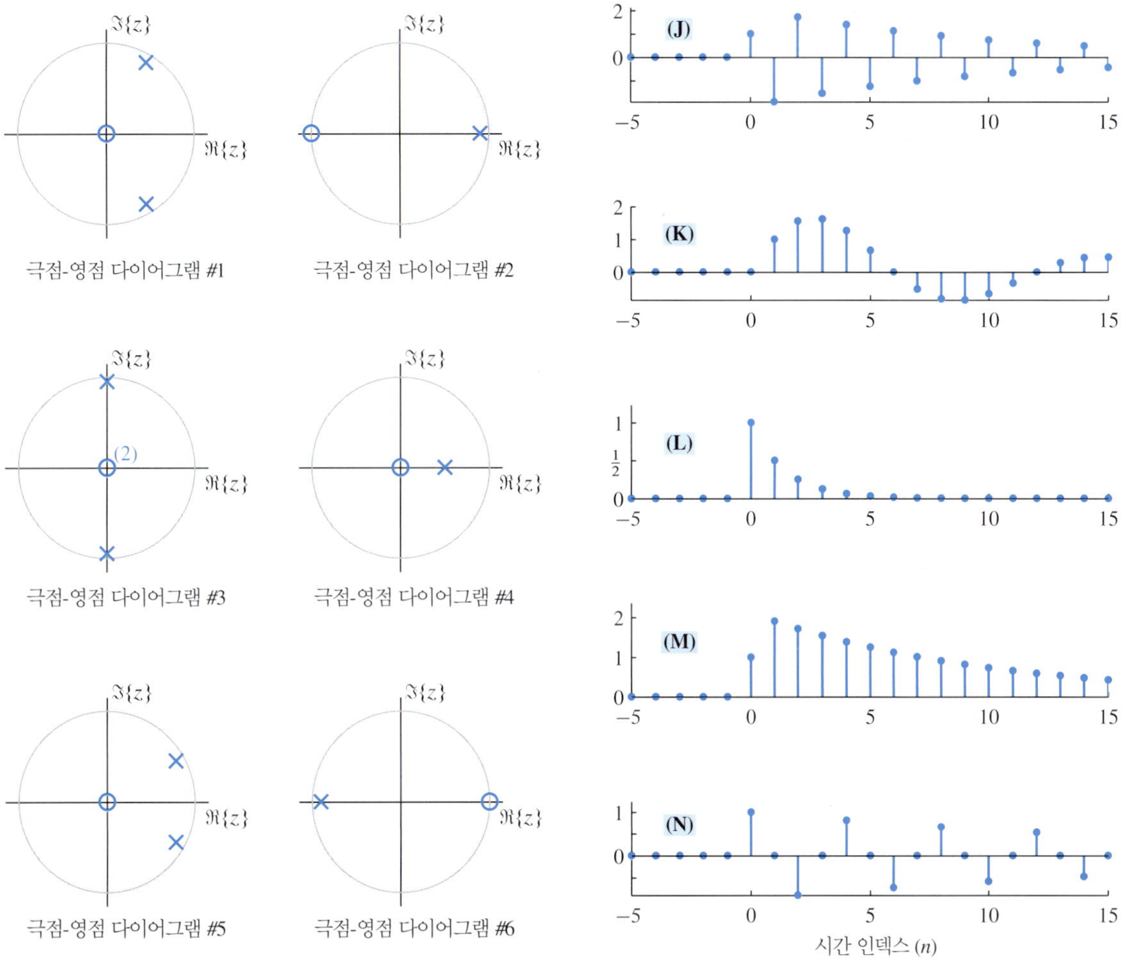

그림 P-10.20

P-10.21 차분 방정식

$$y[n] = 0.8y[n-1] - 0.8x[n] + x[n-1]$$

으로 주어진 IIR 필터는 전대역 통과 필터이다. 왜냐하면, 모든 $\hat{\omega}$에 대하여, $|H(e^{j\hat{\omega}})|^2 = 1$임을 보일 수 있기 때문이다.

(a) 이 시스템의 시스템 함수 $H(z)$를 구하여라. $H(z)$를 z^{-1}의 다항식의 비로 나타내고, 또한 z의 다항식의 비로 나타내어라.

(b) 이 1차 시스템에 대하여, 극점들과 영점들의 위치를 결정하여라. 그리고 영점과 극점이 역수관계인 것을 확인하여라.

(c) (a)의 $H(z)$에 대하여, $|H(e^{j\hat{\omega}})|^2 = 1$임을 보여라.

(d) 만일 시스템에 대한 입력이

$$x[n] = 7 + 8\cos(0.2\pi n) + 9\cos(0.7\pi n)$$

인 경우, 출력은 계산 과정이 필요없이

$$x[n] = 7 + 8\cos(0.2\pi n + \varphi_1) + 9\cos(0.7\pi n + \varphi_2)$$

로 구할 수 있다는 것을 설명하여라.

(e) 위의 식에서 2개의 위상 항들 φ_1과 φ_2의 값을 구하여라. 이 과정은 계산을 필요로 한다.

P-10.22 그림 P-10.22에서 C/D 변환기의 입력이

$$x(t) = 9 + 8\cos(1200\pi t) + 7\cos(600\pi t - 0.7\pi)$$

이다. 이 LTI 시스템의 시스템 함수는

$$H(z) = \frac{(1+z^{-1})(1-e^{j0.3\pi}z^{-1})(1-e^{-j0.3\pi}z^{-1})}{(1-0.8e^{j0.6\pi}z^{-1})(1-0.8e^{-j0.6\pi}z^{-1})}$$

와 같다. 만일 $f_s = 4000$ 샘플/초라고 하면, D/C 변환기의 출력 $y(t)$를 구하여라.

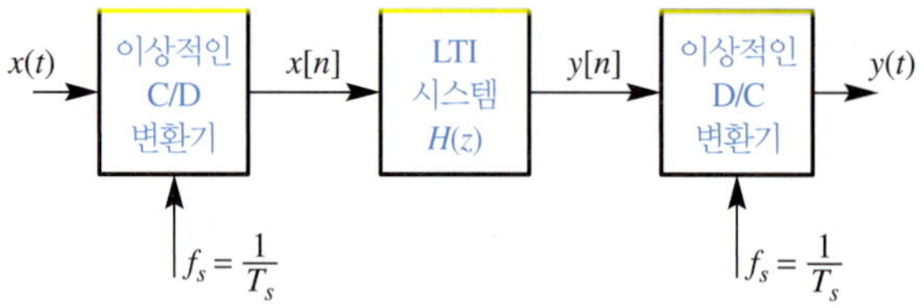

그림 P-10.22

P-10.23 어떤 IIR 시스템이 다음의 시스템 함수

$$H(z) = \frac{(1-1.25e^{j\pi/3}z^{-1})(1-1.25e^{-j\pi/3}z^{-1})}{(1-0.8e^{j\pi/3}z^{-1})(1-0.8e^{-j\pi/3}z^{-1})}$$

로 정의되었다.

(a) z-평면에 $H(z)$의 극점들과 영점들을 표시하여라.

(b) 10-12.3절의 그림 10-27의 기하학적 추정 방법을 이용하여, 이 시스템의 주파수 응답의 크기 그래프를 그려라.

(c) 이 시스템은 전대역 통과 (all-pass) 필터라고 부른다. 만일 극점들을 반지름 $r = 0.9$로 옮기면, $H(e^{j\hat{\omega}})$의 전대역 통과 특성을 유지하기 위해서 영점들은 어떻게 옮겨야 하는가?

P-10.24 어떤 IIR의 시스템 함수가

$$H(z) = \frac{(1+z^{-2})}{(1-0.9z^{-1})(1+0.5z^{-1})}$$

로 주어졌다.

(a) 입력 $x[n]$과 출력 $y[n]$ 간의 관계를 나타내는 차분 방정식을 구하여라.

(b) z-평면에 $H(z)$의 극점들과 영점들을 표시하여라.

(c) 어떤 주파수에서 $|H(e^{j\hat{\omega}})|$가 최대값을 갖는가? 그 값을 추정하여라.

(d) 어떤 주파수에서 $|H(e^{j\hat{\omega}})| = 0$인가?

P-10.25 z-변환 시스템 함수가

$$H(z) = \frac{1 - 0.9z^{-1}}{1 + 0.8z^{-1}}$$

인 시스템에 대하여 다음 물음에 답하여라.

(a) $H(z)$의 극점들과 영점들을 구하여라.

(b) 주파수 응답의 크기 제곱 $|H(e^{j\hat{\omega}})|^2$을 간단한 식 (순수한 실수)으로 나타내어라.

(c) 이 필터가 저역통과 필터인가 혹은 고역통과 필터인가? $H(z)$의 극점들과 영점들을 가지고 답을 설명하여라.

P-10.26 그림 P-10.26은 2개의 LTI 시스템의 직렬 연결을 보이는 다이어그램이다. 첫 번째 시스템의 출력이 두 번째 시스템의 입력이 되고, 전체 시스템의 출력은 두 번째 시스템의 출력이 된다.

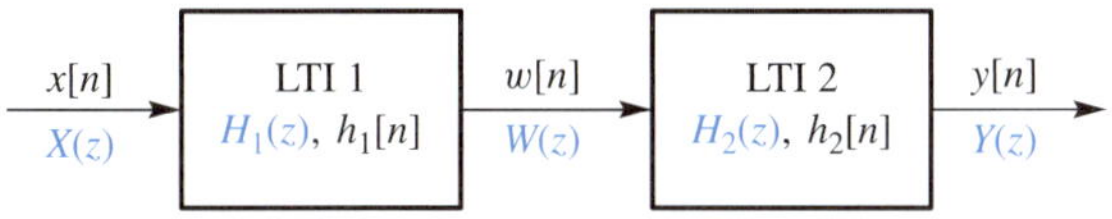

그림 P-10.26

(a) 만일 두 시스템의 시스템 함수가

$$H_1(z) = \frac{3}{2 + z^{-1}} \text{와} \quad H_2(z) = \frac{10 + 5z^{-1}}{1 - 0.7z^{-1}}$$

로 주어졌다면, 전체 직렬 연결된 시스템의 시스템 함수 $H(z)$를 구하여라. 여기에, $H(z)$의 극점들과 영점들을 구해서 $H(z)$가 1차 시스템이라는 것을 증명하여라.

(b) 2개의 시스템이 아래에 보인 것과 같이 IIR 필터들이라고 가정한다.

$$y_1[n] = \tfrac{1}{2}y_1[n-1] + x[n] + \tfrac{1}{2}x[n-1] \qquad \text{및} \qquad H_2(z) = \frac{3z^{-1}}{1 - \frac{5}{6}z^{-1} + \frac{1}{6}z^{-2}}$$

전체 직렬 연결 시스템의 시스템 함수를 구하여라.

(c) 위의 (b)에서 주어진 시스템에 대하여, 그림 P-10.26의 $y[n]$과 $x[n]$의 관계를 하나의 차분 방정식으로 표현하여라.

(d) 위의 (b)에서 주어진 시스템에 대하여, $H(z)$의 극점들과 영점들을 복소수 z-평면위에 나타내어라.

P-10.27 그림 P-10.26의 다이어그램은 2개의 LTI 시스템을 직렬 연결한 것이다.

(a) 출력 신호가 항상 입력 신호와 같도록 하는 $H_1(z)$와 $H_2(z)$의 조건을 구하여라.

(b) 시스템 1의 차분 방정식이 $y_1[n] = x[n] - \frac{3}{4}x[n-1]$일 때, 직렬 연결 시스템의 출력이 항상 입력과 같기 위해 필요한 시스템 함수 $H_2(z)$를 구하여라. 다른 말로 하면, $H_1(z)$의 필터링 결과를 복원하는 $H_2(z)$를 구하라. 이것을 **디콘볼루션 (deconvolution)**이라고 하고, $H_2(z)$를 $H_1(z)$의 **역 (inverse)**이라고 한다.

(c) $H_1(z)$가 일반적인 FIR 필터를 나타낸다고 가정한다. $H_2(z)$가 $H_1(z)$에 대하여 안정하고, 인과적인 동시에 역 필터가 된다면, $H_1(z)$의 영점들은 어떤 조건들을 만족해야 하는가?

P-10.28 다음의 식

$$y[n] = (0.95)^n \cos(0.2\pi n + 0.4\pi)u[n]$$

을 갖는 이산 신호를 정의한다.

(a) 변수 n에 대하여 $y[n]$의 그래프를 "스템(stem)" 그림으로 그려라. n의 구간은 $0 \le n \le 10$이다.

(b) 출력 $y[n]$을 임펄스 함수로 합성할 수 있는 IIR 필터를 설계하여라. 답은 실제 숫자를 계수로 갖는 차분 방정식 형태로 제시하여라. 신호의 합성은 차분 방정식을 시작하기 위한 임펄스 입력에 의해서 수행된다고 가정한다 (즉, 초기 안정 조건을 가정한다).

P-10.29 다음의 직렬 연결 시스템에서, 각각 시스템 함수들 $H_i(z)$는 알고 있다.

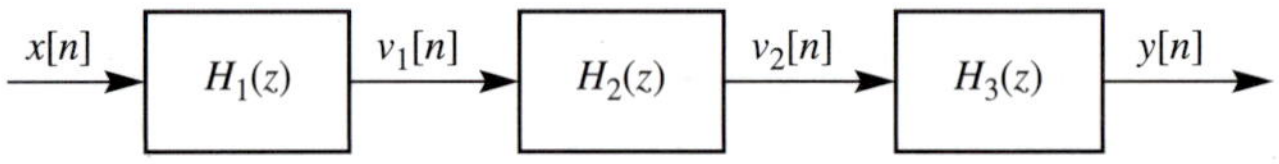

$H_1(z) = z^{-1} - z^{-3}$ $H_2(z) = 2 + z^{-1}$ $y[n] = a_1 y[n-1] + a_2 y[n-2] + a_3 y[n-3] + b_0 v_2[n]$ 그림 P-10.29

(a) 마지막 시스템의 z-변환인 $H_3(z)$를 구하여라.

(b) $a_1 = a_2 = \frac{1}{2}$, $a_3 = 0$이고, $b_0 = 7$일 때, 직렬 연결 시스템의 시스템 함수 $H(z)$를 구하여라.

(c) 직렬 연결 시스템의 임펄스 응답 (즉, 입력 $x[n] = \delta[n]$일 때의 출력) $h[n]$을 고려한다. 임펄스 응답이 $h[n] = 8\delta[n - n_d]$가 되도록 계수들 $\{a_1, a_2, a_3, b_0\}$의 값들을 결정하여라. 시간 지연 n_d의 값도 구하여라.

P-10.30 지금까지 LTI 시스템을 표현하는 몇 가지 방법을 보아왔다. 다음에는 LTI 시스템에 대한 일련의 시간-영역 표현들 (예, 임펄스 응답, 차분 방정식, MATLAB 코드, 혹은 필터 계수)을 열거했다. 각각에 대하여, 이에 해당하는 시스템 함수 혹은 주파수 응답을 우측의 목록에서 선택하여라. 우측에는 필요한 수보다 더 많은 항이 있음을 주의한다.

시간-영역 표현

(a) `yy=filter([0,0,1,0,1],1,xx);`

(b) $y[n] = 0.9y[n-1] + 0.8y[n-2] + x[n] - x[n-3]$

(c) $h[n] = u[n-2] - u[n-5]$

(d) $y[n] = \sum_{k=1}^{3} \left(\sqrt{k-1}\right) x[n-k]$

(e) $h[n] = 0.8^{n-2}u[n-2] - 0.8^{n-3}u[n-3]$

시스템 함수/주파수 응답

[1] $H(e^{j\hat{\omega}}) = 2\cos(\hat{\omega})\, e^{-j3\hat{\omega}}$

[2] $H(z) = \dfrac{z^{-2}(1 - z^{-1})}{1 - 0.8z^{-1}}$

[3] $H(e^{j\hat{\omega}}) = \dfrac{1 - e^{-j3\hat{\omega}}}{1 - 0.9e^{-j\hat{\omega}} - 0.8e^{-j2\hat{\omega}}}$

[4] $H(e^{j\hat{\omega}}) = (1 + 2\cos(\hat{\omega}))e^{-j3\hat{\omega}}$

[5] $H(z) = z^{-2}\left(1 + 0.707z^{-1}\right)$

[6] $H(e^{j\hat{\omega}}) = \dfrac{1 - e^{-j3\hat{\omega}}}{1 + 0.9e^{-j\hat{\omega}} + 0.8e^{-j2\hat{\omega}}}$

부록 A

복소수

이 부록에서는 복소수의 기본적인 연산에 대하여 복습한다. 복소수들을 결합하는 산술 법칙에 대하여 알아본 후, 기하학적인 관점에서 벡터 다이어그램을 그려서 이 연산들을 가시화한다. 이 기하학적인 관점은 신호들을 나타내기 위하여 복소수가 어떻게 사용되는지를 이해하는데 중요한 열쇠가 된다. 특별히, 이 부록에서는 복소수에 대한 다음의 세 가지 중요한 개념을 다룬다.

- **간단한 산술 법칙들** : 복소수($z = x + jy$) 연산은 실수 연산과 똑같은 법칙들을 따른다. 다만, j^2은 -1로 대치한다.[1)]
- **삼각함수를 쓰지 않음** : 복소 지수에 대한 오일러의 공식, $z = re^{j\theta} = r\cos\theta + jr\sin\theta$는 삼각함수의 등식들과 간단한 복소수 연산들과 상호관계를 제공한다.
- **벡터에 의한 표현** : 2차원 평면에서 원점에서 점 (x, y)까지 그려진 벡터는 $z = x+jy$와 동등하다. z에 대한 수학적 법칙들은 사실 벡터 연산의 기본적인 법칙과 같다. 더 중요한 것은 벡터 다이어그램으로부터 얻어지는 시각화이다.

처음의 두 개념은 $z = x+jy$의 산술적인 특성과 관련되며, 세 번째는 신호를 표현하는 역할에 대한 것이다. 산술적인 조작 기술은 필요하지만, 신호를 표현하는 데 복소수를 사용할 수 있다는 점은 장기적인 관점에서 더 중요하다. 신호 처리에서 복소수로 삼각함수들을 표현하면 신호를 쉽게 다룰 수 있기 때문에 복소수를 많이 사용한다. 그래서 (미분방정식의 해와 같은) 삼각함수 문제를 복소수 문제로 바꾸어서, (1) 대수학의 간단한 법칙으로 풀거나, (2) 벡터 기하학으로 가시화할 수 있다. 이 모든 것의 핵심은 추상화하는 문제를 복소수의 세계로 바꿀 수 있다는 고차원적인 사

1) 수학자와 물리학자들은 $\sqrt{-1}$을 i로 표시한다. 그러나 전기전자 엔지니어들은 i를 전기 회로에서 전류를 표시하는 데 사용한다.

고이다. 궁극적으로, 많은 복잡한 문제를 간단한 대수학적 문제로 바꾸기 위하여 이산 푸리에 변환이나 또는 z-**변환**과 같은 변환을 이용한다는 인식으로 이끈다. 복소수는 신호와 시스템을 공부하는 데 있어서 거의 모든 것에 매우 중요하기 때문에, 이 부록의 내용을 숙지하는 것을 권고한다.

일단 이런 통찰력을 얻으면, 때때로 더 낮은 단계인 계산으로 돌아갈 필요가 있다. 복소수를 계산해야만 할 때, 복소수 연산이 내장된 Matlab과 같은 소프트웨어나 계산기가 필요하다. 이러한 계산기나 또는 소프트웨어에서 복소수 계산을 하는 방법을 익혀 두는 데 시간을 투자하는 것은 가치가 있다. 하지만, 손으로 계산을 하는 것도 또한 중요하며, 그래서 계산기가 어떻게 계산하는지를 이해하고 체크할 수 있다.

마지막으로, 복소수들이 **복잡하다** (complex)라고 불리는 것은 잘못된 것 같다. 그래서, 많은 학생들은 복소수들을 복잡한 것이라고 생각한다. 그러나 이들의 우아한 수학적 성질들은 보통 수학식들과 계산을 상당히 많이 간단하게 바꿔준다.

A-1 서론

복소수 체계는 실수의 체계의 연장선상에 있다. 복소수는

$$z^2 = -1 \tag{A.1}$$

과 같은 문제를 푸는 데 필요하다. 기호 j는 $\sqrt{-1}$을 나타내기 위하여 도입되었으며, 그래서 이 방정식 (A.1)은 2개의 해 $z = \pm j$를 갖게 된다. 좀 더 일반적으로, 복소수는 다음의 이차방정식

$$az^2 + bz + c=0$$

의 두 근을 구하는 데 필요하며, 이 식은 근의 공식에 따라 다음의 두 근:

$$z = \frac{-b \pm \sqrt{b^2 - 4ac}}{2a}$$

을 갖는다. 판별식 $(b^2 - 4ac)$가 음수이기만 하면, 근은 복소수로 나타내진다. 예를 들어,

$$z^2 + 6z + 25 = 0$$

의 근은 $z = -3 \pm j4$이다. 왜냐하면,

$$\frac{\sqrt{b^2 - 4ac}}{2a} = \frac{\sqrt{36 - 4(25)}}{2} = \frac{\sqrt{-64}}{2} = \pm j4$$

이기 때문이다.

A-2 복소수의 표기

복소수를 나타내는 데에는 몇 가지 방법들이 있다. 두 가지 기본적인 형태는 극좌표형 (Polar

Form)과 직교좌표형 (Rectangular Form)이다. 그 두 좌표계 간의 변환을 빠르고 쉽게 하는 것은 중요한 기술이다.

A-2.1 직교좌표형

직교좌표형에서 다음의 표기들은 모두 같은 복소수를 나타낸다.

$$\begin{aligned} z &= (x, y) \\ &= x + jy \\ &= \Re\{z\} + j\Im\{z\} \end{aligned}$$

하나의 순서쌍의 (x, y)는 2차원 평면 상의 한 점으로 해석될 수 있다.[2)]

복소수는 또한 꼬리가 복소수 평면의 원점에 있고, 머리가 점 (x, y)에 있는 하나의 벡터로 그려질 수 있으며, 이 경우는 벡터의 수평좌표이고, y는 수직좌표이다(그림 A-1 참조할 것).

그림 A-2는 실제 수치값을 갖는 부여된 예를 보여준다. 복소수 $z = 2 + j\,5$는 점 (2, 5)로 나타내지며, 이것은 2차원 평면의 제1사분면에 있다; 같은 방법으로, 복소수 $z = 4 - j3$은 제4사분면에 있는 점 (4, −3)에 있다. 복소수 표기 $z = x + jy$는 2차원 평면에서 점 (x, y)로 나타낼 수 있으므로, 숫자 j는 점 (0, 1)을 뜻하며, 이것은 그림 A-2에서 나타낸 것처럼 원점에서 수직으로 (0, 1)까지 올라가는 벡터로 그려진다. 이와 같이, 5와 같은 실수에 j를 곱하면, 수평축으로의 지시 방향이 수

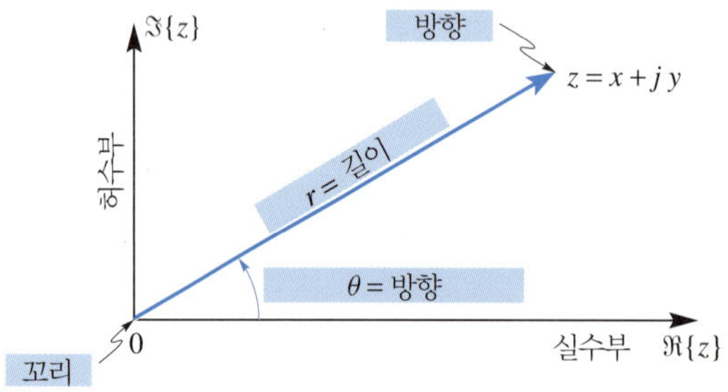

그림 A-1 원점으로부터 (x, y)까지의 벡터로 나타내지는 복소수

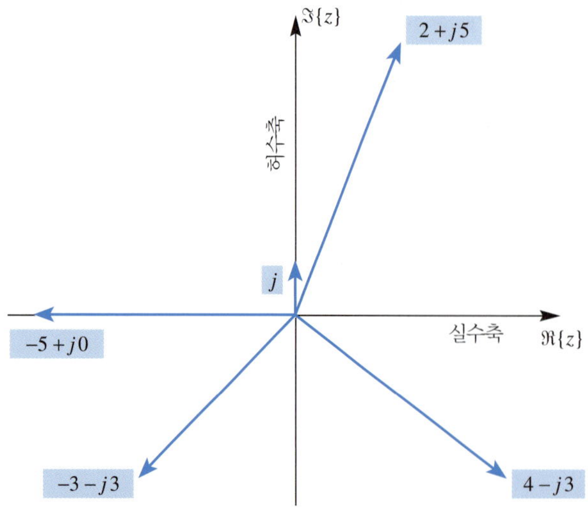

그림 A-2 2차원 복소 평면에서 벡터로 나타낸 복소수들. 각 $(x + jy)$는 복소평면에서 원점으로부터 좌표 (x, y)로의 벡터로 나타내진다.

---

2) 이것은 또한 일부 계산기에서 복소수를 입력할 때 사용되는 표기법이기도 하다.

직축을 향하는 방향으로 바뀐다(예, $j(5 + j0) = 0 + 5j$).

직교좌표형은 또한 **카티션형(Cartesian Form)**이라고도 불린다. 수평좌표 x는 **실수부**라고 불리고, 수직좌표 y는 **허수부**라고 한다. 연산자 $\mathfrak{R}\{z\}$와 $\mathfrak{I}\{z\}$는 $z = x + jy$의 실수부와 허수부를 추출하는 데 이용된다:

$$x = \mathfrak{R}\{z\} \tag{A.2a}$$

$$y = \mathfrak{I}\{z\} \tag{A.2b}$$

A-2.2 극좌표형

극좌표형(Polar Form)에서, 벡터는 그림 A-1에서와 같이 길이 (r)과 방향 (θ)으로 정의된다. 그러므로, 때때로 다음과 같이 서술적인 표기 방법: $r\angle\theta$을 이용하기도 한다. 그림 A-3에는 3개의 예들을 보였으며, 여기에서 방향 θ는 각도(°)로 주어졌다. 각도는 항상 양의 x축으로부터 측정되며 양수(반시계 방향)나 음수(시계 방향)가 될 수 있다. 하지만, 일반적으로 **주요값(Principal Value)**을 지정하며, 그래서 $-180° < \theta \leq 180°$이다. 각도가 이 범위에 있지 않으면, 360°의 정수배를 더하거나 빼어 $-180°$부터 $+180°$ 범위 안에 들어가도록 하는 것이 필요하다. 이와 같이, $3\angle -80°$의 주요값은 $3\angle 280°$가 된다.

A-2.3 직교좌표와 극좌표 간의 변환

데모
Zdrill

극좌표형과 직교좌표형 모두 복소수를 표현하는 데 보통 사용된다. 삼각함수 신호를 표현할 때는, 극좌표계를 많이 사용하므로, 두 좌표 간의 변환은 빠르고 정확하게 하여야 한다.

그림 A-4로부터, 벡터의 x좌표와 y좌표는 다음과 같이 주어짐을 알 수 있다.

$$x = r\cos\theta \tag{A.3a}$$

$$y = r\sin\theta \tag{A.3b}$$

그러므로 z에 대한 유효한 공식은

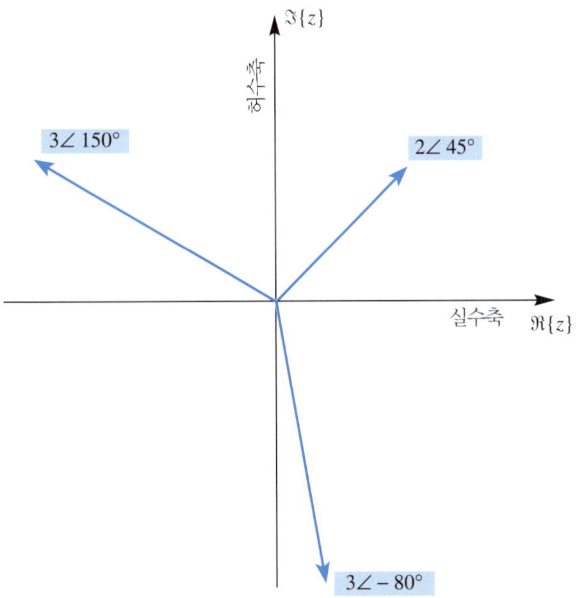

그림 A-3 벡터 표현에서 길이 (r)와 방향 (θ)에 대하여 그려진 세 개의 복소수. 각도는 항상 양의 실수축에 대하여 측정된다; 단위는 보통 라디안이지만, 이 경우에는 각도로써 보였다.

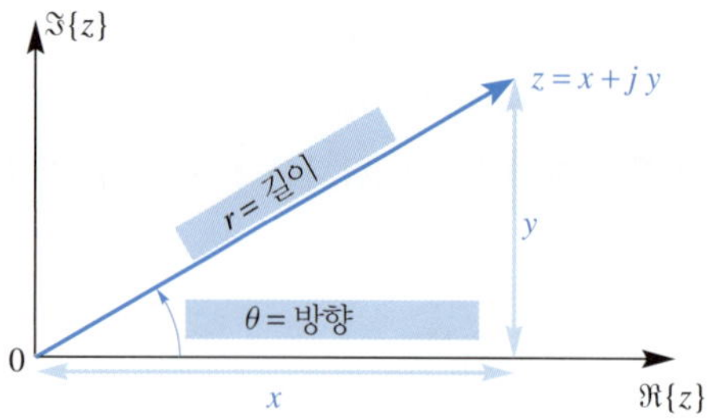

그림 A-4 직교좌표 (x, y)와 극좌표 r과 θ와의 관계를 나타내는 기본 레이아웃.

$$z = r\cos\theta + jr\sin\theta \tag{A.4}$$

이다.

예제 A-1 극좌표에서 직각좌표로 변환

그림 A-3에는 다음 세 개의 복소수가 있다.

$r\angle\theta$	직교좌표
$2\angle 45°$	$z = \sqrt{2} + j\sqrt{2}$
$3\angle 150°$	$z = -\frac{3\sqrt{3}}{2} + j\frac{3}{2}$
$3\angle -80°$	$z = 0.521 - j2.954$

극좌표에서 직교좌표로의 변환은 식 (A.4)를 이용한다.

(x, y)에서 $r\angle\theta$로 변환하는 것은 약간 기교가 필요하다. 그림 A-4로부터 공식을 유도하면,

$$r = \sqrt{x^2 + y^2} \quad \text{(길이)} \tag{A.5a}$$

$$\theta = \arctan(y/x) \quad \text{(방향)} \tag{A.5b}$$

아크탄젠트 값은 반드시 네 개의 사분면의 답을 주어야 하며, 방향 θ는 각도 단위보다는 주로 라디안으로 주어진다.

연습문제 A.1 이 시점에서 독자들은 그림 A-2에 보인 5개의 복소수들을 극좌표로 변환하여야 한다. 답은 무작위 순서로, $1\angle 90°$, $5\angle -36.87°$, $4{,}243\angle -135°$, $5.385\angle 68.2°$, $5\angle 180°$이다.

A.3절에서는, 2개의 다른 표기법

$$\begin{aligned} z &= re^{j\theta} \\ &= |z|e^{j\arg z} \end{aligned}$$

을 소개하며, 여기에서 $|z| = r = \sqrt{x^2 + y^2}$는 벡터의 **크기(Magnitude)**이며, $\arg z = \theta$는 라디안 (각도가 아니라)으로 나타낸 벡터의 **위상(Phase)**이다. 오일러의 공식(Euler's formula)에 기초한 이 지수함수 표기는 대수학적인 식으로 사용될 때, 지수의 표준 법칙이 적용된다는 장점을 갖는다.

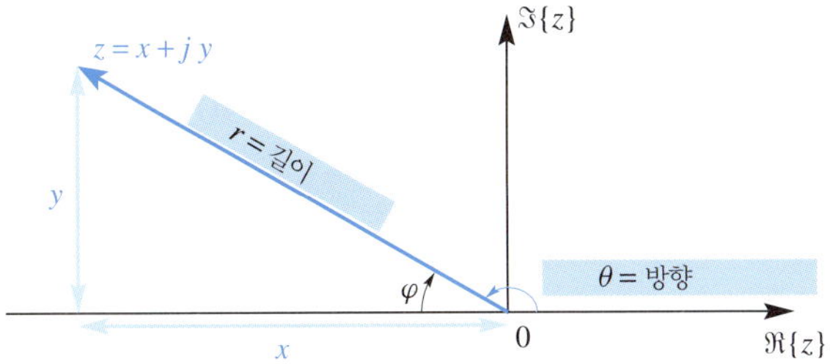

그림 A-5 제2사분면에서, 내부 각도 φ는 x와 y로부터 쉽게 계산되지만, 극좌표에 대한 정확한 각도는 아니며, 정확한 각은 양의 실수축에 대한 외부 각도 θ를 필요로 한다.

A-2.4 제 2, 3 분면에서의 어려움

각도에 대한 공식, $\theta = \arg z$는 식 (A.5b)에서와 같이 $\arctan(y/x)$이다. 이 식은 특히 실수부가 음수이면(그림A-5를 참조한다), 특히 주의해서 사용해야 한다. 예를 들어, 복소수 $z = -3 + j2$는 각도를 구하기 위하여 $\arctan(-2/3)$를 계산해야 한다; 만일 $z = 3 - j2$이라도, 같은 식이 필요하다. $-2/3$의 아크탄젠트는 -0.588 rad 또는 $-33.7°$이며, 이것은 $z = 3 - j2$에 대한 올바른 답이다. 그러나 $z = -3 + j2$는 제2사분면에 있기 때문에 벡터의 각의 범위는 $90° \leq \theta \leq 180°$이어야 한다. $180°$를 더해야 정확한 각도를 얻는다. 이 경우 정확한 각은 $-33.7° + 180° = 146.3°$이며, 라디안을 선호하면, 각은 $\pi - 0.588 = 2.55$ rad이다. 극좌표형(라디안으로)에서의 각도를 구하는 일반적인 방법은

$$\theta = \begin{cases} \arctan(y/x) & x \geq 0 \\ \pm\pi + \arctan(y/x) & x < 0 \end{cases} \tag{A.6}$$

이다. π와 $-\pi$가 실질적으로 같은 방향이므로, $x < 0$일 때에는 최종값이 $|\theta| \leq \pi$를 만족하도록 적절한 값을 선택해야 한다.

A-3 오일러의 공식 (Euler's Formula)

극좌표에서 직교좌표로의 변환 식 (A.3)은 다음 공식:

오일러의 공식

$$e^{j\theta} = \cos\theta + j\sin\theta \tag{A.7}$$

을 제안한다. 식 (A.7)은 **복소 지수** $e^{j\theta}$를 정의하며, 이것은 $1 \angle \theta$(즉, 길이가 1이고 각도가 θ인 벡터)와 같다. 멱급수를 기반으로 한 오일러 공식의 증명은 제2장의 문제 P-2.4에서 간략히 설명하였다.

(A.7)의 놀라운 성질은 지수의 법칙들이 $e^{j\theta}$에 적용된다는 것이다. 오일러 공식 (A.7)은 너무 중요해서 바로 기억할 수 있어야 한다; 마찬가지로, 역오일러 공식인 (A.8)과 (A.9)도 꼭 외워두기 바란다.

예제 A-2 오일러 공식

예제들

$$(\mathbf{90}°):\ 1\angle\pi/2 \qquad e^{j\pi/2} = \cos(\pi/2) + j\sin(\pi/2) = 0 + j1 = j$$

$$(\mathbf{180}^\circ): 1\angle\pi \qquad e^{j\pi} = \cos(\pi) + j\sin(\pi) = -1 + j0 = -1$$

$$(\mathbf{45}^\circ): 1\angle\pi/4 \qquad e^{j\pi/4} = \cos(\pi/4) + j\sin(\pi/4) = \frac{\sqrt{2}}{2} + j\frac{\sqrt{2}}{2}$$

$$(\mathbf{60}^\circ): 1\angle\pi/3 \qquad e^{j\pi/3} = \cos(\pi/3) + j\sin(\pi/3) = \frac{1}{2} + j\frac{\sqrt{3}}{2}$$

예제 A-3 각도(degree)를 라디안(radian)으로 변환

그림 A-3을 참고해서, 3개의 복소수들은 다음과 같이 변환된다:

$2\angle 45^\circ$는 다음과 같이 변환된다 $z = 2e^{j\pi/4}$

$3\angle 150^\circ$는 다음과 같이 변환된다 $z = 3e^{j5\pi/6}$

$3\angle -80^\circ$는 다음과 같이 변환된다 $z = 3e^{-j4\pi/9} = 3e^{-j1.396}$

-1.396 rad 같은 숫자는 가시화하기가 어렵다. 왜냐하면, 우리는 대개 도($^\circ$) 단위로 각도를 생각하기 때문이다. 그래서 지수에서 사용되는 각도를 π 라디안과의 비율로 나타내는 것이 도움이 될 수 있다 (즉, $-1.396 = -(1.396/\pi)\pi = -0.444\pi$ rad). 이 방법은 습득해야할 좋은 습관이며, 그 이유는 이렇게 하면 **도**단위와 라디안 간의 변환을 간단하게 해주기 때문이다. θ가 라디안으로 주어진다면, 변환은 다음과 같이 하면 된다.

$$\theta\left(\frac{180}{\pi}\right) = \text{각도로 나타낸 방향}$$

A-3.1 역오일러 공식

오일러 공식 (A.7)은 코사인 부분과 사인 부분으로 나누어서 풀 수 있다. 그 결과가 **역오일러 관계식**이다.

$$\cos\theta = \frac{e^{j\theta} + e^{-j\theta}}{2} \tag{A.8}$$

$$\sin\theta = \frac{e^{j\theta} - e^{-j\theta}}{2j} \tag{A.9}$$

$\cos(-\theta) = \cos\theta$와 $\sin(-\theta) = -\sin\theta$를 기억하여, $\sin\theta$ 버전 (A.9)의 증명은 다음과 같다:

$$\begin{aligned} e^{-j\theta} &= \cos(-\theta) + j\sin(-\theta) \\ &= \cos\theta - j\sin\theta \\ e^{+j\theta} &= \cos\theta + j\sin\theta \\ \Longrightarrow e^{j\theta} - e^{-j\theta} &= 2j\sin\theta \\ \Longrightarrow \sin\theta &= \frac{e^{j\theta} - e^{-j\theta}}{2j} \end{aligned}$$

A-4 복소수에 대한 대수 법칙들

복소수에 대한 기본적인 대수 연산자들은 심벌 j가 $j^2 = -1$을 만족하는 특별한 교환권이라는 것만 빼고는 보통의 대수 법칙들을 따른다. 직교좌표에서 이런 모든 법칙들은 비교적 명확하다. 다음의 5개의 기본 법칙을 본다:

(덧셈):
$$\begin{aligned} z_1 + z_2 &= (x_1 + jy_1) + (x_2 + jy_2) \\ &= (x_1 + x_2) + j(y_1 + y_2) \end{aligned}$$

(뺄셈):
$$\begin{aligned} z_1 - z_2 &= (x_1 + jy_1) - (x_2 + jy_2) \\ &= (x_1 - x_2) + j(y_1 - y_2) \end{aligned}$$

(곱셈):
$$\begin{aligned} z_1 \times z_2 &= (x_1 + jy_1) \times (x_2 + jy_2) \\ z_1 z_2 &= x_1 x_2 + j^2 y_1 y_2 + jx_1 y_2 + jx_2 y_1 \\ &= (x_1 x_2 - y_1 y_2) + j(x_1 y_2 + x_2 y_1) \end{aligned}$$

(나눗셈):
$$\begin{aligned} z_1 \div z_2 &= (x_1 + jy_1)/(x_2 + jy_2) \\ \frac{z_1}{z_2} &= \frac{z_1 z_2^*}{z_2 z_2^*} = \frac{z_1 z_2^*}{|z_2|^2} \\ &= \frac{(x_1 + jy_1)(x_2 - jy_2)}{x_2^2 + y_2^2} \\ &= \frac{(x_1 x_2 + y_1 y_2) + j(x_2 y_1 - x_1 y_2)}{x_2^2 + y_2^2} \end{aligned}$$

(켤레 연산):
$$\begin{aligned} z_1^* &= (x_1 + jy_1)^* \\ &= x_1 - jy_1 \end{aligned}$$

덧셈과 뺄셈은 명확하며, 그 이유는 실수부는 실수부끼리, 허수부는 허수부끼리 더하거나 빼면 되기 때문이다. 반면에, 극좌표형에서의 덧셈 (또는 뺄셈)은 r이나 θ에 직접 수행할 수 없다; 대신, 직교좌표로의 변환인 중간 단계가 필요하다. 반대로, 곱셈과 나눗셈의 연산에서는, 직교좌표에서는 더 복잡하며, 극좌표에서는 간단한 조작으로 된다. 곱셈에 대해서는, 크기는 서로 곱하고, 각도는 서로 더한다; 나눗셈에 대해서는, 크기는 나누고 각도는 뺀다. 극좌표에서 켤레 연산은 단지 각도의 부호만 바꾸면 된다.

(곱셈):
$$\begin{aligned} (z_1)(z_2) &= \left(r_1 e^{j\theta_1}\right)\left(r_2 e^{j\theta_2}\right) \\ &= (r_1 r_2)\, e^{j(\theta_1 + \theta_2)} \end{aligned}$$

(나눗셈):
$$\begin{aligned} z_1 \div z_2 &= \frac{r_1 e^{j\theta_1}}{r_2 e^{j\theta_2}} \\ &= \frac{r_1}{r_2}\, e^{j(\theta_1 - \theta_2)} \end{aligned}$$

(켤레 연산):
$$\begin{aligned} z_1^* &= (r_1 e^{j\theta_1})^* \\ &= r_1 e^{-j\theta_1} \end{aligned}$$

연습문제 A.2

복소수 z의 역 또는 역수는 숫자 z^{-1}이며 그래서

$$z^{-1}z = 1$$

이다. 역에 대한 평범한 실수가 $z = x + jy$의 역을 구하기 위하여 x와 y 각각의 역을 따로따로 구하는 것이다. 이것이 잘못이라는 것을 보이기 위하여, $z = 4 + j3$과 $w = \frac{1}{4} + j\frac{1}{3}$인 특별한 경우를 본다. $wz \neq 1$이므로, w는 z의 역이 아니다. z의 정확한 역을 구하여라.

극좌표형으로는 두 개의 복소수를 더하고 (빼고), 다시 최종 답을 극좌표형으로 바꾸는 것은 어렵다. 중간에 직교좌표로 변환하는 과정이 반드시 필요하다. 극좌표형 복소수를 더하거나 빼는 과정은 다음과 같다:

1. 극좌표형 복소수에서 시작한다.

$$z_3 = z_1 \pm z_2 = r_1 e^{j\theta_1} \pm r_2 e^{j\theta_2}$$

2. z_1과 z_2를 직교좌표형으로 변환한다:

$$z_3 = (r_1 \cos\theta_1 + j\, r_1 \sin\theta_1) \pm (r_2 \cos\theta_2 + j\, r_2 \sin\theta_2)$$

3. 직교좌표형으로 덧셈을 한다.

$$z_3 = (r_1 \cos\theta_1 \pm r_2 \cos\theta_2) + j\,(r_1 \sin\theta_1 \pm r_2 \sin\theta_2)$$

4. z_3의 실수부와 허수부를 확인한다.

$$x_3 = \Re\{z_3\} = r_1 \cos\theta_1 \pm r_2 \cos\theta_2$$
$$y_3 = \Im\{z_3\} = r_1 \sin\theta_1 \pm r_2 \sin\theta_2$$

5. 식 (A.5a)와 식 (A.5b)을 이용해서 다시 극좌표형으로 변환한다.

$$z_3 = x_3 + j\, y_3 \quad \Longleftrightarrow \quad z_3 = r_3 e^{j\theta_3}$$

극좌표와 직교좌표 간의 변환 기능이 있는 계산기를 갖고 있다면, 사용법을 익히는 것이 손으로 계산하는 시간을 많이 절약할 수 있고, 좀 더 정확한 답을 낼 수 있을 것이다. 대부분의 과학용 계산기들은 두 가지 표기 방법을 모두 사용할 수 있으며, 그래서 직교좌표로부터 그리고 직교좌표로의 변환은 사용자에게는 명료하다.

예제 A-4 극좌표형의 덧셈

극좌표형으로 주어진 두 개의 복소수를 더하는 산술적인 예를 들어본다.

$$z_3 = 7e^{j4\pi/7} + 5e^{-j5\pi/11}$$
$$z_3 = (-1.558 + j6.824) + (0.712 - j4.949)$$

$$z_3 = -0.846 + j1.875$$
$$z_3 = 2.057e^{j1.995} = 2.057e^{j0.635\pi} = 2.057\angle 114.3^\circ$$

기억할 것: 지수에서 각도가 나오면, 단위는 반드시 라디안이어야 한다.

A-4.1 복소수 연습

복소수에 대한 계산을 연습하기 위하여, 다음을 해본다.

연습문제 A.3

다음 복소수들을 더하고 곱한 후, 결과를 복소평면에 그려라.

$$z_4 = 5e^{j4\pi/5} + 7e^{-j5\pi/7}$$
$$z_5 = \left(5e^{j4\pi/5}\right)\left(7e^{-j5\pi/7}\right)$$

답은 $z_4 = -8.41 - j2.534 = 8.783e^{-j0.907\pi}$와 $z_5 = 35e^{j3\pi/35}$이다.

연습문제 A.4

다음 켤레 연산에 대하여, 간단한 규칙이 모든 j항의 부호를 바꾸는 것이다. 다음을 하여라.

$$(3 - j4)^* = ?$$
$$(j(1 - j))^* = ?$$
$$(e^{j\pi/2})^* = ?$$

데모
zdrill

MATLAB 프로그램 zdrill을 이용하면 더 많은 연습문제들을 생성할 수 있으며, 여기에서는 각각의 복소수 연산에 대하여 질문을 하는 GUI (Graphical User Interface)를 제공하며, 또한 해답을 나타내는 벡터 형태로 그림을 그려서 보여준다. zdrill GUI는 초보자 수준과 숙련자 수준을 모두 갖고 있다. 그림 A-6은 GUI 화면을 캡처한 이미지이다.

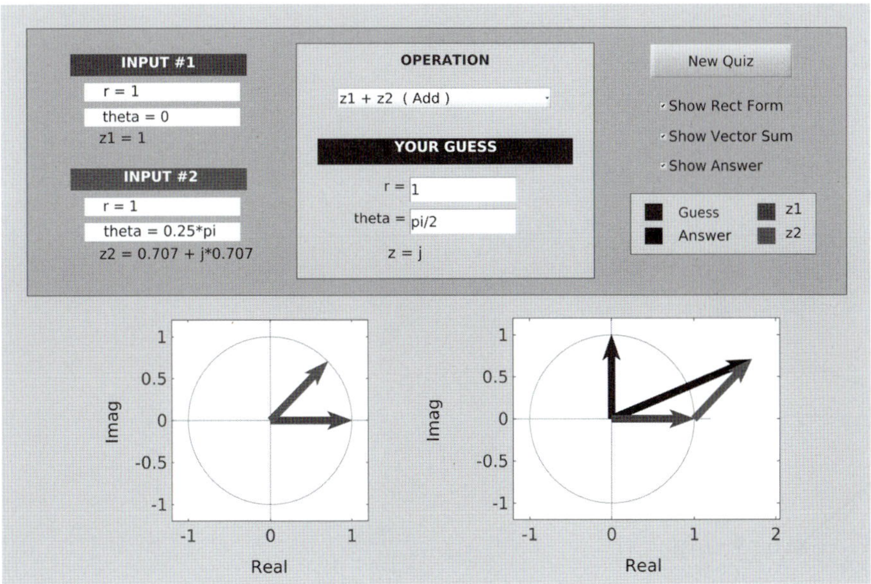

그림 A-6 복소수 연산을 연습하기 위한 MATLAB GUI zdrill. 복소수 $z_1 = 1$과 $z_2 = e^{j0.25\pi}$의 덧셈은 우측 하단 패널에 벡터로 나타난다. $z = j$에 대한 사용자의 추측은 같은 패널에서 수직 벡터이다.

연습문제 A.5 다음의 3개의 등식이 참이라는 것을 증명하여라.

$$\Re\{z\} = (z + z^*)/2$$
$$\Im\{z\} = (z - z^*)/(2j)$$
$$|z|^2 = zz^*$$

A-5 복소수 연산의 기하학적인 표현

복소수 연산을 가시화하는 능력을 개발하는 것은 중요하다. 이를 위하여 (x, y) 평면의 숫자를 나타내는 벡터들의 그래프를 그려서 할 수 있으며, 여기에서 $x = \Re\{z\}$과 $y = \Im\{z\}$이다. 중요한 점은, 그림 A-1에서 보인 것과 같이, 복소수 $z = x + jy$는 꼬리가 원점에 있고 머리가 (x, y)에 있는 벡터라는 것을 기억하는 것이다.

A-5.1 덧셈의 기하학적인 표현

복소수 덧셈 $z_3 = z_1 + z_2$에서, z_1과 z_2는 모두 꼬리가 원점에 있는 벡터로 볼 수 있다. 그 합 z_3는 벡터합의 결과이며, 다음과 같이 구할 수 있다 (그림 A-7을 본다.):

1. z_2의 머리에 z_1의 복제본의 꼬리를 그린다. 옮겨진 벡터를 $\hat{z}_1$이라고 부른다.
2. 원점으로부터 $\hat{z}_1$의 머리까지의 벡터를 그린다. 이 벡터가 합 z_3이다.

이 덧셈 방법은 많은 벡터에 대해서도 일반화될 수 있다. 그림 A-8에서는 4개의 복소수를 더한 결과를 보여준다.

$$(1 + j) + (-1 + j) + (-1 - j) + (1 - j)$$

여기에서 답은 0이다.

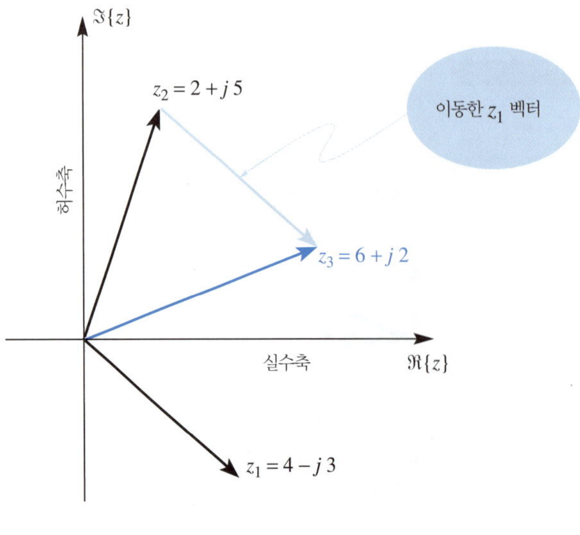

그림 A-7 복소수 덧셈 $z_3 = z_1 + z_2$의 그래픽 구성

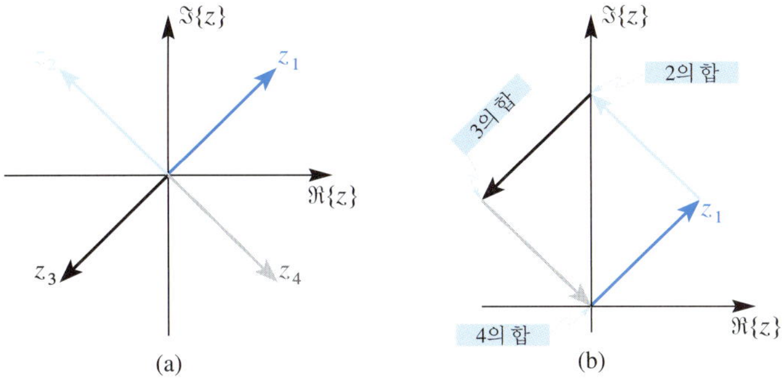

그림 A-8 (*a*)에서 보인 4개의 벡터들 $\{1+j, -1+j, -1-j, 1-j\}$을 더한 결과는 0이다. "머리에서 꼬리까지" 그래픽 방법은 (*b*)에 보였다. 참고로 (*a*)는 또한 $z_1+z_3=0$과 $z_2+z_4=0$도 보여준다.

A-5.2 뺄셈의 기하학적인 표현

뺄셈을 가시화할 때는 연산을 덧셈으로 해석할 필요가 있다:

$$z_3 = z_2 - z_1 = z_2 + (-z_1)$$

이와 같이, z_1을 (각도에 π 라디안을 더하여) $-z_1$으로 반드시 바꾸어야 하며 다음으로 결과를 z_2에 더한다. 이 방법은 그림 A-9에 보였으며, 그림 A-7에서와 같이, 덧셈의 가시화와 동일하다. 뺄셈에 대해 다음 두 가지의 추가적인 설명이 있다.

1. $z_2 = z_1 + z_3$이므로, 이동된 버전의 차이 벡터의 꼬리는 z_1의 머리에, 머리는 z_2의 머리에 그린다.
2. 3개의 점들 0, z_1, 그리고 z_2의 세 점을 갖는 삼각형은 변으로 z_1, z_2, $z_2 - z_1$을 갖는다.

연습문제 A.6	z_1에 꼬리와 z_2에 머리를 갖는 w 벡터를 정의하여라. w는 $z_2 - z_1$과 같은 길이와 방향을 갖는다는 것을 증명하여라.

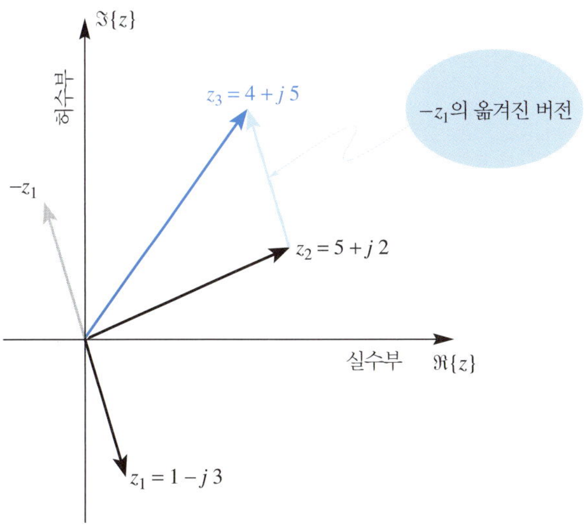

그림 A-9 뺄셈의 기하학적 보기. 벡터 z_1은 $(-z_1)$을 만들기 위하여 뒤집었으며, 옮겨진 버전은 $z_3 = z_2 + (-z_1)$을 구하기 위하여 z_2에 더해진다.

연습문제 A.7 삼각 부등식

$$|z_2 - z_1| \le |z_1| + |z_2|$$

을 증명하여라. 양변을 제곱하는 대수적인 방법을 사용하거나 또는 "2점 간의 가장 짧은 거리는 직선이다"라는 직감에 근거한 기하학적 명제를 이용한다.

A-5.3 곱셈의 기하학적인 표현

곱셈은 극좌표형을 이용하여 보는 것이 가장 좋으며, 여기서는 크기는 곱하고, 각도는 더한다. 벡터 곱 z_3를 그리기 위하여, 우선 $|z_1|$과 $|z_2|$의 크기가 1보다 큰지 아닌지를 결정해야 한다. 그림 A-10에서는, $|z_1|$만이 1보다 크다고 가정한다.

$|z_2| = 1$이면, 벡터의 길이를 스케일링하는 인수가 없으므로, 특별한 경우가 발생하며, $z_2 = e^{j\theta_2}$의 곱은 회전이 된다. 그림 A-11은 $z_2 = j$의 경우를 보이며, $j = e^{j\pi/2}$이므로, $\pi/2$ 또는 90°만큼의 회전을 한다.

A-5.4 나눗셈의 기하학적 표현

나눗셈은 크기는 나누고, 각도는 뺄셈을 한다는 것을 제외하면, 곱셈의 시각화와 매우 유사하다(그림 A-12).

$$z_3 = \frac{z_1}{z_2} = \frac{r_1}{r_2} e^{j(\theta_1 - \theta_2)}$$

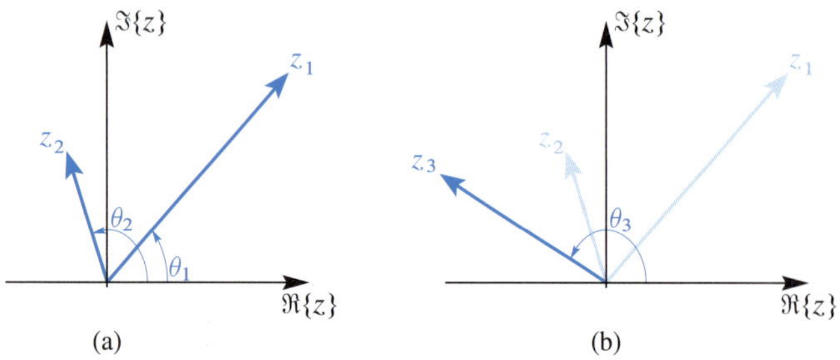

그림 A-10 (*a*) 벡터로 표시된 곱해질 두 개의 복소수들. (*b*) 복소수 곱셈 $z_3 = z_1 z_2 = (r_1 r_2)e^{j(\theta_1 + \theta_2)}$의 기하학적인 보기. $|z_2| < 1$이므로, z_3의 길이는 z_1의 길이보다 짧다.

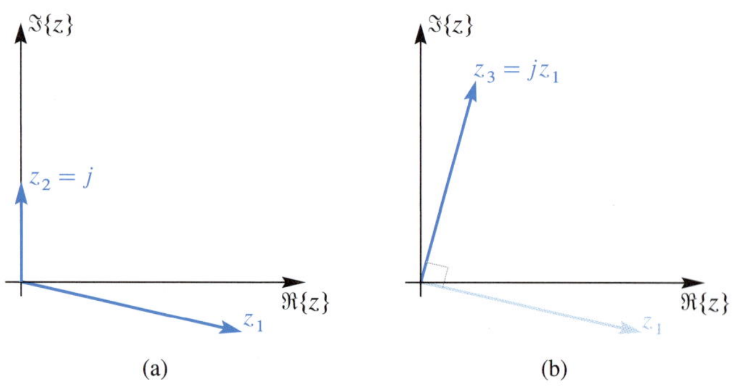

그림 A-11 (*a*) 벡터로 표시된 곱해져야 할 두 개의 복소수 벡터. (*b*) $|z_2| = 1$이면 복소수 곱셈은 회전이 된다. $z_2 = j$의 경우는 90° 회전을 하며, z_3의 길이는 z_1의 길이와 같다.

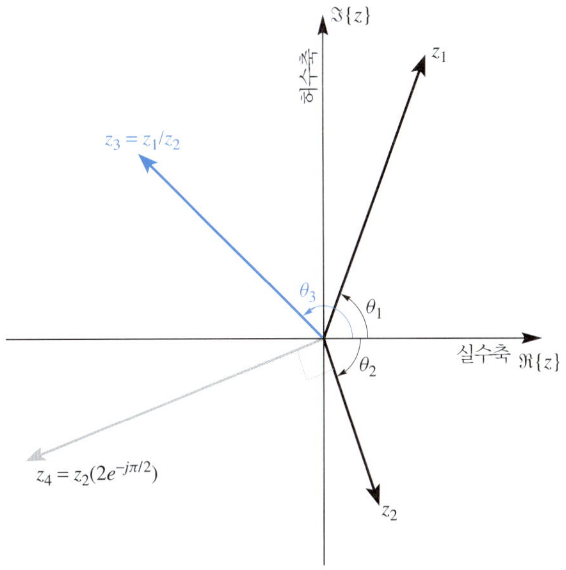

그림 A-12 복소수 나눗셈 $z_3 = z_1 / z_2$의 그래픽 시각화. 각도는 뺄셈을 한다는 것을 (즉, $\theta_3 = \theta_1 - \theta_2$) 주목한다. $|z_2| > 1$이므로, z_3 벡터는 z_1보다 짧다.

연습문제 A.8	그림 A-12에서 보인 것과 같이, 사이각이 90°이며 z_4의 크기가 z_2의 크기의 2배인 두 개의 복소수 z_4와 z_2가 주어졌다. z_4/z_2를 계산하여라.

A-5.5 역수 z^{-1}의 기하학적 표현

이 경우는 $z_1 = 1$인 특별한 경우로, 단지 각도는 부호를 바꾸고, 크기는 역수를 취한다.

$$z^{-1} = \frac{1}{z} = \frac{1}{r} e^{-j\theta}$$

역수에 대한 예로 그림 A-13을 참조한다.

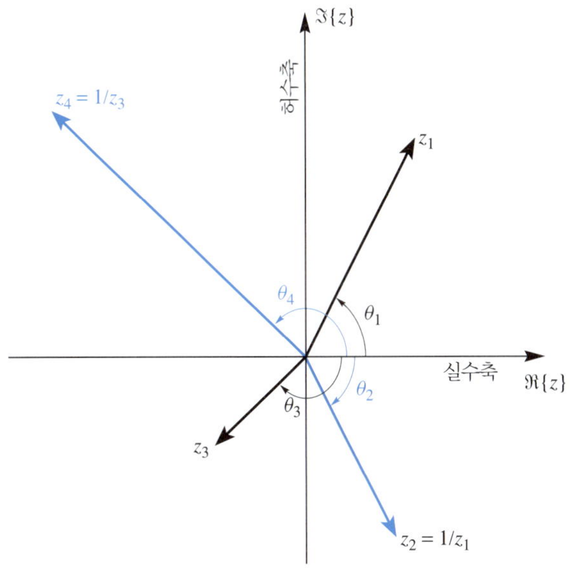

그림 A-13 복소수 역 $1/z$의 그래픽 구성도. 보여진 벡터들은 $|z_1| > 1$, $|z_3| < 1$이다. 역을 취하면 각도를 음으로 만들므로, $\theta_2 = -\theta_1$과 $\theta_4 = -\theta_3$이 된다.

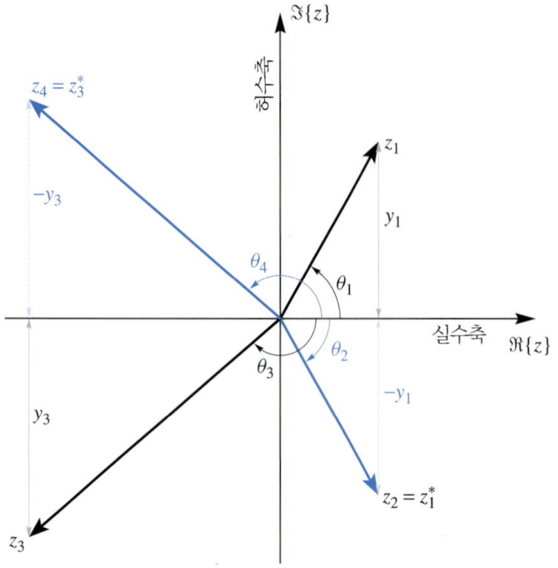

그림 A-14 켤레 연산 z^*의 그래픽 구성도; 단지 허수부의 부호만 바뀐다. 벡터들은 실수축에 대하여 대칭 이동한다: z_1은 아래로 이동하고, z_3는 위로 이동한다. 켤레 연산을 할 때 각도의 부호가 바뀌므로, $\theta_2 = -\theta_1$과 $\theta_4 = -\theta_3$가 된다; 크기는 바뀌지 않는다. $|z_2| = |z_1|$ 및 $|z_4| = |z_3|$.

A-5.6 켤레 연산 z^*의 기하학적 표현

이 경우 각도의 부호만 바꾸면 되며, 그래서 수평축에 대하여 대칭 이동한 벡터를 구하는 것과 같은 효과를 얻는다. 벡터의 길이는 변하지 않는다.

$$z^* = x - jy = re^{-j\theta}$$

그림 A-14는 켤레복소수에 대하여 기하학적인 해석을 보여주는 두 가지 예를 보인다.

연습문제 A.9

다음 사실을 증명하여라:

$$\frac{1}{z^*} = \frac{1}{r}e^{j\theta}$$

$z = 1 + j$인 예에 대하여 그래프를 그려라; 또한 $1/z$와 z^*의 그래프도 그려라.

A-6 지수승과 근

복소수의 정수 지수승은 다음과 같은 방법으로 정의될 수 있다:

$$z^N = (re^{j\theta})^N = r^N e^{jN\theta}$$

다른 말로 하면, 지수법칙이 여전히 적용되며, 그래서 각도 θ에는 N이 곱해지고, 크기는 N승이 된다. 그림 A-15는 이것에 대한 수열을 보인다.

$$\{z^l\} = \{z^0, z^1, z^2, z^3, \cdots\}$$

여기서 각도는 일정한 양으로 단계적으로 증가한다; 여기서는 정확히 $\pi/6$ rad이다. z의 크기가 1보다 작으므로, 지수승을 거듭하면 원점으로 향하는 나선형이 된다. 만일 $|z| > 1$이면, 점들은 바깥

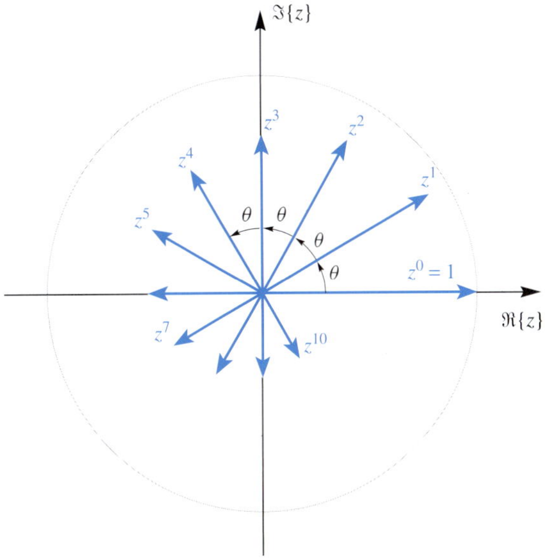

그림 A-15 $l = 0, 1, 2, \cdots, 10$일 때의 지수승 z^l의 수열을 나타내는 벡터들. $|z| = 0.9 < 1$이므로, 벡터들은 원점으로 향해가는 나선형이 된다. 연속적인 지수승들 간의 각도 변화는 $\theta = \arg z = \pi/6$로 일정하다.

쪽으로 나아가는 나선형이 된다; 만일 $|z| = 1$이면, 모든 z^N들은 **단위원(반지름이 1인 원)** 위에서 놓이게 된다. 유명한 등식이 드무아브르 공식(DeMoivre's formula)이 있다.

$$(\cos\theta + j\sin\theta)^N = \cos N\theta + j\sin N\theta$$

이 어려워 보이는 삼각함수의 등식의 증명은 실제로는 오일러 공식 (A.7)에서 $e^{jN\theta}$를 대입하면 간단히 해결된다.

연습문제 A.10 z^{N-1}, z^N, z^{N+1}을 그림 A-15에서 보인 것과 같이 한 수열의 3개의 연속된 원소들이라고 한다. 만일 $z = 0.98e^{-j\pi/6}$와 $N = 11$이라면, 3개의 숫자들의 그래프를 그려라.

A-6.1 1의 근들

놀랄 만큼 많은 경우에서, 다음의 방정식:

$$z^N = 1 \tag{A.10}$$

을 풀어야 한다. 이 방정식에서 N은 정수이다. 하나의 근은 $z = 1$이지만, 다른 많은 근들이 존재하며, 그 이유는 (A.10)은 반드시 N개의 근을 갖는, N차 다항식 $z^N - 1 = 0$의 모든 근을 찾는 것과 같다. 모든 근은 다음 식

$$z = e^{j2\pi l/N} \qquad l = 0, 1, 2, \cdots, N-1$$

로 주어진다는 것이 밝혀졌으며, 이것은 **1의 N승근**이라고 불린다. 그림 A-16에서 보듯이, N개의 근들은 단위원을 따라서 일정한 간격으로 위치한다. 이들 간의 각도 간격은 $2\pi/N$이다.

A.6.1.1 다중 근을 찾는 절차

일단 식 (A.10)의 근이 1의 N승근과 같다는 것을 알고서, 다중 근을 구하는 체계화된 접근방법을 살펴본다. 일반적인 결과를 얻기 위하여, 다음의 좀 더 일반적인 상황을 고려해본다.

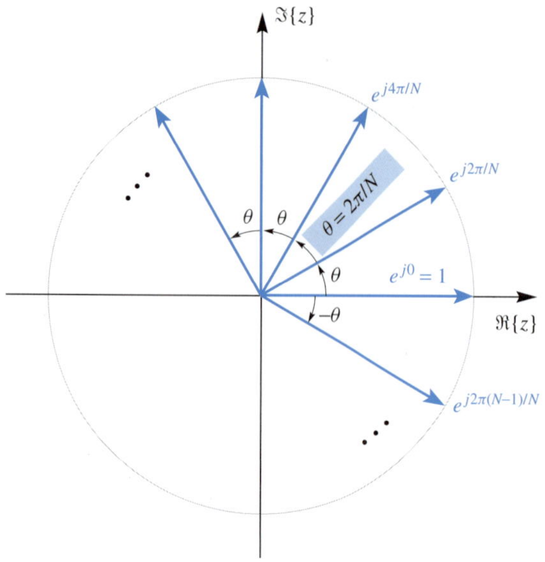

그림 A-16 1의 N승근의 그래픽 디스플레이. 이들은 $z^N = 1$의 근들이다. 서로 다른 근들이 단지 N개만 존재한다는 것을 주목한다.

$$z^N = c$$

여기서 c는 복소수 상수이며, $c = |c|e^{j\varphi}$이다. 절차는 다음의 6개의 단계를 포함한다:

1. z^N을 $r^N e^{jN\theta}$으로 작성한다.
2. c를 $|c|e^{j\varphi}e^{j2\pi\ell}$으로 작성하고, 여기서 ℓ은 정수이다. $c = 1$이면, 숫자 1은 다음과 같이 쓸 수 있다는 것을 참고한다.

$$1 = e^{j2\pi\ell} \qquad \ell = 0, \pm1, \pm2, \cdots$$

3. 두 변을 같다고 하고, 크기와 각도에 대해서 따로 해를 구한다.

$$r^N e^{jN\theta} = |c|e^{j\varphi}e^{j2\pi\ell}$$

4. 크기는 양수 $|c|$의 N승근이다.

$$r = |c|^{1/N}$$

5. 각도는 흥미로운 정보를 갖고 있으며, 그 이유는 N개의 서로 다른 해가 존재하기 때문이다.

$$N\theta = \varphi + 2\pi\ell \qquad \ell = 0, 1, \ldots, N-1$$
$$\Longrightarrow \quad \theta = \frac{\varphi + 2\pi\ell}{N}$$
$$\theta = \frac{\varphi}{N} + \frac{2\pi\ell}{N}$$

6. 이와 같이, N개의 서로 다른 근들은 모두 크기는 같지만, 이들의 각도는 인접한 짝들 사이에 $2\pi/N$의 차이로 등간격으로 위치한다.

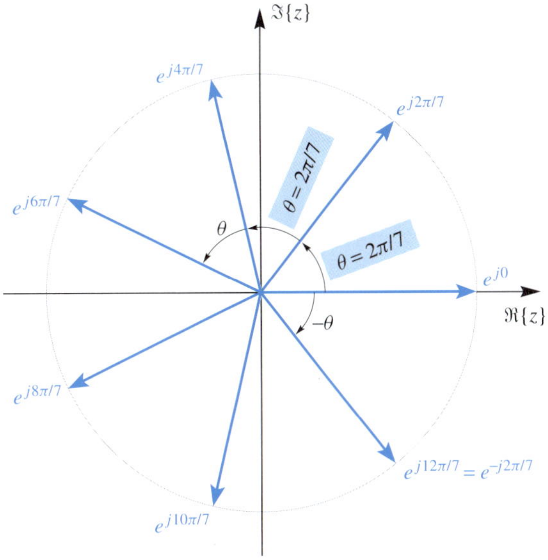

그림 A-17 1의 7승근의 그래픽 디스플레이. 수열 $e^{j2\pi l/7}$은 주기 7로 반복된다는 점을 주목한다.

예제 A-5 1의 7승근

위의 절차를 이용하여 $z^7 = 1$을 풀어라.

$$r^7 e^{j7\theta} = e^{j2\pi\ell}$$

$$\Longrightarrow r = 1$$

$$\Longrightarrow 7\theta = 2\pi\ell$$

$$\theta = \frac{2\pi}{7}\ell \qquad \ell = 0, 1, 2, 3, 4, 5, 6$$

따라서 그림 A-17에서 보듯이, 이 방정식의 해들은 단위원을 따라서 등간격으로 놓여 있다. 이 경우에는 이 해들을 1의 7승근이라고 한다.

연습문제 A.11 다음의 방정식:

$$z^5 = -1$$

을 풀어라. $-1 = e^{j\pi}$라는 사실을 이용하여라. 모든 해들을 벡터로 표시하여라. 이 경우, 결과값들은 1의 5승근이라고 불리게 된다.

A-7 요약 및 링크

LAB
복소수 지수함수에 대한 소개

이 부록에서는 복소수들과 이들을 2차원 복소수 평면 상의 벡터로 가시화하는 방법에 대하여 간략한 복습을 하였다. 이 내용들은 대부분 고등학교 대수학에서 나온 것이지만, 우리는 복소수 표현을 매우 많이 사용하므로 더 많이 친밀해져야 한다. 제2장의 랩실습들은 복소수에 대한 여러 가지 특성들을 다루고, 또한 MATLAB을 소개한다. 이 랩실습에서는 또한 복소수로부터 벡터들의 그래프를 그리기 위한 (`zvert`, `zcat`), 직교좌표형과 극좌표형 간의 변환을 위한 (`zprint`) 등의 새로운 MATLAB 함수들을 소개한다. MATLAB 데모를 통한 복소수들은 이러한 방법들을 빠르게 참

데모
MATLAB을 이용한 복소수

조할 수 있다.

이 랩실습들 이외에도, 여기서 공부했던 복소수 연산들: 덧셈, 뺄셈, 곱셈, 나눗셈, 역과 켤레 연산, 각각에 대한 연습문제를 제공하는 MATLAB GUI (Graphical User Interface)를 작성하였다. `zdrill` GUI의 스크린샷은 그림 A-6에 보였다.

A-8 문제

데모
zdrill

이 절의 문제들은 복소수와 복소 지수함수들의 주요 개념들에 대한 복습을 제공한다. 동반하는 웹사이트의 MATLAB GUI `zdrill`은 실습을 위하여 추가적인 문제들을 생성하는 데 사용될 수 있다.

P-A.1 다음을 극좌표형으로 바꾸어라.

(a) $z = 0 + j2$

(b) $z = -3 - j4$

(c) $z = (-1, 1)$

(d) $z = (0, -1)$

P-A.2 다음을 직교좌표형으로 변환하여라.

(a) $\sqrt{2}\, e^{j(3\pi/4)}$

(b) $3e^{-j(\pi/2)}$

(c) $1.6\angle(\pi/6)$

(d) $7\angle(7\pi)$

P-A.3 답을 직교좌표형으로 나타내어서 다음 식을 계산하여라.

(a) j^3

(b) j^{2n} (n은 정수)

(c) $e^{j(\pi+2\pi m)}$ (m은 정수)

(d) $j^{1/2}$ (두 개의 답을 찾아라.)

P-A.4 다음의 복소수 식들을 직교좌표형과 극좌표형 모두로 간단히 하여라.

(a) $(\sqrt{2} - j2)^8$

(b) $(\sqrt{2} - j2)^{-1}$

(c) $(\sqrt{2} - j2)^{1/2}$

(d) $3e^{j2\pi/3} - 4e^{-j\pi/6}$

(e) $\Im\{je^{-j\pi/3}\}$

P-A.5 다음 각 식을 계산하고 답을 극좌표와 직교좌표형으로 모두 나타내어라. 모든 경우에 있어서, $z_1 = -4 + j3$, $z_2 = 1 - j$라고 가정한다.

(a) z_1^*

(b) z_2^2

(c) $z_1 + z_2^*$

(d) jz_2

(e) $z_1^{-1} = 1/z_1$

(f) z_1/z_2

(g) e^{z_2}

(h) $z_1 z_1^*$

(i) $z_1 z_2$

P-A.6 다음 복소수의 합을 간단히 하여라.

$$z = e^{j9\pi/3} + e^{-j5\pi/8} + e^{j13\pi/8}$$

답 z를 극좌표형으로 나타내어라. 위의 세 벡터와 그 합 (z)를 벡터 다이어그램으로 그려보아라.

P-A.7 다음 복소수 식들을 간단히 하여라. 답은 극좌표형으로 나타내어라. 답들을 하나의 간단한 숫자로 나타내어라.

(a) $z = -3 + j4$에 대하여, $1/z$를 계산하여라.

(b) $z = -2 + j2$에 대하여, z^5을 계산하여라.

(c) $z = -5 + j13$에 대하여, $|z|^2$을 계산하여라.

(d) $z = -2 + j5$에 대하여, $\Re\{ze^{-j\pi/2}\}$를 계산하여라.

P-A.8 다음 z에 대한 방정식을 풀어라.

$$z^4 = j$$

가능한 답은 모두 구했는지를 확인하고, 답은 극좌표형으로 나타내어라.

P-A.9 $z_0 = e^{j2\pi/N}$이라고 한다. $z_0^{N-1} = 1/z_0$임을 증명하여라.

P-A.10 $(-j)^{1/2}$을 계산하고 결과의 그래프를 그려라.

P-A.11 다음의 복소수들 각각에 대하여, 숫자를 표준 극좌표형 (즉, $r \geq 0$이고 $-\pi < \theta \leq \pi$인 $z = re^{j\theta}$)으로 간단히 하여라.

$$z_1 = \left(\frac{3+5j}{8-2j}\right)^* \qquad z_2 = \frac{-1}{4j} \qquad z_3 = je^{j\pi/3}$$

P-A.12 1의 근의 특별한 성질 중의 하나가 다음 사실이다.

$$\sum_{k=0}^{N-1} e^{j2\pi k/N} = 0$$

$z = -\sum_{k=0}^{N-2} e^{j2\pi k/N}$이고 $N = 56$일 때, z의 값을 결정하여라. 답을 극좌표형으로 나타내어라.

P-A.13 다음의 방정식을 만족하는 실수 p와 q를 구하여라.

$$\frac{p}{200 + jq} = 0.08e^{-j\pi/3}$$

P-A.14 다음의 정적분을 계산하고, 결과를 지시한 것과 같이 극좌표 형으로 나타내어라.

$$\int_1^{1.5} e^{j\pi t} dt = re^{j\theta}$$

부록 B

MATLAB 프로그래밍

MATLAB은 동반 웹사이트에 제공되고 부록 D에 열거한 랩실습 문제들에 대해서 많이 사용된다. 이 부록에서는 MATLAB의 개요와 일부 기능들을 제공한다. 구문과 기본 명령들에 대해서는 이미 풍부한 정보를 갖고 있으므로, 우리는 프로그래밍 문제들에 초점을 맞춘다.[1] MATLAB은 광범위한 온라인 도움 시스템을 갖고 있으며, 그래서 이 책에서 설명된 내용 이외에 어떤 질문에 대해서도 답을 구할 수 있다. 사실, 이 부록을 읽는 가장 이상적인 방법은 직접 MATLAB을 실행하고, 필요할 때마다 `helpwin` 명령을 사용할 수 있고, 또한 예제들을 실행하고 수정해 보는 것이다.

MATLAB (Matrix Laboratory를 줄인 것)은 수학적 분석과 계산을 위한 환경이다. 이것은 LINPACK과 EISPACK 프로젝트로부터 수학적 루틴들의 집합으로 인터페이스하기 위하여 개발되었으나, 지금은 Mathworks 사의 널리 사용되는 상품의 하나이다. MATLAB은 신호 처리, 선형대수 및 다른 수학적 계산들을 위해 수많은 내장-함수들을 포함하는 하나의 강력한 프로그래밍 환경으로 진화하였다. 이 언어는 또한 MATLAB을 위한 부가적 함수들을 포함하는 툴박스들에 의하여 확장되었다. 예를 들어, 동반 웹사이트는 랩실습들과 데모 GUI들을 위한 함수들의 툴박스를 포함하고 있다. 이 툴박스들은 MATLAB 디렉토리 내부에 별도의 디렉토리로서 인스톨되어 있다. 랩실습들을 실행하기 전에 동반 웹사이트에 있는 지침들을 따라서 DSP First toolbox를 인스톨해야 한다.

참고
DSP First Toolbox

매트랩은 확장 가능하므로, 사용자들은 내장된 함수들이 중요한 문제를 해결하는 데 실패하였을 때는 언제든지 새로운 함수들을 작성하는 것이 매우 편리하다는 것을 발견할 것이다. 만약 사용자들이 고급 컴퓨터 언어에 조금이라도 경험이 있다면, 새로운 함수들과 프로그램들을 생성하는 데 필요한 프로그래밍은 어렵지 않다. 이 부록은 신호처리의 문맥에서 프로그래밍을 위한 목적

1) 매우 유용한 참조 사이트중의 하나가 Mathworks 사의 웹사이트: *http://www.mathworks.com/academia/student center/tutorials/launchpad.html MATLAB Tutorials and Learning Resources*이다.

으로 MATLAB에 대한 개괄을 제공한다.

B-1 MATLAB의 도움말

MATLAB은 helpwin 명령을 사용하여 액세스할 수 있는 온라인 도움 시스템을 제공한다. 예를 들어, filter 함수에 관한 정보를 얻고자 하면, 명령 프롬프트에서 다음

```
>> helpwin filter
```

를 입력하면 된다. 명령 프롬프트는 명령 창에서 >>으로 표시된다. Helpwin 명령은 새로운 창을 열고 도움 정보를 보여준다. Help는 또한 카테고리 별로 이용할 수 있다; 예를 들어, helpwin punct는 MATLAB의 구문에서 사용되는 것과 같은 구두점들을 요약해서 보여준다. 도움 시스템은 또한 doc 명령을 통하여 도움창에 어떤 함수의 전체 문서를 보여줄 수 있다.

MATLAB에 생소한 사용자들은 MATLAB 언어의 기본적인 개념들을 다룬 intro 명령으로 시작한다. MATLAB의 다양한 능력들을 보여주는 데모 프로그램들이 많이 있다; 이것들은 demo 명령으로서 시작할 수 있다. 마지막으로 다른 튜토리얼을 찾는다면, 웹에서 무료로 배포되는 것들을 구할 수 있다.

> 명령어에 대해 확실치 않을 때에는, helpwin을 사용한다.

B-2 행렬의 연산과 변수들

MATLAB의 기본적인 변수 형식은 행렬이다.[2)] 변수를 선언하기 위하여, MATLAB 프롬프트에서 간단하게 값들을 할당한다. 예를 들면,

```
>> A = [1 2 6 8 3 5; 5 2 7 7 7 0; 4 3 7 7 7 9]
   A =
         1   2   6   8   3   5
         5   2   7   7   7   0
         4   3   7   7   7   9
```

행렬을 정의함에 있어서 긴 수식이나 많은 값들을 포함할 경우, 매우 긴 MATLAB 명령은 MATLAB 명령을 두 개의(혹은 그 이상) 라인으로 분리할 수 있으며, 이때는 각 라인의 끝에 생략 부호 (...)를 써 넣음으로써 계속 연결됨을 표시한다. 예를 들면,

```
P = [ 1, 2, 4, 6, 8 ] + [ pi, 4, exp(1), 0, -1 ] + ...
      [ cos(0.1*pi), sin(pi/3), tan(3), atan(2), sqrt(pi) ];
```

만약 문장의 끝에 (;)이 따라올 경우, 그 결과는 커맨드 창에 표시되지 않는다. 이것은 상당히 큰 행렬을 다룰 때 매우 유용하다. 또한 ;는 행렬의 정의에서 행들을 분리하기 위하여 사용됨을 주목한

---

2) 최근 버전의 MATLAB에서는 일반적인 전통적인 프로그래밍 언어에서 발견되는 구조체와 같은 많은 다른 데이터 형식을 제공한다. 이 부록에서는 2차원 배열인 행렬만을 논의하기로 한다.

다. 유사하게, 빈 칸이나 콤마 (,)는 열의 원소들을 분리하기 위하여 사용된다. 행렬의 사이즈는 항상 size 연산으로부터 알아낼 수 있다.

```
>> Asize = size(A)
   Asize =
            3   6
```

따라서 행들의 수와 열들의 수를 추적하기 위하여 별도로 변수들을 할당할 필요가 없다. 언급할 가치가 있는 2개의 특별한 형태의 행렬 변수들로 **스칼라(scalar)**와 **벡터(vector)**가 있다. 스칼라는 한 개의 원소만을 갖는 행렬로, 그 크기는 1 × 1이다. 벡터는 하나의 행이나 열을 갖는 행렬이다. 동반 웹사이트의 랩실습에 있어서, 신호들은 보통 벡터로 저장된다.

행렬 변수들의 각각의 원소들은 행 인덱스와 열 인덱스를 주어서 액세스할 수 있다. 예를 들면,

```
>> A26 = A(2,6)
   A26 =
         0
```

서브행렬들은 B-2.1 절에서 설명된 것과 같이 콜론 (:) 연산을 사용함으로써 비슷한 방법으로 액세스할 수 있다.

B-2.1 콜론 연산자

콜론 연산자(:)는 인덱스 배열들을 만들고, 같은 간격의 값들의 벡터들을 만들고, 서브행렬들에 액세스할 때 유용하다. 콜론 연산자의 상세한 기능들을 알고 싶으면 helpwin colon을 사용한다.

콜론의 표시법은 인덱스 영역이 시작값, 증분, 종료값을 줌으로써 생성할 수 있다는 생각에 기본을 두고 있다. 그래서 규칙적으로 배열된 숫자들의 벡터는 아래와 같은 방법으로 구할 수 있다

iii = *시작값 : 증분 : 종료값*

증분 파라미터가 없다면, 디폴트 증분은 1이다. MATLAB은 행렬의 인덱싱을 할 때, 이러한 종류의 카운트를 이용한다. 예를 들어, 2 × 3 서브 행렬은 더 큰 행렬 A로부터 A(2:3, 3:5)로서 추출될 수 있으며, 결과는 위에서 정의된 A에 대해서는 모두 7을 갖는 행렬이다. 이 방법은 2번째 행과 6번째 열에 위치한 스칼라 원소인 A(2, 6)을 일반화한 것이다. 또한, 콜론은 와일드카드로서 사용된다—즉, A(2,:)는 행렬 A의 두 번째 행 전체를 나타내는 행 벡터이다. 역방향으로 인덱싱을 하면 벡터를 뒤집는다. 예를 들면, A(3, 6:-1:1)는 A의 3번째 행인 길이 6인 벡터에서 원소들을 역순으로 만든 것이다. 좀 더 편리한 형태는 A(3, end:-1:1)이며, 여기서 end는 벡터에서 마지막 인덱스를 결정한다. 마지막으로, 행렬에서 모든 원소들의 목록을 갖고 작업할 필요성이 있으며, 그래서 A(:)는 단지 A의 열들을 하나의 긴 열로 함께 연결한 18 × 1 열벡터를 준다. 이것은 행렬의 **모양을 바꾸는 것(reshaping)**의 한 예이다. 행렬 A의 좀더 일반적인 모양의 변형은 reshape(A, M, N) 함수로 수행될 수 있다. 예를 들면, 3 × 6 행렬 A는 명령: Anew = reshape (A, 9, 12)으로 9 × 2 행렬로 바꿀 수 있다.

B-2.2 행렬과 배열 연산

MATLAB에서 디폴트 연산들은 행렬 연산들이다. 그래서 `A*B`는 행렬의 곱을 의미하며 다음에 정의하고 복습한다.

B-2.2.1 행렬 곱셈의 복습

행렬의 곱 AB의 연산은 두 개의 행렬이 적합한 차원을 가질 때에만 수행된다 (즉, A의 열의 수는 반드시 B의 행의 수와 일치하여야 한다). 예를 들어, 5×8 행렬은 8×3 행렬과 곱연산을 할 수 있으며, 5×3 행렬 AB를 얻는다. 일반적으로, A가 $m \times n$이라면, B는 $n \times p$이어야 하고, 곱 AB는 $m \times p$가 된다. 보통 행렬의 곱에서는 교환법칙이 성립하지 않는다 (즉, $AB \neq BA$). 만일 $p \neq m$이라면, 곱 BA는 정의될 수 없으며, BA가 정의된다고 하더라도, 교환법칙은 매우 특별한 경우에만 성립한다는 것을 알게 된다.

곱 행렬의 각 원소들은 내적 (Inner Product)으로 계산된다. 곱 행렬 $C = AB$에서의 첫 번째 원소를 생성하기 위하여는 단지 A의 첫 번째 행의 값을 가져와 B의 첫째열의 값들을 원소들끼리 곱한 다음에 더하면 된다. 예를 들어, 만일

$$A = \begin{bmatrix} a_{1,1} & a_{1,2} \\ a_{2,1} & a_{2,2} \\ a_{3,1} & a_{3,2} \end{bmatrix} \quad \text{및} \quad B = \begin{bmatrix} b_{1,1} & b_{1,2} \\ b_{2,1} & b_{2,2} \end{bmatrix}$$

이라면, $C = AB$의 첫 번째 원소는

$$c_{1,1} = a_{1,1}b_{1,1} + a_{1,2}b_{2,1}$$

이며, 이것은 사실상 A의 첫 번째 행과 B의 첫번째 열 사이의 내적이다. 같은 방법으로, $c_{2,1}$은 A의 **두 번째** 행과 B의 **첫 번째** 열 사이의 내적으로 얻어지며, $c_{1,2}$나 $c_{2,2}$들도 마찬가지 방법으로 얻어진다. 최종 결과는 다음과 같다.

$$C = \begin{bmatrix} c_{1,1} & c_{1,2} \\ c_{2,1} & c_{2,2} \\ c_{3,1} & c_{3,2} \end{bmatrix} = \begin{bmatrix} a_{1,1}b_{1,1} + a_{1,2}b_{2,1} & a_{1,1}b_{1,2} + a_{1,2}b_{2,2} \\ a_{2,1}b_{1,1} + a_{2,2}b_{2,1} & a_{2,1}b_{1,2} + a_{2,2}b_{2,2} \\ a_{3,1}b_{1,1} + a_{3,2}b_{2,1} & a_{3,1}b_{1,2} + a_{3,2}b_{2,2} \end{bmatrix} \tag{B.1}$$

행렬 곱의 특별한 경우가 외적과 내적이다. **외적**에서는, 행렬을 구하기 위하여 열벡터에 행벡터를 곱한다. 만일 벡터중 하나가 모든 값이 1이면, 같은 값이 반복되는 결과를 얻는다.

$$\begin{bmatrix} a_1 \\ a_2 \\ a_3 \end{bmatrix} \begin{bmatrix} 1 & 1 & 1 & 1 \end{bmatrix} = \begin{bmatrix} a_1 & a_1 & a_1 & a_1 \\ a_2 & a_2 & a_2 & a_2 \\ a_3 & a_3 & a_3 & a_3 \end{bmatrix}$$

모든 값이 1인 행벡터가 있다면, 열벡터를 4번 반복하는 결과를 얻는다.

내적에서는 행벡터는 열벡터에 곱해지며, 그래서 하나의 스칼라 값을 얻는다. 만일 벡터 중의 하나의 모든 원소가 1이라면, 다른 벡터의 원소들의 합을 얻는다.

$$\begin{bmatrix} a_1 & a_2 & a_3 & a_4 \end{bmatrix} \begin{bmatrix} 1 \\ 1 \\ 1 \\ 1 \end{bmatrix} = a_1 + a_2 + a_3 + a_4$$

만일 벡터들이 동일하다면, 내적은 벡터 안의 모든 원소들의 제곱을 더한 것이다:

$$\begin{bmatrix} a_1 & a_2 & a_3 \end{bmatrix} \begin{bmatrix} a_1 \\ a_2 \\ a_3 \end{bmatrix} = a_1^2 + a_2^2 + a_3^2$$

이런 모든 연산들은 MATLAB에서 `A`와 `B`가 적절한 차원을 갖고 있다면 `A*B`로서 구해진다.

B-2.2.2 원소별 (pointwise) 행렬 연산

만일 두 배열들 사이에 원소별 행렬 곱을 하고자 한다면, 약간의 혼란이 일어날 수 있다. 원소별의 경우, 각각 행렬을 원소별로 함께 곱하기를 하여야 하기 때문에, 두 개의 행렬의 차원이 정확히 일치하여야 한다. 예를 들어, 두 개의 5×8 행렬의 곱은, 2개의 5×8 행렬들의 행렬곱은 할 수 없지만, 원소별로는 곱해질 수 있다. MATLAB에서 원소별 곱을 구하기 위하여, **점과 별** 연산자, 즉 `A.*B` 연산자를 이용한다. 예를 들어, 만일 A와 B가 모두 3×2라면

$$\texttt{D} \;=\texttt{A.*B} = \begin{bmatrix} d_{1,1} & d_{1,2} \\ d_{2,1} & d_{2,2} \\ d_{3,1} & d_{3,2} \end{bmatrix} = \begin{bmatrix} a_{1,1}\,b_{1,1} & a_{1,2}\,b_{1,2} \\ a_{2,1}\,b_{2,1} & a_{2,2}\,b_{2,2} \\ a_{3,1}\,b_{3,1} & a_{3,2}\,b_{3,2} \end{bmatrix}$$

이며, 여기서 $d_{i,j} = a_{i,j} b_{i,j}$이다. 이러한 형식의 곱셈을 **배열 곱셈(Array Multiplication)**이라고 한다. 배열 곱셈은, `D = B.*A`을 계산해도 같은 결과를 얻기 때문에, 교환 법칙이 성립함을 주목한다.

MATLAB에서의 일반적인 규칙은, "점"이 다른 산술 연산과 사용될 때에는, 연산자의 보통의 행렬 정의부터 원소별의 연산으로 바꾼다. 그래서 원소별 나눗셈에 `./`를 원소별 지수함수에 `.^`를 갖는다. 예를 들어,

```
xx = (0.9).^(0:49)
```

는 $n = 0, 1, 2, \cdots, 49$까지 $(0.9)^n$과 같은 값들을 갖는 벡터를 생성한다.

B-3 그래프와 그래픽

MATLAB은 동영상을 생성하고 플레이하는 것뿐만 아니라, 2차원 `x-y` 그래프와 3차원 그래프 영상을 디스플레이할 수 있다. 신호처리의 응용에서 사용되는 가장 일반적인 그래픽 함수는 `plot`과 `stem`이다. `plot`과 `stem`의 호출 구문은 모두 두 개의 벡터, 하나는 x축 점들을, 다른 하나는 y축 점들을 취한다.[3] 명령문 `plot(x,y)`는 그림 B-1(a)에서 보인 것과 같이, 데이터 점들

3) 만일 단지 하나의 입력변수가 주어지면, `plot(y)`는 y축으로서하나의 입력변수를 사용하고, x축에 대해서는 `[1, length(y)]`를 사용한다. 이런 함수들은 또한 선택적인 입력 변수들을 갖는다. 이들에 대하여 알기를 원하면 `helpwin plot`을 입력한다.

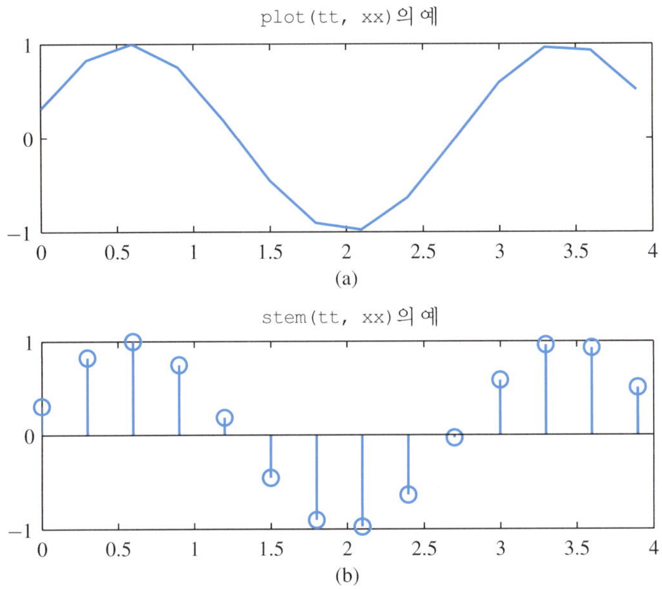

그림 B-1 2개의 MATLAB 그래프 형식들 (a) plot (b) stem. 두 가지 경우 모두 수평축은 tt = 0:0.4:4로 정의되며, 신호값들은 xx = sin(0.7*p*tt + 0.1*pi).이다.

{(x(1), y(1)), (x(2), y(2)), …, (x(N), y(N))}

사이를 직선으로 연결된 그래프를 그린다. 마찬가지로, stem(x, y)는 그림 B-1(b)에서 보듯이 막대사탕 형태의 그림을 만든다. MATLAB에서는 매우 많은 그래프 옵션들이 있으며, 이러한 옵션들은 helpwin stem, helpwin plotedit, 또는 helpwin zoom, helpwin plot3d, helpwin spectrogram을 이용하여 공부할 수 있다.

B-3.1 그림창

MATLAB에서 그래프를 그릴 때마다, 항상 **그림창**에 그래프를 그린다. 여러 개의 그림창을 열 수 있지만, 그 중 하나만이 **활성화된** 윈도우로 간주된다. 명령 창에서 실행된 어떠한 그래픽 명령도 그래픽 출력을 활성 윈도우로 전송한다. figure(n) 명령은 숫자 n으로 참조되는 새로운 그림창을 생성시키거나, 또는 만일 이 그림창이 이미 존재하면, 해당 그림창을 활성화시킨다. 창의 많은 속성들 (크기, 위치, 색깔 등)에 대한 제어는 figure 명령어로 또한 가능하며, 이것은 그래프 창을 초기화를 한다.

B-3.2 여러 개의 그래프

창 하나에 여러 개의 그래프는 **subplot** 함수로 할 수 있다. 이 함수는 실질적으로 그래프를 그리지는 않는다; 다만 윈도우 창들을 타일들로 나눈다. 그림창을 3 × 2의 타일로 만들기 위해서는 subplot(3, 2, 타일번호)를 사용한다. 예를 들어, subplot(3, 2, 3)은 다음의 plot을 3번째 타일로 보내며, 이것은 2번째 열의 왼쪽에 있다. 그림 B-1의 그래프는 subplot(2, 1, 1)과 subplot(2, 1, 2)로서 실행한 것이다. 그림 B-1을 생성하는 프로그램은 B-5절에 있다.

B-3.3 프린트와 그래픽의 저장

그림들과 그래픽은 **print** 명령으로 프린터에서 인쇄하거나 파일로 저장될 수 있다. 현재의 그림창을 디폴트 프린트로 보내고자 할 때는, 입력변수 없이 간단히 print라고 치면 된다. 파일로 저장하기 위해서는, 장치 포맷과 파일 이름을 쓰는 것이 반드시 지정되어야 한다. 장치 포맷은 그래픽 명령들을 저장하기 위하여 어느 언어를 사용할 것인지를 지정한다. 예를 들어, 어떤 문서에서 파일을 포함시키기 위한 매우 유용한 포맷은 PNG(Portable Network Graphic)를 만드는 것이며, 이것은 다음으로 생성될 수 있다:

```
>> print -dpng myplot
```

Postscript와 PDF 포맷들은 나중에 프린트하기 위하여 보존하는데 또한 유용하다. 사용 가능한 파일 포맷들, 지원되는 프린터들, 그리고 다른 옵션들의 완전한 목록은 `helpwin print`를 참조한다.

B-4 프로그래밍 구성

MATLAB은 **기능적 프로그래밍**이라는 패러다임을 지원하며, 여기서는 함수 호출의 순서를 중첩할 수 있다. 다음의 방정식을 고려하며, 이 식은 한 줄의 MATLAB 코드로 구현될 수 있다.

$$\sum_{n=1}^{L} \log\left(|x_n|\right)$$

대응되는 MATLAB의 코드는:

```
sum( log ( abs ( x ) ) )
```

이며, 여기서 x는 원소 x_n들을 포함하는 벡터이다. 이 예는 가장 효율적인 형식으로 된 MATLAB을 보여주며, 여기에서 각각의 함수들은 결과를 얻기 위하여 결합된다. MATLAB 코드를 효율적으로 작성하기 위해서는 벡터화된 작은 함수들을 생성하는 프로그래밍 스타일이 필요하다. 루프는 피해야 한다. 루프를 피하는 주된 방법은 내장함수와 툴박스 함수들을 가능한 한 많이 호출하여 사용하는 것이다.

B-4.1 MATLAB 내장 함수

많은 MATLAB 함수들은 마치 스칼라를 연산할 때와 같이 쉽게 배열들에 대하여 연산을 한다. 예를 들어, 만약 x가 배열이라면, `cos(x)`는 각 x의 각 요소들의 코사인을 포함하는 x와 같은 크기의 배열을 반환한다.

$$\texttt{cos(x)} = \begin{bmatrix} \cos(x_{1,1}) & \cos(x_{1,2}) & \cdots & \cos(x_{1,n}) \\ \cos(x_{2,1}) & \cos(x_{2,2}) & \cdots & \cos(x_{2,n}) \\ \vdots & \vdots & \vdots & \vdots \\ \cos(x_{m,1}) & \cos(x_{m,2}) & \cdots & \cos(x_{m,n}) \end{bmatrix}$$

비록 `cos(x)`가 모든 배열 원소들에 코사인 함수가 적용되지만, 루프가 없다는 것을 주목한다. 대부분의 초월함수들은 이 원소별 규칙을 따른다. 어떤 경우에 있어서는, 행렬 지수함수(`expm`) 대 원소별 지수함수(`exp`)에서와 같이, 이 차이를 주는 것이 매우 중요하다.

$$\text{exp(A)} = \begin{bmatrix} \exp(a_{1,1}) & \exp(a_{1,2}) & \cdots & \exp(a_{1,n}) \\ \exp(a_{2,1}) & \exp(a_{2,2}) & \cdots & \exp(a_{2,n}) \\ \vdots & \vdots & \vdots & \vdots \\ \exp(a_{m,1}) & \exp(a_{m,2}) & \cdots & \exp(a_{m,n}) \end{bmatrix}$$

B-4.2 프로그램의 흐름

프로그램의 흐름은 MATLAB에서는 `if` 명령문, `while` 루프, 그리고 `for` 루프를 이용하여 제어할 수 있다. 또한, 경우를 처리하는 `switch` 명령문도 있다. 이것들은 다른 고급 언어들과 비슷하다. 이런 프로그램 구성들 각각에 대한 설명과 예시는 MATLAB의 `helwinp` 명령을 이용하여 볼 수 있다.

B-5 MATLAB의 스크립트들

MATLAB 프롬프트에서 입력될 수 있는 모든 식들은 텍스트 파일에 저장되고 스크립트로 실행될 수 있다. 이 텍스트 파일은 보통 내장된 MATLAB 편집기로 생성할 수 있다. 파일 확장자는 .m이고, 이 스크립트는 MATLAB에서 (확장자 없이) 파일 이름을 입력함으로써 실행된다. 이러한 프로그램들은 보통 **M-파일들**이라고 불려진다. 다음에 예제가 있다.

```
tt = 0:0.4:4;
xx = sin(0.7*p*tt);
subplot(2,1,1)
plot( tt, xx )
title('plot( tt, xx)의 예')
subplot(2,1,2)
stem( tt, xx )
title('stem( tt, xx)의 예')
```

만일 이 명령들이 MATLAB의 경로상이나 또는 현재의 디렉토리에 `plotstem.m`이라는 이름으로 저장한다면[4] 명령 프롬프트에서 `plotstem`을 타이핑함으로써 파일들을 실행시키며, 8개의 명령은 모두 명령 프롬프트에서 타이핑한 것처럼 실행된다. 결과는 그림 B-1에 보인 두 그래프이다.

B-6 MATLAB 함수의 작성

여러분은 자신의 함수들을 작성할 수도 있고 또한 그것들을 MATLAB 환경에 더해 넣을 수도 있다. 이러한 함수들은 또 다른 형태의 M-파일이고, 텍스트 편집기에 의하여 ASCII 파일로 만들어진다. M-파일의 첫 번째 단어는 MATLAB에게 이 파일이 입력 변수들을 갖는 함수로 다루어져야 된다는 것을 말해주는 `function`이어야 한다. 이 단어 `function`과 같은 줄에 이 함수의 입력과

4) MATLAB의 경로와 현재 디렉토리를 어떻게 설정하는지를 배우려면 `helpwin path`를 입력한다.

출력을 지정하는 호출 템플릿이 있어야 한다. M-파일을 위한 파일이름은 끝이 항상 .m이어야 하고, 그 파일이름은 MATLAB에 대한 새로운 명령의 이름이 될 것이다. 예를 들어, 벡터로부터 마지막 *L*개의 원소들을 추출하는 다음의 파일을 고려해본다.

```
function y = foo(x, L)
% FOO는 x의 마지막 L개의 포인트들을 얻는다
% 사용법
% y = foo(x, L)
% 여기에서:
% x = 입력 벡터
% L = 얻어야할 포인트의 수
% y = 출력 벡터
N=length(x);
if(L > N)
error('입력 벡터가 너무 짧음')
end
y = x((N - L + 1):N);
```

만일 이 파일이 foo.m이라 불려진다면, 이 연산은

```
aa = foo((1:2:37),7);
```

라고 입력함으로써 MATLAB 명령 라인으로부터 연산들이 호출된다. 그 결과는 벡터 `(1:2:37)`의 마지막 일곱 원소일 것이다. 즉,

```
aa = [ 25 27 29 31 33 35 37 ]
```

B-6.1 클리핑 함수의 생성

대부분의 함수들은 표준 형식에 의하여 작성된다. 두 개의 입력 (신호벡터와 스칼라 문턱값)과 출력 신호 벡터를 돌려주는 클리핑 **함수 M-파일**을 고려해본다. 편집기를 사용하여 그림 B-2에 있는 명령어들을 포함하는 ASCII 파일 `clipper.m`을 만들 수 있다. 우리는 M-파일 `clipper.m`을 다음과 같은 네 가지 요소들로 나눌 수 있다.

입력-출력의 정의: M-파일 함수는 파일의 처음 항목으로 `function`을 반드시 가져야 한다. `function`과 같은 줄에 따라오는 정보는 함수가 어떻게 호출될 것인지와 어떤 입력변수들을 넘겨줄 것인지에 대한 선언이다. 함수의 이름은 M파일의 이름과 같아야 한다; 만약 충돌이 있다면, MATLAB 명령 환경이 인식하고 있는 디스크 상에 저장된 M-파일의 이름이다.

입력 변수들은 파일 이름 다음에 괄호 안에 나열한다. 각각의 입력은 하나의 행렬이다. 출력 변수 (또한 행렬이다)는 등호 기호의 왼쪽에 위치한다. 여러 개의 출력 변수들의 경우에도 만약 대괄호로 출력 변수들의 목록을 둘러싸면 가능하다. 예를 들어, 11번 줄의 `size(x)` 함수가 어떻게 행의 수와 열의 수를 별도의 출력 변수들로 반환하는지를 주목한다. 마지막으로, 출력들을 반환하기 위한 명쾌한 명령이 없음을 관찰한다; 대신, MATLAB은 함수가 완료되었을

```
1  function  y = clipper( x, Limit )
2  %CLIPPER x[n]의 크기를 Limit으로 포화시킨다
3  %     |x[n]| > Limit이면, |x[n]| = Limit으로 만든다
4  %        x[n]의 부호는 바꾸지 않는다
5  %  사용법 :  y = clipper( x, Limit )
6  %
7  %        x = 입력 신호 벡터
8  %  Limit = 제한하는 값
9  %        y = 클리핑 이후의 출력 벡터
10
11 [nrows, ncols] = size(x);
12
13 if( ncols ~= 1 & nrows ~= 1 )  %-- 둘다 아니면
14    error('CLIPPER: input not a vector')
15 end
16 Lx = max([nrows ncols]);
17
18 for n=1:Lx            %-- 전체 벡터에 대하여 루프를 수행
19    if( abs(x(n)) > Limit )
20       x(n) = sign(x(n))*Limit;    %-- 포화된다
21    end
22 end
23
24 y = x;    %-- 출력 벡터로 보낸다
```

2-9줄까지는 퍼센트(%)로 시작하는 코멘트문이다.

x의 행렬 차원을 결정한다

x가 행 벡터인지 열 벡터인지 체크한다

x의 길이로, 또한 y의 길이가 될 것이다

x가 로컬(변수)이므로, 호출하는 작업공간의 변수들을 변경하지 않고 그 값들을 바꿀 수 있다

y는 호출하는 사람에게 돌려주는 벡터의 이름이다

그림 B-2 clipper.m

MATLAB 함수의 설명

때 출력 행렬 y 안에 포함된 값들은 무엇이든지 반환한다. clipper에 대하여, 함수의 마지막 줄은 잘려진 (클리핑된) 결과를 *y*에 할당하고, 그래서 클리핑된 벡터가 반환된다. MATLAB은 return이라고 불리는 명령을 갖고 있지만, 이것은 단지 함수로부터 벗어나며, 입력변수를 취하지는 않는다.

함수 M-파일과 스크립트 M-파일의 근본적인 차이는 더미변수(Dummy Variable)와 영속변수(Permanent Variable)의 차이이다. MATLAB은 **값으로 호출(Call By Value)**을 사용하며, 그래서 함수는 입력 변수에 대한 로컬 변수(Local Variable)를 만든다. 이러한 로컬 변수들은 함수가 완료되면 사라진다. 예를 들어, 아래의 문장은 입력 벡터 ww로부터 클리핑된 벡터 wwclipped를 만든다.

```
>> wwclipped = clip(ww, 0.9999);
```

배열 ww와 wwclipped는 MATLAB 작업 공간 안에서는 영속 변수들이다. clipper 안에 있는 일시적인 배열들 (예를 들면, y, nrows, ncols, Lx, n)은 clipper가 실행되는 동안만 존재한다; 그 다음에 이들은 삭제된다. 여기에 더하여, 이들 변수들의 이름들은 clipper.m으로 국한되고, 그래서 x는 작업공간 안에서 영속적인 이름으로 또한 사용될 수도 있다. 이런 개념들은 고급 컴퓨터 언어에 경험이 있는 사람들에게는 친숙해야 한다.

자체 문서화: %기호로 시작하는 줄은 코멘트 줄이다. 함수에서 이러한 줄들의 첫 번째 그룹은 M-파일을 자동적으로 자체-문서화하기 위하여 MATLAB의 help 기능에 의하여 사용된다. 즉,

이제 `helpwin clipper`라고 입력하면 여러분의 M-파일에서 함수 선언줄 다음에 바로 나오는 코멘트문들이 도움 정보로서 스크린 상에 나타날 것이다. `clippers.m`에서 제안한 형식 (2-9번째 줄들)은 함수의 명칭을 주고, 호출 순서, 짧은 설명, 그리고 입력과 출력 변수들의 정의 에 대한 규칙을 따른다.

크기와 에러 체크: 함수는 연산될 각각의 벡터나 행렬의 크기를 결정해야 한다. 이 정보는 별도의 입력 변수로 넘겨줄 필요는 없으며, `size` 함수로 추출될 수 있다 (11번 줄). `clipper` 함수의 경우, 함수를 벡터들에서 연산하는 것으로 제한하기를 원하지만, 하나의 행 ($1 \times L$) 또는 하나의 열 ($L \times 1$)로서 허가하고 싶어 한다. 따라서 변수들 `nrows` 또는 `ncols` 중의 하나는 반드시 1이어야 한다; 그렇지 않으면, 긴급-구제 함수 `error`로서 함수를 종료하며, 이 함수는 명령줄에 메시지를 프린트하며 함수를 종료한다(13-15번 줄).

실제 함수 동작: `clipper` 함수의 경우, 실제적인 클리핑은 `for` 루프(18-22번 줄)에서 실행되며, 여기서는 `x` 벡터의 각 요소들의 크기를 조사하여 임계치인 `Limit`과 비교한다. 음수인 경우에는, 클링핑된 값은 반드시 `-Limit`으로 설정되어야 하며, 그래서 `sign(x(n))`이 곱해져야 한다. 이것은 `Limit`가 양수로서 넘겨진다고 가정하며, 에러 체킹 시에 또한 테스트될 수 있다.

이 `clipper`에 대한 특별한 구현 방법은 `for` 루프로 인하여 매우 비효율적이 된다. B-7.1절에서는 이 프로그램의 속도를 높이기 위해서 어떻게 벡터화 하는지를 보여준다.

B-6.2 MATLAB M-파일의 디버깅

MATLAB은 양방향 환경이므로, 디버깅도 작업공간의 변수를 검사함으로써 이루어질 수 있다. MATLAB은 텍스트 편집기에 통합된 심볼릭 디버그를 포함한다. 다른 함수들이 같은 변수 이름들을 사용할 수 있으므로, 브레이크 포인트를 설정하고 변수들을 검사함에 있어서 로컬 문맥을 추적하는 것이 매우 중요하다. 몇 개의 유용한 디버깅 명령들을 아래에 열거하였고, 나머지는 `helpwin debug`를 이용하여 찾아볼 수 있다. 비주얼 편집기 안에서, 이 명령들은 메뉴 항목이나 함수 키들로서 액세스된다.[5)]

dbstop은 M-파일에서 브레이크 포인트를 설정할 때 사용한다. M-파일을 실행하기 전에 `dbstep if error`를 입력함으로서, 에러가 발생할 때 프롬프트를 돌아갈 수 있도록 사용할 수 있다. 이것은 (dbup를 타이핑함으로써) 함수안의 그리고 호출하는 작업공간 안의 변수들을 검사할 수 있도록 해준다.

dbstep은 M-파일을 따라서 증분 단계를 실행하고, 각 라인이 실행된 다음에 프롬프트로 돌아간다.

dbcont는 정상적인 프로그램은 다시 시작하도록 하거나, 또는 에러가 있으면, MATLAB 명령 프롬프트로 돌아갈 수 있도록 해준다.

dbquit은 디버그 모드를 종료하고 MATLAB의 명령 프롬프트로 되돌아간다.

5) MATLAB 디버거에 대하여 좀 더 자세한 사항은 `http://www.mathworks.com/help/matlab/matlab_prog/debugging-process-and-features.html`에서 찾아볼 수 있다.

keyboard는 프로그램 실행을 중지시키기 위해 M-파일 안에 삽입될 수 있으며, 명령 라인 프롬프트가 아니라는 것을 알리기 위하여 K>의 형태인 MATLAB 프롬프트를 준다. 브레이크 포인트에서 정지했을 때에는, 변수들의 값들은 K> 프롬프트를 이용하거나 또는 비주얼 편집기 안에서 변수 이름 위에 위치하여 디스플레이할 수 있다.

B-7 프로그래밍 힌트

이 절에서는 MATLAB 프로그램의 속도를 향상시켜줄 약간의 프로그래밍 힌트에 관해 다룬다. 더 많은 아이디어나 힌트를 위하여, `edit` 명령을 사용하여, MATLAB의 툴박스에 있는 함수 M-파일을 조사한다. 예를 들면,

```
edit angle
edit conv
edit trapz
```

등이 있다. 다른 (훌륭한) 프로그래머의 스타일을 모방하는 것은 항상 컴퓨터 언어에 대한 자신의 지식을 향상시키는 매우 효율적인 방법이다. 다음의 힌트에서는, 훌륭한 MATLAB 코드를 작성하는 데 포함되는 가장 중요한 포인트들을 논의한다. 이러한 설명들은 MATLAB의 경험을 더 많이 얻어감에 따라 점점 더 유용해질 것이다.

B-7.1 루프를 피하는 법

MATLAB은 인터프리터 언어이기 때문에, 어떤 일반적인 프로그래밍 습관들은 매우 비효율적일 수 있다. 가장 중요한 한 가지는 전체 행렬이나 벡터에 대한 간단한 연산을 수행하기 위하여 `for` 루프를 사용하는 것이다. *가능하다면 언제나*, 루프 문을 쓰기보다는, 원하는 결과를 달성하도록 하는 벡터 함수 (또는 여러 벡터 함수들의 중첩된 조합)를 찾도록 노력하는 것이다. 예를 들어, 만일 행렬의 모든 원소들을 더하는 연산을 수행하는 경우, `sum`을 호출하는 것과 루프를 쓰는 것과의 차이는 매우 놀랄만하다; 루프 문은 MATLAB의 인터프리터의 특성으로 느리다.[6] 그림 B-3에서 보인 것과 같이, 한 행렬에서 모든 원소들의 합을 구하는 세 가지 방법들을 고려해 본다. 그림 B-3(a)의 첫 번째 방법은 전통적인 프로그램의 MATLAB 버전이다. 나머지 두 방법은 내장 함수 `sum`을 사용하며, 이것은 입력된 변수들이 행렬인지 혹은 벡터인지에 따라서 서로 다른 특성을 갖는다 ("연산자 오버로딩"이라고 불린다). 그림 B-3(b)에서와 같이 행렬에 적용할 경우, 내부의 `sum`은 열벡터의 합을 포함하는 행벡터를 반환한다. 그림 B-3(c)에서와 같이 행벡터 (또는 열벡터)에서 적용될 경우, 그 합은 스칼라이다. 세 번째 방법을 얻기 위하여, 행렬 xx는 콜론 연산자에 의하여 열벡터로 변환되어진다. 그 다음에 `sum`을 호출하면 충분하다.

B-7.2 행이나 열의 반복

행렬의 행이나 열에 있는 벡터를 반복함으로써 새로운 행렬의 형태를 만드는 것이 가끔 필요하

6) 최근 버전의 MATLAB에서는, `for` 루프의 실행 시간을 상당히 개선해 주는 최적화 방법이 도입되었다.

7) 함수 `repmat`은 MATLAB에서 행렬이나 벡터를 반복하게 하는 매우 일반적인 연산자이다.

```
function ss = mysum1(xx)
%
[Nrows,Ncols] = size(xx);
ss = 0;
for jj=1:Nrows
  for kk=1:Ncols
    ss = ss + xx(jj,kk);
  end
end
```

xx 행렬의 차원을 결정한다

xx가 행렬이면 모든 행과 열의 인덱스를 다루기 위하여 2개의 for 루프가 필요하다

(a)

```
function ss = mysum2(xx)
%
ss = sum( sum(xx) );
```

열을 따라 합을 구하여 벡터를 만든다

벡터의 원소들을 더하여 스칼라 합 ss를 만든다

(b)

```
function ss = mysum3(xx)
%
ss = sum(xx(:));
```

콜론은 행렬 xx를 열 벡터로 변환한다

벡터의 원소들을 더하여 스칼라 합 ss를 만든다

(c)

그림 B-3 행렬의 모든 원소의 합을 구하는 세 가지 방법. (a) 모든 배열 원소들의 인덱스를 구하여 한 번에 하나씩 더한다, (b) `sum` 함수를 2번 호출하며, 가장 빠른 방법이다, 그리고 (c) `sum` 함수를 한번 호출하며 이해하기에 가장 쉬운 코드이며 (b)와 거의 유사하게 빠르다.

다.[7] 만약 행렬이 모두 같은 값을 가져야 하는 경우, `ones(M, N)` 혹은 `zeros(M, N)` 같은 함수들이 사용될 수 있다. 그렇지만 열벡터 `x`를 복제하여 동일한 열들을 갖는 행렬을 만들고자 할 경우, B-2.2절에서 논의되었던 외적 행렬곱 연산을 사용하면 루프를 피할 수 있다. 다음의 MATLAB 코드 조각은 11개의 열에 대해 연산을 수행할 것이다.

```
x = (12:-2:0).';
% 점과 대시 (.')는 전치(transpose)를 나타낸다; 대시만 사용하면 켤레 복소수 전치이다.
X = x * ones(1,11);
```

만약 `x`가 길이 L의 열벡터라면, 그러면 외적에 의하여 만들어지는 행렬 X는 L × 11이 된다. 이 예에서, $L = 7$이다. MATLAB은 대문자와 소문자를 구별하기 때문에, 변수 `x`와 `X`는 다르다는 점에 주목한다. 여기에서는 수학에서 하는 것과 같이 행렬을 나타내기 위하여 대문자 `X`를 사용했다.

B-7.3 논리 연산의 벡터화

`if`, `else` 조건문을 포함하는 프로그램도 벡터화하는 것이 또한 가능하다. `clipper` 함수는 (그림 B-2) 이러한 종류의 벡터화를 증명하기 위한 매우 좋은 예이다. 그 함수에서 `for` 루프는 논리적인 테스트를 포함하지만, 벡터 연산과 같아 보이지는 않는다. 그러나 〉와 같은, MATLAB에서의 관계 및 논리 연산자는 행렬에 적용된다. 예를 들어, 3 × 3행렬에 적용된 〉 테스트는 0과1로 된 3 × 3행렬을 돌려준다.

```
>> %-- 테스트 행렬을 생성한다
>> X = [ 1 2 -3; 3 -2 1; 4 0 -1 ]
```

```
X = [1  2 -3
     3 -2  1
     4  0 -1 ]
>> %-- 마스크를 생성하기 위하여 > 조건을 체크한다
>> Mask = X > 0
Mask = [ 1 1 0
         1 0 1
         1 0 0 ]
>> %-- 마스크로 요소별 곱셈을 한다
>> Y = Mask .* X
Y = [ 1 2 0
      3 0 1
      4 0 0 ]
```

조건이 참이 아니면 0이 표시된다; 조건이 참일 경우에는 1이 표시된다. 따라서 마스킹 행렬 Mask로 X에 원소별 곱을 행할 경우, 모든 음수의 원소들은 0이 되는 결과를 얻는다. 여기서 마지막 두 문장들은 전체 행렬을 for 루프를 전혀 사용하지 않고 행렬을 처리했다는 것에 주목한다.

clipper.m 안에서 이루어지는 포화 (클리핑)가 X에 있는 큰 값들을 변경시켜야 한다는 것을 요구하므로, 전체의 for 루프를 3개의 배열 곱셈으로 구현할 수 있다. 이것은 벡터들뿐 아니라, 행렬들에게도 동작하는 벡터화된 클리핑 연산자로 이끈다.

```
y = Limit*(X > Limit) - Limit*(X < -Limit) + X.*(abs(X) <= Limit);
```

세 가지 다른 마스킹 행렬들은 양의 포화, 음의 포화, 아무 액션이 없는 세 가지 경우를 나타내기 위해 필요하다. 이 경우에 있어서 덧셈은 논리적 OR에 해당한다. 이 명령을 수행하기 위해서 필요한 산술 연산의 수는 $3N$번의 곱셈과 $2N$번의 덧셈이 필요하며, 여기에서 N은 X에 있는 전체 원소들의 수이다. 만일 우리가 산술 연산들만의 숫자를 계산한다면, 이것은 실질적으로 clipper.m에 있는 루프보다 더 많은 연산을 해야 한다. 하지만, 코드 해석의 비용은 높다. 이런 벡터화된 문장은 한번만 해석되는 반면, for 루프 안의 세개의 명령들은 N번 재-해석되어야 한다. 두 가지의 구현들을 etime 함수로 시간을 측정하면, 벡터화된 방법은 긴 벡터들의 경우에는 좀 더 빠를 것이다.

B-7.4 임펄스의 생성

논리 연산자를 사용하는 또 하나의 간단한 예로 임펄스 신호 벡터를 만들기 위한 다음의 방법을 보여준다.

```
nn = [-10 : 25];
impulse = (nn==0);
```

이 결과의 그래프는 stem(nn, impulse)을 사용하면 그릴 수 있다. 어떤 의미에서, 이 단편적인 코드는 $n = 0$일 때만 존재하는 펄스를 정의하는 수학적 공식의 핵심사항을 갖고 있으므로, 이 코드는 완벽하다.

$$\delta[n] = \begin{cases} 1 & n = 0 \\ 0 & n \neq 0 \end{cases}$$

B-7.5 Find 함수

마스킹하는 또 다른 방법으로는 find 함수를 사용하는 것이다. 이것은 반드시 더 효율적이지는 않다; 단지 다른 접근 방법을 보여 준다. find 함수는 벡터 안에서 조건이 참인 인덱스들의 목록을 결정한다. 예를 들어, find(y > Limit)의 경우, 벡터 y에서 Limit 값보다 큰 인덱스들의 목록을 돌려준다.[8] 그래서, 우리는 다음과 같이 포화(클리핑)를 수행할 수 있다.

```
y = x;
yAbove = find(y > Limit);
y(yAbove) = Limit;
yBelow = find(y < -Limit);
y(yBelow) = -Limit;
```

B-7.6 벡터화를 모색한다.

"for 루프를 피하라"는 격언을 따르는 것은 항상 쉬운 일은 아니며, 그 이유는 알고리즘이 반드시 벡터 형태로 만들어져야 하기 때문이다. 만일 행렬-벡터의 표기가 MATLAB 프로그램으로 적용되었다면, 결과적인 코드는 훨씬 빠르게 돌아갈 것이다. 그러므로 합리적인 결론은 다음과 같다.

> 모든 for 루프를 제거하라.

논리적 테스트를 갖고 있는 루프의 경우에도, 모든 가능한 조건들에 대하여 마스크들이 생성된다면 벡터화를 할 수 있다. MATLAB 함수 profile은 프로그램을 더 빨리 실행하기 위하여 코드 수정을 하기 위한 유용한 정보를 제공하는, 프로그램의 실행 시간에 대한 다양한 통계들을 측정한다.

B-7.7 프로그래밍 스타일

만약 좋은 프로그래밍 스타일을 요약한 격언이 있다면, 다음과 같을 것이다.

> 함수는 짧게 만들고
> 변수명은 길게 하라.
>
> - Anon

이 말은 MATLAB에 있어서는 확실히 맞는 말이다. 각각의 함수는 한 가지 목적을 갖는다. 이 말은 좀 더 복잡한 연산을 하기 위하여 함수들의 조합으로 함께 연결될 수 있는 짧고, 간단한 모듈들로 이끈다. 많은 옵션들과 과다한 출력을 갖는 슈퍼함수를 만들고자 하는 유혹은 피한다.

MATLAB은 긴 변수명을 지원하며, 그래서 변수들에게 설명하는 이름들을 붙이기 위하여 이

8) 행렬에 적용이 되면, 명령문 find(y > Limit)는 y를 벡터 y(:)로 간주한다. 그래서 예제 코드는 벡터뿐만 아니라 행렬에게도 동작한다.

특징을 이용할 수 있다. 이런 방법으로, 코드를 문서화하기 위하여 필요한 주석의 수를 획기적으로 줄일 수 있다. 주석들은 `helpwin` 정보와 코드에서 사용되는 기법들의 문서화만으로 제한되어야 한다.

부록 C

푸리에 급수

이 부록에서는, **푸리에 급수**의 수학적 이론을 설명한다. 이것은 제3장에서 보인 것의 확장으로 *어떤 주기적인 신호도 고조파로 연관된 정현파들의 합으로 합성될 수 있다*는 주요 결과를 말한다.[1)]합성된 합이 무한대의 항들이 필요할 수도 있다. 어떻게 푸리에 급수식이 얻어지는지와 어떻게 각 신호의 스펙트럼이 푸리에 급수에 의하여 정의되는지를 보이기 위하여, 사각파, 삼각파, 정류된 정현파의 특정한 예들을 이용한다. 마지막으로, 주파수 영역의 이해를 확장할 뿐만 아니라, 실제로 신호 분석 작업을 더 쉽게 만드는 푸리에 급수의 일반적인 성질들로 초점을 맞춘다.

제3장에서 언급한 것과 같이, 푸리에 이론의 두 가지 측면은 분석(Analysis)과 합성(Synthesis)이다. $x(t)$에서 시작하여 $\{a_k\}$를 계산하는 것은 **푸리에 분석(Fourier Analysis)**이라고 불린다. 이제 보일 것이지만, 연속 시간 주기 신호의 푸리에 분석은 다음의 적분식:

푸리에 분석 적분식

$$a_k = \frac{1}{T_0}\int_0^{T_0} x(t)e^{-j\omega_0 kt}\,dt \tag{C.1}$$

을 계산함으로써 수행될 수 있으며, 여기서 $\omega_0 = 2\pi/T_0 = 2\pi F_0$는 기본 라디안 주파수이며[2)] $T_0 = 1/F_0$는 모든 t에 대하여 $x(t) = x(t + T_0)$인 주기 신호의 기본 주기이다.

$\{a_k\}$로부터 시작하여 식 (C.1)에서의 신호 $x(t)$와 동일한 주기 신호를 생성하는 역 프로세스는

1) 예외가 일부 있지만, 실제적인 신호들을 처리할 때 공학적인 관례에서 이런 것들은 전혀 발생하지 않는다.

2) 헤르츠로 나타낸 기본 주파수는 F_0이며, 그래서 k번째 고조파 주파수를 나타내는 데에는 $f_k = kF_0$를 사용할 수 있다. 결과적으로 $f_1 = F_0$이고, $f_0 = 0$이다.

푸리에 합성(Fourier Synthesis)이라고 불린다. 이것은 다음의 주기 신호들의 합성에 대한 일반적인 공식:

푸리에 합성식

$$x(t) = \sum_{k=-\infty}^{\infty} a_k e^{j\omega_0 kt} \tag{C.2}$$

으로 얻어진다. 두 식을 함께 합치면, 식 (C.1)과 (C.2)는 주기 신호 $x(t)$의 푸리에 급수식을 만든다. 신호 $x(t)$가 실수이면, 복소수 진폭들은 인덱스 k에 대하여 **켤레-대칭**이며 (즉, $a_{-k} = a_k^*$), 합성 공식은 다음 형태:

$$x(t) = A_0 + \sum_{k=1}^{\infty} A_k \cos(\omega_0 kt + \varphi_k) \tag{C.3}$$

의 실수 정현파의 합이 되며, 여기에서 $A_0 = a_0$, k번째 항의 진폭과 위상은 극좌표형식 $a_k = \frac{1}{2} A_k e^{j\varphi_k}$로부터 온다. 다른 말로 하여, 조건 $a_{-k} = a_k^*$는 합성된 파형이 시간에 대한 실수 함수가 되기 위하여 충분하다.

C-1 푸리에 급수의 유도

제3장에서는, (C.2)에서와 같이 복소 지수함수들의 합은, 모음 신호들과 같은 넓은 범위의 흥미있는 주기 신호들을 나타낼 수 있으며, 주기 신호인 전파 정류 사인파(Full-wave rectified sine: FWRS)에 대한 푸리에 적분의 계산을 상세히 수행하였다. 하지만, (C.1)의 푸리에 적분이 왜 임의의 주기 신호의 스펙트럼을 구하는지에 대하여 설명하지 않았다. 이 절에서는, (C.2)에서의 고조파의 합에 대한 계수들을 어떻게 유도하는지를 보인다—즉, 푸리에 분석을 하기 위하여 (C.1)의 **푸리에 급수 적분**을 이용하여 시간 파형 $x(t)$로부터 푸리에 계수들 a_k까지 어떻게 가는지에 대하여 보인다. 이 푸리에 적분은 한 주기에 걸쳐서 $x(t)$를 정의하는 수학적인 공식을 갖고 있다는 것을 요구한다. 이후에 여러 개의 예를 보일 예정이다. 다른 한편으로, 만일 $x(t)$가 디지털 기록으로만 알려져 있다면, 8장에서 논의한 것과 같은 수치적인 방법들이 적용될 것이다.

C-1.1 푸리에 적분 유도

푸리에 급수 적분 공식 (C.1)의 유도는 복소 지수함수 신호의 간단한 성질만을 필요로 한다—주기의 완전한 정수배에 걸친 복소 지수함수의 적분은 0이다. 식으로 나타내면,

$$\int_0^{T_0} e^{j(2\pi/T_0)kt}\, dt = 0 \qquad (k \neq 0) \tag{C.4}$$

이며, 여기서 k는 0이 아닌 정수이다. (C.4)의 피적분함수는 주파수가 $(2\pi/T_0)k$인 복소 지수함수이

며, 그래서 주기는 T_0/k이며 적분은 k주기 동안에 수행된다. ω_0를 $2\pi/T_0$로 치환한 다음에, 적분은 다음과 같다:

$$\int_0^{T_0} e^{j\omega_0 kt}\,dt = \left.\frac{e^{j\omega_0 kt}}{j\omega_0 k}\right|_0^{T_0} = \frac{e^{j(\omega_0 T_0)k} - 1}{j\omega_0 k} = 0 \qquad (k \neq 0)$$

$\omega_0 T_0 = 2\pi$이고 임의의 정수 k에 대하여 $e^{j2\pi k} = 1$이므로, 분자는 0이다.

무한 급수식 (C.2)에서 주요 핵심사항은 복소지수라는 형태이며, 이 모든 것들은 신호 $x(t)$의 주기, T_0와 같은 주기로 반복되어야 한다. $v_k(t)$를 주파수 $\omega_0 k$를 갖는 복소 지수함수로 정의하면,

$$v_k(t) = e^{j\omega_0 kt} \tag{C.5}$$

이다. $v_k(t)$의 최소 주기가 T_0/k이라고 하더라도, 다음은 $v_k(t)$는 또한 주기 T_0로 또한 반복된다는 것을 보여준다:

$$\begin{aligned} v_k(t + T_0) &= e^{j\omega_0 k(t+T_0)} = e^{j\omega_0 kt}\, e^{j(\omega_0 T_0)k} \\ &= e^{j\omega_0 kt}\, \overbrace{e^{j2\pi k}}^{1} = e^{j\omega_0 kt} = v_k(t) \end{aligned}$$

여기서 다시 임의의 정수 k(양수 또는 음수)에 대하여 $e^{j2\pi k} = 1$을 이용하였다.

다음으로, 다음의 두 신호들을 포함시키기 위하여 복소 지수함수의 적분값 0의 성질 (C.4)를 일반화할 수 있다:

직교(Orthogonality) 성질

$$\int_0^{T_0} v_k(t) v_\ell^*(t)\,dt = \begin{cases} 0 & k \neq \ell \text{ 이면} \\ T_0 & k = \ell \text{ 이면} \end{cases} \tag{C.6}$$

여기서 $v_\ell^*(t)$에서 위첨자 $*$는 켤레 복소수를 나타낸다. 직교 성질을 증명하는 것은 간단하다. 다음

$$\int_0^{T_0} v_k(t) v_\ell^*(t)\,dt = \int_0^{T_0} e^{j\omega_0 kt} e^{-j\omega_0 \ell t}\,dt = \int_0^{T_0} e^{j\omega_0 (k-\ell)t}\,dt$$

으로 시작한다. 마지막 적분에서 2가지의 고려해야 하는 경우가 있다: $k = \ell$이면, 지수는 0이 되고, 그래서 적분은

$$\int_0^{T_0} e^{j\omega_0 (k-\ell)t}\,dt = \int_0^{T_0} e^{j0t}\,dt = \int_0^{T_0} 1\,dt = T_0$$

이 된다. 그렇지 않다면, $k \neq \ell$일 때는 지수는 0이 안되고 (C.4)의 적분값 0의 성질을 호출할 수 있으며 다음

$$\int_0^{T_0} e^{j\omega_0(k-\ell)t}\,dt = \int_0^{T_0} e^{j\omega_0 mt}\,dt = 0$$

을 얻으며, 여기서 $m = k - l \neq 0$이다.

복소 지수함수의 직교 성질 (C.6)은 나머지의 복소 급수 유도를 간단히 해준다. 합성식 (C.2)가 $x(t)$의 유효한 식이라고 가정한다면,

$$x(t) = \sum_{k=-\infty}^{\infty} a_k e^{j\omega_0 kt} \tag{C.7}$$

이며, (C.7)의 양변에 복소 지수함수 $v_\ell^*(t)$를 곱하고 주기 T_0 동안 적분할 수 있다.

$$\int_0^{T_0} x(t)e^{-j\omega_0\ell t}\,dt = \int_0^{T_0}\left(\sum_{k=-\infty}^{\infty} a_k e^{j\omega_0 kt}\right)e^{-j\omega_0\ell t}\,dt \tag{C.8a}$$

$$= \sum_{k=-\infty}^{\infty} a_k \underbrace{\left(\int_0^{T_0} e^{j\omega_0(k-\ell)t}\,dt\right)}_{k=\ell\text{일 때만 0이 아니다}} = a_\ell T_0 \tag{C.8b}$$

(C.6)의 직교 성질을 적용하여, (C.8b)의 복소 진폭들 (a_ℓ)중 하나를 가져올 수 있다는 점을 주목한다. 최종 분석 식은 (C.8a)의 좌변과 (C.8b)의 우변을 T_0로 나누어, a_ℓ에 대한 식을 줌으로써 구해진다. ℓ이 임의로 선택된 인덱스이므로, (C.1)에 이미 주장한 푸리에 분석 적분을 얻기 위하여 ℓ을 k로 바꿀 수 있다.

유도하는 중에 복잡한 단계가 있으며, 무한 합과 적분의 순서가 바뀌는 (C.8a)에서 (C.8b)로 갈 때 발생한다. 이 조작의 유효성은 무한합의 수렴성에 달려 있다. 만일 합이 유한하다면, 합의 적분은 합의 각 항의 적분의 합과 같으므로, 문제가 없다. 하지만, 합이 무한대라면, 푸리에 급수의 일반적인 이론에서와 같이 특별한 조치를 해야 한다. 충분 조건은 다음과 같이 말할 수 있다: 만일 $x(t)$가 크기 제한되어 있고 한 주기 안에 유한한 수의 불연속점과 0을 끊는 점들만을 갖고 있는 매끈한 함수라면, 교환은 허용되며 푸리에 계수들은 이미 주장했던 것과 같이 푸리에 적분을 계산함으로써 얻어질 수 있다.

모든 주기 신호가, 불연속적인 파형일지라도, 무한개의 정현파의 합으로 나타내질 수 있다는 사실은 1807년의 푸리에의 유명한 논문의 놀랄만한 주장들 중의 하나이다. 수학자들이 푸리에의 주장을 뒷받침하기 위하여 평균-제곱 수렴에 기반하여 엄격한 수렴 증명을 개발할 때까지 몇 년이 걸렸다. 이 부록에서는, 주기 신호들의 푸리에 급수 식의 더 많은 예를 제공하고, 이런 식들 하에서 수학적인 이론의 중요한 측면들을 일부 논의하고자 한다.

연습문제 C.1

$x(t) = x(t + T_0)$이므로, (C.1)의 적분 범위는 길이 T_0의 임의의 편리한 구간이라는 것을 보여라. 예를 들어, 적분을 $[-T_0/2, 0]$와 $[0, T_0/2]$으로의 2개의 적분들로 나누고 다음으로 (C.1)의 형태로 다시 결합하기 전에 $[-T_0/2, 0]$의 적분에서 적분변수를 변경하여

$$a_k = \frac{1}{T_0}\int_{-T_0/2}^{T_0/2} x(t)e^{-j\omega_0 kt}\,dt \tag{C.9}$$

를 보인다.

연습문제 C.2

(C.9)를 이용하여 만일 $x(t)$가 실수이고 우함수이면, $x(-t) = x(t)$, 푸리에 급수 계수들은 실수이고 $a_{-k} = a_k$를 보여라.

힌트: 오일러의 관계식을 이용하여 (C.9)의 $e^{-j\omega_0 kt} = \cos(\omega_o kt) - j\sin(\omega_0 kt)$라고 작성하고 $\cos(\cdot)$은 우함수 $\sin(\cdot)$는 기함수이고, 또한, 2개의 우함수의 곱은 우함수이고, 우함수와 기함수의 곱은 기함수라는 사실을 이용한다.

C-2 푸리에 분석의 예

만일 (C.2)에서와 같이 주파수들을 고조파들로 제약한다면, 복소 지수신호들의 합을 **이용하여 어떤 주기 신호**도 나타낼 수 있다. 사각파, 삼각파, 그리고 정류된 정현파와 같이, 전혀 정현파와 같아 보이지 않는 모양의 파형들은 복소 지수함수들의 합으로의 푸리에 식을 갖지만, 무한한 수의 항을 갖는다. 이 절에서는, 이들의 푸리에 계수들 a_k에 대한 일반적인 식들을 유도하고 상대적으로 간략하다는 것을 보인다.

기억해야 하는 4개의 개념들이 있다: (1) 신호 $x(t)$로부터 복소 진폭들 $\{a_k\}$를 추출해내는 **분석** 적분, (2) f에 따른 a_k의 스펙트럼 그래프, 이것은 (3) 고조파 삼각함수들(복소 지수함수들)의 무한 합으로서의 신호 $x(t)$의 주파수영역 식, 그리고 (4) 무한한 식들을 잘라내어 유한한 수의 정현파를 갖도록한 $x(t)$의 근사 합성식. 푸리에 분석과 합성의 이런 중요한 특징들은 그림 C-1에 보였다. 시간 영역에서 주기 T_0인 주기 신호로 알려져 있는 수학적인 함수 $x(t)$로 정의된 신호로 시작한다. 푸리에 급수 계수들을 결정하기 위하여, 한 주기 동안의 $x(t)$를 푸리에 분석 적분에서 사용될 수 있는 함수로서 알 필요가 있다. 만일 계수들 a_k에 대한 공식을 주기 위하여 푸리에 적분을 계산할 수 있다면, 그림 C-1의 윗부분에서 나타낸 것과 같이, 주기 신호 $x(t)$의 스펙트럼의 그래프를 그리는 데 필요한 모든 정보를 갖고 있다 (즉, 신호의 주파수-영역 식을 갖는다).

스펙트럼에 대한 하나의 중요한 점이 그림 C-1에 그려져 있다: 기본 주기 T_0를 갖는 모든 주기 신호들은 그림 C-1에서 보인 것과 유사한 스펙트럼을 갖는다. 단 하나의 차이는 계수들 a_k의 값들이다. 이와 같이, 고조파들로 구성된 스펙트럼을 갖는다면 언제나, 주기 신호의 스펙트럼이라는 것을 바로 안다.

그림 C-1에서, 그림의 아래 왼쪽에 그려진 전파 정류 사인파 (FWRS)부터 시작하여 위에 번호를 붙여놓은 4개의 푸리에 개념들을 그렸다. 이 스펙트럼은 그림의 맨 위에 개략적으로 그렸다.

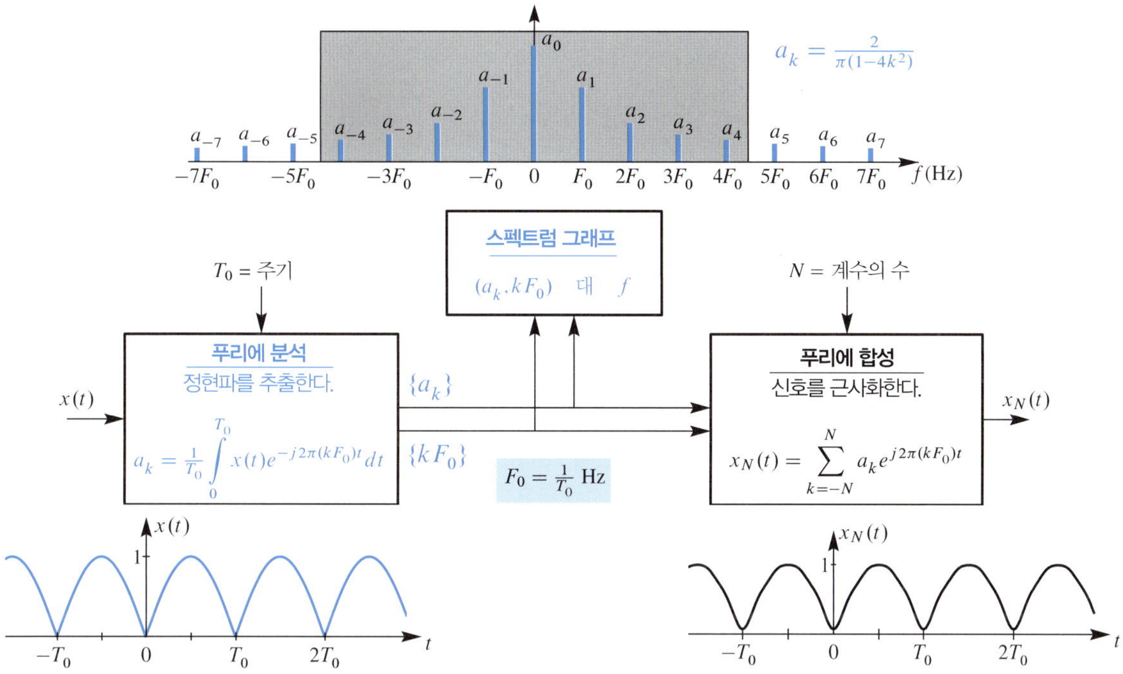

그림 C-1 원래의 주기 신호 $x(t)$, 이 신호의 스펙트럼, 그리고 원신호를 근사화한 합성된 신호 $x_N(t)$ 사이의 관계를 보이는 푸리에 분석과 합성의 주요 성분들

FWRS에 대한 푸리에 분석의 자세한 사항들은 3-5.2절에 제공하였지만, 이 시점에서 다음 질문을 할 수 있다: $x(t)$를 한 주기 동안 정의하는 식을 적는 것이 매우 쉬운데, 왜 우리는 푸리에 급수를 구해야 하는가? 사실상, 푸리에 분석의 계산을 시작하기 위하여 이런 식을 반드시 적어야 한다. 짧게 답을 말하면 복소 지수함수의 합으로서의 신호의 주파수-영역 식은 한 주기 동안의 식이나 또는 그림 C-1에서 보인 파형의 그래프에서 명확히 알 수 없는 다른 정보를 제공해준다.

이것은 푸리에 합성에 대한 중요한 점들을 부각시켜준다. 일반적으로, 푸리에 합성 공식은 (C.2)에서와 같이 무한대의 범위를 필요로 하며, 스펙트럼으로부터의 합성식을 주기 신호 $x(t)$의 수학적인 식으로 생각할 수 있다. 이런 관점에서, 신호에 대한 푸리에 급수는 존재한다는 것을 아는 것으로 충분하며, 그래서 상세한 시간 파형보다는, 스펙트럼과 그 성질에 근거한 신호의 이해를 개발하기 위하여 이것을 사용한다.

그림 C-1은 그림의 아래 오른쪽에 그려놓은 4번째 컴포넌트를 갖는다. 이 부분의 그림은 신호의 스펙트럼 표현으로부터 신호를 합성하는 것을 제안한다. 특히, 근사화 신호는 유한한 푸리에 합성 공식에 따라서 합성될 수 있다[3)]

데모
푸리에 합성
유한 합성

유한 푸리에 합성

$$x_N(t) = \sum_{k=-N}^{N} a_k e^{j\omega_0 kt} \tag{C.10}$$

3) MATLAB을 이용할 수 있으면, (C.10)을 구현하는 *푸리에 합성 프로그램*을 작성하는 것은 쉽다. 이 MATLAB 프로그래밍 실습은 동반 웹사이트에서 이용할 수 있는 음악 합성에 대한 랩 프로젝트에서 좀 더 자세히 기술한다.

푸리에 합성 식을 (C.10)에서와 같이 계산 공식으로 생각할 때, t의 값의 영역에서 계산된 유한한 수의 복소 지수 항들을 (반드시) 더한다. 단지 이 푸리에 급수가 실제로 계수들 a_k를 계산하는데 사용된 원래 정의된 함수를 밀접하게 근사화하는 함수로 가까이 간다는 것을 증명하기 위하여 이 식을 원할 수도 있다. 또한, N을 무한대로 증가함에 따라 수렴의 속도를 연구할 수 있다. 좀 더 실용적인 관점에서, 신호의 세부 특성에 제한된 대역폭의 효과를 알아보고자 원할 수도 있다. 이 개념은 그림 C-1에서 스펙트럼에 음영 지역을 중첩시켜서 제안하였다. 그림의 오른쪽 하단에, 원래의 입력 신호로부터 $4F_0$보다 큰 모든 주파수들이 제거되었을 때의 결과 파형을 본다. 이와 같이, 결과적인 $x_4(t)$는 원신호에 존재하는 고주파 신호 성분을 제거하는 필터링이나 흡수 프로세스의 출력으로 생각될 수도 있다. 그림 C-1은 푸리에 분석과 FWRS 파형의 경우에 대한 대표적인 그래프를 이용한 푸리에 분석의 관계식을 보여주며, 이 푸리에 분석은 $N = 4$에서 (오른쪽 하단의) 유한 합성 결과가 (왼쪽 아래 구석에 보인) 원래의 FWRS 파형에 대한 근사화이다.

LAB
정현파 신호의 합성

이제 여러 개의 주로 사용되는 주기 신호들을 고려함으로써 그림 C-1의 여러 가지 측면을 보이고자 한다. 이런 예들은 실질적인 응용에서 발생하는 신호들을 나타내기 위해서는 종종 무한대의 극한이 필요하다는 것을 보이게 된다.

C-2.1 펄스파

간단하지만 매우 평범한 예가 주기 펄스파이며, 이것은 한 주기에 대하여

$$x(t) = \begin{cases} 1 & 0 \le |t| < \tau/2 \\ 0 & \tau/2 \le |t| \le T_0/2 \end{cases} \tag{C.11}$$

로 정의된다. 그림 C-2는 기본 주기가 주기 T_0로서 무한히 반복되는 신호의 그래프를 보인다. 이 신호는 τ초(펄스폭) 동안 1과 주기의 나머지 동안 0 사이를 스위치하기 때문에 펄스파라고 불린다. 펄스 신호들은 모든 디지털 하드웨어 장치에서 찾을 수 있으며, 여기에는 1과 0이 각각, 온(ON)(또는 참)과 오프 (OFF)(또는 거짓)를 의미한다. 펄스파가 발생하는 많은 응용에서, τ는 주기 T_0보다는 훨씬 짧을 수 있으며, T_0는 이번에는 매우 작을 수 있다 (높은 기본 주파수를 의미한다). $\tau = T_0/2$일 때, 펄스 신호는 주기의 정확히 반 (50%) 동안 온(ON)이므로, 사각파라고 불린다. 종종 이 용어는 "50% 듀티 사이클 사각파"라고 확장된다.

펄스파의 푸리에 급수 식을 구하기 위하여, 푸리에 분석 적분식 (C.1)을 이용하여 복소수 진폭 a_k에 대한 공식을 유도하여야 한다. 먼저 $x(t)$는 구간 $0 \le t \le T_0$보다 $-T_0 / 2 \le t \le T_0/2$ 구간에서 가장 편리하게 정의된다는 점을 주목한다. 이와 같이, 연습문제 C.1의 푸리에 분석 적분 (C.9)의 형태를 사용하는 것이 가장 쉽다. (C.11)에서 정의된 $x(t)$를 적분 (C.9)로 교환한 다음에, 바로 이 적분은 $x(t)$에서 정의한 모든 경우들을 다루기 위하여 3개의 적분으로 나누어져야 한다는 것을 인식한다. 즉,

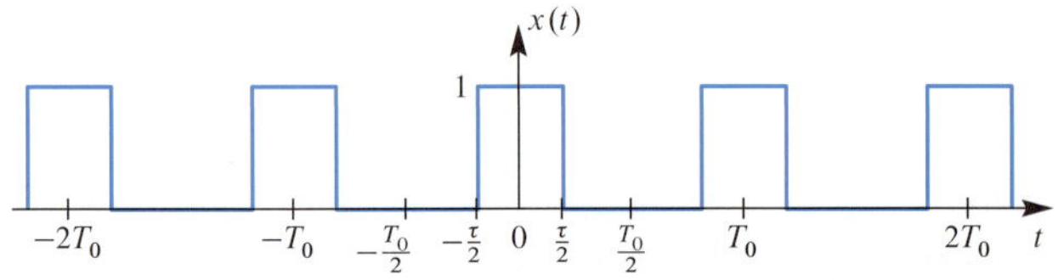

그림 C-2 기본 주파수 $F_0 = 1/T_0$와 펄스폭 τ를 갖는 펄스파 신호의 그래프

$$a_k = \frac{1}{T_0}\int_{-T_0/2}^{-\tau/2}(0)e^{-j\omega_0 kt}\,dt + \frac{1}{T_0}\int_{-\tau/2}^{\tau/2}(1)e^{-j\omega_0 kt}\,dt + \frac{1}{T_0}\int_{\tau/2}^{T_0/2}(0)e^{-j\omega_0 kt}\,dt \qquad \text{(C.12)}$$

하지만, 신호 $x(t)$가 $\tau \le |t| \le T_0/2$에서 0이므로, 첫 번째와 세 번째의 적분은 0이 된다. 이와 같이, 이 적분은 다음:

$$\begin{aligned} a_k &= \left(\frac{1}{T_0}\right)\frac{e^{-j\omega_0 kt}}{-j\omega_0 k}\bigg|_{-\tau/2}^{\tau/2} \\ &= \left(\frac{1}{T_0}\right)\frac{e^{-j(2\pi/T_0)k(\tau/2)} - e^{-j(2\pi/T_0)k(-\tau/2)}}{-(j2\pi/T_0)k} = \frac{\sin(\pi k\tau/T_0)}{\pi k} \end{aligned} \qquad \text{(C.13)}$$

과 같이 단지 $-\tau/2$에서 $\tau/2$까지 적분하고 간략화하기만 하면 된다.

(C.13)의 공식은 펄스파의 푸리에 계수들에 대하여 $k=0$인 경우를 제외한 모든 k에 대하여 유효한 식이며, k=0일 때에 공식은 부정 (0/0)이 된다. 이와 같이, DC 컴포넌트는 한 주기 동안 $x(t)$의 평균을 직접 계산하여 결정해야 한다. 이것을 하기 위하여, 적분을 하기 전의 (C.12)로 돌아가서 $k=0$으로 놓고

$$\begin{aligned} a_0 = \frac{1}{T_0}\int_{-\tau/2}^{\tau/2}(1)e^{-j0t}\,dt &= \frac{1}{T_0}\int_{-\tau/2}^{\tau/2}(1)\,dt \\ &= \frac{1}{T_0}\left(\frac{\tau}{2} - \left(-\frac{\tau}{2}\right)\right) = \frac{\tau}{T_0} \end{aligned}$$

를 구한다. 이 결과를 (C.13)과 함께 더하면,

$$a_k = \begin{cases} \dfrac{\sin(\pi k\tau/T_0)}{\pi k} & k = \pm1, \pm2, \pm3, \ldots \\ \tau/T_0 & k = 0 \end{cases} \qquad \text{(C.14)}$$

를 얻는다. (C.11)에서 정의된 것과 같이, 펄스파는 t의 우함수라는 것을 주목한다. 따라서, 연습문제 C.2에서 본 것과 같이, 푸리에 급수 계수들 a_k는 실수이고 k의 우함수이다 (즉, $a_{-k} = a_k$).

예제 C-1 사각파

*사각파*는 펄스파의 특별한 경우로, 여기에서는 $\tau = T_0/2$이다. 이 경우, 푸리에 계수들 a_k에 대한 공식은 상대적으로 간단해진다: (a_0를 제외한) 모든 짝수-인덱스의 계수들은 0이 된다.

$$a_k = \frac{\sin(\pi k(T_0/2)/T_0)}{\pi k} = \frac{\sin(\pi k/2)}{\pi k}$$

$$\Rightarrow \quad a_0 = \frac{1}{2},\ a_{\pm1} = \frac{1}{\pi},\ a_{\pm2} = 0,\ a_{\pm3} = \frac{-1}{3\pi},\ a_{\pm4} = 0,\ a_{\pm5} = \frac{1}{5\pi}, \ldots$$

연습문제 C.3 펄스파에 대한 푸리에 급수 합성식은 다음

$$x(t) = a_0 + \sum_{k=1}^{\infty} 2a_k \cos(\omega_0 kt)$$

과 같이 쓸 수 있음을 보여라. 여기서, 계수들 a_k는 (C.14)로 주어진다.

C-2.1.1 펄스파의 스펙트럼

그림 C-3은 푸리에 계수들이 (C.14)로 주어지는 펄스파의 3가지 경우에 대한 스펙트럼을 보인다. 명확히 하기 위하여, 푸리에 계수의 포락선

$$a(f) = \frac{\sin(\pi f \tau)}{\pi f T_0} \tag{C.15}$$

의 그래프는 $a(f)$가 주파수의 연속 함수인 것처럼 가는 선으로 그렸다. 하지만, 펄스파의 푸리에 급수 계수들은 이산 주파수들 kF_0에서의 $a(f)$의 값들이다(즉 $a_k = a(kF_0)$). 그림 C-3의 그래프에서 보듯이, (C.15)에서의 포락선 $a(f)$는 f=0을 중심으로 하는 **메인로브**를 가지며, 여기서 이 함수는 메인로브를 둘러싸는 **사이드로브**와 비교하여 상대적으로 크다. 메인로브는 그림 C-3에서와 같이 가장 낮은 주파수 제로들 사이의 주파수 구간을 차지하며, 이것은 $\pi f\tau = \pm\pi$, 또는 $f = \pm 1/\tau$일 때 발생한다. 그림 C-3에서의 예제들에서와 같이 τ가 T_0를 정수로 나눈 것이면, 푸리에 계수들의 포락선은 kF_0가 $1/\tau$의 정수배가 되는 주파수에서 0을 갖는다. 예를 들어, $\tau = T_0/2$인 그림 C-3(a)에서, 푸리에 계수들은 kF_0가 $1/\tau = 2/T_0 = 2F_0$의 정수배일 때 0이 된다. 유사하게, $\tau = T_0/4$이면 계수들은 $4F_0$의 정수배에서 0이 되며, 이와 같이 계속된다.

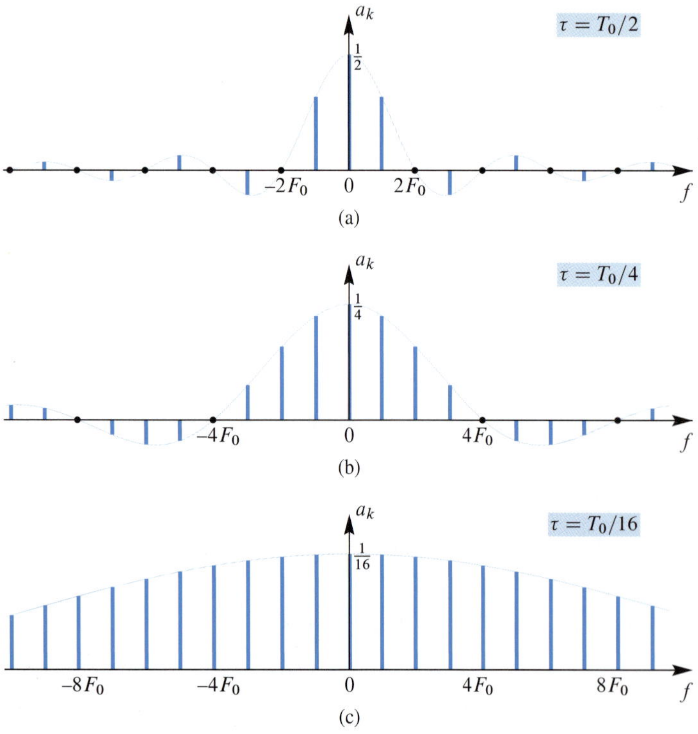

그림 C-3 다른 펄스폭을 갖는 펄스파의 스펙트럼(T_0는 고정). (a) $\tau = T_0/2$(사각파의 경우) 여기서 메인로브는 $-2F_0$에서 $2F_0 = 1/\tau$까지 확장된다. (b) $\tau = T_0/4$ 여기서 메인로브가 $-4F_0$에서 $4F_0 = 1/\tau$까지 확장된다. (c) $\tau = T_0/16$ 여기서는 메인로브가 $-16F_0$부터 $+16F_0 = 1/\tau$까지 확장되며, 사이드로브는 보이지 않는다. $k = -9$에서부터 $+9$까지 영역만 보였으나, a_k의 범위는 $-\infty < k < \infty$까지다.

그림 C-3의 3가지 예들은 이런 계수들 a_k의 크기가 $1/k$에 따라 감쇠하며, 그래서 k가 증가함에 따라 궁극적으로 작아진다. 그럼에도, 3-2.5절에서 정의한 것과 같이, 임의의 펄스파 신호의 대역폭은 무한대이며, 그 이유는 (C.14)의 a_k는 k의 범위가 $-\infty$에서 ∞까지의 모든 정수들에 걸쳐 있으므로 큰 인덱스에서도 0이 될 수가 없기 때문이다. 그림 C-3에서, 펄스폭 τ가 점점 더 작아짐에 따라, 스펙트럼은 더 높은 주파수들로 퍼진다 (즉, 높은 주파수 계수들의 상대적인 크기가 더 커진다). 만일 펄스폭을 더 좁게 만들면, 높은 주파수 계수들은 낮은 주파수 계수들에 비하여 커지는 반면 DC 값은 감소한다. 매우 좁은 펄스들의 극한에서는, 모든 계수들이 같지만 매우 작은 진폭을 갖는다. 이것은 그림 C-3(c)에 설명하였으며, 여기에서 첫 번째 0은 $16F_0$에서 발생하고, 이것은 보여준 주파수 스케일의 한계를 벗어난다.

C-2.1.2 펄스파의 유한 합성

엄격하게 말하여, 펄스파의 대역폭은 무한하지만, 실질적인 상황에서 신호는 어떤 한계 위의 주파수들은 제거되는 통신 채널을 통하여 전송되거나 아니면 이런 시스템에 의하여 수정될 수 있으며, 그래서 대역폭이 유한한 값으로 줄어든다. 예를 들어, 신호 대역폭이 $5F_0$로 줄어들어서 $5F_0$ 위의 모든 주파수들은 0 진폭을 갖는다고 가정한다. 그림 C-3의 스펙트럼 그래프들은 $\tau = T_0/2$의 경우에, 생략된 계수들은 상대적으로 작은 진폭을 갖게 된다. 다른 한편으로, $\tau = T_0/16$일 경우, ($5F_0$ 위의) 제거된 계수들은 대략 낮은 주파수 계수들과 거의 같은 크기이다. 시간 영역에서의 이런 종류의 절단의 영향은 그림 C-4에 보였으며, 이것은 (C.14)에서의 a_k와 $N = 5$일 때의

$$x_N(t) = \sum_{k=-N}^{N} a_k e^{j\omega_0 kt}$$

데모
푸리에 급수 유한 합성

의 그래프를 그린 것이다. N을 증가시킴에 따른 영향을 보는 대신, 그림 C-4는 대역폭이 $5F_0$로 제한되었을 때 펄스폭이 짧아지는 효과를 보인다. 가장 넓은 펄스에 대하여 ($\tau = T_0/2$인 그림 C-4(a)), 기본 주파수의 5개의 고조파들은 펄스가 **온**인 현저히 **평평한** 영역을 만들기에 충분하다. 하지만, 그림 C-4(c)에서의 시간 파형이 $\tau = T_0/16$에 대한 대역 제한된 신호도 전체 펄스 높이에 이르지 못한다는 것을 보여준다. 모든 경우에 있어서, 온 영역과 오프 영역 동안에 진동을 볼 수 있으며 펄스의 뾰족한 모서리는 둥글게 된다. 이 특징들 모두는 유한한 대역폭 $5F_0$ 헤르츠에 기인한다. 디지털 전자에서, 진동은 **오버슈트(Overshoot)**와 **언더슈트(Undershoot)**라고 불리며, 오프에서 온으로 스위치하는 시간을 **상승 시간(Rise Time)**이라고 불린다. 대역폭을 늘임으로써 (N증가), 상승 시간을 줄일 수 있지만, 최대의 오버슈트는 단위 진폭 펄스파의 경우에 비하여 대략 0.09에 남아있게 된다.[4]

그림 C-4(b)에서, 펄스폭은 더 짧으며 그래서 펄스는 둥글어 진다; 그리고 그림 C-4(c)에서 $\tau = T_0/16$의 경우,원래의 펄스 모양은 구별하기 어렵다. 정말로, 대역제한된 신호가 이상적인 펄스보다 더 넓은 경우 원하는 펄스의 높이에 이르게 된다. 다시, 대역폭을 증가시키는 것은 펄스 신호를 좀 더 충실히 재생한 신호로 이르게 한다 상승 시간은 더 짧아지지만 진동은 여전히 존재할 것이다. 일반적으로, 이런 예제들로부터 매우 좁고, 급격히 반복하는 펄스들은 정확한 재생을 위하여 매우 넓은 대역폭을 필요로 한다고 결론지을 수 있다.

4) 이 오버슈트는 깁스 현상(Gibb's Phenomenon)이라고 불리며, C-4.2절에서 좀 더 자세히 논의될 것이다.

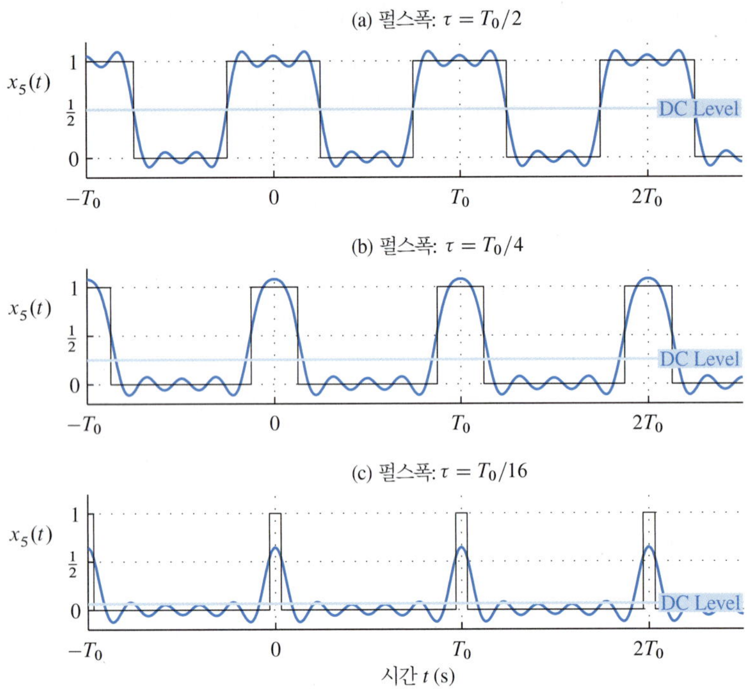

그림 C-4 다른 펄스폭에 대한 유한 푸리에 합성 ($N = 5$). (a) $\tau = T_0/2$(사각파의 경우); DC 값 = 1/2. (b) $\tau = T_0/4$, DC 값 = 1/4. (c) $\tau = T_0/16$, DC 값 = 1/16.

연습문제 C.4	$\tau = T_0/8$일 때의 펄스파의 경우 파형 $x_5(t)$는 어떻게 보이는지를 기술하여라. 어려움이 있으면, 이 τ값으로 (C.14)를 이용하여 $x_5(t)$를 합성할 수 있다.

연습문제 C.5	유한 푸리에 합성식 (C.10)에서 N이 21이라면, 그림 C-4의 그래프가 어떻게 보이는지를 MATLAB을 이용하여 확인하여라.

C-2.2 삼각파

해석하기에 상대적으로 간단한 또 다른 경우가 그림 C-5에 보인 삼각파이다. 삼각파에 대한 수학적인 식은 2개의 세그먼트로 구성된다. 푸리에 분석 적분을 설정하기 위하여, 주기를 $-T_0/2$로부터 $T_0/2$로 선택한다. 그 주기에 걸친 파형의 정의는 2개의 세그먼트를 필요로 한다:

$$x(t) = \begin{cases} -2t/T_0 & -T_0/2 \le t < 0 \\ 2t/T_0 & 0 \le t < T_0/2 \end{cases} \tag{C.16}$$

첫 번째 세그먼트는 기울기 $-2/T_0$를 가지며, 두 번째는 $+2/T_0$를 갖는다. 펄스파와는 달리, 삼각파는 연속 신호이다.

이제 삼각파에 대한 계수들 $\{a_k\}$에 대한 공식을 유도하기 위하여 푸리에 적분 (C.1)을 불러온다. 이전의 경험에서 DC 계수는 따로 구해야하는 것으로 생각되며, 그래서 이 경우를 먼저 다룬다.

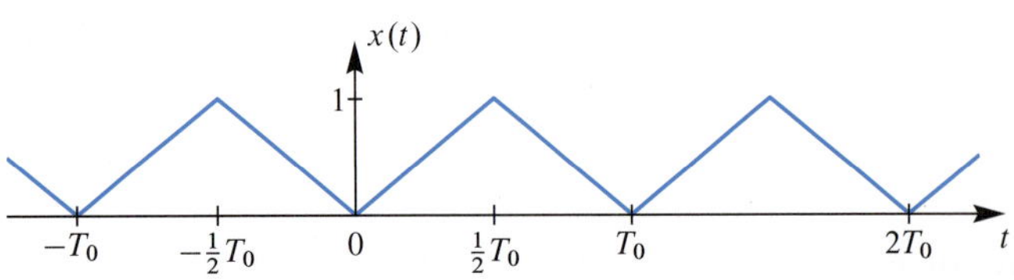

그림 C-5 주기 T_0초인 삼각파

푸리에 분석 적분 (C.1)을 이용하고 $k = 0$으로 놓으면, 다음

$$a_0 = \frac{1}{T_0}\int_0^{T_0} x(t)\,dt$$

을 얻는다. 적분이 한 주기에 걸친 적분이, 사실상, 0에서 T_0까지 삼각형의 면적이라는 것을 인식하면,

$$a_0 = \frac{1}{T_0}(\text{면적}) = \frac{1}{T_0}\left(\frac{T_0}{2}\right) = \frac{1}{2} \tag{C.17}$$

을 얻는다. $k \neq 0$인 일반적인 경우에 대해서는, 신호 정의가 2개의 공식으로 구성되기 때문에, 푸리에 분석 적분을 2개의 섹션으로 나누어야 한다:

$$a_k = \frac{1}{T_0}\int_{-T_0/2}^{0} (-2t/T_0)e^{-j\omega_0 kt}\,dt + \frac{1}{T_0}\int_0^{T_0/2} (2t/T_0)e^{-j\omega_0 kt}\,dt \tag{C.18}$$

이 적분들은 음의 부호와 적분 구간을 제외하면 동일하다. 하지만, 실질적인 적분을 하기 위해서는 부분 적분, 또는 적분표, 또는 Wolfram|Alpha©같은 온라인 컴퓨터 대수 시스템이 필요하다. 부분 적분과 일부 지루한 계산 단계를 거친 이후에, a_k에 대한 적분은 다음

$$a_k = \frac{e^{-jk\pi} - 1}{\pi^2 k^2} \tag{C.19}$$

으로 적을 수 있다. $e^{-k\pi} = (-1)^k$이므로, (C.19)의 분자는 0 또는 −2와 같으며, 그래서 a_k에 대하여 다음의 경우들로 작성할 수 있다:

$$a_k = \begin{cases} \dfrac{-2}{\pi^2 k^2} & k = \pm1, \pm3, \pm5, \ldots \\ 0 & k = \pm2, \pm4, \pm6, \ldots \\ \dfrac{1}{2} & k = 0 \end{cases} \tag{C.20}$$

이 경우 계수들은 순수하게 실수이며 $a_{-k} = a_k$이라는 것을 참고한다. 이것은 신호가 실수이고 t에 대하여 우함수이므로 성립한다. 또한, 사각파의 경우에서와 같이 DC 계수를 구하기 위하여 k=0에 대하여 (C.19)를 계산할 수 없다는 것을 또한 관찰할 수 있다.

연습문제 C.6

부분 적분을 이용하여

$$\int te^{-j\omega_0 kt}dt = e^{-j\omega_0 kt}\left(\frac{j\omega_0 kt + 1}{\omega_0^2 k^2}\right)$$

를 보여라. 다음으로, (C.18)로 시작하여 삼각파의 푸리에 급수 계수들에 대한 식 (C.20)을 유도하여라.

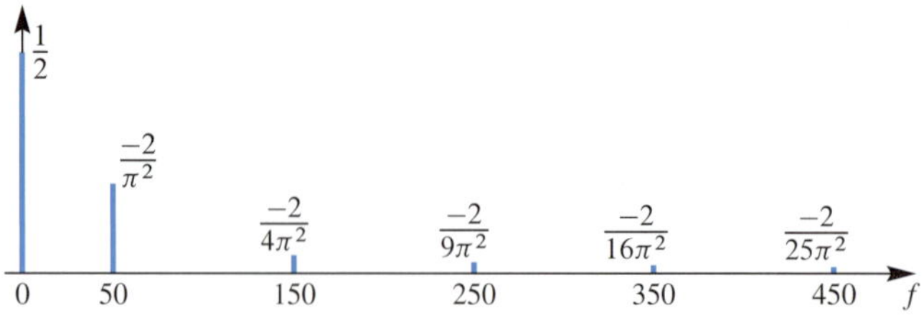

그림 C-6 9번째 고조파를 포함하여 9번째까지의 고조파를 포함하는 삼각파의 한쪽의 스펙트럼. $f = 100, 200, 300, 400$ Hz에서의 짝수 고조파들은 0이다. 음의 주파수에 대하여는, 켤레 대칭 $a_{-k} = a_k^*$이 성립한다.

C-2.2.1 삼각파의 스펙트럼

삼각파에 대한 스펙트럼의 그래프[5)]는 $F_0 = 50$ Hz에 대하여 그림 C-6에 보였다. (C.20)에 주어진 복소 진폭들은 매우 급격히 감소하고, $k > 0$에 대하여 홀수-인덱스의 고조파들만이 존재한다. 그림 C-6의 스펙트럼으로부터, 시간-영역 신호인 삼각파의 푸리에 급수 표현에 대한 공식을 적는 것은 쉽다. 각 홀수 인덱스 k에 대하여, 하나는 $f = 50k$에 다른 하나는 $f = -50k$에 2개의 선 스펙트럼이 있으며, 이들은 합할 수 있다.

$$\frac{-2}{k^2\pi^2}e^{j2\pi(50k)t} + \frac{-2}{k^2\pi^2}e^{-j2\pi(50k)t} = \frac{-4}{k^2\pi^2}\cos(2\pi(50k)t) \tag{C.21}$$

홀수 인덱스들의 집합은 $\ell = 1, 2, \ldots$에 따라 $k = 2\ell - 1$로 만들어질 수 있으며, 그래서 다음

$$x(t) = \frac{1}{2} + \sum_{\ell=1}^{\infty} \frac{-4}{(2\ell-1)^2\pi^2}\cos(2\pi(50)(2\ell-1)t)$$

과 같이 적을 수 있다.

C-2.2.2 삼각파의 유한 합성

데모
푸리에 급수
유한 합성

그림 C-5의 이상적인 삼각파는, 불연속인 사각파와는 달리, 연속 신호이다. 따라서 삼각파를 유한 푸리에 합성식 (C.10)으로 근사화하는 것은 더 쉽다. 그림 C-7에 $N = 3$과 9의 2가지 경우를 보였다. 기본 주파수는 $F_0 = 50$ Hz이다. $N = 9$인 경우, 근사화는 진짜 삼각파와 거의 구별하기 어려우나 파형의 꼭대기와 바닥에서 약간 둥글다. $N > 9$인 고조파를 더하면, 이런 점들 근처의 합성이 개선된다. $N = 3$인 경우조차도, DC와 2개의 정현파 항들만을 이용했음에도, 비교적 훌륭한 근사화가 된다. 이것에 대한 이유는 그림 C-6의 스펙트럼 그래프를 조사하여 알 수 있으며, 여기서 고주파 성분들은 $k > 3$에서 매우 급격히 크기가 줄어든다는 것을 보인다. 이것은 대역 제한된 시스템을 통하여 전송될 때 삼각파는 같은 기본 주파수를 갖는 펄스파보다 더욱 정밀하게 전송될 수 있다는 것을 의미한다.

C-2.3 반파 정류 사인파

정류된 사인 함수는 간단한 전자 회로를 이용하여 순수한 정현파로부터 쉽게 만들 수 있다. 제3장, 3-5.2절에서 논의한 것과 같이, 전파 정류 사인파(Full Wave Rectified Sine: FWRS)는 AC-DC 전

5) 그림 C-6의 그래프는 스펙트럼의 그래프에서 양의-주파수만을 보인다. 음의 주파수 부분은 만일 필요하다면 계수들의 켤레 대칭 (즉, $a_{-k} = a_k^*$)을이용하여 만들 수 있으므로, 이 그림은 실수 신호의 스펙트럼의 그래프를 그리는 더 간단하지만 충분한 방법이다.

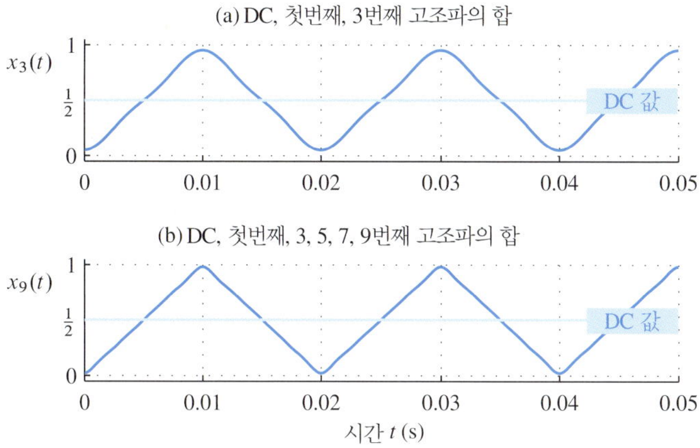

그림 C-7 유한 푸리에 합성식 (C.10)을 이용한 50 Hz 삼각파의 고조파 성분들의 합. (a) $N = 3$, (b) 9번째 고조파를 포함한 9번째 고조파까지의 합 (즉, $N = 9$). 상수 DC 값 1/2은 나타내었다.

력 변환기에서 응용을 찾을 수 있다. 연관된 경우가 그림 C-8에 보인 반파 정류 사인파(Half-Wave Rectified Sine; HWRS)이다(즉, 사인파의 음의 부분들이 잘려 나간다). 전자회로에서는, 다이오드를 이용하여 이런 클리핑은 쉽게 할 수 있다. HWRS에 대한 수학적인 공식은 한 주기 $0 \le t \le T_0$에 걸쳐서 정의될 때 2가지 경우로 구성된다:

$$x(t) = \begin{cases} \sin((2\pi/T_0)t) & 0 \le t < T_0/2 \\ 0 & T_0/2 \le t < T_0 \end{cases} \tag{C.22}$$

HWRS은 연속 신호이지만, 그림 C-8에 보인 것과 같이, $t = 0, \pm T_0/2, \pm T_0, \ldots$에서 기울기가 급하게 변하므로, 1차 미분은 불연속이다.

(C.22)의 $x(t)$가 $\omega_0 = (2\pi/T_0)$로 푸리에 급수 분석 적분식에서 사용될 때, 이 신호의 정의가 2개의 부분으로 구성되므로, 적분도 2 부분으로 나누어야 한다:

$$a_k = \frac{1}{T_0}\int_0^{T_0/2} \sin(\omega_0 t)e^{-j\omega_0 kt}\,dt + \underbrace{\frac{1}{T_0}\int_{T_0/2}^{T_0} (0)e^{-j(2\pi T_0)kt}\,dt}_{0} \tag{C.23}$$

FWRS의 경우에서와 같이, 남아있는 적분을 2개의 적분의 합으로 작성하기 위하여 사인에 대하여 역 오일러 관계를 이용할 수 있다

$$a_k = \frac{1}{2jT_0}\int_0^{T_0/2} e^{j\omega_0(1-k)t}\,dt + \frac{-1}{2jT_0}\int_0^{T_0/2} e^{-j\omega_0(1+k)t}\,dt \tag{C.24}$$

(C.24)에서 $k= \pm 1$의 특별한 경우는 반드시 적분을 하기 전에 $k = \pm 1$을 대입하여 별도로 다루어

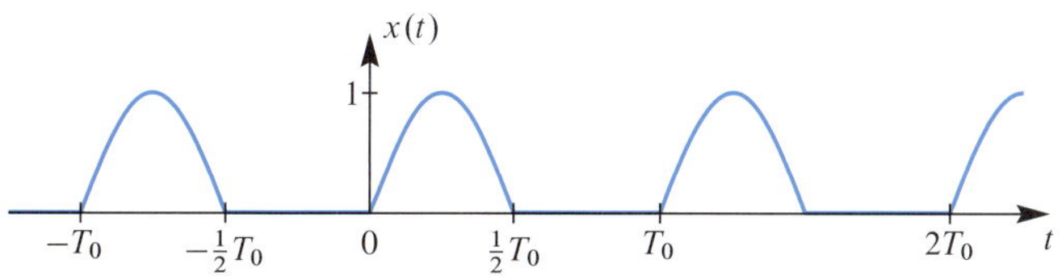

그림 C-13 주기적인 반파 정류 사인파 신호

져야 한다. 예를 들어, $k = 1$일 때, 다음

$$a_1 = \frac{1}{2jT_0}\int_0^{T_0/2} 1\,dt + \cancelto{0}{\frac{-1}{2jT_0}\int_0^{T_0/2} e^{-j\omega_0(2)t}\,dt} = \frac{1}{4j} = -j\frac{1}{4} \tag{C.25}$$

을 얻는다. 두 번째 적분은 복소 지수함수 $e^{-j\omega_0(2)t}$의 주기가 $T_0/2$이고 (C.4)가 적용되므로 0이 된다.

(C.24)의 복소 지수함수들을 적분하고 복소수 값들의 식들을 간단히 한 후에, a_k에 대한 최종적인 결과는 다음

$$a_k = \begin{cases} \dfrac{1}{\pi(1-k^2)} & k\text{가 짝수일 때} \\ \mp j\dfrac{1}{4} & k = \pm 1\text{일 때} \\ 0 & k = \pm 3,\ \pm 5, \ldots\text{일 때} \end{cases} \tag{C.26}$$

로 적을 수 있다. DC 성분은 $a_0 = 1/\pi \approx 0.3183$이며, 이 값은 FWRS의 DC성분의 정확히 반이라는 것을 주목한다. 이것은 HWRS 신호가 주기의 반동안 0이기 때문이다.

연습문제 C.7	(C.24)의 적분으로부터 시작하여, HWRS의 푸리에 급수 계수에서 k가 짝수인 경우의 (C.26) 식을 유도하여라. $e^{j2\pi k} = 1$, $e^{j\pi} = -1$ 등의 복소수 지수식의 간략화 공식을 이용하여라.

C-2.3.1 반파 정류 사인파의 유한 합성식

그림 C-8의 이상적인 HWRS 신호는 연속 신호이므로, (C.10)의 유한 푸리에 합 근사식은 주어진 숫자의 계수들에 대하여 불연속 사각파보다는 더 좋아질 것이라고 기대할 수 있다. 그림 C-9에는 $N = 2$와 $N = 8$의 2가지 경우를 보였다. $N = 8$의 경우는 근사화는 원래의 파형과 매우 근사하지만, 약간의 리플들을 볼 수 있다. $N > 8$의 고조파들을 더하면 리플들을 감소시킴으로써 단지 약간 개선이 될 것이다. $N = 2$의 경우는 단지 DC 성분과 2개의 정현파 항들만을 이용하므로, 현저한 리플들을 보인다.

데모
푸리에 급수
유한 합성식

이런 차이들은 스펙트럼을 조사함으로써 설명이 가능하며, 이것은 $k > 2$에 대한 고주파 성분의 상대적인 크기가 떨어지는 양이 매우 적다는 것을 보인다. $F_0 = 50$ Hz에서 HWRS의 스펙트럼의 그래프는 그림 C-10에 보였다. (C.26)에 주어진 복소수 진폭은 매우 급하게 떨어지며, $k > 1$에서는 짝수 인덱스 고조파만이 존재한다.

그림 C-10에서의 스펙트럼으로부터 HWRS 파형의 푸리에 급수 표현에 대한 공식을 작성하는 것은 쉽다. 각 인덱스 k에 대하여, 하나는 $f = 50k$에 다른 하나는 $f = -50k$에, 2개의 선 스펙트럼이 있으며, 이것은 결합될 수 있다. 예를 들어, $k > 0$이고 짝수라면,

$$\frac{1}{\pi(1-k^2)}e^{j2\pi(50k)t} + \frac{1}{\pi(1-k^2)}e^{-j2\pi(50k)t} = \frac{2}{\pi(1-k^2)}\cos(2\pi(50k)t) \tag{C.27}$$

이다. 짝수 인덱스들의 집합은 $\ell = 1, 2, \ldots$에 따라 $k = 2\ell$로서 생성할 수 있으며, 그래서

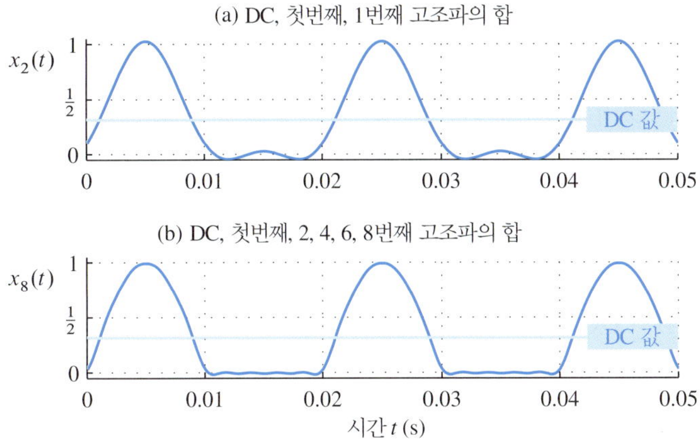

그림 C-9 유한 푸리에 합성식 (C.10)을 이용한 반파 정류 사인 신호에 대한 고조파 성분들의 합. (a) $N = 2$. (b) 8번째 고조파를 포함하여 8번째까지의 (즉, $N = 8$)합. 기본 주파수는 $F_0 = 50$ Hz이다. 두 그래프에서 보인 것과 같이 DC 값은 상수 0.3183이다.

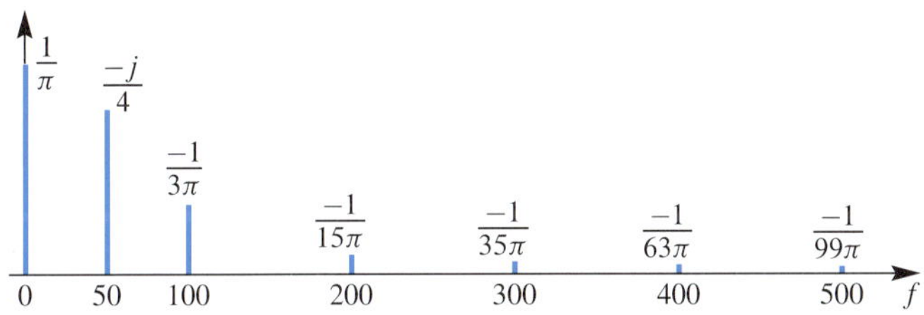

그림 C-10 10번째 고조파를 포함하여 이 항까지의 반파 정류 사인파의 한쪽의 스펙트럼, 기본 주파수는 $F_0 = 50$ Hz이다. $f = 150, 250, 350, 450$에서의 홀수 고조파들은 0이다. 음의 주파수에 대해서는, 켤레 대칭 $a_{-k} = a_k^*$가 성립한다.

$$x(t) = \frac{1}{\pi} + \frac{1}{2}\sin(2\pi(50)t) + \sum_{\ell=1}^{\infty} \frac{2}{\pi(1-(2\ell)^2)} \cos(2\pi(50)(2\ell)t)$$

라고 적을 수 있다.

위의 분석으로부터 반파 정류는 전력 회사로부터 이용할 수 있는 정현파 신호로부터 0이 아닌 DC 값을 구하는 또 다른 방법이라는 것을 볼 수 있다. FWRS와 주요 차이점은 HWRS 출력의 기본 주파수는 FWRS 기본 주파수의 반이라는 것이다. DC 전력 공급 응용에서 이 방법은 리플을 걷어내고 상수의 출력을 얻기에 다소 어렵게 만든다.

C-3 푸리에 급수에서의 연산들

신호처리에서는, 신호를 다룰 때 신호가 어떻게 변할지를 예측해야 할 필요가 있다. 주기 신호의 푸리에 급수 표현의 큰 장점 중의 하나는 신호 $x(t)$에 대한 연산들은 종종 푸리에 계수들에게는 매우 간단한 대응되는 연산을 갖는다는 것이다. 이런 관계식들은 종종 푸리에 급수식의 성질들로서 언급된다. 제3장의 3-3절에서는, 정현파의 합으로서의 스펙트럼의 성질에 대하여 제시하였다. 푸리에 급수 식이 주기 신호의 스펙트럼이므로, 이런 성질들의 대부분은 푸리에 급수에 대해서도 반드시 성립해야 한다. 이 스펙트럼은 반드시 고조파 선스펙트럼을 가져야 하며, 그래서 일어날 수 있는 유일한 문제가 이 연산이 선 스펙트럼들의 고조파의 본질, 또는 등가적으로, 신호의 주기성에 영향을 주는지 아닌지에 대한 것이다. 이 절에서는 이런 성질들을 다시 보고 여러 예들을 제공한다.

C-3.1 스케일링 또는 상수 더하기

3-3.1절을 훑어보면, 스케일링은 주기 신호를 스케일 인자를 곱하는 것 (즉, $\gamma x(t)$)은 모든 푸리에 계수들을 같은 스케일 인자(γ)를 곱하는 것이므로 간단한 성질이라는 것을 기억한다

$$\gamma x(t) = \sum_{k=-\infty}^{\infty} (\gamma a_k) e^{j\omega_0 kt}$$

같은 방법으로 상수를 더할 때 스펙트럼의 DC 성분만이 변경된다는 것을 기억한다

$$x(t) + c = \underbrace{(a_0 + c)}_{\text{새로운 DC값}} + \sum_{k\neq 0} a_k e^{j\omega_0 kt}$$

이 연산들 중 어떤 것도 신호의 주기를 변화시키지 않으며, 그래서 3-3.1절에서의 성질들은 푸리에 급수에 대하여 성립한다.

예제 C-2 새로운 사각파

극성이 있는 사각파를 다음:

$$y(t) = \begin{cases} +1 & 0 \le t < T_0/2 \\ -1 & T_0/2 \le t < T_0 \end{cases}$$

과 같이 정의한다. 이 사각파는 예제 C-1의 0-1 사각파와 $y(t) = 2(x(t) - 1/2)$로 관련되어 있다. $x(t)$로부터 1/2을 빼는 것은 단지 DC 값만을 변화하며, 다음의 2를 곱하는 것은 푸리에 계수의 크기를 2배로 하는 것이다. 0-1 사각파의 푸리에 계수들은

$$a_k = \begin{cases} 1/2 & k = 0 \\ \dfrac{-j}{k\pi} & k \text{ 홀수} \\ 0 & k = \pm 2, \pm 4, \ldots \end{cases}$$

이며, $y(t)$에 대한 푸리에 계수들 $\{b_k\}$들은

$$b_k = \begin{cases} 2(a_0 - 1/2) = 0 & k = 0 \\ 2a_k = 2\left(\dfrac{-j}{k\pi}\right) & k \text{ 홀수} \\ 0 & k = \pm 2, \pm 4, \ldots \end{cases}$$

이다.

C-3.2 신호들의 덧셈

또 다른 간단한 연산이 덧셈이며, 2가지 경우가 있다: 만일 두 주기 신호들이 같은 기본 주파수를 갖는다면, 푸리에 계수들은 더해진다

$$x(t) + y(t) = \sum_{k=-\infty}^{\infty} (a_k + b_k)e^{j\omega_0 kt}$$

여기서 $x(t)$와 $y(t)$의 푸리에 계수들은 각각 $\{a_k\}$와 $\{b_k\}$이다. 덧셈 이후에 ω_0가 변하는 특별한 경우가 존재한다 (문제 P-C.11을 볼 것).

만일 기본 주파수들이 다르다면, 상황은 좀 더 복잡하며 그 이유는 합이 주기 함수가 되지 않을 수도 있기 때문이다. 만일 합 신호가 주기함수이면, 합에 대한 새로운 주기를 찾는 것은 최대공약수(gcd: Greatest Common Divisor) 연산을 포함한다. 그 다음으로 이 새로운 기본 주파수를 이용하여, 모든 푸리에 계수들은 반드시 푸리에 계수들을 더하기에 앞서서 반드시 인덱스를 재배열해야 한다.

C-3.3 시간-스케일링 성질

푸리에 급수의 기본 성질은 푸리에 계수들은 한 주기에 걸친 파형에 의하여 결정되지만, 반면 기본 주파수는 기본 주기의 기간에 의하여 결정된다. 시간-스케일링 연산은, 식 $y(t) = x(\alpha t)$로 정의되며, 파형은 그대로 놓아두면서 각 주기의 길이를 변화시킨다. 만일 $x(t)$가 주기 T_0를 갖는 주기 신호이며 스케일링 상수가 $0 < \alpha < \infty$라면, $y(t)$의 주기는 T_0/α이다. 이 경우, $y(t)$의 푸리에 급수 계수들은 $x(t)$의 푸리에 급수 식에 시간-스케일링 연산을 적용하여 결정할 수 있다. 이와 같이, 다음의 두 식은 같다:

$$x(\alpha t) = \sum_{k=-\infty}^{\infty} a_k e^{j(2\pi/T_0)k(\alpha t)} \tag{C.28a}$$

$$y(t) = \sum_{k=-\infty}^{\infty} a_k e^{j(2\pi/(T_0/\alpha))kt} \tag{C.28b}$$

(C.28b)를 주기 T_0/α, 또는 기본 주파수 αF_0를 갖는 주기함수에 대한 푸리에 급수로서 인식한다. 이와 같이, 만일 $\alpha < 1$이면, 주기는 T_0보다 크며 기본 주파수는 F_0보다 낮아진다. $\alpha > 1$이면, 반대가 성립한다. 주요 관측은 시간-스케일된 신호 $x(\alpha t)$의 푸리에 급수 계수들은 원 신호 $x(t)$의 계수들과 같고, 기본 주파수만이 달라진다는 것이다.

연습문제 C.8 (C.28b)의 합은 $y(t + T_0/\alpha) = y(t)$를 만족하는 신호를 만들고, 따라서 만일 $x(t)$의 주기가 T_0라면, $y(t) = x(\alpha t)$의 주기는 T_0/α라는 것을 증명하여라.

예제 C-3 펄스파의 시간-스케일링

펄스파에 대하여, 푸리에 계수들 a_k에 대한 공식 (C.14)를 이미 유도하였으며, 그래서 펄스 구간과 주기 사이의 같은 비율, τ/T_0,을 갖는 모든 펄스 신호들에 대하여 시간-스케일링 성질이 성립한다는 것을 쉽게 보일 수 있다. 펄스파의 푸리에 계수들에 대한 공식 (C.14)는

$$a_k = \begin{cases} \dfrac{\sin(\pi k(\tau/T_0))}{\pi k} & k = \pm1, \pm2, \pm3, \ldots \\ \tau/T_0 & k = 0 \end{cases}$$

와 같이 다시 쓸 수 있다. τ와 T_0가 비율 τ/T_0로서 항상 함께 나오므로, 계수들 a_k는 이 비율에만 연관된다.

예를 들어, 주기가 50 ms이고 펄스폭이 10 ms일 때, 비율은 $\tau/T_0 = 0.2$이다. 이와 같이, $\tau/T_0 = 0.2$인 모든 경우에 대한 푸리에 계수들은 주기 1초로 반복되는 0.2초의 펄스에 대한 푸리에 분석 적분식을 이용하여 결정할 수 있다. 다음의 적분

$$a_k = \int_{-\tau'/2}^{\tau'/2} e^{-j2\pi kt} dt$$

은 주기 1초에 펄스 길이가 τ'에 대한 것으로, 이 경우에 대한 적분의 상하한은 $\pm\tau'/2 = \pm(\tau/T_0)/2 = \pm 0.1$이다. 이 적분은 적분과 그 이후의 대수 조작을 복잡하게 하는 심벌이 거의 없다. Wolfram|Alpha와 같은 심벌릭 분석 프로그램을 사용하는 것이 이상적이다.

연습문제 C.9 다음의 코드를 Wolfram|Alpha로 입력하고 결과를 해석하여라:

```
int_(-tau/2)^(tau/2) e^(-i 2 pi k t) dt
```

C-3.4 시간-이동 성질

3-3.3절에서, 스펙트럼의 시간-이동 성질이 유도되었다. 푸리에 급수는 고조파 스펙트럼을 정의하므로, 반드시 같은 성질을 따라야 한다. 만일 $x(t)$를 시간 이동하여 새로운 주기 신호 $y(t)$를 만들면, $x(t)$의 스펙트럼인, 푸리에 계수들 $\{a_k\}$에서 간단한 변화가 있게 된다. 만일 $y(t)$의 푸리에 계수들이 $\{b_k\}$라면, 스펙트럼의 시간-이동 성질은

시간 이동 성질

$$y(t) = x(t - \tau_d) \quad \longleftrightarrow \quad b_k = a_k e^{-j\omega_0 k \tau_d}$$

를 의미한다. 이와 같이, $x(t)$의 시간-이동은 푸리에 계수들 a_k에 복소수 지수를 곱하게 된다.

예제 C-4 시간 지연된 삼각파

그림 C-11의 위에 그린 것과 같이, 주기 $T_0 = 0.04$초인 삼각파 $x(t)$를 고려한다. 삼각파 $x(t)$에 대한 푸리에 급수 계수들 a_k는 (C.20)으로 주어졌고 주기는 $T_0 = 0.04$초이며, 그래서 $\omega_0 = 50\pi$이다. 따라서, 지연된 신호 $y(t) = x(t - 0.01)$의 푸리에 급수 계수들은 $b_k = a_k e^{-j(50\pi)k(0.01)} = a_k e^{-j\pi k/2} = (-j)^k a_k$ 또는

$$b_k = (-j)^k a_k = \begin{cases} \dfrac{j2(-1)^{k+1}}{\pi^2 k^2} & k = \pm 1, \pm 3, \pm 5, \ldots \\ 0 & k = \pm 2, \pm 4, \pm 6, \ldots \\ 1/2 & k = 0 \end{cases} \tag{C.29}$$

이다.

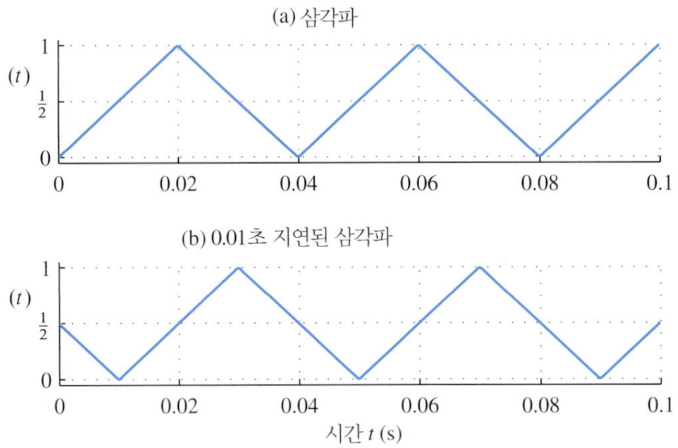

그림 C-11 시간 지연의 설명. (a) 주기 $T_0 = 0.04$초인 삼각파, (b) 0.01초 지연된 삼각파

그래프를 그리는 데 있어서 편의상, 그림 C-11의 파형들은 $N = 35$와 (C.20)의 a_k 그리고 (C.29)의 b_k를 이용하여 (C.10)의 유한합으로 생성되었다. 기울기의 불연속에서의 에러들은 너무 작아서 그래프의 스케일에서 인식하기 어렵다. 이와 같이, 이 그림은 만일 신호가 연속이라면 푸리에 급수 근사식이 큰 값의 N에서 단순 수렴한다는 또 하나의 증거를 제공한다.

C-3.5 미분 성질

3-3.4절에서, $x(t)$를 미분하여 새로운 신호 $y(t)$를 만들면, $y(t)$는 또한 같은 주기를 갖는 주기 함수이며 푸리에 계수들은 다음과 같이 구할 수 있다.

미분 성질

$$y(t) = \frac{d}{dt}x(t) \quad \longleftrightarrow \quad b_k = (j\omega_0 k)a_k$$

미분 연산자가 $x(t)$의 푸리에 급수의 각 항에 적용될 수 있다고 가정하면,

$$y(t) = \frac{d}{dt}x(t) = \sum_{k=-\infty}^{\infty} a_k \frac{d}{dt}e^{j\omega_0 kt} = \sum_{k=-\infty}^{\infty} \underbrace{(j\omega_0 k)a_k}_{b_k} e^{j\omega_0 kt}$$

을 얻는다. 이와 같이 $x(t)$를 미분하는 것은 푸리에 계수들 a_k에 $(j\omega_0 k)$를 곱하게 된다.

예제 C-5 미분된 삼각파

그림 C-12(a)의 그래프에서 보인 삼각파 $x(t)$를 고려한다. 미분은 선분의 기울기이지만, $t = 0, 0.02, 0.04, \ldots$에서 불연속이다; 그래서, 그림 C-12(b)에서 보인 것과 같이 사각파이다. 일반적으로, 삼각파 $x(t)$에 대한 푸리에 급수 계수들 a_k는 (C.20)으로 주어진다. 주기가 $T_0 = 0.04$초, $\omega_0 = 2\pi/(0.04) = 50\pi$일 때, 미분된 신호 $y(t)$의 푸리에 계수들은 $b_k = (j50\pi k)a_k$, 또는

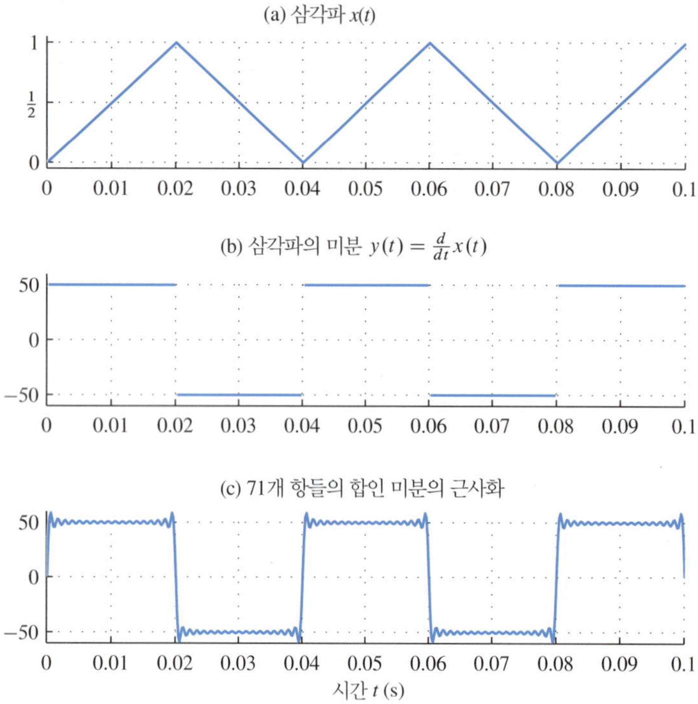

그림 C-12 시간 미분의 설명. (a) 삼각파, (b) 삼각파의 미분, (c) $-35 \le k \le 35$에 대하여 b_k를 이용한 유한 푸리에 합 근사화

$$b_k = (j50\pi k)a_k = \begin{cases} 50\,\dfrac{(-2j)}{\pi k} & k = \pm 1, \pm 3, \pm 5, \ldots \\ 0 & k = \pm 2, \pm 4, \pm 6, \ldots \\ 0 & k = 0 \end{cases} \tag{C.30}$$

이다. 이들은 +50과 −50 사이에서 변하는 사각파의 푸리에 급수 계수들이다. 곱하는 수($j50\pi k$)는 $k = 0$일 때 0이므로 DC 값은 0이다. 그림 C-12(c)의 그래프는 $N = 35$에 대하여 (C.30)과 유한 합성식 (C.10)을 이용하여 구축된다. 그림 C-3에서의 펄스파 합성과 같이, 불연속점 근처에서 리플을 본다. 기울기의 불연속 점 외에도, 하지만 근사화는 +50과 −50으로 수렴하며, 이것은 각각 주기의 첫 번째 및 마지막 반의 삼각파의 기울기이다.

C-3.6 주파수-이동 성질과 정현파의 곱

주기 신호에 복소 지수함수를 곱하면, 푸리에 급수 성분들은 주파수에서 이동하게 되지만, 이들의 값들은 변하지 않는다. 3-3.5절에서부터, 선스펙트럼들의 주파수 이동 (상향 또는 하향)을 기대한다. 정현파를 곱하면, 정현파는 2개의 복소 지수함수들의 합이며, 스펙트럼은 하나는 위로 하나는 아래로 이동한, 2개의 주파수-이동된 스펙트럼의 합이 된다. 그림 C-13은 주기 펄스파 $x(t)$에 $x(t)$의 기본 주파수의 12배인 정현파를 곱한 예를 보인다. 펄스파는 계수들 $\{a_k\}$을 이용하여 푸리에 급수 식

$$x(t) = \sum_{k=-\infty}^{\infty} a_k e^{j\omega_0 kt} \tag{C.31a}$$

을 가지며, 코사인파는 2개의 복소 지수함수의 합

$$\cos(12\omega_0 t) = \frac{1}{2}e^{j12\omega_0 t} + \frac{1}{2}e^{-j12\omega_0 t} \tag{C.31b}$$

으로 나타낼 수 있다. 푸리에 식을 이용하면, 곱은

$$y(t) = x(t)\cos(12\omega_0 t) = \left(\sum_{k=-\infty}^{\infty} a_k e^{j\omega_0 kt}\right)\left(\frac{1}{2}e^{j12\omega_0 t} + \frac{1}{2}e^{-j12\omega_0 t}\right) \tag{C.31c}$$

이다. 코사인파의 주기가 T_0이므로, 곱해진 신호 $y(t)$는 주기함수가 된다. 이와 같이, $y(t)$의 기본 주파수는 또한 F_0가 되며, $y(t)$는 $\{b_k\}$로 나타내지는 푸리에 계수를 갖는 푸리에 급수

$$y(t) = \sum_{k=-\infty}^{\infty} b_k e^{j\omega_0 kt} \tag{C.31d}$$

를 갖는다. (C.31c)를 2개의 합으로 전개한 다음에, 펄스파 푸리에 급수의 스펙트럼의 주파수 이동을 확인할 수 있으며 이것은 그림 C-14(a)에 보였다. 이것은 (C.31e), 그림 C-14(b) 및 (c)에 설명하였다. (C.31e)의 첫 번째 항은 그림 C-14(b)의 스펙트럼이다; 두 번째 합은 그림 C-14(c)이다.

$$\sum_{k=-\infty}^{\infty} b_k e^{j\omega_0 kt} = \frac{1}{2}\sum_{k=-\infty}^{\infty} a_k e^{j\omega_0(k+12)t} + \frac{1}{2}\sum_{k=-\infty}^{\infty} a_k e^{j\omega_0(k-12)t} \tag{C.31e}$$

이 합들을 결합하기 위하여, 합의 인덱스를 반드시 바꿔야 하고 그래서 복소 지수함수가 둘 다 같아야 하며, 이것으로부터

$$\sum_{k=-\infty}^{\infty} b_k e^{j\omega_0 kt} = \frac{1}{2}\left(\sum_{\ell=-\infty}^{\infty} a_{\ell-12} e^{j\omega_0(\ell)t} + \sum_{\ell=-\infty}^{\infty} a_{\ell+12} e^{j\omega_0(\ell)t}\right) \tag{C.31f}$$

를 얻는다. 마지막으로 $y(t)$에 대한 푸리에 급수의 계수들 $\{b_k\}$는

$$b_k = \frac{a_{k-12} + a_{k+12}}{2} \qquad \text{모든 } k\text{에 대하여} \tag{C.32}$$

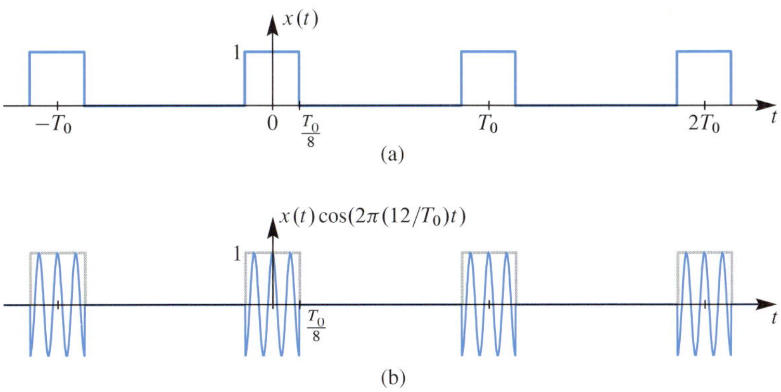

그림 C-13 정현파 곱셈의 설명. (a) $\tau = T_0/4$인 펄스파, (b) 주파수가 펄스파의 기본 주파수의 12배인 $12F_0$의 코사인파를 곱한 이후

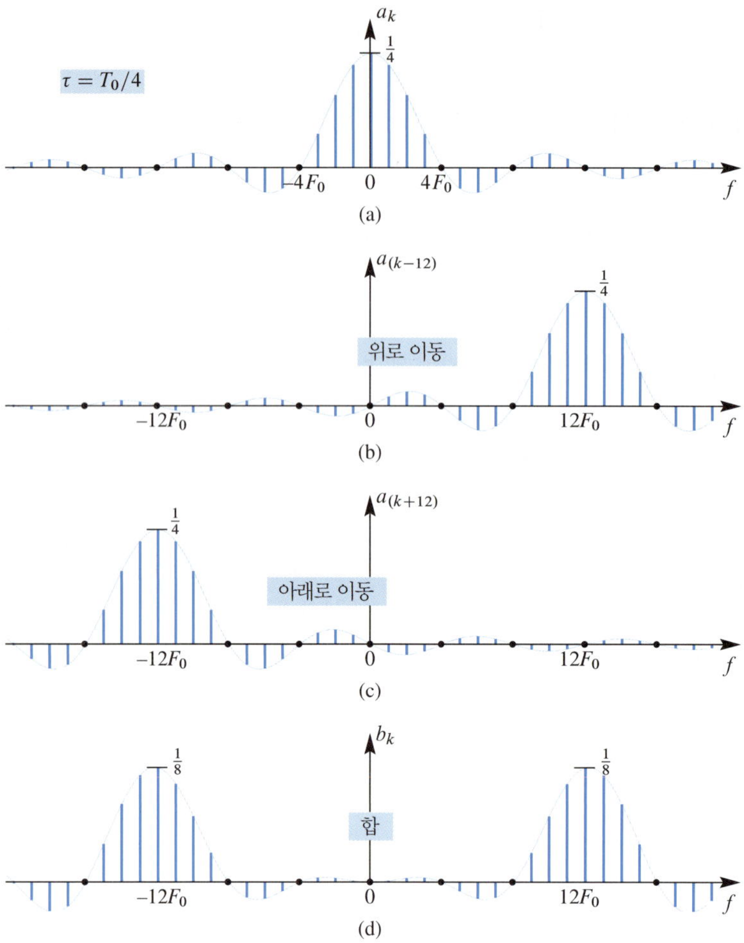

그림 C-14 주기 펄스파의 주파수 이동. (a) $\tau = T_0/4$를 갖는 펄스파의 스펙트럼. (b) $e^{+j12\omega_0 t}$가 곱해진 펄스파의 스펙트럼이며 이것은 (*a*)의 스펙트럼을 12 $\omega_0 = 2\pi(12F_0)$에 중심이 되도록 위로 이동한다. (c) $e^{-j12\omega_0 t}$가 곱해진 펄스파의 스펙트럼으로 스펙트럼을 아래로 이동시킨다. (d) $\cos(12\omega_0 t)$가 곱해진 펄스파의 스펙트럼

(C.32)에 대한 이 스펙트럼은 그림 C-14(d)에 보였으며, 여기서 그림 C-14(b)와 (c)에서의 2개의 이동된 복제된 것들은 1/2이 곱해진 후 함께 더해진다. 일반적으로, 2개의 이동된 스펙트럼의 덧셈은 복소 페이저의 덧셈을 포함하지만, 코사인의 위상이 0이고 펄스파의 계수들 $\{a_k\}$이 실수이므로 이 경우는 간단하다.

C-4 평균 전력, 수렴, 최적화

푸리에 급수에 대한 파시발의 정리는 푸리에 계수들의 제곱의 합과 신호 전력 사이에 등식이 성립한다는 것을 보였다. 사실상 계수들 $\{|a_k|^2\}$의 스펙트럼 그래프는 주파수 대 신호 전력의 분포로 해석될 수 있다. 따라서 신호의 푸리에 급수가 적은 수의 큰 계수들만을 갖고 있을 때, 그런 주파수 성분들에는 어떤 비율의 신호 전력을 갖고 있는지를 결정할 수 있다. 유사하게, 푸리에 급수를 잘라서 (C.10)과 같은 유한한 푸리에 합으로 어떤 신호를 합성할 때, 버려진 계수들에 대하여 $|a_k|^2$를 더하여 근사 에러를 추정할 수 있다. 이 개념은 MP3와 같은 음향 압축과 또한 JPEG 영상 압축의 근간이 되며, 이것은 신호의 주파수 영역에 동작하여 낮은 비트수를 이룬다.

주기 신호 $x(t)$의 평균 전력은 $x(t)$의 한 주기의 전체 에너지[6]를 주기로 나눈 것이다.

$$P = \frac{1}{T_0}\int_0^{T_0} |x(t)|^2 dt. \tag{C.33}$$

평균 전력은 주기 신호의 크기 (또는 세기)의 편리한 척도이다.

예제 C-6 정현파의 평균 전력

$x(t) = A\cos(\omega_0 t + \varphi)$의 경우, 평균 전력 적분

$$P_s = \frac{1}{T_0}\int_0^{T_0} |A\cos(\omega_0 t + \varphi)|^2 dt$$

은 피적분 함수

$$P_s = \frac{1}{T_0}\int_0^{T_0} \tfrac{1}{2}A^2 dt + \underbrace{\frac{1}{T_0}\int_0^{T_0} \tfrac{1}{2}A^2\cos(2\omega_0 t + 2\varphi)dt}_{\text{2주기에 걸친 적분은 0이다.}} = \tfrac{1}{2}A^2$$

를 간단히 하기 위하여 삼각함수 등식 $|\cos\theta|^2 = \cos^2\theta = \frac{1}{2}(1 + \cos 2\theta)$를 이용하여 직접 계산될 수 있다. 평균 전력은 정현파 신호의 진폭에만 관련이 있다는 것에 참고한다.

오일러의 공식이 하나의 정현파에 대한 푸리에 급수로 직접적으로 이끈다는 것을 기억하면 예제 C-6의 결과는 푸리에 계수와 연관지어질 수 있다, 즉,

$$A\cos(\omega_0 kt + \varphi) = \tfrac{1}{2}Ae^{j\varphi}e^{j\omega_0 kt} + \tfrac{1}{2}Ae^{-j\varphi}e^{-j\omega_0 kt} \tag{C.34}$$

이 푸리에 급수는 단지 2개의 0이 아닌 계수, $a_k = \frac{1}{2}Ae^{j\varphi}$와 $a_{-k} = \frac{1}{2}Ae^{-j\varphi}$를 갖는다. 이제 일반적인 푸리에 급수 식에서 나오는 것 같은, 하나의 복소 지수신호 $x_k(t) = a_k e^{j\omega_0 kt}$를 고려해본다. $|x_k(t)| = |a_k|$이므로, 평균 전력은

---

6) 어떤 신호의 "전체 에너지"는

$$E = \int_{-\infty}^{\infty} |x(t)|^2 dt$$

로 정의된다. 이 용어는 물리학으로부터 왔으며, 여기서 만일 $x(t)$가 속도라면, 운동에너지는 속도의 제곱, 또는 x^2에 비례하게 된다. 주기 함수의 전체 에너지는 무한대가 될 것이지만, 0에서 T_0까지의 적분인 평균 전력은 일반적으로 유한하다.

$$P_k = \frac{1}{T_0}\int_0^{T_0} |x_k(t)|^2 dt = \frac{1}{T_0}\int_0^{T_0} |a_k|^2 dt = |a_k|^2$$

이며, 그래서 단일 복소 지수함수의 평균 전력은 그 크기의 제곱이다. (C.34)에서 2개의 복소 지수함수들의 평균 전력들을 더하면 정현파의 평균 전력을 구하는 또 다른 방법을 알려준다:

$$P_s = |a_k|^2 + |a_{-k}|^2 = |\tfrac{1}{2}Ae^{j\varphi}|^2 + |\tfrac{1}{2}Ae^{-j\varphi}|^2 = \tfrac{1}{2}A^2 \tag{C.35}$$

이것은 우연이 아니다. 이것은 푸리에 급수가 2개 이상의 계수를 가질 때 성립하는 좀 더 일반적인 결과의 특별한 경우이다. 아래에 주어진 일반적인 결과는 파시발의 정리(Parseval's Theorem)로 알려져 있으며, 푸리에 급수를 갖는 임의의 신호 $x(t)$에 적용된다:

파시발의 정리

$$P = \frac{1}{T_0}\int_0^{T_0} |x(t)|^2 dt = \sum_{k=-\infty}^{\infty} |a_k|^2$$

연습문제 C.10 파시발의 정리를 이용하여 주기가 10 ms인 신호

$$x(t) = 2\cos(200\pi t) + \sin(400\pi t)$$

의 평균 전력을 구하여라.

연습문제 C.11 신호 $x(t) = 2\sin(120\pi t) + \cos(240\pi t)$의 평균 전력이 연습문제 C.10에서의 신호의 평균 전력과 왜 같은지를 설명하여라.

연습문제 C.12 파시발의 정리를 이용하여 유명한 공식:

$$\frac{\pi^2}{M} = \sum_{k=1}^{\infty} \frac{1}{k^2}$$

의 증명을 정수 M의 값을 구함으로서 완성하여라. 수학의 역사에서, 이것은 Basel 문제로 알려져 있으며, 1735년에 오일러가 해결하였다.

http://en.wikipedia.org/wiki/Basel_problem

힌트: 사각파와 이 신호의 푸리에 급수 계수들에 대하여 파시발의 정리를 사용하여라.

C-4.1 파시발의 정리의 유도

파시발의 정리의 유효성을 증명하는 것은 대체적으로 간단하다. 주기 신호의 평균 전력은

$$P = \frac{1}{T_0}\int_0^{T_0} |x(t)|^2 dt = \frac{1}{T_0}\int_0^{T_0} x(t)x^*(t)dt \tag{C.37}$$

으로 나타낼 수 있다. 합의 켤레 복소수는 켤레 복소수들의 합과 같다는 것을 기억한다. 만일 $x(t)$의 푸리에 급수 식이 존재한다면, 주기 신호의 켤레 복소수는 푸리에 급수로서 나타낼 수 있다

$$x^*(t) = \left(\sum_{k=-\infty}^{\infty} a_k e^{j\omega_0 kt}\right)^* = \sum_{k=-\infty}^{\infty} a_k^* e^{-j\omega_0 kt} \tag{C.38}$$

(C.38)을 (C.37)로 대입하고 적분과 합의 순서를 바꾸면 원하는 결과:

$$\begin{aligned} P &= \frac{1}{T_0}\int_0^{T_0} x(t)\left(\sum_{k=-\infty}^{\infty} a_k^* e^{-j\omega_0 kt}\right) dt \\ &= \sum_{k=-\infty}^{\infty} a_k^* \underbrace{\left(\frac{1}{T_0}\int_0^{T_0} x(t)e^{-j\omega_0 kt}dt\right)}_{=a_k} = \sum_{k=-\infty}^{\infty} a_k^* a_k = \sum_{k=-\infty}^{\infty} |a_k|^2 \end{aligned} \tag{C.39}$$

를 얻는다. 따라서, 주기 신호의 평균 전력은 주기 신호의 푸리에 급수 식을 구성하는 각각의 복소 지수신호들의 평균 전력의 합과 같다는 것을 증명하였다.[7)]

C-4.2 푸리에 합성식의 수렴

유한 푸리에 합성식 (C.10)은 진짜 신호로의 근사식을 만드는 것으로서 생각할 수 있다. 즉,

$$x(t) \approx x_N(t) = \sum_{k=-N}^{N} a_k e^{j\omega_0 kt}$$

데모
푸리에 급수
유한 합성

사실상, 지금까지의 논의는 이 합에서 충분한 항들이 주어지면 근사식이 완벽해진다 (즉, $N \to \infty$에 따라 $x_N(t) \to x(t)$)라는 것을 암시한다. 이것은 그림 C-15에 설명하였으며, 이것은 $N = 7$과 $N = 13$에 대한 사각파의 근사화를 보인다.

근사화의 품질을 평가하는 한가지 방법은 진짜 신호와 N개의 항으로 합성된 신호사이의 차이를 측정하는 에러 신호, $e_N(t) = x(t) - x_N(t)$를 정의하는 것이다. 그 다음으로, 에러의 특징을 측정함으로서 에러를 정량화할 수 있다. 예를 들어, 일반적으로 사용되는 특징은 한 주기 동안의 차이의 최대 크기이며, 이것은 **최악의 경우의 에러(Worst Case Error)**라고 불린다.

7) 파시발의 정리의 유효성에 대한 위의 증명에서 드러나지 않은 것이 주파수들은 고조파로 연관되어 있어서 (C.39)의 유도에서 두 번째 줄의 큰 괄호안에 있는 항은 사실상 $x(t)$로부터 a_k를 구하기 위한 푸리에 적분이라는 것이라는 것을 주목해야 한다. 또 다른 유도 방법은 $x(t)$와 $x^*(t)$의 푸리에 급수 식을 모두 이용하고 다음에 고조파로 연관된 복소 지수함수들의 직교성을 유도하여 다른 주파수들을 포함하는 적분을 소거하는 방법이다.

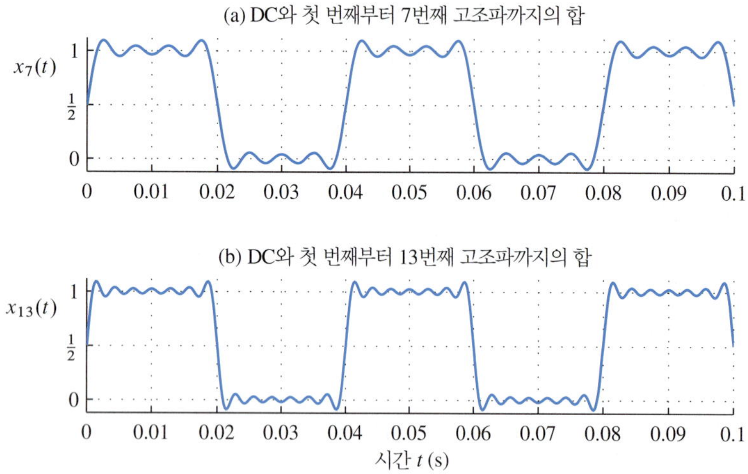

그림 C-15 유한 푸리에 급수합 (C.10)을 이용한 고조파 성분들의 합. (a) $N = 7$, (b) $N = 13$

$$E_{\text{worst}} = \max_{t \in [0, T_0)} |x(t) - x_N(t)| \tag{C.40}$$

사각파의 경우, 에러의 절대값인 $|e_N(t)|$는 $N = 7$과 $N = 13$에 대하여 그림 C.16에 보였다. 그림 C-16은 에러의 절대값의 그래프를 그리기 위하여 MATLAB 스크립트에서 예제 C-1의 푸리에 계수들을 이용하여, 주기 $T_0 = 0.04$초로 생성하였다. 이상적인 사각파는 불연속이므로, 최악의 경우의 에러는 정확히 불연속점에서 항상 점프 크기의 거의 반이다. 에러의 절대값의 더 흥미로운 특징은 그림 C-15에서 양쪽의 불연속에서 보이는 **귀**의 크기를 조사하면 알 수 있다. 그림 C-16에서, 이 오버슈트 에러는 양쪽의 에러의 큰 피크들에서 찾을 수 있다: $e_7(t)$에서는 $t \approx 0.0025$초에서크기 0.092; $e_{13}(t)$에서는 $t \approx 0.00143$초에서 오버슈트 피크가 발생하며 높이는 0.09이다. 사실상, N이 증가함에 따라, 오버슈트 피크는 불연속점으로 더 가까이 이동하지만, 피크 높이는 대략 불연속의 크기의 9% 정도에 남아있는다 (이 예들의 경우, 불연속점의 점프는 1이다). 이 근사화 에러의 수학적인 분석은 1898년에 J. Willard Gibbs[8)]에 의하여 처음 발표되었으며, 이제는 푸리에 급수의 이론에서 **깁스 현상(Gibbs phenomenon)**이라고 말한다.

삼각파나 또는 정류된 사인파에 대해서도 유사한 에러 분석을 해보면, 이런 신호들은 연속이

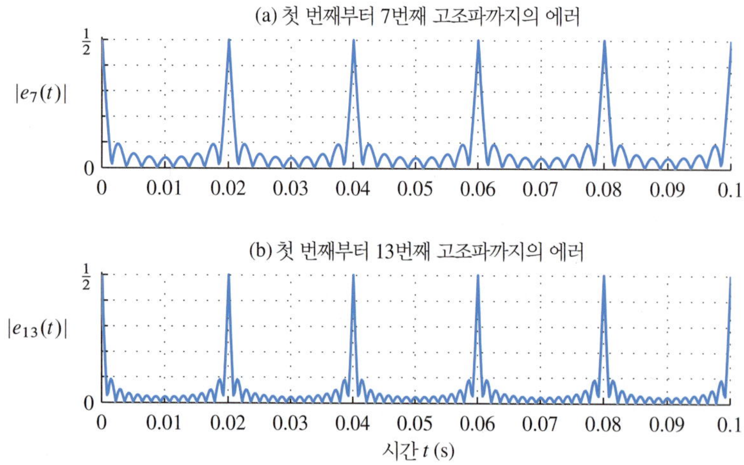

그림 C-16 유한 푸리에 합성식 (C.10)을 이용하여 사각파를 고조파 성분들의 합 $x_N(t)$로 근사화했을 때의 에러의 크기. (a) $N = 7$. (b) $N = 13$.

8) Gibbs는 1863년 예일대에서 공학으로 첫 번째 미국 박사 학위를 받았다.

기 때문에 최악의 경우의 에러는 준수하다. 최악의 경우의 에러는 $N \to \infty$에 따라 0으로 수렴한다(즉, 깁스 현상은 없다). $N = 3$과 $N = 9$에 대한 삼각파의 근사화의 경우, 최악의 경우의 에러들은 그림 C-7을 줌을 하여 측정될 수 있다. 이런 에러들을 측정했을 때, $N = 3$인 경우 0.0497이고 $N = 9$인 경우가 0.0202이다. 관련된 불연속점이 없으므로, 이런 최악의 경우의 에러들은 N이 증가함에 따라 점점 더 작아진다.

연습문제 C.13 $N = 3$과 $N = 9$에 대하여 N개의 항으로 근사화할 때 전파 정류 사인파에 대한 최악의 경우 에러를 측정하여라.

C-4.3 최소 평균-제곱 근사화(Minimum Mean-SquaApproximation)

최악의 경우의 에러는 이상적인 신호에 대하여 각 점들에서의 수렴만을 측정하며, 근사화 에러의 차이의 크기를 측정하는 유일한 방법은 아니다. 사실상, 사각파를 포함하여 모든 신호들에 대한 푸리에 급수의 수렴을 증명하기 위하여, 또 다른 에러 측정방법이 개발되었다. 이것은 평균-제곱 에러이며, 여기에서는 근사화 에러의 측정 가능한 특징이 전체 주기에 걸친 에러 제곱의 평균 적분이다. 평균-제곱 에러는 에러 신호 $e_N(t) = x(t) - x_N(t)$의 평균 전력이며, 이것은 E_N으로 나타내고 다음

$$E_N = \frac{1}{T_0} \int_0^{T_0} |x(t) - x_N(t)|^2 \, dt$$

으로 정의되며, 여기서 $x(t)$는 주기 신호이며, $x_N(t)$는

$$x_N(t) = \sum_{k=-N}^{N} \alpha_k e^{j\omega_0 kt} \tag{C.41}$$

로 나타내지는 임의의 유한 푸리에 급수이다. 여기서 계수 α_k들은 푸리에 급수 분석 적분을 하여 $x(t)$로부터 구해진 계수들 a_k와 반드시 같아야할 필요는 없다. 그렇다면 문제는 다음과 같다: 만일 우리가 에러 E_N을 최소화하기를 원한다면, $-N \le k \le N$에 대하여 주기 신호 $x(t)$에 가장 잘 근사화시키는 유한한 집합의 계수들 α_k을 어떻게 선택해야 하는가이며, $x(t)$는 우리가 알기로 계수 a_k를 갖는 무한 푸리에 급수에 의하여 정확히 나타낼 수 있다. 이 문제에 대한 답을 구하기 위하여, 다음

$$\begin{aligned} e_N(t) &= x(t) - x_N(t) \\ &= \sum_{k=-\infty}^{\infty} a_k e^{j\omega_0 kt} - \sum_{k=-N}^{N} \alpha_k e^{j\omega_0 kt} = \sum_{k=-\infty}^{\infty} (a_k - \alpha_k) e^{j\omega_0 kt} \end{aligned} \tag{C.42}$$

과 같이 식을 세우기로 하며, 정의에 의하여 $|k| > N$에 대하여 $\alpha_k = 0$이다. 파시발의 정리를 이용하면, 평균-제곱 에러는

$$E_N = \frac{1}{T_0}\int_0^{T_0} |x(t) - x_N(t)|^2\, dt = \sum_{k=-\infty}^{\infty} |a_k - \alpha_k|^2 \tag{C.43}$$

로 나타낼 수 있다. $|k| > N$에 대하여 $\alpha_k = 0$이므로, 에러 E_N은

$$E_N = \sum_{k=-N}^{N} |a_k - \alpha_k|^2 + \sum_{|k|>N} |a_k|^2 \tag{C.44}$$

으로 적을 수 있다. 식 (C.44)는 우리의 문제에 대한 답을 준다. 우변의 합에 있는 각 항들은 모두 양이므로, 만일 $-N \le k \le N$에 대하여 $\alpha_k = a_k$라고 선택하면, 첫 번째 합은 0이며 $|k| > N$인 모든 푸리에 계수들에 대한 두 번째 합은 근사화의 잔여 평균-제곱 에러라는 것을 알 수 있다. 이와 같이, $|k| \le N$에 대한 $\alpha_k = a_k$의 선택은 유한개의 항들에 대한 평균-제곱 근사화 에러를 최소화한다라고 말할 수 있다. 두 번째 합에서 모든 항들은 양이므로, 평균-제곱 근사화 에러는 더 많은 항을 더함에 따라 (N을 증가함에 따라) 항상 감소한다고 결론지을 수 있으며, 그 이유는 (C.44)에서 더 적은 항들만이 남기 때문이다. 이와 같이, 무한 푸리에 급수는 만일 우리가 푸리에 급수의 모든 항들을 포함시킨다면 평균-제곱 근사화 에러가 0으로 간다는 의미에서 수렴한다. 따라서 평균-제곱 에러 척도를 이용함으로서, 푸리에 급수의 이론은 사각파와 같은 불연속적인 신호들에 조차도 수학적으로 엄격하게 만들어질 수 있다.

평균-제곱의 의미에서 수렴은 그림 C-16에서 보인 깁스 현상을 기억해보면 상당히 놀랄만한 결과이다. 하지만, N을 큰수로 증가시켜보면, 근사화 에러 크기의 그래프는 그림 C-16에서의 모양을 유지하고 있지만, 진동은 전 주기에 걸쳐서 매우 빨라지며 불연속점들 주위의 좁은 구간을 제외하고는 매우 작다. 이 현상은 $|e_7(t)|$와 $|e_{13}(t)|$를 비교하여 이미 알 수 있었다. 매우 큰 N의 극한에서는 모든 에러들은 단일 불연속점에서 일어나며 제곱 에러의 적분은 0으로 가까이 간다고 직관적으로 말할 수 있다. 하지만, 이 해석에는, 최악의 경우의 에러는 계속 불연속 값의 반이지만, 파형의 각 주기에 단지 한 점에서만 발생한다는 것을 주목한다.

연습문제 C.14 사각파의 한 주기 동안 $|e_{100}(t)|$의 그래프를 그리고 그림 C-16의 그래프와 비교하여라. 불연속점 근처에서의 근사화 신호의 동작을 보이는 그래프를 구하기 위하여, 한 주기 동안 1000개의 시간 구간에서 에러 신호를 계산할 필요가 있다.

C-5 펄스-도플러 레이더 파형 설계에서의 스펙트럼

레이더는 전자기파를 이용하여 주어진 안테나로부터 (이동할 수도 있는) 또 다른 물체까지의 거리를 측정하는 시스템이다. 레이더에서 사용하기 위한 신호들의 설계는 스펙트럼이 파형의 시간-영역 파라미터들의 선택에 있어서 트레이드오프를 하는데 대한 수학적인 통찰력을 주는 예이다. 그림 C-13의 주파수 이동된 펄스파는 많은 레이더에서 사용되는 펄스-도플러 레이더 파형의 기본이 된다. 같은 파형이 초음파의 의공학적 응용에서 혈류를 측정하기 위하여 사용된다. 이 파형은 거리와 속도를 동시에 측정할 수 있으며, 하나의 트랜스듀서가 신호를 전송하고 수신하도록 사용하는

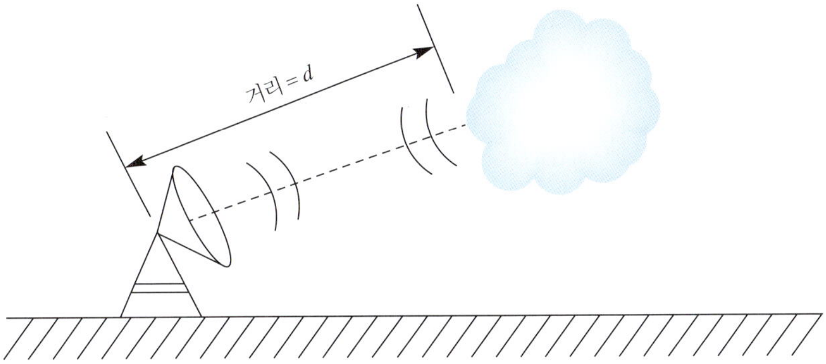

그림 C-17 비구름을 추적하기 위한 레이더 시스템의 설명

것이 시스템들에서 필요하다. 이 절은 레이더 파형 문제를 이해하는 데 스펙트럼이 어떻게 이용될 수 있는지에 대하여 기술한다.

C-5.1 거리의 측정

레이더(RADAR)라는 단어는 RAdio Detection And Ranging의 첨두어이다. 가장 간단한 레이더 측정은 목표(또는 반사체)까지의 거리이다. 거리 측정의 기본 원리는 그림 C.17에 그림으로 설명하였다. 짧은 펄스가 대기를 통하여 전송되어, 물체에 반사되고, 수신 안테나로 다시 돌아온다. 거리는 펄스의 시작으로부터 반사된 펄스가 보낸 곳으로 다시 돌아올 때까지의 걸린 시간을 측정함으로써 결정된다. 레이더 시스템에서는, 단일 안테나가 신호를 전송하고 수신하는 데 모두 사용된다.[9] 그림 C-18에서는 한 안테나를 전송과 수신에 공유한다면, 신호는 빛의 속도 $c = 3 \times 10^8$ m/s로 이동하므로, 전송된 레이더 신호는 매우 짧아야 한다는 것을 보이며, 전송된 펄스와 목표로부터의 반사파를 반드시 구별할 수 있어야 한다. 예를 들어, 1500미터 거리의 가까이 반사하는 목표물을 감지하고 싶다면, (목표까지와 돌아오는) 양방향 이동 시간은

$$\tau_d = 2\left(\frac{d}{c}\right) = 2\left(\frac{1500}{3 \times 10^8}\right) = 1000 \times 10^{-8} = 10\,\mu\text{s}$$

이다. 혼동 없이 이 시간에 돌아오는 펄스를 수신하기 위해서는, 전송된 펄스 신호는 그림 C.18에 보인 것과 같이 반드시 꺼져있어야 (0이어야) 하고, 그래서 구간 τ는 10 μs보다 작아야 한다. 다른 한편으로, 120 km의 멀리 있는 목표물은 왕복 800 μs의 이동 시간을 가지며, 그래서 1500 m의 가까운 목표물까지의 거리는 전송된 펄스의 기간에 훨씬 엄격한 제약조건을 부여한다.

그림 C-18에서는, 전송된 펄스는 간단한 온-오프 파형으로 보였다. 하지만, 실질적인 레이더 시스템들은

$$r(t) = p(t)\cos(2\pi F_r t + \varphi) \tag{C.45}$$

의 형태의 **주기적인 사인파 펄스 신호**들을 전송하며, 여기에서 $p(t)$는 그림C-13(a)에서와 같은 온/오프 주기 펄스 신호이다. 이런 신호는 펄스들로부터 수신된 반사파들과 함께 그림 C-19에 보였다. 그림 C-14(d)에서 제안한 것과 같이, (C.45)의 주기적인 정현파 펄스 신호 $r(t)$의 스펙트럼은 F_r에 중심을 둔다. 정현파 펄스들의 중심 주파수 F_r을 조정함으로써, 레이더 신호 스펙트럼은 전자기

9) 초음파 시스템은 고주파의 음향 트랜스듀서를 사용한다.

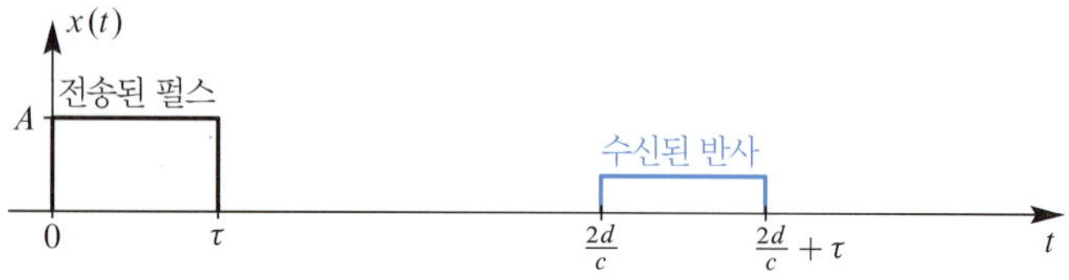

그림 C-18 펄스 레이더 신호의 설명: 전송된 펄스와 왕복 이동 시간 만큼 지연된 수신된 반사파

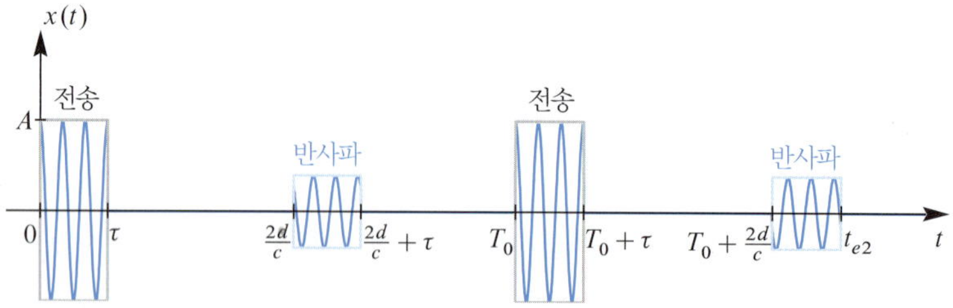

그림 C-19 고주파 펄스 레이더 전송 신호 $r(t)$와 수신된 반사파들. 펄스 반복 주기는 T_0초이다. 레이더 주파수는 F_r이다.

파 전송이 가장 효과적인 주파수에 위치할 수 있게 된다. 각 펄스는 안테나의 방향에 의하여 결정되는 방향에 따른 환경에서의 **거리를 샘플한다**. 반복되는 펄스들을 보내고 안테나를 회전함으로써, 주위의 공간 영역들을 스캔하는 것이 가능하다. 아래에서 보게 될 것과 같이, 주기적인 정현파 펄스파는 또한 목표물의 속도를 추적하도록 해준다.

C-5.2 도플러 이동으로부터 속도의 측정

속도의 측정은 도플러 이동 원리에 근거하며, 예를 들어, 이동하는 열차에서의 경적 소리가 변하는 것과 같이, 일상에서 경험할 수 있다. 열차가 듣는 사람에게로 다가오면, 경적 소리의 주파수는 높아진다; 열차가 지나간 이후에 듣는 사람으로부터 멀어져 가면, 주파수는 낮아진다. 레이더에서는, 반사하는 목표물이 레이더 안테나를 향해 이동하거나, 또는 멀어져 가면 주파수 이동이 발생한다. 도플러 이동은 고속도로에서 과속차를 잡으려고 하는 경찰 레이더와 또한 폭우와 다른 바람에 날리는 입자들로부터의 반사로부터 바람의 속도를 측정하는 기상 레이더의 기본 원리이다.

도플러 현상을 이해하기 위해서는, 전송된 레이더 신호가 (펄스가 아닌) 연속 정현파 신호

$$s(t) = A\cos(2\pi F_r t + \varphi) \tag{C.46}$$

라고 가정하여 시작하는 것이 도움이 된다. 그림 C-17에 그린 것과 같이, 전송된 신호는 레이더 안테나로부터 전파되어 (수신 안테나이기도 한) 레이더 안테나로부터 대표 거리 d_0이며 상대 속도 v로 이동하는 구름과 같은 목표물에 의하여 반사된다. 다른 말로 하여, 그림 C-17에서의 목표물까지의 거리는 시간에 따라 $d(t) = d_0 - vt$로 변하며, 여기에서는 간단히 하기 위하여 v를 목표물로부터 수신 안테나까지 방사 방향으로 양이라고 가정한다. 속도 v가 전자기파의 전파 속도 $c = 3 \times 10^8$ m/s와 비교하여 작다고 가정하면, 안테나로부터 목표물까지 그리고 다시 안테나로 돌아오는 왕복 시간 지연은 $\tau_d = 2(d_0 - vt)/c$이다. 따라서 안테나에서 다시 수신된 연속파 신호는

$$\hat{s}(t) = B\cos(2\pi F_r(t - \tau_d) + \varphi) = B\cos(2\pi F_r(1 + 2v/c)t - 4\pi d_0 F_r/c + \varphi)$$

여기서 B는 돌아오는 정현파 신호의 (보통 훨씬 작은) 진폭을 나타낸다. 이와 같이, 돌아오는 신호는 주파수 $F_r + F_d = F_r(1 + 2v/c)$이며 주파수 이동의 량은 신호 전파에 상대적인 목표물의 방사상의 속도에 의존하는 것으로 보인다. 즉, 도플러 주파수 이동 F_d는

$$F_d = 2\frac{v}{c}F_r \text{ Hz} \tag{C.47}$$

이며, 여기서 v는 목표물의 방사속도이며, F_r은 레이더에 의하여 사용되는 무선 주파수이다. c가 초음속 항공기의 속도에 비교한다고 해도 매우 크기 때문에, 도플러 이동은 전형적인 레이더 주파수 F_r과 비교하여 작다. 예를 들어, 1 GHz 레이더의 경우, 30 m/s ($\approx$ 67 mph)의 폭풍우 속의 구름은

$$F_d = \frac{2(30)}{3 \times 10^8}10^9 = 200 \text{ Hz}$$

의 도플러 이동을 만든다.

도플러 현상에 대한 모델은 주파수 영역에서 말하기 쉽다. 레이더 신호 (또는 열차 경적)이 순수한 정현파라고 가정을 한다면, 스펙트럼은 $\pm F_r$에 2개의 선으로 구성된다. 도플러 이동이 양이면, $F_d > 0$, 선 스펙트럼은 $\pm(F_r + F_d)$으로 이동해 높아진다; 음의 도플러에 대하여는, $F_d < 0$, 선 스펙트럼들은 $\pm(F_r + F_d)$까지로 이동해 낮아진다. 레이더 수신기는 반드시 주파수 이동의 양을 측정할 수 있어야 하고, 속도는 (C.47)에서

$$v = \frac{1}{2}\frac{c}{F_r}F_d \text{ m/s} \tag{C.48}$$

으로 구할 수 있다. 주파수 이동이 F_r에 비하여 극히 작으므로, 목표물의 속도의 정확한 측정은 선 스펙트럼의 F_r로부터 $F_r \pm F_d$로의 매우 작은 이동에 의존한다.

스펙트럼이 2개의 선으로 구성되어 있다고 주장하더라도, 이것은 만일 전송된 시간 신호가 무한히 긴 삼각함수, $A\cos(2\pi F_r t + \varphi)$일 때만 성립되며, 이 신호는 시간 지연 τ_d를 감지하기 위하여 짧은 펄스 (예를 들어, $\tau = 10\ \mu s$)가 필요한 거리 측정에는 쓸모가 없다. 이런 딜레마에 대한 현명한 해결책은 그림 C-19에 보인 주파수-이동 주기 펄스 신호이다. 레이더에서는, 이 신호를 펄스-도플러 파형이라고 부른다.

C-5.3 펄스-도플러 레이더 파형 (Pulsed-Doppler Radar Waveform)

전송된 주파수-이동 정현파 신호가

$$r(t) = p(t)\cos(2\pi F_r t + \varphi) \qquad -\infty < t < \infty \tag{C.49}$$

라는 것을 기억한다. 여기에서 $p(t)$가 펄스폭 τ를 갖는 주기적인 온/오프 신호이며 펄스 반복 주기는 $T_0 = 1/F_0$이다. 이 조건은 필요조건은 아니지만, $F_r = MF_0$을 가정하면 여기에서의 논의를 간단히 한다. 이와 같이, 신호 $r(t)$는 주기 T_0를 갖는 정확한 주기 함수이고 $r(t)$의 스펙트럼은 정수 k인 주파수 kF_0에서 무한개의 선스펙트럼을 갖는다. 이것은 그림 C-14(d)에서 보인 스펙트럼과 유사하며, 그림 C-20(a)에서 레이더 경우에 대하여 보였으며, 여기에서 $f = F_r$의 피크 근처의 선스펙트럼만 보였다.

레이더 안테나에서, 전송된 신호와 수신된 신호는 시간에서 겹쳐서는 안 된다. 각 주기에서 돌아온 펄스가 전송된 펄스와 구별이 되기 위해서는, 가장 가까운 목표물까지의 왕복 이동 시간은 펄스폭 τ보다 반드시 커야 한다. 펄스파의 주기는 또한 거리 제약을 반드시 준수해야 한다; 가장

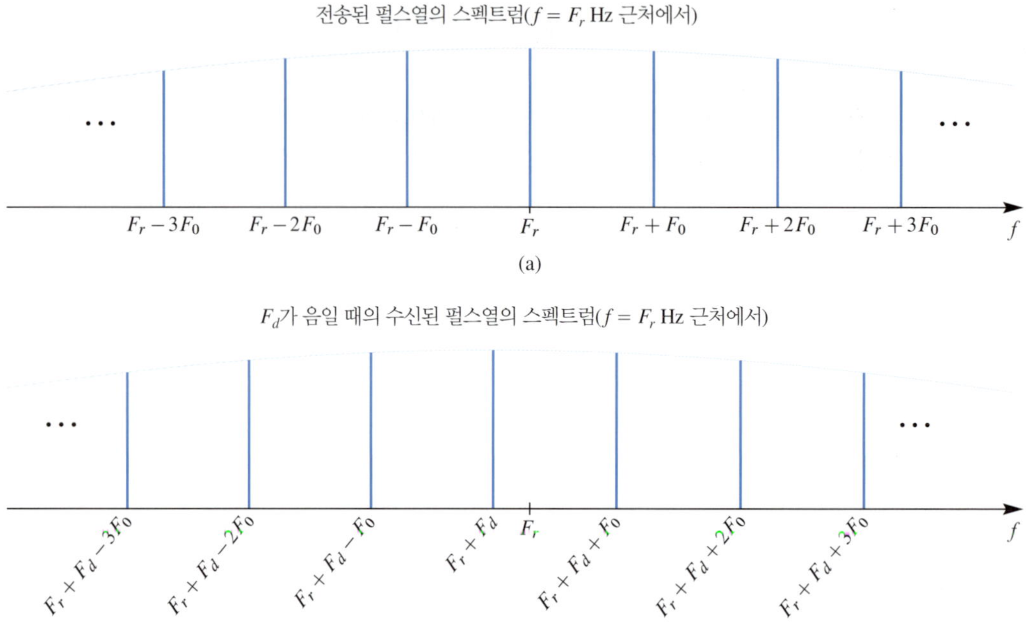

그림 C-20 (a) $f = F_r$ Hz로 이동한 주기 펄스파 주파수의 스펙트럼 ($f_r = MF_0$라고 가정). (b) F_d만큼 아래로 이동한 도플러 이동한 스펙트럼 (즉, F_d가 음수). $f = F_r$ Hz 근처의 스펙트럼만 보였다. 펄스의 수가 유한하면, 선스펙트럼들은 펄스의 수의 역수에 비례하는 유한 폭을 갖는 디리클레 (Dirichlet) 모양이 된다.

멀리 있는 목표물까지의 왕복 이동 시간은 그림 C-19에 보인 것과 같이 시간 구간 안에 있어야 한다. 이와 같이, $T_0 \geq \tau + 2d_{max}/c$가 필요하며, 여기서 τ는 펄스길이이며, d_{max}는 최대 거리이다. 예를 들어, $T_0 = 1$ ms와 $\tau = 10\ \mu s$를 선택하면, 1500 m와 148 km 사이의 목표물은 그림 C-19에 보인 주기 안에 반사파를 만들게 된다.

$r(t)$의 시간 폭은 무한대라고 가정한다면, 전송된 레이더 신호는 주기 T_0로 위치해 있는 무한개의 정현파 펄스들로 구성된다. $r(t)$는 $T_0 = 1$ ms를 갖는 주기 신호이므로, 이 신호는 스펙트럼을 가지며 스펙트럼은 그림 C-20(a)에 보인 것과 같이 $F_0 = 1000$ Hz의 간격을 갖는 선스펙트럼으로 구성된다.[10] $F_r = 1$ GHz이면, 스펙트럼은 $f = F_r \pm 1000$ Hz에 선스펙트럼을 가지며, 가장 큰 진폭은 레이더 주파수 F_r Hz 근처에 모여있게 된다. 도플러 이동이 선스펙트럼을 F_r Hz에서 $F_r + F_d$로 이동시키기 때문에, 이 스펙트럼으로는 제한된 영역의 주파수 이동을 감지할 수 있다. 위나 아래로의 주파수 이동이 $F_r \pm 1000$ Hz의 근처의 고조파 선으로 너무 접근하지 않는 한, 주파수 이동의 량에 대한 모호성이 없다. 1000 Hz의 고조파 간격으로, 모호하지 않은 최대 도플러 이동은 ± 500 Hz이다. 속도로 변환하면, 이 값은 ± 75 m/s(또는 ≈ 201 mph)가 될 것이다. 주기 T_0는 최대 거리와 최대 모호하지 않은 속도 간격을 제어한다는 것을 주목한다. T_0를 작게 만들면, 최대 거리를 짧게 하는 반면 모호하지 않은 속도 구간을 증가시킨다.

C-5.4 도플러 이동의 측정

실제적인 레이더 시스템에서, 신호의 길이는 무한대일 수는 없으며, 그래서 펄스-도플러 파형은 유한개 (N_p)의 펄스들로 잘라져야 한다. 제8장에서 보인 것과 같이, 이것은 0이 아닌 폭을 갖는 디리클레 모양을 갖도록 고조파 선 스펙트럼을 넓혀서 스펙트럼을 변화시킨다. 디리클레 피크들의

10) 우연히도, $F_r = 1$ GHz라면, 이 경우, $f = F_r$에서의 선스펙트럼은 100만번째 고조파이다.

폭은 F_r로부터 $F_r + F_d$까지의 선 스펙트럼의 이동을 반드시 감지해야 한다; 디리클레 폭이 좁을수록, 측정은 더 쉬워진다. 제8장에서는, 또한 선 스펙트럼의 폭은 전체 신호 길이 $N_P T_0$의 역에 비례한다. 이와 같이, 유한 펄스-도플러에서 더 많은 펄스들을 사용하여 필요한대로 선 스펙트럼들을 좁힐 수 있다. 예를 들어, 50개의 펄스들과 1 밀리초의 펄스 반복 간격으로, 측정된 선 스펙트럼의 폭은 20 Hz가 될 것이며, 그 크기의 주파수 이동을 쉽게 감지할 수 있다. 1 GHz 레이더에서 속도로 변환하면, 20 Hz의 도플러 이동은 3 m/s이며, 그래서 측정은 ±1.5 m/s 범위에서 정확할 것이다.

주파수 이동을 계산하기 위한 레이더 수신기에서 행해진 프로세싱은 DFT를 이용한 스펙트럼 분석을 필요로 한다. 제8장에서 다룬 주제이다. 여기서의 주요 목적은 어떻게 충분히 복잡한 파형이 2개의 다른 측정들로부터 사용될 수 있는지를 기술하는 것이다. 스펙트럼 표현은 그 파형의 설계에서 발생하는 많은 트레이드오프에 대한 논의의 중심이 되어 왔다.

C-6 문제

참고
풀이가 있는 문제

이 절에서의 문제들은 이 부록에서 제공한 푸리에 급수의 주요 개념들을 다룬다. 동반 웹사이트에는 복습과 실습을 위하여 사용될 수 있는 많은 관련된 숙제 문제들이 있다. 이중 일부는 자세한 풀이가 있다.

P-C.1 어떤 주기 신호 $x(t) = x(t + T_0)$는 한 주기 $-T_0/2 \le t \le T_0/2$에 걸쳐서 식

$$x(t) = \begin{cases} 1 & |t| < t_c \\ 0 & t_c < |t| \le T_0/2 \end{cases}$$

으로 주어지며, 여기서 $t_c < T_0/2$이다.

(a) $t_c = T_0/4$의 경우에 대하여 시간 구간 $-2T_0 < t < 2T_0$ 동안 주기 함수 $x(t)$의 그래프를 그려라.

(b) DC 계수 a_0를 결정하여라.

(c) 유한 푸리에 식 (3.37)에서 푸리에 급수 계수 a_k에 대한 식을 구하여라. 최종 결과는 t_c와 T_0의 함수이어야 한다.

(d) $\omega_0 = 2\pi(100)$ 및 $t_c = T_0/4$의 경우에 대하여 $x(t)$의 스펙트럼을 그려라. 주파수 범위 $-10\omega_0$부터 $10\omega_0$까지 이용하여라.

(e) $\omega_0 = 2\pi(100)$ 및 $t_c = T_0/10$의 경우에 대하여 $x(t)$의 스펙트럼을 그려라. 주파수 범위 $-10\omega_0$부터 $10\ \omega_0$까지 이용하여라.

(f) 결과 (d)와 (e)로부터, t_c와 $x(t)$의 주파수 성분들의 상대적인 크기 사이의 관계에 대하여 어떻게 결론내릴 수 있는가? t_c가 감소하면, 고주파 성분들은 a_0의 크기에 비하여 점점 커지는가 아니면 작아지는가?

P-C.2 그림 P-C.2에서의 주기 파형은 반파 대칭의 성질 (즉, 주기의 뒤쪽 반이 앞쪽 반의 음이다)을 갖는다. 좀 더 정확하게 말하여, 반파 대칭을 갖는 신호는 성질

$$x(t + T_0/2) = x(t) \quad -\infty < t < \infty \tag{C.50}$$

를 갖는다.

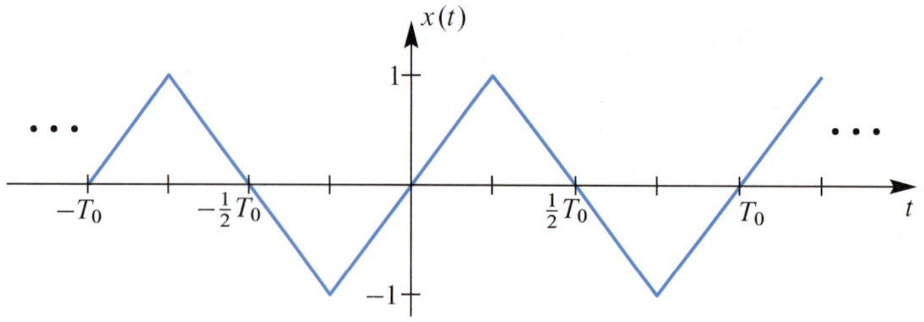

그림 P-C.2

이 문제에서 이 조건은 신호에 대한 푸리에 급수 계수들에 대한 흥미로운 영향을 준다.

(a) $x(t)$가 반파 대칭을 갖는 주기 신호이며 반주기에 걸쳐

$$x(t) = t \qquad 0 \le t < T_0/2\text{일 때}$$

로 정의된다고 가정하며, 여기에서 T_0는 신호의 주기이다. 이 주기 신호를 $-T_0 \le t \le T_0$에 대하여 그려라.

(b) DC 계수 a_0는 반파 대칭을 갖는 임의의 주기 신호에 대하여 0이 됨을 증명하여라. 힌트: a_0에 대한 적분을 2부분으로 나누어라.

(c) 모든 짝수 인덱스를 갖는 푸리에 급수 계수들은 반파 대칭을 갖는 신호에 대하여 0이라는 것(즉, k가 짝수일 때 $a_k = 0$)을 증명하여라.

P-C.3 신호 $x(t)$는 주기 $T_0 = 8$인 주기 함수이다. 따라서, 이 신호는 다음

$$x(t) = \sum_{k=-\infty}^{\infty} a_k e^{j(2\pi/8)kt}$$

의 푸리에 급수로 나타내 질 수 있다. 특별한 신호 $x(t)$의 이 식에 대한 푸리에 급수 계수들은 적분

$$a_k = \frac{1}{8}\int_{-4}^{0} (4+t)e^{-j(2\pi/8)kt}dt$$

로 주어진다.

(a) 위의 a_k에 대한 적분 식에서, 피적분 함수, 주기 및 적분 범위는 신호 $x(t)$를 정의한다. 한 주기에 대하여 성립하는 $x(t)$에 대한 식을 결정하여라.

(b) (a)의 결과를 이용하여, $-8 \le t \le 8$초 범위에서 $x(t)$의 그래프를 그려라. 그래프에 꼼꼼히 중요한 값들을 표시하여라.

(c) $x(t)$의 DC 값 a_0를 결정하여라.

P-C.4 주기 $T_0 = 10$을 가진 주기 함수 $x(t)$는 한 주기 $0 \le t \le 10$ 동안

$$x(t) = \begin{cases} 0 & 0 \le t \le 5 \\ 2 & 5 < t \le 10 \end{cases}$$

로 정의된다.

(a) 시간 구간 $-10 \le t \le 20$ 동안 주기 함수 $x(t)$의 그래프를 그려라.

(b) 푸리에 급수 DC 계수 a_0를 결정하여라.

(c) 푸리에 분석 적분 (3.27)을 이용하여 첫 번째 푸리에 급수 계수 a_1 (즉, $k = 1$일 때의 a_k)을 구하여라.

(d) 만일 우리가 $x(t)$에 상수 값 1을 더한다면, 신호 $y(t) = 1 + x(t)$를 구할 수 있고, 신호 $y(t)$는 한주기 동안

$$y(t) = \begin{cases} 1 & 0 \le t \le 5 \\ 3 & 5 < t \le 10 \end{cases}$$

로 주어진다. 이 신호는 푸리에 급수로 나타낼 수 있지만 다른 계수들로 나타낼 수 있다:

$$y(t) = \sum_{k=-\infty}^{\infty} b_k e^{jk\omega_0 t}$$

b_0와 b_1이 a_0와 a_1과 어떻게 관련이 되는지 설명하여라. 주의: 이 문제에 답을 구하기 위하여 새로운 적분을 할 필요는 없다.

P-C.5 다음의 신호는 삼각함수와 유한 푸리에 급수와의 곱이다:

$$x(t) = \sin(7t)\left(\sum_{k=-3}^{3} \frac{3}{2+jk}\, e^{jkt}\right)$$

(a) 왜 괄호안에 있는 항들이 실수값을 갖는지 설명하여라.

(b) 주파수 이동 성질을 이용하여 위에 정의한 신호의 스펙트럼을 그려라.

(c) 신호 $x(t)$가 실수이므로, 스펙트럼이 켤레 대칭이라는 것을 증명하여라.

P-C.6 어떤 주기 신호가 다음

$$q(t) = \cos(3\pi t) \sum_{k=-2}^{2} \left(\frac{j5}{k + j1.5}\right) e^{j8\pi kt}$$

와 같이 정의된다고 가정한다.

(a) 신호 $q(t)$가 실수라는 것을 증명하여라.

(b) $q(t)$의 기본 주기를 결정하여라.

(c) $q(t)$의 DC 값을 결정하여라.

(d) 신호 $q(t)$의 모든 0이 아닌 푸리에 계수들을 나열하는 표를 만들어라.

(e) 양의 주파수 성분만을 보이는 이 신호의 스펙트럼의 그래프를 그려라. 모든 복소수 진폭들을 표시하여라.

P-C.7 그림 P-C.7에 그린 주기 함수 $x(t)$를 고려한다.

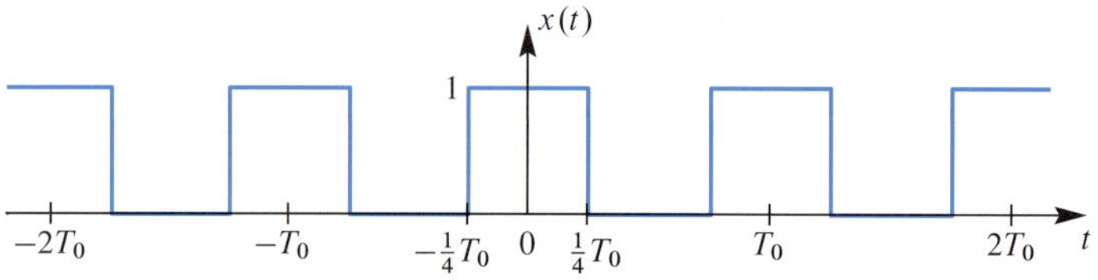

그림 P-C.7

(a) $x(t)$의 푸리에 급수 식에서 DC 값 a_0와 $k \neq 0$인 다른 푸리에 급수 계수들 a_k값을 구하여라.

(b) 새로운 신호 $y(t) = 2x(t - T_0/2)$를 정의하고, $y(t)$의 파형을 스케치하여라. 스케일링 성질과 시간-이동 성질을 이용하여, 어떤 적분도 하지 않으며 주기 신호 $y(t)$의 푸리에 급수 계수들 b_0와 $k \neq 0$일 때의 b_k의 식을 적어라.

P-C.8 어떤 주기 함수가 한 주기 동안 다음

$$x(t) = \begin{cases} 7 & 0 \le t \le 5\text{일 때} \\ 3 & 5 < t < 8\text{일 때} \end{cases}$$

과 같이 정의되었다고 가정한다.

(a) $x(t)$의 주기가 8초라고 가정한다. $-10 \le t \le 10$초 동안 $x(t)$의 그래프를 그려라.

(b) 면적이나 또는 푸리에 급수 적분으로부터 DC 값을 결정하여라.

(c) 위에서 정의된 특정한 신호 $x(t)$에 대하여 계수 a_k에 대한 푸리에 적분식을 작성하여라. 적분의 모든 특이한 것들 (즉, 적분의 구간과 피적분함수)을 지정하여라.

(d) 푸리에 급수 $\{a_k\}$의 일반적인 식을 푸리에 급수 적분식을 계산함으로서 결정하여라. 식을 극좌표 형으로 간단히하여, 크기와 위상을 명확히 하여라.

(e) $k > 0$에서 모든 5번째 또는 8번째 계수들이 0이라는 것이 성립할 수 있다. 예를 들어, $a_5 = 0$, $a_{10} = 0$, $a_{15} = 0$ 등; 또는 $a_8 = 0$, $a_{16} = 0$, $a_{24} = 0$, 등. 어떤 생각이 맞는지를 결정하여라.

P-C.9 FWRS와 HWRS 신호들의 스펙트럼을 모두 그려라. (3.34)와 (C.26)의 복소수 진폭을 이용하고 전파 정류 신호에 대해서는 $T_1 = 0.02$초 반파 정류 신호에 대해서는 $T_0 = 0.02$초를 가정하여라. 결과는 기본 주파수가 달라야 한다.

P-C.10 주기 T_0/α를 갖는 신호 $y(t) = x(\alpha t)$에 대한 푸리에 급수 계수들은, 주기 T_0를 갖는 신호 $x(t)$에 대한 푸리에 급수 계수와 정확히 일치한다는 것이 밝혀졌다. 이것은 푸리에 급수의 시간-스케일링 성질이다.

(a) 펄스파 (C.11)에 대하여, 푸리에 급수 계수들은 (C.14)로 주어진다. $p(t)$가 $\tau = 0.02$초인 주기 펄스파라고 가정하며, 여기에서 이 신호의 주기는 $T_0 = 0.1$초이다. $q(t) = p(t/5)$의 그래프를 그려라; 이 과정에서, $q(t)$의 주기와 펄스폭을 결정하여라.

(b) 알려진 푸리에 급수 (C.14)로부터, $p(t)$와 $q(t)$의 푸리에 급수 계수들의 식을 비교하여라. 같다는 것을 보이기 위하여 식을 조정하여라.

(c) 시간-스케일링 성질이 성립한다는 것을 증명하여라. 다음의 푸리에 분석 적분은 시간-스케일된 신호 $x(\alpha t)$의 계수를 준다:

$$b_k = \frac{1}{T_0/\alpha} \int_0^{T_0/\alpha} x(\alpha t) e^{-j(2\pi/(T_0/\alpha))kt} dt$$

더미 적분 변수를 $u = \alpha t$로 변경하여, 우변은 $x(t)$에 대한 푸리에 분석과 같다라는 것을 보여라 (즉, $b_k = a_k$).

P-C.11 만일 어떤 주기 신호의 모든 홀수 인덱스 계수들이 모두 0인 푸리에 급수를 갖는다면, 기본 주기가 부정확하게 선택되었다. $f_0 = 3$ Hz이고 푸리에 계수들이

$$a_k = \begin{cases} j12/k & k = \pm 1, \pm 2, \pm 4, \pm 6 \\ 0 & \text{이외} \end{cases}$$

이다.

(a) $x(t)$에 대한 스펙트럼을 그려라.

(b) $y(t) = x(t) + 24\sin(6\pi t)$라고 가정한다. $y(t)$에 대한 스펙트럼을 그려라.

(c) 왜 $y(t)$의 기본 주기가 3 Hz가 아닌지에 대하여 설명하여라.

(d) $y(t)$에 대한 정확한 기본 주기를 결정하고, 새로운 f_0에 대한 $y(t)$의 푸리에 계수들을 다시 정의하여라.

P-C.12 주기 신호 $x(t)$가 그림 P-C.12에서의 그래프로 정의되었다고 가정한다. ($-8 \leq t \leq 8$ 부분만 보였다):

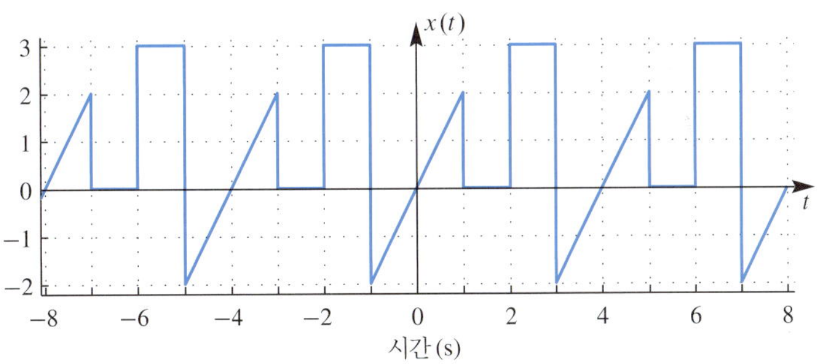

그림 P-C.12

(a) $x(t)$의 주기 T_0를 결정하여라.

(b) $x(t)$의 기본 주기를 Hz로 결정하여라.

(c) $x(t)$의 DC 값을 정하여라.

(d) 위에서 정의한 특정한 신호 $x(t)$에 대하여 계수 a_k에 대한 푸리에 적분식을 적어라. 적분의 구간을 포함하는 적분의 모든 특이 사항들을 정하지만, 적분을 계산하지는 않는다. 적분의 모든 파

라미터들은 숫자 값이어야 한다.

참고: 하나 이상의 적분이 필요할 수도 있다.

P-C.13 다음의 MATLAB 코드는 벡터 xt와 zt를 정의하며, 이것들은 주기 신호들 $x(t)$와 $z(t)$의 유한한 선분에 해당된다:

```
tt = -1000:0.1:1000; %- 초단위
xt = zeros(size(tt));
for k = [-3,-1,0,1,3] %- k의 이런 인덱스들에만 루프를 돌린다
  xt = xt + (1 + abs(k) - j*k)*exp(j*0.02*pi*k*tt);
end
xt = real(xt); %- x(t) 는 실수값이어야 한다.
zt = xt - 3.2 + 8*cos(0.06*pi*tt -pi);
```

(a) 위의 MATLAB 코드에서 정의된 신호 $x(t)$의 기본 주기를 정하여라.

(b) 신호 $x(t)$는, MATLAB 코드로 정의된, 계수 $\{a_k\}$의 푸리에 급수를 갖는다. $|k| \leq 3$에 대한 계수 $\{a_k\}$들에 대한 수치값들을 극좌표 형으로 결정하여라.

(c) 새로이 정의된 신호 $z(t)$는 또한 푸리에 급수를 갖는 주기 신호이며, 그래서 이 신호는 새로운 계수들 $\{b_k\}$를 갖는 다음의 푸리에 급수로 나타내질 수 있다.

$$z(t) = \sum_{k=-3}^{3} b_k\, e^{j0.02\pi kt}$$

$|k| \leq 3$인 계수들 $\{b_k\}$의 수치값들을 극좌표형으로 결정하여라.

P-C.14 그림 P-C.14은 2개의 주기 신호들 $x_1(t)$와 $x_2(t)$에 대한 스펙트로그램이다. 주파수 축의 단위는 Hz이다.

(a) $f = 2000$ Hz에서의 선스펙트럼은 두 신호의 같은 N번째 고조파이다; N을 결정하여라.

(b) 두 신호들은 같은 기본 주파수를 갖는다. 스펙트로그램으로부터 정확한 예측을 하여 각 신호의 기본 주기 T_0를 결정하여라.

(c) 이 신호들중 하나는 50% 듀티 사이클인 사각파이다; 푸리에 급수의 고조파 구조를 기억한다. 어떤 신호가 이 설명에 맞는지 결정하고 답에 대하여 설명하여라.

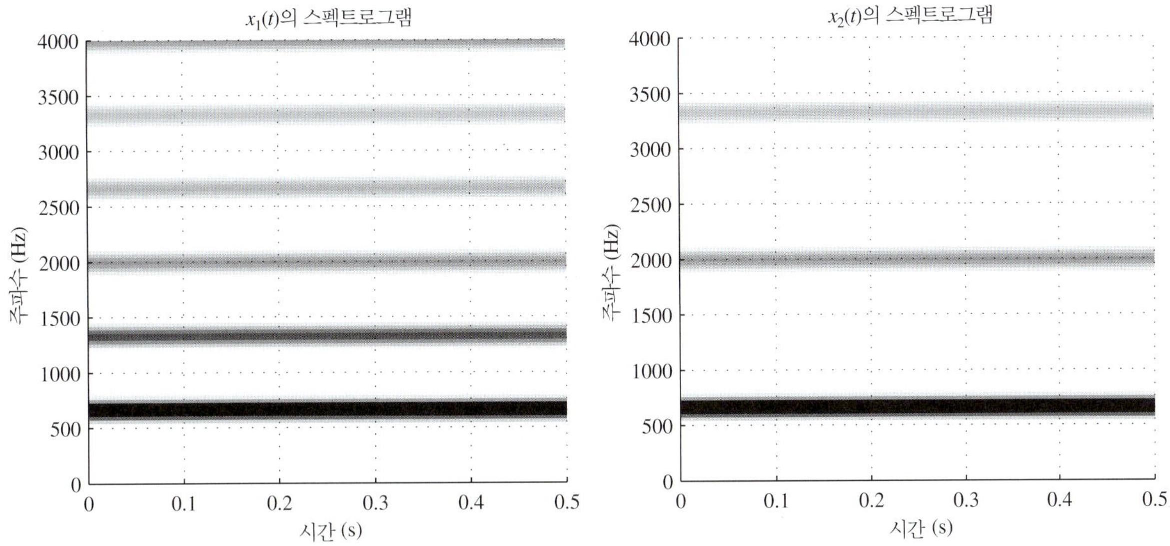

그림 P-C.14

P-C.15 푸리에 급수의 성질들은 푸리에 적분의 실질적인 적분을 피하는 데 사용될 수 있다.

(a) 시간-이동 성질과 알려진 전파 정류 사인파 $s(t) = |\sin(2\pi t)|$의 푸리에 급수 계수들

$$a_k = \frac{2}{\pi(1-4k^2)}$$

을 이용하여, 전파 정류 코사인 (Full-Wave Rectified Cosine: FWRC) 신호 $x(t) = |\cos(2\pi t)|$의 푸리에 급수 계수들을 결정하여라.

(b) (C.26)으로 주어진 반파 정류 사인파(Half-wave rectified sine: HWRS)의 알고 있는 푸리에 급수 계수들로부터 시작하여, 덧셈 및 시간-이동 성질들을 이용하여 전파 정류 사인(Full-Wave Rectified Sine: FWRS) 신호의 푸리에 급수 계수들을 결정하여라.

(c) 펄스파 (C.11)에 대하여, 푸리에 급수 계수들은 (C.14)에 의하여 주어진다. $p(t)$를 $\tau = 0.02$초인 펄스파라고 가정하며, 여기에서 주기는 $T_0 = 0.1$초라고 가정한다. 만일 $p(t)$의 푸리에 급수 계수들을 a_k라고 나타낸다면, 모든 계수들의 부호를 번갈아 바꾼 새로운 신호 $q(t)$를 정의한다, 즉,

$$q(t) = \sum_{k=-\infty}^{\infty} (-1)^k a_k e^{j\omega_0 kt}$$

$q(t)$의 그래프를 그려라. $(-1)^k$은 복소수 지수로 나타낼 수 있다는 점을 기억하여라.

P-C.16 그림 P-C.7의 삼각파의 푸리에 급수 계수들이 푸리에 분석 적분을 하지 않고 구할 수 있다. 핵심은 미분 성질을 이용하는 것이다.

(a) 만일 삼각파가 $x(t)$라면, 미분 신호 $y(t) = \frac{d}{dt}x(t)$의 그래프를 그려라.

(b) $x(t)$의 푸리에 계수들을 a_k라고 가정하고, $y(t)$의 푸리에 급수 계수들을 결정하기 위한 한 방법

이 미분 성질을 이용하는 것이다, 만일 $y(t)$의 푸리에 계수들이 b_k라면, b_k의 식을 a_k에 대하여 구하여라.

(c) (a)의 결과가 DC가 0인 스케일된 사각파이어야 한다. 이와 같이, $y(t)$의 푸리에 급수 계수들은 펄스파 결과로부터 작성하는 것이 상대적으로 쉽다.

(d) (b)와 (c)의 결과들을 같다고 놓고 a_k에 대하여 풀어서 그림 P-C-2에서의 삼각파의 푸리에 급수 계수들을 구하여라.

부록 D

랩실습 프로젝트

이 부록은 동반 웹사이트에서 현재 이용할 수 있는 랩실습의 목록을 포함한다. 각 랩실습은 주로 장 하나의 내용에 해당되지만, 어떤 랩실습 프로젝트들은 몇 개의 장들의 개념들을 이용한다. 랩실습에는 2가지의 다른 타입이 있다: 길이가 긴 랩실습 프로젝트들과 전형적인 2-3시간의 강사가 주관하는 랩 세션 동안 할 수 있는 짧은 랩실습이 있다. 표 D-1과 D-2에는 동반 웹사이트에서 이용 가능한 25개의 랩실습들과 각 랩실습이 포함된 주요 장들의 상호 참조를 정리하였다. 각 랩실습의 구조는 다음과 같다:

개요: 각 랩은 공부하여야 될 그리고 구현하여야 될 주요 개념들에 대한 간략한 복습으로 시작한다.

사전 준비: 사전 준비 섹션은 랩실습에서 필요하게될 간단한 MATLAB 명령들에 대한 소개를 하는 연습문제로 구성된다. 이 문제들은 충분히 쉬우며, 그래서 학생들이 외부의 도움이 전혀 없이 또는 거의 없이 성공적으로 끝낼 수 있어야 한다.

워밍업: 이 워밍업 섹션은 이 랩실습의 연습문제나 프로젝트에 필요한 MATLAB 기능들을 소개하는 좀 더 간단한 연습문제들로 구성된다. 워밍업은 강사가 주관하는 랩실습 시간 동안 완료하는 것을 의도하며, 그래서 학생들은 조교에게 질문을 할 수 있다. 우리가 이런 실험을 자체적으로 사용하면서, 랩실습 강사가 몇 가지 주요 단계에 대하여 **강사 확인 시트**를 시작하여 적절한 단계를 반드시 확인해야 하는 시스템을 구축하였다. 이런 확인 시트에 대한 예들은 동반 웹사이트의 랩실습에 포함되어 있다.

연습: 각 랩실습에서의 많은 작업들은 매트랩 프로그래밍과 그래프 그리는 것을 필요로 하는 연습들로 구성된다. 이 모든 연습들은 이 교재에서 제시된 이론적인 개념들을 설명하도록 설계되어 있다. 여기에 더하여, 음성, 음악 및 영상을 포함하는 많은 처리 예들을 포함시켰다. 짧은 랩실습들은 연습이나 숙제들을 포함한다.

프로젝트: 어떤 경우에 랩실습들은 너무 크고 복잡하여 연습이라고 부르기에 적절하지 않은 구현들을 해야될 필요가 있다. 악기를 위한 FM 합성(FM Synthesis for Musical Instruments), 정현파 신호의 합성 (음성 또는 음향) (Synthesis of Sinusoidal Signals: Speech or Music), 터치톤 신호의 부호화와 복호화 (Encoding and Decoding Touch-Tone Signals) 등과 같은 랩실습에서는, 문제 서술서가 설계 프로젝트 이상이다. 이런 경우에 학생들은 일반적인 목적을 만족하는 구현을 생성하는 데 융통성이 주어져야 한다. 또한, 전체 프로젝트가 정확히 동작하도록 하기 위하여 많은 개별 부분들은 반드시 완성이 되어야 한다.

숙제: 짧은 랩실습에서는, 실습의 확장인 숙제들이 있다. 이들은 랩실험의 주요 부분들을 완성시키도록 (강사의) 지도 없이 부과될 수 있다.

참고
MATLAB을 위한 DSP-First 툴박스의 인스톨

이런 랩실습들은 최근 버전의 MATLAB에서 수행할 수 있다. 많은 랩실습들이 표준판의 MATLAB에서 지원하지 않는 M-파일들을 필요로 하므로, 이 책을 위하여 개발된 함수들을 포함하는 DSP-First M-파일의 패키지를 제공한다. 동반 웹사이트는 DSP-First 툴박스를 인스톨하기위한 지침으로의 링크를 제공한다.

표 D-1 동반 웹사이트의 랩실습 프로젝트들

실습	주제	장
P-1	MATLAB의 소개	2
P-2	복소 지수함수: 다중경로	2
P-3	복소 지수함수: 방향 찾기	2
P-4	AM 및 FM 정현파 신호들	3
P-5	정현파 신호의 합성 (음성 또는 음향)	3
P-6	셰퍼드 (Shepard) 음계 합성	3
P-7	악기를 위한 FM 합성	3
P-8	디지털 영상: A/D 및 D/A	4
P-9	샘플링, 콘볼루션, 및 FIR 필터링	5
P-10	영상에서 에지 검출: UPC 복호	5
P-11	주파수 응답을 통한 청력 테스트	6
P-12	주파수 응답: 대역통과 및 널 필터	6
P-13	터치톤 신호의 부호화와 복호화	7 및 9
P-14	옥타브 밴드 필터링	9
P-15	인공 와우 (Cochlear Implant) 필터 뱅크 시뮬레이션	9 또는 10
P-16	PeZ $-$ $z, n, \hat{\omega}$ 영역	10

표 D-2 동반 웹사이트의 짧은 랩실습 연습

실습	주제	장
S-1	복소 지수신호: 소스 분리	2
S-2	복소 지수신호: 도래각 찾기	2
S-3	복소 지수신호: 페이저를 이용한 빔포밍	2
S-4	콘볼루션과 FIR 필터링	5
S-5	DLTI GUI 및 널 필터	6
S-6	FIR 필터 설계	7
S-7	스펙트로그램: AM 및 FM 신호	3 또는 8
S-8	스펙트로그램: 고조파 선스펙트럼 및 처프 에일리어싱	4 또는 8
S-9	PeZ: EKG 신호로부터 간섭 제거	10

찾아보기

【ㄴ】

【ㄷ】

【ㄹ】

【ㅁ】

【ㅂ】

【 ㅅ 】

【 ㅎ 】

【 기타 】